电子信息前沿技术丛书

分数阶傅里叶变换及其应用 第2版

陶然　马金铭　邓兵　王越　著

清華大學出版社
北　京

内容简介

本书主要介绍分数阶傅里叶变换的发展历程、定义及性质，基于分数阶傅里叶变换的分数阶算子和分数阶变换，分数阶傅里叶域滤波器以及线性调频信号的检测和参数估计问题；分数阶傅里叶域离散信号处理理论，包括分数阶傅里叶变换的离散算法、分数阶傅里叶域的采样以及多采样率滤波器组理论；分数阶傅里叶域随机信号处理理论；分数阶傅里叶变换在阵列信号处理、雷达、通信和图像处理中的应用；分数阶傅里叶变换的广义形式——线性正则变换。

本书可以作为相关研究人员的工具书和感兴趣读者的入门书籍，同时也是慕课“分数域信号与信息处理及其应用”的配套教材。

图书在版编目(CIP)数据

分数阶傅里叶变换及其应用/陶然等著. —2 版. —北京：清华大学出版社，2022.9(2024.9重印)
(电子信息前沿技术丛书)
ISBN 978-7-302-60982-7

Ⅰ. ①分… Ⅱ. ①陶… Ⅲ. ①傅里叶变换－应用－信号处理 Ⅳ. ①TN911.7

中国版本图书馆 CIP 数据核字(2022)第 089564 号

责任编辑：文 怡
封面设计：王昭红
责任校对：李建庄
责任印制：丛怀宇

出版发行：清华大学出版社
网　　址：https://www.tup.com.cn，https://www.wqxuetang.com
地　　址：北京清华大学学研大厦 A 座　　**邮　　编**：100084
社 总 机：010-83470000　　**邮　　购**：010-62786544
投稿与读者服务：010-62776969，c-service@tup.tsinghua.edu.cn
质量反馈：010-62772015，zhiliang@tup.tsinghua.edu.cn
课件下载：https://www.tup.com.cn，010-83470236
印 装 者：北京建宏印刷有限公司
经　　销：全国新华书店
开　　本：185mm×260mm　　**印　　张**：37　　**字　　数**：902 千字
版　　次：2009 年 8 月第 1 版　2022 年 10 月第 2 版　　**印　　次**：2024 年 9 月第 2 次印刷
印　　数：1501～1600
定　　价：158.00 元

产品编号：094322-01

前言

PREFACE

随着现代信号处理理论的迅猛发展，所处理的信号已经由早期的平稳信号逐渐发展到非平稳、非高斯、非单采样率的复杂信号，产生了众多新的信号处理工具，其中，作为非平稳信号处理理论的重要分支之一的分数阶傅里叶变换由于其独有的特点受到众多科研人员的青睐，近十多年来新的研究成果不断涌现。作者的课题组在国内较早开展分数阶傅里叶变换相关研究，并努力保持着研究的一致性和连贯性，始终致力于分数阶傅里叶变换理论体系的完善和实际工程应用的开拓。本书是作者提炼整理近20年来的研究成果，并融合国内外相关研究的最新进展而形成的，部分研究成果填补了该领域的研究空白。本书体系完整，层次清晰，注重理论与应用的结合，注意知识性和可读性，图文并茂，含有大量的仿真示例，对重要的知识点既有详尽的公式推导，又有合理充分的物理解释。本书可以作为相关研究人员的工具书和感兴趣读者的入门书籍，同时也是慕课“分数域信号与信息处理及其应用”的配套教材。

本书是在2009年出版的《分数阶傅里叶变换及其应用》基础上修订的。本次修订保持了原书的整体框架，主要介绍分数阶傅里叶变换的发展历程、定义及性质，基于分数阶傅里叶变换的分数阶算子和分数阶变换，对分数阶傅里叶域乘性滤波器和最优滤波器的实现方法，以及将分数阶傅里叶变换应用于线性调频信号的检测和参数估计问题；分数阶傅里叶变换的离散算法、分数阶傅里叶域的采样以及多采样率滤波器组理论；分数阶傅里叶域随机信号处理理论；分数阶傅里叶变换在阵列信号处理、雷达、通信和图像处理中的应用；分数阶傅里叶变换的广义形式——线性正则变换。

本次修订的主要工作包括：在第2章中，将2.4节“二维分数阶傅里叶变换”和2.5节“分数阶傅里叶变换的光学实现”两节的内容与第12章的内容进行了整合，并在第2章中删除了这两节，使得内容分配更为合理。在第3章3.2.5节中，增加了“短时分数阶傅里叶变换的时变滤波”。在第5章中，融入了对各种分数阶离散算法的分析和比较，并增加了5.1.3节“稀疏离散分数阶傅里叶变换”的相关内容。在第6章中，增加了6.2节“随机非均匀采样”和6.3.3节“周期随机非均匀采样信号的分数阶傅里叶谱分析与重建”的相关内容。在第8章中，增加了8.3节“chirp循环平稳随机过程分析与处理”和8.4.3节“chirp循环系统辨识”的相关内容。在第11章中，增加了11.5节“chirp基多载波物理层安全信号设计及处理技术”的相关内容。在第12章中，原第2章中2.5节“分数阶傅里叶变换的光学实现”与新增内容“单幅闭合条纹图分数阶傅里叶域分析及其应用”“分数阶傅里叶域光学相干层析成像色散补偿技术”共同构成新的12.5节“光学实现及应用”，此外，还增加了12.6节“分数阶傅里叶域高光谱信号处理”的相关内容。其他章节基本保持了原有内容，但也根据需要进行了一定的整合和修改。

曾在北京理工大学信息与电子学院学习的博士董永强、齐林、李炳照、赵兴浩、陈恩庆、辛怡、杨小明、张峰、孟祥意、李雪梅、杨倩、吴海洲、张南、张卫强等，结合学位论文对分数阶傅里叶变换的理论和应用进行了广泛深入的研究，他们所取得的有关成果对完成本书（第1版）起到了重要的作用。曾在北京理工大学信息与电子学院学习的博士苗红霞、苏新华、徐丽云、刘升恒、武进敏、乔幸帅、王腾，硕士刘地，以及博士生赵旭东，结合学位论文和研究成果，提供了本书新增章节的相关内容。清华大学出版社各位编辑为本书的出版提供了有利条件。作者在此一并表示感谢！

本次修订获得了国家自然科学基金委创新研究群体项目（No. 61421001）、国家杰出青年科学基金项目（No. 60625104）、国家自然科学基金项目（No. 62027801、No. U1833203）、军委科技委基础加强重点项目（2020205O1121）的资助。

作　者

2022年6月 于北京理工大学

PPT 实验讲义 MATLAB代码

目录

CONTENTS

第1章

绪　论

1.1　分数阶傅里叶变换的发展历程

自从法国科学家傅里叶在1807年为了得到热传导方程的简便解法首次提出傅里叶分析以来，傅里叶变换迅速得到了广泛应用，在科学研究与工程技术的几乎所有领域发挥着重要的作用。但随着研究对象和研究范围的不断扩展，也逐步暴露了傅里叶变换在研究某些问题时的局限性。这种局限性主要体现在：它是一种全局性变换，得到的是信号的整体频谱，因而无法表述信号的时频局部特性，而这种特性正是非平稳信号最根本和最关键的性质。为了分析和处理非平稳信号，人们提出并发展了一系列新的信号分析理论：分数阶傅里叶变换、短时傅里叶变换、Wigner分布、Gabor变换、小波变换、循环统计量理论和调幅-调频信号分析等。其中，分数阶傅里叶变换（Fractional Fourier Transform，FRFT）作为傅里叶变换的广义形式，由于其独有的特点而受到了众多科研人员的青睐。近十多年来关于分数阶傅里叶变换理论与应用的研究成果层出不穷，被广泛应用于雷达、声呐、通信、图像、光学、信息安全等众多领域[1-3]。

最早开始研究分数阶傅里叶变换的是Wiener。众所周知，傅里叶变换的特征函数是埃尔米特（Hermite）多项式乘以 $\exp(-t^2)$，相应的特征值是 $(-\mathrm{j})^n$。1929年Wiener开始寻找这样一种变换核，它的特征函数是Hermite-Gauss函数，但是它的特征值形式又比普通傅里叶变换更完备[4]。Wiener最终将这一特征值修正为 $\exp(-\mathrm{j}n\alpha)$，这是与分数阶傅里叶变换有关的最初工作。

1937年，Condon也独立地研究了分数阶傅里叶变换的基本定义[5]。1961年，Bargmann参考了Condon提出的分数阶傅里叶变换定义，在更为广泛的背景下探讨了其基本定义[6]。

对分数阶傅里叶变换的早期发展做出了较大贡献的还有Kober，1939年他提出了另一种不同于Wiener形式的定义。Kober用类似于傅里叶变换分数幂形式的理论定义了分数阶傅里叶变换。1956年，Guinand引用Kober的结论讨论了整数与分数阶傅里叶变换的关系。1973年，De Bruijn也针对Kober的理论简要地在更广泛的范围讨论了这个变换[7]。

另一个有杰出贡献的早期研究者是Patterson，他在1959年提出的广义变换工具中就包括分数阶傅里叶变换。他的理论于1974年被Knare证明。

尽管分数阶傅里叶变换的研究早在20世纪20年代就开始了，但是真正得到重视是从1980年Namias的工作开始。1980年，Namias从特征值和特征函数的角度，以纯数学的方式提出了分数阶傅里叶变换的概念[8]，并用于微分方程求解。其后，McBride等用积分形式为分数阶傅里叶变换作出了更为严格的数学定义[9]，为其后从光学角度提出分数阶傅里叶变换的概念奠定了基础。1993年，Mendlovic和Ozaktas给出了分数阶傅里叶变换的光学实现，并将之应用于光学信息处理[10-11]。由于分数阶傅里叶变换采用光学设备容易实现，所以在光学领域很快便得到了广泛应用[7]。尽管在信号处理领域分数阶傅里叶变换具有潜在的用途，但是由于缺乏有效的物理解释和快速算法，使得分数阶傅里叶变换在信号处理领域迟迟未能得到应有的认识。直到1994年Almeida将分数傅里叶变换解释为时频平面的旋转，并指出变换实质是chirp基的分解[12]，1996年Ozaktas等提出了一种计算量与快速傅里叶变换(Fast Fourier Transform，FFT)相当的离散算法后[13]，分数阶傅里叶变换才吸引了越来越多信号处理领域学者的注意，并出现了大量的相关研究文章，主要理论研究成果集中在离散算法、采样、滤波、参数估计等领域。其中，高效准确的离散算法和采样理论为分数域数字信号处理提供了可能；分数域滤波与参数估计则是分数阶傅里叶变换在工程实践中得以应用的核心和基础。

教学视频

1.2 分数阶傅里叶变换在信号处理中的应用

1.2.1 分数阶傅里叶变换的特点

分数阶傅里叶变换具有如下特点：

(1) 分数阶傅里叶变换具有一个自由参量，即变换阶数 p，随着 p 从0连续变化到1，分数阶傅里叶变换可以提供信号从时域逐步变化到频域的所有特征，从而为信号的表征、分析和处理提供更广阔的视角。一方面，可以将传统时域、频域的应用推广到分数阶傅里叶域，以获得某些性能上的提升；另一方面，可以提取信号在不同分数域的特征，用于特征融合或机器学习等。

(2) 分数阶傅里叶变换可以理解为chirp基分解，因此它十分适合处理线性调频(Linear Frequency Modulation，LFM)信号(即chirp信号)，而线性调频信号在雷达、通信、声呐、光学等方面以及自然界中经常遇到。例如，在雷达探测中，加速运动目标的回波信号就是线性调频信号，其中目标的速度信息隐藏在频率中、加速度信息隐藏在调频率中；大学物理实验中的牛顿环条纹图则是一种典型的二维线性调频信号。

(3) 分数阶傅里叶变换本质上是一种时频变换，与常用二次型时频分布不同的是，它利用单一变量来表示时频信息，且没有交叉项困扰，在处理具有加性噪声的多分量信号时更具优势；此外，分数阶傅里叶变换是对时频平面的旋转，利用这一点可以建立起分数阶傅里叶变换与其他时频分析工具的关系，并依此设计新的时频分析工具。

(4) 分数阶傅里叶变换具有比较成熟的快速离散算法，其计算复杂度与快速傅里叶变换相当，既保证了分数阶傅里叶变换能够进入数字信号处理的工程实用阶段，又意味着它可以为其他分数阶算子或分数阶变换提供快速离散算法，例如分数阶卷积算子、分数阶相关算子及分数阶Hartley变换等。

1.2.2 相关应用

分数阶傅里叶变换之所以受到研究人员的重视，是因为它具有传统傅里叶变换所不具备的很多性质。目前，分数阶傅里叶变换已被应用于科学研究和工程技术的很多方面，如滤波与参数估计、时频分析、时变滤波和多路传输等。另外，它还在雷达、通信、图像处理等众多方面有较为广泛的应用。接下来，我们将系统地介绍分数阶傅里叶变换在信号处理中的应用。

1. 滤波与参数估计

将传统频域乘性滤波器推广到分数阶傅里叶域，可以得到分数阶傅里叶域乘性滤波器

$$x_{\text{out}}(t)=\mathcal{F}^{-p}\left[\mathcal{F}^{p}(x_{\text{in}}(t))H_{p}(u)\right] \tag{1.1}$$

式中，$\mathcal{F}^{p}$ 表示 p 阶分数阶傅里叶变换算子；$H_{p}(u)$ 为 p 阶分数阶傅里叶域传递函数。通过设计不同的 $H_{p}(u)$ 可以得到不同类型的滤波器，如分数阶傅里叶域低通、带通、高通滤波器等，其中文献[12]提出的扫频滤波器就是分数阶傅里叶域带通滤波器的时域形式[14]。分数阶傅里叶域乘性滤波具有较好效果的前提条件是信号与噪声变换在某个特定阶数的分数阶傅里叶域能够完全或大部分分离开。如图 1.1 所示，原始信号和噪声的 Wigner-Ville 分布(WVD)在时间轴和频率轴上均重叠，但在 0.5 阶分数阶傅里叶域不重叠，因此可在该域滤除噪声，还原原始信号。如果一次分数阶傅里叶域乘性滤波不能达到分离噪声的目的，那么可以考虑级联多次不同阶数的分数阶傅里叶域乘性滤波[15]。

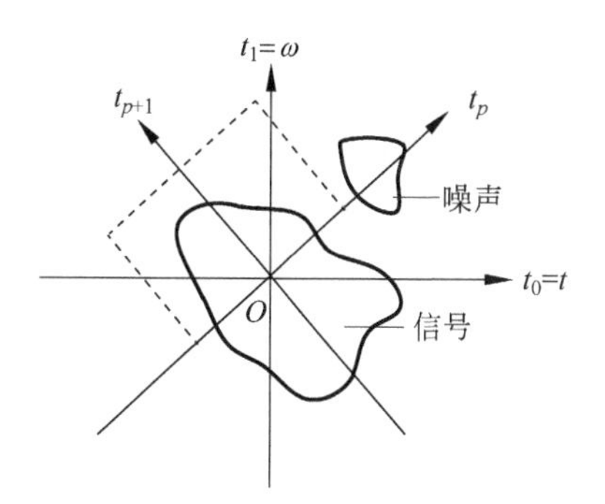

图 1.1 分数阶傅里叶域噪声分离

线性调频信号的检测与参数估计是雷达、通信等领域的关键问题。文献[16]基于分数阶傅里叶域乘性滤波机理，利用线性调频信号在特定阶数分数阶傅里叶域的能量聚集性，提出了一种多分量线性调频信号的检测与参数估计方法。该方法将线性调频信号的检测与参数估计问题转化为分数阶傅里叶域上的优化搜索问题，并利用拟牛顿法进行求解，具有计算复杂度低、估计精度高的优点；通过峰值遮隔的级联处理方式分离信号的多个分量，从而有效抑制了信号检测过程中强分量对弱分量的影响。

文献[17]给出了最小均方误差准则下的分数阶傅里叶域最优滤波算法，该算法具有良好的普适性。假定已知：①期望信号 $s(t)$ 和加噪信号 $x(t)=s(t)+n(t)$ 的互相关函数 $r_{sx}(t,\sigma)$；②$s(t)$ 的自相关函数 $r_{ss}(t,\sigma)$；③$x(t)$ 的自相关函数 $r_{xx}(t,\sigma)$，那么分数阶傅里叶域最优滤波器为

$$\widetilde{H}_{p}(u)=R_{sx}(u)/R_{xx}(u) \tag{1.2}$$

式中

$$R_{sx}(u)=\int_{-\infty}^{+\infty}\int_{-\infty}^{+\infty}K_{p}(u,t)K_{p}^{*}(u,\sigma)r_{sx}(t,\sigma)\,\mathrm{d}t\,\mathrm{d}\sigma$$

$$R_{xx}(u)=\int_{-\infty}^{+\infty}\int_{-\infty}^{+\infty}K_{p}(u,t)K_{p}^{*}(u,\sigma)r_{xx}(t,\sigma)\,\mathrm{d}t\,\mathrm{d}\sigma$$

函数 K_{p} 见第 3 章给出的分数阶傅里叶变换定义式。具体步骤是：首先给式(1.2)中

的 p 赋初始值，然后在最小均方误差准则下利用迭代算法来确定最佳的 p 值，再将其代入式(1.2)，便得到了分数阶傅里叶域最优滤波器。随后，文献[18]将分数阶傅里叶域最优滤波理论应用于二维图像复原。文献[19]将单一阶数下的分数阶傅里叶域最优滤波推广为分数阶傅里叶域重复滤波，通过对滤波器进行级联，并对每个级联滤波器的变换阶数进行优化选择，实现了更好的信号复原效果。文献[20]针对白噪声背景下线性调频信号的滤波问题，由线性最小均方误差估计的正交条件出发，证明了上述分数阶傅里叶域最优滤波器是这种滤波问题的等效 Wiener 滤波器，并给出了这一滤波算子的离散实现算法。文献[21]将分数阶傅里叶域最优滤波理论应用于阵列信号处理，将期望信号 $s(t)$ 设为需要形成的波束信号、加噪信号 $x(t)$ 设为传感器接收信号，得到了基于分数阶傅里叶变换的波束形成算法，该算法在目标加速运动时效果优于传统频域最小均方误差波束形成算法。

2. 雷达中的应用

随着阵列天线技术的不断应用，基于分数阶傅里叶变换的阵列信号处理算法也吸引了人们的注意。除了文献[21]所探讨的分数阶傅里叶域波束形成算法外，文献[22]提出了一种基于分数阶傅里叶变换的多分量宽带线性调频信号波达方向估计新算法，利用线性调频信号在分数阶傅里叶域的能量聚集性，在分数阶傅里叶域对多分量线性调频信号进行分离和参数估计，并构造出分数阶傅里叶域的阵列信号相关矩阵，通过对该相关矩阵进行特征值分解来估计信号子空间和噪声子空间，最后利用 MUSIC 算法估计出各分量信号的波达方向。该方法对宽带线性调频信号的波达方向估计精度高，且鲁棒性好。但是，该方法针对的是非相干的宽带线性调频信号，而相干宽带线性调频信号的波达方向估计仍需要进一步研究。

众所周知，当发射信号波长与目标尺寸差不多时能够产生共振，利用共振回波可以检测和识别目标，但是共振需要一定的时间才能激发。当发射信号为宽带脉冲信号（目标尺寸未知），在激发共振之前，目标回波信号近似为冲激信号，文献[23-24]研究了如何利用分数阶傅里叶变换来分析这种冲激类的回波信号，所不同的是，文献[23]只利用了 $p=0.5$ 的分数阶傅里叶域信息，而文献[24]则利用了 $-1\leqslant p\leqslant 1$ 的分数阶傅里叶域信息，两篇文献的仿真结果都显示了分数阶傅里叶变换用于目标回波检测和识别的良好性能。

对机载 SAR 来说，地面运动目标的回波近似为线性调频信号，因此可以利用分数阶傅里叶变换来检测动目标[25-26]。目前相参体制的外辐射源雷达是以直达波与目标反射信号进行微弱目标相干检测来对目标进行定位和跟踪。常用的相干检测是采用时延-频移二维相关（或称为“互模糊函数”，如式(1.3)所示）来检测目标。文献[27]利用分数阶相关与二维相关函数的关系，将分数阶相关引入极坐标表示的二维相关函数的计算中，从而提出了一种基于分数阶相关的无源雷达动目标检测新算法

$$M_{xy}(r,s)=\int x(t+r/2)y^*(t-r/2)\mathrm{e}^{-\mathrm{j}2\pi st}\,\mathrm{d}t \tag{1.3}$$

通过引入分数阶位移算子 $T^{\alpha,\tau}$[式(1.4)]，我们能够得到分数阶相关和分数阶位移算子 $T^{\alpha,\tau}$ 的关系[式(1.5)]。既然分数阶位移算子 $T^{\alpha,\tau}$ 是将信号在时频平面上沿着某个径向轴移动，因此基于 $T^{\alpha,\tau}$ 的分数阶相关必然与时延-频移二维相关存在某种对应关系。

$$T^{\alpha,\tau}[x](t)=x\langle t-\tau\cos\alpha\rangle\mathrm{e}^{-\mathrm{j}\pi\tau^2\cos\alpha\sin\alpha+\mathrm{j}2\pi t\tau\sin\alpha} \tag{1.4}$$

$$\Gamma_{\mathrm{corr}}^{p}[x,y](\eta)=\langle x,T^{\alpha,\tau}y(u)\rangle,\quad \alpha=p\pi/2 \tag{1.5}$$

其中，Γ_{corr}^{p} 表示 p 阶分数阶相关算子。经过变量代换和整理，我们可以得到式(1.6)，该式说明了两个信号的 p 阶分数阶相关就等于它们的二维相关函数在 α 角射线方向的径向切片(图1.2)。利用这个关系，我们便得到了一种新的相参体制外辐射源雷达的目标检测算法，而且可以根据先验知识预先确定需要计算的 α 角范围，只扫描该环形扇区而不必像式(1.3)那样计算整个时延-频移平面，这样可以大大减小运算量。

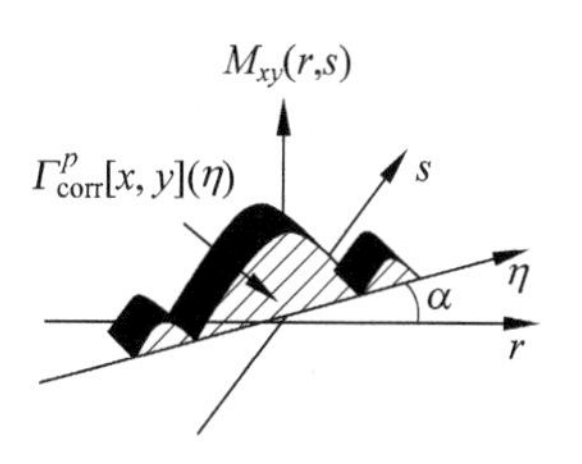

图1.2 分数阶相关与时延-频移二维相关的关系

$$\Gamma_{\text{corr}}^{p}[x,y](\eta)=M_{xy}(\eta\cos\alpha,\eta\sin\alpha),\quad \alpha=p\pi/2 \tag{1.6}$$

3. 通信中的应用

直接序列扩频(Direct Sequence Spread Spectrum，DSSS)技术很强的抗干扰能力使得其日益受到重视(其他优点包括大容量、低截获概率等)，而近年来宽带的非平稳干扰对扩频系统的影响也引起了人们越来越多的注意，其中常用的一种信号就是宽带线性调频信号。文献[28]研究了如何在DSSS通信系统中利用分数阶傅里叶变换来抑制扫频干扰，主要思想是基于分数阶傅里叶域的乘性滤波器，通过对线性调频信号的参数估计来设计滤波器，并考虑了滤波对解调的影响而设计了分数阶傅里叶域的相关接收机，将之与时域相关接收机作了性能比较，证明该线扫频干扰抑制方法能够有效改善DSSS接收机性能，且分数阶傅里叶域的相关接收机性能又优于时域相关接收机。

随着通信技术的发展，移动条件下的大容量通信已经开始进入人们的生活，但是随之而来的技术问题也日益突出，其中快衰落信道就是高速移动通信不可避免的问题之一。文献[29-30]基于分数阶傅里叶变换提出了各自对时变信道的见解。文献[29]基于时变信道的参数模型，提出了一种利用分数阶傅里叶变换实现的时变信道参数估计方法，该方法运算量小，估计精度高(逼近克拉美罗界)。其主要思想是通过发射多分量的线性调频信号作为导频(或训练序列)信号，并在接收端应用分数阶傅里叶变换对接收到的导频(或训练序列)信号进行参数估计，从而建立起快衰落信道的参数化模型。正交频分多路技术(Orthogonal Frequency Division Multiplexing，OFDM)是在频域内将给定信道分成许多正交子信道，在每个子信道上使用一个子载波进行调制，各子载波并行传输。对于频率选择性信道，这将大大消除信号波形间的干扰。然而，对于快衰落信道，普通OFDM系统中子载波的正交性易受到破坏，文献[30]提出用线性调频信号基来匹配快衰落信道，在实现上用分数阶傅里叶变换来代替FFT，仿真结果显示该方案能够较好地适应时变信道。文献[31]对该FRFT-OFDM系统的峰均比进行了分析，发现在子载波数目较少时，该方案优于传统OFDM系统，而在子载波数目较多时，两者的区别不大。该文献还将传统OFDM系统中抑制峰均比的SLM(Selective Mapping)方法推广到FRFT-OFDM系统。

文献[32]还研究了分数阶傅里叶变换应用于水声信道参数估计问题。通过仿真研究，验证了当存在多普勒频偏时，分数阶傅里叶变换性能优于拷贝相关检测，可适用于存在多普勒频偏的多途声信道参数估计，具有很好的鲁棒性。不过，在无多普勒频偏时，分数阶傅里叶变换测量多途时延差精度低于拷贝相关检测。

4. 图像处理

分数阶傅里叶变换在图像处理中的应用目前主要包括图像去噪与识别、数字水印及图像加密、光学图像处理、高光谱图像处理等。基于分数阶傅里叶变换的图像去噪与识别算法在有效去除图像高频 chirp 噪声的同时，极少损失图像高频信息，能够有效改善图像质量。利用分数阶傅里叶变换添加数字水印时，需要把待处理图像变换到某阶分数阶傅里叶域，然后将水印数据按照一定的规则嵌入到选定的变换系数上；水印检测则采用门限检测方式，根据嵌入的水印数据确定相应的检测门限[33]。利用分数阶傅里叶变换做图像加密的基本思想是给原始图像的二维分数阶傅里叶变换乘上相位密钥；解密过程与加密过程正好相反，先乘上相位密钥的共轭，然后利用对应的二维分数阶傅里叶反变换来恢复图像[34]。因为分数阶傅里叶变换比傅里叶变换多一个变换参数，因此基于分数阶傅里叶变换的数字水印和加密算法比基于傅里叶变换或余弦变换的算法具有更好的效果。在牛顿环条纹图参数估计和光学相干层析（Optical Coherence Tomography，OCT）色散补偿等光学图像处理领域，可将牛顿环条纹图或 OCT 干涉信号建模为线性调频信号，从而利用分数阶傅里叶变换实现参数估计[35]。分数阶傅里叶变换也可以应用于高光谱图像处理，通过在多个阶数的分数阶傅里叶域进行全面的空间光谱纹理特征提取，可实现高光谱异常检测和协同分类[36]。

1.3 本书的内容安排

本书共 13 章内容，从基础、应用基础、应用 3 个层面系统介绍了分数阶傅里叶变换的理论体系和工程应用。

第 2 章介绍了分数阶傅里叶变换的定义与性质。首先利用算子的概念导出了分数阶傅里叶变换的基本定义形式，即它是一种线性积分变换，是对传统傅里叶变换的推广。随后，从不同的角度给出了分数阶傅里叶变换相应的其他几种定义形式及它们与基本定义形式的相互关系，并从傅里叶变换的特征函数和特征值入手，导出了造成分数阶傅里叶变换定义多样性的因素，给出了部分实例。在详细阐述了分数阶傅里叶变换定义形式和内涵的基础上，继续介绍了分数阶傅里叶变换的相关性质，包括基本性质、不确定性准则、高斯函数的分数阶傅里叶变换、周期信号的分数阶傅里叶变换。给出了分数阶傅里叶变换矩的定义，分析了其含义和用途。进一步总结了分数阶傅里叶变换与常用时频表示的关系。

第 3 章介绍了分数阶算子和分数阶变换的相关内容。首先给出了算子分数幂的概念，然后从分数阶傅里叶变换的三步分解得到了基于分数阶傅里叶变换的分数阶算子构造方式，并介绍了分数阶卷积、分数阶相关、分数阶酉算子、分数阶 Hermite 算子的概念。在此基础上，进一步讨论了分数阶变换的构造，介绍了分数阶 Hilbert 变换、分数阶余弦（Cosine）变换、分数阶正弦（Sine）变换、分数阶 Hartley 变换、分数阶 Gabor 展开、短时分数阶傅里叶变换、分数阶模糊函数和分数阶 Wigner 分布、分数阶小波包变换等。最后，该章还依据对偶转换的概念给出了一些分数阶对偶算子。该章及第 13 章内容都是在分数阶傅里叶变换基础上的延伸，有助于读者拓宽思路，研究新的时频分析工具或得到新的信号处理方法。

第 4 章阐述了分数阶傅里叶域乘性滤波器和最优滤波器的实现方法、物理含义及应用特点。可以发现，在分数阶傅里叶域处理线性调频信号具有本质的优势，因此，该章还依据上述滤波理论，进一步对分数阶傅里叶变换应用于线性调频信号的检测和参数估计问题做了详细论述，给出了具体步骤，分析了估计误差，讨论了多分量间的相互影响因素。

随着 A/D、D/A 等器件的迅速发展，数字信号处理已成为目前应用最为广泛的一种信号处理方式。第5章对目前出现的分数阶傅里叶变换离散算法做了系统归纳和比较。主要分为如下3种类型：采样型方法、特征分解型方法和线性加权型方法。该章对这3种类型的离散计算方法从来源到计算步骤、运算复杂度、准确性等方面都做了详细介绍和分析，并针对部分算法在实际应用中遇到的问题提出了相应的解决方案。利用该章内容，读者可以根据自己的需要选择合适的离散算法。

采样是数字信号处理理论的基本问题。第6章详细介绍了分数阶傅里叶域采样理论，包括均匀采样、随机非均匀采样、周期非均匀采样信号以及多通道采样。提出了分数阶傅里叶域数字频率的概念，分析了分数阶傅里叶域分辨率和分数阶圆周卷积，并以线性调频信号为例对上述理论做了验证。既然分数阶傅里叶变换是傅里叶变换的广义形式，显而易见，第6章所得到的结论在传统采样理论中都能找到相对应的形式。

随着数字信号处理的迅速发展，信号处理系统中信号的处理、编码、传输和存储等工作量越来越大。为了节省计算工作量及存储空间，在一个信号处理系统中常常需要不同的采样频率及其相互之间的转换。通过第6章的分析可以知道如果数字信号是按照分数阶傅里叶域采样理论采样得到的，那么传统采样率转换理论将不能保证得到理想效果。因此，第7章研究了分数阶傅里叶域多采样率滤波器组理论。首先利用分数阶傅里叶域数字频率的概念，导出了内插和抽取操作对分数阶傅里叶谱的影响，给出了整数倍和有理分数倍采样率转换的实现方法。然后分析了分数阶傅里叶域信号多相结构，在此基础上讨论了抽取/内插滤波器的高效实现方案，并在分析滤波器组的研究中提出了分数阶傅里叶域DFT滤波器组的概念。此外，本章还讨论了分数阶傅里叶域M通道滤波器组的准确重建条件及设计方法，并以分数阶傅里叶域两通道滤波器组为例对所提出的理论方法进行说明。第4～7章奠定了分数阶傅里叶域数字信号处理理论的基础，为分数阶傅里叶变换的实际应用创造了良好条件。

第8、9章分别介绍了分数阶傅里叶变换在随机信号处理和阵列信号处理的应用情况。其中第8章深入研究了随机信号通过分数阶傅里叶域滤波器后的系统响应的统计特征，是对随机信号经过线性时不变系统的扩展。第9章提出了两种基于分数阶傅里叶变换的波束形成方法以及对宽带线性调频信号的一/二维波达方向(Direction of Arrival，DOA)估计方法。

第10章着重讨论了分数阶傅里叶变换在动目标检测、SAR成像、雷达目标识别和脱靶量测量中的应用。第11章则对chirp-rate调制、通信信道的多路复用和多载波通信中采用分数阶傅里叶变换的可行性、有效性做了详细论述。第12章研究了分数阶傅里叶变换在图像去噪和识别、数字水印、图像加密、光学和高光谱图像处理等领域的应用。利用分数阶傅里叶变换的灵活性、chirp基分解以及统一的时频变换特性，往往在上述问题的解决中能够得到较好的效果。这部分内容所涉及的理论、方法和实例对读者了解分数阶傅里叶变换的工程应用是非常有益的。

最后，第13章介绍了分数阶傅里叶变换的进一步推广形式——线性正则变换(Linear Canonical Transform，LCT)。首先介绍了线性正则变换的定义、性质、特征函数与特征值、线性正则域框架理论和线性正则域的Hilbert变换，然后给出了线性正则变换的离散实现方法，最后讨论了线性正则变换的一些应用实例。作为一种更广义的形式，线性正则变换具有3个自由参数，相较分数阶傅里叶变换的1个自由参数和傅里叶变换的0个自由参数，线性正则变换具有更强的灵活性。了解线性正则变换不但有助于深入理解分数阶傅里叶变换，而且能够为读者提供新的思路。

参考文献

[1] Narayanan V A，Prabhu K M M. The fractional Fourier transform：theory，implementation and error analysis[J]. Microprocessors and Microsystems，2003，27：511-521.

[2] Tao Ran，Deng Bing，Wang Yue. Research progress of the fractional Fourier transform in signal processing[J]. Science in China (Ser. F，Information Science). 2006，49(1)：1-25.

[3] 马金铭，苗红霞，苏新华，等. 分数傅里叶变换理论及其应用研究进展[J]. 光电工程，2018，45(6)：170747.

[4] Wiener N. Hermitian polynomials and Fourier analysis[J]. Journal of Mathematics Physics MIT，1929，18：70-73.

[5] Condon E U. Immersion of Fourier transform in a continuous group of functional transformations. Proc[J]. National Academy of Sciences，1937，23：158-164.

[6] Bargmann V. On a Hilbert space of analytic functions and an associated integral transform，Part I[J]. Comm. Pure. Appl. Math. 1961，14：187-214.

[7] Ozaktas H M，Kutay M A，Zalevsky Z. The Fractional Fourier Transform with Applications in Optics and Signal Processing[M]. John Wiley & Sons，2000.

[8] Namias V. The fractinal order Fourier transform and its application to quantum mechanics[J]. J. Inst. Math. Appl. ，1980，25：241-265.

[9] McBride A C，Kerr F H. On Namias' fractional Fourier transform[J]. IMA J. Appl. Math. ，1987，39：159-175.

[10] Mendlovic D，Ozaktas H M. Fractional Fourier transforms and their optical implementation（Ⅰ）[J]. J. Opt. Sco. AM. A. ，1993，10(10)：1875-1881.

[11] Ozaktas H M，Mendlovic D. Fractional Fourier transforms and their optical implementation（Ⅱ）[J]. J. Opt. Sco. AM. A. ，1993，10(12)：2522-2531.

[12] Almeida L B. The fractional Fourier transform and time-frequency representations[J]. IEEE Trans. Signal Processing，1994，42(11)：3084-3091.

[13] Ozaktas H M，Arikan O，et al. Digital computation of the fractional Fourier transform[J]. IEEE Trans. Signal Processing，1996，44(9)：2141-2150.

[14] 邓兵，陶然，等. 分数阶 Fourier 变换与时频滤波[J]. 系统工程与电子技术，2004，26(10)：1357-1359，1405.

[15] Erden M F，Kutay M A，Ozaktas H M. Repeated filtering in consecutive fractional Fourier domains and its application to signal restoration[J]. IEEE Trans. Signal Processing，1999，47(5)：1458-1462.

[16] Qi Lin，Tao Ran，Zhou Siyong，et al. Detection and parameter estimation of multicomponent LFM signal based on the fractional Fourier transform[J]. Science in China (Ser. F，Information Science)，2004，47(2)：184-198.

[17] Kutay M A，Ozaktas H M，et al. Optimal filtering in fractional Fourier domains[J]. IEEE Trans. Signal Processing，1997，45(5)：1129-1143.

[18] Kutay M A，Ozaktas H M. Optimal image restoration with the fractional Fourier transform[J]. Journal of the Optical Society of America A，1998，15(4)：825-833.

[19] Erden M F，Kutay M A，Ozaktas H M. Repeated filtering in consecutive fractional Fourier domains and its application to signal restoration[J]. IEEE Transactions on Signal Processing，1999，47(5)：

1458-1462.

[20] 齐林,陶然,等. LFM 信号的一种最优滤波算法[J]. 电子学报,2004,32(9): 1464-1467.

[21] Yetik I S, Nehorai A. Beamforming using the fractional Fourier transform[J]. IEEE Trans. Signal Processing,2003,51(6): 1663-1668.

[22] 陶然,周云松. 基于分数阶傅里叶变换的宽带线性调频信号波达方向估计新算法[J]. 北京理工大学学报,2005,25(10): 895-899.

[23] Jang S, Choi W, Sarkar T K, et al. Exploiting early time response using the fractional Fourier transform for analyzing transient radar returns[J]. IEEE Trans. Antennas and Propagation,2004,52(11): 3109-3121.

[24] Jouny I I. Radar Backscatter analysis using fractional Fourier transform[J]. In: IEEE Antennas and Propagation Society Symposium. NJ, USA: IEEE,2004. 2115-2119.

[25] 董永强,陶然,等. 基于分数阶傅里叶变换的 SAR 运动目标检测与成像[J]. 兵工学报,1999,20(2): 132-136.

[26] Sun H B, Liu G S, et al. Application of the fractional Fourier transform to moving target detection in airborne SAR[J]. IEEE Trans. Aerospace and Electronic Systems,2002,38(4): 1416-1424.

[27] 赵兴浩,陶然. 基于分数阶相关的无源雷达动目标检测新算法[J]. 电子学报,2005,33(9): 1567-1570.

[28] 齐林,陶然,等. DSSS 系统中基于分数阶 Fourier 变换的扫频干扰抑制算法[J]. 电子学报,2004,32(5): 799-802.

[29] 陈恩庆,陶然,张卫强. 一种基于分数阶 Fourier 变换的时变信道参数估计方法[J]. 电子学报,2005,33(12): 2101-2104.

[30] Martone M. A multicarrier system based on the fractional Fourier transform for time-frequency-selective channels[J]. IEEE Trans. Communications,2001,49(6): 1011-1020.

[31] Ju Y, Barkat B, Attallah S. Analysis of peak-to-average power ratio of a multicarrier system based on the fractional Fourier transform [C]//9th IEEE Singapore International Conference on Communication Systems. New York: IEEE,2004,165-168.

[32] 殷敬伟,惠俊英,等. 基于分数阶 Fourier 变换的水声信道参数估计[J]. 系统工程与电子技术,2007,29(10): 1624-1627.

[33] Djurovic I, Stankovic S, Pitas I. Digital watermarking in the fractional Fourier transformation domain [J]. Journal of Network and Computer Applications,2001,24: 167-173.

[34] Hennelly B, Sheridan J T. Fractional Fourier transform-based image encryption: phase retrieval algorithm[J]. Optics Communications,2003,226: 61-80.

[35] Lu M F, Zhang F, Tao R, et al. Parameter estimation of optical fringes with quadratic phase using the fractional Fourier transform[J]. Optics and Lasers in Engineering,2015,74: 1-16.

[36] Tao R, Zhao X, Li W, et al. Hyperspectral anomaly detection by fractional Fourier entropy[J]. IEEE Journal of Selected Topics in Applied Earth Observations and Remote Sensing, 2019, 12(12): 4920-4929.

第2章

分数阶傅里叶变换定义及性质

在信号处理领域中，傅里叶变换是一个研究最为成熟、应用最广泛的数学工具。傅里叶变换是一种线性算子，若将其看作从时间轴逆时针旋转$\pi/2$到频率轴，则分数阶傅里叶变换(Fractional Fourier Transform，FRFT)算子就是可旋转任意角度α的算子，并因此得到信号新的表示。分数阶傅里叶变换在保留了传统傅里叶变换原有性质和特点的基础上又添加了其特有的新优势，可认为分数阶傅里叶变换是一种广义的傅里叶变换。

本章给出了分数阶傅里叶变换的几种定义及其相互关系，并总结了分数阶傅里叶变换的基本性质。

教学视频

2.1 分数阶傅里叶变换的定义

分数阶傅里叶变换可以有若干种不同的定义方式。可以由其中任何一种定义导出其他的定义方式，也可以将后者看作前者的性质，它们是彼此等价的。不同的定义方式有不同的物理解释，在实际中各有应用，不同知识背景的读者可能对某特定的定义接受起来更为轻松。在本节介绍的各种定义中，定义2.1、定义2.2和定义2.3较为重要，定义2.4、定义2.5和定义2.6在初次阅读时可以忽略。从多角度认识分数阶傅里叶变换的定义会使我们对分数阶傅里叶变换有更加完整的理解。本节将从数学角度介绍分数阶傅里叶变换的基本定义[1]。

在给出分数阶傅里叶变换的定义前，首先介绍一些符号和一般假设。一般地，函数$x(t)$的p阶分数阶傅里叶变换根据上下文和表意明确的需要可以表示为如下的任何一种方式：$X_p(u)$或$\mathcal{F}^p x(t)$。后一种表达方式有两种解释，但它们实际上是相同的。其一，解释为算子$\mathcal{F}^p$作用于抽象符号x上，其结果在u域上表示为

$$X_p(u) \equiv \mathcal{F}^p x(t) \equiv (\mathcal{F}^p x)(u) \equiv \mathcal{F}^p[x](u) \equiv (\mathcal{F}^p[x])(u) \tag{2.1}$$

其二，将$\mathcal{F}^p x(t)$解释为算子$\mathcal{F}^p$作用于函数$x(t)$，其结果仍然在u域上表示

$$X_p(u) \equiv \mathcal{F}^p x(t) \equiv \mathcal{F}^p[x(t)](u) \equiv (\mathcal{F}^p[x])(u) \tag{2.2}$$

在第二种解释中，无论$\mathcal{F}^p$表示的是系统还是变换都适用，而第一种解释只在$\mathcal{F}^p$表示系统时适用。当分数阶傅里叶变换的算子被解释为一个作用于输入信号x的系统时，可以把哑元省略，记作

$$X_p \equiv \mathcal{F}^p x \equiv \mathcal{F}^p[x]$$

我们称$\mathcal{F}^p[x]$或$\mathcal{F}^p$为 p 阶分数阶傅里叶变换算子。这个算子把信号 x 或函数 $x(t)$分别变换为其分数阶傅里叶变换形式 X_p 或 $X_p(u)$。

2.1.1　基本定义

下面从线性积分变换的角度给出分数阶傅里叶变换的基本定义。

定义 2.1(基本定义)：定义在 t 域的函数 $x(t)$的 p 阶分数阶傅里叶变换是一个线性积分运算。

$$X_p(u)=\int_{-\infty}^{+\infty}\widetilde{K}_p(u,t)x(t)\mathrm{d}t \tag{2.3}$$

其中,$\widetilde{K}_p(u,t)\equiv A_\alpha \exp[\mathrm{j}\pi(u^2\cot\alpha-2ut\csc\alpha+t^2\cot\alpha)]$,称为分数阶傅里叶变换的核函数,$A_\alpha\equiv\sqrt{1-\mathrm{j}\cot\alpha}$,$\alpha\equiv\dfrac{p\pi}{2}$,$p\neq 2n$,$n$ 是整数(注：后续章节也有使用 $X_\alpha(u)$来表示$x(t)$的 p 阶分数阶傅里叶变换,请注意区分)。

当 $p=4n(\alpha=2n\pi)$时 $\widetilde{K}_p(u,t)\equiv\delta(u-t)$,当 $p=4n\pm2(\alpha=(2n\pm1)\pi)$时 $\widetilde{K}_p(u,t)\equiv\delta(u+t)$。

经变量代换 $u=\dfrac{u}{\sqrt{2\pi}}$和 $t=\dfrac{t}{\sqrt{2\pi}}$,式(2.3)可以进一步表示为

$$\begin{aligned}X_p(u)&=\{\mathcal{F}^p[x(t)]\}(u)=\int_{-\infty}^{+\infty}\widetilde{K}_p(u,t)x(t)\mathrm{d}t,\quad 0<|p|<2\quad(0<|\alpha|<\pi)\\&=\begin{cases}B_\alpha\displaystyle\int_{-\infty}^{+\infty}\exp\left(\mathrm{j}\,\frac{t^2+u^2}{2}\cot\alpha-\frac{\mathrm{j}tu}{\sin\alpha}\right)x(t)\mathrm{d}t, & \alpha\neq n\pi\\ x(t), & \alpha=2n\pi\\ x(-t), & \alpha=(2n\pm1)\pi\end{cases}\end{aligned} \tag{2.4}$$

其中,$B_\alpha=\sqrt{\dfrac{1-\mathrm{j}\cot\alpha}{2\pi}}$。上式给出的分数阶傅里叶变换的定义是线性的,但它并不是移不变的($p=4n$ 除外),因为核不仅为(u,t)的函数,还是 p 的函数。注意到$\mathcal{F}^{4n}$和$\mathcal{F}^{4n\pm2}$分别相当于恒等算子$\mathcal{I}$和奇偶算子$\mathcal{P}$。对 $p=1$,有 $\alpha=\dfrac{\pi}{2}$,$A_\alpha=1$,且

$$X_1(u)=\int_{-\infty}^{+\infty}\mathrm{e}^{-\mathrm{j}2\pi uu'}x(t)\mathrm{d}t \tag{2.5}$$

可见,$X_1(u)$就是 $x(t)$的傅里叶变换。同样,可以看出 $X_{-1}(u)$是 $x(t)$的傅里叶逆变换。因为式(2.3)中 $\alpha=p\pi/2$ 仅出现在三角函数的参数位置上,所以以 p(或 α)为参数的定义是以 4(或 2π)为周期的,因此只需考查区间 $p\in(-2,2]$(或 $\alpha\in(-\pi,\pi]$)即可。根据式(2.3),函数的零阶变换被定义为等于该函数本身。同样,±2 阶变换被定义为等于 $x(-u)$,这种分段的定义人为地使核函数 $\widetilde{K}_p(u,t)$在所有 p 的取值上都连续。通过验证不难看出,当 p 不趋于 2 的整数倍时,p 的微小变化仅导致 $X_p(u)$的微小变化。

上述这些事实可以算子的形式重新表述

$$\mathcal{F}^0=\mathcal{I} \tag{2.6}$$

$$\mathcal{F}^1=\mathcal{F}(\text{即傅里叶变换}) \tag{2.7}$$

$$\mathcal{F}^2=\mathcal{P} \tag{2.8}$$

$$\mathcal{F}^3=\mathcal{F}\mathcal{P}=\mathcal{P}\mathcal{F} \tag{2.9}$$

$$\mathcal{F}^4=\mathcal{F}^0=\mathcal{I} \tag{2.10}$$

$$\mathcal{F}^{4n\pm p}=\mathcal{F}^{4n'\pm p}=\mathcal{F}^{\pm p} \tag{2.11}$$

其中，n，n'是任意整数。

分数阶傅里叶变换的一个十分重要的性质是阶数可加性（在后面的定义中又称为旋转可加性），可用下面几种形式表述

$$\begin{cases}\mathcal{F}^{p_1}[\mathcal{F}^{p_2}[x]]=\mathcal{F}^{p_1+p_2}[x]=\mathcal{F}^{p_2}[\mathcal{F}^{p_1}[x]]\\ \mathcal{F}^{p_1}\mathcal{F}^{p_2}x=\mathcal{F}^{p_1+p_2}x=\mathcal{F}^{p_2}\mathcal{F}^{p_1}x\\ \mathcal{F}^{p_1}\mathcal{F}^{p_2}=\mathcal{F}^{p_1+p_2}=\mathcal{F}^{p_2}\mathcal{F}^{p_1}\end{cases} \tag{2.12}$$

这一特性可通过重复使用式(2.3)得到证明，但系数 A_α 中的平方根会使这一过程复杂化。这个过程实际上可通过运用高斯积分来进行直接积分表示，即

$$\int K_{p_2}(u,u')K_{p_1}(u',t)\mathrm{d}u'=K_{p_1+p_2}(u,t) \tag{2.13}$$

例如，0.6 阶分数阶傅里叶变换的 0.3 阶变换是 0.9 阶变换；2 阶变换的 2.5 阶变换再作 1.7 阶变换是 6.2 阶变换（即 2.2 阶或−1.8 阶变换）。不同阶数的变换可以互相换算，所以它们的阶数可以被自由地交换。从阶数可加性得出结论，分数阶傅里叶变换是一种酉变换，p 阶分数阶傅里叶变换算子$\mathcal{F}^p$的逆$(\mathcal{F}^p)^{-1}$就等于算子$\mathcal{F}^{-p}$（因为$\mathcal{F}^{-p}\mathcal{F}^p=\mathcal{I}$或通过直接证明$\int K_p(u,u')K_{-p}(u',t)\mathrm{d}u'=\delta(u-t)$也可以得出这一结论）。因此我们可以把阶数 p 看作分数阶傅里叶变换算子$\mathcal{F}$的指数，从而轻松地处理它。

根据前面得到的结论，再用$-p$ 替换 p，可以得到变换核的性质

$$K_p^{-1}(u,t)=K_{-p}(u,t)=K_p^*(u,t)=K_p^*(t,u)=K_p^{\mathrm{H}}(u,t) \tag{2.14}$$

同时，由式(2.4)可知核函数 $K_p(u,t)$是对称的，但非共轭对称。酉性表明分数阶傅里叶变换可以被认为是函数从一种表达形式到另一种表达形式的变换，且变换时内积和范数都不发生变化。

至此可以对分数阶傅里叶变换提出第一种解释，仅考虑 $0\leqslant p\leqslant 1$ 区间，$p=0$ 时分数阶傅里叶变换就是原函数，$p=1$ 时是傅里叶变换。当 p 从 0 变到 1，其分数阶傅里叶变换平滑地从原函数变化到傅里叶变换。图 2.1 是随着参数 p 从 0 变到 1，矩形函数从时域逐步变换到频域的图解说明。可见分数阶傅里叶变换以连续的参数 p 内插在原函数和其傅里叶变换之间，这一事实提供了分数阶傅里叶变换得以命名的合理性，并且可以将分数阶傅里叶变换理解为广义傅里叶变换。

分数阶傅里叶变换也可以理解为 chirp 基分解[2]，因为分数阶傅里叶变换的逆变换为

$$x(t)=\mathcal{F}^{-p}[X_p](t)=\int_{-\infty}^{+\infty}X_p(u)K_{-p}(t,u)\mathrm{d}u$$

可以发现，$x(t)$由一组权系数为 $X_p(u)$的正交基函数 $K_{-p}(t,u)$所表征，这些基函数是线性调频的复指数函数。不同 u 值的基函数间存在着不同的时移和相位因子：

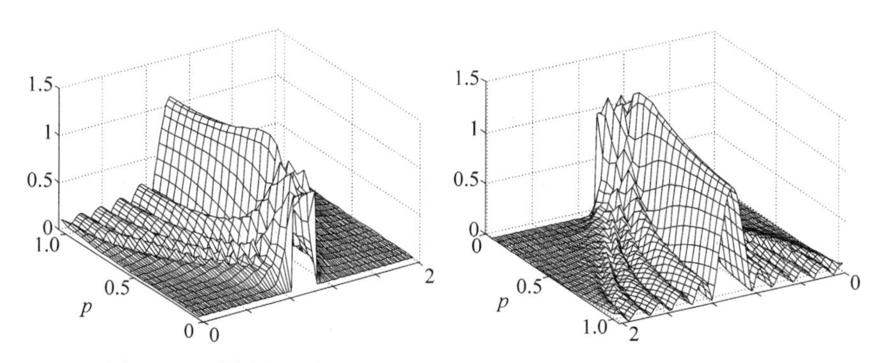

图 2.1　不同变换阶数时矩形函数的分数阶傅里叶变换的幅度变化

$$K_p(t,u)=\mathrm{e}^{-\mathrm{j}\frac{u^2}{2}\tan\alpha}K_p(t-u\sec\alpha,0)$$

在继续讨论其他定义之前，要进行一些说明。对 p 取不同值时的分数阶傅里叶变换 $X_p(\cdot)$，可以看作同一抽象信号 x 的不同表示，并且可以称 $X_p(\cdot)$为信号 x 在 p 阶分数阶傅里叶域中的表示。这样的话，把每个域的变量写作 u_p，可区分这些不同域上的变量。因此，$X_p(u_p)$是在 p 阶域的表示，$X_0(u_0)$是在时域的表示，$X_1(u_1)$是在频域的表示。u_p 轴可被称为 p 阶分数阶傅里叶域，因此 u_0 和 u_1 就是常规的时域变量和频域变量。信号在 p'阶域的表示可通过将其在 p 阶域的表示进行一个$(p'-p)$阶分数阶傅里叶变换得出

$$X_{p'}(u_{p'})=\int K_{p'-p}(u_{p'},u_p)X_p(u_p)\mathrm{d}u_p \tag{2.15}$$

2.1.2　分数阶傅里叶变换的其他定义

本节将从几个不同角度对分数阶傅里叶变换进行定义，并证明它们是彼此等价的。

2.1.2.1　定义 2.2：特征函数与特征值

Namias 最早在 1980 年从傅里叶变换的特征值与特征函数的角度定义了分数阶傅里叶变换。傅里叶变换是定义在信号空间上的连续线性算子$\mathcal{F}$，其对应的特征方程是

$$\mathcal{F}\psi_n(t)=\lambda_n\psi_n(t)=\mathrm{e}^{-\mathrm{j}l\pi/2}\psi_n(t),\quad n=0,1,2,\cdots \tag{2.16}$$

其中，傅里叶变换对应的特征值为 $\lambda_l=\mathrm{e}^{-\mathrm{j}l\pi/2}$，特征函数为 Hermite-Gaussian 函数 $\psi_n(t)=H_n(t)\mathrm{e}^{-t^2/2}$。也就是说，$\psi_n(t)$的傅里叶变换等于它自己与复数 λ_n 的乘积。上述表达式中出现的 $H_n(t)$是 n 阶 Hermite 多项式，即

$$H_n(t)=(-1)^n\exp(t^2)\frac{\mathrm{d}^n}{\mathrm{d}t^n}\exp(-t^2) \tag{2.17}$$

根据 2.1.1 节的内容，可以将 p 阶分数阶傅里叶变换运算定义为傅里叶变换的 p 阶分数幂，从而引出定义 2.2。

定义 2.2：令 ψ_n（或 $\psi_n(t)$）表示 Hermite-Gaussian 函数，它是傅里叶变换运算特征值为 λ_n 的特征函数，且构成有限能量信号空间的标准正交基。分数阶傅里叶变换被定义为线性的，并且满足

$$\mathcal{F}^p\psi_n=\lambda_n^p\psi_n=(\mathrm{e}^{-\mathrm{j}n\pi/2})^p\psi_n=\mathrm{e}^{-\mathrm{j}pn\pi/2}\psi_n \tag{2.18}$$

或

$$\mathcal{F}^p\psi_n(t)=\lambda_n^p\psi_n(u)=(\mathrm{e}^{-\mathrm{j}n\pi/2})^p\psi_n(u)=\mathrm{e}^{-\mathrm{j}pn\pi/2}\psi_n(u) \tag{2.19}$$

这个表述完全通过规定特征函数和特征值来定义分数阶傅里叶变换。定义取决于所选的那组特征函数，选择的方法与选择特征值 λ_n 的 p 阶幂的方法相同。不同的选择导致不同的定义。分数阶傅里叶变换的一些依据定义 2.1 得到的性质，可由定义 2.2 十分容易地推导出来，例如特例 $p=0$，$p=1$，以及阶数可加性。后者可通过在式(2.19)两边同时应用算子 $\mathcal{F}^{p'}$ 得出。

为了找到函数 $x(t)$ 的分数阶傅里叶变换，我们首先将其展开为傅里叶变换的特征函数(标准正交基)的线性叠加

$$x(t)=\sum_{n=0}^{+\infty}X_n\psi_n(t) \tag{2.20}$$

其中，$X_n=\int\psi_n(t)x(t)\mathrm{d}t$ 。让 $\mathcal{F}^p$ 同时作用于式(2.20)两边，并运用式(2.19)，可得到

$$\mathcal{F}^p x(t)=\sum_{n=0}^{+\infty}\mathrm{e}^{-\mathrm{j}pn\pi/2}X_n\psi_n(u)=\int\sum_{n=0}^{+\infty}\mathrm{e}^{-\mathrm{j}pn\pi/2}\psi_n(u)\psi_n(t)x(t)\mathrm{d}t \tag{2.21}$$

与式(2.3)比较后不难看出，核函数

$$K_p(u,t)=\sum_{n=0}^{+\infty}\mathrm{e}^{-\mathrm{j}pn\pi/2}\psi_n(u)\psi_n(t) \tag{2.22}$$

上式称为分数阶傅里叶变换核的频谱展开(或奇异值分解)。而 Hermite-Gaussian 函数 $\psi_n(t)$ 满足

$$\mathrm{e}^{-\mathrm{j}2\pi ut}=\sum_{n=0}^{+\infty}\mathrm{e}^{-\mathrm{j}n\pi/2}\psi_n(u)\psi_n(t) \tag{2.23}$$

$$\sqrt{1-\mathrm{j}\cot\alpha}\,\mathrm{e}^{\mathrm{j}\pi(u^2\cot\alpha-2ut\csc\alpha+t^2\cot\alpha)}=\sum_{n=0}^{+\infty}\mathrm{e}^{-\mathrm{j}n\alpha}\psi_n(u)\psi_n(t) \tag{2.24}$$

其中，$\alpha=p\pi/2$。显然，式(2.23)是在 $p=1$ 时的特例，可见此时由定义 2.2 确定的分数阶傅里叶变换即傅里叶变换；通过式(2.24)，可以直接看出式(2.22)给出的核函数与式(2.3)中给出的核函数是相同的，这证明定义 2.2 和定义 2.1 等价。同时还可明显看出，Hermite-Gaussian 函数的确是由式(2.3)所定义的分数阶傅里叶变换的特征函数，特征值由式(2.19)给出。

2.1.2.2 定义 2.3：时间-频率平面的旋转

定义 2.3(a)：p 阶分数阶傅里叶变换是由变换矩阵式(2.25)定义的线性正则变换，即

$$\boldsymbol{M}=\begin{bmatrix}A & B\\ C & D\end{bmatrix}=\begin{bmatrix}\cos\alpha & \sin\alpha\\ -\sin\alpha & \cos\alpha\end{bmatrix} \tag{2.25}$$

其中，$\alpha=p\pi/2$。

根据 Radon 变换的定义，可以联想到该矩阵是时间-频率平面上的二维旋转矩阵。再由函数的 Wigner 分布的性质，可将此定义等价地表述成另一种形式。

定义 2.3(b)：p 阶分数阶傅里叶变换相当于信号(或函数)的 Wigner 分布在时间-频率平面上顺时针旋转角度 $\alpha=p\pi/2$。

$$W_{X_p}(u,\mu)\equiv W_x(u\cos\alpha-\mu\sin\alpha,u\sin\alpha+\mu\cos\alpha) \tag{2.26}$$

定义 2.3 的后一种形式不如其他定义严谨，因为它定义的分数阶傅里叶变换相当于一个单位幅度的复常数。

如图2.2所示，$\mathcal{F}[x(t)]$是一种将函数$x(t)$旋转$\pi/2$，由t轴变到ω轴的表示形式，即一函数在与时间轴夹角为$\pi/2$的ω轴上的表示就是该函数的傅里叶变换；$\mathcal{F}^2$相当于t轴的连续两次旋转$\pi/2$，因此得到一个指向$-t$的轴；$\mathcal{F}^4x(t)$则表示对$x(t)$进行4次连续$\pi/2$旋转，所得结果与原函数完全相同。同理可以推知，算子$\mathcal{F}^{p_1}$将函数旋转α_1角度，算子$\mathcal{F}^{p_2}$将函数旋转α_2角度($\alpha_1=p_1\pi/2,\alpha_2=p_2\pi/2$)。如果这两个算子连续对函数作用，将把原函数连续旋转$\alpha_1+\alpha_2$角度，就相当于算子$\mathcal{F}^{p_1+p_2}$对函数的作用，即$\mathcal{F}^{p_1+p_2}=\mathcal{F}^{p_2}\mathcal{F}^{p_1}$。

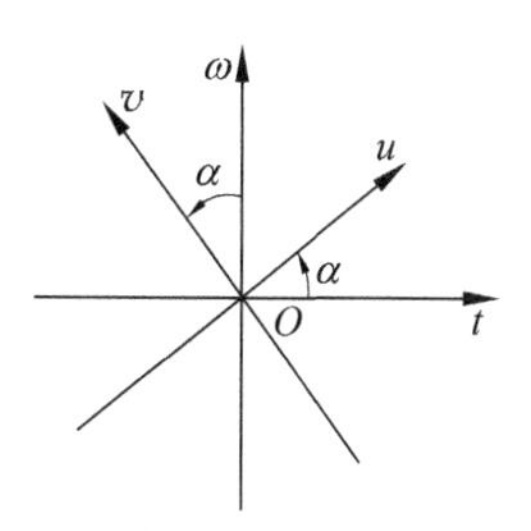

图2.2　(t,ω)平面旋转α角到(u,v)平面

换句话说，当$p=0(\alpha=0)$时仅由上述两定义式可得到恒等矩阵和恒等算子。当$p=1$时可得到矩阵$\begin{bmatrix}0 & 1\\ -1 & 0\end{bmatrix}$和傅里叶变换，即Wigner分布被旋转了$\pi/2$。阶数可加性可由旋转矩阵的角度相加性导出。

最后给出分数阶傅里叶变换$\mathcal{F}^p$与定义2.3(a)中给出的矩阵$\boldsymbol{M}$的线性正则变换$C_{\boldsymbol{M}}$之间的准确关系为

$$C_{\boldsymbol{M}}=\mathrm{e}^{-\mathrm{j}p\pi/4}\mathcal{F}^p,\quad -2\leqslant p\leqslant 2 \tag{2.27}$$

2.1.2.3　定义2.4：坐标乘法与求导算子的变换

首先回顾一下坐标乘法算子$\mathcal{U}$和求导算子$\mathcal{D}$在时域和频域的一些性质：

$$\mathcal{U}x(t)=tx(t) \tag{2.28}$$

$$\mathcal{D}x(t)=\frac{1}{\mathrm{j}2\pi}\frac{\mathrm{d}}{\mathrm{d}t}x(t) \tag{2.29}$$

$$-\mathcal{U}X(u)=\frac{1}{\mathrm{j}2\pi}\frac{\mathrm{d}}{\mathrm{d}u}X(u) \tag{2.30}$$

$$\mathcal{D}X(u)=uX(u) \tag{2.31}$$

接下来，将以u_p作为信号x的p阶分数阶傅里叶域变量表示。

定义2.4(a)：算子$\mathcal{U}^p$和$\mathcal{D}^p$被定义为

$$\begin{bmatrix}\mathcal{U}^p\\ \mathcal{D}^p\end{bmatrix}\equiv\begin{bmatrix}\cos\alpha & \sin\alpha\\ -\sin\alpha & \cos\alpha\end{bmatrix}\begin{bmatrix}\mathcal{U}\\ \mathcal{D}\end{bmatrix},\quad \alpha\equiv\frac{p\pi}{2} \tag{2.32}$$

可知$\mathcal{U}^0=\mathcal{U},\mathcal{U}^1=\mathcal{D},\mathcal{D}^0=\mathcal{D},\mathcal{D}^1=-\mathcal{U}$。信号$x$的$p$阶分数阶傅里叶变换满足如下性质

$$\begin{cases}\mathcal{U}^pX_p(u_p)=u_pX_p(u_p)\\ \mathcal{D}^pX_p(u_p)=\dfrac{1}{\mathrm{j}2\pi}\dfrac{\mathrm{d}}{\mathrm{d}u_p}X_p(u_p)\end{cases} \tag{2.33}$$

这是式(2.28)、式(2.31)和式(2.29)、式(2.30)的广义形式。算子$\mathcal{U}^p$相当于与坐标变量相乘；算子$\mathcal{D}^p$相当于对p阶分数阶傅里叶变换求关于坐标变量的导数。从时域表示$x(t)$到分数阶傅里叶域表示$X_p(u_p)$的一元变换就是分数阶傅里叶变换。

恒等算子的核$K_0(u_0,t)=\delta(u_0-t)$的逆(可认为是t的函数)是坐标乘法算子$\mathcal{U}$特征值为u_0的特征函数；傅里叶变换算子$\mathcal{F}$的核$K_1(u_1,t)=\exp(-\mathrm{j}2\pi u_1t)$的逆(认为是$t$的

函数)是求导算子 D 特征值为 u_1 的特征函数。即

$$\mathcal{U}K_0^{-1}(t,u_0)=u_0K_0^{-1}(t,u_0) \tag{2.34}$$

$$\mathcal{D}K_1^{-1}(t,u_1)=u_1K_1^{-1}(t,u_1) \tag{2.35}$$

还可以验证它们的对偶式

$$-\mathcal{D}K_0^{-1}(t,u_0)=\frac{1}{\mathrm{j}2\pi}\frac{\mathrm{d}}{\mathrm{d}u_0}K_0^{-1}(t,u_0) \tag{2.36}$$

$$\mathcal{U}K_1^{-1}(t,u_1)=\frac{1}{\mathrm{j}2\pi}\frac{\mathrm{d}}{\mathrm{d}u_1}K_1^{-1}(t,u_1) \tag{2.37}$$

式(2.34)和式(2.35)表明了恒等算子与坐标乘法算子、傅里叶变换算子和求导算子之间的关系。同样,可以得到 $K_2(u_2,t)=\delta(u_2+t)$ 和 $K_{-1}(u_{-1},t)=\exp(\mathrm{j}2\pi u_{-1}t)$。$-\mathcal{U}$可与奇偶算子$\mathcal{P}$联系在一起,$-\mathcal{D}$可与傅里叶逆变换算子联系在一起。

定义 2.4(b):再次用式(2.32)定义$\mathcal{U}^p$和$\mathcal{D}^p$。现在,将分数阶傅里叶变换算子$\mathcal{F}^p$与$\mathcal{U}^p$联系起来,就像上述分析中将傅里叶变换算子与$\mathcal{D}$以及恒等算子与$\mathcal{U}$联系起来一样,即

$$\mathcal{U}^pK_p^{-1}(t,u_p)=u_pK_p^{-1}(t,u_p) \tag{2.38}$$

$$-\mathcal{D}^pK_p^{-1}(t,u_p)=\frac{1}{\mathrm{j}2\pi}\frac{\mathrm{d}}{\mathrm{d}u_p}K_p^{-1}(t,u_p) \tag{2.39}$$

这是式(2.34)、式(2.35)和式(2.36)、式(2.37)的广义形式。此处 $K_p^{-1}(t,u_p)$被看作 t 的函数。也就是说,我们建立了信号 x 的 p 阶分数阶傅里叶域表示 $X_p(u_p)$与算子$\mathcal{U}^p$和$\mathcal{D}^p$之间的联系。从时域表示 $x(t)$到分数阶傅里叶域表示 $X_p(u_p)$的一元变换就是分数阶傅里叶变换运算。

可以证明,定义 2.4(a)和定义 2.4(b)是等价的,并且等价于其他几种定义方式。

2.1.2.4 定义 2.5:微分方程的解

定义 2.5:考虑初始条件 $X_0(u)=x(u)$的微分方程

$$\left[-\frac{1}{4\pi}\frac{\partial^2}{\partial u^2}+\pi u^2-\frac{1}{2}\right]X_p(u)=\mathrm{j}\,\frac{2}{\pi}\frac{\partial X_p(u)}{\partial p} \tag{2.40}$$

方程的解 $X_p(u)$就是 $x(u)$的 p 阶分数阶傅里叶变换。

通过直接代入可以写出这个方程的解为

$$X_p(u)=\int K_p(u,u')X_0(u')\mathrm{d}t \tag{2.41}$$

其中,$K_p(u,u')$由式(2.3)明确给出。Namias 分两步解出了方程(2.40),将 $X_p(u)=\int K_p(u,u')X_0(u')\mathrm{d}u'$ 代入方程(2.40),得到关于 $K_p(u,u')$的初始条件为 $K_0(u,u')=\delta(u-u')$的微分方程[3]

$$\left[-\frac{1}{4\pi}\frac{\partial^2}{\partial u^2}+\pi u^2-\frac{1}{2}\right]K_p(u,u')=\mathrm{j}\,\frac{2}{\pi}\frac{\partial K_p(u,u')}{\partial p} \tag{2.42}$$

Namias 得到的核函数与式(2.3)也是相符的,由此可证明此定义与定义 2.1 是等价的。

在这种定义里,函数 $X_0(u)$的分数阶傅里叶变换 $X_p(u)$被定义成初始条件为 $X_0(u)$的微分方程的解。这种微分方程既是量子力学中的谐振微分方程,也是二阶指数媒质中光的传播方程(前者中阶参数 p 相当于时间,后者中它相当于传播方向上的坐标)。

另一种求解方法是，先求方程(2.40)的特解，然后对这些特解作线性组合来构造任意解。在式(2.41)中代入特解形式 $X_p(u)=\lambda_p X_0(u)$，得到

$$\frac{\mathrm{d}^2 X_0(u)}{\mathrm{d}u^2}+4\pi^2\left(\frac{1}{2\pi}+\frac{\mathrm{j}2}{\pi^2\lambda_p}\frac{\mathrm{d}\lambda_p}{\mathrm{d}p}-u^2\right)X_0(u)=0 \tag{2.43}$$

而它的解恰好是 Hermite-Gaussian 函数，其条件是

$$\frac{2n+1}{2\pi}=\frac{1}{2\pi}+\frac{\mathrm{j}2}{\pi^2\lambda_p}\frac{\mathrm{d}\lambda_p}{\mathrm{d}p} \tag{2.44}$$

这意味着

$$\frac{\mathrm{d}\lambda_p}{\mathrm{d}p}=-\mathrm{j}n\left(\frac{\pi}{2}\right)\lambda_p \tag{2.45}$$

由此可得到与 n 阶 Hermite-Gaussian 函数相关的特征值

$$\lambda_p=\mathrm{e}^{-\mathrm{j}pn\pi/2} \tag{2.46}$$

这证明当前定义与定义 2.2 是等价的。

文献[1,3,4]中涉及了更多关于分数阶傅里叶变换与微分方程及其解的关系。分数阶傅里叶变换是求解各种微分方程的有效方法，受篇幅所限此处不再赘述。

2.1.2.5　定义 2.6：超微分算子

最后来看分数阶傅里叶变换如何被定义为超微分形式。

定义 2.6：由超微分算子来定义分数阶傅里叶变换

$$\mathcal{F}^p=\mathrm{e}^{-\mathrm{j}(p\pi/2)\mathcal{H}} \tag{2.47}$$

其中，$\mathcal{H}=\pi(\mathcal{U}^2+\mathcal{D}^2)-\frac{1}{2}$。在时域就变成

$$\mathcal{F}^p x(u)=\exp\left[-\mathrm{j}\left(\frac{p\pi}{2}\right)\left(-\frac{1}{4\pi}\frac{\mathrm{d}^2}{\mathrm{d}u^2}+\pi u^2-\frac{1}{2}\right)\right]x(u) \tag{2.48}$$

同样可证明定义 2.6 与其他几种定义是等价的。

2.2　分数阶傅里叶变换的多样性

本节将分析分数阶傅里叶变换的多样性[5]。首先从傅里叶变换的特征分解入手。设完备的标准正交基$\{\varphi_n(t)\mid n\in\mathbb{N}\}$是傅里叶变换的特征函数集，且相应的傅里叶变换特征值为

$$\mu_n=\mathrm{e}^{-\mathrm{j}(\pi/2)n}\in\{1,-\mathrm{j},-1,\mathrm{j}\} \tag{2.49}$$

那么，基于该标准正交基信号 $x(t)$能够分解为

$$x(t)=\sum_{n=0}^{+\infty}X_n\varphi_n(t),\quad t\in\mathbb{R} \tag{2.50}$$

其中，$X_n=\int_{-\infty}^{+\infty}x(t)\varphi_n^*(t)\mathrm{d}t$（注意定义 2.2 与本节中的 X_n 有所不同，前者只是后者的一个特例）。因为 $\varphi_n(t)$是傅里叶变换的特征函数，所以

$$X(f)=\sum_{n=0}^{+\infty}\mu_n X_n\varphi_n(f)$$

$$= \sum_{n=0}^{+\infty} \mu_n \varphi_n(f) \int_{-\infty}^{+\infty} x(t) \varphi_n^*(t) \mathrm{d}t, \quad f \in \mathbb{R} \tag{2.51}$$

这样，我们得到傅里叶变换的核函数为

$$\phi(f,t) = \sum_{n=0}^{+\infty} \mu_n \varphi_n(f) \varphi_n^*(t) \tag{2.52}$$

即 $X(f) = \int_{-\infty}^{+\infty} x(t) \phi(f,t) \mathrm{d}t$。也就是说，傅里叶变换算子可以写成

$$\mathcal{F} = JGJ^* \tag{2.53}$$

其中，

$$\begin{cases} J^*: X_n = \int_{-\infty}^{+\infty} x(t) \varphi_n^*(t) \mathrm{d}t \\ G: Y_n = \mu_n X_n \\ J: X(f) = \sum_{n \in \mathbf{N}} Y_n \varphi_n(f) \end{cases} \tag{2.54}$$

这样，我们可以定义分数阶傅里叶变换算子为

$$\mathcal{F}^p = JG^p J^* \tag{2.55}$$

其中，$G^p: Y_n = \mu_n^p X_n$。

2.2.1 造成多样性的因素

从式(2.55)可以看出，分数阶傅里叶变换的多样性由下述两个因素造成。

(1) 特征值 μ_n 的实数幂不是唯一的。它可以写成

$$\mu_n^p = \mathrm{e}^{-\mathrm{j}(\pi/2)(n+4q_n)p}, \quad q_n \in \mathbb{Z} \tag{2.56}$$

其中，q_n 是任取的整数序列。所取的 q_n 不同导致不同的分数阶傅里叶变换核函数，所以定义 g_n 为分数阶傅里叶变换的生成序列(Generating Sequence)如下

$$g_n = n + 4q_n, \quad n = 0,1,2,\cdots \tag{2.57}$$

上式可以改写为

$$g_n = (n)_4 + 4a_n \tag{2.58}$$

其中，$(n)_4$ 表示 n 整除 4；a_n 也是整数序列，$a_n = [n/4] + q_n$；$[\cdot]$表示取整。

(2) 标准正交基 φ_n 也不是唯一的。

设傅里叶变换的特征函数集$\{\varphi_n(t) | n \in \mathbf{N}\}$是一组正交基，且相应的特征值是$(-\mathrm{j})^n$，那么可以通过下式得到其他的傅里叶变换特征函数集也是一组正交基

$$\tilde{\varphi}_{4n+h}(t) = \sum_{m \in \mathbf{N}} \lambda_{4n+h,4m+h} \varphi_{4m+h}(t), \quad n \in \mathbf{N}, h = 0,1,2,3 \tag{2.59}$$

其中，系数 $\lambda_{4n+h,4m+h} \in \mathbb{C}$ 满足如下条件

$$\sum_{m \in \mathbf{N}} \lambda_{4m+h,4k+h}^* \lambda_{4m+h,4n+h} = \delta_{kn}, \quad k,n \in \mathbf{N}, h = 0,1,2,3 \tag{2.60}$$

这样我们便可以通过 Hermite-Gaussian 函数和$\{\lambda_{m,n}\}$来确定其他的正交基。因此，定义$\{\lambda_{m,n}\}$为扰动序列(Perturbing Sequence)。可以看出，以 Hermite-Gaussian 函数为例，则有 $\lambda_{m,n} = \delta_{mn}$。

确定生成序列 $\boldsymbol{g} = \{g_n\}$ 和扰动序列 $\lambda = \{\lambda_{m,n}\}$，便可以确定分数阶傅里叶变换，式(2.55)可以改写为

$$\mathcal{F}^{p}=J(\boldsymbol{\lambda})G^{p}(\boldsymbol{g})J^{*}(\boldsymbol{\lambda}) \tag{2.61}$$

2.2.2　分数阶傅里叶变换核函数

当选定特征函数基$\{\varphi_n(t)|n\in\mathbb{N}\}$和生成序列$g_n,n\in\mathbb{N}$后，相应的分数阶傅里叶变换核函数可写为

$$\phi_p(u,t)=\sum_{n=0}^{+\infty}\varphi_n(u)\varphi_n^{*}(t)\mathrm{e}^{-\mathrm{j}(\pi/2)g_n p} \tag{2.62}$$

$$=\sum_{m\in\boldsymbol{g}}U_m(u,t)\mathrm{e}^{-\mathrm{j}(\pi/2)mp} \tag{2.63}$$

其中

$$\boldsymbol{g}=\{g_n\}$$

$$U_m(u,t)=\sum_{n\in\boldsymbol{N}_m}\varphi_n(u)\varphi_n^{*}(t),\quad \boldsymbol{N}_m=\{n\mid g_n=m\} \tag{2.64}$$

既然$\phi_p(u,t)$是关于p的周期函数，且周期等于4。那么，式(2.62)可以改写为

$$\Psi(p)\triangleq\phi_p(u,t)=\sum_{n=0}^{+\infty}B_n\mathrm{e}^{-\mathrm{j}2\pi g_n\rho p} \tag{2.65}$$

其中，$B_n=\varphi_n(u)\varphi_n^{*}(t)$，$\rho=1/4$表示$\Psi(p)$的频率。进一步作傅里叶展开，并依据式(2.63)，得到

$$\Psi(p)=\sum_{m=-\infty}^{+\infty}U_m\mathrm{e}^{-\mathrm{j}2\pi m\rho p}=\sum_{m\in\boldsymbol{g}}U_m\mathrm{e}^{-\mathrm{j}2\pi m\rho p} \tag{2.66}$$

相应的傅里叶展开系数为

$$U_m=\sum_{n\in\boldsymbol{N}_m}B_n,\quad \boldsymbol{N}_m=\{n\mid g_n=m\} \tag{2.67}$$

若$\boldsymbol{N}_m$为空集，则$U_m=0$。

接下来，我们将举例导出两种情况下的分数阶傅里叶变换核函数。

(1) 特征函数基取为Hermite-Gaussian函数$\psi_n(t)$，生成序列$g_n=n$。

这种情况下，核函数为

$$\Psi^{(c)}(p)=\phi_p^{(c)}(u,t)=\sum_{n=0}^{+\infty}\psi_n(u)\psi_n^{*}(t)\mathrm{e}^{-\mathrm{j}(\pi/2)np}$$

依据Mehler展开式

$$\sum_{n=0}^{+\infty}\psi_n(u)\psi_n^{*}(t)\gamma^n=\frac{\sqrt{2}}{\sqrt{1-\gamma^2}}\exp\left[\pi(u^2+t^2)-\frac{2\pi[(u^2+t^2)-2\gamma ut]}{1-\gamma^2}\right] \tag{2.68}$$

得到

$$\Psi^{(c)}(p)=\phi_p^{(c)}(u,t)=A_\alpha\exp[\mathrm{j}\pi(u^2\cot\alpha-2ut\csc\alpha+t^2\cot\alpha)] \tag{2.69}$$

其中，$\alpha=p\pi/2$，A_α含义参见式(2.3)。

(2) 特征函数基取为Hermite-Gaussian函数$\psi_n(t)$，生成序列$g_n=(n)_{4L}$。

式(2.63)表示的核函数可以改写为

$$\Psi^{(4L)}(p)=\phi_p^{(4L)}(u,t)=\sum_{m\in 0}^{4L-1}U_m^{(4L)}(u,t)\mathrm{e}^{-\mathrm{j}(\pi/2)mp} \tag{2.70}$$

其中

$$\begin{aligned} U_m^{(4L)}(u,t) &= \sum_{h=0}^{+\infty}\varphi_{4Lh+m}(u)\varphi_{4Lh+m}^{*}(t) \\ &= \frac{\sqrt{2}}{2^m}\mathrm{e}^{-\pi(u^2+t^2)}\sum_{h=0}^{+\infty}\frac{1}{2^{4Lh}(4Lh+m)!} \\ &\quad \psi_{4Lh+m}(\sqrt{2\pi}u)\psi_{4Lh+m}(\sqrt{2\pi}t) \end{aligned} \tag{2.71}$$

为了进一步的推导，这里需要补充 3 个定理。

定理 2.1：设 $\Psi(p)$是周期为 T_p 的周期信号，且具有有限的谐波支撑（Harmonic Support）$\sigma(\Psi)$。$\boldsymbol{Q}$ 是一个 N 元素的单元集（Unit Cell），且 $\sigma(\Psi)\subset\boldsymbol{Q}$。那么依据式(2.72)，信号 $\Psi(p)$能够用 N 个样本($\Psi(nT)$, $T=T_p/N$)不失真地恢复出来。

$$\Psi(p)=\sum_{r=0}^{N-1}\Psi(rT)s_{Q}(p-rT) \tag{2.72}$$

其中，内插函数 $s_Q(p)$如下

$$s_Q(p)=\frac{1}{N}\sum_{m\in Q}\mathrm{e}^{-\mathrm{j}2\pi m\rho p} \tag{2.73}$$

若 $\boldsymbol{Q}$ 由 N 个连续的整数组成，即 $\boldsymbol{Q}=\{m_0,m_0+1,\cdots,m_0+N-1\}$，则内插函数采用标准形式

$$s_Q(p)=\frac{1}{N}\sum_{m=m_0}^{m_0+N-1}\mathrm{e}^{-\mathrm{j}2\pi m\rho p}=\mathrm{e}^{\mathrm{j}\pi(2m_0+N-1)\rho p}\operatorname{sinc}_N(N\rho p) \tag{2.74}$$

其中，$\operatorname{sinc}_N(x)\triangleq\dfrac{\sin(\pi x)}{N\sin(\pi x/N)}$。

谐波支撑——如式(2.66)所示周期信号的谐波支撑定义为

$$\sigma(\Psi)=\{m\mid U_m\neq 0\} \tag{2.75}$$

该谐波支撑可以利用生成序列 $\boldsymbol{g}=\{g_n\}$的镜像得到。例如，若 $g_n=(n)_8$，则

$$\sigma(\Psi)=\{0,1,\cdots,7\}=\boldsymbol{g}$$

N 元素的单元集——$\mathbb{Z}$ 的具有 N 元素的子集 $\boldsymbol{Q}$，令 $\boldsymbol{Q}+hN\triangleq\{q+hN\mid q\in\boldsymbol{Q}\}$，那么

$$\bigcup_{h=-\infty}^{+\infty}[\boldsymbol{Q}+hN]=\mathbb{Z},\quad [\boldsymbol{Q}+hN]\cap[\boldsymbol{Q}+kN]=\varnothing,\quad h\neq k \tag{2.76}$$

定理 2.2：设 $\Psi(p)=\sum_{n=0}^{+\infty}B_n\mathrm{e}^{-\mathrm{j}2\pi g_n\rho p}$，$\tilde{\Psi}(p)=\sum_{n=0}^{+\infty}B_n\mathrm{e}^{-\mathrm{j}2\pi\tilde{g}_n\rho p}$，那么当且仅当

$$g_n=\tilde{g}_n\pmod N \tag{2.77}$$

$\Psi(p)$和 $\tilde{\Psi}(p)$满足采样条件 $\Psi(nT)=\tilde{\Psi}(nT)$，$T=T_p/N$。

定理 2.3：设 $\Psi(p)=\sum_{n=0}^{+\infty}B_n\mathrm{e}^{-\mathrm{j}2\pi g_n\rho p}$，$\tilde{\Psi}(p)=\sum_{n=0}^{+\infty}B_n\mathrm{e}^{-\mathrm{j}2\pi\tilde{g}_n\rho p}$。若两个生成序列 g_n 和 $\tilde{g}_n$ 用 N 整除后，两者都是周期的，且整除后的头一个序列($g_0,g_1,\cdots,g_{N-1}$)是不相同的，则 $\tilde{\Psi}(p)$的样本可以通过 $\Psi(p)$的样本获得，即

$$\tilde{\Psi}(rT)=\sum_{n=0}^{N-1}\Psi(nT)\zeta(r,n),\quad T=T_p/N \tag{2.78}$$

其中，$\zeta(r,n)=\dfrac{1}{N}\sum_{m=0}^{N-1}\dfrac{\mathrm{e}^{\mathrm{j}2\pi(g_m n-\tilde{g}_m r)}}{N}$。

接下来，将利用上述三个定理来对式(2.70)和式(2.71)做进一步的推导。通过观察式(2.70)，可以发现 $\Psi^{(4L)}(p)$具有有限的谐波支撑 $\sigma(\Psi^{(4L)})=\{0,1,\cdots,4L-1\}$。那么利用定理 1 便能得到

$$\Psi^{(4L)}(p)=\sum_{r=0}^{4L-1}\Psi^{(4L)}(r/L)s_{4L}(p-r/L) \tag{2.79}$$

上式中的样本 $\Psi^{(4L)}(r/L)$仍然无法得到。但是利用定理 2.2 和定理 2.3，我们便能够通过式(2.69)来求出 $\Psi^{(4L)}(r/L)$，也就是说，两个生成序列分别取为 $\tilde{g}_n=(n)_{4L}$ 和 $g_n=n$。这样，式(2.79)便化为

$$\Psi^{(4L)}(p)=\sum_{r=0}^{4L-1}\Psi^{(c)}(r/L)s_{4L}(p-r/L) \tag{2.80}$$

式(2.80)中为有限个元素的和，且 $\Psi^{(c)}(p)$存在闭式解，所以第二种情况的闭式解即如式(2.80)所示。

考虑边缘条件，即 $\phi_0^{(c)}(u,t)=\delta(u-t)$和 $\phi_1^{(c)}(u,t)=\mathrm{e}^{-\mathrm{j}2\pi ut}$，在式(2.80)中这些样本值对应 $r=0,L,2L,3L$。那么可以得到

$$\begin{aligned}\phi_p^{(4L)}(u,t)=&s_{4L}(p)\delta(u-t)+s_{4L}(p-1)\mathrm{e}^{-\mathrm{j}2\pi ut}+s_{4L}(p-2)\delta(u+t)+\\&s_{4L}(p-3)\mathrm{e}^{\mathrm{j}2\pi ut}+\sum_{r=1}^{L-1}\sum_{k=0}^{3}\phi_{r/L+k}^{(c)}(u,t)s_{4L}\left(\frac{p-r}{L-k}\right)\end{aligned} \tag{2.81}$$

对于 $L=1$ 的情况，上式变为

$$\begin{aligned}\phi_p^{(4)}(u,t)=&s_4(p)\delta(u-t)+s_4(p-1)\mathrm{e}^{-\mathrm{j}2\pi ut}+\\&s_4(p-2)\delta(u+t)+s_4(p-3)\mathrm{e}^{\mathrm{j}2\pi ut}\end{aligned} \tag{2.82}$$

显然，上述两种情况下得到的信号 $x(t)$的分数阶傅里叶变换存在如下关系

$$X_p^{(4L)}(u)=\sum_{r=0}^{4L-1}X_{r/L}^{(c)}(u)s_{4L}(p-r/L) \tag{2.83}$$

既然 $\lim\limits_{N\to\infty}\mathrm{e}^{-\mathrm{j}(\pi/2)(n)_N p}=\mathrm{e}^{-\mathrm{j}(\pi/2)np}$，所以根据式(2.62)，可以知道两种情况的结果是近似的，且随着 N 的增大，两者的误差相应减小。根据式(2.50)和式(2.62)，可以得到 p 阶分数阶傅里叶变换结果为

$$X_p(u)=\sum_{n=0}^{+\infty}X_n\varphi_n(u)\mathrm{e}^{-\mathrm{j}(\pi/2)g_n p} \tag{2.84}$$

所以有

$$\begin{aligned}\|X_p^{(N)}(u)-X_{r/L}^{(c)}(u)\|^2&=\left\|\sum_{n=0}^{+\infty}(\mathrm{e}^{-\mathrm{j}(\pi/2)(n)_N p}-\mathrm{e}^{-\mathrm{j}(\pi/2)np})X_n\varphi_n(u)\right\|^2\\&=\left\|\sum_{n=N}^{+\infty}(\mathrm{e}^{-\mathrm{j}(\pi/2)(n)_N p}-\mathrm{e}^{-\mathrm{j}(\pi/2)np})X_n\varphi_n(u)\right\|^2\\&\leqslant 2\sum_{n=N}^{+\infty}|X_n|^2\end{aligned} \tag{2.85}$$

若信号 $x(t)$平方可积，则随着 N 的增大，上式的误差趋于 0(图 2.3)。

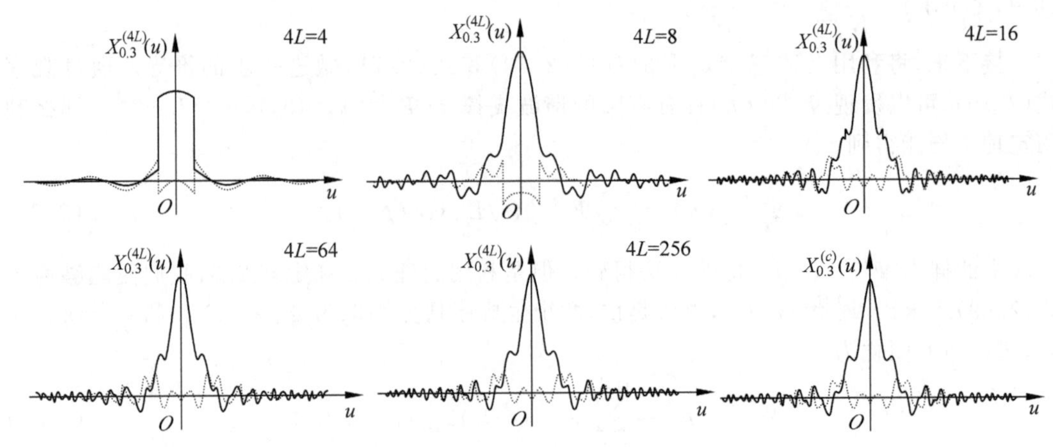

图 2.3　两种情况下的 $p=0.3$ 阶分数阶傅里叶变换结果对比图(实线表示实部，点线表示虚部)

教学视频

2.3　分数阶傅里叶变换的性质

前面已经给出了分数阶傅里叶变换的一些基础性质；在此基础上，本节对分数阶傅里叶变换的性质进行深入探讨和全面总结。

2.3.1　基本性质

表 2.1 和表 2.2 中给出了分数阶傅里叶变换的一些基本性质[1-3,6-10]。

表 2.1　分数阶傅里叶变换的性质(1)

序　号	性　质	
1	线性	$\mathcal{F}^p\left[\sum_n c_n x_n(u)\right]=\sum_n c_n\left[\mathcal{F}^p x_n(u)\right]$
2	阶数为整数时	$\mathcal{F}^n=(\mathcal{F})^n$
3	逆	$(\mathcal{F}^p)^{-1}=\mathcal{F}^{-p}$
4	酉性	$(\mathcal{F}^p)^{-1}=(\mathcal{F}^p)^{\mathrm{H}}$
5	阶数叠加性	$\mathcal{F}^{p_1}\mathcal{F}^{p_2}=\mathcal{F}^{p_1+p_2}$
6	交换性	$\mathcal{F}^{p_1}\mathcal{F}^{p_2}=\mathcal{F}^{p_2}\mathcal{F}^{p_1}$
7	结合性	$(\mathcal{F}^{p_1}\mathcal{F}^{p_2})\mathcal{F}^{p_3}=\mathcal{F}^{p_1}(\mathcal{F}^{p_2}\mathcal{F}^{p_3})$
8	特征函数	$\mathcal{F}^p\psi_n=\exp(-\mathrm{j}pn\pi/2)\psi_n$
9	Wigner 分布	$W_{X_p}(u,\mu)=W_x(u\cos\alpha-\mu\sin\alpha,u\sin\alpha+\mu\cos\alpha)$
10	Parseval 关系	$\langle x(u),y(u)\rangle=\langle X_p(u_p),Y_p(u_p)\rangle$

注：c_n 是任意复常数，n 是任意整数。

表 2.1 中，性质 1 表明分数阶傅里叶变换是线性变换，满足叠加原理。

性质 2 表明当 p 等于整数 n 时，p 阶分数阶傅里叶变换相当于傅里叶变换的 n 次幂，即重复进行傅里叶变换 n 次。此外，$\mathcal{F}^2=\mathcal{P}$(奇偶算子)，$\mathcal{F}^3=\mathcal{F}^{-1}=(\mathcal{F})^{-1}$(逆变换算子)，$\mathcal{F}^4=\mathcal{F}^0=\mathcal{I}$(恒等算子)，$\mathcal{F}^n=\mathcal{F}^{n\bmod 4}$。

当 p 等于 $4n+1$ 时，有 $K_p(u,u')=K_1(u,u')=\exp(-j2\pi uu')$；

当 p 等于 $4n+3$ 时，有 $K_p(u,u')=K_{-1}(u,u')=\exp(j2\pi uu')$；

当 p 等于 $4n$ 时，有 $K(u,u')=K(u,u')=\delta(u-u')$；

当 p 等于 $4n\pm2$ 时，有 $K_p(u,u')=K_{\pm2}(u,u')=\delta(u+u')$。

与前文所述一致。

性质 3 让我们把正阶数的前向变换与负阶数的反向变换联系起来。从核函数的角度，这个性质可以陈述为 $K_p^{-1}(u,u')=K_{-p}(u,u')$。容易得出：具有角度 $\alpha=p\pi/2$ 的分数阶傅里叶变换的逆变换就是具有角度 $\alpha=-p\pi/2$ 的分数阶傅里叶变换。这一点由分数阶傅里叶变换的旋转相加性更容易理解。

性质 4 可以同样地从变换核的角度表述为 $K_p^{-1}(u,u')=K_p^*(u',u)$，结合前一个性质，有 $(\mathcal{F}^p)^{\mathrm{H}}=\mathcal{F}^{-p}$ 或者 $K_{-p}(u,u')=K_p^*(u',u)=K_p^{\mathrm{H}}(u,u')$。

性质 5 又称作分数阶傅里叶变换的旋转相加性，在定义 2.3 中已经推导过。从变换核的角度可以表述为

$$K_{p_2+p_1}(u,u')=\int K_{p_2}(u,u'')K_{p_1}(u'',u')\mathrm{d}u'' \tag{2.86}$$

性质 6 可由性质 5 直接导出。

性质 7 并不是分数阶傅里叶变换所特有的，它对所有的标准线性变换都成立。

定义 2.2 中对性质 8 已进行了详细讨论。它只是表明了分数阶傅里叶变换的本征函数是 Hermite-Gaussian 函数 $\psi_n(u)$。

性质 9 作为定义 2.3 的一部分也已进行了讨论，而且在第 3 章中还会进一步研究。这个性质表明了函数分数阶傅里叶变换的 Wigner 分布是原函数 Wigner 分布的旋转。

性质 10 又可以写作

$$\int_{-\infty}^{+\infty}x(u)y^*(u)\mathrm{d}u=\int_{-\infty}^{+\infty}X_p(u_p)Y_p^*(u_p)\mathrm{d}u_p \tag{2.87}$$

即分数阶傅里叶变换满足 Parseval 关系，由此可以推知其具有能量守恒关系

$$\int_{-\infty}^{+\infty}|x(u)|^2\mathrm{d}u=\int_{-\infty}^{+\infty}|X_p(u_p)|^2\mathrm{d}u_p \tag{2.88}$$

同时由定义 2.3 的旋转相加性可知，X_{p_3} 是 X_{p_1} 的 (p_3-p_1) 阶变换以及 Y_{p_4} 是 Y_{p_2} 的 (p_4-p_2) 阶变换，从而可以找到一个更加一般的方式来表述这个性质

$$\text{当 } p_1-p_2=p_3-p_4 \text{ 时，}\quad \langle X_{p_1},Y_{p_2}\rangle=\langle X_{p_3},Y_{p_4}\rangle \tag{2.89}$$

表 2.2 列出了分数阶傅里叶变换的一些运算性质，大部分可以通过定义 2.1 或者核的对称性质得到推导和验证。为方便起见，以下公式表示为从时域向 p 阶分数阶变换域的变换。下面讨论表 2.2 中的性质。

表 2.2　分数阶傅里叶变换的性质(2)

序号	$x(t)$	$X_p(u)$
1	$x(-t)$	$X_p(-u)$
2	$\lvert M\rvert^{-1}x(t/M)$	$\sqrt{\dfrac{1-\mathrm{j}\cot\alpha}{1-\mathrm{j}M^2\cot\alpha}}\exp\left[\mathrm{j}\pi u^2\cot\alpha\left(1-\dfrac{\cos^2\alpha'}{\cos^2\alpha}\right)\right]X_{p'}\left(\dfrac{Mu\sin\alpha'}{\sin\alpha}\right)$
3	$x(t-\rho)$	$\exp(\mathrm{j}\pi\rho^2\sin\alpha\cos\alpha)\exp(-\mathrm{j}2\pi u\rho\sin\alpha)X_p(u-\rho\cos\alpha)$

续表

序号	$x(t)$	$X_p(u)$
4	$\exp(\mathrm{j}2\pi t\rho)x(t)$	$\exp(-\mathrm{j}\pi\rho^2\sin\alpha\cos\alpha)\exp(-\mathrm{j}2\pi u\rho\cos\alpha)X_p(u-\rho\sin\alpha)$
5	$t^n x(t)$	$[\cos\alpha u-\sin\alpha(\mathrm{j}2\pi)^{-1}\mathrm{d}/\mathrm{d}u]^n X_p(u)$
6	$[(\mathrm{j}2\pi)^{-1}\mathrm{d}/\mathrm{d}t]^n x(t)$	$[\sin\alpha u+\cos\alpha(\mathrm{j}2\pi)^{-1}\mathrm{d}/\mathrm{d}u]^n X_p(u)$
7	$x(t)/t$	$-\mathrm{j}\csc\alpha\exp(\mathrm{j}\pi u^2\cot\alpha)\int_{-\infty}^{2\pi u}X_p(u')\exp(-\mathrm{j}\pi u'^2\cot\alpha)\,\mathrm{d}u'$
8	$\int_{\xi}^{t}x(t')\mathrm{d}t'$	$\sec\alpha\exp(-\mathrm{j}\pi u^2\tan\alpha)\int_{\xi}^{u}X_p(u')\exp(\mathrm{j}\pi u'^2\tan\alpha)\,\mathrm{d}u'$
9	$x^*(t)$	$X^*_{-p}(u)$
10	$x^*(-t)$	$X^*_{-p}(-u)$
11	$[x(t)+x(-t)]/2$	$[X_p(u)+X_p(-u)]/2$
12	$[x(t)-x(-t)]/2$	$[X_p(u)-X_p(-u)]/2$

注：ξ 和 M 是实数但 $M\neq 0,\pm\infty$。$\alpha'=\arctan(M^{-2}\tan\alpha)$，其中 α' 取与 α 同一象限。当 p 取偶数时性质 7 不成立，当 p 取奇数时性质 8 不成立。

表 2.2 中，性质 1 说明分数阶傅里叶变换是一个偶运算，即若 $x(t)$ 为 t 的偶函数，则 $X_p(u)$ 也是 u 的偶函数；若 $x(t)$ 为 t 的奇函数，则 $X_p(u)$ 也是 u 的奇函数。性质 1 是性质 2 的一个特例。

性质 2 是分数阶傅里叶变换的尺度特性。

傅里叶变换有性质：$x(t/M)$ 的傅里叶变换是 $|M|X(M\omega)$，性质 2 是对这个性质的广义化。注意到 $x(t/M)$ 的分数阶傅里叶变换不能表示成 $X_p(u)$ 的相同 p 阶尺度变换后的形式，事实上 $x(t/M)$ 的分数阶傅里叶变换被证明是 $X_{p'}(u)$ 尺度变换及 chirp 调制后的形式，其中 $p'\neq p$ 由下式给出

$$\frac{p'\pi}{2}\equiv\alpha'=\arctan\left(\frac{\tan\alpha}{M^2}\right) \tag{2.90}$$

α' 选择与 α 同一象限（实际上，$x(t/M)$ 的变换的最后表达式不依赖于如何选择 α' 所在的象限，不过我们为了具体性而指定象限）。

性质 3 和性质 4 分别是分数阶傅里叶变换的时移特性和频移特性。

性质 5 和性质 6 可以先由 $n=1$ 得到验证，然后通过递归推广到一般情况。

性质 7 仅当 p 为奇数（即 $\alpha\neq n\pi$）时成立。当 p 是偶数时，性质 7 写为：n 为任意整数，若 $p=4n$ 则 $X_p(u)=x(t)/t$；若 $p=4n+2$ 则 $X_p(u)=x(-t)/(-t)$。

性质 8 仅当 p 为偶数（即 $\alpha=n\pi$）时成立。当 $p=4n+1$（或 $p=4n+3$）时，性质 8 的右边简化为 $\int_{\xi}^{u}x(u')\mathrm{d}u'$ 的傅里叶变换（$p=4n+3$ 时为逆变换）。

性质 9 和性质 10 表明，若 $x(t)$ 是实的，则 $X_p(u)=X^*_{-p}(u)$ 或 $X_{-p}(u)=X^*_p(u)$；若 $x(t)$ 是纯虚的，则 $X_p(u)=-X^*_{-p}(u)$ 或 $X_{-p}(u)=-X^*_p(u)$。

性质 11 和性质 12 也表明偶函数的分数阶傅里叶变换还是偶函数，奇函数的变换还是奇函数。类似的性质也可以用算子形式表述，奇偶算子$\mathcal{P}$的对称性：$\mathcal{F}^p\mathcal{P}=\mathcal{P}\mathcal{F}^p$ 或 $\mathcal{F}^p=\mathcal{P}\mathcal{F}^p\mathcal{P}$。还可知偶运算的特征函数总是选择确定的奇偶性（或奇或偶），如 Hermite-Gaussian 函数一样。最后还应注意到因为$\mathcal{F}^{p\pm 2}=\mathcal{F}^p\mathcal{F}^{\pm 2}=\mathcal{F}^p\mathcal{P}=\mathcal{P}\mathcal{F}^p$，于是就有 $X_{p\pm 2}(u)=X_p(-u)$。

此外还有，分数阶傅里叶变换对阶数 p 是连续的，即 p 的微小变化将导致 $X_p(u)$ 的微

小变化，也就是说，p 逐渐变化时 $X_p(u)$ 也将逐渐变化。而且容易知道，当 p 接近偶数时（$\alpha=n\pi$），此时核接近一个 δ 函数。关于连续性的更严格的讨论可以参见文献[1]。

表 2.3 列出了一些常见信号的分数阶傅里叶变换。

表 2.3　一些常见信号的分数阶傅里叶变换

序号	信　号	具有角度 $\alpha=p\pi/2$ 的分数阶傅里叶变换
1	$\delta(t-\tau)$	$\sqrt{\dfrac{1-\mathrm{j}\cot\alpha}{2\pi}}\mathrm{e}^{\mathrm{j}\left[\frac{\tau^2+u^2}{2}\cot\alpha-u\tau\csc\alpha\right]}$，　$\alpha\neq n\pi, n\in\mathbf{Z}$
2	1	$\sqrt{1+\mathrm{j}\tan\alpha}\,\mathrm{e}^{-\mathrm{j}\frac{u^2}{2}\tan\alpha}$，　$\alpha-\dfrac{\pi}{2}\neq n\pi, n\in\mathbf{Z}$
3	$\mathrm{e}^{\mathrm{j}ct}$	$\sqrt{1+\mathrm{j}\tan\alpha}\,\mathrm{e}^{-\mathrm{j}\left[\frac{c^2+u^2}{2}\tan\alpha+uc\sec\alpha\right]}$，　$\alpha-\dfrac{\pi}{2}\neq n\pi, n\in\mathbf{Z}$
4	$\mathrm{e}^{\frac{\mathrm{j}ct^2}{2}}$	$\sqrt{\dfrac{1+\mathrm{j}\tan\alpha}{1+c\tan\alpha}}\mathrm{e}^{\mathrm{j}\frac{u^2}{2}\frac{c-\tan\alpha}{1+c\tan\alpha}}$，　$\alpha-\arctan c-\dfrac{\pi}{2}\neq n\pi, n\in\mathbf{Z}$
5	$\mathrm{e}^{\frac{-t^2}{2}}$	$\mathrm{e}^{\frac{-u^2}{2}}$
6	$H_n(t)\mathrm{e}^{\frac{-t^2}{2}}$	$\mathrm{e}^{-\mathrm{j}n\alpha}H_n(t)\mathrm{e}^{\frac{-u^2}{2}}$，$H_n(t)$ 为 Hermite 多项式
7	$\mathrm{e}^{-\frac{ct^2}{2}}$	$\sqrt{\dfrac{1-\mathrm{j}\cot\alpha}{c-\mathrm{j}\cot\alpha}}\mathrm{e}^{\mathrm{j}\frac{u^2}{2}\frac{(c^2-1)\cot\alpha}{c^2+\cot^2\alpha}}\mathrm{e}^{-\frac{u^2}{2}\frac{c\sec^2\alpha}{c^2+\cot^2\alpha}}$

2.3.2　不确定性准则

既然分数阶傅里叶域是一个统一的时频变换域，那么时频域的不确定性原理扩展到分数阶傅里叶域会是什么呢？首先来看式(2.4)给出的分数阶傅里叶变换定义，可以发现分数阶傅里叶变换实际上分解为如下三步[2]：

(1) 乘以 chirp 信号，$g(t)=\sqrt{(1-\mathrm{j}\cot\alpha)}\,\mathrm{e}^{\mathrm{j}\frac{t^2}{2}\cot\alpha}x(t)$；

(2) 傅里叶变换（自变量存在尺度转变），$\tilde{X}_p(u)=G(\csc\alpha u)$，其中 $G(u)=\dfrac{1}{\sqrt{2\pi}}\displaystyle\int_{-\infty}^{+\infty}g(t)\mathrm{e}^{-\mathrm{j}ut}\mathrm{d}t$；

(3) 乘以 chirp 信号，$X_p(u)=\mathrm{e}^{\mathrm{j}\frac{u^2}{2}\cot\alpha}\tilde{X}_p(u)$。

同时，可以看出信号 $x(t)$ 存在分数阶傅里叶变换与存在傅里叶变换的条件是相同的。也就是说，若 $X(\omega)$ 存在，则 $X_p(u)$ 也存在。利用上述分数阶傅里叶变换的三步分解法以及第 2 章介绍的传统时频域不确定性准则，便可以得到两个不同阶数分数阶傅里叶域间的不确定性准则如下

$$\Delta u_\alpha^2\Delta u_\beta^2\geqslant\frac{1}{4}\sin^2(\alpha-\beta)\tag{2.91}$$

其中，$\Delta u_\gamma^2=\int_{-\infty}^{+\infty}|(u-u_{\gamma0})X_{2\gamma/\pi}(u)|^2\mathrm{d}u$；$u_{\gamma0}=\int_{-\infty}^{+\infty}u|X_{2\gamma/\pi}(u)|^2\mathrm{d}u$，$\gamma=\alpha,\beta$。取 α,β 为正交关系，则得到

$$\begin{cases} \Delta u_p \Delta u_{p+1} \geqslant \dfrac{1}{4\pi}, & \text{角度用度测量} \\ \Delta u_p \Delta u_{p+1} \geqslant \dfrac{1}{2}, & \text{角度用弧度测量} \end{cases} \tag{2.92}$$

Shinde 等在式(2.91)的基础上，给出了更为严格的表示[11]：设 $x(t)$ 为具有单位能量的实信号，则

$$\Delta u_\alpha^2 \Delta u_\beta^2 \geqslant \left(\Delta t^2 \cos\alpha\cos\beta + \frac{\sin\alpha\sin\beta}{4\Delta t^2}\right)^2 + \frac{\sin^2(\alpha-\beta)}{4} \tag{2.93}$$

其中，$\Delta t^2 = \int_{-\infty}^{+\infty} |(t-t_0)x(t)|^2 \mathrm{d}t$；$t_0 = \int_{-\infty}^{+\infty} t\,|x(t)|^2 \mathrm{d}t$；$\Delta u_\alpha^2$、$\Delta u_\beta^2$ 如式(2.91)所示。当

$$x(t) = \left(\frac{1}{\pi\sigma^2}\right)^{\frac{1}{4}} \mathrm{e}^{-\frac{t^2}{2\sigma^2}} \tag{2.94}$$

σ 为任取的实常数时，式(2.93)等号成立。推导过程从略。

2.3.3 高斯函数的分数阶傅里叶变换

2.3.3.1 高斯函数的傅里叶变换

高斯函数的定义式

$$x(t) = \frac{1}{\sqrt{2\pi\sigma_t^2}} \exp\left(-\frac{t^2}{2\sigma_t^2}\right) \tag{2.95}$$

上式表示的高斯函数均值为 0，标准差为 σ。其傅里叶变换为

$$\begin{aligned} X(u) &= \frac{1}{\sqrt{2\pi}} \int \frac{1}{\sqrt{2\pi\sigma_t^2}} \exp\left(-\frac{t^2}{2\sigma_t^2}\right) \exp(-\mathrm{j}ut)\,\mathrm{d}t \\ &= \frac{1}{2\pi\sigma_t} \exp\left(-\frac{1}{2}u^2\sigma_t^2\right) \int \exp\left[-\frac{1}{2}\left(\frac{t}{\sigma_t} + \mathrm{j}ut\right)^2\right] \mathrm{d}t \end{aligned} \tag{2.96}$$

令 $z = \dfrac{t}{\sigma_t} + \mathrm{j}ut$，则 $\mathrm{d}t = \sigma_t \mathrm{d}z$，将之代入可得

$$\begin{aligned} X(u) &= \frac{\sigma_t}{2\pi\sigma_t} \exp\left(-\frac{1}{2}u^2\sigma_t^2\right) \int \exp\left(-\frac{z^2}{2}\right) \mathrm{d}z \\ &= \frac{1}{2\pi} \exp\left(-\frac{1}{2}u^2\sigma_t^2\right) \int \exp\left(-\frac{z^2}{2}\right) \mathrm{d}z \end{aligned} \tag{2.97}$$

根据高斯函数的定义，可以知道

$$\frac{1}{\sqrt{2\pi}} \int \exp\left(-\frac{z^2}{2}\right) = 1 \tag{2.98}$$

联立式(2.97)和式(2.98)可得

$$X(u) = \frac{1}{\sqrt{2\pi}} \exp\left(-\frac{1}{2}u^2\sigma_t^2\right) \tag{2.99}$$

该式表明高斯函数在频域仍然是高斯函数，只是标准差变为 $\sigma_u = \dfrac{1}{\sigma_t}$，且有 σ_t 的幅值调制。

2.3.3.2 高斯函数的分数阶傅里叶变换

将式(2.4)定义的分数阶傅里叶变换改写成

$$X_p(u_p)=B_p\exp\left(\mathrm{j}\,\frac{u_p^2}{2}\cot\alpha\right)\int_{-\infty}^{+\infty}\exp\left(\mathrm{j}\,\frac{t^2}{2}\cot\alpha-\frac{\mathrm{j}tu_p}{\sin\alpha}\right)x(t)\mathrm{d}t \tag{2.100}$$

其中，$B_p=\sqrt{\frac{1-\mathrm{j}\cot\alpha}{2\pi}}$；$\alpha=p\pi/2$。那么高斯函数的分数阶傅里叶变换可写成[12]

$$\begin{aligned}X_p(u_p)&=B_p\exp\left(\frac{1}{2}\mathrm{j}u_p^2\cot\alpha\right)\cdot\int\exp\left(-\frac{\mathrm{j}u_pt}{\sin\alpha}+\frac{1}{2}\mathrm{j}t^2\cot\alpha\right)\exp\left(-\frac{t^2}{2\sigma_t^2}\right)\mathrm{d}t\\&=B_p\exp\left(\frac{1}{2}\mathrm{j}u_p^2\cot\alpha\right)\exp\left[-\frac{1}{2}\,\frac{u_p^2}{(1/\sigma_t^2-\mathrm{j}\cot\alpha)\sin^2\alpha}\right]\cdot\\&\quad\int\exp\left[-\frac{1}{2}\left(\sqrt{(1/\sigma_t^2-\mathrm{j}\cot\alpha)}\,t+\frac{\mathrm{j}u_p}{\sqrt{(1/\sigma_t^2-\mathrm{j}\cot\alpha)}\sin\alpha}\right)^2\right]\end{aligned} \tag{2.101}$$

令 $z=\sqrt{(1/\sigma_t^2-\mathrm{j}\cot\alpha)}\,t+\frac{\mathrm{j}u_p}{\sqrt{(1/\sigma_t^2-\mathrm{j}\cot\alpha)}\sin\alpha}$，则 $\mathrm{d}t=\frac{\mathrm{d}z}{\sqrt{(1/\sigma_t^2-\mathrm{j}\cot\alpha)}}$。代入式(2.101)，并利用式(2.98)，得到

$$X_p(u_p)=\frac{\sqrt{2\pi}B_p}{\sqrt{(1/\sigma_t^2-\mathrm{j}\cot\alpha)}}\exp\left(\frac{1}{2}\mathrm{j}u_p^2\cot\alpha\right)\exp\left[-\frac{1}{2}\,\frac{u_p^2}{(1/\sigma_t^2-\mathrm{j}\cot\alpha)\sin^2\alpha}\right] \tag{2.102}$$

2.3.3.3 高斯函数的分数阶傅里叶域支撑

从式(2.102)可以看出，高斯函数的分数阶傅里叶变换是具有复变量的高斯函数，且伴随有复幅度调制和 chirp 乘积。其中，幅度调制和 chirp 乘积并不直接影响分数阶傅里叶域支撑。因此，我们可以通过分子分母同时乘以一个复数因子来减少式(2.102)中的复变量项，以得到一个更有意义的表达式

$$\begin{aligned}D_p&=\exp\left[-\frac{1}{2}\,\frac{u_p^2}{(1/\sigma_t^2-\mathrm{j}\cot\alpha)\sin^2\alpha}\right]\\&=\exp\left[-\frac{1}{2}u_p^2\,\frac{\sin^2\alpha/\sigma_t^2}{\sin^4\alpha/\sigma_t^4+\sin^2\alpha\cos^2\alpha}\right]\cdot\\&\quad\exp\left[-\mathrm{j}\,\frac{1}{2}\,\frac{u_p^2\sin\alpha\cos\alpha}{\sin^4\alpha/\sigma_t^4+\sin^2\alpha\cos^2\alpha}\right]\end{aligned} \tag{2.103}$$

式中的复指数项是频率调制，不会影响到分布的支撑，所以，仅考虑第一项。

$$\begin{aligned}E_p&=\exp\left[-\frac{1}{2}u_p^2\,\frac{\sin^2\alpha/\sigma_t^2}{\sin^4\alpha/\sigma_t^4+\sin^2\alpha\cos^2\alpha}\right]\\&=\exp\left[-\frac{1}{2}u_p^2\,\frac{1}{\sin^2\alpha/\sigma_t^2+\sigma_t^2\cos^2\alpha}\right]\end{aligned} \tag{2.104}$$

式(2.104)给出了高斯函数的分数阶傅里叶域支撑的表达式，它是一个高斯函数，含有两个变量：输入信号的标准方差 σ_t 以及分数阶傅里叶变换的阶次 $\alpha=p\pi/2$。根据式(2.95)，高斯函数的分数阶傅里叶域支撑可用下式表示：

$$\sigma_p^2 = \frac{\sin^2\alpha}{\sigma_t^2} + \sigma_t^2\cos^2\alpha \tag{2.105a}$$

该式与不确定性准则有紧密的联系，它往往用来定义信号的能量密度。从能量密度的角度将式(2.105a)修正为

$$\sigma_p^2 = \frac{\sin^2\alpha}{4\sigma_t^2} + \sigma_t^2\cos^2\alpha \tag{2.105b}$$

式(2.105b)定义了由 Shinde 和 Gadre 提出的不确定性准则中的极限情况[11]。他们给出的不等式描述了一个实信号在非正交的两个分数阶傅里叶域的分布的乘积范围。而式(2.105b)则进一步证明了高斯函数可以达到不等式的下限。

2.3.4 周期信号的分数阶傅里叶变换

设周期信号 $x(t)$，如下式表示，t 为归一化后的坐标，归一化后的周期为 1，

$$x(t) = \sum_{n=-\infty}^{+\infty} X_n \exp(\mathrm{j}2\pi nt) \tag{2.106}$$

其中

$$X_n = \int_0^1 \tilde{x}(t)\exp(-\mathrm{j}2\pi nt)\mathrm{d}t \tag{2.107}$$

$\tilde{x}(t)$表示一个周期内的 $x(t)$。

利用式(2.106)和下面的关系式[13]（$\mathrm{Re}(h)\leqslant 0$，$\mathrm{Re}(\cdot)$表示取实部）

$$\int_{-\infty}^{+\infty} \exp(ht^2 + lt)\mathrm{d}t = \sqrt{\frac{\pi}{-h}}\exp\left(\frac{-l^2}{4h}\right) \tag{2.108}$$

可以得到 $x(t)$的分数阶傅里叶变换（采用式(2.3)的定义，注意本节用 α 来表示阶次）为

$$X_\alpha(u) = \frac{1}{\sqrt{\cos\alpha}}\mathrm{e}^{\mathrm{j}\left(\frac{\alpha}{2}-\pi u^2\tan\alpha\right)}\Phi(u,\alpha) \tag{2.109}$$

其中

$$\Phi(u,\alpha) = \sum_{n=-\infty}^{+\infty} X_n \exp\left(\frac{\mathrm{j}2\pi nu}{\cos\alpha}\right)\exp(-\mathrm{j}\pi n^2\tan\alpha) \tag{2.110}$$

求和项 $\Phi(u,\alpha)$前面是一个幅度调制和附加的二次相移。求和项包含了变换结果的主要特征。可以看出在 $\alpha\neq\pi(n+1/2)$的情况下，$\Phi(u,\alpha)$是 u 的周期函数，周期为$|\cos\alpha|$，且谱强度是原信号 $x(t)$谱强度经尺度变换得到的。所以，一个周期信号的分数阶傅里叶变换是一个周期信号和一个 chirp 信号的乘积。

2.3.4.1 tanα 为整数的变换结果

接下来考查阶次为 α_k（$\tan\alpha_k=k,k\in\mathbb{Z}$）的周期信号分数阶傅里叶变换。考虑下面的关系式[14]

$$\exp(\pm\mathrm{j}\pi n^2 k) = (-1)^{n^2 k} = (-1)^{nk} = \exp(\pm\mathrm{j}\pi nk) = \exp(\pm\mathrm{j}\pi ne_k)$$

其中，$e_k=0$ 或者 1 对应于 k 值是偶数或者奇数。这样，便可以将式(2.110)化为

$$\Phi(u,\alpha_k) = \sum_{n=-\infty}^{+\infty} X_n \mathrm{e}^{\mathrm{j}2\pi n\left(\frac{u}{\cos\alpha_k}-\frac{e_k}{2}\right)}$$

$$=x\left(\frac{u}{\cos\alpha_k}-\frac{e_k}{2}\right) \tag{2.111}$$

从上式可以看出,周期函数的 α_k 阶分数阶傅里叶变换是原信号 $x(t)$ 经尺度变换后的表示,伴有幅度调制和二次相移。

$$X_{\alpha_k}(u)=\frac{1}{\sqrt{\cos\alpha_k}}\mathrm{e}^{\mathrm{j}\left(\frac{\alpha_k}{2}-\pi u^2\tan\alpha_k\right)}x\left(\frac{u}{\cos\alpha_k}-\frac{e_k}{2}\right) \tag{2.112}$$

其中,$|\cos\alpha_k|=1/\sqrt{1+k^2}$。随着 α 从 0 变化到 $\pi/2$,相应的分数阶傅里叶变换是一组(所有 α_k)经尺度变换和移位后的原信号,且伴有二次相移。

利用分数阶傅里叶变换的线性性质,有

$$X_{\alpha_k}(u)=X_{-\alpha_k}(u)\mathrm{e}^{\mathrm{j}(\alpha_k-2\pi k u^2)}=\mathcal{F}^{2\alpha_k}[X_{-\alpha_k}](u) \tag{2.113}$$

从式(2.112)知道,$X_{-\alpha_k}(u)$ 为一个周期等于 $1/\sqrt{1+k^2}$ 的周期信号和一个 chirp 信号 $\exp(\mathrm{j}\pi k u^2)$ 的乘积。而从式(2.113)可以看出,2arctan$k$ 阶分数阶傅里叶变换是准不变(QuasiInvariant)的,它是伴有 chirp 调制 $\mathrm{e}^{\mathrm{j}(\alpha_k-2\pi k u^2)}$ 的自我复制。

考虑一个特殊的例子 $\alpha=\pi/4$,有

$$X_{\pi/4}(u)=2^{1/4}\mathrm{e}^{\mathrm{j}\pi\left(\frac{1}{8}-u^2\right)}x\left(u\sqrt{2}-\frac{1}{2}\right) \tag{2.114}$$

其逆傅里叶变换也是准不变的

$$\mathcal{F}^{-\pi/2}[X_{\pi/4}](u)=\mathrm{e}^{-\mathrm{j}2\pi\left(\frac{1}{8}-u^2\right)}X_{\pi/4}(u) \tag{2.115}$$

其傅里叶变换是准反射(Quasi-Reflective)的

$$\mathcal{F}^{\pi/2}[X_{\pi/4}](u)=\mathrm{e}^{-\mathrm{j}2\pi\left(\frac{1}{8}-u^2\right)}X_{\pi/4}(-u) \tag{2.116}$$

因此,利用 $X_{\alpha+\pi}(u)=X_{\alpha}(-u)$,可以导出所有的 $X_{\pi/4+n\pi/2}(u)$。例如

$$X_{5\pi/4}(u)=X_{\pi/4}(-u),\quad X_{7\pi/4}(u)=X_{3\pi/4}(-u)$$

2.3.4.2 tanα 为分数的变换结果

接下来考虑 $\tan\alpha$ 是分数的情况,即

$$\tan\alpha_{k,d}=k/d \tag{2.117}$$

其中,k 和 d 是互质的整数。

将式(2.107)代入式(2.110),得到

$$\Phi(u,\alpha)=\int_0^1\tilde{x}(t)\sum_{n=-\infty}^{+\infty}\exp\left(\mathrm{j}2\pi n\left(\frac{u}{\cos\alpha}-\frac{n\tan\alpha}{2}-t\right)\right)\mathrm{d}t=\tilde{x}(t)\otimes\Delta(u,\alpha) \tag{2.118}$$

其中

$$\Delta(u,\alpha)=\exp\left(\mathrm{j}2\pi n\left(\frac{u}{\cos\alpha}-\frac{n\tan\alpha}{2}\right)\right) \tag{2.119}$$

这里的 $\otimes$ 表示卷积。显然,$\Delta(\alpha_{k,d},u)$ 可以表示成[14]

$$\Delta(\alpha_{k,d},u)=\frac{1}{d^{1/2}}\sum_{q=1}^{d}T(q,k,d)\cdot\sum_{n=-\infty}^{+\infty}\delta\left(\frac{u}{\cos\alpha_{k,d}}-\frac{e_k}{2}+n+\frac{q}{d}\right) \tag{2.120}$$

其中

$$T(q,k,d)=\frac{1}{d^{1/2}}\sum_{s=1}^{d}\exp\left(-\mathrm{j}\pi\left(\frac{s^2k}{d}-se_k+\frac{sq}{d}\right)\right) \tag{2.121}$$

其中，δ 是冲激函数，$e_k=0$ 或者 1 对应于 k 值是偶数或者奇数。

所以周期信号 $x(t)$ 的 $\alpha_{k,d}$ 阶分数阶傅里叶变换是 k 个将原信号进行空间移位得到的信号的线性叠加，并且伴有尺度调制和相位移动

$$X_{\alpha_{k,d}}(u)=\frac{1}{\sqrt{d\cos\alpha_{k,d}}}\mathrm{e}^{\mathrm{j}\left(\frac{\alpha_{k,d}}{2}-\pi u^2\frac{k}{d}\right)}\sum_{q=0}^{d-1}T(q,k,d)x\left(\frac{u}{\cos\alpha_{k,d}}-\frac{e_k}{2}+\frac{q}{d}\right) \tag{2.122}$$

式中，$|\cos\alpha_{k,d}|=d/\sqrt{d^2+k^2}$。

信号的 $\beta_{k,d}=\alpha_{k,d}+\pi/2$ 阶分数阶傅里叶变换是 $X_{\alpha_{k,d}}(u)$ 的傅里叶变换，即 $X_{\beta_{k,d}}(u)$ 是 k 个将原信号进行空间移位得到的信号的线性叠加

$$X_{\beta_{k,d}}(u)=\frac{1}{\sqrt{k\sin\alpha_{k,d}}}\mathrm{e}^{\mathrm{j}\left(\frac{\alpha_{k,d}}{2}-\frac{\pi}{4}+\pi u^2\frac{d}{k}\right)}\sum_{q=0}^{k-1}T(q,-d,k)x\left(\frac{-u}{\sin\alpha_{k,d}}-\frac{e_d}{2}+\frac{q}{k}\right) \tag{2.123}$$

上式很容易证明，考虑 $\beta_{k,d}=-\cot\alpha_{k,d}=-d/k$ 即可。

2.3.4.3 不同阶次变换结果模值的关系

从 2.2.2 节的定义 2.3(b)可以知道，Wigner-Ville 分布在 t 轴旋转 α 角后的轴上的投影就是该角度下的分数阶傅里叶变换模平方（详见 2.5 节的相关推导），又称为 Radon-Wigner 变换，即

$$|X_\alpha(u)|^2=\int W_x(u\cos\alpha-\omega\sin\alpha,u\sin\alpha+\omega\cos\alpha)\mathrm{d}\omega \tag{2.124}$$

那么利用信号的$[-\pi/2,\pi/2]$分数阶傅里叶变换模平方和逆 Radon 变换就可以重构出原信号的 Wigner-Ville 分布，并进而恢复出原信号。这是时频层析成像的基础，时频层析成像可以根据分数阶傅里叶变换模平方得到的能量分布来重构出复杂信号。

这一部分我们分析周期信号不同阶次变换结果模值间的关系。周期信号的 Radon-Wigner 变换定义为

$$|X_\alpha(u)|^2=\frac{1}{|\cos\alpha|}|\Phi(u,\alpha)|^2 \tag{2.125}$$

可以看出它也是周期的，周期随 α 从 0 变化到 $\pm\pi/2$。

观察式(2.112)，在 $\alpha_k=\arctan k$（k 为整数）阶次下的 Radon-Wigner 变换与原信号强度分布的关系为

$$|X_{\alpha_k}(u)|^2=\frac{1}{|\cos\alpha_k|}\left|x\left(\frac{u}{\cos\alpha_k}-\frac{e_k}{2}\right)\right|^2 \tag{2.126}$$

此外，因为 $\exp(-\mathrm{j}2\pi mn^2)=1$，所以当阶次 α 和 β 满足

$$\tan\beta-\tan\alpha=\pm 2m,\quad m=0,1,2,\cdots \tag{2.127}$$

便存在 $\Phi(u\cos\alpha,\alpha)=\Phi(u\cos\beta,\beta)$。这样由式(2.127)可知 α 和 β 阶次下各自的 Radon-Wigner 变换是彼此仿射的

$$|X_\alpha(u)|^2=\left|\frac{\cos\beta}{\cos\alpha}\right|\left|X_\beta\left(u\frac{\cos\beta}{\cos\alpha}\right)\right|^2 \tag{2.128}$$

令式(2.128)中 $\alpha=0,\beta=\alpha_m(\tan\alpha_m=\pm m)$，可以看出，$\alpha_m$ 阶次下的 Radon-Wigner 变换是原信号强度分布尺度变换的结果

$$|X_{\alpha_m}(u\cos\alpha_m)|^2=|\cos\alpha_m|^{-1}|X_0(u)|^2$$

其中，$|X_0(u)|^2=|x(u)|^2$。

从式(2.128)也可以看出，阶次 α 为$[0,\arctan 2]$内的 Radon-Wigner 变换与阶次 β_m 为$[\arctan 2m,\arctan 2(m+1)]$和$[-\arctan 2(m+1),-\arctan 2m]$的 Radon-Wigner 变换是仿射的。又因为$|X_\alpha(u)|^2=|X_{\alpha+\pi}(-u)|^2$，这就意味着周期信号的所有定义在区间$[\alpha_m,\alpha_{m+1}]$的 β 阶 Radon-Wigner 变换是可得到的(条件是信号的能量谱是已知的)，其中 $\tan\alpha_m=2m$。这里简化了文献[15-16]中对周期信号进行层析重建的处理过程。信号层析重建需要信号在不同角度下的 Winger 分布的投影。关于信号的先验知识能够用在最优角度值的选择中。对于周期信号来说，分析其在 $\alpha=\pi/2$ 和 $\alpha\in[0,\arctan 2]$的角度下的 Radon-Wigner 变换就足够了。

令式(2.128)中 $\beta=\alpha\pm\pi/2$，且 $\sin 2\alpha_n=\pm 1/n$，则

$$|X_\alpha(u)|^2=|\tan\alpha_n||X_{\alpha_n\pm\pi/2}(\mp u\tan\alpha_n)|^2$$

其中，$\tan\alpha_n=\pm n\pm\sqrt{n^2-1}$ 在除 $n=1$ 外总是无理数。例如，$n=1$ 时有 $|X_{\pi/4}(u)|^2=|X_{3\pi/4}(-u)|^2$，而 $n=2$ 时会有 $|X_{\pi/12}(u)|^2=(2-\sqrt{3})|X_{7\pi/12}(-u(2-\sqrt{3}))|^2$。

2.3.5　分数阶傅里叶变换矩

本章定义一个信号 $y(x)$的模糊函数 $A_y(x,u)$为

$$A_y(x,u)=\int_{-\infty}^{+\infty}y\left(x'+\frac{1}{2}x\right)y^*\left(x'-\frac{1}{2}x\right)\exp(-\mathrm{j}2\pi ux')\,\mathrm{d}x' \tag{2.129}$$

函数 $y(x)$的分数阶傅里叶变换可以表示为以下形式

$$\mathcal{F}^\alpha[y(x)](u)=Y_\alpha(u)=\int_{-\infty}^{+\infty}K(\alpha,x,u)y(x)\mathrm{d}x \tag{2.130}$$

其中，核函数 $K(\alpha,x,u)$表示为

$$K(\alpha,x,u)=\frac{\exp\left(\mathrm{j}\,\frac{1}{2}\alpha\right)}{\sqrt{\mathrm{j}\sin\alpha}}\exp\left(\mathrm{j}\pi\,\frac{(x^2+u^2)\cos\alpha-2ux}{\sin\alpha}\right) \tag{2.131}$$

特别地，$Y_0(u)=y(u)$，$Y_\pi(u)=y(-u)$，并且 $Y_{\pi/2}(u)$对应于信号的傅里叶变换。

我们知道信号的分数阶傅里叶变换对应于其模糊函数和 Wigner 分布是在时频平面上的旋转。该旋转可以用如下坐标形式来表示

$$\begin{cases}x=R\cos\alpha\\u=R\sin\alpha\end{cases} \tag{2.132}$$

其中，$R\in(-\infty,+\infty)$，$\alpha\in[0,\pi)$。用上述坐标来描述的模糊函数可以表示为 $A_y(R,\alpha)=A_y(R\cos\alpha,R\sin\alpha)$。可以推导出模糊函数 $A_y(R,\alpha)$和分数阶傅里叶功率谱$|Y_\alpha(u)|^2$ 的关系式为

$$\widetilde{A}_y\left(R,\alpha-\frac{1}{2}\pi\right)=\int_{-\infty}^{+\infty}|Y_\alpha(x)|^2\exp(\mathrm{j}2\pi Rx)\,\mathrm{d}x \tag{2.133}$$

由这个关系式可以得出，分数阶傅里叶功率谱 $|Y_\alpha(x)|^2$ 是模糊函数 $A_y(R,\alpha)$的傅里

叶变换。

2.3.5.1 全局分数阶傅里叶变换矩

本节将详细描述式(2.133)，并将模糊函数 $A_y\left(R,\alpha-\frac{1}{2}\pi\right)$ 在原点处的偏导数(即令 $R=0$)和分数阶傅里叶变换矩联系起来。

对于零阶矩 E，有

$$E=\int_{-\infty}^{+\infty}|Y_\alpha(x)|^2\mathrm{d}x=\widetilde{A}_y\left(R,\alpha-\frac{1}{2}\pi\right)\Big|_{R=0}=A_y(0,0) \tag{2.134}$$

零阶矩 E 表示信号的能量。根据酉变换的 Parseval 定理，可知 E 与分数阶傅里叶域旋转角度 α 无关。

对于(归一化)一阶矩 m_α，有

$$m_\alpha=\frac{1}{E}\int_{-\infty}^{+\infty}|Y_\alpha(x)|^2x\mathrm{d}x=\frac{1}{E}\frac{1}{2\pi\mathrm{j}}\frac{\partial\widetilde{A}_y\left(R,\alpha-\frac{1}{2}\pi\right)}{\partial R}\Bigg|_{R=0} \tag{2.135}$$

一阶矩 m_α 与分数阶傅里叶功率谱的中心有关，并且取决于模糊函数的一阶偏导数在旋转 $\alpha-\frac{1}{2}\pi$ 角度的值。接下来考虑式(2.135)在两种常用的特殊条件 $\alpha=\frac{1}{2}\pi$ 和 $\alpha=\pi$ 下的情况。

$$\frac{\partial\widetilde{A}_y\left(R,\alpha-\frac{1}{2}\pi\right)}{\partial R}\Bigg|_{R=0,\alpha=\pi/2}=\frac{\partial A_y(x,u)}{\partial x}\Bigg|_{x=0,u=0}=2\pi\mathrm{j}\int_{-\infty}^{+\infty}|Y_{\pi/2}(u)|^2u\mathrm{d}u$$

$$\frac{\partial\widetilde{A}_y\left(R,\alpha-\frac{1}{2}\pi\right)}{\partial R}\Bigg|_{R=0,\alpha=\pi}=\frac{\partial A_y(x,u)}{\partial u}\Bigg|_{x=0,u=0}=2\pi\mathrm{j}\int_{-\infty}^{+\infty}|y(-x)|^2x\mathrm{d}x$$

由关系式

$$\begin{aligned}\frac{\partial\widetilde{A}_y\left(R,\alpha-\frac{1}{2}\pi\right)}{\partial R}&=\frac{\partial A_y(x,u)}{\partial x}\frac{\partial x}{\partial R}+\frac{\partial A_f(x,u)}{\partial u}\frac{\partial u}{\partial R}\\&=\frac{\partial A_y(x,u)}{\partial x}\sin\alpha-\frac{\partial A_y(x,u)}{\partial u}\cos\alpha\end{aligned}$$

可得

$$m_\alpha=m_0\cos\alpha+m_{\pi/2}\sin\alpha \tag{2.136}$$

由此可以得出，时域和傅里叶域中心处的平方和的分数阶傅里叶变换是不变的，即

$$m_\alpha^2+m_{\alpha+\pi/2}^2=m_0^2+m_{\pi/2}^2 \tag{2.137}$$

定义(归一化)二阶矩 w_α 为

$$w_\alpha=\frac{1}{E}\int_{-\infty}^{+\infty}|Y_\alpha(x)|^2x^2\mathrm{d}x=\frac{1}{E}\left(\frac{1}{2\pi\mathrm{j}}\right)^2\frac{\partial^2\widetilde{A}_y\left(R,\alpha-\frac{1}{2}\pi\right)}{\partial R^2}\Bigg|_{R=0} \tag{2.138}$$

它与分数阶傅里叶域的有效带宽有关，并且取决于模糊函数在 $\alpha-\frac{1}{2}\pi$ 角度的二阶偏导数

的值。

由等式

$$\left.\frac{\partial^2 A_y(x,u)}{\partial x\partial u}\right|_{x=0,u=0}=\pi\mathrm{j}\int_{-\infty}^{+\infty}\left[\frac{\partial Y_{\pi/2}(u)}{\partial u}Y_{\pi/2}^*(u)-Y_{\pi/2}(u)\frac{\partial Y_{\pi/2}^*(u)}{\partial u}\right]u\mathrm{d}u$$

$$=\pi\mathrm{j}\int_{-\infty}^{+\infty}\left[\frac{\partial y(x)}{\partial x}y^*(x)-y(x)\frac{\partial y^*(x)}{\partial x}\right](-x)\mathrm{d}x$$

我们引入模糊函数的混合二阶偏导数(其中一阶偏导数在 $\alpha-\frac{1}{2}\pi$ 和 α 角度的值已经给出),那么

$$\left.\frac{\partial^2\widetilde{A}_y\left(R,\alpha-\frac{1}{2}\pi\right)}{\partial R\partial R_\perp}\right|_{R=0}=\pi\mathrm{j}\int_{-\infty}^{+\infty}\left[\frac{\partial Y_\alpha(x)}{\partial x}Y_\alpha^*(x)-Y_\alpha(x)\frac{\partial Y_\alpha^*(x)}{\partial x}\right]x\mathrm{d}x\tag{2.139}$$

其中,$R_\perp$ 是与 R 正交的给定角坐标的局部坐标。于是,由混合二阶偏导数,可定义混合二阶矩(归一化)μ_α 为

$$\mu_\alpha=\frac{\pi\mathrm{j}}{E}\left(\frac{1}{2\pi\mathrm{j}}\right)^2\int_{-\infty}^{+\infty}\left[\frac{\partial Y_\alpha(x)}{\partial x}Y_\alpha^*(x)-Y_\alpha(x)\frac{\partial Y_\alpha^*(x)}{\partial x}\right]x\mathrm{d}x\tag{2.140}$$

由等式

$$\frac{\partial^2\widetilde{A}_y\left(R,\alpha-\frac{1}{2}\pi\right)}{\partial R^2}=\frac{\partial^2 A_y(x,u)}{\partial x^2}\sin^2\alpha+\frac{\partial^2 A_y(x,u)}{\partial u^2}\cos^2\alpha-\frac{\partial^2 A_y(x,u)}{\partial x\partial u}\sin2\alpha$$

可以得到

$$w_\alpha=w_0\cos^2\alpha+w_{\pi/2}\sin^2\alpha-\mu_0\sin2\alpha\tag{2.141}$$

它是一个以 π 为周期的周期函数。式(2.141)符合信号二阶矩之间的关系,其中信号的模糊函数与一个 2×2 的实偶对称 ***ABCD*** 矩阵所表示的正则变换有关。既然分数阶傅里叶变换对应于模糊函数的旋转,那么可以得到

$$\begin{bmatrix}w_\alpha & \mu_\alpha\\ \mu_\alpha & w_{\alpha+\pi/2}\end{bmatrix}=\begin{bmatrix}\cos\alpha & -\sin\alpha\\ \sin\alpha & \cos\alpha\end{bmatrix}\begin{bmatrix}w_0 & \mu_0\\ \mu_0 & w_{\pi/2}\end{bmatrix}\begin{bmatrix}\cos\alpha & \sin\alpha\\ -\sin\alpha & \cos\alpha\end{bmatrix}$$

通过上式可以得到

$$\mu_\alpha=\frac{1}{2}(w_0-w_{\pi/2})\sin2\alpha+\mu_0\cos2\alpha\tag{2.142}$$

一般地,所有二阶矩 w_α 和 u_α 都能由任意 3 个$[0,\pi)$范围内的 3 个不同角度 α 对应的二阶矩 w_α 得到。例如,$\mu_0=\frac{1}{2}(w_0+w_{\pi/2})-w_{\pi/4}$。这意味着通过相应的 3 个分数阶傅里叶功率谱可以得到所有的二阶矩。

由式(2.141)也可得到,信号时域和傅里叶域的带宽和对于分数阶傅里叶变换是不变的,即

$$w_\alpha+w_{\alpha+\pi/2}=w_0+w_{\pi/2}\tag{2.143}$$

考虑 μ_α,由式(2.142)可得

$$\mu_\alpha+\mu_{\alpha+\pi/2}=0\tag{2.144}$$

此外，由式(2.141)可得

$$w_{\alpha-\pi/4}-w_{\alpha+\pi/4}=(w_0-w_{\pi/2})\left[\cos^2\left(\alpha-\frac{1}{4}\pi\right)-\sin^2\left(\alpha-\frac{1}{4}\pi\right)\right]+2\mu_0\cos2\alpha$$
$$=(w_0-w_{\pi/2})\sin2\alpha+2\mu_0\cos2\alpha$$

利用式(2.142)，可得

$$\mu_\alpha=\frac{1}{2}(w_{\alpha-\pi/4}-w_{\alpha+\pi/4}) \tag{2.145}$$

特别地，由于混合二阶矩 μ_0 是旋转角度 $\pm\pi/4$ 的分数阶傅里叶域对应的信号带宽差，因此可以通过分数阶傅里叶功率谱 $|Y_{\pm\pi/4}(x)|^2$ 计算得到。

现在我们来寻找根据某个标准能够以更简洁的形式来描述信号的分数阶傅里叶域。首先，找出具有最小信号带宽的分数阶傅里叶域。由式(2.141)，容易看出，当

$$\tan2\alpha=-\frac{2\mu_0}{w_0-w_{\pi/2}} \tag{2.146}$$

时，w_α 关于 α 的一阶偏导数等于0。根据式(2.143)，这个方程式的解对应于具有最小 w_α 和最大 $w_{\alpha+\pi/2}$ 的域，反之亦然。另外，可以看出混合二阶矩 μ_α 在信号带宽 w_α 达到极值的分数阶傅里叶域里等于0。

其次，找出使乘积 $w_\alpha w_{\alpha+\pi/2}$ 达到极值的分数阶傅里叶域。由式(2.141)，可得

$$w_\alpha w_{\alpha+\pi/2}=w_0w_{\pi/2}+\frac{1}{4}[(w_0-w_{\pi/2})^2-4\mu_0^2]\sin^2 2\alpha+\frac{1}{2}\mu_0(w_0-w_{\pi/2})\sin4\alpha \tag{2.147}$$

该乘积表达式是一个周期为$\frac{1}{2}\pi$的周期函数，并且当

$$\tan4\alpha=\frac{4\mu_0(w_0-w_{\pi/2})}{4\mu_0^2-(w_0-w_{\pi/2})^2} \tag{2.148}$$

时，乘积 $w_\alpha w_{\alpha+\pi/2}$ 关于 α 的偏导数变为0。容易看出，$w_\alpha w_{\alpha+\pi/2}$ 在每个$\frac{1}{2}\pi$周期内都会出现一次最大值和最小值，两个值的位置相差$\frac{1}{4}\pi$。根据不确定性准则，$w_\alpha w_{\alpha+\pi/2}\geqslant1/4$。

现在来考虑一些特殊情况。若信号在时域和傅里叶域的带宽相等，即 $w_0=w_{\pi/2}$，则

$$\begin{cases}w_\alpha=w_0-\mu_0\sin2\alpha\\ \mu_\alpha=\mu_0\cos2\alpha\end{cases} \tag{2.149}$$

此时，根据式(2.146)，$\alpha=\frac{1}{4}\pi+\frac{n}{2}\pi$ 对应于混合二阶矩的零点和信号带宽的极值。根据式(2.148)，当 $\alpha=\frac{n}{2}\pi$ 时，乘积 $w_\alpha w_{\alpha+\pi/2}$ 达到极值点。特别地，傅里叶变换的特征函数，也就是 $Y_\alpha(x)=\exp(\mathrm{j}n\pi/2)Y_{\alpha+\pi/2}(x)$，属于这类信号。在这种特殊情况下，可以得出，对任意角度 α，$w_\alpha=w_{\alpha+\pi/2}=w_0$ 且 $\mu_\alpha=0$。

令 $\mu_0=0$，则

$$\begin{cases} w_\alpha = w_0 \cos^2\alpha + w_{\pi/2}\sin^2\alpha \\ \mu_\alpha = \dfrac{1}{2}(w_0 - w_{\pi/2})\sin 2\alpha \end{cases} \tag{2.150}$$

在这种情况下，信号带宽 w_α 和乘积 $w_\alpha w_{\alpha+\pi/2}$ 分别在 $\alpha=\dfrac{n}{2}\pi$ 和 $\alpha=\dfrac{n}{4}\pi$ 时达到它们的极值点。

2.3.5.2　局部分数阶傅里叶变换矩

前面讨论了全局矩，现在考虑与不同分数阶傅里叶域中局部频率有关的局部矩。根据分数阶傅里叶功率谱的局部矩，容易得出局部频率 $U_0(r)$ 在 r 处的表达式为

$$U_0(r) = -\frac{1}{\mathrm{j}2\pi}\frac{1}{|y(r)|^2}\int_{-\infty}^{+\infty}\frac{\partial A_y(x,u)}{\partial x}\bigg|_{x=0}\exp(\mathrm{j}2\pi ru)\,\mathrm{d}u \tag{2.151}$$

利用关系式

$$\begin{aligned}\frac{\partial A_y(x,u)}{\partial x}\bigg|_{x=0} &= \frac{\partial \widetilde{A}_y\left(R,\alpha-\frac{1}{2}\pi\right)}{\partial R}\frac{\partial R}{\partial x}\bigg|_{x=0} + \frac{\partial \widetilde{A}_y\left(R,\alpha-\frac{1}{2}\pi\right)}{\partial \alpha}\frac{\partial \alpha}{\partial x}\bigg|_{x=0} \\ &= \frac{\partial \widetilde{A}_y\left(R,\alpha-\frac{1}{2}\pi\right)}{\partial R}\frac{x}{\sqrt{x^2+u^2}}\bigg|_{x=0} + \frac{\partial \widetilde{A}_y\left(R,\alpha-\frac{1}{2}\pi\right)}{\partial \alpha}\frac{-u}{x^2+u^2}\bigg|_{x=0} \\ &= -\frac{1}{u}\frac{\partial \widetilde{A}_y\left(-u,\alpha-\frac{1}{2}\pi\right)}{\partial \alpha}\bigg|_{\alpha=0}\end{aligned}$$

代入式(2.133)后，可得

$$\frac{\partial A_y(x,u)}{\partial x}\bigg|_{x=0} = -\frac{1}{u}\int_{-\infty}^{+\infty}\frac{\partial |Y_\alpha(x)|^2}{\partial \alpha}\bigg|_{\alpha=0}\exp(-\mathrm{j}2\pi ux)\,\mathrm{d}x$$

从而有

$$U_0(r) = \frac{1}{2|Y_0(r)|^2}\int_{-\infty}^{+\infty}\frac{\partial |Y_\alpha(x)|^2}{\partial \alpha}\bigg|_{\alpha=0}\left(\frac{1}{\mathrm{j}\pi}\int_{-\infty}^{+\infty}\frac{1}{u}\exp(\mathrm{j}2\pi u(r-u))\,\mathrm{d}u\right)\mathrm{d}x \tag{2.152}$$

既然 $\dfrac{1}{\mathrm{j}\pi}\int_{-\infty}^{+\infty}\left(\dfrac{1}{u}\right)\exp(\mathrm{j}2\pi u(r-x))\,\mathrm{d}u = \mathrm{sgn}(r-x)$，最终可得

$$U_0(r) = \frac{1}{2|Y_0(r)|^2}\int_{-\infty}^{+\infty}\frac{\partial |Y_\alpha(x)|^2}{\partial \alpha}\bigg|_{\alpha=0}\mathrm{sgn}(r-x)\,\mathrm{d}x \tag{2.153}$$

上式可以推广为

$$U_\beta(r) = \frac{1}{2|Y_\beta(r)|^2}\int_{-\infty}^{+\infty}\frac{\partial |Y_\alpha(x)|^2}{\partial \alpha}\bigg|_{\alpha=\beta}\mathrm{sgn}(r-x)\,\mathrm{d}x \tag{2.154}$$

注意，代入 $Y_\beta(r)=|Y_\beta(r)|\exp(\mathrm{j}\varphi_\beta(r))$ 后，局部频率 $U_\beta(r)$ 与分数阶傅里叶变换的相位 $\varphi_\beta(r)$ 的关系式为

$$U_\beta(r) = \frac{\mathrm{d}\varphi_\beta(r)}{\mathrm{d}r} \tag{2.155}$$

一般地，分数阶傅里叶变换 $Y_\beta(r)$ 能够通过其能量分布 $|Y_\beta(r)|^2$ 和局部频率 $U_\beta(r)$ 完全重建出来，只会相差一个常数相位项。根据式(2.154)，可以知道 $U_\beta(r)$ 由分数阶傅里叶功率谱的偏导数确定，因此，只用两个相近角度的分数阶傅里叶功率谱就可以解决相位恢复问题。

通过本节的推导，可以得到如下结论：①phase-space 分布的矩，例如在信号处理中广泛运用的 Wigner 分布，能够利用分数阶傅里叶功率谱来求取；②引入分数阶傅里叶变换矩有助于寻找合适的分数阶傅里叶域，也就是确定一个恰当的角度 α。例如，寻找合适的分数阶傅里叶域来实现某种滤波作用。在相平面具有均匀分布的噪声存在的情况下，通常具有最小信号宽度 w_α 的分数阶傅里叶域是最佳的选择。

2.3.6 分数阶傅里叶变换与时频表示的关系

信号的时频表示分为线性和二次型两种，典型的线性时频表示有短时傅里叶变换、小波变换等，典型的二次型表示有 Wigner 分布、模糊函数等。它们用时间和频率联合表示非平稳信号的随时间的变化情况，广泛应用于雷达、通信、地震探测等系统中。分数阶傅里叶变换也可以理解为一种时频表示方法，那么它和其他的时频分析有什么联系呢？本节重点介绍分数阶傅里叶变换与几种常用的时频分析工具的关系，有助于加深读者对分数阶傅里叶变换旋转特性的理解。

2.3.6.1 分数阶傅里叶变换与短时傅里叶变换

短时傅里叶变换是一个重要的时频分析工具，信号 $x(t)$ 的短时傅里叶变换为

$$\mathrm{STFT}_x(t,\omega)=\sqrt{\frac{1}{2\pi}}\int_{-\infty}^{+\infty}x(\tau)w^*(t-\tau)\exp(-\mathrm{j}\omega\tau)\mathrm{d}\tau \tag{2.156}$$

其中，$w(t)$ 为分析窗函数。利用 Parserval 关系式，信号的短时傅里叶变换也可以用信号和窗函数的傅里叶变换计算得到，即

$$\mathrm{STFT}_x(t,\omega)=\sqrt{\frac{1}{2\pi}}\exp(-\mathrm{j}\omega t)\int_{-\infty}^{+\infty}X(v)W^*(\omega-v)\exp(\mathrm{j}vt)\mathrm{d}v \tag{2.157}$$

其中，$X(v)$ 和 $W(v)$ 分别是信号和窗函数的傅里叶变换。式(2.156)和式(2.157)分别用时域函数和频域函数表示短时傅里叶变换。它们在形式上类似，但时域和频域不对称，即式(2.157)多了一个指数因子 $\exp(-\mathrm{j}\omega t)$。这种时间和频率的不对称性是需要避免的，因为我们希望处理在时频平面的旋转，为此，需要对短时傅里叶变换进行某种修正。下面定义修正的短时傅里叶变换直接由具有适当相位修正的短时傅里叶变换组成，其表达式为

$$\mathrm{STFT}_x^{(m)}(t,\omega)=\sqrt{\frac{1}{2\pi}}\exp\left(-\frac{\mathrm{j}\omega t}{2}\right)\int_{-\infty}^{+\infty}x(\tau)w^*(t-\tau)\exp(\mathrm{j}\omega\tau)\mathrm{d}\tau \tag{2.158}$$

同样对式(2.158)利用 Parserval 关系式，可以得到

$$\mathrm{STFT}_x^{(m)}(t,\omega)=\sqrt{\frac{1}{2\pi}}\exp\left(-\frac{\mathrm{j}\omega t}{2}\right)\int_{-\infty}^{+\infty}X(v)W^*(\omega-v)\exp(\mathrm{j}vt)\mathrm{d}v \tag{2.159}$$

很显然，式(2.158)、式(2.159)具有良好的对称性。那么，修正的短时傅里叶变换与分数阶傅里叶变换之间存在什么关系呢？我们先给出它们的关系式，再详细加以证明和解释。

若用 $X_p(u)$ 和 $W_p(u)$ 分别表示 $x(t)$ 和 $w(t)$ 的 p 阶分数阶傅里叶变换，则有[17]

$$\mathrm{STFT}_x^{(m)}(t,\omega)=\sqrt{\frac{1}{2\pi}}\exp\left(-\frac{\mathrm{j}ut}{2}\right)\int_{-\infty}^{+\infty}X_p(z)W_p{}^*(u-z)\exp(\mathrm{j}zu)\mathrm{d}z \quad (2.160)$$

证明：首先，在式(2.158)中用分数阶傅里叶变换 X_p 代替 $x(\tau)$，则有

$$\begin{aligned}\mathrm{STFT}_x^{(m)}(t,\omega)&=\frac{1}{\sqrt{2\pi}}\mathrm{e}^{\mathrm{j}\frac{1}{2}\omega t}\int_{-\infty}^{+\infty}\left[\int_{-\infty}^{+\infty}X_p(z)K_{-p}(z,\tau)\mathrm{d}z\right]w^*(t-\tau)\mathrm{e}^{-\mathrm{j}\omega\tau}\mathrm{d}\tau\\&=\frac{1}{\sqrt{2\pi}}\mathrm{e}^{\mathrm{j}\frac{1}{2}\omega t}\int_{-\infty}^{+\infty}X_p(z)\left[\int_{-\infty}^{+\infty}K_p^*(z,\tau)w^*(t-\tau)\mathrm{e}^{-\mathrm{j}\omega\tau}\mathrm{d}\tau\right]\mathrm{d}z\end{aligned} \quad (2.161)$$

由于方括号里面的积分是函数 $w(t-\tau)\mathrm{e}^{\mathrm{j}\omega\tau}$ 的分数阶傅里叶变换的复共轭（具有阶数 p），所以利用分数阶傅里叶变换的时移和频移性质，我们可以得出结论：该积分等于

$$W_p^*(-x+t\cos\alpha+\omega\sin\alpha)\,\mathrm{e}^{\mathrm{j}\left[\frac{1}{2}(\omega^2-t^2)\sin\alpha\cos\alpha+x(t\sin\alpha-\omega\cos\alpha)-\omega t\sin^2\alpha\right]} \quad (2.162)$$

其中，$\alpha=p\pi/2$。由此可得

$$\mathrm{STFT}_x^{(m)}(t,\omega)=\frac{1}{\sqrt{2\pi}}\mathrm{e}^{\mathrm{j}\frac{1}{2}\omega t}\int_{-\infty}^{+\infty}X_p(z)W_p^*(-z+t\cos\alpha+\omega\sin\alpha)\cdot \mathrm{e}^{\mathrm{j}\left[\frac{1}{2}(\omega^2-t^2)\sin\alpha\cos\alpha+x(t\sin\alpha-\omega\cos\alpha)-\omega t\sin^2\alpha\right]}\mathrm{d}z \quad (2.163)$$

这是在(t,ω)坐标系下的表达式，我们希望将其变换到一个新坐标系(u,v)下，这个新坐标系(u,v)即是由原坐标系(t,ω)逆时针旋转 α 角而成。其坐标变换关系为

$$\begin{cases}u=t\cos\alpha+\omega\sin\alpha\\v=-t\sin\alpha+\omega\cos\alpha\end{cases} \quad (2.164)$$

将式(2.163)的坐标系(t,ω)变换为(u,v)，并经过化简后得

$$\mathrm{STFT}_x^{(m)}(t,\omega)=\sqrt{\frac{1}{2\pi}}\exp\left(-\frac{\mathrm{j}uv}{2}\right)\int_{-\infty}^{+\infty}X_p(z)W_p^*(u-z)\exp(\mathrm{j}zv)\mathrm{d}z \quad (2.165)$$

由此可见，式(2.165)右端是用窗函数 $W_p(u)$计算得到的 $X_p(u)$的修正短时傅里叶变换，其变量为(u,v)；左边是用窗函数 $w(t)$计算得到的 $x(t)$的修正短时傅里叶变换，其变量为(t,ω)。式(2.165)表明，分数阶傅里叶变换 $X_p(u)$的修正短时傅里叶变换与原信号 $x(t)$考虑旋转时的修正短时傅里叶变换相同，即分数阶傅里叶变换 $X_p(u)$的修正短时傅里叶变换直接就是 $x(t)$的修正短时傅里叶变换的旋转形式，或者说，它就是用旋转轴(u,v)表示的信号 $x(t)$的修正短时傅里叶变换。这种关系对于理解分数阶傅里叶变换是一个旋转算子具有很好的作用。

2.3.6.2　分数阶傅里叶变换与小波分析

分数阶傅里叶变换的核函数与小波函数密切相关。对于任意平方可积函数 $x(t)\in L^2(R)$，其连续小波变换定义为

$$WT_f(a,b)=\frac{1}{\sqrt{|a|}}\int_{-\infty}^{+\infty}x(t)\varphi^*\left(\frac{t-b}{a}\right)\mathrm{d}t,\quad a\neq 0 \quad (2.166)$$

或者用内积形式写为

$$WT_f(a,b)=\langle f,\varphi_{a,b}\rangle \quad (2.167)$$

其中，$\varphi_{a,b}(t)=\frac{1}{\sqrt{|a|}}\varphi\left(\frac{t-b}{a}\right)$是由母小波 $\varphi(t)$生成的小波。按照分数阶傅里叶变换的定义，可知分数阶傅里叶变换的核为

$$K_p(u,t)=\sqrt{1-\mathrm{j}\cot\alpha}\exp\left[\mathrm{j}\pi\left[u^2\cot\alpha-2ut\csc\alpha+t^2\cot\alpha\right]\right] \tag{2.168}$$

其中，$\alpha=p\pi/2$。直接对上式作变量代换，令 $y=u\sec\alpha$，可以得到 $x(t)$ 的 p 阶分数阶傅里叶变换为[1]

$$X_p(u)=C(\alpha)\exp\left[-\mathrm{j}\pi y^2\sin^2\alpha\right]\int\exp\left[\mathrm{j}\pi\left(\frac{y-t}{\tan^2\alpha}\right)^2\right]x(t)\mathrm{d}t \tag{2.169}$$

将$\tan^2\alpha$ 看作尺度参数，上式表示的卷积是一个小波变换，其中小波函数可通过将二次(quadratic)相位函数 $w(t)=\exp(\mathrm{j}\pi t^2)$用因子$\tan^2\alpha$ 调整坐标并将幅度倍乘得到。

2.3.6.3 分数阶傅里叶变换与模糊函数

模糊函数的定义为

$$AF(\tau,\xi)=\int_{-\infty}^{+\infty}x\left(t+\frac{\tau}{2}\right)x^*\left(t-\frac{\tau}{2}\right)\mathrm{e}^{-\mathrm{j}\xi t}\mathrm{d}t \tag{2.170}$$

作变量替换，令 $t'=t+\dfrac{\tau}{2}$，得到

$$AF(\tau,\xi)=\mathrm{e}^{\mathrm{j}\xi\frac{\tau}{2}}\int_{-\infty}^{+\infty}x(t)x^*(t-\tau)\mathrm{e}^{-\mathrm{j}\xi t}\mathrm{d}t \tag{2.171}$$

根据分数阶傅里叶变换的时移性质，将被积函数中的 $x^*(t-\tau)$表示为

$$x^*(t-\tau)=\int_{-\infty}^{+\infty}X_p^*(z-\tau\cos\alpha)\mathrm{e}^{-\mathrm{j}\frac{\tau^2}{2}\sin\alpha\cos\alpha+\mathrm{j}z\tau\sin\alpha}K_p(t,z)\mathrm{d}z \tag{2.172}$$

所以有

$$AF(\tau,\xi)=\mathrm{e}^{\mathrm{j}\xi\frac{\tau}{2}}\mathrm{e}^{-\mathrm{j}\frac{\tau^2}{2}\sin\alpha\cos\alpha}\int_{-\infty}^{+\infty}X_p^*(z-\tau\cos\alpha)\mathrm{e}^{\mathrm{j}z\tau\sin\alpha}\left[\int_{-\infty}^{+\infty}x(t)\mathrm{e}^{-\mathrm{j}\xi t}k_p(t,z)\mathrm{d}t\right]\mathrm{d}z \tag{2.173}$$

根据分数阶傅里叶变换的频移性质，方括号里面等于

$$\int_{-\infty}^{+\infty}x(t)\mathrm{e}^{\mathrm{j}\xi t}K_p(t,z)\mathrm{d}t=X_p(z+\xi\sin\alpha)\mathrm{e}^{-\mathrm{j}\frac{\xi^2}{2}\sin\alpha\cos\alpha-\mathrm{j}z\xi\cos\alpha} \tag{2.174}$$

因此有

$$AF(\tau,\xi)=\mathrm{e}^{\mathrm{j}\xi\frac{\tau}{2}}\mathrm{e}^{-\mathrm{j}\frac{\tau^2}{2}\sin\alpha\cos\alpha}\mathrm{e}^{-\mathrm{j}\frac{\xi^2}{2}\sin\alpha\cos\alpha}\int_{-\infty}^{+\infty}X_p(z+\xi\sin\alpha)X_p^*(z-\tau\cos\alpha)\cdot\mathrm{e}^{\mathrm{j}z(\tau\sin\alpha-\xi\cos\alpha)}\mathrm{d}z \tag{2.175}$$

令 $\varepsilon=z+\xi\sin\alpha$，并将其代入上式，可得

$$AF(\tau,\xi)=\mathrm{e}^{-\mathrm{j}\frac{\tau^2-\xi^2}{2}\sin\alpha\cos\alpha+\mathrm{j}\frac{1}{2}\xi\tau(1-2\sin^2\alpha)}\int_{-\infty}^{+\infty}X_p(\varepsilon)X_p^*(\varepsilon-\tau\cos\alpha-\xi\sin\alpha)\cdot\mathrm{e}^{\mathrm{j}\varepsilon(\tau\sin\alpha-\xi\cos\alpha)}\mathrm{d}\varepsilon \tag{2.176}$$

将上式右端函数变换到新坐标系(u,v)中，(u,v)由原坐标系(τ,ξ)逆时针旋转 α 角而成，可得

$$AF(\tau,\xi)=\mathrm{e}^{\mathrm{j}\frac{1}{2}uv}\int_{-\infty}^{+\infty}X_p(\varepsilon)X_p^*(\varepsilon-u)\mathrm{e}^{-\mathrm{j}v\varepsilon}\mathrm{d}\varepsilon \tag{2.177}$$

由此可见，等式右端是 $X_p(\varepsilon)$的模糊函数。该等式表明，信号分数阶傅里叶变换的模糊函数等于原信号模糊函数的旋转形式。

综上所述，分数阶傅里叶变换与 Wigner-Ville 分布、模糊函数以及修正短时傅里叶变换都具有一种类似的旋转关系。我们知道，通过 Wigner-Ville 分布可构造出一大类时频分布，称为 Cohen 类时频分布，一般表示为

$$T_x(t,f)=\iint\psi_T(t-t',f-f')W_x(t,f)\mathrm{d}t'\mathrm{d}f' \tag{2.178}$$

其中，$\psi_T(t,f)$是核函数，选择不同的核函数就可以构造出不同的 Cohen 类时频分布。那么，是否对于所有 Cohen 类时频分布，它们和分数阶傅里叶变换都具有这样的关系呢？Ozaktas 得出一个结论[18]，若核函数 $\psi_T(t,f)$关于原点旋转对称，即 $\psi_T(t,f)$是$\sqrt{t^2+f^2}$的函数，则分数阶傅里叶变换的 Cohen 类分布可以由原信号的 Cohen 类分布旋转得到。

2.3.6.4　分数阶傅里叶变换与 Wigner-Ville 分布

Wigner-Ville 分布是一种最重要，也是应用最广泛的时频分析工具，它必然与分数阶傅里叶变换存在密切的联系。尽管推导过程比较复杂，但分数阶傅里叶变换和 Wigner-Ville 分布之间却有一个非常简单的关系，即分数阶傅里叶变换的 Wigner-Ville 分布是原信号 Wigner-Ville 分布的坐标旋转形式[18]。设信号 $x(t)$的 Wigner-Ville 分布一般定义为

$$X(t,\omega)=\int_{-\infty}^{+\infty}x\left(t+\frac{\tau}{2}\right)x^*\left(t-\frac{\tau}{2}\right)\mathrm{e}^{-\mathrm{j}\omega\tau}\mathrm{d}\tau \tag{2.179}$$

对上式积分作变量替换，把 $\tau'=\frac{\tau}{2}+t$ 代入上式可得

$$X(t,\omega)=2\mathrm{e}^{\mathrm{j}2\omega t}\int_{-\infty}^{+\infty}x(\tau)x^*(2t-\tau)\mathrm{e}^{-\mathrm{j}2\omega\tau}\mathrm{d}\tau \tag{2.180}$$

利用分数阶傅里叶变换的时移性质，我们能够将被积函数中的 $x^*(2t-\tau)$表示为

$$x^*(2t-\tau)=\int_{-\infty}^{+\infty}X_\alpha^*(-z+2t\cos\alpha)\mathrm{e}^{-\mathrm{j}2t^2\sin\alpha\cos\alpha+\mathrm{j}2zt\sin\alpha}K_\alpha(\tau,z)\mathrm{d}z \tag{2.181}$$

所以有

$$\begin{aligned}X(t,\omega)&=2\mathrm{e}^{2\mathrm{j}\omega t}\int_{-\infty}^{+\infty}\int_{-\infty}^{+\infty}x(\tau)X_\alpha^*(-z+2t\cos\alpha)\cdot\\&\quad\mathrm{e}^{-\mathrm{j}2t^2\sin\alpha\cos\alpha+\mathrm{j}2zt\sin\alpha}K_\alpha(\tau,z)\mathrm{e}^{-2\mathrm{j}\omega\tau}\mathrm{d}\tau\mathrm{d}z\\&=2\mathrm{e}^{2\mathrm{j}\omega t}\int_{-\infty}^{+\infty}X_\alpha^*(-z+2t\cos\alpha)\mathrm{e}^{-\mathrm{j}2t^2\sin\alpha\cos\alpha+\mathrm{j}2zt\sin\alpha}\cdot\\&\quad\int_{-\infty}^{+\infty}x(\tau)\mathrm{e}^{-2\mathrm{j}\omega\tau}K_\alpha(\tau,z)\mathrm{d}\tau\mathrm{d}z\end{aligned} \tag{2.182}$$

不难看出，利用分数阶傅里叶变换的频移性质可计算出式中对于 τ 的积分项，于是得到

$$\begin{aligned}X(t,\omega)&=2\mathrm{e}^{2\mathrm{j}\omega t}\int_{-\infty}^{+\infty}X_p(z+2\omega\sin\alpha)X_p^*(-z+2t\cos\alpha)\cdot\\&\quad\mathrm{e}^{-2\mathrm{j}(t^2+\omega^2)\sin\alpha\cos\alpha+2\mathrm{j}zt\sin\alpha-2\mathrm{j}z\omega\cos\alpha}\mathrm{d}z\end{aligned}$$

继续作变量替换，令 $\varepsilon=z+2\omega\sin\alpha$，代入上式得到

$$\begin{aligned}X(t,\omega)&=2\mathrm{e}^{2\mathrm{j}\omega t}\int_{-\infty}^{+\infty}X_p(\varepsilon)X_p^*(-\varepsilon+2t\cos\alpha+2\omega\sin\alpha)\cdot\\&\quad\mathrm{e}^{2\mathrm{j}(\omega^2-t^2)\sin\alpha\cos\alpha+2\mathrm{j}\varepsilon(t\sin\alpha-\omega\cos\alpha)-4\mathrm{j}\omega t\sin^2\alpha}\mathrm{d}\varepsilon\end{aligned} \tag{2.183}$$

这是 Wigner-Ville 分布在(t,ω)坐标系下的表达式，我们希望将其变换到一个新坐标系

(u,v)下，这个新坐标系(u,v)即是由原坐标系(t,ω)逆时针旋转α角而成。将坐标关系式(2.164)代入式(2.183)并简化可得到

$$X(t,\omega)=2\mathrm{e}^{2\mathrm{j}uv}\int_{-\infty}^{+\infty}X_{\alpha}(\varepsilon)X_{\alpha}^{*}(2u-\varepsilon)\mathrm{e}^{-2\mathrm{j}v\varepsilon}\mathrm{d}\varepsilon \tag{2.184}$$

由此可见，等式右边是$X_p(u)$的Wigner-Ville分布(参数是(u,v))，左边是$x(t)$的Wigner-Ville分布(参数为(t,ω))。该等式表明，在考虑坐标轴旋转的意义下(该等式左、右两边使用不同的坐标轴)，$X_p(u)$的Wigner-Ville分布与$x(t)$的Wigner-Ville分布相同。即$X_p(u)$的Wigner-Ville分布是由$x(t)$的Wigner-Ville分布旋转α角度后得到的，或者说只是其在一个新的坐标轴下的表示。这再一次印证了分数阶傅里叶变换作为一种旋转算子的观点。

2.3.6.5 分数阶傅里叶变换与Radon-Wigner变换

Radon-Wigner变换是一种对时变信号进行分析的有力工具，被认为是一种在噪声背景中对线性调频信号进行最大似然检测与估计的方法。Radon-Wigner变换与信号的去线性调频(Dechirp)是等价的。线性调频信号$y(t)=\exp\left[\mathrm{j}2\pi\left(\omega_0 t+\frac{1}{2}ct^2\right)\right]$的Wigner-Ville分布为$WD_y(t,\omega)=2\pi\delta(\omega-ct-\omega_0)$。利用Moyal公式，可以计算信号$x(t)$与$y(t)$的内积平方为

$$\begin{aligned}|\langle x(t),y(t)\rangle|^2&=\left|\int_{-\infty}^{+\infty}x(t)\exp\left(-\frac{\mathrm{j}ct^2}{2}-\mathrm{j}\omega_0 t\right)\mathrm{d}t\right|^2\\&=\int_{-\infty}^{+\infty}\int_{-\infty}^{+\infty}WD_x(t,\omega)WD_x(t,\omega)\mathrm{d}t\,\mathrm{d}\omega\\&=2\pi\int_{-\infty}^{+\infty}WD_x(t,ct+\omega_0)\mathrm{d}t\end{aligned} \tag{2.185}$$

设$c=-\cot\alpha$，$\omega_0=\dfrac{u}{\sin\alpha}$，可得

$$\begin{aligned}|\langle x(t),y(t)\rangle|^2&=\left|\int_{-\infty}^{+\infty}x(t)\exp\left(\frac{\mathrm{j}\cot\alpha t^2}{2}-\mathrm{j}\frac{u}{\sin\alpha}t\right)\mathrm{d}t\right|^2\\&=2\pi\int_{-\infty}^{+\infty}WD_x\left(t,-\cot\alpha t+\frac{u}{\sin\alpha}\right)\mathrm{d}t\end{aligned} \tag{2.186}$$

再令$t=u\cos\alpha-v\sin\alpha$，有

$$|\langle x(t),y(t)\rangle|^2=2\pi|\sin\alpha|\int_{-\infty}^{+\infty}WD_x[u\cos\alpha-v\sin\alpha,u\sin\alpha+v\cos\alpha]\mathrm{d}t \tag{2.187}$$

上式的积分项正好是信号$x(t)$的Radon-Wigner变换，记为$RW_x(\alpha,u)$，

$$|\langle x(t),y(t)\rangle|^2=2\pi|\sin\alpha|RW_x(\alpha,u) \tag{2.188}$$

由分数阶傅里叶变换的定义式计算信号$x(t)$的分数阶傅里叶变换的模平方$|X_p(u)|^2$，可得

$$|X_p(u)|^2=\left|\sqrt{\frac{1-\mathrm{j}\cot\alpha}{2\pi}}\int_{-\infty}^{+\infty}x(t)\exp\left(\frac{\mathrm{j}\cot\alpha t^2}{2}-\frac{\mathrm{j}ut}{\sin\alpha}\right)\mathrm{d}t\right|^2 \tag{2.189}$$

对比以上结果，可以得到如下关系式

$$|X_p(u)|^2=\frac{1}{2\pi|\sin\alpha|}|\langle x(t),y(t)\rangle|^2=RW_x(\alpha,u) \tag{2.190}$$

该关系式十分清楚地表明，信号 $x(t)$ 的 p 阶分数阶傅里叶变换的模平方正好是 α 方向上的 Radon-Wigner 变换。这一结论首先由 Lohmann 得出[19]。利用该关系式，关于 Radon-Wigner 变换的性质和许多研究成果可以直接应用到分数阶傅里叶变换上，因为很多场合下我们更关心分数阶傅里叶变换的模值情况。

2.3.6.6 分数阶傅里叶变换与 Gabor 变换

Gabor 变换的标准定义为[20]

$$G_y(t,\omega)=\sqrt{\frac{1}{2\pi}}\int_{-\infty}^{+\infty}\mathrm{e}^{-(\tau-t)^2/2}\,\mathrm{e}^{-\mathrm{j}\omega\tau}y(\tau)\,\mathrm{d}\tau \tag{2.191}$$

但是，当使用标准定义时，幅度具有分数阶傅里叶变换的旋转性，相位却不具备这种性质（如下式）。

$$\begin{aligned}G_{Y_\alpha}(u,v)&=\mathrm{e}^{\mathrm{j}(-uv\sin^2\alpha+(u^2-v^2)\sin(2\alpha)/4)}G_y(u\cos\alpha-v\sin\alpha,u\sin\alpha+v\cos\alpha)\\&\neq G_y(u\cos\alpha-v\sin\alpha,u\sin\alpha+v\cos\alpha)\end{aligned} \tag{2.192}$$

因此，为了满足分数阶傅里叶变换的旋转性，我们对式(2.191)进行调整

$$\widetilde{G}_y(t,\omega)=\sqrt{\frac{1}{2\pi}}\int_{-\infty}^{+\infty}\mathrm{e}^{-((\tau-t)^2/2)}\,\mathrm{e}^{-\mathrm{j}\omega(\tau-(t/2))}y(\tau)\,\mathrm{d}\tau \tag{2.193}$$

通过这样的调整，Gabor 变换在幅度和相位上都具有分数阶傅里叶变换的旋转性，如定理 2.4 所描述。

定理 2.4：如果 $Y_\alpha(u)$ 是 $y(t)$ 的分数阶傅里叶变换，$\widetilde{G}_y(t,\omega)$ 是 $y(t)$ 的 Gabor 变换，$\widetilde{G}_{Y_\alpha}(u,v)$ 是 $Y_\alpha(u)$ 的 Gabor 变换，则 $\widetilde{G}_y(t,\omega)$ 和 $\widetilde{G}_{Y_\alpha}(u,v)$ 具有以下关系

$$\widetilde{G}_{Y_\alpha}(u,v)=\widetilde{G}_y(u\cos\alpha-v\sin\alpha,u\sin\alpha+v\cos\alpha) \tag{2.194}$$

也就是说，参数 α 的分数阶傅里叶变换等价于把 Gabor 变换顺时针旋转 α 角度。

证明：

$$\begin{aligned}\widetilde{G}_{Y_\alpha}(u,v)&=\sqrt{\frac{1-\mathrm{j}\cot\alpha}{2\pi}}\int_{-\infty}^{+\infty}\int_{-\infty}^{+\infty}\mathrm{e}^{-(\tau-u)^2/2}\,\mathrm{e}^{-\mathrm{j}v(\tau-(u/2))}\cdot\\&\quad\mathrm{e}^{(\mathrm{j}/2)\tau^2\cot\alpha}\,\mathrm{e}^{-\mathrm{j}\tau x\csc\alpha}\,\mathrm{e}^{(\mathrm{j}/2)x^2\cot\alpha}y(x)\,\mathrm{d}x\,\mathrm{d}\tau\\&=\sqrt{\frac{1-\mathrm{j}\cot\alpha}{2\pi}}\int_{-\infty}^{+\infty}\left[\int_{-\infty}^{+\infty}\mathrm{e}^{\tau^2(-(1/2)+(\mathrm{j}/2)\cot\alpha)}\,\mathrm{e}^{\tau(u-\mathrm{j}v-fx\csc\alpha)}\,\mathrm{d}\tau\right]\cdot\\&\quad\mathrm{e}^{-(u^2/2)+(\mathrm{j}uv/2)+(\mathrm{j}/2)x^2\cot\alpha}y(x)\,\mathrm{d}x\end{aligned} \tag{2.195}$$

既然

$$\int_{-\infty}^{+\infty}\mathrm{e}^{-(a\tau^2+b\tau)}\,\mathrm{d}\tau=\sqrt{\frac{\pi}{a}}\,\mathrm{e}^{b^2/4a} \tag{2.196}$$

那么有

$$\widetilde{G}_{Y_\alpha}(u,v)=\sqrt{\frac{1}{2\pi}}\int_{-\infty}^{+\infty}\mathrm{e}^{((-u+\mathrm{j}v+vx\csc\alpha)^2/2(1-\mathrm{j}\cot\alpha))}\,\mathrm{e}^{-(u^2/2)+(\mathrm{j}uv/2)+(\mathrm{j}/2)x^2\cot\alpha}y(x)\,\mathrm{d}x$$

$$\widetilde{G}_{Y_\alpha}(u,v)=\sqrt{\frac{1}{2\pi}}\int_{-\infty}^{+\infty}\mathrm{e}^{((u^2-v^2-2vx\csc\alpha-x^2\csc^2\alpha-\mathrm{j}2uv-\mathrm{j}2ux\csc\alpha)/2(1-\mathrm{j}\cot\alpha))\cdot((1+\mathrm{j}\cot\alpha)/(1+\mathrm{j}\cot\alpha))}\cdot$$

$$\mathrm{e}^{-(u^2/2)+\mathrm{j}(uv)/2+(\mathrm{j}/2)x^2\cot\alpha}y(x)\mathrm{d}x$$
$$=\widetilde{G}_y(u\cos\alpha-v\sin\alpha,u\sin\alpha+v\cos\alpha) \tag{2.197}$$

证毕。

通过图2.4的仿真可以看出分数阶傅里叶变换等价于Gabor变换的旋转形式。其中，$y(t)=\begin{cases}1,|t|\leqslant 3\\0,|t|>3\end{cases}$。

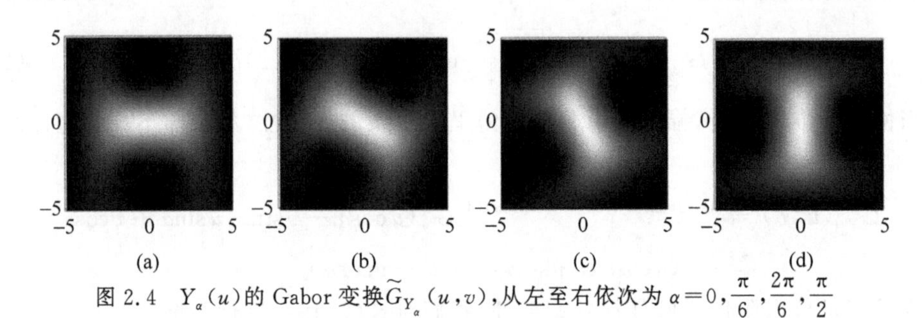

图2.4 $Y_\alpha(u)$的Gabor变换$\widetilde{G}_{Y_\alpha}(u,v)$，从左至右依次为$\alpha=0,\frac{\pi}{6},\frac{2\pi}{6},\frac{\pi}{2}$

Gabor变换和分数阶傅里叶变换的其他关系如表2.4所示。

表2.4 Gabor变换和分数阶傅里叶变换的其他关系

1. 重建关系	$\sqrt{\frac{1}{2\pi}}\int_{-\infty}^{+\infty}G_y(u\cos\alpha-v\sin\alpha,u\sin\alpha+v\cos\alpha)\mathrm{e}^{\mathrm{j}uv/2}\mathrm{d}v=Y_\alpha(u)$，特例有 $\sqrt{\frac{1}{2\pi}}\int_{-\infty}^{+\infty}G_y(t,\omega)\mathrm{e}^{\mathrm{j}t\omega/2}\mathrm{d}\omega=y(t)$ 和 $\sqrt{\frac{1}{2\pi}}\int_{-\infty}^{+\infty}G_y(t,\omega)\mathrm{e}^{\mathrm{j}t\omega/2}\mathrm{d}\omega=Y(\omega)$
2. 投影关系	$\sqrt{\frac{1}{2\pi}}\int_{-\infty}^{+\infty}G_y(u\cos\alpha-v\sin\alpha,u\sin\alpha+v\cos\alpha)\mathrm{e}^{\mathrm{j}kuv}\mathrm{d}v=\mathrm{e}^{\frac{(k-1/2)^2n^2}{2}}Y_\alpha((k+1/2)u)$ 当$k=1/2$时，上式变为重建特性。当$k=0$时，$\sqrt{\frac{1}{2\pi}}\int_{-\infty}^{+\infty}G_y(u\cos\alpha-v\sin\alpha,u\sin\alpha+v\cos\alpha)\mathrm{d}v=\mathrm{e}^{-u^2/8}Y_\alpha(u/2)$
3. 功率积分关系	$\sqrt{\frac{1}{2\pi}}\int_{-\infty}^{+\infty}\lvert G_y(u\cos\alpha-v\sin\alpha,u\sin\alpha+v\cos\alpha)\rvert^2\mathrm{d}v=\int_{-\infty}^{+\infty}\mathrm{e}^{-(\tau-u)^2}\lvert Y_\alpha(\tau)\rvert\mathrm{d}\tau\approx\int_{u-4.292}^{u+4.292}\mathrm{e}^{-(\tau-u)^2}\lvert Y_\alpha(\tau)\rvert\mathrm{d}\tau$
4. 能量求和关系	$\int_{-\infty}^{+\infty}\int_{-\infty}^{+\infty}G_{X_\beta}(t,\omega)G_{Y_\beta}^*(t,\omega)\mathrm{d}\omega\mathrm{d}t=\sqrt{\pi}\int_{-\infty}^{+\infty}X_\alpha(t,\omega)Y_\alpha^*(t,\omega)\mathrm{d}\tau$，特例有 $\int_{-\infty}^{+\infty}\int_{-\infty}^{+\infty}\lvert G_x(t,\omega)\rvert^2\mathrm{d}\omega\mathrm{d}t=\sqrt{\pi}\int_{-\infty}^{+\infty}\lvert x(\tau)\rvert^2\mathrm{d}\tau$，当$\alpha=\beta=0,x(t)=y(t)$
5. 功率衰减关系	若当$u>u_0$时，$Y_\alpha(u)=0$，则当$u>u_0$时，$\Psi(u)<\mathrm{e}^{-(u-u_0)^2}\Psi(u_0)$。其中$\Psi(u)$表示固定该$u$值后$\lvert G_f(u\cos\alpha-v\sin\alpha,u\sin\alpha+v\cos\alpha)\rvert^2$关于$v$的均值，$\Psi(u_0)$表示$u_0$值下$\lvert G_f(u_0\cos\alpha-v\sin\alpha,u_0\sin\alpha+v\cos\alpha)\rvert^2$关于$v$的均值
6. FRFT域的移位关系	若$Y_\alpha(u)=X_\alpha(u-u_0)$，则$G_y(t,\omega)=G_x(t-u_0\cos\alpha,\omega-u_0\sin\alpha)\mathrm{e}^{\mathrm{j}(t\sin\alpha-\omega\cos\alpha)u_0/2}$； 若$y(t)=x(t-t_0)$，则$G_y(t,\omega)=G_x(t-t_0,\omega)\mathrm{e}^{\mathrm{j}\omega t_0/2}$； 若$y(t)=x(t)\exp(\mathrm{j}\omega_0 t)$，则$G_y(t,\omega)=G_x(t,\omega-\omega_0)\mathrm{e}^{\mathrm{j}\omega_0 t/2}$

2.3.6.7　时频旋转特性的应用实例

Wigner 分布是所有二次时频表示族中非常优秀的一种，它满足很多好的数学性质，而且在时频平面上有最小的展开。然而，由于它的二次特性使得它在信号之间存在干扰值，即 Wigner 分布在每个信号分量之间存在高振荡的交叉项。这种交叉项的存在会严重降低它的时频表示的可读性，从而影响信号分析的精度。以往学者们做了很多努力，提出各种版本的削弱交叉项影响的 Wigner 分布。这些尝试大多可以归结为削弱交叉项的时频核函数的设计，但是这些尝试都是在适当的交叉项抑制和保留信号分量质量（时频扩展和自项的包络）之间的内在权衡。文献[21]提出了一种新方法来消除交叉项并尽可能减小自项的失真。该方法首先辨识出交叉项，然后对自项进行检测和重建，并从原信号中移除自项。这个过程重复进行，直到所有信号分量都被提取出来。最后只有自项的 Wigner 分布进行叠加而形成具有很高可读性的时频表示。接下来，我们对这种方法进行详细阐述。

1. *交叉项辨识*

本方法的核心是精确地检测时频平面上的交叉项，这是通过信号的分数阶傅里叶变换得到的。首先来回顾一下分数阶傅里叶变换和 Wigner 分布的关系。信号 $s(t)$旋转一定角度 α 后就能得到 $S_\alpha(u)$的 Wigner 分布，即

$$W_{S_\alpha}(t,f)=R_{-\alpha}[W_s(t,f)] \tag{2.198}$$

其中，R_α 表示时频轴的逆时针旋转算子，定义如下

$$R_\phi[C(t,f)]=C(u,v) \tag{2.199}$$

其中，u,v 表示旋转系统的变量。旋转后的坐标和原始坐标的关系如下

$$\begin{bmatrix}u\\v\end{bmatrix}=\begin{bmatrix}\cos\alpha & \sin\alpha\\-\sin\alpha & \cos\alpha\end{bmatrix}\begin{bmatrix}t\\f\end{bmatrix} \tag{2.200}$$

从式(2.198)可以看出，如果 $W_{S_\alpha}(t,f)$向反方向旋转相同的角度 α，正好等于原信号的 Wigner 分布，即

$$W_s(t,f)=R_\alpha[W_{S_\alpha}(t,f)] \tag{2.201}$$

不过式(2.201)的等号在下面两种情况下不再成立。

(1) 当用一个非旋转对称核函数的时频表示代替 Wigner 分布时。实际上，分数阶傅里叶变换的旋转特性只适用于采用关于原点旋转对称核函数的时频表示[18]。也就是说，式(2.198)只对核函数是$\sqrt{t^2+f^2}$的函数的时频表示才成立。

(2) 式(2.201)在极坐标系中不成立。这是由于在离散笛卡儿坐标系中旋转时，旋转后的网格并不准确地匹配“目的”网格。这是一种本质上的误差，与时频表示的平滑程度、到旋转中心的距离以及采用的插值方法等因素有关。

因此，当以上任一种情况发生时，$S_\alpha(u)$的时频表示都将不会如式(2.201)所描述的那样。实际上，这种失配是可以被利用的。也就是说，可利用这些校正的时频表示来辨识交叉项的时频区域。为说明这一点，我们来看看利用伪 Wigner 分布所得到的信号时频表示

$$PW_s(t,f)=\int s(t+\tau/2)s^*(t-\tau/2)g(\tau/2)g^*(-\tau/2)\mathrm{e}^{-\mathrm{j}2\pi f\tau}\mathrm{d}\tau \tag{2.202}$$

式中，$g(t)$是窗函数。式(2.202)又可等价地写成

$$PW_s(t,f)=\int H(f-f')W_s(t,f')\mathrm{d}f' \tag{2.203}$$

其中

$$H(f)=\int g(\tau/2)g^{*}(-\tau/2)\mathrm{e}^{-\mathrm{j}2\pi f\tau}\mathrm{d}\tau \tag{2.204}$$

这样,利用伪 Wigner 分布便得到了平滑后的 Wigner 分布,平滑沿着频率轴进行。显然,伪 Wigner 分布的核函数不是旋转对称的。如果对信号的分数阶傅里叶变换求伪 Wigner 分布,那么可以得到

$$PW_{S_\alpha}(t,f)=\int H(f-f')R_{-\phi}[W_s(t,f')]\,\mathrm{d}f' \tag{2.205}$$

这样,改变阶次 α,就能使原信号 Wigner 分布的旋转角度产生相应的改变。然而,伪 Wigner 分布的平滑方向是保持不变的。所以,得到的这些伪 Wigner 分布并不纯粹是各自的旋转版本。另外,这些伪 Wigner 分布之间的差别在存在交叉项的区域尤为显著,这是因为一个二维振荡成分的平滑效果在平滑方向和振荡方向之间变化更为明显。

此外,离散笛卡儿旋转的非理想特性也有助于交叉项检测。这是因为交叉项所在区域是高振荡区域(相比于相对平滑的自项),因此,校正后的时频表示在这些区域的差别也就相对较大。利用插值误差来确定交叉项区域,就从本质上把这些工程上的缺陷转变成了可以利用的优点。

2. 自项的隔离与重建

一旦这些交叉项区域被确定后,就可以很容易地设计一个遮蔽滤波器来移除掉这些交叉项。然而,直接去除这些交叉项可能会导致某些信号分量的丢失,因此必须采用别的方法来处理这种交叉项叠加在自项上的复杂情况。既然可以利用交叉项的位置信息来确认那些没有被交叉项所覆盖的信号成分,那么就可以把这些被隔离出来的信号成分从原信号的时域形式中去除。这样得到的信号就不会包含有与被去除信号之间的交叉项,那么原来被覆盖的自项就可能被检测出来。这个过程一直重复进行,直到所有自项都被恢复出来。最后把这些独立自项的 Wigner 分布叠加在一起就得到了没有交叉项的时频表示。

为了从原始信号中提取出信号成分,首先必须把它们在时域中重建出来。为此,这里用到了文献[22]提出的信号重建算法。假定 $s_c(t)$ 是被识别出来的信号成分,该重建算法通过式(2.206)所示的最小化误差函数(最小二乘准则)来重建有限能量信号 $\hat{s}_c(t)$

$$\iint_{R_c}(Y(t,f)-W_{\hat{s}_c}(t,f))^2\,\mathrm{d}t\,\mathrm{d}f \tag{2.206}$$

其中,R_c 是 $s_c(t)$ 的支撑区域;$W_{\hat{s}_c}(t,f)$ 是 $\hat{s}_c(t)$ 的 Wigner 分布;$Y(t,f)$ 是原始信号减去以前重建信号后的 Wigner 分布。注意,区域 R_c 并不包含交叉项部分,从而避免了由"寄生"干扰引起的重建误差[23]。

3. 交叉项抑制后的时频表示

通过下式计算每个时频点上的方差来度量 N 个校正 TFR 之间的差别

$$V(t,f)=\frac{1}{N-1}\sum_{m=1}^{N}[C_m(t,f)-\langle C\rangle(t,f)]^2 \tag{2.207}$$

其中,$C_m(t,f)$ 表示第 m 个时频表示;$\langle C\rangle(t,f)$ 是平均的时频表示,如下所示

$$\langle C\rangle(t,f)=\frac{1}{N}\sum_{m=1}^{N}C_m(t,f) \tag{2.208}$$

得到的方差图$V(t,f)$通过二维的高斯核函数来平滑(用来产生均匀的大方差区域),然后再归一化为0～1的值。这样操作后的方差图$\hat{V}(t,f)$便可以利用一个二维的遮蔽滤波器来辨识和滤除掉交叉项

$$M(t,f)=\begin{cases}0, & \hat{V}(t,f)\geqslant T_V\\ 1, & \text{其他}\end{cases} \tag{2.209}$$

式中,T_V表示合适的方差门限。实验表明,在方差图上利用简单的统计方法(柱状图)就能清楚地显示出各自不相交的不同值区域(高方差和低方差区域),从而简化了门限T_V的选择。$M(t,f)$和信号的Wigner分布相乘得到了$\widetilde{W}(t,f)$。为了描绘剩余成分的支撑区域,一种简单的办法就是利用$\widetilde{W}(t,f)$的低值等值线。知道了支撑区后,相应的自项就能按照先前讨论的方法重建出其时域形式。上述方法可以总结成以下各步(上标i表示迭代次数):

(1) 计算信号$s^i(t)$的N个分数阶傅里叶变换$S_\alpha^i(u)$,α从0变化到π,步进为π/N。

(2) 对每一个$S_\alpha^i(u)$作Cohen类的时频变换。

(3) 用图像旋转的方法校正每一个时频表示结果,使得"分数阶时域"和"分数阶频域"能与原始的时域和频域相一致。

(4) 形成包含每个校正时频表示结果的三维矩阵$G^i(t,f,m)$,利用该矩阵计算关于m的方差图$V^i(t,f)$,然后设计相应的遮蔽滤波器$M^i(t,f)$。

(5) 把滤波器$M^i(t,f)$和信号$s^i(t)$的Wigner分布相乘得到$\hat{W}_{s^i}(t,f)$。

(6) 在$\hat{W}_{s^i}(t,f)$中划分出自项用以重建出信号$\hat{s}_{c,k}^i(t)$。下标c表明信号是$s^i(t)$的一个分量,k表示每次迭代所重建的信号分量数目。

(7) 从$s^i(t)$减去$\hat{s}_{c,k}^i(t)$。

(8) 重复步骤(2)～(7),直到所有的自项都被提取出来。如果没有高方差值(这可以通过函数$V^i(t,f)$的柱状图来决定)则表明已经没有交叉项存在,这可以用作终止迭代的判断标准。

(9) 最后,消除了交叉项的时频表示$\Omega(t,f)$可以通过叠加重建的自项得到

$$\Omega(t,f)=\sum_i\sum_k W_{\hat{s}_{c,k}^i}(t,f) \tag{2.210}$$

4. 讨论

上述算法总体上来说是一种高可读性的时频表示,有别于先前提出的各种方法,它不是在交叉干扰衰减和好的时频聚集性之间的折中。另外,它的性能与信号的类型无关,并且能有效处理自项和交叉项重叠的情形。但是,它的计算量非常大($O(INM^2(\log M))$),其中M是信号的采样点数,N是每次迭代过程中进行的FRFT计算次数,I是重复次数。这要比大部分调整核函数的时频表示方法所需的复杂度($O(M^2\log M)$)大,但是应该会比那些自适应最优核函数设计方法的时频表示复杂度($O(M^3)$)要小[24]。

很明显,上述算法的性能取决于自项在时频平面上的分辨程度,以及在时域上的重建精度。尽管在上述算法中所采用的直接处理方法性能还不错,不过在步骤(4)的滤波器设计以及步骤(5)的自项隔离还可以采用鲁棒性更好的图像处理技术。在步骤(6)中采用的是文

献[22]的信号重建方法，对于自项重叠的情况，完全可以利用更先进的信号重建技术。

尽管任意一个 Cohen 类时频分布都可用于该算法中，但是使用非对称核函数的时频表示有助于增大交叉项区域的方差。此外，利用上述算法得到的时频表示相比于 Wigner 分布会丢失一些数学特性。另外，最后得到的时频表示并不是 Cohen 类的成员。尽管如此，由于交叉项的振荡特性，在时域或频域的边缘特性仍几乎被保持。

参考文献

[1] Ozaktas H M, Kutay M A, Zalevsky Z. The fractional Fourier transform with applications in optics and signal processing[M]. John Wiley & Sons, 2000.

[2] Almeida L B. The fractional Fourier transform and time-frequency representations[J]. IEEE Trans. Signal Processing, 1994, 42(11): 3084-3091.

[3] Namias V. The fractinal order Fourier transform and its application to quantum mechanics[J]. J. Inst. Math. Appl., 1980, 25: 241-265.

[4] Kerr F H. Namias's fractional Fourier transforms on L2 and applications to differential equations[J]. J Math Anal Applic, 1988, 136: 404-418.

[5] Cariolaro G, Erseghe T, Kraniauskas P, et al. Multiplicity of fractional Fourier transforms and their relationships[J]. IEEE Trans. Signal Processing, 2000, 48(1): 227-241.

[6] 张贤达. 现代信号处理[M]. 北京：清华大学出版社，1995.

[7] McBride A C, Kerr F H. On Namias' fractional Fourier transform[J]. IMA J. Appl. Math., 1987, 39: 159-175.

[8] Mendlovic D, Ozaktas H M. Fractional Fourier transforms and their optical implementation (I)[J]. J. Opt. Sco. AM. A., 1993, 10(10): 1875-1881.

[9] Mendlovic D, Ozaktas H M, Lohmann A W. Self Fourier functions and Fractional Fourier transforms [J]. Optical Communication, 1994, 105: 36-38.

[10] Ozaktas H M, Kutay M A, Mendlovic D. Introduction to the fractional Fourier transform and its applications[R]. Technical Report BU-CEIS-9802, Bilkent University, Department of Computer Engineering and Information Science, Ankara, Jan, 1998.

[11] Shinde S, Gadre V M. An uncertainty principle for real signals in the fractional Fourier transform domain[J]. IEEE Trans. Signal Processing, 2001, 49(11): 2545-2548.

[12] Capus C, Brown K. Fractional Fourier transform of the gaussian and fractional domain signal support [J]. IEE Proc.-Vis. Image Signal Processing. 2003, 150(2): 99-106.

[13] Gradshtein I S, Ryzhik I M. Table of integrals, series, and products[M]. New York: Academic Press, 1965.

[14] Berry M V, Klein S. Integer, fractional and fractal Talbot effects[J]. J. Modern Opt., 1996, 43: 2139-2164.

[15] Freyberger M, Bardroff P, Leichtle C, et al. The art of measuring quantum states[J]. Phys. World, 1997, 10(11): 41-45.

[16] Hamam, H, de Bougrenet J L, de La Tocanaye. Programmable joint fractional Talbot computer generated holograms[J]. J. Opt. Soc. Amer. A, 1995, 12: 314-324.

[17] Zhang F, Bi G A, Chen Y Q. Tomography time-frequency transform[J]. IEEE Trans. Signal Processing, 2002, 50(6): 1289-1297.

[18] Ozaktas H M, Erkaya N, Kutay M A. Effect of fractional Fourier transformation on time-frequency distributions belonging to the cohen class[J]. IEEE Signal Processing Letters, 1996, 3(2): 40-41.

[19] Lohmann A W. Relationships between the Radon-Wigner and fractional Fourier transform[J]. J. Opt. Soc. Am. A,1994,11(6): 1398-1801.

[20] Bastiaans M J. Gabor's expansion of a signal into Gaussian elementary signals[J]. Proc. IEEE,1980,68: 594-598.

[21] Qazi S,Georgakis A,et al. Interference suppression in the Wigner distribution using fractional Fourier transformation and signal synthesis[J]. IEEE Trans. Signal Processing,2007,55(6): 3150-3154.

[22] Boudreaux-Bartels G F, Parks T. Time-varying filtering and signal estimation using Wigner distribution synthesis techniques[J]. IEEE Trans. Acoust., Speech, Signal Process., 1986, ASSP-34(3): 442-451.

[23] Krattenthaler W,Hlawatsch F. Time-frequency design and processing of signals via smoothed Wigner distributions[J]. IEEE Trans. Signal Processing,1993,41(1): 278-287.

[24] Baraniuk R G,Jones D L. A signal dependent time-frequency representation: Optimal kernel design [J]. IEEE Trans. Signal Processing,1993,41(4): 1589-1601.

第3章

分数阶算子及分数阶变换

作为傅里叶变换的广义形式,分数阶傅里叶变换是一种统一的时频分析方法,且可以理解为角度 α 的时频平面旋转,因此依据分数阶傅里叶变换可以定义一些有用的分数阶算子和分数阶变换。

3.1 分数阶算子

在讨论分数阶变换之前,我们先来解释一下分数阶算子的概念。假设有算子 $O(\cdot)$,

$$O(g(x))=G(y) \tag{3.1}$$

那么,它的分数阶算子(记作 $O^a(\cdot)$,其中 a 是实数)满足下列性质:

(1) 边界性

$$O^0(g(x))=g(x), \quad O^1(g(x))=G(y) \tag{3.2}$$

(2) 可加性

$$O^b(O^a(g(x)))=O^a(O^b(g(x)))=O^{a+b}(g(x)) \tag{3.3}$$

由于参数 a 可任意选取,一些由经典算子不能解决的问题,可用更为灵活的分数阶算子解决。

容易得出一些运算的分数阶形式,例如,可以将乘法运算 $O(g(x))=g(x)f(x)$ 的分数阶算子定义为

$$O^a(g(x))=g(x)f^a(x) \tag{3.4}$$

不过,对大多数运算来说,它们的分数阶算子并不显而易见,我们通过如下方法来求得。

假设算子 O 可以被分解为 O_1^{-1}、O_2 和 O_1,即

$$G(y)=O(g(x))=O_1^{-1}(O_2[O_1(g(x))]) \tag{3.5}$$

且 O_2 的分数阶算子已知,则由此可得 O 的分数阶算子为

$$G_a(y')=O^a(g(x))=O_1^{-1}(O_2^a[O_1(g(x))]) \tag{3.6}$$

如果 O_2 是乘法运算,那么它的分数阶算子的导出可进一步简化。由第 2 章内容,我们知道对于傅里叶变换

$$G(\omega)=\mathcal{F}(g(t))=\sqrt{\frac{1}{2\pi}}\int_{-\infty}^{+\infty}\mathrm{e}^{-\mathrm{j}\omega t}g(t)\mathrm{d}t \tag{3.7}$$

它的分数阶算子，也就是分数阶傅里叶变换(FRFT)定义为

$$G_p(u)=O_F^p(g(t))=\sqrt{\frac{1-\mathrm{j}\cot\alpha}{2\pi}}\mathrm{e}^{\frac{\mathrm{j}}{2}u^2\cot\alpha}\int_{-\infty}^{+\infty}\mathrm{e}^{-\mathrm{j}ut\csc\alpha}\mathrm{e}^{\frac{\mathrm{j}}{2}t^2\cot\alpha}g(t)\mathrm{d}t \tag{3.8}$$

其中，$\alpha=p\pi/2$。由上式可以看出分数阶傅里叶变换能够分解为如下三步(图 3.1)[1]：

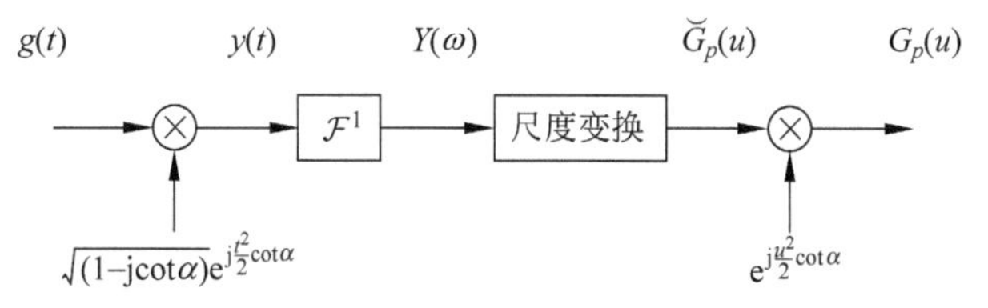

图 3.1　分数阶傅里叶变换的分解步骤示意图

(1) 乘以 chirp 信号

$$y(t)=\sqrt{(1-\mathrm{j}\cot\alpha)}\,\mathrm{e}^{\mathrm{j}\frac{t^2}{2}\cot\alpha}g(t)$$

(2) 傅里叶变换(自变量存在尺度转变)，$\breve{G}_p(u)=Y\csc\alpha u$，其中，

$$Y(\omega)=\mathcal{F}^1[y](\omega)=\frac{1}{\sqrt{2\pi}}\int_{-\infty}^{+\infty}y(t)\mathrm{e}^{-\mathrm{j}\omega t}\mathrm{d}t$$

(3) 乘以 chirp 信号

$$G_p(u)=\mathrm{e}^{\mathrm{j}\frac{u^2}{2}\cot\alpha}\breve{G}_p(u)$$

因此，我们可以将传统基于傅里叶变换的对偶算子(O、$\widetilde{O}$)推广到基于分数阶傅里叶变换的分数阶对偶算子(O^p、$\widetilde{O}^p$)，其示意图如图 3.2 所示，图中 O 表示时域算子，$\widetilde{O}$ 表示 O 的频域对偶算子，O^p 表示 O 的 p 阶分数阶算子，$\widetilde{O}^p$ 表示 O^p 的 p 阶分数阶傅里叶域对偶算子，也就是 $\widetilde{O}$ 的 p 阶分数阶算子。依据图 3.2，我们可以得到分数阶卷积的对偶形式。本章 3.3 节还将依据对偶转换的概念得到另外一些分数阶对偶算子。

3.1.1　分数阶卷积

在传统的傅里叶变换理论中，两个函数 $f(t)$ 与 $g(t)$ 的卷积定义为

$$h(t)=(f*g)(t)=\int_{-\infty}^{+\infty}f(t)g(t-\tau)\mathrm{d}t \tag{3.9}$$

或简记为 $h=f*g$。其运算特性是：一个域的卷积对应于另一个域的乘积，即

$$f(t)*g(t)=h(t)\overset{\mathrm{FT}}{\longleftrightarrow}H(\omega)=\sqrt{2\pi}F(\omega)\times G(\omega) \tag{3.10}$$

$$\sqrt{2\pi}f(t)\times g(t)=h(t)\overset{\mathrm{FT}}{\longleftrightarrow}H(\omega)=F(\omega)*G(\omega) \tag{3.11}$$

接下来将这种传统的卷积理论直接推广到分数阶傅里叶域中[2]。设 $s(t)=f(t)\times g(t)$，则

$$S_p(u)=A_\alpha\mathrm{e}^{\mathrm{j}(u^2/2)\cot\alpha}\int_{-\infty}^{+\infty}f(t)g(t)\mathrm{e}^{\mathrm{j}(t^2/2)\cot\alpha-\mathrm{j}tu\csc\alpha}\mathrm{d}t$$

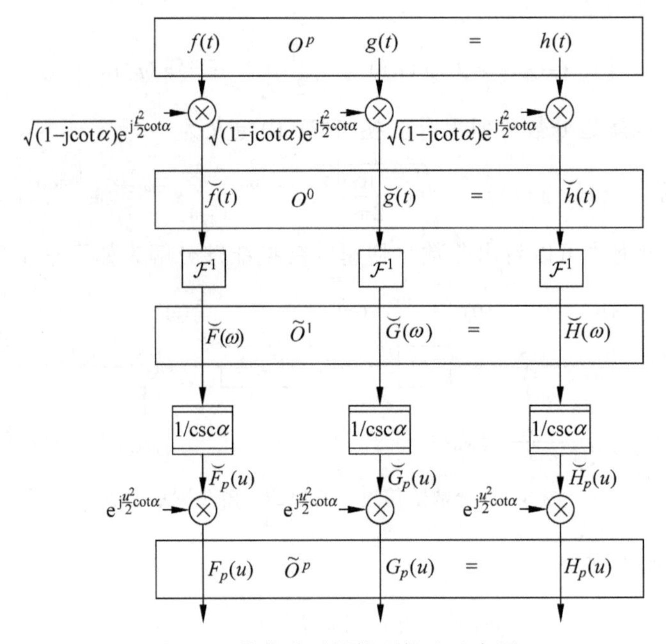

图 3.2 分数阶对偶算子构造示意图

$$=\frac{|\csc\alpha|}{\sqrt{2\pi}}\mathrm{e}^{\mathrm{j}(u^2/2)\cot\alpha}\int_{-\infty}^{+\infty}F_p(v)G[(u-v)\csc\alpha]\,\mathrm{e}^{-\mathrm{j}(v^2/2)\cot\alpha}\mathrm{d}v \tag{3.12}$$

其中,$A_\alpha=\sqrt{1-\mathrm{j}\cot\alpha}$,$A_{-\alpha}=\sqrt{1+\mathrm{j}\cot\alpha}$,$\alpha=p\pi/2$。这里所用的傅里叶变换为如下对称形式:

$$F(\omega)=\frac{1}{\sqrt{2\pi}}\int_{-\infty}^{+\infty}f(t)\mathrm{e}^{-\mathrm{j}\omega t}\mathrm{d}t \tag{3.13}$$

同样,令 $h(t)=f(t)*g(t)$,则 $H(\omega)=\sqrt{2\pi}F(\omega)G(\omega)$。我们知道 $H_p(u)$可以看作对$H(\omega)$作旋转角度为 $\alpha-\pi/2$(即 $p-1$ 阶)的分数阶傅里叶变换。这样,根据式(3.12)可以得到

$$\begin{aligned}H_p(u)&=\mathcal{F}^{p-1}\{\sqrt{2\pi}F(\omega)G(\omega)\}\\&=|\sec\alpha|\,\mathrm{e}^{-\mathrm{j}(u^2/2)\tan\alpha}\int_{-\infty}^{+\infty}F_p(v)g[(u-v)\sec\alpha]\,\mathrm{e}^{\mathrm{j}(u^2/2)\tan\alpha}\mathrm{d}v\end{aligned} \tag{3.14}$$

显然式(3.12)、式(3.14)这样的表示并不令人满意,因为它们并没有像经典傅里叶卷积定理那样明确的对偶表示形式。因此,根据图 3.2,我们可以得到另一种表达形式。

对于任意函数 $f(t)$,定义函数 $f'(t)=f(t)\mathrm{e}^{\mathrm{j}\frac{\cot\alpha}{2}t^2}$,$f''(t)=f(t)\mathrm{e}^{-\mathrm{j}\frac{\cot\alpha}{2}t^2}$,则两个函数 $f(t)$与 $g(t)$的分数阶卷积可以定义为

$$h(t)=(f\overset{p}{*}g)(t)=\frac{A_\alpha}{\sqrt{2\pi}}\mathrm{e}^{-\mathrm{j}\frac{\cot\alpha}{2}t^2}\left[f(t)\mathrm{e}^{\mathrm{j}\frac{\cot\alpha}{2}t^2}\right]*\left[g(t)\mathrm{e}^{\mathrm{j}\frac{\cot\alpha}{2}t^2}\right] \tag{3.15}$$

同样,它们的分数阶乘积定义为

$$\begin{aligned}s(t)=(f\overset{p}{\times}g)(t)&=\frac{\mathrm{e}^{\mathrm{j}\frac{\cot\alpha}{2}t^2}}{\sqrt{2\pi}}(f''*g'')\\&=\frac{\mathrm{e}^{\mathrm{j}\frac{\cot\alpha}{2}t^2}}{\sqrt{2\pi}}\left[f(t)\mathrm{e}^{-\mathrm{j}\frac{\cot\alpha}{2}t^2}\right]*\left[g(t)\mathrm{e}^{-\mathrm{j}\frac{\cot\alpha}{2}t^2}\right]\end{aligned} \tag{3.16}$$

这样，分数阶卷积的实现就可分解成如图 3.3 所示的结构[3]。

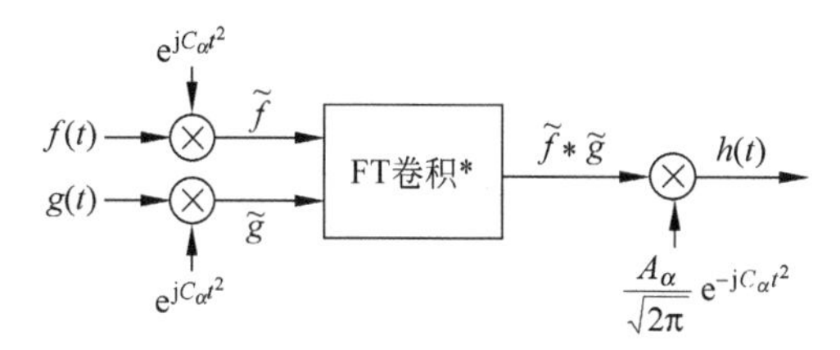

图 3.3　分数阶卷积分解结构($C_\alpha=\cot\alpha/2$)

通过推导，可以得到如下的分数阶卷积理论表示[2]。

若 $h(t)=(f\overset{p}{*}g)(t)$，则

$$H_p(u)=e^{-jC_\alpha u^2}F_p(u)\times G_p(u) \tag{3.17}$$

$$\mathcal{F}^p\{f(t)g(t)e^{jC_\alpha u^2}\}=A_{-\alpha}(F_p\overset{p}{\times}G_p)(u) \tag{3.18}$$

此时，分数阶傅里叶域的卷积与乘积理论的表达形式就比较明确了：两个函数在参照域的分数阶卷积对应于它们的分数阶傅里叶变换乘积再乘以一个线性调频信号；两个函数在参照域的乘积再乘以一个线性调频信号对应于它们的分数阶傅里叶变换的分数阶乘积再做幅值调制。

特别地，当 $\alpha=0$(即 $p=0$)时，两个函数的分数阶卷积和分数阶乘积就退化成两个时间函数的经典卷积和乘积；当 $\alpha=\pi/2$(即 $p=1$)时，两个函数的分数阶卷积和分数阶乘积就退化成两个频域函数的经典卷积和乘积。

3.1.2　分数阶相关

相关(Correlation)是信号处理特别是信号检测理论中一个十分重要的概念。相关运算主要用来对两个信号进行比较，或者从一个强信号中发现某种微弱信号。经典意义下的相关运算只限于在时域或频域进行，随着分数阶傅里叶变换的出现，有必要将相关运算推广到任意分数阶傅里叶域，由此产生了分数阶相关(Fractional Correlation)的概念。分数阶相关是经典相关的推广，下面将由相关的概念出发，导出分数阶相关的几种定义，分析它的时变性质，并介绍分数阶相关在信号检测中的应用。

3.1.2.1　分数阶相关的多种定义

若时域表示的输入信号和参考信号为 $s(t)$ 和 $h(t)$，则两信号的时域相关和频域相关分别定义为

$$(s\otimes h)(\tau)=\int s(t)h^*(t-\tau)\mathrm{d}t \tag{3.19}$$

$$(s\otimes_{\pi/2}h)(\nu)=\int s(t)h^*(t)e^{-j2\pi\nu t}\mathrm{d}t \tag{3.20}$$

其中，$\otimes$表示相关符号。在信号处理领域，为了便于数学上表示各种变换关系，会定义一些算子，如傅里叶变换用算子$\mathcal{F}$表示，分数阶傅里叶变换用算子$\mathcal{F}^p$或$\mathcal{F}^\alpha(\alpha=p\pi/2)$表示。为了描述相关运算，文献[4]引入了移位算子的概念。时移算子$\mathcal{T}_\tau$和频移算子$\mathcal{O}_\nu$分别定义为

$$(\mathcal{T}_\tau s)(t)=s(t-\tau) \tag{3.21}$$

和

$$(\mathcal{O}_\nu s)(t)=\mathrm{e}^{\mathrm{j}2\pi\nu t}s(t) \tag{3.22}$$

将时域相关用时移算子表示可写成

$$(s\otimes_0 h)(\tau)=\int s(\beta)h^*(\beta-\tau)\mathrm{d}\beta=\langle s,\mathcal{T}_\tau h\rangle \tag{3.23}$$

同样地，频域相关也可以用频移算子来表示，即

$$(s\otimes_{\pi/2} h)(\nu)=\int s(t)h^*(t)\mathrm{e}^{-\mathrm{j}2\pi\nu t}\mathrm{d}t=\langle s,\mathcal{O}_\nu h\rangle \tag{3.24}$$

从式(3.23)和式(3.24)可以发现，所谓两个信号的时域相关或频域相关，是指将一个信号做时移或频移再与另一个信号做内积的输出结果。时移算子和频移算子虽然不同，但是根据傅里叶变换的性质可以建立两者之间的等效关系。这种关系可以写成

$$\mathcal{O}_\nu=\mathcal{F}^{-(\pi/2)}\mathcal{T}_\nu\mathcal{F}^{(\pi/2)} \tag{3.25}$$

因为分数阶傅里叶变换可看作傅里叶变换的一种广义形式，仿照上式中的关系，并且将式中的傅里叶变换算子$\mathcal{F}^{\pi/2}$用分数阶傅里叶变换算子$\mathcal{F}^{\alpha}$代替，可定义一种新的分数阶移位算子$\mathcal{R}_\rho^\alpha$，它和时移算子之间的关系可写成[4]

$$\mathcal{R}_\rho^\alpha=\mathcal{F}^{-\alpha}\mathcal{T}_\rho\mathcal{F}^{\alpha} \tag{3.26}$$

它可以理解为信号在分数阶傅里叶域产生某种位移。可以证明，分数阶移位算子具备如下两个特性

$$\mathcal{R}_{\rho_1}^\alpha\mathcal{R}_{\rho_2}^\alpha=\mathcal{R}_{\rho_1+\rho_2}^\alpha \tag{3.27}$$

$$(\mathcal{R}_\rho^\alpha)^{-1}=\mathcal{R}_{-\rho}^\alpha \tag{3.28}$$

用分数阶移位算子$\mathcal{R}_\rho^\alpha$作用一个时域信号$s(t)$将会使信号产生什么样的变化呢？利用分数阶傅里叶变换的性质不难推导出

$$(\mathcal{R}_\rho^\alpha s)(t)=s(t-\rho\cos\alpha)\mathrm{e}^{\mathrm{j}2\pi(\rho^2/2)\cos\alpha\sin\alpha+\mathrm{j}2\pi t\rho\sin\alpha} \tag{3.29}$$

可以看出，算子$\mathcal{R}_\rho^\alpha$对信号的作用效果既有时移分量$\rho\cos\alpha$，又有频移分量$\rho\sin\alpha$。由信号的时频表示出发，我们也可以从信号时频分布的变化来理解算子$\mathcal{R}_\rho^\alpha$的作用。如图3.4所示，$\mathcal{R}_\rho^\alpha$的作用是将信号$s(t)$的Wigner分布在时频平面上沿α角方向移动距离ρ。

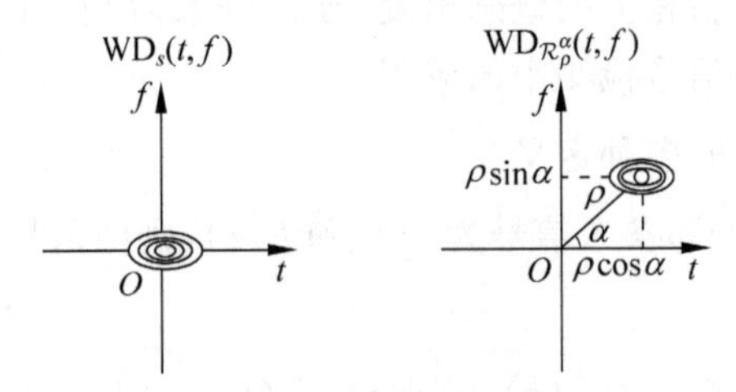

图3.4 分数阶移位算子$\mathcal{R}_\rho^\alpha$对信号的时频分布的作用效果

可以看出，式(3.29)定义的分数阶平移算子$\mathcal{R}_\rho^\alpha$表示时频平面上沿角度α方向（逆时针测得）的径向平移，这样$(\mathcal{R}_\rho^\alpha s)(t)$就是信号$s(t)$经分数阶傅里叶域平移后的时域表示。可以看出，当$\alpha=0$和$\alpha=\pi/2$时，分数阶平移算子就分别退化为时间平移算子和频率平移算子，即$(\mathcal{R}_\rho^0 s)(t)=s(t-\rho)$和$(\mathcal{R}_\rho^{\pi/2}s)(t)=s(t)\mathrm{e}^{\mathrm{j}2\pi t\rho}$。

用分数阶平移算子定义分数阶傅里叶域的相关概念需要把线性时不变系统（Linear

Time-Invariant,LTI)推广为线性分数阶移不变系统,参见图 3.5 和图 3.6。输入信号与系统响应函数的分数阶相关可以解释为输入信号与系统脉冲响应 $h(t)$ 分数阶平移 ρ 后的内积

$$
\begin{aligned}
\mathrm{CORR}^{p}\left[s(t),h(t)\right](\rho) &= \langle s,\mathcal{R}_{\rho}^{\alpha}h\rangle \\
&= \mathrm{e}^{-\mathrm{j}2\pi\frac{\rho^2}{2}\cos\alpha\sin\alpha}\int s(t)h^{*}(t-\rho\cos\alpha)\mathrm{e}^{-\mathrm{j}2\pi t\rho\sin\alpha}\,\mathrm{d}t
\end{aligned}
\tag{3.30}
$$

其中,$\alpha=p\pi/2$,p 为分数阶傅里叶变换的阶数。

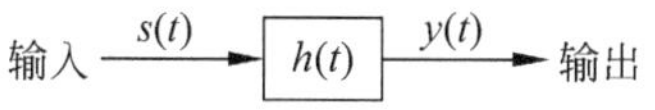

输入 —$s(t)$→ [$h(t)$] —$y(t)$→ 输出

图 3.5　一个简单的 LTI 系统

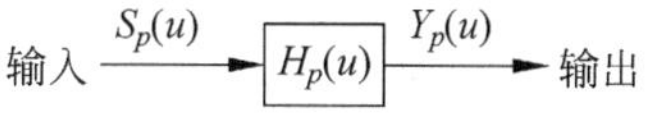

输入 —$S_p(u)$→ [$H_p(u)$] —$Y_p(u)$→ 输出

图 3.6　对应的 LFRT 系统

实际上,与时移或频移算子相比,分数阶移位算子是一种更为一般化的移位算子,时移或频移算子是它的两个特例。当 $\alpha=0$ 时,分数阶移位算子退化为时移算子;当 $\alpha=\pi/2$ 时,分数阶移位算子退化为频移算子。

此外,我们还可导出另外两个等价的分数阶相关定义式,这两种定义可用于分数阶相关的离散计算。

根据分数阶傅里叶变换的酉特性[5],有 $\langle s,h\rangle=\langle\mathcal{F}^{\alpha}s,\mathcal{F}^{\alpha}h\rangle$,由此,可以导出分数阶相关的第二种定义式,即

$$
\begin{aligned}
(s\otimes_{\alpha}h)(\rho) &= \langle s,\mathcal{R}_{\rho}{}^{\alpha}h\rangle = \langle s,\mathcal{F}^{-\alpha}\mathcal{T}_{\rho}\mathcal{F}^{\alpha}h\rangle = \langle\mathcal{F}^{\alpha}s,\mathcal{T}_{\rho}\mathcal{F}^{\alpha}h\rangle \\
&= \int S_{\alpha}(\beta)\left[H_{\alpha}(\beta-\rho)\right]^{*}\mathrm{d}\beta = (S_{\alpha}\otimes_{0}H_{\alpha})(\rho)
\end{aligned}
\tag{3.31}
$$

这表明分数阶相关可以通过输入信号与脉冲响应函数分别进行分数阶傅里叶变换后再进行经典相关计算得到。按照此定义,计算分数阶相关的方法是先对信号求旋转角为 α 的分数阶傅里叶变换,再在与 α 相应的分数阶傅里叶域内作经典相关运算。其中相关运算比较耗时,可以利用傅里叶变换的卷积性质将相关运算转换为乘积运算。于是,可导出分数阶相关的第三种定义式,即

$$
(s\otimes_{\alpha}h)(\rho)=(S_{\alpha}\otimes_{0}H_{\alpha})(\rho)=\mathcal{F}^{-\pi/2}\{S_{\pi/2+\alpha}(u)\left[H_{\pi/2+\alpha}(u)\right]^{*}\}(\rho) \tag{3.32}
$$

这里利用了 $p+1$ 阶分数阶傅里叶变换等价于对信号的 p 阶分数阶傅里叶变换作傅里叶变换。这种计算方法首先对信号求转角为 $\alpha+\pi/2$ 的分数阶傅里叶变换,然后求它们的乘积,再求逆傅里叶变换。分数阶傅里叶变换和逆傅里叶变换都有快速算法,所以第三种定义是一种计算分数阶相关的有效方法。以上定义均为针对确定信号的分数阶相关定义,第 8 章将进一步分析针对随机信号的分数阶相关函数。

3.1.2.2　分数阶相关的性质

前面介绍了分数阶相关的几种定义及计算方法,下面将介绍其特性及应用。众所周知,相关运算是移不变的,也就是说,如果输入信号有一个延迟,相关输出也有同样一个延迟,但波形不变。根据相关的移不变特性,在一些应用中,含有目标回波信号的输入信号与参考信号作相关运算(匹配滤波),不论目标信号在什么位置,只要与参考信号相匹配就能被检测到,而且相关峰值的位置表明了被检测目标的位置。分数阶相关一般不具备上述特性,它的最大特点在于它的移变属性。移变特性是分数阶相关最为显著的特性,也是正确地将分数

阶相关运用于信号检测的基础。下面将从分数阶相关第一种定义出发,重点分析其移变特性。

首先对分数阶相关定义式(3.30)的两端取模,可以得到

$$g(\rho)=|(s\otimes_{\alpha}h)(\rho)|=\left|\int s(t)h^{*}(t-\rho\cos\alpha)\mathrm{e}^{-\mathrm{j}2\pi t\rho\sin\alpha}\mathrm{d}t\right| \tag{3.33}$$

假定 $h_0(t)$ 为要检测的目标信号,输入信号 $s(t)=h_0(t-t_{\text{inp}})$,参考信号 $h(t)=h_0(t-t_{\text{ref}})$,对函数 $g(\rho)$ 求导并令其等于 0,可得到分数阶相关峰值的位置为

$$\rho_{\text{peak}}=(t_{\text{inp}}-t_{\text{ref}})\sec\alpha \tag{3.34}$$

在 $\rho=\rho_{\text{peak}}$ 处,相关峰值为

$$g(\rho_{\text{peak}})=\left|\int|h_0(t)|^2\mathrm{e}^{-\mathrm{j}2\pi t(t_{\text{inp}}-t_{\text{ref}})\tan\alpha}\mathrm{d}t\right| \tag{3.35}$$

可以看出,分数阶相关的峰值位置和高度与角度 α 以及目标相对位置均呈现一定关系,我们将针对各种情况来进行分析。当 $\alpha=0$(经典相关)时,相关峰值位置 $\rho_{\text{peak}}=t_{\text{inp}}-t_{\text{ref}}$,相关峰值 $g(\rho_{\text{peak}})=\int|h_0(t)|^2\mathrm{d}t$,这表明经典相关峰值高度与目标信号的位置无关,不管目标在何处,相关峰值都保持相同的高度;对于分数阶相关,当 $t_{\text{inp}}=t_{\text{ref}}$ 时,峰值位置在零点,且相关峰值达到最大高度 $g(\rho_{\text{peak}})=\int|h_0(t)|^2\mathrm{d}t$;当 $t_{\text{inp}}\neq t_{\text{ref}}$ 时,随着 $|t_{\text{inp}}-t_{\text{ref}}|$ 的增大,$g(\rho_{\text{peak}})$ 中复指数项的振荡越来越快,峰值高度不断减小。复指数项振荡频率取决于两个因素,即 $|t_{\text{inp}}-t_{\text{ref}}|$ 和 $\tan\phi$,这两项的增大会导致指数项的振荡加快,从而使峰值高度降低。峰值高度随着输入信号和参考信号之间的距离增加而降低,而降低的快慢由分数阶的阶数决定。因此,通过调整分数阶角度 α,可控制相关峰值高度对输入信号和参考信号位置差异的敏感度。为了量化这种关系,设 Δt 表示 $|h_0(t)|^2$ 的支撑区间,为避免振荡和退化,指数项必须小于 π,于是可以得到如下条件

$$|t_{\text{inp}}-t_{\text{ref}}|\Delta t\leqslant\cot\alpha \tag{3.36}$$

这个公式定义了在相关峰值允许的退化情况下输入信号和参考信号的最大位置差异。由式(3.36)我们发现,当 $\alpha=0$ 时,公式右端为无穷大,无论输入信号和参考信号位置差异多大,相关都有最大峰值;若 $0<\alpha<\pi/2$,相关峰值会随着位置差异的增加而减小,而 α 越大,减小的速率越快。

根据分数阶相关的上述移变性质,我们可将其用于某种特定的目标检测系统,该系统只检测参考信号一定范围内的目标,而不检测此范围以外的目标,范围可由分数阶次来控制。文献[5]已经将其成功用于机器人的视觉识别系统中。由于一个机器人在行走时需要发现并躲避前方的障碍物,于是要求它的视觉系统能发现一定距离内的障碍物,在这种视觉识别系统中,利用分数阶相关可以只检测某个距离以内,而忽略范围以外的目标。

在分析了分数阶相关的移变性质的基础上,可以进一步研究分数阶自相关与模糊函数的关系问题。根据第 2 章的分析,分数阶傅里叶变换与 Wigner 分布之间有一个重要的关系,即一个信号的分数阶傅里叶变换的模平方等于它的 Wigner 分布在分数阶域上的投影。那么分数阶自相关与模糊函数究竟是什么关系呢?首先,我们给出经典相关和模糊函数的一组关系。若用 $AF_s(\tau,\nu)$ 表示信号 $x(t)$ 的模糊函数,则有

$$(s\otimes_0 s)(\tau)=AF_s(\tau,0) \tag{3.37}$$

$$(s\otimes_{\pi/2}s)(\tau)=AF_s(0,\nu) \tag{3.38}$$

由于经典相关是分数阶相关的特例，可以将这种关系推广到分数阶相关，下面的定理描述了分数阶相关和模糊函数的关系。

定理 3.1：一个信号的分数阶自相关等于它的模糊函数沿相应 α 角的径向切面。用公式表示为

$$(s\otimes_{\alpha}s)(\rho)=AF_s(\rho\cos\alpha,\rho\sin\alpha) \tag{3.39}$$

证明：模糊函数可以看作信号关于时延 τ 和频移 ν 的二维联合相关函数。它的定义式为

$$AF_s(\tau,\nu)=\int s\left(t+\frac{\tau}{2}\right)s^*\left(t-\frac{\tau}{2}\right)\mathrm{e}^{-\mathrm{j}2\pi\nu t}\mathrm{d}t \tag{3.40}$$

信号 $s(t)$ 的分数阶自相关可表示为

$$(s\otimes_{\alpha}s)(\rho)=\langle s,R_{\rho}^{\alpha}s\rangle=\mathrm{e}^{\mathrm{j}2\pi(\rho^2/2)\cos\alpha\sin\alpha}\int s(t)s^*(t-\rho\cos\alpha)\mathrm{e}^{-\mathrm{j}2\pi t\rho\sin\alpha}\mathrm{d}t \tag{3.41}$$

为了变为对称形式，令 $t=t'+\frac{\rho}{2}\cos\alpha$，做变量替换可得

$$(s\otimes_{\alpha}s)(\rho)=\int s\left(t'+\frac{\rho}{2}\cos\alpha\right)s^*\left(t'-\frac{\rho}{2}\cos\alpha\right)\mathrm{e}^{-\mathrm{j}2\pi t'\rho\sin\alpha}\mathrm{d}t' \tag{3.42}$$

将上式与模糊函数的定义式作比较，可建立分数阶自相关和模糊函数之间的关系

$$(s\otimes_{\alpha}s)(\rho)=AF_s(\rho\cos\alpha,\rho\sin\alpha) \tag{3.43}$$

式(3.43)表明，信号在旋转角为 α 的分数阶傅里叶域上的自相关等于其模糊函数在 α 角射线方向的切片，如图 3.7 所示。

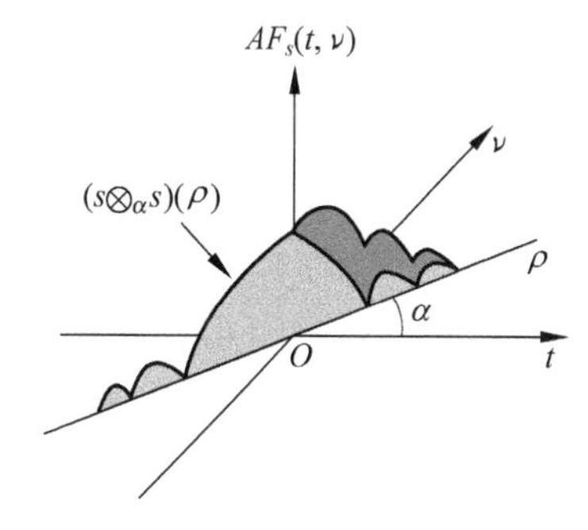

图 3.7　分数阶相关与模糊函数的关系图

3.1.2.3　分数阶相关在信号检测中的应用

根据定理 3.1，文献[4]提出了一种基于分数阶相关的线性调频(Linear Frequency Modulation，LFM)信号检测和参数估计的有效算法。这种算法主要是利用了分数阶相关和模糊函数的关系，在只需要估计信号的调频率参数的情况下，应用这种算法比较方便。类似的方法还有文献[6]提出的基于模糊函数和 Radon 变换的算法。由于 LFM 信号的模糊函数是在模糊平面上的一条过原点的斜线，而斜率为信号的调频率，为了检测参量未知的 LFM 信号，通过对模糊函数所有过原点的直线求 Radon 变换，可构造一个检测统计量

$$D(m)=\int\left|AF_s(\tau,m\tau)\right|\mathrm{d}\tau \tag{3.44}$$

若 $D(m)$ 在某一点存在一个峰值且超过了预先确定的阈值，则认为检测到 LFM 信号，并且可由峰值点的位置估计出信号的调频率。

式(3.44)中右端的被积函数是过原点、斜率为 m 的模糊函数的切片。它可以由角度为 $\alpha=\arctan(m)$ 的分数阶自相关函数代替，于是可导出一个等价的检测统计量

$$L(\alpha)=\int\left|(s\otimes_{\alpha}s)(\rho)\right|\mathrm{d}\rho \tag{3.45}$$

若以调频率为参量，检验统计量为

$$L(m)=\int\left|(s\otimes_{\arctan(m)}s)(\rho)\right|\mathrm{d}\rho \tag{3.46}$$

虽然由模糊函数导出的检测统计量和由分数阶自相关导出的检测统计量是等价的，但两者的计算量不同。对于由分数阶自相关导出的检测统计量，具体计算包含以下几个步骤：首先对信号进行采样得到 $s(n)=s(nT),n=1,2,\cdots,N$，采样周期 T 必须满足采样定理；然后根据实际应用确定一组角度 $\alpha_k,k=1,2,\cdots,M$，计算在每个角度 α_k 上信号的分数阶自相关并求其积分值。若在某个角度出现峰值，则可检测到信号并估计出调频率参数。这里根据第三种定义来计算信号的分数阶自相关，即

$$(s\otimes_{\alpha}s)(\rho)=\mathcal{F}^{-\pi/2}\{|S^{\pi/2+\alpha}(u)|^2\}(\rho) \tag{3.47}$$

计算过程包括：①利用分数阶傅里叶变换的快速算法求角度 $\alpha+\pi/2$ 的分数阶傅里叶变换；②求变换后的模平方；③求逆傅里叶变换。因为分数阶傅里叶变换快速算法的计算量与快速傅里叶变换(Fast Fourier Transform，FFT)相当，为 $O(N\log_2 N)$，所以基于分数阶自相关的 LFM 信号检测算法总的计算量约为 $O(M(2N\log_2 N+N))$，基于模糊函数的算法总的计算量为 $O(N^2\log_2 N+MN)$。两者比较，当 $M\ll N$ 时，用分数阶自相关作信号检测需要相对较小的计算量。

为了说明这种方法的有效性，下面给出一个仿真实例。假设有如下含离散多分量 LFM 信号的观测信号

$$s(k)=\sum_{i=0}^{3}\mathrm{e}^{\mathrm{j}[2\pi f_i+m_i(\pi/4096)k]k}+n(k),\quad k=1,2,\cdots,2048 \tag{3.48}$$

其中，参数为 $f_0=1/1024,f_1=5/1024,f_2=3/1024,f_3=10/1024,m_0=0.124,m_1=0.136,m_2=0.3,m_3=0.5,n(k)$ 为加性高斯白噪声。取调频率样本值 $m_l=(0.6/200)l$，$l=0,1,2,\cdots,199$，求每个调频率 m_l 的检验统计量值 $L(m_l)$，图 3.8 为不同信噪比情况下的仿真输出结果。

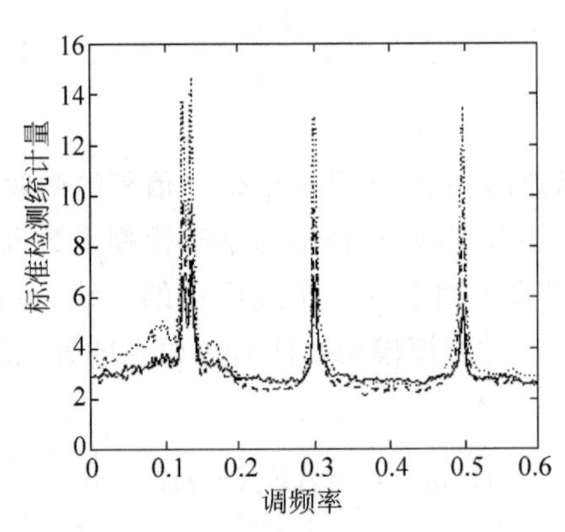

图 3.8 基于分数阶自相关的 LFM 信号检测在不同信噪比下的输出结果

虚线：无噪声，点画线：SNR＝－6dB，实线：SNR＝－12dB

3.1.3 分数阶酉算子和 Hermite 算子

在时频分析理论中，酉算子和 Hermite 算子是比较重要的两类算子，酉性是设计变换

算子时经常需要考虑的要素之一，而不同的变换域表示往往能够通过某种 Hermite 算子联系起来，因此，推导分数阶酉算子和 Hermite 算子也得到了研究人员的广泛关注。基于时移算子和频移算子的概念(这是两种基本的酉算子)，Akay 定义了分数阶位移算子 $T^{\phi,\tau}$，即分数阶酉算子[7]，如式(3.49)所示。利用 Stone's 定理可以得到分数阶 Hermite 算子，如式(3.50)所示。

$$T^{\phi,\tau}[x](t)=x(t-\tau\cos\phi)\,\mathrm{e}^{-\mathrm{j}\pi\tau^2\cos\phi\sin\phi+\mathrm{j}2\pi t\tau\sin\phi} \tag{3.49}$$

$$Z_{\phi}[x](t)=\cos\phi t x(t)+\sin\phi\,\frac{-\mathrm{j}}{2\pi}\cdot\frac{\mathrm{d}}{\mathrm{d}t}x(t) \tag{3.50}$$

分数阶酉算子 $T^{\phi,\tau}$ 对信号的作用既有时移分量 $\tau\cos\phi$，又有频移分量 $\tau\sin\phi$，它是将信号在时频平面上沿着角度为 ϕ 的轴移动径向距离 τ，所以称为分数阶位移算子。它与分数阶傅里叶变换的关系如式(3.51)所示，可以看出信号范数保持不变。对比式(3.30)和式(3.49)不难发现，分数阶相关与算子 $T^{\phi,\tau}$ 的关系如式(3.52)所示。

$$\begin{cases}\mathcal{F}^{p+1}T^{\phi,\tau}[x](u)=\mathrm{e}^{-\mathrm{j}2\pi\tau u}\,\mathcal{F}^{p+1}[x](u)\\ \mathcal{F}^{p}T^{\phi,\tau}[x](u)=\mathcal{F}^{p}[x](u-\tau)\end{cases},\quad \phi=p\pi/2 \tag{3.51}$$

$$\mathrm{CORR}^{p}[x,y](\eta)=\langle x,T^{\phi,\tau}[y](u)\rangle,\quad \phi=p\pi/2 \tag{3.52}$$

式中，符号$\langle\cdot,\cdot\rangle$表示内积。

3.2　分数阶变换

由分数阶算子的定义出发，可引申出分数阶变换的概念。利用分数阶傅里叶变换来构造新的分数阶变换主要有如下两种方式，一种是基于分数阶傅里叶变换是傅里叶变换的广义形式，将以传统傅里叶变换为基础的变换推广为以分数阶傅里叶变换为基础的形式，这样得到的分数阶变换主要有分数阶 Hilbert 变换、分数阶余弦(Cosine)变换、分数阶正弦(Sine)变换、分数阶 Hartley 变换等；另一种是利用分数阶傅里叶变换是一种统一的时频分析方法、是对时频面的旋转，基于该性质可以得到一系列新的基于分数阶傅里叶变换的时频分析工具，如分数阶 Gabor 展开、分数阶小波包变换、分数阶模糊函数和分数阶 Wigner 分布等。

3.2.1　分数阶 Hilbert 变换

Hilbert 变换(Hilbert Transform，HT)是一种重要的信号处理工具，已经在通信调制、图像边缘检测等领域得到了广泛应用。通过将对负谱的抑制由频谱扩展为分数阶傅里叶谱，可以得到分数阶 Hilbert 变换。在此基础上，Soo-Chang Pei 利用分数阶傅里叶变换的特征分解型离散算法给出了分数阶 Hilbert 变换的一种离散表达形式[8]，并将其应用于数字图像边缘检测。文献[9]进一步探讨了分数阶 Hilbert 变换器的设计和应用问题，提出了多种 FIR、IIR 分数阶 Hilbert 变换器的设计方法，并基于分数阶 Hilbert 变换对信号分数阶傅里叶变换负谱分量抑制提出了一种单边带(SSB)通信系统，利用分数阶 Hilbert 变换的变换阶数作为解调密钥来实现安全通信。

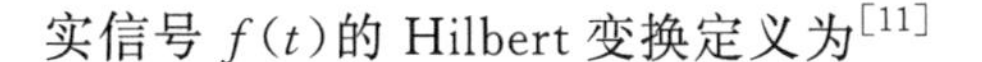
实信号 $f(t)$的 Hilbert 变换定义为[11]

$$\tilde{x}(t)=x(t)*h(t)=\frac{1}{\pi}\int_{-\infty}^{+\infty}\frac{x(\tau)}{t-\tau}\mathrm{d}\tau \tag{3.53}$$

其中，$h(t)$是 Hilbert 变换的变换核。$\tilde{x}(t)$的傅里叶变换为

$$\widetilde{X}(\omega)=\mathcal{F}^{\pi/2}[\tilde{x}](\omega)=-\mathrm{j}\operatorname{sgn}(\omega)X(\omega) \tag{3.54}$$

其中，$\operatorname{sgn}(\omega)$为符号函数。信号 $x(t)$通过 Hilbert 变换和它的复信号联系起来，可以构成解析信号[11]

$$\bar{x}(t)=x(t)+\mathrm{j}\tilde{x}(t) \tag{3.54}$$

解析信号的一个重要性质就是保留了 $f(t)$的正频率部分，剔除 $f(t)$的负频率部分。与解析信号类似，反解析信号保留了 $f(t)$的负频率部分，剔除 $f(t)$的正频率部分，反解析信号定义为

$$\hat{x}(t)=x(t)-\mathrm{j}\tilde{x}(t) \tag{3.55}$$

3.2.1.1 分数阶 Hilbert 变换定义和仿真

1. 定义

文献[12]给出了两种分数阶 Hilbert 变换的定义，一种是参数为 $\varphi=v\cdot\pi/2, v\in\mathbb{R}$ 的传统 Hilbert 变换相移版本(定义 3.1)；另一种是用分数阶傅里叶变换替换傅里叶变换在传统 Hilbert 变换中的角色(定义 3.2)。这两种定义方式不是等价的，但是都满足在 $p=1$ 或 $v=1$ 情况下退化为经典 Hilbert 变换。利用文献[12]给出的第一种分数阶 Hilbert 变换定义，Tseng 和 Pei 提出了信号的解析表示和一种以分数阶相位参数为密钥的单边带调制方法[9]。但由于实信号的分数阶傅里叶变换不满足共轭对称性，因此上述两种定义均无法直接利用分数阶傅里叶正谱来重构原实信号。

定义 3.1：信号 $x(t)$的分数阶 Hilbert 变换为

$$\tilde{x}_v(t)=\cos\varphi x(t)+\sin\varphi X_1(t) \tag{3.56}$$

其中，$X_1(t)$表示 $x(t)$的 1 阶分数阶傅里叶变换。

定义 3.2：信号 $x(t)$的分数阶 Hilbert 变换为

$$\tilde{x}_p(t)=\mathcal{F}^{-p}\{H_1\mathcal{F}^{p}[x(t)]\} \tag{3.57}$$

其中，$H_1(\omega)=\exp\left(\mathrm{j}\frac{\pi}{2}\right)s(\omega)+\exp\left(-\mathrm{j}\frac{\pi}{2}\right)s(-\omega)$，$s(\omega)$表示阶跃函数，$\mathcal{F}^p$表示 p 阶分数阶傅里叶变换算子。

此外，Zayed 还给出了另一种不同的分数阶 Hilbert 变换定义以及相应的解析信号表达式[13]。

定义 3.3：信号 $x(t)$的分数阶 Hilbert 变换为

$$\tilde{x}_p(t)=\mathcal{F}^{-1}\{\mathcal{F}^{1}[x(t)\mathrm{e}^{\mathrm{j}\frac{\cot\alpha}{2}t^2}]H_1\}\mathrm{e}^{-\mathrm{j}\frac{\cot\alpha}{2}t^2},\quad \alpha=\frac{\pi}{2}p \tag{3.58}$$

解析信号为

$$\bar{x}_p(t)=x(t)+\mathrm{j}\tilde{x}_p(t)$$

Zayed 证明了由信号的分数阶傅里叶正谱能够恢复解析信号，但该方法不能由信号的分数阶傅里叶正谱恢复实信号，因此也不适用于处理实信号[13]。Soo-Chang Pei 等讨论了因果信号和实信号的分数阶 Hilbert 变换[14]，通过保留分数阶傅里叶谱的奇偶对称分量，达到节省传输带宽的目的，但这一方法计算过程非常复杂，缺乏实用性。

在实际应用中,信号往往是实信号。由分数阶傅里叶变换的性质可知,这类信号的分数阶傅里叶变换不满足共轭对称性,仅从分数阶傅里叶正谱(或负谱)无法恢复原信号,所以基于分数阶傅里叶变换的 Hilbert 变换及解析信号用于单边带通信受到一定制约。接下来,我们将基于分数阶傅里叶变换的 Hilbert 变换理论,从分数阶卷积理论出发,给出一种分数阶 Hilbert 变换新定义(定义 3.4)。与已有定义不同的是,依据定义 3.4 得到的解析信号的分数阶傅里叶正谱能够被用来恢复实信号。因此,可以用分数阶傅里叶变换的旋转角度作为密钥,将定义 3.4 用于保密单边带通信系统,提高系统的安全性;也可以用于图像加密,增强图像的保密效果。

根据文献[15],任意信号 $f(t)$ 的分数阶傅里叶变换可以看作信号 $g(t)=c\mathrm{e}^{\mathrm{j}\frac{\cot\alpha}{2}t^2}f(t)$ ($c=\sqrt{1-\mathrm{j}\cot\alpha}$)的傅里叶变换。那么,如果 $y(t)$ 为实信号,调制后可得到 $f(t)=y(t)\mathrm{e}^{\mathrm{j}mt^2}$,当 $m=-\cot\alpha/2$ 时有

$$\begin{aligned}\mathcal{F}^{\alpha}[f](u)&=A_{\alpha}\int_{-\infty}^{+\infty}f(t)\mathrm{e}^{\mathrm{j}\frac{(u^2+t^2)}{2}\cot\alpha}\mathrm{e}^{-\mathrm{j}ut\csc\alpha}\mathrm{d}t\\&=A_{\alpha}\mathrm{e}^{\mathrm{j}\frac{u^2}{2}\cot\alpha}\mathcal{F}^{\pi/2}[y](u\csc\alpha),\quad \alpha\neq n\pi\end{aligned}\tag{3.59}$$

其中,$\mathcal{F}^{\pi/2}[y](u\csc\alpha)$ 为 $y(t)$ 的傅里叶变换。从式(3.59)可以看出,信号 $f(t)$ 的分数阶傅里叶谱表现为 $y(t)$ 的频谱乘以线性调频信号 $\mathrm{e}^{\mathrm{j}\frac{u^2}{2}\cot\alpha}$。因为 A_{α} 与 u 无关,$\mathrm{e}^{\mathrm{j}\frac{u^2}{2}\cot\alpha}$ 关于 u 为偶对称,而且信号 $y(t)$ 的傅里叶变换满足共轭对称性,因此保留 $f(t)$ 的分数阶傅里叶正谱 $\mathcal{F}^{\alpha}[f](t)(u\geqslant 0)$,就能够得到 $y(t)$ 的正频谱 $\mathcal{F}^{\pi/2}[y](u\csc\alpha)(u\geqslant 0)$,从而恢复出实信号 $y(t)$。

定义 3.4:根据 3.1.1 节的分数阶卷积理论,定义信号 $x(t)$ 的分数阶 Hilbert 变换为

$$\tilde{x}_{\alpha}(t)=A_{\alpha}\mathrm{e}^{-\mathrm{j}\frac{\cot\alpha}{2}t^2}[x'(t)*h'(t)]\tag{3.60}$$

式中,$x'(t)=x(t)\mathrm{e}^{\mathrm{j}\frac{\cot\alpha}{2}t^2}$;$h'(t)=h(t)\mathrm{e}^{\mathrm{j}\frac{\cot\alpha}{2}t^2}$;$\alpha$ 为分数阶傅里叶变换的旋转角度。则相应的解析信号为

$$\bar{x}_{\alpha}(t)=x(t)+\mathrm{j}\tilde{x}_{\alpha}(t)\tag{3.61}$$

该解析信号 $\bar{x}_{\alpha}(t)$ 只包含 $x(t)$ 的分数阶傅里叶正谱分量,去掉了负谱分量。下面给出几个重要结论。

定理 3.2:信号 $x(t)$ 的分数阶 Hilbert 变换的分数阶傅里叶谱为

$$\mathcal{F}^{\alpha}[\tilde{x}_{\alpha}](u)=-\mathrm{j}\operatorname{sgn}(u)\mathcal{F}^{\alpha}[x](u)\tag{3.62}$$

证明:既然 $h(t)$ 的分数阶傅里叶变换为

$$\mathcal{F}^{\alpha}[h](u)=-\mathrm{j}\operatorname{sgn}(u)\mathrm{e}^{\mathrm{j}\frac{\cot\alpha}{2}u^2}\tag{3.63}$$

根据分数阶卷积理论,有

$$\mathcal{F}^{\alpha}[\tilde{x}_{\alpha}](u)=\mathrm{e}^{-\mathrm{j}\frac{\cot\alpha}{2}u^2}\mathcal{F}^{\alpha}[h](u)\mathcal{F}^{\alpha}[x](u)\tag{3.64}$$

将式(3.63)代入式(3.64),定理得证。

依据定理 3.2,显然可以得到

$$\mathcal{F}^{\alpha}[\bar{x}_{\alpha}](u)=\begin{cases}2\mathcal{F}^{\alpha}[x](u), & u>0\\ \mathcal{F}^{\alpha}[x](u), & u=0\\ 0, & u<0\end{cases} \tag{3.65}$$

式(3.65)表明，解析信号 $\bar{x}_{\alpha}(t)$ 只包含 $x(t)$ 的正谱成分，去掉了负谱成分。

下面证明能够利用分数阶傅里叶正谱得到解析信号

$$\begin{aligned}\bar{x}_{\alpha}(t)&=2\int_{-\infty}^{+\infty}x(\tau)\mathrm{d}\tau\left\{\int_{0}^{+\infty}K_{\alpha}(u,\tau)K_{-\alpha}(u,t)\mathrm{d}u\right\}\\&=A_{\alpha}\mathrm{e}^{-\mathrm{j}\frac{\cot\alpha}{2}t^2}\int_{-\infty}^{+\infty}x(\tau)\mathrm{e}^{\mathrm{j}\frac{\cot\alpha}{2}\tau^2}\mathrm{d}\tau A_{-\alpha}\int_{-\infty}^{+\infty}[(1+\mathrm{sgn}(u))\mathrm{e}^{\mathrm{j}\frac{\cot\alpha}{2}u^2}]\cdot\\&\quad\mathrm{e}^{-\mathrm{j}\frac{\cot\alpha}{2}u^2}\mathrm{e}^{\mathrm{j}\csc\alpha u(t-\tau)}\mathrm{d}u\end{aligned} \tag{3.66}$$

根据式(3.63)，可以得到

$$\begin{aligned}\bar{x}_{\alpha}(t)&=x(t)+\mathrm{j}A_{\alpha}\mathrm{e}^{-\mathrm{j}\frac{\cot\alpha}{2}t^2}\int_{-\infty}^{+\infty}x(\tau)\mathrm{e}^{\mathrm{j}\frac{\cot\alpha}{2}\tau^2}h(t-\tau)\mathrm{e}^{\mathrm{j}\frac{\cot\alpha}{2}(t-\tau)^2}\mathrm{d}\tau\\&=x(t)+\mathrm{j}\tilde{x}_{\alpha}(t)\end{aligned} \tag{3.67}$$

式(3.65)、式(3.67)说明，解析信号 $\bar{x}_{\alpha}(t)$ 去除了信号 $x(t)$ 的负谱分量，并且能够从正谱分量恢复解析信号 $\bar{x}_{\alpha}(t)$。下面的定理给出从 $\bar{x}_{\alpha}(t)$ 得到实信号 $x_{\mathrm{real}}(t)$，以及不同角度 α 时 $\bar{x}_{\alpha}(t)$ 与解析信号 $\bar{x}(t)$ 和反解析信号 $\hat{x}(t)$ 的关系。

定理 3.3：解析信号 $\bar{x}_{\alpha}(t)$ 与实信号 $x_{\mathrm{real}}(t)$ 及解析信号 $\bar{x}(t)$、反解析信号 $\hat{x}(t)$ 的关系如下

$$\bar{x}_{\alpha}(t)=\begin{cases}\mathrm{e}^{-\mathrm{j}\frac{\cot\alpha}{2}t^2}\bar{x}(t), & 0<\alpha<\pi\\ \mathrm{e}^{-\mathrm{j}\frac{\cot\alpha}{2}t^2}\hat{x}(t), & \pi<\alpha<2\pi\end{cases} \tag{3.68a}$$

$$x_{\mathrm{real}}(t)=\mathrm{Re}\left[\mathrm{e}^{\mathrm{j}\frac{t^2}{2}\cot\alpha}\bar{x}_{\alpha}(t)\right] \tag{3.68b}$$

证明：根据式(3.65)，有

$$\begin{aligned}\bar{x}_{\alpha}(t)&=2\int_{0}^{+\infty}\mathcal{F}^{\alpha}[x](u)K_{-\alpha}(u,t)\mathrm{d}u\\&=2\int_{0}^{+\infty}A_{\alpha}\mathrm{e}^{\mathrm{j}\frac{u^2}{2}\cot\alpha}\mathcal{F}^{\pi/2}[y](u\csc\alpha)K_{-\alpha}(u,t)\mathrm{d}u\\&=2A_{\alpha}A_{-\alpha}\mathrm{e}^{-\mathrm{j}\frac{t^2}{2}\cot\alpha}\int_{0}^{+\infty}\mathcal{F}^{\pi/2}[y](u\csc\alpha)\mathrm{e}^{\mathrm{j}ut\csc\alpha}\mathrm{d}u\end{aligned} \tag{3.69}$$

其中，$A_{\alpha}A_{-\alpha}=|\csc\alpha|/2\pi$。应用 $\int_{0}^{+\infty}\mathrm{e}^{\mathrm{j}\csc\alpha ut}\mathrm{d}u=\frac{1}{2}\int_{-\infty}^{+\infty}[1+\mathrm{sgn}(u)]\mathrm{e}^{\mathrm{j}\csc\alpha ut}\mathrm{d}u$，于是有

$$\bar{x}_{\alpha}(t)=\begin{cases}\mathrm{e}^{-\mathrm{j}\frac{\cot\alpha}{2}t^2}\bar{x}(t), & 0<\alpha<\pi\\ \mathrm{e}^{-\mathrm{j}\frac{\cot\alpha}{2}t^2}\hat{x}(t), & \pi<\alpha<2\pi\end{cases} \tag{3.70}$$

根据式(3.70)，可得式(3.68b)。

式(3.60)、式(3.68)的结论很容易推广到实值图像信号处理。由于实值图像的二维 FFT 不具有共轭对称性，应用二维 Hilbert 变换不能恢复原实值图像。但是应用半平面

Hilbert 变换理论[16]可以恢复实值图像,因此,将其推广可以得到基于分数阶傅里叶变换的半平面 Hilbert 变换理论。下面给出基于分数阶傅里叶变换的半平面 Hilbert 变换的解析信号及实值图像恢复的结果。

若 $y(t_1,t_2)$为实值图像,则关于 t_1 的调制图像 $f(t_1,t_2)=y(t_1,t_2)\mathrm{e}^{-\mathrm{j}\frac{\cot\alpha}{2}t_1^2}$,与 $f(t_1,t_2)$对应的分数阶傅里叶变换解析信号为

$$\tilde{f}_\alpha^{t_1}(t_1,t_2)=f(t_1,t_2)+\mathrm{j}A_\alpha\mathrm{e}^{-\mathrm{j}\frac{\cot\alpha}{2}t_1^2}[f'(t_1,t_2)*h'(t_1,t_2)] \tag{3.71}$$

式(3.71)的二维分数阶傅里叶变换为

$$\mathcal{F}^\alpha[\tilde{f}_\alpha^{t_1}](u_1,u_2)=\begin{cases}2\mathcal{F}^\alpha[f](u_1,u_2), & u_1>0\\ \mathcal{F}^\alpha[f](u_1,u_2), & u_1=0\\ 0, & u_1<0\end{cases} \tag{3.72}$$

实值信号 $y(t_1,t_2)$可以根据下面的公式得到

$$y(t_1,t_2)=\mathrm{Re}\left[\mathrm{e}^{\mathrm{j}\frac{\cot\alpha}{2}t_1^2}\tilde{f}_\alpha^{t_1}(t_1,t_2)\right] \tag{3.73}$$

实值图像关于 t_2 的基于分数阶傅里叶变换解析信号及图像恢复情况与上述处理过程类似,这里不再赘述。接下来给出建立在定义 3.4 相关理论上的两个仿真结果。

2. *仿真*

1) 单边带通信系统

单边带通信系统结构如图 3.9 所示。在图 3.9(a)中,实信号 $x(t)$首先进行载波 $\cos\omega_c t$ 调制,得到 $y(t)$,然后对 $y(t)$应用分数阶 Hilbert 变换得到解析信号 $\bar{y}_\alpha(t)$。由于载波信号 $\cos\omega_c t$ 是实信号,所以 $y(t)$也是实信号,因此这里主要讨论对 $y(t)$的处理。在图 3.9(b)所示解调过程中,首先对信号 $\bar{y}_\alpha(t)$进行旋转角度 α 的 chirp 解调,然后对解调后的信号取实部得到实信号 $y(t)$,再进行载波 $\cos\omega_c t$ 解调,最后得到信号 $x(t)$。

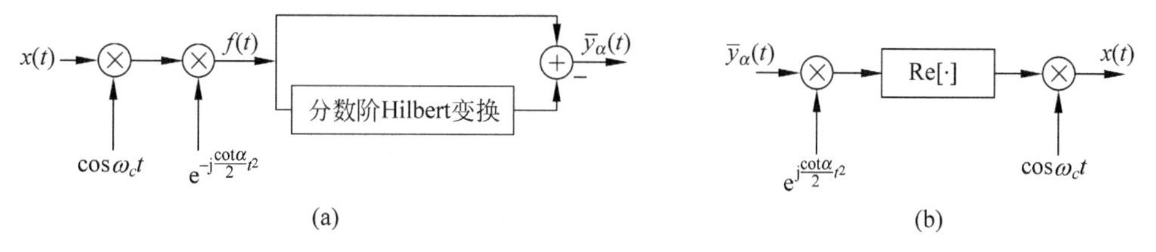

图 3.9 单边带通信系统框图

(a) 调制过程;(b) 解调过程

在解调系统中需要事先知道旋转角度 α,如果使用的旋转角度不是 α 而是 β,且 $\beta\neq\alpha$,那么不可能从接收信号中恢复信号 $y(t)$。为了考查旋转角度为 β 时恢复 $y(t)$的情况,在式(3.68b)中代入 β 并整理,得到的结果为

$$z(t)=\cos\left[\left(\frac{\sin(\alpha-\beta)}{2\sin\alpha\sin\beta}\right)t^2\right]y(t)-\sin\left[\left(\frac{\sin(\alpha-\beta)}{2\sin\alpha\sin\beta}\right)t^2\right]\bar{y}(t) \tag{3.74}$$

可以看出,只有在旋转角度满足关系 $\beta=\alpha$ 时,才有 $z(t)=y(t)$,否则输出的结果中存在误差,从而得不到 $y(t)$。以单位幅值矩形实信号 $y(t)$为例,取旋转角度 $\alpha=0.3\pi$。在系统的解调过程中,令旋转角度 β 在 $0\sim\pi$ 变化。图 3.10 给出了从解析信号

$\overline{y}_{\alpha}(t)$恢复实信号 $y(t)$的情况。图 3.10(a)是在 $\beta=\alpha=0.3\pi$ 时得到的与原信号相同的恢复信号 $z(t)=y(t)$；图 3.10(b)表示在 $\beta=0.35\pi$ 时得到的信号 $z(t)\neq y(t)$。从图 3.10 可以看出，当旋转角度 $\beta\neq\alpha$ 时，波形存在很大误差。图 3.11 给出了恢复信号与原信号之间的均方误差结果。图 3.11 表明，只有在 $\beta=0.3\pi$ 时误差最小。因此，基于定义 3.4 相关理论的保密单边带通信系统将旋转角度 α 作为密钥可以提高系统的安全性。

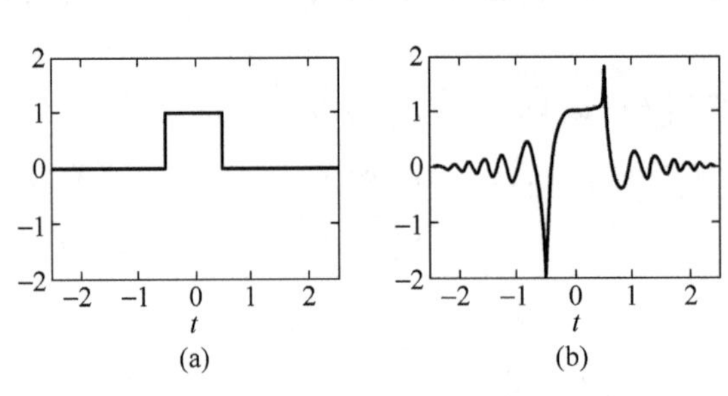

图 3.10　不同旋转角度时恢复的波形

(a) $\beta=\alpha=0.3\pi$；(b) $\beta=0.35\pi$

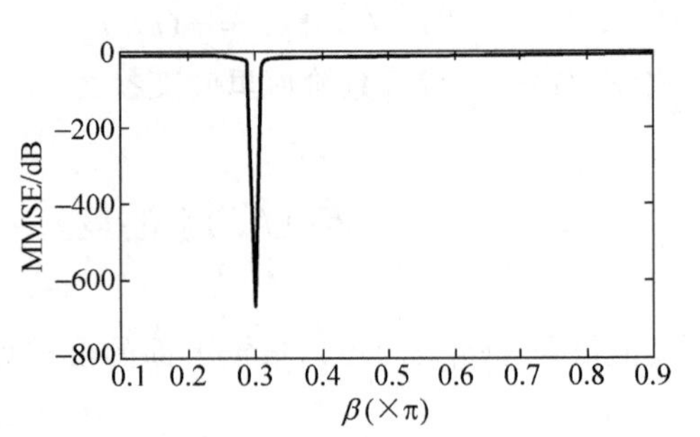

图 3.11　不同旋转角度下恢复信号的误差

2) 图像加密

从式(3.72)、式(3.73)可以看出，通过图像分数阶傅里叶变换的半平面数据能恢复原实值图像，因此将图像分数阶傅里叶变换数据的一半作为密图，将旋转角度作为密钥，可以实现对实值图像的加密。同时，由于分数阶傅里叶变换的结果为复数，将密图数据的虚部提取出来，与实部重新组成一幅实值图像作为密图，就可以得到实值加密图像，并且对密图还可以进行重复加密，提高图像的加密效果。图 3.12(a)为原实值图像，取旋转角度 $\alpha=0.3\pi$，实值加密图像如图 3.12(b)所示。

对图像解密时，需要事先知道旋转角度。如果旋转的角度为 $\beta\neq\alpha$，则得不到正确的结果。图 3.13(a)为选择旋转角度 $\beta=0.38\pi$ 的解密图像，图 3.13(b)为正确的解密图像。从图 3.13(a)可以看出，在角度不匹配的情况下，已经无法得到原图像的信息。恢复图像与原图像的均方误差如图 3.14 所示，表明只有在角度 $\beta=\alpha=0.4\pi$ 时，误差最小，说明该方法具有较好的保密效果。因为实值加密图像为实值图像，因此可以重复加密，进一步提高图像的保密性。

(a)

(b)

图 3.12　原图像和加密图像

(a) 原实值图像；(b) 实值加密图像

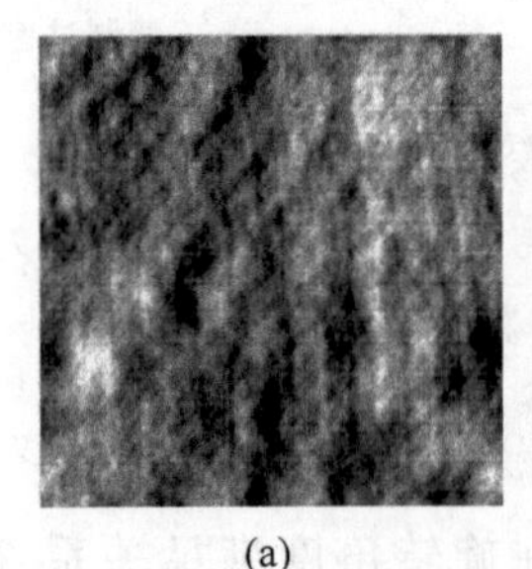

(a)

(b)

图 3.13　不同旋转角度时恢复的图像

(a) $\beta=0.38\pi$；(b) $\beta=\alpha=0.4\pi$

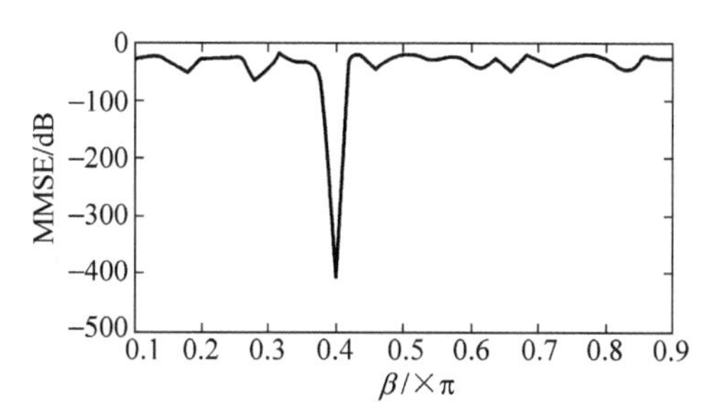

图 3.14 不同旋转角度下恢复图像的均方误差

3.2.1.2 广义分数阶 Hilbert 变换

1. 定义

定义 3.5：将定义 3.1 和定义 3.2 结合起来就能够得到一种两参数的广义分数阶 Hilbert 变换[12]

$$\tilde{x}_{p,v}(t)=\mathcal{F}^{-p}\{H_v\,\mathcal{F}^p[x(t)]\} \tag{3.75}$$

其中

$$H_v(\omega)=\exp(\mathrm{j}\varphi)s(\omega)+\exp(-\mathrm{j}\varphi)s(-\omega) \tag{3.76}$$

$\varphi=\frac{\pi}{2}v$。式(3.76)也可以写成

$$H_v(\omega)=\cos\varphi H_0(\omega)+\sin\varphi H_1(\omega) \tag{3.77}$$

该两参数广义分数阶 Hilbert 变换能够通过改变分数阶傅里叶变换阶次 p 和分数阶 Hilbert 变换相位 φ 来实现图像压缩的边缘增强。以占空比是 40/256 的矩形函数为例，图 3.15～图 3.17 给出了该矩形函数在固定阶次 p 下不同相位 φ 的广义分数阶 Hilbert 变换结果。可以看出：①当 $0<v<1$ 时，输入信号的负谱成分得到加强；而在 $1<v<2$ 时，输入信号的正谱成分得到强化。②当 p 从 1 降到 0.8 时，正谱成分增大得多些；而降到 0.5 时，则没有明显的区别了。

定义 3.6：文献[17]提出了一种新的广义分数阶 Hilbert 变换，即

$$\tilde{x}_{p,v}(t)=\cos\varphi\,\mathrm{e}^{-\mathrm{j}\frac{\cot\alpha}{2}}x(t)+\sin\varphi\,\mathrm{e}^{-\mathrm{j}\frac{\cot\alpha}{2}}\tilde{x}(t),\quad \alpha=\frac{\pi}{2}p,\varphi=\frac{\pi}{2}v \tag{3.78}$$

式中，$\tilde{x}(t)$为 $x(t)$的传统 Hilbert 变换。相应的解析信号为

$$\bar{x}_{p,v}(t)=\mathrm{e}^{-\mathrm{j}\frac{t^2}{2}\cot\alpha}x(t)-\mathrm{e}^{-\mathrm{j}\varphi}\tilde{x}_{p,v}(t) \tag{3.79}$$

对式(3.79)两边都作 p 阶分数阶傅里叶变换，得到

$$\mathcal{F}^p[\bar{x}_{p,v}](u)=A_\alpha\mathrm{e}^{\mathrm{j}\frac{u^2}{2}\cot\alpha}\mathcal{F}^1[x](u\csc\alpha)-\mathrm{e}^{-\mathrm{j}\varphi}\mathcal{F}^p[\tilde{x}_{p,v}](u) \tag{3.80}$$

由于 $\tilde{x}_{p,v}(t)$的分数阶傅里叶变换是

$$\mathcal{F}^p[\tilde{x}_{p,v}](u)=A_\alpha\mathrm{e}^{\mathrm{j}\frac{u^2}{2}\cot\alpha}\mathcal{F}^1[x](u\csc\alpha)[\cos\varphi-\mathrm{j}\sin\varphi\,\mathrm{sgn}(u)] \tag{3.81}$$

将式(3.81)代入式(3.80)，得到

$$\mathcal{F}^p[\bar{x}_{p,v}](u)=\begin{cases}2A_\alpha\mathrm{j}\sin\varphi\,\mathrm{e}^{-\mathrm{j}\varphi}\mathrm{e}^{\mathrm{j}\frac{u^2}{2}\cot\alpha}\mathcal{F}^1[x](u\csc\alpha), & u\geqslant 0\\ 0, & u<0\end{cases} \tag{3.82}$$

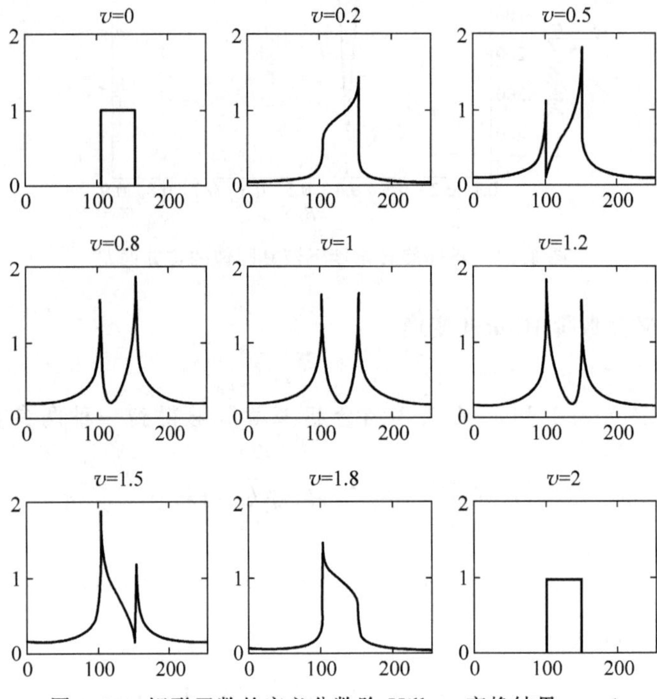

图 3.15　矩形函数的广义分数阶 Hilbert 变换结果，$p=1$

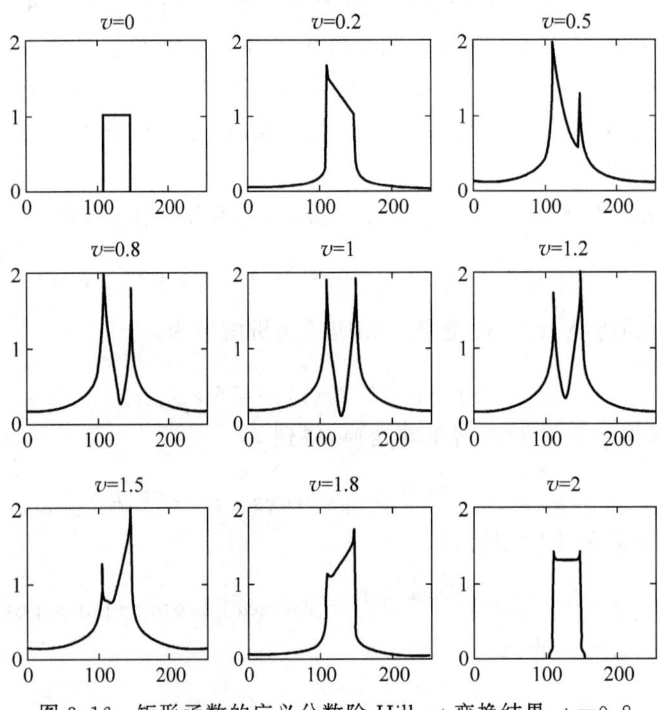

图 3.16　矩形函数的广义分数阶 Hilbert 变换结果，$p=0.8$

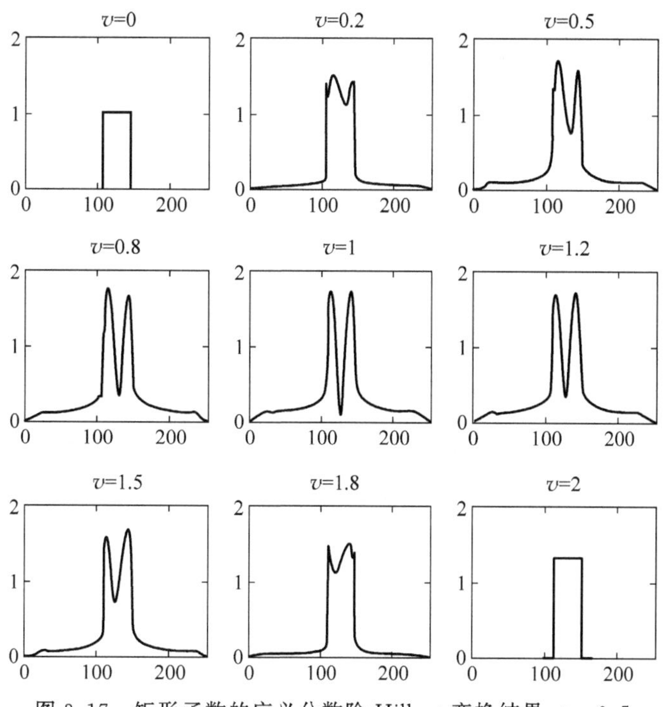

图 3.17 矩形函数的广义分数阶 Hilbert 变换结果，$p=0.5$

从上式可以看出，解析信号的 p 阶分数阶傅里叶变换只包含正谱成分。当 $\varphi\neq 0,\pi$ 且 $\alpha\neq 0,\pi$ 时，解析信号含有必需的半个分数阶傅里叶正谱，只是多了一个复因子 $2A_\alpha \mathrm{j}\sin\varphi \mathrm{e}^{-\mathrm{j}\varphi}\mathrm{e}^{\mathrm{j}\frac{u^2}{2}\cot\alpha}$。既然 chirp 信号 $\mathrm{e}^{\mathrm{j}\frac{u^2}{2}\cot\alpha}$ 是对称的，且$\mathcal{F}^1[x](u\csc\alpha)$也是共轭对称的，那么实信号 $x(t)$能够通过 $\bar{x}_{p,v}(t)$重构，这样我们就能够抑制实信号的一半分数阶傅里叶谱宽。与定义 3.5 的广义分数阶傅里叶变换定义一样，定义 3.6 也同样拥有两个参数，但是它们也存在一些不同：①前者在变换域定义，后者是在时域定义；②后者的定义用于单边带通信，以两个参数作为双重密钥，而前者则用在图像处理上。

设 $g(t)=-\mathrm{j}\mathrm{e}^{\mathrm{j}\frac{t^2}{2}\cot\alpha+\mathrm{j}\varphi}\csc\varphi\bar{x}_{p,v}(t)$，则

$$\begin{aligned}g(t)&=-\mathrm{j}\mathrm{e}^{\mathrm{j}\varphi}\csc\varphi\{x(t)-\mathrm{e}^{-\mathrm{j}\varphi}[\cos\varphi x(t)+\sin\varphi\tilde{x}_1(t)]\}\\&=x(t)-\mathrm{j}\cot\varphi x(t)+\mathrm{j}\csc\varphi[\cos\varphi x(t)+\sin\varphi\tilde{x}_1(t)]\end{aligned}\tag{3.83}$$

可以看出 $g(t)$的实部是 $x(t)$，这样我们便能通过下式来恢复 $x(t)$

$$x(t)=\mathrm{Re}\left[-\mathrm{j}\mathrm{e}^{\mathrm{j}\frac{t^2}{2}\cot\alpha+\mathrm{j}\varphi}\csc\varphi\bar{x}_{p,v}(t)\right]\tag{3.84}$$

基于式(3.79)和式(3.84)，一个推广的单边带通信系统如图 3.18 所示。图中，u_c 是分数阶傅里叶域的载波频率，α 是分数阶傅里叶变换角度，φ 是分数阶 Hilbert 变换相位。

输出信号 $y(t)$如下

$$y(t)=\bar{x}_{p,v}(t)\mathrm{e}^{\mathrm{j}u_c t\csc\alpha}=\bar{x}_{p,v}(t)k(t)\mathrm{e}^{\mathrm{j}\frac{t^2}{2}\cot\alpha}\tag{3.85}$$

其中，$k(t)=\mathrm{e}^{-\mathrm{j}\frac{t^2}{2}\cot\alpha}\mathrm{e}^{\mathrm{j}u_c t\csc\alpha}$。根据分数阶卷积定理[2]，有

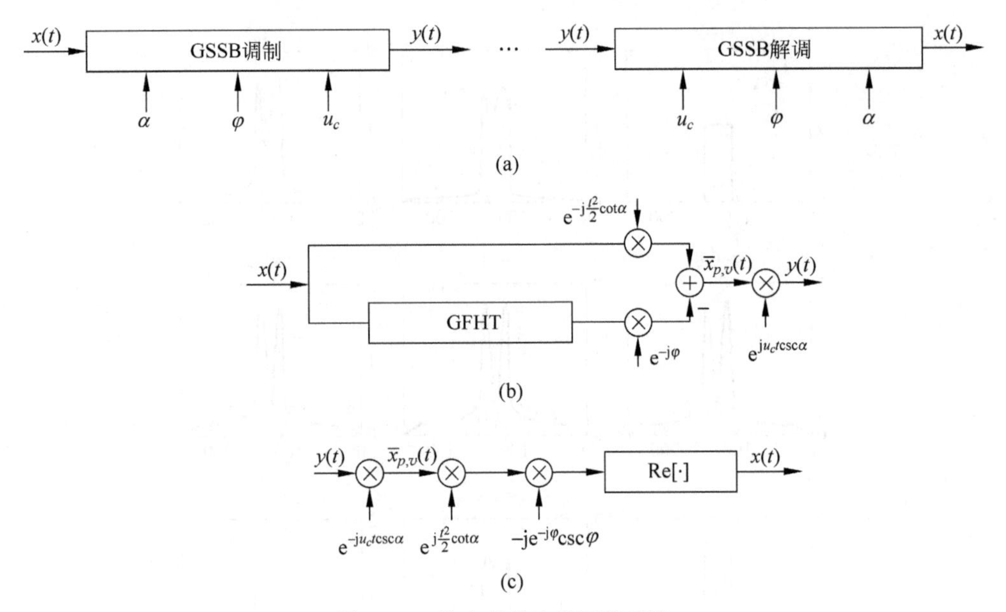

图 3.18 推广的单边带通信系统

(a) 系统框图；(b) 调制框图；(c) 解调框图

$$\mathcal{F}^{p}\left[\bar{x}_{p,v}(t)k(t)\mathrm{e}^{\mathrm{j}\frac{t^2}{2}\cot\alpha}\right](u)=A_{-\alpha}\mathrm{e}^{\mathrm{j}\frac{u^2}{2}\cot\alpha}\widetilde{\mathcal{F}}^{p}\left[\bar{x}_{p,v}\right](u)*\widetilde{\mathcal{F}}^{p}\left[k\right](u) \tag{3.86}$$

其中，$\widetilde{\mathcal{F}}^{p}=\mathrm{e}^{-\mathrm{j}\frac{u^2}{2}\cot\alpha}\mathcal{F}^{p}$，“ * ”表示卷积，$k(t)$的分数阶傅里叶变换为

$$\mathcal{F}^{p}\left[k\right](u)=\frac{2\pi A_{\alpha}}{|\csc\alpha|}\mathrm{e}^{\mathrm{j}\frac{u^2}{2}\cot\alpha}\delta(u-u_{c}) \tag{3.87}$$

将式(3.87) 代入式(3.86)，得到

$$\mathcal{F}^{p}[y](u)=\mathrm{e}^{-\mathrm{j}\frac{u_c^2}{2}\cot\alpha+\mathrm{j}u_c u\cot\alpha}\mathcal{F}^{p}\left[\bar{x}_{p,v}\right](u-u_{c}) \tag{3.88}$$

考虑噪声时，接收信号为 $y(t)+n(t)$，解调输出信号为 $x(t)+v(t)$，其中

$$v(t)=\csc\varphi\mathrm{Re}\left[-\mathrm{j}\mathrm{e}^{-\mathrm{j}u_c t}\mathrm{e}^{\mathrm{j}\frac{t^2}{2}\cot\alpha+\mathrm{j}\varphi}n(t)\right] \tag{3.89}$$

从上式可以看出，噪声增益主要取决于因子 $\csc\varphi$，这与文献[9]的结果类似。通过在区间$[\pi/6,\pi/2]$对 φ 取值，可以将 $\csc\varphi$ 限制在$[1,2]$范围内，这样能降低噪声的影响。

图 3.18 所示的单边带通信系统是对传统单边带通信系统的推广。对于解调来说，参数 α 和 φ 必须是已知的，否则很难从接收信号中恢复出 $x(t)$。以 β,γ 替换式(3.84)中的 α,φ，并结合式(3.78)和式(3.79)，则解调出的实信号可表示为

$$\begin{aligned}f(t)&=\mathrm{Re}\left[-\mathrm{j}\csc\gamma\mathrm{e}^{\mathrm{j}\frac{t^2}{2}\cot\beta+\mathrm{j}\gamma}\bar{x}_{\alpha,\varphi}(t)\right]\\&=\mathrm{Re}\{-\mathrm{j}\csc\gamma\mathrm{e}^{\mathrm{j}\frac{t^2}{2}(\cot\beta-\cot\alpha)+\mathrm{j}(\gamma-\varphi)}\left[\mathrm{e}^{\mathrm{j}\varphi}x(t)-\cos\varphi x(t)-\sin\varphi\tilde{x}(t)\right]\}\end{aligned} \tag{3.90}$$

令 $\xi=\frac{t^2}{2}(\cot\beta-\cot\alpha)+(\gamma-\varphi)$，则

$$f(t)=\mathrm{Re}\{-\mathrm{j}\csc\gamma\mathrm{e}^{\mathrm{j}\xi}\left[\mathrm{e}^{\mathrm{j}\varphi}x(t)-\cos\varphi x(t)-\sin\varphi\tilde{x}(t)\right]\}$$

$$=\frac{\sin\varphi}{\sin\gamma}\mathrm{Re}\left[\cos\xi x(t)-\sin\xi\tilde{x}(t)+\mathrm{j}\sin\xi x(t)+\mathrm{j}\cos\xi\tilde{x}(t)\right]$$
$$=\frac{\sin\varphi}{\sin\gamma}\left[\cos\xi x(t)-\sin\xi\tilde{x}(t)\right] \tag{3.91}$$

由于 $\cot\beta-\cot\alpha=\sin(\alpha-\beta)/(\sin\alpha\sin\beta)$，用$\frac{\sin(\alpha-\beta)}{2\sin\alpha\sin\beta}t^2+\gamma-\varphi$ 替换 ξ，可以得到

$$x(t)=\frac{\sin\varphi}{\sin\gamma}\left[\cos\left(\frac{\sin(\alpha-\beta)}{2\sin\alpha\sin\beta}t^2+\gamma-\varphi\right)x(t)-\sin\left(\frac{\sin(\alpha-\beta)}{2\sin\alpha\sin\beta}t^2+\gamma-\varphi\right)\tilde{x}(t)\right] \tag{3.92}$$

可以发现，只有当 $\beta=\alpha$ 且 $\gamma=\varphi$ 时才有 $f(t)=x(t)$，否则很难从接收信号中得到 $x(t)$。这样，便能以 α,φ 为双重密钥来增强单边带通信系统的安全性。

2. 仿真

设待发送实信号为矩形脉冲，$\alpha=0.3\pi$，$\varphi=0.4\pi$。我们通过两种不同的方式来进行单边带通信。一种方式是直接利用实信号及其去掉 chirp 信号 $\mathrm{e}^{-\mathrm{j}0.363t^2}$ 的分数阶 Hilbert 变换来构成解析信号；另一种方式是完整利用式(3.79)定义的解析信号形式。图 3.19 给出了忽略噪声影响后的解调器输出。从图 3.19(a)可以看出，由于发送的解析信号不包含 $x(t)$完整信息而导致解调出的信号严重失真。而图 3.19(b)的结果正相反，基于完整的定义 3.6 发送的信号被相当准确地恢复出来。

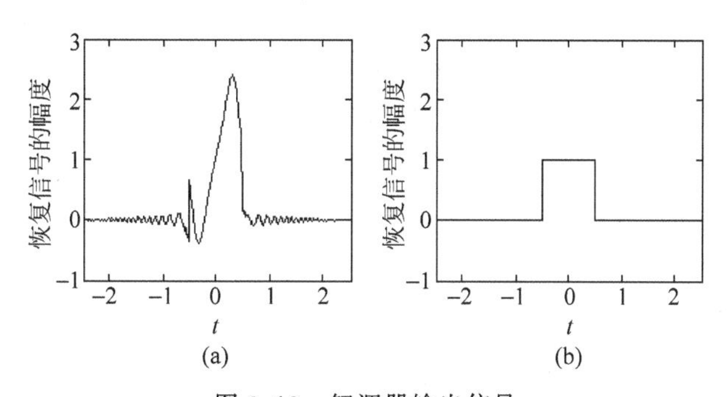

图 3.19　解调器输出信号

(a) 没有 chirp 信号 $\mathrm{e}^{-\mathrm{j}0.363t^2}$；(b) 具有 chirp 信号 $\mathrm{e}^{-\mathrm{j}0.363t^2}$

接下来，将利用上述的矩形脉冲进行在不同参数下解调的效果比较。式(3.92)指出，只有在 $\beta=\alpha$ 且 $\gamma=\varphi$ 时才能实现原信号的不失真解调。那么当 $\beta\neq\alpha$ 且 $\gamma\neq\varphi$ 时，又会有什么样的结果呢？我们将利用解调信号和原信号幅度的均方根误差来进行分析，计算公式如下

$$E=\sqrt{\sum_{n=0}^{N-1}\left[\tilde{f}(n)-f(n)\right]^2}$$

式中，$\tilde{f}(n)$和 $f(n)$分别是解调信号和原信号的采样序列，N 是采样点数。β 取值区间是$[0.1\pi,0.9\pi]$，γ 取值区间是$[0.1\pi,\pi]$。图 3.20 给出了相应仿真结果。

从图 3.20 可以看出，β 和 γ 都能影响解调效果：①当 $\gamma=\phi=0.4\pi$ 时，误差只取决于参数 β，且当 $\beta\in[0.25\pi,0.35\pi]$时，误差迅速降低为 0；②当 $\beta=\alpha=0.3\pi$ 时，误差只取决于参

数 γ；同时，曲线两边的误差值都比较大，且缓慢地过渡到谷底；③当 $\beta \neq \alpha$ 且 $\gamma \neq \varphi$ 时，误差都比较大；只有当 $\gamma=\varphi=0.4\pi$ 和 $\beta=\alpha=0.3\pi$ 时，误差才等于 0。这样，参数 α,φ 就能够用作单边带保密通信的密钥。

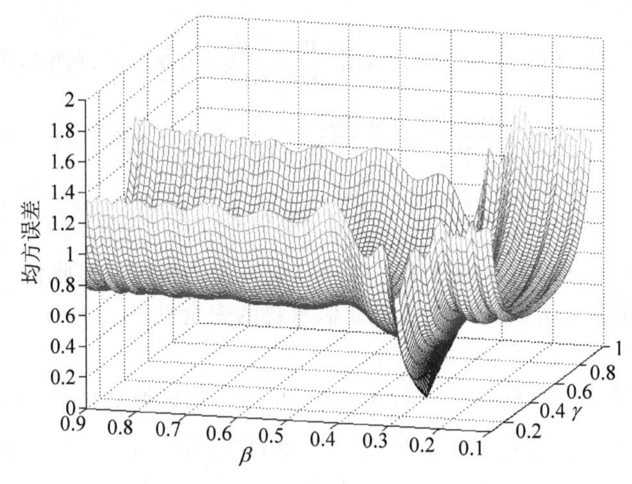

图 3.20 解调的幅度误差均方根

3.2.2 分数阶余弦变换、分数阶正弦变换

正弦变换、余弦变换和 Hartley 变换都属于酉变换，已经在图像压缩和自适应滤波方面得到了广泛应用，利用它们与傅里叶变换的关系，我们可以得到分数阶正弦变换、余弦变换和 Hartley 变换[10]。需要注意的是：①与分数阶傅里叶变换周期为 4 不同，分数阶正弦变换、余弦变换和 Hartley 变换的周期都是 2；②分数阶正弦变换没有偶特征函数，而分数阶余弦变换(Fractional Cosine Transform，FRCT)没有奇特征函数，因此，最好用分数阶正弦变换(Fractional Sine Transform，FRST)来处理奇函数，而用分数阶余弦变换来处理偶函数。

3.2.2.1 定义

首先回顾第 2 章利用傅里叶变换的特征函数分解来导出分数阶傅里叶变换多样性的有关内容。我们知道傅里叶变换 $G(\omega)=\mathcal{F}^1[g(t)]$ 可以分解为

(1)
$$g(t) \rightarrow \{a_m \mid m=0,1,2,3,\cdots\} \tag{3.93}$$

其中，$a_m = C_m^{-1}\int_{-\infty}^{+\infty} g(t) H_m(t) \mathrm{e}^{-t^2/2}\mathrm{d}t$，

$$C_m=\int_{-\infty}^{+\infty} H_m^2(t)\mathrm{e}^{-t^2}\mathrm{d}t \tag{3.94}$$

$H_m(t)$是 m 阶 Hermite 多项式。

(2)
$$b_m=(-\mathrm{j})^m a_m \tag{3.95}$$

(3)
$$G(\omega)=\sum_{m=0}^{+\infty} b_m \mathrm{e}^{-\omega^2/2} H_m(\omega) \tag{3.96}$$

若改变第(2)步，即令

$$b_m=\mathrm{e}^{-\mathrm{j}m\cdot\alpha\cdot\pi/2} a_m \tag{3.97}$$

并且保留第(1)、(3)步不变，即得到相应的分数阶傅里叶变换。余弦变换、正弦变换与傅里

叶变换有如下关系

$$\begin{cases} O_{\cos}(g(t)) = \dfrac{(G(\omega)+G(-\omega))}{2} \\ O_{\sin}(g(t)) = \dfrac{(G(\omega)-G(-\omega))}{2} \end{cases} \tag{3.98}$$

其中,$G(\omega)=\mathcal{F}^1(g(t))$。当 m 为偶数时,$H_m(t)$为偶函数;当 m 为奇数时,$H_m(t)$为奇函数。由此可得如下结论:

(1) 当 m 为偶数时,$\exp(-t^2/2)H_m(t)$是余弦变换的特征函数;

(2) 当 m 为奇数时,$\exp(-t^2/2)H_m(t)$是正弦变换的特征函数。

它们相应的特征值记作 $\lambda_C(m)$和 $\lambda_S(m)$。当 m 为偶数时,$\lambda_C(m)=(-\mathrm{j})^m$,$\lambda_S(m)=0$;当 m 为奇数时,$\lambda_C(m)=0$,$\lambda_S(m)=(-\mathrm{j})^{m-1}$。类似于分数阶傅里叶变换,可由如下过程导出分数阶余弦变换和分数阶正弦变换。

(1)

$$g(t)\rightarrow\{a_m \mid m=0,1,2,3,\cdots\} \tag{3.99}$$

其中,$a_m=C_m^{-1}\int_{-\infty}^{+\infty}g(t)H_m(t)\mathrm{e}^{-t^2/2}\mathrm{d}t$,

$$C_m=\int_{-\infty}^{+\infty}H_m^2(t)\mathrm{e}^{-t^2}\mathrm{d}t \tag{3.100}$$

(2)

$$d_m=\lambda_{C,S}^{\alpha}(m)a_m \tag{3.101}$$

(3)

$$G_{C,S}^{\alpha}(s)=\sum_{m=0}^{+\infty}d_m\mathrm{e}^{-s^2/2}H_m(s) \tag{3.102}$$

其中,$\lambda_{C,S}^{\alpha}(m)$分别是余弦变换和正弦变换分数幂的特征值。当 m 为偶数时,$\lambda_C^{\alpha}(m)=\exp(-\mathrm{j}m\alpha\pi/2)$,$\lambda_S^{\alpha}(m)=0$;当 m 为奇数时,$\lambda_C^{\alpha}(m)=0$,$\lambda_S^{\alpha}(m)=\exp(-\mathrm{j}(m-1)\alpha\pi/2)$。

由式(3.101)和式(3.102)可得分数阶余弦变换

$$G_C^{\alpha}(s)=\sum_{m=0}^{+\infty}\mathrm{e}^{-\mathrm{j}m\alpha\pi}a_{2m}\mathrm{e}^{-s^2/2}H_{2m}(s) \tag{3.103}$$

以及分数阶正弦变换

$$G_S^{\alpha}(s)=\sum_{m=0}^{+\infty}\mathrm{e}^{-\mathrm{j}m\alpha\pi}a_{2m+1}\mathrm{e}^{-s^2/2}H_{2m+1}(s) \tag{3.104}$$

由于

$$\frac{(G_\alpha(s)+G_\alpha(-s))}{2}=\sum_{m=0}^{+\infty}\mathrm{e}^{-\mathrm{j}m\alpha\pi/2}a_m\mathrm{e}^{-s^2/2}\frac{(H_m(s)+H_m(-s))}{2} \tag{3.105}$$

$$\frac{(G_\alpha(s)-G_\alpha(-s))}{2}=\sum_{m=0}^{+\infty}\mathrm{e}^{-\mathrm{j}m\alpha\pi/2}a_m\mathrm{e}^{-s^2/2}\frac{(H_m(s)-H_m(-s))}{2} \tag{3.106}$$

而且当 m 是偶数时,$H_m(t)$是偶函数;当 m 是奇数时,$H_m(t)$是奇函数。因此,分数阶余弦变换、分数阶正弦变换与分数阶傅里叶变换有如下关系

$$\begin{cases} G_C^{\alpha}(s)=\dfrac{(G_\alpha(s)+G_\alpha(-s))}{2} \\ G_S^{\alpha}(s)=\mathrm{e}^{\mathrm{j}\alpha\pi/2}\dfrac{(G_\alpha(s)-G_\alpha(-s))}{2} \end{cases} \tag{3.107}$$

因此，我们得到分数阶余弦变换的定义式为

$$G_C^\alpha(s)=O_C^\alpha(g(t))=\sqrt{\frac{1-\mathrm{j}\cot\phi}{2\pi}}\mathrm{e}^{\mathrm{j}(s^2/2)\cot\phi}\cdot\int_{-\infty}^{+\infty}\cos(st\csc\phi)\mathrm{e}^{\mathrm{j}(t^2/2)\cot\phi}g(t)\mathrm{d}t \tag{3.108}$$

分数阶正弦变换的定义式为

$$G_S^\alpha(s)=O_S^\alpha(g(t))=\sqrt{\frac{1-\mathrm{j}\cot\phi}{2\pi}}\mathrm{e}^{\mathrm{j}(\phi-(\pi/2))}\mathrm{e}^{\mathrm{j}(s^2/2)\cot\phi}\cdot\int_{-\infty}^{+\infty}\sin(st\csc\phi)\mathrm{e}^{\mathrm{j}(t^2/2)\cot\phi}g(t)\mathrm{d}t \tag{3.109}$$

值得注意的是，分数阶余弦变换和分数阶正弦变换的周期为2，不同于分数阶傅里叶变换以4为周期。

$$\begin{cases}O_C^\alpha(g(t))=O_C^{\alpha+2}(g(t))\\ O_S^\alpha(g(t))=O_S^{\alpha+2}(g(t))\end{cases} \tag{3.110}$$

由于这些分数阶变换具有可加性，因而都是可逆的，它们的逆变换为

$$\begin{cases}O_C^{-\alpha}(G_C^\alpha(s))=g(t), & g(t)\text{ 为偶函数}\\ O_S^{-\alpha}(G_S^\alpha(s))=g(t), & g(t)\text{ 为奇函数}\end{cases} \tag{3.111}$$

需要注意的是，分数阶余弦变换没有奇特征函数，分数阶正弦变换没有偶特征函数。对于原始的余弦变换和正弦变换，经过分数阶余弦变换，输入函数的奇部将丢失；经过分数阶正弦变换，输入函数的偶部将丢失。因此，最好应用分数阶余弦变换处理偶函数，应用分数阶正弦变换处理奇函数。由此，我们限制分数阶余弦变换的输入函数为偶函数并定义单边分数阶余弦变换为

$$G_C^\alpha(s)=O_C^\alpha(g(t))=\sqrt{\frac{2-\mathrm{j}2\cot\phi}{\pi}}\mathrm{e}^{\mathrm{j}(s^2/2)\cot\phi}\int_0^{+\infty}\mathrm{e}^{\mathrm{j}(t^2/2)\cot\phi}\cos(st\csc\phi)g(t)\mathrm{d}t \tag{3.112}$$

限制分数阶正弦变换的输入函数为奇函数并定义单边分数阶正弦变换为

$$G_S^\alpha(s)=O_S^\alpha(g(t))=\sqrt{\frac{2-\mathrm{j}2\cot\phi}{\pi}}\mathrm{e}^{\mathrm{j}(\phi-(\pi/2))}\mathrm{e}^{\mathrm{j}(s^2/2)\cot\phi}\int_0^{+\infty}\mathrm{e}^{\mathrm{j}(t^2/2)\cot\phi}\sin(st\csc\phi)g(t)\mathrm{d}t \tag{3.113}$$

我们注意到单边分数阶余弦变换和单边分数阶正弦变换对偶函数和奇函数的变换结果与分数阶傅里叶变换的相同，即

$$\begin{cases}G_C^\alpha(s)=G_F^\alpha(s), & g(t)\text{ 为偶函数}\\ G_S^\alpha(s)=\mathrm{e}^{\mathrm{j}\phi}G_F^\alpha(s), & g(t)\text{ 为奇函数}\end{cases} \tag{3.114}$$

当应用单边分数阶余弦变换和单边分数阶正弦变换处理偶函数和奇函数时，运算复杂度是应用分数阶傅里叶变换时的一半(因为单边分数阶余弦变换和单边分数阶正弦变换的积分限是[0,+∞))。因此，应用单边分数阶余弦变换和单边分数阶正弦变换处理偶函数和奇函数，比应用分数阶傅里叶变换更有效。

3.2.2.2　性质

这里我们将引出正则余弦变换和正则正弦变换，它们是分数阶余弦变换和分数阶正弦变换的进一步推广。为了引出正则余弦变换和正则正弦变换，首先给出线性正则变换(Linear Canonical Transform，LCT)的基本定义(有关线性正则变换的详细内容请参阅第13章)。类似地，线性正则变换又是分数阶傅里叶变换的广义形式，它的定义为当 $b \neq 0$ 时，

$$G_F^{(a,b,c,d)}(s)=O_F^{(a,b,c,d)}(g(t)) = \sqrt{\frac{1}{\mathrm{j}2\pi b}}\,\mathrm{e}^{(\mathrm{j}/2)(d/b)s^2}\int_{-\infty}^{+\infty}\mathrm{e}^{-\mathrm{j}(s/b)t}\,\mathrm{e}^{(\mathrm{j}/2)(a/b)t^2}g(t)\mathrm{d}t \tag{3.115}$$

当 $b=0$ 时，

$$G_F^{(a,b,c,d)}(s)=O_F^{(a,b,c,d)}(g(t))=\sqrt{d}\,\mathrm{e}^{(\mathrm{j}/2)cds^2}g(ds) \tag{3.116}$$

分数阶傅里叶变换是线性正则变换当 $\{a,b,c,d\}=\{\cos\phi,\sin\phi,-\sin\phi,\cos\phi\}$ 时的特例：

$$O_F^{\alpha}(g(t))=\sqrt{\mathrm{e}^{\mathrm{j}\phi}}\,O_F^{(\cos\phi,\sin\phi,-\sin\phi,\cos\phi)}(g(t)),\quad \phi=\alpha\pi/2 \tag{3.117}$$

那么，正则余弦变换(Canonical Cosine Transform，CCT)定义为

当 $b\neq 0$ 时，

$$G_C^{(a,b,c,d)}(s)=O_C^{(a,b,c,d)}(g(t)) = \sqrt{\frac{1}{\mathrm{j}2\pi b}}\,\mathrm{e}^{(\mathrm{j}/2)(d/b)s^2}\int_{-\infty}^{+\infty}\cos(s/b)\,\mathrm{e}^{(\mathrm{j}/2)(a/b)t^2}g(t)\mathrm{d}t \tag{3.118}$$

当 $b=0$ 时，

$$G_C^{(a,b,c,d)}(s)=O_C^{(a,b,c,d)}(g(t))=\sqrt{d}\,\mathrm{e}^{(\mathrm{j}/2)cds^2}g(ds) \tag{3.119}$$

正则正弦变换(Canonical Sine Transform，CST)定义为

当 $b\neq 0$ 时，

$$G_S^{(a,b,c,d)}(s)=O_S^{(a,b,c,d)}(g(t))=\sqrt{\frac{1}{\mathrm{j}2\pi b}}\,\mathrm{e}^{(\mathrm{j}/2)(d/b)s^2}\cdot \int_{-\infty}^{+\infty}-\mathrm{j}\sin(st/b)\,\mathrm{e}^{(\mathrm{j}/2)\cdot(a/b)t^2}g(t)\mathrm{d}t \tag{3.120}$$

当 $b=0$ 时，

$$G_S^{(a,b,c,d)}(s)=O_S^{(a,b,c,d)}(g(t))=\sqrt{d}\,\mathrm{e}^{(\mathrm{j}/2)cd\,s^2}g(ds) \tag{3.121}$$

分数阶余弦变换和分数阶正弦变换是正则余弦变换和正则正弦变换当 $\{a,b,c,d\}=\{\cos\phi,\sin\phi,-\sin\phi,\cos\phi\}$ 时的特例，并且仅相差一个常数。

$$G_C^{\alpha}(s)=\sqrt{\mathrm{e}^{\mathrm{j}\phi}}\,G_C^{(\cos\phi,\sin\phi,-\sin\phi,\cos\phi)}(s),\quad \phi=\alpha\pi/2 \tag{3.122}$$

$$G_S^{\alpha}(s)=\sqrt{\mathrm{e}^{\mathrm{j}\phi}}\,\mathrm{e}^{\mathrm{j}\phi}G_S^{(\cos\phi,\sin\phi,-\sin\phi,\cos\phi)}(s),\quad \phi=\alpha\pi/2 \tag{3.123}$$

下面给出正则余弦变换的性质，分数阶余弦变换的性质可由正则余弦变换的性质取 $\{a,b,c,d\}=\{\cot\phi,1,-1,0\}$ 得到，其中 $\phi=\alpha\pi/2$。分数阶正弦变换和正则正弦变换的性质与分数阶余弦变换和正则余弦变换类似。

(1) 共轭：

$$\overline{O_C^{(a,b,c,d)}(g(t))}=O_C^{(a,-b,-c,d)}(\overline{g(t)})$$

(2) 时移 $g(t-\eta)+g(t+\eta)$：

$$O_C^{(a,b,c,d)}(g(t-\tau)+g(t+\tau))$$
$$=\mathrm{e}^{-\mathrm{j}ac\tau^2/2}\left[G_C^{(a,b,c,d)}(s-a\tau)\mathrm{e}^{-\mathrm{j}c\tau s}+G_C^{(a,b,c,d)}(s+a\tau)\mathrm{e}^{-\mathrm{j}c\tau s}\right]$$

(3) $\cos(\eta t)$调制:

$$O_C^{(a,b,c,d)}(\cos(\eta t)g(t))$$
$$=\mathrm{e}^{-\mathrm{j}bd\eta^2/2}\left[G_C^{(a,b,c,d)}(s-b\eta)\mathrm{e}^{\mathrm{j}d\eta s}+G_C^{(a,b,c,d)}(s+b\eta)\mathrm{e}^{-\mathrm{j}d\eta s}\right]/2$$

(4) $\sin(\eta t)$调制:

$$O_C^{(a,b,c,d)}(\sin(\eta t)g(t))$$
$$=-\mathrm{j}\mathrm{e}^{-\mathrm{j}bd\eta^2/2}\left[G_S^{(a,b,c,d)}(s-b\eta)\mathrm{e}^{\mathrm{j}d\eta s}+G_S^{(a,b,c,d)}(s+b\eta)\mathrm{e}^{-\mathrm{j}d\eta s}\right]/2$$

(5) 导数:

$$O_C^{(a,b,c,d)}(g'(t))=aG'^{(a,b,c,d)}_S(s)-c\mathrm{j}sG_S^{(a,b,c,d)}(s)$$

(5a) n 阶导数(n 为奇数):

$$O_C^{(a,b,c,d)}(g^{(n)}(t))=\left[a^2\frac{\mathrm{d}^2}{\mathrm{d}s^2}-2ac\mathrm{j}s\frac{\mathrm{d}}{\mathrm{d}s}-ac-c^2s^2\right]^{\frac{n-1}{2}}\cdot\left(aG'^{(a,b,c,d)}_S(s)-c\mathrm{j}sG_S^{(a,b,c,d)}(s)\right)$$

(5b) n 阶导数(n 为偶数):

$$O_C^{(a,b,c,d)}(g^{(n)}(t))=\left[a^2\frac{\mathrm{d}^2}{\mathrm{d}s^2}-2ac\mathrm{j}s\frac{\mathrm{d}}{\mathrm{d}s}-\mathrm{j}ac-c^2s^2\right]^{\frac{n}{2}}G_C^{(a,b,c,d)}(s)$$

(6) 乘 t:

$$O_C^{(a,b,c,d)}(tg(t))=dsG_S^{(a,b,c,d)}(s)+\mathrm{j}bG'^{(a,b,c,d)}_S(s)$$

(6a) 乘 t^n(n 为奇数):

$$O_C^{(a,b,c,d)}(t^ng(t))=\left[-b^2\frac{\mathrm{d}^2}{\mathrm{d}s^2}+2bd\mathrm{j}s\frac{\mathrm{d}}{\mathrm{d}s}+\mathrm{j}bd+d^2s^2\right]^{\frac{n-1}{2}}\cdot\left(\mathrm{j}bG'^{(a,b,c,d)}_S(s)+dsG_S^{(a,b,c,d)}(s)\right)$$

(6b) 乘 t^n(n 为偶数):

$$O_C^{(a,b,c,d)}(t^ng(t))=\left[-b^2\frac{\mathrm{d}^2}{\mathrm{d}s^2}+2bd\mathrm{j}s\frac{\mathrm{d}}{\mathrm{d}s}+\mathrm{j}bd+d^2s^2\right]^{\frac{n}{2}}G_C^{(a,b,c,d)}(s)$$

(7) 时域翻转:

$$O_C^{(a,b,c,d)}(g(-t))=O_C^{(a,b,c,d)}(g(t))=G_C^{(a,b,c,d)}(s)$$

(8) Parseval 定理:

$$\int_{-\infty}^{+\infty}\left|G_C^{(a,b,c,d)}(s)\right|^2\mathrm{d}s=\int_{-\infty}^{+\infty}\left|\mathrm{Even}(g(t))\right|^2\mathrm{d}t$$

(9) 广义 Parseval 定理:

$$\int_{-\infty}^{+\infty}G_C^{(a,b,c,d)}(s)\overline{H_C^{(a,b,c,d)}(s)}\mathrm{d}s=\int_{-\infty}^{+\infty}\mathrm{Even}(g(t))\mathrm{Even}(h(t))\mathrm{d}t$$

(10) $g(t)=\exp[-\mathrm{j}(pt^2+qt)]$时的正则余弦变换结果:

$$G_C^{(a,b,c,d)}(s)=\sqrt{\frac{1}{a-2pb}}\mathrm{e}^{\frac{\mathrm{j}}{2}\cdot\frac{c-2pd}{a-2pb}\cdot s^2}\mathrm{e}^{-\mathrm{j}\frac{q^2b}{2(a-2pb)}}\cos\left(\frac{qs}{ab-2pb^2}\right)$$

事实上，$g(t)=\exp(-\mathrm{j}pt^2)\cos(qt)$和$g(t)=2\exp(-\mathrm{j}pt^2)\cos(qt)u(t)$时的变换结果同样是上式。

(11) $g(t)=1$时的正则余弦变换结果：

$$G_C^{(a,b,c,d)}(s)=\sqrt{\frac{1}{a}}\mathrm{e}^{\frac{\mathrm{j}}{2}\cdot\frac{c}{a}\cdot s^2}$$

3.2.2.3 离散实现

文献[18]中给出了离散余弦变换(Discrete Cosine Transform，DCT)和离散正弦变换(Discrete Sine Transform，DST)核矩阵。

(1) 四种类型的离散余弦变换核矩阵定义

DCT-Ⅰ

$$\boldsymbol{C}_{N+1}^{\mathrm{I}}=\sqrt{\frac{2}{N}}\left[k_m k_n\cos\left(\frac{mn\pi}{N}\right)\right],\quad m,n=0,1,\cdots,N \tag{3.124}$$

DCT-Ⅱ

$$\boldsymbol{C}_{N}^{\mathrm{II}}=\sqrt{\frac{2}{N}}\left[k_m\cos\left(\frac{m(n+1/2)\pi}{N}\right)\right],\quad m,n=0,1,\cdots,N-1 \tag{3.125}$$

DCT-Ⅲ

$$\boldsymbol{C}_{N}^{\mathrm{III}}=\sqrt{\frac{2}{N}}\left[k_n\cos\left(\frac{(m+1/2)n\pi}{N}\right)\right],\quad m,n=0,1,\cdots,N-1 \tag{3.126}$$

DCT-Ⅳ

$$\boldsymbol{C}_{N}^{\mathrm{IV}}=\sqrt{\frac{2}{N}}\left[\cos\left(\frac{(m+1/2)(n+1/2)\pi}{N}\right)\right],\quad m,n=0,1,\cdots,N-1 \tag{3.127}$$

式中，k_m和k_n定义为

$$k_m=\begin{cases}1/\sqrt{2}, & m=0,m=N\\ 1, & m\neq 0,m\neq N\end{cases},\quad k_n=\begin{cases}1/\sqrt{2}, & n=0,n=N\\ 1, & n\neq 0,n\neq N\end{cases} \tag{3.128}$$

(2) 四种类型的离散正弦变换核矩阵定义

DST-Ⅰ

$$\boldsymbol{S}_{N-1}^{\mathrm{I}}=\sqrt{\frac{2}{N}}\left[\sin\left(\frac{mn\pi}{N}\right)\right],\quad m,n=1,2,\cdots,N-1 \tag{3.129}$$

DST-Ⅱ

$$\boldsymbol{S}_{N}^{\mathrm{II}}=\sqrt{\frac{2}{N}}\left[k_m\sin\left(\frac{m(n-1/2)\pi}{N}\right)\right],\quad m,n=0,1,\cdots,N \tag{3.130}$$

DST-Ⅲ

$$\boldsymbol{S}_{N}^{\mathrm{III}}=\sqrt{\frac{2}{N}}\left[k_n\sin\left(\frac{(m-1/2)n\pi}{N}\right)\right],\quad m,n=0,1,\cdots,N \tag{3.131}$$

DST-Ⅳ

$$\boldsymbol{S}_{N}^{\mathrm{IV}}=\sqrt{\frac{2}{N}}\left[\sin\left(\frac{(m-1/2)(n-1/2)\pi}{N}\right)\right],\quad m,n=0,1,\cdots,N \tag{3.132}$$

式中，k_m和k_n的定义与式(3.128)中相同。核DCT-Ⅰ和DST-Ⅰ有对称的结构并以2为周期。周期性意味着重复应用 DCT-Ⅰ和 DST-Ⅰ将得到原始的序列。DCT-Ⅳ与 DCT-Ⅰ有相同对称性和周期性,但 DCT-Ⅱ和 DCT-Ⅲ互为逆算子并不具周期性。DCT-Ⅰ和 DST-Ⅰ将被用于导出离散分数阶余弦变换(Discrete Fractional Cosine Transform,DFRCT)和离散分数阶余弦变换(Discrete Fractional Sine Transform,DFRST):

$$\boldsymbol{C}_N^{\mathrm{I}}=\sqrt{\frac{2}{N-1}}\cdot\begin{bmatrix}\frac{1}{2} & \frac{1}{\sqrt{2}} & \cdots & \frac{1}{\sqrt{2}} & \frac{1}{2}\\ \frac{1}{\sqrt{2}} & \cos\frac{\pi}{N-1} & \cdots & \cos\frac{(N-2)\pi}{N-1} & \frac{1}{\sqrt{2}}\cos\frac{(N-1)\pi}{N-1}\\ \vdots & \vdots & \ddots & \vdots & \vdots\\ \frac{1}{\sqrt{2}} & \cos\frac{(N-2)\pi}{N-1} & \cdots & \cos\frac{(N-2)^2\pi}{N-1} & \frac{1}{\sqrt{2}}\cos\frac{(N-2)(N-1)\pi}{N-1}\\ \frac{1}{2} & \frac{1}{\sqrt{2}}\cos\frac{(N-1)\pi}{N-1} & \cdots & \frac{1}{\sqrt{2}}\cos\frac{(N-2)(N-1)\pi}{N-1} & \frac{1}{2}\cos\frac{(N-1)^2\pi}{N-1}\end{bmatrix} \tag{3.133}$$

$$\boldsymbol{S}_N^{\mathrm{I}}=\sqrt{\frac{2}{N+1}}\cdot\begin{bmatrix}\sin\frac{\pi}{N+1} & \sin\frac{2\pi}{N+1} & \cdots & \sin\frac{(N-1)\pi}{N+1} & \sin\frac{N\pi}{N+1}\\ \sin\frac{2\pi}{N+1} & \sin\frac{4\pi}{N+1} & \cdots & \sin\frac{2(N-1)\pi}{N+1} & \sin\frac{2N\pi}{N+1}\\ \vdots & \vdots & \ddots & \vdots & \vdots\\ \sin\frac{(N-1)\pi}{N+1} & \sin\frac{2(N-1)\pi}{N+1} & \cdots & \sin\frac{(N-1)^2\pi}{N+1} & \sin\frac{N(N-1)\pi}{N+1}\\ \sin\frac{N\pi}{N+1} & \sin\frac{2N\pi}{N+1} & \cdots & \sin\frac{N(N-1)\pi}{N+1} & \sin\frac{N^2\pi}{N+1}\end{bmatrix} \tag{3.134}$$

(3) 离散傅里叶变换(Discrete Fourier Transform,DFT)核矩阵

类似于其连续变换,离散傅里叶变换可看作离散信号的 $\pi/2$ 旋转。离散傅里叶变换核矩阵定义如下

$$\boldsymbol{F}_N=\sqrt{\frac{1}{N}}\begin{bmatrix}1 & 1 & \cdots & 1 & 1\\ 1 & W_N^1 & \cdots & W_N^{N-2} & W_N^{N-1}\\ \vdots & \vdots & \ddots & \vdots & \vdots\\ 1 & W_N^{N-2} & \cdots & W_N^{(N-2)^2} & W_N^{(N-1)(N-2)}\\ 1 & W_N^{N-1} & \cdots & W_N^{(N-1)(N-2)} & W_N^{(N-1)^2}\end{bmatrix} \tag{3.135}$$

其中,$W_N=\mathrm{e}^{-\mathrm{j}(2\pi/N)}$。

(4) 离散分数阶傅里叶变换核矩阵

根据离散傅里叶变换核矩阵,N 点的离散分数阶傅里叶变换(Discrete Fractional Fourier Transform,DFRFT)核矩阵由下式计算

$$\boldsymbol{F}_{N,\alpha}=\boldsymbol{V}_N\boldsymbol{D}_N^{2\alpha/\pi}\boldsymbol{V}_N^{\mathrm{T}}=\boldsymbol{V}_N\begin{bmatrix}1 & & & 0\\ & \mathrm{e}^{-\mathrm{j}\alpha} & & \\ & & \ddots & \\ 0 & & & \mathrm{e}^{-\mathrm{j}(N-1)\alpha}\end{bmatrix}\boldsymbol{V}_N^{\mathrm{T}} \tag{3.136}$$

其中，$\boldsymbol{V}_N=[\boldsymbol{v}_0|\boldsymbol{v}_1|\cdots|\boldsymbol{v}_{N-1}]$，$\boldsymbol{v}_k$ 是k 阶离散傅里叶变换 Hermite 特征向量，α 表示变换在时频平面上旋转的角度。当 $\alpha=0$ 时，$\boldsymbol{F}_{N,\alpha}$ 是单位算子。

DCT-Ⅰ和 DST-Ⅰ的特征向量可由离散傅里叶变换的特征向量得到。

① 如果$\boldsymbol{v}=[v_0,v_1,\cdots,v_{N-2},v_{N-1},v_{N-2},\cdots,v_1]^{\mathrm{T}}$ 是$(2N-2)$点离散傅里叶变换核矩阵的偶特征向量，$\boldsymbol{F}_{2N-2}\boldsymbol{v}=\lambda\boldsymbol{v}$ $(\lambda=1,-1)$，那么，

$$\hat{\boldsymbol{v}}=[v_0,\sqrt{2}v_1,\cdots,\sqrt{2}v_{N-2},\sqrt{2}v_{N-1}]^{\mathrm{T}} \tag{3.137}$$

为 N 点 DCT-Ⅰ核矩阵的特征向量，其中 λ 是相应的特征值。

$$\boldsymbol{C}_N^{\mathrm{I}}\hat{\boldsymbol{v}}=\lambda\hat{\boldsymbol{v}} \tag{3.138}$$

② 如果$\boldsymbol{v}=[0,v_1,v_2,\cdots,v_N,0,-v_N,-v_{N-1},\cdots,-v_1]^{\mathrm{T}}$ 是 $2(N+1)$点离散傅里叶变换核矩阵的奇特征向量，$\boldsymbol{F}_{2N+2}\boldsymbol{v}=\lambda\boldsymbol{v}$ $(\lambda=\mathrm{j},-\mathrm{j})$，那么，

$$\tilde{\boldsymbol{v}}=\sqrt{2}\,[v_0,v_1,\cdots,v_N]^{\mathrm{T}} \tag{3.139}$$

为 N 点 DST-Ⅰ核矩阵的特征向量，其中 $\mathrm{j}\lambda$ 是相应的特征值。

$$\boldsymbol{S}_N^{\mathrm{I}}\tilde{\boldsymbol{v}}=\mathrm{j}\lambda\tilde{\boldsymbol{v}} \tag{3.140}$$

所有离散傅里叶变换、离散余弦变换和离散正弦变换变换的核矩阵都具有无限的特征值。通过引入一个新的矩阵 $\boldsymbol{S}$ 就能非常简便地计算出了一组完整的实数离散傅里叶变换特征向量[19-21]

$$\boldsymbol{S}=\begin{bmatrix}2 & 1 & 0 & \cdots & 0 & 1\\ 1 & 2\cos(\omega) & 1 & \cdots & 0 & 0\\ 0 & 1 & 2\cos(2\omega) & \cdots & 0 & 0\\ \vdots & \vdots & \vdots & \ddots & \vdots & \vdots\\ 0 & 0 & 0 & \cdots & 2\cos[(N-2)\omega] & 1\\ 1 & 0 & 0 & \cdots & 1 & 2\cos[(N-1)\omega]\end{bmatrix} \tag{3.141}$$

这组特殊的特征向量组成了连续 Hermite-Gaussian 函数的离散近似，称为离散傅里叶变换 Hermite 特征向量。对于离散分数阶余弦变换核矩阵，特征向量 $\hat{\boldsymbol{v}}_k$ 的特征值为 $\mathrm{e}^{-\mathrm{j}k\alpha}$($k$ 为偶数)。这样的赋值将会使离散余弦变换核中 $\alpha=\pi/2$。类似地，在离散分数阶傅里叶变换中，N 点离散分数阶余弦变换核矩阵可定义为

$$\boldsymbol{C}_{N,\alpha}=\hat{\boldsymbol{V}}_N\hat{\boldsymbol{D}}_N^{2\alpha/\pi}\hat{\boldsymbol{V}}_N^{\mathrm{T}} \tag{3.142}$$

$$=\hat{\boldsymbol{V}}_N\begin{bmatrix}1 & & & 0\\ & \mathrm{e}^{-2\mathrm{j}\alpha} & & \\ & & \ddots & \\ 0 & & & \mathrm{e}^{-\mathrm{j}2(N-1)\alpha}\end{bmatrix}\hat{\boldsymbol{V}}_N^{\mathrm{T}} \tag{3.143}$$

当 $\hat{\boldsymbol{V}}_N=[\hat{\boldsymbol{v}}_0\quad\hat{\boldsymbol{v}}_1\quad\cdots\quad\hat{\boldsymbol{v}}_{2N-2}]$，$\hat{\boldsymbol{v}}_k$ 是从 k 阶离散傅里叶变换 Hermite 特征向量由式(3.137)得到的 DCT-Ⅰ特征向量。当 $\alpha=\pi/2$，离散分数阶余弦变换将成为常规的 DCT-Ⅰ。

当 $\alpha=0$，$\boldsymbol{C}_{N,\alpha}$ 为单位矩阵。用参数 α 构造 N 点离散分数阶余弦变换核矩阵的步骤可总结如下：

① 计算 M_c 点离散傅里叶变换 Hermite 偶特征向量，$M_c=2(N-1)$。

② 用式(3.137)从 DFT-Ⅰ Hermite 偶特征向量计算 DCT-Ⅰ特征向量。

③ 用下式确定离散分数阶余弦变换的核矩阵：

$$\boldsymbol{C}_{N,\alpha}=\hat{\boldsymbol{V}}_N\hat{\boldsymbol{D}}_N^{2\alpha/\pi}\hat{\boldsymbol{V}}_N^{\mathrm{T}} \tag{3.144}$$

其中，$\hat{\boldsymbol{V}}_N=[\hat{\boldsymbol{v}}_0\quad\hat{\boldsymbol{v}}_1\quad\cdots\quad\hat{\boldsymbol{v}}_{M_c-2}]$。$\hat{\boldsymbol{v}}_k$ 是从 k 阶离散傅里叶变换 Hermite 特征向量由式(3.137)得到的 DCT-Ⅰ特征向量。

和离散分数阶余弦变换的情况相似，离散分数阶正弦变换的推导也建立在离散分数阶傅里叶变换上。特征向量 $\boldsymbol{v}_k$（k 为奇数）赋值为特征值 $\mathrm{e}^{-\mathrm{j}(k-1)\alpha}$。因此，$N$ 点离散分数阶正弦变换核矩阵定义为

$$\boldsymbol{S}_{N,\alpha}=\tilde{\boldsymbol{V}}_N\tilde{\boldsymbol{D}}_N^{2\alpha/\pi}\tilde{\boldsymbol{V}}_N^{\mathrm{T}} \tag{3.145}$$

$$=\tilde{\boldsymbol{V}}_N\begin{bmatrix}1 & & & 0\\ & \mathrm{e}^{-2\mathrm{j}\alpha} & & \\ & & \ddots & \\ 0 & & & \mathrm{e}^{-\mathrm{j}2(N-1)\alpha}\end{bmatrix}\tilde{\boldsymbol{V}}_N^{\mathrm{T}} \tag{3.146}$$

其中，$\tilde{\boldsymbol{V}}_N=[\tilde{\boldsymbol{v}}_0\quad\tilde{\boldsymbol{v}}_1\quad\cdots\quad\tilde{\boldsymbol{v}}_{2N-2}]$。$\tilde{\boldsymbol{v}}_k$ 是从 k 阶离散傅里叶变换 Hermite 特征向量由式(3.139)得到的 DST-Ⅰ特征向量。

以上所述离散分数阶正弦变换核矩阵，当 $\alpha=\pi/2$，它将简化为一个 DST-Ⅰ核矩阵，对于 $\alpha=0$，它将变为单位矩阵。用参数 α 计算 N 点离散分数阶正弦变换核矩阵的步骤总结如下：

① 计算 M_S 点离散傅里叶变换 Hermite 奇特征向量，$M_S=2(N+1)$。

② 从 DFT Hermite 奇特征向量用式(3.139)计算 DST-Ⅰ特征值。

③ 用下式确定离散分数阶正弦变换的核矩阵

$$\boldsymbol{S}_{N,\alpha}=\tilde{\boldsymbol{V}}_N\tilde{\boldsymbol{D}}_N^{2\alpha/\pi}\tilde{\boldsymbol{V}}_N^{\mathrm{T}} \tag{3.147}$$

其中，$\tilde{\boldsymbol{V}}_N=[\tilde{\boldsymbol{v}}_0\quad\tilde{\boldsymbol{v}}_1\quad\cdots\quad\tilde{\boldsymbol{v}}_{M_s-2}]$。$\tilde{\boldsymbol{v}}_k$ 是从 k 阶 DFT Hermite 特征向量由式(3.139)得到的 DST-Ⅰ特征向量。

由于用来精确计算离散分数阶傅里叶变换、离散分数阶余弦变换和离散分数阶正弦变换矩阵的积的快速算法尚未被推导出，它们的计算一般需要 $O(N^2)$ 次常规的矩阵乘法。

3.2.3 分数阶 Hartley 变换

3.2.3.1 定义

Hartley 变换与傅里叶变换有如下关系

$$\begin{aligned}O_{\mathrm{Hartley}}(g(t))&=O_{\cos}(g(t))+O_{\sin}(g(t))\\&=\frac{1+\mathrm{j}}{2}\cdot G(\omega)+\frac{1-\mathrm{j}}{2}\cdot G(-\omega)\end{aligned} \tag{3.148}$$

对于 m 取任何非负整数,$\exp(-t^2/2)H_m(t)$是 Hartley 变换的特征函数,其相应的特征值记作 $\lambda_H(m)$。当 m 为偶数时,$\lambda_H(m)=(-\mathrm{j})^m$;当 m 为奇数时,$\lambda_H(m)=(-\mathrm{j})^{m-1}$。类似于分数阶傅里叶变换,可通过如下过程推导出分数阶 Hartley 变换(Fractional Hartley Transform,FRHT)。

(1)
$$g(t)\to\{a_m \mid m=0,1,2,3,\cdots\}$$

其中,$a_m=C_m^{-1}\int_{-\infty}^{+\infty}g(t)H_m(t)\mathrm{e}^{-t^2/2}\mathrm{d}t$

$$C_m=\int_{-\infty}^{+\infty}H_m^2(t)\mathrm{e}^{-t^2}\mathrm{d}t \tag{3.149}$$

(2)
$$d_m=\lambda_H^\alpha(m)a_m \tag{3.150}$$

(3)
$$G_H^\alpha(s)=\sum_{m=0}^{+\infty}d_m\mathrm{e}^{-s^2/2}H_m(s) \tag{3.151}$$

其中,$\lambda_H^\alpha(m)$是 Hartley 变换分数幂的特征值。当 m 为偶数时,$\lambda_H^\alpha(m)=\exp(-\mathrm{j}m\alpha\pi/2)$;当 m 为奇数时,$\lambda_H^\alpha(m)=\exp(-\mathrm{j}(m-1)\alpha\pi/2)$。显然,存在如下关系

$$O_H^\alpha(f(t))=O_C^\alpha(f(t))+O_S^\alpha(f(t)) \tag{3.152}$$

因此,积分形式的分数阶 Hartley 变换为[22]

$$\begin{aligned}G_H^\alpha(s)=O_H^\alpha(g(t))=&\sqrt{\frac{1-\mathrm{j}\cot\phi}{2\pi}}\mathrm{e}^{\mathrm{j}(s^2/2)\cot\phi}\int_{-\infty}^{+\infty}\mathrm{e}^{\mathrm{j}(t^2/2)\cot\phi}\cdot\\&\frac{[(1-\mathrm{j}\mathrm{e}^{\mathrm{j}\phi})\mathrm{cas}(st\csc\phi)+(1+\mathrm{j}\mathrm{e}^{\mathrm{j}\phi})\mathrm{cas}(-st\csc\phi)]}{2}g(t)\mathrm{d}t\end{aligned} \tag{3.153}$$

其中,$\mathrm{cas}(\cdot)=\cos(\cdot)+\sin(\cdot)$。分数阶 Hartley 变换与分数阶余弦变换、分数阶正弦变换和分数阶傅里叶变换有如下关系

$$G_H^\alpha(s)=G_C^\alpha(s)+G_S^\alpha(s)=\frac{1+\mathrm{e}^{(\mathrm{j}\alpha\pi/2)}}{2}G_F^\alpha(s)+\frac{1-\mathrm{e}^{(\mathrm{j}\alpha\pi/2)}}{2}G_F^\alpha(-s) \tag{3.154}$$

由上式可知,分数阶 Hartley 变换的周期为 2,与分数阶傅里叶变换以 4 为周期不同。

$$O_H^\alpha(g(t))=O_H^{\alpha+2}(g(t)) \tag{3.155}$$

3.2.3.2 性质

分数阶 Hartley 变换的性质与分数阶余弦变换类似,分数阶余弦变换的性质可由正则余弦变换的性质取$\{a,b,c,d\}=\{\cot\phi,1,-1,0\}$时得到。

3.2.3.3 离散实现

离散傅里叶变换矩阵 $\boldsymbol{F}$ 的元素定义如下

$$\boldsymbol{F}_{nk}=\frac{1}{\sqrt{N}}\left[\cos\left(\frac{2\pi kn}{N}\right)-\mathrm{j}\sin\left(\frac{2\pi kn}{N}\right)\right],\quad 0\leqslant n,k\leqslant N-1 \tag{3.156}$$

令 $\omega=2\pi/N$,并令

$$\boldsymbol{S}=\begin{bmatrix}2 & 1 & 0 & \cdots & 0 & 1\\ 1 & 2\cos(\omega) & 1 & \cdots & 0 & 0\\ 0 & 1 & 2\cos(2\omega) & \cdots & 0 & 0\\ \vdots & \vdots & \vdots & \ddots & \vdots & \vdots\\ 0 & 0 & 0 & \cdots & 2\cos[(N-2)\omega] & 1\\ 1 & 0 & 0 & \cdots & 1 & 2\cos[(N-1)\omega]\end{bmatrix} \tag{3.157}$$

则 $\boldsymbol{S}$ 的特征向量构成 $\boldsymbol{F}$ 的特征向量集，并有[21]

$$\boldsymbol{FS}=\boldsymbol{SF}$$

注意到 $\boldsymbol{S}$ 是实对称矩阵，则它的特征向量为实数并且彼此正交。

$N\times N$ DHT 矩阵 $\boldsymbol{H}$ 的元素定义如下

$$\boldsymbol{H}_{nk}=\frac{1}{\sqrt{N}}\left[\cos\left(\frac{2\pi kn}{N}\right)+\sin\left(\frac{2\pi kn}{N}\right)\right],\quad 0\leqslant n,k\leqslant N-1 \tag{3.158}$$

为了进一步讨论方便，定义

$$\begin{cases}\boldsymbol{F}_{r_{nk}}=\dfrac{1}{\sqrt{N}}\left[\cos\left(\dfrac{2\pi kn}{N}\right)\right] \\ \boldsymbol{F}_{i_{nk}}=\dfrac{1}{\sqrt{N}}\left[\sin\left(\dfrac{2\pi kn}{N}\right)\right]\end{cases}\quad 0\leqslant n,k\leqslant N-1 \tag{3.159}$$

则矩阵 $\boldsymbol{H}$ 和 $\boldsymbol{F}$ 可重写为

$$\begin{cases}\boldsymbol{H}=\boldsymbol{F}_r+\boldsymbol{F}_i \\ \boldsymbol{F}=\boldsymbol{F}_r-\mathrm{j}\boldsymbol{F}_i\end{cases} \tag{3.160}$$

由于矩阵 $\boldsymbol{F}_r$ 和 $\boldsymbol{F}_i$ 彼此正交，则 $\boldsymbol{F}_r$ 具有非零特征值的特征向量是 $\boldsymbol{F}_i$ 特征值为 0 的特征向量；同样，$\boldsymbol{F}_i$ 具有非零特征值的特征向量是 $\boldsymbol{F}_r$ 特征值为 0 的特征向量。基于这一事实，$\boldsymbol{F}_r$、$\boldsymbol{F}_i$ 和 $\boldsymbol{H}$ 的特征分解可表示如下

$$\boldsymbol{F}_r=[\boldsymbol{U}_1\quad\boldsymbol{U}_2\quad\boldsymbol{U}_3\quad\boldsymbol{U}_4]\begin{bmatrix}\boldsymbol{I}_1 & \boldsymbol{0} & \boldsymbol{0} & \boldsymbol{0}\\ \boldsymbol{0} & -\boldsymbol{I}_2 & \boldsymbol{0} & \boldsymbol{0}\\ \boldsymbol{0} & \boldsymbol{0} & \boldsymbol{0} & \boldsymbol{0}\\ \boldsymbol{0} & \boldsymbol{0} & \boldsymbol{0} & \boldsymbol{0}\end{bmatrix}[\boldsymbol{U}_1\quad\boldsymbol{U}_2\quad\boldsymbol{U}_3\quad\boldsymbol{U}_4]^{\mathrm{T}} \tag{3.161}$$

$$\boldsymbol{F}_i=[\boldsymbol{U}_1\quad\boldsymbol{U}_2\quad\boldsymbol{U}_3\quad\boldsymbol{U}_4]\begin{bmatrix}\boldsymbol{0} & \boldsymbol{0} & \boldsymbol{0} & \boldsymbol{0}\\ \boldsymbol{0} & \boldsymbol{0} & \boldsymbol{0} & \boldsymbol{0}\\ \boldsymbol{0} & \boldsymbol{0} & \boldsymbol{I}_3 & \boldsymbol{0}\\ \boldsymbol{0} & \boldsymbol{0} & \boldsymbol{0} & -\boldsymbol{I}_4\end{bmatrix}[\boldsymbol{U}_1\quad\boldsymbol{U}_2\quad\boldsymbol{U}_3\quad\boldsymbol{U}_4]^{\mathrm{T}} \tag{3.162}$$

$$\boldsymbol{H}=[\boldsymbol{U}_1\quad\boldsymbol{U}_2\quad\boldsymbol{U}_3\quad\boldsymbol{U}_4]\begin{bmatrix}\boldsymbol{I}_1 & \boldsymbol{0} & \boldsymbol{0} & \boldsymbol{0}\\ \boldsymbol{0} & -\boldsymbol{I}_2 & \boldsymbol{0} & \boldsymbol{0}\\ \boldsymbol{0} & \boldsymbol{0} & \boldsymbol{I}_3 & \boldsymbol{0}\\ \boldsymbol{0} & \boldsymbol{0} & \boldsymbol{0} & -\boldsymbol{I}_4\end{bmatrix}[\boldsymbol{U}_1\quad\boldsymbol{U}_2\quad\boldsymbol{U}_3\quad\boldsymbol{U}_4]^{\mathrm{T}} \tag{3.163}$$

其中，$\boldsymbol{I}_i$ 是 $N_i\times N_i$ 的单位矩阵。

$N=4m$ 时，$N_1=m+1, N_2=m, N_3=m, N_4=m-1$；

$N=4m+1$ 时，$N_1=m+1, N_2=m, N_3=m, N_4=m$；

$N=4m+2$ 时，$N_1=m+1, N_2=m+1, N_3=m, N_4=m$；

$N=4m+3$ 时，$N_1=m+1, N_2=m+1, N_3=m+1, N_4=m$。

矩阵 $\boldsymbol{U}_i$ 定义如下：

(1) $\boldsymbol{U}_1$ 由矩阵 $\boldsymbol{S}$ 的特征向量 $\boldsymbol{v}$ 构造，并满足 $\boldsymbol{F}_r\boldsymbol{v}=\boldsymbol{v}$；

(2) $\boldsymbol{U}_2$ 由矩阵 $\boldsymbol{S}$ 的特征向量 $\boldsymbol{v}$ 构造，并满足 $\boldsymbol{F}_r\boldsymbol{v}=-\boldsymbol{v}$；

(3) $\boldsymbol{U}_3$ 由矩阵 $\boldsymbol{S}$ 的特征向量 $\boldsymbol{v}$ 构造，并满足 $\boldsymbol{F}_i\boldsymbol{v}=\boldsymbol{v}$；

(4) $\boldsymbol{U}_4$ 由矩阵 $\boldsymbol{S}$ 的特征向量 $\boldsymbol{v}$ 构造,并满足 $\boldsymbol{F}_i\boldsymbol{v}=-\boldsymbol{v}$ 。

设数据向量为 $\boldsymbol{x}$,则它的分数阶 Hartley 变换 $\boldsymbol{y}_\tau$ 定义为

$$\boldsymbol{y}_\tau=\boldsymbol{H}^\tau\boldsymbol{x} \tag{3.164}$$

当幂 τ 为 1 时,离散分数阶 Hartley 变换变为 Hartley 变换。当 $\tau=0$ 时,显然 $\boldsymbol{y}_0=\boldsymbol{x}$。因为方程 $\boldsymbol{H}^{\tau_1+\tau_2}\boldsymbol{x}=\boldsymbol{H}^{\tau_1}\boldsymbol{H}^{\tau_2}\boldsymbol{x}$ 成立,所以角度可加性可以满足。现在的问题是如何计算矩阵 $\boldsymbol{H}^\tau$。矩阵 $\boldsymbol{H}^\tau$ 可以由矩阵 $\boldsymbol{H}$ 特征值的 τ 次幂得到

$$\boldsymbol{H}^\tau=[\boldsymbol{U}_1\quad \boldsymbol{U}_2\quad \boldsymbol{U}_3\quad \boldsymbol{U}_4]\begin{bmatrix}\boldsymbol{I}_1^\tau & \boldsymbol{0} & \boldsymbol{0} & \boldsymbol{0}\\ \boldsymbol{0} & (-\boldsymbol{I}_2)^\tau & \boldsymbol{0} & \boldsymbol{0}\\ \boldsymbol{0} & \boldsymbol{0} & \boldsymbol{I}_3^\tau & \boldsymbol{0}\\ \boldsymbol{0} & \boldsymbol{0} & \boldsymbol{0} & (-\boldsymbol{I}_4)^\tau\end{bmatrix}[\boldsymbol{U}_1\quad \boldsymbol{U}_2\quad \boldsymbol{U}_3\quad \boldsymbol{U}_4]^{\mathrm{T}} \tag{3.165}$$

在此分解式中有两个变量而使 $\boldsymbol{H}^\tau$ 的计算结果不唯一。结果分别如下:

(1) 因为以下两式成立:

$$\begin{aligned}1^\tau &= \mathrm{e}^{-\mathrm{j}2k\pi\tau}\\ (-1)^\tau &= \mathrm{e}^{-\mathrm{j}(2k+1)\pi\tau}\end{aligned}\quad \forall k\in\mathbb{Z}$$

矩阵 $\boldsymbol{I}_i^\tau(i=1,3)$和$(-\boldsymbol{I}_i)^\tau(i=2,4)$不是唯一的,需加上限制条件才能去除不定性。

(2) 因为$\boldsymbol{U}_1$ 是由矩阵 $\boldsymbol{S}$ 的特征向量$\boldsymbol{v}$ 构造,满足 $\boldsymbol{F}_r\boldsymbol{v}=\boldsymbol{v}$,$\boldsymbol{U}_1$ 的任意两列向量可交换,因此存在 $N_1!$ 个矩阵 $\boldsymbol{U}_1$。类似地,矩阵 $\boldsymbol{U}_i(i=2,4)$也有同样的问题。为了使 $\boldsymbol{U}_i$ 唯一,必须设定 $\boldsymbol{U}_i$ 的列向量的顺序。

下面给出一种简单的方法来排除不定性(1)和(2)。为了排除不定性(1),可选择 $\boldsymbol{I}_i^\tau$ 和$(-\boldsymbol{I}_i)^\tau$ 如下

$$\boldsymbol{I}_i^\tau=\begin{bmatrix}\mathrm{e}^{-\mathrm{j}0\pi\tau} & 0 & 0 & \cdots & 0 & 0\\ 0 & \mathrm{e}^{-\mathrm{j}2\pi\tau} & 0 & \cdots & 0 & 0\\ 0 & 0 & \mathrm{e}^{-\mathrm{j}4\pi\tau} & \cdots & 0 & 0\\ \vdots & \vdots & \vdots & \ddots & \vdots & \vdots\\ 0 & 0 & 0 & \cdots & 0 & \mathrm{e}^{-\mathrm{j}2(N_i-1)\pi\tau}\end{bmatrix} \tag{3.166}$$

$$(-\boldsymbol{I}_i)^\tau=\begin{bmatrix}\mathrm{e}^{-\mathrm{j}\pi\tau} & 0 & 0 & \cdots & 0 & 0\\ 0 & \mathrm{e}^{-\mathrm{j}3\pi\tau} & 0 & \cdots & 0 & 0\\ 0 & 0 & \mathrm{e}^{-\mathrm{j}5\pi\tau} & \cdots & 0 & 0\\ \vdots & \vdots & \vdots & \ddots & \vdots & \vdots\\ 0 & 0 & 0 & \cdots & 0 & \mathrm{e}^{-\mathrm{j}(2N_i-1)\pi\tau}\end{bmatrix} \tag{3.167}$$

另外,我们用以下的方法来安排矩阵 $\boldsymbol{U}_i$ 的列向量以排除不定性(2)。设 $\boldsymbol{u}_{im}$ 和 $\boldsymbol{u}_{in}$ 为矩阵 $\boldsymbol{U}_i$ 的列向量,则存在 λ_m 和 λ_n 使

$$\boldsymbol{S}\boldsymbol{u}_{im}=\lambda_m\boldsymbol{u}_{im}$$

$$\boldsymbol{S}\boldsymbol{u}_{in}=\lambda_n\boldsymbol{u}_{in}$$

加在 $\boldsymbol{u}_{im}$ 和 $\boldsymbol{u}_{in}$ 列向量上的约束条件为

$$\lambda_m > \lambda_n, \quad m < n \tag{3.168}$$

由于 $\boldsymbol{S}$ 的特征值不同，矩阵 $\boldsymbol{U}_i$ 可由以上限制条件唯一确定。

虽然排除不定性(1)和(2)的方法有很多，但上述方法是最简便的。最后，总结一下分数阶 Hartley 变换的计算过程：

(1) 计算矩阵 $\boldsymbol{S}$ 的特征值和特征向量；

(2) 用式(3.168)构建矩阵 $\boldsymbol{U}_i(i=1,2,\cdots,4)$；

(3) 用式(3.166)和式(3.105)计算 $\boldsymbol{I}_i^{\tau}(i=1,3)$ 和 $(-\boldsymbol{I}_i)^{\tau}(i=2,4)$；

(4) 用式(3.165)计算矩阵 $\boldsymbol{H}^{\tau}$；

(5) 用式(3.164)计算 $\boldsymbol{y}_{\tau}=\boldsymbol{H}^{\tau}\boldsymbol{x}$。

当数据向量 $\boldsymbol{x}$ 为实数，则它的分数阶 Hartley 变换 $\boldsymbol{y}_{\tau}$ 是复数，当 τ 是整数时例外。另外，考虑到矩阵 $\boldsymbol{H}$ 的特征值是 1 或 -1，易得出

$$\boldsymbol{H}^{2m}\boldsymbol{x}=\boldsymbol{x} \tag{3.169}$$

$$\boldsymbol{H}^{2m+1}\boldsymbol{x}=\boldsymbol{H}\boldsymbol{x} \tag{3.170}$$

3.2.4 分数阶 Gabor 展开

3.2.4.1 Gabor 展开

传统 Gabor 展开用时间和频率的移位函数来表示信号，已被广泛应用于信号的时频分析。Gabor 表示的基函数可通过对一个简单的窗函数平移和正弦调制得到，从而得到一个矩形网格状的时频平面结构(图 3.21)。时间连续信号 $x(t)$ 的 Gabor 展开为

$$x(t)=\sum_{m=-\infty}^{+\infty}\sum_{k=-\infty}^{+\infty}a_{m,k}g_{m,k}(t) \tag{3.171}$$

这里基函数为

$$g_{m,k}(t)=g(t-mT)\mathrm{e}^{\mathrm{j}\Omega kt} \tag{3.172}$$

T 表示线性时移参数，Ω 是频率采样间隔。综合窗函数 $g(t)$ 归一化为单位能量。Gabor 展开的存在性、唯一性、收敛性和数字稳定性取决于参数 T 和 Ω 的选择：临界采样情况是 $\Omega T=2\pi$；$\Omega T<2\pi$ 称为过采样，会导致 Gabor 系数冗余；$\Omega T>2\pi$ 称为欠采样，会导致信息丢失。

通常一组时频移位窗函数 $\{h_{m,k}(t)\}$ 可构成 L^2 空间的一组非正交基。此时，由于不能利用内积映射，Gabor 系数的计算将变得十分复杂。针对这一问题，有文献提出了一种利用称为双正交窗的辅助函数 $\gamma(t)$ 的计算方法，Gabor 系数 $\{a_{m,k}\}$ 可由此得到

$$a_{m,k}=\int_{-\infty}^{+\infty}x(t)\gamma_{m,k}^{*}(t)\mathrm{d}t \tag{3.173}$$

这里的分析函数是

$$\gamma_{m,k}(t)=\gamma(t-mT)\mathrm{e}^{f\Omega kt} \tag{3.174}$$

把式(3.173)代入式(3.171)，就可得到这组基的完整性条件

$$\sum_{m=-\infty}^{+\infty}\sum_{k=-\infty}^{+\infty}g_{m,k}(t)\gamma_{m,k}^{*}(t')=\delta(t-t') \tag{3.175}$$

在以上的完整性关系中，利用泊松求和公式可以在分析基和综合基之间产生一种等价却较为简单的双正交条件

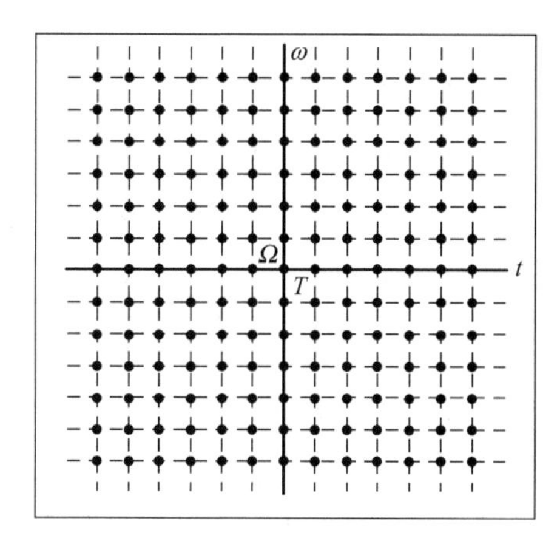

图 3.21 Gabor 展开的正交矩形坐标网格

$$\frac{2\pi}{\Omega}\sum_{m=-\infty}^{+\infty} g(t-mT)\gamma^*\left(t-\left[m+k\frac{2\pi}{\Omega T}\right]T\right)=\delta_k \tag{3.176}$$

其中，$k=0,\pm1,\pm2,\pm3,\cdots$；因子 $2\pi/\Omega T$ 为过采样的一个测度。

近年来，非矩形时频网格结构中的 Gabor 展开引起了广泛的关注。与传统的 Gabor 展开相比，非矩形时频网格更适于非平稳信号的时频分析。

3.2.4.2 分数阶 Gabor 展开

利用具有线性瞬时频率的基函数代替传统的正弦 Gabor 核，可定义分数阶 Gabor 展开[23]。信号 $x(t)$ 的 Gabor 展开定义为

$$x(t)=\sum_{m=-\infty}^{+\infty}\sum_{k=-\infty}^{+\infty} a_{m,k,\alpha}g_{m,k,\alpha}(t) \tag{3.177}$$

其中，综合基函数 $g_{m,k,\alpha}(t)$ 为

$$g_{m,k,\alpha}(t)=g(t-mT)W_{\alpha,k}(t) \tag{3.178}$$

若定义分数阶核为

$$W_{\alpha,k}(t)=\exp\left\{\mathrm{j}\left[-\frac{1}{2}(t^2+(k\Omega\sin\alpha)^2)\cot\alpha+k\Omega t\right]\right\} \tag{3.179}$$

其中，Ω 和 T 分别为频率和时间采样间隔，且 $0\leqslant\alpha\leqslant2\pi$。利用上述的分数阶核生成的基函数 $g_{m,k,\alpha}(t)$ 的瞬时频率是线性变化的，这种分数阶基函数就可产生如图 3.22 所示平行四边形状的时频采样网格。

分数阶 Gabor 系数 $a_{m,k,\alpha}$ 可由下式计算得到

$$a_{m,k,\alpha}=\int_{-\infty}^{+\infty} x(t)\gamma_{m,k,\alpha}^*(t)\mathrm{d}t \tag{3.180}$$

其中，分析函数为

$$\gamma_{m,k,\alpha}(t)=\gamma(t-mT)W_{\alpha,k}(t) \tag{3.181}$$

相对于 $g_{m,k,\alpha}(t)$，它们是双正交的。当 $\alpha=\pi/2$，式(3.177)就成为式(3.171)中的 Gabor 展开。这样传统 Gabor 展开就可看作分数阶 Gabor 展开的特例。接下来我们研究分数阶 Gabor 展开的完整性和双正交条件。

1. 分数阶基的完整性

把式(3.179)代入式(3.177)就可得到分数阶 Gabor 展开的完整性

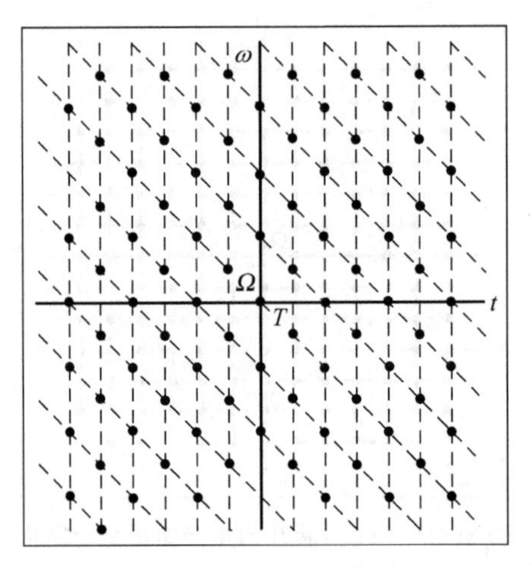

图 3.22　分数阶 Gabor 变换的时频坐标网格

$$\sum_{m=-\infty}^{+\infty}\sum_{k=-\infty}^{+\infty} g_{m,k,\alpha}(t)\gamma_{m,k,\alpha}^{*}(t')=\delta(t-t') \tag{3.182}$$

将式(3.178)和式(3.181)中的分析和综合函数代入上式可得

$$\begin{aligned}&\sum_{m=-\infty}^{+\infty}\sum_{k=-\infty}^{+\infty} g(t-mT)\gamma^{*}(t'-mT)\cdot\\&\exp\left\{\mathrm{j}\left[\frac{1}{2}(t'^2-t^2)\cot\alpha-k\Omega(t-t')\right]\right\}=\delta(t-t')\end{aligned} \tag{3.183}$$

显然，当 $\alpha=\pi/2$，上述的条件简化为经典 Gabor 展开的完整性条件。

2. 分数阶双正交条件

分析分数阶分析与综合函数基必须满足的双正交性条件。式(3.183)表示的完整性条件也可写作

$$\begin{aligned}&\sum_{m=-\infty}^{+\infty} g(t-mT)\gamma^{*}(t'-mT)\exp\left\{\mathrm{j}\,\frac{1}{2}(t'^2-t^2)\cot\alpha\right\}\cdot\\&\sum_{k=-\infty}^{+\infty}\exp\{\mathrm{j}\,[k\Omega(t-t')]\}=\delta(t-t')\end{aligned} \tag{3.184}$$

应用泊松求和公式对式(3.184)中的参数 k 求和可得

$$\sum_{k}\exp\{\mathrm{j}k\Omega(t-t')\}=\frac{2\pi}{\Omega}\sum_{k}\delta\left(t-t'-k\,\frac{2\pi}{\Omega}\right) \tag{3.185}$$

将式(3.185)代入式(3.184)得到

$$\begin{aligned}&\frac{2\pi}{\Omega}\sum_{m=-\infty}^{+\infty} g(t-mT)\gamma^{*}\left(t'-\left(m+\frac{2k\pi}{\Omega T}\right)T\right)\exp\left\{\mathrm{j}\,\frac{1}{2}\left(\left(t-\frac{2k\pi}{\Omega}\right)^2-t^2\right)\cot\alpha\right\}\\&\sum_{k=-\infty}^{+\infty}\delta\left(t-t'-\frac{2k\pi}{\Omega}\right)=\delta(t-t')\end{aligned}$$

从上式可以得到分数阶双正交条件是

$$\frac{2\pi}{\Omega}\sum_{m=-\infty}^{+\infty} g(t-mT)\gamma^{*}\left(t'-\left(m+\frac{2k\pi}{\Omega T}\right)T\right)\exp\left\{\mathrm{j}\,\frac{2k\pi}{\Omega}\left[\frac{k\pi}{\Omega}-t\right]\cot\alpha\right\}=\delta_k \tag{3.186}$$

其中，$m,k=0,\pm1,\pm2,\pm3,\cdots$。注意上式的指数项是由角度为 α 的分数阶基产生的，并且当 $\alpha=\pi/2$ 时，我们得到的双正交性条件就是式(3.186)表示的 Gabor 展开的双正交性条件。这表明分数阶 Gabor 展开是经典 Gabor 展开在非矩形时频网格中的推广。分析窗 $\gamma(t)$ 函数可通过解由式(3.185)得到的线性方程得到。利用分析函数基 $\{\gamma_{m,k,\alpha}(t)\}$ 和式(3.180)即可计算分数阶 Gabor 系数 $a_{m,k,\alpha}$。

3.2.5　短时分数阶傅里叶变换

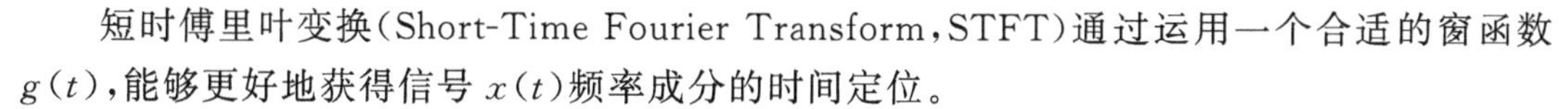

短时傅里叶变换(Short-Time Fourier Transform，STFT)通过运用一个合适的窗函数 $g(t)$，能够更好地获得信号 $x(t)$ 频率成分的时间定位。

$$ST_x(t,f)=\int_{-\infty}^{+\infty}x(t+t_0)g^*(t_0)\exp(-\mathrm{j}2\pi t_0 f)\mathrm{d}t_0 \tag{3.187}$$

当然，对于一个纯正弦信号，我们需要一个较宽的窗，而对于类似于冲激函数的脉冲信号，则需要使用较窄的窗。这一规则也同样适用于分析延伸非常广的信号和非常窄的信号。因此，如果我们已知信号的形状，就可以对窗宽作相应的调整。假定当前信号的最小信号宽度并不对应于时域和频域，如图 3.23 所示。那么我们可以看到，通过对相位平面的坐标旋转，可以得到信号的最优表示(比如最小信号宽度)。

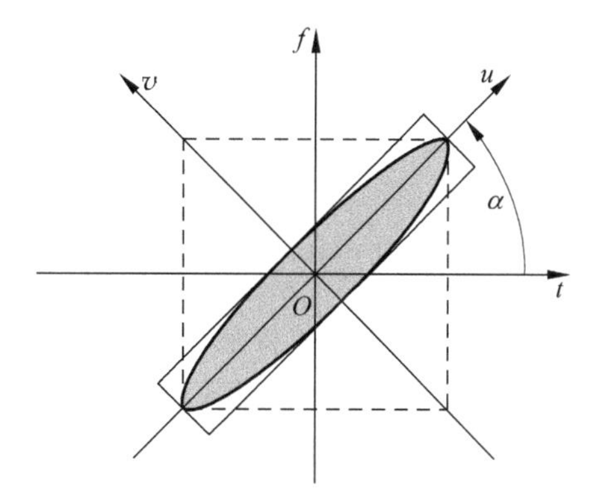

图 3.23　时频面上的基准轴既不是时间轴也不是频率轴的信号示意图

为了在新的坐标系中表示信号，我们将用到如下性质：信号的分数阶傅里叶变换相当于时频面的旋转。根据第 2 章内容，函数 $x(t)$ 的分数阶傅里叶变换定义如下

$$X_\alpha(u)=\int_{-\infty}^{+\infty}K_\alpha(t,u)x(t)\mathrm{d}t \tag{3.188}$$

其中，核函数 $K_\alpha(t,u)$ 定义如下

$$K_\alpha(t,u)=\frac{\exp(\mathrm{j}\alpha/2)}{\sqrt{\mathrm{j}\sin\alpha}}\exp\left(\mathrm{j}\pi\ \frac{(t^2+u^2)\cos\alpha-2tu}{\sin\alpha}\right) \tag{3.189}$$

通过旋转关系式

$$\begin{pmatrix}t\\f\end{pmatrix}=\begin{pmatrix}\cos\alpha & -\sin\alpha\\ \sin\alpha & \cos\alpha\end{pmatrix}\begin{pmatrix}u\\v\end{pmatrix} \tag{3.190}$$

可以进一步得出分数阶傅里叶变换核函数的关系式

$$K_\alpha(t_0,u-u_0)=\exp(\mathrm{j}2\pi u_0 v)\exp(-\mathrm{j}\pi uv)$$

$$=[K_{-\alpha}(u_0,t-t_0)\exp(\mathrm{j}2\pi t_0 f)\exp(-\mathrm{j}\pi t f)]^* \tag{3.191}$$

定义信号 $x(t)$的 α 阶短时分数阶傅里叶变换(Short-Time Fractional Fourier Transform, STFRFT)$ST_x^\alpha(u,v)$为其分数阶傅里叶变换 $X_\alpha(u)$与窗函数 $g(u)$的卷积的傅里叶变换

$$\begin{aligned}ST_x^\alpha(u,v)&=ST_{X_\alpha}(u,v)\\&=\int_{-\infty}^{+\infty}X_\alpha(u+u_0)g^*(u_0)\exp(-\mathrm{j}2\pi u_0 v)\,\mathrm{d}u_0\end{aligned} \tag{3.192}$$

由式(3.191)可得

$$\begin{aligned}&\exp(-\mathrm{j}\pi uv)\int_{-\infty}^{+\infty}X_\alpha(u+u_0)g^*(u_0)\exp(-\mathrm{j}2\pi u_0 v)\,\mathrm{d}u_0\\&=\exp(-\mathrm{j}\pi tf)\int_{-\infty}^{+\infty}x(t+t_0)G_{-\alpha}^*(t_0)\exp(-\mathrm{j}2\pi t_0 f)\,\mathrm{d}t_0\end{aligned} \tag{3.193}$$

用初始窗函数 $g(t)$的分数阶傅里叶变换作为新的窗函数,再结合式(3.190)中的坐标系转换,我们能够像计算普通信号 $x(t)$的短时傅里叶变换一样直接计算信号的 α 阶短时傅里叶变换 $ST_x^\alpha(u,v)$

$$ST_x^\alpha(u,v)=\exp(\mathrm{j}\pi(uv-tf))\int_{-\infty}^{+\infty}x(t+t_0)G_{-\alpha}^*(u_0)\exp(-\mathrm{j}2\pi t_0 f)\,\mathrm{d}t_0 \tag{3.194}$$

其中,u,v 和 t,f 的关系如式(3.190)所示。

接下来考虑利用高斯函数 $g(t)=\exp(-\pi ct^2)$作为窗函数。它的分数阶傅里叶变换表示式是

$$G(u)=\frac{\exp(\mathrm{j}\alpha/2)}{\sqrt{\cos\alpha+\mathrm{j}c\sin\alpha}}\exp\left(-\pi cu^2\frac{1+\tan^2\alpha-\mathrm{j}(c-c^{-1})\tan\alpha}{1+c^2\tan^2\alpha}\right) \tag{3.195}$$

当 $c=1$ 时,该高斯函数是分数阶傅里叶变换的特征函数,且利用该函数在分数阶傅里叶域滤波对应于相应短时傅里叶变换表达式的旋转。我们先来看一个简单的线性调频信号

$$x=\exp(\mathrm{j}\pi pt^2+\mathrm{j}2\pi qt) \tag{3.196}$$

假定高斯窗 $\exp(-\pi ct^2)$是纯谐波信号 $\exp(\mathrm{j}2\pi qt)$的最优滤波窗,为了找到高斯窗函数针对该线性调频信号的最优滤波参数,我们需要在分数阶傅里叶域上来求解。根据文献[24],有

$$\widetilde{X}_\alpha(u)=X_\alpha(u-q\sin\alpha)\exp[\mathrm{j}2\pi q\cos\alpha(u-q\sin\alpha/2)]$$

其中,$\tilde{x}(t)=x(t)\exp(\mathrm{j}2\pi qt)$。那么把上式应用到 chirp 信号 $\exp(\mathrm{j}2\pi pt^2)$的分数阶傅里叶变换 $\dfrac{\exp(\mathrm{j}\alpha/2)}{\sqrt{\cos\alpha}\sqrt{1+p\tan\alpha}}\exp\left(\mathrm{j}\pi u^2\dfrac{p-\tan\alpha}{1+p\tan\alpha}\right)$上,可以得到:当分数阶傅里叶变换角度 $\alpha=\arctan p$ 时,线性调频信号的 α 阶分数阶傅里叶变换为一纯谐波信号,而当分数阶傅里叶变换角度 $\alpha=\arctan p+\pi/2$ 时,在 $q\sin\alpha$ 处会出现一个冲激脉冲。重新回到时域,我们可以得到式(3.196)所示线性调频信号所对应的最优高斯窗函数如下

$$[\mathcal{F}^{-\alpha}[g](u)]^*=\mathcal{F}^\alpha[g^*](u)=A\exp\left(-\pi cu^2\frac{1+p^2-\mathrm{j}(c-c^{-1})p}{1+c^2p^2}\right) \tag{3.197}$$

该式是把 $\alpha=\arctan p$ 代入式(3.195)得到的。

实际上,需要处理的信号往往不会是理想的纯线性调频信号,有时还会存在多个分量。

然而，只要瞬时频率值在时频面上的某一线段(我们将该线段作为基准轴线)方向上变化缓慢，我们就可以找到信号相对较为集中或较为分散的分数阶傅里叶域。

1. 利用分数阶傅里叶矩估计信号宽度

我们知道，信号的时频域宽度可以由它的二阶中心矩来估计。根据第 2 章介绍的分数阶傅里叶变换矩的相关内容，可以知道，分数阶傅里叶域的信号宽度也同样可以由其二阶分数阶傅里叶变换中心矩来估计。将二阶分数阶傅里叶变换中心矩 p_α 定义如下

$$p_\alpha = \int_{-\infty}^{+\infty} |R_x^\alpha(t)|^2 (t - m_\alpha)^2 \mathrm{d}t = (w_x - m_\alpha)^2 \tag{3.198}$$

其中，$m_\alpha = \int_{-\infty}^{+\infty} |R_x^\alpha(t)|^2 t\mathrm{d}t$ 为一阶矩，$w_\alpha = \int_{-\infty}^{+\infty} |R_x^\alpha(t)|^2 t^2 \mathrm{d}t$ 是二阶矩。在分数阶傅里叶域中，角度 α 的分数阶傅里叶变换一阶矩 m_α 可由下面的关系式推得

$$m_\alpha = m_0 \cos\alpha + m_{\pi/2} \sin\alpha \tag{3.199}$$

其中，m_0 和 $m_{\pi/2}$ 分别是其时域和频域的一阶矩。同样，角度 α 的分数阶傅里叶变换二阶矩 w_α 可以由其他 3 个二阶矩 w_β、w_γ 和 w_μ 表示。需要注意的是，γ、β 和 μ 必须是 3 个不同的角度，且其中任意两者之差不能为 π。我们选择 3 个不同角度的二阶矩 w_0、$w_{\pi/2}$ 和 $w_{\pi/4}$，直接利用文献[25]中的结果，有

$$w_\alpha = w_0 \cos^2\alpha + w_{\pi/2} \sin^2\alpha + [w_{\pi/2} - (w_0 + w_{\pi/2})/2] \sin 2\alpha \tag{3.200}$$

综合考虑式(3.198)～式(3.200)可得，只需知道 3 个分数阶傅里叶变换的功率谱，即可以确定所有角度的二阶中心矩 p_α，也就得到了相应角度分数阶傅里叶域的信号宽度

$$\begin{aligned} p_\alpha &= (w_0 - m_0)\cos^2\alpha + (w_{\pi/2} - w_{\pi/2}^2)\sin^2\alpha + [w_{\pi/4} - m_0 m_{\pi/2} - (w_0 + w_{\pi/2})/2]\sin 2\alpha \\ &= p_0 \cos^2\alpha + p_{\pi/2}\sin^2\alpha + [w_{\pi/4} - m_0 m_{\pi/2} - (w_0 + w_{\pi/2})/2]\sin 2\alpha \end{aligned} \tag{3.201}$$

我们可以通过 p_α 的导数来研究信号的极限宽度对应的分数阶傅里叶域。通过式(3.201)，易得 p_α 的一阶导数如下

$$\frac{\mathrm{d}p_\alpha}{\mathrm{d}\alpha} = (p_{\pi/2} - p_0)\sin 2\alpha + [2(w_{\pi/4} - m_0 m_{\pi/2}) - (w_0 + w_{\pi/2})]\cos 2\alpha$$

令上式等于 0，就能求得极限宽度所对应的角度 α_e

$$\tan 2\alpha_e = \frac{2(w_{\pi/4} - m_0 m_{\pi/2}) - (w_0 + w_{\pi/2})}{p_0 - p_{\pi/2}} \tag{3.202}$$

由于分数阶傅里叶变换是以 2π 为周期，且满足 $\mathcal{F}^{\alpha+\pi}[x(t)] = \mathcal{F}^\alpha[x(-t)]$，因此，信号宽度在 $\alpha \in [0,\pi)$ 内必有一对极大值与极小值。由 p_α 在 $\alpha = \alpha_e$ 时的二阶导数 $\left.\frac{\mathrm{d}^2 p_\alpha}{\mathrm{d}\alpha^2}\right|_{\alpha=\alpha_e} = \frac{2(p_{\pi/2} - p_0)}{\cos(2\alpha_e)}$ 可得，若 $p_{\pi/2} - p_0$ 与 $\cos(2\alpha_e)$ 同号，此时所得信号的极值宽度为最小宽度，否则为最大宽度。因此，只需要通过 3 个分数阶傅里叶功率谱值，就可求得使信号有最佳聚焦或最大延伸的最优分数阶傅里叶变换角度。

2. 基于短时分数阶傅里叶变换的时变滤波

时域无重叠的信号分量可以通过选择开关对其进行分离，频域无重叠的信号分量可以通过带通滤波器对其进行分离。对于多分量的非平稳信号，如雷达领域内的多分量 LFM

回波信号，其在时域和频域都是严重混叠的，且信号能量分散，难以设计合适的滤波器将其分离。但在时频域内，不同分量的信号由于其时频变化特性不同，其时频谱在大部分范围内并不会重叠，且能量集中，这启发我们可以从时频平面将各个信号分离。我们知道，多分量时变信号在时频分布中表现为多个能量脊，而从多分量信号中分离出各分量信号的问题就可以定义为从信号的时频分布中提取出各个分量信号的时频表征，进而通过其时频表征还原出时域信号[26]。这种采用时频表征在时频分布上对信号进行处理，然后通过逆变换重建时域信号的操作定义为时变滤波(Time-Varying Filtering，TVF)。

时变滤波要求所用的时频变化具有可逆性质，常用的有短时傅里叶变换、短时分数傅里叶变换、小波变换谱、同步压缩小波变换谱等。以短时傅里叶变换为例，多分量信号的时变滤波定义为

$$\tilde{z}_i(n)=\frac{1}{N}\sum_{k=0}^{N-1}F_z[n,k]B_i[n,k] \tag{3.203}$$

其中，$F_z[n,k]$为信号的短时傅里叶变换分布，$\tilde{z}_i(n)$为需要重建的时域信号，$B_i[n,k]$表示第 i 个信号分量的时变滤波器。简单有效的时变滤波器定义为：在存在信号分量的时频域能量聚集处 $B_i[n,k]=1$，其他区域 $B_i[n,k]=0$，这样的滤波器对于在时频域内不混叠的多分量信号分离非常有效。而对于在时频平面内混叠的信号分量，就要利用不同信号分量在时频平面内的能量聚焦度来设计滤波器，如

$$H(n,k)=\begin{cases}1, & |\mathrm{STFT}_x(n,k)|\geqslant Th\\ 0, & \text{其他}\end{cases} \tag{3.204}$$

式中，Th 为依据经验选取的阈值。该时变滤波器要求待分离的多分量信号在时频平面内的能量聚焦度有显著的差异。

众所周知，窗长是短时傅里叶变换和短时分数阶傅里叶变换中的一个重要参数，不同的窗长可使其呈现出不同的时频聚集特性。宽窗可以提供良好的频率分辨率，但会导致时间分辨率变差；反之，窄的窗函数可以提供好的时间分辨率，但会降低频率分辨率。因此，为了获得更好的能谱集中，频率慢变信号的分析通常需要一个宽窗，而频率快变信号的分析则需要一个窄窗[27]。由于短时分数阶傅里叶变换结合了短时傅里叶变换和分数阶傅里叶变换的优点，因此它可以很好地描述时变信号。尤其是针对快变的频率调制信号，短时分数阶傅里叶变换可以比短时傅里叶变换提供更好的时频分辨能力[28-29]。与短时傅里叶变换时频平面内的矩形支撑不同，短时分数阶傅里叶变换对时频平面的划分为平行四边形，而每个平行四边形网格称为一个时间-分数域频率单元，如图 3.24 所示，其两个边长的乘积的倒数为短时分数阶傅里叶变换的二维分辨率。当且仅当使用高斯窗时，时宽带宽积达到最小，短时分数阶傅里叶变换的二维分辨率达到最佳。因此，使用高斯窗的短时分数阶傅里叶变换也称为最优短时分数阶傅里叶变换或高斯短时分数阶傅里叶变换。此时的高斯窗函数形式如下[30]

$$g(t)=\left(\pi\frac{T_x\,|\sin\alpha|}{B_{x,p}}\right)^{-1/4}\exp\left(-\frac{B_{x,p}t^2}{2T_x\,|\sin\alpha|}\right) \tag{3.205}$$

式中，T_x 和 $B_{x,p}$ 分别是信号的时宽和信号 p 阶短时分数阶傅里叶域的分数域带宽。高斯窗函数的方差为 $\sigma^2=T_x|\sin\alpha|/B_{x,p}$，根据这些参数可以确定最佳时间窗长度。

与短时傅里叶变换不同的是，除了所用窗函数的长度，短时分数阶傅里叶变换的变换阶

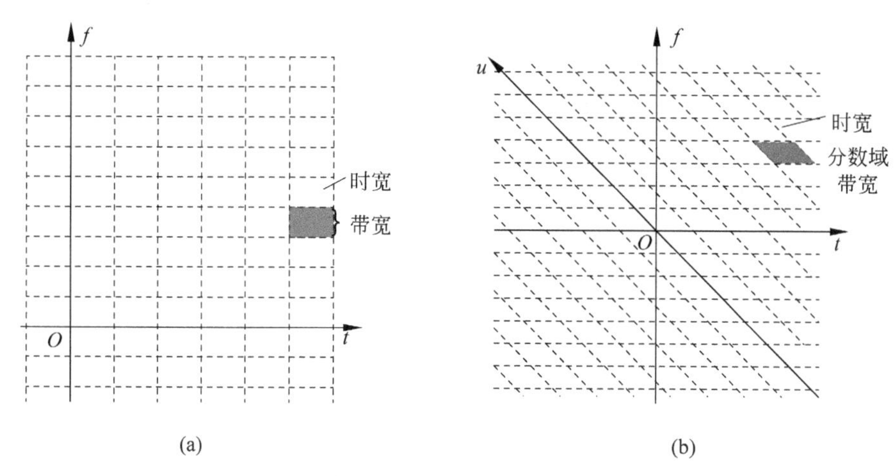

图 3.24 短时傅里叶变换和短时分数阶傅里叶变换的时频分割表示
(a) 短时傅里叶变换；(b) 短时分数阶傅里叶变换

次也会影响信号在时频域的能谱集中度。由于分数阶傅里叶变换的时频旋转变换能力，一个信号经过分数阶傅里叶变换后，其频谱宽度可以被展宽或压缩，从而影响其频谱聚焦度。例如，一个调频率为 μ_0 的 LFM 信号，当对其进行 $p_0=2\operatorname{arccot}(-\mu_0)/\pi$ 阶次的分数阶傅里叶变换时，该 LFM 信号在分数域变成一个冲激信号，此时它的功率谱高度集中，幅度值达到最大，此时的阶次 p_0 称作匹配阶次。即使待分析的时变信号不是严格的 LFM 信号，可以通过采用短时分数阶傅里叶变换将其在窗函数里的每一段成分近似为 LFM，其对应的阶次称为准匹配阶次。通过对信号执行准匹配阶次下的短时分数阶傅里叶变换，可以确保其在短时分数阶傅里叶域的时频表征具有高的能谱集中。相反，所选的阶次与信号的匹配或准匹配阶次的差距越大，信号的分数阶傅里叶谱就展宽得越严重，从而造成其时频表征内的能量严重弥散。基于以上分析，对于一个含有两个成分的信号，可以通过调整变换阶次来改变不同信号成分在时频平面内的能谱聚焦度，这样有助于提高特定信号成分稀疏表征的可能性，有利于时变滤波器的设计。如选定的阶次接近信号成分 1 的匹配阶次，而远离成分 2 的匹配阶次时，那么成分 1 的能谱聚集度就会大于成分 2 的，这时信号成分 1 相对于成分 2 就更容易被稀疏表征。合适的阶次可以通过对信号做不同阶次的分数阶傅里叶变换遍历搜索得到，当某个阶次下对应的不同信号成分的频谱幅度差异最大，该阶次就是所需要的合适阶次。当合适的阶次得到后，可以通过式(3.205)得到短时分数阶傅里叶变换最优窗长的参考值。为了更好地说明以上结论，下面给出一个例子来说明基于短时分数阶傅里叶变换的稀疏表征和时变滤波。

考虑一个含有两个分量的信号，其表达式为

$$x(t)=ax_1(t)+x_2(t)=a\mathrm{e}^{\mathrm{j}2\pi(8t+2\arctan(t-5)^2)}+\mathrm{e}^{\mathrm{j}2\pi(5t+10\sin(3.5t))} \tag{3.206}$$

式中，第一个指数项代表频率慢变的时变信号；第二个指数项表示频率快变的信号；a 是两个成分的幅度比，此处设置为 1，即两个成分的幅度相同。以 100Hz 的采样频率对信号进行采样，采样总点数为 1400 点。然后对这个信号进行分数阶傅里叶变换，图 3.25 给出了信号时域和不同阶次下的分数阶傅里叶变换结果，可以看出两个成分在时域严重混叠。图 3.25(b)为信号在阶次为 1 时的分数阶傅里叶变换结果，等同于信号的傅里叶变换，高的峰值是慢变信号的

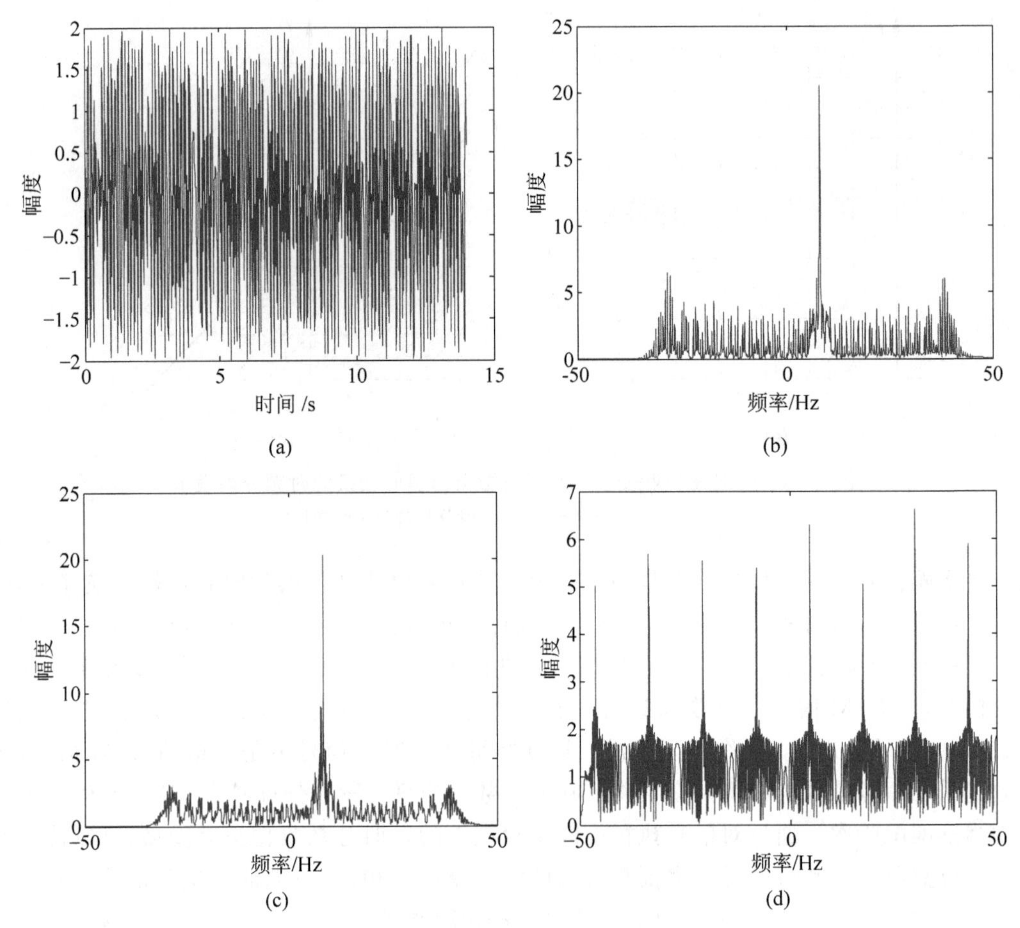

图 3.25　给定信号不同阶次的分数阶傅里叶变换结果

(a) 时域；(b) $p=1$；(c) $p=0.99$；(d) $p=0.1$

频谱，分布在其两侧较低且宽的谱线是快变信号的频谱。观察图 3.25(c)信号 0.99 阶分数阶傅里叶变换的结果，可以看到慢变信号的频谱强度没有明显的变化，而分布在两侧的快变信号的频谱强度有明显的下降，两个成分的频谱强度差异明显增加。从滤波的角度，两个成分的强度差异越大越有利于强的成分的提取。因此，通过调整阶次改变不同成分的频谱差异有助于特定成分的恢复，而此时的阶次 0.99 也就是慢变信号的准匹配阶次。同样，从图 3.25(d)可以发现慢变信号的频谱展宽，幅度严重下降，而快变信号的频谱出现了一定的聚焦，有 8 个明显的峰值出现，这是在频域所没有的。而且从后续信号的时频表征可以看到这 8 个峰值对应快变微多普勒信号的 8 个周期。尽管如此，快变信号的谱和慢变信号的谱还是严重混叠在一起，不能够将二者分离的。

然后，对上述信号分别进行宽窗和窄窗的短时傅里叶变换，以及 0.99 阶的宽窗短时分数阶傅里叶变换和 0.1 阶的窄窗短时分数阶傅里叶变换。其中，短时傅里叶变换中宽窗和窄窗分别为 256 点和 16 点的汉明窗。短时分数阶傅里叶变换的宽窗和窄窗的长度由前面提到的最佳参考窗长求法计算得到，分别为 237 点和 19 点。将其折算成 2 的 N 次幂便于计算，分别取 256 和 16。图 3.26 展示了变换后的时频图。从图 3.26(a)和图 3.26(c)的结

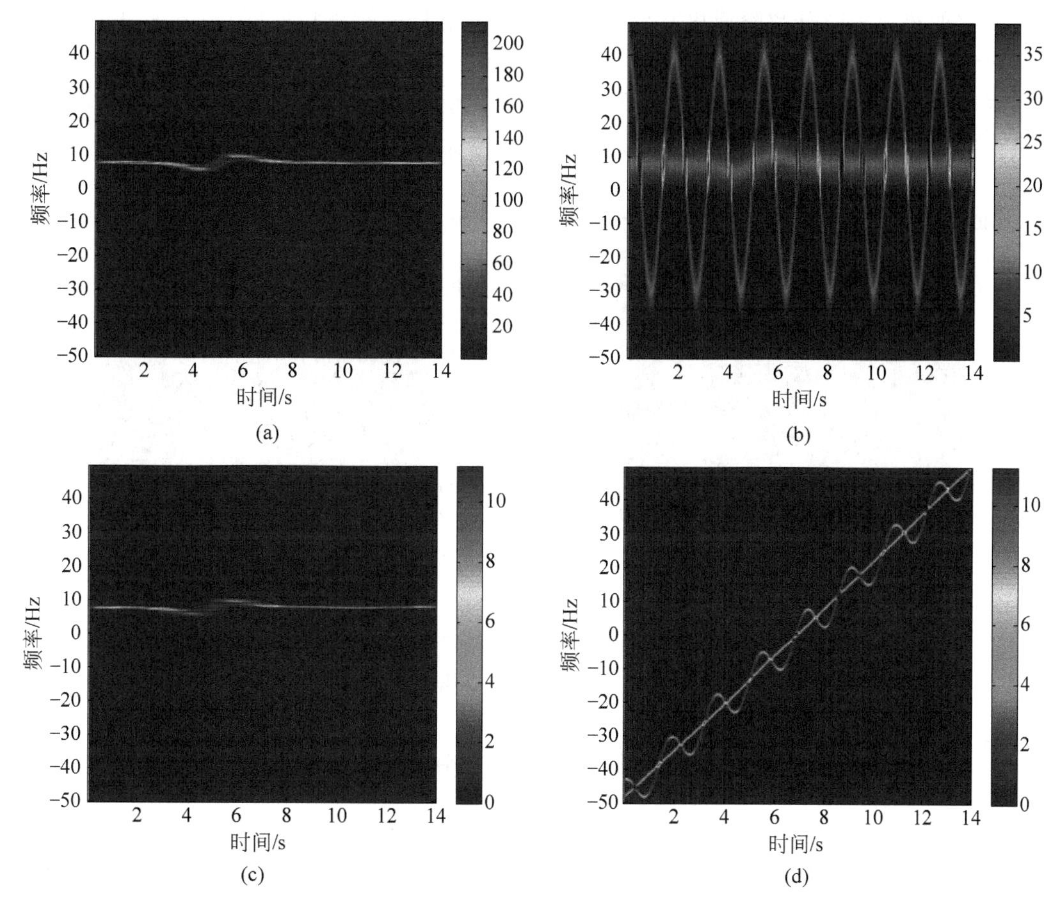

图 3.26 给定信号的短时傅里叶变换和短时分数阶傅里叶变换结果

(a) 宽窗短时傅里叶变换；(b) 窄窗短时傅里叶变换；

(c) 0.99 阶宽窗短时分数阶傅里叶变换；(d) 0.1 阶窄窗短时分数阶傅里叶变换

果可以看出无论是短时傅里叶变换还是短时分数阶傅里叶变换，当使用较宽的窗函数时，慢变信号的能谱集中度非常高，快变信号的谱几乎不可见，这时相对于频率快变成分可以认为频率慢变成分是稀疏的。且由于受到分数阶变换阶次 p 的影响，图 3.26(c)中信号的稀疏度略高于图 3.26(a)中的。相反，当短时傅里叶变换和短时分数阶傅里叶变换的窗函数都是窄窗时，快变信号的能谱集中度明显增加，可以清晰地看到其周期性的调制规律。而且使用短时分数阶傅里叶变换后快变信号的能谱集中度和频率分辨率明显都要优于使用短时傅里叶变换的结果，如图 3.26(b)和图 3.26(d)所示，这样的结果对快变信号的稀疏表征和分离是有利实际上，在图 3.26(d)中，尽管快变信号的能谱集中度增强了，但其强度与慢变信号的能谱差异并不大，所以此时的快变信号仍不能被很好地稀疏表征，难以设计合适的时变滤波器将其分离出。因此，为了能够更好地稀疏表征快变信号成分，除了要用到合适阶次的窄窗短时分数阶傅里叶变换外，还要利用 CLEAN 技术，该技术可以消除强的慢变信号对弱的快变信号的影响。用同样的例子说明以上情况，此时的两个信号成分的幅度比值 a 设置为 2。图 3.27 给出了该信号在使用 CLEAN 消除强分量干扰前后的 0.1 阶窄窗短时分数阶傅里叶变换的时频分析结果。从图 3.27(a)中可以看到受到强分量的影响，即使采用了合适阶次的窄窗短时分数阶傅里叶变换来增强快变信号的能谱集中度，但其能谱强度还是比强分量的弱很多，这就很难对快变信号进行稀疏表征。反观图 3.27(b)，当利用 CLEAN 消除强分量干扰后，慢变信号的谱几乎不可见，此时的快变信号可以被很好地稀疏表征，通过设计简单的阈值滤波器很容易就可将其提取出来。

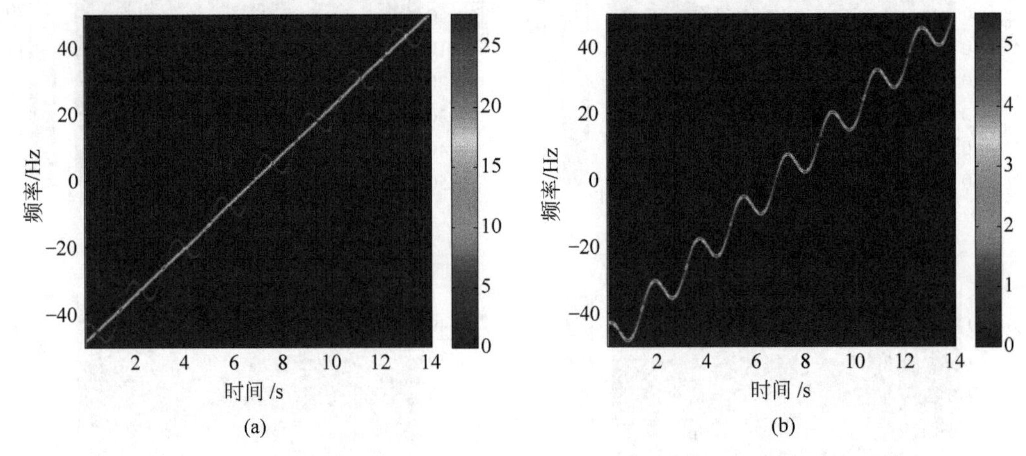

图 3.27　给定信号在幅度比值为 2 时的 0.1 阶窄窗短时分数阶傅里叶变换结果
(a) CLEAN 前；(b) CLEAN 后

教学视频

教学视频

3.2.6　分数阶模糊函数、分数阶 Wigner 分布

早期时频分析的许多发展都是由量子力学中使用的数学方法引导的[31]，其中有些方法的出发点是把一个合适的 Hermite 算子和一个诸如时间或频率的抽象物理变量联系起来。例如，对一个时域信号 $s(t)$进行运算，那么 Hermite 时间算子$\mathcal{T}$和 Hermite 频率算子$\mathcal{O}$可以分别定义为[31]

$$\mathcal{T}(s)(t)=ts(t),\quad \mathcal{O}(s)(t)=\frac{-\mathrm{j}}{2\pi}\frac{\mathrm{d}}{\mathrm{d}t}s(t) \tag{3.207}$$

任何一个 Hermite 算子都可以构成信号空间上的一个完备正交基[31]。因此，信号在这些特征函数上的投影自然地定义了一种信号变换，弄清楚这一点对于我们要考虑的信号来说是最为基础的。例如，Hermite 频率算子$\mathcal{O}$的特征函数是复指数型的，$u_{\mathrm{F}}(t,f)=\mathrm{e}^{\mathrm{j}2\pi ft}$，而由它们定义的信号变换就是傅里叶变换。

$$S_{\mathrm{F}}(f)=\langle s,u_{\mathrm{F}}\rangle=\int s(t)\mathrm{e}^{-\mathrm{j}2\pi ft}\mathrm{d}t \tag{3.208}$$

其中，$\langle,\rangle$表示内积，定义为$\int g(t)h^{*}(t)\mathrm{d}t$。对于任意变量的信号变换，比如 a，可以类似地通过把信号分解到 Hermite 算子$\mathcal{A}$和变量 a 的特征函数$u_{\mathrm{A}}(t,a)$上来定义

$$S_{\mathrm{A}}(a)=\langle s,u_{\mathrm{A}}\rangle=\int s(t)u_{\mathrm{A}}^{*}(t,a)\mathrm{d}t \tag{3.209}$$

参数化的酉算子也可以一种等价和一致的方式来表示物理变量[32]。例如，时移算子$\mathcal{T}_{\tau}$和频移算子$\mathcal{O}_{v}$可以分别定义为

$$\mathcal{T}_{\tau}(s)(t)=s(t-\tau),\quad \mathcal{O}_{v}(s)(t)=s(t)\mathrm{e}^{\mathrm{j}2\pi vt} \tag{3.210}$$

其中，参数 τ，$v\in\mathbb{R}$ 表示时移和频移值的大小。

接下来，我们回顾前述分数阶位移算子的概念，它的定义为

$$\mathcal{R}_\rho^\phi(s)(t)=s(t-\rho\cos\phi)\mathrm{e}^{-\mathrm{j}2\pi(\rho^2/2)\cos\phi\sin\phi+\mathrm{j}2\pi t\rho\sin\phi} \tag{3.211}$$

其中，$\mathcal{R}_\rho^\phi$ 将信号 $s(t)$ 在时频平面上沿着与时间轴成 ϕ 角的方向做大小为 ρ 的移位。因此，$\mathcal{R}_\rho^\phi$ 将单位时移算子 $\mathcal{T}_\tau(\phi=0)$ 和单位频率算子 $\mathcal{O}_v(\phi=\pi/2)$ 的概念推广到了时频平面的任意方向。也就是说，$\mathcal{R}_\rho^0(s)(t)=\mathcal{T}_\rho(s)(t)$，$\mathcal{R}_\rho^{\pi/2}(s)(t)=\mathcal{O}_\rho(s)(t)$。此外，分数阶位移算子 $\mathcal{R}_\rho^\phi$ 也可以通过时移算子 $\mathcal{T}_\tau$ 和频移算子 $\mathcal{O}_v$ 来表示：

$$\mathcal{R}_\rho^\phi(s)(t)=\mathrm{e}^{-\mathrm{j}\pi\rho^2\cos\phi\sin\phi}[\mathcal{O}_{\rho\sin\phi}\mathcal{T}_{\rho\cos\phi}(s)(t)] \tag{3.212}$$

因此，分数阶位移算子也可理解为一种特殊的联合时频移位。时移和频移算子是时间变量 t 和频率变量 f 的一种表示，类似地，分数阶位移算子可以认为是时间轴和频率轴之间的某条坐标轴相关的“分数阶”变量的表示，该变量可以用 r 来表示(图 3.28)。

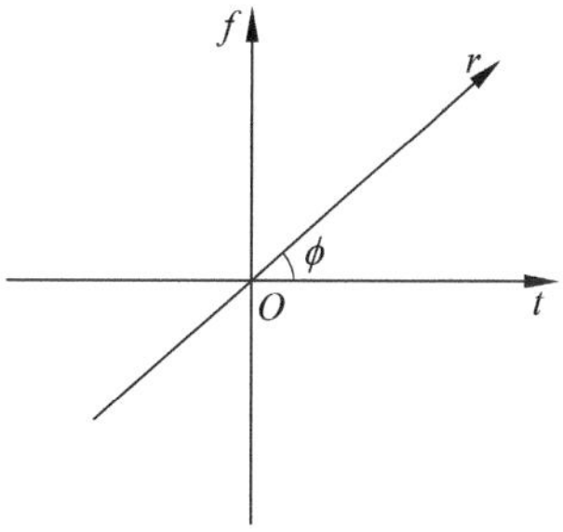

图 3.28　时频图上分数阶变量(r)的表示

根据文献[33]中提出的理论，我们可以导出分数阶变量 r 的 Hermite 算子表示为

$$\mathcal{R}^\phi=\cos\phi\ \mathcal{T}+\sin\phi\ \mathcal{O} \tag{3.213}$$

注意到 $\mathcal{R}^\phi$ 也可以简化为 Hermite 时间算子 $\mathcal{T}$ 和频率算子 $\mathcal{O}$ 的表示，它们分别对应式(3.207)中 $\phi=0$ 和 $\phi=\pi/2$ 的情况。利用 Stone 定理，酉算子和 Hermite 算子之间的关系可以表示为[7]

$$\mathcal{R}_\rho^\phi=\mathrm{e}^{-\mathrm{j}2\pi\rho\mathcal{R}^{\phi+\pi/2}}\quad 和\quad \mathcal{R}_\beta^{\phi-\pi/2}=\mathrm{e}^{-\mathrm{j}2\pi\beta\mathcal{R}^\phi} \tag{3.214}$$

傅里叶变换是信号的频域表示，与之类似，图 3.28 所示的分数阶傅里叶域 r 上的变换可以看作信号在式(3.209)所表示的 Hermite 算子 $\mathcal{R}^\phi$ 的特征函数上的分解。实际上我们可以看到，$\mathcal{R}^\phi$ 的特征函数 $u_{\mathcal{R}^\phi}(t,r)$ 形成了分数阶傅里叶变换的基函数[7]。因此，我们可以得到由 Hermite 分数阶算子 $\widetilde{\mathcal{R}}^\phi$ 定义的信号变换如下所示

$$S_{\widetilde{\mathcal{R}}^\phi}(r)=\langle s,u_{\mathcal{R}^\phi}\rangle=C_\phi\mathrm{e}^{\mathrm{j}\pi r^2\cot\phi}\int s(t)\mathrm{e}^{\mathrm{j}\pi t^2\cot\phi-\mathrm{j}2\pi tr\csc\phi}\mathrm{d}t \tag{3.215}$$

其中，$C_\phi=\sqrt{1-\mathrm{j}\cot\phi}$。当分数阶傅里叶变换旋转角度 $\phi\neq n\pi$(n 为整数)时，式(3.215)与之是完全等价的。

利用上述酉算子和 Hermite 算子的知识，我们可采用特征函数法推导分数阶模糊函数和分数阶 Wigner 分布。

假定有我们感兴趣的两个变量 a 和 b，它们的 Hermite 算子分别表示为 $\mathcal{A}$ 和 $\mathcal{B}$，那么我们就可以利用特征函数法来推导它们的联合信号表示。例如，Cohen 类时频分布就可以利用式(3.207)中的 Hermite 时间算子 $\mathcal{T}$ 和频率算子 $\mathcal{O}$ 通过特征函数算子的方法推导出来[31]。最后，Cohen 类的双线性、尺度变化时频表示的通用公式可以表示为

$$(P_\Psi s)(t,f)=\iiint\Psi(\tau,v)s\left(u+\frac{\tau}{2}\right)s^*\left(u-\frac{\tau}{2}\right)\mathrm{e}^{-\mathrm{j}2\pi(v(t-u)+\tau f)}\mathrm{d}u\,\mathrm{d}\tau\,\mathrm{d}v \tag{3.216}$$

现在我们考虑对应旋转角度为 ϕ(图 3.28)的时间变量 t 和分数阶域变量 r 的联合表示。我们在特征函数法中使用的第一个算子是 Hermite 时间算子 $\mathcal{T}=\mathcal{R}^0$，第二个算子是

Hermite 分数阶算子$\mathcal{R}^{\phi}$，其中 $0<|\phi|\leqslant\pi/2$。如果 $\phi=\pi/2$，那么$\mathcal{R}^{\pi/2}=\mathcal{O}$，这种时频表征是式(3.216)中 Cohen 类时频分布的简化。

步骤Ⅰ：构造一个与函数 $\mathrm{e}^{\mathrm{j}2\pi(\sigma t+\tau r)}$ 对应的特征函数算子。由于算子$\mathcal{T}$和$\mathcal{R}^{\phi}$的不可交换性($\mathcal{T}\mathcal{R}^{\phi}\neq\mathcal{R}^{\phi}\mathcal{T}$)，函数 $\mathrm{e}^{\mathrm{j}2\pi(\sigma t+\tau r)}$ 与特征函数算子之间有多种不确定的关系。其中一种著名的特征函数算子称为 Wely 分类，它可以通过将表达式 $\mathrm{e}^{\mathrm{j}2\pi(\sigma t+\tau r)}$ 中的变量 t 和 r 替换为 Hermite 算子$\mathcal{T}$和$\mathcal{R}^{\phi}$而得到，如下所示

$$\mathcal{M}^{\phi}(\tau,\sigma)=\mathrm{e}^{\mathrm{j}2\pi\sigma\mathcal{T}+\mathrm{j}2\pi\tau\mathcal{R}^{\phi}} \tag{3.217}$$

为了不用研究所有可能的分类情况，Cohen 提出了一种简化的方法，称作核函数法。这种方法选定了一种单一的分类，例如式(3.217)所示的 Wely 分类，将它与一个核函数 $\Psi(\tau,\sigma)$相乘来得到所有可能的特征函数算子。因此，这个"归一化"的特征函数算子可以表示为

$$\mathcal{M}_{\Psi}^{\phi}(\tau,\sigma)=\Psi(\tau,\sigma)\,\mathcal{M}^{\phi}(\tau,\sigma)=\Psi(\tau,\sigma)\mathrm{e}^{\mathrm{j}2\pi\sigma\mathcal{T}+\mathrm{j}2\pi\tau\mathcal{R}^{\phi}} \tag{3.218}$$

步骤Ⅱ：将特征函数作为特征函数算子的均值进行积分。与式(3.218)中归一化特征函数算子对应的归一化特征函数可以由下式计算而得[1]

$$\begin{aligned}\mathcal{M}_{\Psi}^{\phi}(s)(\tau,\sigma)&=\int s^{*}(t)[\mathcal{M}_{\Psi}^{\phi}(\tau,\sigma)s](t)\mathrm{d}t\\&=\int s^{*}(t)\Psi(\tau,\sigma)\mathrm{e}^{\mathrm{j}2\pi\sigma\mathcal{T}+\mathrm{j}2\pi\tau\mathcal{R}^{\phi}}\,[s]\,(t)\mathrm{d}t\end{aligned} \tag{3.219}$$

我们称这种与单位核函数 $\Psi(\tau,\sigma)=1$ 相关的特征函数为"分数阶模糊函数"(Fractional Ambiguity Function，FAF)，并用$\mathcal{Y}^{\phi}\,[s]\,(\tau,\sigma)$来表示

$$\mathcal{Y}^{\phi}\,[s]\,(\tau,\sigma)=\langle\mathrm{e}^{\mathrm{j}2\pi\sigma\mathcal{O}+\mathrm{j}2\pi\tau\mathcal{R}^{\phi}}\rangle \tag{3.220}$$

式(3.220)中的分数阶模糊函数可以使用算子积分得到

$$\mathcal{Y}^{\phi}\,[s]\,(\tau,\sigma)=\int s\left(u+\frac{\tau}{2}\sin\phi\right)s^{*}\left(u-\frac{\tau}{2}\sin\phi\right)\mathrm{e}^{\mathrm{j}2\pi(\sigma+\tau\cos\phi)u}\,\mathrm{d}u \tag{3.221}$$

令上式的 $\phi=\pi/2$，则得到经典模糊函数(Ambiguity Function，AF)如下

$$\mathcal{Y}^{\pi/2}\,[s]\,(\tau,v)=\int s\left(t+\frac{\tau}{2}\right)s^{*}\left(t-\frac{\tau}{2}\right)\mathrm{e}^{\mathrm{j}2\pi vt}\,\mathrm{d}t \tag{3.222}$$

模糊函数是与 Cohen 类时频分布核函数相关的特征函数，式(3.218)表示的传统模糊函数与式(3.221)表示的分数阶模糊函数有如下关系

$$\mathcal{Y}^{\phi}\,[s]\,(\tau,\sigma)=\mathcal{Y}^{\pi/2}\,[s]\,(\tau\sin\phi,\sigma+\tau\cos\phi) \tag{3.223}$$

我们可以从式(3.223)看到分数阶模糊函数将传统模糊函数的自变量"连接"起来，自变量使用三角函数进行了加权。

步骤Ⅲ：最后，通过计算式(3.219)中归一化特征函数的二维傅里叶变换，我们可以得出广义的联合分数阶表示。这种通用的联合分数阶表示可以用式(3.221)中的分数阶模糊函数表示为

$$(P_{\Psi}^{\phi}s)(t,r)=\iint\Psi(\tau,\sigma)\,\mathcal{Y}^{\phi}\,[s]\,(\tau,\sigma)\mathrm{e}^{-\mathrm{j}2\pi(\sigma t+\tau r)}\,\mathrm{d}\sigma\mathrm{d}\tau \tag{3.224}$$

通过令 $\Psi(\tau,\sigma)$与 Cohen 类时频表示任一成员的核函数相等，我们可以找到一个对应的分数阶联合分数阶表示。例如，仍然用单位核函数这个特例，令式(3.224)中的 $\Psi(\tau,\sigma)=1$，并进行化简，可以得到"分数阶 Wigner 分布"

$$\begin{aligned} S_{\phi,\mathrm{WD}}(\tau,r) &= \iint \mathcal{Y}^{\phi}[s](\tau,\sigma)\mathrm{e}^{-\mathrm{j}2\pi(\sigma t+\tau r)}\mathrm{d}\sigma\mathrm{d}\tau \\ &= \frac{1}{|\sin\phi|}\int s\left(t+\frac{\tau}{2}\right)s^{*}\left(t-\frac{\tau}{2}\right)\mathrm{e}^{-\mathrm{j}2\pi(\tau/\sin\phi)(r-t\cos\phi)}\mathrm{d}\tau \end{aligned} \tag{3.225}$$

对于 $\phi=\pi/2,\mathcal{R}^{\phi}=\mathcal{O}$的情况，分数阶 Wigner 分布退化为 Wigner 分布。和分数阶模糊函数相似，分数阶 Wigner 分布与 Wigner 分布之间具有如下关系

$$S_{\phi,\mathrm{WD}}(t,r)=\frac{1}{|\sin\phi|}S_{\pi/2,\mathrm{WD}}\left(t,\frac{r}{\sin\phi}-t\cot\phi\right) \tag{3.226}$$

3.2.7　分数阶小波包变换

将分数阶傅里叶变换和小波包变换的概念相结合，可定义分数阶小波包变换。信号 $f(t)\in L^2(LR)$的短时傅里叶变换定义为 $\frac{1}{\sqrt{2\pi}}\int_{-\infty}^{+\infty}\mathrm{e}^{-\mathrm{j}ut}g(t-\tau)f(t)\mathrm{d}t$，这里 $g(t)$是窗函数，小波变换中有类似的描述。相对于分解子波 ψ，连续小波变换(Continuous Wavelet Transform，CWT)就变为 $\frac{1}{\sqrt{a}}\int_{-\infty}^{+\infty}\psi\left(\frac{t-b}{a}\right)f(t)\mathrm{d}t$，这里 $a>0$ 并且 ψ 是完整化的，即 L^2 模 $\|\psi\|=1$。

小波包变换(Wavelet Packet Transform，WPT)可以看作短时傅里叶变换与连续小波变换的“混合”，即 $\frac{1}{\sqrt{2\pi a}}\int_{-\infty}^{+\infty}\mathrm{e}^{-\mathrm{j}ut}\psi\left(\frac{t-b}{a}\right)f(t)\mathrm{d}t$。换句话说，小波包变换就是一个加窗信号的傅里叶变换，并且加窗函数是经 a 展宽和 b 平移的小波。

如前所述，分数阶傅里叶变换是传统傅里叶变换的推广。如果考虑一个信号在时间轴的表示及其傅里叶变换在频率轴的表示，可以将傅里叶变换看作信号逆时针旋转 $\pi/2$ 角度。那么分数阶傅里叶变换就成为旋转角度非 $\pi/2$ 整数倍的变换。

一个给定信号 $f(t)$的分数阶小波包变换(Fractional Wavelet Packet Transform，FRWPT) $\mathrm{WPT}^{\alpha}[f](u,a,b)$为[31]

$$\mathrm{WPT}^{\alpha}[f](u,a,b)=\sqrt{\frac{1-\mathrm{j}\cot\alpha}{2\pi}}\mathrm{e}^{\mathrm{j}\frac{u^2}{2}\cot\alpha}\int_{-\infty}^{+\infty}\psi\left(\frac{t-b}{a}\right)f(t)\mathrm{e}^{\mathrm{j}\frac{t^2}{2}\cot\alpha}\mathrm{e}^{\mathrm{j}ut\csc\alpha}\mathrm{d}t \tag{3.227}$$

注意 WPT^{α} 是时间频率比例函数，而且当 $\alpha=\pi/2$ 时，分数阶小波包变换与小波变换一致。分数阶小波包变换的计算步骤如下：

(1) 与小波作乘积；

(2) 与 chirp 信号作乘积；

(3) 傅里叶变换；

(4) 再与 chirp 信号作乘积；

(5) 与复相位因子相乘。

如果定义 $\psi_a(t)=\frac{1}{\sqrt{a}}\psi\left(\frac{t}{a}\right)$，那么 $\|\psi_a\|=\|\psi\|=1$。回顾小波包变换的定义，可以把小波包变换看作短时傅里叶变换加窗函数 ψ_a。因而我们可以得到分数阶小波包变换恒等式的分解形式为

$$\begin{aligned}
&\int_{-\infty}^{+\infty}\int_{-\infty}^{+\infty} \mathrm{d}u\mathrm{d}b\,\mathrm{WPT}^{\alpha}[f](u,a,b)\mathrm{WPT}^{\alpha}[g]^{*}(u,a,b) \\
&= \iint \mathrm{d}u\mathrm{d}b \int K_{\alpha}(u,t)\psi_{\alpha}(t-b)f(t)\mathrm{d}t \int K_{\alpha}(u,t')\psi_{\alpha}(t'-b)g(t')\mathrm{d}t' \\
&= \iint \mathrm{d}b\mathrm{d}t\,|\psi_{\alpha}(t-b)|^{2} f(t)g^{*}(t) \\
&= \|\psi_{\alpha}\|\langle f,g\rangle = \langle f,g\rangle
\end{aligned} \tag{3.228}$$

显然，分数阶小波包变换是一种新的时频分析工具，它与其他时频变换，如 Wigner 分布、模糊函数以及谱图等的联系及其在信号处理中的应用有待进一步研究。

3.3 基于分数阶傅里叶变换的对偶转换

周期函数的傅里叶变换是离散的，离散函数的傅里叶变换是周期的，因此，周期和离散可以看作傅里叶对偶算子（傅里叶共轭）。一个周期函数 $f_{\mathrm{per}}(u)$ 可以定义为任意函数 $f(u)$ 周期延拓后的结果

$$f_{\mathrm{per}}(u) = \sum_{k=-\infty}^{+\infty} f(u-k\Delta u) \tag{3.229}$$

其中，Δu 是周期，$\Delta u>0$。一个离散函数 $f_{\mathrm{dis}}(u)$ 可以定义为任意函数 $f(u)$ 的均匀采样：

$$f_{\mathrm{dis}}(u) = \delta u \sum_{k=-\infty}^{+\infty} f(k\delta u)\delta(u-k\delta u) \tag{3.230}$$

其中，δu 是采样间隔，$\delta u>0$。

按照上述理解思路，不少常用运算对都是傅里叶对偶算子，如坐标乘法与微分、时移和相移、chirp 乘法和 chirp 卷积，这些都是众所周知的例子。尺度算子以参数互为倒数而自对偶。分数阶傅里叶变换算子$\mathcal{F}^{p}$是傅里叶变换算子$\mathcal{F}$的推广形式。在连续形式上，分数阶傅里叶变换算子介于恒等算子$\mathcal{F}^{0}=\mathcal{I}$和傅里叶算子$\mathcal{F}^{1}=\mathcal{F}$之间。通过分数阶傅里叶变换可以对上述对偶算子进行转换。当变换阶次从 0 变到 1 时，对偶算子中的一个会逐渐转换到另外一个。

周期函数和有限延拓函数是密切相关的，周期函数可看作有限延拓函数的冗余表示；相应地，有限延拓函数可看作周期函数的紧凑表示。因此，接下来的内容也是与有限延拓函数有关的。

从严格的数学意义上来说，一个函数 $f(u)$ 和它的傅里叶变换 $F(\mu)=\int_{-\infty}^{+\infty} f(u)\cdot\exp(-\mathrm{j}2\pi\mu u)\mathrm{d}u$ 不可能都是有限延拓的。但在实际中，当超出延拓范围之外的信号能量可以忽略时，至少可以假定它们是近似有限延拓的。假定 $f(u)$ 的延拓范围是 Δu，$F(\mu)$ 的延拓范围是 $\Delta\mu$，并且都是关于原点对称的。那么根据采样理论，采样间隔 $\delta u=1/\Delta\mu$ 和 $\delta\mu=1/\Delta u$ 分别在 u 域和 μ 域都是足够的。换言之，信号在一个域的延拓范围（周期）就对应于另一个域的分辨率。

这意味着任何一个域上的 $\Delta u\Delta\mu$ 个样本就足以完全表征该函数。我们用 N 来表示这个数，它也称为信号的时宽带宽积或者自由度。在一定意义上，超出 Δu 和 $\Delta\mu$ 外的信号能量是可以忽略的。离散傅里叶变换将 N 个时间样本映射为 N 个频率样本。两者的精确关

系可以通过泊松公式给出[34]

$$F_{\text{per}}(m/\Delta u)=\frac{1}{\Delta\mu}\sum_{n=0}^{N-1}f_{\text{per}}(n/\Delta\mu)\exp(-\mathrm{j}2\pi mn/N) \tag{3.231}$$

上式可以看成 $f(u)$的周期延拓和 $F(\mu)$的离散傅里叶变换结果。其中，$0\leqslant m\leqslant N-1, m\in\mathbb{Z}$；$\Delta u$ 和 $\Delta\mu$ 任意取值，$F_{\text{per}}(\mu)=\sum_{k=-\infty}^{+\infty}F(\mu-k\Delta\mu)$，$f_{\text{per}}(u)=\sum_{k=-\infty}^{+\infty}f(u-k\Delta u)$。

3.3.1　一般对偶算子及其分数阶版本

$\mathcal{A}$的对偶算子用$\mathcal{A}^D$表示，并且满足

$$\begin{cases}\mathcal{A}^D=\mathcal{F}^{-1}\mathcal{A}\mathcal{F}\\ \mathcal{A}=\mathcal{F}\mathcal{A}^D\mathcal{F}^{-1}\end{cases} \tag{3.232}$$

$\mathcal{A}^D$对频域表示 $F(\mu)$所起作用与$\mathcal{A}$对时域表示 $f(u)$所起作用相同。本节所讨论的分数阶算子在分数阶域中所起作用与其对应的传统算子在时域中所起作用是一样的。准确地说，就是分数阶算子在 p 阶分数阶域对信号 $F_p(u_p)$的作用与原算子在时域对信号 $f(u)$的作用是一样的。用数学形式表示出来如下

$$\mathcal{A}_p=\mathcal{F}^{-p}\mathcal{A}\mathcal{F}^{p} \tag{3.233}$$

上式是式(3.232)的推广。当 $p=1$，$\mathcal{A}_1=\mathcal{A}^D$时，式(3.233)就变成了式(3.232)。注意：$\mathcal{A}$和$\mathcal{A}_p$是两个不同的算子，它们不是同一算子的不同表示，但是它们分别在时域和第 p 阶分数阶域的表示却是相同的。为了将第 p 阶分数阶域中的分数阶算子和算子$\mathcal{A}$的 p 次幂($\mathcal{A}^p$)区分开来，我们将前者表示为$\mathcal{A}_p$。可以发现，当 $p=0$ 时，$\mathcal{A}_0=\mathcal{A}$，且$\mathcal{A}^0=\mathcal{I}$；当 $p=1$ 时，$\mathcal{A}_1=\mathcal{A}^D$，且$\mathcal{A}^1=\mathcal{A}$。换言之，$\mathcal{A}_p$是介于算子$\mathcal{A}$和其对偶算子$\mathcal{A}^D$之间的，而$\mathcal{A}^p$是介于恒等算子和算子$\mathcal{A}$之间的。式(3.229)对$\mathcal{A}^D$也成立

$$\mathcal{A}_p^D=\mathcal{F}^{-p}\mathcal{A}^D\mathcal{F}^{p} \tag{3.234}$$

既然从式(3.233)可以很容易地得出$(\mathcal{A}^D)_p=(\mathcal{A}_p)^D$，因此，将其简化表示为$\mathcal{A}_p^D$。

接下来，将对一些经典对偶算子及其分数阶推广做个总结性的讨论，有关详细内容可参看文献[35]。

首先，基于坐标乘法算子$\mathcal{U}$和微分算子$\mathcal{D}$在时域中的作用，将这两种算子定义如下

$$\{\mathcal{U}f\}(u)=uf(u) \tag{3.235}$$

$$\{\mathcal{D}f\}(u)=(\mathrm{j}2\pi)^{-1}f'(u) \tag{3.236}$$

令$\mathcal{A}=\mathcal{U}$，$\mathcal{A}^D=\mathcal{D}$，可以很容易地看出这两个算子满足式(3.232)，即两者是对偶的。同样，$\mathcal{D}$和$-\mathcal{U}$也是一对对偶算子。可以发现，$\mathcal{D}$在频域所起的作用就是坐标乘法，这与$\mathcal{U}$在时域的作用是一样的。从这个性质可以得到

$$\mathcal{F}[(\mathrm{j}2\pi)^{-1}f'(u)](\mu)=\mu F(\mu)$$

这两个算子的分数阶形式定义如下

$$\mathcal{U}_p\{f\}(u_p)=u_pf(u_p) \tag{3.237}$$

$$\mathcal{D}_p\{f\}(u_p)=(\mathrm{j}2\pi)^{-1}f'(u_p) \tag{3.238}$$

从这个定义，可以看出$\mathcal{U}_p$和$\mathcal{D}_p$都满足式(3.233)和式(3.234)，且存在下面的几种特殊情况：$\mathcal{U}_0=\mathcal{U}$，$\mathcal{U}_1=\mathcal{D}$，$\mathcal{U}_{-1}=-\mathcal{D}$，$\mathcal{D}_0=\mathcal{D}$，$\mathcal{D}_1=-\mathcal{U}$，$\mathcal{D}_{-1}=\mathcal{U}$。

相移算子$\mathcal{PH}(\eta)$和平移算子$\mathcal{SH}(\xi)$定义为

$$\mathcal{PH}(\eta)=\exp(\mathrm{j}2\pi\eta\,\mathcal{U}) \tag{3.239}$$

$$\mathcal{SH}(\xi)=\exp(\mathrm{j}2\pi\xi\,\mathcal{D}) \tag{3.240}$$

这两个算子分别表示时域和频域上信号的平移，即

$$\{\mathcal{PH}(\eta)f\}(u)=\exp(\mathrm{j}2\pi\eta u)f(u) \tag{3.241}$$

$$\{\mathcal{SH}(\xi)f\}(u)=f(u+\xi) \tag{3.242}$$

令$\mathcal{A}=\mathcal{PH}(\xi)$，$\mathcal{A}^D=\mathcal{SH}(\xi)$或者$\mathcal{A}=\mathcal{PH}(\xi)$，$A^D=\mathcal{SH}(-\xi)$，可以利用式(3.232)将这两个算子联系在一起

$$[\mathcal{SH}(\xi)]^D=\mathcal{F}^{-1}\mathcal{SH}(\xi)\,\mathcal{F}=\mathcal{F}^{-2}\mathcal{PH}(\xi)\,\mathcal{F}^2=\mathcal{P}\mathcal{PH}(\xi)\,\mathcal{P}=\mathcal{PH}(-\xi)$$

这两个算子的分数阶形式定义如下

$$\mathcal{PH}_p(\eta)=\exp(\mathrm{j}2\pi\eta\,\mathcal{U}_p) \tag{3.243}$$

$$\mathcal{SH}_p(\xi)=\exp(\mathrm{j}2\pi\eta\,\mathcal{D}_p) \tag{3.244}$$

可以看出，这两个分数阶算子在p阶分数域的作用与它们的一般形式在时域的作用是一样的，且都满足式(3.233)和式(3.234)。

利用坐标乘和微分算子给出尺度算子$\mathcal{M}(M)$的定义如下

$$\mathcal{M}(M)=\exp[-\mathrm{j}\pi(\ln M)(\mathcal{UD}+\mathcal{DU})] \tag{3.245}$$

其中，$M>0$。它在时域里的作用表示为

$$\{\mathcal{M}(M)f\}(u)=\sqrt{1/M}f(u/M) \tag{3.246}$$

尺度算子是自对偶的，在时域的尺度变换对应于频域的逆尺度变换：

$$\mathcal{F}\left[\sqrt{1/M}f(u/M)\right]=\sqrt{M}F(M\mu)$$

令$\mathcal{A}=\mathcal{M}(M)$且$\mathcal{A}^D=\mathcal{M}(1/M)$时，该尺度算子满足式(3.228)。同理，可将分数阶尺度算子定义如下

$$\mathcal{M}_p(M)=\exp[-\mathrm{j}\pi(\ln M)(\mathcal{U}_p\mathcal{D}_p+\mathcal{D}_p\mathcal{U}_p)] \tag{3.247}$$

该算子在p阶分数域的作用与其一般形式在时域的作用是一样的，且都满足式(3.233)和式(3.234)。

Chirp 乘算子$\mathcal{Q}(q)$和 chirp 卷积算子$\mathcal{R}(r)$定义如下

$$\mathcal{Q}(q)=\exp(-\mathrm{j}\pi q\,\mathcal{U}^2) \tag{3.248}$$

$$\mathcal{R}(r)=\exp(-\mathrm{j}\pi r\,\mathcal{D}^2) \tag{3.249}$$

它们在时域的作用可表示为

$$\{\mathcal{Q}(q)f\}(u)=\exp(-\mathrm{j}\pi qu^2)f(u) \tag{3.250}$$

$$\{\mathcal{R}(r)f\}(u)=\exp(-\mathrm{j}\pi/4)\sqrt{1/r}\exp(\mathrm{j}\pi u^2/r)*f(u) \tag{3.251}$$

令$\mathcal{A}=\mathcal{Q}(q)$，$\mathcal{A}^D=\mathcal{R}(q)$或者$\mathcal{A}=\mathcal{R}(r)$，$\mathcal{A}^D=\mathcal{Q}(r)$，可以看出这两个算子也是傅里叶对偶算子，且满足式(3.232)。将它们用级数展开为

$$\begin{aligned}\mathcal{Q}(q)&=\sum_{k=0}^{+\infty}\frac{(-\mathrm{j}\pi q)^k}{k!}\mathcal{U}^{2k}=\sum_{k=0}^{+\infty}\frac{(-\mathrm{j}\pi q)^k}{k!}(-\mathcal{F}^{-1}\mathcal{DF})^{2k}\\&=\sum_{k=0}^{+\infty}\frac{(-\mathrm{j}\pi q)^k}{k!}\mathcal{F}^{-1}\mathcal{D}^{2k}\mathcal{F}=\mathcal{F}^{-1}\mathcal{R}(q)\,\mathcal{F}\end{aligned}$$

$$\mathcal{Q}(q)=\sum_{k=0}^{+\infty}\frac{(-\mathrm{j}\pi q)^k}{k!}(\mathcal{FDF}^{-1})^{2k}=\sum_{k=0}^{+\infty}\frac{(-\mathrm{j}\pi q)^k}{k!}\mathcal{FD}^{2k}\mathcal{F}^{-1}=\mathcal{FR}(q)\mathcal{F}^{-1}$$

Chirp 信号的乘法可以看成以线性调频信号作频率调制。既然 $\mathcal{Q}(q)$ 和 $\mathcal{R}(r)$ 是满足式(3.232)的对偶算子，那么 $\mathcal{R}(r)$ 在时域的作用就等价于 $\mathcal{Q}(q)$ 在频域的作用。因此，$\{\mathcal{R}(r)f\}(u)$ 就等效于对频域函数 $\mathrm{e}^{-\mathrm{j}\pi r\mu^2}F(\mu)$ 作逆傅里叶变换。

定义 chirp 乘算子 $\mathcal{Q}(q)$ 和 chirp 卷积算子 $\mathcal{R}(r)$ 的分数阶形式如下

$$\mathcal{Q}_p(q)=\exp(-\mathrm{j}\pi q\,\mathcal{U}_p^2) \tag{3.252}$$

$$\mathcal{R}_p(r)=\exp(-\mathrm{j}\pi r\,\mathcal{D}_p^2) \tag{3.253}$$

3.3.2 离散算子和周期算子以及它们的分数阶形式

根据相移算子和平移算子，可将离散算子 $\mathcal{DI}(\Delta\mu)$ 和周期算子 $\mathcal{P}\varepsilon(\Delta u)$ 定义如下

$$\mathcal{DI}(\Delta\mu)=\sum_{k=-\infty}^{+\infty}\mathcal{PH}(k\Delta\mu)=\sum_{k=-\infty}^{+\infty}\exp(\mathrm{j}2\pi k\Delta\mu\,\mathcal{U}) \tag{3.254}$$

$$\mathcal{P}\varepsilon(\Delta u)=\sum_{k=-\infty}^{+\infty}\mathcal{SH}(k\Delta u)=\sum_{k=-\infty}^{+\infty}\exp(\mathrm{j}2\pi k\Delta u\,\mathcal{D}) \tag{3.255}$$

其中，$\Delta u>0$ 和 $\Delta\mu>0$ 分别对应于时域和频域的延拓周期。令 $\delta u=1/\Delta\mu$，$\delta\mu=1/\Delta u$ 分别表示时域和频域的采样间隔。

根据上面的定义以及相移算子和平移算子的对偶性，可以发现这两个算子也是傅里叶对偶算子

$$\begin{aligned}\mathcal{P}\varepsilon(\Delta u)&=\sum_{k=-\infty}^{+\infty}\mathcal{SH}(k\Delta u)=\sum_{k=-\infty}^{+\infty}\mathcal{F}^{-1}\mathcal{PH}(k\Delta u)\mathcal{F}=\mathcal{F}^{-1}\mathcal{DI}(\Delta u)\mathcal{F}\\ \mathcal{P}\varepsilon(\Delta u)&=\sum_{k=-\infty}^{+\infty}\mathcal{SH}(-k\Delta u)=\sum_{k=-\infty}^{+\infty}\mathcal{FPH}(k\Delta u)\mathcal{F}^{-1}=\mathcal{FDI}(\Delta u)\mathcal{F}^{-1}\end{aligned} \tag{3.256}$$

通过式(3.254)和式(3.255)，可以得出 $\sum_{k=-\infty}^{+\infty}\mathcal{SH}(-k\Delta u)=\sum_{k=-\infty}^{+\infty}\mathcal{SH}(k\Delta u)$，以及对偶关系 $[\mathcal{PH}(\xi)]^D=\mathcal{SH}(\xi)$，$[\mathcal{SH}(\xi)]^D=\mathcal{PH}(\xi)$。

离散算子和周期算子在时域的作用可表示为

$$\{\mathcal{DI}(\Delta\mu)f\}(u)=\sum_{k=-\infty}^{+\infty}\exp(\mathrm{j}2\pi ku/\delta u)f(u)=\delta u\sum_{k=-\infty}^{+\infty}\delta(u-k\delta u)f(k\delta u) \tag{3.257}$$

$$\{\mathcal{P}\varepsilon(\Delta u)f\}(u)=\sum_{k=-\infty}^{+\infty}f(u-k\Delta u) \tag{3.258}$$

其中，我们采用了泊松求和公式的另外一种形式[34]

$$\sum_{n=-\infty}^{+\infty}\delta(u-n\delta u)=\frac{1}{\delta u}\sum_{n=-\infty}^{+\infty}\exp(\mathrm{j}2\pi nu/\delta u) \tag{3.259}$$

接下来，定义 comb(u) 函数如下

$$\mathrm{comb}(u)=\sum_{k=-\infty}^{+\infty}\delta(u-k)=\sum_{k=-\infty}^{+\infty}\delta(u+k) \tag{3.260}$$

这样，便能重写式(3.257)和式(3.258)为

$$\{\mathcal{DI}(\Delta\mu)f\}(u)=\text{comb}(u\Delta\mu)f(u) \tag{3.261}$$

$$\{\mathcal{P}\varepsilon(\Delta u)f\}(u)=\frac{1}{\Delta u}\text{comb}\left(\frac{u}{\Delta u}\right)*f(u) \tag{3.262}$$

从上面的等式，可以看出$\mathcal{DI}(\Delta\mu)$是将一个时域函数乘以一个δ序列从而得到一个加权脉冲序列；而$\mathcal{P}\varepsilon(\Delta u)$是对一个时域函数作周期延拓。

既然$\Delta u^{-1}\text{comb}(u/\Delta u)$的傅里叶变换就是$\text{comb}(\Delta u\mu)$，那么式(3.261)和式(3.262)右边的傅里叶变换分别为

$$\frac{1}{\Delta\mu}\text{comb}\left(\frac{\mu}{\Delta\mu}\right)*F(\mu)=\sum_{k=-\infty}^{+\infty}F(\mu-K\Delta\mu) \tag{3.263}$$

$$\text{comb}(\Delta u\mu)F(\mu)=\delta\mu\sum_{k=-\infty}^{+\infty}\delta(\mu-k\delta\mu)F(k\delta\mu) \tag{3.264}$$

从上面的式子可以看到这两个算子的作用在频域是互换的，因为离散算子对应于频域的周期延拓，周期算子对应于一个δ序列的相乘。

离散算子和周期算子的分数阶形式定义如下

$$\mathcal{DI}_p(\Delta\mu)=\sum_{k=-\infty}^{+\infty}\mathcal{PH}_p(k\Delta\mu)=\sum_{k=-\infty}^{+\infty}\exp(\text{j}2\pi k\Delta\mu\,\mathcal{U}_p) \tag{3.265}$$

$$\mathcal{P}\varepsilon_p(\Delta u)=\sum_{k=-\infty}^{+\infty}\mathcal{SH}_p(k\Delta u)=\sum_{k=-\infty}^{+\infty}\exp(\text{j}2\pi k\Delta u\,\mathcal{D}_p) \tag{3.266}$$

显然上述算子满足式(3.233)

$$\mathcal{DI}_p(\Delta\mu)=\mathcal{F}^{-p}\mathcal{DI}(\Delta\mu)\mathcal{F}^p \tag{3.267}$$

$$\mathcal{P}\varepsilon_p(\Delta u)=\mathcal{F}^{-p}\mathcal{P}\varepsilon(\Delta u)\mathcal{F}^p \tag{3.268}$$

基于上面的等式和式(3.256)，可以进一步得到

$$\mathcal{P}\varepsilon_p(\Delta u)=\mathcal{F}^{-1}\mathcal{DI}_p(\Delta u)\mathcal{F}=\mathcal{F}\mathcal{DI}_p(\Delta u)\mathcal{F}^{-1} \tag{3.269}$$

既然$[\mathcal{PH}(\eta)]^k=\mathcal{PH}(k\eta)$和$[\mathcal{SH}(\xi)]^k=\mathcal{SH}(k\xi)$，那么将式(3.265)和式(3.266)右边展开可以得到

$$\begin{aligned}\mathcal{DI}_p(\Delta\mu)&=\sum_{k=-\infty}^{+\infty}\exp[\text{j}\pi(k\Delta\mu)^2\sin\alpha\cos\alpha]\,\mathcal{PH}(k\Delta\mu\cos\alpha)\,\mathcal{SH}(k\Delta\mu\sin\alpha)\\&=\sum_{k=-\infty}^{+\infty}\exp[\text{j}\pi(k\Delta\mu)^2\sin\alpha\cos\alpha]\,[\mathcal{PH}(\Delta\mu\cos\alpha)]^k\,[\mathcal{SH}(\Delta\mu\sin\alpha)]^k\end{aligned} \tag{3.270}$$

$$\begin{aligned}\mathcal{P}\varepsilon_p(\Delta u)&=\sum_{k=-\infty}^{+\infty}\exp[\text{j}\pi(k\Delta u)^2\sin\alpha\cos\alpha]\,\mathcal{SH}(k\Delta u\cos\alpha)\,\mathcal{PH}(-k\Delta u\sin\alpha)\\&=\sum_{k=-\infty}^{+\infty}\exp[\text{j}\pi(k\Delta u)^2\sin\alpha\cos\alpha]\,[\mathcal{SH}(\Delta u\cos\alpha)]^k\,[\mathcal{PH}(-\Delta u\sin\alpha)]^k\end{aligned} \tag{3.271}$$

因为

$$\begin{aligned}\mathcal{PH}_p(\eta)&=\exp(\text{j}\pi\eta^2\sin\alpha\cos\alpha)\,\mathcal{PH}(\eta\cos\alpha)\,\mathcal{SH}(\eta\sin\alpha)\\&=\exp(\text{j}\pi\eta^2\sin\alpha\cos\alpha)\exp(\text{j}2\pi\eta\cos\alpha\,\mathcal{U})\,\mathcal{SH}(\eta\sin\alpha)\\&=\exp(-\text{j}\pi\cot\alpha\,\mathcal{U}^2)\exp[\text{j}\pi\cot\alpha(\mathcal{U}+\eta\sin\alpha\,\mathcal{I})^2]\,\mathcal{SH}(\eta\sin\alpha)\\&=\exp(-\text{j}\pi\cot\alpha\,\mathcal{U}^2)\,\mathcal{SH}(\eta\sin\alpha)\exp(\text{j}\pi\cot\alpha\,\mathcal{U}^2)\end{aligned}$$

所以

$$\mathcal{PH}_p(\eta)=\mathcal{Q}(\cot\alpha)\mathcal{SH}(\eta\sin\alpha)\mathcal{Q}(-\cot\alpha) \tag{3.272}$$

类似地，我们可以得到

$$\mathcal{SH}_p(\xi)=\mathcal{Q}(-\tan\alpha)\mathcal{SH}(\xi\cos\alpha)\mathcal{Q}(\tan\alpha) \tag{3.273}$$

那么将式(3.272)代入式(3.265)，可以得到

$$\begin{aligned}\mathcal{DI}_p(\Delta\mu)&=\sum_{k=-\infty}^{+\infty}\mathcal{Q}(\cot\alpha)\mathcal{SH}(k\Delta\mu\sin\alpha)\mathcal{Q}(-\cot\alpha)\\&=\mathcal{Q}(\cot\alpha)\sum_{k=-\infty}^{+\infty}\mathcal{SH}(k\Delta\mu\sin\alpha)\mathcal{Q}(-\cot\alpha)\\&=\mathcal{Q}(\cot\alpha)\mathcal{P}\varepsilon(\Delta\mu\sin\alpha)\mathcal{Q}(-\cot\alpha)\end{aligned} \tag{3.274}$$

同样，将式(3.273)代入式(3.266)，可以得到

$$\mathcal{P}\varepsilon_p(\Delta u)=\mathcal{Q}(-\tan\alpha)\mathcal{P}\varepsilon(\Delta u\cos\alpha)\mathcal{Q}(\tan\alpha) \tag{3.275}$$

既然$(\mathcal{A}^D)_p=(\mathcal{A}_p)^D$，基于$\mathcal{Q}$和$\mathcal{R}$，$\mathcal{PH}$和$\mathcal{SH}$的对偶关系以及式(3.256)，可以得到

$$\begin{cases}\mathcal{DI}_p(\Delta\mu)=\mathcal{Q}(\cot\alpha)\mathcal{F}^{-1}\mathcal{DI}(\Delta\mu\sin\alpha)\mathcal{FQ}(-\cot\alpha)\\\mathcal{DI}_p(\Delta\mu)=\mathcal{F}^{-1}\mathcal{R}(\cot\alpha)\mathcal{DI}(\Delta\mu\sin\alpha)\mathcal{R}(-\cot\alpha)\mathcal{F}\\\mathcal{FDI}_p(\Delta\mu)\mathcal{F}^{-1}=\mathcal{R}(\cot\alpha)\mathcal{DI}(\Delta\mu\sin\alpha)\mathcal{R}(-\cot\alpha)\\\mathcal{P}\varepsilon_p(\Delta u)=\mathcal{R}(\cot\alpha)\mathcal{DI}(\Delta u\sin\alpha)\mathcal{R}(-\cot\alpha)\end{cases} \tag{3.276}$$

类似地，有

$$\begin{cases}\mathcal{P}\varepsilon_p(\Delta u)=\mathcal{Q}(-\tan\alpha)\mathcal{F}^{-1}\mathcal{DI}(\Delta u\cos\alpha)\mathcal{FQ}(\tan\alpha)\\\mathcal{P}\varepsilon_p(\Delta u)=\mathcal{F}^{-1}\mathcal{R}(-\tan\alpha)\mathcal{DI}(\Delta u\cos\alpha)\mathcal{R}(\tan\alpha)\mathcal{F}\\\mathcal{FP}\varepsilon_p(\Delta u)\mathcal{F}^{-1}=\mathcal{R}(-\tan\alpha)\mathcal{DI}(\Delta u\cos\alpha)\mathcal{R}(\tan\alpha)\\\mathcal{DI}_p(\Delta\mu)=\mathcal{R}(-\tan\alpha)\mathcal{DI}(\Delta\mu\cos\alpha)\mathcal{R}(\tan\alpha)\end{cases} \tag{3.277}$$

式(3.274)～式(3.277)通过一般的周期和离散算子以及普通 chirp 信号来表示分数阶周期/离散算子。下面给出分数阶周期算子和分数阶离散算子对函数 $f(u)$的作用表达式

$$\begin{aligned}\mathcal{P}\varepsilon_p(\Delta u)[f(u)]=\sum_{k=-\infty}^{+\infty}&\exp(-\mathrm{j}\pi k^2\Delta u^2\sin\alpha\cos\alpha)\cdot\\&\exp(\mathrm{j}2\pi k\Delta u\sin\alpha u)f(u-k\Delta u\cos\alpha)\end{aligned} \tag{3.278}$$

$$\begin{aligned}\mathcal{DI}_p(\Delta\mu)[f(u)]=\sum_{k=-\infty}^{+\infty}&\exp(\mathrm{j}\pi k^2\Delta\mu^2\sin\alpha\cos\alpha)\cdot\\&\exp(-\mathrm{j}2\pi k\Delta\mu\cos\alpha u)f(u-k\Delta\mu\sin\alpha)\end{aligned} \tag{3.279}$$

表 3.1 给出了本节所列出的分数阶算子及其等效表达式。

表 3.1 分数阶算子及其等效表达式

分数阶算子	符　号	等效表达
分数阶坐标乘	$\mathcal{U}_p$	$\cos\alpha\,\mathcal{U}+\sin\alpha\,\mathcal{D}$
分数阶微分	$\mathcal{D}_p$	$-\sin\alpha\,\mathcal{U}+\cos\alpha\,\mathcal{D}$

续表

分数阶算子	符　号	等效表达
分数阶相移	$\mathcal{PH}_p(\eta)$	$\exp(-\mathrm{j}\pi\eta^2\sin\alpha\cos\alpha)\mathcal{PH}(\eta\cos\alpha)\mathcal{SH}(\eta\sin\alpha)$, $\exp(-\mathrm{j}\pi\eta^2\sin\alpha\cos\alpha)\mathcal{PH}(\eta\cos\alpha)\mathcal{SH}(\eta\sin\alpha)$
分数阶平移	$\mathcal{SH}_p(\xi)$	$\exp(\mathrm{j}\pi\xi^2\sin\alpha\cos\alpha)\mathcal{SH}(\xi\cos\alpha)\mathcal{PH}(-\xi\sin\alpha)$, $\exp(-\mathrm{j}\pi\xi^2\sin\alpha\cos\alpha)\mathcal{PH}(-\xi\sin\alpha)\mathcal{SH}(\xi\cos\alpha)$
分数阶尺度变换	$\mathcal{M}_p(M)$	$\mathcal{F}^{-p}\mathcal{M}(M)\mathcal{F}^{p}$, $\mathcal{M}^{-1-p}\mathcal{M}(1/M)\mathcal{F}^{1+p}$
分数阶 chirp 乘	$\mathcal{Q}_p(q)$	$\mathcal{R}(-\tan\alpha)\mathcal{Q}(q\cos^2\alpha)\mathcal{R}(\tan\alpha)$, $\mathcal{Q}(\cot\alpha)\mathcal{R}(q\sin^2\alpha)\mathcal{Q}(-\cot\alpha)$
分数阶 chirp 卷积	$\mathcal{R}_p(r)$	$\mathcal{R}(\cot\alpha)\mathcal{Q}(r\sin^2\alpha)\mathcal{R}(-\cot\alpha)$ $\mathcal{Q}(-\tan\alpha)\mathcal{R}(r\cos^2\alpha)\mathcal{Q}(\tan\alpha)$
分数阶离散	$\mathcal{DI}_p(\Delta\mu)$	$\mathcal{R}(-\tan\alpha)\mathcal{DI}(\Delta\mu\cos\alpha)\mathcal{R}(\tan\alpha)$ $\mathcal{Q}(\cot\alpha)\mathcal{PE}(\Delta\mu\sin\alpha)\mathcal{Q}(-\cot\alpha)$
分数阶周期	$\mathcal{PE}_p(\Delta u)$	$\mathcal{R}(\cot\alpha)\mathcal{DI}(\Delta u\sin\alpha)\mathcal{R}(-\cot\alpha)$ $\mathcal{Q}(-\tan\alpha)\mathcal{PE}(\Delta u\cos\alpha)\mathcal{Q}(\tan\alpha)$

参考文献

[1] Almeida L B. The fractional Fourier transform and time-frequency representations[J]. IEEE Trans. Signal Processing,1994,42(11): 3084-3091.

[2] Zayed A I. A convolution and product theorem for the fractional Fourier transform[J]. IEEE Signal Processing Letters,1998,5(4): 101-103.

[3] Ozaktas H M, Barshan B. Convolution, filtering, and multiplexing in fractional Fourier domains and their relation to chirp and wavelet transforms[J]. J. Opt. Soc. Am. A,11(2): 547-559,1993.

[4] Olcay A. Fractional convolution and correlation via operator methods and an application to detection of linear FM signals[J]. IEEE Trans. Signal Processing,2001,49(5): 979-993.

[5] Akay O. Unitary and Hermitian fractional operators and their extension: Fractional Mellin transform, joint fractional representations and fractional correlations[D]. Univ. Rhode Island,Kingston,2000.

[6] Wang M,Chan A K,Chui C K. Linear frequency-modulated signal detection using Radon-Ambiguity transform[J]. IEEE Trans. Signal Processing,1998,46(3): 571-586.

[7] Akay O,Boudreaux-Bartels G F. Unitary and hermitian fractional operators and their relation to the fractional Fourier transform[J]. IEEE Signal Processing Letters,1998,5(12): 312-314.

[8] Pei S C, Yeh M H. Discrete fractional Hilbert transform[J]. IEEE Trans. Circuits and Systems-II, 2000,47(11): 1307-1311.

[9] Tseng C C,Pei S C. Design and application of discrete-time fractional Hilbert transformer[J]. IEEE Trans. Circuits and Systems-II,2000,47(12): 1529-1533.

[10] Pei S C,Ding J J. Fractional cosine, sine, and Hartley transforms[J]. IEEE Trans. Signal Processing, 2002,50(7): 1661-1680.

[11] Gabor D. Theory of communications[J]. Inst. EE,1946,93(26): 429-457.

[12] Lohmann A W, Mendlovic D, Zalevsky Z. Fractional Hilbert transform[J]. Opt. Lett., 1996, 21: 281-283.

[13] Zayed A I. Hilbert transform associated with the fractional Fourier transform[J]. IEEE Signal Processing Lett., 1998, 5 (8): 206-208.

[14] Pei S C, Ding J J. Saving the bandwidth in the fractional domain by generalized Hilbert transform pair relations[J]. IEEE Trans. Circuits and Systems-Ⅱ, 2003, 4: 89-92.

[15] Zayed A I. On the relationship between the Fourier and fractional Fourier transforms[J]. IEEE Signal Processing Lett., 1996, 3(12): 310-311.

[16] Havlicek J P, Havlicek J W, et al. Skewed 2D Hilbert transforms and computed AM-FM models[J]. Proc. IEEE, 1998, 59: 602-606.

[17] Tao R, Li X M, Wang Y. Generalization of the fractional Hilbert transform[J]. IEEE Signal Processing Letters, 2008, 15: 365-368.

[18] Wang Z. Fast algorithm for discrete W transform and for the discrete Fourier transform[J]. IEEE Trans. Acoust., Speech, Signal Processing, 1984, 32: 803-816.

[19] Pei S C, Yeh M H. Improved discrete fractional Fourier transform[J]. Opt. Lett., 1997, 22: 1047-1049.

[20] Pei S C, Yeh M H, Tseng C C. Discrete fractional Fourier transform based on orthogonal projection [J]. IEEE Trans. Signal Processing, 1999, 47: 1335-1348.

[21] Dickinson B W, Steiglitz K. Eigenvectors and functions of the discrete Fourier transform[J]. IEEE Trans. Acoust., Speech, Signal Processing, 1982, 30: 25-31.

[22] Soo-Chang Pei. Discrete fractional Hartley and Fourier Transforms[J]. IEEE Trans. circuit and systems, 1998, 45(6): 665-675.

[23] Akan A, Shakhmurov V. A fractional Gabor transform[J]. ICASSP01, 2001, 6: 3529-3532.

[24] Ozaktas H M, Arikan O, et al. Digital computation of the fractional Fourier transform[J]. IEEE Trans. Signal Processing, 1996, 44: 2141-2150.

[25] Alieva T, Bastiaans M J. On fractional Fourier transform moments[J]. IEEE Signal Processing Letters, 2000, 7(11): 320-323.

[26] Qiao X, Shan T, Tao R, et al. Separation of human micro-Doppler signals based on short-time fractional Fourier transform[J]. IEEE Sensors J., 2019, 19(24): 12205-12216.

[27] 张贤达. 现代信号处理[M]. 北京：清华大学出版社, 1995.

[28] Chen X, Guan J, Bao Z, et al. Detection and extraction of target with micromotion in spiky sea clutter via short-time fractional Fourier transform[J]. IEEE Trans. Geosci. Remote Sens., 2014, 52(2): 1002-1018.

[29] Pang C, Han Y, Hou H, et al. Micro-doppler signal time-frequency algorithm based on STFRFT[J]. Sensors, 2016, 16(10): 1559.

[30] Tao R, Li Y L, Wang Y. Short-time fractional Fourier transform and its applications[J]. IEEE Trans. Signal Process., 2010, 58(5): 2568 C-2580.

[31] Cohen L. Time-frequency analysis[D]. Prentice-Hall, Englewood Cliffs, NJ, 1995.

[32] Baraniuk R G. Beyond time-frequency analysis: energy densities in one and many dimensions[J]. IEEE Trans. Signal Process, 1998, 46: 2305-2314.

[33] Sayeed A M, Jones D L. Integral transforms covariant to unitary operators and their implications for joint signal representations[J]. IEEE Trans. Signal Processing, 1996, 44: 1365-1376.

[34] Papoulis A. Signal analysis[M]. New York: McGraw-Hill, 1977.

[35] Sumbl U, Ozaktas H M. Fractional free space, fractional lenses, and fractional imaging systems[J]. J. Opt. Soc. Amer. A, 2003, 20(11): 2033-2040.

[36] Huang Y. The fractional wave packet transform[J]. Multidimensional system and Signal processing, 1998, 9: 399-402.

第4章

分数阶傅里叶域滤波与参数估计

4.1 波形估计

滤波是波形估计要解决的问题之一。在很多实际应用中,有用信号往往被某个已知系统所畸变,同时又混叠有噪声[1]。

$$y=\psi(x)+n \tag{4.1}$$

式中,$\psi(\cdot)$是造成信号畸变的线性系统模型,x 是有用信号,n 是加性噪声。这就需要一个估计算子对观测值 y 进行波形估计,以尽量减小畸变和噪声的影响,如图 4.1 所示。根据实际需要,波形估计通常分为滤波、平滑和预测三种基本估计[2]。

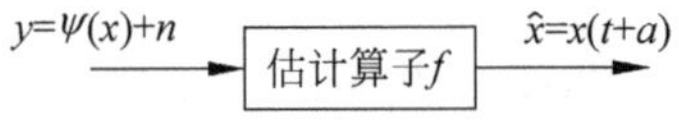

$y=\Psi(x)+n$ → 估计算子f → $\hat{x}=x(t+a)$

图 4.1　波形估计的原理

当 $a=0$ 时,就是利用现时刻和以前的观测值,通过估计后,输出现时刻中的有用信号,这种波形估计称为滤波;

当 $a<0$ 时,就是利用现时刻和以前的观测值,通过估计后,输出现时刻以前的某一时刻输入中的有用信号,这种波形估计称为平滑;

当 $a>0$ 时,就是利用现时刻和以前的观测值,通过估计后,输出现时刻以后的某一时刻输入中的有用信号,这种波形估计称为预测。

本章只讨论分数阶傅里叶域上的滤波问题,即

$$\hat{x}=g(y) \tag{4.2}$$

对于非时变的畸变模型 $\psi(\cdot)$,x 和 n 为平稳过程,那么滤波算子 f 也是时不变的,可以表示为时域卷积或傅里叶域上的乘性滤波器。但是对于非平稳过程,滤波算子 f 一般来说将不再是时不变的,也就不可能再表示为时域卷积或傅里叶域上的乘法滤波器(当然我们仍然可以在某个准则下得到傅里叶域上的最优乘法滤波器,但是它将不能得到最好的滤波效果)。文献[3-4]讨论了在分数阶傅里叶域上利用时变算子实现卷积、乘法滤波器和多路复用的情况,文献[5-9]说明了在光学上分数阶傅里叶变换(Fractional Fourier Transform,FRFT)的使用类似于傅里叶变换,同时在第 5 章中将讨论的分数阶傅里叶变换快速算法,

这些都说明了分数阶傅里叶域的滤波能够和传统傅里叶域的滤波一样有效。考虑到傅里叶变换只是分数阶傅里叶变换的特例,那么分数阶傅里叶域的滤波应该具有更好的普适性。为了便于理解,4.2 节首先讨论没有畸变情况下的滤波问题,4.3 节分析了考虑畸变情况下的滤波问题。

4.2 分数阶傅里叶域的时频滤波

我们知道分数阶傅里叶变换可以解释为信号在时频平面内绕原点旋转任意角度后所构成的分数阶傅里叶域上的表示,其与 Wigner-Ville 分布、短时傅里叶变换之间只是存在一个坐标变换关系,并不影响信号的时频分布特性(图 4.2),这提醒我们在某些情况下是否能够在分数阶傅里叶域来实现时频滤波,以达到更好的滤波效果且不至于增加太多的计算开销,抑或是大大降低计算开销而滤波效果降低较少。

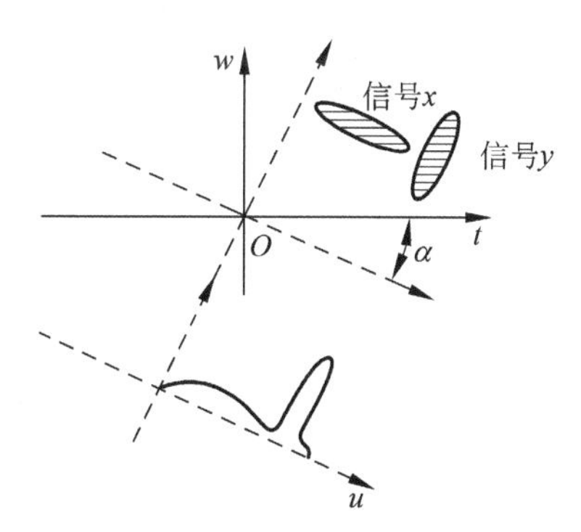

图 4.2 Wigner-Ville 分布对于分数阶傅里叶变换的旋转不变性

4.2.1 线性调频信号的分数阶傅里叶域滤波

线性调频(Linear Frequency Modulation,LFM)信号(或称 chirp 信号)在雷达、声呐中应用较广,但由于其非平稳性,在时、频域都具有较大的展宽,采用处理平稳信号的方法对其滤波往往得不到很好的效果。我们知道分数阶傅里叶变换可以理解为 chirp 基分解,分数阶傅里叶变换核实质上是一组调频率为 $\cot\alpha$ $(\alpha=p\pi/2)$ 的 chirp 信号,其初始频率为 $-u\csc\alpha$,复包络为$\sqrt{(1-\mathrm{j}\cot\alpha)/2\pi}\,\mathrm{e}^{\mathrm{j}\frac{u^2}{2}\cot\alpha}$。分数阶傅里叶域由该组完备正交基所表征,通过改变旋转角度 α,便可以得到不同调频率的基。当 $\alpha=\pi/2$ 时,分数阶傅里叶变换就成为传统的傅里叶变换,分解基也由 chirp 信号变成了正交完备的三角函数系。如同单频正弦信号经过傅里叶变换就必然会在某个单频基上成为冲激函数,一旦需要滤波的 chirp 信号与某组基的调频率吻合,那么该信号也就必然在该组基中的某个基上形成一个 δ 函数,而在别的基上则为 0。这一点说明了 chirp 信号在分数阶傅里叶域上具有很好的时频聚焦性,同时它又是个线性变换,即

$$\mathcal{F}^p[ax(t)+by(t)]=aX_p(u)+bY_p(u) \tag{4.3}$$

信号和噪声叠加后的分数阶傅里叶变换等于各自分别进行分数阶傅里叶变换的叠加,利用这两点我们便可以对 chirp 信号在分数阶傅里叶域上进行滤波。

以上分析是从 chirp 信号分解的角度考虑，那么从 chirp 信号的时频分布来看，分数阶傅里叶变换是否仍然存在这样的滤波基础呢？图 4.3 和图 4.4 分别是某个 chirp 信号的 Wigner 分布三维图和时频投影图。该 chirp 信号的解析表达式如下：

$$x(t)=\exp(500\times 10^{6}\mathrm{j}\pi t) \tag{4.4}$$

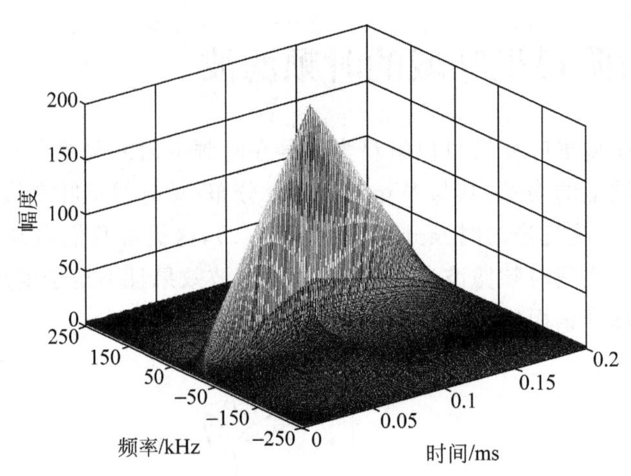

图 4.3 某个 chirp 信号的 Wigner 分布三维图

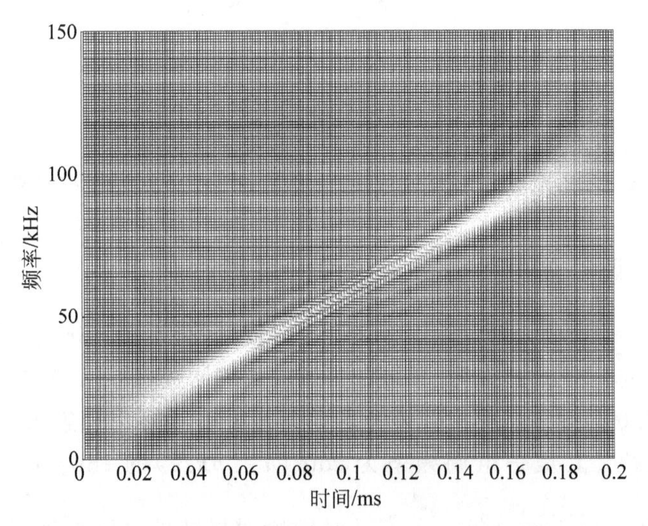

图 4.4 图 4.3 中信号 Wigner 分布的时频面投影

采样频率为 1MHz，采样点数为 200 点。其 Wigner 分布为背鳍状的直线分布，投影到时频平面就是一条直线段。设该线段与时间轴的夹角为 β，那么利用 Wigner 分布的旋转不变性，只要分数阶傅里叶变换的旋转角度 α 与 β 正交，则该 chirp 信号在分数阶傅里叶域上的投影就应该聚集在一点上(图 4.5)，而噪声的 Wigner 分布是不会如此规则的。通过该点的分数阶傅里叶域的带通滤波便能很好地滤除掉噪声。

那么上述两种考虑角度得出的结论是否一致呢？通过分析可以知道它们是吻合的。根据分数阶傅里叶变换式可以知道分数阶傅里叶域分解基的调频率是 $-\cot\alpha$(这里我们忽略了 $\alpha=k\pi$ 的特殊情况)，

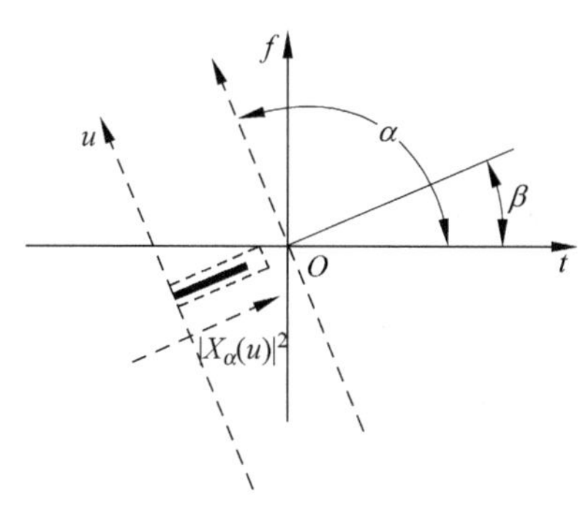

图 4.5 chirp 信号的分数阶傅里叶域的带通滤波

$$X_p(u)=\int_{-\infty}^{+\infty}x(t)K_\alpha(t,u)\mathrm{d}t=\sqrt{\frac{1-\mathrm{j}\cot\alpha}{2\pi}}\mathrm{e}^{\mathrm{j}\frac{u^2}{2}\cot\alpha}\int_{-\infty}^{+\infty}x(t)\mathrm{e}^{\mathrm{j}\frac{t^2}{2}\cot\alpha}\mathrm{e}^{-\mathrm{j}ut\csc\alpha}\mathrm{d}t \quad (4.5)$$

而由 chirp 信号的解析表示式 $\mathrm{e}^{\mathrm{j}\bar{\omega}_0 t+\mathrm{j}\frac{m}{2}t^2}$ 可以知道调频率 $m=\tan\beta$。要实现 chirp 信号在某个基上的聚焦就必须保证调频率相等，即 $\tan\beta=-\cot\alpha$，由此可以得出结论：

$$\alpha=\beta+\frac{\pi}{2} \quad (4.6)$$

上式正好符合了 α 和 β 正交的要求。

在以上分析基础之上，下面提出基于分数阶傅里叶变换的 LFM 信号自适应时频滤波算法[10]。在调频率 m 未知的情况下，滤波算法的前提是对参数 m 的正确估计，这一过程又可称为解线调。解线调可在时域或频域进行[11]，一般是建立在二维搜索的基础上，计算量普遍较大。文献[12]介绍了一种基于分数阶傅里叶变换的信号参数估计方法，其基本思路是以旋转角 α 为变量，对观测信号进行分数阶傅里叶变换，形成(α,u)的二维平面，在此平面上进行二维搜索即可得到 m 的估计值。实际应用中，往往可以预先确定信号参数的变化范围，适当选择扫描范围可显著降低计算量。在此基础上我们给出滤波算法的步骤：

(1) 进行参数估计以求得 u_0 和 α_0；

(2) 对信号进行 p_0 阶分数阶傅里叶变换($p_0=2\alpha_0/\pi$)，得到旋转角度 α_0 后的信号表示：

$$X_{p_0}(u)=S_{p_0}(u)+N_{p_0}(u) \quad (4.7)$$

其中，$S_{p_0}(u)$为 LFM 信号的分数阶傅里叶变换，若为有限长信号，则其能量绝大部分集中在 u 域上以 u_0 为中心的一个窄带内；$N_{p_0}(u)$为噪声的分数阶傅里叶变换，一般在 u_0 不会呈现出聚集特性；

(3) 在 u 域内按尖峰作遮隔处理，即

$$X'_{p_0}(u)=X_{p_0}(u)M(u)=S_{p_0}(u)M(u)+N_{p_0}(u)M(u) \quad (4.8)$$

若 $M(u)$是中心频率为 u_0 的理想带通滤波器，那么适当选择其带宽，则输出中可保留信号能量而滤除掉绝大部分的噪声能量；

(4) 对滤波后的信号进行 p_0 阶的反变换，将滤波后的信号再反向旋转回时间域，便可得到抑制了噪声后的信号。

这一过程相当于一个开环的自适应窄带带通时频滤波器(图 4.6)，其中心频率跟随 LFM 信号的瞬时频率作线性变化，从而实现了对信号的自适应滤波。

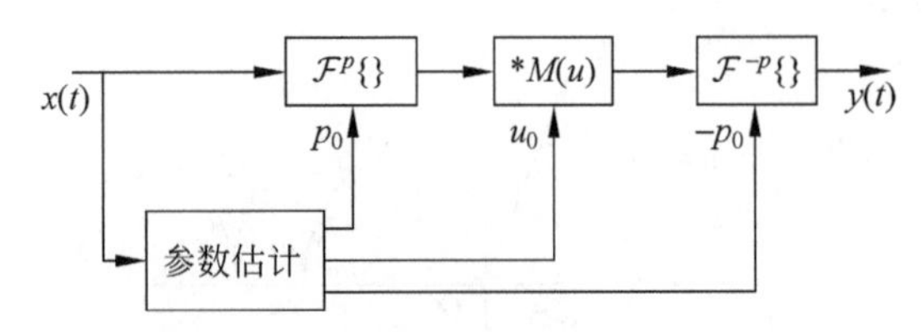

图 4.6　基于分数阶傅里叶变换的自适应时变滤波算法

教学视频

教学视频

4.2.2　多分量线性调频信号的检测和参数估计

基于上述原理，分数阶傅里叶变换也被用于多分量线性调频信号的检测和参数估计。长期以来，各种基于最大似然估计的算法是解决这一问题的主要途径。这些方法在本质上大都可归结为一个多变量的最优化问题，但常因计算量太大，使得算法的工程实现较为困难。由于分数阶傅里叶变换是一种一维的线性变换，与常用二次型时频分布相比它不受交叉项的困扰，且可理解为 chirp 基分解，具有计算量与快速傅里叶变换相当的快速算法。因此，利用分数阶傅里叶变换不仅能够可靠地实现多分量 chirp 信号的检测与参数估计，而且能够降低处理的复杂度。

4.2.2.1　分数阶傅里叶变换处理 chirp 信号的基本原理

由于 chirp 信号在不同的分数阶傅里叶域上呈现出不同的能量聚集性，检测含有未知参数的 chirp 信号的基本思路是以旋转角 α 为变量进行扫描，求观测信号的分数阶傅里叶变换，从而形成信号能量在参数(α,u)平面上的二维分布，在此平面上按阈值进行峰值点的二维搜索即可检测 chirp 信号并估计其参数。

含有噪声的单分量 chirp 信号可表示为

$$\begin{aligned}x(t)&=s(t)+w(t)\\&=a_0\exp(\mathrm{j}\varphi_0+\mathrm{j}2\pi f_0 t+\pi\mu_0 t^2)+w(t),\quad -\Delta t/2\leqslant t\leqslant \Delta t/2\end{aligned}\tag{4.9}$$

式中，a_0、φ_0、f_0 和 μ_0 为未知参数，$w(t)$为加性高斯白噪声，则上述的 chirp 信号检测和估计过程可描述为

$$\{\hat{\alpha}_0,\hat{u}_0\}=\underset{\alpha,u}{\mathrm{argmax}}\left|X_\alpha(u)\right|^2\tag{4.10}$$

$$\begin{cases}\hat{\mu}_0=-\cot\hat{\alpha}_0\\ \hat{f}_0=\hat{u}_0\csc\hat{\alpha}_0\\ \hat{\varphi}_0=\arg\left[\dfrac{X_{\hat{\alpha}_0}(\hat{u}_0)}{A_{\hat{\alpha}_0}\mathrm{e}^{\mathrm{j}\pi\hat{u}_0^2\cot\hat{\alpha}_0}}\right]\\ \hat{a}_0=\dfrac{\left|X_{\hat{\alpha}_0}(\hat{u}_0)\right|}{\Delta t\left|A_{\hat{\alpha}_0}\right|}\end{cases}\tag{4.11}$$

由于分数阶傅里叶变换的计算可借助快速傅里叶变换实现，使得以旋转角 α 为变量进行扫描的计算量大大减小。所以与基于 Wigner-Ville 分布或 Wigner-Ville 分布-Hough 变换（Wigner-Ville Distribution-Hough Transform，WVD-HT）的信号检测与估计方法相比，

在分析多分量信号时避免了交叉项的困扰，省略了 WVD-HT 方法中时频分布从直角坐标到极坐标的变换和二维 Hough 变换，从而降低了处理的复杂度；同时，作为一种线性变换，分数阶傅里叶变换保留了信号的相位信息，因此，利用分数阶傅里叶变换可以有效地估计出 chirp 信号的调频率、中心频率、幅度和相位 4 个参数。

这种基于分数阶傅里叶变换的信号检测方法虽然在原理上比较直观，但是在具体实现时会面临一些问题。首先，在以旋转角 α 为变量进行扫描的过程中，当参数估计精度要求较高时，为了满足精度要求，必须选择较小的扫描步长，这样将成倍地增加计算复杂度；其次，在多分量信号的检测过程中，强信号分量的存在可能会影响弱信号分量的检测和参数估计，因此必须采取措施抑制强信号对弱信号的影响。这些问题将在 4.2.2.2 节的具体实现中详细分析讨论。

4.2.2.2　单分量及多分量信号的处理

首先考虑单分量处理的估计精度问题。如 4.2.2.1 节所述，利用分数阶傅里叶变换检测 chirp 信号的基本原理是以旋转角 α 为变量，对观测信号连续进行分数阶傅里叶变换，从而形成信号能量在参数(α, u)平面上的二维分布，并在此平面上按阈值进行峰值点的二维搜索即可实现信号的检测和参数估计。显然，式(4.10)是一个二维的搜索，算法的计算复杂度将取决于所采用的搜索算法及离散分数阶傅里叶变换的计算。由采样型离散分数阶傅里叶变换的原理可知，若信号 $x(t)$的最高频率分量为 F，则 $X_p(u)$可由下式计算

$$X_p(u)=\frac{A_\alpha}{2F}\sum_{n=-N}^{N}\exp(\mathrm{j}\pi u^2\cot\alpha)\exp\left[\frac{\mathrm{j}\pi n^2\cot\alpha}{(2F)^2}-\frac{\mathrm{j}2\pi un\csc\alpha}{2F}\right]x\left(\frac{n}{2F}\right) \tag{4.12}$$

将变量 u 离散化后可得

$$X_p\left(\frac{m}{2F}\right)=\frac{A_\alpha}{2F}\sum_{n=-N}^{N}\exp\left[\frac{\mathrm{j}\pi m^2\cot\alpha}{(2F)^2}-\frac{\mathrm{j}2\pi mn\csc\alpha}{(2F)^2}+\frac{\mathrm{j}\pi n^2\cot\alpha}{(2F)^2}\right]x\left(\frac{n}{2F}\right) \tag{4.13}$$

显然，若搜索过程中采用式(4.13)计算信号的分数阶傅里叶变换，则当估计的精度要求较高时，需要的计算量很大。如直接采用式(4.12)计算信号的离散分数阶傅里叶变换(Discrete Fractional Fourier Transform，DFRFT)，则在分数阶傅里叶域上的分辨率有限，在许多应用中不能满足估计精度的要求。为兼顾估计精度和计算复杂度的要求，可以采用两级搜索的方法。首先，以式(4.13)为计算工具，对变量 p，u 采用较低的分辨率(大的搜索步长)进行直接搜索，得到 p_0 及 u_0 的粗略估计；第二步，以这一估计值为初始值，在式(4.12)的基础上，利用拟牛顿法进行迭代搜索，得到参数的精确估计，其迭代过程可表示为

$$\begin{bmatrix}\hat{\alpha}_{n+1}\\ \hat{u}_{n+1}\end{bmatrix}=\begin{bmatrix}\hat{\alpha}_{n}\\ \hat{u}_{n}\end{bmatrix}-\lambda_n H_n\begin{bmatrix}\dfrac{\partial|X_\alpha(u)|^2}{\partial p}\\ \dfrac{\partial|X_\alpha(u)|^2}{\partial u}\end{bmatrix}_{\substack{\alpha=\hat{\alpha}_n\\ u=\hat{u}_n}} \tag{4.14}$$

其中，$\hat{\alpha}_n$ 及 $\hat{u}_n$ 为参数的第 n 次搜索的结果；λ_n 为第 n 次搜索的步长系数；H_n 为函数 $|X_\alpha(u)|^2$ 在$(\hat{\alpha}_n, \hat{u}_n)$点的尺度矩阵，可通过迭代的方法求得。拟牛顿法中每次迭代的主要运算为一次一维搜索和函数一阶偏导数的计算。仿真分析表明，对于式(4.13)和式(4.14)所描述的优化搜索问题，不超过 4 次迭代即可使参数估计的分辨率达到或接近其 Cramer-Rao 下限。这一算法所需的计算为分数阶傅里叶域的一次扫描搜索和一次迭代搜索。由于

迭代搜索的计算量远小于扫描搜索，因此，若设扫描点数为 m，信号样本长度为 N，则这一算法的计算复杂度估计为 $O(mN\log_2 N)$。扫描点数 m 由扫描的分辨率和范围确定，可根据实际应用背景选取。恰当地选择分数阶傅里叶域的扫描分辨率和范围，需要扫描的点数可远小于 N。

上述方法很容易推广到多分量信号的检测与估计中，然而多分量信号的处理必须考虑各分量之间的相互影响问题。多分量 LFM 信号可用以下观测模型表示

$$
\begin{aligned}
x(t) &= s(t) + w(t) \\
&= \sum_{k=1}^{K} a_{0k} \exp(\mathrm{j}\varphi_{0k} + \mathrm{j}2\pi f_{0k} t + \mathrm{j}\pi\mu_{0k} t^2) + w(t), \quad -\Delta t/2 \leqslant t \leqslant \Delta t/2
\end{aligned} \tag{4.15}
$$

其中，k 为信号分量的个数，不失一般性，设定各信号分量按其强度排序；$w(t)$ 为复的零均值高斯白噪声，方差为 σ_w^2，对于任一信号分量，相应的输入信噪比为 a_{0k}^2/σ_w^2。工程应用中，各信号分量强度往往相差很大，这使得在多分量信号的检测过程中，强信号分量的存在可能会影响对弱信号分量的检测与参数估计，因此，在多分量信号的检测与估计算法中必须采取一定的措施来抑制强信号对弱信号的影响。一种有效的方法是利用分数阶傅里叶域的信号分离技术实现对强信号分量的抑制，其核心思想是：对式(4.15)给出的信号模型，根据各信号分量的强度，按照由强到弱的次序，逐个估计出信号分量的强度，并根据参数估计的结果，依次从观测信号中消去最强的信号分量，从而提高对多分量信号的检测与估计的有效性和可靠性。这一方法的步骤可表示为：

(1) 根据式(4.13)和式(4.14)给出的算法，在(α,u)平面上对被观测信号进行两级二维搜索，由最大的峰值点的位置 $(\hat{\alpha}_{01},\hat{u}_{01})$ 得到最强($k=1$)信号分量相应的参数估计值$\{\hat{a}_{01},\hat{\varphi}_{01},\hat{f}_{01},\hat{\mu}_{01}\}$。

(2) 计算信号的 $\hat{p}_0(\hat{p}_0=2\hat{\alpha}_{01}/\pi)$阶分数阶傅里叶变换，得到旋转角度 $\hat{\alpha}_{01}$ 后的信号表示

$$
X_{\hat{\alpha}_{01}}(u) = S_{\hat{\alpha}_{01}}(u) + W_{\hat{\alpha}_{01}}(u) \tag{4.16}
$$

其中，$S_{\hat{\alpha}_{01}}(u)$和 $W_{\hat{\alpha}_{01}}(u)$分别为 LFM 信号和噪声的分数阶傅里叶变换。此时，第一信号分量的能量绝大部分集中在 u 域上以 $\hat{u}_{01}$ 为中心的一个窄带内；而噪声和其他信号分量均不会呈现出明显的能量聚集。

(3) 在 u 域内按尖峰作遮隔处理，即

$$
\begin{aligned}
X'_{\hat{\alpha}_{01}}(u) &= X_{\hat{\alpha}_{01}}(u)M(u) = S_{\hat{\alpha}_{01}}(u)M(u) + W_{\hat{\alpha}_{01}}(u)M(u) \\
&= S_{\hat{\alpha}_{01}}(u) + W'_{\hat{\alpha}_{01}}(u)
\end{aligned} \tag{4.17}
$$

式中，$M(u)$为中心频率为 $\hat{u}_{01}$ 的窄带滤波器，适当选择其带宽，可滤除掉第一信号分量的绝大部分能量。这一过程相当于一个开环的自适应时变滤波器，其中心频率跟随第一信号分量的瞬时频率作线性变化，从而实现了对信号的自适应滤波。

(4) 对滤波后的信号进行一次$-\hat{p}_0$ 阶的分数阶傅里叶变换，将其反向旋转回原来的时间域。此时，观测信号可近似表示为

$$
\begin{aligned}
x'(t) &= s'(t) + w'(t) \\
&= \sum_{k=2}^{K} a_{0k} \exp(\mathrm{j}\varphi_{0k} + \mathrm{j}2\pi f_{0k} t + \mathrm{j}\pi\mu_{0k} t^2) + w'(t)
\end{aligned} \tag{4.18}
$$

其中，$w'(t)$为滤波后的时域噪声函数，仍可近似为高斯白噪声。

(5) 重复以上过程,即可得到所有可检测信号分量的参数估计,直至剩余信号中所有的信号分量的幅度均低于某一预定的阈值。

图 4.7 给出了上述方法的一个实例,其中的被观测信号包含两个长度为 512 点的线性调频分量和方差 $\sigma_w^2=1$ 的加性高斯白噪声,第一分量和第二分量的输入信噪比分别为 0dB 和−3dB。图 4.7(a)给出的是(α,u)平面上信号的分数阶傅里叶变换的模平方;图 4.7(b)则是抑制了第一分量后的(α,u)平面。由图 4.7 可见,在参数平面上,强信号分量将会"淹没"弱信号分量,因此,直接采用峰值检测的方法将难以实现对弱信号分量的可靠检测,而采用逐次消去强信号分量的方法,则可明显地提高信号检测的可靠性。8.4.1 节利用分数阶功率谱估计也作了多分量 chirp 信号的检测和参数估计仿真,不过利用分数阶功率谱仅能估计 chirp 信号的调频率,且所作仿真也未考虑强分量对弱分量的影响。

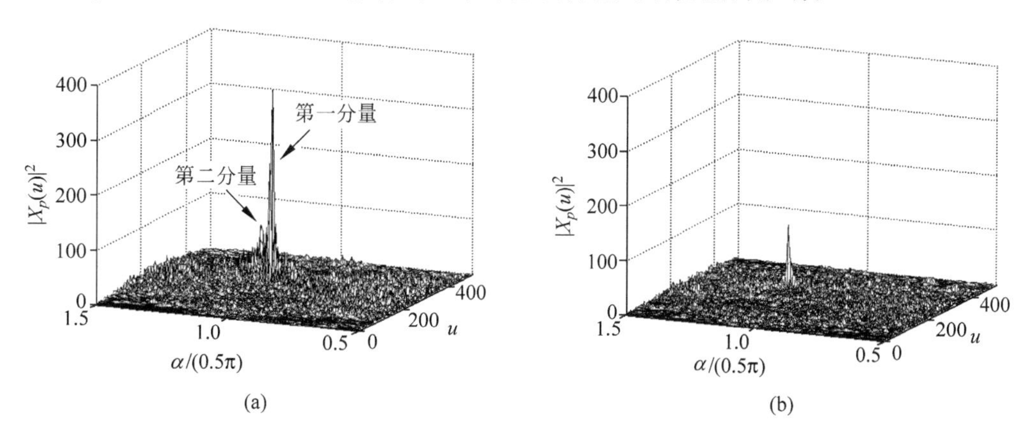

图 4.7 分数阶傅里叶域上的信号分离

(a)(α,u)平面上信号能量的分布;(b)抑制了第一分量后(α,u)平面上信号能量的分布

4.2.2.3 检测性能与估计误差的理论分析和实验仿真

在工程应用中,由于噪声的影响,必然给 chirp 信号的检测和参数估计带来误差。为使这种基于分数阶傅里叶变换的信号检测和参数估计的方法具有工程应用的价值,就需要从理论上对其检测性能和参数估计的精度进行分析。

1. 检测性能

信号检测的性能一般由检测器的输出信噪比来评估,对于 4.2.2.2 节介绍的算法,定义二维函数

$$D_s(p,u)=|S_p(u)|^2 \tag{4.19}$$

$$D_x(p,u)=|X_p(u)|^2 \tag{4.20}$$

对于式(4.9)给出的单分量信号模型和式(4.19)所确立的关系,函数 $D_s(p,u)$ 呈现出一个峰值,位于(p_0,u_0),峰值 $D_s(p_{0k},u_{0k})$ 为确定值。而二维函数 $D_x(p,u)$ 在(p_0,u_0)处发生随机起伏,并具有一定的起伏方差。在此坐标点上,检测器输出信噪比定义为

$$\mathrm{SNR}_{\mathrm{out}}=\frac{|D_s(p_0,u_0)|^2}{\mathrm{Var}[D_x(p_0,u_0)]} \tag{4.21}$$

式中,$\mathrm{Var}[D_x(p_0,u_0)]$ 表示 $D_x(p_0,u_0)$ 的方差。由式(4.19)可得函数 $D_s(p,u)$ 的峰值为

$$D_s(p_0,u_0)=|S_{p_0}(u_0)|^2=\frac{|A_{\alpha_0}|^2}{(2F)^2}(2N+1)^2a_0^2 \tag{4.22}$$

由式(4.9)和式(4.19)可得 $D_x(p_0,u_0)$ 的均值为

$$\begin{aligned}
E[D_x(p_0,u_0)] &= E[|S_{p_0}(u_0)+W_{p_0}(u_0)|^2] \\
&= E[|S_{p_0}(u_0)|^2+2\mathrm{Re}[S_{p_0}(u_0)W_{p_0}^*(u_0)]+|W_{p_0}(u_0)|^2] \\
&= |S_{p_0}(u_0)|^2+E[|W_{p_0}(u_0)|^2] \\
&= \frac{|A_{\alpha_0}|^2}{(2F)^2}(2N+1)^2a_0^2+\frac{|A_{\alpha_0}|^2}{(2F)^2}(2N+1)\sigma_w^2
\end{aligned} \tag{4.23}$$

式中,a_0 为信号的幅度;$\alpha_0=p_0\pi/2$。$D_x(p_0,u_0)$ 方差为

$$\begin{aligned}
\mathrm{Var}[D_x(p_0,u_0)] &= E\{[D_x(p_0,u_0)-E[D_x(p_0,u_0)]]^2\} \\
&= E[|W_{p_0}(u_0)|^4]+2|S_{p_0}(u_0)|^2\cdot \\
&\quad E[|W_{p_0}(u_0)|^2]-\{E[|W_{p_0}(u_0)|^2]\}^2 \\
&= 2\frac{|A_{\alpha_0}|^4}{(2F)^4}(2N+1)^2\sigma_w^4+2\frac{|A_{\alpha_0}|^4}{(2F)^4}(2N+1)^3a_0^2\sigma_w^2
\end{aligned} \tag{4.24}$$

由此可得

$$\begin{aligned}
\mathrm{SNR}_{\mathrm{out}} &= \frac{|D_s(p_0,u_0)|^2}{\mathrm{Var}[D_x(p_0,u_0)]} \\
&= \frac{\left[\frac{|A_{\alpha_0}|^2}{(2F)^2}(2N+1)^2a_0^2\right]^2}{2\frac{|A_{\alpha_0}|^4}{(2F)^4}(2N+1)^2\sigma_w^4+2\frac{|A_{\alpha_0}|^4}{(2F)^4}(2N+1)^3a_0^2\sigma_w^2} \\
&= \frac{[(2N+1)^2a_0^2]^2}{2(2N+1)^2\sigma_w^4+2(2N+1)^3a_0^2\sigma_w^2}=\frac{(2N+1)^2\mathrm{SNR}_{\mathrm{in}}^2}{2[(2N+1)\mathrm{SNR}_{\mathrm{in}}+1]}
\end{aligned} \tag{4.25}$$

式中,输入信噪比 $\mathrm{SNR}_{\mathrm{in}}$ 定义为 a_0^2/σ_w^2。

由式(4.25)可以看出,当输入信噪比较高($\mathrm{SNR}_{\mathrm{in}}\gg 1$)时,输出信噪比可以用 $\mathrm{SNR}_{\mathrm{out}}\approx(2N+1)\mathrm{SNR}_{\mathrm{in}}/4$ 近似表示;反之,在小信噪比($(2N+1)\mathrm{SNR}_{\mathrm{in}}\ll 1$)时,输出信噪比可近似表示为 $\mathrm{SNR}_{\mathrm{out}}\approx(2N+1)^2\mathrm{SNR}_{\mathrm{in}}^2/2$,即输出信噪比比输入信噪比还要低。这两种极端情况提示我们,虽然分数阶傅里叶变换是一个线性变换,但检测过程中的模平方运算所具有的"大压小"效应使输出信噪比相对于输入信噪比产生了门限效应,这一门限可定义为 $\mathrm{SNR}_{\mathrm{in}}=1/(2N+1)$。当输入信噪比高于门限时,输出信噪比得到改善;而当输入信噪比低于门限时,输出信噪比反而恶化,这也是取模平方非线性变换的一般规律。显然,增大数据长度是改善信噪比的一个有效的手段。

不同于上述从信号离散化入手的信噪比分析,文献[13]从连续信号的解析形式开始,推导了有限时长 LFM 信号的分数阶傅里叶变换模平方及其峰值大小和位置,分析了附加零均值复高斯白噪声后时限 LFM 信号的分数阶傅里叶变换模平方的统计特性,并依据文献

[14]提出的二维变换域上的信噪比概念对附加噪声后的 LFM 信号作了信噪比分析。限于篇幅,本书不展开阐述,感兴趣的读者可参阅相关文献。

2. 参数估计的误差分析

根据估计理论,参数估计的性能一般由估计量的统计特性来评估,下面采用一阶扰动分析的方法对上述方法的性能进行分析。首先,检测统计量 $|X_\alpha(u)|^2$ 可表示为

$$|X_\alpha(u)|^2=|S_\alpha(u)+W_\alpha(u)|^2=|S_\alpha(u)|^2+2\mathrm{Re}[S_\alpha(u)W_\alpha^*(u)]+|W_\alpha(u)|^2 \tag{4.26}$$

在大信噪比的情况下,上式右端的第三项可以忽略,即

$$|X_\alpha(u)|^2\approx|S_\alpha(u)|^2+2\mathrm{Re}[S_\alpha(u)W_\alpha^*(u)] \tag{4.27}$$

根据式(4.11)确立的关系,可以认为,在分辨率足够的前提下,对参数 (α,u) 的搜索等同于对参数 (f_0,μ_0) 的搜索。将关系式 $f=u\csc\alpha,\mu=-\cot\alpha$ 代入式(4.19)和式(4.20),可得到关于参数 $\{f,\mu\}$ 的二维函数 $D_x(f,\mu)$:

$$D_x(f,\mu)=D_s(f,\mu)+\delta D(f,\mu) \tag{4.28}$$

其中,$D_s(f,\mu)$,$\delta D(f,\mu)$ 分别称为信号函数和噪声函数。根据式(4.19),有

$$D_s(f,\mu)=\frac{|A_\alpha|^2}{(2F)^2}\sum_{n=-N}^{N}\sum_{k=-N}^{N}\mathrm{e}^{-\mathrm{j}2\pi f(n-k)/(2F)}\mathrm{e}^{\mathrm{j}\pi(n^2-k^2)\mu/(2\Delta x)^2}\cdot x\left(\frac{n}{2F}\right)x^*\left(\frac{k}{2F}\right) \tag{4.29}$$

$$\delta D(f,\mu)=\frac{2|A_\alpha|^2}{(2F)^2}\mathrm{Re}\left[\sum_{n=-N}^{N}\sum_{k=-N}^{N}\mathrm{e}^{-\mathrm{j}2\pi f(n-k)/(2F)}\mathrm{e}^{\mathrm{j}\pi\mu(n^2-k^2)/(2F)^2}\cdot x\left(\frac{n}{2F}\right)w^*\left(\frac{k}{2F}\right)\right] \tag{4.30}$$

显然,对于式(4.22)给出的信号模型,相应于每一个信号分量,函数 $D_s(f,\mu)$ 呈现出一个峰值,位于 (f_{0k},μ_{0k}),而在噪声的影响下,函数 $D_x(f,\mu)$ 对应于该信号分量的峰值点随机漂移到 $(f_{0k}+\delta f_k,\mu_{0k}+\delta\mu_k)$,根据峰值点的特性可得到如下关系式

$$\frac{\partial}{\partial f}[D_s(f,\mu)+\delta D(f,\mu)]_{\substack{f_{0k}+\delta f_k\\ \mu_{0k}+\delta\mu_k}}=0 \tag{4.31}$$

$$\frac{\partial}{\partial \mu}[D_s(f,\mu)+\delta D(f,\mu)]_{\substack{f_{0k}+\delta f_k\\ \mu_{0k}+\delta\mu_k}}=0 \tag{4.32}$$

对以上两式的左端分别作泰勒展开,并保留至一次项和零次项,有

$$\frac{\partial}{\partial f}[D_s(f,\mu)]_{\substack{f_{0k}\\ \mu_{0k}}}+\frac{\partial}{\partial f}[\delta D(f,\mu)]_{\substack{f_{0k}\\ \mu_{0k}}}+\frac{\partial^2}{\partial f^2}[D_s(f,\mu)]_{\substack{f_{0k}\\ \mu_{0k}}}\delta f_k+\frac{\partial^2}{\partial f\partial\mu}[D_s(f,\mu)]_{\substack{f_{0k}\\ \mu_{0k}}}\delta\mu_k\approx 0 \tag{4.33}$$

$$\frac{\partial}{\partial \mu}[D_s(f,\mu)]_{\substack{f_{0k}\\ \mu_{0k}}}+\frac{\partial}{\partial \mu}[\delta D(f,\mu)]_{\substack{f_{0k}\\ \mu_{0k}}}+\frac{\partial^2}{\partial \mu^2}[D_s(f,\mu)]_{\substack{f_{0k}\\ \mu_{0k}}}\delta f_k+\frac{\partial^2}{\partial f\partial\mu}[D_s(f,\mu)]_{\substack{f_{0k}\\ \mu_{0k}}}\delta\mu_k\approx 0 \tag{4.34}$$

由峰值点的特性可知，以上两式中的第一项均为0。在此基础上，定义随机变量

$$\begin{cases} d = \dfrac{\partial}{\partial f}[\delta D(f,\mu)]_{\substack{f_{0k}\\ \mu_{0k}}} \\ e = \dfrac{\partial}{\partial \mu}[\delta D(f,\mu)]_{\substack{f_{0k}\\ \mu_{0k}}} \end{cases} \tag{4.35}$$

以及常数

$$\begin{cases} A = \dfrac{\partial^2}{\partial f^2}[D_s(f,\mu)]_{\substack{f_{0k}\\ \mu_{0k}}} \\ B = \dfrac{\partial^2}{\partial \mu^2}[D_s(f,\mu)]_{\substack{f_{0k}\\ \mu_{0k}}} \\ C = \dfrac{\partial^2}{\partial f \partial \mu}[D_s(f,\mu)]_{\substack{f_{0k}\\ \mu_{0k}}} \end{cases} \tag{4.36}$$

则式(4.33)、式(4.34)可表示为紧凑的矩阵形式：

$$\begin{bmatrix} A & B \\ B & C \end{bmatrix} \begin{bmatrix} \delta f_k \\ \delta \mu_k \end{bmatrix} = \begin{bmatrix} -d \\ -e \end{bmatrix} \tag{4.37}$$

由式 (4.29)可得到

$$\begin{aligned} A &= -\frac{|A_{\alpha_0}|^2 (2\pi)^2 a_{0k}^2}{(2F)^4} \sum_{n=-N}^{N} \sum_{k=-N}^{N} (n-k)^2 \\ &= -\frac{|A_{\alpha_0}|^2 (2\pi)^2 a_{0k}^2}{(2F)^4} \cdot \frac{2N(2N+1)(2N^2+3N+1)}{3} \end{aligned} \tag{4.38}$$

$$B = \frac{|A_{\alpha_0}|^2 2(\pi)^2 a_{0k}^2}{(2F)^5} \sum_{n=-N}^{N} \sum_{k=-N}^{N} (n-k)(n-k)^2 = 0 \tag{4.39}$$

$$\begin{aligned} C &= -\frac{|A_{\alpha_0}|^2 \pi^2 a_{0k}^2}{(2F)^6} \sum_{n=-N}^{N} \sum_{k=-N}^{N} (n^2-k^2)^2 \\ &= -\frac{|A_{\alpha_0}|^2 \pi^2 a_{0k}^2}{(2F)^6} \cdot \frac{2N(2N+1)(8N^4+20N^3+10N^2-5N-3)}{45} \end{aligned} \tag{4.40}$$

于是，从式(4.37)可立即解出

$$\delta f_k = -\frac{d}{A}, \quad \delta \mu_k = -\frac{e}{C} \tag{4.41}$$

由式(4.30)及式(4.35)的定义不难得到 δf_k 和 $\delta \mu_k$ 的统计特性

$$E[\delta f_k] = 0, \quad E[\delta \mu_k] = 0 \tag{4.42}$$

$$\text{Var}[\delta f_k] = \frac{E[|d|^2]}{A^2} = \frac{6(2F)^2}{(2\pi)^2 (8N^3+12N^2+4N)\text{SNR}} \tag{4.43}$$

$$\text{Var}[\delta \mu_k] = \frac{E[|e|^2]}{A^2} = \frac{45(2F)^4}{2\pi^2 N(2N+1)(4N^3+8N^2+N-3)\text{SNR}} \tag{4.44}$$

其中，$\text{SNR} = a_{0k}^2/\sigma_w^2$，为第 k 个信号分量的输入信噪比。

在上述结果的基础上，可进一步分析估计值 $\hat{\varphi}_{0k}$ 及 $\hat{a}_{0k}$ 的统计特性。根据关系式(4.11)可得

$$\begin{aligned}\hat{\varphi}_{0k} &= \arg\left[\frac{X_{\hat{\alpha}_{0k}}(\hat{u}_{0k})}{A_{\hat{\alpha}_{0k}}\,\mathrm{e}^{\mathrm{j}\pi\hat{u}_{0k}^2\cot\hat{\alpha}_{0k}}}\right] \\ &= \arg\left[\sum_{n=-N}^{N}\left[s\left(\frac{n}{2F}\right)+w\left(\frac{n}{2F}\right)\right]\mathrm{e}^{-\mathrm{j}2\pi\hat{f}_{0k}n/(2F)}\,\mathrm{e}^{-\mathrm{j}\pi n^2\hat{\mu}_{0k}/(2F)^2}\right] \\ &= \arg\left[\sum_{n=-N}^{N}s\left(\frac{n}{2F}\right)[1+h(n)]\,\mathrm{e}^{-\mathrm{j}2\pi\hat{f}_{0k}n/(2F)}\,\mathrm{e}^{-\mathrm{j}\pi n^2\hat{\mu}_{0k}/(2F)^2}\right]\end{aligned} \tag{4.45}$$

式中，

$$h(n)=w\left(\frac{n}{2F}\right)/s\left(\frac{n}{2F}\right) \tag{4.46}$$

利用近似计算公式

$$1+\mathrm{j}x\approx\mathrm{e}^{\mathrm{j}x},\quad x\ll 1$$

可由式(4.45)得到

$$\begin{aligned}\hat{\varphi}_{0k} &= \varphi_{0k}+\delta\varphi_k \\ &= \arg\left[a_{0k}\mathrm{e}^{\mathrm{j}\varphi_{0k}}\sum_{n=-N}^{N}[1+h(n)-\mathrm{j}2\pi\delta f_k n/(2F)-\mathrm{j}\pi n^2\delta\mu_k/(2F)^2]\right] \\ &\approx \arg\left[a_{0k}(2N+1)\exp\left[\mathrm{j}\varphi_{0k}+\mathrm{j}\,\mathrm{Im}\left[\frac{1}{2N+1}\sum_{n=-N}^{N}h(n)\right]-\mathrm{j}\pi\delta\mu\frac{N(N+1)}{3}\right]\right] \\ &= \varphi_{0k}+\mathrm{Im}\left[\frac{1}{2N+1}\sum_{n=-N}^{N}h(n)\right]-\pi\delta\mu\frac{N(N+1)}{3(2F)^2}\end{aligned} \tag{4.47}$$

即

$$\delta\varphi_k=\mathrm{Im}\left[\frac{1}{2N+1}\sum_{n=-N}^{N}h(n)\right]-\pi\delta\mu_k\frac{N(N+1)}{3(2F)^2} \tag{4.48}$$

同样，由式(4.11)和式(4.27)可得到

$$\begin{aligned}\hat{a}_{0k} &= a_{0k}+\delta a_k=\frac{(2F)\,|X_{\hat{\alpha}_{0k}}(\hat{u}_{0k})|}{(2N+1)\,|A_{\hat{\alpha}_{0k}}|} \\ &\approx \frac{(2\Delta x)}{(2N+1)\,|A_{\alpha_{0k}}|}\sqrt{|S_{\alpha_{0k}}(u_{0k})|^2+2\mathrm{Re}[S_{\alpha_{0k}}(u_{0k})W_{\alpha_{0k}}^{*}(u_{0k})]} \\ &\approx a_{0k}+a_{0k}\frac{\mathrm{Re}[S_{\alpha_{0k}}(u_{0k})W_{\alpha_{0k}}^{*}(u_{0k})]}{|S_{\alpha_{0k}}(u_{0k})|^2}\end{aligned} \tag{4.49}$$

即

$$\delta a_k\approx a_{0k}\frac{\mathrm{Re}[S_{\alpha_{0k}}(u_{0k})W_{\alpha_{0k}}^{*}(u_{0k})]}{|S_{\alpha_{0k}}(u_{0k})|^2} \tag{4.50}$$

由 $\delta\mu_k$ 及噪声 $w(t)$ 的统计特性可求出

$$E[\delta\varphi_k]=0,\quad E[\delta a_k]=0 \tag{4.51}$$

$$\mathrm{Var}[\delta\varphi_k]=\frac{9N^2+9N-3}{(16N^3+24N^2-4N-6)\mathrm{SNR}} \tag{4.52}$$

$$\mathrm{Var}[\delta a_k]=\frac{\sigma_w^2}{2(2N+1)} \tag{4.53}$$

将以上估计值的均方误差按其 Cramer-Rao 下限[15-16]进行归一化，可得到估计的相对有效性：

$$\varepsilon_\varphi=\varepsilon_f=\varepsilon_\mu\approx 1+\frac{3}{2N+1}+O\left(\frac{1}{N^2}\right),\quad \varepsilon_a=1 \tag{4.54}$$

考虑到分析过程的近似性，可以认为对上述参数的估计是渐近无偏和渐近有效的，当 $N\gg 1$ 时，其估计误差十分接近其 Cramer-Rao 下限。

为验证误差分析的结果，本节中给出了上述算法的 Monte Carlo 仿真结果[17]。仿真实验中，观测信号含有两个分量，信号的样本长度为 65，信号参数分别为：$a_{01}=1.0$，$\varphi_{01}=2.5$，$f_{01}=0.1/2\pi T_s$，$\mu_{01}=0.03/\pi T_s^2$；$a_{02}=0.25$，$\varphi_{02}=0$，$f_{02}=0$，$\mu_{02}=0.01/\pi T_s^2$，其中 T_s 为采样间隔。取输入信噪比范围为 −12～16dB，间隔 2dB，分别运行 1000 次 Monte Carlo 仿真，各参数估计值的均方误差分别示于图 4.8 和图 4.9。由图 4.8 可见，对于第一信号分量，当输入信噪比大于 −2dB 时，仿真结果非常接近理论值，其均方误差不超过 Cramer-Rao 下限的 1.2 倍；而随着信噪比的降低，仿真结果与理论分析结果之间逐渐产生了偏差，显然，这一现象是由于在小信噪比的情况下，分析过程中的近似条件不再成立所导致的。而对于第二信号分量，其检测与参数估计的结果受到强信号分量的影响，由图 4.9 可见，在不采取任何信号分离措施的情况下，参数 a_0、φ_0 和 μ_0 的估计精度明显下降。与图 4.8 的结果相比，在相同的输入信噪比下，a_0、φ_0 的估计值均方误差增大了约 100 倍，μ_0 的估计值均方误差增大了约 10 倍；参数 f_0 的估值精度受强信号分量的影响较小，在小信噪比下，其估计值的均方误差增大约 2 倍。当采用了信号分离技术抑制了第一分量后，估计值的精度得到了有效提高，各参数估值的均方误差已接近图 4.8 的结果。分析表明，输入信噪比大于 −2dB 时，各估计值的均方误差不超过 Cramer-Rao 下限的 2 倍。

4.2.2.4 不同调频率多分量 LFM 信号的相互遮蔽

影响多分量 chirp 信号检测和参数估计的因素除了噪声外，还包括各分量间的相互遮蔽。从文献[18]可知，一个非零信号不可能在两个不同分数阶傅里叶域 u_α、u_β（$\beta\neq\pm\alpha+n\pi, n\in\mathbb{Z}$）都是带限的，这就是说，如果采样时间无限长，那么调频率互不相同的多分量 chirp 信号应该只是在各自对应的分数阶傅里叶域中累积能量，而在其他分数阶傅里叶域中带宽是无限宽的，这样就不会造成各分量间的相互遮蔽。而在实际工程应用中，采样时间必然是有限的，因此就肯定存在各分量间分数阶傅里叶谱的相互遮蔽问题。因此，本节的目的是基于分数阶傅里叶变换快速离散算法来导出相应的分数阶傅里叶域中调频率不同的多分量 chirp 信号间相互遮蔽的具体因素和量化关系，为进一步降低遮蔽提供参考。

首先介绍一下本节要用到的分数阶傅里叶变换的两个基本性质：①分数阶傅里叶变换是一种线性变换，即 $\mathcal{F}^p[x+y](u)=\mathcal{F}^p[x](u)+\mathcal{F}^p[y](u)$，$p\pi/2=\alpha$；②从信号的时频表示来看，分数阶傅里叶变换是对时频平面的旋转，即

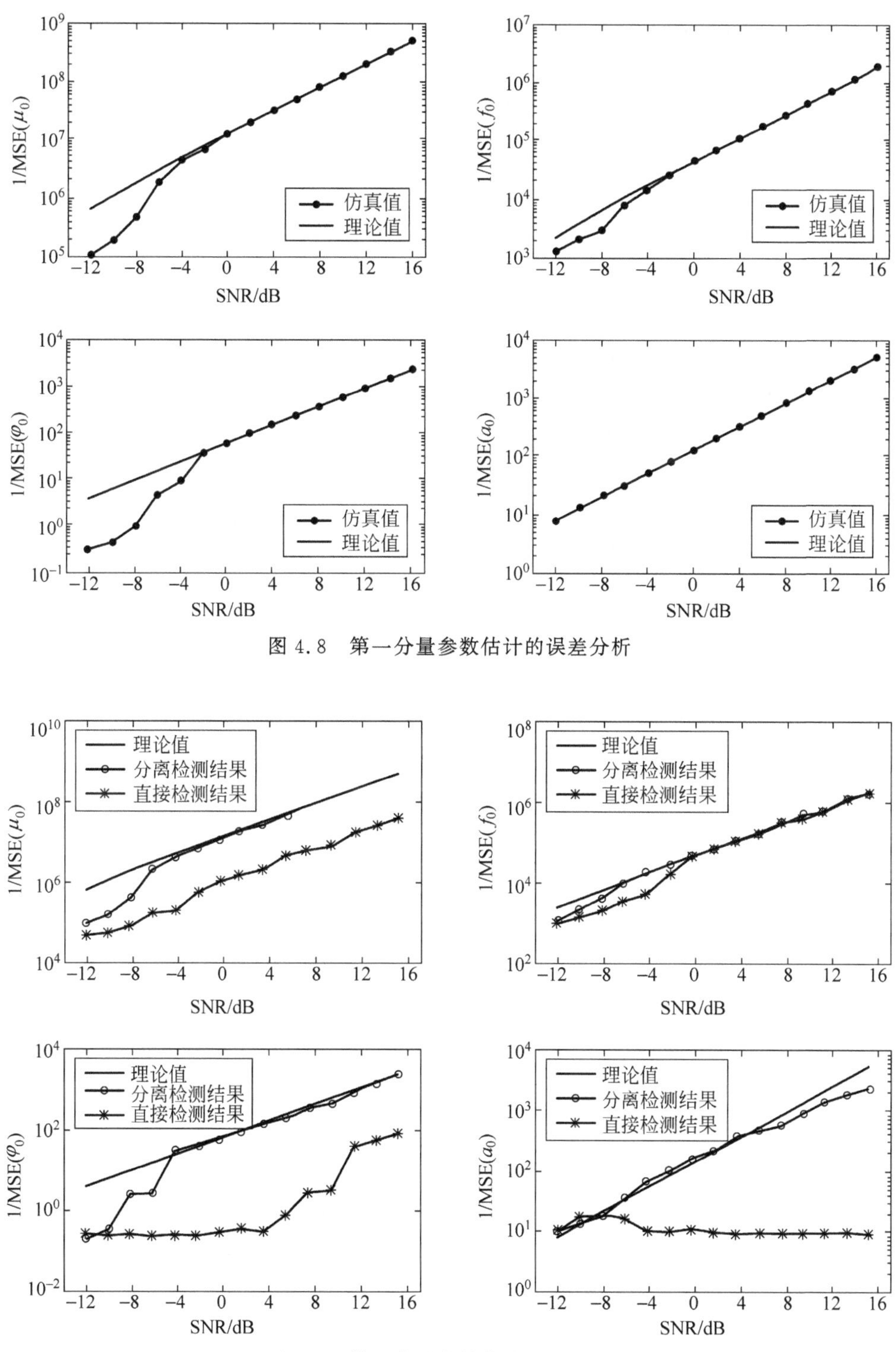

图 4.8　第一分量参数估计的误差分析

图 4.9　第二分量参数估计的误差分析

$$W_s(t,\omega)=\mathcal{R}^{\alpha}[W_{S_\alpha}](t,\omega) \tag{4.55}$$

式中，$s(t)$，$S_\alpha(u)$的 Wigner 分布分别由 $W_s(t,\omega)=\int_{-\infty}^{+\infty}s\left(t+\frac{\tau}{2}\right)s^*\left(t-\frac{\tau}{2}\right)\mathrm{e}^{-\mathrm{j}\omega\tau}\mathrm{d}\tau$，$W_{S_\alpha}(u,v)=\int_{-\infty}^{+\infty}S_\alpha\left(u+\frac{\tau}{2}\right)S_\alpha^*\left(u-\frac{\tau}{2}\right)\mathrm{e}^{-\mathrm{j}v\tau}\mathrm{d}\tau$ 来表征；$\mathcal{R}^{\alpha}$表征对二维函数 $W_{S_\alpha}(u,v)$作角度为 α 的顺时针旋转，即

$$\mathcal{R}^{\alpha}[W_{S_\alpha}](t,\omega)=W_{S_\alpha}(t\cos\alpha+\omega\sin\alpha,-t\sin\alpha+\omega\cos\alpha) \tag{4.56}$$

根据时频分布的边缘特性，可以知道 $W_{S_\alpha}(u,v)$关于 v 的积分给出了信号 s 的分数阶傅里叶谱密度，即信号 s 的 p 阶分数阶傅里叶谱密度等于角度 α 的 Radon-Wigner 变换($p\pi/2=\alpha$)。式(4.56)所表示的分数阶傅里叶变换与时频分布的关系构成了本节接下来分析 chirp 信号在分数阶傅里叶域中能量分布的基础。

1. 分数阶傅里叶域中 chirp 信号的能量分布

设单分量 chirp 信号 $g(t)$模型如下

$$g(t)=A\exp(\mathrm{j}2\pi f_0t+\mathrm{j}\pi\mu t^2+\mathrm{j}\varphi) \tag{4.57}$$

因为实际应用中多采用数字信号处理方式，因此进一步给出 $g(t)$的离散模型。设以采样频率 f_s 对连续信号 $g(t)$进行采样，采样时间为$[-T_d/2,T_d/2]$，则得到

$$g(n)=A\exp\left(\mathrm{j}2\pi f_0\left(n-\frac{N+1}{2}\right)\Delta t+\mathrm{j}\pi\mu\left(n-\frac{N+1}{2}\right)^2\Delta t^2+\mathrm{j}\varphi\right),\quad n=1,2,\cdots,N \tag{4.58}$$

其中，$N=f_sT_d+1$(须保证 N 为奇数[19])，$\Delta t=1/f_s$。图 4.10 为 $f_s=100\text{Hz}$，采样时长 $T_d=5\text{s}$ 的 $f_0=\varphi=0$，$\mu=10\text{Hz/s}$ 的 chirp 信号 Wigner 分布时频面投影图。

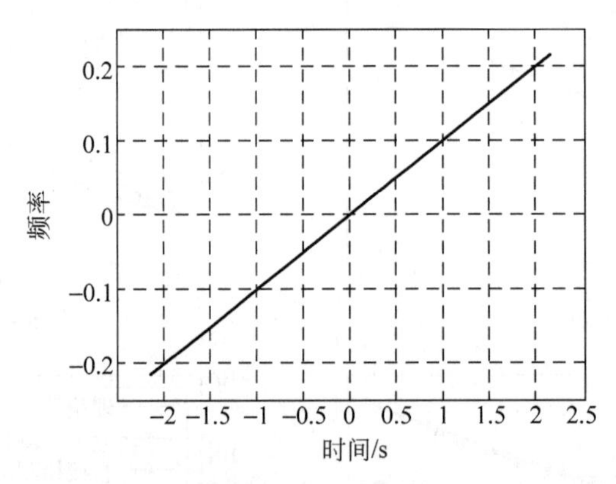

图 4.10 chirp 信号的 Wigner 分布时频面投影图

在利用分数阶傅里叶变换快速离散算法进行离散计算时，都认为输入离散信号是已经作了量纲归一化处理后的采样结果[20]。所谓量纲归一化处理可以理解为引入尺度因子 $\gamma=\sqrt{T_d/f_s}$来定义新的尺度化坐标

$$x=t/\gamma,\quad y=f\gamma \tag{4.59}$$

新的坐标系(x,y)实现了无量纲化。

下面分 $\mu<0$ 和 $\mu>0$ 两种情况来分析。首先设 $\mu<0$，则量纲归一化后 $g(t)$的(x,y)域能量分布如图 4.11 所示。需要注意的是图 4.11 所示的信号 $g(t)$中间频率 $f_0=0$，当实

际信号 $g(t)$ 中 $f_0 \neq 0$ 时总能通过频移使 f_0 归零得到如图 4.10 所示的能量分布示意图，且 f_0 只是影响支撑区的位置，对分数阶傅里叶谱强度和支撑区宽度并不影响。那么，

$$y_{\max} = \gamma \mu T_d / 2 \tag{4.60}$$

$$x_{\max} = \frac{T_d}{2\gamma} \tag{4.61}$$

因此

$$\beta = \pi - \arctan \frac{y_{\max}}{x_{\max}} \tag{4.62}$$

$$\sin\beta = \frac{\mu T_d}{\sqrt{f_s^2 + \mu^2 T_d^2}} \tag{4.63}$$

$$\rho = y_{\max} / \sin\beta = \frac{\sqrt{T_d f_s + \dfrac{\mu^2 T_d^3}{f_s}}}{2} \tag{4.64}$$

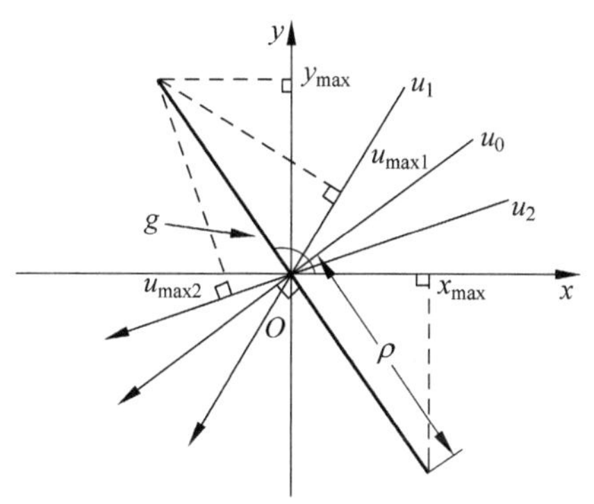

图 4.11　量纲归一化后信号 $g(t)$ 的时频分布

图中的粗实线为信号 $g(t)$ 时频分布的 (x, y) 面投影，其与 x 轴夹角为 β，u_0、u_1、u_2 分别表示变换角度 α_0、α_1、α_2 的分数阶傅里叶域

根据式(4.55)所表示的分数阶傅里叶变换与时频分布的关系以及离散分数阶傅里叶变换 Parseval 定理

$$E = \sum_{n=1}^{N} |G_r(m)|^2 = \sum_{m=1}^{N} |G_q(m)|^2, \quad r \neq q \tag{4.65}$$

可以得到

$$E \approx |G_\alpha(m)|^2 f_s T_d \frac{|u_{\max}|}{f_s \gamma / 2} \tag{4.66}$$

所以

$$|G_\alpha(m)| \approx \begin{cases} \sqrt{\dfrac{E\gamma}{2T_d |u_{\max}|}}, & \phi - \phi_\alpha \leqslant m \leqslant \phi + \phi_\alpha \\ 0, & \text{其他} \end{cases} \tag{4.67}$$

其中，$\alpha \neq \alpha_0$，$\alpha \in (\beta, \beta + \pi)$，$\alpha_0 = \beta + \pi/2$ 为信号 $g(t)$ 能量聚集最好的分数阶傅里叶域的阶次。

$$\phi = f_0 \gamma \sin\alpha \sqrt{f_s T_d} + \frac{f_s T_d + 1}{2} \tag{4.68}$$

$$\phi_\alpha = \text{round}\left(\frac{T_d \,|u_{\max}|}{\gamma}\right), \quad \text{round}(\cdot)\text{ 表示四舍五入取整} \tag{4.69}$$

$$u_{\max} = \rho \sin(|\alpha - \alpha_0|) \tag{4.70}$$

因为$\mathcal{F}^p[g](u)=\mathcal{F}^{4n+p}[g](u)$且$\mathcal{F}^p[g](u)=\mathcal{F}^{-2}\mathcal{F}^{2+p}[g](u)=\mathcal{F}^{2+p}[g](-u)$,当$f_0=0$时,$|G_\alpha(m)|$关于原点对称,即$|G_\alpha(m)|=|G_{\alpha+\pi}(m)|$,所以只需考虑$\alpha\in(\beta,\beta+\pi)$,那么有$0<|\alpha-\alpha_0|<\pi/2$。当$f_0\neq 0$时,$|G_\alpha(m)|$与$|G_{\alpha+\pi}(m)|$只是谱的位置发生了改变而强度不变,从分析多分量 chirp 信号的分数阶傅里叶谱相互遮蔽的角度看,仍然可以设$\alpha\in(\beta,\beta+\pi)$。

又因为[21]

$$E \approx \max_m[|G_{\alpha_0}(m)|^2] \approx A^2 T_d f_s / |\sin(\alpha_0)| \approx A^2 f_s T_d \sqrt{1+\mu^2\gamma^4} \tag{4.71}$$

所以将式(4.70)、式(4.71)代入式(4.67),整理后得到

$$|G_\alpha(m)| \approx \begin{cases} A/\sqrt{\sin|\alpha-\alpha_0|}, & \phi-\phi_\alpha \leqslant m \leqslant \phi+\phi_\alpha \\ 0, & \text{其他} \end{cases} \tag{4.72}$$

由式(4.72)可以看出,chirp 信号$g(t)$在α_0阶分数阶傅里叶域上能量聚集性最好,出现峰值;而当α偏离开α_0时,随着偏离间隔的增大,$g(t)$的相应阶次分数阶傅里叶谱强度开始迅速下降,支撑区也随之展宽(图 4.12)。这一点反映在多分量 chirp 信号分数阶傅里叶谱的相互遮蔽就是某分量 chirp 信号在自身能量聚集性最好的分数阶傅里叶域中的峰值受到了其他分量 chirp 信号在该阶分数阶傅里叶域能量分布的遮蔽影响。

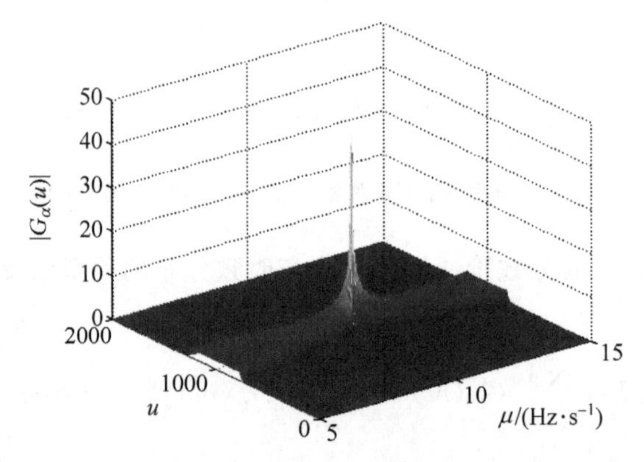

图 4.12 $A=1,\mu=10\text{Hz/s},f_s=200\text{Hz},T_d=10\text{s}$参数下$g(t)$的分数阶傅里叶变换幅度谱

2. 分数阶傅里叶域中不同调频率两分量 chirp 信号间的遮蔽

1) 遮蔽系数

基于分数阶傅里叶变换的线性性质,我们以两分量 chirp 信号为例进行具体分析。设某分量 chirp 信号$g(t)$在α_0阶分数阶傅里叶域中实现最佳能量聚集,而某分量 chirp 信号$h(t)$在α_1阶分数阶傅里叶域中实现最佳能量聚集。定义遮蔽系数

$$\varepsilon_{\alpha_1} = |G_{\alpha_1}(m)|^2 / |H_{\alpha_1}(m)|^2 = \frac{A_g^2/\sin\Delta\alpha}{A_h^2 f_s T_d \sqrt{1+\mu_h^2\gamma^4}} \tag{4.73}$$

其中，$\Delta\alpha=\begin{cases}|\alpha_0-\alpha_1|, & |\alpha_0-\alpha_1|\leqslant\pi/2\\ \pi-|\alpha_0-\alpha_1|, & |\alpha_0-\alpha_1|>\pi/2\end{cases}$，$\alpha_0=\operatorname{arccot}(-\mu_g\gamma^2)$，$\alpha_1=\operatorname{arccot}(-\mu_h\gamma^2)$，$A_g$ 和 μ_g 为 $g(t)$ 的幅度和调频率，A_h 和 μ_h 为 $h(t)$ 的幅度和调频率。又因为

$$\sin\Delta\alpha=\frac{|\mu_h-\mu_g|\gamma^2}{\sqrt{1+\mu_h^2\gamma^4}\sqrt{1+\mu_g^2\gamma^4}}=\sqrt{\frac{(\mu_h-\mu_g)^2f_s^2T_d^2}{(f_s^2+\mu_h^2T_d^2)(f_s^2+\mu_g^2T_d^2)}}\tag{4.74}$$

所以，式(4.73)可以化为

$$\varepsilon_{\alpha_1}=\frac{A_g^2}{A_h^2f_sT_d^2}\sqrt{\frac{(f_s^2+\mu_g^2T_d^2)}{(\mu_h-\mu_g)^2}}\tag{4.75}$$

系数 ε_{α_1} 体现了分量 $g(t)$ 对分量 $h(t)$ 的分数阶傅里叶谱遮蔽程度，我们总是希望其越小越好，即希望 ε_{α_1} 趋近于 0。从式(4.75)可以看出，分数阶傅里叶域中 chirp 分量间的相互遮蔽取决于各自的幅度、调频率以及采样时间和采样频率。在实际应用中我们可以根据信号检测和参数估计要求来确定相应的 ε_{α_1} 边界，然后通过选择合适的采样时间和采样频率来满足 ε_{α_1} 边界条件。

2) 相关讨论

本节取 ε_{α_1} 边界为 1 来考察各参数对 ε_{α_1} 的影响，并对所得结论进行仿真验证。通过上述分析我们可以知道，当 $\varepsilon_{\alpha_1}\geqslant1$ 时，$G_{\alpha_1}(m)$ 将完全遮蔽住 $H_{\alpha_1}(m)$，此时得到分量 $h(t)$ 的相对临界幅度 $\widetilde{A}_h/A_g$ 如下

$$\frac{\widetilde{A}_h}{A_g}=\left[\frac{\sqrt{f_s^2+\mu_g^2T_d^2}}{|\mu_h-\mu_g|f_sT_d^2}\right]^{1/2}\tag{4.76}$$

相对临界幅度 $\widetilde{A}_h/A_g$ 给出了分量 $g(t)$ 在相应阶次分数阶傅里叶域所能完全遮蔽住的分量 $h(t)$ 的最大相对幅度，同时也反映出分量 $g(t)$ 的分数阶傅里叶谱偏离 α_0 后的衰落情况。从式(4.76)可以看出，相对临界幅度与 A_g 的大小没有关系，所以我们只考虑如下三种情况。

(1) $\widetilde{A}_h/A_g$ 随 μ_g 的变化情况。从图 4.13 可以看出，$\widetilde{A}_h/A_g$ 几乎不随 μ_g 而改变，这是因为为了满足采样定理恒有 $\mu_gT_d<f_s$，μ_g 的变化对式(4.76)影响较小。

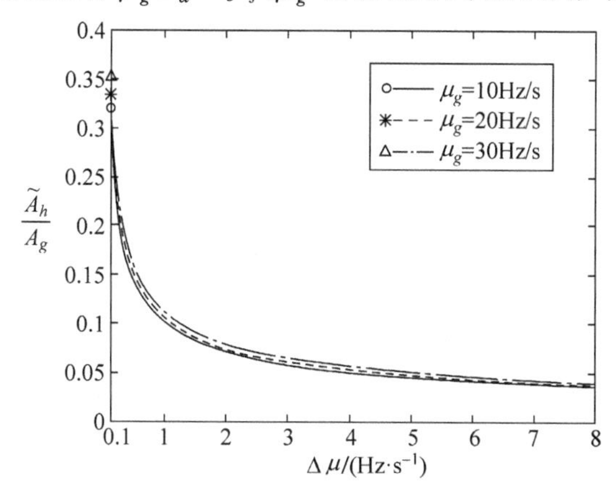

图 4.13　$f_s=400\text{Hz}$，$T_d=10\text{s}$，不同 μ_g 下随着 $\Delta\mu$ 的改变所对应的相对临界幅度

(2) $\widetilde{A}_h/A_g$ 随 T_d 的变化情况。我们知道当采样时间无限长时调频率互不相同的多分量 chirp 信号是不会造成相互影响的，因此，延长采样时间也将相应地降低 $\widetilde{A}_h/A_g$，这一点从图 4.14 中得到了验证。

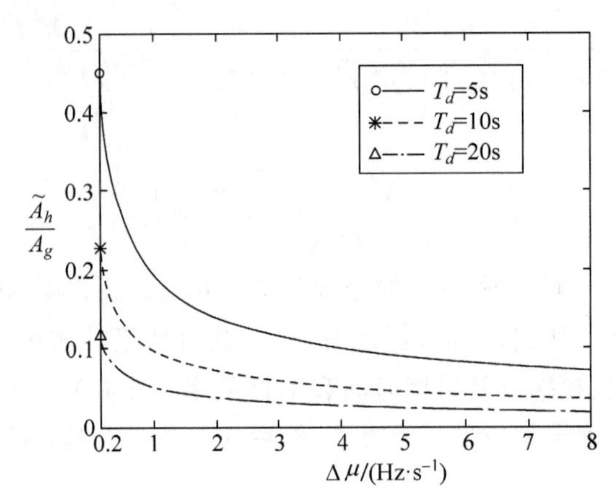

图 4.14　$f_s=400\text{Hz}$，$\mu_g=10\text{Hz/s}$，不同 T_d 下随着 $\Delta\mu$ 的改变所对应的相对临界幅度

(3) $\widetilde{A}_h/A_g$ 随 f_s 的变化情况。从图 4.15 可以看出，f_s 的改变对 $\widetilde{A}_h/A_g$ 的影响也基本可以忽略。这是因为 f_s 对式(4.76)右边部分的分子、分母作用相当。

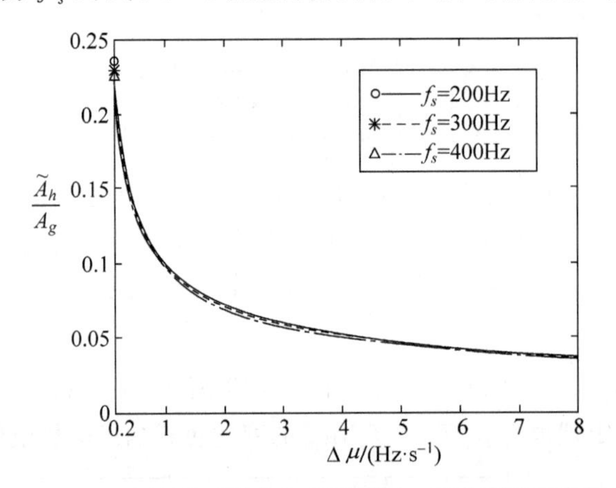

图 4.15　$T_d=10\text{s}$，$\mu_g=10\text{Hz/s}$，不同 f_s 下随着 $\Delta\mu$ 的改变所对应的相对临界幅度

需要说明的是，尽管当 $|H_{\alpha_1}(m)|>|G_{\alpha_1}(m)|$ 时，即 $\frac{A_h}{A_g}>\frac{\widetilde{A}_h}{A_g}$ 时，在分数阶傅里叶域中 $G_\alpha(m)$ 不可能完全遮蔽住 $H_\alpha(m)$，但是可能会造成 $H_\alpha(m)$ 峰值位置的移动，这样就会给 $h(t)$ 的参数估计带来误差，且 $|H_{\alpha_1}(m)|$ 与 $|G_{\alpha_1}(m)|$ 相差越小（离 $\varepsilon_{\alpha_1}=1$ 边界越近），误差就越大，因此在实际应用中需要尽量使得 ε_{α_1} 逼近于 0 以保证所需的参数估计精度。

上述结论是在 $\mu<0$ 的情况下得到的。当 $\mu>0$ 时，只是式(4.62)中的 $\beta=\arctan\frac{y_{\max}}{x_{\max}}$，代入上述推导过程，仍然可以得到同样的结论。由于分数阶傅里叶变换是一种线性变换，所以上述两分量 chirp 信号的结论可以直接推广到多分量 chirp 信号的情况。

3. 仿真

设两分量 chirp 信号的叠加为

$$s(t)=g(t)+h(t)=A_g\exp(\mathrm{j}\pi\mu_g t^2)+A_h\exp(\mathrm{j}\pi\mu_h t^2+\mathrm{j}\pi)$$

其中，$A_g=1$，$\mu_g=10\mathrm{Hz/s}$，$\mu_h=12\mathrm{Hz/s}$，$f_s=400\mathrm{Hz}$，$T_d=5\mathrm{s}$，根据图 4.14 可以知道在上述参数下的 $\widetilde{A}_h\approx 0.142$。图 4.16 给出了 A_h 分别为 0.12、0.16 的 $|S_\alpha(u)|$ 值，可以看出图 4.16(a)中 $|H_{\alpha_1}(u)|$ 完全被 $|G_{\alpha_1}(u)|$ 遮蔽，而图 4.16(b)中 $|H_{\alpha_1}(u)|$ 已经能够显现出来了。图 4.17 所用信号参数保持与图 4.16(a)所示信号一样，只是图 4.17 通过延长采样时间到 10s，就将图 4.16(a)所示被遮蔽的 $|H_{\alpha_1}(u)|$ 显示了出来。以上仿真结果较好地吻合了 4.2.1 节的理论推导和分析。

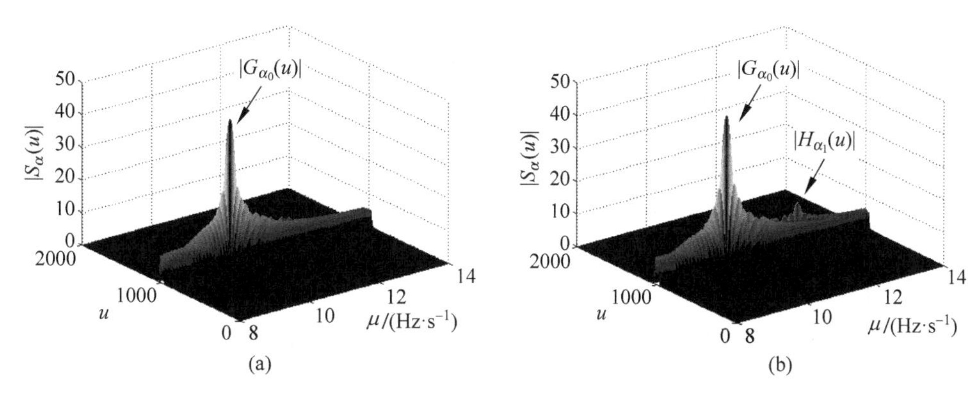

图 4.16　两分量 chirp 信号的分数阶 Fourier 谱相互遮蔽效果图

(a) $A_h=0.12$；(b) $A_h=0.16$

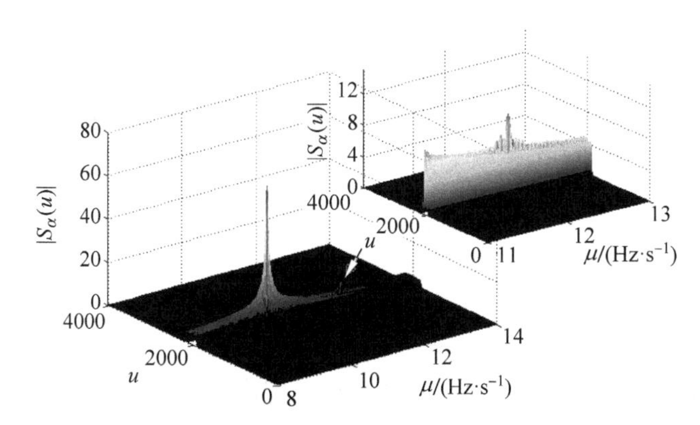

图 4.17　对图 4.16(a)信号其余参数保持不变，延长采样时间为 $T_d=10\mathrm{s}$ 的遮蔽效果图

4.2.3　扫频滤波器在分数阶傅里叶域的实现及其推广

上一部分内容讨论了 LFM 信号的分数阶傅里叶域滤波问题，那么推广到一般信号是否仍然能够通过分数阶傅里叶域滤波得到比传统傅里叶域更好的滤波效果呢？

如果信号和噪声在时域没有耦合(时间轴投影不重叠)，那么可以在时域通过合适的滤波器滤掉噪声[图 4.18(a)]；如果信号和噪声在频域没有耦合(频率轴投影不重叠)，那么可以在频域通过合适的乘法滤波器滤掉噪声[图 4.18(b)]；如果信号和噪声在时域、频域都存在耦合[图 4.18(c)]，那么就不可能仅仅通过时域或频域滤波来完全滤除掉噪声，但是我们从其时频分布发现可以通过旋转坐标到某一角度来解除耦合，在该旋转坐标系下能够完全滤除掉噪声，也就是说，在某个角度的分数阶傅里叶域滤波能够得到更好的效果。

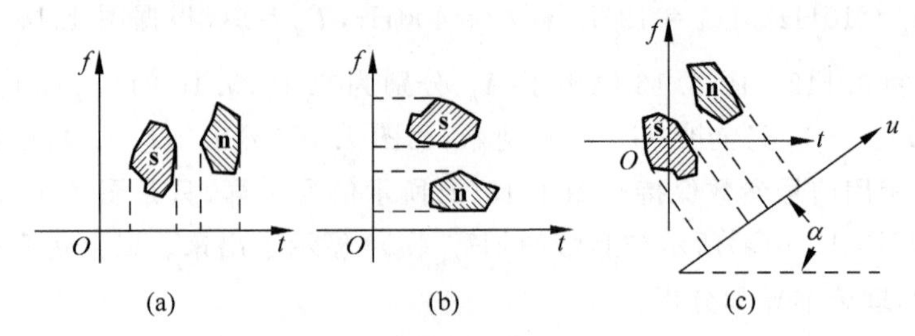

图 4.18 信号和噪声的 Wigner 分布

(a) 时域滤波 $p_0=0$；(b) 频域滤波 $p_0=1$；(c) 分数阶傅里叶域

为了说明分数阶傅里叶域滤波算法的具体操作过程，首先来分析一下扫频滤波器在分数阶傅里叶域的实现[22]。图 4.19 给出了扫频滤波器的示意图，输入信号首先被线性变化的瞬时频率调制做下变频，然后通过一个非时变的乘法滤波器，最后通过上变频还原。

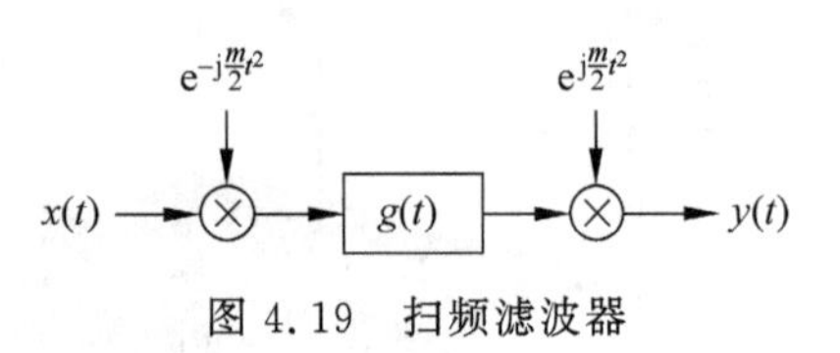

图 4.19 扫频滤波器

上述扫频滤波器的冲激响应可以用下式表示，即时刻 t 时输入信号为 $\delta(t-\tau)$ 的响应。

$$h(t,\tau)=h(t-\tau)=\delta(t-\tau)\mathrm{e}^{-\mathrm{j}\frac{m}{2}t^2}g(t)\mathrm{e}^{\mathrm{j}\frac{m}{2}t^2}=\mathrm{e}^{\mathrm{j}\frac{m}{2}(t^2-\tau^2)}g(t-\tau) \tag{4.77}$$

其中，$g(t)$ 是图 4.19 中所示的非时变滤波器。可见其冲激响应是时变的，扫频滤波器的输出可以表示为输入信号与冲激响应之间的卷积

$$y(t)=x(t)\otimes h(t)=\int_{-\infty}^{+\infty}x(\tau)h(t,\tau)\mathrm{d}\tau \tag{4.78}$$

那么该扫频滤波器的传递函数在分数阶傅里叶域如何表示呢？我们不妨对 $y(t)$ 作分数阶傅里叶变换，由调频率与旋转角度的关系取 $\alpha=-\mathrm{arccot}m$。

$$\begin{aligned}Y_\alpha(u)&=\sqrt{\frac{1-\mathrm{j}\cot\alpha}{2\pi}}\mathrm{e}^{\mathrm{j}\frac{u^2}{2}\cot\alpha}\int_{-\infty}^{+\infty}\int_{-\infty}^{+\infty}x(\tau)h(t,\tau)\mathrm{d}\tau\,\mathrm{e}^{\mathrm{j}\frac{t^2}{2}\cot\alpha-\mathrm{j}ut\csc\alpha}\mathrm{d}t\\&=\sqrt{\frac{1-\mathrm{j}\cot\alpha}{2\pi}}\mathrm{e}^{\mathrm{j}\frac{u^2}{2}\cot\alpha}\int_{-\infty}^{+\infty}x(\tau)\mathrm{e}^{\mathrm{j}\frac{\tau^2}{2}\cot\alpha}\int_{-\infty}^{+\infty}g(t-\tau)\mathrm{e}^{-\mathrm{j}ut\csc\alpha}\mathrm{d}t\,\mathrm{d}\tau\end{aligned} \tag{4.79}$$

利用傅里叶变换性质：$f(t)\to F(\omega)$，则 $f(t-t_0)\to\mathrm{e}^{-\mathrm{j}wt_0}F(\omega)$。上式可以化为

$$Y_\alpha(u)=\sqrt{\frac{1-\mathrm{j}\cot\alpha}{2\pi}}\mathrm{e}^{\mathrm{j}\frac{u^2}{2}\cot\alpha}\int_{-\infty}^{+\infty}x(\tau)\mathrm{e}^{\mathrm{j}\frac{\tau^2}{2}\cot\alpha}\mathrm{e}^{-\mathrm{j}u\tau\csc\alpha}G(u\csc\alpha)\mathrm{d}\tau \tag{4.80}$$

其中

$$G(u\csc\alpha)=G(\omega)\big|_{\omega=u\csc\alpha}=\int_{-\infty}^{+\infty}g(t)\mathrm{e}^{-\mathrm{j}u\csc\alpha t}\mathrm{d}t \tag{4.81}$$

最终有

$$Y_\alpha(u)=X_\alpha(u)G(u\csc\alpha) \tag{4.82}$$

由此可见，扫频滤波器在分数阶傅里叶域是一个乘法滤波器。图 4.20 分别是时域、频域和分数阶傅里叶域的乘法滤波器示意图。其中图(a)、图(b)是图(c)的特例，例如频域中常用

的三类滤波器：低通滤波、高通滤波和带通滤波。只需要设定好 $g(t)$，就可以利用式(4.82)的转换推广到分数阶傅里叶域(需要注意的是，由于 $\omega=u\csc\alpha$ 的转换非线性，并不是所有的角度都可以推广)。图 4.20(c)中输入信号首先作角度为 α 的分数阶傅里叶变换，然后通过一个分数阶傅里叶域的乘法滤波器 $h(u)$，最后通过角度为 $-\alpha$ 的分数阶傅里叶变换得到滤波后的时域波形。

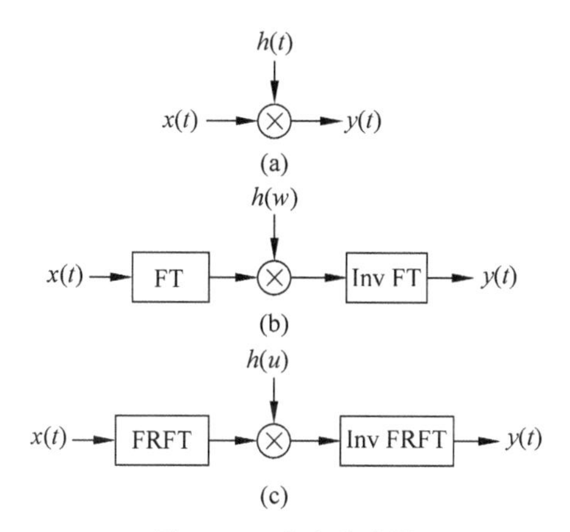

图 4.20 乘法滤波器

(a) 时域；(b) 频域；(c) 分数阶傅里叶域的示意图

从上面的分析可见，在 4.2.1 节得到的算法是扫频滤波器在分数阶傅里叶域实现的一个例子，即 $h(u)$是以 u_0 为中心的窄带滤波，等效于一个频域上的窄带通滤波器，只是其中心频率不是固定的，而是随着信号瞬时频率的变化在频率轴作线性扫描。与传统的频域滤波类似，通过设计不同的 $h(u)$便可以得到类似的三类滤波(这里的类似指的是传递函数形式上的类似)。

(1) 低通滤波：只通过 $u\leqslant u_1$ 的信号；

(2) 高通滤波：只通过 $u\geqslant u_2$ 的信号；

(3) 带通滤波：只通过 $u_1\leqslant u\leqslant u_2$ 的信号。

当信号和噪声在某个角度分数阶傅里叶域不再耦合时，我们便可以通过合适的扫频滤波器来滤除掉噪声。现在我们来考查图 4.21 所示的情况。这时，信号和噪声不能再通过某个单一角度的旋转来完全解除耦合。但是，我们发现可以通过依次旋转 α_1、α_2、α_3 角度，并在相应的旋转坐标系下通过合适的乘法滤波器就可以完全滤除掉噪声。也就是说，在这种情况下，单一的扫频滤波器已经不能够得到满意的滤波效果了，但是通过多级扫频滤波器就可以得到很好的效果，图 4.22 就是该滤波方法的示意图。在设计多级扫频滤波器组时需要使用到分数阶傅里叶变换的旋转相加性，即$\mathcal{F}^{p+q}=\mathcal{F}^{p}\mathcal{F}^{q}$。

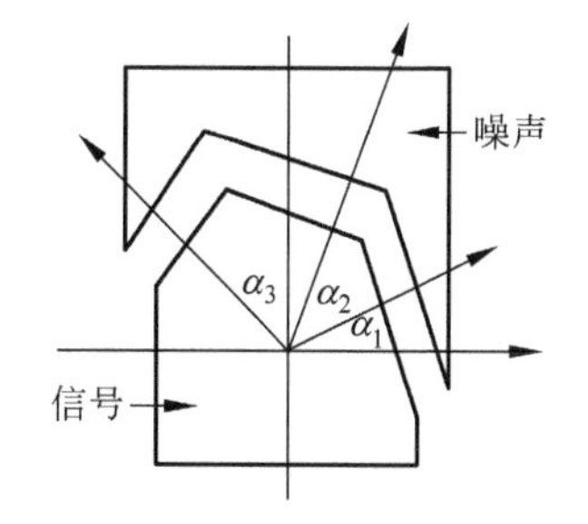

图 4.21 多级扫频滤波器组的原理

和 Wigner 分布相比，Gabor 变换没有交叉项困扰且计算更有效率，因此也就更适合于设计分数阶傅里叶域乘性滤波器。文献[23]就研究了如何利用 Gabor 变换来确定分数阶

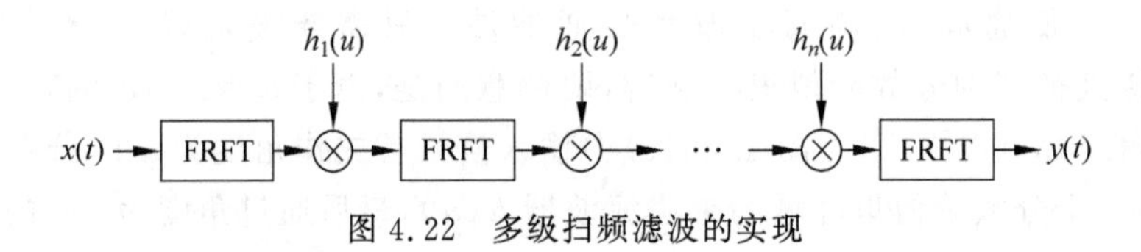

图 4.22 多级扫频滤波的实现

傅里叶域乘性滤波器的最优阶次，以及设计所用传递函数的通（或止）带宽度，并进行了仿真验证。所提出的方法如下：

(1) 对要滤波的信号进行 Gabor 变换。

(2) 在 Gabor 变换后的时频平面上寻求能够很好地隔离开信号区域和噪声区域的截止线。截止线的确定可以通过“聚类”和“分割”这些图像处理中的常用方法来进行[24]。首先利用聚类把时频平面分割成噪声区域、信号区域，以及既没有噪声又不存在信号的区域。然后，尝试去寻找可以很好分离开噪声区域和信号区域的直线。如果噪声区域没有邻近于信号区域，那么截止线就位于两者之间；如果噪声区域邻近于信号区域，那么截止线就应该逼近于两者的边界。

(3) 利用这些截止线来确定分数阶傅里叶变换的阶次和分数阶傅里叶域传递函数：①截止线的斜率决定了分数阶傅里叶变换的阶次；②截止线与坐标原点的距离决定了传递函数的通（或止）带宽度。

以上的分析都是信号与噪声在时频平面不交叠的情况，如果信号和噪声的时频分布无论怎么旋转分解都不能够解除耦合，即两者的时频分布本身就有重叠，那么上述方法是否能够有效，就取决于重叠部分的多少以及滤波器个数、旋转角度的取定，因而这一问题的解决是相当困难的。4.3 节我们将阐述一种更为简便易用的分数阶傅里叶域滤波方法。该方法不但能够消除噪声的影响，而且还能够在一定程度上消除畸变系统对信号的影响。

4.2.4 时频滤波示例及误差分析

为说明上述算法的有效性，下面将介绍两个实例。

4.2.4.1 高斯白噪声下 LFM 信号的分数阶傅里叶域滤波

LFM 信号广泛应用于雷达、声呐和通信等信息系统中。在工程应用中，经过各种信道传输后的 LFM 信号将不可避免地混杂有随机噪声，噪声的存在严重影响对信号的检测与参数估计，因此，有效地去除噪声是这类系统所面临的一个重要问题。从时频分析的观点来看，经典的滤波方法大都只限于在频域或时域的加窗或遮隔运算，但由于 LFM 信号是宽带信号，与噪声之间存在有较强的时频耦合，使得经典的滤波方法难以实现有效的信噪分离。通过上面的分析，我们阐述了一种基于分数阶傅里叶变换的自适应时频滤波算法，下面将给出一个仿真实例。

实例中需要恢复的有用信号是一个单分量 LFM 信号，只是幅度作了高斯调制，图 4.23(a) 给出了该信号的时域波形。加性噪声为零均值的高斯白噪声，信噪比为 -4.1577dB，图 4.23(b)给出了叠加噪声后 LFM 信号的波形。滤波过程如下：①首先对叠加信号在 (α,u) 平面进行二维搜索，搜索范围为 $p=0.5\sim1.5$ $(p=2\alpha/\pi)$，搜索间隔为 0.01，搜索点数为 100，由此得到 (α,u) 平面上的幅度值如图 4.23(c)所示。得到峰值点位置为 $p_0=1.063$ 和 $u_0=276$。②对叠加信号作 p_0 阶分数阶傅里叶变换，然后在 u 域上以 u_0 为中心进行一维遮隔(窄带通滤波),滤波前后 u 域幅值见图 4.23(d)、(e)。③对滤波后的信号作 $-p_0$ 阶的分数阶傅里叶变换,还原到时域波形,便得到了抑制噪声后的信号,降噪后的信噪比为 18.3553dB。图 4.23(f)给出了滤波后的信号波形和残余噪声(中间虚线波形为残余噪声)。由图中可以看出,噪声得到了很好的抑制。

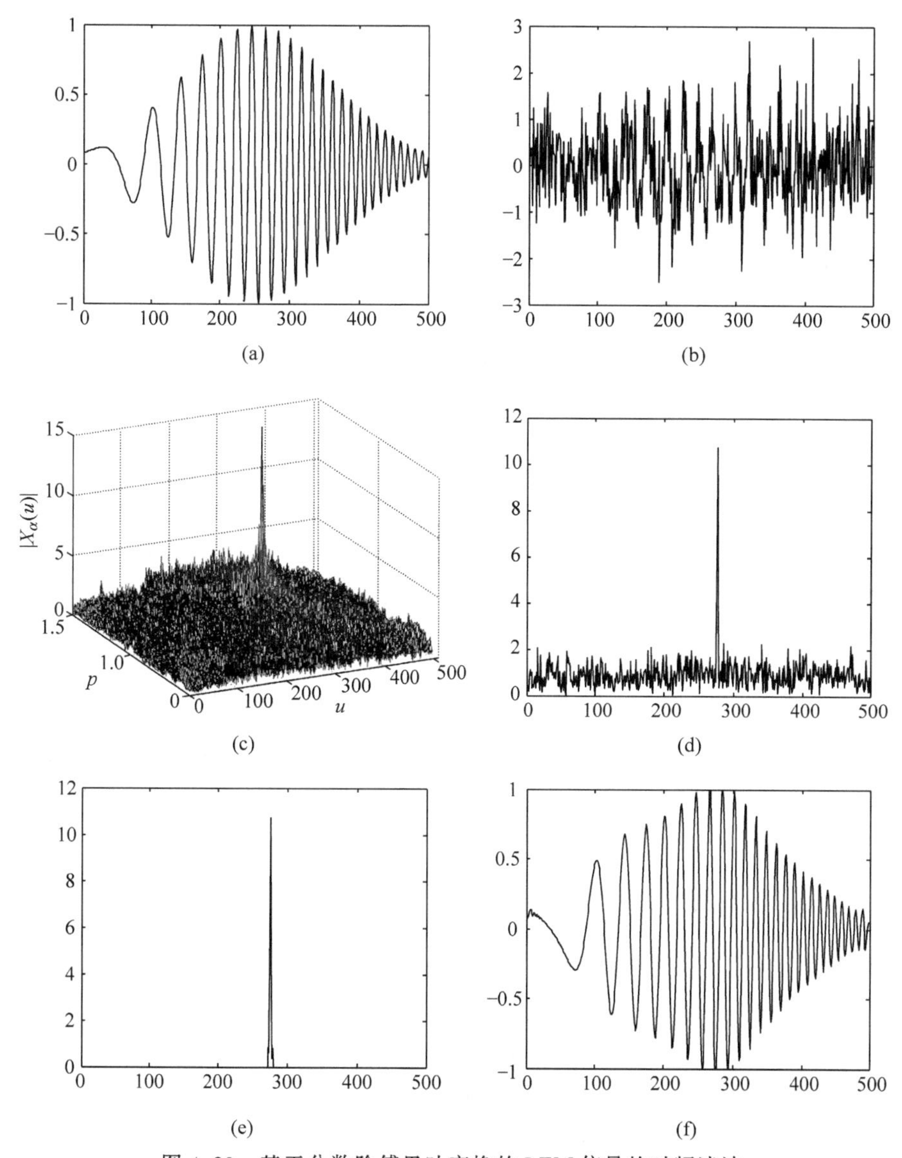

图 4.23　基于分数阶傅里叶变换的 LFM 信号的时频滤波

上述算法中,信号的旋转由分数阶傅里叶变换实现,而在实际应用中,算法的实现则依赖于离散分数阶傅里叶变换。离散分数阶傅里叶变换有几类不同的快速算法,不同的快速算法需要不同的处理,具有不同的精度。本仿真实例选择了采样型快速算法[19]。

滤波算法的效果可用信噪比改善因子 IF 来衡量,其定义为滤波前后的信噪比之比[25]

$$\mathrm{IF}=\frac{\mathrm{SNR}_{\mathrm{out}}}{\mathrm{SNR}_{\mathrm{in}}} \tag{4.83}$$

对于经过时域和频域无量纲化处理的离散信号，输入信号可表示为

$$x(n)=s(n)+w(n),\quad 0\leqslant n\leqslant N-1 \tag{4.84}$$

式中，N 为量纲归一化后信号样本的长度。输入信噪比定义为[26]

$$\mathrm{SNR_{in}}=\frac{E\left[\sum_{0}^{N-1}|s(n)|^2\right]}{E\left[\sum_{0}^{N-1}|w(n)|^2\right]}=\frac{E\left[\sum_{0}^{N-1}|s(n)|^2\right]}{N\sigma_n^2} \tag{4.85}$$

离散的输出信号可表示为

$$y(n)=s(n)+s_e(n)+w_o(n),\quad 0\leqslant n\leqslant N-1 \tag{4.86}$$

其中，$s_e(n)$为信号因滤波而产生的截断误差，主要表现为信号包络的失真；$w_o(n)$为滤波后的残余噪声，不再具有高斯白噪声的特征，其形式为在时间上和频率上围绕着信号的随机噪声。输出信噪比可表示为

$$\mathrm{SNR_{out}}=\frac{E\left[\sum_{0}^{N-1}|s(n)^2|\right]}{E\left[\sum_{0}^{N-1}|s_e(n)^2|\right]+E\left[\sum_{0}^{N-1}|w_o(n)^2|\right]} \tag{4.87}$$

显然，改善因子与 u 域上的窄带通滤波器的带宽有密切的联系：带宽宽，重构的信号因截断所产生的失真小，但残余噪声大；带宽窄，信号失真大，但残余噪声小。在算法的实现中，适当地选择滤波带宽可保证抽取到绝大部分的信号能量，信号的失真与残余噪声相比可以忽略。根据分数阶傅里叶变换的 Parseval 关系和采样型算法的近似正交性可得到

$$E\left[\sum_{0}^{N-1}|w_o(n)^2|\right]\approx E\left[\sum_{0}^{N-1}|M_p(n)W_p(n)^2|\right] \tag{4.88}$$

其中，$W_p(n)$为高斯白噪声的离散分数阶傅里叶变换，$M_p(n)$为分数阶傅里叶域的滤波函数。若取 $M_p(n)$为宽度为 Δn 的理想带通滤波器，则输出信噪比可用下式估计

$$\mathrm{SNR_{out}}\approx\frac{E\left[\sum_{0}^{N-1}|s(n)^2|\right]}{E\left[\sum_{0}^{N-1}|w_o(n)^2|\right]}=\frac{E\left[\sum_{0}^{N-1}|s(n)^2|\right]}{\Delta n\sigma_n^2} \tag{4.89}$$

式中，Δn 为 u 域上窄带通滤波器的带宽。此时，信噪比的改善为

$$\mathrm{IF}=\mathrm{SNR_{out}}/\mathrm{SNR_{in}}\approx N/\Delta n \tag{4.90}$$

4.2.4.2 混响背景下 LFM 信号的分数阶傅里叶域滤波

下面在一定工程背景下对上述算法进行检验。如何准确地探测、识别水底目标一直以来都存在着较大的困难。在浅水环境中做有源探测，噪声(环境噪声、电噪声等)不再成为主要的干扰，这时混响便成了主要的干扰源。由于混响的形成机理复杂，在浅水环境中同时存在着体积混响、水面混响和水底混响，所以混响和回波在时域、频域上都存在着很大的耦合，单纯从时域或频域上想办法不可能解决抑制混响的问题。那么从分数阶傅里叶域有没有办法呢？这便是我们接下来需要回答的问题。

抑制混响可以理解为从接收信号中最大限度地去除掉混响，提高信混比(Signal Reverberation Ratio，SRR)。假设接收信号为目标回波 $a(t)$和混响 $b(t)$的叠加之和：

$$y(t)=a(t)+b(t) \tag{4.91}$$

那么 $y(t)$的 α 角度分数阶傅里叶变换应为

$$Y_\alpha(u)=\mathcal{F}^\alpha(y(t))=\mathcal{F}^\alpha[a(t)+b(t)]=A_\alpha(u)+B_\alpha(u) \tag{4.92}$$

如果需要探测的水底目标是水雷、沉船等静止物体，而声呐平台一般本身也慢匀速运动，那么就可以基本忽略多普勒效应的影响，即发射信号为 LFM 信号，那么目标回波也应该保持原有线性调频性，只是幅度和时延发生了变化。从上面的分析可以知道 chirp 信号在某一旋转角度的分数阶傅里叶变换上具有很好的时频聚焦性，如果混响信号失去了原来发射信号的线性调频性，那么它也将失去该旋转角度上分数阶傅里叶变换的时频聚焦性；而目标回波仍将具有这种聚焦性，这样，只需对 $Y_\alpha(u)$进行 u 域的窄带滤波，便能很好地去除混响而保留回波了。那么混响是否失去了时频聚焦性呢？接下来对实测混响信号和发射 LFM 脉冲进行对比分析，所用的混响数据来源于松花湖所做实验，发射信号是脉宽 7.2ms，频率为 90～180kHz，俯角为 20°的线性调频脉冲，采样频率为 1MHz 所接收到的混响数据。需要说明的是，此处只使用了混响数据的一段，共 1000 点和 LFM 脉冲的前 1000 点。该 LFM 信号的离散表达式如下：

$$a(n)=M\exp\left(\mathrm{j}\pi\frac{B}{T}(n/f_s)^2+\mathrm{j}2\pi n\frac{f_0}{f_s}\right)(u(n-n_0)-u(n-n_1)) \tag{4.93}$$

式中，M 为幅度调制，B 为频宽，f_s 是采样频率，f_0 是初始频率，T 为采样时间，$n_0=1$，$n_1=Tf_s+n_0$，$u(n)$是阶跃函数。本实例所用参数如下：M 为正实数，取值不同就决定了不同的 SRR；$B=90\text{kHz}$；$f_s=1\text{MHz}$；$f_0=90\text{kHz}$；$T=7.2\text{ms}$；采样点数应为 7200 点，实际使用了前 1000 点。从图 4.24(a)、(b)可以看到，混响信号与发射 LFM 脉冲频带重叠，图(c)中混响信号的 Wigner 分布杂乱无章，而 LFM 信号的 Wigner 分布如图(d)所示，呈背鳍状的直线分布，投影到时频平面就是一条直线段，图(e)、(f)更是直观地反映出两者时频聚焦性上的差异。

下面给出 $M=0.1$，SRR$=-4.3735$dB，经过混响抑制后的效果(图 4.25)。从图 4.25(a)可以发现，在 SRR 很小的情况下，从时频平面已经很难发现调频信号所具有的背鳍状直线分布，经过分数阶傅里叶域的自适应滤波对混响进行抑制后，信号重现了背鳍状的直线分布[图 4.25(c)、(d)]，而且从表 4.1 可以发现，本方法对低信混比的改善效果更为显著。

表 4.1　不同 SRR 下经过混响抑制后的效果

M	0.01	0.02	0.05	0.1	0.15	0.2	0.3	0.5	0.7	1.0
抑制前的 SRR/dB	−24.37	−18.35	−10.39	−4.374	−0.862	1.647	5.170	9.61	12.53	15.63
抑制后的 SRR/dB	−2.684	1.508	5.696	8.363	9.103	9.395	10.47	12.64	15.10	17.56

说明：当窄带滤波器的截取宽度不同时，所得到的结果也不同，表 4.1 所得结果均为各 SRR 下的最佳效果。

4.2.4.3　DSSS 系统的扫频干扰抑制

1. 基本原理

扩频通信技术具有大容量、抗干扰、低截获率以及可实现码分复用(Code Division Multiplexing，CDM)等优点，在军事和民用通信系统中都得到了广泛的应用，并成为下一代移动通信的技术基础。扩频通信系统中，直接序列扩频(Direct-Sequence Spread Spectrum，DSSS)技术的应用最为普遍。直接序列扩频系统有着很强的抗干扰能力，但是，当外部干扰

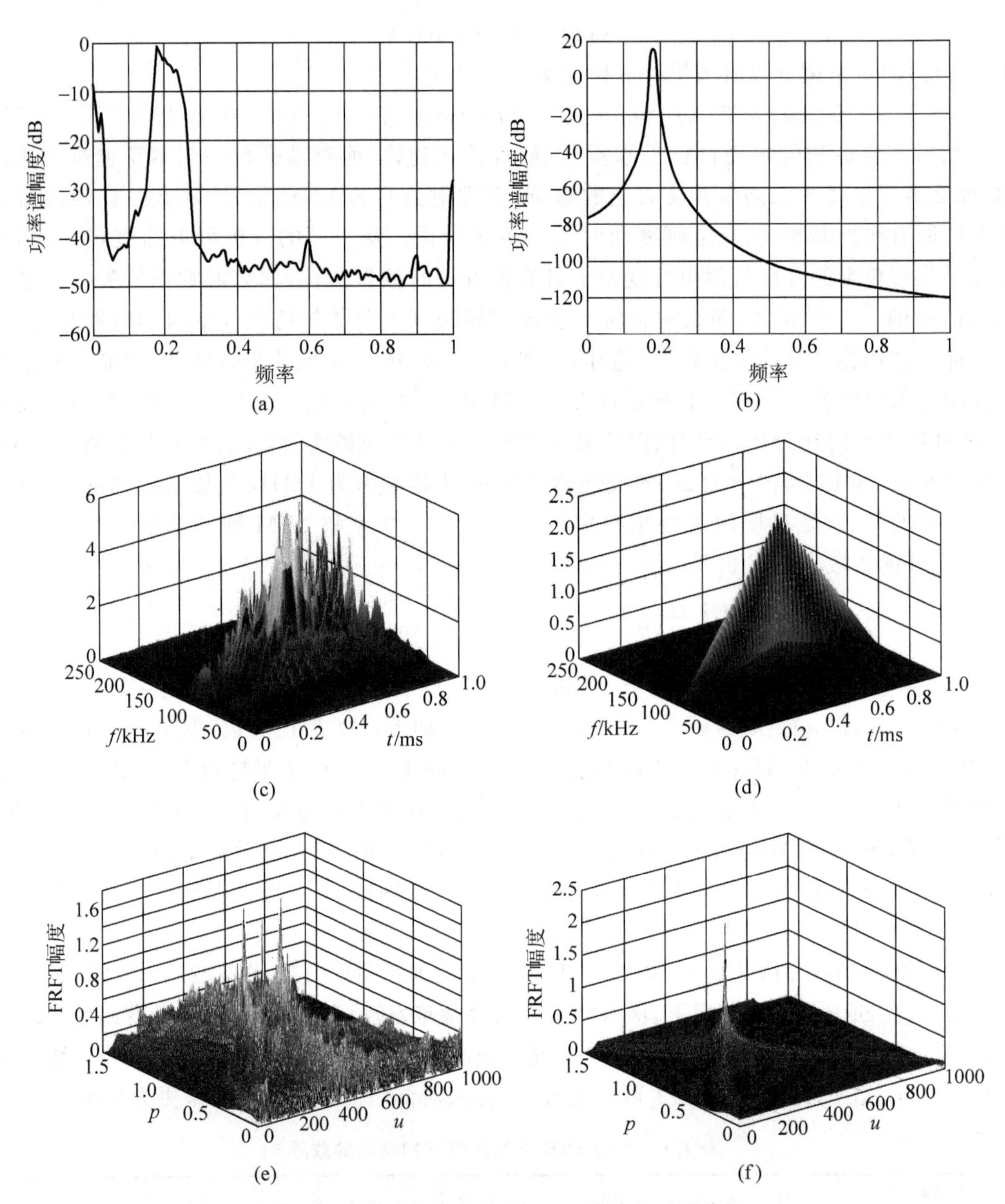

图 4.24　混响信号和发射 LFM 脉冲的对比分析

(a) 混响信号的功率谱；(b) 发射 LFM 脉冲的功率谱；(c) 混响信号的 Wigner 分布；(d) 发射脉冲的 Wigner 分布
(e) 不同旋转角度的混响信号分数阶傅里叶变换模值；(f) 不同旋转角度的发射脉冲分数阶傅里叶变换模值

的强度超过了系统的干扰容限时，系统的性能将会急剧下降，这时，必须引入相应的抗干扰措施。通常是在解扩前对信号进行预处理。目前，这一领域的研究成果大都集中在窄带干扰的抑制上[27-30]，主要的干扰抑制技术可分为两大类：自适应预测滤波技术和变换域抗干扰技术。常用的自适应预测滤波技术是最小均方和循环最小平方算法；而在变换域干扰抑制技术中，大多数技术方案是基于离散傅里叶变换的频域干扰抵消法[29]，其主要优点是可以借助快速傅里叶变换来实现。近年来，宽带的非平稳干扰对扩频系统的影响越来越引起人们的重视，其常见的形式为扫频（线性调频）干扰，相对于单频正弦波，扫频干扰对直接序

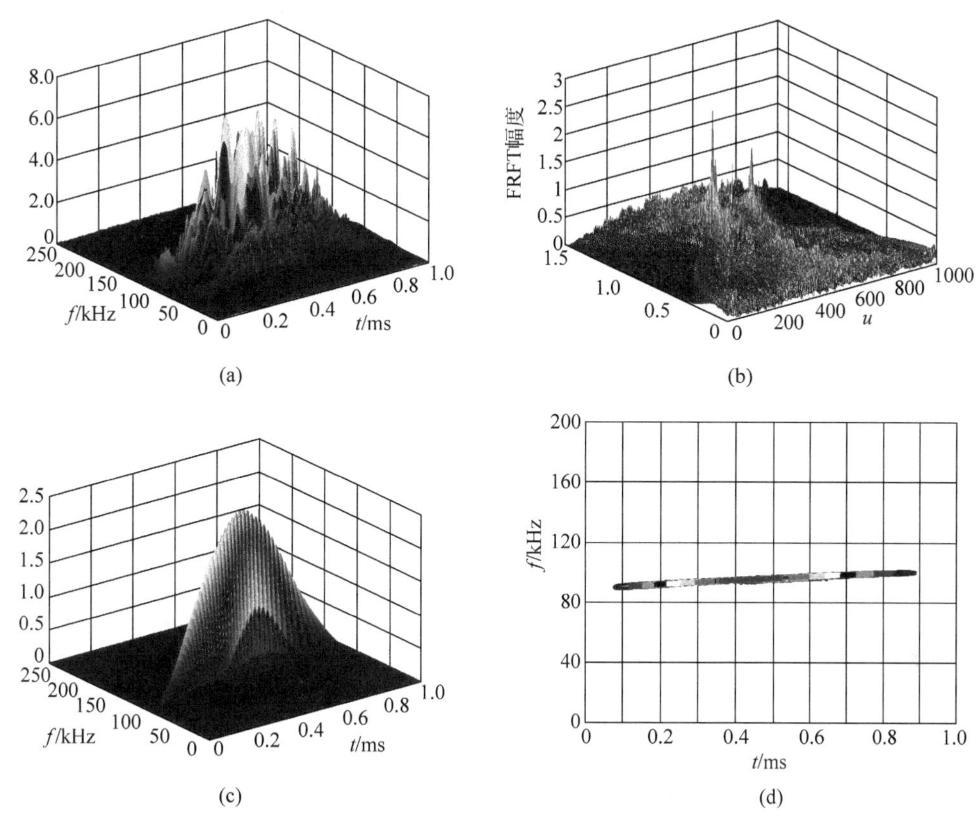

图 4.25 混响背景下 LFM 信号的分数阶傅里叶域滤波

(a) 叠加混响背景的 LFM 脉冲的 Wigner 分布；(b) 图(a)中信号的分数阶傅里叶变换模值；
(c) 经过混响抑制后信号的 Wigner 分布；(d) 图(c)在时频平面的投影

列扩频系统的影响更为明显[31]，因此，针对扫频干扰，近年来出现了多种干扰抑制算法，这些方法依然遵循着自适应预测滤波和变换域干扰抑制这两种思路。文献[31]首先提出了基于最小均方算法的自适应扫频干扰抑制算法，这一方法的主要缺点是其收敛时间较慢；另外，滤波器的性能随扫频速率的增加而下降。在抑制宽带干扰的变换域方法中，各种时频分析工具是这类算法的核心和基础[32-36]。

变换域干扰抑制算法的基本原理如图 4.26 所示。首先，混有噪声和干扰的接收信号经过某种变换算法，由时域映射到某一特定的变换域上。在这一变换域上，干扰信号呈现出能量的高度聚集，其能量集中在变换域上的某一窄带内；而扩频信号是一种伪噪声信号，在任何的变换域上均不会呈现出能量聚集性。利用这一特性，在变换域上通过窄带滤波或遮隔运算抑制掉绝大部分的噪声能量；之后，通过相应的反变换，将信号变换回时域，就可得到抑制了干扰后的接收信号。显然，这类算法的核心是根据不同的干扰类型确定所采用的变换形式以及自适应地确定变换的参数。对于窄带干扰，基于离散傅里叶变换的频域抵消算法具有明显的抑制效果；而对于宽带干扰，常用的变换域有时频域、小波域、Gabor 域等[33]。当信道中存在着扫频干扰时，可利用分数阶傅里叶变换等同于对信号在时频平面进行旋转这一重要特性，在分数阶傅里叶域中实现干扰信号的检测、参数估计和抑制。由于分数阶傅里叶变换是一种一维的线性变换，可借助快速傅里叶变换实现，与其他基于二维时频分析工具的干扰抑制算法相比，可降低计算的复杂度，在实现上更为简便。

正变换 → 滤波 → 反变换

图 4.26　变换域干扰抑制的基本原理

2. 基于分数阶傅里叶变换的自适应干扰抑制接收机

基于分数阶傅里叶变换的自适应干扰抑制接收机的原理如图 4.27 所示。首先，对接收信号 $r(n)$进行不同阶数的分数阶傅里叶变换，接着对分数阶傅里叶域数据作峰值检测并估计出干扰信号的参数，然后根据估计结果建立相应的时变滤波器，由时变滤波器在分数阶傅里叶域上对接收信号中的干扰分量进行抑制；最后，对输出信号 $y(n)$进行相关解扩、判决即可恢复出传送的码元。

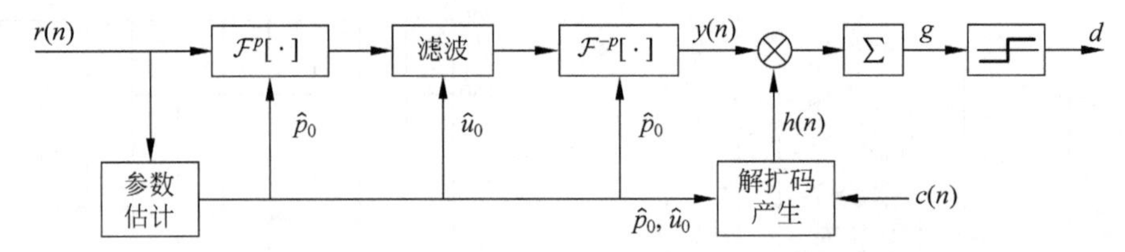

图 4.27　基于分数阶傅里叶变换的自适应干扰抑制接收机的原理

当存在干扰时，接收信号可用如下模型表示

$$r(n)=\sqrt{P_s}\,dc(n)+\sqrt{P_J}\,J(n)+w(n) \tag{4.94}$$

式中，P_s 为信号功率；d 为码元数据，设系统采用 BPSK 调制，则有 $d\in\{-1,1\}$，$\forall b$；$c(n)$为 PN 码，是一个长度为 $L=2^m-1$ 的 m 序列（即系统的扩频增益为 L），且有 $c(n)\in\{-1,1\}$，$n=1,2,\cdots,L$；$w(n)$ 为独立的复高斯白噪声，其均值为 0，方差为 σ_w^2；P_J 为干扰功率；$J(n)$为具有恒包络的扫频（LFM）干扰，可表示为

$$J(n)=\exp(\mathrm{j}2\pi f_0 n+\mathrm{j}\pi\mu_0 n^2) \tag{4.95}$$

其中，μ_0 是线性调频率（扫频速率），f_0 是平均频率。由此可定义输入信噪比 $\mathrm{SNR_{in}}=P_s/\sigma_w^2$，干信比为 $\mathrm{JSR}=P_s/P_J$。

在 μ_0 和 f_0 未知的情况下，干扰抑制的前提是对参数 μ_0 和 f_0 的正确估计，其目的是识别时频平面上信号能量的分布特征，以得到与之相适应的滤波器参数。

在得到 μ_0 和 f_0 的估计值后，干扰抑制算法的步骤为：对含噪信号 $r(n)$进行 p_0 阶分数阶傅里叶变换，得到旋转角度 α 后的信号，对于扫频干扰，其能量集中在 u 域上以 u_0 为中心的一个窄带内；而噪声和扩频信号的能量则分布在整个时频平面，在任何分数阶傅里叶域上均不会呈现出能量的聚集。根据这一特性，利用 u 域上中心频率为 u_0 的窄带通滤波器即可滤除绝大部分的噪声能量。而后，对滤波后的信号进行 p_0 阶的分数阶傅里叶反变换，将滤波后的信号再反向旋转回原来的时间域，即可得到抑制了噪声后的信号 $y(n)$。干扰抑制的过程如图 4.27 所示，这一过程相当于一个开环的自适应窄带通时频滤波器，其中心频率跟随 LFM 信号的瞬时频率作线性变化，从而实现了对接收信号的自适应滤波。

若定义线性空间的 L 维列向量

$$\boldsymbol{R}=[r(1),\cdots,r(L)]^{\mathrm{T}}$$

$$\boldsymbol{C}=[c(1),\cdots,c(L)]^{\mathrm{T}}$$

$$\begin{aligned} \boldsymbol{W} &= [w(1),\cdots,w(L)]^{\mathrm{T}} \\ \boldsymbol{J} &= [J(1),\cdots,J(L)]^{\mathrm{T}} \\ \boldsymbol{H} &= [h(1),\cdots,h(L)]^{\mathrm{T}} \end{aligned} \tag{4.96}$$

干扰抑制滤波器的输出可表示为向量形式

$$\boldsymbol{Y} = \boldsymbol{F}_{-\hat{p}_0}\boldsymbol{M}\boldsymbol{F}_{\hat{p}_0}\boldsymbol{R} = \boldsymbol{B}\boldsymbol{R} \tag{4.97}$$

式中,$\boldsymbol{B} = \boldsymbol{F}_{-\hat{p}_0}\boldsymbol{M}\boldsymbol{F}_{\hat{p}_0}$,$\boldsymbol{M}$ 为一个对角线矩阵,对应于分数阶傅里叶域上对信号的滤波(加权)运算。在分数阶傅里叶域上,根据对干扰的估计结果,对通带和阻带内的信号值分别乘以不同的加权系数即可实现对干扰分量的抑制。常用的变换域加权算法可分为两大类:置零(Zeroize)算法和修剪(Clip)算法。置零算法在变换域中将所有幅度超过某一阈值的信号分量置零,而修剪算法则将这些分量的相位信息保留,幅度压缩某到一固定值。分析表明,修剪法的性能优于置零法,但其算法实现较为复杂。

设接收信号中的干扰分量被完全抑制,则滤波器输出可表示为

$$\boldsymbol{Y} = \boldsymbol{B}\boldsymbol{R} = \sqrt{P}\,d\boldsymbol{B}\boldsymbol{C} + \boldsymbol{B}\boldsymbol{W} = \boldsymbol{Y}_s + \boldsymbol{Y}_w \tag{4.98}$$

其中,$\boldsymbol{Y}_s$ 和 $\boldsymbol{Y}_w$ 分别为滤波器输出的信号分量和噪声分量。由图 4.27 可知,相关解扩器输出的判决变量为

$$g = \boldsymbol{H}^{\mathrm{H}}\boldsymbol{Y} = \boldsymbol{H}^{\mathrm{H}}\boldsymbol{Y}_s + \boldsymbol{H}^{\mathrm{H}}\boldsymbol{Y}_w = \sqrt{P}\,d\boldsymbol{H}^{\mathrm{H}}\boldsymbol{B}\boldsymbol{C} + \boldsymbol{H}^{\mathrm{H}}\boldsymbol{B}\boldsymbol{W} \tag{4.99}$$

此时,接收机的输出信噪比为

$$\mathrm{SNR}_{\mathrm{out}} = \frac{E^2[g]}{\mathrm{Var}[g]} \tag{4.100}$$

由式(4.99)可知

$$\begin{cases} E[g] = E\left[\sqrt{P}\,d\boldsymbol{H}^{\mathrm{H}}\boldsymbol{B}\boldsymbol{C} + \boldsymbol{H}^{\mathrm{H}}\boldsymbol{B}\boldsymbol{W}\right] = \sqrt{P}\,d\boldsymbol{H}^{\mathrm{H}}\boldsymbol{B}\boldsymbol{C} \\ \mathrm{Var}[g] = E\left[\boldsymbol{H}^{\mathrm{H}}\boldsymbol{Y}_w\boldsymbol{Y}_w^{\mathrm{H}}\boldsymbol{H}\right] = \boldsymbol{H}^{\mathrm{H}}\boldsymbol{B}E\left[\boldsymbol{W}\boldsymbol{W}^{\mathrm{H}}\right]\boldsymbol{B}^{\mathrm{H}}\boldsymbol{H} \end{cases} \tag{4.101}$$

根据输入噪声的统计特性可得到

$$E\left[\boldsymbol{W}\boldsymbol{W}^{\mathrm{H}}\right] = \sigma_w^2\boldsymbol{I} \tag{4.102}$$

因此,输出信噪比可表示为

$$\mathrm{SNR}_{\mathrm{out}} = \frac{P\,|\boldsymbol{H}^{\mathrm{H}}\boldsymbol{B}\boldsymbol{C}|^2}{\sigma_w^2\boldsymbol{H}^{\mathrm{H}}\boldsymbol{B}\boldsymbol{B}^{\mathrm{H}}\boldsymbol{H}} \tag{4.103}$$

则由式(4.103)可知,当输入信噪比和噪声抑制滤波器的参数给定时,输出信噪比取决于本地解扩向量 $\boldsymbol{H}$,不同的 $\boldsymbol{H}$ 对应于不同的接收机结构,其性能也有所不同,本节将研究两种抗扫频干扰接收机的结构及性能。

1) 时域相关接收机

取 $\boldsymbol{H}=\boldsymbol{C}$,即 $\boldsymbol{H}$ 等于扩频向量,由式(4.103)可知,其输出信噪比为

$$\mathrm{SNR}_{\mathrm{out}} = \frac{\boldsymbol{P}\,|\boldsymbol{C}^{\mathrm{H}}\boldsymbol{B}\boldsymbol{C}|^2}{\sigma_w^2\boldsymbol{C}^{\mathrm{H}}\boldsymbol{B}\boldsymbol{B}^{\mathrm{H}}\boldsymbol{C}} \tag{4.104}$$

这种接收机结构在实现上最为简单,然而,干扰抑制器的引入破坏了接收信号与本地解扩序列之间的互相关特性和噪声序列的自相关特性,导致其输出信噪比下降;此外,采样型离散分数阶傅里叶变换不满足严格的正交性,也是影响接收机性能的原因之一。为提高输出信噪比,可对 $\boldsymbol{H}$ 进行某种修正,由此可引出另外一种接收机结构。

2）分数阶傅里叶域的相关接收机

为改善接收信号与本地解扩序列之间的相关性，可将本地 PN 码进行一次与干扰抑制过程相同的处理，即取 $\boldsymbol{H}=\boldsymbol{BC}$，此时，相关解扩器输出的判决变量可表示为

$$\begin{aligned} g &= \boldsymbol{H}^{\mathrm{H}}\boldsymbol{Y}=\boldsymbol{C}^{\mathrm{H}}\boldsymbol{B}^{\mathrm{H}}\boldsymbol{BR}=\boldsymbol{C}^{\mathrm{H}}(\boldsymbol{F}_{-\hat{p}_0}\boldsymbol{MF}_{\hat{p}_0})^{\mathrm{H}}(\boldsymbol{F}_{-\hat{p}_0}\boldsymbol{MF}_{\hat{p}_0})\boldsymbol{R} \\ &= \boldsymbol{C}^{\mathrm{H}}(\boldsymbol{MF}_{\hat{p}_0})^{\mathrm{H}}\boldsymbol{F}_{-\hat{p}_0}^{\mathrm{H}}\boldsymbol{F}_{-\hat{p}_0}(\boldsymbol{MF}_{\hat{p}_0})\boldsymbol{R} \end{aligned} \tag{4.105}$$

由采样型离散分数阶傅里叶变换的定义可知

$$\boldsymbol{F}_{-\hat{p}_0}^{\mathrm{H}}\boldsymbol{F}_{-\hat{p}_0} \simeq \boldsymbol{F}_{\hat{p}_0}\boldsymbol{F}_{-\hat{p}_0} \simeq \boldsymbol{I} \tag{4.106}$$

因此有

$$g \simeq \boldsymbol{C}^{\mathrm{H}}(\boldsymbol{MF}_{\hat{p}_0})^{\mathrm{H}}(\boldsymbol{MF}_{\hat{p}_0})\boldsymbol{R}=(\boldsymbol{MF}_{\hat{p}_0}\boldsymbol{C})^{\mathrm{H}}(\boldsymbol{MF}_{\hat{p}_0}\boldsymbol{R}) \tag{4.107}$$

式(4.105)提示我们，在接收信号的处理过程和本地解扩序列的产生过程中，可将逆变换省略，即解扩过程中的相关运算可在分数阶傅里叶域实现。与时域相关接收机相比，这一方法改善了接收信号与本地解扩序列之间的互相关特性，可在不增加运算量的前提下减少信噪比的损失。其输出信噪比为

$$\mathrm{SNR}_{\mathrm{out}}=\frac{P\left|\boldsymbol{C}^{\mathrm{H}}\boldsymbol{F}_{\hat{p}_0}^{\mathrm{H}}\boldsymbol{M}^2\boldsymbol{F}_{\hat{p}_0}\boldsymbol{C}\right|^2}{\sigma_w^2\boldsymbol{C}^{\mathrm{H}}(\boldsymbol{F}_{\hat{p}_0}^{\mathrm{H}}\boldsymbol{M}^2\boldsymbol{F}_{\hat{p}_0})^2\boldsymbol{C}} \tag{4.108}$$

干扰抑制接收机的性能可由信噪比改善因子 IF 和系统误码率 P_e 来评估。信噪比改善因子定义为

$$\mathrm{IF}=\frac{\mathrm{SNR}_{\mathrm{out}}}{\mathrm{SNR}_{\mathrm{in}}} \tag{4.109}$$

对于图 4.27 所示的接收机结构，存在干扰时完整的输出判决变量可表示为

$$\begin{aligned} g &= \boldsymbol{C}^{\mathrm{H}}\boldsymbol{Y}=\sqrt{P_s}\,d\boldsymbol{C}^{\mathrm{H}}\boldsymbol{BC}+\sqrt{P_J}\,\boldsymbol{C}^{\mathrm{H}}\boldsymbol{BJ}+\boldsymbol{C}^{\mathrm{H}}\boldsymbol{BW} \\ &= \pm\sqrt{P_s}\,\boldsymbol{C}^{\mathrm{H}}\boldsymbol{BC}+\sqrt{P_J}\,\boldsymbol{C}^{\mathrm{H}}\boldsymbol{BJ}+\boldsymbol{C}^{\mathrm{H}}\boldsymbol{BW} \end{aligned} \tag{4.110}$$

上式右端的三项分别表示了接收机输出中的信号分量、残余干扰分量和噪声分量，根据 BPSK 调制系统的误码率表达式，干扰抑制接收机的误码率可按下式计算

$$\begin{aligned} P_e &= \frac{1}{2}Q\left(\frac{\sqrt{P_s}\,\mathrm{Re}(\boldsymbol{H}^{\mathrm{H}}\boldsymbol{BC})+\sqrt{P_J}\,\mathrm{Re}(\boldsymbol{H}^{\mathrm{H}}\boldsymbol{BJ})}{\sigma_w\sqrt{\boldsymbol{H}^{\mathrm{H}}\boldsymbol{BB}^{\mathrm{H}}\boldsymbol{H}}}\right)+ \\ &\quad \frac{1}{2}Q\left(\frac{\sqrt{P_s}\,\mathrm{Re}(\boldsymbol{H}^{\mathrm{H}}\boldsymbol{BC})-\sqrt{P_J}\,\mathrm{Re}(\boldsymbol{H}^{\mathrm{H}}\boldsymbol{BJ})}{\sigma_w\sqrt{\boldsymbol{H}^{\mathrm{H}}\boldsymbol{BB}^{\mathrm{H}}\boldsymbol{H}}}\right) \\ &= \frac{1}{2}Q\left(\sqrt{\mathrm{SNR}_{\mathrm{in}}}\,\frac{\mathrm{Re}(\boldsymbol{H}^{\mathrm{H}}\boldsymbol{BC})+\sqrt{\mathrm{JSR}}\,\mathrm{Re}(\boldsymbol{H}^{\mathrm{H}}\boldsymbol{BJ})}{\sqrt{\boldsymbol{H}^{\mathrm{H}}\boldsymbol{BB}^{\mathrm{H}}\boldsymbol{H}}}\right)+ \\ &\quad \frac{1}{2}Q\left(\sqrt{\mathrm{SNR}_{\mathrm{in}}}\,\frac{\mathrm{Re}(\boldsymbol{H}^{\mathrm{H}}\boldsymbol{BC})-\sqrt{\mathrm{JSR}}\,\mathrm{Re}(\boldsymbol{H}^{\mathrm{H}}\boldsymbol{BJ})}{\sqrt{\boldsymbol{H}^{\mathrm{H}}\boldsymbol{BB}^{\mathrm{H}}\boldsymbol{H}}}\right) \end{aligned} \tag{4.111}$$

3. 性能分析

设接收信号中的干扰分量为等幅线性调频波，其中心频率与接收信号的载波相同，系统中的 PN 码为长度 $L=31$ 的 m 序列，即系统的扩频增益为 31(14.9dB)。取输入信噪比为 0，干信比为 20，并按修剪法的要求设置矩阵 $\boldsymbol{M}$，则针对具有不同调频速率的扫频干扰，可由

式(4.104)和式(4.108)分别计算出两种接收机的信噪比性能,计算结果示于图4.28。

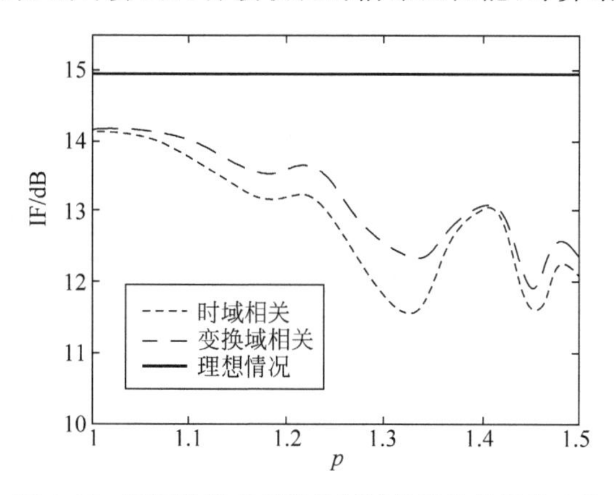

图4.28　不同阶数时干扰抑制接收机的信噪比改善

由图4.28可见,大多数情况下,分数阶傅里叶域相关接收机的性能明显优于时域相关接收机,而干扰抑制器的引入,使得这两种接收机的信噪比性能下降。在 $p=1$ 时,干扰抑制过程中的离散分数阶傅里叶变换退化为离散傅里叶变换,由于离散傅里叶变换为严格的正交变换,干扰抑制接收机的信噪比改善因子在此时为最大;随着 p 逐渐偏离1,离散分数阶傅里叶变换的非正交性对接收机性能的影响逐渐显著,其信噪比性能也随之下降。

设干扰信号参数为 $m_0=0.3$ 和 $f_0=0$,输入信噪比为0,则由式(4.18)可得到干扰抑制接收机的误码性能。图4.29给出了在不同干信比下两种接收机的误码率,为便于比较,图中同时给出了无干扰抑制措施(即 $\boldsymbol{B}=\boldsymbol{I},\boldsymbol{H}=\boldsymbol{C}$)时的误码率特性。由图4.29可见,干扰抑制器的引入明显地改善了接收机的抗干扰性能,而分数阶傅里叶域的相关接收机的性能要优于时域相关接收机,其误码率性能相差约2dB。随着干扰功率的下降,干扰分量对误码率的影响逐渐减弱,当干信比低于某一值时,接收机误码率将主要取决于输入噪声。此时,干扰抑制器的引入不仅不能改善接收机的性能,反而使其性能恶化。因此,在工程应用中,当检测到的噪声功率低于某一阈值时,可将干扰抑制器关闭,确保接收机的性能不会下降。

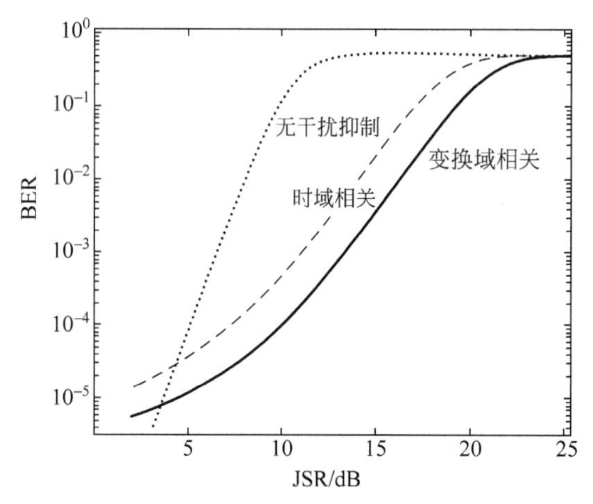

图4.29　不同干扰强度下干扰抑制接收机的误码率

需要指出的是，由于傅里叶变换可视为分数阶傅里叶变换的一个特例，故分数阶傅里叶域的干扰抑制接收机不仅可抑制宽带的扫频干扰，同时也具有抑制单频正弦干扰的能力。

4.3 分数阶傅里叶域的最优滤波

本章一开始利用式(4.1)给出了通常所使用的观测模型，式(4.2)给出了估计算子的模型。4.2节主要讨论在加性噪声且与信号时频无耦合的情况下，如何求取估计算子。当存在畸变系统对信号造成畸变或不能通过坐标旋转来完全解除信号和噪声的时频耦合时，上述滤波方法就可能得不到需要的效果，下面将提出一种更具普适性的滤波方法。

4.3.1 最优滤波

现在的问题是针对上述的观测模型，在某种准则下最大地消除掉畸变和噪声的影响。这时的滤波算子取决于采用的准则以及关于有用信号、噪声、畸变系统的先验知识。通常所采用的准则是最小均方误差(Mean Square Error，MSE)。如果畸变模型 ψ 非时变，信号和噪声均为平稳过程，那么这时的最优线性估计算子就是经典的维纳滤波[37]。但是如果畸变模型 ψ 是时变的，或者信号和噪声不满足平稳过程的约束，那么最优的估计算子一般来说不再保持其非时变性，这时该如何求取最优的估计算子呢？我们首先对上述问题给出其数学描述，然后再推导出该问题的解。式(4.1)描述的观测模型可写作

$$y(t)=\int_{-\infty}^{+\infty}h(t,t')x(t')\mathrm{d}t'+n(t) \tag{4.112}$$

式中，$h(t,\tau)$表示畸变模型 ψ 的核函数，$n(t)$是加性噪声。作为先验知识，我们假定已经知道 $h(t,\tau)$及 $x(t)$和噪声 $n(t)$的自相关函数

$$R_{xx}(t,t')=E\left[x(t)x^*(t')\right] \tag{4.113}$$

$$R_{nn}(t,t')=E\left[n(t)n^*(t')\right] \tag{4.114}$$

式中，$E(\cdot)$表示求均值，且 $n(t)$均值为0，与 $x(t)$不相关。即

$$E[n(t)]=0,\quad \forall t$$

$$R_{xn}(t,t')=E\left[x(t)n^*(t')\right]=0$$

那么根据先验知识和式(4.112)，便可得到 $x(t)$和 $y(t)$的互相关函数及 $y(t)$的自相关函数

$$R_{xy}(t,t')=E\left[x(t)y^*(t')\right] \tag{4.115}$$

$$R_{yy}(t,t')=E\left[y(t)y^*(t')\right] \tag{4.116}$$

首先考查最一般的线性估计算子，如下所示

$$\hat{x}(t)=\int_{-\infty}^{+\infty}g(t,t')y(t')\mathrm{d}t' \tag{4.117}$$

我们所采用的准则是最小均方误差，对于其函数表达式为均方可积(能量有限)的非平稳信号，MSE可用下式表示

$$\sigma_e^2=E\left[\|x-\hat{x}\|^2\right] \tag{4.118}$$

式中，$\|\cdot\|$表示 L_2 空间(2次幂可积函数空间)的范数，有

$$\|x\|^2=\int_{-\infty}^{+\infty}x(t)x^*(t)\mathrm{d}t \tag{4.119}$$

那么最优的估计算子应该满足

$$g_{\mathrm{opt}}(t,t')=\underset{g}{\operatorname{argmin}}\sigma_e^2 \tag{4.120}$$

对于式(4.117)所定义的线性估计可以求得式(4.120)的解为

$$R_{xy}(t,t')=\int_{-\infty}^{+\infty}g_{\mathrm{opt}}(t,t'')R_{yy}(t'',t')\mathrm{d}t'',\quad \forall t,t' \tag{4.121}$$

通过对式(4.121)的计算，我们可以得到最优的线性估计算子，但是利用式(4.117)的线性估计来恢复 $x(t)$，其计算复杂度为 $O(N^2)$，N 为量纲归一化后信号样本的长度。

现在回到分数阶傅里叶域上来，为了将估计算子表示为 p 阶分数阶傅里叶域上的乘法滤波器，可以将估计算子写成下式

$$\hat{x}=\mathcal{F}^{-p}[f\mathcal{F}^{p}[y(t)]] \tag{4.122}$$

式中，$\mathcal{F}^{p}(\cdot)$表示角度为 $p\pi/2$ 的分数阶傅里叶变换，f 是分数阶傅里叶域上的乘法滤波器。可以发现，当 $p=1$ 时，该估计算子就相应于传统的频域滤波了。根据式(4.122)定义的估计算子形式，最优化问题可由下式描述

$$f_{\mathrm{opt}}=\underset{f}{\operatorname{argmin}}\sigma_e^2 \tag{4.123}$$

式中，σ_e^2 仍按式(4.118)定义，$\hat{x}$ 则按式(4.122)定义。

以上我们便完成了最优化问题在分数阶傅里叶域上的数学描述。因为建立在分数阶傅里叶域上的滤波器(估计算子)只是线性算子的一个子集，所以我们通过求解式(4.123)所得到的最优估计算子并不一定是全局最优(所有线性算子中的最优)。但是，我们知道传统的频域滤波器只是它的一个子集，在许多涉及时变的畸变系统或是非平稳过程的问题中，它可能得到比频域滤波更低的 MSE，却不需要付出额外的代价。因为式(4.122)所得到的分数阶傅里叶域的估计算子和傅里叶变换一样，应用于信号恢复时的计算复杂度为 $O(N\log_2 N)$。

接下来我们可以利用变分法来求解式(4.123)。首先定义代价函数 J 等于式(4.118)中的 MSE。既然分数阶傅里叶变换是个酉变换，具有保范性，那么就有 p 阶分数阶傅里叶域上的 MSE 等于 J，即

$$J=\sigma_e^2=E[\|x-\hat{x}\|^2]=E[\|X_p-\hat{X}_p\|^2] \tag{4.124}$$

式中，$\hat{X}_p=f\mathcal{F}^{p}[y(t)]$，$X_p=\mathcal{F}^{p}[x(t)]$。

既然 $\hat{X}_p$ 在变化，那么 J 必然也随着 f 而改变，那么当 $f=f_{\mathrm{opt}}$ 时，必然 J 也取到最小值。不妨设

$$f=f_{\mathrm{opt}}+\mu\delta f_{\mathrm{opt}} \tag{4.125}$$

其中，μ 表示复标量参数，δf_{opt} 表示任意的扰动因子，f_{opt} 即为最优估计算子。既然 μ 是个复数，那么就可以分解成

$$\mu=\mu_{\mathrm{re}}+\mathrm{j}\mu_{\mathrm{im}}$$

就有

$$\hat{X}_p(u,\mu)=(f_{\mathrm{opt}}(u)+(\mu_{re}+\mathrm{j}\mu_{\mathrm{im}})\delta f_{\mathrm{opt}}(u))Y_p(u) \tag{4.126}$$

$$J(\mu)=E\left[\int_{-\infty}^{+\infty}(X_p(u)-\hat{X}_p(u,\mu))(X_p(u)-\hat{X}_p(u,\mu))^*\mathrm{d}u\right] \tag{4.127}$$

那么 J 的极小值能够在下式条件下取得[38]，$\left.\frac{\delta J(\mu)}{\delta \mu}\right|_{\mu=0}=0$，即

$$\left.\frac{\delta J(\mu)}{\delta \mu_{\mathrm{re}}}\right|_{\mu=0}=0, \quad \left.\frac{\delta J(\mu)}{\delta \mu_{\mathrm{im}}}\right|_{\mu=0}=0 \tag{4.128}$$

将式(4.127)代入式(4.128)，可得到

$$\begin{aligned}
\frac{\delta J(\mu)}{\delta \mu_{\mathrm{re}}}=&-\left(E\left[\int_{-\infty}^{+\infty} \frac{\delta \hat{X}_{p}^{*}(u,\mu)}{\delta \mu_{\mathrm{re}}}(X_{p}(u)-\hat{X}_{p}(u,\mu))\mathrm{d}u+\right.\right.\\
&\left.\left.\int_{-\infty}^{+\infty} \frac{\delta \hat{X}_{p}(u,\mu)}{\delta \mu_{\mathrm{re}}}(X_{p}(u)-\hat{X}_{p}(u,\mu))^{*}\mathrm{d}u\right]\right)\\
\frac{\delta J(\mu)}{\delta \mu_{\mathrm{im}}}=&-\left(E\left[\int_{-\infty}^{+\infty} \frac{\delta \hat{X}_{p}^{*}(u,\mu)}{\delta \mu_{\mathrm{im}}}(X_{p}(u)-\hat{X}_{p}(u,\mu))\mathrm{d}u+\right.\right.\\
&\left.\left.\int_{-\infty}^{+\infty} \frac{\delta \hat{X}_{p}(u,\mu)}{\delta \mu_{\mathrm{im}}}(X_{p}(u)-\hat{X}_{p}(u,\mu))^{*}\mathrm{d}u\right]\right)
\end{aligned} \tag{4.129}$$

根据式(4.129)，有

$$\begin{cases}
\dfrac{\delta \hat{X}_{p}(u,\mu)}{\delta \mu_{\mathrm{re}}}=\delta f_{\mathrm{opt}}(u)Y_{p}(u)\\
\dfrac{\delta \hat{X}_{p}^{*}(u,\mu)}{\delta \mu_{\mathrm{re}}}=(\delta f_{\mathrm{opt}}(u)Y_{p}(u))^{*}=\left(\dfrac{\delta \hat{X}_{p}(u,\mu)}{\delta \mu_{\mathrm{re}}}\right)^{*}\\
\dfrac{\delta \hat{X}_{p}(u,\mu)}{\delta \mu_{\mathrm{im}}}=\mathrm{j}\delta f_{\mathrm{opt}}(u)Y_{p}(u)=\mathrm{j}\dfrac{\delta \hat{X}_{p}(u,\mu)}{\delta \mu_{\mathrm{re}}}\\
\dfrac{\delta \hat{X}_{p}^{*}(u,\mu)}{\delta \mu_{\mathrm{im}}}=-\mathrm{j}\left[\delta f_{\mathrm{opt}}(u)Y_{p}(u)\right]^{*}=-\mathrm{j}\left[\dfrac{\delta \hat{X}_{p}(u,\mu)}{\delta \mu_{\mathrm{re}}}\right]^{*}
\end{cases} \tag{4.130}$$

接下来我们定义两个变量 $w(u,\mu)$ 和 $v(u,\mu)$：

$$\begin{cases}
w(u,\mu)=X_{p}(u)-\hat{X}_{p}(u,\mu)\\
v(u,\mu)=\dfrac{\delta \hat{X}_{p}(u,\mu)}{\delta \mu_{\mathrm{re}}}
\end{cases} \tag{4.131}$$

利用式(4.130)、式(4.131)，式(4.129)可以写成

$$\begin{cases}
\dfrac{\delta J(\mu)}{\delta \mu_{\mathrm{re}}}=-2E\left[\displaystyle\int_{-\infty}^{+\infty}\mathrm{Re}(w^{*}(u,\mu)v(u,\mu))\mathrm{d}u\right]\\
\dfrac{\delta J(\mu)}{\delta \mu_{\mathrm{im}}}=2E\left[\displaystyle\int_{-\infty}^{+\infty}\mathrm{Im}(w^{*}(u,\mu)v(u,\mu))\mathrm{d}u\right]
\end{cases} \tag{4.132}$$

根据式(4.132)，式(4.127)可化为

$$\left.E\left[\int_{-\infty}^{+\infty} w^{*}(u,\mu)v(u,\mu)\mathrm{d}u\right]\right|_{\mu=0}=0 \tag{4.133}$$

将 $w(u,\mu)$，$v(u,\mu)$，$\mu=0$ 代入，得

$$E\left[\int_{-\infty}^{+\infty}(X_{p}(u)-\hat{X}_{p}(u,0))^{*}\delta f_{\mathrm{opt}}(u)Y_{p}(u)\mathrm{d}u\right]=0 \tag{4.134}$$

既然 δf_{opt} 为任意的扰动因子，而上式对所有的 δf_{opt} 均成立，那就意味着

$$E\left[(X_p(u)-\hat{X}_p(u,0))^* Y_p(u)\right]=0 \tag{4.135}$$

对式(4.135)求解，得到最优估计算子

$$f_{\text{opt}}(u)=\frac{R_{X_pY_p}(u,u)}{R_{Y_pY_p}(u,u)} \tag{4.136}$$

式中的相关函数可以通过已知的 $R_{xy}(t,t')$ 和 $R_{yy}(t,t')$ 求出：

$$R_{X_pY_p}(u,u)=\int_{-\infty}^{+\infty}\int_{-\infty}^{+\infty}K_p(u,t)K_{-p}(u,t')R_{xy}(t,t')\mathrm{d}t'\mathrm{d}t \tag{4.137}$$

$$R_{Y_pY_p}(u,u)=\int_{-\infty}^{+\infty}\int_{-\infty}^{+\infty}K_p(u,t)K_{-p}(u,t')R_{yy}(t,t')\mathrm{d}t'\mathrm{d}t \tag{4.138}$$

那么最优估计算子就可以写成

$$f_{\text{opt}}(u)=\frac{\int_{-\infty}^{+\infty}\int_{-\infty}^{+\infty}K_p(u,t)K_{-p}(u,t')R_{xy}(t,t')\mathrm{d}t'\mathrm{d}t}{\int_{-\infty}^{+\infty}\int_{-\infty}^{+\infty}K_p(u,t)K_{-p}(u,t')R_{yy}(t,t')\mathrm{d}t'\mathrm{d}t} \tag{4.139}$$

上式给出了 p 阶分数阶傅里叶域上最优的乘法滤波器表达式，但是为了找到最优的 p，我们需要对 p 进行搜索。首先写出最优滤波器条件下的 MSE

$$\begin{aligned}\sigma_{e,0}^2&=E\left[\int_{-\infty}^{+\infty}(X_p(u)-\hat{X}_p(u,0))(X_p(u)-\hat{X}_p(u,0))^*\,\mathrm{d}u\right]\\&=\int_{-\infty}^{+\infty}(R_{X_pX_p}(u,u)-2\mathrm{Re}(f_{\text{opt}}^*(u)R_{X_pY_p}(u,u))+\\&\quad f_{\text{opt}}(u)f_{\text{opt}}^*(u)R_{Y_pY_p}(u,u))\mathrm{d}u\end{aligned} \tag{4.140}$$

利用上式对 p 在[−1,1]范围内进行搜索，便能够找到在某个 p 上 MSE 最小，该结果不一定是全局最小，但是我们应该注意到利用式(4.117)求出的最优线性估计算子在使用时计算复杂度为 $O(N^2)$，而式(4.122)的结果在使用时计算复杂度仅为 $O(N\log_2 N)$，这样在 N 值较大时，两者的计算量是不可同日而语的。实际应用时可以先做粗搜，比如以步长 0.1 对 p 在[−1,1]范围内进行扫描，找到使 MSE 最小的 p。如果需要更高的精度时，我们可以在粗搜时所找到的 p 值附近以更小的步长进行扫描，如此重复，直到找到的 p 符合所需精度为止。除了利用粗搜得到的 p 值寻求更精确的结果，还有其他更精巧有效的方法，有兴趣的读者可参阅文献[39]。

综上所述，分数阶傅里叶域的最优线性滤波算法如下：已知畸变模型 $h(t,\tau)$ 及输入信号 $x(t)$ 和噪声 $n(t)$ 的自相关函数，计算出输入信号与输出信号 $y(t)$ 的互相关函数及输出信号的自相关函数，然后利用式(4.139)就可以求出 p 阶最优估计算子。

上述分析都是建立在连续域上，但是在实际应用时一般处理的是离散信号。既然文献[19]已经给出了离散分数阶傅里叶变换的定义，那么就有必要将上述最优估计算子的求取推广到离散域。接下来仍然首先给出数学描述，然后再求解。式(4.26)所描述的观测模型改写成离散形式如下

$$\boldsymbol{y}=\boldsymbol{H}\boldsymbol{x}+\boldsymbol{n} \tag{4.141}$$

式中，$\boldsymbol{y}$、$\boldsymbol{x}$、$\boldsymbol{n}$ 为列向量，分别表示输出信号、输入信号和噪声的采样序列；N 表示序列长度，$\boldsymbol{H}$ 为 $N\times N$ 矩阵，表示畸变模型对输入信号的影响。同连续域求解一样，我们假定已经

知道 $\boldsymbol{H}$ 及 $\boldsymbol{x}$ 和 $\boldsymbol{n}$ 的自相关矩阵，$\boldsymbol{y}$、$\boldsymbol{x}$、$\boldsymbol{n}$ 均长度有限，$\boldsymbol{n}$ 为零均值且与 $\boldsymbol{x}$ 不相关。那么估计算子的模型可写成

$$\hat{\boldsymbol{x}}=\boldsymbol{F}^{-p}\boldsymbol{\Lambda}_f\boldsymbol{F}^p\boldsymbol{y} \tag{4.142}$$

式中，$\boldsymbol{F}^{-p}$ 和 $\boldsymbol{F}^p$ 分别表示 $N\times N$ 的 $-p$ 和 p 阶离散分数阶傅里叶变换矩阵；$\boldsymbol{\Lambda}_f$ 是个 $N\times N$ 的对角阵，其对角线元素由离散估计算子 $\boldsymbol{f}$ 的元素构成。该模型等效于 p 阶分数阶傅里叶域上的乘法滤波器。当 $p=1$ 时，$\boldsymbol{F}^p$ 就等于离散傅里叶变换矩阵，估计模型就相当于在频域构建乘法滤波器。分数阶傅里叶变换是酉变换，其离散变换矩阵存在如下关系

$$\boldsymbol{F}^{-p}=(\boldsymbol{F}^p)^{\mathrm{H}} \tag{4.143}$$

式中，$(\cdot)^{\mathrm{H}}$ 表示共轭转置算子。采用的准则仍是最小均方误差(MSE)，其定义如下

$$\sigma_e^2=\frac{1}{N}E\left[(\boldsymbol{x}-\hat{\boldsymbol{x}})^{\mathrm{H}}(\boldsymbol{x}-\hat{\boldsymbol{x}})\right] \tag{4.144}$$

到此便完成了对离散分数阶傅里叶域最优滤波问题的数学描述，接下来需要对式(4.144)进行求解，来找到最优的向量 $\boldsymbol{f}$(使估计误差最小，与连续域一样，不一定是全局最小)。

首先定义代价函数 J_d 等于式(4.144)所定义的 MSE，同样由于分数阶傅里叶变换的保范性，它也等于 p 阶分数阶傅里叶域上估计的 MSE，即

$$\begin{aligned}J_d&=\frac{1}{N}E\left[(\boldsymbol{x}-\hat{\boldsymbol{x}})^{\mathrm{H}}(\boldsymbol{x}-\hat{\boldsymbol{x}})\right]\\&=\frac{1}{N}E\left[(\boldsymbol{X}_p-\hat{\boldsymbol{X}}_p)^{\mathrm{H}}(\boldsymbol{X}_p-\hat{\boldsymbol{X}}_p)\right]\end{aligned} \tag{4.145}$$

式中，$\boldsymbol{X}_p=\boldsymbol{F}^p\boldsymbol{x}$，$\hat{\boldsymbol{X}}_p=\boldsymbol{\Lambda}_f\boldsymbol{F}^p\boldsymbol{y}=\boldsymbol{\Lambda}_f\boldsymbol{Y}_p$。

通过类似于连续域求解的步骤可以求出最优的滤波向量为

$$\boldsymbol{f}_{\mathrm{opt},j}=\frac{\boldsymbol{R}_{X_pY_p}(j,j)}{\boldsymbol{R}_{Y_pY_p}(j,j)}\quad j=1,2,\cdots,N \tag{4.146}$$

式中的相关矩阵可由以下两式求出：

$$\boldsymbol{R}_{X_pY_p}=\boldsymbol{F}^p\boldsymbol{R}_{xx}\boldsymbol{H}^{\mathrm{H}}\boldsymbol{F}^{-p} \tag{4.147}$$

$$\boldsymbol{R}_{Y_pY_p}=\boldsymbol{F}^p(\boldsymbol{H}\boldsymbol{R}_{xx}\boldsymbol{H}^{\mathrm{H}}+\boldsymbol{R}_{nn})\boldsymbol{F}^{-p} \tag{4.148}$$

以上便完成了分数阶傅里叶域的连续和离散形式最优滤波算子的推导，该估计算子是在最小均方误差的准则下求得的。需要指出的是，由于分数阶傅里叶变换只是所有线性变换的一个子集，所以取得的最小均方误差并不一定是全局最小，但是在不增加额外计算负担的情况下，能够获得比传统频域滤波更好的效果。

4.3.2 多阶最优滤波

上面所得到的分数阶傅里叶域的离散形式最优滤波算子可进一步推广成多阶最优滤波算子[40]。设观察模型仍为

$$\boldsymbol{y}=\boldsymbol{H}\boldsymbol{x}+\boldsymbol{n}$$

观察序列长度为 N，先验知识和判决准则不变，我们的目标仍然是使估计值与真实值间的最小均方误差最小

$$\sigma_e^2=\frac{1}{N}E\left[(\boldsymbol{x}-\hat{\boldsymbol{x}})^{\mathrm{H}}(\boldsymbol{x}-\hat{\boldsymbol{x}})\right] \tag{4.149}$$

与前面的单阶滤波算子不同的是滤波算子阶数增多了

$$\hat{\boldsymbol{x}} = \boldsymbol{\Lambda}_{M+1}\boldsymbol{F}^{p_M}\boldsymbol{\Lambda}_M\cdots\boldsymbol{F}^{p_k}\boldsymbol{\Lambda}_k\cdots\boldsymbol{F}^{p_1}\boldsymbol{\Lambda}_1\boldsymbol{y} \tag{4.150}$$

式中，$\boldsymbol{\Lambda}_k$ 是个 $N\times N$ 的对角阵，其对角线元素由第 k 个离散估计算子 $\boldsymbol{f}_k$ 的元素构成；$\boldsymbol{F}^{p_k}$ 表示 $N\times N$ 的 p_k 阶离散分数阶傅里叶变换矩阵。由分数阶傅里叶变换性质我们可以约定 $0\leqslant p_k\leqslant 4$，为了保证变换结果还原成时域信号，那么就有

$$p_1+\cdots+p_k+\cdots+p_M=4 \tag{4.151}$$

同理，与式(4.117)的线性最佳估计算子相比，式(4.150)并不一定能得到更优的结果。但是式(4.117)的线性最佳估计算子具有 N^2 个未知数，计算复杂度为 $O(N^2)$，而式(4.150)的多阶滤波算子只有 $(M+1)\times N$ 个未知数(在 M 次分数阶傅里叶变换的阶数已确定的情况下)，计算复杂度为 $O(MN\log N)$。如果式(4.150)得到的结果能够满足要求，那么相对于线性最佳估计算子的求取便节省了大量计算。

不过从式(4.150)可以发现，$\hat{\boldsymbol{x}}$ 与 $\boldsymbol{\Lambda}_k$ 是非线性关系，直接根据最小均方误差准则求解是行不通的，这便促使我们采用迭代算法来求解。

首先对 $\boldsymbol{\Lambda}_k$ 进行初始化，然后从 $k=1$ 开始。假定除了 $\boldsymbol{\Lambda}_k$ 外，其他阶次的滤波器权值我们都已知，那么利用这些已知滤波器权值和先验知识，我们来求取令均方误差最小的 $\boldsymbol{\Lambda}_k$，然后推进到 $k+1$，一步步直到 $M+1$，可以求得此时最优的 $\boldsymbol{\Lambda}_{M+1}$；接下来重新令 $k=1$ 开始新一轮的迭代。这样迭代下去直至迭代收敛，便得到了该种结构多阶次滤波器在最小均方误差准则下的最优解。具体的 $\boldsymbol{\Lambda}_k$ 求法如下：

(1) 定义 $\boldsymbol{A}$ 和 $\boldsymbol{B}$ 为

$$\boldsymbol{A}=\boldsymbol{\Lambda}_{M+1}\boldsymbol{F}^{p_M}\boldsymbol{\Lambda}_M\cdots\boldsymbol{F}^{p_k},\quad k=M+1,\boldsymbol{A}=\boldsymbol{I}$$

$$\boldsymbol{B}=\boldsymbol{F}^{p_{k-1}}\boldsymbol{\Lambda}_{k-1}\cdots\boldsymbol{F}^{p_1}\boldsymbol{\Lambda}_1,\quad k=1,\boldsymbol{B}=\boldsymbol{I}$$

那么就有

$$\hat{\boldsymbol{x}}=\boldsymbol{A}\boldsymbol{\Lambda}_k\boldsymbol{B}\boldsymbol{y} \tag{4.152}$$

(2) 将 $\boldsymbol{\Lambda}_k$ 的第 n 个元素(即第 k 个离散估计算子 $\boldsymbol{f}_k$ 的第 n 个元素 f_{kn})写成实部和虚部之和的形式

$$f_{kn}=f_{kn}^r+f_{kn}^i$$

为了满足最小均方误差准则，就有

$$\frac{\delta\sigma_e^2}{\delta f_{kn}^r}=0,\quad \frac{\delta\sigma_e^2}{\delta f_{kn}^i}=0,\quad n=1,2,\cdots,N \tag{4.153}$$

(3) 根据式(4.150)、式(4.152)和式(4.153)，可以得到

$$\boldsymbol{D}\boldsymbol{f}_k=\boldsymbol{c} \tag{4.154}$$

式中，$\boldsymbol{D}=(\boldsymbol{A}^{\mathrm{H}}\boldsymbol{A})\otimes(\boldsymbol{B}\boldsymbol{R}_{yy}\boldsymbol{B}^{\mathrm{H}})^{\mathrm{T}}$，$\otimes$表示两个矩阵的点乘，$\boldsymbol{c}=\mathrm{diag}(\boldsymbol{A}^{\mathrm{H}}\boldsymbol{R}_{xy}\boldsymbol{B}^{\mathrm{H}})$，$\mathrm{diag}(\cdot)$ 表示取该矩阵的对角元素构成一个向量。式(4.154)含有 N 个方程，正好求解 N 个未知数，这样便完成了 $\boldsymbol{\Lambda}_k$ 的求取任务。

由于 $\hat{\boldsymbol{x}}$ 与 $\boldsymbol{\Lambda}_k$ 的非线性关系，该迭代算法的收敛点不一定是全局最优点，但是我们可以从多个初始值出发，进行多次迭代，取其中最好的结果，从后面给出的仿真结果来看，仍然能够得到较为满意的滤波效果。

4.3.3 仿真结果

接下来分别给出上述分数阶傅里叶域的单阶和多阶最优滤波算法的仿真结果，以说明其可行性和有效性。

4.3.3.1 单阶最优滤波算法的仿真结果[1]

例1 首先来看一个只存在信号畸变的例子。该畸变模型相应于一个时变理想带通滤波器，其中心频率随时间线性变化，冲激响应函数为

$$h(t,t')=\mathrm{e}^{-\mathrm{j}2\pi t(t-t')}\operatorname{sinc}(t-t') \tag{4.155}$$

那么系统函数就是

$$H(f,t)=\int_{-\infty}^{+\infty}h(t,t')\mathrm{e}^{-\mathrm{j}2\pi f(t-t')}\mathrm{d}t'=\operatorname{rect}(f+t) \tag{4.156}$$

输入信号是一个矩形脉冲串，取值为等概率的 0 或 1，采用单阶最优滤波的结果如图 4.30 所示。图 4.30(a)表示的是不同变换阶数 p 下归一化后的 MSE，从中可以搜索到最合适的 p 值，从图中可以得到 $p_{\mathrm{opt}}=0.5$；图 4.30(b)显示的是在变换阶数为 $p_{\mathrm{opt}}=0.5$ 时，单阶最优滤波算子的幅度特性；图 4.30(c)给出了输入矩形脉冲的波形图；图 4.30(d)给出的是经过畸变模型之后的输出值，可以看出与原波形已经完全不同了；图 4.30(e)、(f)分别给出了输出波形经过图(b)所示分数阶傅里叶域($p=0.5$)的单阶最优滤波和传统傅里叶域($p=1$)的维纳滤波之后的结果，可以发现前者的效果明显强于后者。输入、输出信号的 Wigner 分布分别由图 4.30(g)、(h)给出，图(h)中的对角线表示的是单阶最优滤波的分数阶傅里叶域($p=0.5$)。

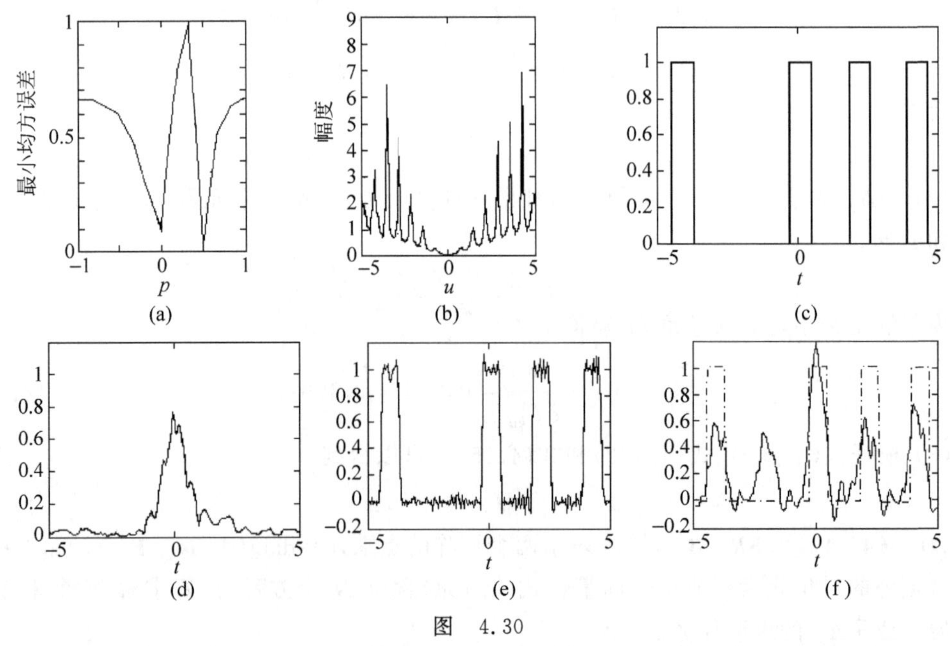

图 4.30

(a) 不同变换阶数的 MSE；(b) 最优变换阶数下($p=0.5$)滤波算子的幅度特性；(c) 输入序列 $\boldsymbol{x}$；(d) 输出序列 $\boldsymbol{y}$；(e) $p=0.5$ 最优滤波后的恢复波形(实线)和输入波形(虚线)的比较；(f) 传统傅里叶域($p=1$)最优滤波后的恢复波形(实线)和输入波形(虚线)的比较；(g) 输入序列 $\boldsymbol{x}$ 的 Wigner 分布；(h) 输出序列 $\boldsymbol{y}$ 的 Wigner 分布(对角线表示最优的滤波域，$p=0.5$)

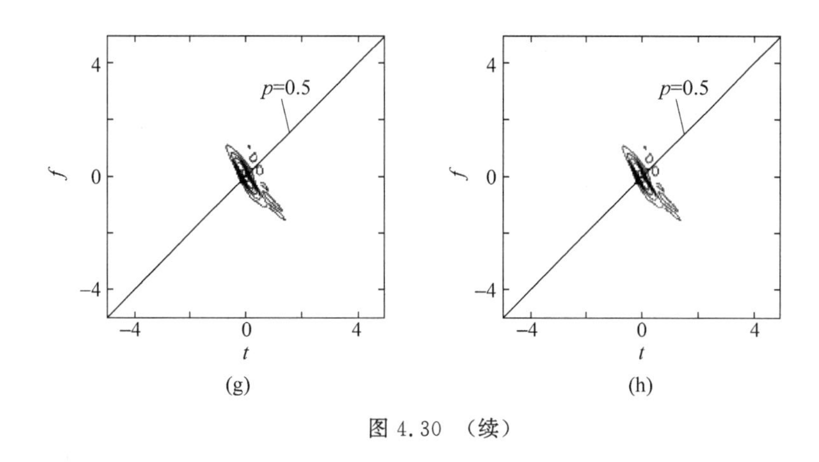

图 4.30 (续)

既然式(4.156)的系统函数是一个沿着直线 $f+t=0$ 移动的矩形窗,再参考 4.2 节介绍分数阶傅里叶域滤波时提到的正交投影的概念,那么能实现最优滤波的分数阶傅里叶域必然与该直线所确定的分数阶傅里叶域相垂直,即 $p_{\mathrm{opt}}=0.5$,该结论与搜索结果相同。

例 2 在畸变模型不变的条件下,输入信号改为时移高斯函数

$$x(t)=A\exp(-\pi(t-s)^2) \tag{4.157}$$

式中,A、s 均为[1,3]区间的均匀分布随机变量,仍然不考虑噪声的影响。图 4.31(a)表示的是不同变换阶数 p 下归一化后的 MSE,可以发现最优的滤波域仍然是 $p_{\mathrm{opt}}=0.5$。在变换阶数为 $p_{\mathrm{opt}}=0.5$ 时,单阶最优滤波算子的幅度特性如图 4.31(b)所示。图 4.31(c)～(f)依次给出了输入波形、经过畸变模型之后的输出波形、$p=0.5$ 的单阶最优滤波和传统傅里叶域($p=1$)的维纳滤波之后的结果。

例 3 本例给出只有噪声影响的情况下(即假定畸变模型为恒等模型)分数阶傅里叶域最优滤波的仿真结果。输入信号为例 2 中的输入信号,噪声为有限时宽的带通噪声,被 chirp 信号 $\exp(-\mathrm{j}1.73\pi t^2)$ 调制,这样,该噪声的中心频率随时间线性变化。图 4.32(a)表示的是不同变换阶数 p 下归一化后的 MSE,可以发现最优的滤波域是 $p_{\mathrm{opt}}=0.33$。在变换阶数为 $p_{\mathrm{opt}}=0.33$ 时,单阶最优滤波算子的幅度特性如图 4.32(b)所示。图 4.32(c)～(f)依次给出了输入波形、叠加噪声之后的输出波形、$p=0.33$ 的单阶最优滤波和传统傅里叶域($p=1$)的维纳滤波之后的结果。图 4.32(g)、(h)分别给的是输入、输出信号的 Wigner 分布。根据正交投影理论,从图 4.32(h)可以直观地看出最佳的滤波域就是 $p=0.33$。

例 4 接下来给出同时存在信号畸变和混叠有噪声情况下的例子。畸变模型如例 1 中式(4.69)所描述。噪声仍为有限时宽的带通噪声,只是调制信号变为 $\exp(-\mathrm{j}\pi t^2)$。输入信号为例 2 中的输入信号。不同变换阶数 p 下归一化后的 MSE 和在最优变换阶数 $p_{\mathrm{opt}}=0.5$ 时单阶滤波算子的幅度特性如图 4.33(a)、(b)所示。在本例中,不论单独考虑畸变模型还是叠加噪声的影响,所得到的最优滤波阶数都是 $p_{\mathrm{opt}}=0.5$,因此就不存在在两种考虑方式下出现不同最优滤波阶数时的折中问题。图 4.33(c)、(d)给出了滤波结果,图 4.33(e)、(f)分别是输入、输出信号的 Wigner 分布。

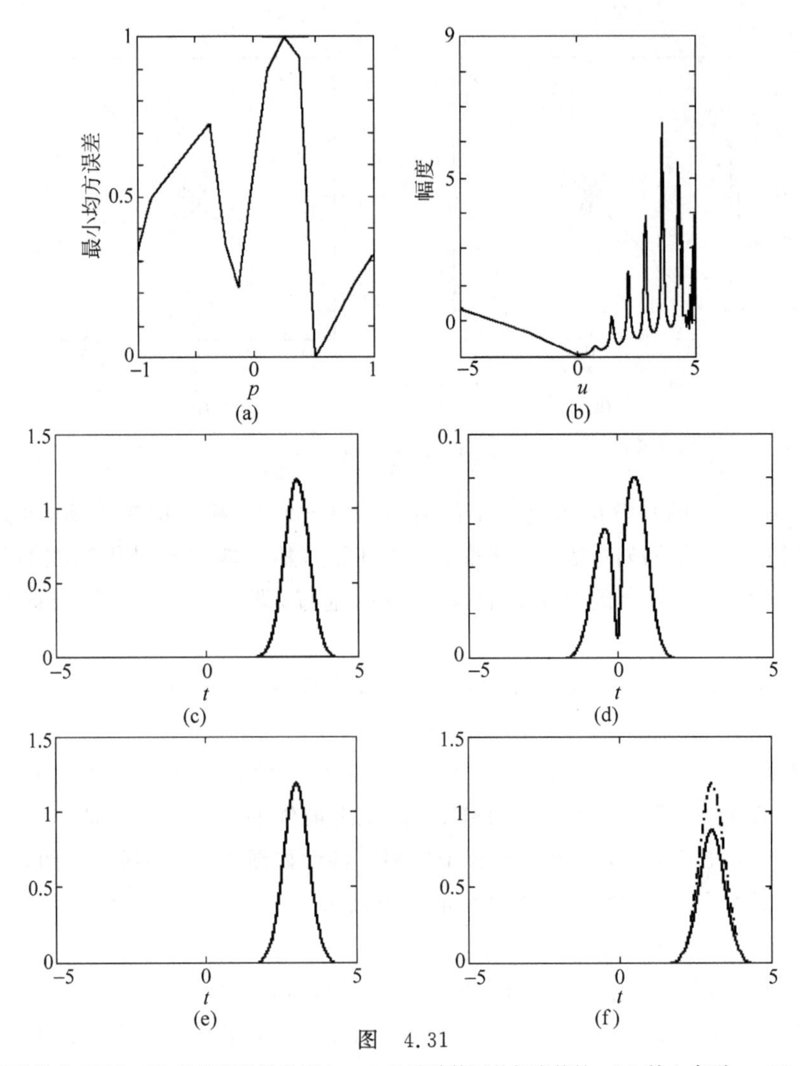

图 4.31

(a) 不同变换阶数的 MSE;(b) 最优变换阶数下($p=0.5$)滤波算子的幅度特性;(c) 输入序列 $\boldsymbol{x}$;(d) 输出序列 $\boldsymbol{y}$;
(e) $p=0.5$ 最优滤波后的恢复波形(实线)和输入波形(虚线)的比较;(f) 传统傅里叶域($p=1$)
最优滤波后的恢复波形(实线)和输入波形(虚线)的比较

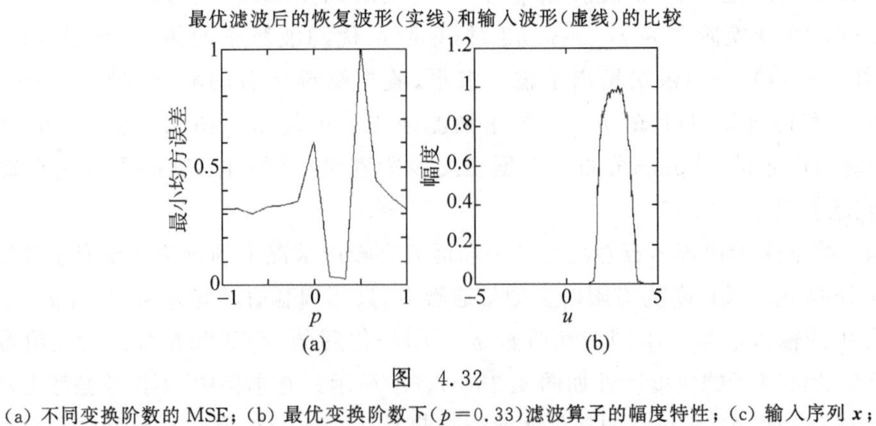

图 4.32

(a) 不同变换阶数的 MSE;(b) 最优变换阶数下($p=0.33$)滤波算子的幅度特性;(c) 输入序列 $\boldsymbol{x}$;
(d) 输出序列 $\boldsymbol{y}$;(e) $p=0.33$ 最优滤波后的恢复波形(实线)和输入波形(虚线)的比较;
(f) 传统傅里叶域($p=1$)最优滤波后的恢复波形(实线)和输入波形(虚线)的比较;(g) 输入序列 $\boldsymbol{x}$ 的 Wigner 分布;
(h) 输出序列 $\boldsymbol{y}$ 的 Wigner 分布(图中实线表示最优的滤波域,$p=0.33$)

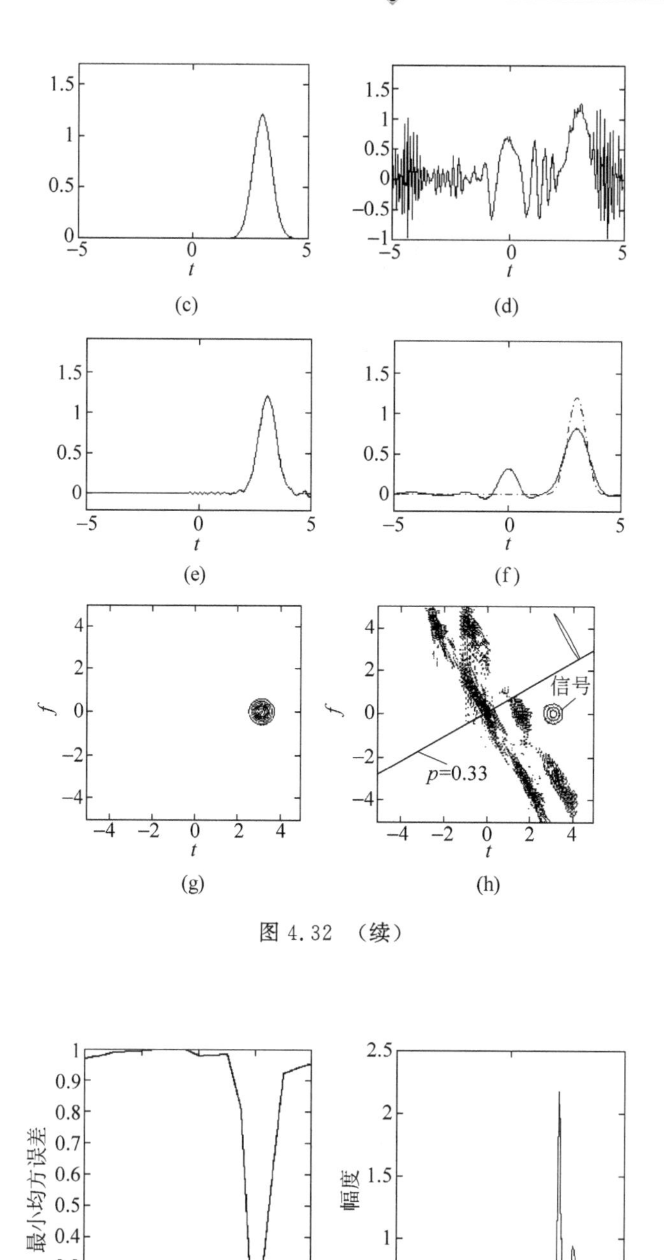

图 4.32 （续）

图　4.33

(a) 不同变换阶数的 MSE；(b) 最优变换阶数下($p=0.5$)滤波算子的幅度特性；(c) 输出序列 $\boldsymbol{y}$；(d) $p=0.5$ 最优滤波后的恢复波形(实线)和输入波形(虚线)的比较；(e) 输入序列 $\boldsymbol{x}$ 的 Wigner 分布；(f) 输出序列 $\boldsymbol{y}$ 的 Wigner 分布(图中实线表示最优的滤波域，$p=0.5$)

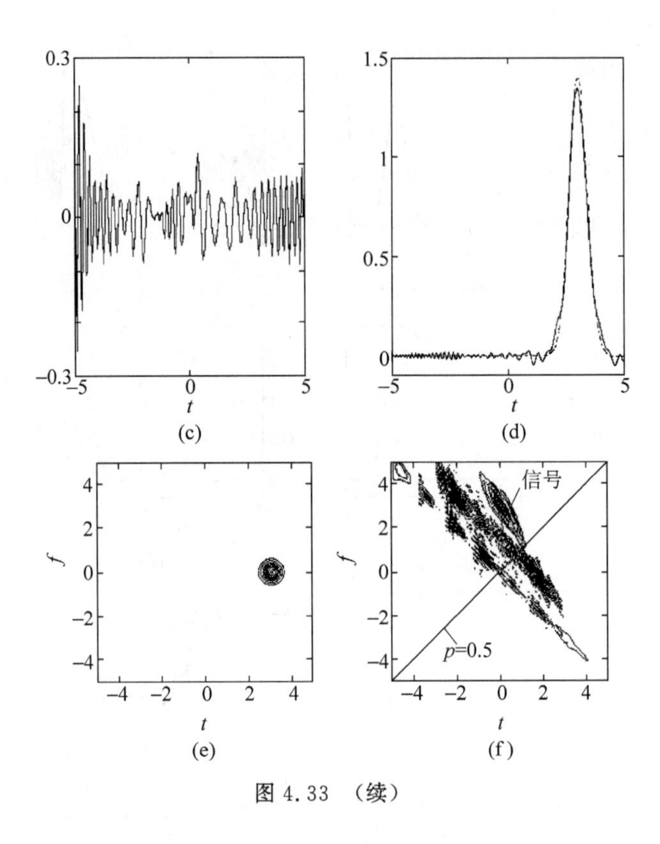

图 4.33 (续)

例 5 接下来对例 4 做个改动,将混叠噪声改为例 3 中的噪声,其余条件与例 4 相同。从例 2 和例 3 的结果可以知道如果单独考虑畸变模型或者叠加噪声,两者的最优滤波域是不一样的,一个是 $p=0.5$,另一个是 $p=0.33$。图 4.34(a)给出了本例中不同变换阶数 p 下归一化后的 MSE,可以看出最优的滤波域是 $p=0.5$,但是在该滤波域下归一化后的 MSE 却远比例 2 和例 3 中的大。图 4.34(c)、(d)给出了在 $p=0.5$ 单阶最优滤波结果,可以看出结果是不能令人满意的。既然本例是例 2 和例 3 的结合,而单阶最优滤波的效果又不令人满意,这便吸引我们采用例 2、例 3 两个单阶最优滤波的串联以期得到更好的效果。图 4.34(e)显示的是首先采用例 2 中单阶最优滤波的结果(用来滤除畸变模型的影响),图 4.34(f)显示的是接着采用例 3 中单阶最优滤波的最终结果(用来滤除混叠噪声的影响),可以看出这时的结果已经相当不错了。图 4.34(g)、(h)分别给出了输出信号的 Wigner 分布和经过例 2 单阶最优滤波后输出结果的 Wigner 分布。本例给出了多阶最优滤波器的雏形,所不同的是后者将多个滤波域作为一个整体来考虑,而前者仅仅是将多个单阶最优滤波器串联起来使用。接下来我们给出两个多阶最优滤波的例子。

4.3.3.2 多阶最优滤波算法的仿真结果[40]

例 1 考虑如下一个畸变模型:

$$h(t,t')=\frac{1}{\alpha t+\alpha_0}\mathrm{rect}\left(\frac{t-t'}{\alpha t+\alpha_0}-\frac{1}{2}\right) \tag{4.158}$$

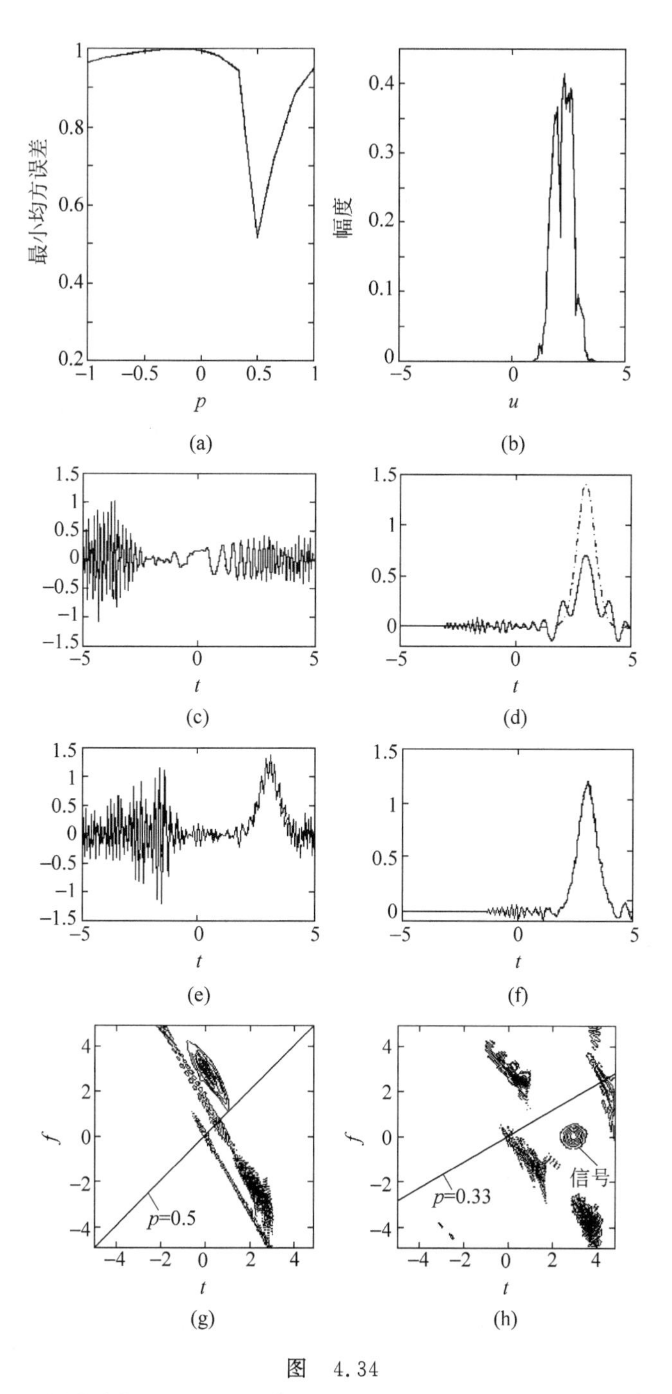

图　4.34

(a) 不同变换阶数的 MSE；(b) 最优变换阶数下($p=0.5$)滤波算子的幅度特性；

(c) 输出序列 $\boldsymbol{y}$；(d) $p=0.5$ 最优滤波后的恢复波形(实线)和输入波形(虚线)的比较；

(e) 采用例 2 中 $p=0.5$ 单阶最优滤波，滤除畸变模型影响后的结果；

(f) 采用例 3 中 $p=0.33$ 单阶最优滤波，滤除混叠噪声影响后的最终结果(实线)和输入波形(虚线)的比较；

(g) 输出序列 $\boldsymbol{y}$ 的 Wigner 分布(图中实线表示滤波域 $p=0.5$)；

(h) 图(e) 中信号的 Wigner 分布(图中实线表示滤波域 $p=0.33$)

式中,α,α_0 均为常数。输入信号为正弦信号。图 4.35(a)给出了输入、输出信号波形,图 4.35(b)～(d)分别给出了传统傅里叶域单阶以及分数阶傅里叶域单、多阶最优滤波的结果。其中多阶滤波采用了 3 阶滤波($M=3$),各次滤波阶数分别是:$p_1=2.07$,$p_2=1.8$,$p_3=0.12$。从图 4.35(d)可以看出 3 阶滤波已经得到了比较令人满意的结果,通过增加多阶滤波的阶次还可以进一步降低 MSE,如果增加到 5 阶,可以使得 MSE 降到 0.04 左右。

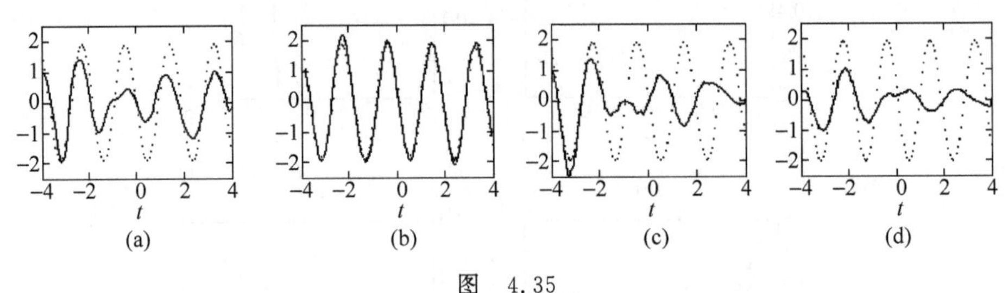

图 4.35

(a) 输入信号(虚线)和相应的输出信号(实线);

(b) 传统傅里叶域最优滤波后的恢复波形(实线)和输入波形(虚线)的比较;

(c) 分数阶傅里叶域单阶最优滤波后的恢复波形(实线)和输入波形(虚线)的比较;

(d) 分数阶傅里叶域 3 阶最优滤波后的恢复波形(实线)和输入波形(虚线)的比较

例 2 现在对例 1 的输出信号叠加高斯白噪声,使其信噪比等于 5dB,然后对其进行 5 阶最优滤波,得到的 MSE 等于 0.16;而传统傅里叶域和分数阶傅里叶域单阶最优滤波后得到的 MSE 分别是 2.68 和 2.17,可以看出多阶滤波效果要明显好于单阶滤波。即便是与线性最优滤波相比,也差距不大,后者得到的 MSE 为 0.13。图 4.36 给出的是输入、输出波形比较和 5 阶滤波效果比较。

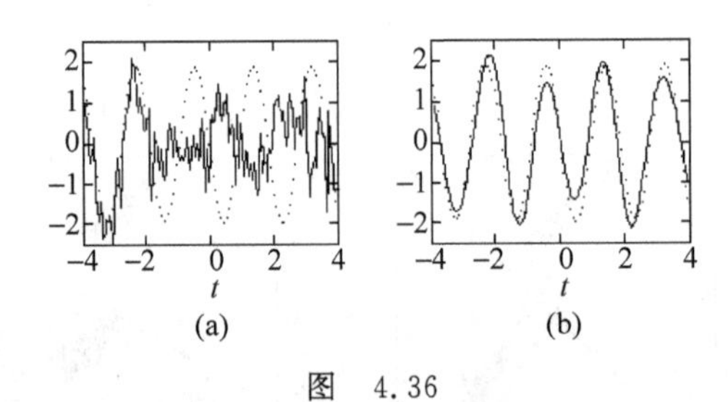

图 4.36

(a) 输入信号(虚线)和相应的输出信号(实线);

(b) 分数阶傅里叶域 5 阶最优滤波后的恢复波形(实线)和输入波形(虚线)的比较

例 3 接下来给出一个图像恢复的例子。图 4.37(a)、(b)分别显示了原始图像和被污染后的图像,图 4.37(c)、(d)则分别给出了分数阶傅里叶域单阶、多阶最优滤波的结果。前者的 MSE 为 0.1,后者的 MSE 降到了 0.03。当然与线性最优滤波的 1.2×10^{-5} 相比,还存在着不小的差距。

上述例子证明了分数阶傅里叶域单、多阶最优滤波的可行性和有效性,同时也反映出其局部最优的特性,但与线性最优滤波相比,仍然存在着一定的差距。可以看出在满足一定精度要求的前提下(针对 chirp 信号尤为有效),分数阶傅里叶域单、多阶最优滤波的计算复杂度大大降低,这也是其优势所在。

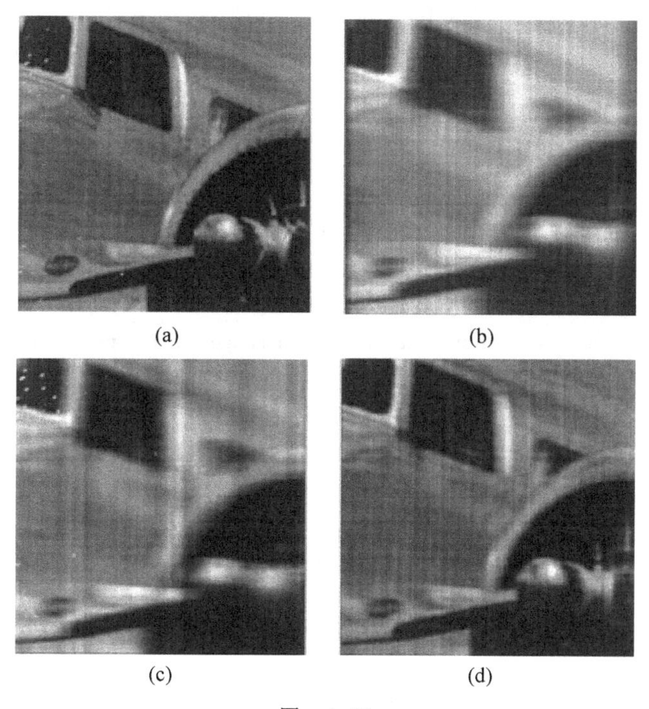

图 4.37

(a) 原始图像；(b) 污染后的图像；(c) 分数阶傅里叶域单阶滤波结果；(d) 分数阶傅里叶域多阶滤波结果

从上述分析，可以知道分数阶傅里叶域滤波是传统时域、频域滤波的推广，在某些应用条件下能够得到更好的滤波效果。

参考文献

[1] Kutay M A, Ozaktas H M, Arikan O, et al. Optimal filtering in fractional Fourier domains[J]. IEEE Trans. Signal Processing, 1997, 45: 1129-1143.

[2] 沈凤麟，叶中付，钱玉美. 信号统计分析与处理[M]. 合肥：中国科学技术大学出版社，2002.

[3] Ozaktas H M, Barshan B. Convolution, filtering, and multiplexing in fractional Fourier domains and their relation to chirp and wavelet transforms[J]. J. Opt. Soc. Amer. A., 1994, 11(2): 547-559.

[4] Ozaktas H M, Aytur O. Fractional Fourier domains[J]. Signal Processing, 1995, 46: 119-124.

[5] Ozaktas H M, Mendlovic D. Fourier transforms of fractional order and their optical interpretation[J]. Opt. Commun., 1993, 101: 163-169.

[6] Mendlovic D, Ozaktas H M. Fractional Fourier transformations and their optical implementation: Part I[J]. J. Opt. Soc. Amer. A., 1993, 10: 1875-1881.

[7] Ozaktas H M, Mendlovic D. Fractional Fourier transformations and their optical implementation: Part II[J]. J. Opt. Soc. Amer. A, 1993, 10: 2522-2531.

[8] Lohmann A W. Image rotation, Wigner rotation and the Fractional Fourier transform[J]. J. Opt. Soc. Amer. A., 1993, 10: 2181-2186.

[9] Ozaktas H M, Mendlovic D. Fractional Fourier optics[J]. J. Opt. Soc. Amer. A, 1995, 12: 743-751.

[10] Qi L, Tao R, et al. Adaptive time-varying filter for linear fm signal in fractional Fourier domain[C]// IEEE 2002 6th International Conference on signal processing, 2: 1425-1428.

[11] 张贤达，保铮. 非平稳信号分析与处理[M]. 北京：国防工业出版社，1998.
[12] Dong Y Q, et al. The fractional Fourier analysis of multicomponent LFM signal[J]. Chinese Journal of Electronics, 1999, 8(3): 326-329.
[13] 刘建成，刘忠，等. 高斯白噪声背景下的 LFM 信号的分数阶 Fourier 域信噪比分析[J]. 电子与信息学报，2007，29(10)：2337-2340.
[14] Barbarossa S. Analysis of multicomponent LFM signals by a combined Wigner-Hough transform[J]. IEEE Trans. Signal Processing, 1995, 43(6): 1511-1515.
[15] Ristic B, Boashash B. Comments on "The Cramer-Rao lower bounds for signals with constant amplitude and polynomial phase"[J]. IEEE Trans. Signal Processing, 1998, 46(6): 1708-1709.
[16] Peleg S, Porat B. The Cramer-Rao lower bounds for signals with constant amplitude and polynomial phase[J]. IEEE Trans. Signal Processing, 1991, 39(3): 749-752.
[17] 齐林，陶然，等. 基于分数阶 Fourier 变换的多分量 LFM 信号的检测和参数估计[J]. 中国科学 E 辑，2003，33(8)：749-759.
[18] Xia X G. On Bandlimited signals with fractional Fourier transform[J]. IEEE Signal Processing Letters. 1996, 3(3): 72-74.
[19] Ozaktas H M, Arikan O, Kutay M A, et al. Digital computation of the fractional Fourier transform [J]. IEEE Trans. Signal Processing, 1996, 44(9): 2141-2150.
[20] 赵兴浩，邓兵，陶然. 分数阶傅里叶变换数值计算中的量纲归一化研究[J]. 北京理工大学学报，2005，25(4)：360-364.
[21] 赵兴浩，陶然，等. 基于 Radon-Ambiguity 变换和分数阶傅里叶变换的 chirp 信号检测及多参数估计[J]. 北京理工大学学报，2003，23(3)：371-374，377.
[22] Almeida L B. The fractional Fourier transform and time-frequency representations[J]. IEEE Trans. Signal Processing, 1994, 42: 3084-3091.
[23] Pei S C, Ding J J. Relations between Gabor transforms and fractional Fourier transforms and their applications for signal processing[J]. IEEE Trans. signal processing, 2007, 55(10): 4839-4850.
[24] Pratt W K. Digital Image Processing[M]. 3rd ed. New York: Wiley, 2001.
[25] Barbarossa S. Adaptive time-varying cancellation of wideband interferences in spread-spectrum communications based on time-frequency distributions[J]. IEEE Trans. Signal Processing, 1999, 47(4): 957-965.
[26] Xia X G. A quantitative analysis of SNR in short-time Fourier transform domain for multicomponent signals[J]. IEEE Trans. Signal Processing, 1998, 46(1): 200-203.
[27] Milstein L B. Interference rejection technique in spread spectrum communication[J]. Proc. IEEE, 1988, 76: 657-671.
[28] Rusch L A, Poor H V. Narrowband interference suppression in CDMA spread spectrum communications[J]. IEEE Trans. Commun., 1994, 42(4): 1969-1979
[29] Jeffrey A, Young S, Lehnert J. Analysis of DFT-based frequency excision algorithms for direct-sequence spread-spectrum communications[J]. IEEE Trans. Commun., 1998, 46(8): 1076-1087.
[30] Li C N, Hu G R, Liu M J. Narrow-band interference excision in spread-spectrum systems using self-orthogonalizing transform-domain adaptive filters [J]. IEEE Journal on Selected Areas in Communications. 2000, 18(3): 403-406.
[31] Glisic S G, et al. Rejection of frequency sweeping signal in DS spread spectrum systems using complex adaptive filters[J]. IEEE Trans. commun., 1999, 43(1): 136-145.
[32] Amin M G. Interference mitigation in spread spectrum communication systems using time-frequency distributions[J]. IEEE Trans. Signal Processing, 1997, 45(1): 90-101.
[33] Lach S R, Amin M G, Lindsey A R. Broadband nonstationary interference excision for spread

spectrum communications using time-frequency synthesis[J]. Proc. IEEE ICASSP,1998: 3257-3260.

[34] Bultan A,Akansu A N. A novel time-frequency exciser in spread spectrum communications for chirp-like interference. Proc[J]. IEEE ICASSP,1998: 3265-3268.

[35] Wang C, Amin M. Performance analysis of instantaneous frequency based interference excision techniques in spread spectrum communications[J]. IEEE Trans. Signal Processing, 1998, 46(1): 70-82.

[36] Barbarossa S, Scaglione A. Adaptive time-varying cancellation of wideband interferences in spread-spectrum communications based on time-frequency distributions[J]. IEEE Trans. Signal Processing, 1999,47(7): 957-965.

[37] Mohanty N. Signal processing[M]. New York: Van Nostrand Reinhold,1987.

[38] Ewing G M. Calculus of variations with applications[M]. New York: Dover,1985.

[39] Press W H, Flannery B P, et al. Numerical recipes in Pascal[M]. Cambridge, U. K.: Cambridge Univ. Press,1989,574-579.

[40] Erden M F,Kutay M A,Ozaktas H M. Repeated filtering in consecutive fractional Fourier domains and its application to signal restoration[J]. IEEE Trans. Signal Processing,1999,47(5): 1458-1462.

第5章

离散算法

分数阶傅里叶变换作为傅里叶变换的广义变换，是处理时变信号的有力工具。同时，FRFT 与 Wigner 分布、小波变换等时频信号分析工具具有密切的关系，广泛应用于多个研究领域，如微分方程求解、光信号处理、扫频滤波器、模式识别和时频信号分析等。

正如快速傅里叶变换(Fast Fourier Transform，FFT)的出现大大推动了傅里叶变换的发展一样，FRFT 的快速算法将是 FRFT 在信号处理中获得成功应用的基础。这使得对离散分数阶傅里叶变换(Discrete Fractional Fourier Transform，DFRFT)及其快速算法的研究显得尤为重要。

由 FRFT 的定义可以看出，DFRFT 的计算将比离散傅里叶变换(Discrete Fourier Transform，DFT)的计算复杂得多。理想的 DFRFT 应该尽可能具备连续 FRFT 所具备的所有特性。同时，离散信号的 DFRFT 可以逼近其所对应连续信号的连续 FRFT，是离散变换作为连续变换离散形式的最基本条件。此外，DFRFT 的计算复杂度要尽可能得小，即实现离散变换的计算高效性。基于上述分析，理想的 DFRFT 需满足如下准则。

(1) 近似性：DFRFT 与连续 FRFT 的近似性。

(2) 边界性：1 阶运算退化为 DFT，即$\mathcal{F}^1=\mathcal{F}$，$\mathcal{F}$为 DFT 算子。

(3) 酉性：$(\mathcal{F}^p)^{\mathrm{H}}=\mathcal{F}^{-p}$。

(4) 旋转相加性：$\mathcal{F}^p\mathcal{F}^q=\mathcal{F}^{p+q}$。

(5) 计算高效性。

近年来，国内外学者提出了多种 DFRFT 的定义及快速算法，然而遗憾的是，迄今为止，尚无一种定义能够很好地满足上述所有要求。目前的 DFRFT 主要分为三类：①采样型 DFRFT；②特征分解型 DFRFT；③线性加权型 DFRFT。因为采样型 DFRFT 和特征分解型 DFRFT 是实际应用中广泛使用的两类离散变换，本章将重点对这两类 DFRFT 进行系统的分析与比较。

5.1 采样型离散分数阶傅里叶变换

一个直接并且简单的 DFRFT 定义方法是直接采样连续 FRFT 核得到 DFRFT 核矩

阵。这方面的工作主要有：

(1) Kraniauskas 等通过在时域和分数阶傅里叶域直接采样得到 DFRFT 定义为[1-2]

$$X_\alpha(kF)=A_\alpha \mathrm{e}^{\mathrm{j}\frac{1}{2}\cot\alpha(kF)^2}\sum_{n=0}^{N-1}x(nT)\mathrm{e}^{\mathrm{j}\frac{1}{2}\cot\alpha(nT)^2-\mathrm{j}(2\pi/N)nk} \tag{5.1}$$

其中，T 为时域采样间隔，$F=2\pi/(NT\csc\alpha)$是分数阶傅里叶域采样间隔。

(2) Ozaktas 推导了两种高效并且精确计算 FRFT 的方法[3]。这种算法把时域原始函数的 N 个采样点映射为分数阶傅里叶域的 N 个采样点，并且这种算法的计算复杂度为 $O(N\log N)$。

(3) Pei 定义了另一种采样类型的 DFRFT，这种方法对连续 FRFT 在时域和分数阶傅里叶域选择合适的采样间隔，使得 DFRFT 具有可逆性[4]。更重要的是，该 DFRFT 具有更低的计算复杂度，在所有近似连续 FRFT 的 DFRFT 类型中，这种 DFRFT 具有最低的计算复杂度。

因为 Ozaktas 和 Pei 的采样型算法目前使用最普遍，所以接下来对这两种算法进行详细介绍。

5.1.1 Ozaktas 采样型离散分数阶傅里叶变换

Ozaktas 提出根据连续 FRFT 的积分定义式，将 FRFT 的复杂积分变换分解成若干简单的计算步骤，然后经过两步的离散化处理得到一个离散卷积的表达式，这样便可以利用 FFT 来计算 FRFT。这里，称此方法为改进的采样型分数阶傅里叶变换(Improved DFRFT，IP-DFRFT)。具体地，在文献[3]中，Ozaktas 分别给出了两种不同的分解方法。在两种方法的公式推导中，都运用了技巧 $\csc\alpha-\tan(\alpha/2)=\cot\alpha$。首先，我们介绍一下该算法所采用的一种特殊技巧，即原始信号在作 FRFT 的数值计算之前先进行量纲归一化处理，它对 FRFT 离散化的实现起到了重要作用。

5.1.1.1 量纲归一化原理

首先谈谈信号的紧致性问题。若一个函数的非零值仅限定在一个有限区间内，则称这个函数是紧致的。从理论上讲，一个信号不可能在时域和频域同时紧致，然而在实际中所研究的信号一般认为是时宽带宽有限的。这种理论和实际的差异并不矛盾，因为只要信号的绝大部分能量集中在时频域的有限区域，就可以近似认为信号在时域和频域同时紧致。

假定原始信号在时间轴和频率轴上都是紧致的，其时域表示限定在区间 $\left[-\frac{\Delta t}{2},\frac{\Delta t}{2}\right]$，而其频域表示限定在区间 $\left[-\frac{\Delta f}{2},\frac{\Delta f}{2}\right]$，$\Delta t$ 和 Δf 分别表示信号的时宽和带宽。信号的时宽带宽积为 $N=\Delta t\Delta f$，信号的有限区间表示等价于假定信号的能量绝大部分集中在 $\left[-\frac{\Delta t}{2},\frac{\Delta t}{2}\right]\times\left[-\frac{\Delta f}{2},\frac{\Delta f}{2}\right]$ 内。对于一给定的函数类，这一假定可以通过选择足够大的 Δt 和 Δf 予以保证。由于原始信号的时域和频域具有不同的量纲，而且尺度也不统一，这给 FRFT 的离散化处理带来许多不便。分解型算法采用了一种特殊的量纲归一化技巧，将时域和频域分别转换成无量纲的域，并且将信号的时宽和带宽统一起来。具体方法是引入一个具有时间量纲的尺度因子 S，并定义新的尺度化坐标 $x=t/S$，$\nu=fS$。新的坐标系

(x,ν)实现了无量纲化。信号在新坐标系中被限定在区间$[-\Delta t/(2S),\Delta t/(2S)]$和$[-\Delta fS/2,\Delta fS/2]$内。为使两个区间的长度相等，选择$S=\sqrt{\Delta t/\Delta f}$，则两个区间长度都等于无量纲量$\Delta x=\sqrt{\Delta t\Delta f}$，即两个区间归一化为$[-\Delta x/2,\Delta x/2]$。归一化以后信号的Wigner-Ville分布限定在以原点为中心、直径Δx的圆内，如图5.1所示。最后，根据采样定理对归一化后的信号进行采样，采样间隔为$1/\Delta x$，采样点数为$N=\Delta x^2$。需要注意的是，今后出现在FRFT的表达式中的信号将是经过量纲归一化处理的信号。

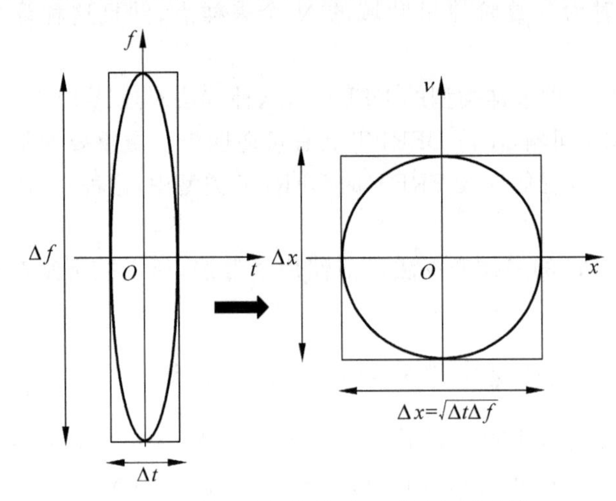

图5.1　归一化前后信号的时频支撑区域

5.1.1.2　两种实用的量纲归一化方法

在5.1.1.1节的量纲归一化原理中，原始连续信号首先经过量纲归一化处理，然后再对连续函数以$1/\Delta x$为间隔采样得到N点样本值，这种处理方法的特点是先量纲归一化再采样。我们在实际应用中发现，这种处理方法只是一种原理性的方法，在实际工程应用中不具有可操作性，因为我们在实际工程中所能得到的往往不是原始连续信号，而是按照一定采样率进行采样后得到的离散信号。要想将分解型算法成功地应用于实际工程计算，就必须解决对这种实际的离散信号进行量纲归一化处理的问题。文献[5]针对此问题给出了两种实用的量纲归一化方法。

1. 离散尺度化法

所谓离散尺度化法是指，直接对离散数据作尺度伸缩变换，使得尺度化后的离散数据正好等价于对原始连续信号作量纲归一化后再采样所得的结果，如图5.2所示。其关键是要选择合适的时宽Δt、带宽Δf、尺度因子S以及归一化宽度Δx。信号的时宽比较容易确定，直接取为观测时间T，即$\Delta t=T$，同时以信号的中点作为时间原点，信号的时域表示限定在区间$[-T/2,T/2]$。信号的带宽确切值我们并不知道，但是在实际中我们知道信号的采样率f_s。根据采样定理，采样率一定大于信号最高频率的2倍。信号带宽Δf的选取并不要求是最小值，只要满足将信号的全部能量包含在其中即可。我们将带宽直接取为采样率是完全合理的，即$\Delta f=f_s$，信号的频域表示限定在区间$[-f_s/2,f_s/2]$。在确定了信号的时宽和带宽之后，可以得到尺度因子S和归一化宽度Δx分别为

$$S=\sqrt{\Delta t/\Delta f}=\sqrt{T/f_s}\tag{5.2}$$

$$\Delta x = \sqrt{\Delta t \Delta f} = \sqrt{T f_s} \tag{5.3}$$

离散数据原来的采样间隔为 $T_s = 1/f_s$，对离散数据作尺度变换后，采样间隔变为

$$T'_s = 1/\sqrt{T f_s} = 1/\Delta x \tag{5.4}$$

而原来的时域区间 $[-T/2, T/2]$，经尺度变换后变成区间 $[-\Delta x/2, \Delta x/2]$。因此，以采样频率为带宽，以观测时间为时宽，直接对离散数据作尺度伸缩变换，所得结果与原始连续信号作量纲归一化后再采样所得的结果完全相同。经过这样的分析处理，离散数据就可直接进行 FRFT 数值计算。

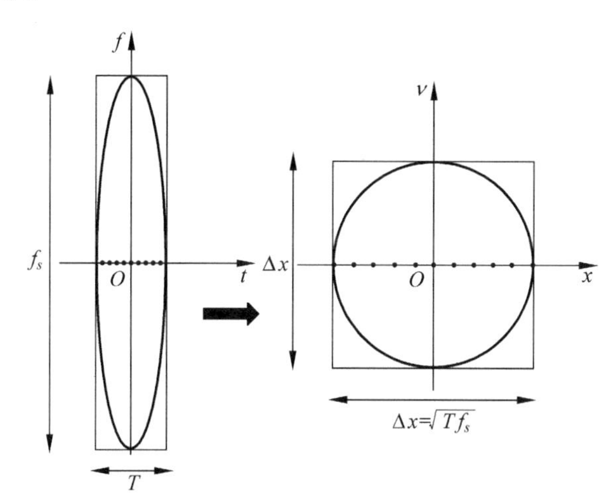

图 5.2　离散尺度化法示意图

2. 数据补零/截取法

离散尺度化法是通过对离散数据的在时间域上的伸缩来实现归一化。信号尺度的伸缩必然会导致原有信号的某些特征发生畸变，例如对一个 chirp 信号进行尺度伸缩将使它的调频率变大或变小。数据补零/截取法可以使原有信号不发生畸变而又实现量纲归一化，其关键仍然是选择合适的时宽 Δt、带宽 Δf、尺度因子 S 以及归一化宽度 Δx。首先将时间原点定在数据的中点。为了保证原有信号不发生畸变，尺度因子只能选 1，即 $S=1$。先将时宽定为观测时间，即 $\Delta t = T$，带宽定为采样频率，即 $\Delta f = f_s$。在确定归一化宽度 Δx 时，分两种情况。第一种情况：若带宽值大于时宽值($f_s > T$)，则 Δx 直接取两者的大值，$\Delta x = f_s$。由于原始数据的采样间隔为 $1/f_s$，时间区间在 $[-T/2, T/2]$，而归一化后要求采样间隔仍为 $1/f_s$，时间区间增加为 $[-f_s/2, f_s/2]$。因此，通过在 $[-f_s/2, -T/2]$ 和 $[f_s/2, T/2]$ 区间以同样的采样间隔作数据补零来人为地增加信号的时宽，从而实现了信号的时宽带宽归一化，如图 5.3 所示，这就是数据补零法实现归一化的原理。第二种情况：当时宽值大于带宽值($T > f_s$)，则 Δx 取两者的小值，即 $\Delta x = f_s$。由于原始数据的采样间隔为 $1/f_s$，时间区间在 $[-T/2, T/2]$，而归一化后要求采样间隔仍为 $1/f_s$，时间区间减小为 $[-f_s/2, f_s/2]$。因此需要对原有数据作截取，只取出在区间 $[-f_s/2, f_s/2]$ 内的数据，从而实现了信号的时宽带宽归一化，如图 5.4 所示，这就是数据截取法实现归一化的原理。

5.1.1.3　第一种分解方法

为了方便起见，这里重写 FRFT 的定义式如下：

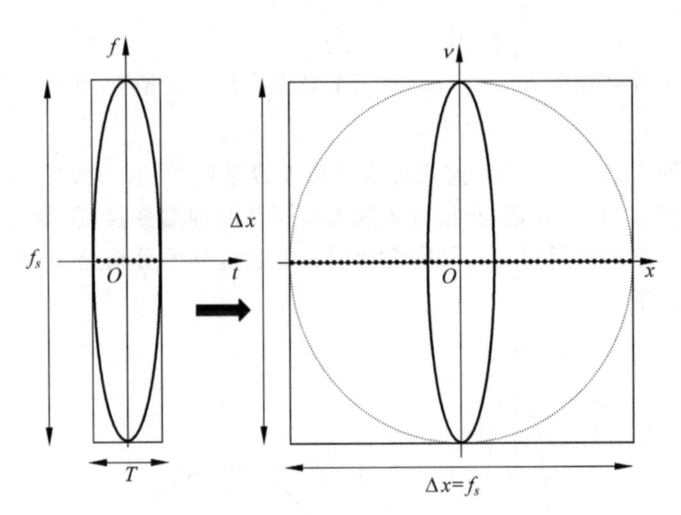

图 5.3 数据补零法示意图

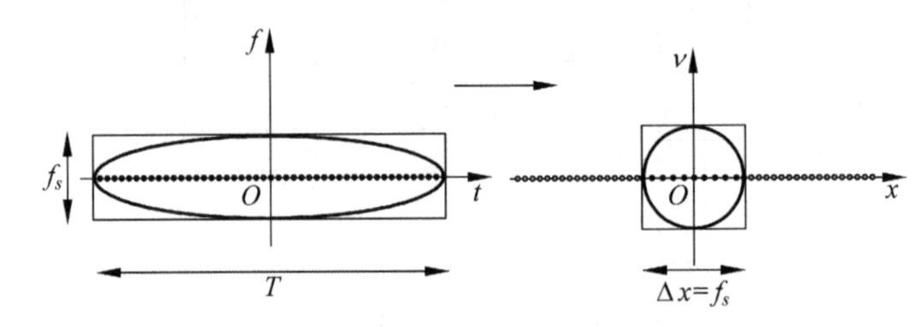

图 5.4 数据截取法示意图

$$X_p(u)=A_\alpha\int_{-\infty}^{+\infty}\exp\left[\mathrm{j}\pi(u^2\cot\alpha-2ut\csc\alpha+t^2\cot\alpha)\right]x(t)\mathrm{d}t \tag{5.5}$$

其中，$A_\alpha=\dfrac{\exp(-\mathrm{j}\pi\mathrm{sgn}(\sin\alpha)/4+\mathrm{j}\alpha/2)}{|\sin\alpha|^{1/2}}$，$\alpha=\dfrac{p\pi}{2}$。假定阶次 $p\in[-1,1]$，将上式分为以下三步运算

$$g(t)=\exp\left[-\mathrm{j}\pi t^2\tan(\alpha/2)\right]x(t) \tag{5.6}$$

$$g'(u)=A_\alpha\int_{-\infty}^{+\infty}\exp\left[\mathrm{j}\pi\beta(u-t)^2\right]g(t)\mathrm{d}t \tag{5.7}$$

$$X_p(u)=\exp\left[-\mathrm{j}\pi u^2\tan(\alpha/2)\right]g'(u) \tag{5.8}$$

其中，$g(t)$和 $g'(u)$是两个中间结果，$\beta=\csc\alpha$，$-\pi/2\leqslant\alpha\leqslant\pi/2$。要实现连续 FRFT 的数值计算必须对以上每个分解步骤都进行离散化处理，下面是具体的实现过程。

(1) 如式(5.6)所示，信号 $x(t)$被一个线性调频信号 $\exp[-\mathrm{j}\pi t^2\tan(\alpha/2)]$所调制。为了对调制信号 $g(t)$进行离散化处理，首先需要确定它的带宽。因为信号的时域支撑区间为$[-\Delta x/2,\Delta x/2]$，则线性调频信号的最高瞬时频率为$|\tan(\alpha/2)|\Delta x/2$，它的双边带宽为$|\tan(\alpha/2)|\Delta x$。因为信号 $x(t)$与线性调频信号相乘对应于两者在频域的卷积，因此调制信号 $g(t)$的总的双边带宽可确定为$[1+|\tan(\alpha/2)|]\Delta x$。当角度满足$-\pi/2\leqslant\alpha\leqslant\pi/2$ 时，chirp 调制信号 $g(t)$的带宽最高可达到原信号 $x(t)$带宽的 2 倍，即 $2\Delta x$。为了满足采样定理，我们应当对 $g(t)$以 $1/2\Delta x$ 为间隔采样。如果 $x(t)$的样本值的采样间隔为 $1/\Delta x$，那么就需要对这些样本进行二倍插值，然后再与线性调频信号的离散采样值相乘，以得到所希望

的 $g(t)$ 的采样。关于插值的方法可以参考有关文献[6]。

(2) 如式(5.7)所示，信号 $g(t)$ 与一个线性调频信号 $\exp(\mathrm{j}\pi\beta t^2)$ 作卷积。因为 $g(t)$ 是带限信号，所以线性调频信号也可以用其带限形式代替而不会有任何影响，也就是

$$g'(u)=A_\alpha\int_{-\infty}^{+\infty}\exp[\mathrm{j}\pi\beta(t-u)^2]\,g(t)\,\mathrm{d}t=A_\alpha\int_{-\infty}^{+\infty}h(t-u)\,g(t)\,\mathrm{d}t \tag{5.9}$$

其中

$$h(u)=\int_{-\Delta x}^{\Delta x}H(\nu)\exp(\mathrm{j}2\pi\nu u)\,\mathrm{d}\nu \tag{5.10}$$

这里

$$H(\nu)=\frac{1}{\sqrt{\beta}}\mathrm{e}^{\mathrm{j}\pi/4}\exp(-\mathrm{j}\pi\nu^2/\beta) \tag{5.11}$$

是线性调频信号 $\exp(\mathrm{j}\pi\beta t^2)$ 的傅里叶变换。其中，函数 $h(u)$ 需要利用如下的 Fresnel 积分来求解

$$f(z)=\int_0^z\exp(\pi z^2/2)\,\mathrm{d}z \tag{5.12}$$

于是，式(5.9)的离散形式为

$$g'\left(\frac{m}{2\Delta x}\right)=A_\alpha\sum_{n=-N}^{N}h\left(\frac{m-n}{2\Delta x}\right)g\left(\frac{n}{2\Delta x}\right) \tag{5.13}$$

这一离散卷积可以利用 FFT 快速计算。

(3) 根据式(5.8)得到 FRFT$X_p(u)$ 的以 $1/2\Delta x$ 为采样间隔的样本值 $X_p\left(\frac{m}{2\Delta x}\right)$。由于假定 $x(t)$ 的所有变换都是带限的，它们位于区间 $[-\Delta x/2,\Delta x/2]$，所以需要对 $X_p\left(\frac{m}{2\Delta x}\right)$ 进行二倍抽取，以得到离散采样 $X_p\left(\frac{m}{\Delta x}\right)$。

归纳起来，上述方法从唯一描述连续信号的 $x(t)$ 的 N 个离散采样 $x\left(\frac{n}{\Delta x}\right)$ 开始，最后得到唯一描述 $X_p(u)$ 的 N 个离散采样 $X_p\left(\frac{m}{\Delta x}\right)$。如果令 $\bar{x}$ 和 $\bar{X}_p$ 分别表示 $x(t)$ 和 $X_p(u)$ 的 N 个离散样本的列向量，则整个过程可以写作

$$\bar{\boldsymbol{X}}_p=\boldsymbol{F}_I^p\bar{\boldsymbol{x}},\quad \boldsymbol{F}_I^p=\boldsymbol{D\Lambda H}_{lp}\boldsymbol{\Lambda J} \tag{5.14}$$

式中，$\boldsymbol{D}$ 和 $\boldsymbol{J}$ 分别是对应内插和抽取运算的矩阵；矩阵 $\boldsymbol{\Lambda}$ 为对角矩阵，它对应为线性调频函数乘法；矩阵 $\boldsymbol{H}_{lp}$ 对应卷积运算。$\boldsymbol{F}_I^p$ 使得我们可以利用原函数的离散采样得到 FRFT 的离散采样，这是对 DFRFT 矩阵定义的基本要求。

本计算方法只适用于 $-1\leqslant p\leqslant 1$ 的情况。当阶次 p 位于该区间之外，则可利用 FRFT 的基本性质来得到所需结果。

5.1.1.4 第二种分解方法

5.1.1.3 节介绍的第一种分解算法存在一个问题，就是它必须计算 Fresnel 积分。本节介绍另一种分解算法则避免了这个问题。FRFT 的定义式也可以改写作如下形式：

$$X_p(u)=A_\alpha\exp(\mathrm{j}\pi\gamma u^2)\int_{-\infty}^{+\infty}\exp(-\mathrm{j}2\pi\beta ut)\,[\exp(\mathrm{j}\pi\gamma t^2)f(t)]\,\mathrm{d}t \tag{5.15}$$

其中，$\gamma=\cot\alpha$，$\beta=\csc\alpha$，$\alpha=p\pi/2$。由上式可以明显看出，我们还可以将其分解成如下三个

步骤来运算：

$$g(t)=\exp(\mathrm{j}\pi\gamma t^2)x(t) \tag{5.16}$$

$$g'(u)=\int_{-\infty}^{+\infty}\exp(-\mathrm{j}2\pi\beta ut)g(t)\mathrm{d}t \tag{5.17}$$

$$X_p(u)=A_\alpha\exp(\mathrm{j}\pi\gamma u^2)g'(u) \tag{5.18}$$

信号 $x(t)$首先被 chirp 信号 $\exp(\mathrm{j}\pi\gamma t^2)$调制。为了对调制信号 $g(t)$进行离散化处理，需要先确定它的带宽。因为 $x(t)$为量纲归一化后的信号，它在所有分数阶傅里叶域（包括时域和频域）上的宽度都限定在区间 $[-\Delta x/2,\Delta x/2]$ 内，或者说，它的 Wigner 分布限定在以原点为中心、直径为 Δx 的圆内。当限定阶次在 $0.5\leqslant|p|\leqslant1.5$ 范围时，$|\gamma|\leqslant1$，chirp 调制信号 $\exp(\mathrm{j}\pi\gamma t^2)x(t)$的最高频率为 $0.5(1+|\gamma|)\Delta x\leqslant\Delta x$。这样，以 $1/(2\Delta x)$为采样间隔并利用香农内插公式可将其表示为

$$\exp(\mathrm{j}\pi\gamma t^2)x(t)=\sum_{n=-N}^{N}\exp\left(\mathrm{j}\pi\gamma\left(\frac{n}{2\Delta x}\right)^2\right)x\left(\frac{n}{2\Delta x}\right)\mathrm{sinc}\left(2\Delta x\left(t-\frac{n}{2\Delta x}\right)\right) \tag{5.19}$$

将式(5 19)代入式(5.15)，并交换积分和求和顺序，便得到

$$X_p(u)=A_\alpha\exp(\mathrm{j}\pi\gamma u^2)\sum_{n=-N}^{N}\exp\left(\mathrm{j}\pi\gamma\left(\frac{n}{2\Delta x}\right)^2\right)x\left(\frac{n}{2\Delta x}\right)\cdot$$
$$\int_{-\infty}^{+\infty}\exp(-\mathrm{j}2\pi\beta ut)\,\mathrm{sinc}\left(2\Delta x\left(t-\frac{n}{2\Delta x}\right)\right)\mathrm{d}t \tag{5.20}$$

上式中的积分项可以计算得到

$$\int_{-\infty}^{+\infty}\exp(-\mathrm{j}2\pi\beta ut)\,\mathrm{sinc}\left(2\Delta x\left(t-\frac{n}{2\Delta x}\right)\right)\mathrm{d}t=\exp\left(-\mathrm{j}2\pi\beta u\left(\frac{n}{2\Delta x}\right)\right)\frac{1}{2\Delta x}\mathrm{rect}\left(\frac{\beta x}{2\Delta x}\right) \tag{5.21}$$

在 $0.5\leqslant|p|\leqslant1.5$ 的范围，矩形函数 $\mathrm{rect}\left(\frac{\beta x}{2\Delta x}\right)$在变换函数的支撑区 $|x|\leqslant\Delta x/2$ 将总是等于 1。于是，我们可以写出

$$X_p(u)=\frac{A_\alpha}{2\Delta x}\sum_{n=-N}^{N}\exp(\mathrm{j}\pi\gamma u^2)\exp\left(-\mathrm{j}2\pi\beta u\left(\frac{n}{2\Delta x}\right)\right)\cdot$$
$$\exp\left(\mathrm{j}\pi\gamma\left(\frac{n}{2\Delta x}\right)^2\right)x\left(\frac{n}{2\Delta x}\right) \tag{5.22}$$

上式中时域变量已经实现了离散化，而分数阶傅里叶域变量仍然保持连续。接下来需要对分数阶傅里叶域变量进行离散化。以 $1/(2\Delta x)$为采样间隔，在 $[-\Delta x/2,\Delta x/2]$ 内对分数阶傅里叶域变量采样，即令 $x=m/(2\Delta x)$，代入上式得到

$$X_p\left(\frac{m}{2\Delta x}\right)=\frac{A_\alpha}{2\Delta x}\sum_{n=-N}^{N}\exp\left(\mathrm{j}\pi\gamma\left(\frac{m}{2\Delta x}\right)^2-\mathrm{j}2\pi\beta\frac{mn}{(2\Delta x)^2}+\right.$$
$$\left.\mathrm{j}\pi\gamma\left(\frac{n}{2\Delta x}\right)^2\right)x\left(\frac{n}{2\Delta x}\right),\quad -N\leqslant m\leqslant N \tag{5.23}$$

这是一个有限求和，使得可以利用原函数的离散样本值求出 FRFT 的离散样本值。但是如果直接以上式作计算，计算复杂度为 $O(N^2)$，它的运算量仍然很大。将一个恒等式 $mn=\frac{1}{2}[m^2+n^2-(m-n)^2]$代入上式并经过一些化简后可得到

$$F^p[x]\left(\frac{m}{2\Delta x}\right)=\frac{A_\alpha}{2\Delta x}\exp\left(\mathrm{j}\pi(\gamma-\beta)\left(\frac{m}{2\Delta x}\right)^2\right)\cdot \sum_{n=-N}^{N}\exp\left(\mathrm{j}\pi\beta\left(\frac{m-n}{2\Delta x}\right)^2\right) \exp\left(\mathrm{j}\pi(\gamma-\beta)\left(\frac{n}{2\Delta x}\right)^2\right)x\left(\frac{n}{2\Delta x}\right),\quad -N\leqslant m\leqslant N \tag{5.24}$$

式中的求和部分为离散卷积形式，该卷积可以用 FFT 快速计算，其总的计算复杂度为 $O(N\log N)$。

和第一种方法一样，假定取二倍的插值和抽取，第二种方法也是从唯一表示函数 $x(t)$ 的 N 个样本 $x\left(\frac{n}{\Delta x}\right)$ 出发，最后得到唯一表示 FRFT$X_p(u)$的 N 个样本 $X_p\left(\frac{m}{\Delta x}\right)$。如果令 $\bar{x}$ 和 $\bar{X}_p$ 分别表示 $x(t)$和 $X_p(u)$的 N 个离散样本的列向量，则第二种分解算法的整个过程可以用矩阵表示为

$$\bar{\boldsymbol{X}}_p=\boldsymbol{F}_{\mathrm{II}}^p\bar{\boldsymbol{x}},\quad \boldsymbol{F}_{\mathrm{II}}^p=\boldsymbol{D}K_p\boldsymbol{J} \tag{5.25}$$

其中，

$$K_p(m,n)=\frac{A_\alpha}{2\Delta x}\exp\left[\mathrm{j}\pi\gamma\left(\frac{m}{2\Delta x}\right)^2-\mathrm{j}2\pi\beta\frac{mn}{(2\Delta x)^2}+\mathrm{j}\pi\gamma\left(\frac{n}{2\Delta x}\right)^2\right],\quad |m|\leqslant N,\ |n|\leqslant N \tag{5.26}$$

与 $\boldsymbol{F}_{\mathrm{I}}^p$ 一样，$\boldsymbol{F}_{\mathrm{II}}^p$ 也使得原函数的样本值转换为其 FRFT 的样本值。

虽然上述推导过程只是在假定 $0.5\leqslant p\leqslant 1.5$ 的条件下得到的，但是我们可以利用 FRFT 的旋转相加性，很方便地将阶次范围扩展到 $0\leqslant|p|\leqslant 0.5$ 或 $1.5\leqslant|p|\leqslant 2$ 范围时的情况。利用 FRFT 的旋转相加性

$$\mathcal{F}^p=\mathcal{F}^{p-1+1}=\mathcal{F}^{p-1}\mathcal{F}^1 \tag{5.27}$$

我们可最后得到如下公式：

$$X_p\left(\frac{m}{2\Delta x}\right)=\frac{A_{\alpha'}}{2\Delta x}\sum_{n=-N}^{N}\exp\left[\mathrm{j}\pi\gamma'\left(\frac{m}{2\Delta x}\right)^2-\mathrm{j}2\pi\beta'\frac{mn}{(2\Delta x)^2}+\mathrm{j}\pi\gamma'\left(\frac{n}{2\Delta x}\right)^2\right]X_1\left(\frac{n}{2\Delta x}\right) \tag{5.28}$$

其中，$\alpha'=(p-1)\pi/2$，$\gamma'=\cot\alpha'$，$\beta'=\csc\alpha'$，$X_1(u)$表示 $x(t)$的傅里叶变换。

IP-DFRFT 对连续 FRFT 具有很好的近似度，同时具有高效性。然而，IP-DFRFT 无法满足酉性与可加性，从而导致当使用 IP-DFRFT 处理信号恢复的应用时存在一些近似误差。总的来说，IP-DFRFT 仅满足理想离散傅里叶变换准则中的(1)，(2)和(5)。

5.1.2 Pei 采样型离散分数阶傅里叶变换

这种方法由 Pei 等提出[4]。与 5.1.1 节方法不同，虽然它也是从连续 FRFT 定义式出发，但是它不对连续 FRFT 表达式分解，而直接对输入/输出变量实现采样，然后通过限定输入/输出采样间隔来保持变换的可逆性，实现了具有解析表达式(Closed-Form Expression)的采样型离散分数阶傅里叶变换(CF-DFRFT)。以下给出它的推导过程。将连续 FRFT 的定义式表达为

$$X_p(u)=\sqrt{\frac{1-\mathrm{j}\cot\alpha}{2\pi}}\,\mathrm{e}^{\mathrm{j}\frac{1}{2}u^2\cot\alpha}\int_{-\infty}^{+\infty}\mathrm{e}^{-\mathrm{j}ut\csc\alpha}\,\mathrm{e}^{\mathrm{j}\frac{1}{2}t^2\cot\alpha}x(t)\,\mathrm{d}t \tag{5.29}$$

其中，p 为变换阶次，$\alpha=p\pi/2$。为了推导 DFRFT，我们首先对连续 FRFT 的输入函数$x(t)$和输出函数 $X_p(u)$进行采样，采样间隔为 Δt 和 Δu，得到

$$y(n)=x(n\Delta t),\quad Y_p(m)=X_p(m\Delta u) \tag{5.30}$$

其中，$n=-N,-N+1,\cdots,N$，$m=-M,-M+1,\cdots,M$。这里我们不从 $t=0$ 和 $u=0$ 开始采样是因为我们希望使直流成分位于中心。将上式代入连续 FRFT 定义式，得到

$$\begin{aligned}Y_p(m)=&\sqrt{\frac{1-\mathrm{j}\cot\alpha}{2\pi}}\,\Delta t\,\mathrm{e}^{\frac{\mathrm{j}}{2}m^2\Delta u^2\cot\alpha}\\&\sum_{n=-N}^{N}\mathrm{e}^{-\mathrm{j}mn\Delta t\Delta u\csc\alpha}\,\mathrm{e}^{\frac{\mathrm{j}}{2}n^2\Delta t^2\cot\alpha}y(n)\end{aligned} \tag{5.31}$$

以上公式可以写为

$$Y_p(m)=\sum_{n=-N}^{N}K_p(m,n)y(n) \tag{5.32}$$

其中

$$K_p(m,n)=\sqrt{\frac{1-\mathrm{j}\cot\alpha}{2\pi}}\,\Delta t\,\mathrm{e}^{\frac{\mathrm{j}}{2}m^2\Delta u^2\cot\alpha}\,\mathrm{e}^{-\mathrm{j}mn\Delta t\Delta u\csc\alpha}\,\mathrm{e}^{\frac{\mathrm{j}}{2}n^2\Delta t^2\cot\alpha} \tag{5.33}$$

为了使式(5.32)可逆，当 $M\geqslant N$ 时，我们需要使它的逆变换等于 $K_p(m,n)$的 Hermitian（共轭转置）矩阵，即

$$y(n)=\sum_{m=-M}^{M}K_p^*(m,n)Y_p(m) \tag{5.34}$$

联立式(5.32)和式(5.34)得到

$$\begin{aligned}y(n)&=\sum_{m=-M}^{M}\sum_{k=-N}^{N}K_p^*(m,n)K_p(m,k)y(k)\\&=\frac{\Delta t^2}{2\pi|\sin\alpha|}\sum_{m=-M}^{M}\sum_{k=-N}^{N}\mathrm{e}^{\frac{\mathrm{j}}{2}\cot\alpha(k^2-n^2)\Delta t^2}\,\mathrm{e}^{\mathrm{j}m(n-k)\Delta t\Delta u\csc\alpha}y(k)\end{aligned} \tag{5.35}$$

为了使上式中对 m 的求和等于$\delta(n-k)$，即

$$\sum_{m=-M}^{M}\mathrm{e}^{\mathrm{j}m(n-k)\Delta t\Delta u\csc\alpha}=\delta(n-k) \tag{5.36}$$

那么，需要满足

$$\Delta u\Delta t=\frac{2\pi S\sin\alpha}{2M+1} \tag{5.37}$$

其中，$|S|$是与 $2M+1$ 互为质数的整数。这样，式(5.50)变为

$$K_p(m,n)=\sqrt{\frac{1-\mathrm{j}\cot\alpha}{2\pi}}\,\Delta t\,\mathrm{e}^{\frac{\mathrm{j}}{2}m^2\Delta u^2\cot\alpha}\,\mathrm{e}^{-\mathrm{j}\frac{2\pi nmS}{2M+1}}\,\mathrm{e}^{\frac{\mathrm{j}}{2}n^2\Delta t^2\cot\alpha} \tag{5.38}$$

这样，得到

$$\sum_{m=-M}^{M}\sum_{k=-N}^{N}K_p^*(m,n)K_p(m,k)y(k)$$

$$
\begin{aligned}
&=\frac{2M+1}{2\pi|\sin\alpha|}\Delta t^2 y(n)\\
&=\frac{2M+1}{2\pi\mathrm{sgn}(\sin\alpha)\sin\alpha}\Delta t^2 y(n)
\end{aligned}
\tag{5.39}
$$

对 $K_p(m,n)$ 做归一化处理以满足式(5.35)，于是得到变换矩阵 $K_p(m,n)$ 为

$$K_p(m,n)=\sqrt{\frac{\mathrm{sgn}(\sin\alpha)(\sin\alpha-\mathrm{j}\cos\alpha)}{2M+1}}\mathrm{e}^{\frac{\mathrm{j}}{2}m^2\Delta u^2\cot\alpha}\mathrm{e}^{-\mathrm{j}\frac{2\pi nmS}{2M+1}}\mathrm{e}^{\frac{\mathrm{j}}{2}n^2\Delta t^2\cot\alpha} \tag{5.40}$$

为简便起见，选择 $S=\mathrm{sgn}(\sin\alpha)=\pm 1$，式(5.40)改写为

$$K_p(m,n)=\sqrt{\frac{|\sin\alpha|-\mathrm{j}\,\mathrm{sgn}(\sin\alpha)\cos\alpha}{2M+1}}\mathrm{e}^{\frac{\mathrm{j}}{2}m^2\Delta u^2\cot\alpha}\mathrm{e}^{-\mathrm{j}\frac{2\pi nm\,\mathrm{sgn}(\sin\alpha)}{2M+1}}\mathrm{e}^{\frac{\mathrm{j}}{2}n^2\Delta t^2\cot\alpha} \tag{5.41}$$

于是，我们针对 $\sin\alpha>0$ 和 $\sin\alpha<0$ 得到以下两个 DFRFT 公式。

(1) $\sin\alpha>0$，即 $\alpha\in 2D\pi+(0,\pi)$：

$$Y_p(m)=\sqrt{\frac{\sin\alpha-\mathrm{j}\cos\alpha}{2M+1}}\mathrm{e}^{\frac{\mathrm{j}}{2}m^2\Delta u^2\cot\alpha}\sum_{n=-N}^{N}\mathrm{e}^{-\mathrm{j}\frac{2\pi nm}{2M+1}}\mathrm{e}^{\frac{\mathrm{j}}{2}n^2\Delta t^2\cot\alpha}y(n) \tag{5.42}$$

(2) $\sin\alpha<0$，$\alpha\in 2D\pi+(-\pi,0)$：

$$Y_p(m)=\sqrt{\frac{-\sin\alpha+\mathrm{j}\cos\alpha}{2M+1}}\mathrm{e}^{\frac{\mathrm{j}}{2}m^2\Delta u^2\cot\alpha}\sum_{n=-N}^{N}\mathrm{e}^{\mathrm{j}\frac{2\pi nm}{2M+1}}\mathrm{e}^{\frac{\mathrm{j}}{2}n^2\Delta t^2\cot\alpha}y(n) \tag{5.43}$$

另外，必须满足限制条件 $M\geqslant N$ 和

$$\Delta t\Delta u=\frac{2\pi|\sin\alpha|}{2M+1} \tag{5.44}$$

可以看到，当 $M=N$ 且 $\alpha=\pi/2$ 时，式(5.42)简化为 DFT；当 $\alpha=-\pi/2$ 时，式(5.43)简化为 IDFT。我们也可以看到，当 $\alpha=D\pi$，D 为整数时，Δt 和 Δu 没有合适的选择。即当 $\alpha=D\pi$ 时，不能用式(5.42)和式(5.43)定义 DFRFT。事实上，这种情况可以用下式来定义

$$Y_p(m)=y(m),\quad \alpha=2D\pi \tag{5.45}$$

$$Y_p(m)=y(-m),\quad \alpha=(2D+1)\pi \tag{5.46}$$

我们注意到，在式(5.44)中，如果 $|\sin\alpha|$ 很小，Δt 和 Δu 也必须很小，采样点数将增加，这将增加 DFRFT 的计算量。因为对于连续 FRFT 来说，有

$$X_p(u)=\mathcal{F}^{p-1}[\mathcal{F}^1[x](t)](u) \tag{5.47}$$

所以，当 $|\sin\alpha|$ 很小时，我们可以先作 $x(t)$ 采样信号的 DFT，然后再计算阶次为 $p-1$ 的 DFRFT。因此，我们将上面的 DFRFT 变为

$$
\begin{aligned}
Y_\alpha(m)=C\mathrm{e}^{-\frac{\mathrm{j}}{2}m^2\Delta u^2\tan\alpha}\sum_{r=-N}^{N}\sum_{n=-N}^{N}\mathrm{e}^{\mathrm{j}\frac{2\pi\mathrm{sgn}(\cos\alpha)rm}{2M+1}}\times\\
\mathrm{e}^{-\frac{\mathrm{j}}{2}r^2\Delta f^2\tan\alpha}\mathrm{e}^{-\mathrm{j}\frac{2\pi nr}{2N+1}}y(n)
\end{aligned}
\tag{5.48}
$$

其中

$$\Delta u\Delta f=\frac{2\pi|\cos\alpha|}{2M+1} \tag{5.49}$$

$$C=\sqrt{\frac{|\cos\alpha|+\mathrm{j}\,\mathrm{sgn}(\cos\alpha)\sin\alpha}{(2M+1)(2N+1)}} \tag{5.50}$$

因为 $\Delta t\Delta f=\dfrac{2\pi}{2N+1}$，$\Delta f=\dfrac{2\pi}{\Delta t(2N+1)}$，所以在 $|\sin\alpha|\approx 0$ 时，我们可以定义修正的 DFRFT 如下：

$$\begin{aligned}Y_p(m)=C\mathrm{e}^{-\frac{\mathrm{j}}{2}m^2\Delta u^2\tan\alpha}\sum_{r=-N}^{N}\sum_{n=-N}^{N}\mathrm{e}^{\mathrm{j}\frac{2\pi rm\,\mathrm{sgn}(\cos\alpha)}{2M+1}}\cdot\\ \mathrm{e}^{-\frac{\mathrm{j}2\pi^2r^2\tan\alpha}{(2N+1)^2\cdot\Delta t^2}}\mathrm{e}^{-\mathrm{j}\frac{2\pi nr}{2N+1}}y(n)\end{aligned}\tag{5.51}$$

其中，$\Delta u=(2N+1)|\cos\alpha|\dfrac{\Delta t}{2M+1}$。另外，应当注意到，在上面 DFRFT 推导中已经进行了归一化，因此在利用上述的 DFRFT 计算连续 FRFT 结果时必须考虑这个归一化因子。

CF-DFRFT 通过对采样间隔的合理限制，使其具备可逆性。在计算复杂度方面，CF-DFRFT包含两个 chirp 乘法和一个 FFT 运算。因此，它的总运算量为 $2P+\dfrac{P}{2}\log_2 P$，其中 $P=2M+1$ 为输出序列的长度。相较于 IP-DFRFT，它具有更小的计算复杂度。总的来说，CF-DFRFT 满足理想 DFRFT 准则中的(1)，(2)，(3)和(5)。对于旋转相加性来说，虽然它不满足旋转相加性，但通过一定转换能够从一个分数阶傅里叶域得到另一个分数阶傅里叶域的结果，具体内容可参见文献[4]。

总结说来，采样型 DFRFT 都满足理想 DFRFT 准则中的(1)，(2)和(5)。其中，CF-DFRFT 还满足准则(3)。因此，对于采样型 DFRFT，当我们只是为了利用离散变换去计算连续 FRFT 时是非常有用的。这种 DFRFT 把原始函数的 N 个采样值映射为 FRFT 的 N 个采样值。这种形式的 DFRFT 具有很好地逼近连续 FRFT 的精度，并且可以利用 FFT 获得运算量为 $O(N\log N)$的数值算法。在一些应用中，我们只是希望 DFRFT 可以很好地逼近连续 FRFT，而不利用旋转相加性，这时通过把连续 FRFT 用这种 DFRFT 取代，在连续分数阶傅里叶域推导的各种信号处理算法可以直接应用到离散信号处理上。此外，由于这种 DFRFT 具有闭合形式，所以在一些应用中有利于推导一些性质。由于采样型 DFRFT 的这些优点，它广泛应用于分数阶傅里叶域非均匀采样和重构、chirp 信号检测和参数估计、分数阶傅里叶域滤波、分数阶傅里叶域多采样率理论等。

5.1.3 稀疏离散分数阶傅里叶变换

与传统的 DFT 相比，DFRFT 多了一个参数自由度，分数阶次未知，这就需要调频率的搜索，也需要大量的去斜(De-chirp)操作以及 FFT 运算，导致其计算量高出很多，这成为工程实际应用上的难题。为了降低 DFRFT 的计算复杂度，工程上采用了很多 DFRFT 的数值计算方法，其中 Pei 采样型 DFRFT 是常使用的降低计算复杂度的算法之一。然而，对于大数据量的输入信号，在应用 Pei 采样型 DFRFT 算法之后，依然难以解决计算复杂度过高的问题。

针对这一问题，工程上常使用分段式处理的方法[7-8]。该方法的思路是，将整个运算模块分成一个个微小的计算单元，分布式并行处理，最后将所得的一个个微小单元整合出最后的结果。但是，从整体来看，不仅总的时间资源并没有节约，另外的划分与组合的操作过程反而增加额外计算量，而且这种方法会降低频谱分辨率。针对这一难题，一种名为 Zoom-FFT 的算法[9]被提出，保持了频谱的高分辨率，但该算法会导致频域过窄的观测范围。为此，在文献[10]中寻求利用信号的稀疏特性的优势，在保证良好分辨率的同时，降低了复杂度。即使该算法需要关于信号稀疏性的先验信息，但依靠信号的稀疏特性，能在提高算法效率和保持高分辨率之间取得了良好的平衡。稀疏傅里叶变换在雷达信号处理领域取得了大量的成功应用[11-13]，利用信号稀疏性的优势为本章节的研究指明了方向。

对于常见的信号，具备稀疏性是普遍情况，例如语音信号和图像信号在小波变换下都是稀疏的。分数阶傅里叶域估计目标参数能更好地聚集加速目标回波或一般的线性调频信号能量[14-15]，因此刘升恒等提出了稀疏分数阶傅里叶变换（Sparse Fractional Fourier Transform，SFRFT）和对应的线性调频信号检测算法[16-17]。值得注意的是，文献[18]提出一种新型的简单实用型的稀疏傅里叶变换方法，因其算法的高效和实用得到了广泛的关注，也是很多改进的稀疏傅里叶算法的基础。对于频域稀疏的大数据量信号，该方法可将 DFT 的计算量降低至 $O\left(\log_2 N\sqrt{KN\log_2 N}\right)$。我们可以将这种方法的思路引入 Pei 采样型算法，设计新型离散 SFRFT 算法，大幅降低运算的时间成本。另外，根据信号频域大值分量的数目是否已知，稀疏傅里叶变换算法可被分成确定型和随机型算法。在实际工程应用中，分数谱大值分量的数目很难提前获取，因此我们更倾向于设计随机型的稀疏分数谱估计算法。

5.1.3.1　随机型稀疏分数谱估计算法

对于频域大值分量未知且分数域存在稀疏性的非平稳信号，基于文献[11]提出的新型稀疏傅里叶变换算法，可优化 Pei 采样型算法的处理流程，大幅降低计算复杂度。输入信号的长度越长，我们设计的算法在计算效率方面的优势越突出，尤其对于信号长度超过 2^{12} 的数据有明显的优势，而这样的数据长度在分数域滤波、雷达 SAR 成像、数据加密及压缩等工程应用中是十分常见的。本节先介绍此随机型 SFRFT 算法的结构与流程，然后介绍分数旋转角的选取方法，接着分析所提的随机型稀疏分数谱估计算法与 Pei 采样型算法和稀疏傅里叶算法的关系，最后仿真分析算法性能。

1. *算法流程*

一般的稀疏傅里叶算法流程大致上分成采样、定位和估值这三个过程，我们依次按照这三个过程的思路，具体化所提出的随机型 SFRFT 算法，将其分成 9 个步骤。

（1）对输入信号做 chirp 乘积。

假定原始输入信号 $f(n)$是非周期信号，且在分数域稀疏，满足 Dirichlet 条件。为了减小载波中 chirp 基的影响，对原始输入信号 $f(n)$和 chirp 做乘积

$$x(n)=f(n)\mathrm{e}^{\frac{\mathrm{j}}{2}\cot\alpha n^2\Delta t^2},\quad n\in[1,N] \tag{5.52}$$

其中，α 是 DFRFT 的旋转角；Δt 是输入信号的采样间隔。

（2）频谱重排。

频谱重排有两个作用：①以极大的概率分离出大值系数[19]；②附加相位信息。因此可以在每次的随机循环中打乱频谱邻近点间的关联，并分隔相邻的谱系数。但是，我们已知时域信号，而其频谱只有在对其作 DFT 后才已知，因此需要对时域信号重排以达到频域重排的效果。为了解释这个过程，我们需要介绍一些定义，并研究时频重排与频域的重排之间的关系。

定义 5.1(取模运算)：给定两个正整数 a 和 b，定义式 $a \bmod b$ 表示的是 a 欧几里得除法除以 b 得到的余数。

定义 5.2(模逆)：若

$$\exists \sigma^{-1} \quad \text{s.t.} \quad (\sigma \times \sigma^{-1}) \bmod N = 1 \tag{5.53}$$

则 $\sigma \in [1,N]$ 对于 $\bmod N$ 可逆，定义 σ^{-1} 是 σ 关于模 N 的模逆。

定义 5.3(时域重排)：假定 $\sigma \in [1,N]$ 为重排因子，与 N 互质，且 $\bmod N$ 可逆。为了避免多次重排间有关联，σ 优先选择随机质数，至少要为随机的奇数。对于时域信号 $x(n)$，定义重排操作为 $n \to \sigma n \bmod N$，则重排后时域信号的数学表达式为

$$s(n) = x((\sigma n) \bmod N), \quad n \in [1,N] \tag{5.54}$$

定理 5.1(频谱重排)：时域信号 $x(n)$ 使用重排因子 σ 重排后，相应的频域信号会根据重排因子 σ^{-1} 重排，则时域重排信号 $s(n)$ 和时域信号 $x(n)$ 两者频域的关系为

$$S(m) = X((\sigma^{-1} m) \bmod N), \quad m \in [1,N] \tag{5.55}$$

证明：定义符号右下的角坐标都隐含取模运算，如对长度为 N 的信号 x，其包含角坐标的标注 x_n 指 $x(n \bmod N)$。则可简化 DFT 的定义：

$$X_m = \sum_{n=1}^{N} \omega^{nm} x_n, \quad m = 0,1,\cdots,N-1 \tag{5.56}$$

则对任意 $m \in [1,N]$ 有

$$S_m = \mathrm{DFT}\{s_n\} = \mathrm{DFT}\{x_{\sigma n}\} = \sum_{n=1}^{N} \omega^{nm} x_{\sigma n} = \sum_{\tilde{n}=1}^{N} \omega^{\sigma^{-1}\tilde{n}m} x_{\tilde{n}} = x_{\sigma^{-1}m} \tag{5.57}$$

(3) 加窗。

对重排后的时域信号加窗，以平滑地提取部分信号并减少频谱泄漏。定义平坦窗函数 $g(n), n \in [1,N]$，窗长为 w，其频域信号 $G(m)$ 满足

$$G(m) \in \begin{cases} [1-\delta, 1+\delta], & m \in [-\varepsilon' N \varepsilon' N] \\ [0,\delta], & m \notin [-\varepsilon N \varepsilon N] \end{cases} \tag{5.58}$$

其中，ε' 和 ε 分别表示通带和阻带的截断因子，δ 表示波纹振荡程度。对重排后的时域信号加窗后的信号 $y(n) = g(n)s(n), n \in [1,N]$，则 $y(n)$ 的支撑集满足 $\mathrm{supp}(y) \subseteq \mathrm{supp}(g) = \left[-\frac{w}{2}, \frac{w}{2}\right]$。

(4) 时域混叠和频域的关系。

当 $\sin\alpha > 0$ 时，假定存在一个正整数 B 能整除 N，则可构造信号

$$Z(m) = \mathrm{FFT}\{z(n)\} = \mathrm{FFT}\left\{ \sum_{i=0}^{\lceil w/B \rceil - 1} y(n+iB) \right\}, \quad n \in [0, B-1] \tag{5.59}$$

当 $\sin\alpha < 0$ 时，则将上式的 FFT 替换成 IFFT。根据文献[18]，可得到频域信号 $Z(m)$ 和 $Y(m)$ 的关系

$$Z(m) = Y(mN/B), \quad m \in [0, B-1] \tag{5.60}$$

因此，可以得出结论，时域信号的混叠对应其频域信号的子采样。同理，时域信号的子采样对应频域信号的混叠。针对上述的时域重排和频域子采样的过程，我们可以取一个例子以便于理解，如图 5.5 所示。

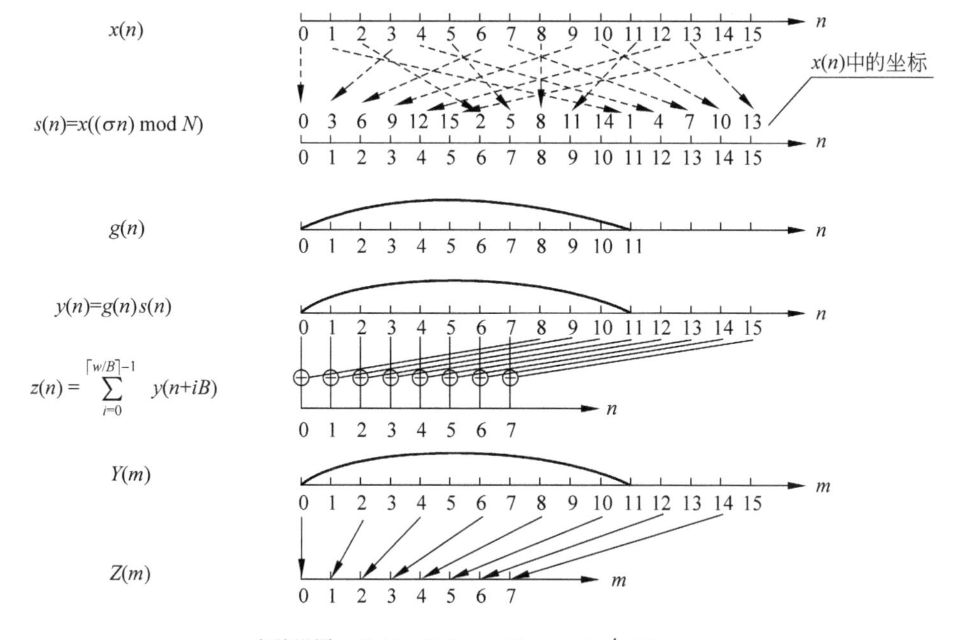

参数设置：$N=16$，$B=8$，$w=12$，$\sigma=3(\sigma^{-1}=11)$

图 5.5 时域重排和频域子采样对应关系的例子

(5) 哈希映射。

定义一个哈希函数

$$h_\sigma(m)=\lfloor((\sigma m)\bmod N)B/N\rfloor \tag{5.61}$$

和一个偏移函数

$$o_\sigma(m)=(\sigma m)\bmod N-h_\sigma(m)N/B \tag{5.62}$$

(6) 定位循环。

定义一个集合

$$\mathcal{J}=\underset{m}{\arg\max}|Z(m)| \tag{5.63}$$

假定该集合中含有 $Z(m)$的 $2k$ 个较大坐标值。由哈希函数，输出原像：

$$\mathcal{I}=\{m\in[1,N]\mid h_\sigma(m)\in\mathcal{J}\} \tag{5.64}$$

原像集合$\mathcal{I}$中的元素个数为 $2kN/B$。定位循环认为，改变重排因子，根据像到原像的映射关系，进行多次定位循环，如果存在一些原像的位置以很大的概率保持不变，则其对应真实大值的概率就更大。如图 5.6 所示，我们选择不同的重排因子，画出像到原像的对应关系，反映出这种规律。

(7) 估值循环。

$X(m)$中 k 个大值的估计值可由下述表达式计算得到

$$\hat{X}(m)=\begin{cases}\dfrac{Z(h_\sigma(m))\mathrm{e}^{-\mathrm{j}\pi o_\sigma(m)w/N}}{G(o_\sigma(m))}, & m\in\mathcal{I}\\ 0, & m\in[1,N]\cap\bar{\mathcal{I}}\end{cases} \tag{5.65}$$

假定 l 是估值循环次数，l_{total} 表示总的循环次数且 $l_{\text{total}}=l_{\text{loc}}+l_{\text{est}}$，正整数 l_{loc} 和 l_{est}

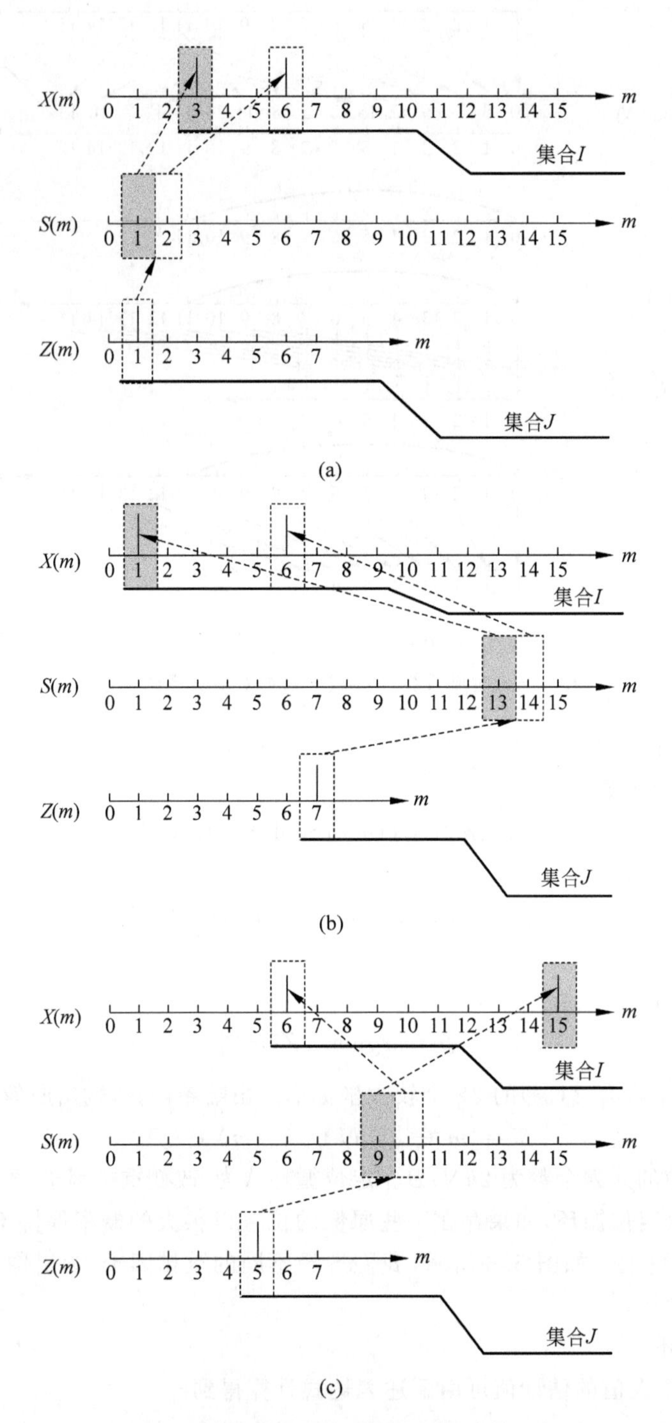

图 5.6 三次重排后定位循环的坐标映射示意图

(a) 参数设置：$N=16,B=8,w=12,k=1,\sigma=3(\sigma^{-1}=11)$；(b) 参数设置：$N=16,B=8,w=12,k=1,\sigma=5(\sigma^{-1}=13)$；(c) 参数设置：$N=16,B=8,w=12,k=1,\sigma=7(\sigma^{-1}=7)$

分别是定位循环和估值循环次数。当 $l \leqslant l_{\text{loc}}$ 时，执行上述步骤(2)～(6)；当 $l_{\text{loc}} \leqslant l \leqslant l_{\text{total}}$ 时，执行上述步骤(2)～(7)；当 $l > l_{\text{total}}$ 时，循环结束。

(8) 计算中值。

采用对实部和虚部分别取中值的方法，输出 $X(m)$ 的估计值：

$$\widetilde{X}(m) = \underset{l_{\text{est}}}{\text{Median}}\{\Re\{\hat{X}(m)\}\} + \text{j}\underset{l_{\text{est}}}{\text{Median}}\{\Im\{\hat{X}(m)\}\} \tag{5.66}$$

(9) 频域调制。

为了将信号从傅里叶域调制到分数阶傅里叶域，我们将式(5.66)乘上指数 chirp 函数，最终输出结果：

$$\hat{F}_{\alpha}(m) = \widetilde{X}(m)\text{e}^{\frac{\text{j}m^2\Delta u^2}{2\tan\alpha}}\sqrt{(\sin\alpha - \text{j}\cos\alpha)\text{sgn}(\sin\alpha)/M} \tag{5.67}$$

式中，Δu 表示输出信号的采样间隔，M 表示频域信号的长度。对于 $\sin\alpha < 0$ 的情况(当 $\sin\alpha > 0$ 时，FFT 代替 IFFT)，算法流程如图 5.7 所示。

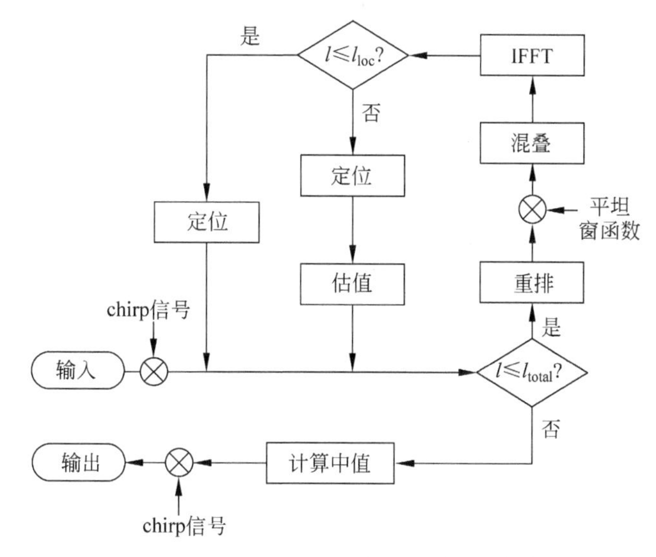

图 5.7　当 $\sin\alpha < 0$ 时 SFRFT 的算法流程

2. 分数旋转角选取

在一些应用领域中，分数旋转角 α 的值是已知的，比如在 SAR 成像和线性调频匹配滤波中。然而在其他的大多数情况，分数旋转角 α 的值是未知的。最大似然估计(Maximum Likelihood Estimation，MLE)是估计分数旋转角 α 的常用方法，例如在文献[20]中，利用最大似然估计的离散形式，提出离散调频傅里叶变换的方法，准确估计出旋转角 α 的值。但是，最大似然函数的二维最大化过程需要巨大的计算量，时间消耗的成本过高，故需要找到可替代的方法。文献[21]中提出离散多项式相位变换的方法，该方法将 chirp 信号转化成正弦波进而检测频谱大值量的位置，可快速得到分数旋转角 α 的估计值，避免了 MLE 法二维函数最大化过程的时间消耗。

下面介绍基于多项式相位变换估计分数旋转角 α 的具体过程。假设 $x(n)$ 是一个关于离散实值变量 n 的复值函数，τ 为时延量。定义算子 $\text{DP}_1[x(n),\tau]$ 和 $\text{DP}_2[x(n),\tau]$ 的数学形式：

$$\text{DP}_1[x(n),\tau] = x(n) \tag{5.68}$$

$$\mathrm{DP}_2[x(n),\tau]=x(n)x^*(n-\tau) \tag{5.69}$$

算子DP_2表示对离散信号$x(n)$取差分，相当于对其降阶一次[21]。再假定一个算子DPT表示算子DP的DFT，则DPT_2表示DP_2的DFT。对于一个离散时域信号$s(n)=\exp\{\mathrm{j}\pi\mu(n\Delta t)^2\}$，$\Delta t$表示时域采样间隔，$\mu$为调频率，使用算子$\mathrm{DPT}_2$后有如下表达式

$$\mathrm{DPT}_2[\mathrm{e}^{\mathrm{j}\pi\mu(n\Delta t)^2},\omega,\tau]=\mathrm{DFT}\{\mathrm{DP}_2[\mathrm{e}^{\mathrm{j}\pi\mu(n\Delta t)^2},\tau]\}=\mathrm{DFT}\{\mathrm{e}^{\mathrm{j}2\pi\mu\tau n\Delta t-\mathrm{j}\pi\mu(\tau\Delta t)^2}\} \tag{5.70}$$

据此表达式，$\mathrm{DPT}_2[x(n)\mathrm{e}^{\mathrm{j}\pi\mu(n\Delta t)^2},\omega,\tau]$的能量聚集在

$$\omega=\omega_0=2\pi\mu\tau\Delta t \tag{5.71}$$

在分数阶傅里叶域估计目标参数能更好地聚集加速目标回波或一般的线性调频信号能量[20-21]。另外，由文献[21]，可证明当$\tau=\dfrac{N}{2}$时估计精度最高，故可由μ估计出α。

但是受到信道噪声影响，以此估计出旋转角α的精度受到限制。为了解决这个问题，需要对旋转角α估计结果附近的小范围进行精细搜索，而搜索步长$\Delta\alpha$取决于调频率分辨率$\Delta\mu$的约束。由$f=\mu\tau\Delta t$可得

$$\Delta f=\Delta\mu\tau\Delta t \tag{5.72}$$

取$\tau=\dfrac{N}{2}$，则可得到

$$\Delta\mu=\frac{\Delta f}{\tau\Delta t}=\frac{4}{T^2} \tag{5.73}$$

其中，T为信号时长。结合原始输入信号$f(n)$的表达式，可计算出搜索步长：

$$\frac{\cot\alpha}{2}=\pi\mu\Rightarrow(\cot\alpha)'\Delta\alpha=2\pi\Delta\mu\Rightarrow|\Delta\alpha|=8\pi\sin^2\alpha/T^2 \tag{5.74}$$

3. 与Pei采样型算法和稀疏傅里叶算法的关系

根据文献[24]，对于时域信号$x(t)$，有连续分数阶傅里叶的变换公式：

$$\{F^\alpha x\}(u)=\int_{-\infty}^{+\infty}K_\alpha(u,t)x(t)\mathrm{d}t,\quad 0<|p|<2,0<|\alpha|<\pi$$
$$=\begin{cases}\sqrt{\dfrac{1-\mathrm{j}\cot\alpha}{2\pi}}\displaystyle\int_{-\infty}^{+\infty}\mathrm{e}^{\mathrm{j}\frac{t^2+u^2}{2}\cot\alpha-\mathrm{j}tu\csc\alpha}x(t)\mathrm{d}t, & \alpha\neq D\pi\\ x(t), & \alpha=2D\pi\\ x(-t), & \alpha=(2D\pm1)\pi\end{cases} \tag{5.75}$$

其中，D为任意整数；$K_\alpha(u,t)$是CFRFT的核函数，其中u为CFRFT的频率。假设p是CFRFT的阶次，则分数旋转角$\alpha=p\pi/2$。当CFRFT阶次p使得旋转角$\alpha=2D\pi+\pi/2$时，根据式(5.75)，该CFRFT的表达式可变成传统的连续傅里叶变换公式。

再回顾一下Pei采样型算法，该算法是在连续FRFT的基础上推导出来的。该算法分别对输入的时域信号和输出的频域信号等间隔采样，采样间隔分别是Δt和$\Delta\mu$，且需满足约束

$$\Delta t\Delta\mu=\frac{2\pi|\sin\alpha|}{M} \tag{5.76}$$

该约束是为了保证变换的可逆性。令输入信号长度为N，则M必须满足$M\geqslant N$。当$M=N$时，DFRFT表达式可写成[4]

$$\{F^{\alpha}x\}(m)=\begin{cases}\sqrt{\dfrac{\sin\alpha-\mathrm{j}\cos\alpha}{M}}\,\mathrm{e}^{\frac{\mathrm{j}m^2\Delta u^2}{2\tan\alpha}}\displaystyle\sum_{n=0}^{N-1}x(n)\mathrm{e}^{\frac{\mathrm{j}}{2}n^2\Delta t^2\cot\alpha-\frac{\mathrm{j}2\pi nm}{M}}, & \alpha\in 2D\pi+(0,\pi)\\ \sqrt{\dfrac{-\sin\alpha+\mathrm{j}\cos\alpha}{M}}\,\mathrm{e}^{\frac{\mathrm{j}m^2\Delta u^2}{2\tan\alpha}}\displaystyle\sum_{n=0}^{N-1}x(n)\mathrm{e}^{\frac{\mathrm{j}}{2}n^2\Delta t^2\cot\alpha+\frac{\mathrm{j}2\pi nm}{M}}, & \alpha\in 2D\pi+(-\pi,0)\\ x(m), & \alpha=2D\pi\\ x(-m), & \alpha=(2D+1)\pi\end{cases} \tag{5.77}$$

若 $\alpha\neq D\pi$，一次 FFT 运算和输入/输出的两次 chirp 乘积构成了 Pei 采样型算法的主要计算量，只考虑复乘次数，则 Pei 采样型算法的计算复杂度为 $O\left(2N+\frac{N}{2}\log_2 N\right)$。

由此可见，即使 Pei 采样型算法是 DFRFT 最高效的算法之一，但是其依然有较高的计算复杂度，尤其是输入信号长度 N 非常大时，FFT 运算占据了很大的计算量。幸运的是，信号稀疏是普遍情况，可以采用稀疏傅里叶变换代替一般的 FFT 运算[18]，进一步提高 DFRFT 的计算效率。该稀疏傅里叶变换算法是一个滤波、定位和估值的过程。滤波器是由切比雪夫函数和矩形窗函数卷积得到，其作用是将稀疏信号的整个频域分成一个个频率单元，并使得信号在时域和频域都具有良好的聚焦效应。定位和估值的过程与 sketching/streaming 的算法[25]类似，这种方法的优势在于避免了传统方法所涉及的插值或迭代的操作。因此，我们可以尝试，以 Pei 采样型算法的流程为基础，融入稀疏傅里叶变换的算法思路，设计改进型的 Pei 采样型算法。

改进后的 Pei 采样型算法，即所提的 SFRFT 算法，其所适用的信号有一定的限制，即要求信号具有一定的稀疏性。在应用所提的 SFRFT 算法之前，需要判定稀疏度是否符合算法适用要求。判断的方法主要有两种，一种是根据先验信息直接判断；另一种则是对信号先进行试采样，再由采样信息判断稀疏性是否适合。对于信号数据量大且非平稳，在分数阶傅里叶域稀疏的信号，其大值个数 K 最好远小于数据点数 N，K/N 的值越小则稀疏性越好。经验上一般认为稀疏度满足 $K/N<1\%$ 的信号适合使用所提算法进行分析处理，而此类信号普遍存在于很多领域，如分数域滤波、合成孔径雷达成像，以及 GPS 定位过程中动态信号快速获取等。

4. 算法性能分析

为了分析所提 SFRFT 算法的性能，下面分别从分辨能力、计算复杂度和鲁棒性三个方面进行仿真分析。

在第一个仿真实验中，主要分析所提 SFRFT 算法在多旋转角情况下的分辨能力。在本次仿真实验中，我们设置如下的仿真参数。设置信号的采样频率 $f_s=900\text{Hz}$，数据长度为 $N=2^{15}$，变换域的大值点数为 $K=5$，子采样 FFT 的长度设为 $B=1024$。假定输入信号有四个频率分量，其初始频率分别为 100、200、300 和 300Hz，相应的 chirp 率分别为 10、11.85、13.85 和 13.85Hz/s，并设置相应的信噪比为 −12、−18、−24 和 −12dB。噪声服从均值为 0 的高斯分布。滤波器参数设置为 $w=22883$，$\delta=10^{-6}$，$\varepsilon'=2\times10^{-4}$ 且 $\varepsilon=5\times10^{-4}$。在估值和定位循环的过程中，设置估计循环参数 $l_{\text{loc}}=4$，定位循环参数 $l_{\text{est}}=11$。

本仿真实验的所有结果显示在图 5.8 中。图 5.8(a)显示的是输入信号的频谱图。为了研究在多旋转角的情况下，SFRFT 与原 DFRFT 频谱效果的差别，我们设置三个不同的分数旋转角 α，每一行匹配不同的分量阶次，得到图 5.8(b)～(g)这三行两列的效果图。仿真结果说明，我们提出的稀疏分数阶傅里叶算法在多旋转角的情况下，能够精确估计出稀疏分量的分数域的频率和幅值。另外，如果信号的分数阶傅里叶域的频率分量呈现出不聚焦或是不稀疏的特点，则其谱线的分布有连续性、低幅值的规律。图 5.8(f)和图 5.8(g)中紧邻谱线的局部放大图表明，即使在稀疏性不是十分理想的情况下，SFRFT 依然保证了良好的多分量分辨性能。

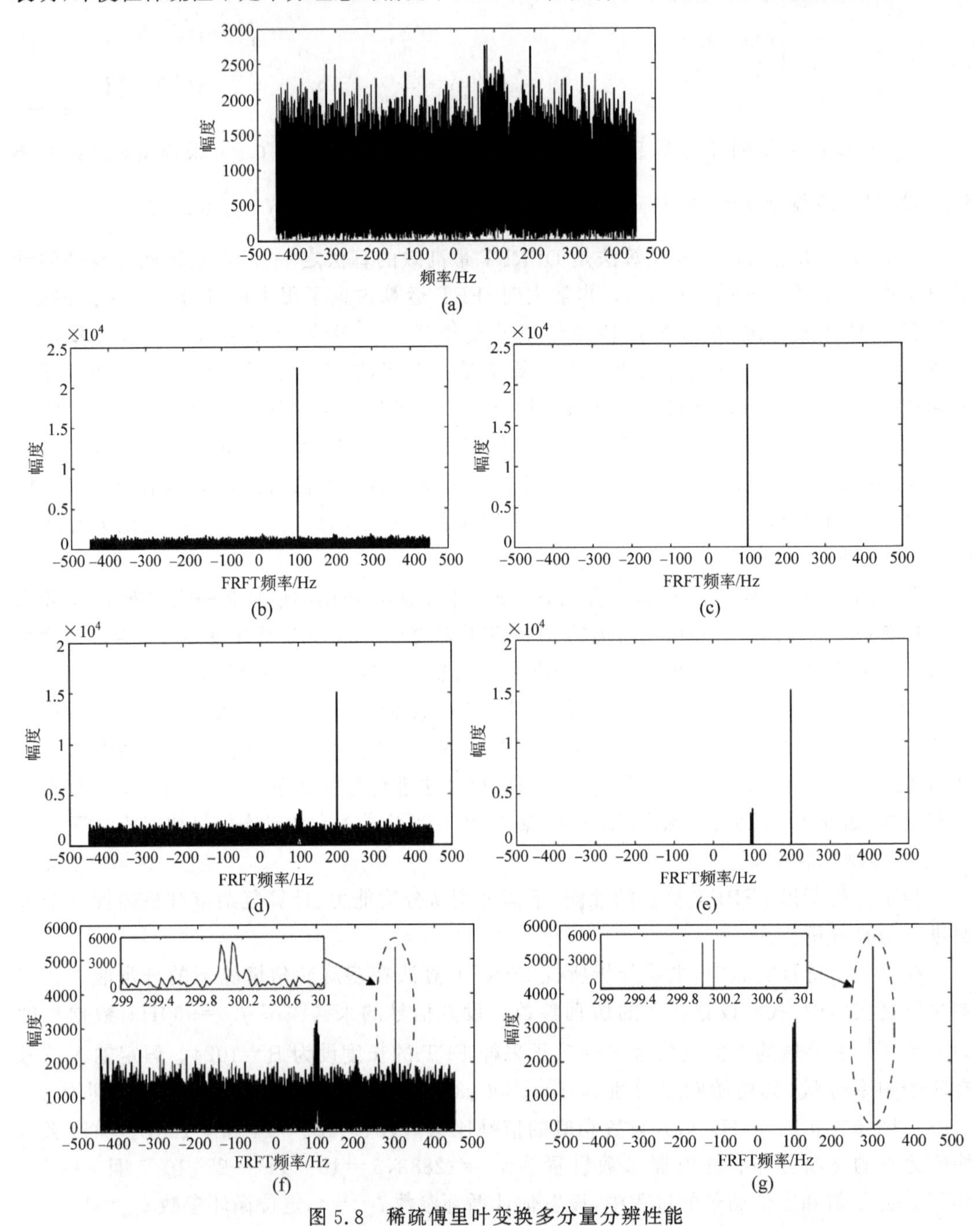

图 5.8 稀疏傅里叶变换多分量分辨性能

(a) 输入信号频域波形；(b) 匹配第一个分量阶次的离散分数阶傅里叶变换；(c) 匹配第一个分量阶次的 SFRFT；(d) 匹配第二个分量阶次的离散分数阶傅里叶变换；(e) 匹配第二个分量阶次的 SFRFT；(f) 匹配第三个分量阶次的离散分数阶傅里叶变换；(g) 匹配第三个分量阶次的 SFRFT

在第二个仿真实验中,接着对所提 SFRFT 算法的复杂度仿真分析。以复乘次数为衡量标准,依据算法步骤的过程分析,则所提的 SFRFT 算法复乘总数为

$$\begin{aligned} M_{\text{SFRFT}} = & 2N + (\omega + B\log_2 B/2) \times l_{\text{loc}} + \\ & (\omega + B\log_2 B/2 + 2k) \times l_{\text{est}} + \text{card}(\mathcal{I}) \times l_{\text{total}} \end{aligned} \tag{5.78}$$

其中,card(·)表示集合中元素的数目。基于该复乘运算总次数的表达式,可比较 SFRFT 和 Pei 采样型 DFRFT 算法的计算量。在此仿真过程中,我们设置计算大值个数为 $K=5$,循环次数分别设置为 $l_{\text{loc}}=3$ 和 $l_{\text{est}}=8$。图 5.9 显示,与 SFRFT 算法相比,随着数据长度的增大,DFRFT 在计算效率上的优势越大,尤其当数据长度的量级在 2^{13} 及以上时。

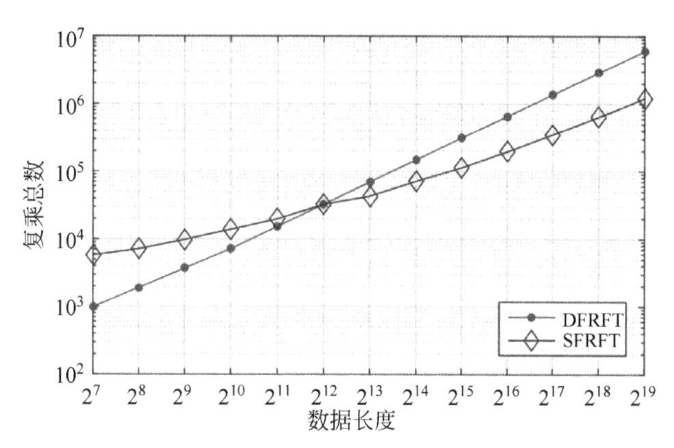

图 5.9　DFRFT 和 SFRFT 的计算复杂度比较

另外,不同于 DFRFT 算法,SFRFT 算法的计算复杂度与输入信号的稀疏度十分相关。为了研究所提 SFRFT 算法的计算复杂度与稀疏度的关系,给定输入信号的长度为 2^{16},以分数阶傅里叶域的非零值个数为坐标变量,其数目依次从 10 变化到 10^4。相应地,随着信号稀疏度的变化,循环次数也在确保输出结果精度的情况下匹配。从图 5.10 可以看出,稀疏度越高,SFRFT 算法相对于 DFRFT 算法在计算复杂度方面的优势就更明显。但是,当分数域的非零频点个数大于 10^3 后,SFRFT 算法对计算效率就没有提升了,反而比 DFRFT 算法的计算量更大。

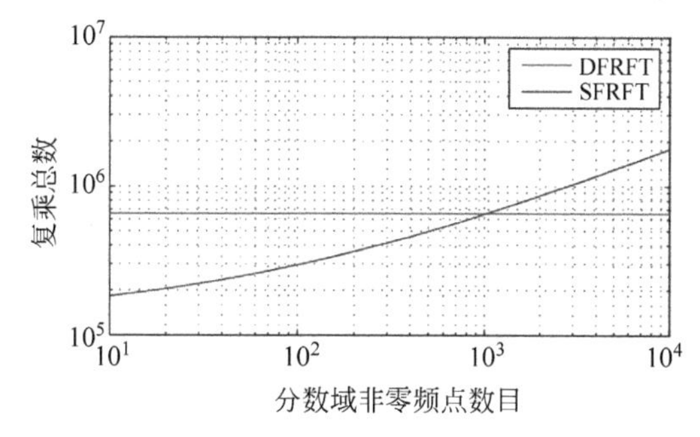

图 5.10　DFRFT 和 SFRFT 的计算复杂度与稀疏度的关系

在第三个仿真实验中,分析所提 SFRFT 算法的鲁棒性。SFRFT 算法在计算效率方面的优势与算法的鲁棒性并不冲突,SFRFT 算法在提升计算效率的同时,依然具有良好的鲁棒性[18]。下面以仿真结果证明所提 SFRFT 算法对输入噪声的鲁棒性。仿真实验的参数

设置如下，信号长度 $N=2^{15}$，$k=3$，旋转角 $\alpha=0.01\text{rad}$，Monte Carlo 仿真次数为 20000，输入信噪比 SNR 变化范围设为[−10dB，30dB]。假设 ε 表示估计误差，该估计误差是用 SFRFT 的输出 $\{\mathcal{SF}^{\alpha}x\}(i)$ 和 DFRFT 的输出 $\{\mathcal{F}^{\alpha}x\}(i)$ 之间的差值来衡量

$$\varepsilon=\frac{1}{k}\sum_{i\in(0,N]}\left|\frac{\{\mathcal{SF}^{\alpha}x\}(i)-\{\mathcal{F}^{\alpha}x\}(i)}{\{\mathcal{F}^{\alpha}x\}(i)}\right| \tag{5.79}$$

以此估计误差为标准，信号比 SNR 为横坐标，得出误差变化曲线如图 5.11 所示。该估计误差的仿真结果证实了在噪声环境下 SFRFT 算法良好的鲁棒性。

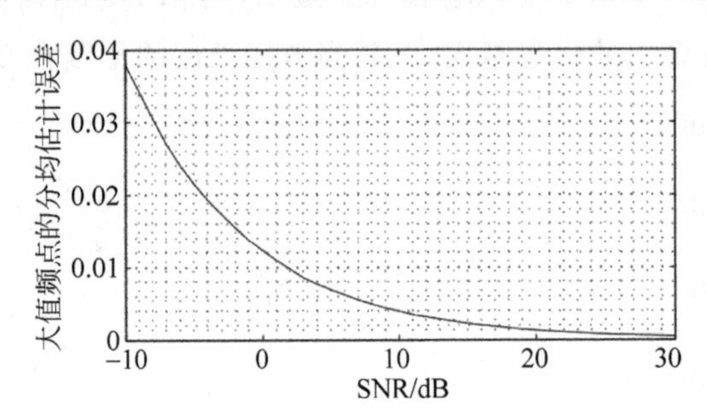

图 5.11　SFRFT 算法鲁棒性与信噪比的关系

5.1.3.2　随机型算法的优化

我们提出随机型稀疏分数阶傅里叶算法利用输入信号的稀疏性，使用稀疏傅里叶变换替代 FFT 过程，有效地降低了计算复杂度。然而，此随机型 SFRFT 有如下两方面的缺陷。

(1) 当输入信号的长度较短时，所提的随机型 SFRFT 算法和一般的 DFRFT 算法相比，在计算量上并没有明显的提升。

(2) 对于噪声干扰较严重的信号，频域大值量的定位估计误差会很大，大幅降低算法的估计精度。

为此，SFRFT 算法后来也陆续有优化算法提出[19,21,23,25]，其中有些算法是针对虚警率和检测概率等先验信息的优化版本[22]，并成功应用于微弱雷达目标检测[23]。我们提出优化的稀疏分数阶傅里叶变换(OSFRFT)算法，采取如下的方法应对上述的问题。

(1) 使用 Neyman-Pearson 检测处理噪声干扰的信号，实现对噪声干扰后信号的分数频域估计。

(2) 分析噪声对定位循环的影响，通过 Parzen-Rosenblatt 窗方法获得相位误差的分布，并提出定位误差的优化策略。

5.1.3.2.1　简化 SFRFT

在上节稀疏分数阶傅里叶算法的基础上，我们做了简化，将该算法流程分成两个核心模块，即“hash-to-bins”过程和定位及估计循环过程。

首先介绍“hash-to-bins”过程，该过程将大值的分数阶傅里叶系数映射到子采样频谱。“hash-to-bins”过程可以分成三个步骤：重排、加窗和下采样。子采样因子 $D=N/B$。重排使用三个参数 σ, a, b 对输入时域信号的重新排序

$$(P_{\sigma,a,b}x)_i=x_{\sigma(i-a)}\omega^{\sigma bi} \tag{5.80}$$

其中，$\sigma\in\{1,3,\cdots,N-1\}$ 且 $a,b\in\{0,1,\cdots,N-1\}$。根据文献[27]，上述公式对应的频域次序为

$$(\hat{P}_{\sigma,a,b}x)_{\sigma(i-b)} = \hat{x}_i \omega^{\sigma a i} \tag{5.81}$$

为了表示方便，令 $\hat{x}^{\dagger} = \hat{P}_{\sigma,a,b}x$ 和 $q = \sigma(i-b)$，其中 $\hat{x}^{\dagger}$ 表示信号重排后的频谱。那么，上述表达式可写成

$$\hat{x}_q^{\dagger} = \hat{x}_i \omega^{\sigma a i} \tag{5.82}$$

接着加窗，所加的窗函数与式(5.58)相同，是长度为 D 的平坦窗函数，则上述信号可写成

$$\hat{y}_i = \sum_{q=i-D/2}^{i+D/2-1} \hat{x}_q^{\dagger} \tag{5.83}$$

下一步是下采样，即信号在时域以参数 D 混叠，则相应的频域为 D 倍下采样，得到下采样频谱

$$\hat{u}_j = \hat{y}_{jD} = \sum_{q=jD-D/2}^{jD+D/2-1} \hat{x}_q^{\dagger} \tag{5.84}$$

由上式可知，在下采样后已重排的谱 $\hat{x}_q^{\dagger}$ 中的系数将映射到 $\hat{u}_j$，其中 q 和 j 的关系为

$$j = \text{round}(q/D) \tag{5.85}$$

在下采样执行后，继续对其作 B 点的 FFT，所得到的 B 点频谱是此“hash-to-bins”过程的输出。值得注意的是，如果两个及以上的大值系数都映射到 $\hat{u}$ 中的同一个位置，则大值系数的定位和估值将会发生冲突，应当尽量避免。

对于时域信号混叠后的 B 点频域信号，每一个大值系数对应原频域中的 D 个位置。Hassanieh 所提的稀疏傅里叶变换算法[27]，多次改变随机重排参数后执行定位循环，以在 D 个候选解中决定大值系数在原频谱中的真实位置。对于精确已知的 k 稀疏信号，Hassanieh 的算法可基于文献[18]设计，但是其仅使用两次“hash-to-bins”过程定位大值系数。第一次“hash-to-bins”过程中，信号不附带相位偏移，而第二次“hash-to-bins”过程中，信号被附加一个线性相位偏移项。接着，该算法利用这两次“hash-to-bins”过程之间的相位差来定位大值系数。该算法由多次迭代组成，在每次迭代中，都有部分的大值量被估计出来，然后将此时的信号减去已估计出来的大值系数所对应的部分，再将其放入下一次循环。这个减法操作在信号的频域完成，以减少每次迭代的复杂度。Hassanieh 在文献[27]中提出的另一种算法有类似的思路，但区别在于，其可用于一般信号的定位和估值。该算法设置候选集合，执行多个定位循环，在每次迭代后，候选的可能大值集合都会被缩小。

5.1.3.2.2 Neyman-Pearson 检测

假定输入信号是一个线性调频信号，其幅度是 A。信号的噪声 n 服从自适应复高斯噪声 $n \sim \mathcal{CN}(0, \sigma_t^2)$。在 DFRFT 的过程中，当设置合适的旋转角 α 后，信号的分数阶傅里叶频谱是稀疏的。此时，频域信号 $\hat{x}$ 由复指数信号频谱和噪声频谱 $\hat{n}$ 组成，其中 $\hat{n} \sim \mathcal{CN}(0, \sigma_f^2)$，$\sigma_f = \sqrt{N}\sigma_t$。令 $\hat{n}_i\,(i \in \{N\})$ 表示噪声频谱的 N 个采样点。假定 i_l 表示信号频域中大值系数的位置，A_f 是其相应的幅值，则指数信号的频谱可表示成

$$\begin{cases} \hat{s}_i = A_f, & i = i_l \\ \hat{s}_i = 0, & \text{其他} \end{cases} \tag{5.86}$$

Neyman-Pearson 检测的阈值设为 ζ。为了获此阈值，需要分析“hash-to-bins”过程中的

每一步以确定噪声分布。重排过程将原频谱中的大值系数 $\hat{x}_{i_l}$ 哈希映射到 $\hat{x}^{\dagger}_{q_l}$，映射关系 $q_l=\sigma(i_l-b)$。加窗后的信号 $\hat{y}_i$ 中的每一个位置的数都是 $\hat{x}^{\dagger}_q$ 中的 D 点之和。在下采样后，信号 $\hat{x}^{\dagger}_{q_l}$ 映射到 $\hat{u}_{j_l}$，并有映射关系 $j_l=\mathrm{round}(q_l/D)$。由于重排后信号的频谱 $\hat{x}^{\dagger}_{q_l}$ 服从分布 $\hat{x}^{\dagger}_{q_l}\sim A_f+\mathcal{CN}(0,\sigma_f^2)$，其余的 $B-1$ 个点都服从均值为 0 且方差为 σ_f^2 的高斯噪声分布，因此可得到 $\hat{u}_{j_l}$ 服从的分布

$$\hat{u}_{j_l}\sim A_f+\mathcal{CN}(0,\sigma_u^2) \tag{5.87}$$

其中，$\sigma_u=\sqrt{D}\sigma_f=\sqrt{DN}\sigma_t$。原信号频谱 $\hat{x}$ 的信噪比是 $A_f^2/(2\sigma_f^2)$，在“hash-to-bins”过程后该信噪比为原来的 $1/D$。如果没有大值系数落入 $\hat{u}$ 的第 j 个位置，则 $\hat{u}_j$ 的分布是个服从独立同分布的复高斯噪声之和，即

$$\hat{u}_j\sim\mathcal{CN}(0,\sigma_u^2) \tag{5.88}$$

因此，当 $j\neq j_l$ 时，$\hat{u}_j$ 的幅度服从 Rayleigh 分布。如果有大值量落入 $\hat{u}$ 的第 j 个位置，即 $j=j_l$，$\hat{u}_j$ 由幅度为 A_f 的信号分量和方差为 σ_u^2 的复高斯噪声组成，故 $\hat{u}_j$ 的幅度服从 Rice 分布。由此，可总结出 $\hat{u}$ 的幅度服从以下分布

$$\begin{cases} f_\rho(\rho)=\dfrac{\rho}{\sigma_u^2}\exp\left(-\dfrac{\rho^2+A_f^2}{2\sigma_u^2}\right)I_0\left(\dfrac{\rho\,|A_f|}{\sigma_u^2}\right), & j=j_l \\ f_\rho(\rho)=\dfrac{\rho}{\sigma_u^2}\exp\left(-\dfrac{\rho^2}{2\sigma_u^2}\right), & j\neq j_l \end{cases} \tag{5.89}$$

其中，ρ 是 $\hat{u}_j$ 的幅值，$I_0(z)$表示第一类零阶修正贝塞尔函数[28]。

$f_\rho(\rho)$的右尾概率可由下式获得

$$\begin{cases} \Pr\{\rho>\zeta\}=P_d=Q_1\left(\dfrac{|A_f|}{\sigma_u},\dfrac{\zeta}{\sigma_u}\right), & j=j_l \\ \Pr\{\rho>\zeta\}=P_{fa}=\exp\left(-\dfrac{\zeta^2}{2\sigma_u^2}\right), & j\neq j_l \end{cases} \tag{5.90}$$

其中，$Q_1(z)$是 Marcum Q 函数[28]；P_d 是检测率；P_{fa} 是虚警率。

可根据期望的 P_{fa} 求出阈值 ζ，故由上式可得

$$\zeta=\sigma_u T_n \tag{5.91}$$

其中，$T_n=\sqrt{-2\ln\mathrm{P}_{fa}}$ 是由期望的 P_{fa} 决定的名义因子。此时可估计 x 中的噪声等级，获得噪声方差 σ_u，并接着由上式选择阈值 ζ。因此，在使用 Neyman-Pearson 检测后，我们提出的 SFRFT 算法，则不需要精确稀疏性的先验知识。

5.1.3.2.3 噪声对定位循环的影响及优化策略

1. 噪声对定位循环的影响

在此部分，我们从两方面对定位循环中的噪声影响进行分析，第一方面是分析相位误差和噪声等级之间的关系，另一方面是分析相位误差对估计结果的影响。

第一部分我们先分析定位循环中相位误差和噪声等级之间的关系。为了建立下采样频谱 $\hat{u}$ 中的相位误差和原谱 $\hat{x}$ 中的噪声之间的关系，我们需要先用 $\hat{x}$ 表示 $\hat{u}$。根据重排特性可得到如下关系：

$$\hat{x}^{\dagger}_{\sigma(i-b)}=\hat{x}_{i}\omega^{\sigma a i} \tag{5.92}$$

重写上式为

$$\hat{x}^{\dagger}_{q}=\hat{x}_{(\sigma^{-1}q+b)}\omega^{a(q+\sigma b)} \tag{5.93}$$

其中，$q=\sigma(i-b)$。基于上述表达式，我们分别分析两次“hash-to-bins”过程中 $\hat{x}$ 和 $\hat{u}$ 的关系。在第一次“hash-to-bins”过程中，令 $a=0$ 且 $\omega^{a(q+\sigma b)}=1$。基于式(5.93)，则式(5.84)可写成

$$\hat{u}_{j}=\sum_{q=jD-D/2}^{jD+D/2-1}\hat{x}^{\dagger}_{q}=\sum_{q=jD-D/2}^{jD+D/2-1}\hat{x}_{(\sigma^{-1}q+b)} \tag{5.94}$$

当 $j=j_l$ 时，在此求和过程中存在大值系数，则 $\hat{u}_{j_l}$ 可进一步表示成

$$\hat{u}_{j_l}=\sum_{q=j_lD-D/2}^{j_lD+D/2-1}\hat{\nu}_{(\sigma^{-1}q+b)}+A_f \tag{5.95}$$

在第二次“hash-to-bins”过程中，$a=1$，因此噪声频谱和指数信号频谱都应当乘上一个相位项，即

$$\hat{u}^{\dagger}_{j_l}=\sum_{q=j_lD-D/2}^{j_lD+D/2-1}\hat{\nu}_{(\sigma^{-1}q+b)}\omega^{(q+\sigma b)}+A_f\omega^{(q_l+\sigma b)} \tag{5.96}$$

其中，$q_l=\sigma(i_l-b)$。由 $\omega^{(q_l+\sigma b)}=\omega^{\sigma i_l}$ 得

$$\hat{u}^{\dagger}_{j_l}=\omega^{\sigma i_l}\left(\sum_{q=j_lD-D/2}^{j_lD+D/2-1}\hat{\nu}_{(\sigma^{-1}q+b)}\omega^{(q-q_l)}+A_f\right) \tag{5.97}$$

$\hat{u}_{j_l}$ 和 $\hat{u}^{\dagger}_{j_l}$ 间的相位差是

$$\phi(\hat{u}_{j_l}/\hat{u}^{\dagger}_{j_l})=\frac{2\pi\sigma i_l}{N}+\phi\left(\frac{\sum_{q=j_lD-D/2}^{j_lD+D/2-1}\hat{\nu}_{(\sigma^{-1}q+b)}+A_f}{\sum_{q=j_lD-D/2}^{j_lD+D/2-1}\hat{\nu}_{(\sigma^{-1}q+b)}\omega^{(q-q_l)}+A_f}\right) \tag{5.98}$$

其中，$q\in\{j_lD-D/2,j_lD-D/2+1,\cdots,j_lD+D/2-1\}$，这表明一旦输入信号 x 确定，则输入噪声谱的 D 个样本也确定了。在两次“hash-to-bins”过程中，σ 和 b 被选择为相同的值。落入 $\hat{u}_{j_l}$ 和 $\hat{u}^{\dagger}_{j_l}$ 的噪声点数一样，差别在于由 a 导致的相位项。令 $\hat{\nu}^{\dagger}_{m}=\hat{\nu}_{(\sigma^{-1}q+b)}$，其中 $m\in[-D/2,D/2-1]$，则上式可变成

$$\phi(\hat{u}_{j_l}/\hat{u}^{\dagger}_{j_l})=\frac{2\pi\sigma i_l}{N}+\phi\left(\frac{\sum_{m=-D/2}^{D/2-1}\hat{\nu}^{\dagger}_{m}+A_f}{\sum_{m=-D/2}^{D/2-1}\hat{\nu}^{\dagger}_{m}\omega^{(m+j_lD-q_l)}+A_f}\right) \tag{5.99}$$

其中，$j_lD-q_l\in[-D/2,D/2-1]$表示 $\hat{u}$ 在第 j_l 个位置上大值系数 q_l 的偏移量。因此，可得相位差为

$$\phi_{\text{err}}=\phi\left(\frac{\sum_{m=-D/2}^{D/2-1}\hat{\nu}^{\dagger}_{m}+A_f}{\sum_{m=-D/2}^{D/2-1}\hat{\nu}^{\dagger}_{m}\omega^{(m+j_lD-q_l)}+A_f}\right) \tag{5.100}$$

ϕ_{err} 可视作 $\omega^{(m+j_l D-q_l)}$ 的加权平均值。当 ω 的指数为 m 时，加权系数为 $|\hat{\nu}_m^{\dagger}|$；当 ω 的指数为 0 时，加权系数为 $|\hat{\nu}_{-(j_l D-q_l)}^{\dagger}+A_f|$。

虽然 $\omega^{(m+j_l D-q_l)}$ 和 A_f 被固定了，但 $\{\hat{\nu}_{-D/2}^{\dagger},\hat{\nu}_{-D/2+1}^{\dagger},\cdots,\hat{\nu}_{D/2-1}^{\dagger}\}$ 是 D 个随机变量，故 ϕ_{err} 也是一个随机变量。相位误差 ϕ_{err} 的概率密度函数(PDF) $f(\phi_{\mathrm{err}})$ 需要进一步分析。然而，上式中随机变量的组合是复杂的，因此得到 $f(\phi_{\mathrm{err}})$ 准确的表达式是比较困难的。

为此，可以采用一种非参数方法估计随机变量的概率密度函数，即用核密度估计法来估计概率密度函数 $f(\phi_{\mathrm{err}})$，称作 Parzen-Rosenblatt 窗方法。首先，我们使用 Monte Carlo 法形成 $\hat{\nu}_m^{\dagger}$ 的样本集，其中 $\hat{\nu}_m^{\dagger}\sim\mathcal{CN}(0,\sigma_f^2)$。接着，我们使用式(5.100)得到样本集 $\{\phi_{\mathrm{err}_1},\phi_{\mathrm{err}_2},\cdots,\phi_{\mathrm{err}_\xi}\}$，其中 ξ 表示采样的总数目。集合中的所有元素都服从同一个未知的分布 $f(\phi_{\mathrm{err}})$ 并相互独立。因此，可使用如下表达式估计 $f(\phi_{\mathrm{err}})$

$$f_{\mathrm{est}}(\phi_{\mathrm{err}})=\frac{1}{\xi\times h}\sum_{i=1}^{\xi}K(\phi_{\mathrm{err}}-\phi_{\mathrm{err}_i}) \tag{5.101}$$

其中，K 是核函数，h 是一个平滑参数。核函数 K 可选为一个标准窗，即

$$K(\phi_{\mathrm{err}}-\phi_{\mathrm{err}_i})=\frac{1}{\sqrt{2\pi}}\exp\left(-\frac{(\phi_{\mathrm{err}}-\phi_{\mathrm{err}_i})^2}{2}\right) \tag{5.102}$$

我们在本节的第二部分，分析相位误差对估计结果的影响。对于 Hassanieh 等在文献[27]中提出的精确"k-sparsity"信号的算法，大值系数的索引由 $\phi(\hat{u}_{j_l}/\hat{u}_{j_l}^{\dagger})$ 估计而来，根据下述关系：

$$i_{\mathrm{est}}=\sigma^{-1}(\mathrm{round}(\phi(\hat{u}_{j_l}/\hat{u}_{j_l}^{\dagger})N/2\pi))\bmod N \tag{5.103}$$

对于无噪声的情况，则有

$$\hat{\nu}_m^{\dagger}=0,\quad m\in[-D/2,D/2-1] \tag{5.104}$$

此时 $\phi_{\mathrm{err}}=0$，式(5.99)可写成

$$\phi(\hat{u}_{j_l}/\hat{u}_{j_l}^{\dagger})=2\pi\sigma i_l/N \tag{5.105}$$

因此，式(5.101)获得的 i_{est} 和真实的索引 i_l 一样。

如果信号被噪声干扰，则有 $\phi(\hat{u}_{j_l}/\hat{u}_{j_l}^{\dagger})=2\pi\sigma i_l/N+\phi_{\mathrm{err}}$。当相位误差在一个确定的范围，即 $|\phi_{\mathrm{err}}|<(0.5+\Gamma)2\pi/N$，其中 Γ 是正整数，σi_{est} 也将在一个确定范围，即

$$\sigma i_{\mathrm{est}}=\mathrm{round}(\phi(\hat{u}_{j_l}/\hat{u}_{j_l}^{\dagger})N/2\pi)\in[\sigma i_l-\Gamma,\sigma i_l+\Gamma] \tag{5.106}$$

则有

$$i_{\mathrm{est}}\in\{i_l-\sigma^{-1}\Gamma,i_l-\sigma^{-1}(\Gamma-1),\cdots,i_l+\sigma^{-1}\Gamma\} \tag{5.107}$$

当 $\Gamma=0$ 时，$|\phi_{\mathrm{err}}|<\pi/N$，这意味着定位循环中没有误差。注意到 $\mathrm{round}(\phi(\hat{u}_{j_l}/\hat{u}_{j_l}^{\dagger})N/2\pi)$ 和 i_{est} 之间的映射是非线性的，则 $[\sigma i_l-\Gamma,\sigma i_l+\Gamma]$ 中的指数在映射后将被分离，导致估计误差被放大。如果增加一倍，i_{est} 中的误差相应会扩大到 σ^{-1} 或 $N-\sigma^{-1}$。若误差存在，i_{est} 将会偏离真实的指数 i_l。因此，算法估计性能的精确性取决于误差校正是否有效。

2. 减小定位循环误差

为了解决定位循环中的噪声影响，我们设计了名为"LOC-CORR"的定位误差校正架构，其伪代码被概括在算法 1 中。该算法由两个阶段组成，在第一阶段中，可由两个定位循环的相位差形成大值系数的候选集合；在第二阶段中，第三个定位循环被执行来找出候选

集合所包含大值系数的真实位置。下面具体介绍"LOC-CORR"的两个阶段。

算法 1　定位误差校正,命名程序为 LOC-CORR

输入：$\hat{u},\hat{u}^{\dagger},x,\xi,J$

输出：$\hat{\omega}$

1：由式(5.109)选择 Γ；

2：对于 r 依次取集合 J 中的元素执行{

$a\leftarrow\hat{u}_r/\hat{u}_r^{\dagger}$；

$i_{\mathrm{est}r}\leftarrow\mathrm{round}\left(\phi(a)\dfrac{N}{2\pi}\right)$；

$I_{\mathrm{cand}r}=\{i_{\mathrm{est}r}-\sigma^{-1}\Gamma,\cdots,i_{\mathrm{est}r}+\sigma^{-1}\Gamma\}$；

}

3：$I_{\mathrm{cand}}=I_{\mathrm{cand1}}\cup I_{\mathrm{cand2}}\cup\cdots\cup I_{\mathrm{cand}R}$；

4：对于 $\sigma^{\dagger}$ 依次取集合$\{1,3,\cdots,N/2-1\}$中的元素执行{ ▷参数搜索

cnt=1；

再对于 $i^{\dagger}$ 依次取集合 I_{cand} 中的元素执行{

$U_{\mathrm{cand}}(\mathrm{cnt})=\mathrm{round}\left\{\dfrac{B}{N}[(\sigma^{\dagger}i^{\dagger})\bmod N]\right\}$；

cnt=cnt+1；

}

如果 U_{cand} 不包括重复的索引,则终止循环。

}

5：$\hat{u}^{\ddagger}\leftarrow$hash-to-bins$(x,\sigma^{\dagger},0,0,B,G)$；▷第三次定位循环

6：$J^{\ddagger}=\{m:\hat{u}_m^{\ddagger}>\zeta\}$；▷第二次检测阶段

7：$\hat{\omega}\leftarrow0$；

8：对于 u 依次取集合 U_{cand}中的元素执行{

对于 m 依次取集合 $J^{\ddagger}$ 中的元素执行{

如果 $u=m$ 则{

$i=\mathrm{revmap}(u)$；

$j=\mathrm{round}\left\{\dfrac{B}{N}[(\sigma(i-b))\bmod N]\right\}$；

$\hat{\omega}_i=\hat{u}_j$；

}

}

}

9：返回 $\hat{\omega}$。

首先,介绍"LOC-CORR"的第一个阶段。假定 $\hat{u}$ 中有 R 个系数在阈值以上,我们先由式(5.103)获得每个系数的位置指数,并将其记为$\{i_{\mathrm{est1}},\cdots,i_{\mathrm{est}r},\cdots,i_{\mathrm{est}R}\}$。对于 x 中的每个 $i_{\mathrm{est}r}$,我们都设置一个集合 $I_{\mathrm{cand}r}$,其所包含的元素如下

$$I_{\mathrm{cand}r}=\{i_{\mathrm{est}r}-\sigma^{-1}\Gamma,i_{\mathrm{est}r}-\sigma^{-1}(\Gamma-1),\cdots,i_{\mathrm{est}r}+\sigma^{-1}\Gamma\}\tag{5.108}$$

正确的坐标指数落入集合 $I_{\mathrm{cand}r}$ 的概率记为 P_{Γ},其中

$$P_{\Gamma}=\Pr\{|\phi_{\mathrm{err}}|<2\pi(0.5+\Gamma)/N\}\tag{5.109}$$

P_{Γ} 对 OSFRFT 算法的重构精度有重要作用,故应当合适选取 Γ 以维持一个确定的概率 P_{Γ}。候选集 I_{cand} 是所有集合的总集,即 $I_{\mathrm{cand}}=I_{\mathrm{cand1}}\cup I_{\mathrm{cand2}}\cdots\cup I_{\mathrm{cand}R}$。

然后，介绍“LOC-CORR”的第二个阶段。为了确保 I_{cand} 中每个位置索引在下采样后落入不同的“bins”，我们搜索第三次定位循环中合适的重排参数 $\sigma^{\dagger}$。$\hat{u}$ 中的候选集定义为 U_{cand}，故 I_{cand} 和 U_{cand} 之间有一一对应的映射关系。在重排后，索引 $i \in I_{cand}$ 将被映射到 $i^{\dagger}=(\sigma^{\dagger} i) \bmod N$。根据式(5.85)，在加窗和下采样过后，该指数将落入 $u=\text{round}(i^{\dagger}/D)$。而从 U_{cand} 到 I_{cand} 的逆映射关系可由下式定义：

$$\text{revmap}(u)=\{i: i \in I_{cand}, \text{round}\{D[(\sigma^{\dagger} i) \bmod N]\}=u\} \tag{5.110}$$

执行第三次定位循环获得 $\hat{u}^{\ddagger}$ 中的大值系数，记作 $J^{\ddagger}$。U_{cand} 和 $J^{\ddagger}$ 的交集是原频谱 $\hat{x}$ 中大值系数的真实位置的索引。最后，$\hat{u}_j$ 的值被分配到 $\hat{x}$ 中的索引 $i=\text{revmap}(u)$，其中 i 和 j 之间的关系为

$$j=\text{round}\left\{\frac{B}{N}[(\sigma(i-b)) \bmod N]\right\} \tag{5.111}$$

5.1.3.2.4 算法流程及性能分析

经过频谱重排、Neyman-Pearson 检测和定位误差校正，所提出的 OSFRFT 的整个算法流程显示在算法 2 中。

算法 2 OSFRFT 算法

输入：稀疏信号 s；旋转角 α

输出：分数阶傅里叶域频谱 $\hat{F}$

1：算法进程 OSFRFT(s,a)：
  $x_i=s_i I_{phase}, i\in\{N\}$；▷ 第一阶段
  $\hat{x}=\text{OSFRFTInner}(x)$；▷ 第二阶段
  $\hat{F}_m=\hat{x}_m Q_{phase}, m\in\{N\}$；▷ 第三阶段
2：算法进程 OSFRFTInner(x)：
  由噪声等级和稀疏度选择 B；
  接着选取阈值 ζ；
  从奇数集合 $\{1,3,\cdots,N-1\}$ 随机均匀选取 σ；
  从集合 $\{1,2,\cdots,N-1\}$ 随机均匀选取 b；
  选择极小值 δ；
  选择合适的窗长 L；.
  由窗函数公式选择合适的参数 $(0.5D, 0.6D, \delta, L)$；
  $\hat{u}\leftarrow\text{hash-to-bins}(x,\sigma,0,b,B,G)$；▷ 第一次定位循环
  $\hat{u}^{\dagger}\leftarrow\text{hash-to-bins}(x,\sigma,1,b,B,G)$；▷ 第二次定位循环
  $J=\{j: |\hat{u}_j|>\zeta\}$；▷ 第一次检测阶段
  $\hat{x}\leftarrow\text{loc-corr}(J,\hat{u},\hat{u}^{\dagger},\zeta)$；
  返回 $\hat{x}$。
3：算法进程 hash-to-bins$(x,\sigma,0,b,B,G)$：
  计算 $\hat{y}_{jD}, j=0,\cdots,B-1$，其中：
  $y=G\times P_{\sigma,a,b}$；
  $\hat{u}_j=\hat{y}_{jD}$；
  返回 $\hat{u}$。

---

1. 计算复杂度分析

OSFRFT 算法的计算复杂度由算法流程中复数乘法运算次数评估，为此可以从

OSFRFT算法两个阶段的计算复杂度分别考虑。在OSFRFT算法的第一个阶段中，输入信号需要与 I_{phase} 相乘，需要 N 次复乘。OSFRFT算法的第二阶段包括了三次定位循环，在每次循环中加窗操作和 B 点FFT操作分别需要 L 和 $B\log_2 B/2$ 次复乘。但是，在 $\hat{x}$ 中仅有 k 个非零系数，信号与 Q_{phase} 相乘，因此在第三阶段仅需要 k 次复乘。结合这三个阶段的复乘次数，OSFRFT算法的总复乘次数为

$$M_{\text{OSFRFT}} = N + 3(L + B\log_2 B/2) + k \tag{5.112}$$

2. 精度评估参数

我们使用复原率来量化真实值和OSFRFT算法所得解之间的差距。复原率指的是，OSFRFT算法输出的大值系数复原在正确位置上的概率，并将这个概率即复原率记作 P_r。P_r 可由如下公式定义

$$P_r = P_d^2 P_\Gamma \tag{5.113}$$

其中，P_d 和 P_Γ 分别由式(5.90)和式(5.109)给定。

3. B 和 Γ 的选择

为了获取适合的复原率 P_r，我们设计 B 和 Γ 的选取规则，其伪代码概括在算法3中。在算法的流程中，根据噪声等级(A 和 σ)调整 B 和 Γ 来维持 P_d 和 P_Γ 足够高，以便于获取最小可接受的复原率 P_r。同时，约束 $B > (2\Gamma+1)\times k$ 需要被满足，这是为了保证 I_{cand} 中的系数可在子采样频谱中分成 B 个索引指数。

算法3　B 和 Γ 的选取规则

输入：$N, A, \sigma_t^2, k, P_r^\dagger$

输出：B 和 Γ

1：对于 B 依次取集合$\{2,4,8,\cdots,N/2\}$中的元素，由式(5.190)计算 P_d；

2：$\mathcal{B}^\dagger = \{B: P_d > \sqrt{P_r^\dagger}\}$；

3：对 $\mathcal{B}^\dagger$ 排序，得到排序后的次序以及排序后的集合 $\mathcal{B}$；

4：对于集合 $\mathcal{B}$ 中的每一个元素 B 执行{

　　由KDE估计 $f(\phi_{\text{err}})$；

　　对于 Γ 依次取集合$\{1,2,\cdots,\lfloor B/(2k)\rfloor\}$中的元素执行{

　　　如果 $P_\Gamma > P_r^\dagger / P_d^2$，则终止整个循环；

　　}

　　如果 $B > (2\Gamma+1)\times k$，则终止整个循环；

　}

5：返回 B 和 Γ。

5.1.3.2.5　仿真分析

1. 相位误差分析

$f(\phi_{\text{err}})$受参数 B 和信噪比SNR影响，随后数值仿真分析这两个参数对相位误差的影响程度。设置参数：$N=4096, B=256/512, \xi=10000, j_l D - q_l = 0$。输入信噪比SNR分别设置成$-8.1648$dB和$-2.1442$dB。如图5.12所示，改变参数 B 或输入信噪比SNR，可画出其对应的概率分布直方图，图中的蓝色柱状为概率密度分布，红色线条是由核密度估计出的PDF。

2. 调频率估计误差的影响

为了研究调频率估计误差的影响，我们先假定信号由噪声干扰的线性调频信号组成，可写成

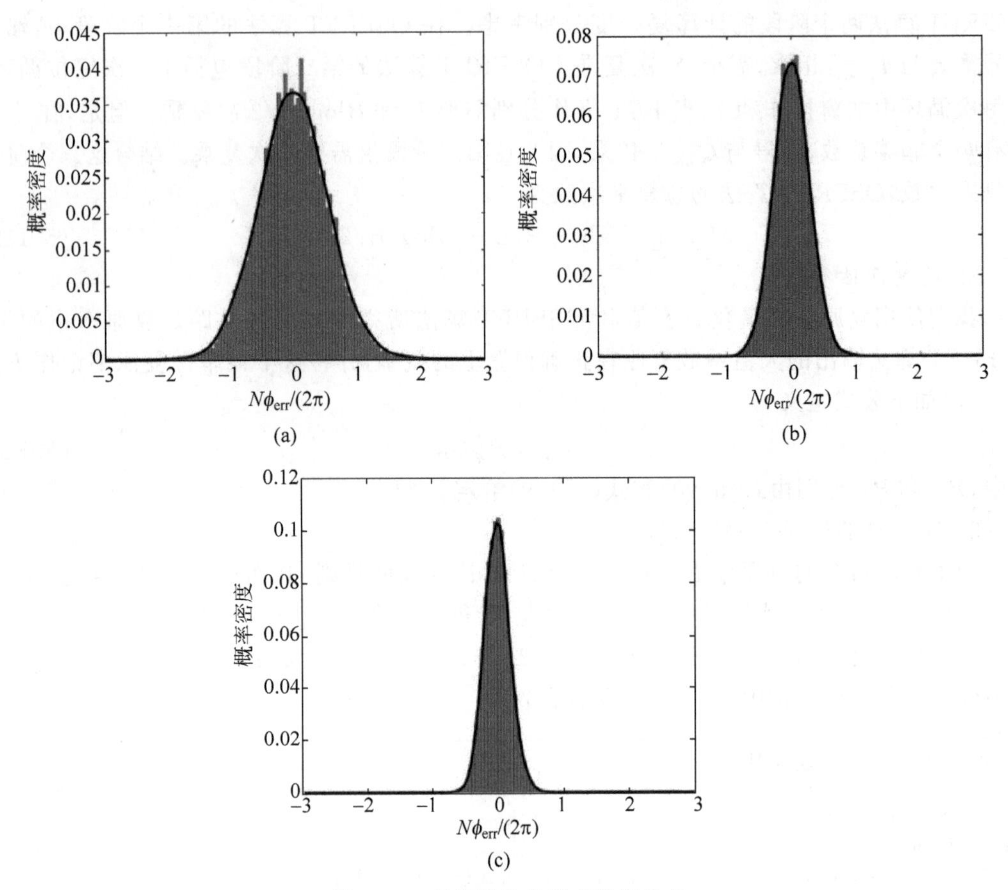

图 5.12 相位误差的概率密度分布

(a) $B=256$,SNR$=-8.1648$dB; (b) $B=256$,SNR$=-2.1442$dB; (c) $B=512$,SNR$=-8.1648$dB

$$s_i = A\exp\left(\mathrm{j}2\pi\left(f_0\frac{i}{f_s}+0.5\mu\left(\frac{i}{f_s}\right)^2\right)\right)+n_i \tag{5.114}$$

其中,$i=-\frac{N}{2},\cdots,\frac{N}{2}-1$; f_0 是线性调频信号的中心频率; f_s 是采样频率; n 表示复高斯噪声。文献[18]提出了一种调频率估计算法,即离散多项式相位变换算法,可估计出本信号模型中的调频率,记估计值为 μ_{est}。为了研究估计的调频率 μ_{est} 与真实调频率 μ 之间的差距,我们可以记这个差值为 μ_{err}。另外,OSFRFT 算法的旋转角 $\alpha=\mathrm{arccot}(-\mu_{est})$。

在 OSFRFT 算法的第一个阶段,信号 s 需要乘上二次指数项 $\exp(\mathrm{j}(\cot\alpha)i^2\Delta t^2/2)$。这样,我们可得到一个中心频率为 f_0,调频率为 μ_{err} 的线性调频信号 x_i,其可写成

$$x_i = A\exp\left(\mathrm{j}2\pi\left(f_0\frac{i}{f_s}+0.5\mu_{err}\left(\frac{i}{f_s}\right)^2\right)\right)+n_i \tag{5.115}$$

其中,$i=-\frac{N}{2},\cdots,\frac{N}{2}-1$。对于更大的 μ_{err},频谱幅度 A_f 会减小,这会导致检测概率 P_d 和定位精度 P_Γ 减小,进而使得复原率 P_r 降低。

在本节的仿真实验中,OSFRFT 算法被用来恢复线性调频分量,并由 Monte Carlo 仿真估计不同 μ_{err} 下的复原率。假定信号由一个线性调频分量组成,其中心频率 $f_0=$

101.5Hz，调频率 $\mu_0=-15\text{Hz/s}$。信号长度为 2^{12}，采样频率为 1000Hz/s，信噪比 SNR＝0dB。我们测试不同的误差调频率 μ_{err}，将其分别取为 0.1，0.15，0.2，0.25 和 0.3Hz/s。

对于每个不同的误差调频率 μ_{err}，取不同 B 和 Γ 的 OSFRFT 算法的复原率经由 Monte Carlo 仿真获取。对于每组的参数设置，我们执行 3000 次 OSFRFT 算法循环，使用下式估计复原率 P_r：

$$\hat{P}_r=\frac{N_l}{k\eta} \tag{5.116}$$

其中，$k=1$ 是大值系数的数目；$\eta=3000$ 是循环总数；N_l 表示频率在 101.5Hz 处，可正确恢复的大值系数的数目。理论上的复原率 P_r 可由式(5.113)计算而来。

图 5.13 中的两幅仿真图分别显示了复原率 P_r 与 μ_{err}、复原率 P_r 与信噪比 SNR 之间的关系。图 5.13(a)展示了不同情况下的 P_r 曲线，这与由式(5.113)计算得到的理论值一致。复原率 P_r 随着 μ_{err} 的增加而减小，这是由于频谱幅度的减小。可采用增加参数 B 的数值或采用定位误差校正的方法，补偿 P_r 减小所造成的影响。从图中可以看出，对于例子中 μ_{err} 的所有值，当 B 设置为 256 且 Γ 设置为 2 时，复原率 P_r 的值在 97.5%以上。根据式(5.112)，当 $B=256$，$L=N/2$ 且 $k=1$ 时，OSFRFT 算法的复乘次数为 $M_{\text{OSFRFT}}=13313$。相比之下，Pei 采样型算法需要 32768 次复乘。由此可证明，在不同 μ_{err} 值的情况下，OSFRFT 算法在保持高复原率的同时，还具有更低的计算复杂度。

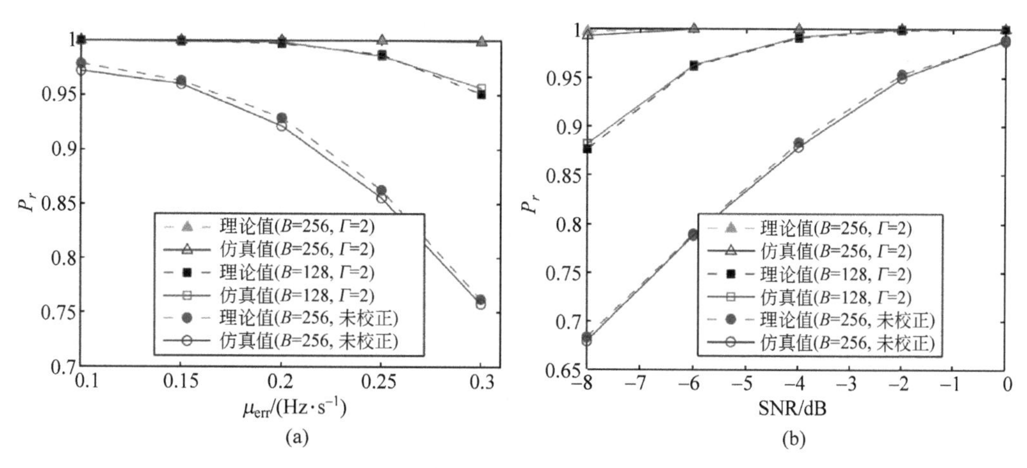

图 5.13　在不同 μ_{err} 和输入信噪比下复原率 P_r 的变化曲线

(a) 不同的 μ_{err}；(b) 不同的输入信噪比

3. SNR 的影响

本次仿真实验研究在不同 SNR 情况下 OSFRFT 算法的性能，并证明所得 P_r 的精度。具体地，OSFRFT 算法复原线性调频信号分量，并由 Monte Carlo 仿真估计不同信噪比下的复原率。信号参数配置：由一个线性调频分量组成，中心频率为 101.5Hz，调频率为－15Hz/s，且信号长度为 2^{12}。信号的采样频率为 1000Hz/s。信号受白高斯噪声干扰，信噪比 SNR 分别取 0，－2，－4，－6 和－8。算法的参数设置：$B=128256$，$\Gamma=1,2$，$\sigma=19$，$b=0$，$\mu_{\text{err}}=0\text{Hz/s}$。另外，参数 ξ 在不同信号比下调整以保持同样的虚警率 P_{fa}，其中 $P_{fa}=10^{-4}$。

对于所设置的每一个信噪比 SNR，我们都根据式(5.116)估计 P_r，估计值记作 $\hat{P}_r$。理论上的 P_r 依然由式(5.113)获取。图 5.13(b)展示了在不同输入信噪比下 P_r 的变化曲线。从该图可观察到，理论上的 P_r 和仿真的 $\hat{P}_r$ 在不同的 B 和 Γ 下随 SNR 的变化规律具有良好的一致性，这再次证明了式(5.113)的准确性。随着 SNR 的降低，复原率 P_r 减小，为此可增加 B 的值或是采用定位误差校正的方法来增加复原率 P_r。与 5.1.3.2.4 节的例子一样，设置 $B=256$ 和 $\Gamma=2$ 后，在不同的信噪比下复原率 P_{err} 可达到 97.5%以上。同样，可计算出 OSFRFT 算法的复乘次数为 $M_{OSFRFT}=13313$，这低于 Pei 采样型算法。由此可证明，所提的 OSFRFT 算法在噪声干扰下保持良好性能的同时，也降低了运算复杂度。

4. 多分量分离和参数估计性能

在本节的仿真实验中，取不同的 α 代入 OSFRFT 算法，分离出多个线性调频分量，并将其结果与 DFRFT 算法比较。信号由 4 个线性调频分量组成，其中心频率分别为 125、225、325 和 325.1Hz，相应的调频率分别是 −8、−10、−12 和 −12Hz/s。信号的采样频率为 900Hz，信号的长度为 2^{15}。每个线性调频分量对应的幅度都设置为 $A=0.5$。噪声方差取 $\sigma_t^2=4$，则相应的信噪比为 SNR=−15.0515dB。OSFRFT 算法的参数设置：$B=2048$，$\sigma=19$，$b=0$，$\xi=7612.2$。相应的 $P_{fa}=10^{-6}$，使用定位误差校正方法，则有 $\Gamma=1$。

图 5.14 表明，当 α 与一个线性调频分量的调频率一致时，其中心频率可由 DFRFT/OSFRFT 算法结果的峰值位置获取。由于第三个和第四个线性调频分量的调频率是一样的，第四个线性调频分量的中心频率可由匹配次序后的 DFRFT/SFRFT 算法的三次循环获得。在图 5.14 中，DFRFT 和 OSFRFT 算法的仿真结果相互匹配得很好，这表明线性调频分量的中心频率和幅值可由 OSFRFT 算法精确估计。第三个和第四个线性调频分量间的间隔很小，这两个分量之间的差别只有 0.1Hz，这等价于分数阶傅里叶域采样后的四个离散采样间隔。根据图 5.14(c)，这两个邻近分量可由 OSFRFT 算法明显地区分出来，验证了所提 OSFRFT 算法优秀的频谱分辨率。

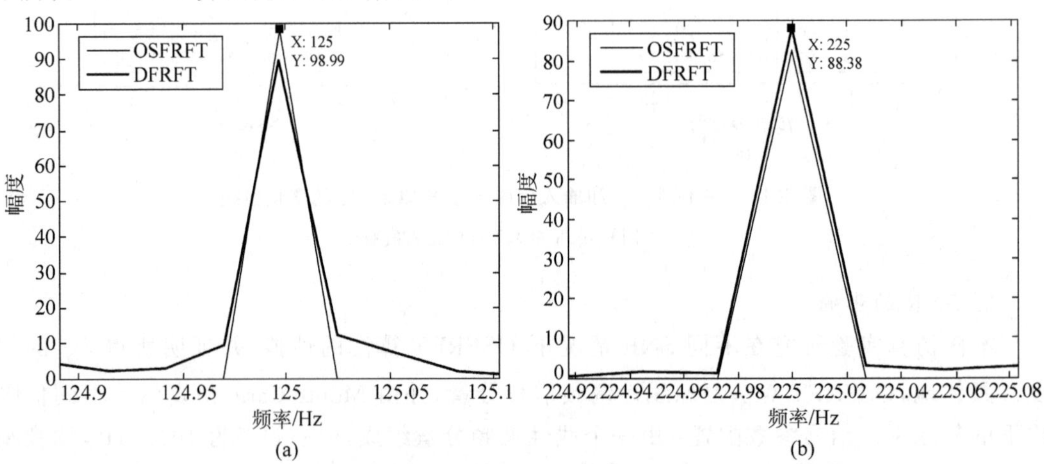

图 5.14 OSFRFT 和 DFRFT 对 4 个线性调频分量的匹配顺序

图(a)～(c)中 μ_{err} 的取值分别为 −8，−10 和 −12Hz/s

(a) 第一个线性调频分量的匹配情况；(b) 第二个线性调频分量的匹配情况；

(c) 第三个和第四个线性调频分量的匹配情况

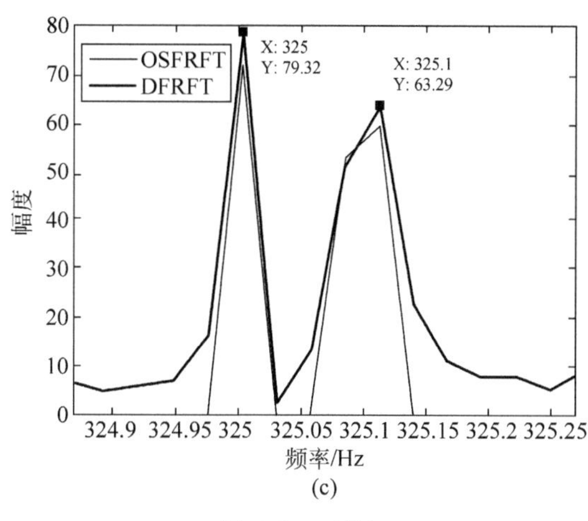

(c)

图 5.14 (续)

在本节的另一个仿真实验中,我们考虑信号的分数阶傅里叶频谱除了大值系数,还具有大量的小而非零的系数的情况,即称为非精确的"k-sparsity"情况。假设信号由三个线性调频分量和一个复指数分量组成,三个线性调频分量的中心频率分别是125、225和325Hz,其相应的幅度为0.5,0.75和1,相应的调频率都设置为-6Hz/s。而所含指数信号的频率设为-325Hz,其幅度为2。假定输入信号无噪声,采样率为900Hz,且输入信号的长度为2^{15}。DFRFT/SFRFT算法的旋转角α与线性调频分量的调频率相匹配,而其他参数与之前的实验设置成一样。输入信号的仿真结果,在给定的分数阶傅里叶域展现出了非精确的"k-sparsity"情况。如之前的预期一样,在三个线性调频分量匹配的分数阶傅里叶域中,指数信号对应成了宽带分量。与之对比的是,在图5.15(b)~(d)中,三个线性调频分量的频点位置可由OSFRFT算法精确估计出。但由于非零小值的干扰,估计出的大值系数的幅值与真实值稍有不同。

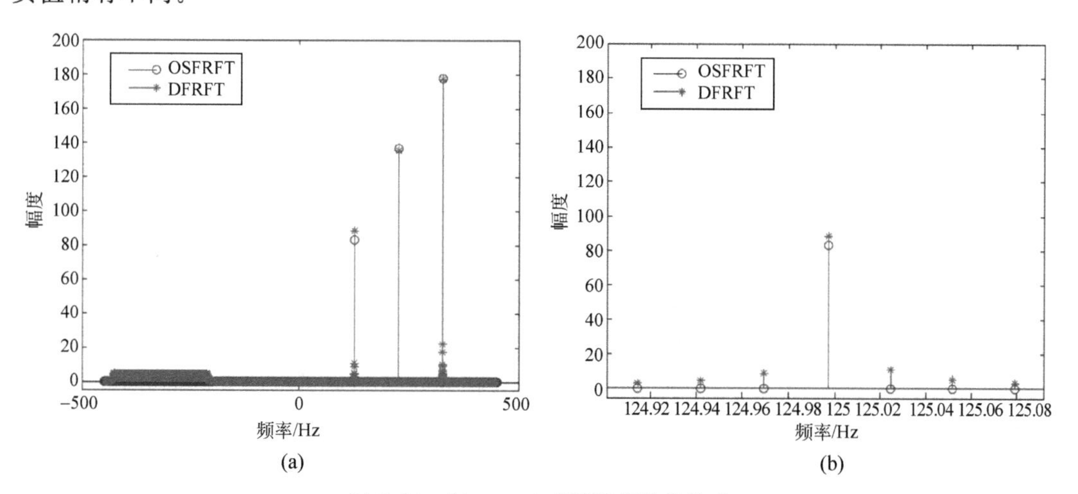

(a) (b)

图 5.15 "k-sparsity"情况的数值仿真

(a) 匹配次序后含三个分量的OSFRFT算法和DFRFT算法的分数阶傅里叶频谱;

(b)~(d) 对应于第一个、第二个、第三个线性调频分量的分数阶傅里叶频谱的局部细节

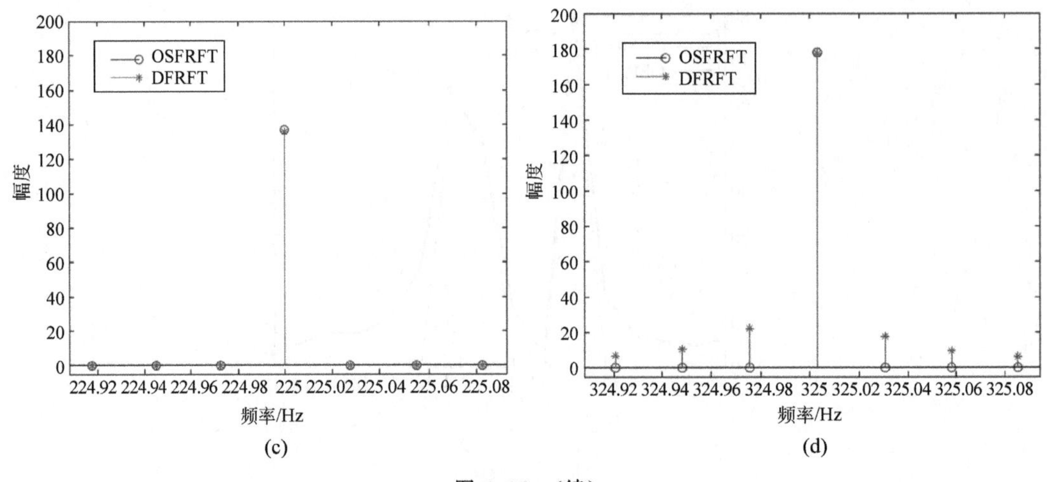

图 5.15 （续）

5. 计算复杂度分析

在本节的仿真实验中，我们分别比较了 DFRFT 算法、SDFRFT 算法和 OSFRFT 算法的计算复杂度。在本节的第一个仿真实验中，我们以复乘次数作为计算复杂度的评估标准。DFRFT 算法和 SDFRFT 算法的复乘次数的计算方法直接从文献[4]和[28]分别获得，而 OSFRFT 算法的复乘次数由式(5.112)计算得到，其中的参数 $B=64$，参数 $L=N/2$。

从图 5.15(a)可以看出，我们所提出的 OSFRFT 算法的复乘次数明显少于 DFRFT 算法和 SDFRFT 算法，大概减少为原来的 1/2.5。当信号的长度 $N\leqslant 2^{12}$ 时，SDFRFT 算法的计算复杂度比 DFRFT 算法更高，说明当信号长度较小时，SDFRFT 算法在计算效率方面就没有了优势。与之对比的是，无论信号的长度如何，所提的 OSFRFT 算法在计算效率上都具有明显的优势。这是因为 SDFRFT 算法为了定位大值系数的位置，采用了多次“hash-to-bins”过程[17]。而所提的 OSFRFT 算法采用“k-sparse”算法的方法[27]，包含两次“hash-to-bins”过程，另外还需一次“hash-to-bins”过程校正由噪声干扰导致的定位误差，总计三次“hash-to-bins”过程。由于“hash-to-bins”过程占据主要的计算量，而与 SDFRFT 算法相比，所提的 OSFRFT 算法具有明显更少的“hash-to-bins”过程，故 OSFRFT 算法的计算效率有了显著的提高。

本节的第二个仿真实验比较算法的运行时间，我们设置信号的稀疏度 $k=5$，信噪比 SNR=0dB。OSFRFT 算法的其他参数设置成 $B=N/64$，$\sigma=67$，$b=0$ 和 $L=N/2$。本次仿真运行在具有 Intel i7-4600U 2.1GHz GPU 和 8GB RAM 的笔记本电脑上，对于每个 N 的值执行 1000 次实验，并取这些实验运行时间的均值。如图 5.16(b)中曲线所示，与 DFRFT 算法和 SDFRFT 算法相比，所提的 OSFRFT 算法在运行时间上具有明显的优势，并且这种优势随着信号长度的增加而增大。

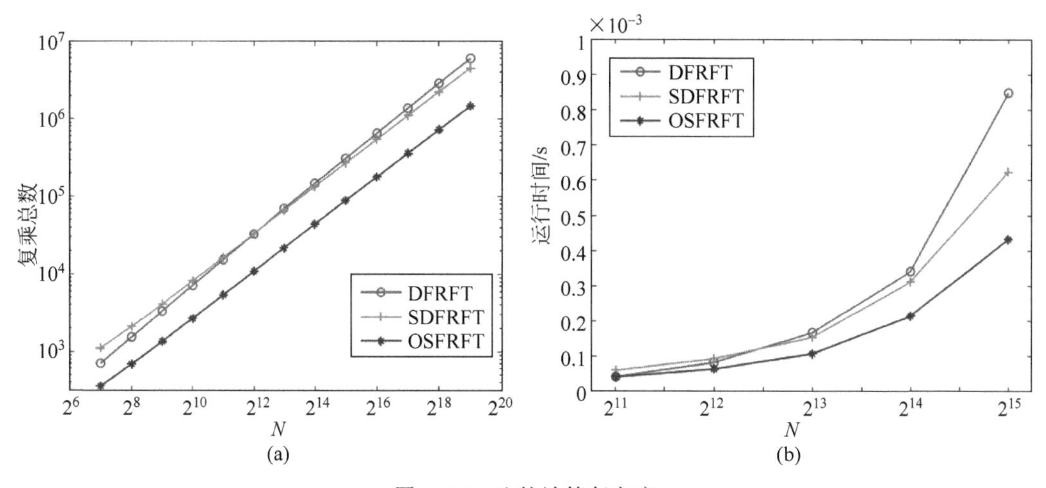

图 5.16 比较计算复杂度

(a) 复乘次数比较；(b) 运行时间比较

5.1.3.3 应用

本节我们验证 OSFRFT 算法在连续波雷达信号处理中的应用价值。雷达实验平台为来自 Ancortek 公司的 SDR-KIT 580B 设备，该设备的模式选为连续波模式，中心频率设为 $f_c=5.8\text{GHz}$。在本实验中，我们使用一个金属立方体外形的便携电源包，将其在 1.25m 的高度以初始为 0 的速度释放。发射天线和接收天线安置在便携电源包的正上方，天线高度相对于地面为 1.35m，视轴垂直向下。实验场景的几何说明展示在图 5.17 中。下落过程花费了 0.5s，我们剪切 0.09s～0.41s 的下落过程用作后处理。信号采样频率 $f_s=25600\text{Hz}$，采样点数 $N=$

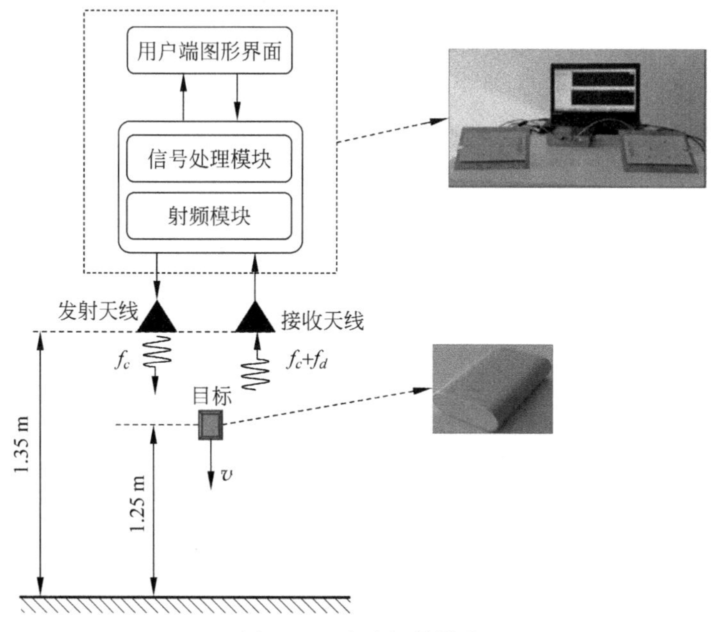

图 5.17 实验场景说明

2^{13}。对于 $i=-\frac{N}{2},\cdots,\frac{N}{2}-1$，基带回波信号可表示成 $s_i=A\exp(\mathrm{j}2\pi\tau_i f_c)+v_i$，其中，$\tau_i$ 是天线和目标之间的时延，v_i 表示复高斯噪声。目标物体的自由落体可看作一个匀加速线性运动：$\tau_i=\frac{2}{c}\times\left(-v_{\text{mid}}\frac{i}{f_s}-0.5\zeta\left(\frac{i}{f_s}\right)^2\right)$，其中 v_{mid} 表示在确定的中间时刻即 0.25s 时目标的瞬时速度，变量 ζ 表示目标的加速度，$c=2.9979\times10^8\text{m/s}$ 表示光速，则基带回波信号可写成 $s_i=A\exp\left(\mathrm{j}2\pi\left(-\frac{2v_{\text{mid}}f_c}{c}\times\frac{i}{f_s}-\frac{\zeta f_c}{c}\left(\frac{i}{f_s}\right)^2\right)\right)+v_i$。

目标运动的结果是产生中心频率 $f_{\text{mid}}=\frac{2v_{\text{mid}}f_c}{c}$ Hz 且调频率 $\mu=-\frac{2\zeta f_c}{c}$ 的回波信号。DFRFT/OSFRFT 算法可用来分析回波信号并估计目标参数。我们假设目标的加速度等同于目标的自由落体速度 $g=9.8\text{m/s}^2$，则相应的调频率 $\mu_{\text{est}}=-\frac{2gf_c}{c}=-378.9333\text{Hz/s}$。设置分数阶傅里叶变换的参数 $\alpha=\operatorname{arccot}(-\mu_{\text{est}})$，算法参数 $B=512,\sigma=23$ 和 $b=0$。

需估计的平均信号幅度和标准噪声偏移分别设置为 $\bar{A}=160.6455$ 和 $\bar{\sigma}_t=5.7521$，则输入信噪比为 25.9105dB。设置 $P_{fa_1}=10^{-6}$ 和 $\zeta=10947$，并使用一个缩短的切比雪夫窗，长度为 $L=N/2$。我们也使用定位误差校正方法，参数 Γ 设置为 1。FFT、DFRFT 和 OSFRFT 算法结果展现在图 5.18 中。为了归一化，FFT 结果图的幅度缩放 $\sqrt{N}$ 倍。与 FFT 的结果图相比，DFRFT 的结果图更为集中。因此，α 与调频率相匹配，目标能量集中在分数阶傅里叶域。根据 DFRFT 的结果，中心的频率为 -96.88Hz，因此所估计的速度 $v_{\text{est}}=-96.88\times c/(2f_c)=-2.5055/\text{m/s}$。目标在中间时间点的速度 v_{mid} 为 $g\times0.25=-2.45\text{m/s}$，这证明了算法良好的速度估计精度。OSFRFT 算法在峰值附近的结果与 DFRFT 算法结果相接近。所有的大值系数都被检测并正确定位，幅度估计误差可忽略。因此，我们认定 OSFRFT 算法能够精确估计出大值频量的位置和幅度值。根据式(5.112)，$k=20$，因此 $M_{\text{OSFRFT}}=27532$。相比之下，Pei 的算法涉及 69632 个复乘次数。这表明

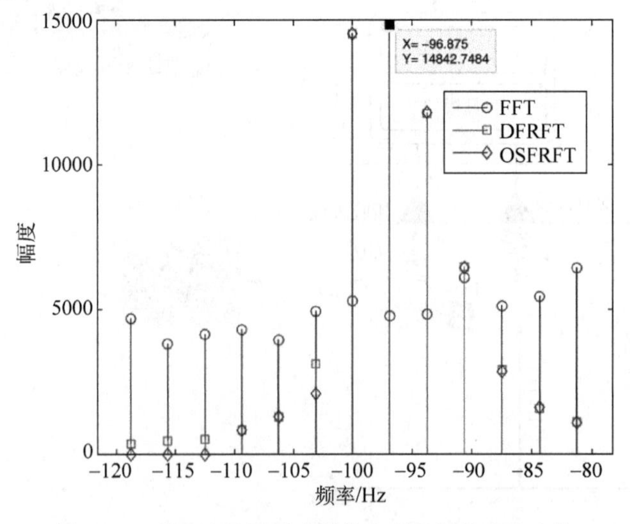

图 5.18 基于连续波雷达所收集到数据的算法比较

OSFRFT 算法复杂度低于 Pei 的算法的 1/2。此实验也证明，对于一个相对较小的 N，使用 OSFRFT 算法，算法复杂度可大幅降低。

5.2 特征分解型离散分数阶傅里叶变换

特征分解型 DFRFT 从连续傅里叶变换的特征函数(Hermite 函数)出发，通过对 Hermite 函数的离散化近似和正交投影，得到一组与 Hermite 函数形状相似的 DFT 矩阵的正交化离散 Hermite 特征向量。然后，仿照连续 FRFT 的核函数谱分解表达式，构造了离散分数阶傅里叶的变换矩阵。本节将详细介绍这种 DFRFT 的构造方法及其所依据的相关定理。

5.2.1 傅里叶变换的特征值与特征函数

首先给出傅里叶变换的特征值和特征函数。傅里叶变换的特征函数，即满足方程 $Ff=\lambda f$ 的解，是 Hermite-Gaussian 函数。记为 $\psi_n(u)$，$n=0,1,2,\cdots$。表达式为

$$\psi_n(u)=A_n H_n(\sqrt{2\pi}u)\mathrm{e}^{-\pi u^2},\quad A_n=\frac{2^{1/4}}{\sqrt{2^n n!}} \tag{5.117}$$

式中，$H_n(u)$ 为 n 阶 Hermite 多项式。傅里叶变换的特征值为 $\mathrm{e}^{-\mathrm{i}n\pi/2}$，即 $F\psi_n(u)=\mathrm{e}^{-\mathrm{i}n\pi/2}\psi_n(u)$，全部的 Hermite-Gaussian 函数组成一个正交集。

5.2.2 离散傅里叶变换矩阵的特征值

DFT 矩阵 $\boldsymbol{F}$ 的特征值是 $\mathrm{e}^{-\mathrm{j}\left(\frac{\pi}{2}\right)k}$ $k=0,1,2,\cdots,N-1$，它有 4 个值，即 $1,-\mathrm{j},-1,\mathrm{j}$。它的特征值及重复度如表 5.1 所示。

表 5.1 DFT 矩阵特征值的多样性

N	1 的重复度	$-\mathrm{j}$ 的重复度	-1 的重复度	j 的重复度
$4m$	$m+1$	m	m	$m-1$
$4m+1$	$m+1$	m	m	m
$4m+2$	$m+1$	m	$m+1$	m
$4m+3$	$m+1$	$m+1$	$m+1$	m

对 4 个特征值 $1,-\mathrm{j},-1,\mathrm{j}$ 来说，每个值对应的特征向量全体组成一个特征子空间，记为 E_0,E_1,E_2,E_3，每个特征值的重复度决定了子空间的秩。对于 N 维 DFT 矩阵来说，重复度为 M 的特征值有 M 个独立的特征向量。关于 DFT 矩阵特征向量的计算有如下定理：

定理 5.2：矩阵 $\boldsymbol{S}$ 可用于计算 DFT 矩阵 $\boldsymbol{F}$ 的特征向量，$\boldsymbol{S}$ 的表达式为

$$\boldsymbol{S}=\begin{bmatrix} 2 & 1 & 0 & \cdots & 1 \\ 1 & 2\cos\omega & 1 & \cdots & 0 \\ 0 & 1 & 2\cos 2\omega & \cdots & 0 \\ \vdots & \vdots & \vdots & \ddots & \vdots \\ 1 & 0 & 0 & \cdots & 2\cos(N-1)\omega \end{bmatrix} \tag{5.118}$$

可以证明矩阵 $\boldsymbol{S}$ 和 $\boldsymbol{F}$ 满足乘法交换性，即 $\boldsymbol{SF}=\boldsymbol{FS}$。因此矩阵 $\boldsymbol{S}$ 的特征向量也是矩阵 $\boldsymbol{F}$ 的特征向量，但它们对应不同的特征值。

5.2.3 离散傅里叶变换矩阵的 Hermite 特征向量

从前面的分析可以看到，DFT 矩阵 $\boldsymbol{F}$ 的特征向量不唯一（或特征分解不唯一）。那么，我们希望从中找到与 Hermite 函数形状相似的特征向量，这样的向量称为 DFT 矩阵的 Hermite 特征向量。为了求 Hermite 特征向量，我们需要给出一系列重要的定理及证明。

定理 5.3：对 DFT 矩阵的 Hermite 特征向量而言，它对应的连续函数的扩展方差应当为$\sqrt{(N/2\pi)}\,T_s$，T_s 是信号的采样间隔。连续 Hermite 函数采样后得到

$$\phi_n(k)=\frac{1}{\sqrt{2^n n!\sqrt{N/2}\,T_s}}h_n\left(\frac{k}{\sqrt{N/2\pi}}\right)\exp(-k^2\pi/N) \tag{5.119}$$

证明：设 n 阶连续 Hermite-Gaussian 函数写为

$$H_{\sigma_d,n}(t)=\frac{1}{\sqrt{2^n n!\sqrt{\pi}\sigma_d}}h_n\left(\frac{t}{\sigma_d}\right)e^{-\left(\frac{t^2}{2\sigma_d^2}\right)} \tag{5.120}$$

它的傅里叶变换表达式为

$$H_n(f)=\frac{\sqrt{\sigma_d}}{\sqrt{2^n n!\sqrt{\pi}}}h_n(f\sigma_d)\,e^{-f^2\sigma_d^2/2} \tag{5.121}$$

以采样周期 T_s 对时间采样，式(5.120)改写为

$$H_{\sigma_d,n}(k)=\frac{1}{\sqrt{2^n n!\sqrt{\pi}\sigma_d}}h_n\left(\frac{kT_s}{\sigma_d}\right)e^{-\left(\frac{k^2T_s^2}{2\sigma_d^2}\right)},\quad k=1,2,\cdots,N \tag{5.122}$$

根据采样理论，DFT 之后的频率分辨率为$\frac{2\pi}{NT_s}$。以 $k\,\frac{2\pi}{NT_s}$代替式(5.121)中的 f：

$$H_n(k)=\frac{\sqrt{\sigma_d}}{\sqrt{2^n n!\sqrt{\pi}}}h_n\left(k\,\frac{2\pi}{NT_s}\sigma_d\right)e^{-\frac{k^2 2\pi^2\sigma_d^2}{N^2T_s^2}} \tag{5.123}$$

我们希望通过调整方差 σ_d 的大小，使得 Hermite 离散向量经过 DFT 变换后保持形状不变，即令两式的方差 σ_d 相等。式(5.122)的方差为$\frac{\sigma_d^2}{T_s^2}$，式(5.123)的方差为$\frac{N^2T_s^2}{4\pi^2\sigma_d^2}$，令两者相等得 $\sigma_d=\sqrt{\frac{N}{2\pi}}T_s$。代入式(5.122)得到

$$\phi_n(k)=\frac{1}{\sqrt{2^n n!\sqrt{N/2T_s}}}h_n\left(\frac{k}{\sqrt{N/2\pi}}\right)\exp(-k^2\pi/N)$$

上式也可看作方差为 1 的 Hermite-Gaussian 函数以采样间隔$\sqrt{\frac{2\pi}{N}}$进行采样得到的序列。

定理 5.4：若序列 $\phi_n(k)$是由单位方差的 Hermite-Gaussian 函数以采样间隔 $T=\sqrt{\frac{2\pi}{N}}$进行采样得到的，那么可以证明下列近似等式：

当 N 为偶数时，

$$(-\mathrm{j})^n \phi_n(k) \approx \sqrt{\frac{1}{N}} \sum_{m=-(N/2)}^{(N/2)-1} \phi_n(m) \mathrm{e}^{-\mathrm{j}2\pi mk/N} \tag{5.124}$$

当 N 为奇数时，

$$(-\mathrm{j})^n \phi_n(k) \approx \sqrt{\frac{1}{N}} \sum_{m=-(N-1)/2}^{(N-1)/2} \phi_n(m) \mathrm{e}^{-\mathrm{j}2\pi mk/N} \tag{5.125}$$

证明：这里只证明 N 为偶数的情况，N 为奇数的情况完全类似。因为当方差 σ_d 为 1 时，Hermite-Gaussian 函数 $\phi_n(t)$是傅里叶变换的特征函数，即

$$\mathcal{F}^1[\phi_n(t)] = \mathrm{e}^{-\mathrm{j}n\pi/2} \phi_n(\omega) = (-\mathrm{j})^n \phi_n(\omega)$$

或改写成

$$(-\mathrm{j})^n \phi_n(\omega) = \frac{1}{\sqrt{2\pi}} \int_{-\infty}^{+\infty} \phi_n(t) \mathrm{e}^{-\mathrm{j}\omega t} \mathrm{d}t$$

将上式的积分区间从$(-\infty, +\infty)$截取为$(-NT/2, NT/2)$，可得到近似等式

$$(-\mathrm{j})^n \phi_n(\omega) \approx \frac{1}{\sqrt{2\pi}} \int_{-NT/2}^{NT/2} \phi_n(t) \mathrm{e}^{-\mathrm{j}\omega t} \mathrm{d}t \tag{5.126}$$

之所以可以这样取近似，是因为当 N 很大时，$NT=\sqrt{2\pi N}$ 也很大，并且高斯函数 $\exp(-t^2/2)$ 的衰减很快。下面用数值积分来取代连续积分，可得

$$\int_{-NT/2}^{NT/2} \phi_n(t) \mathrm{e}^{-\mathrm{j}\omega t} \mathrm{d}t \approx \sum_{k=-(N/2)}^{(N/2)-1} \phi_n(kT) \mathrm{e}^{-\mathrm{j}\omega kT} T \tag{5.127}$$

因为当 N 很大时，$T=\sqrt{2\pi/N}$ 很小，所以这是一个合理的近似。将式(5.126)和式(5.127)合并得到

$$(-\mathrm{j})^n \phi_n(\omega) \approx \frac{1}{\sqrt{2\pi}} \sum_{k=-(N/2)}^{(N/2)-1} \phi_n(kT) \mathrm{e}^{-\mathrm{j}\omega kT} T \approx \sqrt{\frac{1}{N}} \sum_{k=-(N/2)}^{(N/2)-1} \phi_n(kT) \mathrm{e}^{-\mathrm{j}\omega kT}$$

将式中的 ω 作离散化处理，令 $\omega=kT$ 并代入上式得

$$(-\mathrm{j})^n \phi_n(k) \approx \sqrt{\frac{1}{N}} \sum_{m=-(N/2)}^{(N/2)-1} \phi_n(m) \mathrm{e}^{-\mathrm{j}2\pi mk/N} \tag{5.128}$$

证毕。

从以上推导过程可以看出，式(5.124)存在两个近似误差，分别是由式(5.125)引起的截取误差和由式(5.127)引起的数值计算误差。当 N 趋于无穷大时，误差将趋于 0。因此，N 越大，式(5.126)的近似程度越好。另外，因为 Hermite 多项式的原因，对于 n 阶 Hermite 函数来说，其随时间的衰减率正比于 $t^n \mathrm{e}^{-t^2/2}$。因此，Hermite 函数的阶次越高，其随时间的衰减也就越慢。

定理 5.5：将序列 $\phi_n(k)$按照以下方式平移得到 $\bar{\phi}_n(k)$。

当 N 为偶数时，

$$\bar{\phi}_n(k) = \begin{cases} \phi_n(k), & 0 \leqslant k \leqslant \dfrac{N}{2}-1 \\ \phi_n(k-N), & \dfrac{N}{2} \leqslant k \leqslant N-1 \end{cases} \tag{5.129}$$

当 N 为奇数时，

$$\bar{\phi}_n(k)=\begin{cases}\phi_n(k), & 0\leqslant k\leqslant \dfrac{N-1}{2}\\ \phi_n(k-N), & \dfrac{N+1}{2}\leqslant k\leqslant N-1\end{cases} \tag{5.130}$$

则 $\bar{\phi}_n(k)$的 DFT 近似为$(-\mathrm{j})^n\bar{\phi}_n(k)$，即当 N 足够大时，

$$(-\mathrm{j})^n\bar{\phi}_n(m)\approx\sqrt{\frac{1}{N}}\sum_{k=0}^{N-1}\bar{\phi}_n(k)\exp(-\mathrm{j}2\pi km/N) \tag{5.131}$$

证明：这里只证明 N 为偶数的情况，N 为奇数的情况完全类似。

$$\mathrm{DFT}[\bar{\phi}_n(k)]=\sqrt{\frac{1}{N}}\sum_{k=0}^{(N/2)-1}\phi_n(k)\mathrm{e}^{-\mathrm{j}2\pi km/N}+\sqrt{\frac{1}{N}}\sum_{k=N/2}^{N-1}\phi_n(k-N)\mathrm{e}^{-\mathrm{j}2\pi km/N} \tag{5.132}$$

利用等式关系 $\mathrm{e}^{-\mathrm{j}2\pi km/N}=\mathrm{e}^{-\mathrm{j}2\pi(k-N)m/N}$，式(5.132)等号右边第二项可写为

$$\sqrt{\frac{1}{N}}\sum_{k=N/2}^{N-1}\phi_n(k-N)\mathrm{e}^{-\mathrm{j}2\pi km/N}=\sqrt{\frac{1}{N}}\sum_{l=-N/2}^{-1}\phi_n(l)\mathrm{e}^{-\mathrm{j}2\pi lm/N} \tag{5.133}$$

将式(5.133)代入式(5.132)并根据定理 5.4，有

$$\mathrm{DFT}[\bar{\phi}_n(k)]=\sqrt{\frac{1}{N}}\sum_{k=-(N/2)}^{(N/2)-1}\phi_n(k)\mathrm{e}^{-\mathrm{j}2\pi km/N}\approx(-\mathrm{j})^n\phi_n(m) \tag{5.134}$$

其中，m 取值范围为$(0,N/2-1)$。利用等式

$$\mathrm{e}^{-\mathrm{j}2\pi km/N}=\mathrm{e}^{-\mathrm{j}2\pi k(m-N)/N} \tag{5.135}$$

式(5.134)可改写为

$$\mathrm{DFT}[\bar{\phi}_n(k)]=\sqrt{\frac{1}{N}}\sum_{k=-(N/2)}^{(N/2)-1}\phi_n(k)\mathrm{e}^{-\mathrm{j}2\pi k(m-N)/N}=(-\mathrm{j})^n\phi_n(m-N) \tag{5.136}$$

其中，m 取值范围为$(N/2,N-1)$。将式(5.135)和式(5.136)两式合并

$$\mathrm{DFT}[\bar{\phi}_n(k)]=\sqrt{\frac{1}{N}}\sum_{k=0}^{N-1}\bar{\phi}_n(k)\mathrm{e}^{-\mathrm{j}2\pi km/N}\approx(-\mathrm{j})^n\bar{\phi}_n(m) \tag{5.137}$$

证毕。

从定理 5.4 和定理 5.5 可见，Hermite 函数的采样序列近似为 DFT 矩阵的特征向量。对 Hermite 函数的采样序列作归一化，记为

$$\boldsymbol{u}_n=\frac{[\bar{\phi}_n(0),\bar{\phi}_n(1),\cdots,\bar{\phi}_n(N-1)]^{\mathrm{T}}}{\|[\bar{\phi}_n(0),\bar{\phi}_n(1),\cdots,\bar{\phi}_n(N-1)]^{\mathrm{T}}\|} \tag{5.138}$$

通过 $\boldsymbol{S}$ 矩阵可以得到 DFT 矩阵 $\boldsymbol{F}$ 的一组实正交特征向量，因此可以将这些特征向量作为 DFT 特征子空间的基向量，然后计算向量 $\boldsymbol{u}_n$ 在 DFT 特征子空间的投影，从而得到 DFT 矩阵的 Hermite 特征向量

$$\tilde{\boldsymbol{u}}_n=\sum_{(n-k)\bmod 4=0}\langle\boldsymbol{u}_n,\boldsymbol{v}_k\rangle\boldsymbol{v}_k \tag{5.139}$$

因为前面已经证明 $\boldsymbol{u}_n$ 近似为 DFT 矩阵的特征向量，因此做投影后误差不会太大，仍然保持 Hermite 函数的形状。式(5.139)的含义是，先利用 $\boldsymbol{S}$ 矩阵求一组 DFT 矩阵的实正交特征向量$\boldsymbol{v}_k$ 作为特征空间的基，然后求连续 Hermite 函数的离散样本在 DFT 特征空间的投影。但是，由式(5.139)所得的向量不是特征空间的正交基。众所周知，若要使

DFRFT 矩阵满足旋转相加性，离散 Hermite 特征向量必须是正交的，因此，对式(5.139)所得的向量必须进行正交化处理。容易证明，位于不同特征子空间的向量已经正交，因此只需在每个子空间内部做正交化即可。总之，它的计算流程如下：

(1) 计算连续 Hermite 函数的取样向量 $\boldsymbol{u}_n$；

(2) 计算矩阵 $\boldsymbol{S}$ 的特征向量$\boldsymbol{v}_k$；

(3) 利用式(5.139)计算 Hermite 特征向量 $\hat{\boldsymbol{u}}_n$(未正交化)；

(4) 对 $\hat{\boldsymbol{u}}_n$ 进行正交化，得到正交归一化的 Hermite 特征向量 $\hat{\boldsymbol{u}}_k$。

按照正交归一化的方法不同，Pei 等分别称其为 GSA 方法和 OPA 方法。GSA 方法是采用 Gram-Schmite 进行正交归一化的，而 OPA 方法则是采用 Orthogonal Procrustes 方法进行正交归一化的[29]。

5.2.4 离散分数阶傅里叶变换核矩阵

连续 FRFT 的核函数谱分解表达式如下

$$K_\alpha(t,u)=\sum_{n=0}^{+\infty}\mathrm{e}^{-\mathrm{j}n\alpha}H_n(t)H_n(u) \tag{5.140}$$

式中，$H_n(t)$表示单位方差的 n 阶 Hermite 函数。仿照上面连续 FRFT 核函数谱分解的形式，DFRFT 的核矩阵定义为

$$\boldsymbol{F}^{2\alpha/\pi}=\hat{\boldsymbol{U}}\boldsymbol{D}^{2\alpha/\pi}\hat{\boldsymbol{U}}^{\mathrm{T}}=\begin{cases}\displaystyle\sum_{k=0}^{N-1}\mathrm{e}^{\mathrm{j}k\alpha}\hat{\boldsymbol{u}}_k\hat{\boldsymbol{u}}_k^{\mathrm{T}}, & N\text{ 为偶数}\\ \displaystyle\sum_{k=0}^{N-2}\mathrm{e}^{\mathrm{j}k\alpha}\hat{\boldsymbol{u}}_k\hat{\boldsymbol{u}}_k^{\mathrm{T}}+\mathrm{e}^{\mathrm{j}k\alpha}\hat{\boldsymbol{u}}_N\hat{\boldsymbol{u}}_N^{\mathrm{T}}, & N\text{ 为奇数}\end{cases} \tag{5.141}$$

式中的 $\hat{\boldsymbol{U}}$，当 N 为奇数时 $\hat{\boldsymbol{U}}=[\hat{u}_0\quad \hat{u}_1\quad \cdots\quad \hat{u}_{N-1}]$，当 N 为偶数时 $\hat{\boldsymbol{U}}=[\hat{u}_0\quad \hat{u}_1\quad \cdots\quad \hat{u}_{N-2}\quad \hat{u}_N]$；$\hat{\boldsymbol{u}}_k$ 是归一化的 Hermite 特征向量；$\boldsymbol{D}^{2\alpha/\pi}$ 是对角阵，如下方式定义

$$\boldsymbol{D}^{\frac{2\alpha}{\pi}}=\begin{bmatrix}\mathrm{e}^{-\mathrm{j}0} & 0 & 0 & \cdots & 0\\ 0 & \mathrm{e}^{-\mathrm{j}\alpha} & 0 & \cdots & 0\\ 0 & 0 & \mathrm{e}^{-\mathrm{j}2\alpha} & \cdots & 0\\ & & & \ddots & \\ \vdots & \vdots & \vdots & & \vdots\\ & & & \mathrm{e}^{-\mathrm{j}\alpha(N-2)} & \\ 0 & 0 & 0 & \cdots & \mathrm{e}^{-\mathrm{j}\alpha(N-1)}\end{bmatrix},\quad N\text{ 为奇数} \tag{5.142}$$

$$\boldsymbol{D}^{\frac{2\alpha}{\pi}}=\begin{bmatrix}\mathrm{e}^{-\mathrm{j}0} & 0 & 0 & \cdots & 0\\ 0 & \mathrm{e}^{-\mathrm{j}\alpha} & 0 & \cdots & 0\\ 0 & 0 & \mathrm{e}^{-\mathrm{j}2\alpha} & \cdots & 0\\ & & & \ddots & \\ \vdots & \vdots & \vdots & & \vdots\\ & & & \mathrm{e}^{-\mathrm{j}\alpha(N-2)} & \\ 0 & 0 & 0 & \cdots & \mathrm{e}^{-\mathrm{j}\alpha N}\end{bmatrix},\quad N\text{ 为偶数} \tag{5.143}$$

确定变换核 $\boldsymbol{F}^{\frac{2\alpha}{\pi}}$ 后,信号 $x(t)$ 的 DFRFT 可以通过如下公式计算

$$\boldsymbol{X}_{\alpha}=\boldsymbol{F}^{\frac{2\alpha}{\pi}}\boldsymbol{x}=\boldsymbol{U}\boldsymbol{D}^{\frac{2\alpha}{\pi}}\boldsymbol{U}^{\mathrm{T}}\boldsymbol{x} \tag{5.144}$$

与连续 FRFT 相似,信号 $x(t)$ 也可以通过逆 DFRFT 恢复。

$$\boldsymbol{x}=\boldsymbol{F}^{\frac{-2\alpha}{\pi}}\boldsymbol{X}_{\alpha}=\boldsymbol{U}\boldsymbol{D}^{\frac{-2\alpha}{\pi}}\boldsymbol{U}^{\mathrm{T}}\boldsymbol{X}_{\alpha} \tag{5.145}$$

需要注意的是,GSA 与 OPA 方法需要计算特征向量烦琐的正交归一化运算,使得计算复杂度增加,实用性能降低。

以上我们给出了特征分解型 DFRFT 的基本方法。目前,还存在很多特征分解型 DFRFT。基本思路总结为,特征分解型 DFRFT 是由分数阶特征值和相应的离散傅里叶变换矩阵 $\boldsymbol{F}$ 对应的特征向量所构成。离散傅里叶变换矩阵 $\boldsymbol{F}$ 的特征值为$\{1,-\mathrm{j},-1,\mathrm{j}\}$,所对应的特征向量构成 4 个特征向量空间$\{\boldsymbol{E}_k,k=1,2,3,4\}$,其所对应的多样性如表 5.1 所示。将离散傅里叶变换矩阵 $\boldsymbol{F}$ 对应的特征值分数化,可构造 DFRFT 矩阵所对应的特征值。接着,需要构造特征值所对应的特征向量。目前,存在多种构造特征向量的方法,本节我们凝练了特征分解型 DFRFT 的共同机理。基于此,将众多的特征分解型 DFRFT 分为两大类:基于 $\boldsymbol{F}$-可交换矩阵的 DFRFT 和基于采样 Hermite-Gaussian 函数的 DFRFT。

5.2.5 基于 $\boldsymbol{F}$-可交换矩阵的离散分数阶傅里叶变换

首先,若存在矩阵 $\boldsymbol{A}$,满足 $\boldsymbol{AF}=\boldsymbol{FA}$,则 $\boldsymbol{A}$ 的特征函数与 $\boldsymbol{F}$ 的特征函数是等价的。基于 $\boldsymbol{F}$-可交换矩阵的离散分数阶傅里叶变换($\boldsymbol{F}$-Commuting Matrix-based DFRFT,FC-DFRFT)旨在直接利用 $\boldsymbol{F}$-可交换矩阵的正交特征向量来构造特征分解型 DFRFT 的特征向量。

根据 FRFT 和函数的谱分解表达式,Pei 首次提出了基于特征分解型 DFRFT[30]。由于可交换的矩阵具有相同的特征向量,因此可通过 $\boldsymbol{F}$-可交换矩阵 $\boldsymbol{S}$ 的特征向量来实现离散傅里叶变换矩阵 $\boldsymbol{F}$ 的特征向量。最后,对应的特征分解型 DFRFT 为

$$\boldsymbol{F}^{p}=\boldsymbol{V}\boldsymbol{D}^{\alpha}\boldsymbol{V}=\sum_{k=0,k\neq(N-1+(N)_2)}^{N}\mathrm{e}^{-\mathrm{j}k\alpha}\boldsymbol{v}_k\boldsymbol{v}_k^{\mathrm{T}} \tag{5.146}$$

其中,$\boldsymbol{v}_k$ 是由矩阵 $\boldsymbol{S}$ 得到的近似连续 Hermite-Gaussian 函数的特征向量,$\boldsymbol{V}=[\boldsymbol{v}_0\quad\boldsymbol{v}_1\quad\cdots\quad\boldsymbol{v}_{N-1}]$,$(N)_2=N\bmod 2$。需要注意的是,当 N 为偶数时,最后一个特征值分配上存在一个“跳跃”。这个规则和表 5.1 特征值的多样性是一致的。具体地,$\boldsymbol{D}^{\alpha}$ 是一个对角矩阵,定义如下:

当 N 为奇数时,

$$\boldsymbol{D}^{\alpha}=\begin{bmatrix}1 & 0 & \cdots & 0 & 0\\ 0 & \mathrm{e}^{-\mathrm{j}\alpha} & \cdots & \vdots & 0\\ \vdots & \cdots & \ddots & \vdots & \vdots\\ 0 & \cdots & \cdots & \mathrm{e}^{-\mathrm{j}(N-2)\alpha} & 0\\ 0 & 0 & \cdots & 0 & \mathrm{e}^{-\mathrm{j}(N-1)\alpha}\end{bmatrix} \tag{5.147}$$

当 N 为偶数时,

$$\boldsymbol{D}^{\alpha}=\begin{bmatrix}1 & 0 & \cdots & 0 & 0\\ 0 & \mathrm{e}^{-\mathrm{j}\alpha} & \cdots & \cdots & 0\\ \vdots & \vdots & \ddots & \vdots & \vdots\\ 0 & \vdots & \vdots & \mathrm{e}^{-\mathrm{j}(N-2)\alpha} & 0\\ 0 & 0 & \cdots & 0 & \mathrm{e}^{-\mathrm{j}N\alpha}\end{bmatrix} \tag{5.148}$$

此 DFRFT 为传统的基于 $\boldsymbol{F}$-可交换矩阵的离散分数阶傅里叶变换(记为传统 FC-DFRFT),其可以很好地近似连续 FRFT,同时严格满足酉性、可加性。矩阵 $\boldsymbol{S}$ 的具体推导见文献[31]。具体地,连续傅里叶变换的特征函数为连续 Hermite-Gaussian 函数,同时也是下面的二阶微分方程的特征函数

$$S\{f(t)\}=\lambda f(t) \tag{5.149}$$

其中,$\mathcal{S}=\mathcal{D}^2+\mathcal{F}\mathcal{D}^2\mathcal{F}^{-1}$,$\mathcal{D}=\mathrm{d}/\mathrm{d}t$ 是微分算子,$\mathcal{F}$为连续傅里叶变换。因此,离散的 Hermite-Gaussian 函数可以看作连续算子$\mathcal{S}$的离散矩阵 $\boldsymbol{S}$ 的特征向量。将连续$\mathcal{S}$中的$\mathcal{F}$和$\mathcal{D}^2$ 分别替换为对应的离散傅里叶变换矩阵 $\boldsymbol{F}$ 和 $\widetilde{\boldsymbol{D}}^2$,可以实现离散矩阵 $\boldsymbol{S}$ 的推导。设 $\Delta=1/\sqrt{N}$,$\widetilde{D}^2$ 是利用$\mathcal{D}^2 f(t)$的如下二阶泰勒展开式求得,连续傅里叶变换的特征函数为连续的 Hermite-Gaussian 函数,其同时也是下面的二阶微分方程的特征函数

$$\mathcal{D}^2 f(t)=\frac{\mathrm{d}^2 f(t)}{\mathrm{d}t^2}=\frac{f(t-\Delta)-2f(t)+f(t+\Delta)}{\Delta^2}+O(\Delta^2) \tag{5.150}$$

最后,$\boldsymbol{S}$ 可以实现对连续算子$\mathcal{S}$的 $O(\Delta^2)$近似。换言之,从 $\boldsymbol{S}$ 矩阵获得的特征向量被直接看作连续 Hermite-Gaussian 函数的近似。这是因为 $\boldsymbol{S}$ 的特征向量是离散的 Mathieu 函数,而这个函数会随着 N 的增加逼近于 Hermite 函数。根据特征向量中符号的改变数目,我们可以确定所得到的特征向量所对应的连续 Hermite-Gaussian 函数,也就是确定相应的 Hermite-Gaussian 特征向量的阶数。如果特征向量具有 k 个符号改变,就认为该特征向量对应第 k 阶 Hermite-Gaussian 函数,其相应的特征值为 $\exp(-\mathrm{j}k\alpha)$。对于不同的 N 值,特征值的分配规则归纳于表 5.2。

表 5.2 DFRFT 特征值分配规则

N	DFRFT 的特征值
$4m$	$\exp(-\mathrm{j}k\alpha), k=0,1,2,\cdots,4m-2,4m$
$4m+1$	$\exp(-\mathrm{j}k\alpha), k=0,1,2,\cdots,4m-1,4m$
$4m+2$	$\exp(-\mathrm{j}k\alpha), k=0,1,2,\cdots,4m,4m+2$
$4m+3$	$\exp(-\mathrm{j}k\alpha), k=0,1,2,\cdots,4m+1,4m+2$

Pei 等构造了 $\boldsymbol{F}$-可交换矩阵 $\boldsymbol{S}$,并将 $\boldsymbol{S}$ 的特征向量直接作为连续 Hermite-Gaussian 特征函数的离散近似。在文献[32]中,Pei 等构造了新的近似三对角交换矩阵 $\boldsymbol{T}$,$\boldsymbol{T}$ 的特征向量比 $\boldsymbol{S}$ 的特征向量更加逼近连续 Hermite-Gaussian 特征函数。此外,指出可利用 $\boldsymbol{S}+k\boldsymbol{T}$ 的特征向量来构造 DFRFT 的特征向量,进一步证明利用 $\boldsymbol{S}+15\boldsymbol{T}$ 的特征向量构造的 DFRFT 效果更佳。

为了使得 DFRFT 更加精确,研究学者提出了多种 $\boldsymbol{F}$-可交换矩阵,其目的都是进一步

提高式(5.150)二阶微分算子$\mathcal{D}^2$的离散精度。相关的工作分为两类：第一类是用较小的采样间隔对$\mathcal{D}^2$进行离散化，即$\Delta=1/(r\sqrt{N})(r>1)$[32]；另一类是在式(5.150)中，用高阶近似对$\mathcal{D}^2f(t)$进行泰勒展开。

接下来具体分析通过对$\mathcal{D}^2f(t)$进行高阶泰勒展开构造的$\boldsymbol{F}$-可交换矩阵，从而实现特征分解型 DFRFT。文献[33]中提到，任意的$\boldsymbol{F}$-可交换矩阵都具有如下表示

$$\boldsymbol{K}=\boldsymbol{M}+\boldsymbol{FMF}^{-1}+\boldsymbol{F}^2\boldsymbol{MF}^{-2}+\boldsymbol{F}^3\boldsymbol{MF}^{-3} \tag{5.151}$$

通过特定的$\boldsymbol{M}$，可以推导出具有$O(\Delta^{2k})$近似度的矩阵$\boldsymbol{K}$，其中$\boldsymbol{M}$可由下式推导：

$$f''=\left(\sum_{m=1}^{k}(-1)^{m-1}\frac{2[(m-1)!]^2\delta^{2m}}{(2m)!}\right)\frac{f_k}{\Delta^2}+O(\Delta^{2k}) \tag{5.152}$$

其中，$\delta^2f_k=f_{k-1}-2f_k+f_{k+1}$，表示二阶中心差分算子。$\boldsymbol{F}$-可交换矩阵$\boldsymbol{S}$是矩阵$\boldsymbol{K}$的特殊情况，其具有$O(\Delta^2)$近似度。虽然，矩阵$\boldsymbol{K}$可以实现对于二阶微分算子高的近似度，但其仅限于$2k+1\leqslant N$成立。

Pei 等用一种新的$\boldsymbol{F}$-可交换矩阵结构克服了如上的上界限制，借助$\boldsymbol{K}$对称型矩阵$\boldsymbol{M}$(具体定义见文献[34])，式(5.151)中的$\boldsymbol{F}$-可交换矩阵$\boldsymbol{K}$可简化为

$$\boldsymbol{K}=\boldsymbol{M}+\boldsymbol{FMF}^{-1} \tag{5.153}$$

设置$\boldsymbol{M}^2=\widetilde{\boldsymbol{D}}^2$($\widetilde{\boldsymbol{D}}^2$可由式(5.151)求得)，可构造具有$O(\Delta^{2k})$近似度的矩阵$\boldsymbol{M}^{2k}$

$$\boldsymbol{M}^{2k}=\sum_{m=1}^{k}(-1)^{m-1}\frac{2[(m-1)!]^2}{(2m)!}(\boldsymbol{M}^2)^m \tag{5.154}$$

然而，当k很大时，此过程需要很高的计算复杂度，同时对于任意阶近似都没有闭合形式解。

在文献[35]中，Serbes 提出了具有$O(\Delta^{\infty})$近似度的矩阵，且具有闭合形式。在式(5.154)中，当$k\to\infty$，无穷阶差分矩阵的闭合形式表达式为

$$\boldsymbol{M}^{\infty}=\lim_{k\to\infty}\boldsymbol{M}^{2k}=-\arccos^2[(\boldsymbol{M}^2+2)/2] \tag{5.155}$$

因此，最终的$\boldsymbol{F}$-可交换矩阵为

$$\boldsymbol{K}=\boldsymbol{M}^{\infty}+\boldsymbol{FM}^{\infty}\boldsymbol{F}^{-1}=\boldsymbol{E}+\boldsymbol{FEF}^{-1} \tag{5.156}$$

其中，$\boldsymbol{E}$为如下对角矩阵：

$$\mathrm{diag}(\boldsymbol{E})=\begin{cases}-(2\pi n/N)^2, & 0<n<\lfloor N/2\rfloor\\ -(2\pi(N-n)/N)^2, & \lfloor N/2\rfloor<n<N-1\end{cases} \tag{5.157}$$

相比于其他的基于$\boldsymbol{F}$-可交换矩阵的 DFRFT，这种方法可得到极好的$\boldsymbol{F}$-可交换矩阵，并且可交换矩阵生成的特征向量最接近连续 Hermite-Gaussian 函数。因此我们称此方法为改进 FC-DFRFT。

上述特征分解型 DFRFT 具有相同的机理，它们的目的都是构造$\boldsymbol{F}$-可交换矩阵来最大限度地近似连续算子$\mathcal{S}$，其关系见图 5.19。接下来，在图 5.20 中，我们比较了矩形窗函数(当$|t|\leqslant2$，$x(t)=1$，否则，$x(t)=0$)的连续 FRFT 与矩形窗函数相对应的离散信号的传统 FC-DFRFT[30]和改进 FC-DFRFT[35]。连续 FRFT 所得的结果用实线表示，DFRFT 所得的实验值用圆圈表示。实验结果表明，相比较于传统 FC-DFRFT 的实验结果，改进 FC-DFRFT 的变换结果更加匹配连续 FRFT 的结果。

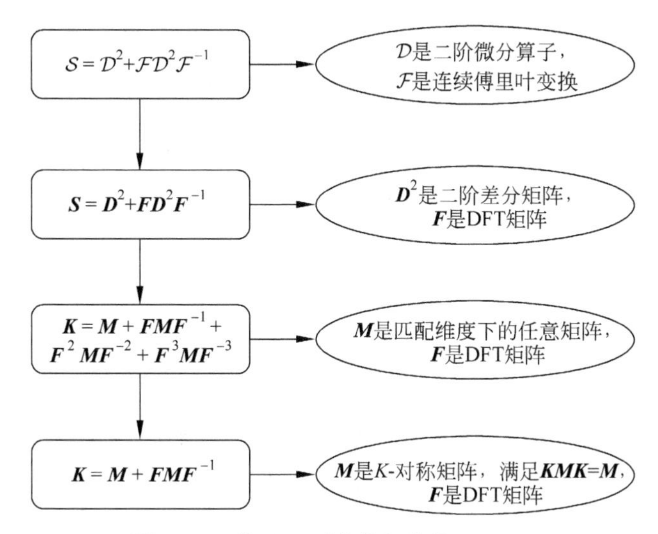

图 5.19 基于 $\boldsymbol{F}$-可交换矩阵的 DFRFT

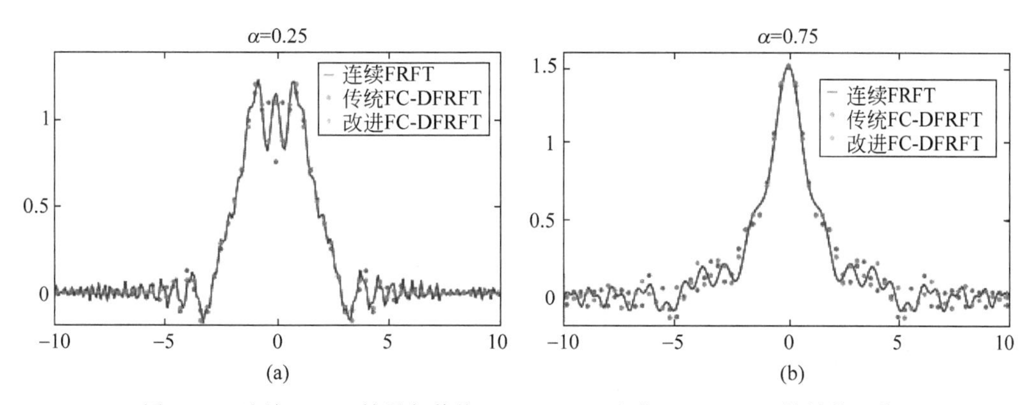

图 5.20 连续 FRFT 结果与传统 FC-DFRFT、改进 FC-DFRFT 结果的比较

(a) 矩形窗函数的 $\left.\frac{2\alpha}{\pi}\right|_{\alpha=0.25}$ 阶 FRFT 与 DFRFT；(b) 矩形窗函数的 $\left.\frac{2\alpha}{\pi}\right|_{\alpha=0.75}$ 阶 FRFT 与 DFRFT

5.2.6 基于采样 Hermite-Gaussian 函数的离散分数阶傅里叶变换

上述 DFRFT 直接利用 $\boldsymbol{F}$-可交换矩阵的特征向量作为离散傅里叶变换矩阵 $\boldsymbol{F}$ 的特征向量。接下来分析的 DFRFT 将 $\boldsymbol{F}$-可交换矩阵的特征向量作为一组完备的正交基，并利用它们生成离散傅里叶变换矩阵 $\boldsymbol{F}$ 最终的特征向量。相关的工作分为两类：基于正交化的方法和基于优化思想的方法。

文献[29]提出了一种新的求特征向量的方法。对于连续 Hermite-Gaussian 函数进行采样，结果记为$\{\bar{\boldsymbol{u}}_m, m=1,2,\cdots,N\}$。通过证明可得$\{\bar{\boldsymbol{u}}_m\}$为离散傅里叶变换矩阵 $\boldsymbol{F}$ 的近似特征向量，即$(-\mathrm{j})^m\bar{\boldsymbol{u}}_m\approx\boldsymbol{F}\bar{\boldsymbol{u}}_m$。然后，对 $\bar{\boldsymbol{u}}_m$ 进行修正得到严格的特征向量

$$\tilde{\boldsymbol{u}}_m=\sum_{(m-k)\bmod 4=0}\langle\bar{\boldsymbol{u}}_m,\boldsymbol{v}_k\rangle\boldsymbol{v}_k \tag{5.158}$$

其中，$k=m\bmod 4$，$\tilde{\boldsymbol{u}}_m$ 满足$(-\mathrm{j})^m\tilde{\boldsymbol{u}}_m\approx\boldsymbol{F}\tilde{\boldsymbol{u}}_m$。式(5.158)中的$\boldsymbol{v}_k$ 是 $\boldsymbol{F}$-可交换矩阵 $\boldsymbol{S}$ 的特征向量，其作为一组初始标准正交基，生成严格的离散傅里叶变换矩阵 $\boldsymbol{F}$ 的特征向量。

根据表 5.2，特征向量构成 4 个特征子空间 $\{\widetilde{\boldsymbol{U}}_k, k=1,2,3,4\}$。不同特征子空间的向量相互正交，为了保证 DFRFT 的酉性与可加性，需要对特征子空间内的向量进行正交化得到正交向量 $\{\hat{\boldsymbol{u}}_m\}$。这个过程需要用到两个方法：GSA 最小化 Hermite-Gaussian 函数的采样值与正交特征向量的误差来计算（从低阶到高阶）；OPA 最小化 Hermite-Gaussian 函数构成的 $\bar{\boldsymbol{U}}_k$ 的采样值与正交特征向量构成的子空间 $\hat{\boldsymbol{U}}_k$ 的误差。最后，特征分解型 DFRFT 表示为

$$\boldsymbol{F}^{2\alpha/\pi} = \hat{\boldsymbol{U}}\boldsymbol{D}^{2\alpha/\pi}\hat{\boldsymbol{U}}^{\mathrm{T}} \tag{5.159}$$

此式由式(5.146)中将 $\boldsymbol{V}$ 替换为 $\hat{\boldsymbol{U}}$ 所得。基于 GSA 和 OPA 算法的 DFRFT 有很好的性能，可以很好地近似连续 FRFT。

Hanna 提出序列 Sequential OPA（SOPA）算法用来产生矩阵 $\boldsymbol{F}$ 的近似 Hermite-Gaussian 特征向量[36]。根据谱展开理论，矩阵 $\boldsymbol{F}$ 可以表示为

$$\boldsymbol{F} = \sum_{k=1}^{4}\lambda_k \boldsymbol{P}_k \tag{5.160}$$

其中，λ_k 为 DFT 矩阵的特征值；$\boldsymbol{P}_k$ 为在 $\boldsymbol{F}$ 的第 k 个特征空间上的正交投影矩阵。对特征空间 $\boldsymbol{P}_k$ 应用奇异值分解技术，有

$$\boldsymbol{P}_k = \boldsymbol{V}_k\boldsymbol{V}_k^{\mathrm{H}}, \quad k=1,2,\cdots,4 \tag{5.161}$$

其中，$\boldsymbol{V}_k$ 为酉矩阵，上标 H 表示复共轭转置。那么矩阵 $\boldsymbol{F}$ 的第 k 个特征空间的标准正交基可以从 $\boldsymbol{V}_k$ 的列中得到。然后，类似文献[37]中提到的一样，我们先得到 DFT 矩阵的 Hermite-Gaussian 特征向量 $\tilde{\boldsymbol{u}}_m$，然后利用奇异值分解方法对得到的特征向量应用 GSA、OPA 和 SOPA 方法得到标准正交特征向量 $\hat{\boldsymbol{u}}_k$。这里，SOPA 是基于 OPA 提出的逐次估计的方法，同时 SOPA 生成的特征向量与 GSA 所生成的特征向量是一致的。进一步考虑，GSA、OPA 和 SOPA 在不同初始特征向量情况下，生成的最后特征向量是不变的。因此，后续的关于生成不同的初始特征向量的研究对于最终的特征分解型 DFRFT 是没有影响的，详见文献[38]。

下面介绍基于优化方法的特征分解型 DFRFT。Pei 等在限制 $\boldsymbol{F}\hat{\boldsymbol{u}}_m=(-\mathrm{j})^m\hat{\boldsymbol{u}}_m$ 和 $\hat{\boldsymbol{u}}_{m_1}\hat{\boldsymbol{u}}_{m_2}=0,(m_1\neq m_2)$条件下，利用 Largrange 乘数法生成特征向量 $\{\hat{\boldsymbol{u}}_m\}$。在计算过程中，这两个限制条件通过实部和虚部分别执行。为了更有效地计算特征向量，文献[39]使用一种直接的分批次的技术评估方法（Direct and Batch Technique Evaluation，DBEOA）。实验证明 DBEOA 和 OPA 的性能是等价的，其中 DBEOA 的计算复杂度更低。文献[40]致力于对 DBEOA 方法进行序列估计（Sequential Operation of DBEOA，DSEOA）。可以证明，DSEOA、GSA 和 SOPA 的性能等价。此外，DSEOA 相较于 GSA 和 SOPA 具有更强的鲁棒性。文献[41]中提出了具有闭合形式解的 Hermite-Gaussian 函数型特征向量，其中用到的正交化方法是 GSA，其具有 IP-DFRFT 和传统 FC-DFRFT 相似的性能。

总的来说，上述基于采样 Hermite-Gaussian 函数的特征分解型 DFRFT 的关系如图 5.21 所示。对于任意的初始特征向量，由 GSA、OPA、DBEOA 和 DSEOA 生成的最后的特征向量都是相等的。和文献[29]提出的 DFRFT 相比较，后续 DFRFT 为严格正交的离散傅里叶变换矩阵 $\boldsymbol{F}$ 的特征向量的计算提供了不同的方法，在如何更好地使特征向量逼近连续

Hermite-Gaussian 函数方面没有明显的提升。尽管最新的方法在计算复杂度方面有一定的减少，但是相比于整个离散变换 $O(N^2)$，其效果是甚微的。因此最后的计算复杂度仍然是 $O(N^2)$。

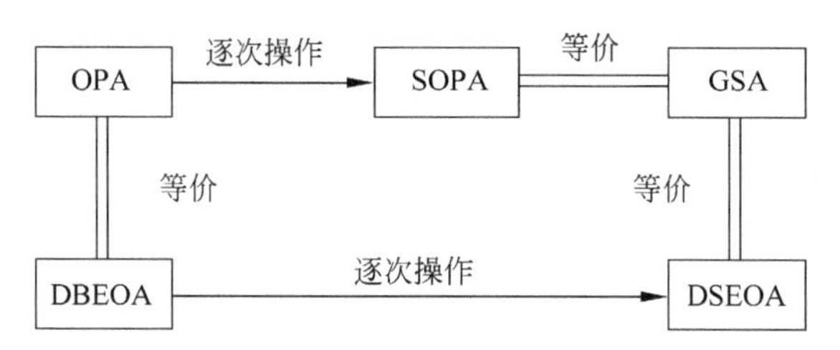

图 5.21　基于采样 Hermite-Gaussian 函数的 DFRFT 的正交方法之间的关系

上述基于采样 Hermite-Gaussian 函数的特征分解型 DFRFT 旨在解决两个问题：①通过对连续 Hermite-Gaussian 函数进行采样得到离散的向量为离散傅里叶变换矩阵 $\boldsymbol{F}$ 的近似特征向量；②将①中的近似特征向量转化为严格的特征向量并正交化，保证 DFRFT 具有酉性和可加性等性质。

至此，我们对主要的特征分解型 DFRFT 进行了分析。此类 DFRFT 满足理想 DFRFT 准则的(1)～(4)。由于特征向量具有正交性，因此准则(3)和(4)显然成立。此类 DFRFT 满足准则(1)和(2)。但是，特征分解型 DFRFT 具有较高的计算复杂度 $O(N^2)$，在高效性方面有待提升，即不满足准则(5)。

特征分解型 DFRFT 是目前为止唯一严格意义上的 DFRFT 定义，这种类型的 DFRFT 和连续 FRFT 非常接近，同时还具有称为"分数阶"的独特性质——旋转相加性。当 DFRFT 满足旋转相加性时，p 阶 DFRFT 的逆变换就是 $-p$ 阶 DFRFT。因此，正变换和逆变换具有同样的表达式，只是相差一个参数，这样通过一个统一的计算机程序就可以容易地把分数阶傅里叶域的信号处理移植到时域。在没有实时性要求的前提下，采样型 DFRFT 的计算也可以通过特征分解型 DFRFT 完成。同时，这种特征分解型 DFRFT 还可以用于需要旋转相加性的地方，比如图像加密。这种类型的 DFRFT 的缺点是，它不能写成闭合形式，同时还缺少 $O(N\log N)$ 的计算方法。

5.3　线性加权型离散分数阶傅里叶变换

5.3.1　基于离散傅里叶变换的线性组合

这种方法的思想十分简单，是研究人员最早探索出的一种 FRFT 快速算法。该算法利用 Taylor 级数展开和 Caylay-Hamilton 定理，将任意阶次的 DFRFT 表示为恒等算子、DFT、时间反转算子和 IDFT 的线性组合，即阶次依次为 0,1,2,3 的 DFRFT 的线性组合。该算法具有计算速度快的特点，且符合可逆性和旋转相加性。但是，其计算结果与连续 FRFT 有较大误差，因此使用率不高。下面简单介绍其原理。

前面讨论过，分数阶傅里叶算子是一个旋转算子，可以理解为传统傅里叶算子的分数阶幂。那么离散的 FRFT 与传统的离散傅里叶矩阵之间是什么关系呢？该算法直接给出如下式子：

$$\mathcal{F}^p[x]=\boldsymbol{W}^{\frac{2\alpha}{\pi}}(\boldsymbol{x}) \tag{5.162}$$

其中，$\boldsymbol{W}$ 是传统 DFT 矩阵，$\boldsymbol{x}$ 是信号，$\mathcal{F}^p$ 表示信号的 p 阶 FRFT，$p=2\alpha/\pi$。

从上式可以看出，$\mathcal{F}^4=\boldsymbol{W}^4=\mathcal{I}=\boldsymbol{W}^0=\boldsymbol{A}_0$，$\mathcal{F}^1=\boldsymbol{W}^1$，$\mathcal{F}^2=\boldsymbol{W}^2$。这些性质与连续情况下的性质相似。这几条性质可以将 $\mathcal{F}^p$ 理解为 (n,k) 平面上的旋转算子。算子 $\mathcal{F}^p$ 的 Taylor 级数展开可以写为

$$\mathcal{F}^p=a_0(\alpha)\mathcal{I}+a_1(\alpha)\boldsymbol{W}+a_2(\alpha)\boldsymbol{W}^2+a_3(\alpha)\boldsymbol{W}^3 \tag{5.163}$$

我们知道，算子 $\boldsymbol{W}$ 是一个酉算子，有 N 个正交归一化的特征向量 $\boldsymbol{v}_i$，其特征值分解可以写为

$$\boldsymbol{W}=\sum_{i\in N_1}\boldsymbol{v}_i\boldsymbol{v}_i^{\mathrm{H}}-\sum_{i\in N_2}\boldsymbol{v}_i\boldsymbol{v}_i^{\mathrm{H}}+\mathrm{j}\Big(\sum_{i\in N_3}\boldsymbol{v}_i\boldsymbol{v}_i^{\mathrm{H}}-\sum_{i\in N_4}\boldsymbol{v}_i\boldsymbol{v}_i^{\mathrm{H}}\Big) \tag{5.164}$$

其中，N_1 是属于 $\lambda=1$ 的特征向量索引集合，N_2、N_3、N_4 是分别属于特征值为 $\lambda=-1$、$\lambda=\mathrm{j}$、$\lambda=-\mathrm{j}$ 的特征向量索引集合。这里分数阶傅里叶算子 $\mathcal{F}^p$ 是 DFT 矩阵 $\boldsymbol{W}$ 的幂，也是酉矩阵，特征值分解可以写为

$$\begin{aligned}\mathcal{F}^p=&\sum_{i\in N_1}\mathrm{e}^{\mathrm{j}4k_1\alpha}\boldsymbol{v}_i\boldsymbol{v}_i^{\mathrm{H}}-\sum_{i\in N_2}\mathrm{e}^{\mathrm{j}(4k_2+2)\alpha}\boldsymbol{v}_i\boldsymbol{v}_i^{\mathrm{H}}+\\&\mathrm{j}\Big(\sum_{i\in N_3}\mathrm{e}^{\mathrm{j}(4k_3+1)\alpha}\boldsymbol{v}_i\boldsymbol{v}_i^{\mathrm{H}}-\sum_{i\in N_4}\mathrm{e}^{\mathrm{j}(4k_4-1)\alpha}\boldsymbol{v}_i\boldsymbol{v}_i^{\mathrm{H}}\Big)\end{aligned} \tag{5.165}$$

其中，$k_i\in\mathbb{Z}$。

这样得到的 DFRFT 算子具有以下几个性质。

(1) 酉性：$(\mathcal{F}^p)^{\mathrm{H}}=(\mathcal{F}^p)^{-1}=\mathcal{F}^{-p}$

(2) 角度可加性：$\mathcal{F}^p\mathcal{F}^q=\mathcal{F}^{p+q}$

(3) 周期性：$\mathcal{F}^{p+4k}=\mathcal{F}^p,k\in\mathbb{Z}$

那么如何计算 DFRFT 呢？直接计算需要对 DFT 矩阵 $\boldsymbol{W}$ 进行特征值分解来得到分数阶算子 $\mathcal{F}^p$，对于较大的阶次来说这是不现实的。我们可以将分数阶傅里叶算子写成如下方程：

$$\mathcal{F}^p=\boldsymbol{T}\boldsymbol{\Lambda}^{\frac{2\alpha}{\pi}}\boldsymbol{T}^{\mathrm{H}}=\sum_{i=0}^{3}a_i(\alpha)\boldsymbol{W}^i \tag{5.166}$$

其中，$\boldsymbol{T}$ 是 DFT 矩阵 $\boldsymbol{W}$ 的特征向量矩阵，从而也是分数阶傅里叶算子 $\mathcal{F}^p$ 的特征向量矩阵。从上式可以得到

$$\boldsymbol{\Lambda}^{\frac{2\alpha}{\pi}}=\sum_{i=0}^{3}a_i(\alpha)\boldsymbol{\Lambda}_{W^i} \tag{5.167}$$

其中，$\boldsymbol{\Lambda}_{W^i}=\boldsymbol{T}^{\mathrm{H}}\boldsymbol{W}^i\boldsymbol{T}$ 是一个对角矩阵。它是含 4 个未知变量 $a_i(\alpha)$，$i=0,1,2,3$ 的 N 个线性方程组，其中只有 4 个是独立的。当 $N\leqslant4$ 时，会有部分特征值漏掉。对 $N\geqslant5$，DFT 矩阵 $\boldsymbol{W}$ 包含所有 4 个特征值，并且这些系数独立于阶次 N，可以通过上面方程组算出。例如可以取 $k_i=0$，$i=1,3,4,5$，取特征值 $\lambda_1=1$，$\lambda_2=-1$，$\lambda_3=j$，$\lambda_4=-j$，可以唯一确定 $a_i(\alpha)$，$i=0,1,2,3$。

当 $N=5$ 时，由方程组可以得到如下相互独立的线性方程组：

$$\begin{pmatrix} 1 & 1 & 1 & 1 \\ 1 & -1 & 1 & -1 \\ 1 & \mathrm{j} & -1 & -\mathrm{j} \\ 1 & -\mathrm{j} & -1 & \mathrm{j} \end{pmatrix} \begin{pmatrix} a_0(\alpha) \\ a_1(\alpha) \\ a_2(\alpha) \\ a_3(\alpha) \end{pmatrix} = \begin{pmatrix} \exp(\mathrm{j}4k_1\alpha) \\ \exp[\mathrm{j}2\alpha(2k_3+1)] \\ \exp[\mathrm{j}\alpha(4k_4+1)] \\ \exp[\mathrm{j}\alpha(4k_5-1)] \end{pmatrix} \tag{5.168}$$

该方程组的解(当 $k_i=0, i=1,3,4,5$ 时)为

$$\begin{cases} a_0(\alpha) = \dfrac{1}{2}[1+\exp(\mathrm{j}\alpha)]\cos\alpha \\ a_1(\alpha) = \dfrac{1}{2}[1-\exp(\mathrm{j}\alpha)]\sin\alpha \\ a_2(\alpha) = -\dfrac{1}{2}[1-\exp(\mathrm{j}\alpha)]\cos\alpha \\ a_3(\alpha) = -\dfrac{1}{2}[1+\exp(\mathrm{j}\alpha)]\sin\alpha \end{cases} \tag{5.169}$$

这些系数满足上面讨论的几个性质,而且对于选定的 k_i 来说,它们是唯一的。将系数代入式(5.166)可以得到$\mathcal{F}^p$。众所周知,FFT 的计算复杂度为 $O(N\log N)$,所以这种算法的计算复杂度也为 $O(N\log N)$。

我们在讨论 FRFT 的数学定义时指出,FRFT 算子可以用传统傅里叶变换算子的特征函数的作用来定义。事实上,可以证明该算法得到的离散分数阶傅里叶算子$\mathcal{F}^p$并不满足连续 FRFT 算子的这种定义。

$$\mathcal{F}^p[\boldsymbol{\varphi}_n] = \exp\left(-\frac{\mathrm{j}pn\pi}{2}\right)\boldsymbol{\varphi}_n \tag{5.170}$$

其中,$\boldsymbol{\varphi}_n$ 是 DFT 矩阵的特征向量。有关证明方法这里不详细讨论。这里得到的 DFRFT 算子$\mathcal{F}^p$只满足当$\alpha=\dfrac{k\pi}{2}, k\in\mathbb{Z}$时的特征方程。因此,这种数字计算方法并不具备良好的理论基础,而且得到的结果与连续 FRFT 还有很大的偏差,因此得不到实际应用。

5.3.2 基于离散分数阶傅里叶变换的线性组合

前面的特征分解方法是基于 DFT 核矩阵的特征分解,并用 DFT 的 Hermite 特征向量来构建 DFRFT 的核矩阵。对于固定点数,DFT 的 Hermite 特征向量和 DFRFT 核矩阵可以事先计算出来,但是,输入信号与 DFRFT 核矩阵的乘积仍然需要很大的运算量,因此,特征分解方法的计算量是 $O(N^2)$。文献[42]在特征分解方法的基础上为了减小运算量提出了一种线性组合离散算法。它将线性组合的特定阶数从 0,1,2,3 改为从 0 开始依次间隔 $4/N$ 的 N 个阶数,N 为输入的离散样本数。利用 FRFT 的旋转相加性,该算法可以采用串行的方式实现,即前次变换的结果作为后次变换的输入,那么所需要的特定阶数离散变换的结果数目可以减少为 1 个,该算法便于超大规模集成电路(VLSI)的实现,但是它需要已知至少一个特定阶数的变换结果,且这些特定阶数依赖于输入信号的样本数目 N。

由于本算法是在特征分解方法的基础上得到的,因此这里为了方便重写特征分解方法的 DFRFT 计算公式。当计算点数 N 为奇数时,

$$\boldsymbol{X}_\alpha = \sum_{n=0}^{N-1} \mathrm{e}^{-\mathrm{j}k\alpha}\boldsymbol{\nu}_k\boldsymbol{\nu}_k^{\mathrm{T}}\boldsymbol{x} \tag{5.171}$$

当计算点数 N 为偶数时,

$$\boldsymbol{X}_{\alpha}=\sum_{n=0}^{N-2}\mathrm{e}^{-\mathrm{j}k\alpha}\boldsymbol{\nu}_k\boldsymbol{\nu}_k^{\mathrm{T}}\boldsymbol{x}+\mathrm{e}^{-\mathrm{j}N\alpha}\boldsymbol{\nu}_k\boldsymbol{\nu}_k^{\mathrm{T}}\boldsymbol{x} \tag{5.172}$$

该方法的基本思想是通过一组特定角度(阶次)的 DFRFT 的加权和来计算任意角度(阶次)的 DFRFT。下面给出两个定理。

定理 5.6: 设 $\boldsymbol{x}$ 表示一个 N 点离散信号(N 为奇数),则信号 $\boldsymbol{x}$ 的α 角 DFRFT 可以用下式计算

$$\boldsymbol{X}_{\alpha}=\sum_{n=0}^{N-1}B_{n,\alpha}\boldsymbol{X}_{n\beta} \tag{5.173}$$

其中,$\beta=2\pi/N$。加权系数 $B_{n,\alpha}$ 表示为

$$B_{n,\alpha}=\mathrm{IDFT}\{\mathrm{e}^{-\mathrm{j}k\alpha}\}_{k=0,1,2,\cdots,N-1}=\frac{1}{N}\sum_{n=0}^{N-1}\mathrm{e}^{-\mathrm{j}k\alpha}\mathrm{e}^{\mathrm{j}\left(\frac{2\pi}{N}\right)nk} \tag{5.174}$$

证明: 因为 $B_{n,\alpha}$ 等于 $\{\mathrm{e}^{-\mathrm{j}k\alpha}\}_{k=0,1,2,\cdots,N-1}$ 的 IDFT 变换,因此,$B_{n,\alpha}$ 的 DFT 变换就等于 $\{\mathrm{e}^{-\mathrm{j}k\alpha}\}_{k=0,1,2,\cdots,N-1}$,即

$$\mathrm{e}^{-\mathrm{j}k\alpha}=\sum_{n=0}^{N-1}B_{n,\alpha}\mathrm{e}^{-\mathrm{j}\beta nk}=\sum_{n=0}^{N-1}B_{n,\alpha}\mathrm{e}^{-\mathrm{j}\left(\frac{2\pi}{N}\right)nk} \tag{5.175}$$

因此,特征分解方法的定义式可以转换为

$$\begin{aligned}\boldsymbol{X}_{\alpha}&=\sum_{k=0}^{N-1}\mathrm{e}^{-\mathrm{j}k\alpha}\boldsymbol{\nu}_k\boldsymbol{\nu}_k^{\mathrm{T}}\boldsymbol{x}\\&=\sum_{k=0}^{N-1}\left(\sum_{n=0}^{N-1}B_{n,\alpha}\mathrm{e}^{-\mathrm{j}\left(\frac{2\pi}{N}\right)nk}\right)\boldsymbol{\nu}_k\boldsymbol{\nu}_k^{\mathrm{T}}\boldsymbol{x}\\&=\sum_{n=0}^{N-1}B_{n,\alpha}\boldsymbol{X}_{n\beta}\end{aligned} \tag{5.176}$$

$B_{n,\alpha}$ 可以通过求 $\{\mathrm{e}^{-\mathrm{j}k\alpha}\}_{k=0,1,2,\cdots,N-1}$ 的 IDFT 计算得到。加权系数 $B_{n,\alpha}$ 的闭式解为

$$B_{n,\alpha}=\begin{cases}\dfrac{1}{N}\dfrac{1-\mathrm{e}^{-\mathrm{j}(N-1)(\alpha-n\beta)}}{1-\mathrm{e}^{-\mathrm{j}(\alpha-n\beta)}}, & \alpha\neq n\beta\\ \delta(n-k), & \alpha=n\beta\end{cases} \tag{5.177}$$

总之,对于奇数点 DFRFT 的计算可以通过求一组特定角度的 DFRFT 的加权和得到,特定角度是$(2\pi/N)$的整数倍,加权系数可以通过求 IDFT 得到。当信号点数为偶数时,DFRFT 特征值的分布会有一个跳跃,以上的计算方法不再成立,因此,需要针对偶数情况设计新的计算方法。

定理 5.7: 设 $\boldsymbol{x}$ 表示一个 N 点离散信号(N 为偶数),则信号 $\boldsymbol{x}$ 的 α 角 DFRFT 可以用下式计算

$$\boldsymbol{X}_{\alpha}=\sum_{n=0}^{N}B_{n,\alpha}\boldsymbol{X}_{n\beta} \tag{5.178}$$

其中,$\beta=2\pi/(N+1)$,加权系数表示为

$$B_{n,\alpha}=\mathrm{IDFT}\{\mathrm{e}^{-\mathrm{j}k\alpha}\}_{k=0,1,2,\cdots,N}=\frac{1}{N+1}\sum_{n=0}^{N}\mathrm{e}^{-\mathrm{j}k\alpha}\mathrm{e}^{\mathrm{j}\left(\frac{2\pi}{N+1}\right)nk} \tag{5.179}$$

证明：定理5.7和定理5.6相比存在两个不同点：①定理5.7是$N+1$项相加，定理5.6是N项相加；②定理5.6的特定角度是$2\pi/N$的整数倍，定理5.7的特定角度是$2\pi/(N+1)$的整数倍。采用与定理5.6类似的方法。将序列$\{e^{-jk\alpha}\}_{k=0,1,2,\cdots,N}$表示为$B_{n,\alpha}$的DFT，即

$$e^{-jk\alpha}=\sum_{n=0}^{N}B_{n,\alpha}e^{-j\left(\frac{2\pi}{N+1}\right)nk} \tag{5.180}$$

将其代入式(5.106)得

$$\begin{aligned}\boldsymbol{X}_\alpha&=\sum_{k=0}^{N-2}e^{-jk\alpha}\boldsymbol{\nu}_k\boldsymbol{\nu}_k^{\mathrm{T}}\boldsymbol{x}+e^{-jN\alpha}\boldsymbol{\nu}_N\boldsymbol{\nu}_N^{\mathrm{T}}\boldsymbol{x}\\&=\sum_{k=0}^{N-2}\sum_{n=0}^{N}B_{n,\alpha}e^{-j\left(\frac{2\pi}{N+1}\right)kn}\boldsymbol{\nu}_k\boldsymbol{\nu}_k^{\mathrm{T}}\boldsymbol{x}+\sum_{n=0}^{N}B_{n,\alpha}e^{-j\left(\frac{2\pi}{N+1}\right)Nn}\boldsymbol{\nu}_N\boldsymbol{\nu}_N^{\mathrm{T}}\boldsymbol{x}\\&=\sum_{n=0}^{N}B_{n,\alpha}\boldsymbol{X}_{n\beta}\end{aligned} \tag{5.181}$$

与定理5.6类似，也可以求得加权系数$B_{n,\alpha}$的闭式解

$$B_{n,\alpha}=\begin{cases}\dfrac{1}{N+1}\dfrac{1-e^{-jN(\alpha-n\beta)}}{1-e^{-j(\alpha-n\beta)}}, & \alpha\neq n\beta\\ \delta(n-k), & \alpha=n\beta\end{cases} \tag{5.182}$$

从定理5.6和定理5.7可以得到结论，对于任意角度的DFRFT都可以表示为一组特定角度的DFRFT的加权和，当信号点数N为奇数时，特定角度为$2\pi/N$的整数倍；当信号点数N为偶数时，特定角度为$2\pi/(N+1)$的整数倍。不论是奇数还是偶数，加权系数都可以通过IDFT运算获得。但是对于奇数需要计算N点IDFT，对于偶数需要计算$N+1$点IDFT。可以看出不论是奇数还是偶数，求加权系数都需要计算奇数点的IDFT。因此，通常计算2的幂次方点数的FFT算法不适合，只能使用针对质数长度的Winograd FFT算法。

利用DFRFT的旋转相加性，以上线性组合方法可以通过串行方法实现。以奇数点为例，式(5.167)可以改写成如下形式：

$$\begin{aligned}\boldsymbol{X}_\alpha&=B_{N-1,\alpha}F^{(N-1)2\beta/\pi}\boldsymbol{x}+B_{N-2,\alpha}F^{(N-2)2\beta/\pi}\boldsymbol{x}+\cdots+B_{1,\alpha}F^{2\beta/\pi}\boldsymbol{x}+B_{0,\alpha}\boldsymbol{x}\\&=F^{2\beta/\pi}(\cdots F^{2\beta/\pi}(F^{2\beta/\pi}(B_{N-1,\alpha}X_\beta+B_{N-2,\alpha}\boldsymbol{x})+B_{N-3,\alpha}\boldsymbol{x})+\\&\quad B_{N-4,\alpha}\boldsymbol{x}+\cdots)+B_{0,\alpha}\boldsymbol{x}\end{aligned} \tag{5.183}$$

上式表明，任意角度的DFRFT可以仅通过一个特定角度的DFRFT来实现。如果能够快速计算出一个特定角度的DFRFT，就可以利用串行实现方法快速计算出任意角度的DFRFT。另外，由于串行实现方法具有规则的计算结构，因此适合于VLSI实现。

5.4 特殊的离散分数阶傅里叶变换

5.4.1 Zoom-FRFT

以上介绍的FRFT分解型算法是从连续信号$f(x)$的N个均匀采样出发，最后得到它的FRFT$f_a(x)$在整个分数阶谱区间上的N点等间隔采样值，因此所计算的是在分数阶域

上的具有固定分辨率的全局谱。然而在许多实际应用中，人们不仅要了解信号在 FRFT 全局谱上的分布情况，更对分数阶域上的某段局部谱的细节感兴趣，因此要求 FRFT 算法应具有对局部谱进行高分辨分析的能力。针对此问题，文献[43]提出一种 FRFT 高分辨计算方法，这种算法可根据需要灵活选择变换输出的局部谱区域和分辨率，当计算的分辨率很高即采样间隔很小时，可得到局部谱的精细结构。在保持计算量不变的条件下，这种算法的作用就好像摄影中的变焦镜头，能够根据需要方便地调整谱的显示范围和分辨率，因此，文献[43]将这种 FRFT 的高分辨计算方法称为 Zoom-FRFT。

下面给出这种高分辨算法的推导过程。由 5.1.1 节 Ozaktas 采样型算法可以看出，第二种分解方法包含了两个离散化步骤：第一步利用香农内插公式对时域变量离散化；第二步对分数阶傅里叶域变量离散化。高分辨算法在第二步采用了一种更加灵活的离散化方法。假定要计算 FRFT 在局部谱区间 $[u_1,u_2]$ 上的 M 点等间隔取样值，u_1、u_2 和 M 的取值任意，将分数阶傅里叶域变量离散化为 $u=u_0+m\Delta I$，$-M/2\leqslant m\leqslant M/2$，其中 $u_0=(u_2-u_1)/2$ 表示区间中点，$\Delta I=(u_2-u_1)/(M-1)$ 表示采样间隔。然后将其代入式(5.23)，得到

$$X_p(u_0+m\Delta I)=\frac{A_\alpha}{2\Delta x}\mathrm{e}^{\mathrm{j}\pi\gamma(u_0+m\Delta I)^2}\cdot \sum_{n=-N}^{N}\mathrm{e}^{\mathrm{j}\pi\beta\frac{\Delta I}{2\Delta x}(-2mn)}\left[\mathrm{e}^{-\mathrm{j}2\pi\beta u_0\left(\frac{n}{2\Delta x}\right)}\mathrm{e}^{\mathrm{j}\pi\gamma\left(\frac{n}{2\Delta x}\right)^2}x\left(\frac{n}{2\Delta x}\right)\right] \tag{5.184}$$

其中，γ、β、Δx 定义见 5.1.1 节。将恒等式 $-2mn=(m-n)^2-m^2-n^2$ 代入上式，最后整理得到

$$X_p(u_0+m\Delta I)=\frac{A_\alpha}{2\Delta x}\mathrm{e}^{\mathrm{j}\pi\gamma(u_0+m\Delta I)^2}\mathrm{e}^{-\mathrm{j}\pi\beta\frac{1}{2\Delta I\Delta x}(m\Delta I)^2}\sum_{n=-N}^{N}\mathrm{e}^{\mathrm{j}2\pi\beta\Delta I\Delta x\left(\frac{m-n}{2\Delta x}\right)^2}\cdot \left[\mathrm{e}^{\mathrm{j}\pi\left[-2\beta x_i\left(\frac{n}{2\Delta x}\right)+(\gamma-2\beta\Delta I\Delta x)\left(\frac{n}{2\Delta x}\right)^2\right]}x\left(\frac{n}{2\Delta x}\right)\right] \tag{5.185}$$

式(5.185)的计算要求直接确定 u_0 和 ΔI 两个参数的取值，这在编程实现时很不方便，我们更愿意使用它们的以 Δx 为基准的相对取值。为此我们引入了两个相对因子，一个是“平移因子”$\lambda=u_0/\Delta x$，$-0.5\leqslant\lambda\leqslant 0.5$，它表示局部谱中心 u_0 在整个谱范围 $[-\Delta x/2,\Delta x/2]$ 中的相对位置；另一个是“变焦因子”$P=1/(2\Delta I\Delta x)$，它表示局部谱的分辨率 ΔI 相对于标准分辨率 $1/(2\Delta x)$ 的放大倍数，一般取 P 为大于 1 的自然数。将关系式 $u_0=\lambda\Delta x$ 和 $\Delta I=1/(2P\Delta x)$ 代入式(5.185)得到

$$X_p\left(\lambda\Delta x+\frac{m}{2P\Delta x}\right)=\frac{A_\alpha}{2\Delta x}\mathrm{e}^{\mathrm{j}\pi\gamma\Delta x^2\lambda^2}\mathrm{e}^{\mathrm{j}2\pi\gamma\lambda\Delta x\left(\frac{m}{2P\Delta x}\right)}\mathrm{e}^{\mathrm{j}\pi(\gamma-P\beta)\left(\frac{m}{2P\Delta x}\right)^2}\cdot \sum_{n=-N}^{N}\mathrm{e}^{\mathrm{j}\pi\frac{1}{P}\beta\left(\frac{m-n}{2\Delta x}\right)^2}\left[\mathrm{e}^{\mathrm{j}\pi\left(\gamma-\frac{1}{P}\beta\right)\left(\frac{n}{2\Delta x}\right)^2}\mathrm{e}^{-\mathrm{j}2\pi\beta\lambda\Delta x\left(\frac{n}{2\Delta x}\right)}x\left(\frac{n}{2\Delta x}\right)\right] \tag{5.186}$$

若记 $\bar{x}[n]=x\left(\frac{n}{2\Delta x}\right)$，$\bar{X}_{\alpha,\lambda,P}[m]=F^\alpha[x]\left(\lambda\Delta x+\frac{m}{2P\Delta x}\right)$，则式(5.186)可简化为

$$\bar{X}_{\alpha,\lambda,P}[m]=\frac{A_\alpha\mathrm{e}^{\mathrm{j}\pi\gamma N\lambda^2}}{2\sqrt{N}}\mathrm{e}^{\mathrm{j}\pi\left(\frac{\gamma\lambda}{P}\right)m}\mathrm{e}^{\mathrm{j}\pi\left(\frac{\gamma-P\beta}{4P^2N}\right)m^2}\sum_{n=-N}^{N}\mathrm{e}^{\mathrm{j}\pi\left(\frac{\beta}{4PN}\right)(m-n)^2}\cdot$$

$$\left[e^{j\pi\left(\frac{P\gamma-\beta}{4PN}\right)n^2} e^{-j\pi(\beta\lambda)n} \bar{x}[n] \right] \tag{5.187}$$

上式中的求和部分为离散卷积形式,因此可以利用 FFT 来实现快速的数值计算。以上是当 $0.5\leqslant|p|\leqslant1.5$ 时的计算公式,同 5.1.1 节一样可得当 $0\leqslant|p|\leqslant0.5$ 或 $1.5\leqslant|p|\leqslant2$ 时的计算公式。

为了直观展示利用高分辨算法实现 FRFT 局部谱高分辨分析的效果,我们通过几个仿真实例进行分析。第一个例子我们考虑 chirp 信号,假定信号含有调频率相同而中心频率不同的三个 chirp 分量,可写成如下形式:

$$x(t)=\sum_{i=1}^{3}A_i\exp(\mathrm{j}2\pi f_i t+\mathrm{j}\pi\mu t^2)\,\mathrm{rect}(t/\Delta x) \tag{5.188}$$

其中,信号幅度分别为 $A_1=2,\ A_2=1,\ A_3=1$,中心频率分别为 $f_1=2, f_2=-1, f_3=-0.8$,调频率为 $\mu\approx0.3$,归一化宽度为 $\Delta x=10$,以 $1/\Delta x=0.1$ 为间隔采样,得到 $N=100$ 点信号样本,图 5.22 给出了信号的时域波形。由于 chirp 信号在与调频率相垂直的分数阶傅里叶域上具有最好的能量聚集性,因此可利用 FRFT 进行 chirp 信号的检测和参数估计,对应的 FRFT 阶次应为 $p=-0.8145$。我们首先利用 FRFT 标准算法计算出 $X_p(u)$ 在全局区间 $[-5,5]$ 内以 $1/\Delta x=0.1$ 为间隔采样的 $N=100$ 点样本输出,如图 5.23 所示,从中可粗略地观察到信号在整个分数阶傅里叶域上的谱分布情况。

图 5.23 中 chirp 信号的能量主要集中在$[-2.5,-1.5]$和$[0.5,1.5]$两个窄带区域。由于采样间隔较大,显示的信号波形很粗糙。为了仔细观察局部谱内的波形细节,我们利用窄带高分辨 FRFT 算法将分辨率提高 10 倍来显示局部谱的波形,如图 5.24 和图 5.25 所示。图中的虚线表示图 5.23 中的标准分辨率谱线,实线为高分辨率谱线,它的谱分辨率比标准分辨率提高了 10 倍。

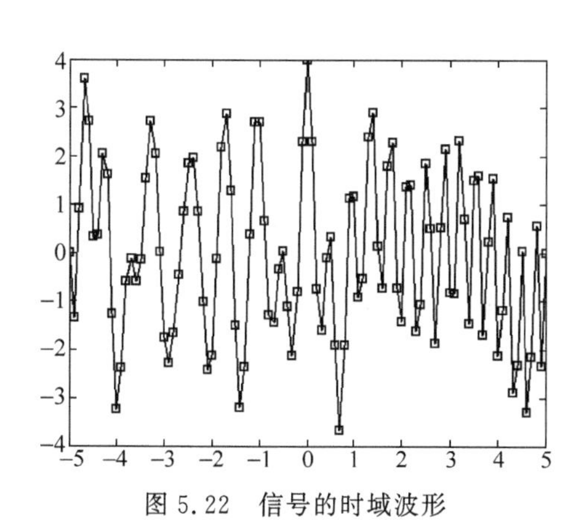

图 5.22 信号的时域波形

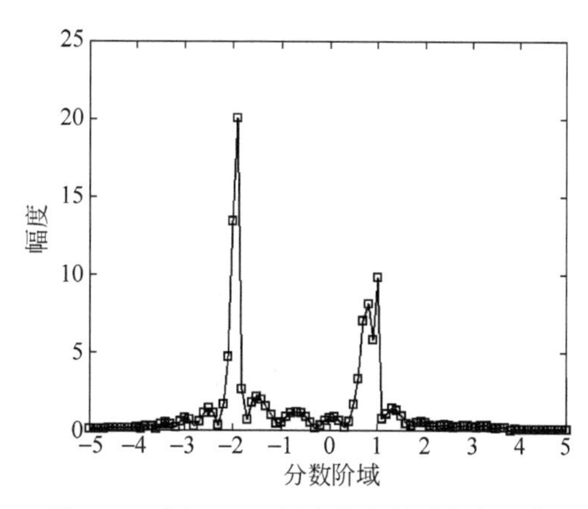

图 5.23 用 FRFT 标准算法得到的全局谱

上面的仿真实例充分展示了高分辨算法带来的优异的谱分析性能。通过高分辨分析可以使我们准确地观察到局部谱的每个细节,如主瓣和旁瓣的幅度、位置、宽度和过零点位置等,而标准谱线由于分辨率不够而损失掉很多细节信息。不仅如此,FRFT 高分辨算法还可以为 chirp 信号的参数估计带来好处。在基于 FRFT 的 chirp 信号检测与参数估计中,一般通过检测谱线峰值点的位置来估计 chirp 信号中心频率。由图 5.24、图 5.25 可以看出,标准谱线(虚线)的间隔较宽,很难正好采到连续谱的峰值点,这样,当以低分辨率的谱线峰值位置来估计 chirp 信号的中心频率参数时，会造成较大的误差；反之，高分辨谱线（实线）很密，它的峰值点与连续谱的峰值位置误差很小，这样可大大提高 chirp 信号中心频率的估计精度。

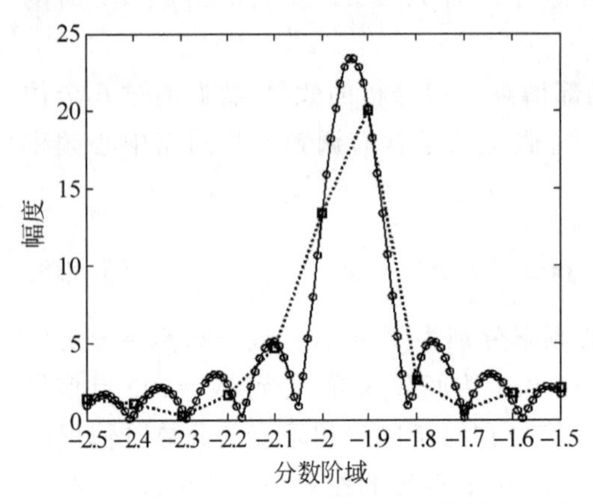

图 5.24 区间 [−2.5,−1.5] 的高分辨局部谱

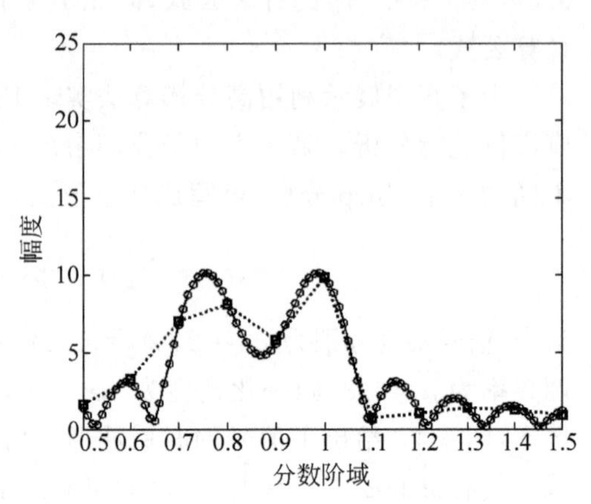

图 5.25 区间 [0.5,1.5] 的高分辨局部谱

5.4.2 单点快速计算

Zoom-FRFT 算法可实现任意 FRFT 局部谱的高分辨分析，但在实际应用中仍然存在一些局限，主要体现在以下几方面：①Zoom-FRFT 在输入/输出点数相差不大时具有较高的运算效率，当输出点数很少时运算效率低，也就是说，Zoom-FRFT 算法并不适合输出点数很小的场合；②虽然 Zoom-FRFT 可以根据需要灵活选择分辨率，但是分数阶谱的采样间隔只能是均匀的，若需要输出分数阶谱的若干非均匀采样值，则 Zoom-FRFT 无法实现；③在某些 FRFT 应用中，可能需要计算分数阶谱上的任意一个单采样点的值。为了更加有效地进行 FRFT 的数值计算，文献[5]又提出了一种 FRFT 单点快速计算方法。利用 FRFT 单点快速算法，我们既可以解决上述的非均匀采样点输出的问题，也可以提高少量点输出时的计算效率；同时，在应用中还可以和 Zoom-FRFT 配合使用，在运用 Zoom-FRFT 计算分数阶谱之后，再运用单点的计算方法对某个感兴趣的点单独计算。因此，这种 FRFT 单点的计算方法具有较好的实际应用价值。

由于 FRFT 单点计算中利用了 Horner 运算以实现快速计算，先对其做一简要介绍。Horner 运算是针对幂次多项式的求解而提出的一种基于循环迭代的计算方法，它实际上可以理解为一种幂次多项式从后向前逐次累加运算的过程。设一个幂次多项式表示为

$$B(z)=b_0+b_1z+b_2z^2+\cdots+b_Mz^M \tag{5.189}$$

则 Horner 运算的递推过程可以表示为

$$\boxed{\begin{array}{l}\text{Initialize } S=0\\ \text{For } i=M,M-1,\cdots,0 \quad \text{do}\\ \qquad S=b_i+Sz\end{array}} \tag{5.190}$$

具体的计算过程为

设初始值为 $S=0$

当 $i=M$ 时，$\qquad S=b_M$

当 $i=M-1$ 时，　　$S=b_{M-1}+b_M z$

当 $i=M-2$ 时，　　$S=b_{M-2}+b_{M-1}z+b_M z^2$

……

当 $i=0$ 时，　　$S=b_0+b_1 z+b_2 z^2+\cdots+b_{M-1}z^{M-1}+b_M z^M$

当循环结束后，S 值就是多项式的最终计算结果。可以看出，Horner 迭代算法的运算效率较高。因为运用直接计算的方法计算多项式，需要 $M(M-1)/2$ 次乘法和 $M-1$ 次加法运算；而运用 Horner 方法计算多项式，只需要 M 次乘法和 $M-1$ 次加法运算。Horner 算法已经应用于傅里叶变换的单采样点计算中[44]。

下面介绍 FRFT 单点快速计算的原理。其主要思想是将 5.1.4 节式(5.22)转化成如式(5.189)所示的幂次多项式形式，然后利用 Horner 迭代算法进行快速计算。

先考虑一般的任意非零单点计算，再考虑零点计算的特殊情况。若计算 FRFT 在任意非零点 $u_i\neq 0$ 处的值，将 $u=u_i$ 代入式(5.22)得到

$$X_p(u_i)=\frac{A_\alpha}{2\Delta x}\exp(\mathrm{j}\pi\gamma u_i^2)\sum_{n=-N}^{N}\exp\left(-\mathrm{j}2\pi\beta u_i\left(\frac{n}{2\Delta x}\right)\right)\exp\left(\mathrm{j}\pi\gamma\left(\frac{n}{2\Delta x}\right)^2\right)x\left(\frac{n}{2\Delta x}\right) \tag{5.191}$$

令

$$b_n=\exp\left(\mathrm{j}\pi\gamma\left(\frac{n}{2\Delta x}\right)^2\right)x\left(\frac{n}{2\Delta x}\right) \tag{5.192}$$

$$z_i=\exp\left(-\mathrm{j}\,\frac{\pi\beta}{\Delta x}u_i\right) \tag{5.193}$$

则式(5.191)的求和部分可表示为

$$B(z_i)=\sum_{n=-N}^{N}b_n z_i^n=z_i^{-N}(b_{-N}+b_{-N+1}z_i+\cdots+b_0 z_i^N+b_1 z_i^{N+1}+\cdots+b_N z_i^{2N}) \tag{5.194}$$

利用 Horner 迭代运算过程式(5.184)可快速计算出 $B(z_i)$。最后得到 FRFT 在分数阶傅里叶域 u_i 点处的结果为

$$X_p(u_i)=\frac{A_\alpha}{2\Delta x}\exp(\mathrm{j}\pi\gamma u_i^2)B(z_i)=\frac{A_\alpha}{2\Delta x}\exp(\mathrm{j}\pi\gamma u_i^2)B\left(\exp\left(\mathrm{j}\,\frac{\pi\beta}{\Delta x}u_i\right)\right) \tag{5.195}$$

但是还有一个重要问题需要考虑，即在计算多项式系数 b_n 时需要先算出序列

$$g_n=\exp\left(\mathrm{j}\pi\gamma\left(\frac{n}{2\Delta x}\right)^2\right),\quad -N\leqslant n\leqslant N \tag{5.196}$$

若按式(5.196)直接计算序列 g_n，对每个点都要进行复指数运算，生成序列 g_n 的计算量很大，并且因为 g_n 并非固定序列，它会随着 $\gamma=\cot\alpha$ 改变，因此无法将 g_n 事先计算好并预存在存储器中。为减小计算量，可以采用递推的方法。因为 g_n 是偶序列，只需计算其在 $0\leqslant n\leqslant N$ 范围的取值即可。生成序列 g_n 的递推公式推导如下：若令 $D_n=\exp\left(\mathrm{j}\,\frac{\pi\gamma}{4\Delta x^2}(2n+1)\right)$，有递推公式

$$g_{n+1}=\exp\left(\mathrm{j}\,\frac{\pi\gamma}{4\Delta x^2}(n+1)^2\right)=g_n D_n \tag{5.197}$$

其中，$g_0=1$。再令 $W=\exp\left(\mathrm{j}\,\frac{\pi\gamma}{2\Delta x^2}\right)$，有递推公式

$$D_{n+1}=\exp\left(\mathrm{j}\,\frac{\pi\gamma}{4\Delta x^2}(2(n+1)+1)\right)=D_nW \tag{5.198}$$

其中，$D_0=\exp\left(\mathrm{j}\,\frac{\pi\gamma}{4\Delta x^2}\right)$。这样，只要计算出 D_0 和 W 的值，就可以先由递推公式(5.192)得到 D_n 序列，再由式(5.197)得到 g_n 序列。

以上为任意非零单点 $u_i\neq 0$ 的计算方法，若计算 FRFT 在零点的值，则式(5.191)简化为

$$X_p(0)=\frac{A_\alpha}{2\Delta x}\sum_{n=-N}^{N}\exp\left(\mathrm{j}\pi\gamma\left(\frac{n}{2\Delta x}\right)^2\right)x\left(\frac{n}{2\Delta x}\right)=\frac{A_\alpha}{2\Delta x}\sum_{n=-N}^{N}g_nx\left(\frac{n}{2\Delta x}\right) \tag{5.199}$$

可见，零点计算不需要 Horner 迭代运算，只要利用递推方法计算出 g_n 序列，代入式(5.199)即可。

下面通过仿真实例对上述的 FRFT 单点计算方法进行分析。我们将利用 FRFT 单点快速算法来计算信号的分数阶傅里叶谱。为了方便与 Ozaktas 采样型算法所计算的分数阶傅里叶谱比较，我们在仿真中通过对相应频点的重复计算，得到 FRFT 的 N 点输出。信号则选取两种典型的信号：chirp 信号和矩形信号。分别计算其在不同阶次的变换结果。

例 1：chirp 信号

从以上仿真可以看出，FRFT 的单点快速算法在输出数值较大时，它与分解型算法所得到的结果的计算误差很小，如图 5.26(c)和图 5.27(c)所示。当输出数值较小时，单点计算的结果与分解型算法所得到的结果有一定误差，如图 5.26(b)和图 5.27(b)所示。这主要是因为单点快速算法应用了 Horner 迭代算法，会产生一定的迭代误差积累，当输出数值较小时，积累误差比较明显。因为在实际应用中，我们运用单点快速算法主要是计算一些峰值点的数值，因此在实际应用中，因为迭代所产生的误差可以忽略。另外，利用单点算法进行 FRFT 的谱计算时，当同样输出 N 点时，它的计算量与分解型算法的计算量相当。

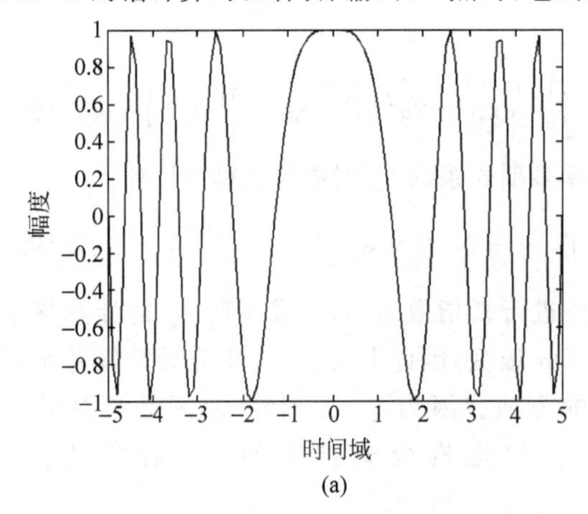

(a)

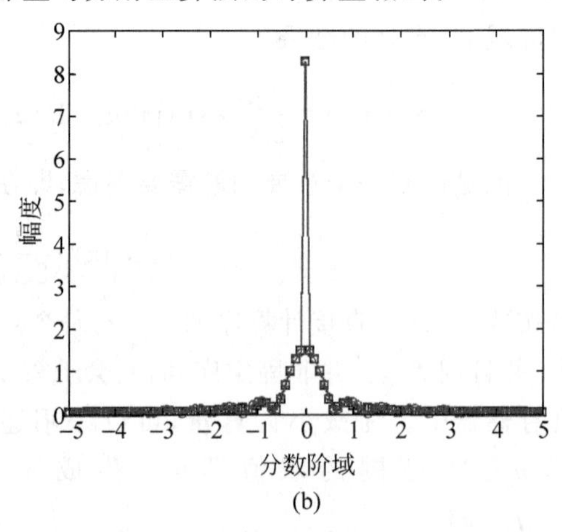

(b)

图 5.26 chirp 信号的 FRFT，阶次为 $p=-0.81$

(a) chirp 信号 ($\mu=0.3$)；(b) FRFT 全局谱；(c) FRFT 局部谱；(d) FRFT 局部谱

圆圈为单点计算结果，方形为 Ozaktas 采样型算法的计算结果

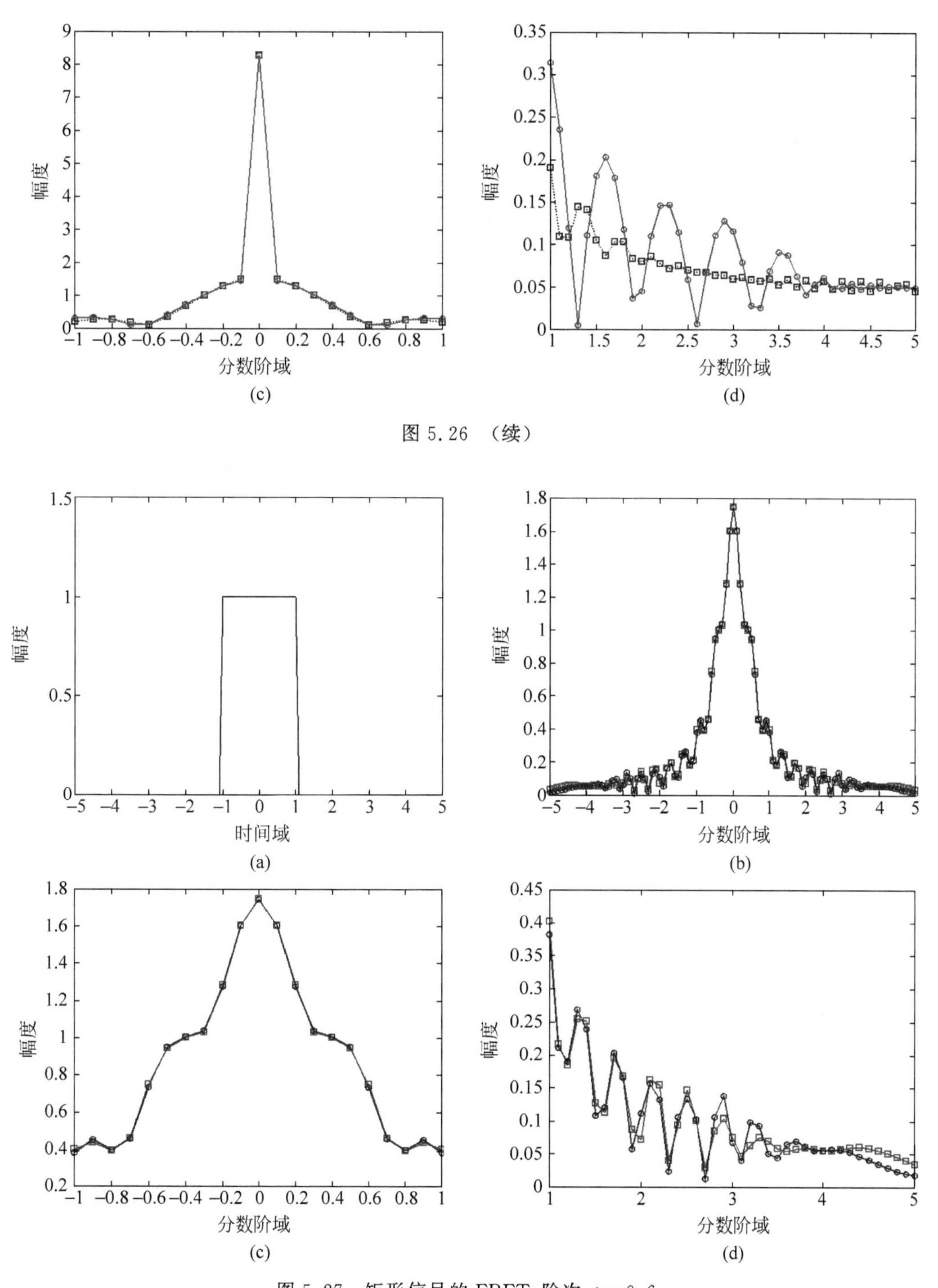

图 5.26 （续）

图 5.27 矩形信号的 FRFT，阶次 $p=0.6$

(a) 矩形信号；(b) FRFT 全局谱[−5,5]；(c) FRFT 局部谱[−1,1]；(d) FRFT 局部谱[1,5]

圆圈为单点计算结果，方形为 Ozaktas 采样型算法的计算结果

例 2：矩形信号

教学视频

5.5 其他离散分数阶变换

由于 DFT 和其他酉变换有着密切的关系，比如离散余弦变换、离散 Hadamard 变换、离散 Hartley 变换等，因此可以得到这些离散变换的分数阶变换形式。

许多离散变换的"分数阶"形式都是基于前面所讲的特征分解方法，因为这种方法使得所得到的分数阶变换具有旋转相加性，并且当变换阶数等于 1 时退化为原来的变换。这些离散变换分数阶化的统一方法是：首先研究离散变换的特征结构，以得到这些变换的特征值和特征向量，然后利用特征分解结构得到相应的分数阶形式。一旦得到了 $N\times N$ 的变换矩阵 $\boldsymbol{K}$ 的特征值 λ_n 和特征向量 $\boldsymbol{u}_n$，那么分数阶变换矩阵 $\boldsymbol{K}^p$ 可以表示为

$$\boldsymbol{K}^p=\boldsymbol{U}\boldsymbol{\Lambda}^p\boldsymbol{U}^{\mathrm{H}}=\sum_{n=0}^{N-1}\lambda_n^p\boldsymbol{u}_n\boldsymbol{u}_n^{\mathrm{H}} \tag{5.200}$$

其中，矩阵 $\boldsymbol{U}$ 和 $\boldsymbol{\Lambda}$ 由标准正交特征向量 $\boldsymbol{u}_n$ 和特征值的分数阶幂 λ_n^p 组成。注意，这里我们使用共轭转置而不是转置，是因为并不是所有变换的特征向量都是实的。

Pei 在文献[45]中引入了离散分数阶 Hartley 变换(DFRHT)，并讨论了 DFRHT 的特征结构：其特征值为{1，-1}，特征向量与 $\boldsymbol{F}$ 的特征向量一样，都是 Hermite-Gaussian 特征向量。

Pei 在文献[46]中引入了离散分数阶 Hadamard 变换。其特征值为{1，-1}，其特征向量通过从最初的两个特征向量利用回归算法精确地计算从阶数 2 一直到阶数 2^n 的 Hadamard 特征向量。

Pei 和 Cariolaro 分别从不同角度定义了离散分数阶余弦和正弦变换[47-48]。Pei 选择 DCT-Ⅰ和 DST-Ⅰ来定义离散分数阶余弦-Ⅰ变换(DFRCT-Ⅰ)和离散分数阶正弦-Ⅰ变换(DFRST-Ⅰ)[47]。DCT-Ⅰ和 DST-Ⅰ核矩阵的特征值为{1，-1}，并且它们的特征向量可以通过 DFT 的特征向量的计算获得。对于 N 点的 DCT-Ⅰ特征向量 $\boldsymbol{u}$，其可以写为

$$\boldsymbol{u}=[v_0,\sqrt{2}v_1,\cdots,\sqrt{2}v_{N-2},v_{N-1}]^{\mathrm{T}} \tag{5.201}$$

其中，$\boldsymbol{v}=[v_0,v_1,\cdots,v_{N-2},v_{N-1},v_{N-2},\cdots,v_1]^{\mathrm{T}}$ 是$(2N-2)$点的 DFT 矩阵的偶特征向量。

N 点的 DST-Ⅰ特征向量 $\boldsymbol{u}$ 可以写为

$$\boldsymbol{u}=\sqrt{2}\,[v_1,v_2,\cdots,v_{N-1},v_N]^{\mathrm{T}} \tag{5.202}$$

其中，$\boldsymbol{v}=[0,v_0,v_1,\cdots,v_N,0,-v_N,-v_{N-1},\cdots,-v_1]^{\mathrm{T}}$ 是 $2(N+1)$点 DFT 矩阵的奇特征向量。

不同于文献[47]中定义的 DFRCT，Cariolaro 从 DCT-Ⅱ中得到了实值的 DFRCT-Ⅱ。DCT-Ⅱ的特征值对于不同的 N 是不同的，特征值的星座图是象限对称的[48]。因为 DCT-Ⅱ的特征值是不同的，所以它的特征向量是相互正交的，也就可以直接从 DCT-Ⅱ矩阵计算其特征向量。DFRCT 和 DFRST 可以用于计算偶信号和奇信号的 DFRFT，还可以用于数字水印[47,49]。读者若想对 DFRCT、DFRST 和分数阶离散广义和偏移 DFT，DHT，DCT-Ⅳ和 DST-Ⅳ有深入研究，可以参见文献[49-51]。

其他的离散分数阶变换可以参见文献[52-54]。在文献[30]中，基于 DFRFT 的特征分解定义了离散分数阶 Hilbert 变换。在文献[53]中定义了分数阶随机变换，这个定义同样

可以写作式(5.194)的形式,只是矩阵 $\boldsymbol{U}$ 的特征向量是依赖于一个随机矩阵。在文献[54]中,通过对式(5.194)中的对角矩阵 $\boldsymbol{\Lambda}$ 取不同的分数阶幂,DFRFT 可以推广到多参数 DFRFT。文献[55]中,角度分解方法用到了其他分数阶酉变换中。

参考文献

[1] Kraniauskas P,Cariolaro G,Erseghe T. Method for defining a class of fractional operations[J]. IEEE Trans. Signal Processing,1998,46: 2804-2807.

[2] Erseghe T,Kraniauskas P,Cariolaro G. Unified fractional Fourier transform and sampling theorem [J]. IEEE Trans. Signal Processing,1999,47: 3419-3423.

[3] Ozaktas H M, Arikan O, et al. Digital computation of the fractional Fourier transform [J]. IEEE Trans. Signal Processing,1996,44(9): 2141-2150.

[4] Pei S C,Ding J J. Closed-form discrete fractional and affine Fourier transform[J]. IEEE Trans. Signal Processing,2000,48(5): 1338-1353.

[5] 赵兴浩,邓兵,陶然. 分数阶 Fourier 变换数字计算中的量纲归一化[J]. 北京理工大学学报,2005,25(4): 360-364.

[6] Crochiere R E,Rabiner L R. Interpolation and decimation of digital signal-A tutorial review[J]. Proc. IEEE,1981,69(3): 300-331.

[7] Bidet E,Castelain D,Joanblanq C. A fast single-chip implementation of 8192 complex point FFT[J]. IEEE J. Solid-State Circuits,1995,30(3): 300-305.

[8] Pekurovsky D. P3DFFT: A framework for parallel computations of Fourier transforms in three dimensions[J]. SIAM J. Sci. Comput. ,2012,34(4): C192-C209.

[9] Hoyer E A, Stork R F. The zoom FFT using complex modulation[C]//IEEE Int. Conf. Acoust. Speech Signal Process. (ICASSP),1977: 78-81.

[10] Markel J. FFT pruning[J]. IEEE Trans. Audio Electroacoust. ,1971,19(4): 305-311.

[11] Pang C,Liu S,Han Y. High-speed target detection algorithm based on sparse Fourier transform[J]. IEEE Access,2018: 1-1.

[12] Lin J,Feng Y,Liu S. Fast ISAR imaging based on sparse Fourier transform algorithm[C]//2017 Int. Conf. Advanced Infocomm Technology (ICAIT),2017,334-339.

[13] Fan T,Shan T,Liu S,et al. A fast pulse compression algorithm based on sparse inverse Fourier transform[C]//2016 CIE Int. Conf. Radar,2016,1362-1366.

[14] Liu S, Zhang Y D, Shan T. Detection of weak astronomical signals with frequency-hopping interference suppression[J]. Digital Signal Processing,2018,72: 1-8.

[15] Liu S,Zeng Z,Zhang Y D,et al. Automatic human fall detection in fractional Fourier domain for assisted living[C]//41st IEEE Int. Conf. Acoust. ,Speech,Signal Process. (ICASSP),2016,799-803.

[16] Liu S,Shan T,Zhang Y D,et al. A fast algorithm for multi-component LFM signal analysis exploiting segmented DPT and SDFRFT[C]//IEEE International Radar Conference,2015,1139-1143.

[17] Liu S,Shan T,Tao R,et al. Sparse discrete fractional Fourier transform and its applications[J]. IEEE Trans. Signal Process,2014,62(24): 6582-6595.

[18] Hassanieh H,Indyk P,Katabi D. Simple and practical algorithm for sparse Fourier transform[C]// 23rd Annu. ACM-SIAM Symp. Discrete Algorithms. ,2012,1183-1194.

[19] Zhang H,Shan T,Liu S,et al. Parameter optimization of sparse Fourier transform for radar target detection[C]//2020 IEEE Radar Conference,2020,343-347.

[20] Xia X G. Discrete Chirp-Fourier transform and its application to chirp rate estimation [J].

IEEE Trans. Signal Process. ,2000,48(11): 3122-3133.

[21] Peleg S,Friedlander B. Multicomponent signal analysis using the polynomial-phase transform[J]. IEEE Trans. Aerospace Electron. Syst. ,1996,32(1): 378-387.

[22] Zhang H, Shan T, Liu S, et al. Optimized sparse fractional Fourier transform: Principle and performance analysis[J]. Signal Processing,2020,174: 107646.

[23] Liu S,Zhang H,Shan T,et al. Efficient radar detection of weak maneuvering targets using a coarse-to-fine strategy[J]. IET Radar Sonar Navig. ,2021,15(2): 181-193.

[24] Almeida L B. The fractional Fourier transform and time-frequency representations[J]. IEEE Trans. Signal Process. ,1994,42(11): 3084-3091.

[25] Nelson J. Sketching and streaming algorithms for processing massive data[J]. XRDS: Crossroads, 2012,19(1): 14-19.

[26] Zhang H,Shan T,Liu S,et al. Performance evaluation and parameter optimization of sparse Fourier transform[J]. Signal Processing,2021,179: 107823.

[27] Hassanieh H,Indyk P,Katabi D,et al. Nearly optimal sparse Fourier transform[C]//44th Symp. Theory Comput. ,2012: 563-578.

[28] Simon M K, Alouini M S. Some new results for integrals involving the generalized Marcum Q-function and their application to performance evaluation over fading channels[J]. IEEE Trans. Wireless Commun. ,2003,2(4): 611-615.

[29] Pei S C,Yeh M H,Tseng C C. Discrete fractional Fourier transform based on orthogonal projections [J]. IEEE Trans. Signal Processing,1999,47(5): 1335-1347.

[30] Pei S C,Yeh M H. Improved discrete fractional Fourier transform[J]. Optics Letters,1997,22(14): 1047-1049.

[31] Dickinson B, Steiglitz K. Eigenvectors and functions of the discrete Fourier transform[J]. IEEE Transactions on Acoustics Speech and Signal Processing,1982,30(1): 25-31.

[32] Pei S C,Hsue W L,Ding J J. Discrete fractional Fourier transform based on new nearly tridiagonal commuting matrices[J]. IEEE Trans. Signal Processing,2006,54: 3815-3828.

[33] Candan Ç. On higher order approximations for Hermite-Gaussian functions and discrete fractional Fourier transforms[J]. IEEE Signal Processing Letter,2007,14(10): 699-702.

[34] Pei S C, Hsue W L, Ding J J. DFT-commuting matrix with arbitrary or infinite order second derivative approximation[J]. IEEE Transactions on Signal Processing,2009,57(1): 390-394.

[35] Serbes A,Durak Ata L. Efficient computation of DFT commuting matrices by a closed-form infinite order approximation to the second differentiation matrix[J]. Signal Processing, 2011, 91(3): 582-589.

[36] Hanna M T, Seif N P A, Ahmed W A E M. Hermite-Gaussian-like eigenvectors of the discrete Fourier transform matrix based on the singular value decomposition of its orthogonal projection matrices[J]. IEEE Trans. Circuits Syst. I,2004,51: 2245-2254.

[37] Candan C,Kutay M A,Ozaktas H M. The discrete fractional Fourier transform[J]. IEEE Trans. Signal Processing,2000,48: 1329-1337.

[38] Hanna M T, Seif N P A, Ahmed W A E M. Hermite-Gaussian-like eigenvectors of the discrete Fourier transform matrix based on the direct utilization of the orthogonal projection matrices on its eigenspaces[J]. IEEE Transactions on Signal Processing,2006,54(7): 2815-2819.

[39] Hanna M T. Direct batch evaluation of optimal orthonormal eigenvectors of the DFT matrix[J]. IEEE Transactions on Signal Processing,2008,56(5): 2138-2143.

[40] Hanna M T. Direct sequential evaluation of optimal orthonormal eigenvectors of the discrete Fourier transform matrix by constrained optimization[J]. Digital Signal Processing,2012,22(4): 681-689.

[41] Neto J R D O, Lima J B. Discrete fractional Fourier transforms based on closed-form HermiteGaussian-like DFT eigenvectors[J]. IEEE Transactions on Signal Processing, 2017, 65(23): 6171-6184.

[42] Yeh M H, Pei S C. A method for the discrete fractional Fourier transform computation[J]. IEEE Trans. Signal Processing, 2003, 51(3): 889-891.

[43] 赵兴浩, 陶然, 邓兵, 等. 分数阶傅里叶变换的快速计算新方法[J]. 电子学报. 2007, 35(6): 1089-1093.

[44] Orfanidis S J. 信号处理导论[M]. 清华大学出版社, Prentice Hall, 1998.

[45] Pei S C, Tseng C C, et al. Discrete fractional Hartley and Fourier transform[J]. IEEE Trans. Circuits Syst. II, 1998, 45: 665-675.

[46] Pei S C, Yeh M H. Discrete fractional Hadamard transform[C]. Proc. IEEE Int. Symp. , Circuits and Systems, 1999, 179-182.

[47] Pei S C, Yeh M H. The discrete fractional cosine and sine transforms[J]. IEEE Trans. Signal Processing, 2001, 49: 1198-1207.

[48] Cariolaro G, Erseghe T, Kraniauskas P. The fractional discrete cosine transform[J]. IEEE Trans. Signal Processing, 2002, 50: 902-911.

[49] Tseng C C. Eigenvalues and eigenvectors of generalized DFT, generalized DHT, DCT-IV and DST-IV matrices[J]. IEEE Trans. Signal Processing, 2002, 50: 866-877.

[50] Pei S C, Ding J J. Generalized eigenvectors and fractionalization of offset DFTs and DCTs[J]. IEEE Trans. Signal Processing, 2004, 52: 2032-2046.

[51] Vargas-Rubio J G, Santhanam B. On the multiangle centered discrete fractional Fourier transform [J]. IEEE Signal Processing Letters, 2005, 12: 273-276.

[52] Pei S C, Yeh M H. Discrete fractional Hilbert transform [C]//Proc. IEEE Int. Symp. Signal Processing, 1998, 506-509.

[53] Liu Z J, Zhao H F, Liu S T. A discrete fractional random transform[J]. Optics Communications, 2005, 255: 357-365.

[54] Pei S C, Hsue W L. The multiple-parameter discrete fractional Fourier transform[J]. IEEE Signal Processing Letters, 2006, 13: 329-332.

[55] Yeh M H. Angular decompositions for the discrete fractional signal transforms [J]. Signal Processing, 2005, 85: 537-547.

第6章

采　　样

采样定理在数字信号处理领域是一个基础命题,它回答了对信号如何采样和如何重建的问题。自从 Nyquist 和 Shannon 提出基本的低通采样定理以来[1-2],采样定理已经发展了 70 多年,其间有许多变种出现,如带通采样定理、非均匀采样定理等[3-4]。分数阶傅里叶域上低通信号的采样定理已有研究[5-6]。本章从信号与系统的角度研究分数阶傅里叶域上带通信号的采样定理,为此首先给出了均匀脉冲串采样信号的分数阶傅里叶变换,然后导出分数阶傅里叶域上带通信号的采样定理,作为特例,也给出了分数阶傅里叶域上低通信号的采样定理。在此基础上,本章进一步研究了随机非均匀采样、周期非均匀采样和多通道采样信号的分数阶傅里叶谱,提出了相应的重建策略。

教学视频

6.1　均匀采样

6.1.1　分数阶傅里叶域均匀采样定理

为了推导采样定理,我们先来研究均匀脉冲串采样信号的分数阶傅里叶变换。假设模拟信号 $x(t)$被一脉冲串以采样周期 T_s 均匀采样,可得采样信号为

$$x_s(t)=x(t)\sum_{n=-\infty}^{+\infty}\delta(t-nT_s) \tag{6.1}$$

所以 $x_s(t)$的分数阶傅里叶变换为

$$\begin{aligned}\mathcal{F}^p[x_s(t)]=X_{sp}(u)&=\int_{-\infty}^{+\infty}K_p(u,t)x_s(t)\mathrm{d}t\\&=\int_{-\infty}^{+\infty}K_p(u,t)x(t)\sum_{n=-\infty}^{+\infty}\delta(t-nT_s)\mathrm{d}t\end{aligned}$$

交换积分和求和顺序,可得

$$X_{sp}(u)=\sum_{n=-\infty}^{+\infty}\int_{-\infty}^{+\infty}K_p(u,t)x(t)\delta(t-nT_s)\mathrm{d}t \tag{6.2}$$

由于 $\delta(t-t_0)$的傅里叶变换为 $\mathrm{e}^{\mathrm{j}\omega t_0}$,用 nT_s 替换 t_0,可以得到 $\delta(t-nT_s)$的傅里叶变换为 $\mathrm{e}^{\mathrm{j}\omega(t-nT_s)}$。根据傅里叶变换的定义[7],容易得到

$$\delta(t-nT_s)=\frac{1}{2\pi}\int_{-\infty}^{+\infty}\mathrm{e}^{\mathrm{j}\omega(t-nT_s)}\mathrm{d}\omega$$

再用 $v\csc\alpha$ 替换 ω，可得

$$\delta(t-nT_s)=\frac{1}{2\pi}\int_{-\infty}^{+\infty}\mathrm{e}^{\mathrm{j}v(t-nT_s)\csc\alpha}\csc\alpha\,\mathrm{d}v \tag{6.3}$$

将式(6.3)代入式(6.2)，可得

$$\begin{aligned}X_{sp}(u)&=\sum_{n=-\infty}^{+\infty}\int_{-\infty}^{+\infty}K_p(u,t)x(t)\left(\frac{1}{2\pi}\int_{-\infty}^{+\infty}\mathrm{e}^{\mathrm{j}v(t-T_s)\csc\alpha}\csc\alpha\,\mathrm{d}v\right)\mathrm{d}t\\&=\frac{1}{2\pi}\sum_{n=-\infty}^{+\infty}\int_{-\infty}^{+\infty}X_p(u-v)\mathrm{e}^{\mathrm{j}\frac{2uv-v^2}{2}\cot\alpha}\mathrm{e}^{-\mathrm{j}vnT_s\csc\alpha}\csc\alpha\,\mathrm{d}v\end{aligned}$$

再次交换积分和求和顺序

$$X_{sp}(u)=\int_{-\infty}^{+\infty}X_p(u-v)\sum_{n=-\infty}^{+\infty}\mathrm{e}^{-\mathrm{j}vnT_s\csc\alpha}\mathrm{e}^{\mathrm{j}\frac{2uv-v^2}{2}\cot\alpha}\csc\alpha\,\mathrm{d}v \tag{6.4}$$

由于脉冲串 $\sum\limits_{n=-\infty}^{+\infty}\delta(t-nT)$ 的傅里叶级数为 $a_k=\dfrac{1}{T}$，根据傅里叶级数的定义，可得

$$\sum_{n=-\infty}^{+\infty}\delta(t-nT)=\sum_{n=-\infty}^{+\infty}\frac{1}{T}\mathrm{e}^{\mathrm{j}n(2\pi/T)t}$$

用$\dfrac{2\pi\sin\alpha}{T_s}$替换 T，用 v 替换 t，可以得到

$$\sum_{n=-\infty}^{+\infty}\delta\left(v-n\frac{2\pi\sin\alpha}{T_s}\right)=\sum_{n=-\infty}^{+\infty}\frac{T_s}{2\pi\sin\alpha}\mathrm{e}^{\mathrm{j}n(T_s/\sin\alpha)v}$$

于是

$$\frac{2\pi}{T_s}\sum_{n=-\infty}^{+\infty}\delta\left(v-n\frac{2\pi\sin\alpha}{T_s}\right)=\sum_{n=-\infty}^{+\infty}\mathrm{e}^{\mathrm{j}vnT_s\csc\alpha}\csc\alpha=\sum_{n=-\infty}^{+\infty}\mathrm{e}^{-\mathrm{j}vnT_s\csc\alpha}\csc\alpha$$

也就是

$$\sum_{n=-\infty}^{+\infty}\mathrm{e}^{-\mathrm{j}vnT_s\csc\alpha}\csc\alpha=\frac{2\pi}{T_s}\sum_{n=-\infty}^{+\infty}\delta\left(v-n\frac{2\pi\sin\alpha}{T_s}\right) \tag{6.5}$$

将式(6.5)代入式(6.4)，可得

$$X_{sp}(u)=\frac{1}{T_s}\mathrm{e}^{\mathrm{j}\frac{u^2}{2}\cot\alpha}\int_{-\infty}^{+\infty}X_p(u-v)\mathrm{e}^{-\mathrm{j}\frac{(u-v)^2}{2}\cot\alpha}\sum_{n=-\infty}^{+\infty}\delta\left(v-n\frac{2\pi\sin\alpha}{T_s}\right)\mathrm{d}v$$

最后可得

$$X_{sp}(u)=\frac{1}{T_s}\mathrm{e}^{\mathrm{j}\frac{u^2}{2}\cot\alpha}\left[X_p(u)\mathrm{e}^{-\mathrm{j}\frac{u^2}{2}\cot\alpha}*\sum_{n=-\infty}^{+\infty}\delta\left(u-n\frac{2\pi\sin\alpha}{T_s}\right)\right] \tag{6.6}$$

式中，“$*$”代表卷积。

式(6.6)给出了原始信号与采样信号分数阶傅里叶变换之间的关系，根据式(6.6)、图6.1，以分数阶傅里叶域上的低通信号为例给出了信号时域采样过程对分数阶傅里叶域的影响。可以看到信号在时域采样，相当于在分数阶傅里叶域上周期化(有相位变化)。为了便于理解，我们可以在概念上把这种周期化分成三步完成：

(1) 原始信号的分数阶傅里叶变换被一线性调频信号 $\mathrm{e}^{-\mathrm{j}\frac{u^2}{2}\cot\alpha}$“调制”；

（2）“调制”后的信号以$\frac{2\pi|\sin\alpha|}{T_s}$为周期进行周期复制；

（3）复制后整个信号再被另一相位相反的线性调频信号$\frac{1}{T_s}\mathrm{e}^{\mathrm{j}\frac{u^2}{2}\cot\alpha}$“解调”。

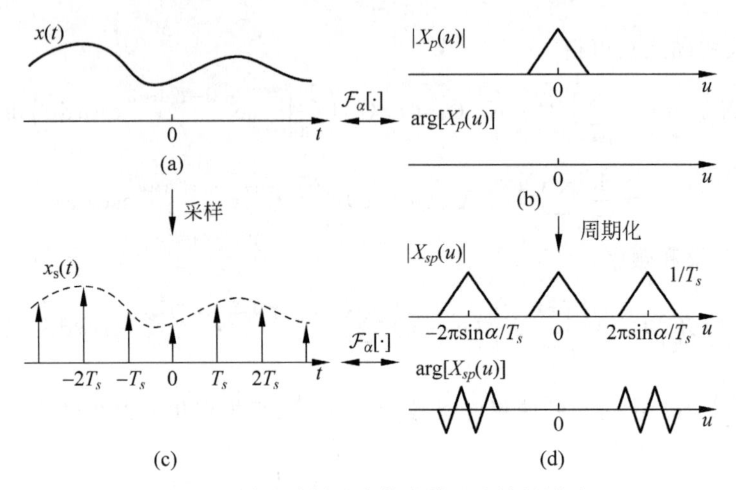

图 6.1 时域采样对分数阶傅里叶域的影响

(a) 连续时间信号 $x(t)$；(b) $x(t)$的分数阶傅里叶变换 $X_p(u)$；

(c) $x(t)$均匀采样得到的信号 $x_s(t)$；(d) $x_s(t)$的分数阶傅里叶变换 $X_{sp}(u)$

由式(6.6)可以看到，在分数阶傅里叶域上，$X_p(u)\mathrm{e}^{-\mathrm{j}\frac{u^2}{2}\cot\alpha}$将以周期$\frac{2\pi|\sin\alpha|}{T_s}$复制。

分数阶傅里叶域带限信号——如果 $x(t)$的分数阶傅里叶变换满足如下条件

$$X_\alpha(u)=0,\quad 当\ |u|>\Omega_h\ 且\ |u|<\Omega_l,\quad 0\leqslant\Omega_l<\Omega_h \tag{6.7}$$

那么 $x(t)$就是分数阶傅里叶域上的带限信号，它的带宽为

$$\Omega_w=\Omega_h-\Omega_l$$

由上述带限信号的定义，可知当$|u|>\Omega_h$ 且$|u|<\Omega_l$ 时，$X_p(u)\mathrm{e}^{-\mathrm{j}\frac{u^2}{2}\cot\alpha}=0$。显然，我们可以在 $1\leqslant N\leqslant\mathrm{int}\left[\frac{\Omega_h}{\Omega_l}\right]$范围内选择合适的 N，其中 int[·]表示取整，使得

$$N\,\frac{2\pi\,|\,\sin\alpha\,|}{T_s}\geqslant 2\Omega_h \tag{6.8a}$$

$$(N-1)\,\frac{2\pi\,|\,\sin\alpha\,|}{T_s}\leqslant 2\Omega_l \tag{6.8b}$$

同时成立，这样信号在分数阶傅里叶域上谱就没有混叠，在时域上也就能够完全重建 $x(t)$，具体数量关系可参见图 6.2(b)。如果令采样频率为 $\Omega_s=\frac{2\pi}{T_s}$，当 $N\neq1$ 时，由式(6.8)可得

$$\frac{2\Omega_h\,|\,\csc\alpha\,|}{N}\leqslant\Omega_s\leqslant\frac{2\Omega_l\,|\,\csc\alpha\,|}{N-1} \tag{6.9}$$

当 $N=1$ 时，式(6.8b)恒成立，由式(6.8a)可得

$$\Omega_s \geqslant 2\Omega_h \mid \csc\alpha \mid \tag{6.10}$$

式(6.10)给出了分数阶傅里叶域带限信号的采样定理。如果令 $\Omega_l=0$,则 $\Omega_h=\Omega_w$,上式将变成分数阶傅里叶域低通信号的采样定理,即

$$\Omega_s \geqslant 2\Omega_w \mid \csc\alpha \mid \tag{6.11}$$

进一步,如果令 $\alpha=\pi/2$,即 $\csc\alpha=1$,式(6.10)和式(6.11)将分别变成经典的带通和低通采样定理[7-8]。

如果采样频率满足上述的采样定理,那么如何由采样样本重建原始信号呢？仔细观察可以发现,式(6.6)是一个无穷级数,而 $n=0$ 对应的一项恰好为 $\frac{1}{T_s}X_p(u)$。所以如果在分数阶傅里叶域将 $\mathcal{F}^p[x_s(t)]$ 通过一个理想的带通滤波器

$$H(u)=\begin{cases}T_s, & \Omega_l \leqslant |u| \leqslant \Omega_h \\ 0, & \text{其他}\end{cases}$$

那么我们在分数阶傅里叶域上就能重建出 $X_p(u)$,整个过程如图 6.2 所示。$X_p(u)$再经过逆分数阶傅里叶变换,就能得到 $x_r(t)$(与 $x(t)$相同)。写成数学形式,重建信号为

$$\begin{aligned}x_r(t)&=\mathcal{F}^{-p}[\mathcal{F}^p[x_s(t)]H(u)]\\&=\mathrm{e}^{-\mathrm{j}\frac{t^2}{2}\cot\alpha}\int_{-\infty}^{+\infty}\mathrm{e}^{\mathrm{j}\frac{\tau^2}{2}\cot\alpha}x_s(\tau)\frac{\csc\alpha}{2\pi}\int_{-\infty}^{+\infty}\mathrm{e}^{\mathrm{j}u(t-\tau)\csc\alpha}H(u)\,\mathrm{d}u\,\mathrm{d}\tau\end{aligned}$$

容易证明

$$\int_{-\infty}^{+\infty}\mathrm{e}^{\mathrm{j}u(t-\tau)\csc\alpha}H(u)\,\mathrm{d}u=\frac{2T_s[\sin[\Omega_h(t-\tau)\csc\alpha]-\sin[\Omega_l(t-\tau)\csc\alpha]]}{(t-\tau)\csc\alpha}$$

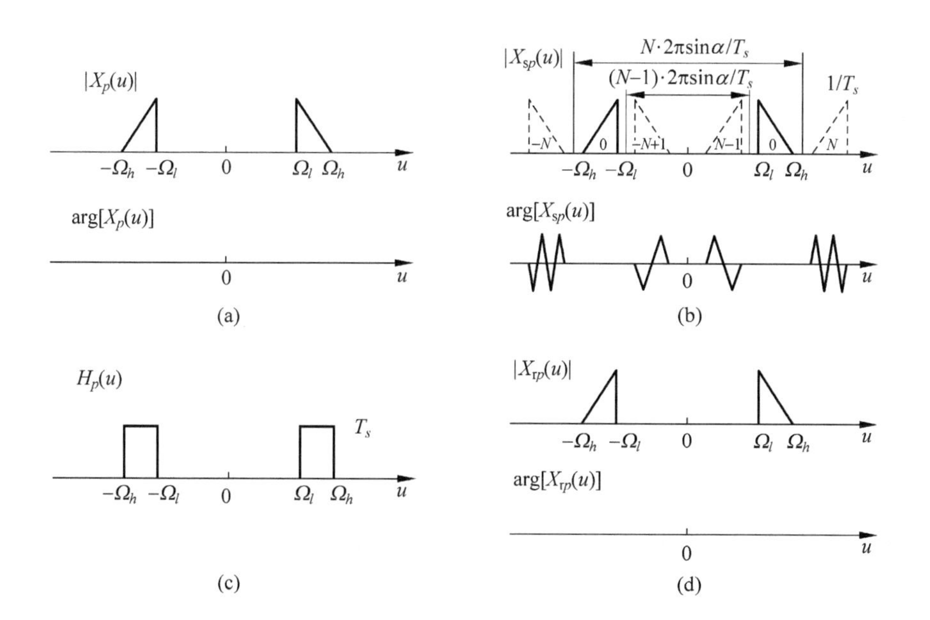

图 6.2　信号的重建

(a) 原始信号的分数阶傅里叶变换 $X_\alpha(u)$;(b) 采样后信号的分数阶傅里叶变换 $X_{s\alpha}(u)$;(c) 理想的分数阶傅里叶域上的带通滤波器;(d) 重建信号的分数阶傅里叶变换 $X_{r\alpha}(u)$

所以

$$x_r(t)=\mathrm{e}^{-\mathrm{j}\frac{t^2}{2}\cot\alpha}\int_{-\infty}^{+\infty}\mathrm{e}^{\mathrm{j}\frac{\tau^2}{2}\cot\alpha}x_s(\tau)\cdot \frac{T_s\left[\sin\left[\Omega_h(t-\tau)\csc\alpha\right]-\sin\left[\Omega_l(t-\tau)\csc\alpha\right]\right]}{\pi(t-\tau)}\mathrm{d}\tau \tag{6.12}$$

再根据式(6.1),式(6.12)可以变成

$$x_r(t)=\mathrm{e}^{-\mathrm{j}\frac{t^2}{2}\cot\alpha}\sum_{n=-\infty}^{+\infty}\mathrm{e}^{\mathrm{j}\frac{(nT_s)^2}{2}\cot\alpha}x(nT_s)\cdot \frac{T_s\left[\sin\left[\Omega_h(t-nT_s)\csc\alpha\right]-\sin\left[\Omega_l(t-nT_s)\csc\alpha\right]\right]}{\pi(t-nT_s)} \tag{6.13}$$

这就是分数阶傅里叶域带通信号的重建公式。与采样定理类似,如果令 $\Omega_l=0$,则式(6.13)将变成分数阶傅里叶域低通信号的重建公式。进一步,如果我们选取采样频率 $\Omega_s=2\Omega_w\csc\alpha$,式(6.13)将变成

$$x_r(t)=\mathrm{e}^{-\mathrm{j}\frac{t^2}{2}\cot\alpha}\sum_{n=-\infty}^{+\infty}\mathrm{e}^{\mathrm{j}\frac{(nT_s)^2}{2}\cot\alpha}x(nT_s)\frac{\sin\left[\Omega_w(t-nT_s)\csc\alpha\right]}{\Omega_w(t-nT_s)\csc\alpha} \tag{6.14}$$

这一结果与文献[5-6]中的结果是一致的。同理,如果令 $\alpha=\pi/2$,式(6.13)和式(6.14)也将分别变成经典的带通和低通重建公式。类似地,根据分数阶傅里叶变换核的对称性,可以得到时域带限信号,即 $x(t)=0$ 当 $|t|>T_w$ 的插值公式如下:

$$X_{r\alpha}(u)=\mathrm{e}^{\mathrm{j}\frac{u^2}{2}\cot\alpha}\sum_{n=-\infty}^{+\infty}\mathrm{e}^{-\mathrm{j}\frac{n^2\left(\frac{\pi}{T_w\csc\alpha}\right)^2}{2}\cot\alpha}X_\alpha\left(n\frac{\pi}{T\csc\alpha}\right)\frac{\sin\left[T_w\csc\alpha\left(u-n\frac{\pi}{T\csc\alpha}\right)\right]}{T_w\csc\alpha\left(u-n\frac{\pi}{T\csc\alpha}\right)} \tag{6.15}$$

因为分数阶傅里叶变换可以看作傅里叶变换的广义形式,时域和频域都可以看作 $\alpha=0$ 和 $\alpha=\pi/2$ 角度的分数阶傅里叶域,因此上面两式可以写成统一的形式。也就说,对于 α 角度分数阶傅里叶域 Ω_w 带限信号,我们希望可以用 β 角度分数阶傅里叶域样本来重建该信号。利用分数阶傅里叶变换的旋转相加性,α 角度分数阶傅里叶域 Ω_w 带限信号在 β 角度分数阶傅里叶域的表示可以看作 $(\alpha-\beta)$ 角度分数阶傅里叶域 Ω_w 带限信号,因此可以得到[5]

$$X_\beta(u)=\mathrm{e}^{-\mathrm{j}\frac{u^2}{2}\cot(\alpha-\beta)}\sum_{n=-\infty}^{+\infty}X_\beta\left(n\frac{\pi}{\Omega_w\csc(\alpha-\beta)}\right)\mathrm{e}^{\mathrm{j}\frac{n^2\left(\frac{\pi}{\Omega_w\csc(\alpha-\beta)}\right)^2}{2}\cot(\alpha-\beta)}\cdot \frac{\sin\left[(\Omega_w\csc(\alpha-\beta))\left(u-n\frac{\pi}{\Omega_w\csc(\alpha-\beta)}\right)\right]}{(\Omega_w\csc(\alpha-\beta))\left(u-n\frac{\pi}{\Omega_w\csc(\alpha-\beta)}\right)} \tag{6.16}$$

从上式可以看出,当 $\beta=0$ 时,式(6.16)退化为式(6.14);当 $\alpha=0$ 时,式(6.16)退化为式(6.15)。式(6.16)表示,对于在 α 角度分数阶傅里叶域带限的信号,其在 β 角度分数阶傅里叶域的表示可以通过 β 角度分数阶傅里叶域上的采样实现重建。对式(6.16)两边作角度为 $(\gamma-\beta)$ 的分数阶傅里叶变换,可以得到更广义的重建公式:

$$X_\gamma(u)=\sum_{n=-\infty}^{+\infty}X_\beta\left(n\frac{\pi}{\Omega_w\csc(\alpha-\beta)}\right)\mathrm{e}^{\mathrm{j}\frac{n^2\left(\frac{\pi}{\Omega_w\csc(\alpha-\beta)}\right)^2}{2}\cot(\alpha-\beta)}\mathcal{F}^{\gamma-\beta}\left[\Phi(\sigma)\right] \tag{6.17}$$

其中，$\Phi(\sigma)=\mathrm{e}^{-\mathrm{j}\frac{\sigma^2}{2}\cot(\alpha-\beta)}\dfrac{\sin\left[(\Omega_w\csc(\alpha-\beta))\left(\sigma-n\dfrac{\pi}{\Omega_w\csc(\alpha-\beta)}\right)\right]}{(\Omega_w\csc(\alpha-\beta))\left(\sigma-n\dfrac{\pi}{\Omega_w\csc(\alpha-\beta)}\right)}$；$\mathcal{F}^{\gamma-\beta}$表示$(\gamma-\beta)$角度分数阶傅里叶变换。式(6.17)表明，对于一个α角度分数阶傅里叶域带限信号，其在γ角度分数阶傅里叶域的表示可以通过β角度分数阶傅里叶域的样本实现完全重建。也就是说，对于任何分数阶傅里叶域带限信号，其在某个分数阶傅里叶域上的表示可以通过另一个分数阶傅里叶域的样本实现完全重建。当$\gamma=\beta$时，式(6.17)退化为式(6.16)。

6.1.2 分数阶傅里叶域数字频率

在p阶分数阶傅里叶域中，chirp周期(Chirp Period)定义为[8]

$$X_p(u-\Delta u^p)\mathrm{e}^{-\frac{\mathrm{j}}{2}\cot\alpha(u-\Delta u^p)^2}=X_p(u)\mathrm{e}^{-\frac{\mathrm{j}}{2}\cot\alpha u^2} \tag{6.18}$$

其中，

$$\Delta u^p=\frac{2\pi\mid\sin\alpha\mid}{\Delta t} \tag{6.19}$$

为chirp周期长度。由式(6.18)进一步有

$$X_p(u)=X_p(u-\Delta u^p)\mathrm{e}^{\frac{\mathrm{j}}{2}\Delta u^p(2u-\Delta u^p)\cot\alpha}$$

由上式可以看出，信号以chirp周期移位后，幅值不变，辐角呈线性变化。

因此，综合式(6.18)、式(6.19)可以发现，模拟信号$x(t)$被一脉冲串以采样周期Δt均匀采样后，其p阶分数阶傅里叶谱是将$x(t)$的分数阶傅里叶谱以chirp周期Δu^p延拓而得。

为了对问题做进一步分析，在这里引入变量ω，其表达式为

$$\omega=u\Delta t \tag{6.20}$$

即

$$u=\frac{\omega}{\Delta t} \tag{6.21}$$

其中，Δt为信号在时域的采样周期。将式(6.21)代入式(6.6)，有

$$\begin{aligned}X_{sp}(\omega)&=\mathcal{F}^p[x_s(t)]\\&=\frac{1}{\Delta t}\mathrm{e}^{\frac{\mathrm{j}}{2}\frac{\omega^2}{\Delta t^2}\cot\alpha}\sum_{n=-\infty}^{+\infty}X_p\left(\frac{\omega-2\pi n\sin\alpha}{\Delta t}\right)\mathrm{e}^{-\frac{\mathrm{j}}{2}\frac{(\omega-2\pi n\sin\alpha)^2}{\Delta t^2}\cot\alpha}\end{aligned} \tag{6.22}$$

当$\alpha=\pi/2$，即$p=1$时，式(6.22)则转换为

$$X_{s1}(\omega)=\frac{1}{\Delta t}\sum_{n=-\infty}^{+\infty}X_1\left(\frac{\omega-2\pi n}{\Delta t}\right) \tag{6.23}$$

可以发现，式(6.23)为连续信号$x(t)$在傅里叶域中的模拟谱与其采样序列在傅里叶域中的数字谱的关系。同样，由式(6.22)可以发现，$X_{sp}(\omega)$是将$X_p(\omega)$以归一化的chirp周期$2\pi\sin\alpha$延拓而得。

由此，仿照傅里叶域中数字频率的定义形式[9]，可以将ω定义为分数阶傅里叶域中的数字频率，并将$2\pi\sin\alpha$定义为分数阶傅里叶域数字频率周期[10]，仿照式(6.18)chirp周期的定义，分数阶傅里叶域数字频率周期$\Delta\omega_p$可以有如下性质：

$$\widetilde{H}_p(\omega)\mathrm{e}^{-\frac{\mathrm{j}}{2}\cot\alpha\frac{\omega^2}{\Delta t^2}}=\widetilde{H}_p(\omega-\Delta\omega_p)\mathrm{e}^{-\frac{\mathrm{j}}{2}\cot\alpha\frac{(\omega-\Delta\omega_p)^2}{\Delta t^2}}$$

即

$$\widetilde{H}_p(\omega)=\widetilde{H}_p(\omega-\Delta\omega_p)\mathrm{e}^{\frac{\mathrm{j}}{2}\cot\alpha\frac{\Delta\omega_p(2\omega-\Delta\omega_p)}{\Delta t^2}}$$

也就是说，

$$\widetilde{H}_p(\omega)=\widetilde{H}_p(\omega-2\pi\sin\alpha)\mathrm{e}^{\mathrm{j}2\pi\cos\alpha\frac{\omega-\pi\sin\alpha}{\Delta t^2}}\tag{6.24}$$

那么采样序列 $x(n)$ 的分数阶傅里叶谱在分数阶傅里叶域数字频率轴上表示为

$$X_{sp}(\omega)=\sqrt{\frac{1-\mathrm{j}\cot\alpha}{2\pi}}\mathrm{e}^{\frac{\mathrm{j}}{2}\cot\alpha\frac{\omega^2}{\Delta t^2}}\sum_{n=-\infty}^{+\infty}x(n)\mathrm{e}^{-\mathrm{j}n\omega\csc\alpha+\frac{\mathrm{j}}{2}n^2\Delta t^2\cot\alpha}\tag{6.25a}$$

那么，其相应的 p 阶离散时间分数阶傅里叶反变换可以定义为

$$x(n)=\sqrt{\frac{1+\mathrm{j}\cot\alpha}{2\pi}}\int_{-\pi\sin\alpha}^{\pi\sin\alpha}X_{sp}(\omega)\mathrm{e}^{-\mathrm{j}\frac{n^2\Delta t^2+(\omega/\Delta t)^2}{2}\cot\alpha+\mathrm{j}n\omega\csc\alpha}\mathrm{d}\omega\tag{6.25b}$$

可以发现，当 $\alpha=\pi/2$，即 $p=1$ 时，式(6.25a)、式(6.25b)即变为传统傅里叶域中的数字频率谱表现形式：

$$X_{s1}(\omega)=\sqrt{\frac{1}{2\pi}}\sum_{n=-\infty}^{+\infty}x(n)\mathrm{e}^{-\mathrm{j}n\omega}$$

$$x(n)=\sqrt{\frac{1}{2\pi}}\int_{-\pi}^{\pi}X_{s1}(\omega)\mathrm{e}^{\mathrm{j}n\omega}\mathrm{d}\omega$$

分数阶傅里叶域数字频率的提出，让我们可以在分数阶傅里叶域也能够作信号采样周期的归一化分析，但它不同于传统的周期归一化定义，只是将 Δt 简单地默认为 1。分数阶傅里叶域数字频率只是将离散时间分数阶傅里叶变换中的复正弦基项由 $\mathrm{e}^{-\mathrm{j}un\Delta t\csc\alpha}$ 变为 $\mathrm{e}^{-\mathrm{j}n\omega\csc\alpha}$，但它还保持了核函数中 chirp 基项采样间隔系数不变，也就是说保持 chirp 基项 $\mathrm{e}^{\frac{\mathrm{j}}{2}n^2\Delta t^2\cot\alpha}$ 频率变化范围不变。这就为后续的采样率转换的分数阶傅里叶域分析、抽取和内插的恒等关系以及分数阶傅里叶域滤波器组研究提供了有力的工具。

6.1.3 离散时间分数阶傅里叶变换和分数阶傅里叶级数

在定义离散时间分数阶傅里叶变换(Discrete-Time Fractional Fourier Transform, DTFRFT)和分数阶傅里叶级数(Fractional Fourier Series, FRFS)之前，我们首先考察对于哪些信号可以定义其离散时间分数阶傅里叶变换和分数阶傅里叶级数。在传统的基于傅里叶变换分析中，针对信号在时域表示是否为连续和周期的，存在四种不同形式的傅里叶变换对：傅里叶变换、傅里叶级数(Fourier Series, FS)、离散时间傅里叶变换(Discrete-Time Fourier Transform, DTFT)和离散傅里叶变换(Discrete Fourier Transform, DFT)。自然地，我们会问这样的问题：对于分数阶傅里叶变换，是否也存在类似的四种形式。Cariolaro 根据信号在时域和傅里叶域上的表示是否是相同的，对这个问题进行了解答[11]。

我们知道，对于四种类型的信号定义了四种傅里叶变换对，这四种类型的信号分别为：①连续时间非周期信号；②连续时间周期信号；③离散时间非周期信号；④离散时间周期信号。在每种情况下，均要考虑信号的表示是否为连续的，是否为周期性。考察以上四种类型信

号的傅里叶变换，可以看出只有①连续时间非周期信号和④离散时间周期信号，它们在傅里叶域的表示依然还是连续非周期和离散周期函数，也就是说，第①和④类信号在时域和傅里叶域上的表示是相同的。因为时域和傅里叶域分别是 $\alpha=0$ 和 $\alpha=\pi/2$ 角度的分数阶傅里叶域，因此分数阶傅里叶变换只能对在时域和傅里叶域具有相同表示形式的信号存在定义[12]。在每一类可以定义分数阶傅里叶变换的信号类型上，信号在时域和分数阶傅里叶域的表示需要具有相同表示形式，这也是分数阶傅里叶变换相加性的要求。因为旋转相加性要求可以对信号作 α 角度分数阶傅里叶变换，结果再作 β 角度的分数阶傅里叶变换，这就要求信号在各个阶次分数阶傅里叶域具有相同的形式，否则连续地做分数阶傅里叶变换就没有意义。

尽管不存在严格意义的离散时间分数阶傅里叶变换和分数阶傅里叶级数，也就是说不满足旋转相加性。但是在一些特殊的应用场合下，依然可以定义其表示形式。Kraniauskas 和 Cariolaro 把分数阶傅里叶变换分解成傅里叶变换的变化形式，即根据分数阶傅里叶变换的定义式，信号的分数阶傅里叶变换可以看作信号首先被一个 chirp 信号调制，然后作普通的傅里叶变换，再经过尺度化并被第二个 chirp 信号调制，得到信号的分数阶傅里叶变换。其中，傅里叶变换操作是在分数阶傅里叶变换中最重要的步骤，因此可以根据分数阶傅里叶变换中傅里叶变换的形式得到相应的离散时间分数阶傅里叶变换和分数阶傅里叶级数的定义。分数阶傅里叶级数被定义为[8,12]

$$x(t)=\sum_{n=-\infty}^{+\infty}X_\alpha(nu_0)\mathrm{e}^{-\frac{\mathrm{j}}{2}\cot\alpha(t^2+(nu_0)^2)+\mathrm{j}nu_0t\csc\alpha} \tag{6.26}$$

$$X_\alpha(nu_0)=\int_0^{T_p}x(t)\mathrm{e}^{\frac{\mathrm{j}}{2}\cot\alpha(t^2+(nu_0)^2)-\mathrm{j}nu_0t\csc\alpha}\,\mathrm{d}t \tag{6.27}$$

其中，$x(t)$满足

$$x(t-T_p)\mathrm{e}^{\mathrm{j}\frac{(t-T_p)^2}{2}\cot\alpha}=x(t)\mathrm{e}^{\mathrm{j}\frac{t^2}{2}\cot\alpha} \tag{6.28}$$

式中，$u_0=2\pi/(T_p\csc\alpha)$；T_p 为 chirp 周期大小，即 α 角度 chirp 周期性。相应地，离散时间分数阶傅里叶变换定义为[8,12]

$$\widetilde{X}_\alpha(u)=\sum_{n=-\infty}^{+\infty}x(nT_s)\mathrm{e}^{-\frac{\mathrm{j}}{2}\cot\alpha(u^2+(nT_s)^2)+\mathrm{j}nT_su\csc\alpha} \tag{6.29}$$

$$x(nT_s)=\int_0^{2\pi/(T_s\csc\alpha)}\widetilde{X}_\alpha(u)\mathrm{e}^{\frac{\mathrm{j}}{2}\cot\alpha(u^2+(nT_s)^2)-\mathrm{j}nT_su\csc\alpha}\,\mathrm{d}u \tag{6.30}$$

其中，T_s 是采样间隔，并且 $\widetilde{X}_\alpha(u)$满足$-\alpha$ 角度 chirp 周期性

$$\widetilde{X}_\alpha(u-2\pi/(T_s\csc\alpha))\mathrm{e}^{-\mathrm{j}\frac{(u-2\pi/(T_s\csc\alpha))^2}{2}\cot\alpha}=\widetilde{X}_\alpha(u)\mathrm{e}^{-\mathrm{j}\frac{u^2}{2}\cot\alpha} \tag{6.31}$$

从上式可以看出，这种离散时间分数阶傅里叶变换定义是直接从信号的理想采样的分数阶傅里叶变换得到的[13]

$$\widetilde{X}_\alpha(u)=\mathcal{F}^\alpha\Big(\sum_{n=-\infty}^{+\infty}x(t)\delta(t-nT_s)\Big) \tag{6.32}$$

Pei 提出了针对有限长信号的分数阶傅里叶级数[14]。类似在传统傅里叶级数定义中，冲激函数 $\delta(u-nu_0)$被看作分数阶傅里叶域的基，并用来寻找分数阶傅里叶级数在时域的基函数。对 $\delta(u-nu_0)$作 α 角度逆分数阶傅里叶变换，并考虑正交性条件，那么就可以得到

α 角度分数阶傅里叶级数时域的正交基函数

$$\varphi_{\alpha,n}(t)=\sqrt{\frac{\sin\alpha+\mathrm{j}\cos\alpha}{T}}\mathrm{e}^{-\frac{\mathrm{j}}{2}\cot\alpha(t^2+(nu_0)^2)+\mathrm{j}nu_0t\csc\alpha} \tag{6.33}$$

其中，$u_0=2\pi/(T\csc\alpha)$，T 为有限长信号的时间长度。利用式(6.33)，分数阶傅里叶级数可以写作

$$x(t)=\sum_{n=-\infty}^{+\infty}C_{\alpha,n}\varphi_{\alpha,n}(t) \tag{6.34}$$

分数阶傅里叶级数序列展开系数 $C_{\alpha,n}$ 可以从信号 $x(t)$ 的分数阶傅里叶变换采样获得

$$C_{\alpha,n}=\sqrt{\frac{2\pi\sin\alpha}{T}}X_{\alpha}\left(n\frac{2\pi\sin\alpha}{T}\right) \tag{6.35}$$

相应地，离散时间分数阶傅里叶变换可以利用分数阶傅里叶级数的对偶性获得，也就是把时域的离散采样看作 $\alpha=\pi/2$ 角度分数阶傅里叶级数展开系数。因此离散时间信号 $x(nT)$ 的离散时间分数阶傅里叶变换可以通过对 $X_{-\pi/2}(u)$ 求 $\left(\frac{\pi}{2}+\alpha\right)$ 角度的分数阶傅里叶级数系数获得[14]。因为这种离散时间分数阶傅里叶变换是从分数阶傅里叶级数推导得到，因此这种类型的离散时间分数阶傅里叶变换在分数阶傅里叶域是离散的，这种定义和 Cariolaro 在文献[8,12]中定义的离散时间分数阶傅里叶变换是不一样的。

从这种分数阶傅里叶级数的定义可以看出，对 chirp 信号做匹配阶次的分数阶傅里叶级数只会在 $2\pi/(T\csc\alpha)$ 的整数倍处存在冲激。因为并不是所有 chirp 信号都会在 $2\pi/(T\csc\alpha)$ 的整数倍处存在冲激[14-15]，所以这对于有限长 chirp 信号是不合适的。文献[15]定义了一种基于式(6.33)的任意偏移分数阶傅里叶级数，这样分数阶傅里叶级数的 chirp 基就不止是在 $2\pi/(T\csc\alpha)$ 的整数倍处存在冲激，这非常利于有限长 chirp 信号的检测和参数估计。

Kraniauskas 和 Cariolaro 定义的离散时间分数阶傅里叶变换就是信号 $x(t)$ 理想采样的分数阶傅里叶变换[8,12]。根据分数阶傅里叶变换旋转相加性，信号 $x(t)$ 采样序列的 α 角度离散时间分数阶傅里叶变换等于周期函数 $X_{\pi/2}(\omega)$ 的 $\alpha-\pi/2$ 角度分数阶傅里叶变换。因此，Alieva 根据周期函数的分数阶傅里叶变换的性质，分析了在小角度下离散时间分数阶傅里叶变换的振荡特性[16]。需要强调的是，当我们谈到离散时间分数阶傅里叶变换和分数阶傅里叶级数的定义时，由于不满足旋转相加性，它们不能算是严格的"分数阶"算子。

6.1.4 分数阶圆周卷积

分数阶卷积定理针对的是两个时域连续信号的分数阶卷积的情况，而工程中处理的信号一般为时域离散信号，本节将重点介绍两个离散信号应如何进行分数阶卷积，分数阶卷积后的结果和其离散分数阶傅里叶变换(DFRFT)的关系。

首先来看离散分数阶傅里叶变换的定义。根据第 5 章 Pei 提出的采样型离散算法，对分数阶傅里叶变换的输入、输出分别以间隔 Δt 和 Δu 进行取样，当分数阶傅里叶域的输出采样点数 M 大于等于时域输入采样点数 N(通常取为相等的情况，即 $M=N$，因此下文中分数阶傅里叶域和时域采样的点数也统一用 N 表示)，并且采样间隔满足

$$\Delta u\Delta t=2\pi\mid S\mid\sin\alpha/N \tag{6.36}$$

其中，$|S|$ 是与 N 互质的整数(常取为 1)，离散分数阶傅里叶变换可以表示为

$$X_p(m)=\sqrt{\frac{\mathrm{sgn}(\sin\alpha)(\sin\alpha-\mathrm{j}\cos\alpha)}{N}}\mathrm{e}^{\frac{\mathrm{j}}{2}m^2\Delta u^2\cot\alpha}\cdot\sum_{n=0}^{N-1}\mathrm{e}^{\frac{\mathrm{j}}{2}\cot\alpha n^2\Delta t^2}\mathrm{e}^{-\mathrm{j}\cdot\frac{\mathrm{sgn}(\sin\alpha)\cdot 2\pi\cdot n\cdot m}{N}}x(n),\quad \alpha\neq D\pi \tag{6.37a}$$

$$X_p(m)=x(m),\quad \alpha=2D\pi \tag{6.37b}$$

和

$$X_p(m)=x(-m),\quad \alpha=(2D+1)\pi \tag{6.37c}$$

其中,D 为整数。

在不失一般性的前提下,通常我们可以只考虑 $\alpha>0$ 且 $\alpha\neq D\pi$ 时的情形,而 $\alpha<0$ 时的情形和 $\alpha>0$ 时的类似,因此可以暂不考虑,这时式(6.37a)可以写为

$$X_p(m)=\sqrt{\frac{\sin\alpha-\mathrm{j}\cos\alpha}{N}}\mathrm{e}^{\frac{\mathrm{j}}{2}m^2\Delta u^2\cot\alpha}\cdot\sum_{n=0}^{N-1}\mathrm{e}^{\frac{\mathrm{j}}{2}n^2\Delta t^2\cot\alpha}\mathrm{e}^{-\mathrm{j}\frac{2\pi\cdot n\cdot m}{N}}x(n),\quad \alpha>0\text{ 且 }\alpha\neq D\pi \tag{6.38}$$

这里需要着重指出的是,离散分数阶傅里叶变换的定义中隐含有周期性意义。如同傅里叶域的采样理论一样,根据前述的分数阶傅里叶域采样理论,离散分数阶傅里叶变换定义中的时域和分数阶傅里叶域信号离散化分别造成了分数阶傅里叶域和时域信号的 chirp 周期延拓,即

$$X_p(m-N\Delta u)\mathrm{e}^{-\frac{\mathrm{j}}{2}(m-N)^2\Delta u^2\cot\alpha}=X_p(m)\mathrm{e}^{-\frac{\mathrm{j}}{2}m^2\Delta u^2\cot\alpha} \tag{6.39}$$

$$x(n-N\Delta t)\mathrm{e}^{\frac{\mathrm{j}}{2}(n-N)^2\Delta t^2\cot\alpha}=x(n)\mathrm{e}^{\frac{\mathrm{j}}{2}n^2\Delta t^2\cot\alpha} \tag{6.40}$$

而离散分数阶傅里叶变换定义式(式(6.38))中的 $x(n)$ 和 $X_p(m)$ 应分别为时域和分数阶傅里叶域中 chirp 周期性序列 $\tilde{x}(n)$ 和 $\widetilde{X}_p(m)$ 的一个 chirp 周期内的取值,即

$$x(n)=\tilde{x}(n)R_N(n)=x((n))_{p,N}R_N(n) \tag{6.41}$$

$$X_p(m)=\widetilde{X}_p(m)R_N(m)=X_p((m))_{p,N}R_N(m) \tag{6.42}$$

式中,$x((n))_{p,N}$ 称为以 N 为周期的 p 阶 chirp 周期延拓,$R_N(n)=\begin{cases}1, & 0\leqslant n\leqslant N-1\\ 0, & 其他\end{cases}$ 表示取一个周期序列的主值区间。

接下来,考虑 p 阶分数阶傅里叶域的两个有限长序列 $X_{1,p}(m)$ 和 $X_{2,p}(m)$ 及一个 chirp 信号 $\mathrm{e}^{-\frac{\mathrm{j}}{2}m^2\Delta u^2\cot\alpha}$ 的乘积

$$X_{3,p}(m)=X_{1,p}(m)X_{2,p}(m)\mathrm{e}^{-\frac{\mathrm{j}}{2}m^2\Delta u^2\cot\alpha} \tag{6.43}$$

由离散分数阶傅里叶变换的定义

$$\begin{aligned}x_3(n)&=\mathcal{F}^{-p}[X_{3,p}(m)]\\&=\sqrt{\frac{\sin\alpha+\mathrm{j}\cos\alpha}{N}}\mathrm{e}^{-\frac{\mathrm{j}}{2}n^2\Delta t^2\cot\alpha}\sum_{m=0}^{N-1}X_{1,p}(m)X_{2,p}(m)\mathrm{e}^{\mathrm{j}\frac{2\pi}{N}mn}\mathrm{e}^{-\mathrm{j}m^2\Delta u^2\cot\alpha}\end{aligned} \tag{6.44}$$

并且

$$X_{1,p}(m)=\sqrt{\frac{\sin\alpha-\mathrm{j}\cos\alpha}{N}}\mathrm{e}^{\frac{\mathrm{j}}{2}m^2\Delta u^2\cot\alpha}\sum_{n=0}^{N-1}x_1(n)\mathrm{e}^{-\mathrm{j}\frac{2\pi}{N}mn}\mathrm{e}^{\frac{\mathrm{j}}{2}n^2\Delta t^2\cot\alpha} \tag{6.45}$$

将式(6.45)代入式(6.44)得

$$
\begin{aligned}
x_3(n)=&\sqrt{\frac{\sin\alpha+\mathrm{j}\cos\alpha}{N}}\mathrm{e}^{-\frac{\mathrm{j}}{2}n^2\Delta t^2\cot\alpha}\cdot\\
&\sum_{m=0}^{N-1}\left[\left(\sqrt{\frac{\sin\alpha-\mathrm{j}\cos\alpha}{N}}\mathrm{e}^{\frac{\mathrm{j}}{2}m^2\Delta u^2\cot\alpha}\sum_{i=0}^{N-1}x_1(i)\mathrm{e}^{-\mathrm{j}\frac{2\pi}{N}mi}\mathrm{e}^{\frac{\mathrm{j}}{2}i^2\Delta t^2\cot\alpha}\right)\cdot\right.\\
&\left.X_{2,p}(m)\mathrm{e}^{\mathrm{j}\frac{2\pi}{N}mn}\mathrm{e}^{-\mathrm{j}m^2\Delta u^2\cot\alpha}\right]
\end{aligned}
\tag{6.46}
$$

$$
=\frac{1}{N}\mathrm{e}^{-\frac{\mathrm{j}}{2}n^2\Delta t^2\cot\alpha}\sum_{i=0}^{N-1}x_1(i)\mathrm{e}^{\frac{\mathrm{j}}{2}i^2\Delta t^2\cot\alpha}\sum_{m=0}^{N-1}X_{2,p}(m)\mathrm{e}^{\mathrm{j}\frac{2\pi}{N}m(n-i)}\mathrm{e}^{-\frac{\mathrm{j}}{2}m^2\Delta u^2\cot\alpha}
$$

又由离散分数阶傅里叶变换隐含周期性可知

$$
\begin{aligned}
x_2((n-i))_{p,N}R_N(n)=&\sqrt{\frac{\sin\alpha+\mathrm{j}\cos\alpha}{N}}\mathrm{e}^{-\frac{\mathrm{j}}{2}\cot\alpha(n-i)^2\Delta t^2}\cdot\\
&\sum_{m=0}^{N-1}X_{2,p}(m)\mathrm{e}^{\mathrm{j}\frac{2\pi}{N}m(n-i)}\mathrm{e}^{-\frac{\mathrm{j}}{2}m^2\Delta u^2\cot\alpha}
\end{aligned}
\tag{6.47}
$$

再将式(6.47)代入式(6.46)得

$$
\begin{aligned}
x_3(n)=&\sqrt{\frac{\sin\alpha-\mathrm{j}\cos\alpha}{N}}\mathrm{e}^{-\frac{\mathrm{j}}{2}n^2\Delta t^2\cot\alpha}\sum_{i=0}^{N-1}x_1(i)\mathrm{e}^{\frac{\mathrm{j}}{2}i^2\Delta t^2\cot\alpha}\cdot\\
&x_2((n-i))_{p,N}\mathrm{e}^{\frac{\mathrm{j}}{2}(n-i)^2\Delta t^2\cot\alpha}R_N(n)\\
=&[\tilde{x}_1(n)\underset{p}{\otimes}\tilde{x}_2(n)]R_N(n)
\end{aligned}
\tag{6.48}
$$

由此，我们定义周期为 N 的 p 阶分数阶圆周卷积操作为

$$
\begin{aligned}
x_1(n)\overset{N}{\underset{p}{\otimes}}x_2(n)=&[\tilde{x}_1(n)\underset{p}{\otimes}\tilde{x}_2(n)]R_N(n)\\
=&\sqrt{\frac{\sin\alpha-\mathrm{j}\cos\alpha}{N}}\mathrm{e}^{-\frac{\mathrm{j}}{2}n^2\Delta t^2\cot\alpha}\sum_{i=0}^{N-1}x_1(i)\mathrm{e}^{\frac{\mathrm{j}}{2}i^2\Delta t^2\cot\alpha}\\
&x_2((n-i))_{p,N}R_N(n)\mathrm{e}^{\frac{\mathrm{j}}{2}(n-i)^2\Delta t^2\cot\alpha}
\end{aligned}
\tag{6.49}
$$

需要特别注意的是，分数阶圆周卷积操作中的 $x_2((n-i))_{p,N}R_N(n)$表示在卷积过程中序列 $x_2(n)$将先按 chirp 周期性进行延拓，然后再进行圆周移位。

这样，根据上面的推导我们可以得到分数阶圆周卷积定理为：

时域上两个序列的周期为 N 的 p 阶分数阶圆周卷积对应于它们 p 阶离散分数阶傅里叶变换的乘积再乘以一个线性调频信号，即

$$
\mathcal{F}^p[x_1(n)\overset{N}{\underset{p}{\otimes}}x_2(n)]=X_{1,p}(m)X_{2,p}(m)\mathrm{e}^{-\frac{\mathrm{j}}{2}m^2\Delta u^2\cot\alpha}
\tag{6.50}
$$

进一步，对于时域上两有限长序列 $x_1(n)$、$x_2(n)$，若 $x_3(n)=x_1(n)x_2(n)\mathrm{e}^{\frac{\mathrm{j}}{2}n^2\Delta t^2\cot\alpha}$，那么由离散分数阶傅里叶变换的定义，仿照上面的推导可以有

$$
\begin{aligned}
X_{3,p}(m)=&\mathcal{F}^p[x_3(n)]\\
=&\frac{1}{N}\mathrm{e}^{\frac{\mathrm{j}}{2}m^2\Delta u^2\cot\alpha}\sum_{n=0}^{N-1}\sum_{i=0}^{N-1}X_{1,p}(i)\mathrm{e}^{-\frac{\mathrm{j}}{2}i^2\Delta t^2\cot\alpha}x_2(n)\mathrm{e}^{-\mathrm{j}\frac{2\pi}{N}(m-i)n}\mathrm{e}^{\mathrm{j}n^2\Delta t^2\cot\alpha}
\end{aligned}
$$

$$
\begin{aligned}
&= \sqrt{\frac{\sin\alpha + \mathrm{j}\cos\alpha}{N}} \mathrm{e}^{\frac{\mathrm{j}}{2}m^2\Delta u^2\cot\alpha} \sum_{i=0}^{N-1} X_{1,p}(i) \mathrm{e}^{-\frac{\mathrm{j}}{2}i^2\Delta t^2\cot\alpha} \\
&\quad X_{2,p}((m-i))_{-p,N} R_N(m) \mathrm{e}^{-\frac{\mathrm{j}}{2}(m-i)^2\Delta t^2\cot\alpha} \\
&= X_1(m) \underset{-p}{\overset{N}{\otimes}} X_2(m)
\end{aligned} \tag{6.51}
$$

因此,总结可以得到另一个结论为:

时域上两个序列乘积再乘以一个线性调频信号对应于它们 p 阶离散分数阶傅里叶变换周期为 N 的 $-p$ 阶分数阶圆周卷积操作,即

$$
\mathcal{F}^p \left[x_1(n)x_2(n)\mathrm{e}^{\frac{\mathrm{j}}{2}n^2\Delta t^2\cot\alpha}\right] = X_{1,p}(m) \underset{-p}{\overset{N}{\otimes}} X_{2,p}(m) \tag{6.52}
$$

为了验证所提出的分数阶圆周卷积定理的正确性,下面给出了计算机仿真结果。仿真中,两个长度为 $N=40$ 的信号序列 $x_1(n)=1$ 和 $x_2(n)=1(n=0,1,\cdots,N-1)$进行 $L=65$ 点的 p 阶分数阶圆周卷积。首先将 $x_1(n)$和 $x_2(n)$补上$(L-N)$个 0,再将 $x_2(n)$按 chirp 周期性进行 chirp 周期延拓,最后按式(6.49)进行分数阶圆周卷积得到序列 $x_3(n)$。另外,将 $x_1(n)$和 $x_2(n)$分别进行 L 点 p 阶离散分数阶傅里叶变换得到 $X_{1,p}(m)$和 $X_{2,p}(m)$,然后将两者相乘并乘以 $\mathrm{e}^{-\frac{\mathrm{j}}{2}m^2\Delta u^2\cot\alpha}$ 得到 $X_{3,p}(m)$,最后再将 $X_{3,p}(m)$作 $-p$ 阶离散分数阶傅里叶变换得到 $\hat{x}_3(n)$。图 6.3 给出了 $x_1(n)$和 $x_2(n)$,以及它们分数阶圆周卷积后的结果 $x_3(n)$。图 6.4 给出了 $x_1(n)$和 $x_2(n)$的 p 阶离散分数阶傅里叶变换的结果 $X_{1,p}(m)$和 $X_{2,p}(m)$,以及由此得到的 $\hat{x}_3(n)$。比较图 6.3(c)和图 6.4(c)可以看出,$x_3(n)=\hat{x}_3(n)$,从而说明了所得分数阶圆周卷积定理的正确性。

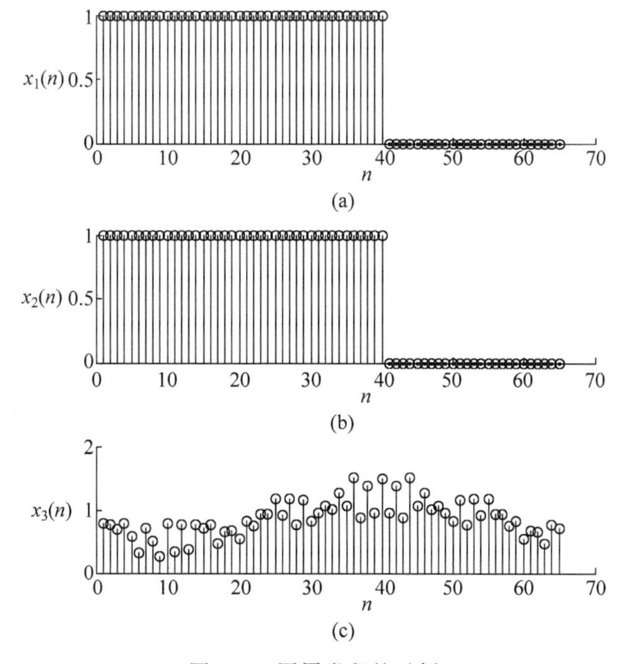

图 6.3 圆周卷积的示例

(a) 原始信号 $x_1(n)$; (b) 原始信号 $x_1(n)$; (c) $x_1(n)$和 $x_2(n)$的分数阶圆周卷积结果 $x_3(n)$

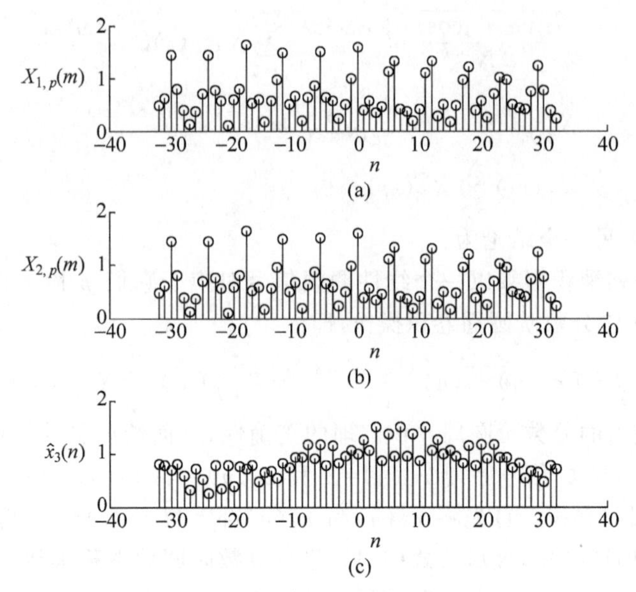

图 6.4　p 阶离散分数阶傅里叶变换的示例

(a) 原始信号 $x_1(n)$ 的离散分数阶傅里叶变换 $X_{1,p}(m)$；(b) 原始信号 $x_1(n)$ 的离散分数阶傅里叶变换 $X_{2,p}(m)$；(c) 由 $X_{1,p}(m)$ 和 $X_{2,p}(m)$ 乘积作逆离散分数阶傅里叶变换得到的 $\hat{x}_3(n)$

为加深对分数阶圆周卷积定理的认识，这里举例说明了分数阶圆周卷积定理在滤波器时域实现和基于分数阶傅里叶变换的正交频分复用(FRFT-OFDM)通信系统中的应用。

1. 分数阶傅里叶域滤波器的时域实现

假设现有一混有噪声的多分量 chirp 信号序列 $g(n)(n=0,1,\cdots,N-1)$，其含有两个具有相同调频率和不同初始频率的 chirp 信号分量 $g_1(n)$ 和 $g_2(n)$，即

$$\begin{aligned} g(n) &= g_1(n)+g_2(n)+\eta(n) \\ &= \exp(\mathrm{j}\pi\mu n^2+2\mathrm{j}\pi f_1 n)+\exp(\mathrm{j}\pi\mu n^2+2\mathrm{j}\pi f_2 n)+\eta(n) \end{aligned} \tag{6.53}$$

其中，$\eta(n)$ 为加性高斯白噪声。如果希望通过滤波得到信号分量 $g_1(n)$，而滤除其他信号分量和噪声，则可根据分数阶圆周卷积定理设计一个滤波器 $c(n)$ 对信号 $g(n)$ 进行滤波。假定与调频率 μ 对应的分数阶傅里叶域为 p 阶，即 $p=2\operatorname{arccot}(-\mu)/\pi$，则滤波器的实现和滤波方法如下：

(1) 在 p 阶分数阶傅里叶域设计中心频率 f_1 处的带通滤波器 $C_p(u)$。

(2) 将 $C_p(u)$ 乘以 $\mathrm{e}^{-\frac{\mathrm{j}}{2}m^2\Delta u^2\cot\alpha}$ 并作 $-p$ 阶离散分数阶傅里叶变换得到滤波器时域响应 $c(n)$。

(3) 将信号 $g(n)$ 与滤波器时域响应 $c(n)$ 进行 p 阶分数阶圆周卷积即可得到需要的信号分量 $\hat{g}_1(n)$。

图 6.5 给出了所需信号分量 $g_1(n)$ 的时域波形及分数阶傅里叶域谱 $G_{1,p}(m)$ 的形式，图 6.6 则给出了混有其他信号分量和噪声后的信号 $g(n)$ 的波形和分数阶傅里叶域谱 $G_p(m)$ 的形式。图 6.7 给出了 $g(n)$ 与 $c(n)$ 经过分数阶圆周卷积后得到的滤波器输出信号 $\hat{g}_1(n)$ 的时域及分数阶傅里叶域谱 $\hat{G}_{1,p}(m)$ 形式。通过比较图 6.5 和图 6.7 可以看到，分

数阶循环卷积滤波器较好地滤除了其他信号分量和噪声，基本恢复了所需的信号分量。

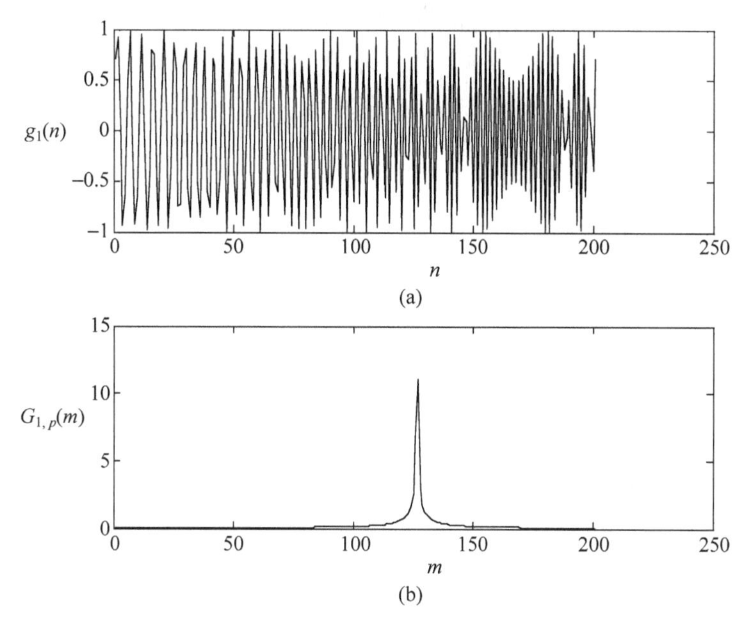

图 6.5　原信号及其分数阶傅里叶域谱

(a) 信号分量 $g_1(n)$；(b) $g_1(n)$的分数阶傅里叶域谱 $G_{1,p}(m)$

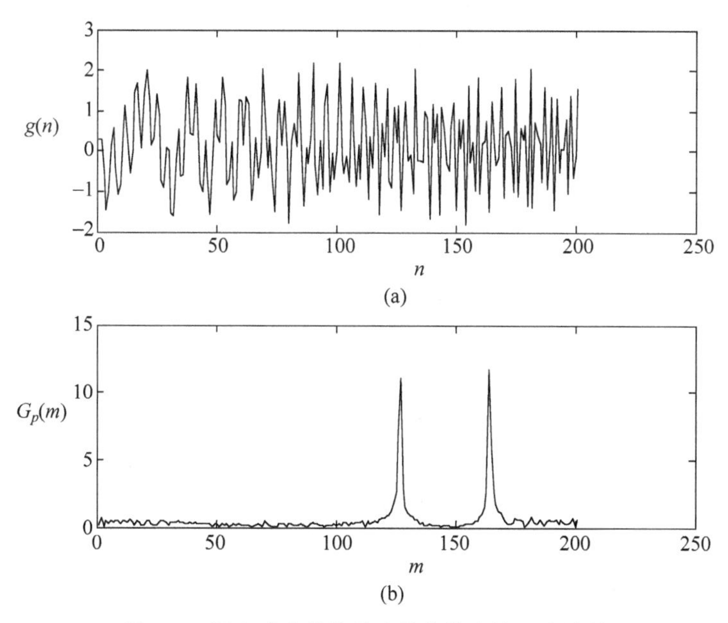

图 6.6　混有噪声的信号及其分数阶傅里叶域谱

(a) 混有其他分量和噪声的信号 $g(n)$；(b) $g(n)$的分数阶傅里叶域谱 $G_p(m)$

2. 在 FRFT-OFDM 通信系统中的应用

在 OFDM 通信系统中，为了减小时变信道对 OFDM 系统中子载波正交性的破坏，降低子载波间的干扰(ICI)，近来出现了一种以 chirp 信号作为子载波，即应用逆离散分数阶傅里

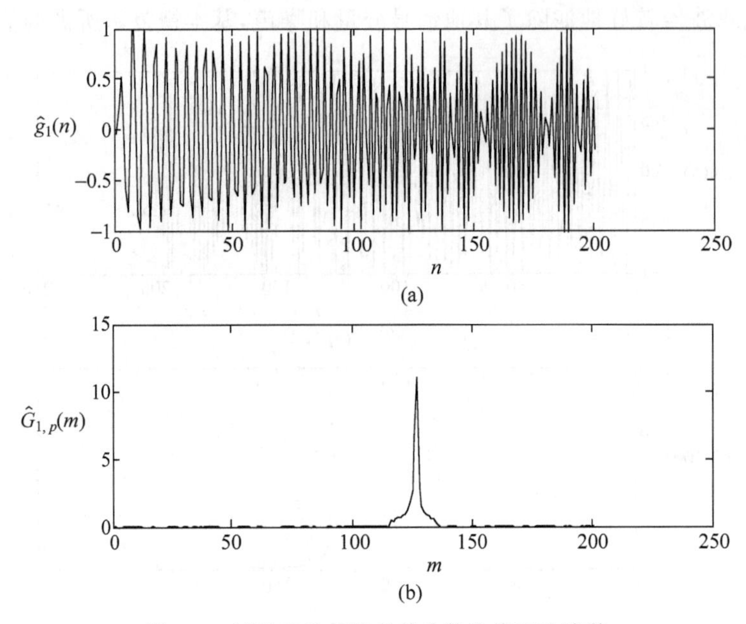

图 6.7 滤波后的信号及其分数阶傅里叶域谱

(a) 滤波恢复出的信号分量$\hat{g}_1(n)$;(b) $\hat{g}_1(n)$的分数阶傅里叶域谱$\hat{G}_{1,p}(m)$

叶变换和离散分数阶傅里叶变换进行子载波调制和解调的 FRFT-OFDM 系统,详细请参看第 11 章。在该系统中,子载波调制的过程可以表示为

$$s(n)=\sqrt{\frac{\sin\alpha-\mathrm{j}\cos\alpha}{N}}\,\mathrm{e}^{-\frac{\mathrm{j}}{2}n^2\Delta t^2\cot\alpha}\cdot \sum_{m=0}^{N-1}\mathrm{e}^{-\frac{\mathrm{j}}{2}m^2\Delta u^2\cot\alpha}\,\mathrm{e}^{\mathrm{j}\frac{2\pi nm}{N}}d(m) \tag{6.54}$$

其中,$d(m)(m=0,1,\cdots,N-1)$为系统中一个 OFDM 符号向量中各子载波上需要传输的数据,$s(n)(n=0,1,\cdots,N-1)$为子载波调制后得到的信号。

众所周知,在传统基于傅里叶变换的 OFDM 系统中为了消除相邻 OFDM 符号间的干扰,同时为了使通过无线信道的线性卷积运算转化为循环卷积运算,从而方便频域均衡,需要插入一定长度的循环前缀。插入循环前缀的方法是,将经过子载波调制后的 OFDM 符号向量末尾一定长度的数据复制到向量的头部。假设循环前缀长度为 N_g,用公式表示的传统 OFDM 系统中的加入循环前缀后的 OFDM 符号向量为

$$\boldsymbol{s}_g=[s(-N_g+1),s(-N_g+2),\cdots,s(-1),s(0),s(1),\cdots,s(N-1)]^{\mathrm{T}} \tag{6.55}$$

其中,$s(-N_g+n)=s(N-N_g+n)n=0,1,\cdots,N_g-1$。这样既形成了两个 OFDM 符号间的保护间隔,更重要的是在接收端去掉循环前缀后,信道的卷积过程被转化为循环卷积,使得通过频域的简单除法运算即可消除信道的影响。

在 FRFT-OFDM 系统中,同样需要加入一定长度的 OFDM 符号保护间隔,或者说循环前缀。根据分数阶圆周卷积定理,为了使发射信号与信道冲激响应的卷积转化为分数阶傅里叶域的乘积以方便均衡,需要按分数阶圆周卷积的结构进行运算。因此,循环前缀的加入方法不再是简单地将符号向量尾部内容复制到头部,而应该根据分数阶

循环卷积结构按 chirp 周期性加入循环前缀。图 6.8 给出了传统 FT-OFDM 系统和 FRFT-OFDM 系统中对一个 OFDM 系统进行周期延拓[图 6.8(a)]和 chirp 周期延拓[图 6.8(b)]的示意图。

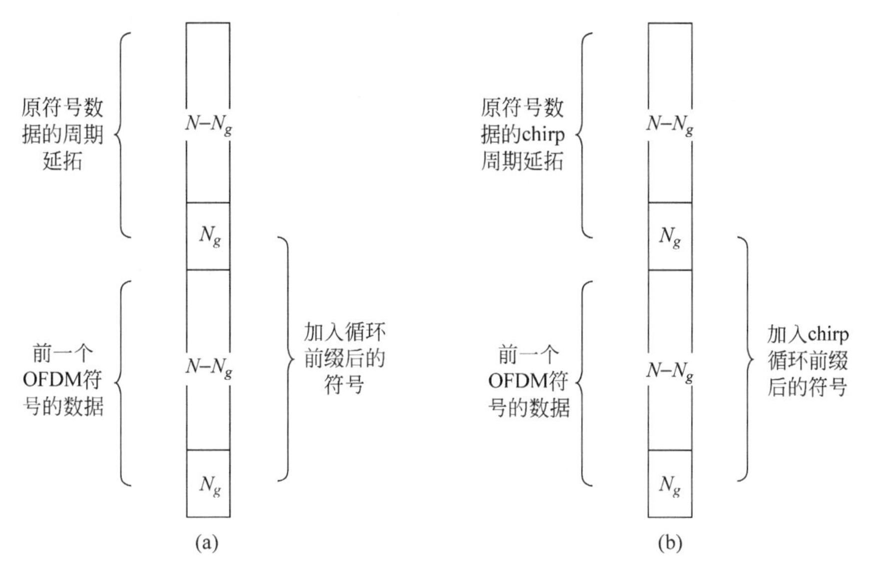

图 6.8 FT-OFDM 系统中和 FRFT-OFDM 系统中对 OFDM 符号延拓的示意图

按照 chirp 周期性

$$s(n-N)\mathrm{e}^{\frac{\mathrm{j}}{2}(n-N)^2\cot\alpha}=s(n)\mathrm{e}^{\frac{\mathrm{j}}{2}n^2\cot\alpha} \tag{6.56}$$

因此若仍用式(6.56)表示加入循环前缀后的符号向量,则其中的循环前缀应为

$$\begin{aligned}s(-N_g+n)&=s(N-N_g+n)\\&\quad\mathrm{e}^{\frac{\mathrm{j}}{2}(N-N_g+n)^2\cot\alpha}\mathrm{e}^{-\frac{\mathrm{j}}{2}(-N_g+n)^2\cot\alpha},\quad n=1,2,\cdots,N_g\end{aligned} \tag{6.57}$$

从图 6.8(b)和式(6.57)可以看出,在 FRFT-OFDM 系统中,循环前缀的加入应先将一个 OFDM 符号进行 chirp 周期延拓,然后取本符号周期的前一个周期的尾部内容作为循环前缀,或者说在按传统方法复制尾部内容的同时应再按式(6.57)叠加一个相位项,以此作为添加的循环前缀。这样,在接收端去掉循环前缀后,发射信号通过信道的过程可以转化为分数阶圆周卷积的过程。因此,接收到的信号在分数阶傅里叶域可以表示为发送的数据向量和等效信道响应的分数阶傅里叶变换的乘积,因此可以比较简单地实现分数阶傅里叶域均衡。

6.1.5 分数阶傅里叶域分辨率

6.1.4 节说明了时域采样对信号分数阶傅里叶变换造成的影响以及如何实现原信号的不失真重建,接下来进一步确定离散分数阶傅里叶变换的分析范围和分辨率。我们知道,当以采样频率 f_s 对连续信号 $x(t)$ 进行采样,采样时间为 $[-T_d/2,T_d/2]$,即采样持续时间为 T_d,样本数是 $N=T_df_s$,则采样信号 $x_s(t)$ 是时域区间 $[-T_d/2,T_d/2]$ 以间隔 $1/f_s$ 的 N 点均匀离散,其相应的离散傅里叶变换 $X_{s,\pi/2}(\omega)$ 是频域区间 $[-f_s/2,f_s/2]$ 以间隔 $1/T_d$ 的 N 点均匀离散。既然 $X_{s,\pi/2}(\omega)$ 是 $X_{s\alpha}(u)$ 的一个特例,那么不难想到 $X_{s\alpha}(u)$ 应该

也是将 α 角度分数阶傅里叶域的某段区间 $[u_l, u_h]$ 作了 N 点均匀离散。因此，只要确定了该段区间，也就得到了相应的 α 角度分数阶傅里叶域的分析范围和离散分辨率。

既然零角度分数阶傅里叶域表征时域，$\pi/2$ 角度分数阶傅里叶域表征频域，α 角度分数阶傅里叶谱密度等于角度 α 的 Radon-Wigner 变换，那么随着变换角度 α 从 0 变化到 2π，分数阶傅里叶变换扫过整个时频面，并给出相应角度的一维表征。因此，我们得到了如图 6.9 所示的分数阶傅里叶域示意图。下面分 $f_s = T_d$、$f_s \neq T_d$ 两种情况进行分析。

首先假设 $f_s = T_d$，则该信号的时频分布大部分都局限在图 6.9(a)所示的圆内。这时，在时频面上做任何角度的 Radon 变换的分析范围和分辨率都将是一样的。根据 Radon-Wigner 变换与分数阶傅里叶变换的关系，那么显然 α 角度离散分数阶傅里叶变换的分析范围就是 $[-u_N, u_N] = [-f_s/2, f_s/2] = [-T_d/2, T_d/2]$，离散分辨率是 $\Delta = 1/f_s = 1/T_d$。

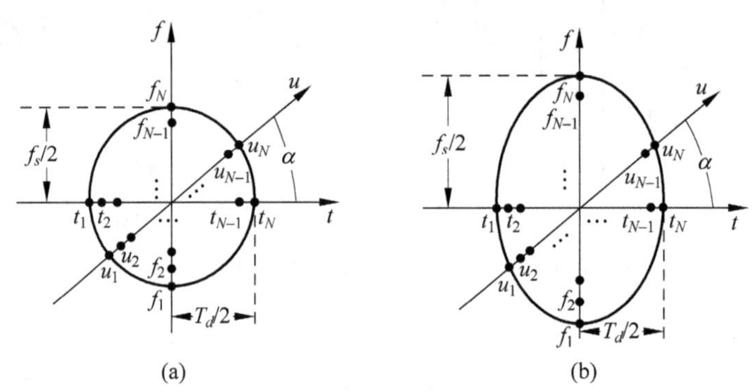

图 6.9　分数阶傅里叶域示意图

(a) 离散分数阶傅里叶域($f_s = T_d$)；(b) 离散分数阶傅里叶域($f_s > T_d$)

接下来考虑 $f_s \neq T_d$ 的情况，这时无法直接得到 α 角度离散分数阶傅里叶变换的分析范围和离散分辨率。但是，可以看到，通过量纲归一化处理将时域 t 和频域 f 分别转换成无量纲的域 t/λ、$f\lambda$，其中 $\lambda = \sqrt{T_d/f_s}$，可以使得归一化以后信号的时频分布限定在以原点为中心、直径 $\rho = \sqrt{T_d f_s}$ 的圆内，这便回到了图 6.9(a)所示的情况，只是坐标轴的含义发生了变化。于是，利用上述结果可以得到，归一化以后信号的 α 角度离散分数阶傅里叶变换的分析范围是 $[-u_N, u_N] = [-\rho/2, \rho/2]$，离散分辨率是 $1/\rho$。既然在无量纲域 t/λ、$f\lambda$ 所张成的平面中 u_N 的坐标为 $\left(\frac{\rho}{2}\cos\alpha, \frac{\rho}{2}\sin\alpha\right)$，那么将之重新代回到时频面表示，则在时频面 u_N 的坐标为 $\left(\frac{\rho}{2}\lambda\cos\alpha, \frac{\rho}{2}\sin\alpha/\lambda\right)$，即

$$\left(\frac{T_d}{2}\cos\alpha, \frac{f_s}{2}\sin\alpha\right)$$

所以，相应的 α 角度离散分数阶傅里叶变换的分析范围是

$$\left(-\sqrt{\frac{T_d^2}{4}\cos^2\alpha + \frac{f_s^2}{4}\sin^2\alpha}, \sqrt{\frac{T_d^2}{4}\cos^2\alpha + \frac{f_s^2}{4}\sin^2\alpha}\right) \tag{6.58}$$

离散分辨率是

$$\Delta = 2u_N/N = \sqrt{\frac{\cos^2\alpha}{f_s^2} + \frac{\sin^2\alpha}{T_d^{\ 2}}} \tag{6.59}$$

可见，当 $f_s \neq T_d$ 时，α 角度离散分数阶傅里叶变换的分析范围随着 α 的改变而形成一个椭圆，图 6.9(b)表示的是 $f_s > T_d$ 的情况。当 $f_s < T_d$ 时，得到的结果类似于图 6.9(b)，只是椭圆的长短轴发生了改变，因此，本章不再另作 $f_s < T_d$ 的表示图。

需要说明的是：

(1) 尽管式(6.58)、式(6.59)推导的是 $f_s \neq T_d$ 的情况下 α 角度离散分数阶傅里叶变换的分析范围和分辨率表达式，但是，我们可以看到如果取 $f_s = T_d$，则得到了 $f_s = T_d$ 的情况下的 α 角度离散分数阶傅里叶变换的分析范围和分辨率表达式，所以可以用式(6.58)、式(6.59)来统一表示 α 角度离散分数阶傅里叶变换的分析范围和分辨率。

(2) 上述 α 角度离散分数阶傅里叶变换的分析范围和分辨率均是用频率 f_s 和时间 T_d 来计算的，而本章所导出的广义采样定理是建立在角频率 $\omega_s = 2\pi f_s$ 基础上的，在作数值计算时需要注意这一点。

(3) 分数阶傅里叶变换可以分解为两次 chirp 调制和一次尺度 $1/\csc\alpha = \sin\alpha$ 变化的傅里叶变换[17]，由此可以得到频域到 α 角度分数阶傅里叶域的关系，从图 6.5(a)来看，就是 f 轴到 u 轴的关系，即 f 轴上的点对应为做了尺度 $\sin\alpha$ 变化的 u 轴上的点。这里需要指出，在时频面上，f 轴上的点指的是零时刻的瞬时频率。我们不难想到利用这一点可以基于分数阶傅里叶变换来估计 chirp 信号零时刻的瞬时频率，即初始频率(实际上由于时间不存在负值，而分数阶傅里叶变换离散算法总是假定信号从 $-T_d/2$ 时刻到 $T_d/2$ 时刻采样，因此估计出的零时刻“初始频率”其实是信号的中心频率)。

(4) 在利用分数阶傅里叶变换快速离散算法进行离散计算时，都认为输入信号已经作了量纲归一化处理，当 $f_s = T_d$ 时[图 6.5(a)]，可以认为是特殊的量纲归一化，处理前后的信号时频表征不变，而 $f_s \neq T_d$ 时，则造成了量纲归一化前后信号的时频表征发生了改变。因此，在基于该分数阶傅里叶变换离散快速算法进行 chirp 信号参数估计时便需要对所得到的初始结果进行修正，具体修正方法可参看文献[18]。但是，直接利用本节导出的分数阶傅里叶域离散分辨率来计算 u 值并用于 chirp 信号参数估计，则不再需要进行修正。

6.1.6 对 chirp 类信号的采样

chirp 类信号是信号处理领域的常见信号之一，不管是在自然界的天然信号中还是人为产生的信号中都大量存在，而且 chirp 类信号可以看成频率时变信号的一阶近似，因此，对 chirp 类信号的分析和处理一直是信号处理领域的研究热点之一。考虑到分数阶傅里叶变换离散算法的需要，我们仍然以图 6.9(a)所示的分数阶傅里叶域来分析。设某 chirp 信号 x 的时频分布如图 6.10 所示，不失一般性，可以认为其时频分布关于原点对称(如果实际分布不关于原点对称，总是能够通过时移和频移来使其满足原点对称性)。

那么按照传统采样定理其采样频率不得小于 $2\omega_h$($\omega_h = 2\pi f_h$，f_h 为信号的频域最高频率)，而按照本章导出的采样定理其采样频率不得小于 $2\Omega_h/\sin\alpha$($\Omega_h = 2\pi u_h$，u_h 为信号的 $p = 2\alpha/\pi$ 阶分数阶傅里叶域最高频率)，当然对采样信号作低通滤波恢复原信号时所用的低通滤波传递函数则须分别在频域和 p 阶分数阶傅里叶域设计。现在来看看当利用前述导出的采样定理时是否能够以低于 $2f_h$ 的频率来采样。显然只要保证式(6.60)成立，就能

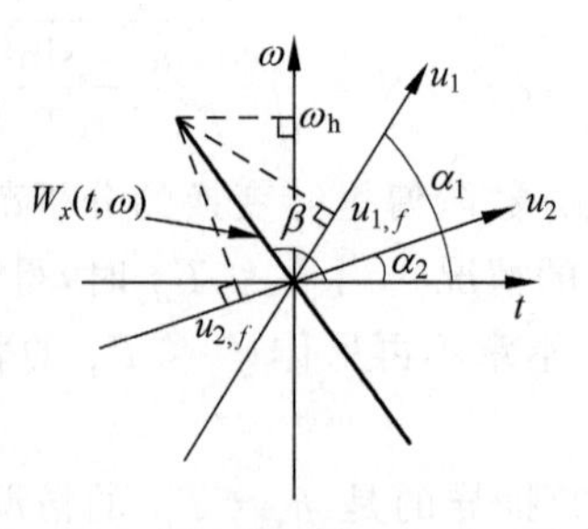

图 6.10 信号 x 的广义采样示意图。α_1,α_2 为分数阶傅里叶变换的阶数，β 为信号 Wigner 分布与时间轴的逆时针夹角，$u_{1,f}$ 和 $u_{2,f}$ 分别是信号 Wigner 分布的上端点到 u_1 轴和 u_2 轴的投影

够采用低于 $2f_{\mathrm{h}}$ 的频率来采样。

$$2\omega_{\mathrm{h}} > 2\Omega_{\mathrm{h}}/\sin\alpha, \quad 即\ f_{\mathrm{h}} > u_{\mathrm{h}}/\sin\alpha \tag{6.60}$$

由图 6.10 可以得到

$$u_{\mathrm{h}} = u_{1,f} = f_{\mathrm{h}}\frac{\cos(\beta-\alpha_1)}{\sin\beta}, \quad \beta-\alpha_1 < \frac{\pi}{2}\ 且\ 0<\alpha_1,\beta<\pi \tag{6.61}$$

$$u_{\mathrm{h}} = -u_{2,f} = f_{\mathrm{h}}\frac{\cos(\beta-\alpha_2)}{\sin\beta}, \quad \beta-\alpha_2 > \frac{\pi}{2}\ 且\ 0<\alpha_2,\beta<\pi \tag{6.62}$$

联立上两式得到

$$u_{\mathrm{h}} = f_{\mathrm{h}}\frac{\cos(\beta-\alpha)}{\sin\beta}, \quad 0<\alpha,\beta<\pi \tag{6.63}$$

将之代入式(6.60)，则有

$$\frac{\cos(\beta-\alpha)}{\sin\beta\sin\alpha} < 1$$

$$\frac{\cos(\beta-\alpha)-\sin\beta\sin\alpha}{\sin\beta\sin\alpha} < 0$$

$$\frac{(\cos\alpha\cos\beta+\sin\alpha\sin\beta)-\sin\beta\sin\alpha}{\sin\beta\sin\alpha} < 0$$

最后得到

$$\cot\alpha\cot\beta < 0, \quad 0<\alpha,\beta<\pi \tag{6.64}$$

显然，只要 α 与 β 不在同一象限即可保证式(6.60)成立。由此我们可以知道，对 chirp 信号是可以低于最高频率 f_{h} 的 2 倍进行采样而不造成信号分数阶傅里叶谱的混叠，相应的 p 阶分数阶傅里叶域重建低通滤波的截止频率 Ω_{cut} 取值区间为

$$[2\pi u_{\mathrm{h}}, 2\pi f_s\sin\alpha - 2\pi u_{\mathrm{h}}] \tag{6.65}$$

尽管图 6.10 给出的是调频率小于 0 的情况，但是当调频率大于 0 时，我们能够得到同样的结论。

接下来设定具体模型进行仿真验证。设 chirp 信号模型为 $x(t)=\mathrm{e}^{\mathrm{j}\pi\eta t^2}$，采样频率 $f_s=20\mathrm{Hz}$，采样时间为[−10s,10s]，那么采样信号就是

$$x_s(t) = \mathrm{e}^{\mathrm{j}\pi\eta t^2}\sum_{n=-\infty}^{+\infty}\delta\left(t-\frac{n}{20}\right), \quad -10 \leqslant t \leqslant 10$$

令分数阶傅里叶域的变换角度为 $\alpha_r(\cot\alpha_r=-2\pi, 0<\alpha_r<\pi)$，在上述参数的情况下，根据采样定理和式(6.63)可以知道采样信号 $x_s(t)$的 α_r 角度分数阶傅里叶谱不混叠的临界调频率是 $\eta_{\text{critical}}=2$，该值通过解如下方程求得

$$\begin{aligned} f_s &= 2u_{\text{h}}/\sin\alpha_r = 2f_{\text{h}}\frac{\cos(\beta-\alpha_r)}{\sin\beta\sin\alpha_r} \\ &= 2f_{\text{h}}(1+\cot\alpha_r\cot\beta) = \eta T_d\left(1+\frac{\cot\alpha_r}{2\pi\eta}\right) \end{aligned} \tag{6.66}$$

其中，T_d 表示信号持续时间。在这个例子中，$T_d=20\text{s}$。下面用 $\eta=1.5$ 的 chirp 信号进行重建仿真。根据式(6.63)和式(6.65)，可以得到

$$\left[2\pi f_{\text{h}}\frac{\cos(\beta-\alpha_r)}{\sin\beta}, 2\pi f_s\sin\alpha_r-2\pi f_{\text{h}}\frac{\cos(\beta-\alpha_r)}{\sin\theta}\right]$$

即

$$\left[2\pi\left(\eta\frac{T_d}{2}\right)\frac{\cos(\beta-\alpha_r)}{\sin\beta}, 2\pi f_s\sin\alpha_r-2\pi\left(\eta\frac{T_d}{2}\right)\frac{\cos(\beta-\alpha_r)}{\sin\beta}\right] \tag{6.67}$$

既然

$$\frac{\cos(\beta-\alpha_r)}{\sin\beta}=\cos\alpha_r\cot\beta+\sin\alpha_r$$

且 $\cot\alpha_r=-2\pi, \eta=1.5$，显然有

$$\cos\alpha_r=-2\pi/\sqrt{1+4\pi^2}$$

$$\sin\alpha_r=1/\sqrt{1+4\pi^2}$$

$$\cot\beta=\frac{1}{3\pi}$$

那么

$$\frac{\cos(\beta-\alpha_r)}{\sin\beta}=\frac{1}{3\sqrt{1+4\pi^2}} \tag{6.68}$$

把式(6.68)，$f_s=20$ 和 $T_d=20$ 代入式(6.67)，可以看出原信号可以通过截止频率为 Ω_{cut}(如下式所示)的低通滤波而不失真地恢复出来。

$$\frac{10\pi}{\sqrt{1+4\pi^2}}\leqslant\Omega_{\text{cut}}\leqslant\frac{30\pi}{\sqrt{1+4\pi^2}} \tag{6.69}$$

令 $\Omega_{\text{cut}}=2\pi f_s\sin\alpha_r/2=20\pi/\sqrt{1+4\pi^2}$，由式(6.14)可以得到重建公式如下：

$$x_{r,\alpha_r}(t)=\mathrm{e}^{\mathrm{j}\pi t^2}\sum_{n=-200}^{200}x_s\left(\frac{n}{20}\right)\mathrm{e}^{-\mathrm{j}\pi\left(\frac{n}{20}\right)^2}\frac{\sin\left[20\pi\left(t-\frac{n}{20}\right)\right]}{20\pi\left(t-\frac{n}{20}\right)} \tag{6.70}$$

图 6.11 是部分原信号和重建信号的对比图，可以看出重建信号极为逼近原信号。

下面我们用均方根误差(定义如下式)来验证得到的采样和重建理论：

$$\varepsilon=\sqrt{\left(\sum_n|x(n)-\hat{x}(n)|^2\right)/N} \tag{6.71}$$

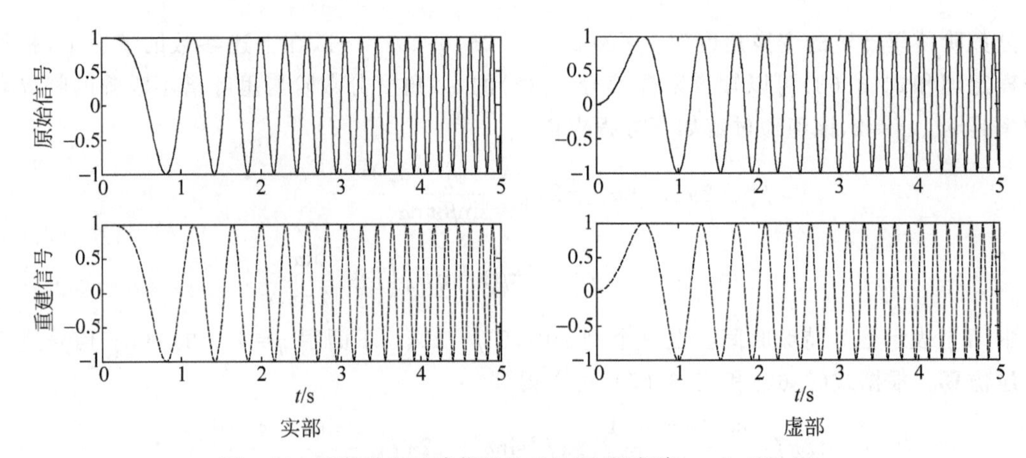

图 6.11　原信号和重建信号的对比图(调频率 $\eta=1.5\mathrm{Hz/s}$)

其中,N 表示样本数目。这样重建误差可以表示为

$$\varepsilon_r=\sqrt{\left(\sum_n |x_s(nT_\sigma)-x_{r,\alpha_r}(nT_\sigma)|^2\right)/N} \tag{6.72}$$

其中,$T_\sigma=0.001\mathrm{s}$,$N=1+T_d/T_\sigma=20001$。图 6.12 给出了截止频率为 $\Omega_{\mathrm{cut}}=20\pi/\sqrt{1+4\pi^2}$ 的重建误差随调频率变化的关系图。可以看出在调频率小于临界值 2 的情况下,重建误差是较小的,而当大于临界调频率 η_{critical} 后,重建误差相应增大。这个现象和我们的推导结果相吻合。

令 $\alpha_r=\pi/2$ 我们可以用熟悉的傅里叶变换结果来进行验证。将 $\alpha_r=\pi/2$ 代入式(6.66),得到相应的临界调频率值为 1。令 $\Omega_{\mathrm{cut}}=2\pi f_s\sin(\pi/2)/2=20\pi$,由式(6.14)得到重建公式为

$$x_{r,\pi/2}(t)=\sum_{n=-200}^{200}x_s\left(\frac{n}{20}\right)\frac{\sin\left[20\pi\left(t-\frac{n}{20}\right)\right]}{20\pi\left(t-\frac{n}{20}\right)} \tag{6.73}$$

类似地,给出截止频率为 $\Omega_{\mathrm{cut}}=2\pi f_s\sin(\pi/2)/2=20\pi$ 的重建误差随调频率变化的关系图如图 6.13 所示,可以看出该图同样吻合我们的结论。

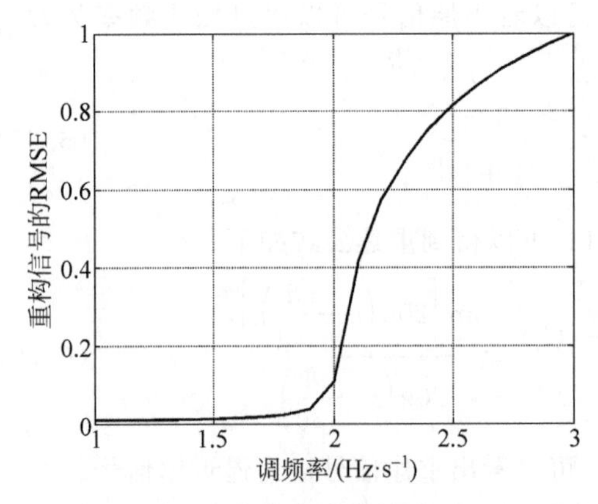

图 6.12　重建误差与调频率的关系($\cot\alpha_r=-2\pi$)

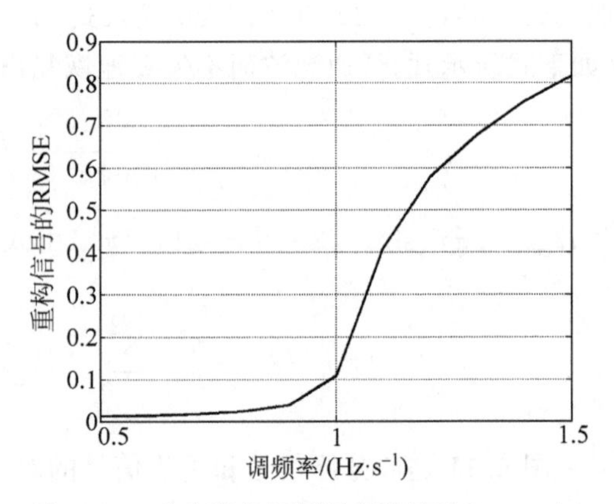

图 6.13　重建误差与调频率的关系($\alpha_r=\pi/2$)

6.2 随机非均匀采样

现代数字信号处理理论是在计算机技术的飞速发展过程中而兴起的一门科学，在现代信息理论中起到举足轻重的作用，但是现有的数字信号处理理论大多建立在均匀、理想取样信号模型基础之上，而实际中得到的一些信号有时是非均匀、非理想的采样序列，因此研究这类非均匀、非理想的采样信号具有重要的实际意义。非均匀采样理论的研究可以追溯到1953年Black提出的非均匀采样信号的重建条件和可能性[19]，从此以后不同的学者分别从不同的方面对非均匀采样信号进行了研究和探索[20-24]。这些研究主要包括以下几方面[22]：①非均匀采样序列的信号的重建与逼近。运用数学插值方法、概率统计等方法，对于所得到的非均匀采样点序列进行信号重建与逼近，从而可以进行进一步对信号的分析。②非均匀采样序列的频谱与均匀采样序列频谱之间的关系研究。通过非均匀采样点序列的频谱与信号真实频谱之间的关系，从而可以应用这些结果进行并行交替高速数据采集时的误差分析、设计有关的滤波器等。③基于非均匀采样理论的应用研究。主要包括非均匀滤波器的研究，在时分复用、并行超高速数据采集实现的过程中造成的时间抖动等方面的研究。关于非均匀采样信号的理论发展以及其在各个方面的应用研究可以参看文献[21]。

对于一般意义上的非均匀采样信号问题，在采样点是完全随机、并且没有规律的情况下，若想把原始信号完全重建出来是比较困难的，而且也是不现实的。而基于随机采样信号点来重建原始信号的问题最后可以归结为应用数学领域中的逼近论的问题，所以在此我们只介绍在信号处理工程领域和实际联系比较密切的采样问题，详细的证明和描述读者可以参见文献[25]。

6.2.1 非均匀采样的一般理论

对于频域带限信号，当对其非均匀采样后位置有所限制时，可利用如下定理重建原信号。

定理 6.1：假设信号 $x(t)$ 为傅里叶变换域上的 $(-\pi,\pi)$ 带限信号，设 $\{t_n\}_{n\in\mathbf{Z}}$ 是实序列并且满足如下条件[26]：

$$D=\sup_{n\in\mathbf{Z}}|t_n-n|<\frac{1}{4} \tag{6.74}$$

令

$$G(t)=(t-t_0)\prod_{n=1}^{+\infty}\left(1-\frac{t}{t_n}\right)\left(1-\frac{t}{t_{-n}}\right) \tag{6.75}$$

则对于任意傅里叶变换域上的 $(-\pi,\pi)$ 带限信号 $x(t)$ 来说，有如下的重建公式成立：

$$x(t)=\sum_{n=-\infty}^{+\infty}x(t_n)\frac{G(t)}{(t-t_n)G'(t)} \tag{6.76}$$

注：上述非均匀采样信号的采样定理可以看作传统意义上的均匀采样定理的进一步推广，并且上述采样定理在 $t_n=n$ 时，$G(t)=\frac{\sin\pi t}{\pi t}$，即经典的均匀采样定理可以看作上述非均匀采样定理的一个特例。

对于分数阶傅里叶域带限信号，如果采样时刻满足下列条件[27]：

$$|t_n - nT_N| \leqslant d < \frac{T_N}{4}, \quad d \in \mathbb{R} \tag{6.77}$$

其中，$T_N = \pi/(u_r \csc\alpha)$是奈奎斯特采样间隔，则原信号可通过如下拉格朗日插值公式进行重建：

$$x(t) = \mathrm{e}^{-\frac{\mathrm{j}}{2}t^2\cot\alpha} \sum_{n=-\infty}^{+\infty} x(t_n)\mathrm{e}^{\frac{\mathrm{j}}{2}t_n^2\cot\alpha} \frac{G(t)}{G'(t_n)(t-t_n)} \tag{6.78}$$

其中，

$$G(t) = \mathrm{e}^{at}(t-t_0)\prod_{n\neq 0}\left(\frac{1-t}{t_n}\right)\mathrm{e}^{t/t_n}, \quad a = \sum_{n\neq 0}\frac{1}{t_n} \tag{6.79}$$

并且$G'(t_n)$是$G(t)$在$t=t_n$时刻的导数。

从上述结论可以看出，分数阶傅里叶域带限信号通过非均匀采样点进行拉格朗日插值重建不仅对非均匀采样时刻具有严格的条件限制，而且计算复杂度很高，因为插值函数在不同的采样时刻具有不同的值，对每一个采样点都需要计算一次$G'(t_n)$，采样点越多，计算量越大。

6.2.2 随机非均匀采样模型①

以α角度分数阶傅里叶域带限的chirp平稳随机信号$x(t)$为研究对象，其非均匀采样序列为$x[n]$，也就是$x[n]=x(t_n)$。将非均匀采样时刻t_n建模为均匀采样时刻加上这一时刻的随机抖动，即$t_n = nT + \xi_n$，如图6.14所示，其中T为平均采样间隔并且假设其不大于奈奎斯特采样间隔，即$T \leqslant T_N$。设随机变量ξ_n是独立同分布序列且满足$\xi_n \in (-T/2, T/2)$，其概率密度函数记为$f_\xi(\xi)$。一种常见的ξ_n分布是均匀分布，其概率密度函数为$f_\xi(\xi)=1/T$且$\int_{-T/2}^{T/2} f_\xi(\xi')\mathrm{d}\xi' = 1$。也可根据实际具体情况将其建模为截断高斯分布或其他有界分布。对信号进行这种基于随机时钟抖动的非均匀采样系统如图6.15所示。

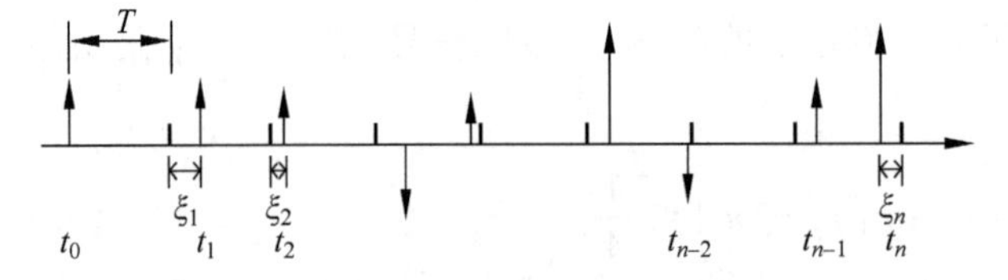

图6.14 基于时钟抖动的非均匀采样序列

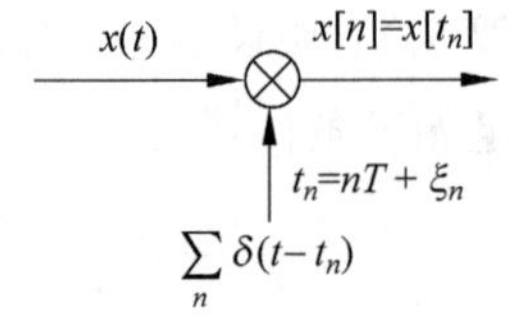

图6.15 随机性非均匀采样系统表示

首先，根据二阶统计分析，我们给出如下定理来表示上述随机化的非均匀采样与均匀采样之间的关系。

定理6.2[27]：对于α角度分数阶傅里叶域中带限的chirp平稳随机信号$x(t)$，在二阶统计意义下，对其进行具有随机抖动特性的非均匀采样可以等价为原信号经过前置滤波器系统后进行均匀采样，如图6.16所示。其中，前置滤波系统的传递函数为$h(t) = \mathcal{F}_{-\pi/2}[H_\alpha(u)](t\csc\alpha)$，$T$是均匀采样间隔，$t_n = nT + \xi_n$是非均匀采样时刻。同时可以证

① 本节涉及的分数阶傅里叶域带限的chirp平稳随机信号、分数阶相关函数、分数阶功率谱等概念参见第8章。

明当系统中包含与原信号不相关的零均值加性噪声 $v(t)$，并且其分数阶功率谱密度为 $P_{vv}^{\alpha}(u)=P_{xx}^{\alpha}(u)(1-|H_{\alpha}(u)|^{2})$时，采样系统的功率谱密度保持平衡。

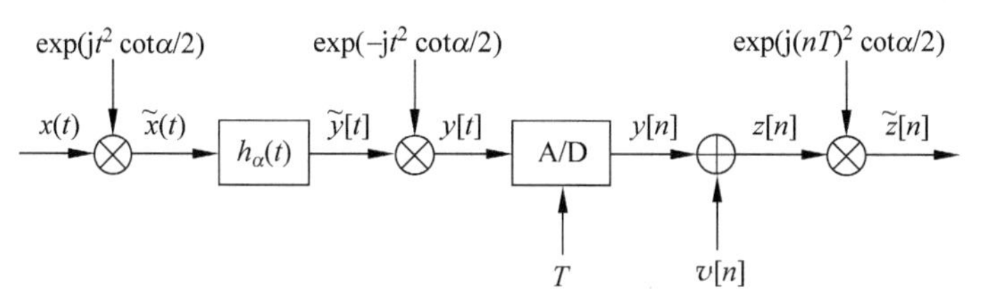

图 6.16　随机性非均匀采样的等价系统

证明：根据 α 角度分数阶傅里叶域中 chirp 平稳随机信号的定义，可得 $\tilde{x}(t)=x(t)\mathrm{e}^{\mathrm{j}t^{2}\cot\alpha/2}$ 是广义平稳的。随机化的非均匀采样可用图 6.17 表示。

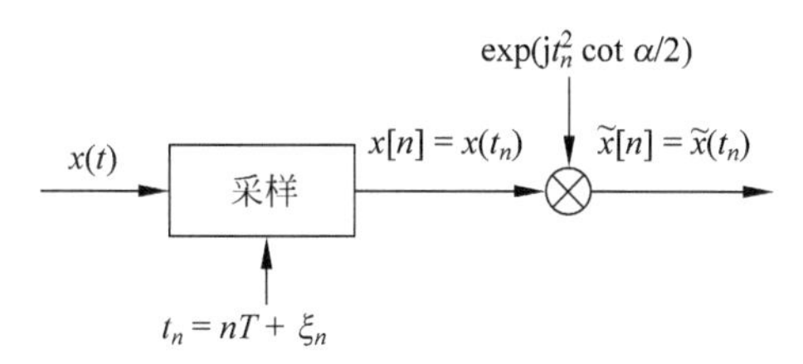

图 6.17　随机非均匀采样框图表示

根据分数阶傅里叶域乘性滤波器，系统中输入/输出的分数阶功率谱具有如下关系：

$$P_{yy}^{\alpha}(u)=|H_{\alpha}(u)|^{2}P_{xx}^{\alpha}(u) \tag{6.80}$$

首先考虑系统采样不受噪声影响，则系统中的采样值 $z[n]$就是 $y[n]$，它的自相关函数就是 $y[n]$的自相关函数。利用分数阶功率谱与分数阶自相关函数的关系

$$R_{xx}^{\alpha}(\tau)=\int_{-u_r}^{u_r}P_{xx}^{\alpha}(u)\mathrm{e}^{\mathrm{j}u\tau\csc\alpha}\,\mathrm{e}^{-\mathrm{j}\tau^{2}\cot\alpha/2}\mathrm{d}u \tag{6.81}$$

$z[n]$的分数阶自相关函数可表示为

$$R_{zz}^{\alpha}(nT,(n-k)T)=\int_{-u_r}^{u_r}P_{xx}^{\alpha}(u)\,|H_{\alpha}(u)|^{2}\,\mathrm{e}^{\mathrm{j}ukT\csc\alpha}\,\mathrm{e}^{-\frac{\mathrm{j}}{2}(kT)^{2}\cot\alpha}\mathrm{d}u \tag{6.82}$$

则

$$\begin{aligned}R_{\tilde{z}\tilde{z}}(nT,nT-kT)&=R_{zz}^{\alpha}(nT,nT-kT)\mathrm{e}^{\frac{\mathrm{j}}{2}(kT)^{2}\cot\alpha}\\&=\int_{-u_r}^{u_r}P_{xx}^{\alpha}(u)\,|H_{\alpha}(u)|^{2}\,\mathrm{e}^{\mathrm{j}ukT\csc\alpha}\mathrm{d}u\end{aligned} \tag{6.83}$$

另外，由于 $x(t_n)$和 ξ_n 均是随机变量，则 $x[n]$的自相关函数表示为

$$R_{xx}^{\alpha}(t_n,t_{n-k})=R_{xx}^{\alpha}(kT+\xi_n-\xi_{n-k})=\int_{-u_r}^{u_r}P_{xx}^{\alpha}(u)E\{\mathrm{e}^{\mathrm{j}u(kT+\xi_n-\xi_{n-k})\csc\alpha}\,\mathrm{e}^{-\frac{\mathrm{j}}{2}(kT+\xi_n-\xi_{n-k})^{2}\cot\alpha}\}\mathrm{d}u \tag{6.84}$$

又因为 $\tilde{x}(t)=x(t)\mathrm{e}^{\frac{\mathrm{j}}{2}t^{2}\cot\alpha}$ 是广义平稳随机信号，并且

$$R_{xx}^{\alpha}(\tau)=R_{\tilde{x}\tilde{x}}(\tau)\mathrm{e}^{-\mathrm{j}\tau^{2}\cot\alpha/2} \tag{6.85}$$

则 $\tilde{x}[n]$的自相关函数可记为

$$R_{\tilde{x}\tilde{x}}(kT+\xi_n-\xi_{n-k})=R_{xx}^{\alpha}(kT+\xi_n-\xi_{n-k})\mathrm{e}^{\frac{\mathrm{j}}{2}(kT+\xi_n-\xi_{n-k})^2\cot\alpha} \tag{6.86}$$

再利用分数阶功率谱与分数阶自相关函数的关系，可得

$$R_{\tilde{x}\tilde{x}}(kT+\xi_n-\xi_{n-k})=\int_{-u_r}^{u_r}P_{xx}^{\alpha}(u)\mathrm{e}^{\mathrm{j}ukT\csc\alpha}E\{\mathrm{e}^{\mathrm{j}u(\xi_n-\xi_{n-k})\csc\alpha}\}\mathrm{d}u \tag{6.87}$$

由概率密度函数的定义，我们知道对于两个独立同分布的随机变量 X 和 Y，二者求和得到的 $Z=X+Y$ 的概率密度函数是这两个随机变量概率密度函数的卷积，即

$$f_Z(z)=f_X * f_Y(z) \tag{6.88}$$

其中，符号 $*$ 表示经典卷积操作。因为 ξ_n 是一组独立同分布随机变量序列，因此可得到 $Z=\xi_n-\xi_{n-k}$ 的概率密度函数为

$$f_Z(\xi)=f_{\xi_n-\xi_{n-k}}(\xi)=f_{\xi}(\xi) * f_{\xi}(-\xi) \tag{6.89}$$

根据数学期望的定义 $E\{X\}=\int_{-\infty}^{+\infty}xf_X(x)\mathrm{d}x$，有

$$E\{\mathrm{e}^{\mathrm{j}u(\xi_n-\xi_{n-k})\csc\alpha}\}=\int_{-\infty}^{+\infty}\mathrm{e}^{\mathrm{j}u\xi\csc\alpha}f_Z(\xi)\mathrm{d}\xi=\int_{-\infty}^{+\infty}\mathrm{e}^{\mathrm{j}u\xi\csc\alpha}[f_{\xi}(\xi) * f_{\xi}(-\xi)]\mathrm{d}\xi \tag{6.90}$$

随机变量的特征函数定义为

$$\phi_{\xi}(u)=\int f_{\xi}(\xi')\mathrm{e}^{\mathrm{j}u\xi'}\mathrm{d}\xi' \tag{6.91}$$

也就是概率密度函数的傅里叶变换。利用卷积定理，则有

$$\begin{aligned}&R_{\tilde{x}\tilde{x}}(kT+\xi_n-\xi_{n-k})\\&=\int_{-u_r}^{u_r}P_{xx}^{\alpha}(u)\mathrm{e}^{\mathrm{j}ukT\csc\alpha}\int_{-\infty}^{+\infty}\mathrm{e}^{\mathrm{j}u\xi\csc\alpha}[f_{\xi}(\xi) * f_{\xi}(-\xi)]\mathrm{d}\xi\mathrm{d}u\\&=\int_{-u_r}^{u_r}P_{xx}^{\alpha}(u)\,|\phi_{\xi}(u\csc\alpha)|^2\mathrm{e}^{\mathrm{j}ukT\csc\alpha}\mathrm{d}u\end{aligned} \tag{6.92}$$

对比式(6.83)和式(6.92)可得，当分数滤波器的频率响应等价于随机抖动的特征函数时，也就是 $H_{\alpha}(u)=\phi_{\xi}(u\csc\alpha)$时，图 6.17 中采样点 $\tilde{x}[n]$的自相关函数等价于图 6.16 中系统输出的自相关函数。因此，在二阶统计意义下，具有随机抖动特点的非均匀采样可以等价为图 6.16 系统的均匀采样。

上述讨论是在系统采样不受噪声干扰的情况下，两个系统的输出具有等价关系。事实上，当图 6.16 系统中包含与原信号不相关的噪声 $v(t)$，且噪声的分数阶功率谱密度为 $P_{vv}^{\alpha}(u)=P_{xx}^{\alpha}(u)(1-|H_{\alpha}(u)|^2)$时，系统的功率谱是没有损失的，也就是此时系统的整个分数阶功率谱是保持平衡的。相当于噪声对采样造成的功率谱损失进行了补偿。证毕。

根据上述定理，非均匀采样中包含的随机抖动的概率密度函数可通过调节使得图 6.16 系统中的 $\phi_{\xi}(u\csc\alpha)$表示为一种等价的反混叠前置低通滤波器。因此，通过合理建模采样随机抖动的概率密度函数，同时混叠效果可以通过不相关噪声进行取舍，达到用均匀采样分析非均匀采样的效果。

6.2.3 随机非均匀采样信号的分数阶傅里叶谱重建及误差分析

前面已指出，与均匀采样定理相比，利用非均匀采样点对原信号进行重建具有较高复杂度。由于在均匀采样情况下，拉格朗日插值公式可退化为 Sinc 插值公式，并且由于 Sinc 插值可对原信号进行完全重建，因此在非均匀采样情况下可利用随机化 Sinc 插值对带限随机

信号进行近似重建，重建公式为

$$\hat{x}(t)=\frac{T}{T_N}\sum_{n=-\infty}^{+\infty}x(t_n)\cdot h(t-\tilde{t}_n) \tag{6.93}$$

其中，$h(t)=\text{sinc}(t\pi/T_N)$，$\pi/T_N$ 是信号 $x(t)$ 的带宽，$\tilde{t}_n=nT+\zeta_n$ 是重建时刻，与原获取的采样时刻不一定完全相同。然而此结论适用于傅里叶变换域中的带限信号，对于傅里叶变换域中的非带限或超宽带信号，比如线性调频信号，可能得到具有较大误差的重建结果。因为傅里叶变换域中的非带限或宽带信号可能在某一角度的分数阶傅里叶域中是带限或窄带的，因此结合上述分析，我们给出分数阶傅里叶域中随机化的 Sinc 插值重建方法。

定理 6.3[27]：对于 α 角度分数阶傅里叶域中带宽为 u_r 的 chirp 平稳随机信号 $x(t)$，利用其非均匀采样点，由随机化的 Sinc 插值进行近似重建的结果为

$$\hat{x}(t)=\frac{T}{T_N}\mathrm{e}^{-\frac{\mathrm{j}}{2}t^2\cot\alpha}\sum_{n=-\infty}^{+\infty}x(t_n)\mathrm{e}^{\frac{\mathrm{j}}{2}t_n^2\cot\alpha}h(t-\tilde{t}_n),\quad n\in\mathbb{Z} \tag{6.94}$$

其中，$h(t)=\text{Sinc}(u_r t\csc\alpha)$，$T$ 是平均采样间隔，T_N 是 Ngquist 采样间隔，$\{t_n\}$ 是采样时刻，$\tilde{t}_n=nT+\zeta_n$ 是用于插值的采样点时刻，二者不一定相等，即重建时刻和采样时刻所具有的随机抖动 ζ_n 和 ξ_n 不一定相同。

证明：因为随机信号 $x(t)$ 是 α 角度分数阶傅里叶域 chirp 平稳的，因此它的相位调制信号 $\tilde{x}(t)=x(t)\mathrm{e}^{\frac{\mathrm{j}}{2}t^2\cot\alpha}$ 是广义平稳的。又因为 $x(t)$ 的分数阶傅里叶域带宽为 u_r，$\tilde{x}(t)$ 在傅里叶变换域的带宽为 $u_r\csc\alpha$。因此，可以利用式(6.93)得到随机化 Sinc 插值重建结果，即

$$\bar{x}(t)=\frac{T}{T_N}\sum_{n=-\infty}^{+\infty}\tilde{x}(t_n)\text{Sinc}((t-\tilde{t}_n)\pi/T_N) \tag{6.95}$$

其中，T 表示理想平均采样间隔，T_N 是 Ngquist 采样间隔，$u_r\csc\alpha=\pi/T_N$ 是 $\tilde{x}(t)$ 的带宽。$t_n=nT+\xi_n$ 是瞬时采样时刻，$\tilde{t}_n=nT+\zeta_n$ 是每个采样值的插值重建对应时刻，ξ_n 和 ζ_n 分别是采样时刻和重建时刻的随机瞬时抖动。注意到 $\bar{x}(t)=\hat{x}(t)\mathrm{e}^{\frac{\mathrm{j}}{2}t^2\cot\alpha}$，因此结合 $\tilde{x}(t)=x(t)\mathrm{e}^{\frac{\mathrm{j}}{2}t^2\cot\alpha}$ 及其带宽 $u_r\csc\alpha$，代入式(6.95)，就得到原信号与分数变换相关的重建结果式(6.94)。证毕。

上述定理表明，对于具有随机抖动特性的非均匀采样信号，利用随机化的 Sinc 插值，即结合另一含有随机抖动的非均匀采样时刻，可以对原信号进行 Sinc 插值重建。然而值得注意的是，随机化的 Sinc 插值重建仍然是一种近似重建方法，其重建效果需要进一步讨论。

6.2.2 节研究了非均匀采样与均匀采样之间的等价关系，那么信号的重建效果就可以从其等价系统角度来考虑。结合定理 6.2，图 6.18 所示的系统图在二阶统计意义下，当平均采样频率不小于 Ngquist 采样频率时，可以等价为前两节讨论的随机非均匀采样和随机化 Sinc 插值重建过程。其中，分数滤波器的频率响应是采样和重建所包含的随机抖动 ξ_n 和 ζ_n 的联合特征函数 $\phi_{\xi\zeta}(u\csc\alpha,-u\csc\alpha)$。当图 6.18 中包含零均值的加性有色噪声 $v(t)$ 并且与原信号不相关，其功率谱为

$$P_{vv}(u)=\frac{T}{2\pi}\int_{-u_r}^{u_r}P_{xx}^{\alpha}(u_1)\left[1-\left|\phi_{\xi\zeta}(u_1\csc\alpha,-u)\right|^2\right]\mathrm{d}u_1,\quad |u|<u_r \tag{6.96}$$

时，可以对整个系统的功率谱起到调节平衡的作用。这里所描述的等价关系会在后面的讨

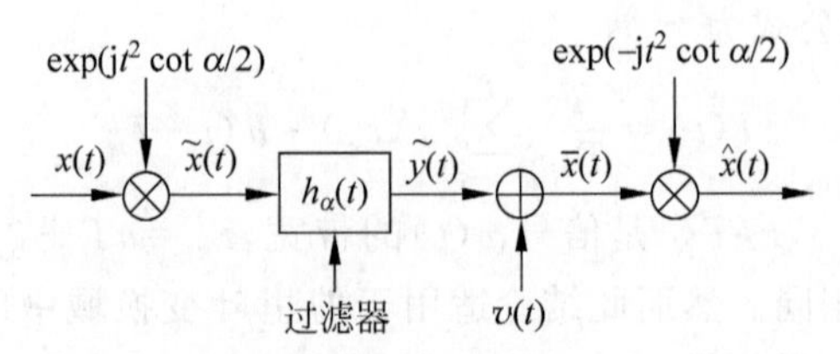

图 6.18 随机性的非均匀采样和重建系统

论中得到证明。

随机化 Sinc 插值重建的最小均方误差将通过图 6.18 系统中初始信号和重建结果的功率谱进行分析。重建信号 $\hat{x}(t)$ 和原信号 $x(t)$ 的误差记为 $e(t)=\hat{x}(t)-x(t)$。根据定理 6.3,可得 $\bar{x}(t)=\frac{T}{T_N}\sum_{n=-\infty}^{+\infty}\tilde{x}(t_n)h(t-\tilde{t}_n)$,它的自相关函数为

$$
\begin{aligned}
R_{\bar{x}\bar{x}}(t,t-\tau)&=E\left\{\frac{T}{T_N}\sum_{n=-\infty}^{+\infty}\tilde{x}(t_n)h(t-\tilde{t}_n)\right.\\
&\qquad\left.\frac{T}{T_N}\sum_{k=-\infty}^{+\infty}\tilde{x}^*(t_k)h^*(t-\tau-\tilde{t}_k)\right\}\\
&=\left(\frac{T}{T_N}\right)^2E\left\{\sum_{n=-\infty}^{+\infty}\tilde{x}(nT+\xi_n)h(t-nT-\zeta_n)\cdot\right.\\
&\qquad\left.\sum_{k=-\infty}^{+\infty}\tilde{x}^*(kT+\xi_k)h^*(t-\tau-kT-\zeta_k)\right\}\\
&=\left(\frac{T}{T_N}\right)^2\sum_{n=-\infty}^{+\infty}\sum_{k=-\infty}^{+\infty}E\{R_{\tilde{x}\tilde{x}}(nT-kT+\xi_n-\xi_k)\cdot\\
&\qquad h(t-nT-\zeta_n)h^*(t-\tau-kT-\zeta_k)\}
\end{aligned}
\tag{6.97}
$$

对上式进行计算化简可得

$$
\begin{aligned}
R_{\bar{x}\bar{x}}(t,t-\tau)&=\int_{-u_r\csc\alpha}^{u_r\csc\alpha}P_{\tilde{x}\tilde{x}}(u)\,|\phi_{\xi\zeta}(u,-u)|^2\mathrm{e}^{\mathrm{j}u\tau}\mathrm{d}u+\\
&\quad\frac{T}{2\pi}\int_{-u_r\csc\alpha}^{u_r\csc\alpha}\left(\int_{-u_r\csc\alpha}^{u_r\csc\alpha}P_{\tilde{x}\tilde{x}}(u_1)(1-|\phi_{\xi\zeta}(u_1,-u)|^2)\mathrm{d}u_1\right)\cdot\mathrm{e}^{\mathrm{j}u\tau}\mathrm{d}u
\end{aligned}
\tag{6.98}
$$

同样,$\hat{x}(t)$ 和 $\tilde{x}(t)$ 的互相关函数可通过计算化简得到

$$
R_{\bar{x}\bar{x}}(t,t-\tau)=\int_{-u_r\csc\alpha}^{u_r\csc\alpha}P_{\tilde{x}\tilde{x}}(u)\phi_{\xi\zeta}(u,-u)\mathrm{e}^{\mathrm{j}u\tau}\mathrm{d}u \tag{6.99}
$$

因此,利用相关函数和功率谱的傅里叶变换对关系,上述自相关函数和互相关函数所对应的功率谱分别为

$$
\begin{aligned}
P_{\bar{x}\bar{x}}(u)&=P_{\tilde{x}\tilde{x}}(u)\,|\phi_{\xi\zeta}(u,-u)|^2+\\
&\quad\frac{T}{2\pi}\int_{-u_r\csc\alpha}^{u_r\csc\alpha}P_{\tilde{x}\tilde{x}}(u_1)(1-|\phi_{\xi\zeta}(u_1,-u)|^2)\mathrm{d}u_1
\end{aligned}
\tag{6.100}
$$

$$
P_{\bar{x}\tilde{x}}(u)=P_{\tilde{x}\tilde{x}}(u)\phi_{\xi\zeta}(u,-u) \tag{6.101}
$$

由上述得到的理论分析结果,可以看到当图 6.18 中的滤波器频率响应为 $\phi_{\xi\zeta}(u,-u)$

时，式(6.100)中求和的第一项就是图 6.18 系统中 $\tilde{y}(t)$ 的功率谱。同时，当加性噪声 $v(t)$ 的功率谱等于式(6.100)中求和的第二项时，就表明在二阶统计意义下，图 6.18 系统等价于原信号的随机化非均匀采样和 Sinc 插值重建，并且此时整个系统保持功率谱平衡不变。

进一步可得到重建信号的分数自功率谱和分数互功率谱分别为

$$\begin{aligned}P^{\alpha}_{\hat{x}\hat{x}}(u)&=2\pi A_{\alpha}A_{-\alpha}P_{\bar{x}\bar{x}}(u\csc\alpha)\\&=P^{\alpha}_{xx}(u)\left|\phi_{\xi\zeta}(u\csc\alpha,-u\csc\alpha)\right|^{2}+\\&\quad\frac{T\csc\alpha}{2\pi}\int_{-u_r}^{u_r}P^{\alpha}_{xx}(u_1)(1-\left|\phi_{\xi\zeta}(u_1\csc\alpha,-u\csc\alpha)\right|^{2})\mathrm{d}u_1\end{aligned}\tag{6.102}$$

$$\begin{aligned}P^{\alpha}_{\hat{x}x}(u)&=2\pi A_{\alpha}A_{-\alpha}P_{\bar{x}\tilde{x}}(u\csc\alpha)\\&=P^{\alpha}_{xx}(u)\phi_{\xi\zeta}(u\csc\alpha,-u\csc\alpha)\end{aligned}\tag{6.103}$$

因此，重建误差的功率谱为

$$\begin{aligned}P^{\alpha}_{ee}(u)&=P^{\alpha}_{\hat{x}\hat{x}}(u)-P^{\alpha}_{\hat{x}x}(u)-P^{\alpha}_{x\hat{x}}(u)+P^{\alpha}_{xx}(u)\\&=P^{\alpha}_{xx}(u)\left|1-\phi_{\xi\zeta}(u\csc\alpha,-u\csc\alpha)\right|^{2}+\\&\quad\frac{T\csc\alpha}{2\pi}\int_{-u_r}^{u_r}P^{\alpha}_{xx}(u_1)(1-\left|\phi_{\xi\zeta}(u_1\csc\alpha,-u\csc\alpha)\right|^{2})\mathrm{d}u_1\end{aligned}\tag{6.104}$$

由重建误差的功率谱可得到最小均方误差如下

$$\begin{aligned}E\{e^{2}(t)\}&=\int_{-u_r}^{u_r}P^{\alpha}_{ee}(u)\mathrm{d}u\\&=\int_{-u_r}^{u_r}P^{\alpha}_{xx}(u)\left|1-\phi_{\xi\zeta}(u\csc\alpha,-u\csc\alpha)\right|^{2}\mathrm{d}u+\\&\quad\frac{T\csc\alpha}{2\pi}\int_{-u_r}^{u_r}P^{\alpha}_{xx}(u)\int_{-u_r}^{u_r}(1-\left|\phi_{\xi\zeta}(u\csc\alpha,-u_1\csc\alpha)\right|^{2})\mathrm{d}u_1\mathrm{d}u\end{aligned}\tag{6.105}$$

可以看到，最小均方误差依赖于初始信号的分数阶功率谱以及采样和重建时刻包含的随机抖动的联合特征函数。因此，通过合理建模、设计采样时刻和重建时刻的随机抖动，确定最优联合特征函数，可以减小重建结果的最小均方误差，从而提高重建效果。

6.3 周期非均匀采样

教学视频

Jenq 最早用分析的方法来研究非均匀理想抽取正弦信号的频谱问题[23]，其基本思路是将一个非均匀的采样序列分解成为 M 个均匀序列，这样一来非均匀的采样序列就可以用 M 个均匀的采样序列的组合来表示，从而可以得到非均匀采样序列的离散频谱和原来信号模拟频谱之间的关系，在此基础上林茂六、孙圣和等深入研究了非均匀采样信号的数字谱[24],[28-29]，并给出了更加一般的非均匀采样周期信号的完整数字谱的表达形式；并且从实际的应用出发提出了幅度非均匀取样信号的概念，然后给出了幅度非均匀采样信号的数字频谱，并得到了信噪比的表达式；Jenq 进一步把傅里叶变换域一维非均匀采样信号的数字频谱表示推广到二维信号，并给出了其重建公式[30]。然而，在所有这些非均匀信号的研究中，所研究的信号都是正弦信号，或者把周期信号通过傅里叶级数展开进行正弦信号分析，但在实际的工程应用中，如雷达、声呐等，经常会遇到 chirp 信号，所以非常有必要研究 chirp 信号在非均匀采样下的频谱特点。

6.3.1 周期非均匀采样模型

假设模拟信号 $x(t)$的分数阶傅里叶变换 $X_\alpha(u)$是分数阶傅里叶域中的 Ω_α 带限信号。若按照下述方式对信号进行采样，相邻采样点之间不必要是均匀的，但是每一个采样点与其后的第 M 个采样点之间的间隔是相等的，即总取样周期为 MT，如图 6.19 所示。

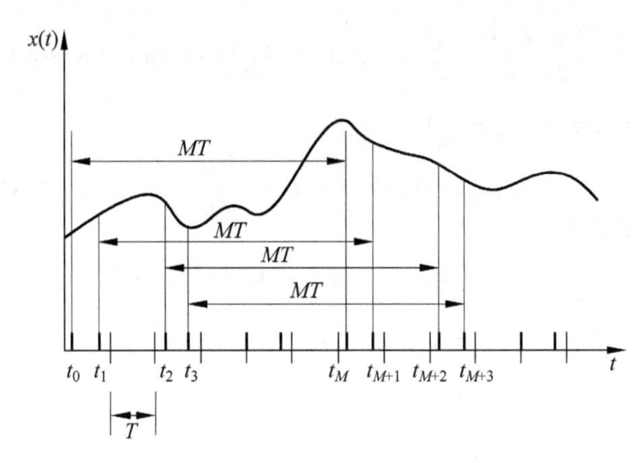

图 6.19 周期非均匀采样信号模型

从以上描述可以知道，所有这些非均匀采样序列的采样时刻可以表示为

$$t_{kMT+m}=kMT+t_m,\quad m=0,1,\cdots,M-1;\ k\in\mathbb{Z} \tag{6.106}$$

假定 $s=\{x(t_{km})\mid t_{km}=kMT+t_m,m=0,1,2,\cdots,M-1,k\in\mathbb{Z}\}$，则可以把此非均匀采样序列写为 $s=\{s_0(t),s_1(t),\cdots,s_M(t)\}$，其中，

$$\begin{aligned}
s_0&=[x(t_0),x(t_M),x(t_{2M}),\cdots]\\
s_1&=[x(t_1),x(t_{M+1}),x(t_{2M+1}),\cdots]\\
&\vdots\\
s_m&=[x(t_m),x(t_{M+m}),x(t_{2M+m}),\cdots]\\
&\vdots\\
s_{M-1}&=[x(t_{M-1}),x(t_{M+M-1}),x(t_{2M+M-1}),\cdots]
\end{aligned}$$

将每个子序列 s_m 样本值之间插入 $M-1$ 个 0，得到

$$\bar{s}_m=[x(t_m),0,\cdots,(M-1)\text{zeros},x(t_{M+m}),0,\cdots] \tag{6.107}$$

所以有

$$\begin{aligned}
\bar{s}_m&=f(nT)\sum_{k=-\infty}^{+\infty}\delta(nT-(kMT+t_m))\\
&=x(nT+t_m)\sum_{k=-\infty}^{+\infty}\delta(nT-kMT)
\end{aligned} \tag{6.108}$$

再将 $\bar{s}_m$ 的样本值右移 m 个位置，得到

$$\bar{s}_m z^{-m}=[(m\text{zeros})x(t_m),0,\cdots,(M-1)\text{zeros},x(t_{M+m}),0,\cdots] \tag{6.109}$$

式中，z^{-1} 表示单位延迟算子。最后将所有序列求和即可得到原始的非均匀采样序列

$$s=\sum_{m=0}^{M-1}\bar{s}_m z^{-m} \tag{6.110}$$

关于非均匀采样信号的频谱分析和重建以及在实际应用中的具体实现及算法可以参见文献[19]，在此不再过多论述。

6.3.2 周期非均匀采样信号的分数阶傅里叶谱分析与重建

6.3.2.1 周期非均匀采样信号的分数阶傅里叶变换

根据以上分析，要想得到信号的周期非均匀采样序列的分数阶傅里叶变换，可以先求出均匀采样序列 $\bar{s}_m$ 的分数阶傅里叶变换，再根据分数阶傅里叶变换性质得到 $\bar{s}_m z^{-m}$ 的分数阶傅里叶变换表示，最后把表达式相加就可以得到原来非均匀采样信号的离散分数阶傅里叶变换表示。首先根据均匀采样信号的频谱得到 $\bar{s}_m$ 的分数阶傅里叶变换为[31]

$$\begin{aligned}\mathcal{F}^{\alpha}[\bar{s}_m](u)=&\frac{1}{MT}\mathrm{e}^{\mathrm{j}\frac{u^2}{2}\cot\alpha}\Big[\mathcal{F}^{\alpha}[x(t+t_m)](u)\mathrm{e}^{-\mathrm{j}\frac{u^2}{2}\cot\alpha}\cdot\\&\sum_{n=-\infty}^{+\infty}\delta\left(u-n\frac{2\pi\sin\alpha}{MT}\right)\Big]\end{aligned} \tag{6.111}$$

根据 $x(t+t_m)$ 的连续分数阶傅里叶变换 $\mathcal{F}^{\alpha}[x(t+t_m)](u)$ 与信号 $x(t)$ 的连续分数阶傅里叶变换 $X_{\alpha}(u)$ 的如下关系：

$$\mathcal{F}^{\alpha}[x(t+t_m)](u)=X_{\alpha}(u+t_m\cos\alpha)\mathrm{e}^{\mathrm{j}\left(\frac{1}{2}t_m^2\sin\alpha\cos\alpha+ut_m\sin\alpha\right)} \tag{6.112}$$

把式(6.112)代入式(6.111)，得到序列 $\bar{s}_m$ 的离散分数阶傅里叶变换表示为

$$\begin{aligned}\mathcal{F}^{\alpha}[\bar{s}_m](u)=&\frac{1}{MT}\mathrm{e}^{\mathrm{j}\frac{u^2}{2}\cot\alpha}\Big[\sum_{n=-\infty}^{+\infty}X_{\alpha}\left(u-n\frac{2\pi\sin\alpha}{MT}+t_m\cos\alpha\right)\cdot\\&\mathrm{e}^{\mathrm{j}\left[\frac{1}{2}t_m^2\sin\alpha\cos\alpha+\left(u-n\frac{2\pi\sin\alpha}{MT}\right)t_m\sin\alpha\right]}\mathrm{e}^{-\mathrm{j}\frac{\cot\alpha}{2}\left(u-n\frac{2\pi\sin\alpha}{MT}\right)^2}\Big]\end{aligned} \tag{6.113}$$

同理，可以得到 $\bar{s}_m z^{-m}$ 的分数阶傅里叶变换为

$$\begin{aligned}\mathcal{F}^{\alpha}[\bar{s}_m z^{-m}](u)=&\frac{1}{MT}\sum_{m=0}^{M-1}\mathrm{e}^{\mathrm{j}\frac{(u-mT\cos\alpha)^2}{2}\cot\alpha}\mathrm{e}^{\frac{\mathrm{j}}{2}(mT)^2\sin\alpha\cos\alpha-mTu\sin\alpha}\cdot\\&\sum_{n=-\infty}^{+\infty}X_{\varepsilon}\left(u-mT\cos\alpha-n\frac{2\pi\sin\alpha}{MT}+t_m\cos\alpha\right)\cdot\\&\mathrm{e}^{\mathrm{j}\left[\frac{1}{2}t_m^2\sin\alpha\cos\alpha+\left(u-mT\cos\alpha-n\frac{2\pi\sin\alpha}{MT}\right)t_m\sin\alpha\right]}\mathrm{e}^{-\mathrm{j}\frac{\cot\alpha}{2}\left(u-mT\cos\alpha-n\frac{2\pi\sin\alpha}{MT}\right)^2}\end{aligned} \tag{6.114}$$

对上述公式作进一步的化简和优化，可以得到第一个重要结论如下。

定理 6.4[31]：若信号 $x(t)$ 的 α 角度分数阶傅里叶变换为 $X_{\alpha}(u)$，信号的非均匀采样点如前所述，其平均采样频率满足分数阶傅里叶变换的均匀采样定理，则由这些非均匀采样点序列得到的分数阶傅里叶数字谱可以表示为

$$\mathcal{F}^{\alpha}[s](u)=\frac{1}{MT}\sum_{n=-\infty}^{+\infty}\sum_{m=0}^{M-1}A_m B_n X_{\alpha}\left[u-n\frac{2\pi\sin\alpha}{MT}-r_m T\cos\alpha\right] \tag{6.115}$$

其中，$A_m=\mathrm{e}^{\frac{\mathrm{j}}{2}T^2r_m^2\sin\alpha\cos\alpha}\mathrm{e}^{-\mathrm{j}\frac{2\pi nm}{M}}$，$B_n=\mathrm{e}^{\mathrm{j}\frac{2\pi n}{MT}\cos\alpha\left(u-\frac{\pi n\sin\alpha}{MT}\right)}\mathrm{e}^{-\mathrm{j}r_m T\sin\alpha\left(u-\frac{2\pi n\sin\alpha}{MT}\right)}$。

证明：由周期非均匀采样信号模型，这些非均匀采样信号序列可以表示为(6.110)，对式(6.114)进一步化简可以得到

$$
\begin{aligned}
\mathcal{F}^{\alpha}[s](u) = & \frac{1}{MT}\sum_{m=0}^{M-1} \mathrm{e}^{\mathrm{j}\frac{(u-mT\cos\alpha)^2}{2}\cot\alpha}\,\mathrm{e}^{\frac{\mathrm{j}}{2}(mT)^2\sin\alpha\cos\alpha - mTu\sin\alpha}\cdot \\
& \sum_{n=-\infty}^{+\infty}\left\{X_{\alpha}\left(u - mT\cos\alpha - n\,\frac{2\pi\sin\alpha}{MT} + t_m\cos\alpha\right)\cdot\right. \\
& \left.\mathrm{e}^{\mathrm{j}\left[\frac{1}{2}t_m^2\sin\alpha\cos\alpha + \left(u - mT\cos\alpha - n\frac{2\pi\sin\alpha}{MT}\right)t_m\sin\alpha\right]}\,\mathrm{e}^{-\mathrm{j}\frac{\cot\alpha}{2}\left(u - mT\cos\alpha - n\frac{2\pi\sin\alpha}{MT}\right)^2}\right\}
\end{aligned}
\tag{6.116}
$$

令 $t_m = mT - r_m T$，$u - n\,\dfrac{2\pi\sin\alpha}{MT} = u'$，代入式(6.86)并化简得到

$$
\begin{aligned}
\mathcal{F}^{\alpha}[s](u) = & \frac{1}{MT}\sum_{n=-\infty}^{+\infty}\sum_{m=0}^{M-1} X_{\alpha}(u' - r_m T\cos\alpha)\cdot \\
& \mathrm{e}^{-\mathrm{j}\frac{\cot\alpha}{2}u'^2}\,\mathrm{e}^{\mathrm{j}u'T\left(-r_m\sin\alpha + \frac{m}{\sin\alpha}\right)}\,\mathrm{e}^{\mathrm{j}\left(\frac{u^2}{2}\cot\alpha - umT\frac{1}{\sin\alpha}\right)}\,\mathrm{e}^{\frac{\mathrm{j}}{2}T^2 r_m^2\sin\alpha\cos\alpha}
\end{aligned}
\tag{6.117}
$$

把 $u' = u - n\,\dfrac{2\pi\sin\alpha}{MT}$ 代入式(6.117)化简得到最后结果

$$
\mathcal{F}^{\alpha}[s](u) = \frac{1}{MT}\sum_{n=-\infty}^{+\infty}\sum_{m=0}^{M-1} A_m B_n X_{\alpha}\left(u - n\,\frac{2\pi\sin\alpha}{MT} - r_m T\cos\alpha\right) \tag{6.118}
$$

定理 6.4 得证。

1. 非均匀采样信号分数阶傅里叶数字谱的几种特殊情况

1）当非均匀采样信号的间隔周期为 mT（即均匀采样）

由采样模型可以知道，在这种特殊情况下的采样序列就是 $x(mT)$，并且 $r_m = 0$，把其代入式(6.118)得到

$$
\begin{aligned}
\mathcal{F}^{\alpha}[s](u) & = \frac{1}{MT}\sum_{m=0}^{M-1}\sum_{n=-\infty}^{+\infty} X_{\alpha}\left(u - n\,\frac{2\pi\sin\alpha}{MT}\right)\mathrm{e}^{\mathrm{j}\left[\cos\alpha n\frac{2\pi}{MT}\left(u - n\frac{\pi\sin\alpha}{MT}\right) - mn\frac{2\pi}{M}\right]} \\
& = \frac{1}{T}\sum_{n=-\infty}^{+\infty} X_{\alpha}\left(u - n\,\frac{2\pi\sin\alpha}{MT}\right)\mathrm{e}^{\mathrm{j}\left[\cos\alpha n\frac{2\pi}{MT}\left(u - n\frac{\pi\sin\alpha}{MT}\right)\right]}\left(\frac{1}{M}\sum_{m=0}^{M-1}\mathrm{e}^{-\mathrm{j}mnT\frac{2\pi}{MT}}\right)
\end{aligned}
\tag{6.119}
$$

而对于级数 $\dfrac{1}{M}\sum\limits_{m=0}^{M-1}\mathrm{e}^{-\mathrm{j}mTn\left(\frac{2\pi}{MT}\right)}$，有

$$
\begin{cases}
\dfrac{1}{M}\sum\limits_{m=0}^{M-1}\mathrm{e}^{\mathrm{j}mn\left(\frac{2\pi}{M}\right)} = 1, & n = 0, M, 2M, \cdots \\
\dfrac{1}{M}\sum\limits_{m=0}^{M-1}\mathrm{e}^{\mathrm{j}mn\left(\frac{2\pi}{M}\right)} = 0, & \text{其他}
\end{cases}
\tag{6.120}
$$

那么式(6.119)化简为

$$
\mathcal{F}^{\alpha}[s](u) = \frac{1}{T}\mathrm{e}^{\mathrm{j}\frac{u^2}{2}\cot\alpha}\left[\sum_{k=-\infty}^{+\infty} X_{\alpha}\left(u - k\,\frac{2\pi\sin\alpha}{T}\right)\mathrm{e}^{-\mathrm{j}\frac{\cot\alpha}{2}\left(u - k\frac{2\pi\sin\alpha}{T}\right)^2}\right] \tag{6.121}
$$

由上式可以看出，对于均匀采样序列来说，其分数阶傅里叶域数字谱可以通过其对应的模拟频谱的移位调制来得到。同时，上式与经典文献中所得到的均匀采样序列的分数阶傅里叶谱完全相同，这说明了非均匀采样序列的分数阶傅里叶谱可以看作均匀采样频谱在分数阶

傅里叶域中的一种推广。

2) 当 $\alpha=\pi/2$ 时的非均匀采样信号

这时的分数阶傅里叶变换退化为传统的傅里叶变换，把 $\alpha=\pi/2$ 代入公式，得到

$$\begin{aligned}\widetilde{X}_{\pi/2}(u)=&\frac{1}{T}\sum_{n=-\infty}^{+\infty}\left(\frac{1}{M}\sum_{m=0}^{M-1}\mathrm{e}^{-\mathrm{j}\left[u-n\left(\frac{2\pi}{MT}\right)\right]r_m T}\mathrm{e}^{-\mathrm{j}mn\left(\frac{2\pi}{M}\right)}\right)\\&X_{\pi/2}\left(u-n\frac{2\pi}{MT}\right)\end{aligned}\tag{6.122}$$

上式是经典文献中的傅里叶域非均匀采样序列频谱表示，因此从这个方面来说我们所得到的分数阶傅里叶数字谱可以看作传统的傅里叶变换到分数阶傅里叶变换的一个推广。

3) 当 $\alpha=\pi/2$ 时的均匀采样信号

在这种情况下，原来的问题就简化为均匀采样序列在傅里叶域的频谱分析问题，把 $\alpha=\pi/2, r_m=0$ 代入公式可以得到

$$\widetilde{X}_{\pi/2}(u)=\frac{1}{T}\sum_{n=-\infty}^{+\infty}X_{\pi/2}\left(u-n\frac{2\pi}{T}\right)\tag{6.123}$$

可以看出，上式是传统的傅里叶域中均匀采样序列的频谱及其模拟频谱的关系公式。

6.3.2.2 周期非均匀采样 chirp 信号的分数阶傅里叶谱分析

设 chirp 信号模型可以表示为

$$x(t)=C\mathrm{e}^{\mathrm{j}(2\pi f_0 t+\pi m_0 t)}=C\mathrm{e}^{\mathrm{j}2\pi\left(f_0 t+\frac{1}{2}m_0 t^2\right)}\tag{6.124}$$

则此信号的分数阶傅里叶变换可以表示为

$$\begin{aligned}X_\alpha(u)&=C\int_{-\infty}^{+\infty}K_\alpha(u,t)\mathrm{e}^{\mathrm{j}(2\pi f_0 t+\pi m_0 t^2)}\mathrm{d}t\\&=CA_\alpha\int_{-\infty}^{+\infty}\mathrm{e}^{\mathrm{j}\frac{t^2}{2}(\cot\alpha+m_0)+\mathrm{j}\frac{u^2}{2}\cot\alpha}\mathrm{e}^{\mathrm{j}t(f_0-u\csc\alpha)}\mathrm{d}t\end{aligned}\tag{6.125}$$

当 $\cot\alpha+m_0=0$ 时，

$$X_\alpha(u)=C\int_{-\infty}^{+\infty}K_\alpha(u,t)\mathrm{e}^{\mathrm{j}(2\pi f_0 t+\pi m_0 t^2)}\mathrm{d}t=2\pi CA_\alpha\mathrm{e}^{\mathrm{j}\frac{u^2}{2}\cot\alpha}\delta(f_0-u\csc\alpha)\tag{6.126}$$

把式(6.126)代入式(6.124)得到

$$\begin{aligned}\widetilde{X}_\alpha(u)=&\frac{1}{MT}\sum_{n=-\infty}^{+\infty}\sum_{m=0}^{M-1}2\pi CA_\alpha\mathrm{e}^{\mathrm{j}\frac{\left(u-n\frac{2\pi\sin\alpha}{MT}-r_m T\cos\alpha\right)^2}{2}\cot\alpha}\cdot\\&\delta\left[f_0-u\csc\alpha+n\frac{2\pi}{MT}+r_m T\cot\alpha\right]\cdot\\&\mathrm{e}^{\frac{\mathrm{j}}{2}T^2 r_m^2\sin\alpha\cos\alpha}\mathrm{e}^{\mathrm{j}\frac{2\pi n}{MT}\cos\alpha\left(u-\frac{\pi n\sin\alpha}{MT}\right)}\mathrm{e}^{-\mathrm{j}r_m T\sin\alpha\left(u-\frac{2\pi n\sin\alpha}{MT}\right)}\mathrm{e}^{-\mathrm{j}\frac{2\pi nm}{M}}\end{aligned}\tag{6.127}$$

经过进一步化简可以得到另一个重要结论如下。

定理 6.5 [31]：假定非均匀采样策略如前所述，对于 chirp 信号 $x(t)=A\mathrm{e}^{\mathrm{j}2\pi\left(f_0 t+\frac{1}{2}m_0 t^2\right)}$ 来说，其非均匀采样信号序列的分数阶傅里叶数字谱可以表示为

$$\widetilde{X}_\alpha(u)=\frac{2\pi CA_\alpha}{T}\mathrm{e}^{\frac{\mathrm{j}}{2}u^2\cot\alpha}\sum_{k=-\infty}^{+\infty}\delta\left[f_0-u\csc\alpha+k\frac{2\pi}{MT}\right]A(k)\tag{6.128}$$

其中，

$$A(k)=\frac{1}{M}\sum_{m=0}^{M-1}\left[\mathrm{e}^{-\mathrm{j}r_m T\left(f_0+\frac{1}{2}Tr_m\cot\alpha\right)-\mathrm{j}MTr_m T\cot\alpha}\right]\mathrm{e}^{-\mathrm{j}mk\frac{2\pi}{M}} \tag{6.129}$$

证明：由非均匀采样 chirp 信号的分数阶傅里叶变换可以表示为

$$\begin{aligned}\widetilde{X}_\alpha(u)=&\frac{1}{MT}\sum_{n=-\infty}^{+\infty}\sum_{m=0}^{M-1}2\pi CA_\alpha \mathrm{e}^{\mathrm{j}\frac{\left(u-n\frac{2\pi\sin\alpha}{MT}-r_m T\cos\alpha\right)^2}{2}\cot\alpha}\cdot\\&\delta\left[f_0-u\csc\alpha+n\frac{2\pi}{MT}+r_m T\cot\alpha\right]\cdot\\&\mathrm{e}^{\frac{\mathrm{j}}{2}T^2r_m^2\sin\alpha\cos\alpha}\mathrm{e}^{\mathrm{j}\frac{2\pi n}{MT}\cos\alpha\left(u-\frac{\pi n\sin\alpha}{MT}\right)}\mathrm{e}^{-\mathrm{j}r_m T\sin\alpha\left(u-\frac{2\pi n\sin\alpha}{MT}\right)}\mathrm{e}^{-\mathrm{j}\frac{2\pi nm}{M}}\end{aligned} \tag{6.130}$$

进一步化简为

$$\begin{aligned}\widetilde{X}_\alpha(u)=&\frac{2\pi CA_\alpha}{MT}\mathrm{e}^{\frac{\mathrm{j}}{2}u^2\cot\alpha}\sum_{m=0}^{M-1}\mathrm{e}^{-\mathrm{j}r_m T\left(f_0+\frac{1}{2}Tr_m\cot\alpha\right)}\cdot\\&\sum_{n=-\infty}^{+\infty}\delta\left[f_0-u\csc\alpha+n\frac{2\pi}{MT}+r_m T\cot\alpha\right]\mathrm{e}^{-\mathrm{j}\frac{2\pi mTn}{MT}}\end{aligned} \tag{6.131}$$

其中，$\sum_{n=-\infty}^{+\infty}\delta\left[f_0-u\csc\alpha+n\frac{2\pi}{MT}+r_m T\cot\alpha\right]\mathrm{e}^{-\mathrm{j}\frac{2\pi mTn}{MT}}$ 可以看作信号 $\delta[f_0-u\csc\alpha+t+r_m T\cot\alpha]$的采样周期为 $T'=\frac{2\pi}{MT}$的离散傅里叶变换，因此由 $\delta(t)$的离散傅里叶变换的关系式得到

$$\begin{aligned}\sum_{n=-\infty}^{+\infty}\delta\left[f_0-u\csc\alpha+n\frac{2\pi}{MT}+r_m T\cot\alpha\right]\mathrm{e}^{-\mathrm{j}\frac{2\pi mTn}{MT}}&=\mathrm{e}^{\mathrm{j}\frac{2\pi}{T'}(f_0-u\csc\alpha+r_m T\cot\alpha)}\\&=\mathrm{e}^{\mathrm{j}MT(f_0-u\csc\alpha+r_m T\cot\alpha)}\end{aligned} \tag{6.132}$$

代入式(6.131)，有

$$\begin{aligned}\widetilde{X}_\alpha(u)&=\frac{2\pi CA_\alpha}{MT}\mathrm{e}^{\frac{\mathrm{j}}{2}u^2\cot\alpha}\sum_{m=0}^{M-1}\mathrm{e}^{-\mathrm{j}r_m T\left(f_0+\frac{1}{2}Tr_m\cot\alpha\right)}\mathrm{e}^{\mathrm{j}MT(f_0-u\csc\alpha+r_m T\cot\alpha)}\\&=\frac{2\pi CA_\alpha}{MT}\mathrm{e}^{\frac{\mathrm{j}}{2}u^2\cot\alpha}\sum_{m=0}^{M-1}\mathrm{e}^{-\mathrm{j}r_m T\left(f_0+\frac{1}{2}Tr_m\cot\alpha\right)}\mathrm{e}^{\mathrm{j}MTr_m T\cot\alpha}\mathrm{e}^{\mathrm{j}MT(f_0-u\csc\alpha)}\end{aligned} \tag{6.133}$$

同理，可以得到

$$\mathrm{e}^{\mathrm{j}MT(f_0-u\csc\alpha)}=\sum_{n=-\infty}^{+\infty}\delta\left[f_0-u\csc\alpha+n\frac{2\pi}{MT}\right]\mathrm{e}^{-\mathrm{j}\frac{2\pi mTn}{MT}} \tag{6.134}$$

代入式(6.133)得

$$\begin{aligned}\widetilde{X}_\alpha(u)=&\frac{2\pi CA_\alpha}{T}\mathrm{e}^{\frac{\mathrm{j}}{2}u^2\cot\alpha}\sum_{k=-\infty}^{+\infty}\delta\left(f_0-u\csc\alpha+k\frac{2\pi}{MT}\right)\mathrm{e}^{-\mathrm{j}mk\frac{2\pi}{M}}\cdot\\&\frac{1}{M}\sum_{m=0}^{M-1}\mathrm{e}^{-\mathrm{j}r_m T\left(f_0+\frac{1}{2}Tr_m\cot\alpha\right)-\mathrm{j}MTr_m T\cot\alpha}\\=&\frac{2\pi CA_\alpha}{T}\mathrm{e}^{\frac{\mathrm{j}}{2}u^2\cot\alpha}\sum_{k=-\infty}^{+\infty}\delta\left[f_0-u\csc\alpha+k\frac{2\pi}{MT}\right]A(k)\end{aligned} \tag{6.135}$$

其中，$A(k)=\frac{1}{M}\sum_{m=0}^{M-1}\left[\mathrm{e}^{-\mathrm{j}r_m T\left(f_0+\frac{1}{2}Tr_m\cot\alpha\right)-\mathrm{j}MTr_m T\cot\alpha}\right]\mathrm{e}^{-\mathrm{j}mk\frac{2\pi}{M}}$。

定理 6.5 得证。

2. 几点讨论

(1) 由式(6.97)可以看出,非均匀采样 chirp 信号在分数阶傅里叶域的频谱由一系列的冲激组成,每个冲激的幅度由 $A(k)$的大小来调整,再经过调制后得到的分数阶傅里叶域中频谱。

(2) 幅度 $A(k)$可以看作 $\mathrm{e}^{-\mathrm{j}r_m T\left(f_0+\frac{1}{2}Tr_m\cot\alpha\right)-\mathrm{j}MTr_m T\cot\alpha}$ 的离散傅里叶变换,可以看出其是关于 k 的以 M 为周期的函数;同时,若 chirp 信号满足 chirp 周期性,即 $X_\alpha(u-T)\mathrm{e}^{-\frac{\mathrm{j}}{2}\cot\alpha(u-T)^2}=X_\alpha(u)\mathrm{e}^{-\frac{\mathrm{j}}{2}u^2\cot\alpha}$,则可以得到公式所表示的非均匀采样序列在分数阶傅里叶域中的频谱是关于 u 的以$\frac{2\pi}{T}\sin\alpha$ 为周期的一个周期函数,并且在每个周期内的分数阶傅里叶谱包含了 M 个信号的线谱,也就是说经过非均匀采样以后,在分数阶傅里叶域产生了一系列的寄生谱,这些寄生谱均匀分布在分数阶傅里叶域。

6.3.2.3 周期非均匀采样信号的分数阶傅里叶谱重建

设信号 $x(t)$是 $\alpha(\alpha\neq k\pi\pm\pi/2,k\in\mathbb{Z})$角度分数阶傅里叶域上的带限信号,不妨设其分数阶傅里叶域上的带宽可以表示为 $\Omega_\alpha=\pi\sin\alpha/T$,$\sin\alpha>0$,也即信号 $x(t)$的分数阶傅里叶变换限定在范围$(-\pi\sin\alpha/T,\pi\sin\alpha/T)$内。若信号的非均匀采样点表示为 $x(t_n)$,每个采样点时刻 t_n 满足如下条件

$$t_n=nT+\Delta_n \tag{6.136}$$

其中,T 是满足分数阶傅里叶域上的采样定理的均匀采样周期;Δ_n 表示非均匀采样点和均匀采样点之间的采样误差,$\Delta_n=t_n-nT$,并且 Δ_n 具有周期 MT,即 Δ_n 满足

$$\Delta_{kM+m}=\Delta_m \tag{6.137}$$

若令 $n=kM+m$,则上述非均匀采样点 t_n 就可以转化为

$$t_n=t_{kM+m}=kMT+mT+\Delta_m=kMT+mT+r_mT \tag{6.138}$$

其中,$k\in\mathbb{Z}$,$m=0,1,\cdots,M-1$;$r_m=\frac{\Delta_m}{T}$表示非均匀采样点与均匀采样点之间的误差和均匀采样周期之间的比率。

由前面论述的结论可以知道,上述信号 $x(t)$不再是传统傅里叶域上的带限信号,因此不能应用傅里叶域上基于非均匀采样点的信号频谱重建方法来进行频谱重建。为了解决上述问题,本节首先得到这类非均匀信号在分数阶傅里叶域上的频谱表示,研究信号的非均匀采样点的分数阶傅里叶谱和连续信号分数阶傅里叶谱之间的关系,然后在此基础上提出了分数阶傅里叶域基于非均匀采样信号的谱重建算法。

1) 非均匀采样信号的分数阶傅里叶谱

根据分数阶傅里叶变换定义,本章采用如下公式得到上述非均匀采样信号的分数阶傅里叶谱

$$\widetilde{X}_\alpha(v)=\sum_{n=-\infty}^{+\infty}x(t_n)K_\alpha(v,t_n) \tag{6.139}$$

其中,$K_\alpha(v,t_n)=A_\alpha\mathrm{e}^{\mathrm{j}\frac{t_n^2}{2}\cot\alpha-\mathrm{j}ut_n\csc\alpha+\mathrm{j}\frac{v^2}{2}\cot\alpha}$,$A_\alpha=\sqrt{\frac{1-\mathrm{j}\cot\alpha}{2\pi}}$。同时,由逆分数阶傅里叶变换

的定义,$x(t_n)$可以表示为

$$x(t_n)=\int_{-\infty}^{+\infty}X_\alpha(u)K_\alpha^*(u,t_n)\mathrm{d}t \tag{6.140}$$

将上式代入定义式,得到连续信号的分数阶傅里叶谱 $X_\alpha(u)$和非均匀采样信号的分数阶傅里叶谱 $\widetilde{X}_\alpha(v)$之间的关系

$$\widetilde{X}_\alpha(v)=\sum_{n=-\infty}^{+\infty}\int_{-\infty}^{+\infty}X_\alpha(u)K_\alpha^*(u,t_n)K_\alpha(v,t_n)\mathrm{d}u \tag{6.141}$$

又因为

$$\begin{aligned}K_\alpha^*(u,t_n)K_\alpha(v,t_n)&=\frac{\sqrt{1-\mathrm{j}\cot(-\alpha)}}{\sqrt{2\pi}}\frac{\sqrt{1-\mathrm{j}\cot\alpha}}{\sqrt{2\pi}}\cdot\\&\quad \mathrm{e}^{\frac{\mathrm{j}}{2}\cot(-\alpha)\left[u^2+t_n^2-2\sec(-\alpha)ut_n\right]}\mathrm{e}^{\frac{\mathrm{j}}{2}\left[v^2+t_n^2-2vt_n\sec\alpha\right]\cot\alpha}\\&=\frac{\csc\alpha}{2\pi}\exp\left(\mathrm{j}\frac{1}{2}\left[v^2-u^2-2(v-u)t_n\sec\alpha\right]\cot\alpha\right)\end{aligned} \tag{6.142}$$

所以,式(6.108)可以进一步化简为

$$\begin{aligned}\widetilde{X}_\alpha(v)&=\sum_{n=-\infty}^{+\infty}\int_{-\infty}^{+\infty}X_\alpha(u)K_\alpha^*(u,t_n)K_\alpha(v,t_n)\mathrm{d}u\\&=\sum_{n=-\infty}^{+\infty}\int_{-\infty}^{+\infty}X_\alpha(u)\frac{\csc\alpha}{2\pi}\cdot\\&\quad\exp\left(\frac{\mathrm{j}}{2}\left[v^2-u^2-2\sec(v-u)t_n\right]\cot\alpha\right)\mathrm{d}u\end{aligned} \tag{6.143}$$

把非均匀采样点 t_n 代入上式得到

$$\begin{aligned}\widetilde{X}_\alpha(v)&=\frac{\csc\alpha}{2\pi}\exp\left(\mathrm{j}\frac{\cot\alpha}{2}v^2\right)\int_{-\infty}^{+\infty}\exp\left(-\mathrm{j}\frac{\cot\alpha}{2}u^2\right)X_\alpha(u)\cdot\\&\quad\sum_{n=-\infty}^{+\infty}\sum_{m=0}^{M-1}\mathrm{e}^{-\mathrm{j}\csc\alpha(v-u)(kMT+mT+r_mT)}\mathrm{d}u\\&=\frac{\csc\alpha}{2\pi}\exp\left(\mathrm{j}\frac{\cot\alpha}{2}v^2\right)\int_{-\infty}^{+\infty}\exp\left(-\mathrm{j}\frac{\cot\alpha}{2}u^2\right)X_\alpha(u)\cdot\\&\quad\sum_{m=0}^{M-1}\mathrm{e}^{-\mathrm{j}\csc\alpha(v-u)(mT+r_mT)}\sum_{k=-\infty}^{+\infty}\mathrm{e}^{-\mathrm{j}\csc\alpha(v-u)kMT}\mathrm{d}u\end{aligned} \tag{6.144}$$

又因为关系式 $\sum_k \mathrm{e}^{-\mathrm{j}(v-u)kMT\csc\alpha}\csc\alpha=\frac{2\pi}{MT}\sum_k\delta\left(v-u-k\frac{2\pi\sin\alpha}{MT}\right)$ 成立,把此关系式代入式(6.144),整理后得到

$$\begin{aligned}\widetilde{X}_\alpha(v)&=\csc\alpha\exp\left(\mathrm{j}\frac{\cot\alpha}{2}v^2\right)\frac{1}{T}\cdot\\&\quad\sum_{k=-\infty}^{+\infty}B(k)\mathrm{e}^{-\mathrm{j}\frac{\cot\alpha}{2}\left(v-k\frac{2\pi\sin\alpha}{MT}\right)^2}X_\alpha\left(v-k\frac{2\pi\sin\alpha}{MT}\right)\end{aligned} \tag{6.145}$$

综上,我们得到非均匀采样信号的分数阶傅里叶谱 $\widetilde{X}_\alpha(v)$和原始信号的分数阶傅里叶谱 $X_\alpha(v)$之间的关系[31]

$$\widetilde{X}_\alpha(v)=\frac{\csc\alpha}{T}\exp\left(\mathrm{j}\,\frac{\cot\alpha}{2}v^2\right)\cdot \sum_{k=-\infty}^{+\infty}B(k)\mathrm{e}^{-\mathrm{j}\frac{\cot\alpha}{2}\left(v-k\frac{2\pi\sin\alpha}{MT}\right)^2}X_\alpha\left(v-k\,\frac{2\pi\sin\alpha}{MT}\right) \tag{6.146}$$

其中，$B(k)=\dfrac{1}{M}\sum\limits_{m=0}^{M-1}\mathrm{e}^{-\mathrm{j}k\frac{2\pi}{M}(m+r_m)}$。

需要说明的是，若在上述公式中令 $\alpha=\pi/2$，可以很容易地得到傅里叶变换域中的非均匀采样点信号的频谱表示，从这个意义上来说传统傅里叶变换域上的结果可以看作上述结果的一个特例。

2）分数阶傅里叶谱重建算法

上述公式给出了非均匀采样信号点的分数阶傅里叶谱和原始信号的连续分数阶傅里叶谱之间的一种关系，并且 $B(k)=\dfrac{1}{M}\sum\limits_{m=0}^{M-1}\mathrm{e}^{-\mathrm{j}k\frac{2\pi}{M}(m+r_m)}$ 和信号在分数阶傅里叶域的谱变量 v 是不相关的。另外，若令 $0<v_0<\dfrac{2\pi\sin\alpha}{MT}$是信号 $x(t)$分数阶傅里叶域上的任意一点，把它代入公式有

$$T\widetilde{X}_\alpha(v_0)=\csc\alpha\exp\left(\mathrm{j}\,\frac{\cot\alpha}{2}v_0^2\right)\cdot \sum_{k=-\infty}^{+\infty}B(k)\mathrm{e}^{-\mathrm{j}\frac{\cot\alpha}{2}\left(v_0-k\frac{2\pi\sin\alpha}{MT}\right)^2}X_\alpha\left(v_0-k\,\frac{2\pi\sin\alpha}{MT}\right) \tag{6.147}$$

又因为信号 $x(t)$是分数阶傅里叶域上带宽为 $\Omega_\alpha=\dfrac{\pi\sin\alpha}{T}$的带限信号，所以上述公式可以进一步化简为

$$T\widetilde{X}_\alpha(v_0)=\csc\alpha\exp\left(\mathrm{j}\,\frac{\cot\alpha}{2}v_0^2\right)\cdot \sum_{k=-M/2+1}^{M/2}B(k)\mathrm{e}^{-t\frac{\cot\alpha}{2}\left(v_0-k\frac{2\pi\sin\alpha}{MT}\right)^2}X_\alpha\left(v_0-k\,\frac{2t\sin\alpha}{MT}\right) \tag{6.148}$$

而对于分数阶傅里叶域上的另外一点 $v_0+\dfrac{2\pi\sin\alpha}{MT}$来说，

$$\begin{aligned}T\widetilde{X}_\alpha\left(v_0+\frac{2\pi\sin\alpha}{MT}\right)&=\csc\alpha\,\mathrm{e}^{\mathrm{j}\frac{\cot\alpha}{2}\left(v_0+\frac{2\pi\sin\alpha}{MT}\right)^2}\sum_{k=-\infty}^{+\infty}B(k)\mathrm{e}^{-\mathrm{j}\frac{\cot\alpha}{2}\left(v_0+\frac{2\pi\sin\alpha}{MT}-k\frac{2\pi\sin\alpha}{MT}\right)^2}\cdot\\&\quad X_\alpha\left(v_0+\frac{2\pi\sin\alpha}{MT}-k\,\frac{2\pi\sin\alpha}{MT}\right)\\&=\csc\alpha\,\mathrm{e}^{\mathrm{j}\frac{\cot\alpha}{2}\left(v_0+\frac{2\pi\sin\alpha}{MT}\right)^2}\sum_{k=-M/2+1}^{M/2}B(k+1)\mathrm{e}^{-\mathrm{j}\frac{\cot\alpha}{2}\left(v_0-k\frac{2\pi\sin\alpha}{MT}\right)^2}\cdot\\&\quad X_\alpha\left(v_0-k\,\frac{2\pi\sin\alpha}{MT}\right)\end{aligned} \tag{6.149}$$

同理，对于 $m=0,1,\cdots,M-1$ 来说，可以很容易得到以下关系式成立

$$T\widetilde{X}_\alpha\left(v_0+m\,\frac{2\pi\sin\alpha}{MT}\right)=\csc\alpha\,\mathrm{e}^{\mathrm{j}\frac{\cot\alpha}{2}\left(v_0+\frac{2\pi\sin\alpha}{MT}\right)^2}\cdot \sum_{k=-M/2+1}^{M/2}B(k+m)\exp^{-\mathrm{j}\frac{\cot\alpha}{2}\left(v_0-k\frac{2\pi\sin\alpha}{MT}\right)^2}X_\alpha\left(v_0-k\,\frac{2\pi\sin\alpha}{MT}\right) \tag{6.150}$$

综合以上结果，可以把由上式所确定的非均匀采样信号在分数阶傅里叶域的频谱 $\tilde{X}_\alpha(v)$ 和原始信号的连续频谱 $X_\alpha(v)$ 之间的关系用矩阵表示为

$$\tilde{\boldsymbol{X}}_\alpha(v_0)=\boldsymbol{B}\boldsymbol{X}_\alpha(v_0) \tag{6.151}$$

其中，

$$\boldsymbol{B}=\begin{bmatrix} B(M/2) & B(M/2-1) & \cdots & B(-M/2+1) \\ B(M/2+1) & B(M/2) & \cdots & B(-M/2+2) \\ B(M/2+2) & B(M/2+1) & \cdots & B(-M/2+3) \\ \vdots & \vdots & \ddots & \vdots \\ B(M/2+M-1) & B(M/2+M-2) & \cdots & B(M/2) \end{bmatrix} \tag{6.152}$$

$$\tilde{\boldsymbol{X}}_\alpha(v_0)=\begin{bmatrix} G_\alpha(u_0)T\sin\alpha\,\mathrm{e}^{-\frac{\mathrm{j}}{2}u_0^2\cot\alpha} \\ X_\alpha(v_0+\sin\alpha 2\pi/MT)T\sin\alpha\,\mathrm{e}^{-\frac{\mathrm{j}}{2}(v_0+2\pi\sin\alpha/MT)^2\cot\alpha} \\ \vdots \\ X_\alpha(v_0+(M-1)2\pi\sin\alpha/MT)T\sin\alpha\,\mathrm{e}^{-\frac{\mathrm{j}}{2}(v_0+(M-1)2\pi\sin\alpha/MT)^2\cot\alpha} \end{bmatrix} \tag{6.153}$$

$$\boldsymbol{X}_\alpha(v_0)=\begin{bmatrix} X_\alpha\left(v_0-\dfrac{\pi\sin\alpha}{T}\right) \\ X_\alpha\left(v_0-\dfrac{\pi\sin\alpha}{T}+\dfrac{2\pi\sin\alpha}{MT}\right) \\ \vdots \\ X_\alpha\left(v_0-\dfrac{\pi\sin\alpha}{T}+\dfrac{(M-1)2\pi\sin\alpha}{MT}\right) \end{bmatrix} \tag{6.154}$$

由此通过如下的矩阵关系就可以把信号的连续分数阶傅里叶谱 $\boldsymbol{X}_\alpha(v_0)$ 在 v_0 的值由非均匀采样点的分数阶傅里叶谱表示出来[31]

$$\boldsymbol{X}_\alpha(v_0)=\boldsymbol{B}^{-1}\tilde{\boldsymbol{X}}_\alpha(v_0) \tag{6.155}$$

而且对不同的 v_0，上述公式中的矩阵 $\boldsymbol{B}$ 是不变化的。所以通过选择不同的 v_0 值可以由上述公式求出足够多的 $\boldsymbol{X}_\alpha(v_0)$，从而可以进一步应用分数阶傅里叶域上的均匀采样定理得到原始信号 $x(t)$ 或其分数阶傅里叶谱 $\boldsymbol{X}_\alpha(v_0)$。

6.3.2.4 仿真实例

1. 分数阶傅里叶谱分析仿真

选择 $x(t)=A\mathrm{e}^{\mathrm{j}2\pi\left(f_0t+\frac{1}{2}m_0t^2\right)}=\mathrm{e}^{\mathrm{j}\pi(-2t^2+5t)}$ 作为原始信号，信号的观测时间是[−4s，4s]，平均采样周期为 $f_s=50\mathrm{Hz}$，非均匀的采样重复周期 $M=3$，r_m 在[−1，1]区间随机产生，均匀采样和非均匀采样序列的 chirp 信号分别画在图 6.20 中上下两部分。

图 6.21 给出了此 chirp 信号的分数阶傅里叶变换，其中阶次取值范围是[0，1]。从图 6.21 可以明显地看出，此信号的分数阶傅里叶变换在某个阶次处出现一个聚集，这也是 chirp 信号在分数阶傅里叶域的重要性质之一，我们可以应用这些性质来进行多个 chirp 信号的分离与处理。

图 6.22 与图 6.23 分别给出了不同非均匀采样策略下的分数阶傅里叶变换的图形，从

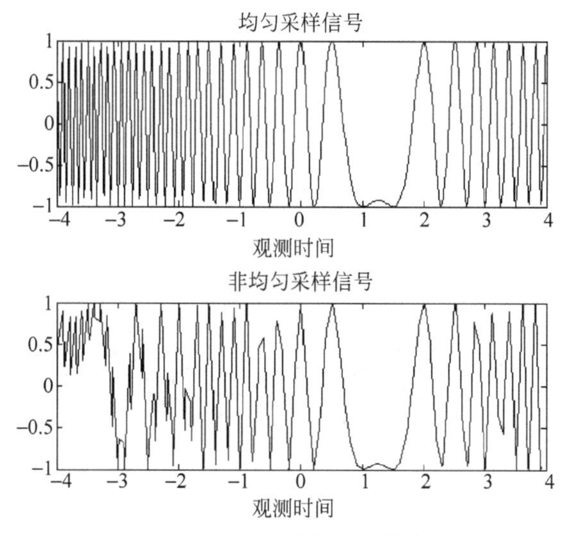

图 6.20 均匀与非均匀采样信号

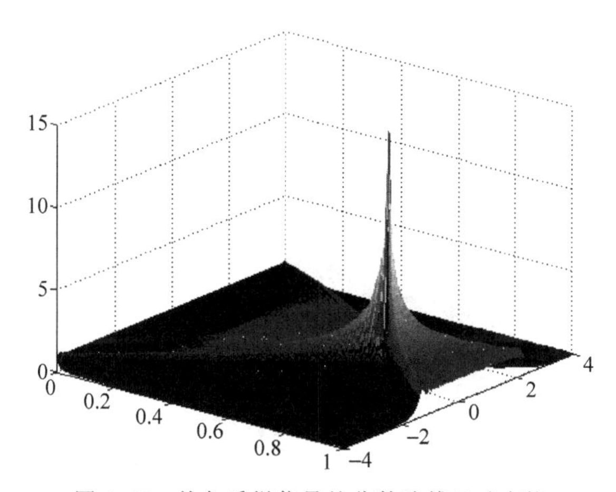

图 6.21 均匀采样信号的分数阶傅里叶变换

图中可以明显地看出，在 $M=3$ 时的分数阶傅里叶域中，除了在某个角度出现信号的聚集以外，在其分数阶傅里叶域中还产生另外两个寄生的分数阶傅里叶谱；同理，在当 $M=5$ 时，除了信号本身的频谱以外也产生了另外 4 个寄生的分数阶傅里叶谱。我们知道可以根据 chirp 信号的调频率来确定分数阶傅里叶变换的阶次，从而可以进一步研究该阶次分数阶傅里叶变换特点，也即可以通过某个确定阶次的分数阶傅里叶变换来更清楚地说明问题。

本章中 $m_0=5$，信号观测时间为[−4s，4s]，而在离散分数阶傅里叶变换的计算过程中由于无量纲化处理的影响等，必须通过某些调整才能找到正确的变换角度 α，本章中采用文献[18]所提的方法确定 α 为

$$\alpha=\frac{2\operatorname{arccot}(-mT/f_s)}{\pi}=0.8028$$

分别取 $M=1,2,3,4,5,6$，然后对所得到的非均匀采样序列进行角度 $\alpha=0.8028$ 的分数阶傅里叶变换，最后的结果显示在图 6.24 中，从图 6.24 中可以明显地看出，在 $\alpha=0.8028$ 处，除了信号本身的频谱以外还出现了 $M-1$ 个寄生频谱。这个仿真结果和我们所得到公式相吻合。

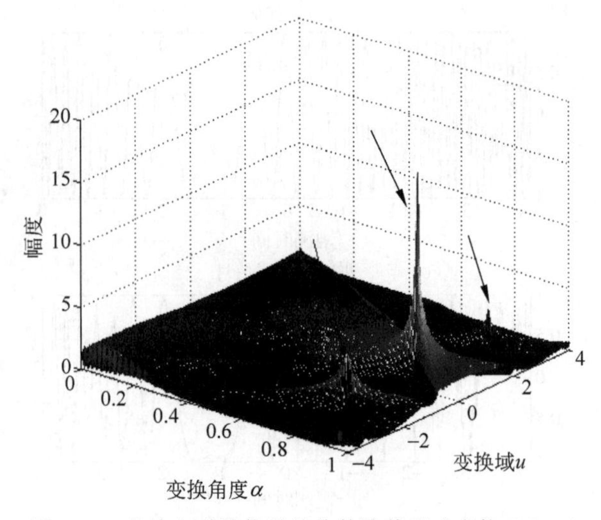

图 6.22　非均匀采样信号的分数阶傅里叶变换($M=3$)

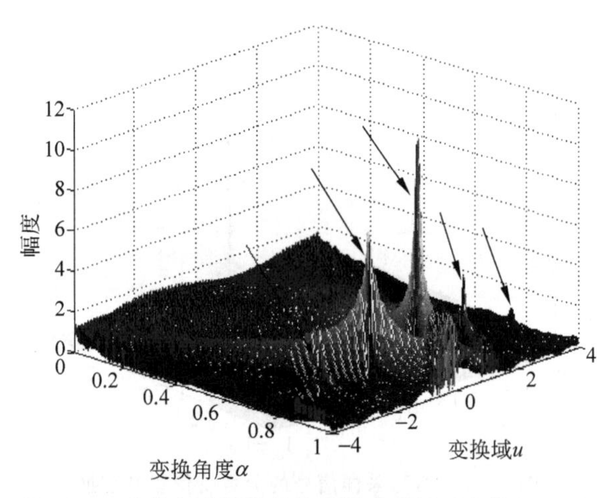

图 6.23　非均匀采样信号的分数阶傅里叶变换($M=5$)

从这些仿真结果可以得到，非均匀采样信号序列在分数阶傅里叶域中除了其信号本身的频谱之外，还存在一些寄生频谱，这也同时验证了本节所得到的非均匀采样序列在分数阶傅里叶域的性质与理论。

2. 分数阶傅里叶谱恢复仿真

本节利用 chirp 信号对上述算法进行仿真，在仿真中所用的信号为 $x(t)=\mathrm{e}^{\mathrm{j}(-6t^2+5t)}$，其中观测时间是[−4s,4s]，均匀采样周期 $T=1/50\text{Hz}$，非均匀采样的误差周期 $M=8$，每个采样点和均匀采样点之间的偏差比率 r_m 在[−1,1]区间随机产生。

图 6.25 画出了非均匀采样信号 $x(t_n)$ 在变换角度为 $\alpha=0.0855$ 时的分数阶傅里叶变换的幅度。由图 6.25 可以看出，非均匀采样信号在分数阶傅里叶域上除了信号的频谱之外还产生了一些虚假的频谱，图 6.26 是非均匀采样信号用 dB 表示的分数阶傅里叶变换幅度谱。

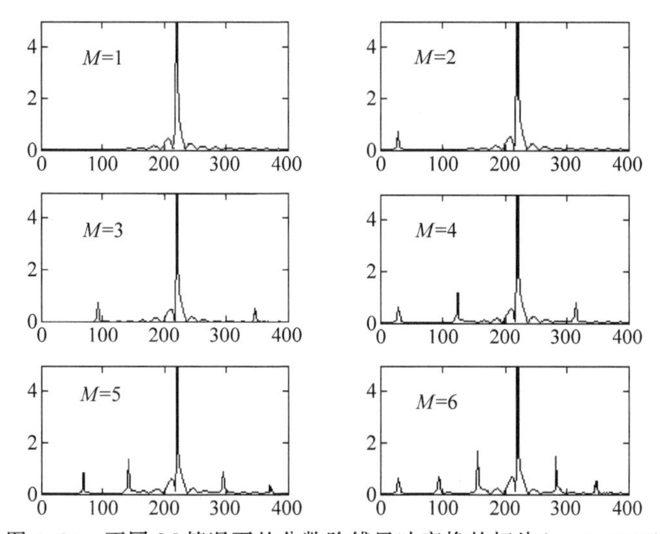

图 6.24　不同 M 情况下的分数阶傅里叶变换的切片($\alpha=0.8028$)

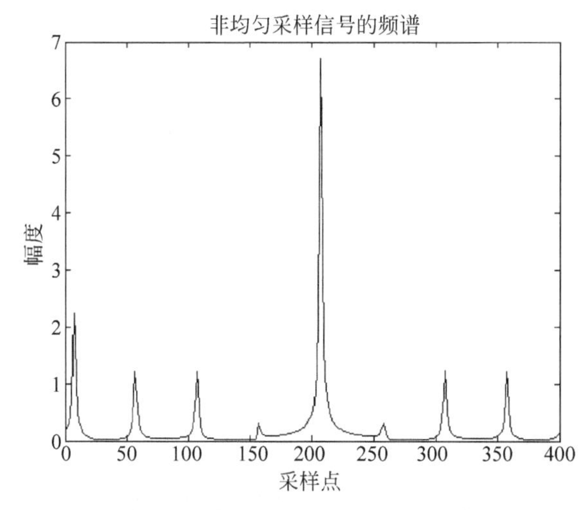

图 6.25　非均匀采样信号在 $\alpha=0.0855$ 时的分数阶傅里叶变换幅度($M=8$)

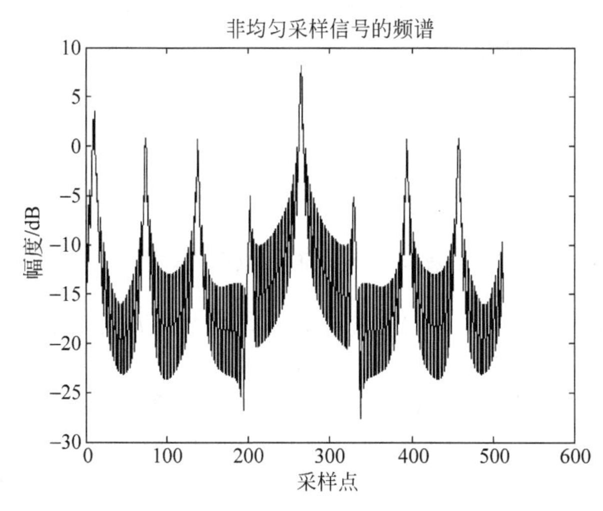

图 6.26　非均匀采样信号在 $\alpha=0.0855$ 时的分数阶傅里叶谱($M=8$)

在重建算法中,我们选取原始信号分数阶傅里叶谱 $X_\alpha(v)$ 的 512 个点来进行重建,图 6.27 是原始信号的频谱,图 6.28 给出了应用本章算法得到的由非均匀采样信号重建后的分数阶傅里叶谱。由仿真结果可以很明显看出,本章所提出算法可以很好地从非均匀采样信号恢复原始信号的频谱。

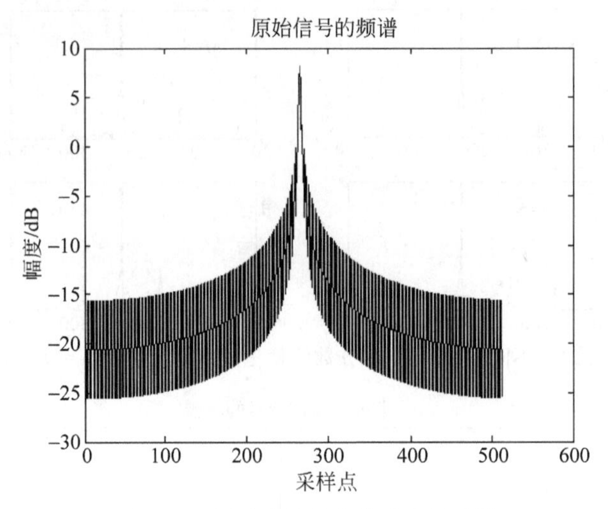

图 6.27 原始信号的分数阶傅里叶谱

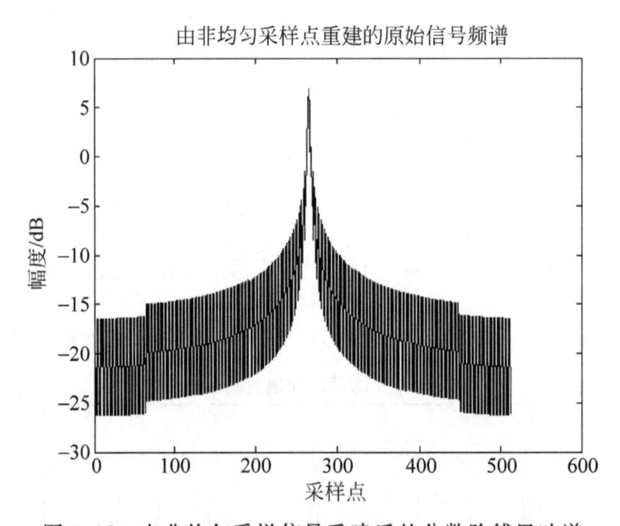

图 6.28 由非均匀采样信号重建后的分数阶傅里叶谱

6.3.3 周期随机非均匀采样信号的分数阶傅里叶谱分析与重建

周期非均匀采样的所有采样时刻被分成循环周期为 MT 的几组序列,每个周期 MT 内包含 M 个非均匀采样点,其中 T 是全局平均采样间隔。这 M 组均匀采样序列之间通常有一定的向后时延并且作为已知的先验知识,否则在每组之间的时延未知情况下不能直接进行下一步信号处理操作。然而,在实际应用中,由于处理设备本身存在的机械误差以及外界各种不可控因素的影响,均匀采样序列之间的时延间隔不总是固定不变的,可能具有一定的随机性,这就造成了实际采样时刻的随机不确定性。值得注意的是,这种随机性会造成每次时刻的正、负时延，由于时间差是随机分布在一个采样周期内的，因此如果对数据进行多轮采样之后，就能够采集到遍历所有可能取值的数据序列。

因此，针对这种序列之间时延间隔的随机不确定性，我们将结合周期非均匀采样和随机采样的特征，研究一种新的采样模式，称之为周期随机非均匀采样。在这种采样模式下，第一个循环周期 MT 内的 M 个非均匀采样时刻之间的时延具有随机性，可以认为这 M 个非均匀采样点是通过随机采样方式获取的，也就是所有通道的第一个采样点组成了一组独立同分布的随机变量，如图 6.29 所示。接下来，我们针对这种周期随机非均匀采样的信号进行分数阶傅里叶谱分析[32]。

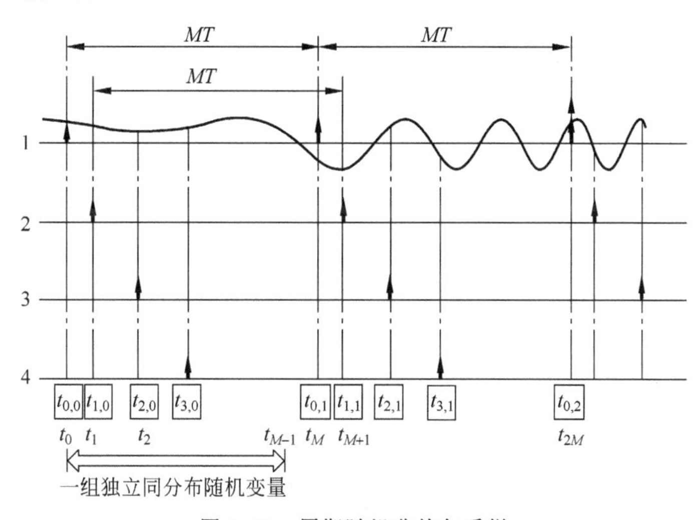

图 6.29 周期随机非均匀采样

6.3.3.1 周期随机非均匀采样信号的分数阶傅里叶谱估计

在周期随机非均匀采样中，第一个循环周期内的 M 个采样点表示为 $t_m, m=0,1,\cdots,M-1$。由于采样点之间的延迟是随机的，可认为这些采样点是一组独立同分布的随机变量，是通过概率密度函数为 $p(t)$ 的随机采样方式获取的。因为这组采样点都分布在区间 $[0,MT]$ 内，因此概率密度函数 $p(t)$ 在区间 $[0,MT]$ 外的取值为 0，并且满足

$$\int_0^{MT} p(t)\mathrm{d}t = 1 \tag{6.156}$$

对于具有有限能量并且在 α 角度分数阶傅里叶域带限的信号 $x(t)$，其所有的采样点可以表示为

$$s = \{x(t_{km}) \mid t_{km} = kMT + t_m, m = 0,1,\cdots,M-1, k \in \mathbb{Z}\} \tag{6.157}$$

正如前面所提到的，信号的谱通常在有限区间内进行分析，并且实际工程中也是对有限长的信号进行采样，因此这里为简化分析，我们将 k 设置为 $k=0,1,\cdots,K-1$，其中 K 为正整数。也就是说每一组均匀采样序列有 K 个采样点，整个采样区间长度为 KMT。那么，我们所感兴趣的分数阶傅里叶谱就可以表示为

$$X_w^\alpha(u) = \int_0^{KMT} x(t)w(t)K_\alpha(t,u)\mathrm{d}t \tag{6.158}$$

这里我们首先考虑只存在时延间隔随机性，其他每个均匀采样序列不存在时钟抖动的情况，对于时钟抖动存在的情况会在下一小节中分析。那么，根据信号周期随机非均匀采样

获取的采样值，其分数阶傅里叶谱估计可以表示为

$$\hat{S}_R^\alpha(u)=\frac{1}{M}\sum_{k=0}^{K-1}\sum_{m=0}^{M-1}x(t_{km})v(t_{km})K_\alpha(t_{km},u) \tag{6.159}$$

需要注意的是，这里引入一个新的函数 $v(t)$，这是一个与窗函数相关的函数，在这里暂时是未知的。我们将在下文中描述函数 $v(t)$ 如何选取可以使得上述给出的分数阶傅里叶谱估计具有无偏性。因为采样时刻是独立同分布的随机变量，从而上式求和中的每一项都是随机变量，并且具有相同的概率密度函数。因此，可求得分数阶傅里叶谱估计的期望表达式为

$$\begin{aligned}
E\{\hat{S}_R^\alpha(u)\}&=\frac{1}{M}\sum_{k=0}^{K-1}\sum_{m=0}^{M-1}E\{x(t_{km})v(t_{km})K_\alpha(t_{km},u)\}\\
&=\frac{1}{M}\sum_{k=0}^{K-1}\sum_{m=0}^{M-1}\int_0^{MT}x(kMT+t)v(kMT+t)K_\alpha(kMT+t,u)p(t)\mathrm{d}t\\
&=\frac{1}{M}\sum_{k=0}^{K-1}\sum_{m=0}^{M-1}\int_{kMT}^{(k+1)MT}x(t)v(t)K_\alpha(t,u)p(t-kMT)\mathrm{d}t\\
&=\int_0^{KMT}x(t)v(t)K_\alpha(t,u)p_{MT}(t)\mathrm{d}t
\end{aligned} \tag{6.160}$$

其中，$p_{MT}(t)$是概率密度函数 $p(t)$的移不变表示形式，具体表达为

$$p_{MT}(t)=\sum_{k=0}^{K-1}p(t-kMT) \tag{6.161}$$

为了得到分数阶傅里叶谱估计的无偏估计，也就是期望值要等于连续分数阶傅里叶谱，可以看出，当函数 $v(t)$定义为

$$v(t)=\frac{w(t)}{p_{MT}(t)} \tag{6.162}$$

时，可以得到

$$E\{\hat{S}_R^\alpha(u)\}=X_w^\alpha(u) \tag{6.163}$$

也就说明此时式(6.159)的分数阶傅里叶谱估计是无偏估计。

尽管无偏估计是统计分析中的一种重要性质，但是它仍然不能代表一种精确的估计，估计效果可以通过计算标准差或方差做进一步的评估。接下来计算和分析分数阶傅里叶谱估计的方差。

根据统计分析中方差的定义式，上述分数阶傅里叶谱估计的方差可通过如下公式计算：

$$\mathrm{Var}[\hat{S}_R^\alpha(u)]=E\{|\hat{S}_R^\alpha(u)|^2\}-|X_w^\alpha(u)|^2 \tag{6.164}$$

上式中等号右边的第一项可以进一步计算并化简为

$$\begin{aligned}
E\{|\hat{S}_R^\alpha(u)|^2\}&=\frac{1}{M^2}E\Big\{\sum_{k=0}^{K-1}\sum_{m=0}^{M-1}x(t_{km})v(t_{km})\cdot\\
&\qquad K_\alpha(t_{km},u)\sum_{k'=0}^{K-1}\sum_{m'=0}^{M-1}x^*(t_{k'm'})w^*(t_{k'm'})K_\alpha^*(t_{k'm'},u)\Big\}\\
&=\frac{1}{M^2}\Big\{\sum_{m=m'}\int_0^{KMT}\frac{|x(t)v(t)|^2p_{MT}(t)}{2\pi\sin\alpha}\mathrm{d}t+\sum_{m\neq m'}|X_w^\alpha(u)|^2\Big\}
\end{aligned}$$

$$=\int_{0}^{KMT}\frac{|x(t)v(t)|^{2}p_{MT}(t)}{2\pi M\sin\alpha}\mathrm{d}t+\frac{M-1}{M}|X_{w}^{\alpha}(u)|^{2} \tag{6.165}$$

再利用函数 $v(t)$的表达式,令

$$\begin{aligned}E_{w}&=\int_{0}^{KMT}|x(t)v(t)|^{2}p_{MT}(t)\mathrm{d}t\\&=\int_{0}^{KMT}|x(t)|^{2}\frac{|w(t)|^{2}}{p_{MT}(t)}\mathrm{d}t\end{aligned} \tag{6.166}$$

表示信号的加权能量,则方差表达式可以再次进行化简如下:

$$\begin{aligned}\mathrm{Var}[\hat{S}_{R}^{\alpha}(u)]&=\frac{1}{2\pi M\sin\alpha}\int_{0}^{KMT}|x(t)v(t)|^{2}p_{MT}(t)\mathrm{d}t-\frac{1}{M}|X_{w}^{\alpha}(u)|^{2}\\&=\frac{1}{M}\left(\frac{E_{w}}{2\pi\sin\alpha}-|X_{w}^{\alpha}(u)|^{2}\right)\end{aligned} \tag{6.167}$$

从方差的最终表达式可以看出,在固定的观察区间内,方差与信号加权能量的加权值以及采样点数有关。另外可以看出,方差不是固定的,是随着频率变化的。因为$|X_{w}^{\alpha}(u)|^{2}\geqslant 0$,因此可得到分数阶傅里叶谱估计方差的上限为

$$\mathrm{Var}_{R,\max}=\frac{E_{w}}{2\pi M\sin\alpha} \tag{6.168}$$

那么当信号的分数阶傅里叶谱为0时所对应的频率正是分数阶傅里叶谱估计误差最大的位置,也就是在原始信号能量越强的位置分数阶傅里叶谱估计越精确。因此在实际应用中,可以由上述对分数阶傅里叶谱估计方差的分析,给定一个方差的阈值范围来评估分数阶傅里叶谱估计的效果。上述方差的上限表达式就为阈值的设定提供了参考。

6.3.3.2 最优分数阶傅里叶谱估计

通过6.3.3.1节的分析,得到周期随机非均匀采样信号的无偏分数阶傅里叶谱估计为[32]

$$\hat{S}_{R}^{\alpha}(u)=\frac{1}{M}\sum_{k=0}^{K-1}\sum_{m=0}^{M-1}x(t_{km})\frac{w(t_{km})}{p_{MT}(t_{km})}K_{\alpha}(t_{km},u) \tag{6.169}$$

并且分析中给出的方差表达式也表明,分数阶傅里叶谱估计的精确度与原始信号的加权能量、原始连续谱和采样点总数有关。而这几项中,通过它们的表达式可以看出只有信号的加权能量与随机采样方式有关。当窗函数确定以后,如果可以对每个通道初始时刻选取合适的随机采样方式获取,或者说选择合适的概率密度函数,就可以通过改变信号的加权能量从而达到减小谱估计方差的效果。因此,为了得到具有小的估计方差的最优分数阶傅里叶谱估计,可建立如下最优化问题

$$\min_{p(t)}\mathrm{Var}[\hat{S}_{R}^{\alpha}(u)] \tag{6.170}$$

另外,根据条件式(6.156)及函数 p_{MT} 的定义式,可以得到如下约束条件

$$\int_{0}^{KMT}p_{MT}(t)\mathrm{d}t=K \tag{6.171}$$

因此,为了找到最优的随机采样方式也就是选取最优的概率密度函数,利用式(6.166)和式(6.171)的结果,得到如下最优化问题

$$\min_{p(t)}\int_{0}^{KMT}|x(t)|^{2}\frac{|w(t)|^{2}}{p_{MT}(t)}\mathrm{d}t \tag{6.172}$$

使得
$$\int_0^{KMT} p_{MT}(t)\mathrm{d}t = K$$

上述最优化问题可以利用拉格朗日乘数法来求解。首先，利用目标函数和约束条件建立拉格朗日方程

$$L(p(t),\lambda)=\int_0^{KMT}|x(t)|^2\frac{|w(t)|^2}{p_{MT}(t)}\mathrm{d}t+\lambda\left(\int_0^{KMT}p_{MT}(t)\mathrm{d}t-K\right) \tag{6.173}$$

其中，拉格朗日乘子满足条件 $\lambda \geqslant 0$。因为概率密度函数为未知数，对拉格朗日方程作关于 $p_{MT}(t)$ 的一阶导数，并令其取值为 0，也就是

$$\left.\frac{\partial L(p_{MT}(t),\lambda)}{\partial p_{MT}(t)}\right|_{t=\tau}=-\frac{|x(\tau)|^2|w(\tau)|^2}{[p_{MT}(\tau)]^2}+\lambda=0 \tag{6.174}$$

就能得到最优的概率密度函数的移不变函数表达式

$$p_{MT}(\tau)=\frac{|x(\tau)||w(\tau)|}{\sqrt{\lambda}} \tag{6.175}$$

再根据约束条件，计算得到拉格朗日乘子 λ 为

$$\lambda=\frac{1}{K^2}\left(\int_0^{KMT}|x(t)||w(t)|\mathrm{d}t\right)^2 \tag{6.176}$$

因此，当最优概率密度函数的移不变函数满足如下条件时

$$p_{MT}(t)=\frac{K|x(t)||w(t)|}{\int_0^{KMT}|x(\tau)||w(\tau)|\mathrm{d}\tau} \tag{6.177}$$

可得到最优的分数阶傅里叶谱估计，并且其对应的方差为

$$\mathrm{Var}_{\mathrm{optim}}[\hat{S}_R^{\alpha}(u)]=\frac{1}{M}\left[\frac{1}{2\pi K\sin\alpha}\left(\int_0^{KMT}|x(t)||w(t)|\mathrm{d}t\right)^2-|X_w^{\alpha}(u)|^2\right] \tag{6.178}$$

这里需要指出的是，尽管我们在理论上分析了最优分数阶傅里叶谱估计，但仍然有两个问题需要注意：①从表达式来看，最优的随机采样的概率密度函数与原始信号相关，而原始信号通常是未知的。对于这个问题，可以根据实际情况进行适当的调整，如果原信号的包络是已知的，可以用来近似代替原信号从而计算最优概率密度函数；也可以根据实际应用环境，在尽量使方差小的情况下利用常数来代替。②可以看到最优条件式(6.177)是随机采样概率密度函数的移不变函数形式，当从移不变函数形式计算得到概率密度函数时，计算过程中可能存在一定的计算误差，从而得到一种次最优分数阶傅里叶谱估计。以上两个问题就需要在实际应用中具体情况具体对待，得到合理的结果。

6.3.3.3 周期随机非均匀采样信号的分数阶傅里叶谱重建及信号重建

6.3.2 节已经详细讨论了分数阶傅里叶域中基于周期非均匀采样信号的分数阶傅里叶谱重建问题。本节我们将讨论分数阶傅里叶域中周期随机非均匀采样信号的原始连续分数阶傅里叶谱重建。前面我们已经讨论并给出了周期随机非均匀采样信号的无偏分数阶傅里叶谱估计，接下来通过建立连续分数阶傅里叶谱与分数阶傅里叶谱估计之间的关系来实现连续分数阶傅里叶谱的重建。根据分数变换及反变换的定义，信号的加窗采样值 $x(t_{km})w(t_{km})$ 可以表示为

$$x(t_{km})w(t_{km})=\int_{-\infty}^{+\infty}X_w^\alpha(u)K_\alpha^*(u,t_{km})\mathrm{d}u \tag{6.179}$$

式中，$X_w^\alpha(u)$表示信号的连续分数阶傅里叶谱。

将上述采样值的表达式代入分数阶傅里叶谱估计式(6.169)中，就将信号的连续分数阶傅里叶谱与周期随机非均匀采样的分数阶傅里叶谱估计联系了起来，找到了二者之间的等价关系，即得到

$$\begin{aligned}\hat{S}_R^\alpha(u)&=\frac{1}{M}\sum_{k=-\infty}^{+\infty}\sum_{m=0}^{M-1}x(t_{km})\frac{w(t_{km})}{p_{MT}(t_{km})}K_\alpha(t_{km},u)\\&=\frac{1}{M}\sum_{k=-\infty}^{+\infty}\sum_{m=0}^{M-1}\int_{-\infty}^{+\infty}X_w^\alpha(v)K_\alpha^*(v,t_{km})\mathrm{d}v\frac{1}{p_{MT}(t_{km})}K_\alpha(t_{km},u)\\&=\frac{1}{2\pi M\sin\alpha}\sum_{k=-\infty}^{+\infty}\sum_{m=0}^{M-1}\frac{1}{p_{MT}(t_{km})}\int_{-\infty}^{+\infty}X_w^\alpha(v)\mathrm{e}^{-\frac{\mathrm{j}}{2}v^2\cot\alpha}\mathrm{e}^{\frac{\mathrm{j}}{2}u^2\cot\alpha}\mathrm{e}^{\mathrm{j}(v-u)t_{km}\csc\alpha}\mathrm{d}v\\&=\frac{1}{2\pi M\sin\alpha}\sum_{k=-\infty}^{+\infty}\mathrm{e}^{\mathrm{j}(v-u)kMT\csc\alpha}\sum_{m=0}^{M-1}\frac{1}{p(t_m)}\int_{-\infty}^{+\infty}X_w^\alpha(v)\mathrm{e}^{-\frac{\mathrm{j}}{2}v^2\cot\alpha}\mathrm{e}^{\frac{\mathrm{j}}{2}u^2\cot\alpha}\mathrm{e}^{\mathrm{j}(v-u)t_m\csc\alpha}\mathrm{d}v\end{aligned} \tag{6.180}$$

利用泊松求和公式

$$\begin{aligned}\sum_{k=-\infty}^{+\infty}\mathrm{e}^{\mathrm{j}(v-u)kMT\csc\alpha}&=\sum_{k=-\infty}^{+\infty}\mathrm{e}^{\mathrm{j}(u-v)kMT\csc\alpha}\\&=\frac{2\pi\sin\alpha}{MT}\sum_{k=-\infty}^{+\infty}\delta\left(u-v-k\frac{2\pi\sin\alpha}{MT}\right)\end{aligned} \tag{6.181}$$

有

$$\begin{aligned}\hat{S}_R^\alpha(u)&=\frac{1}{M^2T}\sum_{k=-\infty}^{+\infty}\delta\left(u-v-k\frac{2\pi\sin\alpha}{MT}\right)\sum_{m=0}^{M-1}\frac{1}{p(t_m)}\cdot\\&\quad\int_{-\infty}^{+\infty}X_w^\alpha(v)\mathrm{e}^{-\frac{\mathrm{j}}{2}v^2\cot\alpha}\mathrm{e}^{\frac{\mathrm{j}}{2}u^2\cot\alpha}\mathrm{e}^{\mathrm{j}(v-u)t_m\csc\alpha}\mathrm{d}v\\&=\frac{1}{T}\mathrm{e}^{\frac{\mathrm{j}}{2}u^2\cot\alpha}\sum_{k=-\infty}^{+\infty}B(k)X_w^\alpha\left(u-k\frac{2\pi\sin\alpha}{MT}\right)\mathrm{e}^{-\frac{\mathrm{j}}{2}\left(u-k\frac{2\pi\sin\alpha}{MT}\right)^2\cot\alpha}\end{aligned} \tag{6.182}$$

其中，

$$B(k)=\frac{1}{M^2}\sum_{m=0}^{M-1}\frac{1}{p(t_m)}\mathrm{e}^{-\mathrm{j}k\frac{2\pi}{MT}t_m} \tag{6.183}$$

上述公式将原始信号周期随机非均匀采样的分数阶傅里叶谱估计与其连续谱之间的关系描述为：信号采样后的分数阶傅里叶谱估计就等价为连续分数阶傅里叶谱周期相移的加权和，其中周期为$\frac{2\pi\sin\alpha}{MT}$。因此，当$0<u_0<\frac{2\pi\sin\alpha}{MT}$，根据如下块表示形式

$$\boldsymbol{S}_R^\alpha(u_0)=\frac{1}{T}\boldsymbol{C}_1\boldsymbol{B}\boldsymbol{C}_2\boldsymbol{X}_w^\alpha(u_0) \tag{6.184}$$

分数阶傅里叶域中带限信号的原始连续分数阶傅里叶谱可通过下式进行重建

$$\boldsymbol{X}_w^\alpha(u_0)=T\boldsymbol{C}_2^{-1}\boldsymbol{B}^{-1}\boldsymbol{C}_1^{-1}\boldsymbol{S}_R^\alpha(u_0) \tag{6.185}$$

其中

$$\boldsymbol{C}_1=\operatorname{diag}\{(\mathrm{e}^{\frac{\mathrm{j}}{2}u_0^2\cot\alpha},\mathrm{e}^{\mathrm{j}\frac{1}{2}\left(u_0+\frac{2\pi\sin\alpha}{MT}\right)^2\cot\alpha},\cdots,\mathrm{e}^{\frac{\mathrm{j}}{2}\left(u_0+(M-1)\frac{2\pi\sin\alpha}{MT}\right)^2\cot\alpha})\}\tag{6.186}$$

$$\boldsymbol{C}_2=\operatorname{diag}\{(\mathrm{e}^{-\frac{\mathrm{j}}{2}\left(u_0-\frac{\pi\sin\alpha}{T}\right)^2\cot\alpha},\mathrm{e}^{-\frac{\mathrm{j}}{2}\left(u_0-\frac{\pi\sin\alpha}{T}+\frac{2\pi\sin\alpha}{MT}\right)^2\cot\alpha},\cdots,\mathrm{e}^{-\frac{\mathrm{j}}{2}\left(u_0-\frac{\pi\sin\alpha}{T}+(M-1)\frac{2\pi\sin\alpha}{MT}\right)^2\cot\alpha})\}\tag{6.187}$$

$$\boldsymbol{B}=\begin{bmatrix} B\left(\frac{M}{2}\right) & B\left(\frac{M}{2}-1\right) & \cdots & B\left(-\frac{M}{2}+1\right) \\ B\left(\frac{M}{2}+1\right) & B\left(\frac{M}{2}\right) & \cdots & B\left(-\frac{M}{2}+2\right) \\ \vdots & \vdots & \ddots & \vdots \\ B\left(\frac{M}{2}+M-1\right) & B\left(\frac{M}{2}+M-2\right) & \cdots & B\left(\frac{M}{2}\right) \end{bmatrix}\tag{6.188}$$

$$\hat{\boldsymbol{S}}_R^\alpha(u_0)=\begin{bmatrix} \hat{S}_R^\alpha(u_0) \\ \hat{S}_R^\alpha\left(u_0+\frac{2\pi\sin\alpha}{MT}\right) \\ \vdots \\ \hat{S}_R^\alpha\left(u_0+(M-1)\frac{2\pi\sin\alpha}{MT}\right) \end{bmatrix}\tag{6.189}$$

$$\boldsymbol{X}_w^\alpha(u_0)=\begin{bmatrix} X_w^\alpha\left(u_0-\frac{\pi\sin\alpha}{T}\right) \\ X_w^\alpha\left(u_0-\frac{\pi\sin\alpha}{T}+\frac{2\pi\sin\alpha}{MT}\right) \\ \vdots \\ X_w^\alpha\left(u_0-\frac{\pi\sin\alpha}{T}+(M-1)\frac{2\pi\sin\alpha}{MT}\right) \end{bmatrix}\tag{6.190}$$

注意到在求解过程中,需要对矩阵求逆,因此需要求逆的矩阵必须满足非奇异性,其逆矩阵才能存在。矩阵 $\boldsymbol{C}_1$ 和 $\boldsymbol{C}_2$ 是对角矩阵,并且对角线上每个元素都是非零的,因此是非奇异矩阵,其逆矩阵存在。矩阵 $\boldsymbol{B}$ 的非奇异性证明如下:

从矩阵 $\boldsymbol{B}$ 的元素特征来看,$\boldsymbol{B}$ 是一个典型的托普利兹矩阵。由于

$$B(k)=\frac{1}{M^2}\sum_{m=0}^{M-1}\frac{1}{p(t_m)}\mathrm{e}^{-\mathrm{j}k\frac{2\pi}{MT}t_m}\tag{6.191}$$

因此,可将矩阵 $\boldsymbol{B}$ 分解为两个矩阵的乘积 $\boldsymbol{B}=\frac{1}{M^2}\boldsymbol{B}_1\boldsymbol{B}_2$,其中矩阵 $\boldsymbol{B}_1$ 和 $\boldsymbol{B}_2$ 分别为

$$\boldsymbol{B}_1=\begin{bmatrix} \frac{1}{p(t_0)} & \frac{1}{p(t_1)} & \cdots & \frac{1}{p(t_{M-1})} \\ \frac{\mathrm{e}^{-\mathrm{j}\frac{2\pi}{MT}t_0}}{p(t_0)} & \frac{\mathrm{e}^{-\mathrm{j}\frac{2\pi}{MT}t_1}}{p(t_1)} & \cdots & \frac{\mathrm{e}^{-\mathrm{j}\frac{2\pi}{MT}t_{M-1}}}{p(t_{M-1})} \\ \vdots & \vdots & \ddots & \vdots \\ \frac{\mathrm{e}^{-\mathrm{j}(M-1)\frac{2\pi}{MT}t_0}}{p(t_0)} & \frac{\mathrm{e}^{-\mathrm{j}(M-1)\frac{2\pi}{MT}t_1}}{p(t_1)} & \cdots & \frac{\mathrm{e}^{-\mathrm{j}(M-1)\frac{2\pi}{MT}t_{M-1}}}{p(t_{M-1})} \end{bmatrix}\tag{6.192}$$

$$
\boldsymbol{B}_2=\begin{bmatrix}
\mathrm{e}^{-\mathrm{j}\frac{M}{2}\frac{2\pi}{MT}t_0} & \mathrm{e}^{-\mathrm{j}\left(\frac{M}{2}-1\right)\frac{2\pi}{MT}t_0} & \cdots & \mathrm{e}^{-\mathrm{j}\left(-\frac{M}{2}+1\right)\frac{2\pi}{MT}t_0} \\
\mathrm{e}^{-\mathrm{j}\frac{M}{2}\frac{2\pi}{MT}t_1} & \mathrm{e}^{-\mathrm{j}\left(\frac{M}{2}-1\right)\frac{2\pi}{MT}t_1} & \cdots & \mathrm{e}^{-\mathrm{j}\left(-\frac{M}{2}+1\right)\frac{2\pi}{MT}t_1} \\
\vdots & \vdots & \ddots & \vdots \\
\mathrm{e}^{-\mathrm{j}\frac{M}{2}\frac{2\pi}{MT}t_{M-1}} & \mathrm{e}^{-\mathrm{j}\left(\frac{M}{2}-1\right)\frac{2\pi}{MT}t_{M-1}} & \cdots & \mathrm{e}^{-\mathrm{j}\left(-\frac{M}{2}+1\right)\frac{2\pi}{MT}t_{M-1}}
\end{bmatrix} \tag{6.193}
$$

通过观察矩阵各元素特征，可以看到 $\boldsymbol{B}_1$ 的每列和 $\boldsymbol{B}_2$ 的每行都是等比数列，也就是 $\boldsymbol{B}_1$ 和 $\boldsymbol{B}_2$ 都属于范德蒙矩阵。并且这些等比数列的公比都具有相似的表达式，即 $\mathrm{e}^{-\mathrm{j}\frac{2\pi}{MT}t_m}$，$m=0,1,2,\cdots,M-1$。当所有采样时刻满足条件 $t_m \neq t_n$，$m,n=0,1,2,\cdots,M-1$ 时，矩阵 $\boldsymbol{B}_1$ 和 $\boldsymbol{B}_2$ 都是非奇异的。而所有采样时刻不失一般性，都是不等的，否则采样点就是同一个点。由矩阵 $\boldsymbol{B}_1$ 和 $\boldsymbol{B}_2$ 的非奇异性，可证得二者的乘积矩阵 $\boldsymbol{B}$ 也是非奇异的，从而可对 $\boldsymbol{B}$ 矩阵求逆。

另外，从矩阵 $\boldsymbol{B}$ 中每个元素的表达式可以看出，矩阵 $\boldsymbol{B}$ 是与频率无关的，不会随着频率的变化而变化。也就是说，当利用足够多的不同 u_0 时，就可以根据分数阶傅里叶谱估计和上述给出的重建公式重建信号的原始连续分数阶傅里叶谱。另外，还可观察到此分数阶傅里叶谱重建方法是非迭代的，这一点也进一步增加了此方法在实际应用中的可行性及优势。

上述已经详细描述了周期随机非均匀采样信号的分数阶傅里叶谱估计，并且通过分数阶傅里叶谱估计可以重建信号的原始连续分数阶傅里叶谱。当得到信号的连续分数阶傅里叶谱时，原始信号可以通过连续分数阶傅里叶谱的分数逆变换来重建。

6.3.3.4 采样抖动和观测误差对分数阶傅里叶谱估计的影响

在模/数转换中，转换的精确度和速度是很重要的限制因素。采样抖动和观测误差是采样过程中两种常见的误差，如图 6.30 所示，采样抖动是采样时刻上的误差，观测误差是观测记录值与实际测量值之间的误差(也可以理解为噪声对测量值的影响)。它们是转换过程中很关键的影响因素并且严重影响转换效果和参数估计效果。本节我们将分析这些因素对周期随机非均匀采样分数阶傅里叶谱估计的影响效果[32]。

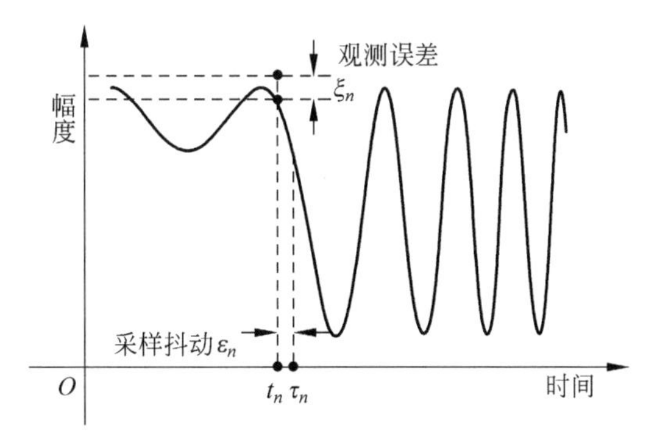

图 6.30 采样抖动和观测误差

采样时钟抖动通常来自数据获取设备的机械误差及孔径时间的不确定性，会导致模/数转换精度和信噪比的下降。在周期随机非均匀采样中，实际采样时刻 τ_{km} 与理想采样时刻 t_{km} 之间的采样抖动记为 $\varepsilon_{km}=\tau_{km}-t_{km}$，如图 6.30 所示，其中 $m=0,1,\cdots,M-1$，$k=0$，

$1,\cdots,K-1$。假设采样时钟抖动是独立同分布的随机变量,并且独立于理想采样时刻 t_{km}。采样抖动随机分布的概率密度函数为 $p_{\varepsilon}(\varepsilon)$,注意左下角的 ε 只是符号表示,不表示变量且与变量无关。采样抖动的分布特征在之后的分析中具有重要的作用。我们将表明采样抖动的影响将通过其特征函数 $\Phi_{\varepsilon}(u)=\int_{-\infty}^{+\infty}p_{\varepsilon}(\varepsilon)\mathrm{e}^{\mathrm{j}u\varepsilon}\mathrm{d}\varepsilon$ 进行表征。

在后续的理论分析和推导过程中,将会用到一种更广泛形式的特征函数。因此,我们首先给出新的特征函数的定义,称之为分数特征函数

$$\begin{aligned}\Phi_{\varepsilon}^{\alpha}(u)&=E\{\mathrm{e}^{\mathrm{j}\varepsilon^2\cot\alpha/2}\mathrm{e}^{\mathrm{j}u\varepsilon\csc\alpha}\}\\&=\int_{-\infty}^{+\infty}p_{\varepsilon}(\varepsilon)\mathrm{e}^{\mathrm{j}\varepsilon^2\cot\alpha/2}\mathrm{e}^{\mathrm{j}u\varepsilon\csc\alpha}\mathrm{d}\varepsilon\end{aligned}\tag{6.194}$$

与分数变换的定义相比,具有如下等价关系

$$\begin{aligned}\Phi_{\varepsilon}^{\alpha}(u)&=A_{\alpha}^{-1}\mathrm{e}^{-\mathrm{j}u^2\cot\alpha/2}\ \mathcal{F}_{\alpha}[p_{\varepsilon}(\varepsilon)](-u)\\&=\mathcal{F}_{\pi/2}[p_{\varepsilon}(\varepsilon)\mathrm{e}^{\mathrm{j}\varepsilon^2\cot\alpha/2}](-u\csc\alpha)\end{aligned}\tag{6.195}$$

这也是我们命名为分数特征函数的原因。而且注意到当 $\alpha=\pi/2$ 时,分数特征函数就退化为经典的特征函数。

当采样抖动存在时,周期随机非均匀采样信号的分数阶傅里叶谱估计表示为

$$\widetilde{S}_R^{\alpha}(u)=\frac{1}{M}\sum_{k=0}^{K-1}\sum_{m=0}^{M-1}x(\tau_{km})v(t_{km})K_{\alpha}(t_{km},u)\tag{6.196}$$

以下对分数阶傅里叶谱估计的分析依然从无偏性和方差角度进行讨论。

首先对无偏性进行分析,计算其期望值为

$$\begin{aligned}E\{\widetilde{S}_R^{\alpha}(u)\}&=\frac{1}{M}\sum_{k=0}^{K-1}\sum_{m=0}^{M-1}E\{x(t_{km}+\varepsilon_{km})v(t_{km})K_{\alpha}(t_{km},u)\}\\&=\frac{1}{M}\sum_{k=0}^{K-1}\sum_{m=0}^{M-1}\int_{-\infty}^{+\infty}\int_{0}^{MT}x(kMT+t+\varepsilon)v(kMT+t)\cdot\\&\quad K_{\alpha}(kMT+t,u)p(t)p_{\varepsilon}(\varepsilon)\mathrm{d}\varepsilon\,\mathrm{d}t\end{aligned}\tag{6.197}$$

鉴于多重积分与求和的存在,为了简化等式的计算,结合采样的周期特点,可利用变量代换的方法。首先,将 $t'=kMT+t$ 代入分数阶傅里叶谱估计中,得到

$$\begin{aligned}E\{\widetilde{S}_R^{\alpha}(u)\}&=\frac{1}{M}\sum_{k=0}^{K-1}\sum_{m=0}^{M-1}\int_{-\infty}^{+\infty}\int_{kMT}^{(k+1)MT}x(t'+\varepsilon)v(t')\cdot\\&\quad K_{\alpha}(t',u)p(t'-kMT)p_{\varepsilon}(\varepsilon)\mathrm{d}\varepsilon\,\mathrm{d}t'\\&=\sum_{k=0}^{K-1}\int_{-\infty}^{+\infty}\int_{kMT}^{(k+1)MT}x(t'+\varepsilon)v(t')\cdot\\&\quad K_{\alpha}(t',u)p(t'-kMT)p_{\varepsilon}(\varepsilon)\mathrm{d}\varepsilon\,\mathrm{d}t'\\&=\int_{-\infty}^{+\infty}\int_{0}^{KMT}x(t'+\varepsilon)v(t')K_{\alpha}(t',u)p_{MT}(t')p_{\varepsilon}(\varepsilon)\mathrm{d}\varepsilon\,\mathrm{d}t'\end{aligned}\tag{6.198}$$

令 $\tau=t'+\varepsilon$,则有

$$\begin{aligned}E\{\widetilde{S}_R^{\alpha}(u)\}&=\int_{-\infty}^{+\infty}\int_{\varepsilon}^{KMT+\varepsilon}x(\tau)v(\tau-\varepsilon)K_{\alpha}(\tau-\varepsilon,u)p_{MT}(\tau-\varepsilon)p_{\varepsilon}(\varepsilon)\mathrm{d}\varepsilon\,\mathrm{d}\tau\\&=A_{\alpha}\int_{-\infty}^{+\infty}\int_{\varepsilon}^{KMT+\varepsilon}x(\tau)v(\tau-\varepsilon)\cdot\end{aligned}$$

$$
\begin{aligned}
&\mathrm{e}^{\mathrm{j}((\tau-\varepsilon)^2+u^2)\cot\alpha/2-\mathrm{j}u(\tau-\varepsilon)\csc\alpha} p_{MT}(\tau-\varepsilon)p_\varepsilon(\varepsilon)\mathrm{d}\varepsilon\,\mathrm{d}\tau\\
&=\int_{-\infty}^{+\infty}\int_{\varepsilon}^{KMT+\varepsilon} x(\tau)v(\tau-\varepsilon)\cdot \\
&\quad K_\alpha(\tau,u)\mathrm{e}^{\mathrm{j}\varepsilon^2\cot\alpha/2+\mathrm{j}(u-\tau\cos\alpha)\varepsilon\csc\alpha} p_{MT}(\tau-\varepsilon)p_\varepsilon(\varepsilon)\mathrm{d}\varepsilon\,\mathrm{d}\tau
\end{aligned}
\tag{6.199}
$$

对于通常所使用的窗函数，一般在边界 $t=0$ 和 $t=KMT$ 处，窗函数的取值都接近于 0，即 $w(t)\approx 0$。另外，与观察时间区间范围相比，采样抖动 ε 也是充分小的，因此可以认为 $w(\tau-\varepsilon)\approx w(\tau)$。另外，根据前面对函数 $v(t)$ 的分析及给出的表达，可以看出窗函数是函数 $v(t)$ 的一个乘数，因此，可得到如下近似结果

$$
\begin{aligned}
&\int_{\varepsilon}^{KMT+\varepsilon} x(\tau)v(\tau-\varepsilon)K_\alpha(\tau,u)p_{MT}(\tau-\varepsilon)\mathrm{d}\tau\\
&\approx\int_0^{KMT} x(\tau)v(\tau)K_\alpha(\tau,u)p_{MT}(\tau)\mathrm{d}\tau
\end{aligned}
\tag{6.200}
$$

再利用本节一开始给出的分数特征函数的定义，分数阶傅里叶谱估计的期望值就可以进一步简化为

$$
\begin{aligned}
E\{\widetilde{S}_R^\alpha(u)\}&=\int_0^{KMT} x(\tau)v(\tau)K_\alpha(\tau,u)p_{MT}(\tau)\cdot\\
&\quad\int_{-\infty}^{+\infty}\mathrm{e}^{\mathrm{j}\varepsilon^2\cot\alpha/2+\mathrm{j}(u-\tau\cos\alpha)\varepsilon\csc\alpha} p_\varepsilon(\varepsilon)\mathrm{d}\varepsilon\,\mathrm{d}\tau\\
&=\int_0^{KMT} x(\tau)v(\tau)K_\alpha(\tau,u)p_{MT}(\tau)\Phi_\varepsilon^\alpha(u-\tau\cos\alpha)\mathrm{d}\tau
\end{aligned}
\tag{6.201}
$$

显然，当 $w(t)=v(t)p_{MT}(t)\Phi_\varepsilon^\alpha(u-t\cos\alpha)$，也就是

$$
v(t)=\frac{w(t)}{p_{MT}(t)\Phi_\varepsilon^\alpha(u-t\cos\alpha)}
\tag{6.202}
$$

时，受采样抖动影响的分数阶傅里叶谱估计可以修正为

$$
\widetilde{S}_R^\alpha(u)=\frac{1}{M}\sum_{k=0}^{K-1}\sum_{m=0}^{M-1}\frac{x(t_{km}+\varepsilon_{kM+m})w(t_{km})K_\alpha(t_{km},u)}{p_{MT}(t_{km})\Phi_\varepsilon^\alpha(u-t_{km}\cos\alpha)}
\tag{6.203}
$$

而此时修正后的分数阶傅里叶谱估计是近似无偏的分数阶傅里叶谱估计。与式(6.169)中不受采样抖动干扰的分数阶傅里叶谱估计相比，采样抖动的分数特征函数对减小谱估计偏差具有重要的调节修正作用。那么对于修正后的分数阶傅里叶谱估计效果，依然需要通过计算其方差进行评估。这里需要注意的是，在方差计算过程中，假定分数阶傅里叶谱估计是完全无偏的，也就是 $E\{\widetilde{S}_R^\alpha(u)\}$ 恰好等于 $X_w^\alpha(u)$，则可得到方差表达式

$$
\begin{aligned}
\mathrm{Var}[\widetilde{S}_R^\alpha(u)]&=E\{|\widetilde{S}_R^\alpha(u)|^2\}-|X_w^\alpha(u)|^2\\
&=\frac{1}{2\pi M\sin\alpha}\int_{-\infty}^{+\infty}\int_0^{KMT}|x(t+\varepsilon)v(t)|^2 p_{MT}(t)p_\varepsilon(\varepsilon)\mathrm{d}t\,\mathrm{d}\varepsilon+\\
&\quad\frac{M-1}{M}|X_w^\alpha(u)|^2-|X_w^\alpha(u)|^2\\
&\approx\frac{1}{2\pi M\sin\alpha}\int_{-\infty}^{+\infty}p_\varepsilon(\varepsilon)\mathrm{d}\varepsilon\int_0^{KMT}|x(t)v(t)|^2\cdot p_{MT}(t)\mathrm{d}t-\frac{1}{M}|X_w^\alpha(u)|^2\\
&=\frac{1}{2\pi M\sin\alpha}\int_0^{KMT}\frac{|x(t)w(t)|^2}{p_{MT}(t)[\Phi_\varepsilon^\alpha(u-t\cos\alpha)]^2}\mathrm{d}t-\frac{1}{M}|X_w^\alpha(u)|^2
\end{aligned}
\tag{6.204}
$$

利用6.3.3.2节中求解最优分数阶傅里叶谱估计的方法，在采样抖动存在下，可求得最优随机采样的概率密度函数满足

$$p_{MT}(t)=\frac{K\,|x(t)|\,|w(t)|}{\Phi_{\varepsilon}^{\alpha}(u-t\cos\alpha)\int_{0}^{KMT}\frac{|x(\tau)|\,|w(\tau)|}{\Phi_{\varepsilon}^{\alpha}(u-\tau\cos\alpha)}\mathrm{d}\tau} \tag{6.205}$$

此时，得到最优分数阶傅里叶谱估计的方差

$$\mathrm{Var}\left[\widetilde{S}_{R}^{\alpha}(u)\right]=\frac{1}{2\pi MK\sin\alpha}\left(\int_{0}^{KMT}\frac{|x(t)|\,|w(t)|}{\Phi_{\varepsilon}^{\alpha}(u-t\cos\alpha)}\mathrm{d}t\right)^{2}-\frac{1}{M}|X_{w}^{\alpha}(u)|^{2} \tag{6.206}$$

因为分数特征函数满足$|\Phi_{\varepsilon}^{\alpha}(u)|\leqslant 1$，在采样抖动干扰下，分数阶傅里叶谱估计的方差明显大于不受采样抖动干扰时的分数阶傅里叶谱估计，也就是说，采样抖动使得分数阶傅里叶谱估计的精确度降低，这与我们的直观经验也是一致的。

观测误差是真实采样值$x(t_{km})$与观测记录值$x(t_{km})+\xi_{km}$之间的差别，如图6.25所示。事实上，这种误差也可以看作外界噪声或其他因素产生的测量值的误差。假设所有测量值的观测误差ξ_{km}是均值为0、方差为σ_{ξ}^{2}的独立同分布的随机变量，并且它们也独立分布于随机采样点，那么，在观测误差存在的情况下，周期随机非均匀采样信号的分数阶傅里叶谱估计结果就可以表示为

$$\overline{S}_{R}^{\alpha}(u)=\frac{1}{M}\sum_{k=0}^{K-1}\sum_{m=0}^{M-1}\left[x(t_{km})+\xi_{km}\right]v(t_{km})K_{\alpha}(t_{km},u) \tag{6.207}$$

由于观测误差的均值为0，因此不影响也不改变分数阶傅里叶谱估计的期望值，也就是不影响分数阶傅里叶谱估计的无偏性，上述在观测误差影响下的分数阶傅里叶谱估计仍然是无偏估计。

接下来，通过计算分数阶傅里叶谱估计式(6.207)的方差来分析观测误差对谱估计的影响。与6.3.3.1节中的计算过程类似，可计算并化简得到方差表达式

$$\begin{aligned}\mathrm{Var}\left[\overline{S}_{R}^{\alpha}(u)\right]&=E\{|\overline{S}_{R}^{\alpha}(u)|^{2}\}-|X_{w}^{\alpha}(u)|^{2}\\&=\frac{1}{2\pi M\sin\alpha}\int_{0}^{KMT}x^{2}(t)v^{2}(t)\mathrm{d}t+\\&\quad\frac{\sigma_{\xi}^{2}}{2\pi M\sin\alpha}\int_{0}^{KMT}w^{2}(t)\mathrm{d}t-\frac{1}{M}|X_{w}^{\alpha}(u)|^{2}\end{aligned} \tag{6.208}$$

与式(6.167)的方差相比，可以发现此时得到的方差增加了一项$\frac{\sigma_{\xi}^{2}}{2\pi M\sin\alpha}\int_{0}^{KMT}w^{2}(t)\mathrm{d}t$，并且增加项是与观测误差紧密相关的，具体地说是与观测误差的方差成正比，这也就表明了其对分数阶傅里叶谱估计精确性的影响。于是可以得到结论：观测误差使得分数阶傅里叶谱估计的方差增大，并且观测误差越大，分数阶傅里叶谱估计的精度就越低。

6.4 多通道采样

6.4.1 分数阶傅里叶域多通道采样定理

前面两节介绍了分数阶傅里叶域均匀采样和周期非均匀采样，它们可以看作多通道采样的特例。同时，在一些实际应用中，需要用到基于分数阶傅里叶域带限信号的多通道采样

系统。比如针对分数阶傅里叶域带限信号(包括 chirp 信号和其他非平稳信号)的多路并行模/数(A/D)转换器;针对时频选择性信道、基于分数阶傅里叶变换的正交频分多路复用系统。不仅如此,当只能通过多路响应的采样序列重建原始信号,以及其他一些更为复杂的采样方案时,需要设计相应的多通道采样系统[33]。

6.4.1.1 分数阶傅里叶域多通道采样定理

设 $H_1(u),H_2(u),\cdots,H_M(u)$表示 M 个分数阶傅里叶域滤波器。把分数阶傅里叶域带限信号 $x(t)$作为这 M 个分数阶域滤波器的输入,得到 M 个输出:

$$g_k(t)=A_{-\alpha}\int_{-B}^{B}X(u)H_k(u)\mathrm{e}^{-\mathrm{j}\frac{t^2+u^2}{2}\cot\alpha+\mathrm{j}ut\csc\alpha}\mathrm{d}u,\quad k=1,2,\cdots,M \tag{6.209}$$

下面我们证明,对于分数阶傅里叶域带限信号 $x(t)$,可以完全由这 M 个输出的采样

$$g_k(nT_0),k=1,2,\cdots,M,\quad n=-\infty,\cdots,+\infty \tag{6.210}$$

准确重建,而对 $g_k(t)$所需要的采样间隔变为原来的 M 倍(采样频率变为原来的 $1/M$):

$$T_0=MT=M\pi/(B\csc\alpha) \tag{6.211}$$

定理 6.6:设带宽为 B_α 的 α 角度分数阶傅里叶域带限信号 $x(t)$通过 M 个 α 角度分数阶傅里叶域滤波器 $H_1(u),H_2(u),\cdots,H_M(u)$。构建如下 M 个线性方程:

$$\begin{cases}H_1(u)Y_1(u,t)+\cdots+H_M(u)Y_M(u,t)=1\\ H_1(u+c)Y_1(u,t)+\cdots+H_M(u+c)Y_M(u,t)=\mathrm{e}^{\mathrm{j}ct\csc\alpha}\\ \cdots\\ H_1[u+(M-1)c]Y_1(u,t)+\cdots+H_M[u+(M-1)c]Y_M(u,t)=\mathrm{e}^{\mathrm{j}(M-1)ct\csc\alpha}\end{cases} \tag{6.212}$$

其中,$-B\leqslant u\leqslant -B+c$。另外,

$$c=\frac{2B}{M} \tag{6.213}$$

定义为分数阶傅里叶域子带宽度。通过求解上述线性方程组,得到 M 个函数:

$$Y_1(u,t),Y_2(u,t),\cdots,Y_M(u,t) \tag{6.214}$$

那么 $x(t)$可以表示为

$$x(t)=\mathrm{e}^{-\mathrm{j}\frac{t^2}{2}\cot\alpha}\sum_{n=-\infty}^{+\infty}\left[g_1(nT_0)\mathrm{e}^{\mathrm{j}\frac{(nT_0)^2}{2}\cot\alpha}y_1(t-nT_0)+\cdots+g_M(nT_0)\mathrm{e}^{\mathrm{j}\frac{(nT_0)^2}{2}\cot\alpha}y_M(t-nT_0)\right] \tag{6.215}$$

其中,$g_k(t),k=1,2,\cdots,M$ 为 M 个分数阶傅里叶域滤波器的输出;$y_k(t)$由下式确定:

$$y_k(t)=\frac{1}{c}\int_{-B}^{-B+c}Y_k(u,t)\mathrm{e}^{\mathrm{j}ut\csc\alpha}\mathrm{d}u,\quad k=1,2,\cdots,M \tag{6.216}$$

$$T_0=\frac{2\pi}{c\csc\alpha}=M\pi/(B\csc\alpha)$$

令

$$\widetilde{Y}_k(u)=\mathcal{F}^\alpha[y_k(t)] \tag{6.217}$$

定理 6.6 可以用图 6.31 表示。

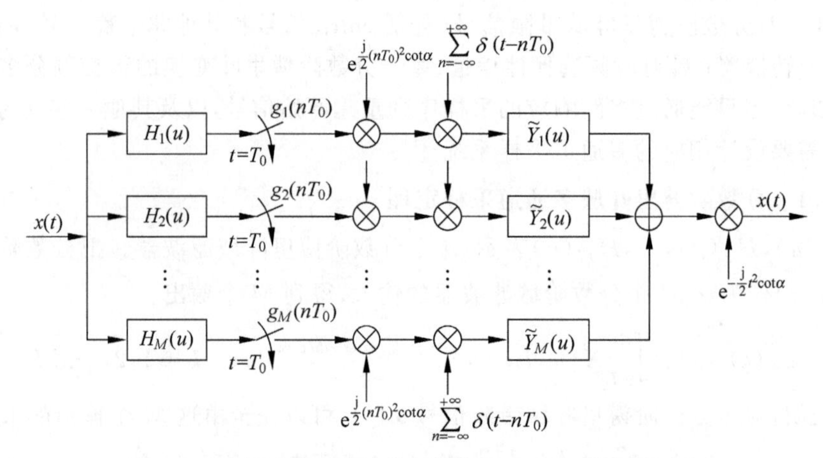

图 6.31　分数阶傅里叶域带限信号的多通道采样系统框图

证明：根据式(6.211)和式(6.213)，有

$$c(t+T_0)\csc\alpha = ct\csc\alpha + cT_0\csc\alpha = ct\csc\alpha + 2\pi \tag{6.218}$$

对于式(6.212)，为了便于讨论，写成矩阵形式

$$\boldsymbol{H}(u)\boldsymbol{Y}(u,t) = \begin{bmatrix} 1 \\ e^{\mathrm{j}ct\csc\alpha} \\ \vdots \\ e^{\mathrm{j}(M-1)ct\csc\alpha} \end{bmatrix} \tag{6.219}$$

其中

$$\boldsymbol{H}(u) = \begin{bmatrix} H_1(u) & H_2(u) & \cdots & H_M(u) \\ H_1(u+c) & H_2(u+c) & \cdots & H_M(u+c) \\ \vdots & \vdots & \ddots & \vdots \\ H_1(u+(M-1)c) & H_2[u+(M-1)c] & \cdots & H_M[u+(M-1)c] \end{bmatrix} \tag{6.220}$$

$$\boldsymbol{Y}(u,t) = \begin{bmatrix} Y_1(u,t) \\ Y_2(u,t) \\ \vdots \\ Y_M(u,t) \end{bmatrix} \tag{6.221}$$

由于$\boldsymbol{Y}(u,t)$前的系数$\boldsymbol{H}(u)$与变量t无关；并且根据式(6.129)可知，式(6.130)右端是变量t的周期函数，其周期为T_0：

$$\begin{bmatrix} 1 \\ e^{\mathrm{j}ct\csc\alpha} \\ \vdots \\ e^{\mathrm{j}(M-1)ct\csc\alpha} \end{bmatrix} = \begin{bmatrix} 1 \\ e^{\mathrm{j}c(t+T_0)\csc\alpha} \\ \vdots \\ e^{\mathrm{j}(M-1)c(t+T_0)\csc\alpha} \end{bmatrix} \tag{6.222}$$

因此，$\boldsymbol{Y}(u,t)$也是变量t的周期函数，且周期大小为T_0：

$$Y_k(u,t) = Y_k(u,t+T_0) \tag{6.223}$$

因此,根据式(6.216)有

$$
\begin{aligned}
y_k(t-nT_0) &= \frac{1}{c}\int_{-B}^{-B+c} Y_k(u,t-nT_0)\mathrm{e}^{\mathrm{j}u(t-nT_0)\csc\alpha}\mathrm{d}u \\
&= \frac{1}{c}\int_{-B}^{-B+c} Y_k(u,t)\mathrm{e}^{\mathrm{j}ut\csc\alpha}\mathrm{e}^{-\mathrm{j}unT_0\csc\alpha}\mathrm{d}u
\end{aligned} \tag{6.224}
$$

利用傅里叶级数的定义,从上式可以得到

$$
Y_k(u,t)\mathrm{e}^{\mathrm{j}ut\csc\alpha} = \sum_{n=-\infty}^{+\infty} y_k(t-nT_0)\mathrm{e}^{\mathrm{j}unT_0\csc\alpha}, \quad -B \leqslant u \leqslant -B+c \tag{6.225}
$$

对式(6.212)两边同时乘以 $\mathrm{e}^{\mathrm{j}ut\csc\alpha}$,并利用上式,可以得到

$$
\begin{cases}
H_1(u)\sum\limits_{n=-\infty}^{+\infty} y_1(t-nT_0)\mathrm{e}^{\mathrm{j}unT_0\csc\alpha} + \cdots + \\
H_M(u)\sum\limits_{n=-\infty}^{+\infty} y_M(t-nT_0)\mathrm{e}^{\mathrm{j}unT_0\csc\alpha} \\
= \mathrm{e}^{\mathrm{j}ut\csc\alpha} \\
H_1(u+c)\sum\limits_{n=-\infty}^{+\infty} y_1(t-nT_0)\mathrm{e}^{\mathrm{j}unT_0\csc\alpha} + \cdots + H_M(u+c)\sum\limits_{n=-\infty}^{+\infty} y_M(t-nT_0)\mathrm{e}^{\mathrm{j}unT_0\csc\alpha} \\
= \mathrm{e}^{\mathrm{j}(u+c)t\csc\alpha} \\
\cdots \\
H_1[u+(M-1)c]\sum\limits_{n=-\infty}^{+\infty} y_1(t-nT_0)\mathrm{e}^{\mathrm{j}unT_0\csc\alpha} + \cdots + \\
H_M[u+(M-1)c]\sum\limits_{n=-\infty}^{+\infty} y_M(t-nT_0)\mathrm{e}^{\mathrm{j}unT_0\csc\alpha} \\
= \mathrm{e}^{\mathrm{j}[u+(M-1)c]t\csc\alpha}
\end{cases}
$$

$$
-B \leqslant u \leqslant -B+c \tag{6.226}
$$

因为有

$$
\mathrm{e}^{\mathrm{j}unT_0\csc\alpha} = \mathrm{e}^{\mathrm{j}(u+c)nT_0\csc\alpha} \tag{6.227}
$$

这样可以把式(6.226)统一为一个式子

$$
\begin{aligned}
&H_1(u)\sum_{n=-\infty}^{+\infty} y_1(t-nT_0)\mathrm{e}^{\mathrm{j}unT_0\csc\alpha} + \cdots + H_M(u)\sum_{n=-\infty}^{+\infty} y_M(t-nT_0)\mathrm{e}^{\mathrm{j}unT_0\csc\alpha} \\
&= \mathrm{e}^{\mathrm{j}ut\csc\alpha}
\end{aligned} \tag{6.228}
$$

相应地,u 所在的区间变为 $-B \leqslant u \leqslant B$。根据分数阶傅里叶变换的定义并利用上式,分数阶傅里叶域带限信号 $x(t)$ 可以写作

$$
\begin{aligned}
x(t) &= A_{-\alpha}\int_{-B}^{B} X(u)\mathrm{e}^{-\mathrm{j}\frac{u^2+t^2}{2}\cot\alpha+\mathrm{j}ut\csc\alpha}\mathrm{d}u \\
&= \mathrm{e}^{-\mathrm{j}\frac{t^2}{2}\cot\alpha}A_{-\alpha}\int_{-B}^{B} X(u)\mathrm{e}^{-\mathrm{j}\frac{u^2}{2}\cot\alpha}\Big[H_1(u)\sum_{n=-\infty}^{+\infty} y_1(t-nT_0)\mathrm{e}^{\mathrm{j}unT_0\csc\alpha} + \cdots +
\end{aligned}
$$

$$H_M(u)\sum_{n=-\infty}^{+\infty}y_M(t-nT_0)\mathrm{e}^{\mathrm{j}unT_0\csc\alpha}\Bigg]\mathrm{d}u$$

$$=\mathrm{e}^{-\mathrm{j}\frac{t^2}{2}\cot\alpha}\Bigg[\sum_{n=-\infty}^{+\infty}y_1(t-nT_0)A_{-\alpha}\int_{-B}^{B}X(u)H_1(u)\mathrm{e}^{-\mathrm{j}\frac{u^2}{2}\cot\alpha}\mathrm{e}^{\mathrm{j}unT_0\csc\alpha}\mathrm{d}u+\cdots+$$

$$\sum_{n=-\infty}^{+\infty}y_M(t-nT_0)A_{-\alpha}\int_{-B}^{B}X(u)H_M(u)\mathrm{e}^{-\mathrm{j}\frac{u^2}{2}\cot\alpha}\mathrm{e}^{\mathrm{j}unT_0\csc\alpha}\mathrm{d}u\Bigg] \tag{6.229}$$

而式(6.209)可以写作

$$g_k(t)\mathrm{e}^{\mathrm{j}\frac{t^2}{2}\cot\alpha}=A_{-\alpha}\int_{-B}^{B}X(u)H_k(u)\mathrm{e}^{-\mathrm{j}\frac{u^2}{2}\cot\alpha+\mathrm{j}ut\csc\alpha}\mathrm{d}u,\quad k=1,2,\cdots,M \tag{6.230}$$

所以有

$$g_k(nT_0)\mathrm{e}^{\mathrm{j}\frac{(nT_0)^2}{2}\cot\alpha}=A_{-\alpha}\int_{-B}^{B}X(u)H_k(u)\mathrm{e}^{-\mathrm{j}\frac{u^2}{2}\cot\alpha+\mathrm{j}unT_0\csc\alpha}\mathrm{d}u,\quad k=1,2,\cdots,M \tag{6.231}$$

把上式代入式(6.229)得到

$$x(t)=\mathrm{e}^{-\mathrm{j}\frac{t^2}{2}\cot\alpha}\sum_{n=-\infty}^{+\infty}\Big[g_1(nT_0)\mathrm{e}^{\mathrm{j}\frac{(nT_0)^2}{2}\cot\alpha}y_1(t-nT_0)+\cdots+$$

$$g_M(nT_0)\mathrm{e}^{\mathrm{j}\frac{(nT_0)^2}{2}\cot\alpha}y_M(t-nT_0)\Big]$$

证毕。

对定理6.6的几点讨论：

(1) 从定理6.6可以看出，分数阶傅里叶域带限信号 $x(t)$ 的重建，可以由 M 个分数阶傅里叶域滤波器的响应采样完成；如果原始信号的采样不能直接获得，但是原始信号经过分数阶傅里叶系统的响应序列可以得到，那么根据定理6.6，依然可以准确重建出原始信号。

(2) 文献[34]中导出了分数阶傅里叶域上带通信号采样定理，所得到的重建公式只是定理6.6的特殊形式。令 $M=1,H_1(u)=1$。根据式(6.209)和式(6.212)，得到

$$g_1(t)=x(t) \tag{6.232}$$

$$Y_1(u,t)=1 \tag{6.233}$$

进而根据式(6.216)得到

$$y_1(t)=\frac{\sin[B(\csc\alpha)t]}{B(\csc\alpha)t} \tag{6.234}$$

把式(6.232)和式(6.233)代入式(6.215)就得到了分数阶傅里叶域带限信号插值公式。

(3) 通过构造不同的分数阶傅里叶域滤波器 $H_k(u)$，我们可以得到不同形式的重建公式，以适合不同的采样场合。因此定理6.6给出的分数阶傅里叶域多通道采样定理可以看作是已有分数阶傅里叶域带限信号采样定理的扩展。

(4) 当 $\alpha=\pi/2$ 时，式(6.215)将变成传统傅里叶域结论，因此从这个方面看，定理6.6是传统傅里叶域带限信号采样理论的推广。

分数阶傅里叶域多通道采样在实际中有着广泛的应用。实际中多路并行采样系统通过多通道采样，可以获得比单通道更高速的采样速率。由于非平稳信号，尤其是chirp信号，在传统的傅里叶域是非带限的，而在分数阶傅里叶域带限，因此定理6.6指出应该如何对非

平稳信号进行多通道采样以及如何从多通道采样重建原始非平稳信号。在基于分数阶傅里叶变换的多输入/多输出(MIMO)系统中,信号通过多路分数阶傅里叶域滤波器得到多个输出。根据分数阶傅里叶域多通道采样定理可以得到由多路输出重建原始信号的方法。此外,针对非平稳信号的周期非均匀采样的时域重建方法也可以通过分数阶傅里叶域多通道采样理论得到。下面我们利用定理6.6推导分数阶傅里叶域带限信号周期非均匀采样的重建表达式。

6.4.1.2 分数阶傅里叶域带限信号周期非均匀采样重建

基于分数阶傅里叶域带限信号的周期非均匀采样用于基于chirp信号以及其他非平稳信号的多路并行A/D中。在许多工程实际应用中,需要利用并行交替和复用技术来扩展单路A/D的功能,由于各路时间基准的偏差,从而导致周期非均匀信号的产生。在6.3节中,我们研究了周期非均匀采样信号分数阶傅里叶谱的特征,包括周期非均匀采样信号的分数阶傅里叶谱的形式、周期非均匀采样信号和原始信号分数阶傅里叶谱的关系;并给出了根据周期非均匀采样信号的分数阶傅里叶谱重建原始信号的分数阶傅里叶谱的算法。其中,重点针对chirp信号的非均匀采样及其连续分数阶傅里叶谱重建进行了分析。

这里,我们利用分数阶傅里叶域多通道采样定理推导信号的周期非均匀采样直接重建原始信号的插值表达式。重写周期非均匀采样模型如下:相邻采样点之间不必是均匀的,但是每一点与其后第M个采样点之间的间隔为T_0,也就是说总的采样间隔为$T_0=MT$,$T=\pi/(B\csc\alpha)$。如图6.32所示,每个周期的M个非均匀采样点标记为t_k,$k=1,2,\cdots,M$。那么所有的非均匀采样点为

$$t_k+nT_0,\quad k=1,2,\cdots,M,n\in\mathbb{Z}\tag{6.235}$$

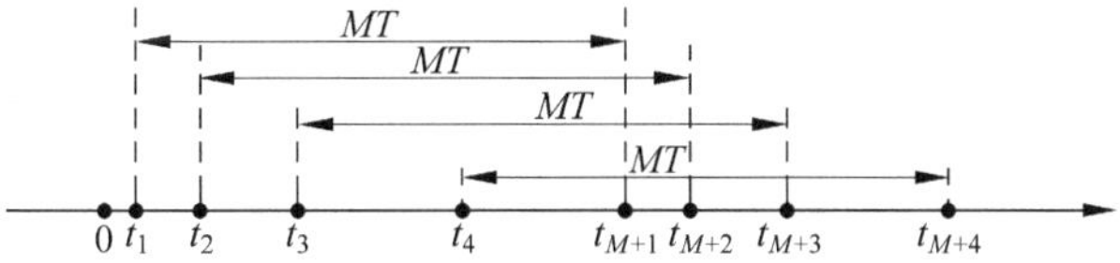

图6.32 非均匀采样信号模型

为了得到这种非均匀采样重建原始信号的公式,令

$$H_k(u)=\mathrm{e}^{-\mathrm{j}\frac{t_k^2}{2}\cot\alpha+\mathrm{j}ut_k\csc\alpha},\quad k=1,2,\cdots,M\tag{6.236}$$

利用分数阶傅里叶变换的时移和相移性质,可以知道,当τ,v满足

$$\tau\cos\alpha+v\sin\alpha=0\tag{6.237}$$

有

$$\begin{aligned}\mathcal{F}^{\alpha}\left[x(t-\tau)\mathrm{e}^{\mathrm{j}vt}\right]&=X(u-\tau\cos\alpha-v\sin\alpha)\cdot\\&\quad\mathrm{e}^{\mathrm{j}\frac{\tau^2}{2}\sin\alpha\cos\alpha-\mathrm{j}(u-v\sin\alpha)\tau\sin\alpha}\,\mathrm{e}^{-\mathrm{j}\frac{v^2}{2}\sin\alpha\cos\alpha+\mathrm{j}uv\sin\alpha}\\&=X(u)\mathrm{e}^{-\mathrm{j}\frac{\tau^2}{2}\cot\alpha-\mathrm{j}u\tau\csc\alpha}\end{aligned}\tag{6.238}$$

对于上式,根据式(6.209)和式(6.236)得到

$$g_k(t)=x(t+t_k)\mathrm{e}^{\mathrm{j}v_kt},\quad k=1,2,\cdots,M\tag{6.239}$$

其中，v_k 由下式确定

$$t_k \cos\alpha + v_k \sin\alpha = 0 \tag{6.240}$$

把式(6.219)写成矩阵形式

$$\begin{bmatrix} e^{-j\frac{t_1^2}{2}\cot\alpha + jut_1\csc\alpha} & e^{-j\frac{t_2^2}{2}\cot\alpha + jut_2\csc\alpha} & \cdots & e^{-j\frac{t_M^2}{2}\cot\alpha + jut_M\csc\alpha} \\ e^{-j\frac{t_1^2}{2}\cot\alpha + j(u+c)t_1\csc\alpha} & e^{-j\frac{t_2^2}{2}\cot\alpha + j(u+c)t_2\csc\alpha} & \cdots & e^{-j\frac{t_M^2}{2}\cot\alpha + j(u+c)t_M\csc\alpha} \\ \vdots & \vdots & \ddots & \vdots \\ e^{-j\frac{t_1^2}{2}\cot\alpha + j[u+(M-1)]ct_1\csc\alpha} & e^{-j\frac{t_2^2}{2}\cot\alpha + j[u+(M-1)]ct_2\csc\alpha} & \cdots & e^{-j\frac{t_M^2}{2}\cot\alpha + j[u+(M-1)]ct_M\csc\alpha} \end{bmatrix} \cdot \begin{bmatrix} Y_1(u,t) \\ Y_2(u,t) \\ \vdots \\ Y_M(u,t) \end{bmatrix} = \begin{bmatrix} 1 \\ e^{jct\csc\alpha} \\ \vdots \\ e^{j(M-1)ct\csc\alpha} \end{bmatrix} \tag{6.241}$$

为了求解的方便，记

$$A_k = e^{-j\frac{t_k^2}{2}\cot\alpha + jut_k\csc\alpha}, \quad k = 1, 2, \cdots, M \tag{6.242}$$

那么式(6.241)可以写作

$$\begin{bmatrix} A_1 & A_2 & \cdots & A_M \\ A_1 e^{jct_1\csc\alpha} & A_2 e^{jct_2\csc\alpha} & \cdots & A_M e^{jct_M\csc\alpha} \\ \vdots & \vdots & \ddots & \vdots \\ A_1 e^{j(M-1)ct_1\csc\alpha} & A_2 e^{j(M-1)ct_2\csc\alpha} & \cdots & A_M e^{j(M-1)ct_M\csc\alpha} \end{bmatrix} \cdot \begin{bmatrix} Y_1(u,t) \\ Y_2(u,t) \\ \vdots \\ Y_M(u,t) \end{bmatrix} = \begin{bmatrix} 1 \\ e^{jct\csc\alpha} \\ \vdots \\ e^{j(M-1)ct\csc\alpha} \end{bmatrix} \tag{6.243}$$

进一步可以写作

$$\begin{bmatrix} 1 & 1 & \cdots & 1 \\ e^{jct_1\csc\alpha} & e^{jct_2\csc\alpha} & \cdots & e^{jct_M\csc\alpha} \\ \vdots & \vdots & \ddots & \vdots \\ e^{j(M-1)ct_1\csc\alpha} & e^{j(M-1)ct_2\csc\alpha} & \cdots & e^{j(M-1)ct_M\csc\alpha} \end{bmatrix} \begin{bmatrix} A_1 & 0 & \cdots & 0 \\ 0 & A_2 & \cdots & 0 \\ \vdots & \vdots & \ddots & \vdots \\ 0 & 0 & \cdots & A_M \end{bmatrix} \cdot \begin{bmatrix} Y_1(u,t) \\ Y_2(u,t) \\ \vdots \\ Y_M(u,t) \end{bmatrix} = \begin{bmatrix} 1 \\ e^{jct\csc\alpha} \\ \vdots \\ e^{j(M-1)ct\csc\alpha} \end{bmatrix} \tag{6.244}$$

再记 $q_k = e^{jct_k \csc\alpha}, k=1,2,\cdots,M$,那么上式可以化为

$$\begin{bmatrix} 1 & 1 & \cdots & 1 \\ q_1 & q_2 & \cdots & q_M \\ \vdots & \vdots & \ddots & \vdots \\ q_1^{M-1} & q_2^{M-1} & \cdots & q_M^{M-1} \end{bmatrix} \begin{bmatrix} A_1 Y_1(u,t) \\ A_2 Y_2(u,t) \\ \vdots \\ A_M Y_M(u,t) \end{bmatrix} = \begin{bmatrix} 1 \\ e^{jct\csc\alpha} \\ \vdots \\ e^{j(M-1)ct\csc\alpha} \end{bmatrix} \tag{6.245}$$

所以

$$\begin{bmatrix} A_1 Y_1(u,t) \\ A_2 Y_2(u,t) \\ \vdots \\ A_M Y_M(u,t) \end{bmatrix} = \begin{bmatrix} 1 & 1 & \cdots & 1 \\ q_1 & q_2 & \cdots & q_M \\ \vdots & \vdots & \ddots & \vdots \\ q_1^{M-1} & q_2^{M-1} & \cdots & q_M^{M-1} \end{bmatrix}^{-1} \begin{bmatrix} 1 \\ e^{jct\csc\alpha} \\ \vdots \\ e^{j(M-1)ct\csc\alpha} \end{bmatrix} \tag{6.246}$$

可以看出,$\boldsymbol{Q} = \begin{bmatrix} 1 & 1 & \cdots & 1 \\ q_1 & q_2 & \cdots & q_M \\ \vdots & \vdots & \ddots & \vdots \\ q_1^{M-1} & q_2^{M-1} & \cdots & q_M^{M-1} \end{bmatrix}$是一个 Vander Monde 矩阵,它的逆为

$$\boldsymbol{Q}^{-1} = \begin{bmatrix} \dfrac{\delta_{M-1}(q_2,q_3,\cdots,q_M)}{\prod\limits_{k=2}^{M}(q_k-q_1)} & -\dfrac{\delta_{M-2}(q_2,q_3,\cdots,q_M)}{\prod\limits_{k=2}^{M}(q_k-q_1)} & \cdots & (-1)^{M+1}\dfrac{1}{\prod\limits_{k=2}^{M}(q_k-q_1)} \\ -\dfrac{\delta_{M-1}(q_1,q_3,\cdots,q_M)}{(q_2-q_1)\prod\limits_{k=3}^{M}(q_k-q_2)} & \dfrac{\delta_{M-2}(q_1,q_3,\cdots,q_M)}{(q_2-q_1)\prod\limits_{k=3}^{M}(q_k-q_2)} & \cdots & (-1)^{M+2}\dfrac{1}{(q_2-q_1)\prod\limits_{k=3}^{M}(q_k-q_2)} \\ \vdots & \vdots & \ddots & \vdots \\ (-1)^{M+1}\dfrac{\delta_{M-1}(q_1,q_2,\cdots,q_{M-1})}{\prod\limits_{k=1}^{M-1}(q_M-q_k)} & (-1)^{M+2}\dfrac{\delta_{M-2}(q_1,q_2,\cdots,q_{M-1})}{\prod\limits_{k=1}^{M-1}(q_M-q_k)} & \cdots & \dfrac{1}{\prod\limits_{k=1}^{M-1}(q_M-q_k)} \end{bmatrix} \tag{6.247}$$

也就是 $\boldsymbol{Q}^{-1}$ 的每一个元素可以表示为

$$\boldsymbol{Q}^{-1}(m,n) = \left((-1)^{m+n} \frac{\delta_{M-m}(q_1,\cdots,q_{n-1},q_{n+1},\cdots,q_M)}{\prod\limits_{k=1}^{n-1}(q_n-q_k)\prod\limits_{k=n+1}^{M}(q_k-q_n)} \right)^{\mathrm{T}}_{m=1,2,\cdots,M;\ n=1,2,\cdots,M} \tag{6.248}$$

其中,$\delta_k(q_1,q_2,\cdots,q_M)$定义为变量 $q_1,q_2,\cdots,q_M$ 的如下 k 阶多项式

$$\begin{cases} \delta_0(q_1,q_2,\cdots,q_M)=1 \\ \delta_1(q_1,q_2,\cdots,q_M)=q_1+q_2+\cdots+q_M \\ \delta_2(q_1,q_2,\cdots,q_M)=q_1q_2+q_1q_3+\cdots+q_1q_M+q_2q_3+\cdots+q_2q_M+\cdots+q_{M-1}q_M \\ \cdots \\ \delta_M(q_1,q_2,\cdots,q_M)=q_1q_2\cdots q_M \end{cases} \tag{6.249}$$

因此,综合式(6.215)~式(6.219),可以对矩阵方程求解得到 $\boldsymbol{Y}(u,t)$,其第 m 个元素 $Y_m(u,t)$为

$$Y_m(u,t)=\frac{1}{A_m}\sum_{l=1}^{M}(-1)^{m+l}\frac{\delta_{M-l}(q_1,\cdots,q_{m-1},q_{m+1},\cdots,q_M)}{\prod_{k=1}^{m-1}(q_m-q_k)\prod_{k=m+1}^{M}(q_k-q_m)}\mathrm{e}^{\mathrm{j}c(l-1)t\csc\alpha} \tag{6.250}$$

令

$$z_m(t)=\sum_{l=1}^{M}(-1)^{m+l}\frac{\delta_{M-l}(q_1,\cdots,q_{m-1},q_{m+1},\cdots,q_M)}{\prod_{k=1}^{m-1}(q_m-q_k)\prod_{k=m+1}^{M}(q_k-q_m)}\mathrm{e}^{\mathrm{j}c(l-1)t\csc\alpha} \tag{6.251}$$

再根据式(6.242)A_k 的定义，式(6.220)可以写作

$$Y_m(u,t)=z_m(t)\mathrm{e}^{\mathrm{j}\frac{t_m^2}{2}\cot\alpha}\mathrm{e}^{-\mathrm{j}ut_m\csc\alpha},\quad m=1,2,\cdots,M \tag{6.252}$$

根据式(6.216)得到

$$y_m(t)=z_m(t)\mathrm{e}^{\mathrm{j}\frac{t_m^2}{2}\cot\alpha}\frac{M\mathrm{e}^{-\mathrm{j}(t-t_m)B\csc\alpha}[\mathrm{e}^{\mathrm{j}(t-t_m)(2B/M)\csc\alpha}-1]}{2\mathrm{j}B(t-t_m)\csc\alpha} \tag{6.253}$$

联立式(6.215)、式(6.239)和上式得到非均匀采样的重建表达式为

$$\begin{aligned}x(t)=&\mathrm{e}^{-\mathrm{j}\frac{t^2}{2}\cot\alpha}\sum_{n=-\infty}^{+\infty}\Big[x(nT_0+t_1)\mathrm{e}^{\mathrm{j}v_1nT_0}\mathrm{e}^{\mathrm{j}\frac{(nT_0)^2}{2}\cot\alpha}z_1(t-nT_0)\mathrm{e}^{\mathrm{j}\frac{t_1^2}{2}\cot\alpha}\cdot\\&\frac{M\mathrm{e}^{-\mathrm{j}(t-nT_0-t_1)B\csc\alpha}[\mathrm{e}^{\mathrm{j}(t-nT_0-t_1)(2B/M)\csc\alpha}-1]}{2\mathrm{j}B(t-nT_0-t_1)\csc\alpha}+\cdots+\\&x(nT_0+t_M)\mathrm{e}^{\mathrm{j}v_MnT_0}\mathrm{e}^{\mathrm{j}\frac{(nT_0)^2}{2}\cot\alpha}z_M(t-nT_0)\mathrm{e}^{\mathrm{j}\frac{t_M^2}{2}\cot\alpha}\cdot\\&\frac{M\mathrm{e}^{-\mathrm{j}(t-nT_0-t_M)B\csc\alpha}[\mathrm{e}^{\mathrm{j}(t-nT_0-t_M)(2B/M)\csc\alpha}-1]}{2\mathrm{j}B(t-nT_0-t_M)\csc\alpha}\Big]\\=&\mathrm{e}^{-\mathrm{j}\frac{t^2}{2}\cot\alpha}\sum_{n=-\infty}^{+\infty}\sum_{m=1}^{M}x(nT_0+t_m)\mathrm{e}^{\mathrm{j}\frac{(nT_0)^2}{2}\cot\alpha+\mathrm{j}v_mnT_0}z_m(t-nT_0)\mathrm{e}^{\mathrm{j}\frac{t_m^2}{2}\cot\alpha}\cdot\\&\frac{M\mathrm{e}^{-\mathrm{j}(t-nT_0-t_m)B\csc\alpha}[\mathrm{e}^{\mathrm{j}(t-nT_0-t_m)(2B/M)\csc\alpha}-1]}{2\mathrm{j}B(t-nT_0-t_m)\csc\alpha}\end{aligned} \tag{6.254}$$

上述公式可以描述为：

定理 6.7：对于分数阶傅里叶域带限信号 $x(t)$，可以由非均匀采样点 t_m+nT_0，$m=1,2,\cdots,M$ 完全重建，其重建公式为

$$\begin{aligned}x(t)=&\mathrm{e}^{-\mathrm{j}\frac{t^2}{2}\cot\alpha}\sum_{n=-\infty}^{+\infty}\sum_{m=1}^{M}x(nT_0+t_m)\mathrm{e}^{\mathrm{j}\frac{(nT_0)^2}{2}\cot\alpha+\mathrm{j}v_mnT_0}z_m(t-nT_0)\mathrm{e}^{\mathrm{j}\frac{t_m^2}{2}\cot\alpha}\cdot\\&\frac{M\mathrm{e}^{-\mathrm{j}(t-nT_0-t_m)B\csc\alpha}[\mathrm{e}^{\mathrm{j}(t-nT_0-t_m)(2B/M)\csc\alpha}-1]}{2\mathrm{j}B(t-nT_0-t_m)\csc\alpha}\end{aligned} \tag{6.255}$$

对定理 6.7 的几点讨论：

(1) 定理 6.7 给出了从信号 $x(t)$ 的非均匀采样点直接重建原信号的公式；

(2) 从定理 6.7 的推导中可以看出，通过构造合适的分数阶傅里叶域滤波器，并利用分数阶傅里叶变换所特有的性质，还可以得到基于分数阶傅里叶变换的其他采样和重建公式，

比如分数阶差分采样等。

6.4.2 分数阶傅里叶域多通道采样的滤波器组高效实现

6.4.1 节研究了分数阶傅里叶域的多通道采样和周期非均匀采样理论，给出了分数阶傅里叶域多通道采样和周期非均匀采样的谱特征和重建公式。然而，相对于均匀采样，直接利用插值方法对多通道采样和周期非均匀采样进行原始连续信号的重建是复杂的，因此需要研究分数阶傅里叶域多通道采样和周期非均匀采样重建原始连续信号的高效实现方法。另外，在一些实际工程中，对于均匀采样以外的其他采样方案，往往需要先对采样进行插值，变换成均匀采样后，再按照均匀采样的算法进行信号的处理和分析。因此也需要研究分数阶傅里叶域高效的插值算法。

6.4.2.1 分数阶傅里叶域采样和插值恒等结构

设信号 $x(t)$在 α 角度分数阶傅里叶域上的带宽为 B_α，也就是满足 $X_\alpha(u)=0$，当$|u|>B_\alpha$。根据分数阶傅里叶域采样定理，理想采样信号不发生频谱混叠的临界采样间隔为 $T_{\alpha,Q}=\pi\sin\alpha/B_\alpha$，称为 α 角度分数阶傅里叶域带限信号 Nyquist 采用间隔。为了得到分数阶傅里叶域多通道采样和周期非均匀采样重建原始连续信号的滤波器组高效实现，下面首先给出分数阶傅里叶域插值和采样的恒等结构，如图 6.33 所示。

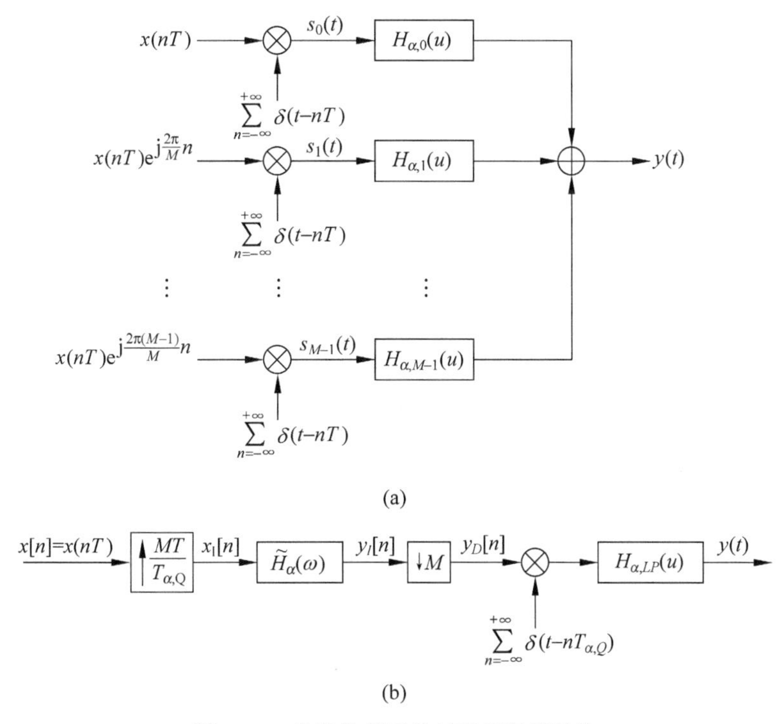

图 6.33 分数阶傅里叶域插值恒等结构

定理 6.8：设 $x(t)$是带宽为 B_α 的 α 角度分数阶傅里叶域带限信号，$H_{\alpha,l}(u)$在分数阶傅里叶域的带宽为 B_α。$H_{\alpha,LP}(u)$是分数阶傅里叶域理想低通滤波器：

$$H_{\alpha,LP}(u)=\begin{cases}T_{\alpha,Q}, & |u|\leqslant B_{\alpha}\\0, & \text{其他}\end{cases}\tag{6.256}$$

那么对于任何 M 以及满足 $T/T_{\alpha,Q}-1/M=k$ 的 T，如果 α 角度分数阶傅里叶域数字滤波器 $\widetilde{H}_{\alpha}(\omega)$ 满足

$$\widetilde{H}_{\alpha}(\omega)=\frac{M}{T_{\alpha,Q}}H_{\alpha,l}\left(\frac{M\omega+2\pi l\sin\alpha}{T_{\alpha,Q}}\right)\tag{6.257}$$

$\frac{-\pi-2\pi l}{M}\sin\alpha\leqslant\omega\leqslant\frac{\pi-2\pi l}{M}\sin\alpha,0\leqslant l\leqslant M-1$，那么图 6.33(a)和图 6.33(b)是等价的。

证明：对于图 6.33(a)，$s_l(t)=x(t)e^{j\frac{2\pi l}{MT}t}\sum_{n=-\infty}^{+\infty}\delta(t-nT)$，根据分数阶傅里叶变换的相移性质，有

$$\mathcal{F}^{\alpha}\left[x(t)e^{j\frac{2\pi l}{MT}t}\right]=X_{\alpha}\left(u-\frac{2\pi l}{MT}\sin\alpha\right)e^{-j\frac{\left(\frac{2\pi l}{MT}\right)^2}{2}\sin\alpha\cos\alpha+ju\frac{2\pi l}{MT}\cos\alpha}\tag{6.258}$$

进而有

$$\begin{aligned}\mathcal{F}^{\alpha}\left[s_l(t)\right]=&\frac{1}{T}e^{j\frac{u^2}{2}\cot\alpha}\sum_{k=-\infty}^{+\infty}X_{\alpha}\left(u-\frac{2\pi l}{MT}\sin\alpha-k\frac{2\pi}{T}\sin\alpha\right)\cdot\\&e^{-j\frac{\left(\frac{2\pi l}{MT}\right)^2}{2}\sin\alpha\cos\alpha+j\left(u-k\frac{2\pi}{T}\sin\alpha\right)\frac{2\pi l}{MT}\cos\alpha}e^{-j\frac{\left(u-k\frac{2\pi}{T}\sin\alpha\right)^2}{2}\cot\alpha}\end{aligned}\tag{6.259}$$

因此，

$$\begin{aligned}Y_{\alpha}(u)=&\frac{1}{T}\sum_{l=0}^{M-1}H_{\alpha,l}(u)e^{j\frac{u^2}{2}\cot\alpha}\sum_{k=-\infty}^{+\infty}X_{\alpha}\left(u-\frac{2\pi l}{MT}\sin\alpha-k\frac{2\pi}{T}\sin\alpha\right)\cdot\\&e^{-j\frac{\cot\alpha}{2}\left[u-\frac{2\pi l}{MT}\sin\alpha-k\frac{2\pi}{T}\sin\alpha\right]^2}\end{aligned}\tag{6.260}$$

对于图 6.33 (b)，输入为 $x[n]$，其分数阶傅里叶变换 $\widetilde{X}_{\alpha}(\omega)$ 为

$$\widetilde{X}_{\alpha}(\omega)=\frac{1}{T}e^{j\frac{\omega^2}{2T^2}\cot\alpha}\sum_{k=-\infty}^{+\infty}X_{\alpha}\left(\frac{\omega}{T}-k\frac{2\pi}{T}\sin\alpha\right)e^{-j\frac{(\omega-k2\pi\sin\alpha)^2}{2T^2}\cot\alpha}$$

对 $x[n]$进行插值得到 $x_I[n]$，其分数阶傅里叶谱为

$$\begin{aligned}\widetilde{X}_{\alpha,I}(\omega_1)=&\widetilde{X}_{\alpha}\left(\omega_1\frac{MT}{T_{\alpha,Q}}\right)\\=&\frac{1}{T}e^{j\frac{(M\omega_1)^2}{2T_{\alpha,Q}^2}\cot\alpha}\sum_{k=-\infty}^{+\infty}X_{\alpha}\left(\omega_1\frac{M}{T_{\alpha,Q}}-k\frac{2\pi}{T}\sin\alpha\right)e^{-j\frac{\left(\omega_1\frac{MT}{T_{\alpha,Q}}-k2\pi\sin\alpha\right)^2}{2T^2}\cot\alpha}\end{aligned}\tag{6.261}$$

其中，$\omega_1=uT_1=uT_{\alpha,Q}/M$。

$$\begin{aligned}\widetilde{Y}_{\alpha,I}(\omega_1)=&\widetilde{X}_{\alpha,I}(\omega_1)\widetilde{H}_{\alpha}(\omega_1)\\=&\frac{1}{T}\widetilde{H}_{\alpha}(\omega_1)e^{j\frac{(M\omega_1)^2}{2T_{\alpha,Q}^2}\cot\alpha}\sum_{k=-\infty}^{+\infty}X_{\alpha}\left(\omega_1\frac{M}{T_Q}-k\frac{2\pi}{T}\sin\alpha\right)e^{-j\frac{\left(\omega_1\frac{MT}{T_{\alpha,Q}}-k2\pi\sin\alpha\right)^2}{2T^2}\cot\alpha}\end{aligned}\tag{6.262}$$

对于抽取后的 $y_D[n]$，其分数阶傅里叶谱 $\widetilde{Y}_{\alpha,D}(\omega_Q)$ 为

$$
\begin{aligned}
\widetilde{Y}_{\alpha,D}(\omega_Q) &= \frac{1}{M}\sum_{l=0}^{M-1}\widetilde{Y}_{\alpha,I}\left(\omega_1 - \frac{2\pi l\sin\alpha}{M}\right)\mathrm{e}^{\mathrm{j}\frac{\omega_1^2}{2T_1^2}\cot\alpha}\,\mathrm{e}^{-\mathrm{j}\frac{\left(\omega_1-\frac{2\pi l\sin\alpha}{M}\right)^2}{2T_1^2}\cot\alpha} \\
&= \frac{1}{MT}\sum_{l=0}^{M-1}\widetilde{H}_{\alpha}\left(\frac{\omega_Q}{M} - \frac{2\pi l\sin\alpha}{M}\right)\sum_{k=-\infty}^{+\infty}X_{\alpha}\left(\frac{\omega_Q}{T_{\alpha,Q}} - k\,\frac{2\pi}{T}\sin\alpha - \frac{2\pi l\sin\alpha}{T_{\alpha,Q}}\right)\cdot \\
&\quad\ \mathrm{e}^{-\mathrm{j}\frac{\left(\frac{\omega_Q T}{T_{\alpha,Q}}-\frac{2\pi l T\sin\alpha}{T_{\alpha,Q}}-k2\pi\sin\alpha\right)^2}{2T^2}\cot\alpha}\,\mathrm{e}^{\mathrm{j}\frac{\omega_Q^2}{2M^2T_1^2}\cot\alpha}
\end{aligned}
\tag{6.263}
$$

其中，$\omega_Q = uT_{\alpha,Q}$。由于$(T/T_{\alpha,Q}-1/M)$为一整数，因此令 $k' = k + l\left(\frac{T}{T_{\alpha,Q}} - \frac{1}{M}\right)$，代入上式得到

$$
\begin{aligned}
\widetilde{Y}_{\alpha,D}(\omega_Q) &= \frac{1}{MT}\sum_{l=0}^{M-1}\widetilde{H}_{\alpha}\left(\frac{\omega_Q}{M} - \frac{2\pi l\sin\alpha}{M}\right)\sum_{k'=-\infty}^{+\infty} \\
&\quad X_{\alpha}\left(\frac{\omega_Q}{T_{\alpha,Q}} - k'\,\frac{2\pi}{T}\sin\alpha - \frac{2\pi l\sin\alpha}{MT}\right)\mathrm{e}^{-\mathrm{j}\frac{\left(\frac{\omega_Q T}{T_{\alpha,Q}}-\frac{2\pi l\sin\alpha}{M}-k'2\pi\sin\alpha\right)^2}{2T^2}\cot\alpha}\,\mathrm{e}^{\mathrm{j}\frac{\omega_Q^2}{2T_{\alpha,Q}^2}\cot\alpha}
\end{aligned}
\tag{6.264}
$$

所以有

$$
\begin{aligned}
Y_{\alpha}(u) &= T_{\alpha,Q}\widetilde{Y}_{\alpha,D}(T_{\alpha,Q}u) \\
&= \frac{T_{\alpha,Q}}{MT}\sum_{l=0}^{M-1}\widetilde{H}_{\alpha}\left(\frac{T_{\alpha,Q}u}{M} - \frac{2\pi l\sin\alpha}{M}\right)\mathrm{e}^{\mathrm{j}\frac{u^2}{2}\cot\alpha}\cdot \\
&\quad \sum_{k'=-\infty}^{+\infty}X_{\alpha}\left(u - k'\,\frac{2\pi}{T}\sin\alpha - \frac{2\pi l\sin\alpha}{MT}\right)\mathrm{e}^{-\mathrm{j}\left(u-\frac{2\pi l\sin\alpha}{MT}-\frac{k'2\pi\sin\alpha}{T}\right)^2\frac{\cot\alpha}{2}}
\end{aligned}
\tag{6.265}
$$

对比式(6.260)和式(6.265)可以得到，如果图 6.33(a)和(b)等价，需要满足

$$
H_{\alpha,l}(u) = \frac{T_{\alpha,Q}}{M}\widetilde{H}_{\alpha}\left(\frac{T_{\alpha,Q}u}{M} - \frac{2\pi l\sin\alpha}{M}\right),\quad |u| \leqslant B,\quad 0 \leqslant l \leqslant M-1 \tag{6.266}
$$

也就是

$$
\begin{aligned}
&\widetilde{H}_{\alpha}(\omega) = \frac{M}{T_{\alpha,Q}}H_{\alpha,l}\left(\frac{M\omega + 2\pi l\sin\alpha}{T_{\alpha,Q}}\right) \\
&\frac{-\pi - 2\pi l}{M}\sin\alpha \leqslant \omega \leqslant \frac{\pi - 2\pi l}{M}\sin\alpha,\quad 0 \leqslant l \leqslant M-1
\end{aligned}
\tag{6.267}
$$

证毕。

当 $M=1, T=NT_{\alpha,Q}$ 时，图 6.33(a)和(b)成为图 6.34。

其中，

$$
\widetilde{H}_{\alpha}(\omega) = \frac{1}{T_{\alpha,Q}}H_{\alpha}\left(\frac{\omega}{T_{\alpha,Q}}\right),\quad |\omega| \leqslant \pi\sin\alpha \tag{6.268}
$$

类似地，可以得到分数阶傅里叶域采样恒等结构，如图 6.35 所示。其中 $T=NT_{\alpha,Q}$，分数阶傅里叶域数字滤波器 $\widetilde{H}_{\alpha}(\omega) = H_{\alpha}(\omega/T_{\alpha,Q})$，$|\omega| \leqslant \pi\sin\alpha$。

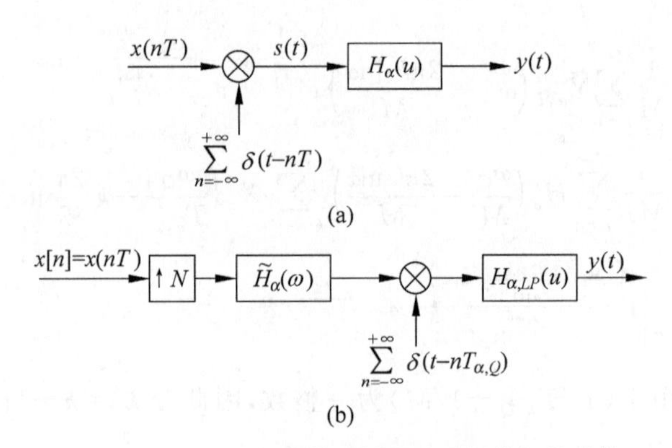

图 6.34　$M=1$ 时，分数阶傅里叶域插值恒等结构

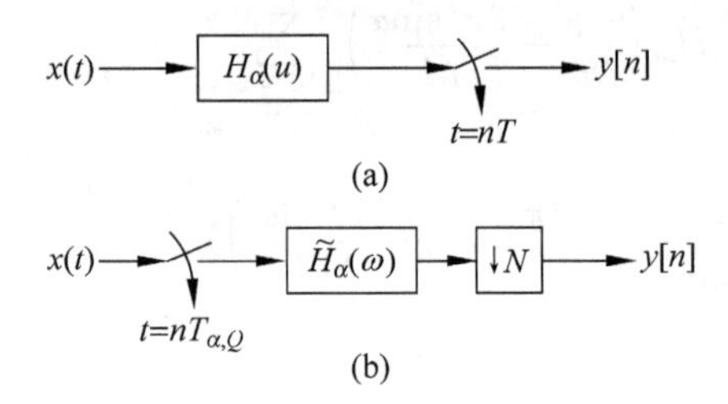

图 6.35　分数阶傅里叶域采样恒等结构

对定理 6.8 的几点讨论：

(1) 从分数阶傅里叶域插值和采样恒等结构可以看出，通过选择合适的分数阶傅里叶域数字滤波器和内插因子，可以把不同采样间隔的采样信号插值为统一的分数阶傅里叶域 Nyquist 均匀采样，因而可以高效地实现对原始连续信号的重建。

(2) 利用恒等结构，把分数阶傅里叶域滤波器转换为数字滤波器，进而可以使用滤波器组重建原始信号。由于滤波器组具有高效的实现方法，因此可以得到分数阶傅里叶域插值和重建的高效实现。

6.4.2.2　分数阶傅里叶域多通道采样的滤波器组重建

根据前述的分数阶傅里叶域多通道采样定理，对于分数阶傅里叶域带限信号 $x(t)$ 通过 M 个分数阶傅里叶域滤波器 $H_{\alpha,1}(u),H_{\alpha,2}(u),\cdots,H_{\alpha,M}(u)$ 后得到输出 $g_k(t),k=1,2,\cdots,M$，那么根据 $g_k(t)$ 的采样可以完全重建原始连续信号 $x(t)$，其重建公式为

$$x(t)=\mathrm{e}^{-\mathrm{j}\frac{t^2}{2}\cot\alpha}\sum_{n=-\infty}^{+\infty}\left[g_1(nT)\mathrm{e}^{\mathrm{j}\frac{(nT)^2}{2}\cot\alpha}y_1(t-nT)+\cdots+g_M(nT)\mathrm{e}^{\mathrm{j}\frac{(nT)^2}{2}\cot\alpha}y_M(t-nT)\right] \tag{6.269}$$

其中，$y_k(t)$ 由 M 个线性方程确定。利用分数阶卷积定理，式(6.269)可以表示为

$$\begin{aligned}x(t)&=\sum_{k=1}^{M}\mathrm{e}^{-\mathrm{j}\frac{t^2}{2}\cot\alpha}\sum_{n=-\infty}^{+\infty}g_k(nT)\mathrm{e}^{\mathrm{j}\frac{(nT)^2}{2}\cot\alpha}y_k(t-nT)\\&=\sum_{k=1}^{M}\left[g_k(t)\sum_{n=-\infty}^{+\infty}\delta(t-nT)\right]\overset{\alpha}{*}z_k(t)\end{aligned} \tag{6.270}$$

其中，$z_k(t)=y_k(t)\mathrm{e}^{-\mathrm{j}\frac{t^2}{2}\cot\alpha}$。令 $R_{\alpha,k}(u)=\mathrm{e}^{-\mathrm{j}\frac{u^2}{2}\cot\alpha}Z_{\alpha,k}(u)$，那么分数阶傅里叶域多通道采

样重建的直接实现框图如图 6.36 所示，其中每一支路的采样间隔为 $T=MT_{\alpha,Q}$。

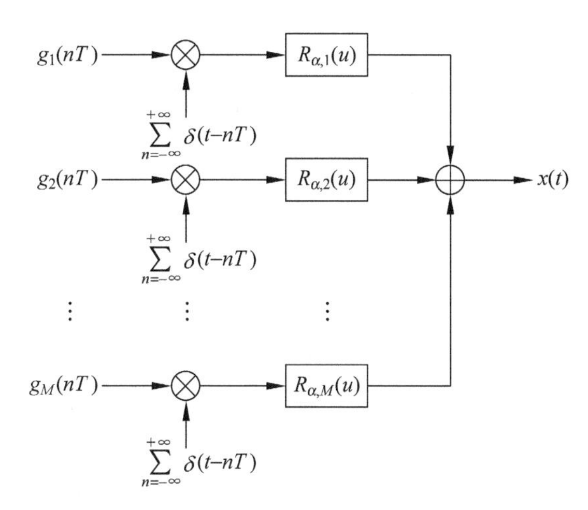

图 6.36　分数阶傅里叶域多通道采样信号重建原始连续信号框图

图 6.36 是从多通道重建公式(6.269)直接得到的，利用定理 6.8 中 $M=1$ 时的等价结构(图 6.34)，可以得到多通道采样的分数阶傅里叶域数字滤波器组实现，如图 6.37 所示。可以看出，通过每条支路内 M 倍内插和数字滤波器环节，图 6.37 中 $x[n]$ 已经变成对 $x(t)$ 以 Nyquist 采样间隔 $T_{\alpha,Q}$ 进行均匀采样的序列。因此，通过使用数字滤波器组，把多通道采样转换为以 Nyquist 采样间隔 $T_{\alpha,Q}$ 进行的均匀采样序列，进而可以利用已有的各种高效实现方法对多通道采样进行重建。同时，由于滤波器组具有高效的实现结构，因而这种基于滤波器组的插值重建方法是高效的。

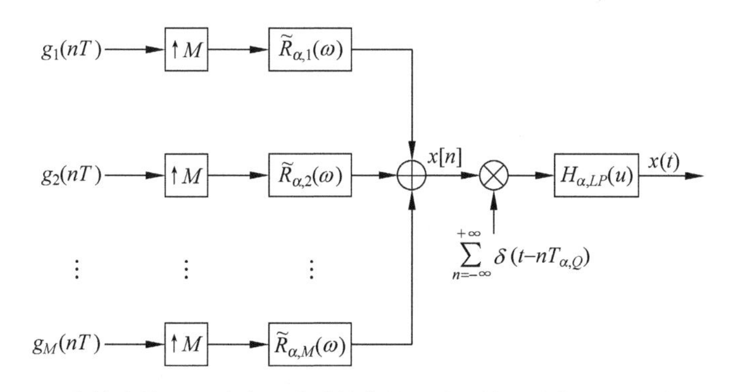

图 6.37　分数阶傅里叶域多通道采样信号重建原始连续信号的滤波器组实现

6.4.2.3 周期非均匀采样的滤波器组重建

在此重新描述周期非均匀采样模型如图 6.38 所示，总的采样间隔为 $T=MT_{\alpha,Q}$。每个周期的 M 个非均匀采样点标记为 t_k，$k=1,2,\cdots,M$。所有的非均匀采样点为 t_k+nT，$k=1,2,\cdots,M$，$n\in(-\infty,+\infty)$。

根据分数阶傅里叶域多通道采样定理，可以得到分数阶傅里叶域周期非均匀采样的时域重建公式：

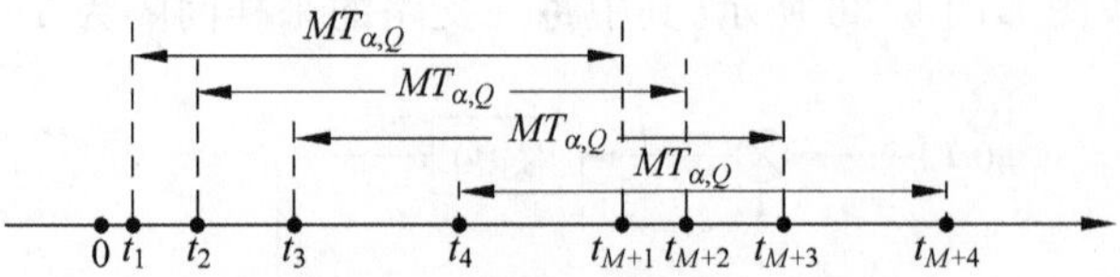

图 6.38 周期非均匀采样信号模型

$$x(t)=\mathrm{e}^{-\mathrm{j}\frac{t^2}{2}\cot\alpha}\sum_{n=-\infty}^{+\infty}\sum_{k=1}^{M}x(nT+t_k)\mathrm{e}^{\mathrm{j}\frac{(nT+t_k)^2}{2}\cot\alpha}\cdot$$

$$\frac{(-1)^{nM}\prod_{q=1}^{M}\sin\left[\frac{\pi(t-t_q)}{T}\right]}{\frac{\pi(t-nT-t_k)}{T}\prod_{q=1,q\neq k}^{M}\sin\left[\frac{\pi(t_k-t_q)}{T}\right]} \tag{6.271}$$

从上式可以看出，对于周期非均匀采样信号，采用时域直接插值方法重建原始连续信号是复杂的。为了得到高效的重建方法，对上式交换求和的顺序，利用分数阶卷积定理表示为

$$x(t)=\sum_{k=1}^{M}s_k(t)\overset{\alpha}{*}h_k(t) \tag{6.272}$$

其中，

$$s_k(t)=\sum_{n=-\infty}^{+\infty}x(nT+t_k)\mathrm{e}^{\mathrm{j}nTt_k\cot\alpha}\delta(t-nT) \tag{6.273}$$

$$h_k(t)=\mathrm{e}^{-\mathrm{j}\frac{t^2}{2}\cot\alpha}\frac{\prod_{q=1}^{M}\sin\left[\frac{\pi(t-t_q)}{T}\right]}{\frac{\pi(t-t_k)}{T}\prod_{q=1,q\neq k}^{M}\sin\left[\frac{\pi(t_k-t_q)}{T}\right]}\mathrm{e}^{\mathrm{j}\frac{t_k^2}{2}\cot\alpha} \tag{6.274}$$

令 $T_{\alpha,k}(u)=\mathrm{e}^{-\mathrm{j}\frac{u^2}{2}\cot\alpha}H_{\alpha,k}(u)$，可以得到分数阶傅里叶域周期非均匀采样重建的直接实现框图如图 6.39 所示。

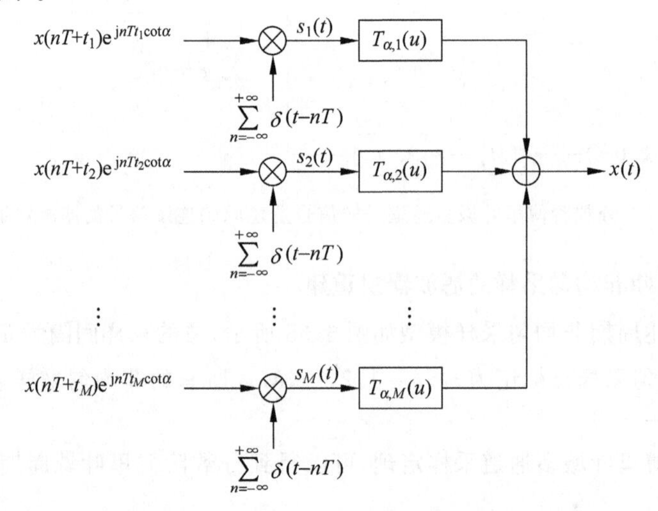

图 6.39 分数阶傅里叶域周期非均匀采样信号重建原始连续信号框图

从图 6.39 可以看出，在对周期非均匀采样信号进行重建时，把非均匀采样信号分为 M 路，每一路都是对原始信号的进行采样间隔为 $T=MT_{\alpha,Q}$ 的理想采样。和多通道采样一样，这种时域直接重建周期非均匀采样的方法是复杂的。利用定理 6.8 中 $M=1$ 时的插值等价结构(图 6.34)，可以得到分数阶傅里叶域周期非均匀采样重建的滤波器组高效实现结构，如图 6.40 所示。

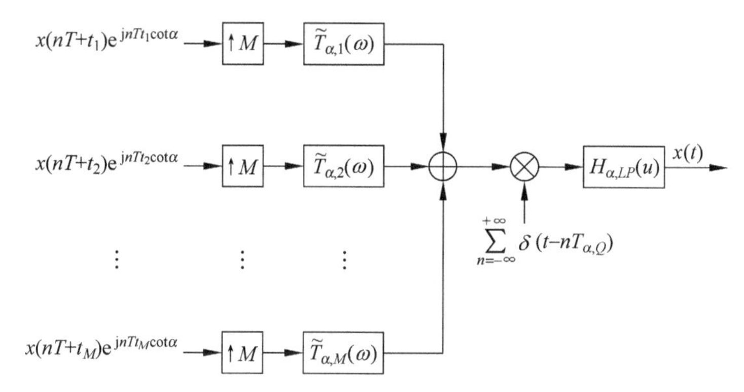

图 6.40　分数阶傅里叶域周期非均匀采样信号重建原始连续信号的滤波器组实现

从图 6.40 可以看出，通过每条支路内的 M 倍内插和数字滤波器环节，得到原始信号的 Nyquist 均匀采样序列，因此就可以按照传统 Nyquist 采样进行重建。由于可以利用滤波器组的各种高效实现结构，所以这种通过分数阶傅里叶域滤波器组重建周期非均匀采样的方法比直接时域插值方法高效。

6.4.2.4　分数阶傅里叶域采样和分数阶傅里叶域滤波器组的关系

6.4.2.3 节给出了分数阶傅里叶域多通道采样和周期非均匀采样重建原始信号的滤波器组实现。如果再结合定理 6.8 中采样恒等结构(图 6.35)，就可以得到从采样到重建的完整滤波器组实现，如图 6.41 所示。

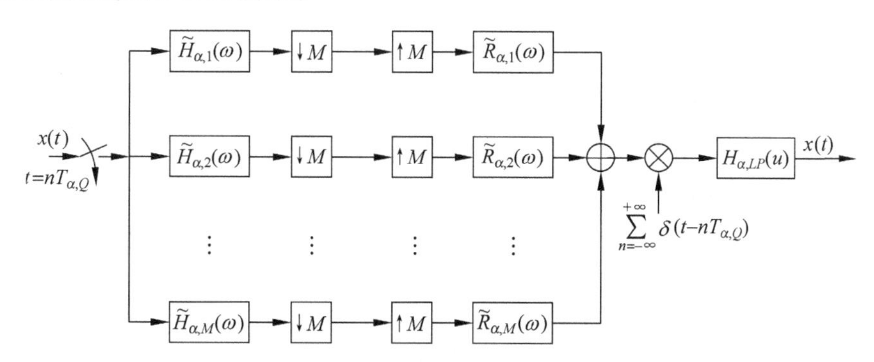

图 6.41　分数阶傅里叶域多通道采样和重建的滤波器组实现

从图 6.41 可以看出，通过分数阶傅里叶域插值和采样恒等结构，分数阶傅里叶域多通道采样和插值可以完全采用滤波器组结构。因此，利用分数阶傅里叶域插值和采样恒等结构，可以把多通道采样和重建用滤波器组来实现。也就是说，分数阶傅里叶域插值和采样恒等结构建立了分数阶傅里叶域采样和分数阶傅里叶域滤波器组的对应关系。因此，反过来，也可以根据分数阶傅里叶域准确重建滤波器组，得到与之对应的采样策略和其重建方法。

比如对于如图 6.42(a)所示的分数阶傅里叶域准确重建滤波器组，其分析和综合滤波器都已经得到。我们可以利用定理 6.8 将其转化为相应的分数阶傅里叶域采样策略和直接重建方法，如图 6.42(b)所示。

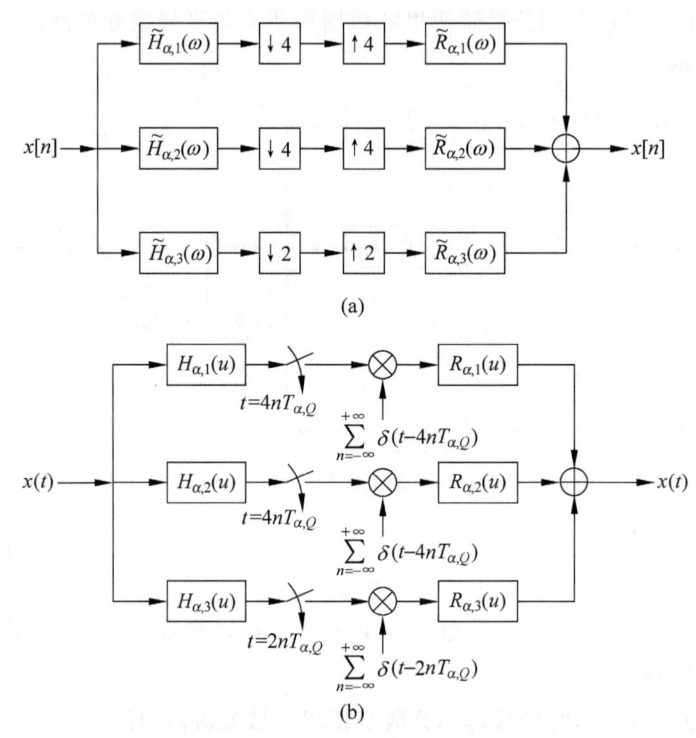

图 6.42 (a)分数阶傅里叶域准确重建滤波器组以及(b)与之对应的采样和重建策略

6.4.3 分数阶差分采样和非均匀采样滤波器组

6.4.3.1 离散时间分数阶傅里叶域和离散时间简化分数阶傅里叶域滤波

在离散时间分数阶傅里叶变换的定义下，有离散时间分数阶卷积定理：若

$$y(nT)=A_\alpha \mathrm{e}^{-\frac{\mathrm{j}}{2}n^2T^2\cot\alpha}\left[x(nT)\mathrm{e}^{\frac{\mathrm{j}}{2}n^2T^2\cot\alpha} * h(nT)\mathrm{e}^{\frac{\mathrm{j}}{2}n^2T^2\cot\alpha}\right] \tag{6.275}$$

其中，$\widetilde{Y}_\alpha(\omega)$、$\widetilde{X}_\alpha(\omega)$和$\widetilde{H}_\alpha(\omega)$分别为$y(nT)$、$x(nT)$和$h(nT)$的离散时间分数阶傅里叶变换，则

$$\widetilde{Y}_\alpha(\omega)=\mathrm{e}^{-\mathrm{j}\frac{\omega^2}{2T^2}\cot\alpha}\widetilde{X}_\alpha(\omega)\widetilde{H}_\alpha(\omega) \tag{6.276}$$

根据离散时间分数阶卷积定理，可以看出，把$\widetilde{H}_\alpha(\omega)$看作分数阶域滤波器是不合适的。这是因为：①根据卷积定理可知，$\widetilde{X}_\alpha(\omega)\widetilde{H}_\alpha(\omega)$在时域不能表示为$x(nT)$和$h(nT)$的卷积运算，在时域实现起来困难。也就是说$\widetilde{X}_\alpha(\omega)$和$\widetilde{H}_\alpha(\omega)$具有 chirp 周期性，那么$\widetilde{X}_\alpha(\omega)\widetilde{H}_\alpha(\omega)$肯定不具有 chirp 周期性。②从滤波角度，当$\widetilde{X}_\alpha(\omega)$含有所需要信号和噪声时，我们希望通过在分数阶傅里叶域乘积$\widetilde{H}_\alpha(\omega)$滤除噪声后，还是不能完整得到所需信号，因为$\widetilde{H}_\alpha(\omega)$具有 chirp 周期性，这样操作只能得到所需要信号的幅度，在相位项还要加上一个附

加相位。

另外，根据式(6.276)，可以得到

$$\tilde{Y}_{\alpha}(\omega)\mathrm{e}^{-\mathrm{j}\frac{\omega^2}{2T^2}\cot\alpha}=\tilde{X}_{\alpha}(\omega)\mathrm{e}^{-\mathrm{j}\frac{\omega^2}{2T^2}\cot\alpha}\tilde{H}_{\alpha}(\omega)\mathrm{e}^{-\mathrm{j}\frac{\omega^2}{2T^2}\cot\alpha} \tag{6.277}$$

那么定义离散时间简化分数阶傅里叶变换如下

$$\bar{X}_{\alpha}(\omega)=A_{\alpha}\sum_{n=-\infty}^{+\infty}x(nT)\mathrm{e}^{\frac{\mathrm{j}}{2}(nT)^2\cot\alpha-\mathrm{j}\omega n\csc\alpha} \tag{6.278}$$

$$x(nT)=A_{-\alpha}\int_{-\pi\sin\alpha}^{\pi\sin\alpha}\bar{X}_{\alpha}(\omega)\mathrm{e}^{-\frac{\mathrm{j}}{2}(nT)^2\cot\alpha+\mathrm{j}\omega n\csc\alpha}\mathrm{d}\omega \tag{6.279}$$

类似离散时间分数阶傅里叶变换域数字频率的定义，上式 $\omega=uT$ 定义为离散时间简化分数阶傅里叶变换的数字频率。由式(6.278)和式(6.279)，并结合离散时间分数阶傅里叶变换的定义，我们可以得到序列 $x(nT)$的离散时间分数阶傅里叶变换和离散时间简化分数阶傅里叶变换的关系

$$\bar{X}_{\alpha}(\omega)=\mathrm{e}^{-\mathrm{j}\frac{\omega^2}{2T^2}\cot\alpha}\tilde{X}_{\alpha}(\omega) \tag{6.280}$$

这样式(6.277)就可以写为

$$\bar{Y}_{\alpha}(\omega)=\bar{X}_{\alpha}(\omega)\bar{H}_{\alpha}(\omega) \tag{6.281}$$

从上式并结合离散时间分数阶卷积定理，可以知道，序列 $x(nT)$和 $h(nT)$的分数阶卷积，在简化分数阶傅里叶域对应它们离散时间简化分数阶傅里叶变换的直接相乘 $\bar{X}_{\alpha}(\omega)\bar{H}_{\alpha}(\omega)$。

同时，式(6.276)又可以写为

$$\tilde{Y}_{\alpha}(\omega)=\tilde{X}_{\alpha}(\omega)\bar{H}_{\alpha}(\omega) \tag{6.282}$$

通过上式可以清楚地看出，序列 $x(nT)$和 $h(nT)$的分数阶卷积，直接对应简化分数阶傅里叶域的滤波 $\bar{X}_{\alpha}(\omega)\bar{H}_{\alpha}(\omega)$；而在分数阶傅里叶域对应 $\mathrm{e}^{-\mathrm{j}\frac{\omega^2}{2T^2}\cot\alpha}\tilde{X}_{\alpha}(\omega)\tilde{H}_{\alpha}(\omega)$，结合式(6.180)，其等效于在分数阶傅里叶域滤波 $\tilde{X}_{\alpha}(\omega)\bar{H}_{\alpha}(\omega)$。基于此，定义分数阶傅里叶域等效滤波器如下。

定义 6.1：设 $\tilde{H}_{\alpha}(\omega)$是离散时间序列 $h(nT)$的离散时间分数阶傅里叶变换，我们称 $\bar{H}_{\alpha}(\omega)=\tilde{H}_{\alpha}(\omega)\mathrm{e}^{-\mathrm{j}\frac{\omega^2}{2T^2}\cot\alpha}$ 为分数阶傅里叶域等效滤波器。

通过这样的定义，可以看出，$\bar{H}_{\alpha}(\omega)$就是我们所需要的滤波器，它在时域是方便于实现的，它并没有对输入信号附加不需要的相位。从这里也可以看出，由于 $\bar{H}_{\alpha}(\omega)$是周期函数，可以使其相位为线性相位，从而使得 $\tilde{X}_{\alpha}(\omega)$通过滤波器 $\bar{H}_{\alpha}(\omega)$后不附加 chirp 相位项。

由简化分数阶傅里叶变换和分数阶傅里叶变换关系，以及在简化分数阶傅里叶域滤波等同于在分数阶傅里叶域滤波，本节后面的分数阶傅里叶域滤波器无特别指出均认为是等效分数阶傅里叶域滤波器 $\bar{H}_{\alpha}(\omega)$。

6.4.3.2 基于离散时间分数阶傅里叶变换的多采样率 FIR 系统设计

首先我们给出等效分数阶数字 FIR 滤波器的定义。

定义 6.2：设 $\widetilde{H}_\alpha(\omega)$是有限长序列 $h(nT)$的离散时间分数阶傅里叶变换，我们称 $\overline{H}_\alpha(\omega)=\widetilde{H}_\alpha(\omega)\mathrm{e}^{-\mathrm{j}\frac{\omega^2}{2T^2}\cot\alpha}$ 为α角度等效分数阶傅里叶域数字 FIR 滤波器。由于是在同一个阶次下的变换，所以下面的分析中，离散时间分数阶傅里叶变换不再标记变换角度α。

1. 整数倍抽取器和内插器的直接实现

根据定义 6.1，整数倍抽取器的框图如图 6.43 所示。

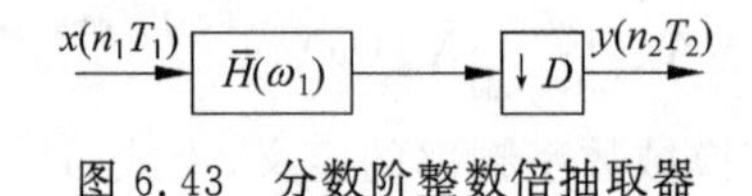

图 6.43　分数阶整数倍抽取器

这样就可以利用离散时间分数阶卷积得到整数倍抽取器的直接实现形式如图 6.44 所示。从图 6.44 可以看出，这种直接实现是低效率的，而且每计算一个 $y(n_1T_1)$都需要在一个 T_1 之内完成。

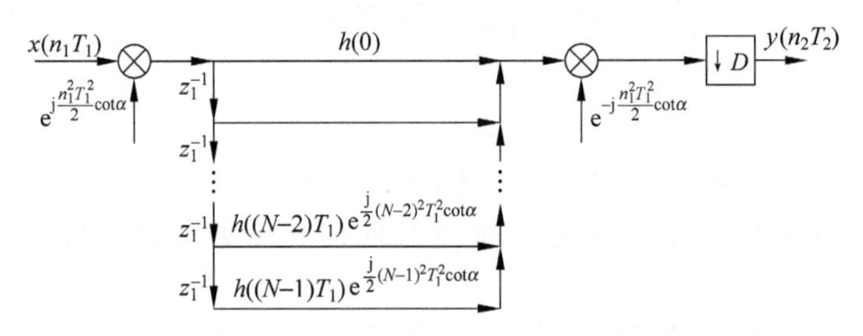

图 6.44　分数阶整数倍抽取器的直接实现

可以利用已经得到的等效结构来提高运算效率，首先把调制 $\mathrm{e}^{-\mathrm{j}\frac{n_1^2T_1^2}{2}\cot\alpha}$ 和抽取进行交换，然后把抽取放进图 6.44 的每一条支路里面并与里面的常数交换得到图 6.45 所示的等效结构。图中依然采用传统的 z_1^{-1} 表示一个 T_1 延迟。

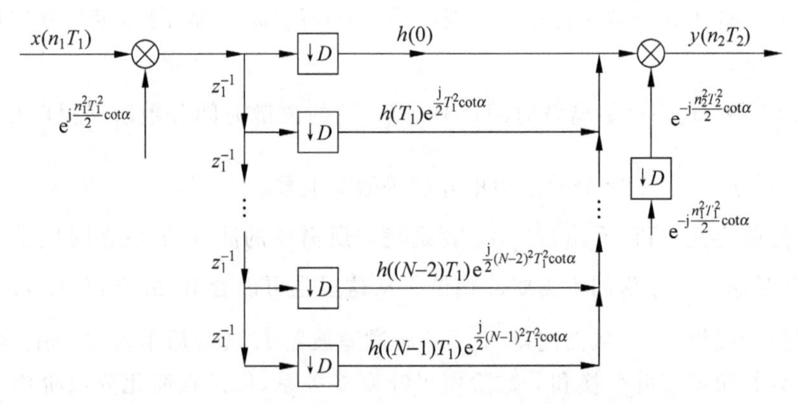

图 6.45　等效变换后分数阶整数倍抽取器的直接实现

通过这样的等效变换，使得抽取器之后乘积运算的时间增加到 DT_1，同时把抽取放到低采样率的一端降低了乘法次数，使得运算量减少为原来的 $1/D$。

类似地，整数倍内插器的直接实现的高效结构利用等效变换可以获得。

2. 整数倍抽取器和内插器的多相结构

为了得到整数倍抽取器和内插器的多相结构，首先研究等效分数阶傅里叶域 FIR 滤波器 $\overline{H}(\omega)$的多相表示。根据 $\overline{H}(\omega)=\widetilde{H}(\omega)\mathrm{e}^{-\mathrm{j}\frac{\omega^2}{2T^2}\cot\alpha}$，结合 $\widetilde{H}(\omega)$有

$$\begin{aligned}\widetilde{H}(\omega)=&\sum_{n=0}^{Q-1}h(nD+0)\mathrm{e}^{\mathrm{j}\frac{\omega^2/T^2+(nD)^2T^2}{2}\cot\alpha-\mathrm{j}\omega(nD)\csc\alpha}+\\&\sum_{n=0}^{Q-1}h(nD+1)\mathrm{e}^{\mathrm{j}\frac{\omega^2/T^2+(nD+1)^2T^2}{2}\cot\alpha-\mathrm{j}\omega(nD+1)\csc\alpha}+\cdots+\\&\sum_{n=0}^{Q-1}h(nD+D-1)\mathrm{e}^{\mathrm{j}\frac{\omega^2/T^2+(nD+D-1)^2T^2}{2}\cot\alpha-\mathrm{j}\omega(nD+D-1)\csc\alpha}\end{aligned}\tag{6.283}$$

这里认为有限长分数阶滤波器长度为 $N=QD$。其中，式(6.283)的第 k 项可以写作

$$\begin{aligned}&\sum_{n=0}^{Q-1}h(nD+k)\mathrm{e}^{\mathrm{j}\frac{\omega^2/T^2+(nD+k)^2T^2}{2}\cot\alpha-\mathrm{j}\omega(nD+k)\csc\alpha}\\&=\mathrm{e}^{-\mathrm{j}k\omega\csc\alpha}\mathrm{e}^{\frac{\mathrm{j}}{2}(k^2T^2)\cot\alpha}\mathrm{e}^{\frac{\mathrm{j}}{2}(\omega^2/T^2)\cot\alpha}\cdot\\&\quad\sum_{n=0}^{Q-1}h(nD+k)\mathrm{e}^{\mathrm{j}\frac{(n^2D^2+2knD)T^2}{2}\cot\alpha-\mathrm{j}\omega(nD)\csc\alpha}\end{aligned}\tag{6.284}$$

令

$$\begin{aligned}\widetilde{E}_k(D\omega)=&\ \mathrm{e}^{\frac{\mathrm{j}}{2}(\omega^2/T^2)\cot\alpha}\sum_{n=0}^{Q-1}\left[h(nDT+kT)\mathrm{e}^{\mathrm{j}\frac{2k(nD)T^2}{2}\cot\alpha}\right]\mathrm{e}^{\mathrm{j}\frac{(nD)^2T^2}{2}\cot\alpha-\mathrm{j}\omega(nD)\csc\alpha}\\=&\ \mathcal{F}^{\alpha}[g_k(nDT)]\end{aligned}\tag{6.285}$$

其中，

$$g_k(nDT)=h(nDT+kT)\mathrm{e}^{\mathrm{j}\frac{2k(nD)T^2}{2}\cot\alpha}\tag{6.286}$$

则

$$\widetilde{H}(\omega)=\sum_{k=0}^{D-1}\mathrm{e}^{-\mathrm{j}k\omega\csc\alpha}\mathrm{e}^{\frac{\mathrm{j}}{2}(k^2T^2)\cot\alpha}\widetilde{E}_k(D\omega)\tag{6.287}$$

也就是

$$\overline{H}(\omega)=\sum_{k=0}^{D-1}\mathrm{e}^{-\mathrm{j}k\omega\csc\alpha}\mathrm{e}^{\frac{\mathrm{j}}{2}(k^2T^2)\cot\alpha}\overline{E}_k(D\omega)\tag{6.288}$$

其中，

$$\overline{E}_k(D\omega)=\sum_{n=0}^{Q-1}\left[h(nDT+kT)\mathrm{e}^{\mathrm{j}\frac{2k(nD)T^2}{2}\cot\alpha}\right]\mathrm{e}^{\mathrm{j}\frac{(nD)^2T^2}{2}\cot\alpha-\mathrm{j}\omega(nD)\csc\alpha}\tag{6.289}$$

为了分析方便，我们在分数阶傅里叶域分析输入/输出关系，以便于得到时域实现形式。因为

$$\begin{aligned}\mathcal{F}^{\alpha}[\delta(nT-kT)]=&A_\alpha\mathrm{e}^{\frac{\mathrm{j}}{2}\cot\alpha\frac{\omega^2}{T^2}}\sum_{n=-\infty}^{+\infty}\delta(nT-kT)\mathrm{e}^{\frac{\mathrm{j}}{2}\cot\alpha\cdot n^2T^2-\mathrm{j}\omega n\csc\alpha}\\=&A_\alpha\mathrm{e}^{\frac{\mathrm{j}}{2}\cot\alpha\frac{\omega^2}{T^2}}\mathrm{e}^{\mathrm{j}\frac{1}{2}\cot\alpha\cdot k^2T^2-\mathrm{j}\omega k\csc\alpha}\end{aligned}\tag{6.290}$$

所以联立式(6.288)～式(6.290)有

$$\begin{aligned}\widetilde{H}(\omega)&=\sum_{k=0}^{D-1}\mathrm{e}^{-\mathrm{j}k\omega\csc\alpha}\,\mathrm{e}^{\frac{\mathrm{j}}{2}(k^2T^2)\cot\alpha}\widetilde{E}_k(D\omega)\\&=\frac{1}{A_\alpha}\mathrm{e}^{-\mathrm{j}\frac{\omega^2}{2T^2}\cot\alpha}\sum_{k=0}^{D-1}\mathcal{F}^\alpha[\delta(nT-kT)]\widetilde{E}_k(D\omega)\end{aligned}\tag{6.291}$$

所以，当输入 $\widetilde{X}(\omega)$通过等效分数阶滤波器 $\overline{H}(\omega)$后，输出可以表示为

$$\widetilde{Y}(\omega)=\widetilde{X}(\omega)\overline{H}(\omega)\tag{6.292}$$

进而有

$$\widetilde{Y}(\omega)\mathrm{e}^{\mathrm{j}\frac{\omega^2}{2T^2}\cot\alpha}=\widetilde{X}(\omega)\widetilde{H}(\omega)=\frac{1}{A_\alpha}\sum_{k=0}^{D-1}\mathrm{e}^{-\mathrm{j}\frac{\omega^2}{2T^2}\cot\alpha}\widetilde{X}(\omega)\ \mathcal{F}^\alpha[\delta(nT-kT)]\widetilde{E}_k(D\omega)\tag{6.293}$$

而其中上式右面求和部分中的第 k 项前两个乘积根据分数阶卷积定理有

$$\begin{aligned}\widetilde{X}_k(\omega)&=\frac{1}{A_\alpha}\mathrm{e}^{-\mathrm{j}\frac{\omega^2}{2T^2}\cot\alpha}\widetilde{X}(\omega)\ \mathcal{F}^\alpha[\delta(nT-kT)]\\&=\mathcal{F}^\alpha\left[\mathrm{e}^{-\frac{\mathrm{j}}{2}n^2T^2\cot\alpha}x(nT-kT)\mathrm{e}^{\frac{\mathrm{j}}{2}(n-k)^2T^2\cot\alpha}\mathrm{e}^{\frac{\mathrm{j}}{2}k^2T^2\cot\alpha}\right]\end{aligned}\tag{6.294}$$

联立式(6.293)、式(6.294)可以得到

$$\begin{aligned}\widetilde{Y}(\omega)&=\mathrm{e}^{-\mathrm{j}\frac{\omega^2}{2T^2}\cot\alpha}\sum_{k=0}^{D-1}\mathcal{F}^\alpha\left[\mathrm{e}^{-\frac{\mathrm{j}}{2}n^2T^2\cot\alpha}x(nT-kT)\mathrm{e}^{\frac{\mathrm{j}}{2}(n-k)^2T^2\cot\alpha}\mathrm{e}^{\frac{\mathrm{j}}{2}k^2T^2\cot\alpha}\right]\widetilde{E}_k(D\omega)\\&=\sum_{k=0}^{D-1}\mathcal{F}^\alpha\left[\mathrm{e}^{-\frac{\mathrm{j}}{2}n^2T^2\cot\alpha}x(nT-kT)\mathrm{e}^{\frac{\mathrm{j}}{2}(n-k)^2T^2\cot\alpha}\mathrm{e}^{\frac{\mathrm{j}}{2}k^2T^2\cot\alpha}\right]\overline{E}_k(D\omega)\end{aligned}\tag{6.295}$$

根据上式得到分数阶滤波器的多相分解第一种形式，如图 6.46 所示。

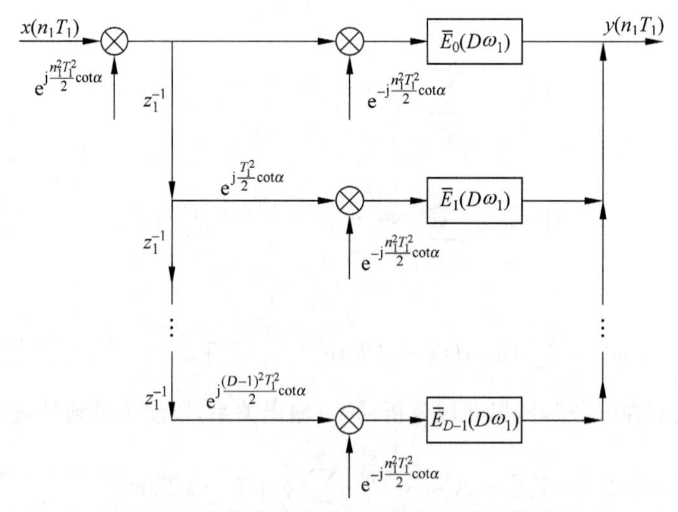

图 6.46 分数阶滤波器多相分解的第一种形式

根据 $\overline{E}_k(D\omega_1)$的定义我们得到，当 $u(n_1T_1)$通过等效分数阶域滤波器 $\overline{E}_k(D\omega_1)$得到的输出 $v(n_1T_1)$可以表示成

$$\widetilde{V}(\omega_1)=\widetilde{\boldsymbol{U}}(\omega_1)\bar{E}_k(D\omega_1)=\mathrm{e}^{-\mathrm{j}\frac{\omega_1^2}{2T_1^2}}\mathcal{F}^{\alpha}[u(n_1T_1)]\mathcal{F}^{\alpha}[g_k(n_1DT_1)] \tag{6.296}$$

再根据分数阶卷积定理，可以得到图 6.47 所示的实现结构。

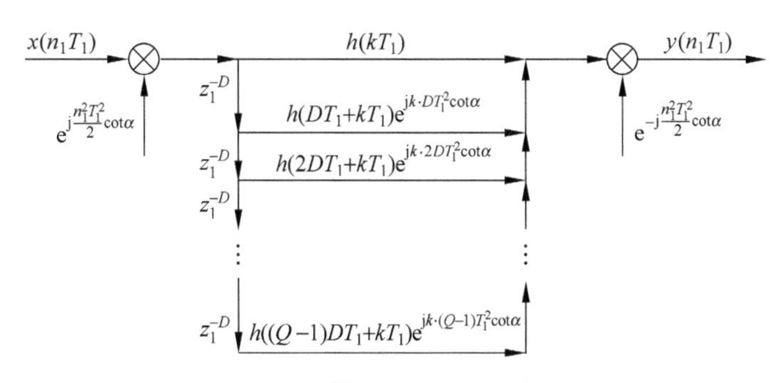

图 6.47 $\bar{E}_k(D\omega_1)$的实现结构

类似地，如果令 $\bar{E}_k(D\omega)=\bar{R}_{D-1-k}(D\omega)$，则式(6.288)成为

$$\bar{H}(\omega)=\sum_{k=0}^{D-1}\mathrm{e}^{-\mathrm{j}(D-1-k)\omega\csc\alpha}\mathrm{e}^{\frac{\mathrm{j}}{2}(D-1-k)^2T^2\cot\alpha}\bar{R}_{D-1-k}(D\omega) \tag{6.297}$$

上式称为多相分解的第二种形式。类似图 6.46，可以得到其网络结构，如图 6.48 所示。

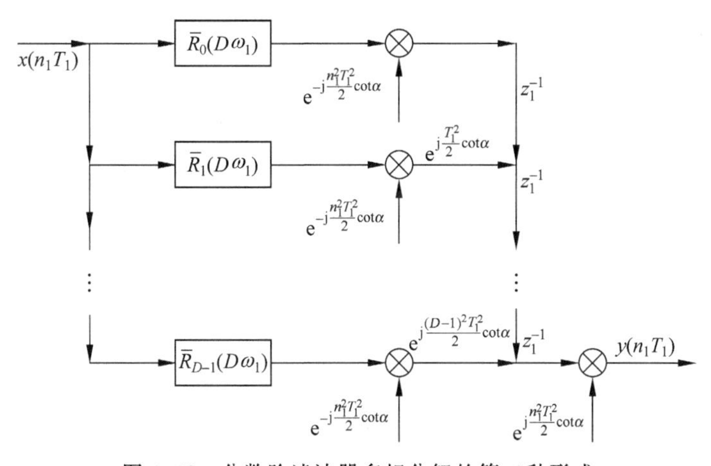

图 6.48 分数阶滤波器多相分解的第二种形式

由于抽取和插值网络的对偶性，下面主要对抽取进行分析，相应的插值网络可以由网络的对偶性得到。根据图 6.43 和图 6.46，可以把图 6.43 中抽取器前面的滤波器用多相结构第一形式表示，然后将抽取器移入各个支路，通过等效变换，把 $\bar{E}_k(D\omega_1)$移到抽取器的后面，这样就得到抽取器实现的高效结构，如图 6.49 所示。

类似地，也可以得到整数倍内插器实现的多相结构。通过这种多相结构实现的采样率转换，使得运算量降为原来的 $1/D$。

6.4.3.3 分数阶 FIR 数字滤波器的分数阶多采样率实现

分数阶域低通数字滤波如图 6.50(a)所示，为了减少运算量，我们可以在低通滤波器之后加上 D 倍抽取、D 倍内插以及低通滤波，如图 6.50(b)所示。当然，为了能够最终恢复出输入，要求在进行 D 倍抽取后，信号的分数阶傅里叶离散谱不能发生混叠。

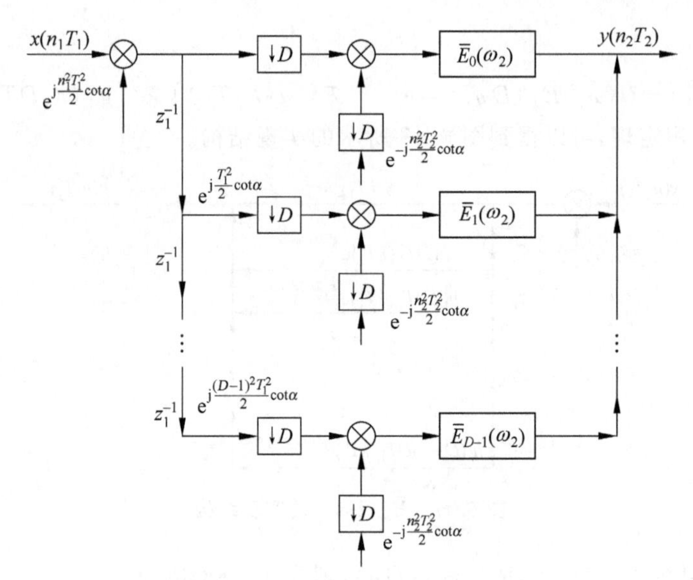

图 6.49 分数阶抽取器的多相实现

图 6.50

(a) 分数阶数字滤波；(b) 加上抽取和内插的分数阶数字滤波

初看起来，这样操作反而会使系统的运算量增加，实际上，由于可以利用前面讨论过的分数阶滤波器的多相结构高效实现，所以这样的等效变换反而会使运算量大大减少。在文献[1,34]中，已经得到抽取和内插的分数阶傅里叶谱关系：

D 倍抽取

$$\widetilde{Y}_p(\omega_2)=\frac{1}{D}\sum_{k=0}^{D-1}\widetilde{X}_p\left(\omega_1-k\,\frac{2\pi}{D}\sin\alpha\right)\mathrm{e}^{\frac{\mathrm{j}}{2}\cot\alpha\frac{\omega_1^2}{T_1^2}}\mathrm{e}^{\frac{\mathrm{j}}{2}\cot\alpha\frac{\left(\omega_1-k\frac{2\pi}{D}\sin\alpha\right)^2}{T_1^2}} \tag{6.298}$$

I 倍内插

$$\widetilde{Y}_p(\omega_2)=\widetilde{X}_p(\omega_1) \tag{6.299}$$

根据上面两式，我们可以得到图 6.50(b)的输出为

$$\begin{aligned}\tilde{\hat{Y}}(\omega_1)&=\overline{H}_2(\omega_1)\left[\frac{1}{D}\sum_{k=0}^{D-1}\widetilde{X}\left(\omega_1-k\,\frac{2\pi}{D}\sin\alpha\right)\overline{H}_1\left(\omega_1-k\,\frac{2\pi}{D}\sin\alpha\right)\right.\\&\qquad\left.\mathrm{e}^{\mathrm{j}\frac{\omega_1^2}{2T_1^2}\cot\alpha}\mathrm{e}^{-\mathrm{j}\frac{\left(\omega_1-k\frac{2\pi}{D}\sin\alpha\right)^2}{2T_1^2}\cot\alpha}\right]\\&=\overline{H}_2(\omega_1)\left[\frac{1}{D}\sum_{k=1}^{D-1}\widetilde{X}\left(\omega_1-k\,\frac{2\pi}{D}\sin\alpha\right)\overline{H}_1\left(\omega_1-k\,\frac{2\pi}{D}\sin\alpha\right)\cdot\right.\\&\qquad\left.\mathrm{e}^{\mathrm{j}\frac{\omega_1^2}{2T_1^2}\cot\alpha}\mathrm{e}^{-\mathrm{j}\frac{\left(\omega_1-k\frac{2\pi}{D}\sin\alpha\right)^2}{2T_1^2}\cot\alpha}\right]+\frac{1}{D}\overline{H}_2(\omega_1)\overline{H}_1(\omega_1)\widetilde{X}(\omega_1)\end{aligned} \tag{6.300}$$

上式的第一项为抽取和内插而产生的混叠成分，这部分将通过 $\widetilde{H}_2(\omega_1)$滤除。所以要想图 6.50(b)的输出等于图 6.50(a)的输出，要求

$$\frac{1}{D}\overline{H}_2(\omega_1)\overline{H}_1(\omega_1)=\overline{H}(\omega_1) \tag{6.301}$$

利用前面已经获得的分数阶傅里叶域 FIR 滤波器的高效等价结构，我们可以获得相应的高效实现形式。这种分数阶 FIR 滤波器的多采样率实现方法可以用于设计分数阶 FIR 低通、高通和带通滤波器。

6.4.3.4 分数阶傅里叶域差分采样滤波器组

差分采样可以减少信号的存储和计算量，分数阶差分采样滤波器组如图 6.51 所示。

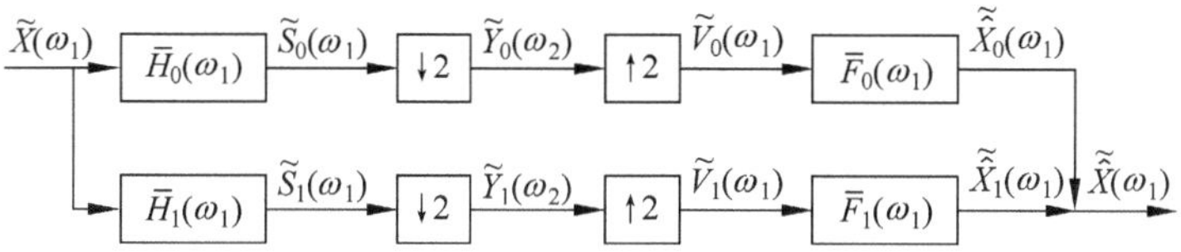

图 6.51 分数阶差分采样滤波器组

这里，一阶差分定义为 $x(n_1T_1)-x(n_1T_1-T_1)\mathrm{e}^{-\mathrm{j}(n-1)T_1^2\cot\alpha}$。下面我们分析差分采样的信号重建条件。系统输出为

$$\begin{aligned}\hat{\widetilde{X}}_0(\omega_1)&=\widetilde{V}_0(\omega_1)\overline{F}_0(\omega_1)=\widetilde{Y}_0(\omega_2)\overline{F}_0(\omega_1)\\&=\overline{F}_0(\omega_1)\frac{1}{2}\sum_{k=0}^{1}\widetilde{X}\left(\omega_1-k\frac{2\pi}{2}\sin\alpha\right)\overline{H}_0\left(\omega_1-k\frac{2\pi}{2}\sin\alpha\right)\cdot\\&\quad\mathrm{e}^{\mathrm{j}\frac{\omega_1^2}{2T_1^2}\cot\alpha}\mathrm{e}^{-\mathrm{j}\frac{\left(\omega_1-k\frac{2\pi}{2}\sin\alpha\right)^2}{2T_1^2}\cot\alpha}\end{aligned} \tag{6.302}$$

$$\begin{aligned}\hat{\widetilde{X}}_1(\omega_1)&=\widetilde{V}_1(\omega_1)\overline{F}_1(\omega_1)=\overline{F}_1(\omega_1)\widetilde{Y}_1(\omega_2)\\&=\overline{F}_1(\omega_1)\frac{1}{2}\sum_{k=0}^{1}\widetilde{X}\left(\omega_1-k\frac{2\pi}{2}\sin\alpha\right)\overline{H}_1\left(\omega_1-k\frac{2\pi}{2}\sin\alpha\right)\cdot\\&\quad\mathrm{e}^{\mathrm{j}\frac{\omega_1^2}{2T_1^2}\cot\alpha}\mathrm{e}^{-\mathrm{j}\frac{\left(\omega_1-k\frac{2\pi}{2}\sin\alpha\right)^2}{2T_1^2}\cot\alpha}\end{aligned} \tag{6.303}$$

则输出为

$$\begin{aligned}\hat{\widetilde{X}}(\omega_1)&=\hat{\widetilde{X}}_0(\omega_1)+\hat{\widetilde{X}}_1(\omega_1)\\&=\frac{1}{2}\widetilde{X}(\omega_1)\left[\overline{F}_0(\omega_1)\overline{H}_0(\omega_1)+\overline{F}_1(\omega_1)\overline{H}_1(\omega_1)\right]+\\&\quad\left[\overline{F}_0(\omega_1)\overline{H}_0(\omega_1-\pi\sin\alpha)+\overline{F}_1(\omega_1)\overline{H}_1(\omega_1-\pi\sin\alpha)\right]\cdot\\&\quad\frac{1}{2}\widetilde{X}(\omega_1-\pi\sin\alpha)\mathrm{e}^{\mathrm{j}\frac{\omega_1^2}{2T_1^2}\cot\alpha}\mathrm{e}^{-\mathrm{j}\frac{(\omega_1-\pi\sin\alpha)^2}{2T_1^2}\cot\alpha}\end{aligned} \tag{6.304}$$

由等效分数阶傅里叶域滤波器和 chirp 周期分数阶傅里叶域滤波器的关系，有

$$\widetilde{S}_0(\omega_1)=\widetilde{H}_0(\omega_1)\widetilde{X}(\omega_1)\mathrm{e}^{-\mathrm{j}\frac{\omega_1^2}{2T_1^2}\cot\alpha} \tag{6.305}$$

$$\widetilde{S}_1(\omega_1)=\widetilde{H}_1(\omega_1)\widetilde{X}(\omega_1)\mathrm{e}^{-\mathrm{j}\frac{\omega_1^2}{2T_1^2}\cot\alpha} \tag{6.306}$$

其中，chirp 周期分数阶傅里叶域分析滤波器为

$$\widetilde{H}_0(\omega_1)=\mathcal{F}^\alpha[\delta(nT_1)]=\mathrm{e}^{\mathrm{j}\frac{\omega_1^2}{2T_1^2}\cot\alpha} \tag{6.307}$$

$$\widetilde{H}_1(\omega_1)=\mathcal{F}^\alpha[\delta(nT_1)-\delta(nT_1-T_1)]=\mathrm{e}^{\mathrm{j}\frac{\omega_1^2}{2T_1^2}\cot\alpha}-\mathrm{e}^{\mathrm{j}\frac{\omega_1^2}{2T_1^2}\cot\alpha+\mathrm{j}\frac{T_1^2}{2}\cot\alpha-\mathrm{j}\omega_1\csc\alpha} \tag{6.308}$$

根据分数阶卷积定理并联立式(6.305)～式(6.308)有

$$\begin{aligned}s_0(n_1T_1)=&A_\alpha\mathrm{e}^{-\frac{\mathrm{j}}{2}n_1^2T_1^2\cot\alpha}\cdot\\&\left[x(n_1T_1)\mathrm{e}^{\frac{\mathrm{j}}{2}n_1^2T_1^2\cot\alpha}*\delta(n_1T_1)\mathrm{e}^{\frac{\mathrm{j}}{2}n_1^2T_1^2\cot\alpha}\right]=x(n_1T_1)\end{aligned} \tag{6.309}$$

$$\begin{aligned}s_1(n_1T_1)=&A_\alpha\mathrm{e}^{-\frac{\mathrm{j}}{2}n_1^2T_1^2\cot\alpha}\cdot\\&\left[x(n_1T_1)\mathrm{e}^{\frac{\mathrm{j}}{2}n_1^2T_1^2\cot\alpha}*(\delta(n_1T_1)-\delta(n_1T_1-T_1))\mathrm{e}^{\frac{\mathrm{j}}{2}n_1^2T_1^2\cot\alpha}\right]\\=&x(n_1T_1)-x(n_1T_1-T_1)\mathrm{e}^{-\mathrm{j}(n-1)T_1^2\cot\alpha}\end{aligned} \tag{6.310}$$

根据分数阶卷积定理，$s_0(n_1T_1)$和$s_1(n_1T_1)$在时域的操作相当于在分数阶傅里叶域对输入$\widetilde{X}(\omega_1)$乘以等效分数阶傅里叶域滤波器。那么可以得到，相应的等效分数阶傅里叶域滤波器为

$$\overline{H}_0(\omega_1)=\widetilde{H}_0(\omega_1)\mathrm{e}^{-\mathrm{j}\frac{\omega_1^2}{2T_1^2}\cot\alpha}=1 \tag{6.311}$$

$$\overline{H}_1(\omega_1)=\widetilde{H}_1(\omega_1)\mathrm{e}^{-\mathrm{j}\frac{\omega_1^2}{2T_1^2}\cot\alpha}=1-\mathrm{e}^{\mathrm{j}\frac{T_1^2}{2}\cot\alpha-\mathrm{j}\omega_1\csc\alpha} \tag{6.312}$$

从式(6.304)可以看出，第一项用来恢复信号，第二项为混叠项。为了从差分采样恢复出原信号，需要满足

$$\overline{F}_0(\omega_1)\overline{H}_0(\omega_1)+\overline{F}_1(\omega_1)\overline{H}_1(\omega_1)=K \tag{6.313}$$

$$\overline{F}_0(\omega_1)\overline{H}_0(\omega_1-\pi\sin\alpha)+\overline{F}_1(\omega_1)\overline{H}_1(\omega_1-\pi\sin\alpha)=0 \tag{6.314}$$

联立式(6.311)、式(6.312)有

$$\widetilde{F}_0(\omega_1)\mathrm{e}^{-\mathrm{j}\frac{\omega_1^2}{2T_1^2}\cot\alpha}+\widetilde{F}_1(\omega_1)\mathrm{e}^{-\mathrm{j}\frac{\omega_1^2}{2T_1^2}\cot\alpha}(1-\mathrm{e}^{\mathrm{j}\frac{T_1^2}{2}\cot\alpha-\mathrm{j}\omega_1\csc\alpha})=K \tag{6.315}$$

$$\widetilde{F}_0(\omega_1)\mathrm{e}^{-\mathrm{j}\frac{\omega_1^2}{2T_1^2}\cot\alpha}+\widetilde{F}_1(\omega_1)\mathrm{e}^{-\mathrm{j}\frac{\omega_1^2}{2T_1^2}\cot\alpha}(1-\mathrm{e}^{\mathrm{j}\frac{T_1^2}{2}\cot\alpha-\mathrm{j}(\omega_1-\pi\sin\alpha)\csc\alpha})=0 \tag{6.316}$$

可以解得

$$\overline{F}_0(\omega_1)=\frac{K(1+\mathrm{e}^{\mathrm{j}\frac{T_1^2}{2}\cot\alpha-\mathrm{j}\omega_1\csc\alpha})}{2\mathrm{e}^{\mathrm{j}\frac{T_1^2}{2}\cot\alpha-\mathrm{j}\omega_1\csc\alpha}} \tag{6.317}$$

$$\overline{F}_1(\omega_1)=\frac{-K}{2\mathrm{e}^{\mathrm{j}\frac{T_1^2}{2}\cot\alpha-\mathrm{j}\omega_1\csc\alpha}} \tag{6.318}$$

这样,我们就得到了由差分采样得到原始信号所要求的滤波器条件。对于多阶差分采样系统,可以类似地得到其信号准确重建的条件。

6.4.3.5 分数阶傅里叶域非均匀采样滤波器组

这里我们只针对有规则的非均匀采样,离散信号是过采样的,进行采样率转换时可以先做内插然后抽取。按照非均匀的方法,我们直接抽取。这里设输入的离散信号分数阶傅里叶谱的最高分数阶数字频率为 $2\pi\sin\alpha/3$,可以看出采样率还可以再降低,如果我们每三个采样值保留任意两个,可以看出,这样的分数阶傅里叶谱仍然不重叠。这里我们假设保留前两个。接下来研究如何设计滤波器以恢复出原始信号。

根据采样设计,这里分数阶 chirp 周期分析滤波器为

$$\widetilde{H}_0(\omega_1)=\mathcal{F}^{\alpha}[\delta(nT_1)]=\mathrm{e}^{\mathrm{j}\frac{\omega_1^2}{2T_1^2}\cot\alpha} \tag{6.319}$$

$$\widetilde{H}_1(\omega_1)=\mathcal{F}^{\alpha}[\delta(nT_1-T_1)]=\mathrm{e}^{\mathrm{j}\frac{\omega_1^2}{2T_1^2}\cot\alpha+\mathrm{j}\frac{T_1^2}{2}\cot\alpha-\mathrm{j}\omega_1\csc\alpha} \tag{6.320}$$

则得到

$$\overline{H}_0(\omega_1)=1;\quad \overline{H}_1(\omega_1)=\mathrm{e}^{\mathrm{j}\frac{T_1^2}{2}\cot\alpha-\mathrm{j}\omega_1\csc\alpha} \tag{6.321}$$

$$s_0(n_1T_1)=x(n_1T_1);\quad s_1(n_1T_1)=x(n_1T_1-T_1)\mathrm{e}^{-\mathrm{j}(n-1)T_1^2\cot\alpha} \tag{6.322}$$

非均匀采样滤波器组如图 6.52 所示。

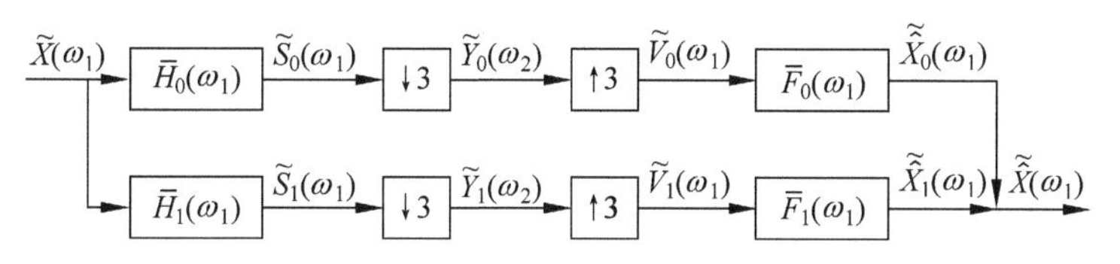

图 6.52 分数阶非均匀采样滤波器组

这样,有

$$\begin{aligned}\hat{\widetilde{X}}(\omega_1)&=\hat{\widetilde{X}}_0(\omega_1)+\hat{\widetilde{X}}_1(\omega_1)\\&=\frac{1}{3}\widetilde{X}(\omega_1)[\overline{F}_0(\omega_1)\overline{H}_0(\omega_1)+\overline{F}_1(\omega_1)\overline{H}_1(\omega_1)]+\\&\quad\frac{1}{3}\widetilde{X}\left(\omega_1-\frac{2\pi}{3}\sin\alpha\right)\mathrm{e}^{\mathrm{j}\frac{\omega_1^2}{2T_1^2}\cot\alpha}\mathrm{e}^{-\mathrm{j}\frac{\left(\omega_1-\frac{2\pi}{3}\sin\alpha\right)^2}{2T_1^2}\cot\alpha}\cdot\\&\quad\left[\overline{F}_0(\omega_1)\overline{H}_0\left(\omega_1-\frac{2\pi}{3}\sin\alpha\right)+\overline{F}_1(\omega_1)\overline{H}_1\left(\omega_1-\frac{2\pi}{3}\sin\alpha\right)\right]+\\&\quad\frac{1}{3}\widetilde{X}\left(\omega_1-2\times\frac{2\pi}{3}\sin\alpha\right)\mathrm{e}^{\mathrm{j}\frac{\omega_1^2}{2T_1^2}\cot\alpha}\mathrm{e}^{-\mathrm{j}\frac{\left(\omega_1-2\cdot\frac{2\pi}{3}\sin\alpha\right)^2}{2T_1^2}\cot\alpha}\cdot\end{aligned}$$

$$\left[\bar{F}_0(\omega_1)\bar{H}_0\left(\omega_1-2\times\frac{2\pi}{3}\sin\alpha\right)+\bar{F}_1(\omega_1)\bar{H}_1\left(\omega_1-2\times\frac{2\pi}{3}\sin\alpha\right)\right] \tag{6.323}$$

为了可以恢复原始信号,需要满足

$$\bar{F}_0(\omega_1)\bar{H}_0(\omega_1)+\bar{F}_1(\omega_1)\bar{H}_1(\omega_1)=K \tag{6.324}$$

$$\left[\bar{F}_0(\omega_1)\bar{H}_0\left(\omega_1-\frac{2\pi}{3}\sin\alpha\right)+\bar{F}_1(\omega_1)\bar{H}_1\left(\omega_1-\frac{2\pi}{3}\sin\alpha\right)\right]=0 \tag{6.325}$$

$$\left[\bar{F}_0(\omega_1)\bar{H}_0\left(\omega_1-2\times\frac{2\pi}{3}\sin\alpha\right)+\bar{F}_1(\omega_1)\bar{H}_1\left(\omega_1-2\times\frac{2\pi}{3}\sin\alpha\right)\right]=0 \tag{6.326}$$

根据输入信号分数阶傅里叶谱的关系,有

$$\text{当 } 0\leqslant\omega_1\leqslant\frac{2\pi}{3}\sin\alpha \text{ 时}, \quad \tilde{X}\left(\omega_1-2\times\frac{2\pi}{3}\sin\alpha\right)=0 \tag{6.327}$$

$$\text{当 } -\frac{2\pi}{3}\sin\alpha\leqslant\omega_1\leqslant 0 \text{ 时}, \quad \tilde{X}\left(\omega_1-\frac{2\pi}{3}\sin\alpha\right)=0 \tag{6.328}$$

这样,当 $0\leqslant\omega_1\leqslant\frac{2\pi}{3}\sin\alpha$ 时,式(6.323)的第三项自动为0,$\bar{F}_0(\omega_1)$和$\bar{F}_1(\omega_1)$不需要满足式(6.326),这样根据式(6.324)、式(6.325)可以得到重建信号的条件为

$$\bar{F}_1(\omega_1)=\frac{K}{\left(1-e^{j\frac{2\pi}{3}}\right)e^{j\frac{T_1^2}{2}\cot\alpha-j\omega_1\csc\alpha}} \tag{6.329}$$

$$\bar{F}_0(\omega_1)=\frac{K e^{j\frac{T_1^2}{2}\cot\alpha-j\omega_1\csc\alpha+\frac{2\pi}{3}}}{\left(1-e^{j\frac{2\pi}{3}}\right)e^{j\frac{T_1^2}{2}\cot\alpha-j\omega_1\csc\alpha}} \tag{6.330}$$

当 $-\frac{2\pi}{3}\sin\alpha\leqslant\omega_1\leqslant 0$ 时,式(6.323)的第二项自动为0,$\bar{F}_0(\omega_1)$和$\bar{F}_1(\omega_1)$不需要满足式(6.325),这样根据式(6.324)、式(6.326)可以得到重建信号的分数阶综合滤波器条件为

$$\bar{F}_1(\omega_1)=\frac{K}{\left(1-e^{j\frac{\pi}{3}}\right)e^{j\frac{T_1^2}{2}\cot\alpha-j\omega_1\csc\alpha}} \tag{6.331}$$

$$\bar{F}_0(\omega_1)=\frac{K e^{j\frac{T_1^2}{2}\cot\alpha-j\omega_1\csc\alpha+\frac{\pi}{3}}}{\left(1-e^{j\frac{\pi}{3}}\right)e^{j\frac{T_1^2}{2}\cot\alpha-j\omega_1\csc\alpha}} \tag{6.332}$$

可以看出,在非均匀采样情况下,是可以通过合适的综合滤波器设计满足重建信号的要求的。当然,上述非均匀采样要求舍弃一些抽取值后,平均采样率依然大于 $\pi\sin\alpha$。

参考文献

[1] Nyquist H. Certain topics in telegraph transmission theory[J]. IEE Trans,1928,47: 617-644.

[2] Shannon C E. Communications in the presence of noise[J]. Proc. IREE,1949,37: 10-21.

[3] Vaughan R G, Scott N L, White D R. The theory of bandpass sampling[J]. IEEE Trans. Signal Processing,1991,39(9): 1973-1984.

[4] Vaidyanathan P P. Generalizations of the sampling theorem: Seven decades after Nyquist[J]. IEEE

Trans. Circuits Syst. I,2001,48(9):1094-1109.

[5] Xia X G. On bandlimited signals with fractional Fourier transform[J]. IEEE Signal Processing Letters,1996,3(3):72-74.

[6] Zayed A I. On the relationship between the Fourier and fractional Fourier transforms[J]. IEEE Signal Processing Letters,1996,3(12):310-311.

[7] Ozaktas H M, Barshan B, Mendlovic D, et al. Convolution, filtering, and multiplexing in fractional Fourier domains and their relationship to chirp and wavelet transforms[J]. J. Opt. Soc. Amer. A, 1994,11:547-559.

[8] Erseghe T, Kraniauskas P, Cariolaro G. Unified fractional Fourier transform and sampling theorem [J]. IEEE Trans. Signal Processing,1999,47(12):3419-3423.

[9] 王世一. 数字信号处理[M]. 北京:北京理工大学出版社,2003.

[10] Meng X Y, Tao R, Wang Y. The Fractional Fourier Domain analysis of decimation and interpolation [J]. Science in China(Ser. F),2007,50(4):521-538.

[11] Cariolaro G, Erseghe T, Kraniauskas P, et al. A unified framework for the fractional Fourier transform[J]. IEEE Trans. Signal Processing,1998,46(12):3206-3219.

[12] Kraniauskas P, Cariolaro G, Erseghe T. Method for defining a class of fractional operations[J]. IEEE Trans. Signal Processing,1998,46(10):2804-2807.

[13] Torres R, Pellat-Finet P, Torres Y. Sampling theorem for fractional bandlimited signals: a self-contained proof. Application to digital holography[J]. IEEE Signal Processing Letters,2006,13:676-679.

[14] Pei S C, Yeh M H, Luo T L. Fractional Fourier series expansion for finite signals and dual extension to discrete-time fractional Fourier transform [J]. IEEE Trans. Signal Processing, 1999, 47: 2883-2888.

[15] Barkat B, Yinguo J. A modified fractional Fourier series for the analysis of finite chirp signals & its application[J]. IEEE Seventh International Symposium on Signal Processing and Its Application, vol. 1, pp. 285-288,2003.

[16] Alieva T, Barbe A. Fractional Fourier and Radon-Wigner transforms of periodic signals. Signal Processing,1998,69:183-189.

[17] 邓兵,陶然,杨曦. 分数阶 Fourier 域的采样及分辨率分析[J]. 自然科学进展. 2007,17(5):655-661.

[18] 赵兴浩,邓兵,陶然. 分数阶傅里叶变换数值计算中的量纲归一化[J]. 北京理工大学学报,2005, 25(4):360-364.

[19] Black H S. Modulation theory[M]. New York: D. Van Nostrand Company, Inc. ,1953.

[20] Yen J L. On nonuniform sampling of bandwidth limited signal[J]. IRE Trans. Circuit Theory. 1956, 3(4):251-257.

[21] Jerri A J. The Shannon sampling theorem-its various extensions and applications: A tutorial review [J]. Proc. IEEE,1977,65(11):1565-1596.

[22] 初仁辛,赵伟,孙圣和. 一类非均匀采样信号的数字谱[J]. 信号处理,1999,15(4):297-302.

[23] Jenq Y C. Digital spectra of nonuniformly sampled signals: fundamentals and high-speed waveform digitizers[J]. IEEE Trans. Instrum. Meas. ,1988,37(2):245-251.

[24] 孙圣和,初仁辛. 一类非均匀采样信号的谱分析[J]. 系统工程与电子技术,1998,(5):14-17.

[25] Marvasti F. Nonuniform sampling theory and practice [M]. Kluwer Academic/Plenum Publishers,2000.

[26] Marvasti F. Nonuniform sampling: theory and practice[M]. New York: Springer,2001.

[27] Xu L, Zhang F, Tao R. Randomized nonuniform sampling and reconstruction in fractional Fourier domain[J]. Signal Processing,2016,120:311-322.

[28] 林茂六，黄汉萍，初仁辛. 非均匀取样周期信号时间偏差估计算法研究[J]. 电子学报，1997，25(9)：89-91.

[29] 林茂六，解本钊，权太范. 幅度非均匀取样信号的数字频谱研究[J]. 电子学报，2000，28(5)：5-28.

[30] Jenq Y C，Cheng L. Digital spectrum of a nonuniformly sampled two-dimensional signal and its reconstruction[J]. IEEE Trans. Instrum. Meas.，2005，54(6)：1180-1187.

[31] Tao R，Li B Z，Wang Y. Spectral Analysis and Reconstruction for Periodic Nonuniformly Sampled Signals in Fractional Fourier Domain[J]. IEEE Transactions on Signal Processing，2007，55(7)：3541-3547.

[32] Xu L，Zhang F，Tao R. Fractional Spectral Analysis of Randomly Sampled Signals and Applications [J]. IEEE Transactions on Instrumentation and Measurement，2017，66(11)：2869-2881.

[33] 张峰，陶然，王越. 分数阶 Fourier 域带限信号多通道采样定理[J]. 中国科学 E 辑，2008，38(11)：1874-1885.

[34] Tao R，Deng B，Wang Y. Sampling and sampling rate conversion of band limited signals in the fractional Fourier transform domain[J]. IEEE Trans. Signal Processing，2008，56(1)：158-171.

第7章

分数阶傅里叶域多采样率滤波器组理论

随着数字信号处理的迅速发展，信号处理系统中信号的处理、编码、传输和存储等工作量越来越大。为了节省计算工作量及存储空间，在一个信号处理系统中常常需要不同的采样率及其相互之间的转换，在这种情况下，多采样率数字信号处理理论产生并发展起来。它的应用带来许多好处，例如，可降低计算复杂度，降低传输速率，减少存储量等。

抽取和内插是信号采样率转换的两个基本操作。使采样率降低的采样率转换，称为抽取；反之，使采样率升高的采样率转换，称为内插。实现信号采样率的转换，从概念上讲有两种方法：模拟方法和数字方法。直观来看，任何采样率的转换都可以通过将取样信号 $x(m)$ 经过 D/A 转换还原成带限的模拟信号 $x_a(t)$，再对它以不同的速率采样(即经 A/D 转换变成数字信号)得到新的离散信号 $x'(n)$，从而完成信号采样率从 F_1 到 F_2 的转换。当然，过渡的模拟信号 $x_a(t)$ 必须经过滤波，以保证重采样时不会产生混叠。但是，这种方法过程比较复杂，而且由于量化噪声等的引入，容易造成信号失真。因此人们采用数字方法来转换采样率。所谓数字方法就是完全用数字处理的方法完成采样率的转换，而不必将信号在数字域和模拟域之间不断转换。这种实现采样率转换的数字方法就是多采样率信号处理方法。系统的不同部分具有不同采样率的离散时间系统就称为多采样率(多速率)系统[1,2]。

传统的信号采样率转换分析是在频域(傅里叶域)中完成的，由于傅里叶变换对非平稳信号的局限性，传统的信号采样率转换分析已不能适应现代工程技术的发展要求。近年来随着分数阶傅里叶变换在雷达、通信、信息安全等领域的广泛应用[3-10]，迫切需要将信号的多采样率分析问题推广到分数阶傅里叶域。本章在采样率转换的分数阶傅里叶域分析基础上[11-12]，还介绍了信号在分数阶傅里叶域的多相结构、分数阶傅里叶域滤波器组准确重建的设计方法[13-14]，初步构建了分数阶傅里叶域多采样率滤波器组理论体系。

本章中，$\{\cdot\}_{l,k=0,1,\cdots,M-1}$ 表示 $M\times M$ 的矩阵，第一个下标 l 为行号，第二个下标 k 为列号；$\mathrm{diag}\{\cdot\}_{m=0,1,\cdots,M-1}$ 表示 $M\times M$ 的对角阵，m 为矩阵主对角线上元素序号；$\{\cdot\}_{l=0,1,\cdots,M-1}$ 为 $M\times 1$ 的矩阵，即列向量，l 为列向量中元素序号。

7.1 分数阶傅里叶域 L 倍采样率转换分析

7.1.1 分数阶傅里叶域内插分析

L 倍内插是在已知采样序列 $x(n)$ 的相邻采样点之间等间距地插入 $(L-1)$ 个零值点，其中 L 称为内插因子，实现这一过程的系统称为 L-内插器(图 7.1)。L-内插器的表示及内插过程分别如图 7.1(a)、(b)所示[1]。

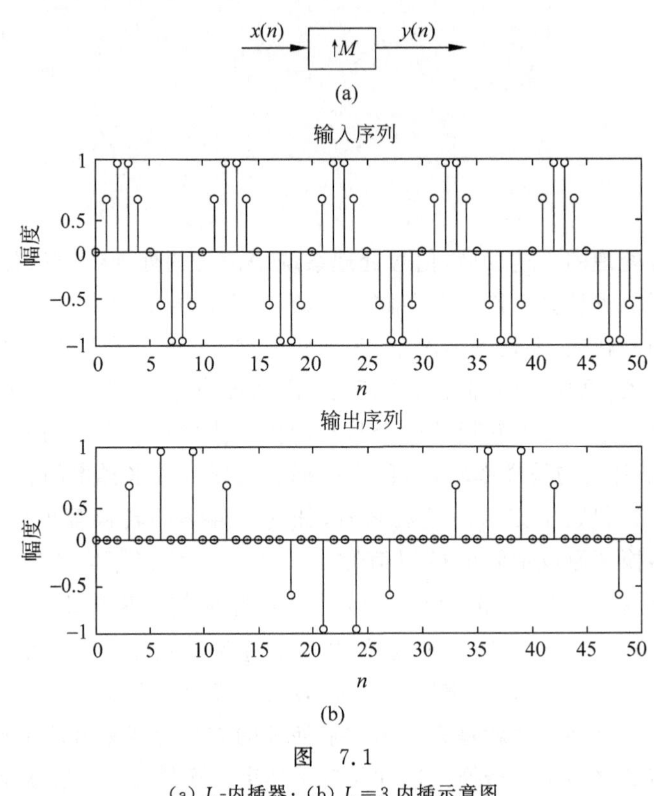

图 7.1

(a) L-内插器；(b) $L=3$ 内插示意图

在图 7.1 所示系统中，设输入序列为 $x(n)$，输出序列为 $y(n)$，则输入/输出的关系为

$$y(n)=\begin{cases}x(n/L), & n=0,\pm L,\pm 2L,\cdots \\ 0, & \text{其他}\end{cases} \tag{7.1}$$

若 $x(n)$ 的采样间隔为 Δt_x，因此，可以看出 $y(n)$ 的采样间隔为

$$\Delta t_y=\Delta t_x/L \tag{7.2}$$

相应地，$y(n)$ 在 p 阶分数阶傅里叶域的 chirp 周期 Δu_y^p 变为

$$\Delta u_y^p=L\Delta u_x^p \tag{7.3}$$

其中，$y(n)$ 的 p 阶离散时间分数阶傅里叶变换为

$$\widetilde{Y}_p(\omega)=\sqrt{\frac{1-\mathrm{j}\cot\alpha}{2\pi}}\,\mathrm{e}^{\frac{1}{2}\mathrm{j}\left(\frac{\omega}{\Delta t_y}\right)^2\cot\alpha}\sum_{n=-\infty}^{+\infty}y(n)\mathrm{e}^{-\mathrm{j}\omega n\csc\alpha+\frac{1}{2}\mathrm{j}n^2\Delta t_y^2\cot\alpha} \tag{7.4}$$

根据式(7.1)，式(7.4)进一步化为

$$\widetilde{Y}_p(\omega)=\sqrt{\frac{1-\mathrm{j}\cot\alpha}{2\pi}}\,\mathrm{e}^{\frac{\mathrm{j}}{2}\cot\alpha\left(\frac{\omega}{\Delta t_y}\right)^2}\sum_{k=-\infty}^{+\infty}x(k)\mathrm{e}^{-\mathrm{j}\omega(Lk)\csc\alpha+\frac{\mathrm{j}}{2}\cot\alpha(Lk)^2\Delta t_y^2} \tag{7.5}$$

将式(7.2)代入式(7.5)可得

$$\begin{aligned}\widetilde{Y}_p(\omega)&=\sqrt{\frac{1-\mathrm{j}\cot\alpha}{2\pi}}\,\mathrm{e}^{\frac{\mathrm{j}}{2}\cot\alpha\left(\frac{L\omega}{\Delta t_x}\right)^2}\sum_{k=-\infty}^{+\infty}x(k)\mathrm{e}^{-\mathrm{j}(L\omega)k\csc\alpha+\frac{\mathrm{j}}{2}\cot\alpha k^2\Delta t_x^2}\\&=\widetilde{X}_p(L\omega)\end{aligned} \tag{7.6}$$

从式(7.3)、式(7.6)可以看出，信号 $x(n)$ 经过 L 倍的内插之后，$\widetilde{X}_p(\omega)$ 的带宽压缩了 L 倍，并且增加了 $L-1$ 个镜像，因此在 $-\pi\sin\alpha\sim\pi\sin\alpha$ 内，$\widetilde{Y}_p(\omega)$ 包含了 L 个 $\widetilde{X}_p(\omega)$ 的压缩样本。但是 $y(n)$ 的分数阶傅里叶谱相对于 $x(n)$ 的分数阶傅里叶谱并没有发生改变，只是它的 chirp 周期变为了原来的 L 倍，这一点与频域的内插是很相像的。

7.1.2　L 倍采样率转换的分数阶傅里叶域分析

由 7.1.1 节中的分析可以知道，图 7.1 用填充 0 的方法实现的内插是毫无意义的，因为补零不能增加任何信息，不是实际意义上的内插。因此为实现信号 L 倍采样率的转换，必须在信号内插之后经过一相应分数阶傅里叶域低通滤波器滤除掉多余的镜像，该低通滤波器在分数阶傅里叶域的传递函数为

$$\widetilde{H}_p(\omega)=\begin{cases}c\,\mathrm{e}^{\frac{\mathrm{j}}{2}\cot\alpha\frac{\omega^2}{\Delta t^2}}, & |\omega|\leqslant\dfrac{\pi\sin\alpha}{L}\\0, & \text{其他}\end{cases} \tag{7.7}$$

由此，可以得出信号进行 L 倍采样率转换的系统框图如图 7.2 所示。

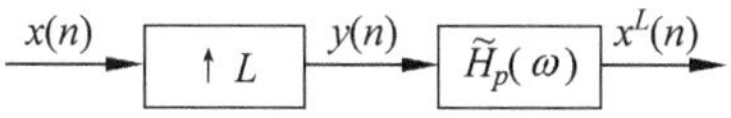

图 7.2　L 倍采样率转换系统图

图 7.2 中，滤波器 $\widetilde{H}_p(\omega)$ 主要有两个作用：①滤除掉由内插产生的镜像；②实现对 $y(n)$ 中填充零值的平滑。

在图 7.2 所示系统中，$y(n)$ 与去镜像滤波器做分数阶卷积运算，根据分数阶卷积理论，系统输出 $x^L(n)$ 在时域表示为

$$\begin{aligned}x^L(n)=h(n)\underset{p}{\otimes}y(n)=&\sqrt{\frac{1-\mathrm{j}\cot\alpha}{2\pi}}\,\mathrm{e}^{-\frac{\mathrm{j}}{2}n^2\Delta t_y^2\cot\alpha}\cdot\\&\sum_{k=-\infty}^{+\infty}x(k)\mathrm{e}^{\frac{\mathrm{j}}{2}(Lk)^2\Delta t_y^2\cot\alpha}h(n-Lk)\mathrm{e}^{\frac{\mathrm{j}}{2}(n-Lk)^2\Delta t_y^2\cot\alpha}\end{aligned} \tag{7.8}$$

那么，$x^L(n)$ 的 p 阶离散时间分数阶傅里叶变换可以表示为

$$\widetilde{X}_p^L(\omega)=\mathrm{e}^{-\frac{\mathrm{j}}{2}\left(\frac{\omega}{\Delta t_y}\right)^2\cot\alpha}\widetilde{Y}_p(\omega)\widetilde{H}_p(\omega) \tag{7.9}$$

进而可以得出输出信号的时域表示为

$$x^L(n)=\sqrt{\frac{1+\mathrm{j}\cot\alpha}{2\pi}}\int_{\langle-\pi\sin\alpha,\pi\sin\alpha\rangle}\widetilde{X}_p^L(\omega)\mathrm{e}^{-\mathrm{j}\frac{n^2\Delta t_y^2+\left(\frac{\omega}{\Delta t_y}\right)^2}{2}\cot\alpha+\mathrm{j}\omega n\csc\alpha}\mathrm{d}\omega \tag{7.10}$$

将式(7.2)、式(7.6)、式(7.7)、式(7.9)代入式(7.10)，有

$$x^L(n)=c\sqrt{\frac{1+\mathrm{j}\cot\alpha}{2\pi}}\cdot \int_{\langle -\frac{\pi\sin\alpha}{L},\frac{\pi\sin\alpha}{L}\rangle}\widetilde{X}_p(L\omega)\mathrm{e}^{-\mathrm{j}\frac{\left(\frac{\Delta t_x}{L}\right)^2 n^2+\left(\frac{L\omega}{\Delta t_x}\right)^2}{2}\cot\alpha+\mathrm{j}\omega n\csc\alpha}\mathrm{d}\omega \tag{7.11}$$

为确定滤波器 $H_p(u)$ 的幅值 c，取式(7.11)中 n 为 0，有

$$\begin{aligned}x^L(0)&=c\,\frac{1}{L}\sqrt{\frac{1+\mathrm{j}\cot\alpha}{2\pi}}\int_{\langle -\frac{\pi\sin\alpha}{L},\frac{\pi\sin\alpha}{L}\rangle}\widetilde{X}_p(L\omega)\mathrm{e}^{-\frac{\mathrm{j}}{2}\left(\frac{L\omega}{\Delta t_x}\right)^2\cot\alpha}\mathrm{d}L\omega\\&=\frac{c}{L}x(0)\end{aligned} \tag{7.12}$$

为了保证内插后原信号点的幅值不变，即 $x^L(0)=x(0)$，取 $c=L$。因此，可以将式(7.7)重写为

$$\widetilde{H}_p(\omega)=\begin{cases}L\mathrm{e}^{\frac{\mathrm{j}}{2}\frac{\omega^2}{\Delta t^2}\cot\alpha}, & |\omega|\leqslant\dfrac{\pi\sin\alpha}{L}\\0, & \text{其他}\end{cases} \tag{7.13}$$

L 倍采样率转换的仿真实现过程如图 7.3 和图 7.4 所示，以下仿真所使用的分数阶傅里叶变换算法可参见文献[15]。

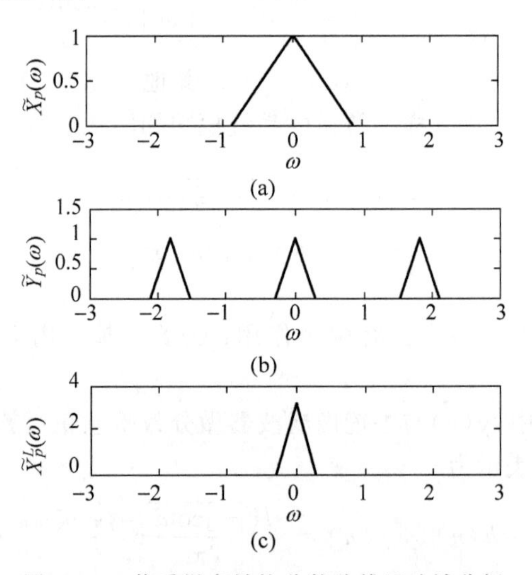

图 7.3　3 倍采样率转换分数阶傅里叶域分析

图 7.3 和图 7.4 分别为 $p=3,2$ 阶分数阶傅里叶域中 3 倍、2 倍采样率转换仿真图。$\widetilde{X}_p(\omega)$、$\widetilde{Y}_p(\omega)$、$\widetilde{X}_p^L(\omega)$分别为图 7.2 所示系统中 $x(n)$、$y(n)$、$x^L(n)$的离散分数阶傅里叶变换。$x(n)$在 $p=3,2$ 阶分数阶傅里叶域数字频率轴上的截止频率为 0.87，它经过 3 倍和 2 倍采样率转换之后，其分数阶傅里叶谱在分数阶域数字频率轴上分别压缩了 3 倍和 2 倍，也就是说，其在相应的分数阶傅里叶域数字频率轴上的截止频率分别变为 0.29 和 0.435，并且分别增加了 2 个和 1 个镜像，这与上面提出的结论完全吻合。

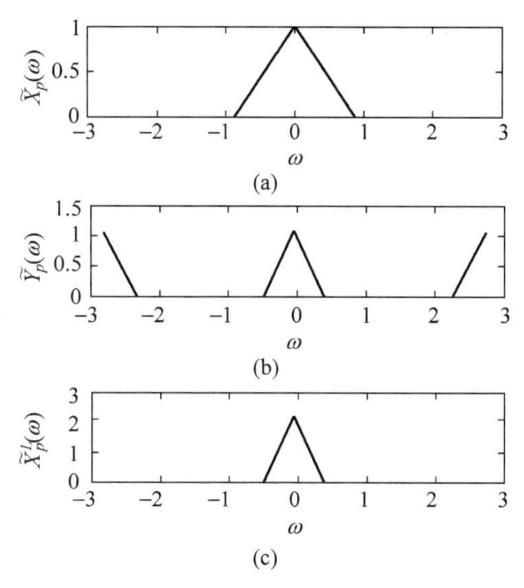

图 7.4　2 倍采样率转换分数阶傅里叶域分析

7.1.3　分数阶傅里叶域 L 倍内插恒等关系

在实际工程中，为使采样率转换中所消耗的代价最小，需要把乘法运算安排在低采样率的一端，减少后续操作，提高计算效率，这就需要寻找采样率转换的恒等关系。图 7.5 中有两个 L 倍内插系统，在图 7.5(a)中，根据第 3 章介绍的分数阶卷积定理[16]有

$$\widetilde{Y}_p(\omega)=\mathrm{e}^{-\frac{\mathrm{j}}{2}\frac{\omega^2}{\Delta t_y^2}\cot\alpha}\widetilde{U}_p(\omega)\widetilde{H}_p(L\omega) \tag{7.14}$$

由式(7.6)可知

$$\widetilde{U}_p(\omega)=\widetilde{X}_p(L\omega) \tag{7.15}$$

将式(7.2)、式(7.15)代入式(7.14)，有

$$\widetilde{Y}_p(\omega)=\mathrm{e}^{-\frac{\mathrm{j}}{2}\left(\frac{L\omega}{\Delta t_x}\right)^2\cot\alpha}\widetilde{X}_p(L\omega)\widetilde{H}_p(L\omega) \tag{7.16}$$

在图 7.5(b)中，根据分数阶卷积定理有

$$\widetilde{V}_p(\omega)=\mathrm{e}^{\frac{\mathrm{j}}{2}\left(\frac{\omega}{\Delta t_x}\right)^2\cot\alpha}\widetilde{X}_p(\omega)\widetilde{H}_p(\omega) \tag{7.17}$$

根据式(7.6)可知

$$\widetilde{Y}'_p(\omega)=\widetilde{V}_p(L\omega) \tag{7.18}$$

将式(7.18)代入式(7.17)，有

$$\widetilde{Y}'_p(\omega)=\mathrm{e}^{-\frac{\mathrm{j}}{2}\left(\frac{L\omega}{\Delta t_x}\right)^2\cot\alpha}\widetilde{X}_p(L\omega)\widetilde{H}_p(L\omega) \tag{7.19}$$

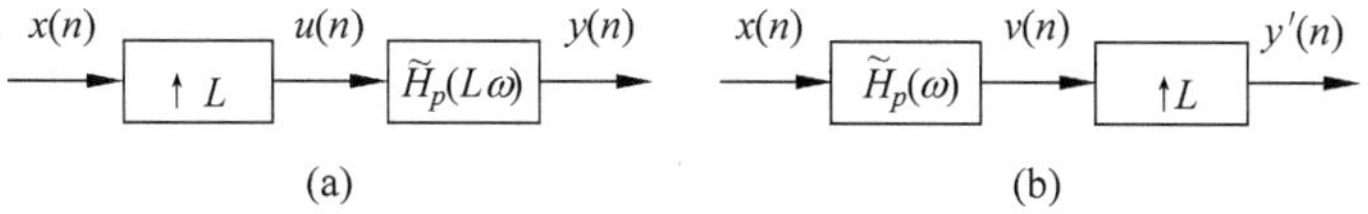

$x(n)$ → $\uparrow L$ → $u(n)$ → $\widetilde{H}_p(L\omega)$ → $y(n)$

(a)

$x(n)$ → $\widetilde{H}_p(\omega)$ → $v(n)$ → $\uparrow L$ → $y'(n)$

(b)

图 7.5　L 倍内插

比较式(7.16)和式(7.19)可以发现 $\widetilde{Y}_p'(\omega)=\widetilde{Y}_p(\omega)$，那么可以得出如图 7.6 所示的 L 倍内插在分数阶傅里叶域的恒等关系。

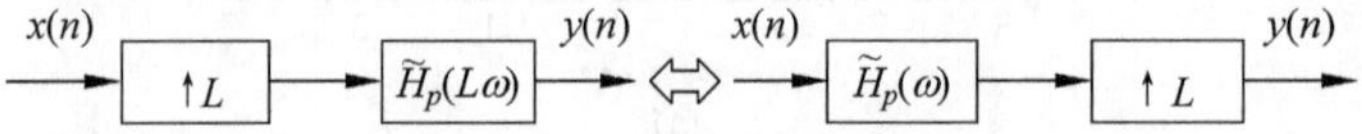

x(n)
↑L
$\widetilde{H}_p(L\omega)$
y(n)
x(n)
$\widetilde{H}_p(\omega)$
↑L
y(n)

图 7.6　L 倍内插的恒等关系

7.2　分数阶傅里叶域 1/M 倍采样率转换分析

7.2.1　分数阶傅里叶域抽取分析

传送或处理信号时，为了减少数据量，我们需要降低信号的采样速率(例如音频系统)。如果要把采样速率减小 M 倍，可以把原始的采样序列每隔 $M-1$ 个点取一个点，形成新的采样序列，该过程称为 M 倍抽取，M 为抽取因子，实现这一过程的器件称为 M 抽取器[1]。M 抽取器的表示及抽取过程分别如图 7.7(a)、(b)所示。

在图 7.7(a)所示系统中，设输入序列为 $x(n)$，输出序列为 $y(n)$，则输入/输出的关系为

$$y(n)=x(Mn) \tag{7.20}$$

若 $x(n)$的采样间隔为 Δt_x，可以看出 $y(n)$的采样周期为

$$\Delta t_y=M\Delta t_x \tag{7.21}$$

相应地，$y(n)$在 p 阶分数阶傅里叶域的 chirp 周期 Δu_y^p 变为

$$\Delta u_y^p=\Delta u_x^p/M \tag{7.22}$$

其中，M 为抽取因子。即经过抽取器后，$x(n)$序列中只有那些位于 M 整数倍时间点上的值被保留下来，形成输出序列 $y_D(n)$。下面，我们在分数阶傅里叶域中讨论一下抽取器输入和输出的关系。$y(n)$的 p 阶离散时间分数阶傅里叶变换为

x(n)
M↓
y(n)
(a)
T_1
1
2
3
4
5
6
7
8
9
10
n_1
T_2
1
2
3
4
n_2
(b)

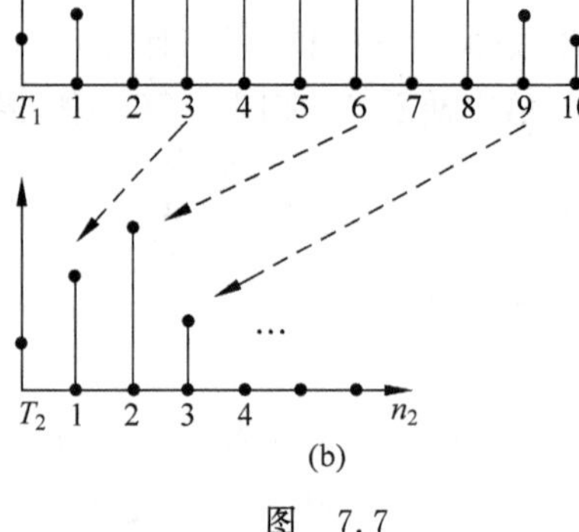

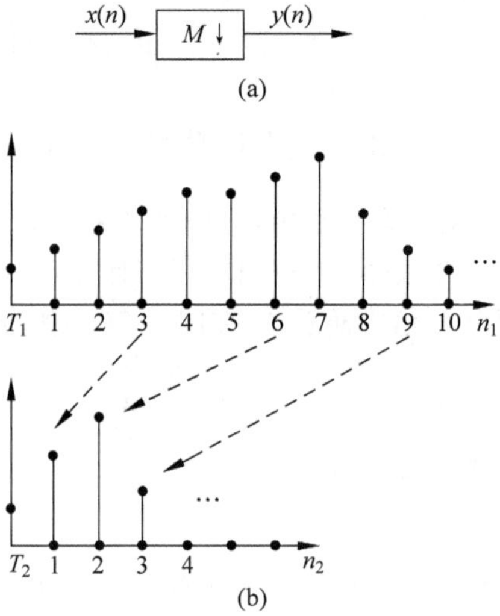

图　7.7
(a) M 抽取器的表示；
(b) 抽取过程($M=3$ 的情况)

$$\widetilde{Y}_p(\omega)=\sqrt{\frac{1-\mathrm{j}\cot\alpha}{2\pi}}\,\mathrm{e}^{\frac{\mathrm{j}}{2}\left(\frac{\omega}{\Delta t_y}\right)^2\cot\alpha}\sum_{n=-\infty}^{+\infty}x(Mn)\mathrm{e}^{-\mathrm{j}\omega n\csc\alpha+\frac{\mathrm{j}}{2}n^2\Delta t_y^2\cot\alpha} \tag{7.23}$$

为了分析方便，这里引入辅助函数

$$r(n)=\sum_{k=-\infty}^{+\infty}\delta(n-kM) \tag{7.24}$$

其中，$r(n)$为一脉冲序列，它在 M 的整数倍处的值为 1，其余为 0，其在时域的采样间隔为 Δt，那么，

$$x(Mn)=x(n)r(n) \tag{7.25}$$

将式(7.21)、式(7.25)代入式(7.23)可以得出

$$\begin{aligned}\widetilde{Y}_p(\omega)=&\sqrt{\frac{1-\mathrm{j}\cot\alpha}{2\pi}}\mathrm{e}^{\frac{\mathrm{j}}{2}\left(\frac{\omega}{M\Delta t_x}\right)^2\cot\alpha}\cdot\\&\sum_{n=-\infty}^{+\infty}x(n)r(n)\mathrm{e}^{-\mathrm{j}\left(\frac{\omega}{M}\right)n\csc\alpha+\frac{\mathrm{j}}{2}n^2\Delta t_x^2\cot\alpha}\end{aligned}\tag{7.26}$$

根据泊松和公式，$r(n)$又可以表示为

$$r(n)=\frac{1}{M}\sum_{k=0}^{M-1}\mathrm{e}^{\mathrm{j}\frac{2\pi}{M}nk}\tag{7.27}$$

将式(7.27)代入式(7.26)，有

$$\begin{aligned}\widetilde{Y}_p(\omega)=&\frac{1}{M}\sqrt{\frac{1-\mathrm{j}\cot\alpha}{2\pi}}\mathrm{e}^{\frac{\mathrm{j}}{2}\left(\frac{\omega}{M\Delta t_x}\right)^2\cot\alpha}\cdot\\&\sum_{n=-\infty}^{+\infty}\sum_{k=0}^{M-1}x(n)\mathrm{e}^{-\mathrm{j}\left(\frac{\omega-2k\pi\sin\alpha}{M}\right)n\csc\alpha+\frac{\mathrm{j}}{2}n^2\Delta t_x^2\cot\alpha}\end{aligned}\tag{7.28}$$

交换式(7.28)中的求和顺序有

$$\widetilde{Y}_p(\omega)=\frac{1}{M}\sum_{k=0}^{M-1}\mathrm{e}^{\mathrm{j}\cos\alpha\frac{2k\pi(\omega-k\pi\sin\alpha)}{(M\Delta t_x)^2}}\widetilde{X}_p\left(\frac{\omega-2k\pi\sin\alpha}{M}\right)\tag{7.29}$$

从式(7.22)、式(7.29)可以看出，信号$x(n)$经过M倍的抽取之后，$\widetilde{X}_p(\omega)$的幅值变为原来的$\frac{1}{M}$，带宽扩展了M倍，并作$k(k=1,2,\cdots,M-1)$倍分数阶傅里叶域数字频率周期($\Delta\omega^p=2\pi\cdot\sin\alpha$)移位后进行叠加，因此在$-\pi\sin\alpha\sim(2M-1)\pi\sin\alpha$内，$\widetilde{Y}_p(\omega)$包含了$M$个$\widetilde{X}_p(\omega)$的扩展样本，即信号分数阶傅里叶谱的 chirp 周期变为了原来的$\frac{1}{M}$，并在分数阶傅里叶域u轴上作k倍 chirp 周期$\left(\Delta u^p=\frac{\Delta u_x^p}{M}\right)$移位后进行叠加。

7.2.2　1/M 倍采样率转换的分数阶傅里叶域分析

通过 7.2.1 节M倍抽取的分数阶傅里叶域分析可以发现，由于M的大小不是随意可变的，因此我们很难在不同M的条件下都保证原序列采样频率$f_s\geqslant Mf_c^p$，其中f_c^p为信号在p阶分数阶傅里叶域的截止频率。假设u_c^p为信号在p阶分数阶傅里叶域的截止频率，ω_c^p为信号在p阶分数阶傅里叶域数字频率轴上的截止频率，由式(7.29)可以发现，在p阶分数阶傅里叶域，当

$$\Delta u_y^p=\frac{\Delta u_x^p}{M}\leqslant 2u_c^p,\quad 即\ M\geqslant\frac{\Delta u_x^p}{2u_c^p}\tag{7.30}$$

即在分数阶傅里叶域数字频率轴上

$$M\geqslant\frac{2\pi\sin\alpha}{2\omega_c^p}=\frac{\pi\sin\alpha}{\omega_c^p}\tag{7.31}$$

时，对$x(n)$的M倍抽取将带来频谱的混叠。

为此，为避免抽取后的混叠，信号$x(n)$的带宽必须限制在$\left[-\frac{\pi\sin\alpha}{M},\frac{\pi\sin\alpha}{M}\right]$，对于一般情况，通常采取的措施是抗混叠滤波，使抽取之后的采样率符合采样定理的要求时才能恢复

出原来的信号。由此,我们可以得出信号进行 $1/M$ 倍采样率转换的系统框图如图 7.8 所示。

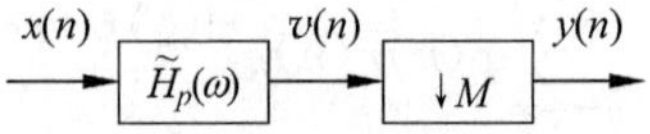

$x(n)$ → $\widetilde{H}_p(\omega)$ → $v(n)$ → $\downarrow M$ → $y(n)$

图 7.8 $1/M$ 倍采样率转换系统图

其中,抗混叠滤波器在 p 阶分数阶傅里叶域中的表达式为

$$\widetilde{H}_p(\omega)=\begin{cases}\mathrm{e}^{\frac{\mathrm{j}}{2}\cot\alpha\frac{\omega^2}{\Delta t^2}}, & |\omega|\leqslant\dfrac{\pi\sin\alpha}{M}\\ 0, & 其他\end{cases} \tag{7.32}$$

在该系统中,$x(n)$与抗混叠滤波器做分数阶卷积运算,根据分数阶卷积理论,系统输出 $y(n)$在时域表示为

$$y(n)=h(n)\underset{p}{\otimes}v(n)=\sqrt{\frac{1-\mathrm{j}\cot\alpha}{2\pi}}\mathrm{e}^{-\frac{\mathrm{j}}{2}n^2\Delta t_y^2\cot\alpha}\cdot \sum_{k=-\infty}^{+\infty}x(k)\mathrm{e}^{\frac{\mathrm{j}}{2}k^2\Delta t_y^2\cot\alpha}h(Mn-k)\mathrm{e}^{\frac{\mathrm{j}}{2}(Mn-k)^2\Delta t_y^2\cot\alpha} \tag{7.33}$$

$1/M$ 倍采样率转换在 $p=1/2$ 阶分数阶傅里叶域分析的仿真实现过程如图 7.9~图 7.11 所示。其中,原始信号 $x(n)$在 $p=1/2$ 阶分数阶傅里叶域数字频率轴上的截止频率为 0.74,而 1/2 阶分数阶傅里叶域数字频率周期为

$$\Delta\omega_p=2\pi\sin(p\pi/2)=4.44 \tag{7.34}$$

那么,由式(7.31)可以发现,$x(n)$经 $1/M(M>3)$倍采样率转换之后,其 $p=1/2$ 阶分数阶傅里叶谱会产生混叠,这时就需要对 $x(n)$在相应阶次分数阶傅里叶域内进行抗混叠滤波。图 7.9 为对信号进行 1/3 倍采样率转换的仿真结果,其中,$\widetilde{X}_p(\omega)$、$\widetilde{Y}_p(\omega)$分别为图 7.8 所示系统中 $x(n)$、$y(n)$的离散分数阶傅里叶变换;图 7.10、图 7.11 为对信号进行 1/4 倍采样率转换的仿真结果,其中,图 7.10 所示为未经过抗混叠滤波的系统,图 7.11 为经过抗混叠滤波的系统,$\widetilde{X}_p(\omega)$、$\widetilde{V}_p(\omega)$、$\widetilde{Y}_p(\omega)$分别为图 7.8 所示系统中 $x(n)$、$v(n)$、$y(n)$的离散分数阶傅里叶变换。

通过图 7.9~图 7.11 的仿真结果可以发现,当 $x(n)$经过 1/3 倍采样率转换之后,其分数阶傅里叶谱幅值变为原来的 1/3,在分数阶傅里叶域数字频率轴上展宽为原来的 3 倍,即截止频率为 2.22,并且作了 1 倍和 2 倍的分数阶傅里叶域数字频率周期($\Delta\omega_p=4.44$)移位后进行叠加。当 $x(n)$经过 1/4 倍采样率转换之后,其分数阶傅里叶谱的幅值变为原先的 1/4,其截止频率变为 2.96,大于 $\Delta\omega_p/2$,因此会造成分数阶傅里叶谱的混叠,必须在抽取之前进行抗混叠滤波,根据式(7.32),该滤波器为

$$H_p(\omega)=\begin{cases}\mathrm{e}^{\frac{\mathrm{j}}{2}\cot\alpha\frac{\omega^2}{(0.025)^2}}, & |\omega|\leqslant 0.555\\ 0, & 其他\end{cases}$$

因此,经过抗混叠滤波,$x(n)$在 1/4 倍采样率转换之后在相应分数阶傅里叶域数字频率轴上的截止频率仍为 2.22。可以看出,图 7.9~图 7.11 充分验证了本节所提出的结论。

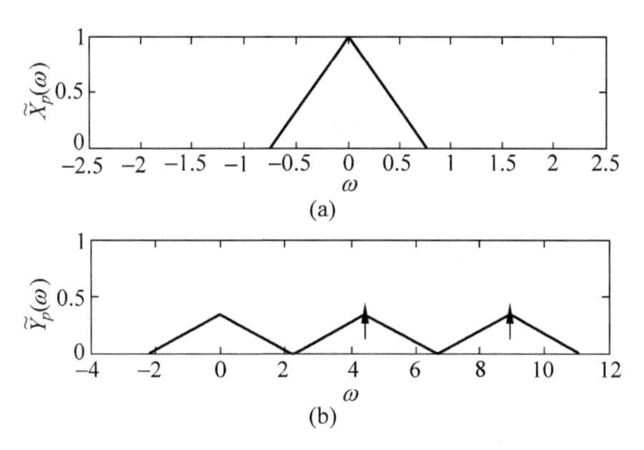

图 7.9　1/3 倍采样率转换分数阶傅里叶域分析

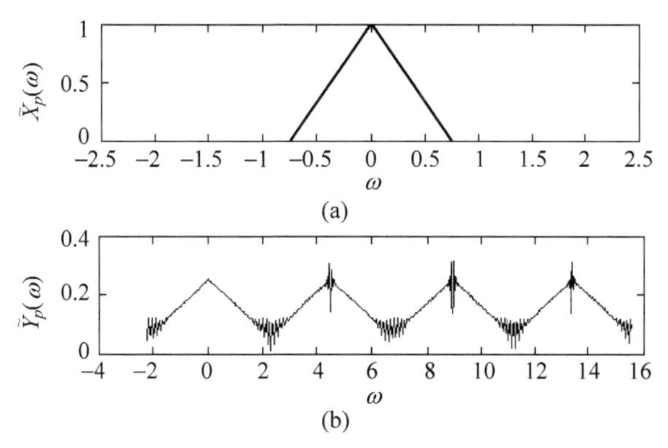

图 7.10　1/3 倍采样率转换分数阶傅里叶域分析（未经过抗混叠滤波）

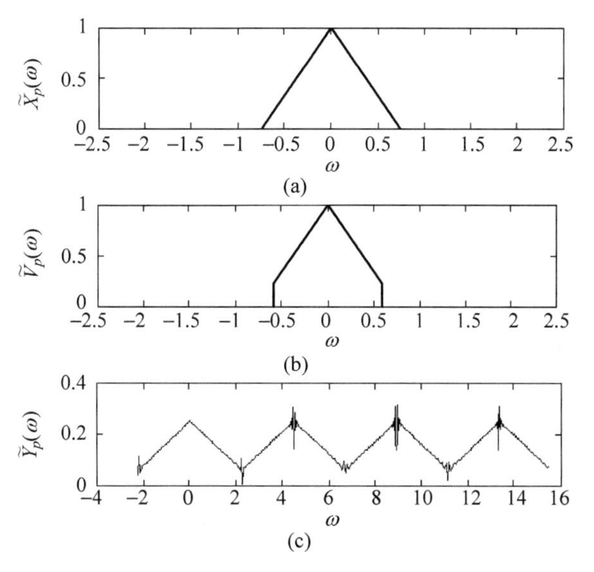

图 7.11　1/3 倍采样率转换分数阶傅里叶域分析（经过抗混叠滤波）

7.2.3 分数阶傅里叶域 M 倍抽取恒等关系

与 L 倍内插相似，在对序列进行 M 倍抽取操作时，为使采样率转换中所消耗的代价最小，需要把乘法运算安排在低采样率的一端，减少后续操作，提高计算的效率，这就需要寻找 M 倍抽取的恒等关系。

在图 7.12(a)中，根据分数阶卷积定理有

$$\tilde{U}_p(\omega)=\tilde{X}_p(\omega)\tilde{H}_p(M\omega)\mathrm{e}^{-\frac{\mathrm{j}}{2}\frac{\omega^2}{\Delta t_x^2}\cot\alpha} \tag{7.35}$$

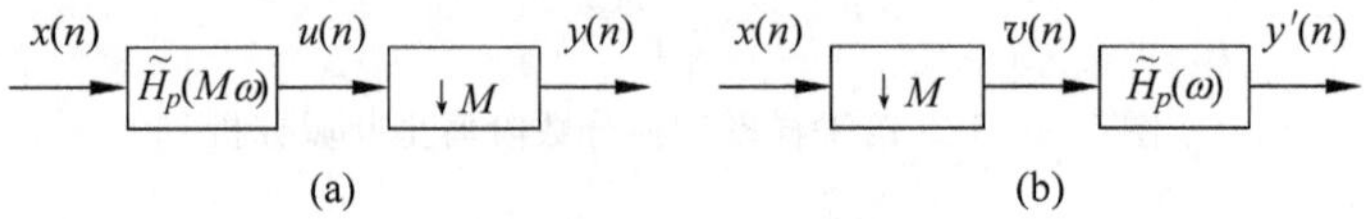

$x(n)$ → $\tilde{H}_p(M\omega)$ → $u(n)$ → $\downarrow M$ → $y(n)$

(a)

$x(n)$ → $\downarrow M$ → $v(n)$ → $\tilde{H}_p(\omega)$ → $y'(n)$

(b)

图 7.12 M 倍抽取

根据式(7.29)，有

$$\tilde{Y}_p(\omega)=\frac{1}{M}\sum_{k=0}^{M-1}\mathrm{e}^{\mathrm{j}\frac{2k\pi}{\Delta t_y^2}(\omega-k\pi\sin\alpha)\cos\alpha}\tilde{U}_p\left(\frac{\omega-2k\pi\sin\alpha}{M}\right) \tag{7.36}$$

将式(7.21)、式(7.35)代入式(7.36)，有

$$\tilde{Y}_p(\omega)=\frac{1}{M}\sum_{k=0}^{M-1}\left(\mathrm{e}^{\mathrm{j}\frac{2k\pi}{M^2\Delta t_x^2}(\omega-k\pi\sin\alpha)\cos\alpha}\tilde{X}_p\left(\frac{\omega-2k\pi\sin\alpha}{M}\right)\tilde{H}_p(\omega-2k\pi\sin\alpha)\cdot\mathrm{e}^{-\frac{\mathrm{j}}{2}\frac{(\omega-2k\pi\sin\alpha)^2}{M^2\Delta t_x^2}\cot\alpha}\right) \tag{7.37}$$

根据分数阶傅里叶域数字频率的周期性，式(7.37)可以进一步化为

$$\tilde{Y}_p(\omega)=\frac{1}{M}\sum_{k=0}^{M-1}\tilde{X}_p\left(\frac{\omega-2k\pi\sin\alpha}{M}\right)\tilde{H}_p(\omega)\mathrm{e}^{-\frac{\mathrm{j}}{2}\frac{(\omega-2k\pi\sin\alpha)^2}{M^2\Delta t_x^2}\cot\alpha} \tag{7.38}$$

在图 7.12(b)中，根据式(7.29)，有

$$\tilde{V}_p(\omega)=\frac{1}{M}\sum_{k=0}^{M-1}\mathrm{e}^{\mathrm{j}\frac{2k\pi}{\Delta t_y^2}(\omega-k\pi\sin\alpha)\cos\alpha}\tilde{X}_p\left(\frac{\omega-2k\pi\sin\alpha}{M}\right) \tag{7.39}$$

将式(7.21)代入式(7.29)，有

$$\tilde{V}_p(\omega)=\frac{1}{M}\sum_{k=0}^{M-1}\mathrm{e}^{\mathrm{j}\frac{2k\pi}{(M\Delta t_x)^2}(\omega-k\pi\sin\alpha)\cos\alpha}\tilde{X}_p\left(\frac{\omega-2k\pi\sin\alpha}{M}\right) \tag{7.40}$$

根据分数阶卷积定理进而有

$$\begin{aligned}\tilde{Y}'_p(\omega)&=\tilde{V}_p(\omega)\tilde{H}_p(\omega)\mathrm{e}^{-\frac{\mathrm{j}}{2}\frac{\omega^2}{(M\Delta t_x)^2}\cot\alpha}\\&=\frac{1}{M}\sum_{k=0}^{M-1}\mathrm{e}^{\mathrm{j}\frac{2k\pi}{(M\Delta t_x)^2}(\omega-k\pi\sin\alpha)\cos\alpha}\tilde{X}_p\left(\frac{\omega-2k\pi\sin\alpha}{M}\right)\tilde{H}_p(\omega)\mathrm{e}^{-\frac{\mathrm{j}}{2}\frac{\omega^2}{(M\Delta t_x)^2}\cot\alpha}\end{aligned} \tag{7.41}$$

对式(7.41)进一步化简可得

$$\tilde{Y}'_p(\omega)=\frac{1}{M}\sum_{k=0}^{M-1}\mathrm{e}^{-\frac{\mathrm{j}}{2}\frac{(\omega-2k\pi\sin\alpha)^2}{(M\Delta t_x)^2}\cot\alpha}\tilde{X}_p\left(\frac{\omega-2k\pi\sin\alpha}{M}\right)\tilde{H}_p(\omega) \tag{7.42}$$

比较式(7.38)和式(7.42)可以知道 $\widetilde{Y}_p'(\omega)=\widetilde{Y}_p(\omega)$，那么可以得出如图 7.13 所示的 M 倍抽取在分数阶傅里叶域的恒等关系。

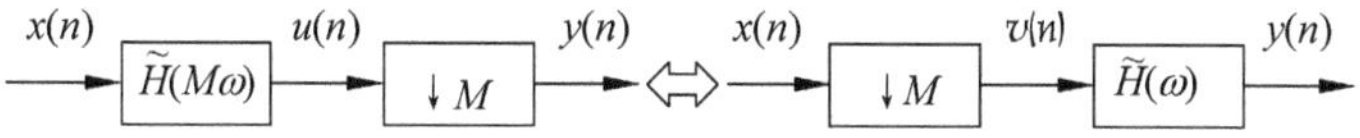

图 7.13　M 倍抽取的恒等关系

7.3　分数阶傅里叶域有理数倍采样率转换分析

前面我们讨论的都是采样率以整数倍因子改变的情况，但在许多实际应用中，整数倍采样率变换不能满足实际需求，需要信号的采样率以有理数因子改变。例如对数字音频信号，当需要从一种存储设备转换到另一种存储设备时，两种存储系统往往采用的是不同的采样率。例如要把采样率为 44.1kHz 的压缩光盘中的数据转入采样率为 48kHz 的数字磁带(DAT)中，就需要把光盘中的数据采样率提高 48/44.1 倍，是一个非整数。下面我们就来讨论如何解决类似的问题。

一般，对给定的信号 $x(n)$，若希望进行 L/M 倍采样率变换，由整数倍抽取和内插的知识，我们可以先将 $x(n)$ 作 M 倍的抽取，再作 L 倍的内插，或是先作 L 倍的内插，再作 M 倍的抽取。一般来说，抽取使 $x(n)$ 的数据点减少，会产生信息的丢失，因此，合理的方法是先对信号作内插，然后再抽取，系统结构框图如图 7.14 所示。

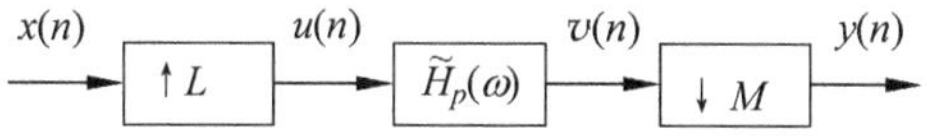

图 7.14　L/M 倍采样率转换系统框图

其中，滤波器 $\widetilde{H}_p(\omega)$ 既起到去镜像滤波器的作用，又起到抗混叠滤波器的作用，由式(7.13)和式(7.32)可以知道，该滤波器在分数阶傅里叶域的传递函数 $\widetilde{H}_p(\omega)$ 为

$$\widetilde{H}_p(\omega)=\begin{cases} L\mathrm{e}^{\frac{\mathrm{j}}{2}\frac{\omega^2}{\Delta t^2}\cot\alpha}, & |\omega|\leqslant \min\left\{\frac{\pi\sin\alpha}{L},\frac{\pi\sin\alpha}{M}\right\} \\ 0, & \text{其他} \end{cases} \tag{7.43}$$

假设 $u(n)$、$v(n)$ 的采样周期为 Δt_u，那么 $y(n)$ 的采样周期为

$$\Delta t_y=M\Delta t_u=\frac{M}{L}\Delta t_x \tag{7.44}$$

相应地，$y(n)$ 在分数阶傅里叶域的重复周期 Δu_y^p 变为

$$\Delta u_y^p=L\Delta u_x^p/M \tag{7.45}$$

由式(7.20)，$y(n)$ 可以表示为

$$y(n)=v(Mn) \tag{7.46}$$

根据分数阶卷积定理，$v(n)$ 可以由 $u(n)$ 和 $h(n)$ 表示为

$$v(n)=A_p\mathrm{e}^{-\frac{\mathrm{j}}{2}n^2\Delta t_u^2\cot\alpha}\sum_{k=-\infty}^{+\infty}u(k)\mathrm{e}^{\frac{\mathrm{j}}{2}k^2\Delta t_u^2\cot\alpha}h(n-k)\mathrm{e}^{\frac{\mathrm{j}}{2}(n-k)^2\Delta t_u^2\cot\alpha} \tag{7.47}$$

其中，$A_p=\sqrt{\frac{1-\mathrm{j}\cot\alpha}{2\pi}}$。由式(7.1)，$u(n)$可以表示为

$$u(n)=\begin{cases}x(n/L), & n=Lk,k\in\mathbb{Z}\\ 0, & \text{其他}\end{cases}\tag{7.48}$$

联立式(7.46)～式(7.48)可以得出

$$\begin{aligned}y(n)=&A_p\mathrm{e}^{-\frac{\mathrm{j}}{2}(Mn)^2\Delta t_u^2\cot\alpha}\cdot\\&\sum_{k=-\infty}^{+\infty}x(k)\mathrm{e}^{\frac{\mathrm{j}}{2}(Lk)^2\Delta t_u^2\cot\alpha}h(Mn-Lk)\mathrm{e}^{\frac{\mathrm{j}}{2}(Mn-Lk)^2\Delta t_u^2\cot\alpha}\end{aligned}\tag{7.49}$$

由于低通滤波器$h(n)$是一个因果系统，因此$Mn-Lk\geqslant 0$，也就是说$k\leqslant\frac{M}{L}n$。记$k=\left\lfloor\frac{Mn}{L}\right\rfloor-m$，式(7.49)可以进一步写为

$$\begin{aligned}y(n)=&A_p\mathrm{e}^{-\frac{\mathrm{j}}{2}(Mn)^2\Delta t_u^2\cot\alpha}\cdot\\&\sum_{m=-\infty}^{+\infty}x\left(\left\lfloor\frac{Mn}{L}\right\rfloor-m\right)\mathrm{e}^{\frac{\mathrm{j}}{2}(Mn-\langle Mn\rangle_L-mL)^2\Delta t_u^2\cot\alpha}h(mL+\langle Mn\rangle_L)\cdot\\&\mathrm{e}^{\frac{\mathrm{j}}{2}(mL+\langle Mn\rangle_L)^2\Delta t_u^2\cot\alpha}\end{aligned}\tag{7.50}$$

式(7.50)给出了信号L/M倍采样率的转换分数阶傅里叶域分析的时域表达式，下面根据前面的结论可以求出信号L/M倍采样率转换后其分数阶傅里叶谱变化的表达式，由式(7.6)和分数阶卷积定理可以知道，$v(n)$的离散时间分数阶傅里叶变换为

$$\begin{aligned}\widetilde{V}_p(\omega)&=\widetilde{U}_p(\omega)\widetilde{H}_p(\omega)\mathrm{e}^{-\frac{\mathrm{j}}{2}\frac{\omega^2}{\Delta t_u^2}\cot\alpha}=\widetilde{X}_p(L\omega)\widetilde{H}_p(\omega)\mathrm{e}^{-\frac{\mathrm{j}}{2}\frac{\omega^2}{(\Delta t_x/L)^2}\cot\alpha}\\&=\begin{cases}L\widetilde{X}_p(L\omega), & |\omega|\leqslant\min\left\{\frac{\pi\sin\alpha}{L},\frac{\pi\sin\alpha}{M}\right\}\\0, & \text{其他}\end{cases}\end{aligned}\tag{7.51}$$

由式(7.29)和式(7.51)可以得出$y(n)$的离散时间分数阶傅里叶变换为

$$\begin{aligned}\widetilde{Y}_p(\omega)&=\frac{1}{M}\sum_{k=0}^{M-1}\mathrm{e}^{\mathrm{j}\frac{2k\pi(\omega-k\pi\sin\alpha)}{(M\Delta t_u)^2}\cos\alpha}\widetilde{V}_p\left(\frac{\omega-2k\pi\sin\alpha}{M}\right)\\&=\begin{cases}\frac{L}{M}\sum_{k=0}^{M-1}\mathrm{e}^{\mathrm{j}\frac{2k\pi L^2(\omega-k\pi\sin\alpha)}{(M\Delta t_x)^2}\cos\alpha}\widetilde{X}_p\left[\frac{L(\omega-2k\pi\sin\alpha)}{M}\right], & |\omega|\leqslant\min\left\{\frac{M\pi\sin\alpha}{L},\pi\sin\alpha\right\}\\0, & \text{其他}\end{cases}\end{aligned}\tag{7.52}$$

由式(7.45)和式(7.52)可以总结出信号经有理数倍采样率转换之后其分数阶傅里叶谱的变化规律。设$x(n)$为$x(t)$采样而得的序列，它在p阶分数阶傅里叶域数字频率轴上的截止频率为ω_c^p，$x(n)$经过L/M倍采样率转换之后，其分数阶傅里叶谱的变换规律为

(1) $\widetilde{X}_p(\omega)$的幅值变为原先的L/M倍；

(2) 当$\frac{M}{L}\omega_c^p<\pi\sin\frac{p\pi}{2}$时，在分数阶傅里叶域数字频率轴上，$\widetilde{X}_p(\omega)$展宽为原来的 M/L 倍，当$\frac{M}{L}\omega_c^p\geqslant\pi\sin\frac{p\pi}{2}$时，$\widetilde{X}_p(\omega)$的截止频率变为 $\pi\sin\frac{p\pi}{2}$；

(3) 经过(1)、(2)变化后的信号分数阶傅里叶谱再在相应的分数阶傅里叶域数字频率轴上做 $k(k=1,2,\cdots,M-1)$倍分数阶傅里叶域数字频率周期$\left(\Delta\omega_p=2\pi\sin\frac{p\pi}{2}\right)$移位后进行叠加。

下面，我们通过仿真实例来对这一过程进行具体说明。

通过图 7.15 和图 7.16 的仿真结果可以发现，原始信号 $x(n)$在 $p=1/2$ 阶分数阶傅里叶域数字频率轴上的截止频率为 0.74，$x(n)$经过 2/3 倍采样率转换之后，其分数阶傅里叶谱的幅值变为原来的 2/3，在分数阶傅里叶域数字频率轴上展宽为原先的 3/2 倍，即截止频率变为 1.11，再做 1 和 2 倍的分数阶傅里叶域数字频率周期($\Delta\omega_p=4.44$)移位后进行叠加；而 $x(n)$经过 3/2 倍采样率转换之后，其分数阶傅里叶谱的幅值变为原来的 3/2，在分数阶傅里叶域数字频率轴上压缩为原先的 2/3，即截止频率为 0.493，再在数字频率轴上做 1 倍分数阶傅里叶域数字频率周期($\Delta\omega_p=4.44$)移位后进行叠加。可以看出，图 7.15、图 7.16 充分验证了本节提出的结论。以上内容是从分数阶傅里叶域数字频率的角度来推导得到的多采样率理论，文献[12]从信号尺度伸缩的角度给出了内插和抽取的分数阶傅里叶域分析，为节省篇幅，本书不再进行详述，感兴趣的读者可自行参阅。

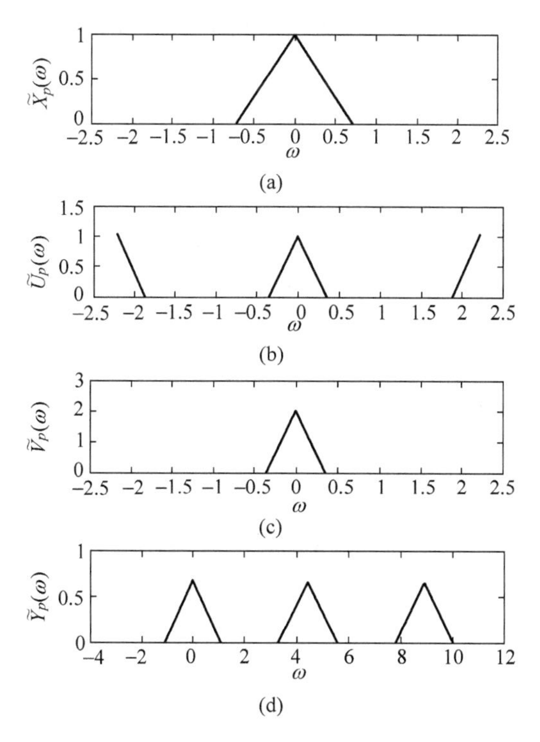

图 7.15　2/3 倍采样率转换分数阶傅里叶域分析($p=1/2$)

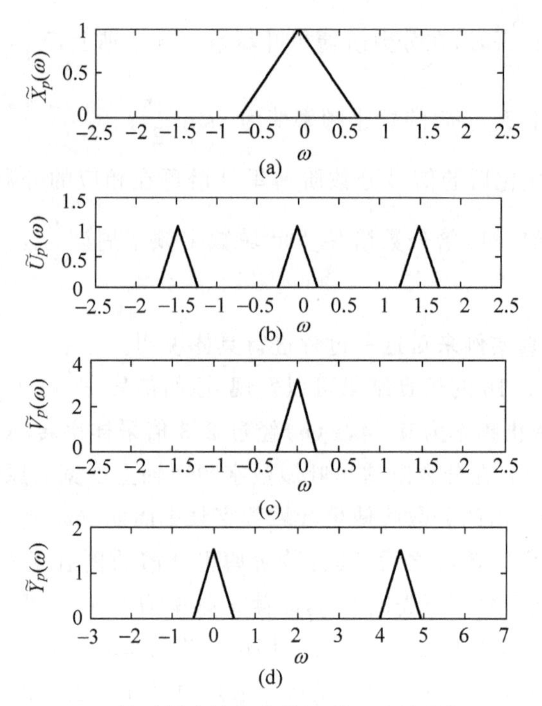

图 7.16　3/2 倍采样率转换分数阶傅里叶域分析($p=1/2$)

7.4　分数阶傅里叶域信号多相结构及其应用

7.4.1　分数阶傅里叶域信号多相结构

信号的多相表示在多采样率信号处理中有着重要的作用。使用多相表示不但可以在采样率转换的过程中省掉许多不必要的计算，从而大大提高运算的速度，另外，多相结构还是多采样率信号处理中的基本工具，常常用于理论推导与证明[1]。可是现在关于信号的多相结构表示仅限于傅里叶域，关于信号在分数阶傅里叶域的多相结构目前也有一些学者开展了相关研究，但是这些研究都没有摆脱傅里叶域的束缚，其中主要的原因就是没有选取合适的时延因子。本节将利用分数阶卷积定理定义分数阶时延因子，进而推导出信号在分数阶傅里叶域的多相结构，这不仅为分数阶傅里叶域准确重建滤波器组的研究奠定了基础，同时也为分数阶傅里叶域信息处理系统的结构简化奠定了基础。

对于给定的序列 $x(n)$，令 $n=0\sim+\infty$，根据离散时间分数阶傅里叶变换定义式，有

$$
\begin{aligned}
\widetilde{X}_p(\omega) &= A_p \mathrm{e}^{\frac{\mathrm{j}}{2}\frac{\omega^2}{\Delta t^2}\cot\alpha} \sum_{n=-\infty}^{+\infty} x(n)\mathrm{e}^{-\mathrm{j}n\omega\csc\alpha+\frac{\mathrm{j}}{2}n^2\Delta t^2\cot\alpha} \\
&= A_p \mathrm{e}^{\frac{\mathrm{j}}{2}\frac{\omega^2}{\Delta t^2}\cot\alpha} \sum_{n=0}^{+\infty} x(Mn)\mathrm{e}^{-\mathrm{j}(Mn)\omega\csc\alpha+\frac{\mathrm{j}}{2}(Mn)^2\Delta t^2\cot\alpha} + \\
&\quad A_p \mathrm{e}^{-\mathrm{j}\omega\csc\alpha+\frac{\mathrm{j}}{2}\Delta t^2\cot\alpha} \times \mathrm{e}^{\frac{\mathrm{j}}{2}\frac{\omega^2}{\Delta t^2}\cot\alpha} \cdot
\end{aligned}
$$

$$\sum_{n=0}^{+\infty}(x(Mn+1)\mathrm{e}^{\frac{\mathrm{j}}{2}(2Mn)\Delta t^2\cot\alpha})\mathrm{e}^{-\mathrm{j}(Mn)\omega\csc\alpha+\frac{\mathrm{j}}{2}(Mn)^2\Delta t^2\cdot\cot\alpha}+\cdots+$$

$$A_p\mathrm{e}^{-\mathrm{j}(M-1)\omega\csc\alpha+\frac{\mathrm{j}}{2}(M-1)^2\Delta t^2\cot\alpha}\mathrm{e}^{\frac{\mathrm{j}}{2}\frac{\omega^2}{\Delta t^2}\cot\alpha}\cdot \tag{7.53}$$

$$\sum_{n=0}^{+\infty}(x(Mn+M-1)\mathrm{e}^{\frac{\mathrm{j}}{2}[2M(M-1)n]\Delta t^2\cot\alpha})\mathrm{e}^{-\mathrm{j}(Mn)\omega\csc\alpha+\frac{\mathrm{j}}{2}(Mn)^2\Delta t^2\cot\alpha}$$

其中，$A_p=\sqrt{\frac{1-\mathrm{j}\cot\alpha}{2\pi}}$。设

$$e_l(n)=x_{Mn+l}\mathrm{e}^{\frac{\mathrm{j}}{2}(2Mln)\Delta t^2\cot\alpha} \tag{7.54}$$

那么，$e_l(n)$序列在时域的采样间隔为$M\Delta t$，由离散时间分数阶傅里叶变换的定义式可以有

$$\widetilde{E}_{p,l}(\omega)=A_p\mathrm{e}^{\frac{\mathrm{j}}{2}\frac{\omega^2}{(M\Delta t)^2}\cot\alpha}\sum_{n=-\infty}^{+\infty}e_l(n)\mathrm{e}^{-\mathrm{j}n\omega\csc\alpha+\frac{\mathrm{j}}{2}n^2(M\Delta t)^2\cot\alpha} \tag{7.55}$$

将式(7.54)代入式(7.55)，有

$$\widetilde{E}_{p,l}(M\omega)=A_p\mathrm{e}^{\frac{\mathrm{j}}{2}\frac{\omega^2}{\Delta t^2}\cot\alpha}\sum_{n=0}^{+\infty}(x(Mn+l)\mathrm{e}^{\frac{\mathrm{j}}{2}(2Mln)\Delta t^2\cot\alpha})\cdot$$
$$\mathrm{e}^{-\mathrm{j}\omega n(M\Delta t)\csc\alpha+\frac{\mathrm{j}}{2}n^2(M\Delta t)^2\cot\alpha} \tag{7.56}$$

将式(7.56)代入式(7.53)，有

$$\widetilde{X}_p(\omega)=\frac{1}{A_p}\sum_{l=0}^{M-1}\mathrm{e}^{-\frac{\mathrm{j}}{2}\left(\frac{\omega}{\Delta t}\right)^2\cot\alpha}K_p(\omega,l\Delta t)\widetilde{E}_{p,l}(M\omega) \tag{7.57}$$

其中，$K_p(\omega,l\Delta t)$为时域采样间隔为Δt的冲激函数$\delta(n-l)$的离散时间分数阶傅里叶变换，由分数阶卷积定理可以知道，对于时域采样间隔为Δt的采样序列$s(n)$，若其离散时间分数阶傅里叶变换为$\widetilde{S}_p(\omega)$，那么分数阶傅里叶谱$\mathrm{e}^{-\frac{\mathrm{j}}{2}\left(\frac{\omega}{\Delta t}\right)^2\cot\alpha}K_p(\omega,l\Delta t)\widetilde{S}_p(\omega)$在时域对应于$s(n)$与$\delta(n-l)$的分数阶卷积结果，因此可以定义$K_p(\omega,l\Delta t)$为**分数阶傅里叶域的时延因子**。综上，可以得出信号$x(n)$在分数阶傅里叶域的Ⅰ型多相结构如图7.17所示。

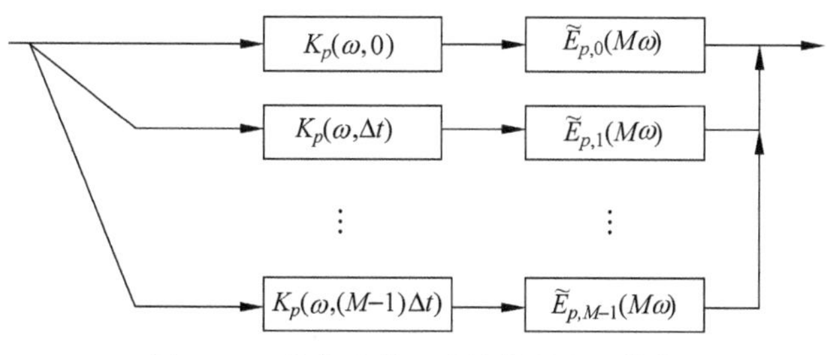

图7.17　分数阶傅里叶域信号Ⅰ型结构

该系统图中的所有卷积运算均为分数阶卷积运算。

仿照信号在傅里叶域中的多相表示，可以进而推导出信号在分数阶傅里叶域中的Ⅱ型多相结构。设$\widetilde{R}_{p,l}(\omega)=\widetilde{E}_{p,M-1-l}(\omega)$，将其代入式(7.57)，有

$$\widetilde{X}_p(\omega)=\frac{1}{A_p}\sum_{l=0}^{M-1}\mathrm{e}^{-\frac{\mathrm{j}}{2}\left(\frac{\omega}{\Delta t}\right)^2\cot\alpha}K_p(\omega,(M-1-l)\Delta t)\widetilde{R}_{p,l}(M\omega) \tag{7.58}$$

其中，

$$\widetilde{R}_{p,l}(\omega)=\widetilde{E}_{p,M-1-l}(\omega)$$
$$=A_p \mathrm{e}^{\frac{\mathrm{j}}{2}\frac{\omega^2}{(M\Delta t)^2}\cot\alpha}\sum_{n=-\infty}^{+\infty}\left(x(Mn+M-1-l)\mathrm{e}^{\frac{\mathrm{j}}{2}(2M(M-1-l)n)\Delta t^2\cot\alpha}\right)\cdot \mathrm{e}^{-\mathrm{j}n\omega\csc\alpha+\frac{\mathrm{j}}{2}n^2(M\Delta t)^2\cot\alpha} \tag{7.59}$$

因此，在Ⅱ型多相结构中，多相分量为 $r_l(n)=x(Mn+M-1-l)\mathrm{e}^{\frac{\mathrm{j}}{2}(2M(M-1-l)n)\Delta t^2\cot\alpha}$，其系统结构框图如图 7.18 所示。

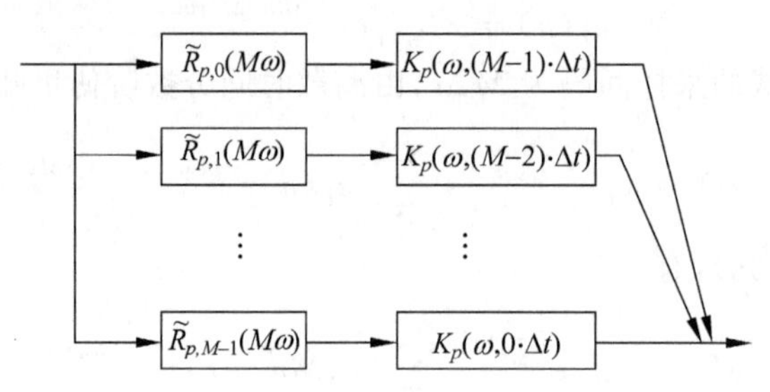

图 7.18　分数阶傅里叶域信号Ⅱ型多相结构

7.4.2　分数阶傅里叶域信号多相结构的应用

7.4.2.1　抽取滤波器的高效实现

如图 7.8 所示的信号 $1/M$ 倍采样率转换系统，该实现方式非常费时，因为求出的 $v(n)$ 中只有 $v(0)$，$v(M)$，$v(2M)$，…是需要的，而其余的点在抽取后都被舍弃，因此需要研究该系统的高效实现算法。

根据式(7.57)，滤波器 $\widetilde{H}_p(\omega)$ 的Ⅰ型多相结构为

$$\widetilde{H}_p(\omega)=\frac{1}{A_p}\sum_{l=0}^{M-1}\mathrm{e}^{-\frac{\mathrm{j}}{2}\left(\frac{\omega}{\Delta t}\right)^2\cot\alpha}K_p(\omega,l\Delta t)\widetilde{E}_{p,l}(M\omega) \tag{7.60}$$

其中，

$$\begin{aligned}\widetilde{E}_{p,l}(\omega)&=A_p \mathrm{e}^{\frac{\mathrm{j}}{2}\frac{\omega^2}{(M\Delta t)^2}\cot\alpha}\sum_{n=-\infty}^{+\infty}e_l(n)\mathrm{e}^{-\mathrm{j}n\omega\csc\alpha+\frac{\mathrm{j}}{2}n^2(M\Delta t)^2\cot\alpha}\\ e_l(n)&=h(Mn+l)\mathrm{e}^{\frac{\mathrm{j}}{2}\cot\alpha(2Mln)\Delta t^2}\end{aligned} \tag{7.61}$$

那么可以得出如图 7.19(a)所示的系统直接多相实现框图，根据 7.2.3 节中所论证采样率转换的恒等关系，系统的高效多相实现结构如图 7.19(b)所示。

7.4.2.2　内插滤波器的高效实现

在如图 7.20 所示的信号 L 倍采样率转换系统中，该实现方式也非常费时，因为 $v(n)$ 中每两个点增加了 $L-1$ 个 0，这些 0 和 $h(n)$ 做乘法是毫无意义的，与 7.2.1 节中抽取的滤波可以在低采样率端进行类似，内插后的滤波也可以在低采样率端进行。

根据式(7.58)，滤波器 $\widetilde{H}_p(\omega)$ 的Ⅱ型多相结构为

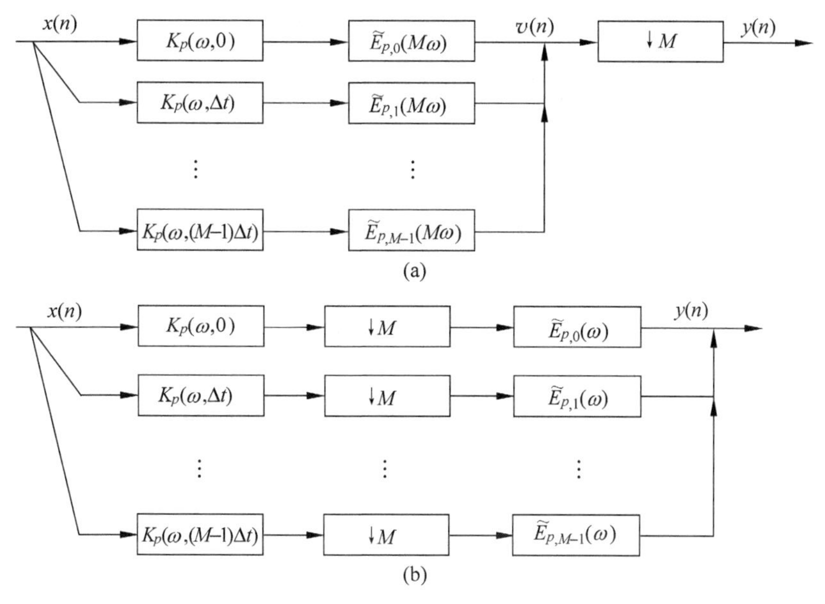

图 7.19　抽取系统

(a) 直接多相实现；(b) 高效多相实现

$$\widetilde{H}_p(\omega)=\frac{1}{A_p}\sum_{l=0}^{L-1}\mathrm{e}^{-\frac{\mathrm{j}}{2}\left(\frac{\omega}{\Delta t}\right)^2\cot\alpha}K_p(\omega,(L-1-l)\Delta t)\widetilde{R}_{p,l}(L\omega) \tag{7.62}$$

$$\widetilde{R}_{p,l}(\omega)=A_p\mathrm{e}^{\frac{\mathrm{j}}{2}\frac{\omega^2}{(L\Delta t)^2}\cot\alpha}\sum_{n=-\infty}^{+\infty}r_l(n)\mathrm{e}^{-\mathrm{j}n\omega\csc\alpha+\frac{\mathrm{j}}{2}n^2(L\Delta t)^2\cot\alpha} \tag{7.63}$$

其中，

$$r_l(n)=h(Ln+L-1-l)\mathrm{e}^{\frac{\mathrm{j}}{2}(2L(L-1-l)n)\Delta t^2\cot\alpha}$$

那么可以得出如图 7.20(a)所示的系统直接多相实现框图，根据采样率转换的恒等关系，系统的高效多相实现结构如图 7.20(b)所示。

7.4.2.3　分数阶傅里叶域 DFT 滤波器组

对于 p 阶分数阶傅里叶域上低通滤波器 $H_p(\omega)$，若其冲激响应为 $h(n)$，在 p 阶分数阶傅里叶域上的截止频率用数字频率表示为$\frac{\pi\sin\alpha}{M}$。那么，在 M 通道分析滤波器组中，假定第 $k(k=0,1,\cdots,M-1)$条支路上分析滤波器的冲激响应 $h_k(n)$与 $h(n)$关系为

$$h_k(n)=h(n)\exp\left[\frac{\mathrm{j}}{2}\left(\frac{2k\pi\sin\alpha}{M\Delta t}\right)^2\cot\alpha+\mathrm{j}k\frac{2\pi}{M}n\right] \tag{7.64}$$

由分数阶傅里叶变换的频移性质可以知道

$$\widetilde{H}_{k,p}(\omega)=\widetilde{H}_p\left(\omega-\frac{2k\pi\sin\alpha}{M}\right)\mathrm{e}^{\mathrm{j}\omega\frac{2\pi}{M}k\cos\alpha} \tag{7.65}$$

可以发现，这 M 个分析滤波器的分数阶傅里叶谱是 $\widetilde{H}_p(\omega)$作 k 倍均匀移位，并加以相位的线性调制得到。

假设该分析滤波器组的第 k 条支路如图 7.21 所示。

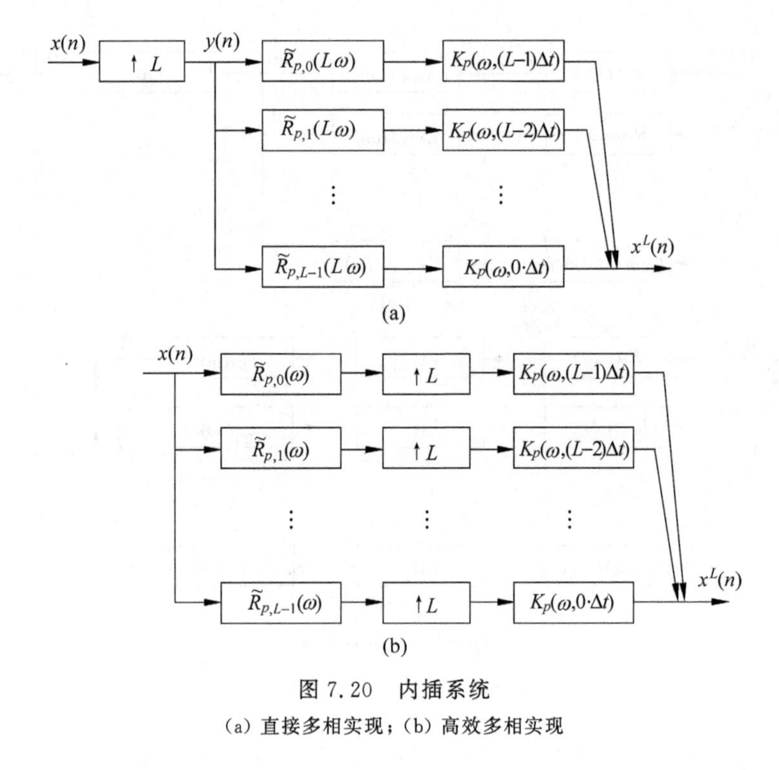

图 7.20　内插系统

(a) 直接多相实现；(b) 高效多相实现

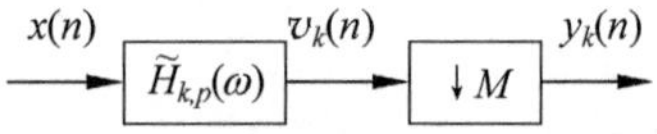

x(n) → $\widetilde{H}_{k,p}(\omega)$ → $v_k(n)$ → ↓M → $y_k(n)$

图 7.21　分析滤波器组第 k 条支路

若 $x(n)$在时域的采样间隔为 Δt，那么，由抽取分数阶傅里叶域分析的时域表示可以知道

$$\begin{aligned} y_k(n) &= \mathrm{e}^{-\frac{\mathrm{j}}{2}n^2(M\Delta t)^2\cot\alpha}\sum_{r=-\infty}^{+\infty}x(r)\mathrm{e}^{\frac{\mathrm{j}}{2}r^2\Delta t^2\cot\alpha}h_k(Mn-r)\mathrm{e}^{\frac{\mathrm{j}}{2}(Mn-r)^2\Delta t^2\cot\alpha} \\ &= \mathrm{e}^{-\frac{\mathrm{j}}{2}n^2(M\Delta t)^2\cot\alpha}\sum_{r=-\infty}^{+\infty}x(Mn-r)\mathrm{e}^{\frac{\mathrm{j}}{2}(Mn-r)^2\Delta t^2\cot\alpha}h_k(r)\mathrm{e}^{\frac{\mathrm{j}}{2}r^2\Delta t^2\cot\alpha} \end{aligned} \tag{7.66}$$

由于在每条支路经过抽取之后舍去很多不必要的点，这样就可以利用多相结构的理论来减少运算量，现将 $x(n)$分成 M 个子序列，令

$$r = Mm + l,\quad m\in(-\infty,+\infty), l=0,1,\cdots,M-1 \tag{7.67}$$

则

$$\begin{aligned} y_k(n) = &\mathrm{e}^{-\frac{\mathrm{j}}{2}n^2(M\Delta t)^2\cot\alpha}\sum_{l=0}^{M-1}\sum_{m=-\infty}^{+\infty}x(Mn-Mm-l)\mathrm{e}^{\frac{\mathrm{j}}{2}(Mn-Mm-l)^2\Delta t^2\cot\alpha}\cdot \\ &h_k(Mm+l)\mathrm{e}^{\frac{\mathrm{j}}{2}(Mm+l)^2\Delta t^2\cot\alpha} \end{aligned} \tag{7.68}$$

设

$$x_l(n-m) = x(Mn-Mm-l)$$

$$h_{k,l}(m) = h_k(Mm+l)$$

那么，

$$
\begin{aligned}
y_k(n) &= \mathrm{e}^{-\frac{\mathrm{j}}{2}n^2(M\Delta t)^2\cot\alpha}\sum_{l=0}^{M-1}\sum_{m=-\infty}^{+\infty}x_l(n-m)\mathrm{e}^{\frac{\mathrm{j}}{2}(Mn-Mm-l)^2\Delta t^2\cot\alpha}\cdot \\
&\quad h_{k,l}(m)\mathrm{e}^{\frac{\mathrm{j}}{2}(Mm+l)^2\Delta t^2\cot\alpha} \\
&= \mathrm{e}^{-\frac{\mathrm{j}}{2}n^2(M\Delta t)^2\cot\alpha}\sum_{l=0}^{M-1}\sum_{m=-\infty}^{+\infty}x_l(n-m)\mathrm{e}^{\frac{\mathrm{j}}{2}(n-m)^2(M\Delta t)^2\cot\alpha}\cdot \\
&\quad h_{k,l}(m)\mathrm{e}^{\frac{\mathrm{j}}{2}m^2(M\Delta t)^2\cdot\cot\alpha}\mathrm{e}^{-\mathrm{j}[M(n-2m)l-l^2]\Delta t^2\cot\alpha} \\
&= \mathrm{e}^{-\frac{\mathrm{j}}{2}n^2(M\Delta t)^2\cdot\cot\alpha}\sum_{l=0}^{M-1}\sum_{m=-\infty}^{+\infty}\left[x_l(n-m)\mathrm{e}^{-\mathrm{j}[M(n-m)l-l^2]\Delta t^2\cot\alpha}\right] \\
&\quad \mathrm{e}^{\frac{\mathrm{j}}{2}(n-m)^2(M\Delta t)^2\cot\alpha}\left[h_{k,l}(m)\mathrm{e}^{\mathrm{j}Mml\Delta t^2\cot\alpha}\right]\mathrm{e}^{\frac{\mathrm{j}}{2}m^2(M\Delta t)^2\cot\alpha}
\end{aligned}
\tag{7.69}
$$

设 $\hat{x}_l(n)=x_l(n)\mathrm{e}^{-\mathrm{j}(Mnl-l^2)\Delta t^2\cot\alpha}=[x(n)\underset{p}{\otimes}\delta(n-l)]_{\downarrow M}$，其中$[\,]_{\downarrow M}$ 表示 M 倍抽取，将 $\hat{x}_l(n)$代入式(7.69)，有

$$
\begin{aligned}
y_k(n) &= \mathrm{e}^{-\frac{\mathrm{j}}{2}n^2(M\Delta t)^2\cot\alpha}\sum_{l=0}^{M-1}\sum_{m=-\infty}^{+\infty}\hat{x}_l(n-m)\cdot \\
&\quad \mathrm{e}^{\frac{\mathrm{j}}{2}(n-m)^2(M\Delta t)^2\cot\alpha}\left[h_{k,l}(m)\mathrm{e}^{\mathrm{j}Mml\Delta t^2\cot\alpha}\right]\mathrm{e}^{\frac{\mathrm{j}}{2}m^2(M\Delta t)^2\cot\alpha} \\
&= \sum_{l=0}^{M-1}\hat{x}_l(n)\underset{p}{\otimes}\left[h_{k,l}(n)\mathrm{e}^{\mathrm{j}Mnl\Delta t^2\cot\alpha}\right]
\end{aligned}
\tag{7.70}
$$

又由式(7.64)，可以知道

$$
\begin{aligned}
h_{k,l}(n) &= h(Mn+l)\exp\left[\frac{\mathrm{j}}{2}\left(\frac{2k\pi\sin\alpha}{M\cdot\Delta t}\right)^2\cot\alpha+\mathrm{j}\,\frac{2k\pi}{M}(Mn+l)\right] \\
&= h_l(n)\exp\left[\frac{\mathrm{j}}{2}\left(\frac{2k\pi\sin\alpha}{M\Delta t}\right)^2\cot\alpha+\mathrm{j}\,\frac{2k\pi}{M}l\right]
\end{aligned}
\tag{7.71}
$$

其中，$h_l(n)=h_k(Mn+l)$。将式(7.71)代入式(7.70)，有

$$
\begin{aligned}
y_k(n) &= \sum_{l=0}^{M-1}\{\hat{x}_l(n)\underset{p}{\otimes}\left[h_l(n)\mathrm{e}^{\mathrm{j}Mnl\Delta t^2\cot\alpha}\right]\} \\
&\quad \exp\left[\frac{\mathrm{j}}{2}\left(\frac{2k\pi\sin\alpha}{M\Delta t}\right)^2\cot\alpha+\mathrm{j}\,\frac{2k\pi}{M}l\right]
\end{aligned}
\tag{7.72}
$$

记

$$
t_l(n)=\hat{x}_l(n)\underset{p}{\otimes}\left[h_l(n)\mathrm{e}^{\mathrm{j}Mnl\Delta t^2\cot\alpha}\right]=\hat{x}_l(n)\underset{p}{\otimes}p_l(n) \tag{7.73}
$$

其中，$p_l(n)=h_l(n)\mathrm{e}^{\mathrm{j}Mnl\Delta t^2\cot\alpha}$。那么，

$$
y_k(n)=\sum_{l=0}^{M-1}t_l(n)\exp\left[\frac{\mathrm{j}}{2}\left(\frac{2k\pi\sin\alpha}{M\Delta t}\right)^2\cot\alpha+\mathrm{j}\,\frac{2k\pi}{M}l\right] \tag{7.74}
$$

由式(7.74)可以发现，该分析滤波器组可以通过一个 M 点的 IDFT 运算来实现，这样与原实现方式相比大大降低了运算量。因此仿照傅里叶域的定义，我们将其定义为分数阶傅里叶域 DFT 滤波器组。结合式(7.73)及 $\hat{x}_l(n)$的表达式，可得出其实现框图如图 7.22 所示。

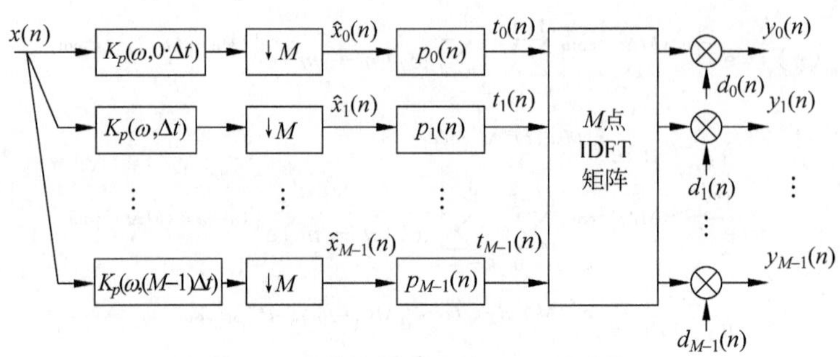

图 7.22 分数阶傅里叶域 DFT 滤波器组

图 7.22 中，$d_k=\exp\left[\frac{\mathrm{j}}{2}\left(\frac{2k\pi\sin\alpha}{M\Delta t}\right)^2\cot\alpha\right]$。

7.5 分数阶傅里叶域 M 通道滤波器组

滤波器组理论的研究最早开始于两通道滤波器组的设计[17]，后来逐渐发展到 M 通道滤波器组的研究[18]。M 通道滤波器组是多采样率滤波器组的一般形式，已在多载波通信、图像处理和音/视频信号分析、处理、压缩中得到了广泛的应用[19-21]。本节我们将讨论分数阶傅里叶域 M 通道滤波器组的准确重建条件及其设计方法，并以分数阶傅里叶域两通道滤波器组为例对所提出的理论方法进行说明。

7.5.1 分数阶傅里叶域 M 通道滤波器组的基本关系

p 阶分数阶傅里叶域 M 通道滤波器组如图 7.23 所示。与傅里叶域滤波器组相似，在该滤波器组中，如果

$$\hat{x}(n)=cA_p x(n-n_0)\mathrm{e}^{-\mathrm{j}(nn_0-n_0^2)\Delta t^2\cot\alpha}=c[x(n)\underset{p}{\otimes}\delta(n-n_0)]$$

即滤波器组的输出信号 $\hat{x}(n)$ 表现为 $x(n)$ 分数阶卷积时域时延因子 $\delta(n-n_0)$ 的形式，那么称 $\hat{x}(n)$ 是对 $x(n)$ 在 p 阶分数阶傅里叶域的准确重建。下面，我们就讨论实现准确重建时，分数阶傅里叶域 M 通道滤波器组中分析滤波器和综合滤波器应满足的条件[13]。

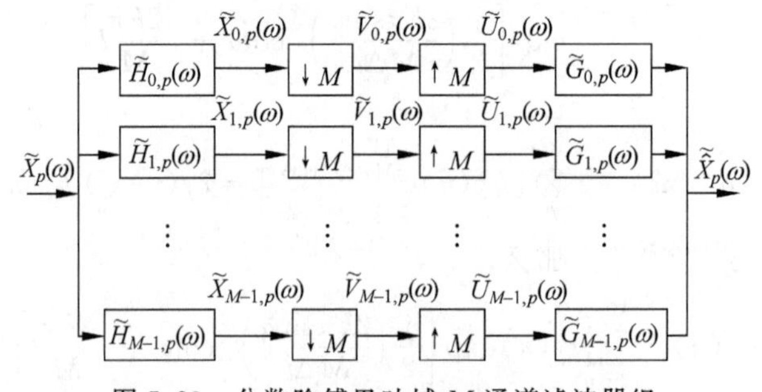

图 7.23 分数阶傅里叶域 M 通道滤波器组

假设 $x(n)$ 在时域的采样间隔为 Δt，由分数阶卷积定理可以得出

$$\widetilde{X}_{l,p}(\omega)=\widetilde{X}_p(\omega)\widetilde{H}_{l,p}(\omega)\mathrm{e}^{-\frac{\mathrm{j}}{2}\cot\alpha\left(\frac{\omega}{\Delta t}\right)^2} \tag{7.75}$$

由式(7.29)所示的抽取的分数阶傅里叶域分析可以得出

$$\widetilde{V}_{l,p}(\omega)=\frac{1}{M}\sum_{k=0}^{M-1}\mathrm{e}^{\mathrm{j}\frac{2k\pi}{M^2\Delta t^2}(\omega-k\pi\sin\alpha)\cot\alpha}\widetilde{X}_{l,p}\left(\frac{\omega-2k\pi\sin\alpha}{M}\right) \tag{7.76}$$

由式(7.6)所示的内插的分数阶傅里叶域分析和式(7.75),有

$$\begin{aligned}\widetilde{U}_{l,p}(\omega)=\widetilde{V}_{l,p}(M\omega)&=\frac{1}{M}\sum_{k=0}^{M-1}\mathrm{e}^{\mathrm{j}\frac{2k\pi}{M^2\Delta t^2}(M\omega-k\pi\sin\alpha)\cot\alpha}\widetilde{X}_{l,p}\left(\omega-\frac{2k\pi\sin\alpha}{M}\right)\\&=\frac{1}{M}\sum_{k=0}^{M-1}\widetilde{X}_{p}\left(\omega-\frac{2k\pi\sin\alpha}{M}\right)\widetilde{H}_{l,p}\left(\omega-\frac{2k\pi\sin\alpha}{M}\right)\cdot\\&\quad\mathrm{e}^{-\frac{\mathrm{j}}{2}\left(\frac{M\omega-4k\pi\sin\alpha}{M\Delta t}\right)^2\cot\alpha+\mathrm{j}\left(\frac{2k\pi\sin\alpha}{M\Delta t}\right)^2\cot\alpha}\end{aligned} \tag{7.77}$$

最后,由分数阶卷积定理[16]可以有

$$\begin{aligned}\tilde{\hat{X}}_{p}(\omega)&=\sum_{l=0}^{M-1}\widetilde{U}_{l,p}(\omega)\widetilde{G}_{l,p}(\omega)\mathrm{e}^{-\frac{\mathrm{j}}{2}\left(\frac{\omega}{\Delta t}\right)^2\cot\alpha}\\&=\frac{1}{M}\sum_{k=0}^{M-1}\left\{\mathrm{e}^{-\frac{\mathrm{j}}{2}\left(\frac{\omega}{\Delta t}\right)^2\cot\alpha}\widetilde{X}_{p}\left(\omega-\frac{2k\pi}{M}\sin\alpha\right)\cdot\right.\\&\quad\left.\left[\mathrm{e}^{-4\mathrm{j}\frac{k^2\pi^2\sin^2\alpha-M\omega k\pi\sin\alpha}{(M\Delta t)^2}\cot\alpha}\sum_{l=0}^{M-1}\mathrm{e}^{-\frac{\mathrm{j}}{2}\left(\frac{\omega}{\Delta t}\right)^2\cot\alpha}\widetilde{H}_{l,p}\left(\omega-\frac{2k\pi}{M}\sin\alpha\right)\widetilde{G}_{l,p}(\omega)\right]\right\}\\&=\frac{1}{M}\sum_{k=0}^{M-1}\mathrm{e}^{-\frac{\mathrm{j}}{2}\cot\alpha\left(\frac{\omega}{\Delta t}\right)^2}\widetilde{A}_{k,p}(\omega)\widetilde{X}_{p}\left(\omega-\frac{2k\pi}{M}\sin\alpha\right)\end{aligned} \tag{7.78}$$

式(7.78)中,

$$\widetilde{A}_{k,p}(\omega)=\mathrm{e}^{-4\mathrm{j}\frac{k^2\pi^2\sin^2\alpha-M\omega k\pi\sin\alpha}{(M\Delta t)^2}\cot\alpha}\sum_{l=0}^{M-1}\mathrm{e}^{-\frac{\mathrm{j}}{2}\left(\frac{\omega}{\Delta t}\right)^2\cot\alpha}\widetilde{H}_{l,p}\left(\omega-\frac{2k\pi}{M}\sin\alpha\right)\widetilde{G}_{l,p}(\omega) \tag{7.79}$$

由式(7.78)可以发现,为去除系统的混叠失真,需要保证

$$\widetilde{A}_{k,p}(\omega)=0,\quad k=1,2,\cdots,M-1 \tag{7.80}$$

则

$$\tilde{\hat{X}}_{p}(\omega)=\frac{c}{M}\mathrm{e}^{-\frac{\mathrm{j}}{2}\left(\frac{\omega}{\Delta t}\right)^2\cot\alpha}\widetilde{A}_{0,p}(\omega)\widetilde{X}_{p}(\omega) \tag{7.81}$$

其中,

$$\widetilde{A}_{0,p}(\omega)=\sum_{l=0}^{M-1}\mathrm{e}^{-\frac{\mathrm{j}}{2}\left(\frac{\omega}{\Delta t}\right)^2\cot\alpha}\widetilde{H}_{l,p}(\omega)\widetilde{G}_{l,p}(\omega)=\widetilde{T}_{p}(\omega) \tag{7.82}$$

则式(7.78)可以写为

$$\tilde{\hat{X}}_{p}(\omega)=\frac{1}{M}\mathrm{e}^{-\frac{\mathrm{j}}{2}\left(\frac{\omega}{\Delta t}\right)^2\cot\alpha}\widetilde{T}_{p}(\omega)\widetilde{X}_{p}(\omega) \tag{7.83}$$

其中,$\widetilde{T}_{p}(\omega)$称为失真传递函数。由分数阶卷积定理可以发现,为实现系统的准确重建,$\widetilde{T}_{p}(\omega)$为纯延迟的形式,即

$$\widetilde{T}_{p}(\omega)=cK_{p}(\omega,n_0\Delta t)$$

设$\boldsymbol{A}(\omega)=(\widetilde{A}_{0,p}(\omega)\quad\widetilde{A}_{1,p}(\omega)\quad\cdots\quad\widetilde{A}_{M-1,p}(\omega))^{\mathrm{T}}$,那么准确重建条件可以用矩阵形式表示为

$$
\begin{aligned}
\boldsymbol{A}(\omega) &= \boldsymbol{\Lambda}(\omega)\boldsymbol{H}(\omega)\boldsymbol{G}(\omega) \\
&= \mathrm{e}^{-\frac{\mathrm{j}}{2}\left(\frac{\omega}{\Delta t}\right)^2\cot\alpha}
\begin{bmatrix}
1 & & & \\
& \mathrm{e}^{\mathrm{j}\cot\alpha\frac{4\pi M\omega\sin\alpha-4\pi^2\sin^2\alpha}{(M\Delta t)^2}} & & \\
& & \ddots & \\
& & & \mathrm{e}^{\mathrm{j}\cot\alpha\frac{4M(M-1)\pi\omega\sin\alpha-4(M-1)^2\pi^2\sin^2\alpha}{(M\Delta t)^2}}
\end{bmatrix} \cdot \\
&\begin{bmatrix}
\widetilde{H}_{0,p}(\omega) & \widetilde{H}_{1,p}(\omega) & \cdots & \widetilde{H}_{M-1,p}(\omega) \\
\widetilde{H}_{0,p}\left(\omega-\frac{2\pi}{M}\sin\alpha\right) & \widetilde{H}_{1,p}\left(\omega-\frac{2\pi}{M}\sin\alpha\right) & \cdots & \widetilde{H}_{M-1,p}\left(\omega-\frac{2\pi}{M}\sin\alpha\right) \\
\vdots & \vdots & \ddots & \vdots \\
\widetilde{H}_{0,p}\left(\omega-\frac{M-1}{M}2\pi\sin\alpha\right) & \widetilde{H}_{1,p}\left(\omega-\frac{M-1}{M}2\pi\sin\alpha\right) & \cdots & \widetilde{H}_{M-1,p}\left(\omega-\frac{M-1}{M}2\pi\sin\alpha\right)
\end{bmatrix} \cdot \\
&\begin{bmatrix}
\widetilde{G}_{0,p}(\omega) \\ \widetilde{G}_{1,p}(\omega) \\ \vdots \\ \widetilde{G}_{M-1,p}(\omega)
\end{bmatrix}
=
\begin{bmatrix}
K_p(\omega,n_0\Delta t) \\ 0 \\ \vdots \\ 0
\end{bmatrix}
\end{aligned}
\tag{7.84}
$$

那么，

$$
\boldsymbol{G}(\omega)=\boldsymbol{H}^{-1}(\omega)\boldsymbol{\Lambda}^{-1}(\omega)\left[K_p(\omega,n_0\Delta t)\quad 0\quad \cdots\quad 0\right]^{\mathrm{T}} \tag{7.85}
$$

因此，若要实现分数阶傅里叶域 M 通道滤波器组的准确重建，其分析滤波器和综合滤波器必须满足如式(7.85)所示的条件。

7.5.2 分数阶傅里叶域 M 通道准确重建滤波器组的设计方法

上一节只是给出了分数阶傅里叶域 M 通道滤波器组准确重建的一般形式，可以发现，由式(7.85)设计分数阶傅里叶域准确重建滤波器组非常困难。本节将介绍一种由傅里叶域准确重建滤波器组设计分数阶傅里叶域准确重建滤波器组的方法[13]。

为了进一步推导分数阶傅里叶域 M 通道准确重建滤波器组的设计条件，需对分析滤波器组和综合滤波器组分别进行多相分解。根据式(7.57)，$\widetilde{H}_{l,p}(\omega)$的I型多相结构可以表示为

$$
\widetilde{H}_{l,p}(\omega)=\frac{1}{A_p}\sum_{k=0}^{M-1}\mathrm{e}^{-\frac{\mathrm{j}}{2}\left(\frac{\omega}{\Delta t}\right)^2\cot\alpha}K_p(\omega,k\Delta t)\widetilde{E}_{lk,p}(M\omega) \tag{7.86}
$$

其中，$\widetilde{E}_{lk,p}(M\omega)$为 $\widetilde{H}_{l,p}(\omega)$在分数阶傅里叶域的第 k 个Ⅰ型多相分量。那么，分析滤波器组$\{\widetilde{H}_{l,p}(\omega)\}_{l=0,1,\cdots,M-1}$可以用矩阵形式表示为

$$
\begin{bmatrix}
\widetilde{H}_{0,p}(\omega) \\ \widetilde{H}_{1,p}(\omega) \\ \vdots \\ \widetilde{H}_{M-1,p}(\omega)
\end{bmatrix}
=\frac{1}{A_p}\mathrm{e}^{-\frac{\mathrm{j}}{2}\left(\frac{\omega}{\Delta t}\right)^2\cot\alpha}\boldsymbol{E}_p(M\omega)\boldsymbol{k}_e(\omega) \tag{7.87}
$$

其中，

$$\boldsymbol{E}_p(\omega)=\{\widetilde{E}_{lk,p}(\omega)\}_{l,k=0,1,\cdots,M-1}$$

$$\boldsymbol{k}_e(\omega)=[K_p(\omega,0)\quad K_p(\omega,\Delta t)\quad \cdots\quad K_p(\omega,(M-1)\Delta t)]^{\mathrm{T}}$$

根据式(7.58)，综合滤波器组 $\widetilde{G}_{l,p}(\omega)$ 的Ⅱ型多相结构可以表示为

$$\widetilde{G}_{l,p}(\omega)=\frac{1}{A_p}\sum_{k=0}^{M-1}\mathrm{e}^{-\frac{\mathrm{j}}{2}\left(\frac{\omega}{\Delta t}\right)^2\cot\alpha}K_p[\omega,(M-1-k)\Delta t]\widetilde{R}_{kl,p}(M\omega) \tag{7.88}$$

其中，$\widetilde{R}_{kl,p}(M\omega)$ 为 $\widetilde{H}_{l,p}(\omega)$ 在分数傅里叶域的第 k 个Ⅱ型多相分量。那么，综合滤波器组 $\{\widetilde{G}_{l,p}(\omega)\}_{l=0,1,\cdots,M-1}^{\mathrm{T}}$ 可以用矩阵形式表示为

$$\begin{aligned}
&[\widetilde{G}_{0,p}(\omega)\quad \widetilde{G}_{1,p}(\omega)\quad \cdots\quad \widetilde{G}_{M-1,p}(\omega)]\\
&=[K_p(\omega,(M-1)\Delta t)\quad \cdots\quad K_p(\omega,\Delta t)\quad K_p(\omega,0)]\cdot\\
&\quad\begin{bmatrix}
\widetilde{R}_{00,p}(M\omega) & \widetilde{R}_{01,p}(M\omega) & \cdots & \widetilde{R}_{0(M-1),p}(M\omega)\\
\widetilde{R}_{10,p}(M\omega) & \widetilde{R}_{11,p}(M\omega) & \cdots & \widetilde{R}_{1(M-1),p}(M\omega)\\
\vdots & \vdots & \ddots & \vdots\\
\widetilde{R}_{(M-1)0,p}(M\omega) & \widetilde{R}_{(M-1)1,p}(M\omega) & \cdots & \widetilde{R}_{(M-1)(M-1),p}(M\omega)
\end{bmatrix}\mathrm{e}^{-\frac{\mathrm{j}}{2}\left(\frac{\omega}{\Delta t}\right)^2\cot\alpha}\\
&=\frac{1}{A_p}\mathrm{e}^{-\frac{\mathrm{j}}{2}\left(\frac{\omega}{\Delta t}\right)^2\cot\alpha}\boldsymbol{k}_r(\omega)\boldsymbol{R}_p(M\omega)
\end{aligned} \tag{7.89}$$

其中，

$$\boldsymbol{R}_p(\omega)=\{\widetilde{R}_{kl,p}(\omega)\}_{k,l=0,1,\cdots,M-1}$$

$$\boldsymbol{k}_r(\omega)=[K_p(\omega,(M-1)\Delta t)\quad \cdots\quad K_p(\omega,\Delta t)\quad K_p(\omega,0)]$$

设 $\boldsymbol{P}_p(M\omega)$ 为多相分量乘积矩阵，即

$$\boldsymbol{P}_p(M\omega)=\boldsymbol{R}_p(M\omega)\boldsymbol{E}_p(M\omega) \tag{7.90}$$

那么，由式(7.86)、式(7.88)和式(7.90)可以得到分数阶傅里叶域 M 通道滤波器组的多相表示，如图7.24所示。

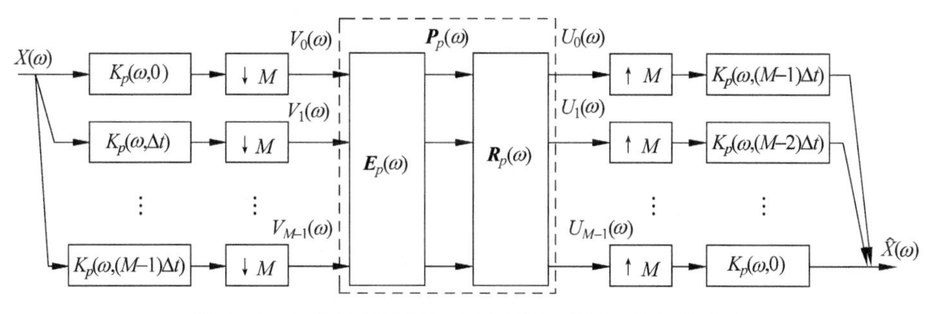

图7.24　分数阶傅里叶域 M 通道滤波器组的多相表示

为了进一步推导 M 通道滤波器组中准确重建关系的多相表示，假设分析滤波器组中第 $l(l=0,1,\cdots,M-1)$ 路滤波器 $\widetilde{H}_{l,p}(\omega)$ 在时域可以表示为

$$h_{l,p}(n)=h_l(n)\mathrm{e}^{-\frac{\mathrm{j}}{2}n^2\Delta t^2\cot\alpha} \tag{7.91}$$

其中，当 $l=0$ 时，$h_l(n)$ 为傅里叶域中的低通滤波器；当 $l=M-1$ 时，$h_l(n)$ 为傅里叶域中的高通滤波器；当 $l=1,2,\cdots,M-2$ 时，$h_l(n)$ 为傅里叶域中的带通滤波器，求得 $h_l(n)$ 的离散时间分数阶傅里叶变换为

$$\begin{aligned}\widetilde{H}_{l,p}(\omega)&=A_p\mathrm{e}^{\frac{\mathrm{j}}{2}\left(\frac{\omega}{\Delta t}\right)^2\cot\alpha}\sum_{n=-\infty}^{+\infty}h_{l,p}(n)\mathrm{e}^{-\mathrm{j}\omega n\csc\alpha}\mathrm{e}^{\frac{\mathrm{j}}{2}n^2\Delta t^2\cot\alpha}\\&=A_p\mathrm{e}^{\frac{\mathrm{j}}{2}\left(\frac{\omega}{\Delta t}\right)^2\cot\alpha}\widetilde{H}_l(\omega\csc\alpha)\end{aligned} \tag{7.92}$$

其中，$\widetilde{H}_l(\omega\csc\alpha)$ 为 $h_l(n)$ 的傅里叶变换。因此由式(7.92)可以知道，$\widetilde{H}_{l,p}(\omega)$ 为分数阶傅里叶域中的低通、带通、高通滤波器组。根据式(7.57)和傅里叶域多相结构定义式[1]，$\widetilde{H}_{l,p}(\omega)$ 在分数阶傅里叶域的第 k 个Ⅰ型多相分量 $\widetilde{E}_{lk,p}(M\omega)$ 可以写为

$$\begin{aligned}\widetilde{E}_{lk,p}(M\omega)&=A_p\mathrm{e}^{\frac{\mathrm{j}}{2}\left(\frac{\omega}{\Delta t}\right)^2\cot\alpha}\sum_{n=-\infty}^{+\infty}\left[h_{l,p}(Mn+k)\mathrm{e}^{\frac{\mathrm{j}}{2}(2Mkn)\Delta t^2\cot\alpha}\right]\cdot\\&\quad\mathrm{e}^{-\mathrm{j}\omega(Mn)\csc\alpha+\frac{\mathrm{j}}{2}(Mn)^2\Delta t^2\cot\alpha}\\&=A_p\mathrm{e}^{\frac{\mathrm{j}}{2}\left(\frac{\omega}{\Delta t}\right)^2\cot\alpha-\frac{\mathrm{j}}{2}k^2\Delta t^2\cot\alpha}\widetilde{E}_{lk}(M\omega\csc\alpha)\end{aligned} \tag{7.93}$$

其中，$\widetilde{E}_{lk}(M\omega\csc\alpha)$ 为 $h_l(n)$ 在傅里叶域第 k 个Ⅰ型多相分量，将式(7.93)代入式(7.86)，有

$$\widetilde{H}_{l,p}(\omega)=A_p\mathrm{e}^{\frac{\mathrm{j}}{2}\left(\frac{\omega}{\Delta t}\right)^2\cot\alpha}\sum_{k=0}^{M-1}\mathrm{e}^{-\mathrm{j}k\omega\csc\alpha}\widetilde{E}_{lk}(M\omega\csc\alpha) \tag{7.94}$$

进而可以有

$$\widetilde{H}_{l,p}\left(\omega-m\frac{2\pi}{M}\sin\alpha\right)=A_p\mathrm{e}^{\frac{\mathrm{j}}{2}\left(\frac{M\omega-2m\pi\sin\alpha}{M\Delta t}\right)^2\cot\alpha}\sum_{k=0}^{M-1}\mathrm{e}^{-\mathrm{j}k\left(\omega-m\frac{2\pi}{M}\sin\alpha\right)\csc\alpha}\widetilde{E}_{lk}(M\omega\csc\alpha) \tag{7.95}$$

那么，式(7.94)中矩阵 $\boldsymbol{H}(\omega)$ 可写为

$$\begin{aligned}\boldsymbol{H}(\omega)&=A_p\operatorname{diag}\left\{\mathrm{e}^{\frac{\mathrm{j}}{2}\left(\frac{M\omega-m\cdot2\pi\sin\alpha}{M\Delta t}\right)^2\cot\alpha}\right\}_{m=0,1,\cdots,M-1}\cdot\\&\quad\left\{\mathrm{e}^{-\mathrm{j}k\left(\omega-m\frac{2\pi}{M}\sin\alpha\right)\csc\alpha}\right\}_{m,k=0,1,\cdots,M-1}\left\{\widetilde{E}_{kl}(M\omega\csc\alpha)\right\}_{l,k=0,1,\cdots,M-1}\end{aligned} \tag{7.96}$$

类似地，假设综合滤波器组中第 $l(l=0,1,\cdots,M-1)$ 路滤波器 $\widetilde{G}_{l,p}(\omega)$ 在时域可以表示为

$$g_{l,p}(n)=g_l(n)\mathrm{e}^{-\frac{\mathrm{j}}{2}n^2\Delta t^2\cot\alpha} \tag{7.97}$$

其中，当 $l=0$ 时，$g_l(n)$ 为傅里叶域低通滤波器；当 $l=M-1$ 时，$g_l(n)$ 为傅里叶域高通滤波器；当 $l=1,2,\cdots,M-2$ 时，$g_l(n)$ 为傅里叶域中的带通滤波器。与式(7.92)类似，$g_{l,p}(n)$ 的离散时间分数阶傅里叶变换为

$$\widetilde{G}_{l,p}(\omega)=A_p\mathrm{e}^{\frac{\mathrm{j}}{2}\left(\frac{\omega}{\Delta t}\right)^2\cot\alpha}\widetilde{G}_l(\omega\csc\alpha) \tag{7.98}$$

其中，$\widetilde{G}_l(\omega\csc\alpha)$ 为 $g_l(n)$ 的傅里叶变换，那么 $\widetilde{G}_{l,p}(\omega)$ 为分数阶傅里叶域中的低通($l=0$)、带通($l=1,2,\cdots,M-2$)、高通($l=M-1$)滤波器。根据式(7.98)，$\widetilde{G}_{l,p}(\omega)$ Ⅱ型多相结构的

第 k 个多相分量 $\widetilde{R}_{kl,p}(M\omega)$ 可以写为

$$\begin{aligned}\widetilde{R}_{kl,p}(M\omega)&=A_p e^{\frac{j}{2}\left(\frac{\omega}{\Delta t}\right)^2\cot\alpha}\cdot\\&\quad\sum_{n=-\infty}^{+\infty}\left[g_{l,p}(Mn+M-1-k)e^{\frac{j}{2}[2M(M-1-k)n]\Delta t^2\cot\alpha}\right]e^{-jM\omega n\csc\alpha+\frac{j}{2}n^2(M\Delta t)^2\cot\alpha}\\&=A_p e^{\frac{j}{2}\left(\frac{\omega}{\Delta t}\right)^2\cot\alpha-\frac{j}{2}(M-1-k)^2\Delta t^2\cot\alpha}\widetilde{R}_{kl}(M\omega\csc\alpha)\end{aligned}\tag{7.99}$$

其中，$\widetilde{R}_{kl}(M\omega\csc\alpha)$ 为 $h_l(n)$ 在傅里叶域第 k 个Ⅱ型多相分量。将式(7.99)代入式(7.88)，有

$$\widetilde{G}_{l,p}(\omega)=A_p e^{\frac{j}{2}\left(\frac{\omega}{\Delta t}\right)^2\cot\alpha}\sum_{k=0}^{M-1}e^{-j(M-1-k)\omega\csc\alpha}\widetilde{R}_{kl}(M\omega\csc\alpha)\tag{7.100}$$

那么，式(7.84)中矩阵 $\boldsymbol{G}(\omega)$ 写为

$$\boldsymbol{G}(\omega)=A_p e^{\frac{j}{2}\left(\frac{\omega}{\Delta t}\right)^2\cot\alpha}\{\widetilde{R}_{kl}(M\omega\csc\alpha)\}_{l,k=0,1,\cdots,M-1}\{e^{-j(M-1-k)\omega\csc\alpha}\}_{k=0,1,\cdots,M-1}\tag{7.101}$$

将式(7.96)和式(7.101)代入式(7.84)，有

$$\begin{aligned}&A_p^2 e^{\frac{j}{2}\left(\frac{\omega}{\Delta t}\right)^2\cot\alpha}\boldsymbol{\Lambda}(\omega)\mathrm{diag}\{e^{\frac{j}{2}\left(\frac{M\omega-m\cdot2\pi\sin\alpha}{M\Delta t}\right)^2\cot\alpha}\}_{m=0,1,\cdots,M-1}\cdot\\&\{e^{-jk\left(\omega-m\frac{2\pi}{M}\sin\alpha\right)\csc\alpha}\}_{m,k=0,1,\cdots,M-1}\{\widetilde{E}_{kl}(M\omega\csc\alpha)\}_{l,k=0,1,\cdots,M-1}\cdot\\&\{\widetilde{R}_{kl}(M\omega\csc\alpha)\}_{l,k=0,1,\cdots,M-1}\{e^{-j(M-1-k)\omega\csc\alpha}\}_{k=0,1,\cdots,M-1}\\&=[K_p(\omega,n_0\Delta t),0,\cdots,0]^{\mathrm{T}}\end{aligned}\tag{7.102}$$

设 $\boldsymbol{P}(M\omega)=\{\widetilde{R}_{kl}(M\omega\csc\alpha)\}_{k,l=0,1,\cdots,M-1}\{\widetilde{E}_{kl}(M\omega\csc\alpha)\}_{k,l=0,1,\cdots,M-1}$，那么式(7.102)可以进一步化简为

$$\begin{aligned}&A_p\{e^{-jk\left(\omega-m\frac{2\pi}{M}\sin\alpha\right)\csc\alpha}\}_{m,k=0,1,\cdots,M-1}\cdot\\&\{\widetilde{P}_{kl}(M\omega\csc\alpha)\}^{\mathrm{T}}_{k,l=0,1,\cdots,M-1}\{e^{-j(M-1-k)\omega\csc\alpha}\}_{k=0,1,\cdots,M-1}\\&=\{e^{-j\omega n_0\csc\alpha+\frac{j}{2}\cot\alpha(n_0\Delta t)^2},0,\cdots,0\}^{\mathrm{T}}\end{aligned}\tag{7.103}$$

由上式可得，当 $m\neq0$ 时，

$$\sum_{l=0}^{M-1}\sum_{k=0}^{M-1}e^{-j\omega l\csc\alpha+j\frac{2\pi}{M}\cdot m\cdot l}\widetilde{P}_{kl}(M\omega\csc\alpha)e^{-j(M-1-k)\omega\csc\alpha}=0\tag{7.104}$$

由文献[18]可以知道，为满足式(7.104)的条件，$\boldsymbol{P}(M\omega)$ 应为伪循环矩阵，即

$$\boldsymbol{P}(M\omega)=\begin{bmatrix}\widetilde{P}_{00}(M\omega\csc\alpha)&\widetilde{P}_{01}(M\omega\csc\alpha)&\cdots&\widetilde{P}_{0,M-1}(M\omega\csc\alpha)\\e^{-jM\omega\csc\alpha}\widetilde{P}_{0,M-1}(M\omega\csc\alpha)&\widetilde{P}_{00}(M\omega\csc\alpha)&\cdots&\widetilde{P}_{0,M-2}(M\omega\csc\alpha)\\\vdots&\vdots&\ddots&\vdots\\e^{-jM\omega\csc\alpha}\widetilde{P}_{01}(M\omega\csc\alpha)&e^{-jM\omega\csc\alpha}\widetilde{P}_{02}(M\omega\csc\alpha)&\cdots&\widetilde{P}_{00}(M\omega\csc\alpha)\end{bmatrix}\tag{7.105}$$

那么，由分析滤波器组 $h_l(n)$ 和综合滤波器组 $g_l(n)$ 构成的 M 通道滤波器组在傅里叶域可以实现混叠抵消。那么，由式(7.84)和式(7.103)进而有，当 $m=0$ 时，

$$\tilde{\hat{X}}_p(\omega)=\frac{1}{M}\mathrm{e}^{-\frac{\mathrm{j}}{2}\left(\frac{\omega}{\Delta t}\right)^2\cot\alpha}\tilde{X}_p(\omega)A_p^2\mathrm{e}^{\frac{\mathrm{j}}{2}\left(\frac{\omega}{\Delta t}\right)^2\cot\alpha}\sum_{l=0}^{M-1}Q_l(\omega)\tag{7.106}$$

其中，$Q_l(\omega)=\sum_{k=0}^{M-1}\mathrm{e}^{-\mathrm{j}l\omega\csc\alpha}\mathrm{e}^{-\mathrm{j}(M-1-k)\omega\csc\alpha}\tilde{P}_{kl}(M\omega\csc\alpha)$。由分数阶傅里叶域滤波器组准确重建条件可以知道，若滤波器组的输出为其输入的分数阶傅里叶域延时形式，即

$$\tilde{\hat{X}}_p(\omega)=\frac{1}{M}\mathrm{e}^{-\frac{\mathrm{j}}{2}\left(\frac{\omega}{\Delta t}\right)^2\cot\alpha}\tilde{X}_p(\omega)c_0K_p(\omega,n_0\Delta t)\tag{7.107}$$

其中，$c_0=cA_p\mathrm{e}^{-\frac{\mathrm{j}}{2}n_0^2\Delta t^2\cot\alpha}$ 为一常数。那么，

$$Q_0(\omega)=Q_1(\omega)=\cdots=Q_{M-1}(\omega)=Q(\omega)=c_0\mathrm{e}^{-\mathrm{j}n_0\omega\csc\alpha}\tag{7.108}$$

进而，式(7.105)可以写为

$$\boldsymbol{P}(M\omega)=c_0\mathrm{e}^{-\mathrm{j}n_0\omega\csc\alpha}\begin{bmatrix}\boldsymbol{0} & \boldsymbol{I}_{M-r}\\ \mathrm{e}^{-\mathrm{j}M\omega\csc\alpha}\boldsymbol{I}_r & \boldsymbol{0}\end{bmatrix}\tag{7.109}$$

其中，$\boldsymbol{I}$ 为单位阵。由文献[18]中傅里叶域 M 通道滤波器组的准确重建条件可以知道，由 $h_l(n)$ 和 $g_l(n)$ 构成的滤波器组为傅里叶域中的 M 通道准确重建最大抽取滤波器组。

因此，由以上分析可得如下定理。

定理 7.1：假设 $h_0(n),h_1(n),\cdots,h_{M-1}(n)$ 和 $g_0(n),g_1(n),\cdots,g_{M-1}(n)$ 分别为傅里叶域 M 通道准确重建滤波器组的分析滤波器和综合滤波器，那么由式(7.91)和式(7.97)得到的分析滤波器 $\{h_{l,p}(n)\}$ 和综合滤波器 $\{g_{l,p}(n)\}$ 构成分数阶傅里叶域 M 通道准确重建滤波器组。

下面，我们将通过现在已有的傅里叶域 M 通道滤波器组的原型滤波器来设计分数阶傅里叶域的滤波器组，以证明定理 7.1 所提出来的结论。在仿真实验中，使用的是 Soo-Chang Pei 在 2000 年提出的离散分数阶傅里叶变换算法[15]，并对分数阶傅里叶变换系数作了归一化处理。

在本仿真实验中，傅里叶域准确滤波器组中滤波器 $h(n)$ 采用文献[18]表Ⅱ中的三通道最大抽取滤波器组系数。设该滤波器在时域的采样间隔为 $\Delta t=1$，根据式(7.101)可以得出 $p=1/2$ 阶分数阶傅里叶域最大抽取滤波器组中各滤波器的单位采样响应。图 7.25 中实线、虚线、点画线分别为 $p=1/2$ 阶分数阶傅里叶域低通滤波器 $h_{0,p}(n)$、带通滤波器 $h_{1,p}(n)$、高通滤波器 $h_{2,p}(n)$ 在相应的分数阶傅里叶域数字频率轴上的对数幅频特性。图 7.26 所示为失真传递函数

$$\tilde{T}_p(\omega)=|\tilde{H}_{0,p}(\omega)|^2+|\tilde{H}_{1,p}(\omega)|^2+|\tilde{H}_{2,p}(\omega)|^2\tag{7.110}$$

的对数幅频特性。通过仿真实验可以发现，该分数阶傅里叶域三通道最大抽取滤波器组与由 $h(n)$ 生成的傅里叶域滤波器组准确重建特性相同。

7.5.3 分数阶傅里叶域两通道滤波器组

两通道滤波器组是多采样率滤波器组中最简单的一种滤波器组，其抽取因子和内插因子都为 2，这种结构为子带编码的基础[1]。以两通道滤波器组级联而得的树状滤波器组可以对信号作多层次的划分，并构成了 Mallat 多分辨率分析算法的基础[22]，在小波变换中占有重要的地位，已在图像、语音信号处理中得到了广泛的应用，具有良好的鲁棒性[23-25]。

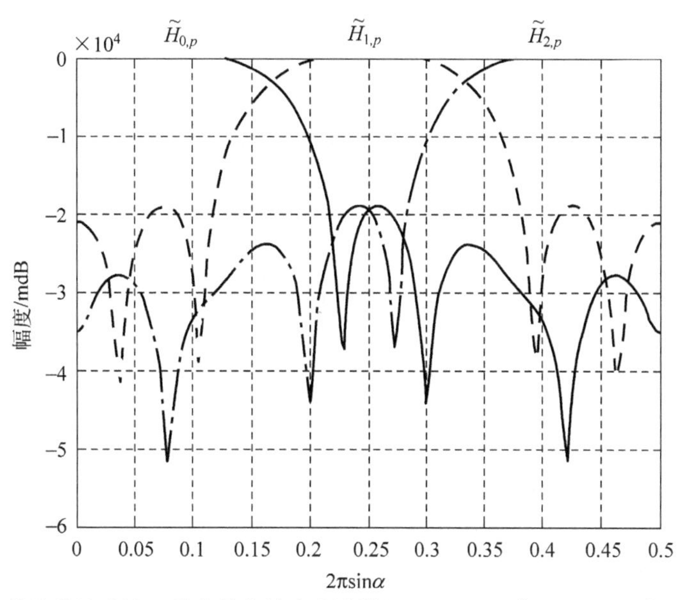

图 7.25　分数阶傅里叶域三通道最大抽取滤波器组 $H_{0,p}$、$H_{1,p}$ 和 $H_{2,p}$ 对数幅频响应曲线

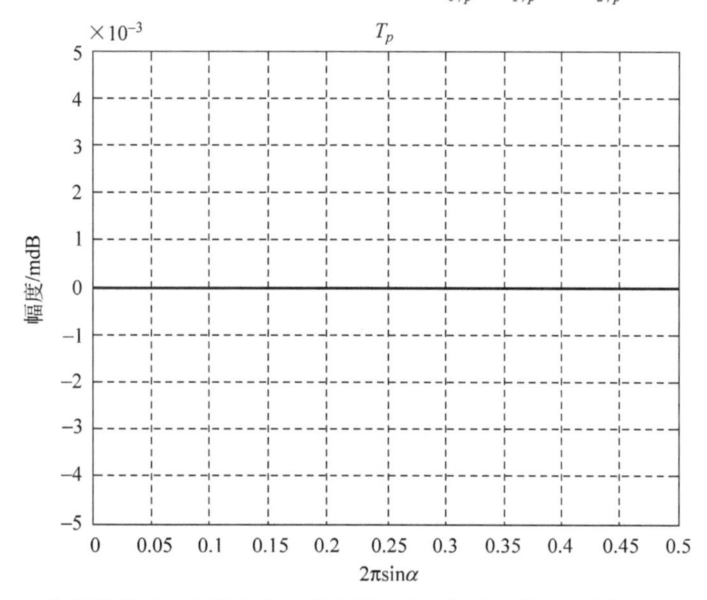

图 7.26　分数阶傅里叶域最大抽取滤波器组失真传递函数 T_p 对数幅频响应曲线

分数阶傅里叶域两通道滤波器组如图 7.27 所示，由式(7.84)可以知道其准确重建条件为[14]

$$\mathrm{e}^{-\frac{\mathrm{j}}{2}\left(\frac{\omega}{\Delta t}\right)^{2}\cot\alpha}\begin{bmatrix}1 & 0\\ 0 & \mathrm{e}^{\mathrm{j}\cot\alpha\frac{2\pi\omega\sin\alpha-\pi^{2}\sin^{2}\alpha}{\Delta t^{2}}}\end{bmatrix}\begin{bmatrix}\widetilde{H}_{0,p}(\omega) & \widetilde{H}_{0,p}\left(\omega-\frac{2\pi}{M}\sin\alpha\right)\\ \widetilde{H}_{1,p}(\omega) & \widetilde{H}_{1,p}\left(\omega-\frac{2\pi}{M}\sin\alpha\right)\end{bmatrix}\begin{bmatrix}\widetilde{G}_{0,p}(\omega)\\ \widetilde{G}_{1,p}(\omega)\end{bmatrix}$$

$$=\begin{bmatrix}K_{p}(\omega,n_{0}\Delta t)\\ 0\end{bmatrix}$$

那么，

$$\frac{\widetilde{G}_{0,p}(\omega)}{\widetilde{G}_{1,p}(\omega)}=-\frac{\widetilde{H}_{1,p}(\omega-\pi\sin\alpha)}{\widetilde{H}_{0,p}(\omega-\pi\sin\alpha)} \tag{7.111}$$

$$\begin{aligned}\widetilde{T}_p(\omega)&=\frac{1}{2}\left[\widetilde{G}_{0,p}(\omega)\widetilde{H}_{0,p}(\omega)\mathrm{e}^{-\frac{\mathrm{j}}{2}\left(\frac{\omega}{\Delta t}\right)^2\cot\alpha}+\widetilde{G}_{1,p}(\omega)\widetilde{H}_{1,p}(\omega)\mathrm{e}^{-\frac{\mathrm{j}}{2}\left(\frac{\omega}{\Delta t}\right)^2\cot\alpha}\right]\\&=cK_p(\omega,n_0\Delta t)\end{aligned} \tag{7.112}$$

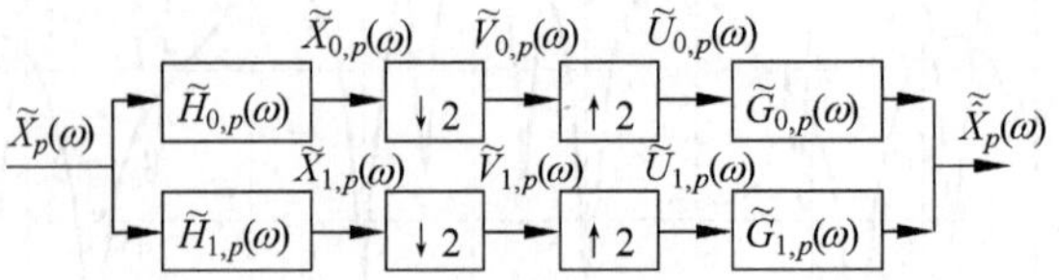

图 7.27　分数阶傅里叶域两通道滤波器组

下面介绍分数阶傅里叶域两种准确重建滤波器组。

1. 分数阶傅里叶域正交镜像滤波器组

设傅里叶域两通道正交镜像滤波器组的分析滤波器为 $h_0(n)$、$h_1(n)$，综合滤波器为 $g_0(n)$、$g_1(n)$。由本章定理 7.1 可以知道，分数阶傅里叶域准确重建两通道正交镜像滤波器组的分析滤波器组 $h_{0,p}(n)$、$h_{1,p}(n)$可以定义为

$$h_{0,p}(n)=h_0(n)\mathrm{e}^{-\frac{\mathrm{j}}{2}n^2\Delta t^2\cot\alpha},\quad h_{1,p}(n)=h_1(n)\mathrm{e}^{-\frac{\mathrm{j}}{2}n^2\Delta t^2\cot\alpha}$$

综合滤波器组 $g_{0,p}(n)$、$g_{1,p}(n)$可以定义为

$$g_{0,p}(n)=g_0(n)\mathrm{e}^{-\frac{\mathrm{j}}{2}n^2\Delta t^2\cot\alpha},\quad g_{1,p}(n)=g_1(n)\mathrm{e}^{-\frac{\mathrm{j}}{2}n^2\Delta t^2\cot\alpha}$$

由于滤波器 $h_0(n)$的多相分量为纯延迟的形式[17]，即 $\widetilde{H}_0(\omega)=c_0\mathrm{e}^{-2\mathrm{j}n_0\omega_0}+c_1\mathrm{e}^{-\mathrm{j}(2n_0+1)\omega_0}$，那么 $h_{0,p}(n)$的离散时间分数阶傅里叶变换为

$$\begin{aligned}\widetilde{H}_{0,p}(\omega)=&c_1\mathrm{e}^{-\frac{\mathrm{j}}{2}(2n_0)^2\Delta t^2\cot\alpha}K_p(\omega,2n_0\Delta t)+\\&c_2\mathrm{e}^{-\frac{\mathrm{j}}{2}(2n_1+1)^2\Delta t^2\cot\alpha}K_p[\omega,(2n_1+1)\Delta t]\end{aligned}$$

可以发现，$h_{0,p}(n)$也为纯分数阶延迟的形式。与傅里叶域两通道正交镜像滤波器组类似，分数阶傅里叶域两通道正交镜像滤波器组也只能实现近似的准确重建

图 7.28 给出了 $h_{0,p}(n)$和 $h_{1,p}(n)$的分数阶傅里叶域表示，图 7.29 给出了误差传递函数 $\widetilde{T}_p(\omega)$的分数阶傅里叶域表示。傅里叶域标准正交滤波器组原型滤波器 $h(n)$采用文献[17]中用 Johnston 算法设计出的序号为 16A 的滤波器。

2. 分数阶傅里叶域共轭正交镜像滤波器组

设傅里叶域两通道共轭正交镜像滤波器组的分析滤波器为 $h_0(n)$、$h_1(n)$，综合滤波器为 $g_0(n)$、$g_1(n)$。由本章定理 7.1 可以知道，分数阶傅里叶域两通道共轭正交镜像滤波器组的分析滤波器组 $h_{0,p}(n)$、$h_{1,p}(n)$可以定义为

$$h_{0,p}(n)=h_0(n)\mathrm{e}^{-\frac{\mathrm{j}}{2}n^2\Delta t^2\cot\alpha}$$

$$h_{1,p}(n)=h_1(n)\mathrm{e}^{-\frac{\mathrm{j}}{2}n^2\Delta t^2\cot\alpha}=\mathrm{e}^{\mathrm{j}(n+1)\pi}h_0(N-1-n)\mathrm{e}^{-\frac{\mathrm{j}}{2}n^2\Delta t^2\cot\alpha}$$

综合滤波器组 $g_{0,p}(n)$、$g_{1,p}(n)$可以定义为

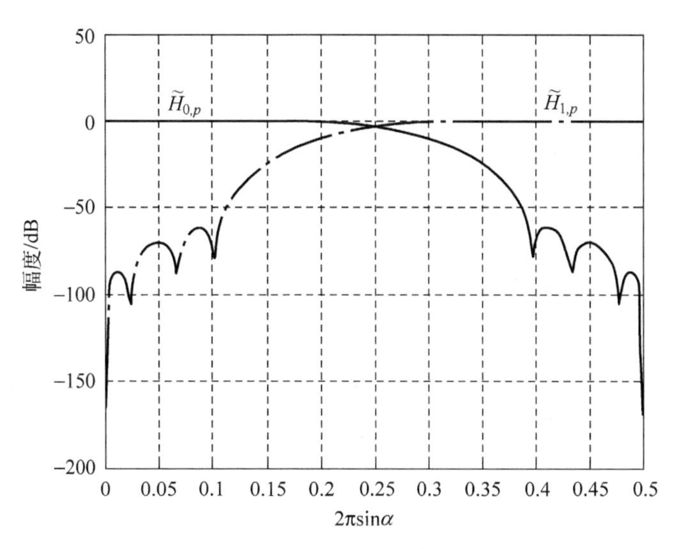

图 7.28 分数阶傅里叶标准正交镜像滤波器组 $\widetilde{H}_{0,p}$ 和 $\widetilde{H}_{1,p}$ 对数幅频响应曲线

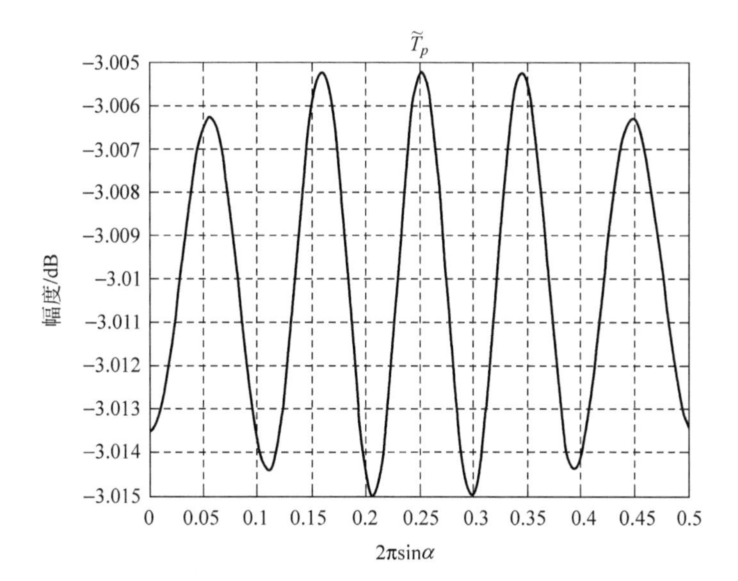

图 7.29 分数阶傅里叶标准正交镜像滤波器组 $\widetilde{T}_p$ 对数幅频响应曲线

$$g_{0,p}(n)=g_0(n)\mathrm{e}^{-\frac{\mathrm{j}}{2}n^2\Delta t^2\cot\alpha}=-h_0(N-1-n)\mathrm{e}^{-\frac{\mathrm{j}}{2}n^2\Delta t^2\cot\alpha}$$

$$g_{1,p}(n)=g_0(n)\mathrm{e}^{-\frac{\mathrm{j}}{2}n^2\Delta t^2\cot\alpha}=(-1)^{n+1}h_0(n)\mathrm{e}^{-\frac{\mathrm{j}}{2}n^2\Delta t^2\cot\alpha}$$

由离散时间分数阶傅里叶变换的定义，有

$$\frac{\widetilde{G}_{0,p}(\omega)}{\widetilde{G}_{1,p}(\omega)}=-\frac{\widetilde{H}_{1,p}(\omega-\pi\sin a)}{\widetilde{H}_{0,p}(\omega-\pi\sin a)} \tag{7.113}$$

相应的误差传递函数为

$$\widetilde{T}_p(\omega)=-\frac{1}{2}A_p^2\mathrm{e}^{\frac{\mathrm{j}}{2}\left(\frac{\omega}{\Delta t}\right)^2\cot\alpha}\mathrm{e}^{-\mathrm{j}(N-1)\omega\csc\alpha}\cdot$$

$$\{\widetilde{H}_0(\omega\csc\alpha)\widetilde{H}_0(-\omega\csc\alpha)+\widetilde{H}_0[(\omega-\pi\sin\alpha)\csc\alpha]\widetilde{H}_0[-(\omega-\pi\sin\alpha)\csc\alpha]\} \tag{7.114}$$

其中，$\widetilde{H}_0(\omega\csc\alpha)$为$h_0(n)$的傅里叶变换。由文献[26]可以知道

$$\widetilde{H}(\omega\csc\alpha)\widetilde{H}(-\omega\csc\alpha)+\widetilde{H}[(\omega-\pi\sin\alpha)\csc\alpha]\widetilde{H}[-(\omega-\pi\sin\alpha)\csc\alpha]=1 \tag{7.115}$$

上式表明，分数阶傅里叶域共轭正交镜像滤波器组为准确重建滤波器组。

图 7.30 给出了$h_{0,p}(n)$和$h_{1,p}(n)$的分数阶傅里叶域表示，图 7.31 给出了误差传递函数$\widetilde{T}_p(\omega)$的分数阶傅里叶域表示。傅里叶域标准正交滤波器组原型滤波器$h(n)$采用文献[26]中长度为 16 的滤波器。

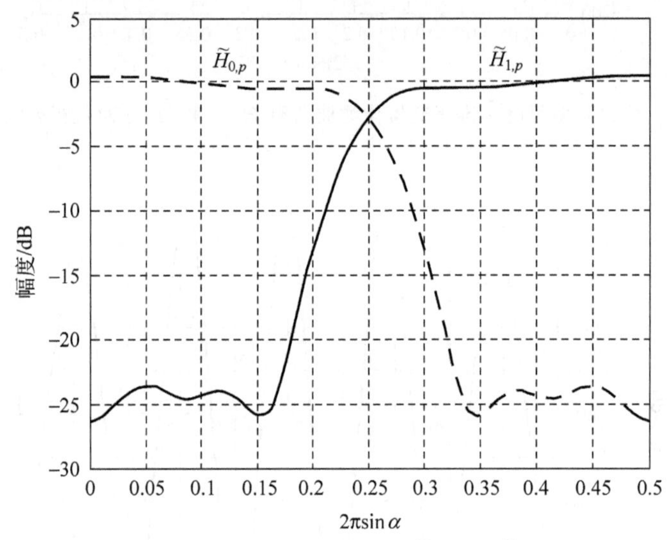

图 7.30 分数阶傅里叶标准正交镜像滤波器组$\widetilde{H}_{0,p}$和$\widetilde{H}_{1,p}$对数幅频响应曲线

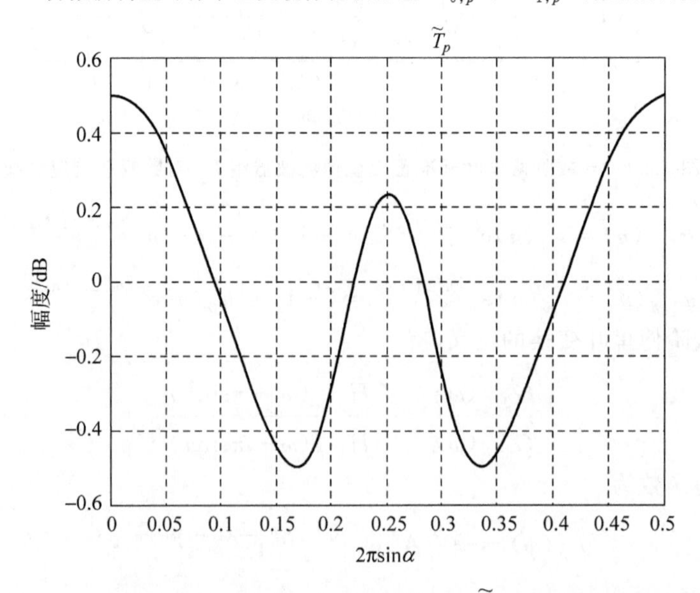

图 7.31 分数阶傅里叶标准正交镜像滤波器组$\widetilde{T}_p$对数幅频响应曲线

参考文献

[1] Vaidyanathan P P. Multirate digital filters, filter banks, polyphase networks, and applications: a tutorial[J]. Proceedings of the IEEE, 1990, 78(1): 56-93.

[2] 胡广书. 现代信号处理教程[M]. 北京：清华大学出版社, 2004.

[3] Yetik I S, Nehorai A. Beamforming using the fractional Fourier transform[J]. IEEE Trans. Signal Processing, 2003, 51(6): 1663-1668.

[4] Djurovic I, Stankovic S, Pitas I. Digital watermarking in the fractional Fourier transformation domain [J]. Journal of Network and Computer Applications, 2001, 24: 167-173.

[5] Martone M. A multicarrier system based on the fractional Fourier transform for time-frequency-selective channels[J]. IEEE Trans. Communications, 2001, 49(6): 1011-1020.

[6] Kutay M A, Ozaktas H M, et al. Optimal filtering in fractional Fourier domains[J]. IEEE Trans. Signal Processing, 1997, 45(5): 1129-1143.

[7] Qi L, Tao R, Zhou S Y, et al. Detection and parameter estimation of multicomponent LFM signal based on the fractional Fourier transform[J]. Science in China, Ser. F, 2004, 47(2): 184-198.

[8] 齐林, 陶然, 周思永, 等. DSSS 系统中基于分数阶 Fourier 变换的扫频干扰抑制算法[J]. 电子学报, 2004, 32(5): 799-802.

[9] 赵兴浩, 陶然. 基于分数阶相关的无源雷达动目标检测新算法[J]. 电子学报. 2005, 33(9): 1567-1570.

[10] 陶然, 邓兵, 王越. 分数阶 Fourier 变换在信号处理领域的研究进展[J]. 中国科学(E 辑), 2006, 36(2): 113-136.

[11] Meng X Y, Tao R, Wang Y. The fractional Fourier domain analysis of decimation and interpolation [J]. Science in China, Ser. F, 2007, 50(4): 521-538.

[12] Tao R, Deng B, et al. Sampling and sampling rate conversion of band limited signals in the fractional Fourier transform domain[J]. IEEE Trans. Signal Processing, 2008, 56(1): 158-171.

[13] 孟祥意, 陶然, 王越. 分数阶 Fourier 域 M 通道滤波器组[J]. 自然科学进展, 2008, 18(2): 186-196.

[14] 孟祥意, 陶然, 王越. 分数阶傅里叶域两通道滤波器组[J]. 电子学报, 2008, 36(5): 919-926.

[15] Pei S C, Ding J J. Closed-Form discrete fractional and affine Fourier transforms [J]. IEEE Transactions on Signal Processing, 2000, 48(5): 1338-1353.

[16] Zayed A I. A convolution and product theorem for the fractional Fourier transform[J]. IEEE Signal Processing Letters. 1998, 5(4): 101-103.

[17] Johnston J D. A filter family designed for use in quadrature mirror filter banks[J]. Proc IEEE ICASSP, 1980, 291-294.

[18] Vaidyanathan P P. Theory and design of M channel maximally decimated quadrature mirror filters with arbitrary M, having perfect reconstruction property[J]. IEEE Trans. Acoustics, Speech, and Signal Processing, 1987, 35(4): 476-492.

[19] Siohan P, Siclet C, Lacaille N. Analysis and design of OFDM/OQAM systems based on filterbank theory[J]. IEEE Trans. Signal Processing, 2002, 50(5): 1170-1183.

[20] 张登银, 郑宝玉. 广义正交传输系统及其高效实现方法[J]. 通信学报, 2002, 23(12): 102-109.

[21] Saito S, Furukawa T, Konishi K. A digital watermarking for audio data using band division based on QMF bank[C]//IEEE International Conference on Acoustics, Speech, and Signal Processing, 2002 Proceedings. (ICASSP'02). 2002, 4: 3473-3476.

[22] Mallat S. A Wavelet Tour of Signal Processing[M]. SanDiego, CA: Academic Press, 1997.

[23] Ashourian M, et al. Design of image watermarking system in subband transform domain with

minimum distortion[J]. TENCON 2000 Proceedings,2000,3: 379-382.

[24] Regalia P A,Dong-yan H. Eigenstructure algorithms for multirate adaptive lossless FIR filters[J]. IEEE Trans. Signal Processing,2006,54(4): 1386-1398.

[25] Vetterli M, Herley C. Wavelets and filter banks Theory and design [J]. IEEE Trans. Signal Processing,1992,40(9): 2207-2232.

[26] Smith M J,Barnwell T P. Exact reconstruction techniques for tree-structured subband coders[J]. IEEE Transactions on Acoustics,Speech,and Signal Processing,1986,34(3): 434-441.

第8章

分数阶傅里叶域随机信号处理

随机信号通过线性系统后，输入/输出随机信号间的统计关系是现代信号处理最基本的问题之一。在基于傅里叶变换的线性时不变系统的分析中，已经得到：输出信号的均值等于系统输入信号的均值和系统响应的卷积；当输入为广义平稳随机过程时，系统输出自相关函数为输入的自相关函数同系统响应函数的两次卷积，系统输出的功率谱密度等于系统输入的功率谱密度函数同系统传递函数模平方的乘积。并且随机信号的功率谱密度同其相关函数有著名的 Wiener-Khinchine 定理：任意一个广义平稳过程的功率谱密度函数和它的相关函数组成一个傅里叶变换对。随机信号通过线性时不变系统后，系统响应的时域和频域统计特性分析，包括均值、方差和功率谱密度等，广泛应用于滤波、信号识别、信号分离、系统辨识以及最佳线性系统设计等方面。

之前在利用分数阶傅里叶变换对含噪声信号进行分数阶傅里叶域滤波时，并没有考虑随机信号通过分数阶傅里叶域滤波器后输出随机信号的统计特性。分数阶傅里叶域滤波器作为一类特殊的线性时变系统，有必要研究随机信号通过该系统后系统响应的统计特征。

8.1 随机信号通过分数阶傅里叶域滤波器的统计特性分析

8.1.1 确定信号通过分数阶傅里叶域滤波器输入/输出基本关系

为了考察分数阶傅里叶域乘性滤波器对输入随机信号统计特性的影响，首先考察确定信号通过分数阶傅里叶域乘性滤波器的输出时域表示。

设输入信号为 $x(t)$，输出为 $y(t)$，α 角度分数阶傅里叶域的乘性滤波器为 $H_\alpha(u)$。已知输入/输出信号的分数阶傅里叶域的关系为

$$Y_\alpha(u)=H_\alpha(u)X_\alpha(u) \tag{8.1}$$

则

$$\begin{aligned}y(t)&=\mathcal{F}^{-\alpha}[H_\alpha(u)X_\alpha(u)]\\&=A_\alpha A_{-\alpha}\int_{-\infty}^{+\infty}\int_{-\infty}^{+\infty}\mathrm{e}^{-\frac{\mathrm{j}}{2}(t^2-\tau^2)\cot\alpha-\mathrm{j}u(\tau-t)\csc\alpha}x(\tau)H_\alpha(u)\mathrm{d}\tau\mathrm{d}u\end{aligned}$$

$$=A_\alpha A_{-\alpha}\mathrm{e}^{-\mathrm{j}\frac{t^2}{2}\cot\alpha}\int_{-\infty}^{+\infty}x(\tau)\mathrm{e}^{\mathrm{j}\frac{\tau^2}{2}\cot\alpha}\int_{-\infty}^{+\infty}\mathrm{e}^{\mathrm{j}u(t-\tau)\csc\alpha}H(u)\mathrm{d}u\mathrm{d}\tau \tag{8.2}$$

设 $h'(t)=\int_{-\infty}^{+\infty}H_\alpha(u)\mathrm{e}^{\mathrm{j}ut}\mathrm{d}u$，即

$$h'(t)=\sqrt{2\pi}\,\mathcal{F}^{-\frac{\pi}{2}}[H_\alpha(u)] \tag{8.3}$$

令

$$\tilde{x}(t)=x(t)\mathrm{e}^{\mathrm{j}\frac{t^2}{2}\cot\alpha} \tag{8.4}$$

$$\tilde{h}(t)=\int_{-\infty}^{+\infty}H_\alpha(u)\mathrm{e}^{\mathrm{j}ut\csc\alpha}\mathrm{d}u$$

有

$$\tilde{h}(t)=h'(t\csc\alpha) \tag{8.5}$$

则

$$\tilde{h}(t-\tau)=\int_{-\infty}^{+\infty}H_\alpha(u)\mathrm{e}^{\mathrm{j}u(t-\tau)\csc\alpha}\mathrm{d}u \tag{8.6}$$

将式(8.4)、式(8.6)代入式(8.2)，得到

$$\begin{aligned}y(t)&=A_\alpha A_{-\alpha}\mathrm{e}^{-\mathrm{j}\frac{t^2}{2}\cot\alpha}\int_{-\infty}^{+\infty}x(\tau)\mathrm{e}^{\mathrm{j}\frac{\tau^2}{2}\cot\alpha}\tilde{h}(t-\tau)\mathrm{d}\tau\\&=A_\alpha A_{-\alpha}\mathrm{e}^{-\mathrm{j}\frac{t^2}{2}\cot\alpha}\tilde{x}(t)*\tilde{h}(t)\end{aligned} \tag{8.7}$$

由于是卷积表达式，所以可以交换卷积的顺序，有

$$\begin{aligned}y(t)&=A_\alpha A_{-\alpha}\mathrm{e}^{-\mathrm{j}\frac{t^2}{2}\cot\alpha}\int_{-\infty}^{+\infty}x(t-\tau)\mathrm{e}^{\mathrm{j}\frac{(t-\tau)^2}{2}\cot\alpha}\tilde{h}(\tau)\mathrm{d}\tau\\&=A_\alpha A_{-\alpha}\int_{-\infty}^{+\infty}x(t-\tau)\mathrm{e}^{\mathrm{j}\frac{\tau^2-2t\tau}{2}\cot\alpha}\tilde{h}(\tau)\mathrm{d}\tau\end{aligned} \tag{8.8}$$

式(8.7)、式(8.8)就是分数阶傅里叶域乘性滤波 $Y_\alpha(u)=H_\alpha(u)X_\alpha(u)$ 所对应的时域表示。

8.1.2 随机信号通过分数阶傅里叶域滤波器的统计特性

根据上面推导出的确定信号经过分数阶傅里叶域滤波器后的输入/输出关系，我们考察输入随机信号 $\xi(t)$ 通过 α 角度分数阶傅里叶域的乘性滤波器 $H_\alpha(u)$ 后，输出随机信号 $\eta(t)$ 的统计特性。

首先看输入/输出的均值关系。

由式(8.2)，有

$$\begin{aligned}E[\eta(t)]&=E\left[A_\alpha A_{-\alpha}\mathrm{e}^{-\mathrm{j}\frac{t^2}{2}\cot\alpha}\int_{-\infty}^{+\infty}\xi(\tau)\mathrm{e}^{\mathrm{j}\frac{\tau^2}{2}\cot\alpha}\int_{-\infty}^{+\infty}\mathrm{e}^{\mathrm{j}u(t-\tau)\csc\alpha}H_\alpha(u)\mathrm{d}u\mathrm{d}\tau\right]\\&=A_\alpha A_{-\alpha}\mathrm{e}^{-\mathrm{j}\frac{t^2}{2}\cot\alpha}\int_{-\infty}^{+\infty}H_\alpha(u)\mathrm{e}^{\mathrm{j}ut\csc\alpha}\int_{-\infty}^{+\infty}E[\xi(\tau)]\mathrm{e}^{\mathrm{j}\frac{\tau^2}{2}\cot\alpha-\mathrm{j}u\tau\csc\alpha}\mathrm{d}u\mathrm{d}\tau\end{aligned} \tag{8.9}$$

设 $\mu(t)=E[\xi(t)]$ 为输入随机信号的均值，则

$$E[\eta(t)]=A_{-\alpha}\mathrm{e}^{-\mathrm{j}\frac{t^2}{2}\cot\alpha}\int_{-\infty}^{+\infty}H_\alpha(u)\mathrm{e}^{\mathrm{j}ut\csc\alpha}\,\mathcal{F}^\alpha[\mu(\tau)](u)\mathrm{e}^{-\mathrm{j}\frac{u^2}{2}\cot\alpha}\mathrm{d}u$$

$$=\mathcal{F}^{-\alpha}\{\mathcal{F}^{\alpha}[\mu(t)](u)H_{\alpha}(u)\}(t) \tag{8.10}$$

上式即为随机信号通过分数阶傅里叶域滤波器后,输入/输出信号均值之间的关系。

作为特例,当 $\mu(t)=\mu,\alpha=\pi/2$ 时,有

$$E[\eta(t)]=\mu H(0) \tag{8.11}$$

上式就是随机信号通过线性时不变系统的输入/输出均值关系。

接着考察输入输出随机信号的自相关函数之间的关系,分两步进行。

1. 输出 $\eta(t)$ 与输入 $\xi(t)$ 的互相关函数同输入自相关函数的关系

$$\begin{aligned}E\{\eta(t_1)\xi^*(t_2)\}&=R_{\eta\xi}(t_1,t_2)\\&=E\left\{A_{\alpha}A_{-\alpha}\mathrm{e}^{-\mathrm{j}\frac{t_1^2}{2}\cot\alpha}\int_{-\infty}^{+\infty}\tilde{h}(t_1-u)\xi(u)\mathrm{e}^{\mathrm{j}\frac{u^2}{2}\cot\alpha}\mathrm{d}u\xi^*(t_2)\right\}\\&=A_{\alpha}A_{-\alpha}\mathrm{e}^{-\mathrm{j}\frac{t_1^2}{2}\cot\alpha}\int_{-\infty}^{+\infty}\tilde{h}(t_1-u)\mathrm{e}^{\mathrm{j}\frac{u^2}{2}\cot\alpha}R_{\xi\xi}(u,t_2)\mathrm{d}u\end{aligned} \tag{8.12}$$

作变量代换 $t_1-u=u',t_1-t_2=\tau$,有

$$\begin{aligned}R_{\eta\xi}(t_1,t_2)&=A_{\alpha}A_{-\alpha}\mathrm{e}^{-\mathrm{j}\frac{t_1^2}{2}\cot\alpha}\int_{-\infty}^{+\infty}\tilde{h}(u)\mathrm{e}^{\mathrm{j}\frac{(t_1-u)^2}{2}\cot\alpha}R_{\xi\xi}(t_1-u,t_2)\mathrm{d}u\\&=A_{\alpha}A_{-\alpha}\int_{-\infty}^{+\infty}\tilde{h}(u)\mathrm{e}^{\mathrm{j}\frac{u^2-2t_1u}{2}\cot\alpha}R_{\xi\xi}(t_1-u,t_2)\mathrm{d}u\end{aligned} \tag{8.13}$$

当输入随机信号的自相关函数可以表示为 $R_{\xi\xi}(t_1-u,t_2)=R_{\xi\xi}(t_1-u-t_2)=R_{\xi\xi}(\tau-u)$,可以得到

$$R_{\eta\xi}(t_1,t_2)=A_{\alpha}A_{-\alpha}\int_{-\infty}^{+\infty}\tilde{h}(u)\mathrm{e}^{\mathrm{j}\frac{u^2-2t_1u}{2}\cot\alpha}R_{\xi\xi}(\tau-u)\mathrm{d}u$$

令 $\tilde{h}_1(u,t_1)=\tilde{h}(u)\mathrm{e}^{\mathrm{j}\frac{u^2-2t_1u}{2}\cot\alpha}$,则

$$R_{\eta\xi}(t_1,t_2)=A_{\alpha}A_{-\alpha}[\tilde{h}_1(\tau,t_1)\overset{\tau}{*}R_{\xi\xi}(\tau)] \tag{8.14}$$

其中,$\overset{\tau}{*}$ 表示对变量 τ 作卷积。上式表明,输入/输出的互相关函数可以表示为一个卷积形式。同时可以看出,由于分数阶傅里叶域滤波器不是线性时不变系统,所以即使输入随机信号的自相关函数只是时间间隔 τ 的函数,输入/输出的互相关函数也不只跟时间间隔 τ 有关。

2. 输出 $\eta(t)$ 的自相关函数同输出 $\eta(t)$、输入 $\xi(t)$ 的互相关函数之间的关系

根据式(8.8)的输入/输出关系,有

$$\begin{aligned}R_{\eta\eta}(t_1,t_2)&=E\left[\eta(t_1)A_{\alpha}A_{-\alpha}\left(\int_{-\infty}^{+\infty}\tilde{h}(v)\xi(t_2-v)\mathrm{e}^{\mathrm{j}\frac{v^2-2t_2v}{2}\cot\alpha}\mathrm{d}v\right)^*\right]\\&=A_{\alpha}A_{-\alpha}E\left[\int_{-\infty}^{+\infty}\tilde{h}^*(v)\eta(t_1)\xi^*(t_2-v)\mathrm{e}^{\mathrm{j}\frac{-v^2+2t_2v}{2}\cot\alpha}\mathrm{d}v\right]\\&=A_{\alpha}A_{-\alpha}\int_{-\infty}^{+\infty}\tilde{h}^*(v)\mathrm{e}^{\mathrm{j}\frac{-v^2+2t_2v}{2}\cot\alpha}R_{\eta\xi}(t_1,t_2-v)\mathrm{d}v\end{aligned} \tag{8.15}$$

令 $\tilde{h}_2(u,t_2)=\tilde{h}^*(u)\mathrm{e}^{\mathrm{j}\frac{-u^2+2t_2u}{2}\cot\alpha}$,得到

$$R_{\eta\eta}(t_1,t_2)=A_{\alpha}A_{-\alpha}\int_{-\infty}^{+\infty}\tilde{h}_2(v,t_2)R_{\eta\xi}(t_1,t_2-v)\mathrm{d}v \tag{8.16}$$

联立式(8.13)和式(8.15)，可以得到输出自相关函数与输入自相关函数的关系：

$$R_{\eta\eta}(t_1,t_2)=A_\alpha^2A_{-\alpha}^2\int_{-\infty}^{+\infty}\tilde{h}^*(v)\mathrm{e}^{\mathrm{j}\frac{-v^2+2t_2v}{2}\cot\alpha}\left[\int_{-\infty}^{+\infty}\tilde{h}(u)\mathrm{e}^{\mathrm{j}\frac{u^2-2t_1u}{2}\cot\alpha}R_{\xi\xi}(t_1-u,t_2-v)\mathrm{d}u\right]\mathrm{d}v \tag{8.17}$$

可以看出，在分数阶傅里叶域滤波器的作用下，输出信号的自相关函数依然可以表示为两次卷积，只不过即使当输入随机信号的自相关函数只是时间间隔 τ 的函数时，输出的自相关函数也不只是时间间隔 τ 的函数。

8.2 分数阶功率谱

8.2.1 分数阶功率谱的定义

下面考查输入/输出随机信号的功率谱密度函数之间的关系，由于是在分数阶傅里叶域滤波，所以这里需要扩展功率谱密度函数的概念，我们定义随机信号的分数阶功率谱密度函数。

定义 8.1：设 $x_T(t)$为随机信号 $x(t)$的样本函数在时间$[-T,T]$的截断函数，$X_{\alpha,T}(u)$为 $x_T(t)$的 α 角度分数阶傅里叶变换，则定义随机信号 $x(t)$的 α 角度分数阶功率谱密度函数

$$P_{xx}^\alpha(u)=\lim_{T\to\infty}\frac{E\left|X_{\alpha,T}(u)\right|^2}{2T} \tag{8.18}$$

下面考查功率谱密度函数同相关函数的关系。

$$\begin{aligned}P_{xx}^\alpha(u)&=\lim_{T\to\infty}\frac{E\left|X_{\alpha,T}(u)\right|^2}{2T}\\&=\lim_{T\to\infty}\frac{1}{2T}E\left[A_\alpha\int_{-T}^{T}x(t_1)\mathrm{e}^{\mathrm{j}\frac{t_1^2+u^2}{2}\cot\alpha-jut_1\csc\alpha}\mathrm{d}t_1\cdot\right.\\&\qquad\left.A_{-\alpha}\int_{-T}^{T}x^*(t_2)\mathrm{e}^{-\mathrm{j}\frac{t_2^2+u^2}{2}\cot\alpha+\mathrm{j}ut_2\csc\alpha}\mathrm{d}t_2\right]\\&=\lim_{T\to\infty}\frac{1}{2T}E\left[A_\alpha A_{-\alpha}\int_{-T}^{T}\mathrm{d}t_1\int_{-T}^{T}\mathrm{e}^{-\mathrm{j}u(t_1-t_2)\csc\alpha}\mathrm{e}^{\mathrm{j}\frac{t_1^2-t_2^2}{2}\cot\alpha}x(t_1)x^*(t_2)\mathrm{d}t_2\right]\end{aligned} \tag{8.19}$$

令 $t_1-t_2=\tau$，有 $\mathrm{d}t_1=\mathrm{d}\tau$，则

$$\begin{aligned}P_{xx}^\alpha(u)&=A_\alpha A_{-\alpha}\lim_{T\to\infty}\frac{1}{2T}\int_{-T-t_2}^{T-t_2}\mathrm{d}\tau\int_{-T}^{T}\mathrm{e}^{-\mathrm{j}u\tau\csc\alpha}\mathrm{e}^{\mathrm{j}\frac{(2t_2+\tau)\tau}{2}\cot\alpha}R_{xx}(t_2+\tau,t_2)\mathrm{d}t_2\\&=A_\alpha A_{-\alpha}\int_{-\infty}^{+\infty}\mathrm{e}^{-\mathrm{j}u\tau\csc\alpha}\mathrm{d}\tau\left\{\lim_{T\to\infty}\frac{1}{2T}\int_{-T}^{T}R_{xx}(t_2+\tau,t_2)\mathrm{e}^{\mathrm{j}\frac{(2t_2+\tau)\tau}{2}\cot\alpha}\mathrm{d}t_2\right\}\\&=A_\alpha A_{-\alpha}\int_{-\infty}^{+\infty}\mathrm{e}^{-\mathrm{j}u\tau\csc\alpha}\mathrm{e}^{\mathrm{j}\frac{\tau^2}{2}\cot\alpha}\left\{\lim_{T\to\infty}\frac{1}{2T}\int_{-T}^{T}R_{xx}(t_2+\tau,t_2)\mathrm{e}^{\mathrm{j}t_2\tau\cot\alpha}\mathrm{d}t_2\right\}\mathrm{d}\tau\end{aligned} \tag{8.20}$$

从上式可以看出，当 $\alpha=\pi/2$ 时，式 (8.20)成为功率谱密度函数同相关函数的关系。类似定义 8.1，可以得到互相关功率谱密度函数的表达形式：

$$P_{xy}^{\alpha}(u)=\lim_{T\to+\infty}\frac{E[X_{\alpha,T}(u)Y_{\alpha,T}^{*}(u)]}{2T}$$
$$=A_{\alpha}A_{-\alpha}\int_{-\infty}^{+\infty}\mathrm{e}^{-\mathrm{j}u\tau\csc\alpha}\mathrm{e}^{\mathrm{j}\frac{\tau^2}{2}\cot\alpha}\left\{\lim_{T\to+\infty}\frac{1}{2T}\int_{-T}^{T}R_{xy}(t_2+\tau,t_2)\mathrm{e}^{\mathrm{j}t_2\tau\cot\alpha}\mathrm{d}t_2\right\}\mathrm{d}\tau \tag{8.21}$$

设

$$\hat{R}_{xx}^{\alpha}(\tau)=\lim_{T\to+\infty}\frac{1}{2T}\int_{-T}^{T}R_{xx}(t_2+\tau,t_2)\mathrm{e}^{\mathrm{j}t_2\tau\cot\alpha}\mathrm{d}t_2 \tag{8.22}$$

把式(8.22)代入式(8.20)就得到一个重要结论。

定理 8.1：$P_{xx}^{\alpha}(u)$为随机信号 $x(t)$的 α 角度分数阶功率谱密度函数，$\hat{R}_{xx}^{\alpha}(\tau)=\lim_{T\to+\infty}\frac{1}{2T}\int_{-T}^{T}R_{xx}(t_2+\tau,t_2)\mathrm{e}^{\mathrm{j}t_2\tau\cot\alpha}\mathrm{d}t_2$，那么有

$$P_{xx}^{\alpha}(u)=A_{-\alpha}\mathcal{F}^{\alpha}[\hat{R}_{xx}^{\alpha}(\tau)](u)\mathrm{e}^{-\mathrm{j}\frac{u^2}{2}\cot\alpha} \tag{8.23}$$

上式就是分数阶功率谱密度同相关函数之间的关系：随机信号的 α 角度分数阶功率谱密度函数，等于其相关函数与一个谐波函数相乘的时间平均，再作 α 角度分数阶傅里叶变换，最后乘以一个 chirp 函数。可以看出，当分数阶傅里叶变换角度 $\alpha=\pi/2$ 时，定理 8.1 退化为随机信号的功率谱密度同相关函数的关系：随机信号的功率谱密度是相关函数时间平均的傅里叶变换；当输入又是平稳随机信号时，定理 8.1 退化为 Wiener-Khinchine 定理。

8.2.2 分数阶傅里叶域滤波器的输入/输出分数阶功率谱关系

为了得到输入/输出随机信号的分数阶功率谱密度之间的关系，同推导输入/输出随机信号的自相关函数关系一样，这里还是分为两步，首先推导输入/输出的互功率谱密度函数同输入的功率谱密度函数的关系，然后推导输出的功率谱密度函数同输入/输出的互功率谱密度函数的关系。

为此，我们需要对式(8.13)进行变换：

$$R_{\eta\xi}(t_1,t_2)=A_{\alpha}A_{-\alpha}\int_{-\infty}^{+\infty}\tilde{h}(u)\mathrm{e}^{\mathrm{j}\frac{u^2-2t_1u}{2}\cot\alpha}R_{\xi\xi}(t_1-u,t_2)\mathrm{d}u$$
$$=A_{\alpha}A_{-\alpha}\int_{-\infty}^{+\infty}\tilde{h}(u)R_{\xi\xi}(t_1-u,t_2)\mathrm{e}^{\mathrm{j}\frac{u^2-2\tau u}{2}\cot\alpha}(\mathrm{e}^{-\mathrm{j}\frac{u^2-2\tau u}{2}\cot\alpha}\mathrm{e}^{\mathrm{j}\frac{u^2-2t_1u}{2}\cot\alpha})\mathrm{d}u$$
$$=A_{\alpha}A_{-\alpha}\int_{-\infty}^{+\infty}\tilde{h}(u)R_{\xi\xi}(t_1-u,t_2)\mathrm{e}^{\mathrm{j}\frac{u^2-2\tau u}{2}\cot\alpha}\mathrm{e}^{\mathrm{j}(\tau-t_1)u\cot\alpha}\mathrm{d}u$$
$$=A_{\alpha}A_{-\alpha}\int_{-\infty}^{+\infty}\tilde{h}(u)\mathrm{e}^{-\mathrm{j}t_2u\cot\alpha}[R_{\xi\xi}(t_1-u,t_2)\mathrm{e}^{\mathrm{j}\frac{u^2-2\tau u}{2}\cot\alpha}]\mathrm{d}u$$

即

$$R_{\eta\xi}(t_1,t_2)=A_{\alpha}A_{-\alpha}\int_{-\infty}^{+\infty}\tilde{h}(u)\mathrm{e}^{-\mathrm{j}t_2u\cot\alpha}[R_{\xi\xi}(t_1-u,t_2)\mathrm{e}^{\mathrm{j}\frac{u^2-2\tau u}{2}\cot\alpha}]\mathrm{d}u \tag{8.24}$$

类似式 (8.22)，定义

$$\hat{R}_{\eta\xi}^{\alpha}(\tau)=\lim_{T\to+\infty}\frac{1}{2T}\int_{-T}^{T}R_{\eta\xi}(t_2+\tau,t_2)\mathrm{e}^{\mathrm{j}t_2\tau\cot\alpha}\mathrm{d}t_2 \tag{8.25}$$

把式（8.24)代入上式，得到

$$\hat{R}^{\alpha}_{\eta\xi}(\tau)=\lim_{T\to+\infty}\frac{1}{2T}\int_{-T}^{T}R_{\eta\xi}(t_2+\tau,t_2)\mathrm{e}^{\mathrm{j}t_2\tau\cot\alpha}\mathrm{d}t_2$$

$$=\lim_{T\to+\infty}\frac{1}{2T}\int_{-T}^{T}\left\{A_\alpha A_{-\alpha}\int_{-\infty}^{+\infty}\tilde{h}(u)\mathrm{e}^{-\mathrm{j}t_2u\cot\alpha}\left[R_{\xi\xi}(t_2+\tau-u,t_2)\mathrm{e}^{\mathrm{j}\frac{u^2-2\tau u}{2}\cot\alpha}\right]\mathrm{d}u\right\}\mathrm{e}^{\mathrm{j}t_2\tau\cot\alpha}\mathrm{d}t_2$$

$$=\lim_{T\to+\infty}\frac{1}{2T}\int_{-T}^{T}A_\alpha A_{-\alpha}\int_{-\infty}^{+\infty}\tilde{h}(u)\left[R_{\xi\xi}(t_2+\tau-u,t_2)\mathrm{e}^{\mathrm{j}t_2(\tau-u)\cot\alpha}\mathrm{e}^{\mathrm{j}\frac{u^2-2\tau u}{2}\cot\alpha}\right]\mathrm{d}u\mathrm{d}t_2$$

交换积分和极限的顺序得到

$$\hat{R}^{\alpha}_{\eta\xi}(\tau)=A_\alpha A_{-\alpha}\int_{-\infty}^{+\infty}\tilde{h}(u)\lim_{T\to+\infty}\frac{1}{2T}\int_{-T}^{T}\cdot\left[R_{\xi\xi}(t_2+\tau-u,t_2)\mathrm{e}^{\mathrm{j}t_2(\tau-u)\cot\alpha}\right]\mathrm{d}t_2\mathrm{e}^{\mathrm{j}\frac{u^2-2\tau u}{2}\cot\alpha}\mathrm{d}u \tag{8.26}$$

根据式(8.22)，则

$$\hat{R}^{\alpha}_{\xi\xi}(\tau-u)=\lim_{T\to+\infty}\frac{1}{2T}\int_{-T}^{T}R_{\xi\xi}(t_2+\tau-u,t_2)\mathrm{e}^{\mathrm{j}t_2(\tau-u)\cot\alpha}\mathrm{d}t_2 \tag{8.27}$$

所以有

$$\begin{aligned}\hat{R}^{\alpha}_{\eta\xi}(\tau)&=A_\alpha A_{-\alpha}\int_{-\infty}^{+\infty}\tilde{h}(u)\hat{R}^{\alpha}_{\xi\xi}(\tau-u)\mathrm{e}^{\mathrm{j}\frac{u^2-2\tau u}{2}\cot\alpha}\mathrm{d}u\\&=A_\alpha A_{-\alpha}\mathrm{e}^{\mathrm{j}\frac{-\tau^2}{2}\cot\alpha}\{\tilde{h}(\tau)*[\hat{R}^{\alpha}_{\xi\xi}(\tau)\mathrm{e}^{\mathrm{j}\frac{\tau^2}{2}\cot\alpha}]\}\end{aligned} \tag{8.28}$$

对比式(8.7)，对上式作 α 角度的分数阶傅里叶变换，得到

$$\mathcal{F}^{\alpha}[\hat{R}^{\alpha}_{\eta\xi}(\tau)](u)=H_\alpha(u)\mathcal{F}^{\alpha}[\hat{R}^{\alpha}_{\xi\xi}(\tau)](u) \tag{8.29}$$

而根据式(8.21)和式(8.25)，有

$$P^{\alpha}_{\eta\xi}(u)=A_{-\alpha}\mathcal{F}^{\alpha}[\hat{R}^{\alpha}_{\eta\xi}(\tau)](u)\mathrm{e}^{-\mathrm{j}\frac{u^2}{2}\cot\alpha} \tag{8.30}$$

再结合式(8.23)得到第二个重要结论。

定理 8.2：设 $\xi(t)$ 为输入随机信号，$\eta(t)$ 为 $\xi(t)$ 通过 α 角度分数阶傅里叶域的乘性滤波器 $H_\alpha(u)$ 的输出，$P^{\alpha}_{\eta\xi}(u)$ 和 $P^{\alpha}_{\xi\xi}(u)$ 分别为输出/输入的互功率谱密度函数和输入的功率谱密度函数，有

$$P^{\alpha}_{\eta\xi}(u)=H_\alpha(u)P^{\alpha}_{\xi\xi}(u) \tag{8.31}$$

由上式可见，输出/输入随机信号互分数阶功率谱密度函数，同输入随机信号的自分数阶功率谱密度函数依然有着简单的对应关系。当 $\alpha=\pi/2$ 时，式(8.31)就是经典的结论：随机信号通过线性时不变系统后，输出/输入的互功率谱密度函数等于输入的自功率谱密度函数和系统响应的乘积。

下面我们考察输出的分数阶功率谱密度函数同输出/输入的互功率谱密度函数的关系。为了推导的方便，这里需要引出随机信号分数阶功率谱密度函数等价的第二种形式。重写式(8.19)如下：

$$\begin{aligned}P^{\alpha}_{xx}(u)&=\lim_{T\to+\infty}\frac{E|X_{\alpha,T}(u)|^2}{2T}\\&=\lim_{T\to+\infty}\frac{1}{2T}E\left[A_\alpha A_{-\alpha}\int_{-T}^{T}\mathrm{d}t_1\int_{-T}^{T}\mathrm{e}^{-\mathrm{j}u(t_1-t_2)\csc\alpha}\mathrm{e}^{\mathrm{j}\frac{t_1^2-t_2^2}{2}\cot\alpha}x(t_1)x^*(t_2)\mathrm{d}t_2\right]\end{aligned} \tag{8.32}$$

令 $t_1-t_2=\tau$，有 $\mathrm{d}t_2=-\mathrm{d}\tau$，$t_2=t_1-\tau$，得到

$$\begin{aligned}P_{xx}^{\alpha}(u)&=A_{\alpha}A_{-\alpha}\lim_{T\to+\infty}\frac{1}{2T}\int_{t_1-T}^{t_1+T}\mathrm{d}\tau\int_{-T}^{T}\mathrm{e}^{\mathrm{j}\frac{\tau(2t_1-\tau)}{2}\cot\alpha}\mathrm{e}^{-\mathrm{j}u\tau\csc\alpha}R_{xx}(t_1,t_1-\tau)\mathrm{d}t_1\\&=A_{\alpha}A_{-\alpha}\int_{-\infty}^{+\infty}\mathrm{e}^{-\mathrm{j}\frac{\tau^2}{2}\cot\alpha}\mathrm{e}^{\mathrm{j}(-u)\tau\csc\alpha}\mathrm{d}\tau\lim_{T\to+\infty}\frac{1}{2T}\int_{-T}^{T}R_{xx}(t_1,t_1-\tau)\mathrm{e}^{\mathrm{j}\tau t_1\cot\alpha}\mathrm{d}t_1\end{aligned}\tag{8.33}$$

类似式(8.22)，设

$$\hat{R}_{xx}^{\alpha}(\tau)=\lim_{T\to+\infty}\frac{1}{2T}\int_{-T}^{T}R_{xx}(t_1,t_1-\tau)\mathrm{e}^{\mathrm{j}t_1\tau\cot\alpha}\mathrm{d}t_1\tag{8.34}$$

则有

$$P_{xx}^{\alpha}(u)=A_{\alpha}\,\mathcal{F}^{-\alpha}\,[\hat{\hat{R}}_{xx}^{\alpha}(\tau)]\,(-u)\mathrm{e}^{\mathrm{j}\frac{u^2}{2}\cot\alpha}\tag{8.35}$$

上式是定理 8.1 的另一种形式：随机信号的 α 角度分数阶功率谱密度函数，等于其相关函数与一个谐波函数相乘的时间平均，再作 −α 角度分数阶傅里叶变换，最后乘以一个 chirp 函数。

根据上面的结论，重写式(8.15)：

$$\begin{aligned}R_{\eta\eta}(t_1,t_2)&=A_{\alpha}A_{-\alpha}\int_{-\infty}^{+\infty}\tilde{h}^*(v)\mathrm{e}^{\mathrm{j}\frac{-v^2+2t_2v}{2}\cot\alpha}R_{\eta\xi}(t_1,t_2-v)\mathrm{d}v\\&=A_{\alpha}A_{-\alpha}\int_{-\infty}^{+\infty}\tilde{h}_2(v)\mathrm{e}^{\mathrm{j}\frac{-v^2+2t_2v}{2}\cot\alpha}R_{\eta\xi}(t_1,t_2-v)\mathrm{d}v\end{aligned}\tag{8.36}$$

其中，根据分数阶傅里叶变换的性质，有

$$H_{\alpha}^{*}(u)=\{\mathcal{F}^{\alpha}[h(t)]\}^{*}=\mathcal{F}^{-\alpha}[h^{*}(t)]\tag{8.37}$$

根据式(8.36)中 $\tilde{h}_2(v)$ 和 $\tilde{h}(v)$ 的定义并结合式(8.37)，有

$$\tilde{h}_2(v)=\tilde{h}^*(v)=\left[\int_{-\infty}^{+\infty}H_{\alpha}(u)\mathrm{e}^{\mathrm{j}uv\csc\alpha}\mathrm{d}u\right]^*=\int_{-\infty}^{+\infty}H_{\alpha}^{*}(u)\mathrm{e}^{\mathrm{j}uv\csc(-\alpha)}\mathrm{d}u\tag{8.38}$$

式(8.36)可以写为

$$\begin{aligned}R_{\eta\eta}(t_1,t_2)&=A_{\alpha}A_{-\alpha}\int_{-\infty}^{+\infty}\tilde{h}^*(v)R_{\eta\xi}(t_1,t_2-v)\mathrm{e}^{\mathrm{j}\frac{v^2+2\tau v}{2}\cot(-\alpha)}\mathrm{e}^{-\mathrm{j}(\tau+t_2)v\cot(-\alpha)}\mathrm{d}v\\&=A_{\alpha}A_{-\alpha}\int_{-\infty}^{+\infty}\tilde{h}^*(v)\mathrm{e}^{-\mathrm{j}t_1v\cot(-\alpha)}R_{\eta\xi}(t_1,t_2-v)\mathrm{e}^{\mathrm{j}\frac{v^2+2\tau v}{2}\cot(-\alpha)}\mathrm{d}v\end{aligned}\tag{8.39}$$

把上式代入式(8.33)，有

$$\begin{aligned}P_{\eta\eta}^{\alpha}(u)&=A_{\alpha}A_{-\alpha}\int_{-\infty}^{+\infty}\mathrm{e}^{-\mathrm{j}\frac{\tau^2}{2}\cot\alpha}\mathrm{e}^{\mathrm{j}(-u)\tau\csc\alpha}\mathrm{d}\tau\lim_{T\to+\infty}\frac{1}{2T}\cdot\\&\quad\int_{-T}^{T}R_{\eta\eta}(t_1,t_2-v)\mathrm{e}^{\mathrm{j}\tau t_1\cot\alpha}\mathrm{d}t_1\\&=A_{\alpha}A_{-\alpha}\int_{-\infty}^{+\infty}\mathrm{e}^{-\mathrm{j}\frac{\tau^2}{2}\cot\alpha}\mathrm{e}^{\mathrm{j}(-u)\tau\csc\alpha}\mathrm{d}\tau\lim_{T\to+\infty}\frac{1}{2T}\int_{-T}^{T}A_{\alpha}A_{-\alpha}\cdot\\&\quad\int_{-\infty}^{+\infty}\tilde{h}_2(v)R_{\eta\xi}(t_1,t_2-v)\mathrm{e}^{\mathrm{j}\frac{v^2+2\tau v}{2}\cot(-\alpha)}\mathrm{e}^{-\mathrm{j}t_1v\cot(-\alpha)}\mathrm{d}v\,\mathrm{e}^{\mathrm{j}\tau t_1\cot\alpha}\mathrm{d}t_1\end{aligned}\tag{8.40}$$

考察中间的积分部分，根据式(8.34)，有

$$\hat{\hat{R}}_{\eta\eta}^{\alpha}(\tau)=\lim_{T\to+\infty}\frac{1}{2T}\int_{-T}^{T}R_{\eta\eta}(t_1,t_1-\tau)\mathrm{e}^{\mathrm{j}t_1\tau\cot\alpha}\mathrm{d}t_1$$

$$=\lim_{T\to+\infty}\frac{1}{2T}\int_{-T}^{T}A_{\alpha}A_{-\alpha}\int_{-\infty}^{+\infty}\tilde{h}^{*}(v)\mathrm{e}^{-\mathrm{j}t_1 v\cot(-\alpha)}\cdot$$

$$[R_{\eta\xi}(t_1,t_1-\tau-v)\mathrm{e}^{\mathrm{j}\frac{v^2+2\tau v}{2}\cot(-\alpha)}]\mathrm{d}v\,\mathrm{e}^{\mathrm{j}t_1\tau\cot\alpha}\mathrm{d}t_1$$

交换积分和极限的顺序得到

$$\hat{\hat{R}}_{\eta\eta}^{\alpha}(\tau)=\lim_{T\to+\infty}\frac{1}{2T}\int_{-T}^{T}R_{\eta\eta}(t_1,t_1-\tau)\mathrm{e}^{\mathrm{j}t_1\tau\cot\alpha}\mathrm{d}t_1$$

$$=A_{\alpha}A_{-\alpha}\int_{-\infty}^{+\infty}\tilde{h}^{*}(v)\lim_{T\to+\infty}\frac{1}{2T}\int_{-T}^{T}\cdot \tag{8.41}$$

$$[R_{\eta\xi}(t_1,t_1-\tau-v)\mathrm{e}^{\mathrm{j}t_1(\tau+v)\cot\alpha}]\mathrm{d}t_1\mathrm{e}^{\mathrm{j}\frac{v^2+2\tau v}{2}\cot(-\alpha)}\mathrm{d}v$$

根据

$$\hat{\hat{R}}_{\eta\xi}^{\alpha}(\tau)=\lim_{T\to+\infty}\frac{1}{2T}\int_{-T}^{T}R_{\eta\xi}(t_1,t_1-\tau)\mathrm{e}^{\mathrm{j}t_1\tau\cot\alpha}\mathrm{d}t_1 \tag{8.42}$$

则

$$\hat{\hat{R}}_{\eta\xi}^{\alpha}(\tau+v)=\lim_{T\to+\infty}\frac{1}{2T}\int_{-T}^{T}R_{\eta\xi}(t_1,t_1-\tau-v)\mathrm{e}^{\mathrm{j}t_1(\tau+v)\cot\alpha}\mathrm{d}t_1 \tag{8.43}$$

所以有

$$\begin{aligned}\hat{\hat{R}}_{\eta\eta}^{\alpha}(\tau)&=A_{\alpha}A_{-\alpha}\int_{-\infty}^{+\infty}\tilde{h}^{*}(v)\hat{\hat{R}}_{\eta\xi}^{\alpha}(\tau+v)\mathrm{e}^{\mathrm{j}\frac{v^2+2\tau v}{2}\cot(-\alpha)}\mathrm{d}v\\&=A_{\alpha}A_{-\alpha}\mathrm{e}^{\mathrm{j}\frac{-\tau^2}{2}\cot(-\alpha)}\{\tilde{h}_2(\tau)*[\hat{\hat{R}}_{\eta\xi}^{\alpha}(\tau)\mathrm{e}^{\mathrm{j}\frac{\tau^2}{2}\cot(-\alpha)}]\}\end{aligned} \tag{8.44}$$

对比式(8.7)并联立式(8.38)，对上式作$-\alpha$角度的分数阶傅里叶变换，得到

$$\mathcal{F}^{-\alpha}[\hat{\hat{R}}_{\eta\eta}^{\alpha}(\tau)](u)=H_{\alpha}^{*}(-u)\mathcal{F}^{-\alpha}[\hat{\hat{R}}_{\eta\xi}^{\alpha}(\tau)](u) \tag{8.45}$$

而由式(8.35)可以得到

$$P_{\eta\eta}^{\alpha}(u)=A_{\alpha}\mathcal{F}^{-\alpha}[\hat{\hat{R}}_{\eta\eta}^{\alpha}(\tau)](-u)\mathrm{e}^{\mathrm{j}\frac{u^2}{2}\cot\alpha} \tag{8.46}$$

所以根据上面两式，可以得到

$$P_{\eta\eta}^{\alpha}(u)=H_{\alpha}(u)P_{\eta\xi}^{\alpha}(u) \tag{8.47}$$

由式(8.31)可以得到

$$P_{\eta\eta}^{\alpha}(u)=|H_{\alpha}(u)|^2P_{\xi\xi}^{\alpha}(u) \tag{8.48}$$

上式为本书的第三个重要结论。

定理8.3：设$\xi(t)$为输入随机信号，$\eta(t)$为$\xi(t)$通过α角度分数阶傅里叶域的乘性滤波器$H_{\alpha}(u)$的输出，$P_{\eta\eta}^{\alpha}(u)$和$P_{\xi\xi}^{\alpha}(u)$分别为α角度输出的功率谱密度函数和输入的功率谱密度函数，那么有

$$P_{\eta\eta}^{\alpha}(u)=|H_{\alpha}(u)|^2P_{\xi\xi}^{\alpha}(u) \tag{8.49}$$

定理8.3表明，随机信号通过分数阶傅里叶域滤波后，输出随机信号的功率谱密度函数，等于输入随机信号的功率谱密度函数和α角度分数阶傅里叶域滤波器函数模平方的乘积，这与经典的随机信号通过线性时不变系统得到输入/输出功率谱密度函数结论是一样

的。当分数阶变换角度 $\alpha=\pi/2$ 时，式(8.49)退化为经典的结论：

$$P_{\eta\eta}^{\pi/2}(\Omega)=\left|H_{\alpha}(\Omega)\right|^{2}P_{\xi\xi}^{\pi/2}(\Omega) \tag{8.50}$$

下面考察对于离散信号 $x[n]$ 的分数阶功率谱的定义以及相应的性质。根据式(8.21)～式(8.23)、式(8.34)、式(8.35)，给出离散信号 $x[n]$ 的 α 角度自分数阶功率谱密度函数的定义。

令

$$\hat{R}_{xx}^{\alpha}[m]=\lim_{M\to+\infty}\frac{1}{2M+1}\sum_{n_2=-M}^{M}R_{xx}[n_2+m,n_2]\mathrm{e}^{\mathrm{j}n_2mT^2\cot\alpha} \tag{8.51}$$

$$\hat{\hat{R}}_{xx}^{\alpha}[m]=\lim_{M\to+\infty}\frac{1}{2M+1}\sum_{n_1=-M}^{M}R_{xx}[n_1,n_1-m]\mathrm{e}^{\mathrm{j}n_1mT^2\cot\alpha} \tag{8.52}$$

其中，

$$R_{xx}[n_1,n_1-m]=R_{xx}[n_2+m,n_2]=R_{xx}[n_1,n_2]=E\left[x(n_1)x^*(n_2)\right]$$

为信号 $x[n]$ 的相关函数，$m=n_2-n_1$ 为离散间隔。

定义 8.2：离散信号 $x(n)$ 的 α 角度自分数阶功率谱密度函数的定义为如下两种等价形式：

$$P_{xx}^{\alpha}(u)=A_{-\alpha}\,\mathcal{F}^{\alpha}[\hat{R}_{xx}^{\alpha}](u)\mathrm{e}^{-\mathrm{j}\frac{u^2}{2}\cot\alpha} \tag{8.53}$$

$$P_{xx}^{\alpha}(u)=A_{\alpha}\,\mathcal{F}^{-\alpha}[\hat{\hat{R}}_{xx}^{\alpha}](-u)\mathrm{e}^{\mathrm{j}\frac{u^2}{2}\cot\alpha} \tag{8.54}$$

这里需要注意的是，根据上面两式可知，离散随机信号的功率谱密度函数不具有 chirp 周期性，而是周期的，其数字频率周期大小为 $2\pi\sin\alpha$。

8.2.3　分数阶白噪声

类比经典白噪声的定义，根据式(8.18)分数阶功率谱的定义，我们定义分数阶白噪声。

定义 8.3：如果随机信号 $x(t)$ 的 α 角度分数阶功率谱密度等于常数，称 $x(t)$ 为 α 角度分数阶白噪声。

$$P_{xx}^{\alpha}(u)=A_{-\alpha}\,\mathcal{F}^{\alpha}[\hat{R}_{xx}^{\alpha}(\tau)](u)\mathrm{e}^{-\mathrm{j}\frac{u^2}{2}\cot\alpha}=N_0 \tag{8.55}$$

其中，N_0 为一个常数。

下面我们考察分数阶白噪声的相关函数的形式。根据式(8.55)的定义，有

$$\mathcal{F}^{\alpha}[\hat{R}_{xx}^{\alpha}(\tau)](u)=N_0\mathrm{e}^{\mathrm{j}\frac{u^2}{2}\cot\alpha}/A_{-\alpha} \tag{8.56}$$

则

$$\begin{aligned}\hat{R}_{xx}^{\alpha}(\tau)&=A_{-\alpha}\int_{-\infty}^{+\infty}(N_0\mathrm{e}^{\mathrm{j}\frac{u^2}{2}\cot\alpha}/A_{-\alpha})\,\mathrm{e}^{-\mathrm{j}\frac{(u^2+\tau^2)}{2}\cot\alpha+\mathrm{j}u\tau\csc\alpha}\mathrm{d}u\\&=\mathrm{e}^{-\mathrm{j}\frac{\tau^2}{2}\cot\alpha}\int_{-\infty}^{+\infty}N_0\mathrm{e}^{\mathrm{j}u\tau\csc\alpha}\mathrm{d}u\\&=\frac{2\pi N_0}{\csc\alpha}\delta(\tau)\end{aligned} \tag{8.57}$$

根据式(8.22)，$\hat{R}_{xx}^{\alpha}(\tau)=\lim\limits_{T\to+\infty}\dfrac{1}{2T}\int_{-T}^{T}R_{xx}(t_2+\tau,t_2)\mathrm{e}^{\mathrm{j}t_2\tau\cot\alpha}\mathrm{d}t_2$，得到

$$\hat{R}_{xx}^{\beta}(\tau)=\frac{2\pi N_0}{\csc\beta}\delta(\tau) \tag{8.58}$$

所以得到 α 角度分数阶傅里叶域白噪声的 β 角度分数阶功率谱密度为

$$P_{xx}^{\beta}(u)=A_{-\beta}\,\mathcal{F}^{\beta}[\hat{R}_{xx}^{\beta}(\tau)](u)\mathrm{e}^{-\mathrm{j}\frac{u^2}{2}\cot\beta}=N_0 \tag{8.59}$$

令 $\beta=\pi/2$，此时退化为功率谱密度：

$$P_{xx}^{\pi/2}(\Omega)=A_{-\pi/2}\,\mathcal{F}^{\pi/2}[\hat{R}_{xx}^{\pi/2}(\tau)](\Omega)=N_0 \tag{8.60}$$

由式(8.59)、式(8.60)可以看出，若随机信号 $x(t)$ 为 α 角度分数阶傅里叶域的白噪声，则它同时也是时域白噪声形式。而由推导过程的分数阶傅里叶变换的角度参数 β 的任意性可知，在一个分数阶傅里叶域为白噪声的随机信号，它在另一个分数阶傅里叶域依然是白噪声，且在另一个域的分数阶功率谱密度不变。

实际的分数阶傅里叶域滤波采用带通滤波，下面考察带通 α 角度分数阶傅里叶域带限白噪声的形式。既然

$$P_{xx}^{\alpha}(u)=A_{-\alpha}\,\mathcal{F}^{\alpha}[\hat{R}_{xx}^{\alpha}(\tau)](u)\mathrm{e}^{-\mathrm{j}\frac{u^2}{2}\cot\alpha}=N_0,\quad u_l\leqslant|u|\leqslant u_h \tag{8.61}$$

那么，

$$\begin{aligned}\hat{R}_{xx}^{\alpha}(\tau)&=\int_{u_l}^{u_h}N_0\mathrm{e}^{\mathrm{j}\frac{u^2}{2}\cot\alpha}\mathrm{e}^{-\mathrm{j}\frac{(u^2+\tau^2)}{2}\cot\alpha+\mathrm{j}u\tau\csc\alpha}\mathrm{d}u+\int_{-u_h}^{-u_l}N_0\mathrm{e}^{\mathrm{j}\frac{u^2}{2}\cot\alpha}\mathrm{e}^{-\mathrm{j}\frac{(u^2+\tau^2)}{2}\cot\alpha+\mathrm{j}u\tau\csc\alpha}\mathrm{d}u\\&=2N_0\mathrm{e}^{-\mathrm{j}\frac{\tau^2}{2}\cot\alpha}\left[\frac{\sin(u_h\tau\csc\alpha)-\sin(u_l\tau\csc\alpha)}{\tau\csc\alpha}\right]\end{aligned} \tag{8.62}$$

再由式(8.22)，得到

$$\begin{aligned}&\lim_{T\to+\infty}\frac{1}{2T}\int_{-T}^{T}R_{xx}(t_2+\tau,t_2)\mathrm{e}^{\mathrm{j}t_2\tau\cot\alpha}\mathrm{d}t_2\\&=2N_0\mathrm{e}^{-\mathrm{j}\frac{\tau^2}{2}\cot\alpha}\left[\frac{\sin(u_h\tau\csc\alpha)-\sin(u_l\tau\csc\alpha)}{\tau\csc\alpha}\right]\end{aligned} \tag{8.63}$$

可以看出，这时 α 角度分数阶傅里叶域带限白噪声的相关函数 $R_{xx}(t_2+\tau,t_2)$ 不再只是 τ 的函数。

8.2.4 chirp 平稳随机过程

实际在对 chirp 信号进行滤波和检测时，我们处理的将是非平稳信号，同时处理系统采用线性时变系统，比如扫频滤波器。这样就使得平稳的随机信号成为一类特殊的非平稳信号：α 角度 chirp 平稳信号。

定义 8.4：对于非平稳随机信号 $x(t)$，如果 $\tilde{x}(t)=x(t)\mathrm{e}^{\mathrm{j}\frac{t^2}{2}\cot\alpha}$ 是平稳的随机信号，那么称 $x(t)$ 为 α 角度 chirp 平稳随机信号。

根据定义 8.4，可以得到 α 角度 chirp 平稳随机信号的相关函数和功率谱密度之间的关系。根据定义，有

$$\begin{aligned}\widetilde{R}_{xx}(\tau)&=E\left[\tilde{x}(t_2+\tau)\tilde{x}^*(t_2)\right]\\&=E\left[x(t_2+\tau)x^*(t_2)\right]\mathrm{e}^{\frac{\mathrm{j}}{2}[(t_2+\tau)^2-t_2^2]\cot\alpha}\\&=R_{xx}(t_2+\tau,t_2)\mathrm{e}^{\frac{\mathrm{j}}{2}(\tau^2+2t_2\tau)\cot\alpha}\end{aligned}\tag{8.64}$$

由上式可以看出，若要等式右边只是 τ 的函数，那么必然有

$$R_{xx}(t_2+\tau,t_2)=\mathrm{e}^{-\mathrm{j}t_2\tau\cot\alpha}\widehat{R}_{xx}(\tau)\tag{8.65}$$

对比式(8.22)，可以看出

$$\hat{R}^{\alpha}_{xx}(\tau)=\widehat{R}_{xx}(\tau)\tag{8.66}$$

由于 $\tilde{x}(t)$为平稳信号，考察其功率谱密度：

$$\widetilde{P}_x(u)=\sqrt{\frac{1}{2\pi}}\int_{-\infty}^{+\infty}\widetilde{R}_{xx}(\tau)\mathrm{e}^{-\mathrm{j}u\tau}\mathrm{d}\tau=\sqrt{\frac{1}{2\pi}}\int_{-\infty}^{+\infty}\widehat{R}_{xx}(\tau)\mathrm{e}^{\frac{\mathrm{j}}{2}\tau^2\cot\alpha-\mathrm{j}u\tau}\mathrm{d}\tau\tag{8.67}$$

结合式(8.66)，并对比式(8.23)可知，对于 α 角度 chirp 平稳随机信号，有

$$\widetilde{P}_x(u\csc\alpha)=\sqrt{\frac{1}{1+\mathrm{j}\cot\alpha}}P^{\alpha}_{xx}(u)\tag{8.68}$$

可以看出，除了一个常系数的差别，平稳信号 $\tilde{x}(t)$的功率谱密度与 α 角度 chirp 平稳随机信号 $x(t)$的 α 角度分数阶功率谱密度形式相同。所以我们可以利用平稳信号 $\tilde{x}(t)$的功率谱密度对 chirp 平稳信号进行功率谱估计，那么就可以得到 chirp 平稳信号的一些参数。推广之，当观测输入信号包含 α 角度 chirp 平稳，β 角度 chirp 平稳等多个不同角度 chirp 平稳信号时，我们可以让输入信号依次通过一个级联的系统，通过这样一个系统，把 chirp 平稳信号的分数阶谱估计转化为平稳信号的谱估计，如图 8.1 所示。

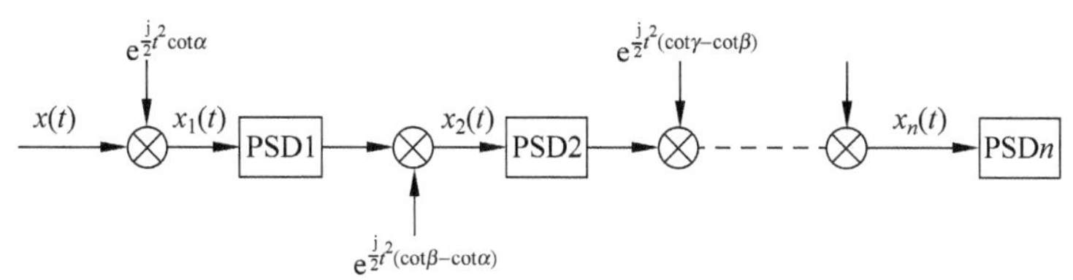

图 8.1　含多个角度 chirp 平稳信号谱估计的级联

下面我们讨论离散情况。设 $x[n]$为离散 α 角度 chirp 平稳随机序列。令其采样间隔为 T。令 $\tilde{x}[n]=x[n]\mathrm{e}^{\mathrm{j}\frac{n^2T^2}{2}\cot\alpha}$，由 chirp 平稳定义可知，$\tilde{x}[n]$为平稳随机序列。由随机序列的相关函数的定义，有

$$\begin{aligned}\widetilde{R}_{xx}[m]&=\widetilde{R}_{xx}[n_1,n_2]=E\{\tilde{x}[n_1]\tilde{x}^*[n_2]\}=E\{\tilde{x}[n_2+m]\tilde{x}^*[n_2]\}\\&=E\{x[n_2+m]x^*[n_2]\}\mathrm{e}^{\frac{\mathrm{j}}{2}T^2[(n_2+m)^2-n_2^2]\cot\alpha}\\&=R_{xx}[n_2+m,n_2]\mathrm{e}^{\frac{\mathrm{j}}{2}T^2(m^2+2n_2m)\cot\alpha}\end{aligned}\tag{8.69}$$

对比上式两端，可以得到

$$R_{xx}[n_2+m,n_2]=\mathrm{e}^{-\mathrm{j}T^2n_2m\cot\alpha}\widehat{R}_{xx}[m]\tag{8.70}$$

对比式(8.51)，可以看出

$$\hat{R}^{\alpha}_{xx}[m]=\widehat{R}_{xx}[m]\tag{8.71}$$

那么，根据平稳离散随机过程的功率谱密度的定义，有

$$\widetilde{P}_x(u)=\sqrt{\frac{1}{2\pi}}\sum_{m=-\infty}^{+\infty}\widetilde{R}_{xx}[m]\mathrm{e}^{-\mathrm{j}umT}=\sqrt{\frac{1}{2\pi}}\sum_{m=-\infty}^{+\infty}\hat{R}_{xx}^{\alpha}[m]\mathrm{e}^{\frac{\mathrm{j}}{2}\cot\alpha T^2m^2-\mathrm{j}umT} \tag{8.72}$$

类似连续情况，对比式(8.53)可知，对于α角度chirp平稳随机信号$x[n]$，有

$$\widetilde{P}_x(u\csc\alpha)=\sqrt{\frac{1}{1+\mathrm{j}\cot\alpha}}P_{xx}^{\alpha}(u) \tag{8.73}$$

8.3 chirp循环平稳随机过程分析与处理

8.3.1 chirp循环平稳随机过程定义

8.2节介绍的chirp平稳随机过程是一种非平稳随机过程，建模为chirp信号调制平稳随机过程。本节介绍另一种非平稳随机过程——chirp循环平稳随机过程，建模为chirp信号调制循环平稳随机过程。为了解释该信号模型，我们简要介绍循环平稳随机过程。循环平稳随机过程也是一种非平稳随机过程，其统计量随时间参数周期变化，这类信号常见于通信、雷达、声呐和旋转机械等系统中的调制信号。若随机过程$x(t)$的期望随时间周期性变化$E[x(t)]=E[x(t+T)]$，则这类随机过程称为一阶循环平稳信号；若随机过程的相关函数随时间周期性变化$R(t,\tau)=R(t+T,\tau)$，则这类随机过程称为二阶循环平稳信号。chirp循环平稳随机过程的定义如下。

定义8.5：对于非平稳随机信号$x(t)$，如果$\tilde{x}(t)=x(t)\mathrm{e}^{\mathrm{j}\mu t^2}$是循环平稳的随机信号，那么称$x(t)$为chirp循环平稳随机信号。

分数阶相关函数和分数阶功率谱是描述chirp平稳随机信号的“合适”的二阶统计量，chirp循环平稳信号也应该有“合适”的统计量来反映其特有的非平稳性质。接下来详细介绍该信号的二阶统计量及其性质。

8.3.2 chirp循环平稳随机过程的二阶统计量分析

复随机信号的时域二阶统计量包括相关函数和共轭相关函数，因此chirp循环平稳随机过程的时域二阶统计量为

(1) 对称相关函数

$$R_{xx}(t,\tau)=E\left[x\left(t+\frac{\tau}{2}\right)x^*\left(t-\frac{\tau}{2}\right)\right]=\mathrm{e}^{-\mathrm{j}2\mu t\tau}R_{\tilde{x}\tilde{x}}(t,\tau) \tag{8.74}$$

(2) 非对称相关函数

$$R_{xx^*}(t,\tau)=E[x(t)x^*(t-\tau)]=\mathrm{e}^{-\mathrm{j}\mu(2t\tau-\tau^2)}R_{\tilde{x}\tilde{x}^*}(t,\tau) \tag{8.75}$$

(3) 对称共轭相关函数

$$R_{xx^*}(t,\tau)=E\left[x\left(t+\frac{\tau}{2}\right)x\left(t-\frac{\tau}{2}\right)\right]=\mathrm{e}^{-\mathrm{j}\mu(2t^2+\tau^2/2)}R_{\tilde{x}\tilde{x}^*}(t,\tau) \tag{8.76}$$

(4) 非对称共轭相关函数

$$R_{xx^*}(t,\tau)=E[x(t)x(t-\tau)]=\mathrm{e}^{-\mathrm{j}\mu(2t^2-2t\tau+\tau^2)}R_{\tilde{x}\tilde{x}^*}(t,\tau) \tag{8.77}$$

上述四种相关函数中只有第三种类型不含有t和τ的交叉项，这使得我们可以从t和τ两个维度分别处理相关函数。本节首先研究基于第三种相关函数的广义循环统计量——

chirp 循环相关函数和 chirp 循环谱函数。基于第四种相关函数的 chirp 循环统计量可由上述广义循环统计量的平移性质得到。最后，介绍基于一和二的广义循环统计量。

定义 8.6：假设 $x(t)$为零均值非平稳复值随机信号，其共轭相关函数为

$$R_{xx^*}(t,\tau)=E\left[x\left(t+\frac{\tau}{2}\right)x\left(t-\frac{\tau}{2}\right)\right]$$

若 $R_{xx^*}(t,\tau)$可分解为两个函数的乘积，即

$$R_{xx^*}(t,\tau)=R_1(t,\tau)R_2(t,\tau) \tag{8.78}$$

其中，$R_1(t,\tau)=\mathrm{e}^{\mathrm{j}\mu_1 t^2}$ 是线性调频信号，$R_2(t,\tau)$是关于参数 t 的周期为 T_0 的周期函数。那么 $R_{xx^*}(t,\tau)$可表示为如下线性正则级数的和

$$R_{xx^*}(t,\tau)=\sum_{m=-\infty}^{+\infty}R_{xx^*}^{A}(m,\tau)K_A^*(t,m) \tag{8.79}$$

其中，$R_{xx^*}^{A}(m,\tau)$称为 chirp 循环相关函数，可由共轭相关函数计算为

$$R_{xx^*}^{A}(m,\tau)=\frac{1}{T_0}\int_{-T_0/2}^{T_0/2}R_{xx^*}(t,\tau)K_A(t,m)\mathrm{d}t \tag{8.80}$$

若存在 $m\neq0$ 使得 $R_{xx}^{A}(m,\tau)\neq0$，则 $m\Delta u$ 称为二阶 chirp 循环频率。特别地，若对任何 $m\neq0$，都有 $R_{xx}^{A}(m,\tau)=0$ 且 $R_{xx}^{A}(0,\tau)\neq0$，则该信号是 chirp 平稳信号。

进一步，若一个 chirp 循环平稳信号有多个不可约 chirp 周期$\{T_k \mid k=1,2,\cdots\}$，则极限 chirp 循环相关函数定义为

$$R_{xx^*}^{A}(m,\tau)=\lim_{T\to+\infty}\frac{T_0}{T}\int_{-T/2}^{T/2}R_{xx^*}(t,\tau)K_A(t,m)\mathrm{d}t \tag{8.81}$$

这里求极限运算的物理含义是：计算信号 $R_{xx^*}(t,\tau)$中的 chirp 分量 $K_A^*(t,m)$的强度。因而，把这个极限运算定义为 chirp 分量提取算子，表示为

$$R_{xx^*}^{\boldsymbol{A}}(m,\tau)=\langle R_{xx^*}(t,\tau)\rangle_{\boldsymbol{A},t} \tag{8.82}$$

其中，尖括号的下角标表示对变量 t 做运算，chirp 分量的参数由矩阵 $\boldsymbol{A}$ 表示。

类似地，也可定义两个联合 chirp 循环平稳信号的(极限)chirp 循环互相关函数。

在上述 chirp 循环相关函数的基础上，可定义 chirp 循环谱函数。具体表述如下。

定义 8.7：令 $x(t)$为 chirp 循环频率为$\{m\Delta u \mid m=1,2,\cdots\}$的二阶 chirp 循环平稳信号，其 chirp 循环谱函数定义为 chirp 循环相关函数关于参数 τ 的参数矩阵为 $\boldsymbol{A}'$的线性正则变换。具体可以表示为

$$S_{xx^*}^{\boldsymbol{A},\boldsymbol{A}'}(m,u)=\int R_{xx^*}^{\boldsymbol{A}}(m,\tau)K_{\boldsymbol{A}}(\tau,u)\mathrm{d}\tau \tag{8.83}$$

其中，参数矩阵 $\boldsymbol{A}$ 和 $\boldsymbol{A}'$满足 $a'/b'=a/(4b)$。

chirp 循环谱函数是相关函数 $R_{xx^*}(t,\tau)$的二维正则谱。具体地，是 $R_{xx^*}(t,\tau)$关于参数 t 的时间均值线性正则级数和关于参数 τ 的线性正则变换，如图 8.2 所示。

chirp 循环相关函数和 chirp 循环谱函数之间构成了广义循环 Wiener-Khinchine 关系。类似于极限 chirp 循环相关函数的定义，极限 chirp 循环谱函数定义为极限 chirp 循环相关函数关于参数 τ 的线性正则变换。以下不再区分极限 chirp 循环相关函数(极限 chirp 循环谱函数)和 chirp 循环相关函数(chirp 循环谱函数)。

chirp 循环谱函数的物理含义解释如下。

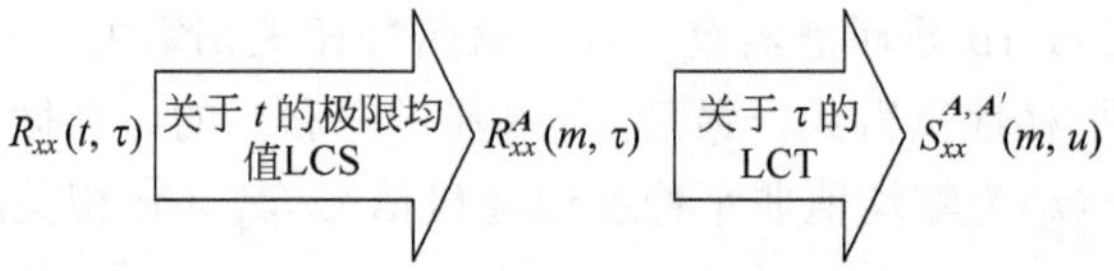

$R_{xx}(t,\tau)$ → 关于 t 的极限均值LCS → $R_{xx}^{\boldsymbol{A}}(m,\tau)$ → 关于 τ 的LCT → $S_{xx}^{\boldsymbol{A},\boldsymbol{A}'}(m,u)$

图 8.2　共轭相关函数、chirp 循环相关函数和 chirp 循环谱函数之间的关系

定理 8.4：chirp 循环谱函数和信号 $x(t)$ 的正则谱 $X^{\boldsymbol{A}}(u)$ 之间的关系为

$$S_{xx^*}^{\boldsymbol{A}_1,\boldsymbol{A}_2}(m,u)=c(m,u)\lim_{T\to+\infty}E\left[X_T^{\boldsymbol{A}}\left(u+\frac{bm\omega_0}{2}\right)X_T^{\boldsymbol{A}}\left(-u+\frac{bm\omega_0}{2}\right)\right] \tag{8.84}$$

其中，$X_T^{\boldsymbol{A}}(u)$ 为 $x(t)$ 的截断样本 $x_T(t)$ 的参数矩阵为 $\mathbf{A}=[a,b;c,d]$ 的线性正则变换且 $a_1/b_1=2a/b$，$a_2/b_2=a/(2b)$，系数 $c(m,u)$ 为

$$c(m,u)=\sqrt{\frac{2\pi b^2}{b_2T_0}}\mathrm{e}^{\mathrm{j}\left(\frac{d_2u^2}{2b_2}+\frac{d_1(m\Delta u)^2}{2b_1}\right)}\mathrm{e}^{-\mathrm{j}\frac{d}{2b}\left(u+\frac{bm\omega_0}{2}\right)^2}\mathrm{e}^{-\mathrm{j}\frac{d}{2b}\left(u-\frac{bm\omega_0}{2}\right)^2} \tag{8.85}$$

证明：首先介绍如下恒等式

$$\mathrm{e}^{\mathrm{j}\frac{a_1}{2b_1}t^2-m\omega_0t}=\mathrm{e}^{-\mathrm{j}\frac{a_1}{2b_1}\left(\frac{\tau}{2}\right)^2}\mathrm{e}^{\mathrm{j}\left(\frac{a_1}{4b_1}\left(t+\frac{\tau}{2}\right)^2-\frac{m\omega_0}{2}\left(t+\frac{\tau}{2}\right)\right)}\mathrm{e}^{\mathrm{j}\left(\frac{a_1}{4b_1}\left(t-\frac{\tau}{2}\right)^2-\frac{m\omega_0}{2}\left(t-\frac{\tau}{2}\right)\right)} \tag{8.86}$$

和两个中间变量

$$f(t)=x(t)\exp\left(\mathrm{j}\left(\frac{a_1}{4b_1}t^2-\frac{m\omega_0}{2}t\right)\right)$$

$$g(t)=x(t)\exp\left(\mathrm{j}\left(\frac{a_1}{4b_1}t^2-\frac{m\omega_0}{2}t\right)\right)$$

此时，函数 $y_\tau(t)=x(t+\tau/2)x(t-\tau/2)$ 与 $\exp\left(\mathrm{j}\left(\frac{a_1}{2b_1}t^2-m\omega_0t\right)\right)$ 的乘积可等价表示为

$$y_\tau(t)\exp\left(\mathrm{j}\left(\frac{a_1}{2b_1}t^2-m\omega_0t\right)\right)=\exp\left(-\mathrm{j}\frac{a_1}{2b_1}\left(\frac{\tau}{2}\right)^2\right)f\left(t+\frac{\tau}{2}\right)g\left(t-\frac{\tau}{2}\right) \tag{8.87}$$

进而，chirp 循环相关函数可重新表示为

$$\begin{aligned}\langle y_\tau\rangle_{A,t}=&\exp\left(\mathrm{j}\left(-\frac{a_1}{2b_1}\left(\frac{\tau}{2}\right)^2+\frac{d_1(m\Delta u)^2}{2b_1}\right)\right)\cdot\\&\sqrt{\frac{-\mathrm{j}}{T_0}}\lim_{T\to+\infty}\frac{1}{T}\int_{-\frac{T}{2}}^{\frac{T}{2}}E\left[f\left(t+\frac{\tau}{2}\right)g\left(t-\frac{\tau}{2}\right)\right]\mathrm{d}t\end{aligned} \tag{8.88}$$

可以发现上式其实是 $f(t)$ 和 $g(-t)$ 卷积的调制形式。

对变量 τ 做参数为 $\mathbf{A}_2$（该参数矩阵中元素符合条件 $a_2/b_2=a_1/4b_1$）的线性正则变换将此 chirp 循环相关函数变换到线性正则域（即 chirp 循环谱），则上述卷积项可表示为频谱函数 $F(\omega)$ 和 $G(-\omega)$ 乘积的形式。因此，chirp 循环谱函数可表示为

$$\begin{aligned}S_{xx}^{\boldsymbol{A}_1,\boldsymbol{A}_2}(m,u)=&\exp\left(\mathrm{j}\left(\frac{d_2u^2}{2b_2}+\frac{d_1(m\Delta)^2}{2b_1}\right)\right)\cdot\\&\sqrt{\frac{-1}{2\pi b_2T_0}}\lim_{T\to+\infty}\frac{1}{T}E[F_T(\omega)G_T(-\omega)]\end{aligned} \tag{8.89}$$

其中，$F_T(\omega)$ 和 $G_T(-\omega)$ 分别为 $f(t)$ 和 $g(t)$ 截断的傅里叶变换。

经过计算整理，可得 $F_T(\omega)$ 和 $x(t)$ 截断形式的分数阶傅里叶变换之间的关系为

$$F_T(\omega)=\sqrt{\mathrm{j}2\pi b}\exp\left(-\mathrm{j}\frac{d}{2b}\left(\frac{mb\omega_0}{2}+\omega b\right)^2\right)X_T^{\boldsymbol{A}}\left(\frac{mb\omega_0}{2}+\omega b\right) \tag{8.90}$$

其中,$\boldsymbol{A}$ 的参数满足 $a/b=a_1/2b_1$。$G_T(\omega)$和 $x(t)$截断形式的分数阶傅里叶变换之间的关系为

$$G_T(\omega)=\sqrt{\mathrm{j}2\pi b}\exp\left(-\mathrm{j}\frac{d}{2b}\left(\omega b+\frac{mb\omega_0}{2}\right)^2\right)X_T^{\boldsymbol{A}}\left(\omega b+\frac{mb\omega_0}{2}\right) \tag{8.91}$$

因此,该定理得证。

该定理的物理含义:chirp 循环谱函数 $S_{xx}^{\boldsymbol{A},\boldsymbol{A}'}(m,u)$是信号 $x(t)$的正则谱(因为这里考查的都是功率型信号,所以这里的正则谱实际上是指信号截断后的线性正则变换)的调制共轭相关函数。

特例:当参数矩阵选择为 $\boldsymbol{A}_1=\boldsymbol{A}_2=\boldsymbol{A}=[0,1;-1,0]$时,定理 8.4 的结论退化为循环平稳信号的循环谱函数和循环相关函数之间的关系,即

$$S_x^{\boldsymbol{A},\boldsymbol{A}}(m,u)=c(m,u)E[X^{\boldsymbol{A}}(u+m\omega_0/2)X^{\boldsymbol{A}}(-u-m\omega_0/2)]$$

其中,$c(m,u)=\sqrt{2\pi/T_0}$。

以下介绍 chirp 循环相关函数和 chirp 循环谱函数的性质。

时延性质:令 $f(t)=x(t-t_0)$,则 $f(t)$的 chirp 循环相关函数(chirp 循环谱函数)和 $x(t)$的 chirp 循环相关函数(chirp 循环谱函数)之间的关系为

$$R_{ff}^{\boldsymbol{A}}(m,\tau)=r(m)R_{xx}^{\boldsymbol{A}}(m-\xi,\tau) \tag{8.92a}$$

$$S_{ff}^{\boldsymbol{A},\boldsymbol{A}'}(m,u)=r(m)S_{xx}^{\boldsymbol{A},\boldsymbol{A}'}(m-\xi,u) \tag{8.92b}$$

其中,$r(m)=\exp(\mathrm{j}(ct_0m\Delta u-act_0^2/2))$,$\xi=at_0/\Delta u$。

证明:令 $x(t)$的二次函数为 $y_\tau(t)=x(t+\tau/2)x(t-\tau/2)$。则 $f(t)$的二次函数与 $y_\tau(t)$之间的关系为

$$z_\tau(t)=f(t+\tau/2)f(t-\tau/2)=y_\tau(t-t_0) \tag{8.93}$$

由线性正则级数的时延性质可知,$z_\tau(t)$的线性正则级数与 $y_\tau(t)$的线性正则级数之间的关系为

$$R_{ff}^{\boldsymbol{A}}(m,\tau)=\exp\left(\mathrm{j}\left(ct_0m\Delta u-\frac{act_0^2}{2}\right)\right)R_{xx}^{\boldsymbol{A}}\left(m-\frac{at_0}{\Delta u},\tau\right) \tag{8.94}$$

定义两个新的函数为 $r(m)=\exp(\mathrm{j}(ct_0m\Delta u-act_0^2/2))$和 $\xi=at_0/\Delta u$,则 $f(t)$和 $x(t)$的 chirp 循环相关函数之间的关系可证。

进一步,因为函数 $r(m)$与变量 τ 无关,所以式(8.92)可由式(8.94)两端作关于参数 τ 的线性正则变换得到。

由该性质可知,信号在时间域中的延迟对应于 chirp 循环相关函数和 chirp 循环谱函数的调制及 chirp 循环频率移位。由非对称共轭相关函数得到的 chirp 循环相关函数是 $z_\tau(t)=x(t-\tau/2+\tau/2)x(t-\tau/2-\tau/2)=y_\tau(t-\tau/2)$的数学期望。对应于该性质中的函数 $f(t)=x(t-\tau/2)$。因此,非对称 chirp 循环相关函数 $R_{ff}^{\boldsymbol{A}}(m,\tau)$与对称 chirp 循环相关函数 $R_{xx}^{\boldsymbol{A}}(m,\tau)$之间的关系为

$$R_{ff}^{\boldsymbol{A}}(m,\tau)=r(m,\tau)R_{xx}^{\boldsymbol{A}}(m-\xi_\tau,\tau) \tag{8.95}$$

其中,$r(m,\tau)=\exp(\mathrm{j}(c\tau m\Delta u/2-ac\tau^2/8))$,$\xi_\tau=a\tau/(2\Delta u)$。进而,由线性正则变换的乘积性质,非对称 chirp 循环谱函数 $S_{ff}^{\boldsymbol{A},\boldsymbol{A}'}(m,u)$与对称 chirp 循环谱函数 $S_{xx}^{\boldsymbol{A},\boldsymbol{A}'}(m,u)$可通过对式(8.95)两边同时作线性正则变换得到。具体表示为

$$S_{ff}^{A,A'}(m,u)=r'(m,u)\overset{A'}{*}S_{xx}^{A,A'}(m,\xi_u,u)\text{[①]} \tag{8.96}$$

其中，$r'(m,u)$是$r(m,\tau)$关于参数τ的傅里叶变换，$S_{xx}^{A,A'}(m,\xi_u,u)$是$R_{xx}^{A}(m-\xi_\tau,\tau)$的关于参数$\tau$的线性正则变换。关于此性质的一个应用是分析离散信号的非对称相关函数。

时间卷积性质：

定理 8.5：令$f(t)=x(t)\overset{A}{*}h(t)$，则两个 chirp 循环谱相关函数$S_{ff}^{A_1,A_2}(m,u)$和$S_{xx}^{A_1,A_2}(m,u)$之间的关系为

$$S_{ff}^{A_1,A_2}(m,u)=S_{xx}^{A_1,A_2}(m,u)H^{A}\left(u+\frac{mb\omega_0}{2}\right)H^{A}\left(-u+\frac{mb\omega_0}{2}\right) \tag{8.97}$$

其中，参数矩阵之间的关系为$a_1/b_1=2a/b$，$a_2/b_2=a/2b$。

证明：将$f(t)=x(t)\overset{A}{*}h(t)$代入 chirp 循环相关函数的定义式，可得

$$\begin{aligned}R_{ff}^{A_1}(m,\tau)&=\left\langle E\left[f\left(t+\frac{\tau}{2}\right)f\left(t-\frac{\tau}{2}\right)\right]\right\rangle_{A_1,t}\\&=\frac{1}{(2\pi b)^2}\lim_{T\to+\infty}\frac{1}{T}\int_{-T/2}^{T/2}\exp\left(-\mathrm{j}\frac{a}{2b}\left(\left(t+\frac{\tau}{2}\right)^2+\left(t-\frac{\tau}{2}\right)^2\right)\right)\cdot\\&\quad E\left[\int x\left(t+\frac{\tau}{2}-v_1\right)\exp\left(\mathrm{j}\frac{a}{2b}\left(t+\frac{\tau}{2}-v_1\right)^2\right)\bar{h}(v_1)\mathrm{d}v_1\cdot\right.\\&\quad\left.\int x\left(t-\frac{\tau}{2}-v_2\right)\exp\left(\mathrm{j}\frac{a}{2b}\left(t-\frac{\tau}{2}-v_2\right)^2\right)\bar{h}(v_2)\right]\mathrm{d}v_2K_{A_1}(t,m)\mathrm{d}t\end{aligned} \tag{8.98}$$

代入核函数的表达式并交换积分顺序可得

$$\begin{aligned}R_{ff}^{A_1}(m,\tau)=&\frac{1}{(2\pi b)^2}\sqrt{\frac{-\mathrm{j}}{T_0}}\iint\lim_{T\to+\infty}\frac{1}{T}\int_{-T/2}^{T/2}\exp\left(-\mathrm{j}\frac{a}{2b}\left(2t^2+\frac{\tau^2}{2}\right)\right)\cdot\\&E\left[x\left(t+\frac{\tau}{2}-v_1\right)\exp\left(\mathrm{j}\frac{a}{2b}\left(t+\frac{\tau}{2}-v_1\right)^2\right)\cdot\right.\\&\left.x\left(t-\frac{\tau}{2}-v_2\right)\exp\left(\mathrm{j}\frac{a}{2b}\left(t-\frac{\tau}{2}-v_2\right)^2\right)\right]\cdot\\&\exp\left(\mathrm{j}\frac{a_1}{2b_1}t^2+\mathrm{j}\frac{d_1}{2b_1}(m\Delta u)^2-\mathrm{j}\frac{2\pi}{T_0}mt\right)\mathrm{d}t\bar{h}(v_1)\bar{h}(v_2)\mathrm{d}v_1\mathrm{d}v_2\end{aligned} \tag{8.99}$$

在此选取核函数的参数满足$a_1/b_1=2a/b$，所以消去有关t^2项可得

$$\begin{aligned}R_{ff}^{A_1}(m,\tau)=&\frac{1}{(2\pi b)^2}\sqrt{\frac{-\mathrm{j}}{T_0}}\iint\lim_{T\to+\infty}\frac{1}{T}\int_{-T/2}^{T/2}\exp\left(-\mathrm{j}\frac{a}{2b}\frac{\tau^2}{2}\right)\cdot\\&E\left[x\left(t-\frac{v_1+v_2}{2}+\frac{\tau-v_1+v_2}{2}\right)\exp\left(\mathrm{j}\frac{a}{2b}\left(t-\frac{v_1+v_2}{2}+\frac{\tau-v_1+v_2}{2}\right)^2\right)\cdot\right.\end{aligned}$$

---

① 此处 $\overset{A}{*}$ 为线性正则卷积，定义为

$$f(t)=x(t)\overset{A}{*}h(t)=\frac{1}{2\pi b}\exp\left(-\mathrm{j}\frac{a}{2b}t^2\right)\left[\left(x(t)\exp\left(\mathrm{j}\frac{a}{2b}t^2\right)\right)*\bar{h}(t)\right]$$

$\bar{h}(t)$是$H^A(u)$的频率参数为u/b的逆傅里叶变换，$H^A(u)$是$h(t)$的线性正则变换。利用第3章介绍的分数阶卷积定理可知，对上式两端同时作线性正则变换可得$F^A(u)=X^A(u)H^A(u)$，其中$F^A(u)$、$X^A(u)$分别为$f(t)$、$x_T(t)$的线性正则变换。

$$x\left(t-\frac{v_1+v_2}{2}-\frac{\tau-v_1+v_2}{2}\right)\exp\left(\mathrm{j}\,\frac{a}{2b}\left(t-\frac{v_1+v_2}{2}-\frac{\tau-v_1+v_2}{2}\right)^2\right)\Bigg]\cdot$$
$$\exp\left(\mathrm{j}\,\frac{d_1}{2b_1}(m\Delta u)^2-\mathrm{j}\,\frac{2\pi}{T_0}mt\right)\mathrm{d}t\bar{h}(v_1)\bar{h}(v_2)\mathrm{d}v_1\mathrm{d}v_2 \tag{8.100}$$

整理期望运算中的指数项可得

$$R_{ff}^{\boldsymbol{A}_1}(m,\tau)=\frac{1}{(2\pi b)^2}\sqrt{\frac{-\mathrm{j}}{T_0}}\iint\lim_{T\to+\infty}\frac{1}{T}\int_{-T/2}^{T/2}\exp\left(-\mathrm{j}\,\frac{a}{2b}\frac{\tau^2}{2}\right)\cdot$$
$$E\left[x\left(t-\frac{v_1+v_2}{2}+\frac{\tau-v_1+v_2}{2}\right)x\left(t-\frac{v_1+v_2}{2}-\frac{\tau-v_1+v_2}{2}\right)\right]\cdot$$
$$\exp\left(\mathrm{j}\,\frac{a}{2b}\left(t-\frac{v_1+v_2}{2}\right)^2+\mathrm{j}\,\frac{a}{2b}\frac{(\tau-v_1+v_2)^2}{2}\right)\cdot$$
$$\exp\left(\mathrm{j}\,\frac{d_1}{2b_1}(m\Delta u)^2-\mathrm{j}\,\frac{2\pi}{T_0}m\left(t-\frac{v_1+v_2}{2}+\frac{v_1+v_2}{2}\right)\right)\cdot$$
$$\mathrm{d}t\bar{h}(v_1)\bar{h}(v_2)\mathrm{d}v_1\mathrm{d}v_2 \tag{8.101}$$

由表达式可知，可通过选取 $d_1/b_1=d/b$ 使上式中有关 t 的积分成为有关相关函数 $t-(v_1+v_2)/2$ 的线性正则级数，即

$$R_{ff}^{\boldsymbol{A}_1}(m,\tau)=\frac{1}{(2\pi b)^2}\exp\left(-\mathrm{j}\,\frac{a}{2b}\frac{\tau^2}{2}\right)\iint R_{xx}^{\boldsymbol{A}_1}(m,\tau-v_1+v_2)\cdot$$
$$\exp\left(\mathrm{j}\,\frac{a}{2b}\frac{(\tau-v_1+v_2)^2}{2}\right)\cdot \tag{8.102}$$
$$\exp\left(-\mathrm{j}\,\frac{2\pi}{T_0}m\,\frac{v_1+v_2}{2}\right)\bar{h}(v_1)\bar{h}(v_2)\mathrm{d}v_1\mathrm{d}v_2$$

令 $v_{1'}=(v_1+v_2)/2, v_{2'}=v_1-v_2$，并计算有关 $v_{1'}$ 的积分可得

$$R_{ff}^{\boldsymbol{A}_1}(m,\tau)=\exp\left(-\mathrm{j}\,\frac{a}{2b}\frac{\tau^2}{2}\right)\int R_{xx}^{\boldsymbol{A}_1}(m,\tau-v_{2'})\cdot$$
$$\exp\left(\mathrm{j}\,\frac{a}{2b}\frac{(\tau-v_{2'})^2}{2}\right)h'(m,v_{2'})\,\mathrm{d}v_2 \tag{8.103}$$

其中，$h'(m,v_{2'})=\frac{1}{(2\pi b)^2}\int\exp\left(-\mathrm{j}\,\frac{2\pi}{T_0}mv_{1'}\right)\bar{h}\left(v_{1'}+\frac{v_{2'}}{2}\right)\bar{h}\left(v_{1'}-\frac{v_{2'}}{2}\right)\mathrm{d}v_{1'}$，且易发现，上式就是有关参数 τ 的参数为 $a/4b$ 的线性正则卷积，即

$$R_{ff}^{\boldsymbol{A}_1}(m,\tau)=2\pi b_2 R_{xx}^{\boldsymbol{A}_1}(m,\tau)\overset{\boldsymbol{A}_2}{*}h'(m,\tau) \tag{8.104}$$

其中，$a_2/b_2=a/(2b)$。

对上式两端同时取参数为 $\boldsymbol{A}_2$ 的线性正则变换可得定理中的结论。

此性质是线性时变系统分析的基础。当 $\boldsymbol{A}=\boldsymbol{A}'=\boldsymbol{A}_1=\boldsymbol{A}_2=[0,1;-1,0]$时，该性质可退化为循环平稳信号的时间卷积性质。原因如下：循环平稳信号的调频率为 0，所以线性正则变换的参数矩阵满足 $\boldsymbol{A}_1=\boldsymbol{A}_2=[0,1;-1,0]$。也就是需要频域分析，即 $\boldsymbol{A}=\boldsymbol{A}'=[0,1;-1,0]$。此时，线性正则卷积退化为经典的卷积，对应的线性时变滤波器变为线性时不变滤波器。

时间乘积性质：由分数卷积定理易得 chirp 循环统计量的时间乘积性质，具体表述如下。令 $f(t)=x(t)h(t)$，其中 $x(t)$是 chirp 循环平稳的，$h(t)$是循环平稳的，且两者统计独

立，则 $f(t)$ 的 chirp 循环相关函数是 $x(t)$ 的 chirp 循环相关函数与 $h(t)$ 的循环相关函数之间的线性正则级数卷积 $\overset{\boldsymbol{A}}{*}$ 的关系，即

$$R_{ff}^{\boldsymbol{A}}(m,\tau)=R_{xx}^{\boldsymbol{A}}(m,\tau)\overset{\boldsymbol{A}}{*}R_{hh}^{\boldsymbol{B}}(m,\tau) \tag{8.105}$$

其中，$\boldsymbol{B}=[0,1;-1,0]$。$f(t)$ 的 chirp 循环谱函数是 $x(t)$ 的 chirp 循环谱函数和 $h(t)$ 的 chirp 循环谱函数之间的二维线性正则卷积关系，即

$$S_{ff}^{\boldsymbol{A},\boldsymbol{A}'}(m,u)=S_{xx}^{\boldsymbol{A},\boldsymbol{A}'}(m,u)\overset{\boldsymbol{A},\boldsymbol{A}'}{*}S_{hh}^{\boldsymbol{B},\boldsymbol{B}}(m,u) \tag{8.106}$$

接下来介绍基于相关函数的 chirp 循环统计量。这里我们选择式(8.77)表达的相关函数。定义 chirp 循环相关函数为

$$R_{xx}^{\boldsymbol{A}}(\omega_{m,\tau},\tau)=\lim_{T\to+\infty}\frac{T_0}{T}\int_{-\frac{T}{2}}^{\frac{T}{2}}R_{xx}(t,\tau)K_{\boldsymbol{A}}(t,\omega_{m,\tau})\mathrm{d}t \tag{8.107}$$

其中，$\omega_{m,\tau}=b\mu_2\tau+bm\omega_0$ 是 chirp 循环频率，该参数是时延参数 τ 的一次函数。

式(8.107)和式(8.82)定义的 chirp 循环相关函数之间的关系为

$$R_{xx^*}^{\boldsymbol{A}}(m,\tau)=\sum_{n=-\infty}^{+\infty}R_{xx}^{\boldsymbol{A}}(\omega_{n,\tau},\tau)\delta_K(m\Delta u-\omega_{n,\tau}) \tag{8.108}$$

其中，$\delta_K(\cdot)$ 表示克罗内克冲激函数。

由式(8.82)可知，chirp 循环平稳信号的相关函数中含有参数 τ 的二次相位调制项，此项会保留到 chirp 循环相关函数中，如果采用傅里叶变换定义循环谱函数将会展宽循环谱的带宽。本书通过引入线性正则变换来抑制这种展宽现象。具体表示如下：

$$S_{xx^*}^{\boldsymbol{A},\boldsymbol{A}'}(\omega_m,u)=\int_{\mathbf{R}}R_{xx^*}^{\boldsymbol{A}}(\omega_{m,\tau},\tau)K_{\boldsymbol{A}'}(\tau,u)\mathrm{d}\tau \tag{8.109}$$

其中，参数矩阵 $\boldsymbol{A}'$ 和 $\boldsymbol{A}$ 满足 $a'/b'=a/4b-4d\mu_2^2/b$。

注意，这里的 chirp 循环谱函数 $S_{xx^*}^{\boldsymbol{A},\boldsymbol{A}'}(\omega_m,u)$ 虽然与 chirp 循环相关函数 $R_{xx^*}^{\boldsymbol{A}}(m,\tau)$ 之间不再是一一对应关系，但两者都能反映信号 $x(t)$ 的特征。鉴于基于共轭相关函数的 chirp 循环统计量中自变量可分离的良好性质，本章的后续小节以基于共轭相关函数的 chirp 循环统计量为主讨论其应用。

由基于共轭相关函数定义的 chirp 循环统计量的性质，类似可得上述基于相关函数的 chirp 循环相关统计量的性质。这里只给出结论，感兴趣的读者可自行推导。

时延性质：令 $f(t)=x(t-t_0)$，则 $f(t)$ 的基于相关函数定义的 chirp 循环相关函数和 chirp 循环谱函数与 $x(t)$ 的 chirp 循环统计量之间的关系为

$$R_{ff^*}^{\boldsymbol{A}}(\omega_{m,\tau},\tau)=r_1(\omega_m,\tau)R_{xx^*}^{\boldsymbol{A}}(\omega_{m-n,\tau},\tau) \tag{8.110a}$$

$$S_{ff^*}^{\boldsymbol{A},\boldsymbol{A}'}(\omega_{m-n},u)=r_2(\omega_m,u)S_{xx^*}^{\boldsymbol{A},\boldsymbol{A}'}(\omega_{m-n},u-b'\mu_2) \tag{8.110b}$$

其中，$r_2(\omega_m,u)=\exp(-\mathrm{j}(ct_0m\Delta u+act_0^2/2-d'\mu_2u+b'd'\mu_2^2/2))$，$n=at_0/\Delta u$，$r_1(\omega_m,\tau)=\exp(\mathrm{j}(ct_0\omega_{m,\tau}-act_0^2/2))$。

时间乘积性质：令 $f(t)=x(t)h(t)$ 为两个 chirp 循环平稳信号的乘积，则 $f(t)$ 的 chirp 循环相关函数与 $x(t)$ 的 chirp 循环相关函数之间的关系为

$$S_{ff^*}^{\boldsymbol{A},\boldsymbol{A}'}(\omega_m,u)=S_{xx^{(*)}}^{\boldsymbol{A},\boldsymbol{A}'}(\omega_m,u)\overset{\boldsymbol{A},\boldsymbol{A}'}{*}S_{hh^{(*)}}^{\boldsymbol{A},\boldsymbol{A}'}(\omega_m,u) \tag{8.111}$$

其中，$\overset{\boldsymbol{A},\boldsymbol{A}'}{*}$ 表示对第一个自变量做参数矩阵为 $\boldsymbol{A}$ 的线性正则卷积和对第二个自变量作参数

矩阵为$\boldsymbol{A}'$的线性正则卷积。

时间卷积性质：令 $f(t)=x(t)\overset{\boldsymbol{A}}{*}h(t)$，则 $f(t)$与 $x(t)$之间的互 chirp 循环相关函数与 $x(t)$的 chirp 循环相关函数之间的关系为

$$R_{fx^*}^{\boldsymbol{A}}(\omega_{m,\tau},\tau)=R_{xx^*}^{\boldsymbol{A}}(\omega_{m,\tau},\tau)\overset{\boldsymbol{A}}{*}\bar{h}(\tau) \tag{8.112}$$

其中，$m_\tau=a\tau/(2b\Delta u)$。

进一步，chirp 循环谱函数 $S_{ff^*}^{\boldsymbol{A},\boldsymbol{A}'}(\omega_m,u)$和 $S_{xx^*}^{\boldsymbol{A},\boldsymbol{A}'}(\omega_m,u)$之间的关系为

$$S_{ff^*}^{\boldsymbol{A},\boldsymbol{A}'}(\omega_m,u)=H^{\boldsymbol{A}_1}\left(u_1+\frac{mb_1\omega_0}{2}\right)(H^{\boldsymbol{A}_2})^*\left(2u_2+\frac{mb_2\omega_0}{2}\right)S_{xx^*}^{\boldsymbol{A},\boldsymbol{A}'}(\omega_m,u) \tag{8.113}$$

8.4　应用

8.4.1　多分量 chirp 信号检测和参数估计

考虑如下被噪声污染的多分量 chirp 信号模型：

$$\xi(t)=\mathrm{e}^{-\frac{\mathrm{j}}{2}\mu_1t^2+\mathrm{j}\Omega_1t}+\mathrm{e}^{-\frac{\mathrm{j}}{2}\mu_2t^2+\mathrm{j}\Omega_2t}+\upsilon(t)$$

其中，两个 chirp 信号的调频率和初始频率为 $\mu_1=0.158$，$\mu_2=0.325$，$\Omega_1=5$，$\Omega_2=30$。$\upsilon(t)$为零均值复高斯白噪声。SNR=0dB。根据式(8.22)，可以得到 $\xi(t)$的分数阶相关函数为

$$\hat{R}_{\xi\xi}^{\alpha}(\tau)=\begin{cases}\mathrm{e}^{-\frac{\mathrm{j}}{2}\mu_1\tau^2+\mathrm{j}\Omega_1\tau}+\sigma_n^2\delta(\tau), & \alpha=\operatorname{arccot}(\mu_1)=9\pi/20\\ \mathrm{e}^{-\frac{\mathrm{j}}{2}\mu_2\tau^2+\mathrm{j}\Omega_2\tau}+\sigma_n^2\delta(\tau), & \alpha=\operatorname{arccot}(\mu_2)=8\pi/20\\ \sigma_n^2\delta(\tau), & \text{其他}\end{cases} \tag{8.114}$$

再根据分数阶功率谱和分数阶相关函数的关系，可以得到分数阶功率谱为

$$P_{\xi\xi}^{\alpha}(u)=\begin{cases}\delta(u-\Omega_1\sin\alpha)+\sigma_n^2, & \alpha=\operatorname{arccot}(\mu_1)=9\pi/20\\ \delta(u-\Omega_2\sin\alpha)+\sigma_n^2, & \alpha=\operatorname{arccot}(\mu_2)=8\pi/20\\ \sigma_n^2, & \text{其他}\end{cases} \tag{8.115}$$

事实上，分数阶功率谱是变量 α 和 u 的两个变量的函数。因此上式进一步可以写作

$$P_{\xi\xi}^{\alpha}(u)=P_{\xi\xi}(u,\alpha)=\sigma_n^2+\delta(u-\Omega_1\sin\alpha,\alpha-\operatorname{arccot}(\mu_1))+\delta(u-\Omega_2\sin\alpha,\alpha-\operatorname{arccot}(\mu_2)) \tag{8.116}$$

根据直接分数阶傅里叶变换的模平方方法(直接法)和分数阶相关函数的分数阶傅里叶变换方法(间接法)得到的分数阶功率谱估计分别如图 8.3 和图 8.4 所示。其中序列 $\xi[n]$是 $\xi(t)$的 $N=1024$ 点采样，观测区间是[−40.1,40.1]s，采样间隔为 $T=\sqrt{2\pi/N}$，角度 α 的步长选取的是 $\pi/100$。

图 8.3 中，分数阶功率谱估计采用模平方方法：$\frac{1}{N}|\widetilde{\mathcal{F}}^{\alpha}[\xi](\omega)|^2$；图 8.4 中，分数阶功率谱估计采用间接法。根据式(8.26)，分数阶相关函数含有时间平均和统计平均。这里，我们构造如下分数阶相关函数估计：$\hat{R}_{\xi\xi}^{\alpha}[m]=\frac{1}{N}\sum_{n_2=-N/2}^{N/2-1}\xi[n_2+m]\xi^*[n_2]\mathrm{e}^{\mathrm{j}n_2mT^2\cot\alpha}$。

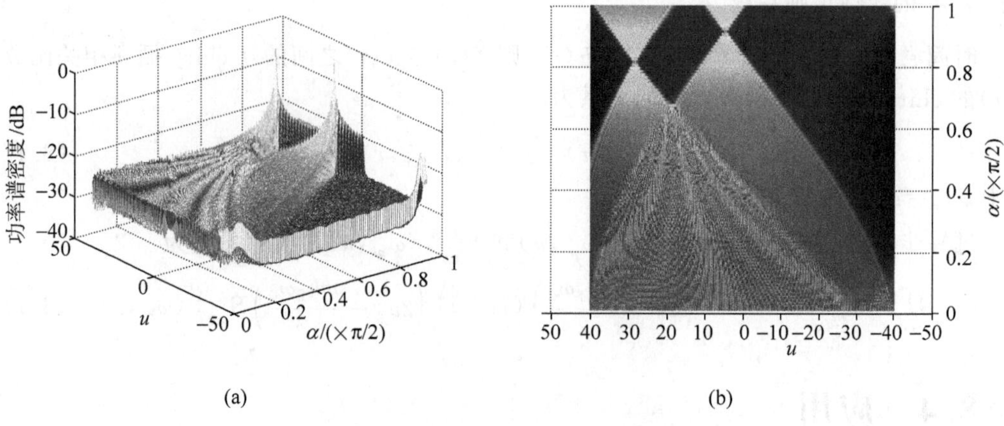

图 8.3 直接法得到分数阶功率谱估计

(a) 三维图示;(b) 三维图沿 z 轴的投影

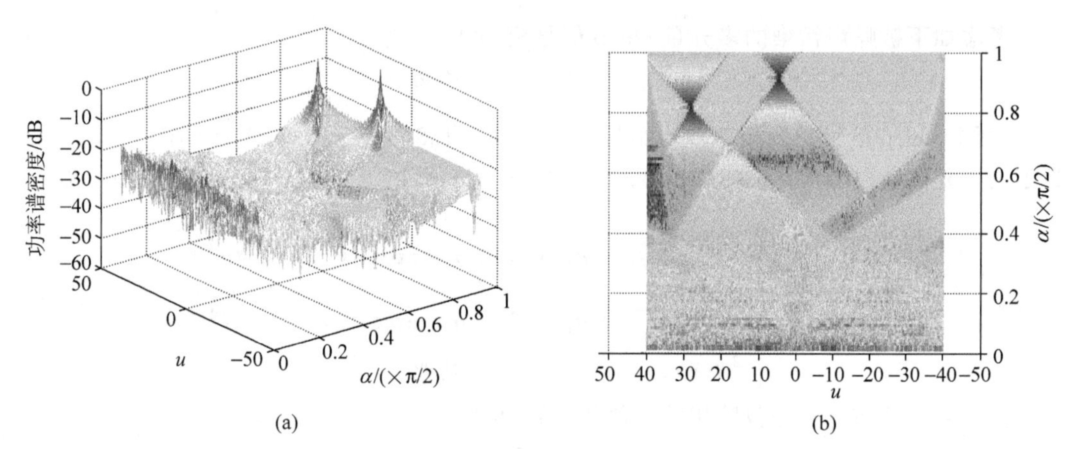

图 8.4 间接法得到分数阶功率谱估计

(a) 三维图示;(b) 三维图沿 z 轴的投影

图 8.5 给出了分数阶相关函数的估计,其中图(a)和图(b)是分数阶相关函数的实部及其沿 z 轴的投影,图(c)和图(d)是分数阶相关函数在两个匹配角度 $\alpha=9\pi/20$ 和 $\alpha=8\pi/20$ 的值。

8.4.2 分数阶傅里叶域系统辨识

输入信号 $x[n]$ 通过分数阶傅里叶域滤波器后,在噪声环境观测下得到信号

$$y[n]=s[n]+\upsilon[n]=x[n]\overset{\alpha}{*}h[n]+\upsilon[n],\quad n=0,1,\cdots,N-1$$

其中,$\upsilon[n]$ 是 0 均值复高斯白噪声,$s[n]$ 为滤波器输出,$\overset{\alpha}{*}$ 表示分数阶卷积运算。对于接收到信号的观测 SNR 定义为

$$10\lg\left[\frac{\sum_{n=0}^{N-1}|s[n]|^2}{\sum_{n=0}^{N-1}|\upsilon[n]|^2}\right]$$

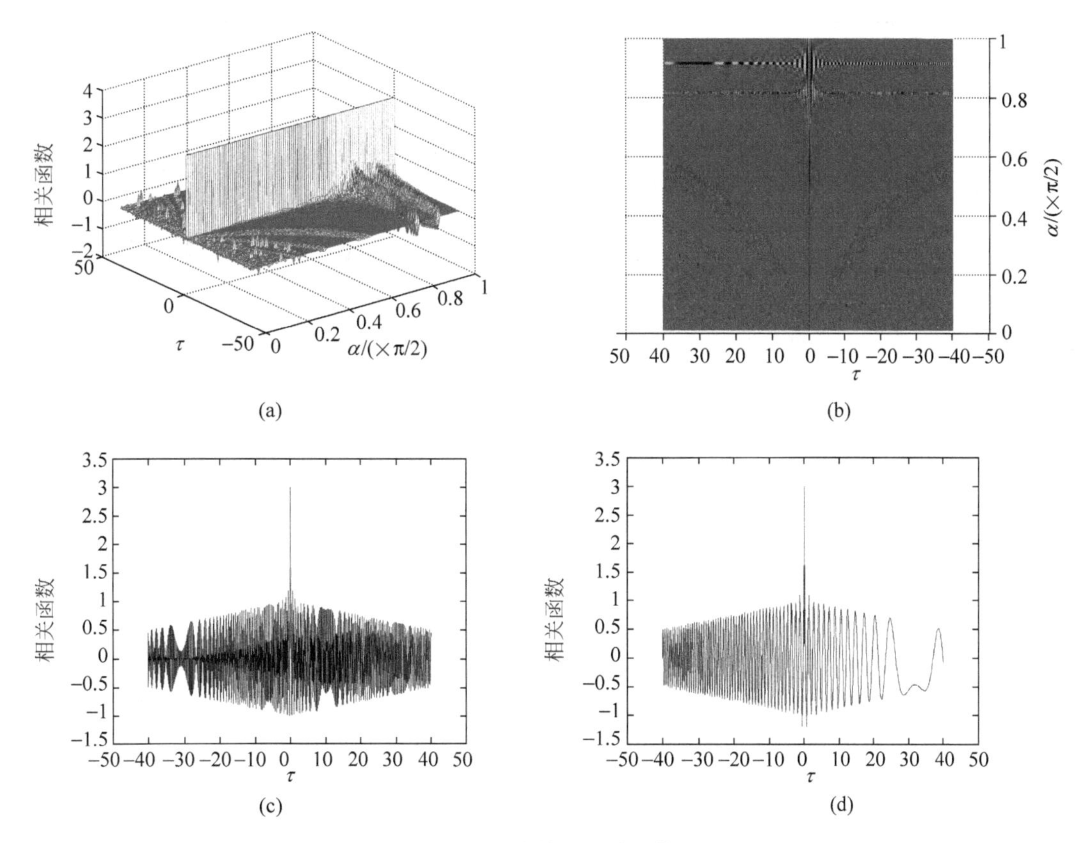

图 8.5 分数阶相关函数

(a) 分数阶相关函数三维图；(b) 三维图沿 z 轴的投影；

(c) $\alpha=8\pi/20$ 角度的分数阶相关函数；(d) $\alpha=9\pi/20$ 角度的分数阶相关函数

根据分数阶傅里叶域输入/输出功率谱关系，可以估计分数阶傅里叶域滤波器的转移函数

$$\hat{H}(\omega)=\frac{\hat{P}_{xy}^{\alpha}(\omega)}{\hat{P}_{xx}^{\alpha}(\omega)}$$

仿真中，分数阶傅里叶域滤波器的时域冲击响应 $h[n]$的点数随机取作 $M=9$，大小也是随机选取。输入信号为 1000 点零均值高斯白噪声。图 8.6 给出了分数阶傅里叶域系统辨识的仿真结果。其中，图 8.6(a)和(b)是 $\alpha=\pi/5$ 分数阶傅里叶域滤波器的幅度和相位；图 8.6(c)和(d)是在观测 SNR=15dB 下的辨识结果。

图 8.7 给出了在不同角度的分数阶傅里叶域下，辨识结果的 SNR 对于观测 SNR 的曲线。其中辨识结果的 SNR 定义为

$$10\lg\left[\frac{\int_{-\pi\sin\alpha}^{\pi\sin\alpha}|H(\omega)|^2\mathrm{d}\omega}{\int_{-\pi\sin\alpha}^{\pi\sin\alpha}|H(\omega)-\hat{H}(\omega)|^2\mathrm{d}\omega}\right]$$

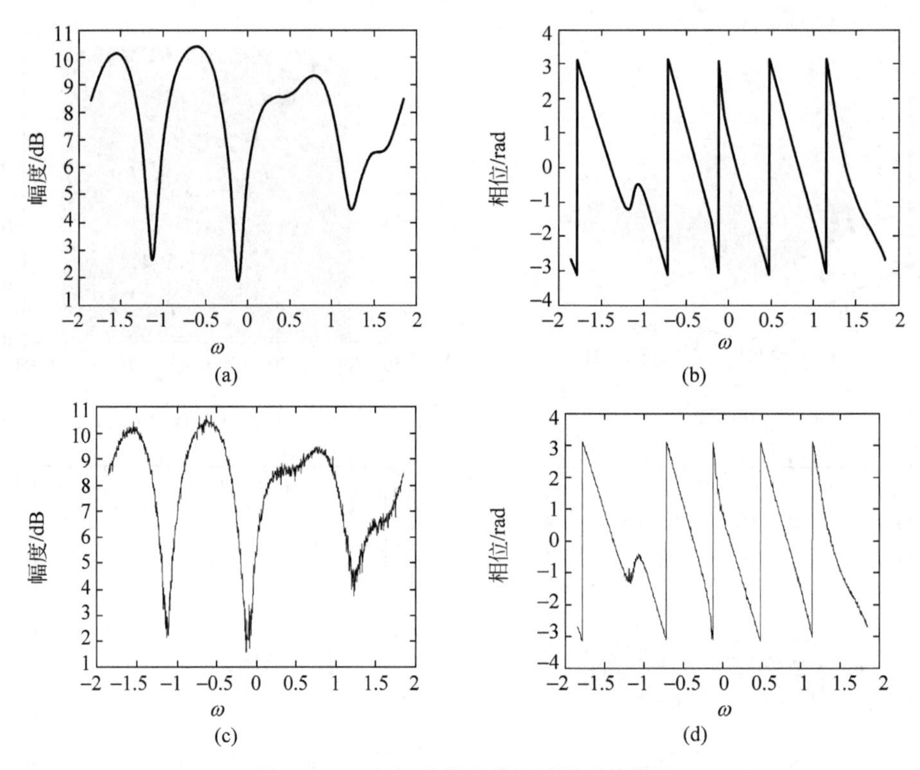

图 8.6　$\alpha=\pi/5$ 分数阶傅里叶域系统辨识

(a) 原始分数阶转移函数幅度；(b) 原始分数阶转移函数相位；(c) 在 SNR＝15dB 下的辨识幅度；(d) 辨识相位

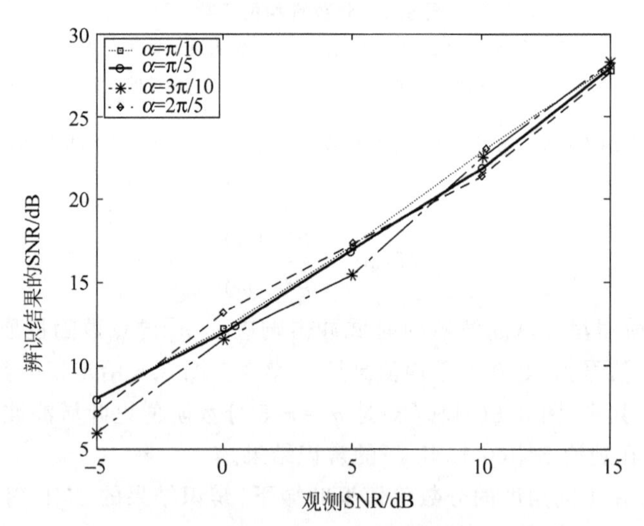

图 8.7　不同角度分数阶傅里叶域系统辨识效果

8.4.3　Chirp 循环系统辨识

本节通过构建系统函数和输入信号的 chirp 循环谱函数来介绍线性时变系统辨识。假设接收信号 $f(t)$是一个未知线性时变滤波器的输出，即

$$f(t)=(x(t)-w_1(t))\overset{\boldsymbol{A}}{*}h(t)+w_2(t) \tag{8.117}$$

其中，$h(t)$是待辨识的未知系统函数，$w_1(t)$和 $w_2(t)$分别为测量噪声和系统噪声。则系统函数 $h(t)$可通过以下方法和已知的输入/输出信号得到。当待辨识的滤波器 $\tilde{h}(t)$的输入为 $x(t)$时，输出为

$$\tilde{f}(t)=x(t)\overset{\boldsymbol{A}}{*}\tilde{h}(t) \tag{8.118}$$

对系统 $h(t)$的约束条件为：已知输出 $f(t)$和辨识的滤波器输出 $\tilde{f}(t)$之间的极限时间均值误差最小，即

$$\rho_1=\lim_{T\to+\infty}\frac{1}{T}\int_{-T/2}^{T/2}\left|f(t)-\tilde{f}(t)\right|^2\mathrm{d}t \tag{8.119}$$

通过求式(8.117)所示的信号 $f(t)$与信号 $x(t)$之间的 chirp 循环互谱函数可得 $S_{fx}^{\boldsymbol{A},\boldsymbol{A}'}(m,\tau)$。由定理 8.5 可知，$S_{fx}^{\boldsymbol{A},\boldsymbol{A}'}(m,\tau)$可解释为 $F^{\boldsymbol{A}}(u)$和 $X^{\boldsymbol{A}}(u)$的互相关函数的调制形式，即

$$S_{fx}^{\boldsymbol{A},\boldsymbol{A}'}(m,u)=c(m,u)\lim_{T\to+\infty}\frac{1}{T}E\left[F_T^{\boldsymbol{A}_1}\left(u+\frac{mb_1\omega_0}{2}\right)X_T^{\boldsymbol{A}_2}\left(-\frac{b_2}{b_1}u-\frac{mb_2\omega_0}{2}\right)\right] \tag{8.120}$$

其中，$F_{\boldsymbol{A}_1}(u+mb_1\omega_0/2)$是 $f(t)$的正则谱的移位。函数 $F_{\boldsymbol{A}_1}(u)$可由式(8.117)的右端表示为

$$F_{\boldsymbol{A}_1}(u)=(X^{\boldsymbol{A}_1}(u)-W_1^{\boldsymbol{A}_1}(u))H^{\boldsymbol{A}_1}(u)+W_2^{\boldsymbol{A}_1}(u) \tag{8.121}$$

因此，函数 $S_{fx}^{\boldsymbol{A},\boldsymbol{A}'}(m,u)$可进一步计算如下

$$\begin{aligned}S_{fx}^{\boldsymbol{A},\boldsymbol{A}'}(m,u)=&\ c(m,u)\lim_{T\to+\infty}\frac{1}{T}E\left[\left[H^{\boldsymbol{A}_1}\left(u+\frac{mb_1\omega_0}{2}\right)\left(X_T^{\boldsymbol{A}_1}\left(u+\frac{mb_1\omega_0}{2}\right)-\right.\right.\right.\\&\left.\left.\left.W_1^{\boldsymbol{A}_1}\left(u+\frac{mb_1\omega_0}{2}\right)\right)+W_2^{\boldsymbol{A}_1}\left(u+\frac{mb_1\omega_0}{2}\right)\right]X_T^{\boldsymbol{A}_2}\left(-\frac{b_2}{b_1}u-\frac{mb_2\omega_0}{2}\right)\right]\\=&\ H^{\boldsymbol{A}_1}\left(u+\frac{mb_1\omega_0}{2}\right)\left[S_x^{\boldsymbol{A},\boldsymbol{A}'}(m,u)-S_{w_1x}^{\boldsymbol{A},\boldsymbol{A}'}(m,u)\right]+S_{w_2x}^{\boldsymbol{A},\boldsymbol{A}'}(m,u)\end{aligned} \tag{8.122}$$

一般假设信号 $x(t)$和系统噪声是不相关的，这意味着 $S_{w_2x}^{\boldsymbol{A},\boldsymbol{A}'}(m,u)=0$。我们可设计输入信号为 chirp 循环平稳信号。测量噪声与输入信号不是循环相关的，所以 $S_{w_1x}^{\boldsymbol{A},\boldsymbol{A}'}(m,u)=0$。线性时变系统的传递函数可由输入/输出信号的 chirp 循环谱函数表示为

$$H^{\boldsymbol{A}_1}(u)=\frac{S_{fx}^{\boldsymbol{A},\boldsymbol{A}'}(m,u-mb_1\omega_0/2)}{S_x^{\boldsymbol{A},\boldsymbol{A}'}(m,u-mb_1\omega_0/2)} \tag{8.123}$$

该系统辨识适合输入信号为 chirp 循环平稳且系统为线性时变系统，且两种噪声与信号之间是非 chirp 循环相关的。该结论可退化为循环平稳信号的循环维纳滤波和平稳信号的维纳滤波。

以下介绍 chirp 循环统计量在通信信号处理中的应用，首先展示调制项对 chirp 循环统计量的影响。假设观测到的信号模型为

$$f(t)=\exp(\mathrm{j}2\pi(\mu_1t^2+\omega_1t))x(t) \tag{8.124}$$

其中，$x(t)$是零均值循环平稳信号。该信号模型中的参数解释在表 8.1 中。信号的实部见图 8.8。

表 8.1 chirp 循环平稳信号参数

参 数	物 理 含 义	数 值
μ_1	调频率	300Hz/s
ω_1	初始频率	27Hz
f_s	采样频率	600Hz
T	观测时长	128/75s
$\boldsymbol{A}$	线性正则级数的参数矩阵	$[-4\mu_1,1;-4\mu_1-1,1]$
$\boldsymbol{A}_3$	线性正则级数的参数矩阵	$[-2\mu_1,1.5;\frac{-4\mu_1-2}{3},1]$
$\boldsymbol{A}'$	线性正则级数的参数矩阵	$[-\mu_1,1;-\mu_1-1,1]$
$\boldsymbol{A}_3'$	线性正则级数的参数矩阵	$[-4\mu_1/7,1;-4\mu_1/7-1,1]$

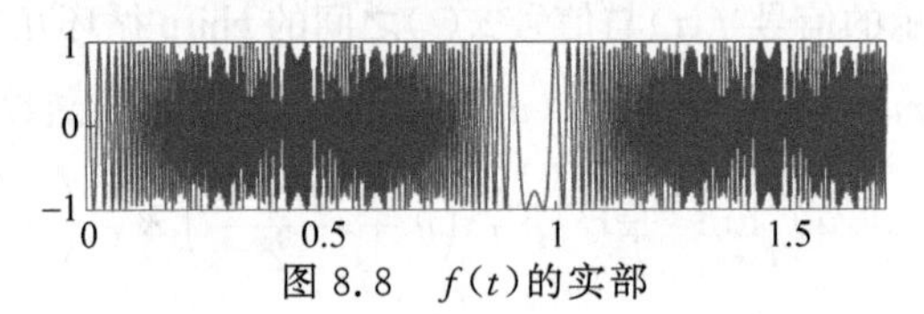

图 8.8 $f(t)$的实部

该信号的 chirp 循环相关函数和 chirp 循环谱函数分别为

$$R_{ff}^{\boldsymbol{A}}(m,\tau)=\left[\exp\left(\mathrm{j}\left(\pi\mu_1\tau^2+\frac{d}{2b}\left(\frac{m}{T}\right)^2\right)\right)\delta_K(m-2\omega_1)\right]\overset{\boldsymbol{A}}{*}R_{xx}^{B}(m,\tau) \tag{8.125a}$$

$$S_{ff}^{\boldsymbol{A},\boldsymbol{A}'}(m,u)=\left[\exp\left(\mathrm{j}\left(\frac{d}{2b}\left(\frac{m}{T}\right)^2+\frac{d'}{2b'}u^2\right)\right)\cdot\right.$$
$$\left.\delta_K(m-2\omega_1)\delta\left(\frac{u}{b'}\right)\right]\overset{\boldsymbol{A},\boldsymbol{A}'}{*}S_{xx}^{B,B}(m,u) \tag{8.125b}$$

在此仿真中,chirp 循环相关图用来估计 chirp 循环相关函数。在此基础上,chirp 循环谱函数可通过对估计的 chirp 循环相关函数中的时延参数作线性正则变换得到。仿真结果如图 8.9 所示。该图第一列的三幅图分别展示了 chirp 循环相关函数在不同分数域的特征。第二列的三幅图分别展示了 chirp 循环谱函数在不同分数域中的特征。第二列中的 chirp 循环谱函数分别是第一列中对应的 chirp 循环相关函数的线性正则变换。第一行中的线性正则变换参数矩阵与信号的参数相对应,因此在循环频率维和在循环频率—线性正则变换维是稀疏的。然而这两个统计量在其他线性正则域包括频域都是展宽的。本例说明了 chirp 循环统计量在反映 chirp 循环平稳信号特征中的有效性。

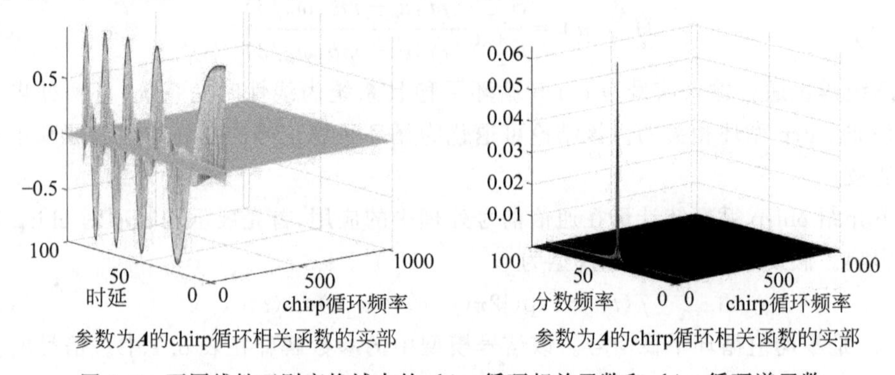

图 8.9 不同线性正则变换域中的 chirp 循环相关函数和 chirp 循环谱函数

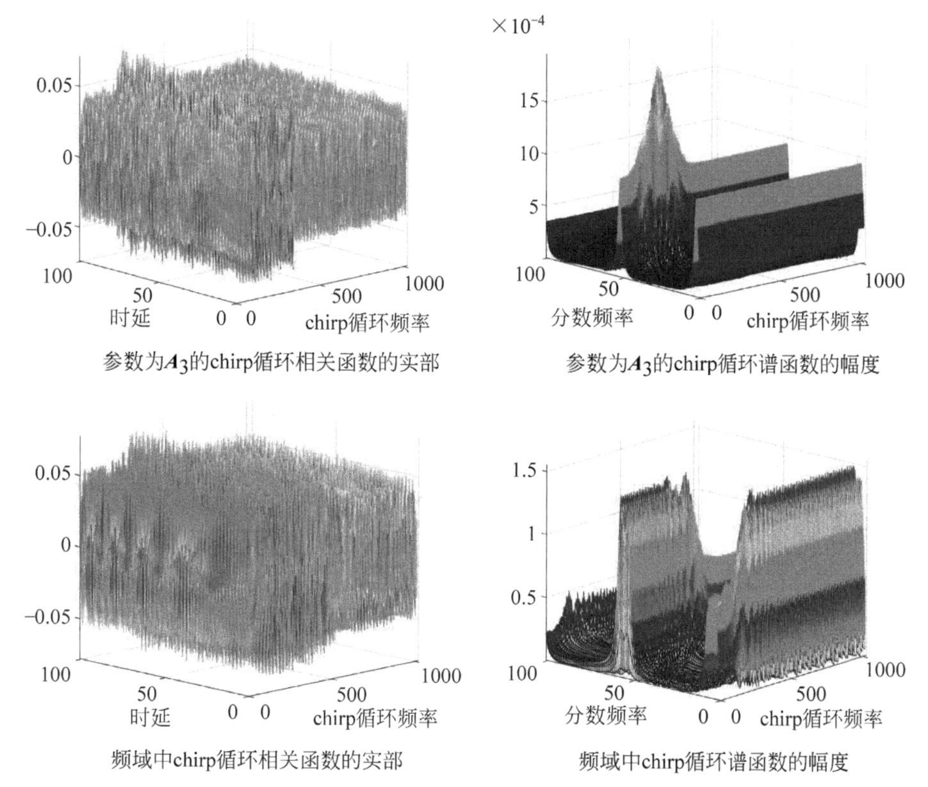

参数为A_3的chirp循环相关函数的实部　　参数为A_3的chirp循环谱函数的幅度

频域中chirp循环相关函数的实部　　频域中chirp循环谱函数的幅度

图 8.9 （续）

本例仅展示了调制项的影响，这两幅图中展示的形状与式(8.125)的方括号中所求的项对应。为了展示 chirp 循环相关函数与 chirp 循环谱函数在其他变换域中的特征，我们展示了参数矩阵为 $\boldsymbol{A}_3$ 的 chirp 循环相关函数和参数矩阵为 $\boldsymbol{A}_{3'}$ 的 chirp 循环谱函数。这两幅图展示了这两个统计量对于线性正则变换参数的敏感性，这一性质可用于参数检测中。此外，由图可知本书所提的统计量比基于傅里叶分析所提的循环相关函数和循环谱函数在处理 chirp 循环平稳信号中的优势。

以下介绍 chirp 循环统计量在生物医学信号特征检测中的应用。具体来讲，介绍 chirp 循环谱函数在区分两类不同信号中的应用。实验数据集来自美国麻省理工学院提供的研究心律失常的数据集 MIT-BIH，每个数据由两个导联采集，共有 48 个测试者[22,23]。本例中采用室性早搏数据，该数据是从一位 73 岁的老人心电信号中得到的。表 8.2 中列出了相关的参数，图 8.10 展示了这位患者正常的和室性早搏的心电信号波形。图 8.11 展示了这两组数据的循环谱函数和 chirp 循环谱函数。如图 8.11(a)和图 8.11(c)所示，很难通过循环谱函数区分两类信号。然而，由图 8.11(b)和图 8.11(d)可知这两类信号的 chirp 循环谱函数是完全不同的。此例也说明了本书新提统计量在信号特征提取中的应用。

表 8.2　参数及其含义

物理含义	数　值
采样频率	360Hz/s
室性早搏的采样时间段	[17.34,18.06]min
正常心电信号的采样时间段	[0.41,1]min

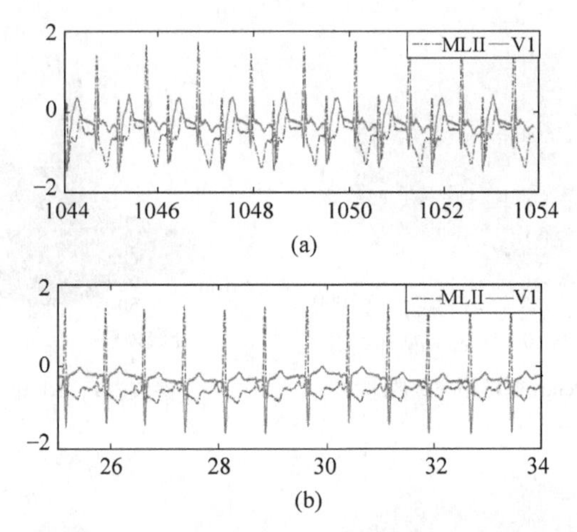

图 8.10　虚线展示的是从导联 MLII 中采集到的信号，实线展示的是从导联 V1 中采集到的信号

(a) 室性早搏信号；(b) 正常心电信号

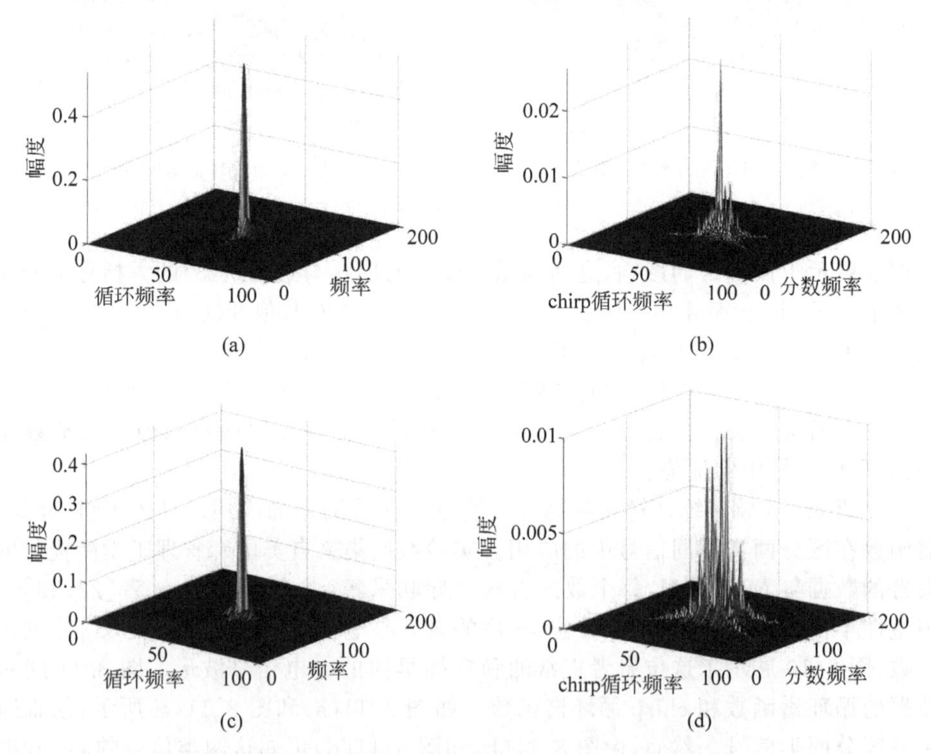

图 8.11　心电信号的循环统计量和 chirp 循环统计量

(a) 室性早搏数据的循环谱函数；(b) 室性早搏数据的 chirp 循环谱函数

(c) 正常心电信号的循环谱函数；(d) 正常心电信号的 chirp 循环谱函数

接下来介绍基于共轭相关函数和非共轭相关函数定义的 chirp 循环相关函数能反映复信号的不同特征。依旧采用心电信号的数据。本例中用到的数据来自一位 89 岁老人的心电信号。信号由两个导联(分别为 V5 和 V1)采集得到，部分数据可视化如图 8.12 所示。由 V5 采集到的数据作为复信号的实部，V1 采集到的数据作为复信号的虚部，则此复信号

的两种 chirp 循环相关函数如图 8.13 所示。明显可以得知这两种 chirp 循环相关函数所反映的复信号的特征是不同的。

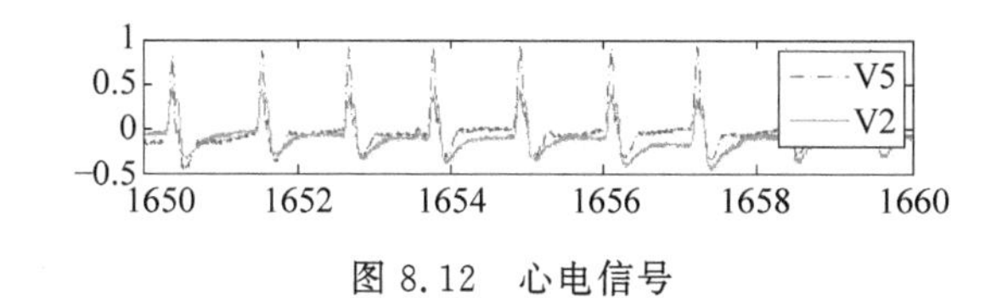

图 8.12　心电信号

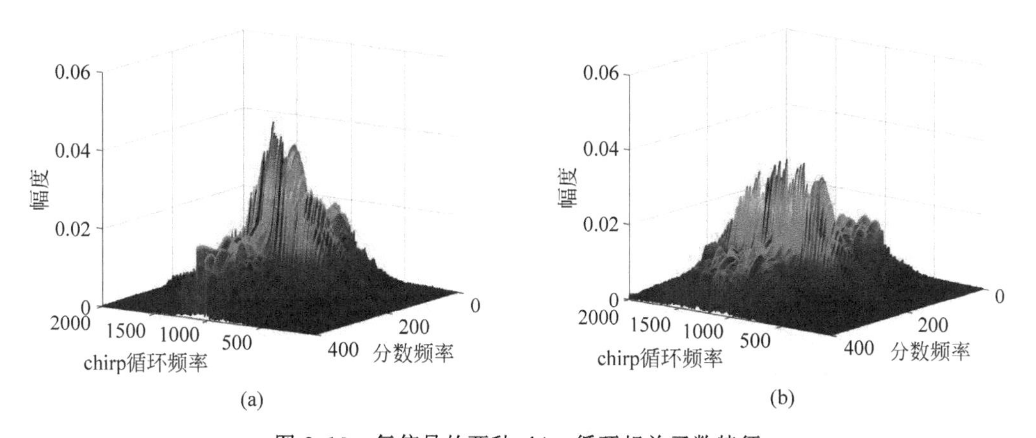

图 8.13　复信号的两种 chirp 循环相关函数特征

(a) 基于相关函数的 chirp 循环相关函数；(b) 基于共轭相关函数的 chirp 循环相关函数

参考文献

[1] 张贤达. 现代信号处理[M]. 北京：清华大学出版社，2002.

[2] Almeida L B. An introduction to the angular Fourier transform. in Proc[C]//IEEE Conf. Acoustics, Speech, Signal Processing, Minneapolis, MN. 1993.

[3] Almeida L B. The fractional Fourier transform and time-frequency representations[J]. IEEE Trans. Signal Processing, 1994, 42: 3084-3091.

[4] Alieva T, Lopez V, Aguillo-Lopez F, et al. The angular Fourier transform in optical propagation problems[J]. J. Mod. Opt., 1994, 41: 1037-1040.

[5] Lohmann W. Image rotation, Wigner rotation and the fractional Fourier transform[J]. J. Opt. Soc. Amer. A, 1993, 10: 2181-2186.

[6] Lohmann W, Soffer B H. Relationships between the Radon-Wigner and fractional Fourier transforms [J]. J. Opt. Soc. Amer. A, 1994, 11: 1798-1801.

[7] Namias V. The fractional Fourier transform and its application to quantum mechanics[J]. J. Inst. Math. Appl., 1980, 25: 241-265.

[8] Ozaktas H M, Barshan B, Mendlovic D, et al. Convolution, filtering, and multiplexing in fractional Fourier domains and their relationship to chirp and wavelet transforms[J]. J. Opt. Soc. Amer. A, 1994, 11: 547-559.

[9] Kutay M A, Ozaktas H M, Arikan O. Optimal filtering in fractional Fourier domain[J]. IEEE Trans. Signal Processing, 1997, 45(5): 1119-1143.

[10] Zalevsky Z, Mendlovic D. Fractional Wiener filter[J]. Appl. Opt., 1996, 35: 3930-3936.

[11] Erden M F, Kutay M A, Ozaktas H M. Repeated filtering in consecutive fractional Fourier domains and its application to signal restoration[J]. IEEE Trans. Signal Processing, 1999, 47(5): 1458-1462.

[12] Qi Lin, Tao Ran, Zhou Si-yong, et al. Detection and parameter estimation of multicomponent LFM signal based on the fractional Fourier transform[J]. Science in China: Series F Information Science, 2004, 47(2): 184-198.

[13] Tao Ran, Deng Bing, Wang Yue. Research process of the fractional Fourier transform in signal processing[J]. Science in China, Series F Information Science, 2006, 49(1): 1-25.

[14] 陶然，齐林，王越. 分数阶 Fourier 变换的原理与应用[M]. 北京：清华大学出版社，2004.

[15] Bing-Zhao Li, Ran Tao, Yue Wang. New sampling formulae related to the linear canonical transform [J]. Signal Processing, 2007, 87: 983-990.

[16] Ran Tao, Bing-zhao Li, Yue Wang. Spectral analysis and reconstruction for periodic non-uniformly sampled signals in fractional Fourier domain[J]. IEEE Trans. Signal Processing, 2007, 55(7): 3541-3547.

[17] Deng Bing, Tao Ran, Wang Yue. Convolution theorems for the linear canonical transform and their applications[J]. Science in China, Series F: Information Science, 2006, 49(5): 592-603.

[18] Zayed A I. A convolution and product theorem for the fractional Fourier transform[J]. IEEE Signal Processing Letters, 1998, 5: 101-103.

[19] Ran Tao, Feng Zhang, Yue Wang. Fractional power spectrum[J]. IEEE Trans. Signal Processing, 2008, 56(9): 4199-4206.

[20] Hongxia Miao, Feng Zhang, Ran Tao. New statistics of the second-order chirp cyclostationary signals: definitions, properties and applications[J]. IEEE Transactions on Signal Processing, 2019, 67(21): 5543-5557.

[21] Hongxia Miao, Feng Zhang, Ran Tao. Novel second-order statistics of the chirp cyclostationary signals[J]. IEEE Signal Processing Letters, 2020, 27: 910-914.

[22] Goldberger A L, Amaral L A N, Glass L, et al. PhysioBank, PhysioToolkit, and PhysioNet: components of a new research resource for complex physiologic signals[J]. Circulation, 2000, 101(23): 153, e215-e220.

[23] Silva I, George B M. An open-source toolbox for analysing and processing PhysioNet databases in MATLAB and Octave[J]. Journal of Open Research Software, 2014, 2(1): e27.

第9章

分数阶傅里叶域阵列信号处理

9.1 基于分数阶傅里叶变换的波束形成

9.1.1 波束形成简介

在阵列信号处理的范畴内,波束形成就是从传感器阵列重构源信号。这既可以通过增加期望信源的贡献实现,也可以通过抑制掉干扰源实现。

如图9.1所示(本节以均匀线阵为例),期望信号源和干扰源存在于空间中的不同位置,这些信号被一包含天线阵列的平台接收,通过调整每一个阵元上的权值,对空间里的期望信号源和干扰源加权求和。用数学形式表示:阵输入矢量为

$$\boldsymbol{x}(n)=[x_1(n),x_2(n),\cdots,x_M(n)]^{\mathrm{T}} \tag{9.1}$$

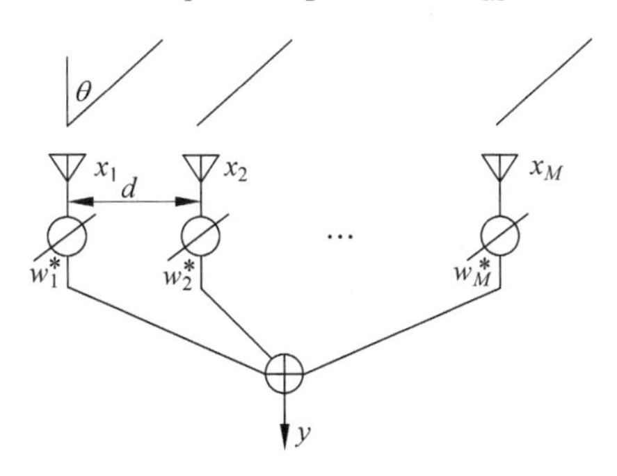

图9.1 均匀线阵

权矢量

$$\boldsymbol{w}=[w_1,w_2,\cdots,w_M]^{\mathrm{T}} \tag{9.2}$$

用线性组合器输出

$$y(n)=\boldsymbol{w}^{\mathrm{H}}\boldsymbol{x}(n)=\sum_{i=1}^{M}w_i^{*}x_i(n) \tag{9.3}$$

式中,上标“T”“H”“*”分别表示矢量或矩阵的转置、共轭转置和共轭。

图 9.2 是 8 阵元均匀线阵形成的方向图,假定信号方向为 $\theta=0°$,5 个干扰分别来自 $\theta=-60°$、$-30°$、$-20°$、$20°$、$50°$方向。

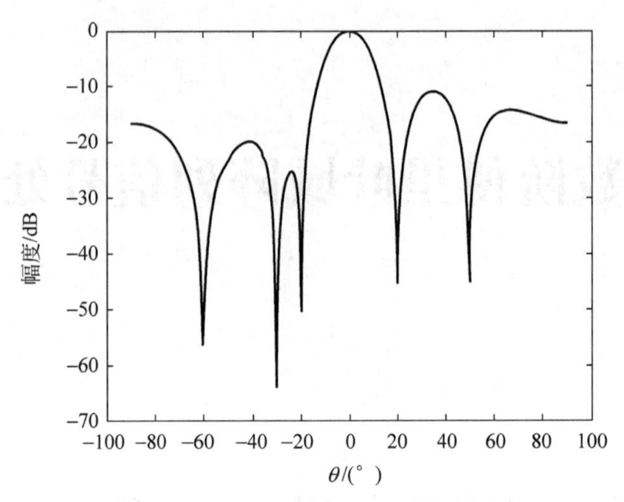

图 9.2 8 阵元均匀线阵合成波束图

由式(9.3)可见,设计阵列上的权向量 $\boldsymbol{w}$ 是波束形成的关键。目前已经提出了很多的波束形成算法,每种方法都有其优缺点,适合于不同的应用或先验知识。最大信噪比(MaxSNR)波束形成算法[1]以使输出信噪比达到最大值为准则来选取加权系数。最优加权系数的选取需要有信号和噪声的二阶统计量的知识;多旁瓣抑制波束形成算法[2]通过对消旁瓣的干扰实现波束形成;Capon 波束形成器[3]在保证某个方向的频率响应为 1 的约束条件下,使输出功率最小从而将噪声的影响降至最低,它是线性约束最小方差(Linearly Constrained Minimum Variance,LCMV)波束形成器的一种特例;若有参考信号的话,可以将输出信号与参考信号之间的均方误差最小(Minimization of Mean-Square Error,MMSE)为准则设计波束形成器[4]。

经典的波束形成方法(如 Bartlett 波束形成器、Capon 波束形成器)[5]需要知道信号源的方向,再调整阵列的波束指向该方向。盲波束形成方法不需要预先知道信号源的方向,仅仅根据阵列接收到的信号特性把波束指向某些具有特定特征的信号源方向。如果被利用的是信号的统计性质(如非高斯性和循环平稳性),这类盲波束形成称为随机性盲波束形成;若被利用的是信号本身的确定性性质(如恒模、有限字符、独立性等)或信道的信号处理模型的结构性质(如矩阵的 Toeplitz 结构等),则称其为确定性盲波束形成。关于此方面论述,读者可参阅文献[1],这里不再赘述。

9.1.2 基于分数阶傅里叶变换的均方误差最小波束形成

上面所说的波束形成器都是只含空域滤波的情况。通常,一个波束形成器中同时包含了时域滤波和空域滤波,它是通过求多个传感器在多个时刻上信号的加权和实现的。因此,波束形成器的数学模型写为

$$y(t)=\sum_{i=1}^{J}\sum_{k=0}^{K-1}w_{i,k}^{*}x_{i}(t-k\Delta t) \tag{9.4}$$

式中，$y(t)$表示波束形成器的输出，$w_{i,k}$ 表示波束形成器的加权系数，$x_i(t)$表示第 i 个传感器接收的信号，K 表示每个传感器中的延迟抽头数量(每个传感器相当于一个时域的横向滤波器)，J 表示传感器的数量，Δt 表示每一延迟的持续时间。式(9.4)也可写成向量形式，即

$$y(t)=\boldsymbol{w}^{\mathrm{H}}\boldsymbol{x}(t) \tag{9.5}$$

式中，$\boldsymbol{x}(t)=[x_1(t),x_1(t-\Delta t),\cdots,x_1(t-(K-1)\Delta t),x_2(t),\cdots,x_J(t-(K-1)\Delta t)]^{\mathrm{T}}$，$\boldsymbol{w}=[w_{1,0},w_{1,1},\cdots,w_{1,K-1},w_{2,0},\cdots,w_{J,K-1}]^{\mathrm{T}}$。

从本质上讲，波束形成技术实际上就是一种最优滤波技术。以输出信号和期望信号的均方误差最小为准则对观测信号进行滤波，就是最优维纳滤波，它可以由传统傅里叶变换实现。但是，在阵列信号处理中，当目标加速运动时，天线接收到的信号将变成非平稳的 chirp 信号，若仍然在传统的频域上做滤波，效果将变差。由于 chirp 信号在对应的分数阶傅里叶域聚集性最好，于是可以在分数阶傅里叶域上以均方误差最小为准则形成波束，即用分数阶傅里叶变换代替原来的傅里叶变换，将使波束形成效果大大改善。

均方误差最小波束形成器的目标是使得波束形成器的输出与期望信号之间的均方误差最小。其中期望信号在不同应用中所指不同：在无源雷达中，期望信号就是运动目标发出的辐射信号；在主动式雷达中，期望信号就是目标反射信号。均方误差最小波束形成器可以用数学模型表示为

$$\sigma(\boldsymbol{w}_{\mathrm{opt}})=\min E\{\|y(t)-d(t)\|^2\} \tag{9.6}$$

式中，$d(t)$表示期望信号，$y(t)$表示波束形成器的输出信号，$\|\cdot\|$ 表示 L_2 范数，其定义式为

$$\|y(t)\|^2=\int_{-\infty}^{+\infty}y(t)y^*(t)\mathrm{d}t \tag{9.7}$$

将式(9.5)代入式(9.6)，使得均方误差为最小就可以求出加权系数的最优权矢量 $\boldsymbol{w}_{\mathrm{opt}}$。

$$\boldsymbol{w}_{\mathrm{opt}}=\boldsymbol{R}_x^{-1}\boldsymbol{r}_{xd} \tag{9.8}$$

式中，$\boldsymbol{R}_x$ 表示传感器观测信号的自相关矩阵，$\boldsymbol{r}_{xd}$ 表示传感器观测信号与期望信号的互相关矢量。波束形成器的输出信号可以由式(9.5)求出。

上面相当于对到达传感器的阵列信号进行空域滤波。我们将这种滤波从空域扩展到分数阶傅里叶域。图 9.3 给出了一种分数阶傅里叶域滤波的波束形成器通用结构。

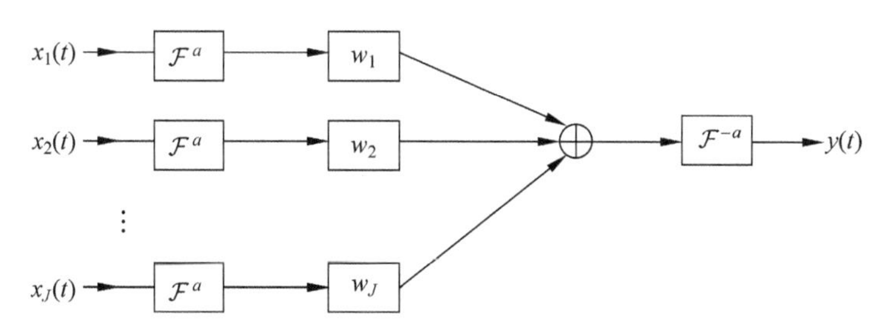

图 9.3 基于分数阶傅里叶变换的波束形成器结构框图

所有传感器接收到的信号被转换到分数阶傅里叶域，然后在分数阶傅里叶域做波束形成，最后将输出结果通过逆分数阶傅里叶变换变回到时域。整个过程可以用数学模型表示为

$$y(t)=\mathcal{F}^{-p}\{w^{\mathrm{H}}(\mathcal{F}^{p}\{x(t)\})\} \tag{9.9}$$

因为波束形成器的结构变了，因此最优加权系数需要重新计算。我们的目标是要重新让期望信号和输出信号的误差达到最小，将式(9.9)代入式(9.6)，解方程可求出最优加权系数

$$\boldsymbol{w}_{\text{opt}}=\boldsymbol{R}_{x_p}^{-1}\boldsymbol{r}_{x_p d} \tag{9.10}$$

式中，$\boldsymbol{R}_{x_p}$ 为到达传感器的信号的分数阶傅里叶变换的自相关矩阵，$\boldsymbol{r}_{x_p d}$ 为期望信号的分数阶傅里叶变换与到达传感器信号的分数阶傅里叶变换的互相关矢量。由原始的相关矩阵通过如下公式计算

$$\boldsymbol{R}_{x_p}=\boldsymbol{R}_{x_p}(t,t')=\int_{-\infty}^{+\infty}\int_{-\infty}^{+\infty}K_p(t,t'')K_{-p}(t',t''')\boldsymbol{R}_x(t'',t''')\,\mathrm{d}t''\mathrm{d}t''' \tag{9.11}$$

$$\boldsymbol{r}_{x_p d}=\boldsymbol{r}_{x_p d}(t,t')=\int_{-\infty}^{+\infty}\int_{-\infty}^{+\infty}K_p(t,t'')K_{-p}(t',t''')\boldsymbol{r}_{xd}(t'',t''')\,\mathrm{d}t''\mathrm{d}t''' \tag{9.12}$$

上面的讨论只是在某个分数阶傅里叶域上获得了最优的加权系数，但是需要知道在哪个域上最好。一般来说，无法用解析的方法算出最优的分数阶次。可以先计算不同分数阶次的均方误差(Mean-Square Error，MSE)，然后从中选出最小的 MSE，所对应的分数阶次就是我们要找的最优分数阶次，分数阶次的扫描间隔应当尽可能小。

为了验证基于分数阶傅里叶变换的均方误差最小波束形成算法，下面针对无源雷达应用给出三种具体的实例，分别是目标静止、目标匀速运动、目标加速运动。假定目标辐射源在远场，发射频率为 $f=100\text{MHz}$ 的单频信号，因此，波长为 $\lambda=3\text{m}$。假定阵列天线的 5 个阵元线性排列，间隔为半波长。假定辐射源信号是随机的，它的二阶统计量已知。第一个例子辐射源静止，第二个例子辐射源是运动的，选择目标在垂直于阵列天线方向上的运动速度为 100m/s。第三个例子，辐射源运动速度在观测时间内从 60m/s 加速到 120m/s。加速度为 6m/s^2。图 9.4～图 9.6 对每种情况分别给出两个 MSE 图形。

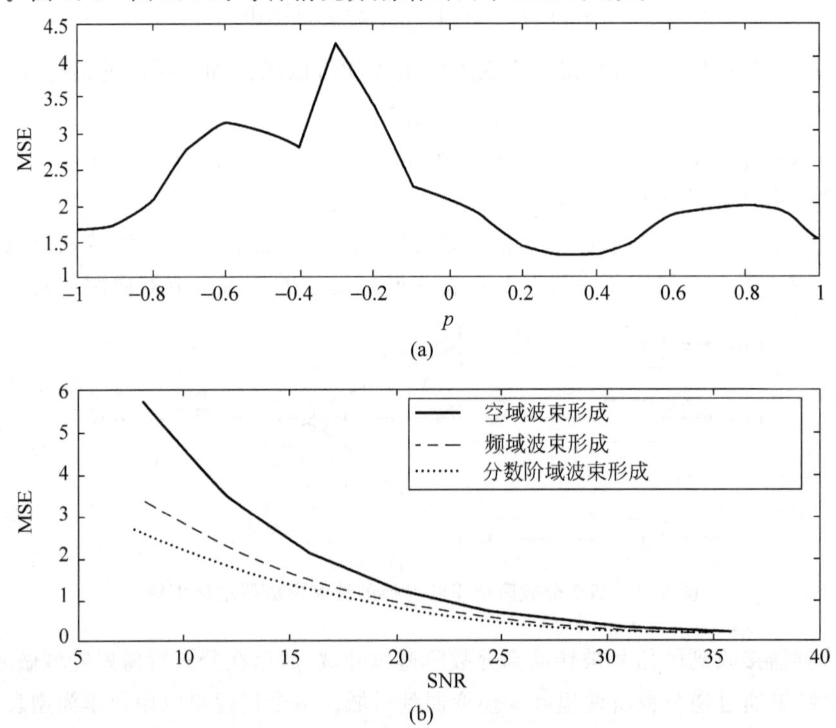

图 9.4　静止辐射源的均方误差输出

(a) 不同变换阶数下对静止辐射源的输出均方误差；(b) 不同输入信噪比时对静止辐射源的输出均方误差

其中实线为空域滤波的输出均方误差，虚线为频域滤波的输出均方误差，点线为分数阶傅里叶域的输出均方误差

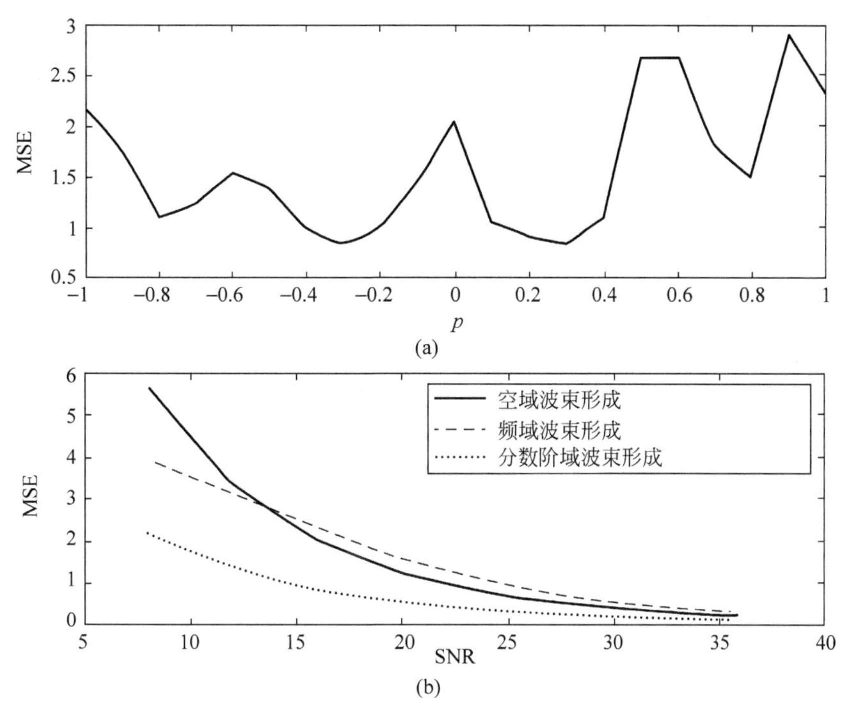

图 9.5　匀速运动辐射源的均方误差输出

(a) 不同变换阶数下对匀速运动辐射源的输出均方误差；(b) 不同输入信噪比时对匀速运动辐射源的输出均方误差

其中实线为空域滤波的输出均方误差，虚线为频域滤波的输出均方误差，点线为分数阶傅里叶域的输出均方误差

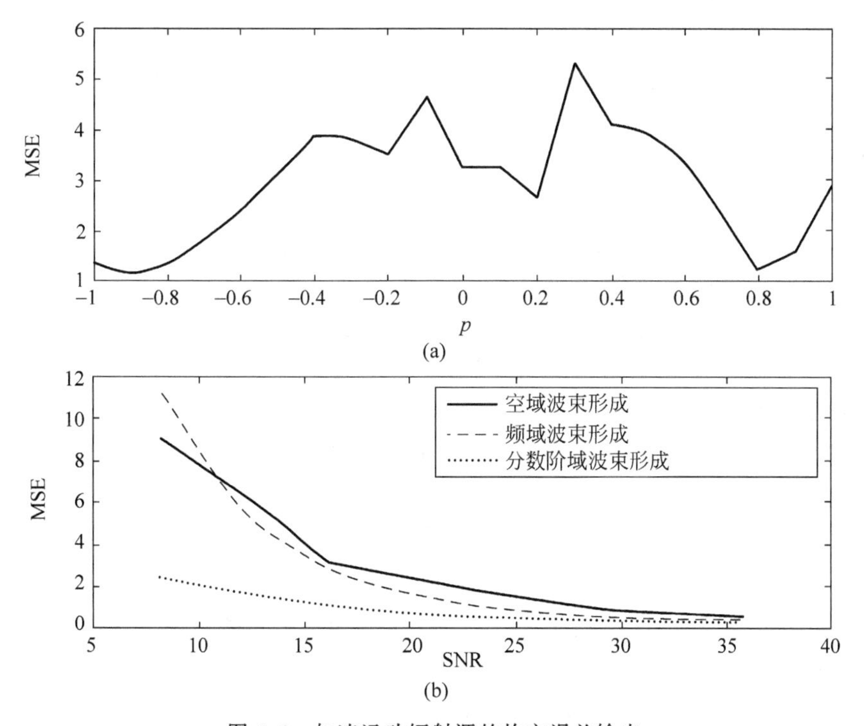

图 9.6　加速运动辐射源的均方误差输出

(a) 不同变换阶数下对加速运动辐射源的输出均方误差；(b) 不同输入信噪比时对加速运动辐射源的输出均方误差

其中实线为空域滤波的输出均方误差，虚线为频域滤波的输出均方误差，点线为分数阶傅里叶域的输出均方误差

由图9.4(a)可见,对于静止辐射源,最优阶次为$p=0.3$;由图9.5(a)可见,对于运动辐射源,最优阶次为$p=-0.3$;由图9.6(a)可见,对于加速运动辐射源,最优阶次为$p=0.8$。每种情况的最优值都不是0或1,而0或1分别对应着标准的空域或频域波束形成器。同时可以看出,在信噪比较低时,基于分数阶傅里叶变换的波束形成器的性能有明显的改善。另外,通过比较三幅图发现,分数阶傅里叶变换对运动和加速运动辐射源的改善更大一些。这是因为分数阶傅里叶变换更适合处理chirp类信号。为了便于比较,将这三种情况列在表9.1中。

表9.1 三种不同变换域波束成形算法中三种运动目标辐射源的MSE

变换域	固定目标	匀速运动目标	加速运动目标
$p=p_{\text{opt}}$	1.26	0.84	1.07
$P=0$	1.96	2.11	3.12
$P=1$	1.48	2.37	2.85

表9.1的第一行是使用分数阶傅里叶变换波束形成器在三种情况下的MSE值,第二行显示了使用空间波束形成器在三种情况下的MSE值,第三行显示了使用频域波束形成器在三种情况下的MSE值。可以看出,对加速运动辐射源,采用分数阶傅里叶变换时MSE比采用空域改善了65.7%,比采用频域改善了62.5%。

9.1.3 基于分数阶傅里叶变换的线性约束最小方差波束形成

在工程实现中,常用采样矩阵求逆(Sample Matrix Inversion,SMI)算法形成波束。主要是由于采样矩阵求逆算法根据估计的采样协方差矩阵直接由正规方程计算权矢量,能克服协方差矩阵特征值分散对加权矢量收敛速度的影响。而且采样矩阵求逆算法可通过输入数据矩阵$\boldsymbol{QR}$分解,完成协方差矩阵的估计,再通过解三角方程组求得权矢量,使得算法的实现可通过Systolic阵列结构并行完成,特别适合用FPGA实现,达到很高的处理速度。采样矩阵求逆波束形成器在保证某个方向的增益为常数的约束条件下,使输出总功率最小从而将干扰和噪声的影响降至最低,它是线性约束最小方差波束形成器的一种特例。因此有必要对基于分数阶傅里叶变换的线性约束最小方差波束形成器进行分析,探讨分数阶傅里叶变换在工程实践中的应用潜力。本节所述的基于分数阶傅里叶变换的波束形成算法则是线性约束最小方差算法在分数阶傅里叶域的推广。

线性约束最小方差准则的意义:在保证对有用信号的增益为常数的条件下,使输出总功率最小,这实际上也等效于使输出信干噪比最大。用数学模型表示为(不失一般性,令常数=1)

$$\min W_{\text{out}}=E\{|y(n)|^2\} \tag{9.13}$$

$$\text{s.t.}\ w^{\text{H}}\boldsymbol{s}=1$$

式中,$y(n)$表示波束形成器的输出信号,W_{out}表示波束形成器输出功率,$\boldsymbol{w}$表示波束形成器加权系数,$\boldsymbol{s}$为有用信号矢量。

将式(9.3)代入式(9.13),输出功率可以表示为

$$W_{\text{out}}=E\{|y(n)|^2\}=E\{(\boldsymbol{w}^{\text{H}}\boldsymbol{x}(n))(\boldsymbol{w}^{\text{H}}\boldsymbol{x}(n))^*\}=E\{\boldsymbol{w}^{\text{H}}\boldsymbol{R}_{xx}\boldsymbol{w}\} \tag{9.14}$$

式中,

$$\boldsymbol{R}_{xx}=E\{\boldsymbol{x}(n)\boldsymbol{x}^{\mathrm{H}}(n)\} \tag{9.15}$$

构造拉格朗日函数

$$L(\boldsymbol{w})=\boldsymbol{w}^{\mathrm{H}}\boldsymbol{R}_{xx}\boldsymbol{w}+\lambda(\boldsymbol{w}^{\mathrm{H}}\boldsymbol{s}-1) \tag{9.16}$$

令

$$\nabla_{w}L(\boldsymbol{w})=0 \tag{9.17}$$

可得

$$\boldsymbol{w}_{\mathrm{opt}}=W_{\mathrm{outmin}}\boldsymbol{R}_{xx}^{-1}s \tag{9.18}$$

上式相当于对到达传感器的阵列信号进行空域滤波。同 9.1.2 节，我们将这种滤波从空域扩展到分数阶傅里叶域，结构如图 9.3 所示。现将此过程重述如下。

各天线接收到的信号先被转换到分数阶傅里叶域，然后在分数阶傅里叶域做波束形成，最后将输出结果通过逆分数阶傅里叶变换变回到时域。用数学模型表示为

$$\boldsymbol{y}(n)=\mathcal{F}^{-p}\{\boldsymbol{w}^{\mathrm{H}}(\mathcal{F}^{p}\{\boldsymbol{x}(n)\})\} \tag{9.19}$$

因为波束形成器的结构变了，因此最优加权系数需要重新计算。我们的目标是要重新让波束形成器输出总功率达到最小，将式(9.19)代入式(9.13)，解方程可求出最优加权系数

$$\boldsymbol{w}_{\mathrm{opt}}=\boldsymbol{R}_{x_p}^{-1}\boldsymbol{s} \tag{9.20}$$

式中，$\boldsymbol{R}_{x_p}$ 为各天线接收信号的分数阶傅里叶变换的自相关矩阵。当 $\boldsymbol{R}_{xx}$ 为已知时，可以由原始的自相关矩阵通过式(9.21)计算出 $\boldsymbol{R}_{x_p}$。

$$\boldsymbol{R}_{x_p}=\boldsymbol{R}_{x_p}(t,t')=\int_{-\infty}^{+\infty}\int_{-\infty}^{+\infty}K_p(t,t'')K_{-p}(t',t'')\boldsymbol{R}_{xx}(t'',t''')\mathrm{d}t''\mathrm{d}t''' \tag{9.21}$$

式中，K_p 表示分数阶傅里叶变换的核函数，其定义为

$$K_p(u,u')=A_\alpha\exp[\mathrm{j}\pi(u^2\cot\alpha-2uu'\csc\alpha+u'^2\cot\alpha)] \tag{9.22}$$

式中，$A_\alpha=\sqrt{1-\mathrm{j}\cot\alpha}$，$\alpha=\dfrac{p\pi}{2}$。

通过先计算不同分数阶次的波束形成器输出功率，然后从中选出最小值，所对应的分数阶次就是我们要找的最优分数阶次。

为了验证基于分数阶傅里叶变换的线性约束最小方差波束形成算法，下面针对外辐射源雷达应用环境进行仿真。外辐射源雷达回波通道接收目标反射的广播或电视信号，但是广播或电视信号也会直接进入回波接收通道，造成很强的直达波干扰(比回波信号强 40dB 以上)。为了抑制直达波干扰，我们利用 4 阵元均匀线阵做波束形成。假定电视信号载波 $f_c=794\mathrm{MHz}$，则其波长为 $\lambda=0.378\mathrm{m}$。设 4 阵元线性排列，间隔为半波长。分别在目标相对接收天线固定不动、匀速运动、加速运动三种情况下对不同阶次、干信比、信噪比下做仿真。设匀速运动目标速度为 200m/s，加速运动时加速度为 $10\mathrm{m/s^2}$，调频率为 6.67。在干信比和信噪比不是变化量时，设干信比为 60dB，信噪比为 10dB。仿真结果分别如图 9.7～图 9.9 所示。

由图 9.7(a)可见，对于静止目标，最优阶次为 $p=0.2$；由图 9.8(a)可见，对于匀速运动目标，最优阶次为 $p=1.3$；由图 9.9(a)可见，对于加速运动目标，最优阶次为 $p=0.8$。每种情况的最优值都不是 0 或 1，而 0 或 1 分别对应着标准的空域或频域波束形成器。另外，由图 9.7～图 9.9 可见，在不同干信比和信噪比下，分数阶傅里叶域均能达到比空域和频域更好的性能。

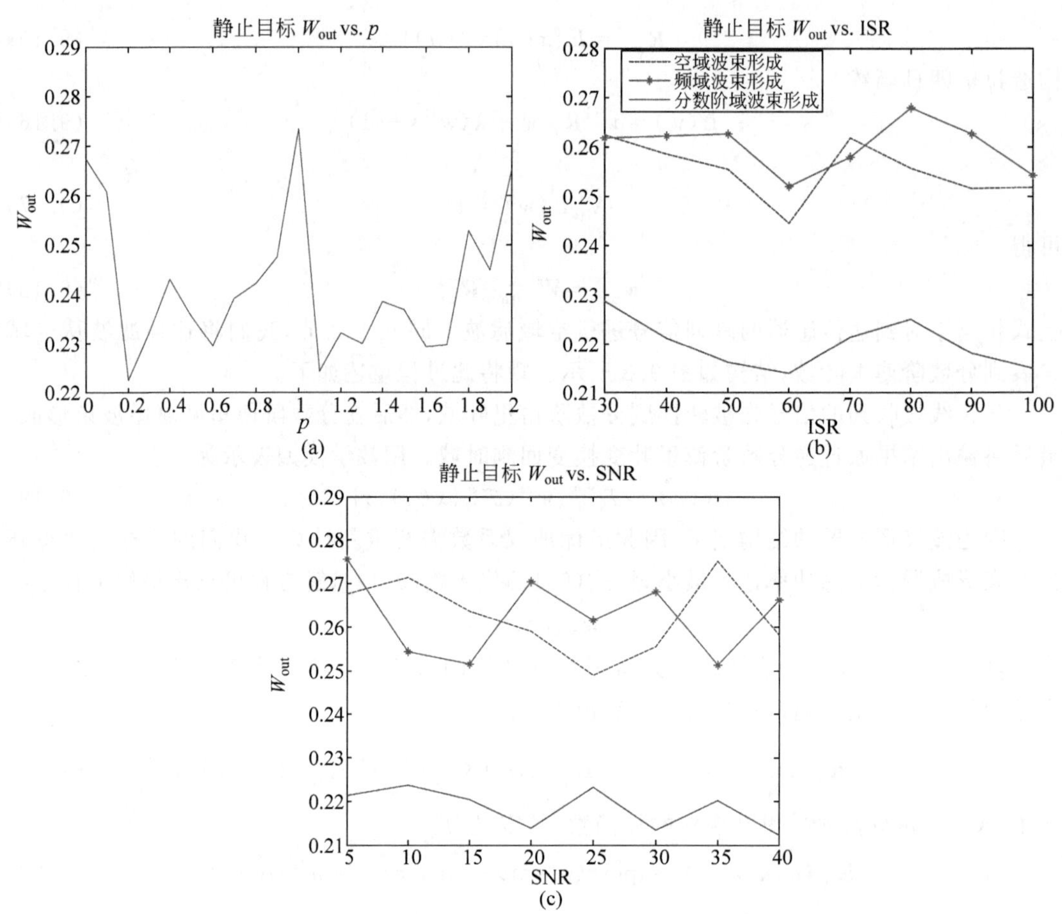

图 9.7 静止目标下滤波器输出功率随阶次、输入干信比或输入信噪比变化曲线

(a) 不同分数阶次下滤波器对静止目标的输出功率；(b) 不同输入干信比时对静止目标的输出功率，实线为分数阶傅里叶域的输出功率，虚线为空域的输出功率，带 * 线为频域输出功率；(c) 不同输入信噪比时对静止目标的输出功率，实线为分数阶傅里叶域的输出功率，虚线为空域的输出功率，带 * 线为频域输出功率

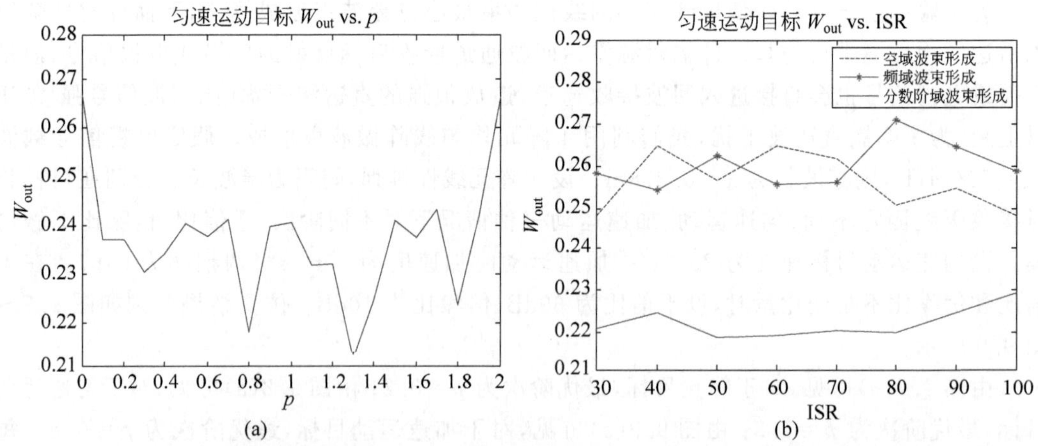

图 9.8 匀速运动目标下滤波器输出功率随阶次、输入干信比或输入信噪比变化曲线

(a) 不同分数阶次下滤波器对匀速运动目标的输出功率；(b) 不同输入干信比时对匀速运动目标的输出功率，实线为分数阶傅里叶域的输出功率，虚线为空域的输出功率，带 * 线为频域输出功率；(c) 不同输入信噪比时对匀速运动目标的输出功率，实线为分数阶傅里叶域的输出功率，虚线为空域的输出功率，带 * 线为频域输出功率

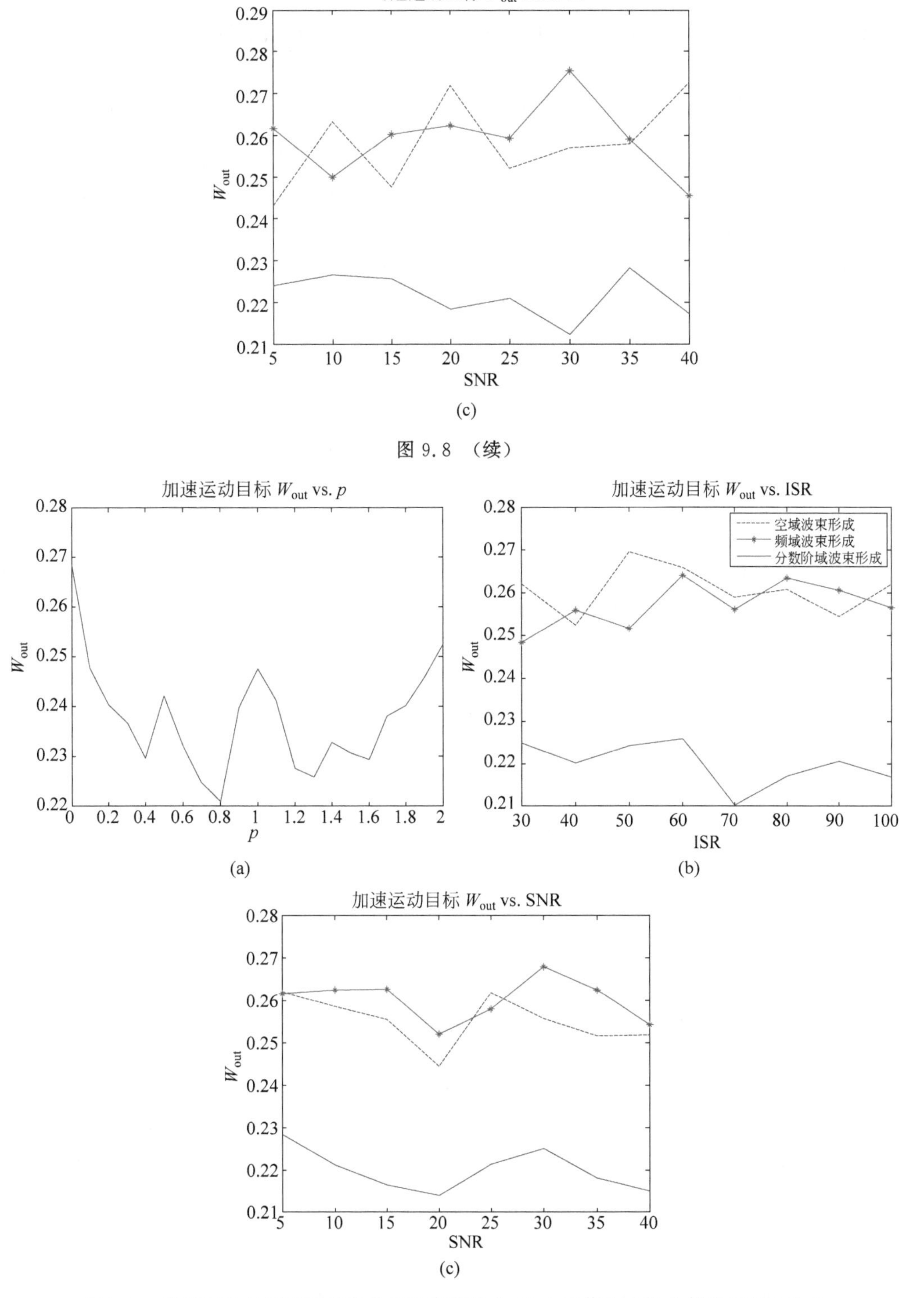

图 9.8 （续）

图 9.9　加速运动目标下滤波器输出功率随阶次、输入干信比或输入信噪比变化曲线

(a) 不同分数阶次下滤波器对加速运动目标的输出功率；(b) 不同输入干信比时对加速运动目标的输出功率，实线为分数阶傅里叶域的输出功率，虚线为空域的输出功率，带 * 线为频域输出功率；(c) 不同输入信噪比时对加速运动目标的输出功率，实线为分数阶傅里叶域的输出功率，虚线为空域的输出功率，带 * 线为频域输出功率

9.2 基于分数阶傅里叶变换的波达方向估计

信源定位是阵列信号处理的重要应用。常规的子空间算法如 Schmidt 提出的多重信号分类（Multiple Signal Classification，MUSIC）[7]、Roy 等提出的旋转不变子空间技术（Estimation of Signal Parameters via Rotational Invariance Techniques，ESPRIT）[8]等可对波达方向（Direction Of Arrival，DOA）实现超分辨估计。但这些算法都是基于窄带信号模型，其方向矩阵只与信号频率和到达角有关，而与时间无关。

宽带线性调频信号（Linear Frequency Modulation，LFM）在雷达、通信、声呐和地震勘测等系统中都有着广泛的应用，针对此类信号的波达方向估计问题也日益受到人们的重视。由于此类信号具有宽带非平稳特性，其方向矩阵与时间有关，因此传统的子空间算法不再适用于这类时变信号的 DOA 估计。

时频分析是处理非平稳信号的有效手段，它将一维时间信号变换到二维时频域，揭示信号中每一频率分量随时间的变化趋势。因此可将时频分析与阵列信号处理结合起来提高非平稳信号方位估计的性能。Belouchrani 和 Amin 等在这方面进行了一些开创性的研究，提出了空间时频分布（Spatial Time-Frequency Distribution，STFD）的概念，在盲信号分离和波达方向估计中取得了优于传统方法的性能[9-12]。由于更多地应用了信号的自身信息，空间时频算法比常用子空间算法具有更良好的性能，算法受信噪比影响更小且适用于非平稳信号。

空间时频分布的核心思想就是利用二次型时频分布构造时频相关矩阵代替传统的阵列相关矩阵，通过对时频相关矩阵进行特征分解将信号子空间和噪声子空间区分开来，从而得到信号 DOA 的估计。而时频相关矩阵构造的关键在于时频点的选取，因而时间、频率分辨率良好的时频分布尤为关键。其中，最常用的方法[9-11]是将 Wigner-Ville 分布（Wigner-Ville Distribution，WVD）与阵列信号相结合，但在多信号情况下 Wigner-Ville 分布存在的交叉项严重影响了信号的选取和 DOA 估计精度。同时 Wigner-Ville 分布计算相当复杂，对采样频率要求很高，这些都降低了此类方法的实用性。为此，李立萍等采用短时傅里叶变换（Short-Time Fourier Transform，STFT）建立空间时频分布[13]，避免了 Wigner-Ville 分布交叉项的干扰，计算简单。但是该方法在计算空间时频分布时对窗口长度进行了限制，以满足信号瞬时频率近似不变的假设。

分数阶傅里叶变换是一种线性变换，不存在交叉项干扰，而且分数阶傅里叶变换对 LFM 信号有极好的聚集性，在分数阶傅里叶域集中在一点，不存在二次型时频分布的选点问题，能很方便地分离 LFM 信号并可同时估计 LFM 信号的参数。因此将分数阶傅里叶变换与阵列信号处理相结合估计 LFM 信号的波达方向能取得较其他时频分布更优异的性能。

9.2.1 基于分数阶傅里叶变换的宽带线性调频信号一维波达方向估计

考虑如图 9.10 所示的 M 阵元的均匀线阵，参考阵元为坐标原点，阵元间隔为 d。Q 个宽带线性调频信号入射到平面阵上，则第 k 个阵元的输出为

$$x_k(t)=\sum_{q=1}^{Q}s_q(t-\tau_{k,q})+n_k(t) \tag{9.23}$$

$$\tau_{k,q}=(k-1)d\sin\theta_q/c \tag{9.24}$$

$$s_q(t)=\mathrm{e}^{\mathrm{j}\pi(2f_{q0}t+\mu_q t^2)} \tag{9.25}$$

式中，c 为光速，$\{s_q(t)\}_{q=1}^{Q}$ 为互不相关的宽带线性调频信号，$\{f_{q0}\}_{q=1}^{Q}$ 和 $\{\mu_q\}_{q=1}^{Q}$ 分别是调频信号的初始频率和调频率，$n_k(t)$为相互独立且与信号无关的高斯白噪声，$\tau_{k,q}$ 是信号 $s_q(t)$在第 k 个阵元相对于参考阵元的延时，$\{\theta_q\}_{q=1}^{Q}$ 为入射信号的到达角参数。

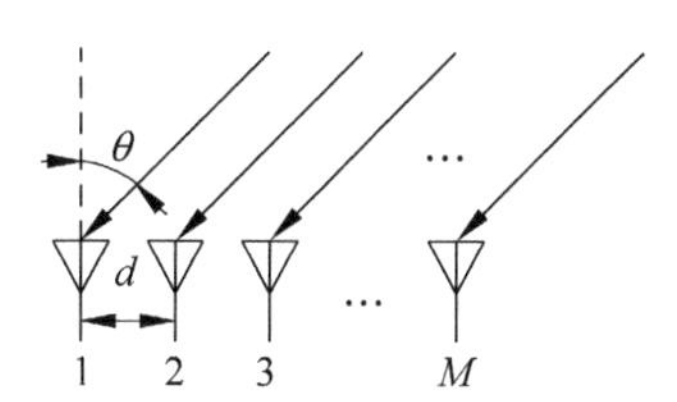

图 9.10　均匀线阵示意图

将所有阵元输出写成向量形式，并将式(9.25)代入式(9.23)，可以得到

$$\boldsymbol{X}(t)=\sum_{q=1}^{Q}\boldsymbol{a}_q(t)s_q(t)+\boldsymbol{N}(t) \tag{9.26}$$

式中，

$$\boldsymbol{a}_q(t)=[1,\mathrm{e}^{-\mathrm{j}2\pi f_q(t)\tau_{1,q}}\mathrm{e}^{\mathrm{j}\pi\mu_q(\tau_{1,q})^2},\cdots,\mathrm{e}^{-\mathrm{j}2\pi f_q(t)\tau_{M,q}}\mathrm{e}^{\mathrm{j}\pi\mu_q(\tau_{M,q})^2}]^{\mathrm{T}} \tag{9.27}$$

为第 q 个信号在 M 线阵上的时变方向向量，其中 $f_q(t)=f_{q0}+\mu_q t$。

在基于 STFD 的 DOA 估计算法中，总是假定入射信号的方向向量是不变的，然而这一假设对宽带 LFM 信号并不满足，因此我们首先推导出适合宽带 LFM 信号的分数阶傅里叶域的方向向量。

对于参考阵元接收到的第 q 个线性调频信号 $s_q(t)$，令其分数阶傅里叶变换为 $S_q(\alpha,u)=\mathcal{F}^p[s_q(t)]$，$\alpha=p\pi/2$，则 $S_q(\alpha,u)$在 $\alpha_{q0}=-\cot\mu_q$ 时有最佳的能量聚集特性[14]，此时有

$$S_q(\alpha_{q0},u)=\sqrt{1-\mathrm{j}\cot\alpha_{q0}}\,\mathrm{e}^{\mathrm{j}\pi\mu_q^2\cot\alpha_{q0}}\,T\,\frac{\sin[\pi(u\csc\alpha_{q0}-f_{q0})T]}{\pi(u\csc\alpha_{q0}-f_{q0})T} \tag{9.28}$$

式中，T 为信号的观测时间长度。显然，$S_q(\alpha_{q0},u)$在 $u_{q0}=f_{q0}/\csc\alpha_{q0}$ 处取得极大值：

$$S_q(\alpha_{q0},u_{q0})=\sqrt{1-\mathrm{j}\cot\alpha_{q0}}\,\mathrm{e}^{\mathrm{j}\pi u_{q0}^2\cot\alpha_{q0}}\,T \tag{9.29}$$

此时，(α_{q0},u_{q0})和(f_{q0},μ_q)的关系为

$$\begin{cases}\mu_q=-\cot\alpha_{q0}\\ f_{q0}=u_{q0}\csc\alpha_{q0}\end{cases} \tag{9.30}$$

由式(9.24)和式(9.25)，第 k 个阵元接收到的 $s_q(t)$为

$$s_{k,q}(t)=s_q(t-\tau_{k,q})=\mathrm{e}^{\mathrm{j}\pi[-2f_{q0}\tau_{k,q}+\mu_q(\tau_{k,q})^2]}\mathrm{e}^{\mathrm{j}\pi[2(f_{q0}-\mu_q\tau_{k,q})t+\mu_q t^2]} \tag{9.31}$$

显然，LFM 信号延时后并不改变信号的调频率，改变的只是初始频率和相位。令

$$B_q(\tau_{k,q})=\mathrm{e}^{\mathrm{j}\pi[-2f_{q0}\tau_{k,q}+\mu_q(\tau_{k,q})^2]} \tag{9.32}$$

上式是一个只与延时有关的常量。令 $S_{k,q}(\alpha,u)=\mathcal{F}^{p}[s_{k,q}(t)]$,则 $S_{k,q}(\alpha,u)$同样在$\alpha_{q0}=-\cot\mu_q$ 时有最佳的能量聚集

$$S_{k,q}(\alpha_{q0},u)=B_q(\tau_{k,q})\sqrt{1-\mathrm{j}\cot\alpha_{q0}}\,\mathrm{e}^{\mathrm{j}\pi u^2\cot\alpha_{q0}}T\frac{\sin[\pi(u\csc\alpha_{q0}-f_{q0}+\mu_q\tau_{k,q})T]}{\pi(u\csc\alpha_{q0}-f_{q0}+\mu_q\tau_{k,q})T} \tag{9.33}$$

$S_{k,q}(\alpha_{q0},u)$在$(\alpha_{q0},u_{k,q})$处取得极大值,此时有

$$S_{k,q}(\alpha_{q0},u_{k,q})=B_q(\tau_{k,q})\sqrt{1-\mathrm{j}\cot\alpha_{q0}}\,\mathrm{e}^{\mathrm{j}\pi(u_{k,q})^2\cot\alpha_{q0}}T \tag{9.34}$$

$$f_{q0}-\mu_q\tau_{k,q}=u_{k,q}\csc\alpha_{q0} \tag{9.35}$$

由式(9.35)和式(9.30),可以得到

$$u_{k,q}=u_{q0}+\frac{-\mu_q\tau_{k,q}}{\csc\alpha_{q0}}=u_{q0}+\tau_{k,q}\cos\alpha_{q0} \tag{9.36}$$

将式(9.30)和式(9.36)代入式(9.34)式可以得到

$$S_{k,q}(\alpha_{q0},u_{k,q})=A_q(\tau_{k,q})S_q(\alpha_{q0},u_{q0}) \tag{9.37}$$

式中,

$$\begin{aligned}A_q(\tau_{k,q})&=\mathrm{e}^{\mathrm{j}\pi[-2u_{q0}\csc\alpha_{q0}\tau-\cot\alpha_{q0}(\tau_{k,q})^2+2\tau_{k,q}u_{q0}\cos\alpha_{q0}\cot\alpha_0+\cos^2\alpha_{q0}\cot\alpha_{q0}(\tau_{k,q})^2]}\\&=\mathrm{e}^{\mathrm{j}\pi(-2\tau_{k,q}u_{q0}\sin\alpha_{q0})}\,\mathrm{e}^{-\mathrm{j}\pi(\tau_{k,q})^2\sin\alpha_{q0}\cos\alpha_{q0}}\end{aligned} \tag{9.38}$$

式(9.36)和式(9.37)反映了 LFM 信号延时后在分数阶傅里叶域出现峰值的位置和幅度的变化情况。

对于参考阵元接收到的第 q 个线性调频信号 $s_q(t)$,以 f_s 采样得到其离散化值为

$$s_q(n)=\mathrm{e}^{\mathrm{j}\pi(2f_{q0}n/f_s+\mu_q(n/f_s)^2)},\quad n=-(N-1)/2,\cdots,0,\cdots,(N-1)/2 \tag{9.39}$$

根据离散算法[15]可以得到其离散分数阶傅里叶变换(Discrete Fractional Fourier Transform, DFRFT)为

$$\begin{aligned}S_q(\alpha,m)&=\sum_{n=-(N-1)/2}^{(N-1)/2}K_p(m,n)s_q(n)\\&=\frac{\sqrt{1-\mathrm{j}\cot\alpha}}{\sqrt{N}}\mathrm{e}^{\mathrm{j}\pi m^2\cot\alpha/N}\sum_{n=-(N-1)/2}^{(N-1)/2}\mathrm{e}^{\mathrm{j}\pi n(-2m\csc\alpha/N+2f_{q0}/f_s)}\,\mathrm{e}^{\mathrm{j}\pi n^2(\cot\alpha/N+\mu_q/f_s^2)}\end{aligned} \tag{9.40}$$

容易证明,当 $\alpha=\alpha_{q0}=-\mathrm{arccot}(\mu_q N/f_s^2)$时,$S_q(\alpha,m)$有最佳的能量聚集特性,且

$$S_q(\alpha_{q0},m)=\frac{\sqrt{1-\mathrm{j}\cot\alpha_{q0}}}{\sqrt{N}}\mathrm{e}^{\mathrm{j}\pi m^2\cot\alpha_{q0}/N}\sum_{n=-(N-1)/2}^{(N-1)/2}\mathrm{e}^{\mathrm{j}2\pi n(-m\csc\alpha_{q0}/N+f_0/f_s)} \tag{9.41}$$

当 $m=m_{q0}=f_{q0}N\sin\alpha_{q0}/f_s$ 时,$S_q(\alpha_{q0},m)$出现峰值,且由于

$$\sum_{n=-(N-1)/2}^{(N-1)/2}\mathrm{e}^{\mathrm{j}2\pi n(-m\csc\alpha_{q0}/N+f_{q0}/f_s)}\approx N \tag{9.42}$$

因此,式(9.41)的极大值为

$$S_q(\alpha_{q0},m_{q0})=\sqrt{N(1-\mathrm{j}\cot\alpha_{q0})}\,\mathrm{e}^{(\mathrm{j}\pi m_{q0}^2\cot\alpha_{q0}/N)} \tag{9.43}$$

此时,(α_{q0},m_{q0})和(f_{q0},μ_q)的关系为

$$\begin{cases}\mu_q=-f_s^2\cot\alpha_{q0}/N\\f_{q0}=m_{q0}f_s\csc\alpha_{q0}/N\end{cases} \tag{9.44}$$

同样，对式(9.31)进行离散化后作离散分数阶傅里叶变换得到 $S_{k,q}(\alpha,m)$。容易证明，$S_{k,q}(\alpha,m)$ 出现峰值的位置 $m_{k,q}$ 和幅度大小为

$$m_{k,q}=m_{q0}+f_s\tau_{k,q}\cos\alpha_{q0} \tag{9.45}$$

$$S_{k,q}(\alpha_{q0},m_{k,q})=A_q(\tau_{k,q})S_q(\alpha_{q0},m_{q0}) \tag{9.46}$$

式中，

$$A_q(\tau_{k,q})=\mathrm{e}^{\frac{\mathrm{j}\pi}{N}\tau_{k,q}(-2m_{q0}f_s\sin\alpha_{q0})}\mathrm{e}^{\frac{\mathrm{j}\pi}{N}(\tau_{k,q})^2(-f_s^2\sin\alpha_{q0}\cos\alpha_{q0})} \tag{9.47}$$

由上述分析可知，不同阵元接收到同一个 LFM 信号后，对各个阵元输出进行分数阶傅里叶变换后的结果会在相同的阶次上出现明显的能量聚集，阵元之间的延时则会影响分数阶傅里叶域出现峰值的位置和幅度大小。作为一种线性变换，Q 个 LFM 信号的叠加会在分数阶傅里叶域出现 Q 个峰值，因此通过选取这些峰值上的时频点可以实现具有不同时频特性 LFM 信号的分离，从而简化数学模型。

对式(9.23)两端采样并进行离散分数阶傅里叶变换可以得到

$$X_k(\alpha,m)=\sum_{q=1}^{Q}S_{k,q}(\alpha,m)+N_k(\alpha,m) \tag{9.48}$$

在第 q 个信号相对应的峰值点$(\alpha_{q0},m_{k,q})$上，有

$$X_k(\alpha_{q0},m_{k,q})=S_{k,q}(\alpha_{q0},m_{k,q})+\sum_{\rho\neq q}S_{k,\rho}(\alpha_{q0},m_{k,q})+N_k(\alpha_{q0},m_{k,q}) \tag{9.49}$$

由于具有不同时频特性的其他 LFM 信号在$(\alpha_{q0},m_{k,q})$处的取值很小，在处理中可以视为干扰项，因此，将式(9.46)代入，上式可以写为

$$X_k(\alpha_{q0},m_{k,q})=A_q(\tau_{k,q})S_q(\alpha_{q0},m_{q0})+N_k(\alpha_{q0},m_{k,q}) \tag{9.50}$$

选择分数阶傅里叶域上 Q 个峰值点上的数据作为该阵元的观测数据，则第 k 个阵元上的空间时频输出为

$$\boldsymbol{X}_k=[X_k(\alpha_{10},m_{k,1})\quad X_k(\alpha_{20},m_{k,2})\quad\cdots\quad X_k(\alpha_{Q0},m_{k,Q})]^{\mathrm{T}} \tag{9.51}$$

将所有阵元的空间时频输出表示为向量形式，即可得到基于分数阶傅里叶变换的空间时频分布数据模型如下：

$$\boldsymbol{X}=\boldsymbol{AS}+\boldsymbol{N} \tag{9.52}$$

$$\boldsymbol{X}=[\boldsymbol{X}_1\quad\boldsymbol{X}_2\quad\cdots\quad\boldsymbol{X}_M]^{\mathrm{T}} \tag{9.53}$$

$$\boldsymbol{S}=\mathrm{diag}\{S_1(\alpha_{10},u_{10})\quad S_2(\alpha_{20},u_{20})\quad\cdots\quad S_Q(\alpha_{Q0},u_{Q0})\} \tag{9.54}$$

$$\boldsymbol{A}=[\boldsymbol{A}_1\quad\boldsymbol{A}_2\quad\cdots\quad\boldsymbol{A}_Q] \tag{9.55}$$

式中，

$$\boldsymbol{A}_q=[1\quad A_q(\tau_{2,q})\quad\cdots\quad A_q(\tau_{M,q})]^{\mathrm{T}} \tag{9.56}$$

A_q 为第 q 个信号的分数阶傅里叶域的方向向量，其取值仅与时延 $\tau_{k,q}$ 有关，即只与第 q 个信号的入射角有关，它是时不变的。

利用上面提出的空时频数据模型代替传统的阵列数据模型，可以将 LFM 信号的时变方向矩阵变换为固定方向矩阵，从而利用传统的高分辨空间谱估计方法即可确定信号的波达方向。下面我们以 MUSIC 算法为例说明 FRFT-MUSIC 算法进行 DOA 估计的详细步骤。

考虑空间时频输出数据的相关阵

$$\boldsymbol{R}_{XX}=E[\boldsymbol{X}\boldsymbol{X}^{\mathrm{H}}]=\boldsymbol{A}E[\boldsymbol{S}\boldsymbol{S}^{\mathrm{H}}]\boldsymbol{A}^{\mathrm{H}}+E[\boldsymbol{N}\boldsymbol{N}^{\mathrm{H}}]+\boldsymbol{A}E[\boldsymbol{S}\boldsymbol{N}^{\mathrm{H}}]+E[\boldsymbol{N}\boldsymbol{S}^{\mathrm{H}}]\boldsymbol{A}^{\mathrm{H}} \tag{9.57}$$

由于信号与噪声不相关，各个阵元上的噪声不相关，上式后两项为0。因此，

$$\boldsymbol{R}_{XX}=\boldsymbol{A}E[\boldsymbol{S}\boldsymbol{S}^{\mathrm{H}}]\boldsymbol{A}^{\mathrm{H}}+\sigma^2\boldsymbol{I}=\boldsymbol{A}\boldsymbol{R}_{SS}\boldsymbol{A}^{\mathrm{H}}+\sigma^2\boldsymbol{I} \tag{9.58}$$

由于信号与噪声相互独立，上式的数据协方差矩阵可分解为与信号、噪声相关的两部分，式中，$\boldsymbol{R}_{SS}$ 是信号的协方差矩阵，$\boldsymbol{A}\boldsymbol{R}_{SS}\boldsymbol{A}^{\mathrm{H}}$ 是信号部分。

对 $\boldsymbol{R}_{XX}$ 进行特征分解，有

$$\boldsymbol{R}_{XX}=\boldsymbol{U}_S\boldsymbol{\Sigma}_S\boldsymbol{U}_S^{\mathrm{H}}+\boldsymbol{U}_N\boldsymbol{\Sigma}_N\boldsymbol{U}_N^{\mathrm{H}} \tag{9.59}$$

式中，$\boldsymbol{U}_S$ 是由大特征值对应的特征矢量张成的子空间也即信号子空间，$\boldsymbol{U}_N$ 是由小特征值对应的特征矢量张成的子空间也即噪声子空间。这样，利用分数阶傅里叶域的相关矩阵代替传统的阵列相关矩阵，并可根据MUSIC算法得到第 q 个信号的FRFT-MUSIC空间谱为

$$P(\theta)=\frac{1}{\boldsymbol{A}_q^{\mathrm{H}}(\theta)\boldsymbol{U}_N\boldsymbol{U}_N^{\mathrm{H}}\boldsymbol{A}_q(\theta)} \tag{9.60}$$

对上式进行一维搜索，即可得到第 q 个信号的入射角。

下面给出FRFT-MUSIC算法的计算步骤。

(1) 对参考阵元上接收到的信号进行分数阶傅里叶变换并作二维搜索，得到 Q 个LFM信号出现峰值的坐标 $\{(\alpha_{q0},u_{q0})\}_{q=1}^{Q}$。

(2) 计算各个阵元接收信号关于 $\{\alpha_{q0}\}_{q=1}^{Q}$ 的分数阶傅里叶变换并作一维搜索得到相应的峰值，由式(9.51)得到各阵元的空时频输出 $\boldsymbol{X}_k$。

(3) 由式(9.53)构造整个阵列的空时频输出向量，并计算其相关矩阵 $\boldsymbol{R}_{XX}$。

(4) 对 $\boldsymbol{R}_{XX}$ 进行特征分解，并由小特征值所对应的特征向量张成的子空间估计噪声子空间 $\boldsymbol{U}_N$。

(5) 遍历 θ 角，由式(9.24)、式(9.47)和式(9.56)计算LFM信号的方向向量，并由式(9.60)得到LFM信号的FRFT-MUSIC空间谱估计。

(6) 找出极大值对应的角度 $\theta_{\max}$ 就是信号入射方向。

(7) 存在多个LFM信号时，重复步骤(5)、(6)，分别得到各个信号的波达方向估计。

9.2.2 基于分数阶傅里叶变换的宽带线性调频信号二维波达方向估计

假设空间阵列的二维到达角几何关系如图9.11所示。

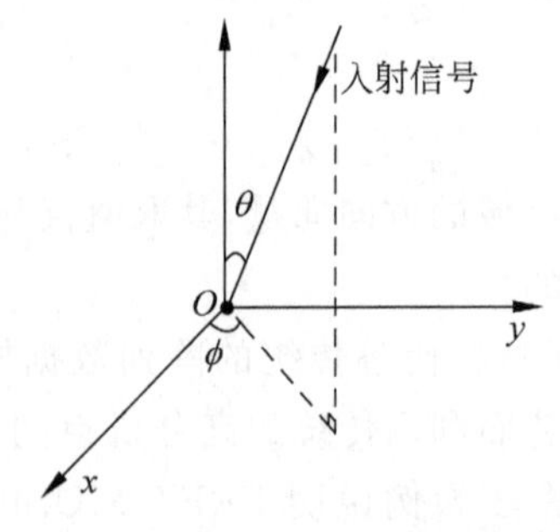

图9.11 空间二维到达角几何关系

如上图所示，以原点处的阵元为参考点，则第 q 个信号到第(k,l)阵元与第 q 个信号到参考阵元相比，时延为

$$\tau_{k,l,q}=\frac{1}{c}\left[x_k\sin\theta_q\cos\phi_q+y_l\sin\theta_q\sin\phi_q\right] \tag{9.61}$$

如果将平面阵的所有阵元输出表示成矩阵形式然后再向量化，则空间二维角度的估计数学模型和前面描述的一维角度估计的数学模型是基本一致的，所不同的就是阵列流型中的空间二维到达角。实际上，从一维角度的估计推广到二维角度的估计是很自然的事，而且其理论基础也是相同的(均是利用信号子空间与噪声子空间的正交性)，唯一不同的就是为了获得二维到达角的谱峰位置，必须进行二维搜索，从而得到信号的方位角与俯仰角。

当然，直接采用二维搜索所需的计算量相比一维将大大增加，所以很难得到实际应用。通常采用旋转不变子空间的方法来解决这个问题。下面以常用的双平行线阵为例进行讨论。

考虑如图 9.12 所示的双平行线阵列结构，参考阵元为坐标原点，阵元间距为 d，第一个均匀线阵由$(M+1)$个阵元组成，第二个均匀线阵由 M 个阵元组成。

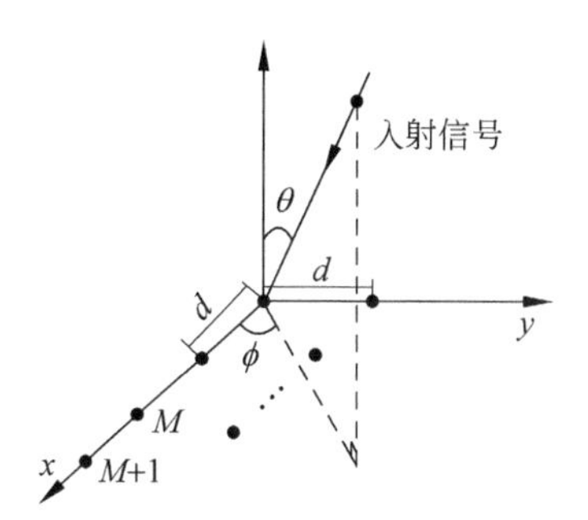

图 9.12　双平行线阵示意图

Q 个宽带线性调频信号入射到平面阵上，则第 k 行，第 l 列阵元$(k=1,2,\cdots,M+1;\ l=1,2,\cdots,M)$的输出为

$$x_{k,l}(t)=\sum_{q=1}^{Q}s_q(t-\tau_{k,l,q})+n_{k,l}(t) \tag{9.62}$$

$$\tau_{k,l,q}=\frac{d}{c}\left[(k-1)\sin\theta_q\cos\phi_q+(l-1)\sin\theta_q\sin\phi_q\right] \tag{9.63}$$

式中，$\tau_{k,l,q}$ 是信号 $s_q(t)$在第(k,l)阵元相对于参考阵元的延时，$\{\theta_q,\phi_q\}_{q=1}^{Q}$ 为入射信号的俯仰角和方位角。

和 9.2.1 节相同，可以得到 LFM 信号在(k,l)阵元延时后在分数阶傅里叶域峰值的变化情况

$$S_{k,l,q}(\alpha_{q0},m_{k,l,q})=A_q(\tau_{k,l,q})S_q(\alpha_{q0},m_{q0}) \tag{9.64}$$

$$A_q(\tau_{k,l,q})=\mathrm{e}^{\frac{\mathrm{j}\pi}{N}\tau_{k,l,q}(-2m_{q0}f_s\sin\alpha_{q0})}\mathrm{e}^{\frac{\mathrm{j}\pi}{N}(\tau_{k,l,q})^2(-f_s^2\sin\alpha_{q0}\cos\alpha_{q0})} \tag{9.65}$$

为满足 ESPRIT 算法的旋转不变特性，需要对上式进行一定近似。考虑到上式中包含信号到达角参数的阵元延时 $\tau_{k,l,q}$ 的二次项很小，在处理中可以忽略不计，因此上式可以简写为

$$A_q(\tau_{k,l,q})\approx\mathrm{e}^{\frac{\mathrm{j}\pi}{N}\tau_{k,l,q}(-2m_{q0}f_s\sin\alpha_{q0})} \tag{9.66}$$

第(k,l)阵元上的空间输出为

$$\boldsymbol{X}_{k,l}=\left[X_{k,l}(\alpha_{10},m_{k,l,1}),X_{k,l}(\alpha_{20},m_{k,l,2}),\cdots,X_{k,l}(\alpha_{Q0},m_{k,l,Q})\right] \tag{9.67}$$

将图 9.12 所示的阵列分成 3 个子阵，x 轴上 $1\sim M$ 个阵元为子阵 1，$2\sim M+1$ 阵元为子阵 2，第二排阵元(共 M 个)组成子阵 3。将所有子阵的空间时频输出表示为向量形式，即可得到基于分数阶傅里叶变换的空间时频分布数据模型如下：

$$\boldsymbol{X}_1=[\boldsymbol{X}_{1,1}\quad \boldsymbol{X}_{1,2}\quad \cdots\quad \boldsymbol{X}_{1,M}]^{\mathrm{T}}=\boldsymbol{AS}+\boldsymbol{N}_1 \tag{9.68}$$

$$\boldsymbol{X}_2=[\boldsymbol{X}_{1,2}\quad \boldsymbol{X}_{1,3}\quad \cdots\quad \boldsymbol{X}_{1,M+1}]^{\mathrm{T}}=\boldsymbol{AFS}+\boldsymbol{N}_2 \tag{9.69}$$

$$\boldsymbol{X}_3=[\boldsymbol{X}_{2,1}\quad \boldsymbol{X}_{2,2}\quad \cdots\quad \boldsymbol{X}_{2,M}]^{\mathrm{T}}=\boldsymbol{AGS}+\boldsymbol{N}_3 \tag{9.70}$$

上式中的矩阵和向量具有如下形式

$$\boldsymbol{S}=\mathrm{diag}\{S_1(\alpha_{10},m_{10})\quad S_2(\alpha_{20},m_{20})\quad \cdots\quad S_Q(\alpha_{Q0},m_{Q0})\} \tag{9.71}$$

$$\boldsymbol{A}=[\boldsymbol{A}_1\quad \boldsymbol{A}_2\quad \cdots\quad \boldsymbol{A}_Q] \tag{9.72}$$

$$\boldsymbol{F}=\mathrm{diag}\{v(\theta_1,\phi_1)\quad \cdots\quad v(\theta_Q,\phi_Q)\} \tag{9.73}$$

$$\boldsymbol{G}=\mathrm{diag}\{u(\theta_1,\phi_1)\quad \cdots\quad u(\theta_Q,\phi_Q)\} \tag{9.74}$$

式中

$$\boldsymbol{A}_q=[1\quad A_q(\tau_{1,2,q})\quad \cdots\quad A_q(\tau_{1,M,q})]^{\mathrm{T}} \tag{9.75}$$

$$v(\theta_q,\varphi_q)=\mathrm{e}^{\mathrm{j}\pi d(-2m_{q0}f_s\sin\alpha_{q0})\sin\theta_q\cos\varphi_q/(cN)} \tag{9.76}$$

$$u(\theta_q,\varphi_q)=\mathrm{e}^{\mathrm{j}\pi d(-2m_{q0}f_s\sin\alpha_{q0})\sin\theta_q\sin\varphi_q/(cN)} \tag{9.77}$$

利用式(9.68)～式(9.70)可以得到如下数据矩阵

$$\boldsymbol{C}_1=\boldsymbol{R}_{\boldsymbol{X}_1\boldsymbol{X}_1}-\sigma^2\boldsymbol{I}=\boldsymbol{AR}_{\boldsymbol{SS}}\boldsymbol{A}^{\mathrm{H}} \tag{9.78}$$

$$\boldsymbol{C}_2=\boldsymbol{R}_{\boldsymbol{X}_1\boldsymbol{X}_2}-\sigma^2\boldsymbol{J}=\boldsymbol{AR}_{\boldsymbol{SS}}\boldsymbol{F}^{\mathrm{H}}\boldsymbol{A}^{\mathrm{H}} \tag{9.79}$$

$$\boldsymbol{C}_3=\boldsymbol{R}_{\boldsymbol{X}_1\boldsymbol{X}_3}=\boldsymbol{AR}_{\boldsymbol{SS}}\boldsymbol{G}^{\mathrm{H}}\boldsymbol{A}^{\mathrm{H}} \tag{9.80}$$

$$\boldsymbol{C}_4=\boldsymbol{R}_{\boldsymbol{X}_2\boldsymbol{X}_2}-\sigma^2\boldsymbol{I}=\boldsymbol{AFR}_{\boldsymbol{SS}}\boldsymbol{F}^{\mathrm{H}}\boldsymbol{A}^{\mathrm{H}} \tag{9.81}$$

$$\boldsymbol{C}_5=\boldsymbol{R}_{\boldsymbol{X}_2\boldsymbol{X}_3}=\boldsymbol{AFR}_{\boldsymbol{SS}}\boldsymbol{G}^{\mathrm{H}}\boldsymbol{A}^{\mathrm{H}} \tag{9.82}$$

$$\boldsymbol{C}_6=\boldsymbol{R}_{\boldsymbol{X}_3\boldsymbol{X}_3}-\sigma^2\boldsymbol{I}=\boldsymbol{AGR}_{\boldsymbol{SS}}\boldsymbol{G}^{\mathrm{H}}\boldsymbol{A}^{\mathrm{H}} \tag{9.83}$$

式中，$\boldsymbol{R}_{\boldsymbol{SS}}=E(\boldsymbol{SS}^{\mathrm{H}})$，$\sigma^2$ 为噪声功率，$\boldsymbol{I}$ 为 $M\times M$ 阶单位矩阵，$\boldsymbol{J}=\begin{bmatrix}\boldsymbol{0} & 0\\ \boldsymbol{I}_{M-1} & \boldsymbol{0}'\end{bmatrix}$，$\boldsymbol{0}$ 为 $M-1$ 维零向量。

由式(9.78)～式(9.83)可以构造矩阵 $\boldsymbol{C}$ 如下

$$\boldsymbol{C}=\begin{bmatrix}\boldsymbol{C}_1 & \boldsymbol{C}_2 & \boldsymbol{C}_3\\ \boldsymbol{C}_2^{\mathrm{H}} & \boldsymbol{C}_4 & \boldsymbol{C}_5\\ \boldsymbol{C}_3^{\mathrm{H}} & \boldsymbol{C}_5^{\mathrm{H}} & \boldsymbol{C}_6\end{bmatrix}=\begin{bmatrix}\boldsymbol{A}\\ \boldsymbol{AF}\\ \boldsymbol{AG}\end{bmatrix}\boldsymbol{R}_{\boldsymbol{SS}}[\boldsymbol{A}^{\mathrm{H}}\quad \boldsymbol{F}^{\mathrm{H}}\boldsymbol{A}^{\mathrm{H}}\quad \boldsymbol{G}^{\mathrm{H}}\boldsymbol{A}^{\mathrm{H}}] \tag{9.84}$$

根据文献[16]，可以对矩阵 $\boldsymbol{C}$ 进行特征分解得到信号子空间 $\boldsymbol{E}_{\boldsymbol{S}}$，并且存在唯一的可逆矩阵 $\boldsymbol{T}$ 使得下式成立

$$\boldsymbol{E}_{\boldsymbol{S}}=\begin{bmatrix}\boldsymbol{E}_1\\ \boldsymbol{E}_2\\ \boldsymbol{E}_3\end{bmatrix}=\begin{bmatrix}\boldsymbol{A}\\ \boldsymbol{AF}\\ \boldsymbol{AG}\end{bmatrix}\boldsymbol{T} \tag{9.85}$$

利用矩阵 $\boldsymbol{F}$、$\boldsymbol{G}$ 和 $\boldsymbol{T}$，定义两个矩阵

$$\boldsymbol{\Psi}_1=\boldsymbol{T}^{-1}\boldsymbol{FT},\quad \boldsymbol{\Psi}_2=\boldsymbol{T}^{-1}\boldsymbol{GT} \tag{9.86}$$

则由式(9.85)可以得到

$$\boldsymbol{E}_2=\boldsymbol{E}_1\boldsymbol{\Psi}_1,\quad \boldsymbol{E}_3=\boldsymbol{E}_1\boldsymbol{\Psi}_2 \tag{9.87}$$

利用最小二乘(LS)法求解上面两式,可以得到

$$\boldsymbol{\Psi}_1=(\boldsymbol{E}_1^{\mathrm{H}}\boldsymbol{E}_1)^{-1}\boldsymbol{E}_1^{\mathrm{H}}\boldsymbol{E}_2 \tag{9.88}$$

$$\boldsymbol{\Psi}_2=(\boldsymbol{E}_1^{\mathrm{H}}\boldsymbol{E}_1)^{-1}\boldsymbol{E}_1^{\mathrm{H}}\boldsymbol{E}_3 \tag{9.89}$$

由式(9.86)可知,对$\boldsymbol{\Psi}_1$和$\boldsymbol{\Psi}_2$进行特征分解,其特征值则分别对应了$\boldsymbol{F}$和$\boldsymbol{G}$的对角线元素,特征向量都是$\boldsymbol{T}$中对应列。但是在实际计算中这两个特征分解是独立进行的,特征向量的排列顺序可能是不同的,因而就存在Q个信号的方位角和俯仰角的配对问题。对此可以利用文献[17]提出的方法,通过比较两个特征向量矩阵的列向量即可以确定$\boldsymbol{F}$和$\boldsymbol{G}$对角线元素的一一对应关系,进而通过下面公式得到波达方向参数估计

$$\hat{\varphi}_q=\arctan\left(\frac{\text{angle}(u(\theta_q,\varphi_q))}{\text{angle}(v(\theta_q,\varphi_q))}\right) \tag{9.90}$$

$$\hat{\theta}_q=\frac{1}{2}\left[\arcsin\left(\frac{-\text{angle}(u(\theta_q,\varphi_q))cN}{2\pi d f_s m_{q0}\sin\alpha_{q0}\cos(\hat{\varphi}_q)}\right)+\arcsin\left(\frac{-\text{angle}(v(\theta_q,\varphi_q))cN}{2\pi d f_s m_{q0}\sin\alpha_{q0}\sin(\hat{\varphi}_q)}\right)\right] \tag{9.91}$$

下面给出利用FRFT-ESPRIT算法进行LFM信号二维DOA估计的计算步骤。

(1) 对参考阵元上接收到的信号进行离散分数阶傅里叶变换并作二维搜索,得到Q个LFM信号出现峰值的坐标$\{(\alpha_{q0},m_{q0})\}_{q=1}^{Q}$;

(2) 计算各个阵元接收信号关于$\{\alpha_{q0}\}_{q=1}^{Q}$的分数阶傅里叶变换并作一维搜索得到相应的峰值,由式(9.67)得到各阵元的空时频输出$\boldsymbol{X}_{k,l}$;

(3) 由式(9.68)~式(9.70)构造整个各个子阵的空时频输出向量$\boldsymbol{X}_1,\boldsymbol{X}_2,\boldsymbol{X}_3$,并计算相关矩阵$\hat{\boldsymbol{R}}_{\boldsymbol{X}_1\boldsymbol{X}_1}$、$\hat{\boldsymbol{R}}_{\boldsymbol{X}_1\boldsymbol{X}_2}$、$\hat{\boldsymbol{R}}_{\boldsymbol{X}_1\boldsymbol{X}_3}$、$\hat{\boldsymbol{R}}_{\boldsymbol{X}_2\boldsymbol{X}_2}$、$\hat{\boldsymbol{R}}_{\boldsymbol{X}_2\boldsymbol{X}_3}$和$\hat{\boldsymbol{R}}_{\boldsymbol{X}_3\boldsymbol{X}_3}$;

(4) 对$\hat{\boldsymbol{R}}_{\boldsymbol{X}_1\boldsymbol{X}_1}$特征值分解,估计噪声功率$\hat{\sigma}^2$。并按照式(9.78)~式(9.83)计算数据矩阵$\hat{\boldsymbol{C}}_1\sim\hat{\boldsymbol{C}}_6$;

(5) 按照式(9.84)构造矩阵$\hat{\boldsymbol{C}}$,对其特征值分解后得到信号子空间$\hat{\boldsymbol{E}}_S$;

(6) 根据式(9.85)得到$\hat{\boldsymbol{E}}_1\sim\hat{\boldsymbol{E}}_3$,并由式(9.88)和式(9.89)计算得到$\hat{\boldsymbol{\Psi}}_1$和$\hat{\boldsymbol{\Psi}}_2$;

(7) 对$\hat{\boldsymbol{\Psi}}_1$和$\hat{\boldsymbol{\Psi}}_2$分别进行特征值分解,得到特征值构成的对角矩阵$\hat{\boldsymbol{F}}$、$\hat{\boldsymbol{G}}$和相应的特征向量矩阵$\boldsymbol{T}_1$、$\boldsymbol{T}_2$;

(8) 比较$\boldsymbol{T}_1$和$\boldsymbol{T}_2$的列向量,实现$\hat{\boldsymbol{F}}$和$\hat{\boldsymbol{G}}$对角元素的配对,并按照式(9.90)和式(9.91)得到LFM信号方位角和俯仰角的估计值。

9.2.3 性能分析

下面通过仿真实验进一步分析本节所提到的各种相应算法。

仿真一 利用FRFT-MUSIC算法对LFM信号进行一维DOA估计

考虑阵元个数为8的均匀线阵。远场入射两个等幅LFM信号,信号1:初始频率$f_1=12\text{MHz}$,调频率$\mu_1=1\times10^{12}\text{Hz/s}$,入射角为$-70°$;信号2:$f_2=9\text{MHz}$,$\mu_2=-7\times10^{11}\text{Hz/s}$,入射角为30°。采样频率为100MHz,采样快拍数为200。图9.13(a)、(b)分别给出了信噪比等于5dB时两个LFM信号的MUSIC空间谱$P(\theta)$。由其峰值位置可以得到两个信号的入射角估计分别为$\hat{\theta}_1=-70.03°$,$\hat{\theta}_2=30.05°$。

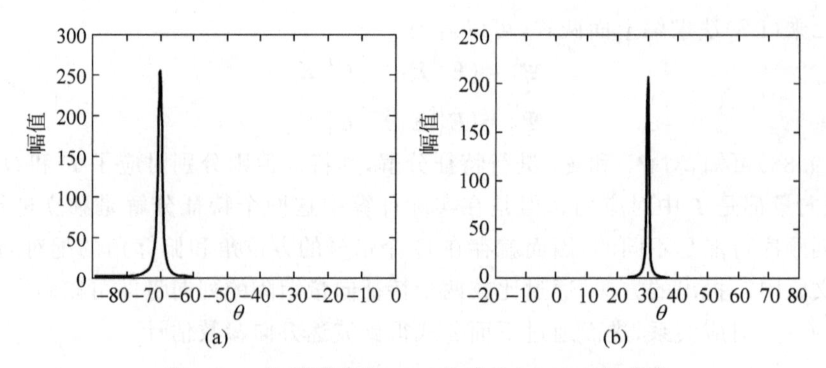

图 9.13 仿真得到的 LFM 信号的 MUSIC 功率谱

(a) 第 1 个信号的 MUSIC 空间谱 $P(\theta)$；(b) 第 2 个信号的 MUSIC 空间谱 $P(\theta)$

其他条件同上，在不同信噪比下各做 100 次独立实验，得到的两个信号估计的均方根误差(Root Mean Square Error，RMSE)与信噪比的关系示意图如图 9.14 所示。

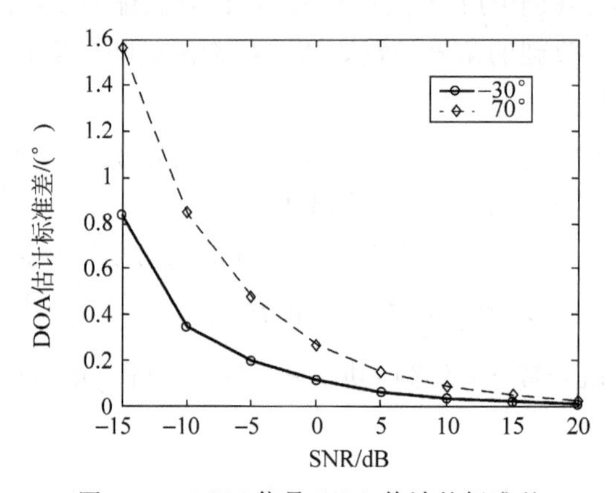

图 9.14 LFM 信号 DOA 估计的标准差

仿真二 利用 FRFT-MUSIC 算法对 LFM 信号进行二维 DOA 估计

考虑阵列形式为 6×6 的均匀矩形平面阵。两个等幅宽带线性调频信号分别以$(\theta_1,\varphi_1)=(30°,20°)$和$(\theta_2,\varphi_2)=(70°,-60°)$入射到阵列上，阵元噪声为相互独立的零均值高斯白噪声。两个信号的初始频率和调频率分别为 $f_1=10\text{MHz}$、$\mu_1=8\text{MHz}/\mu\text{s}$ 和 $f_2=15\text{MHz}$、$\mu_2=-5.6\text{MHz}/\mu\text{s}$，采样频率为 100MHz。采样快拍数为 200。图 9.15 为信噪比等于 5dB 时，两个信号的二维 FRFT-MUSIC 空间谱结果，由其峰值位置可以得到两个信号的入射角估计分别为(30.28°，20.61°)和(70.55°，−59.92°)。

其他条件同上，在不同信噪比下各做 100 次独立实验，图 9.16 分别为俯仰角和方位角估计的 RMSE 与信噪比的关系示意图。

仿真三 利用 FRFT-ESPRIT 算法对 LFM 信号进行二维 DOA 估计

考虑如图 9.12 所示的双平行线阵，其中 $M=10$。两个等幅宽带线性调频信号分别以$(\theta_1,\varphi_1)=(10°,-20°)$和$(\theta_2,\varphi_2)=(60°,40°)$入射到阵列上，阵元噪声为相互独立的零均值高斯白噪声。两个信号的初始频率和调频率分别为 $f_1=12\text{MHz}$、$\mu_1=8\text{MHz}/\mu\text{s}$ 和 $f_2=10\text{MHz}$、$\mu_2=-4\text{MHz}/\mu\text{s}$，采样频率为 100MHz。采样快拍数为 300。在不同信噪比下各做 100 次独立实验，可以得到俯仰角和方位角估计的 RMSE 与信噪比的关系示意图如图 9.17 所示。

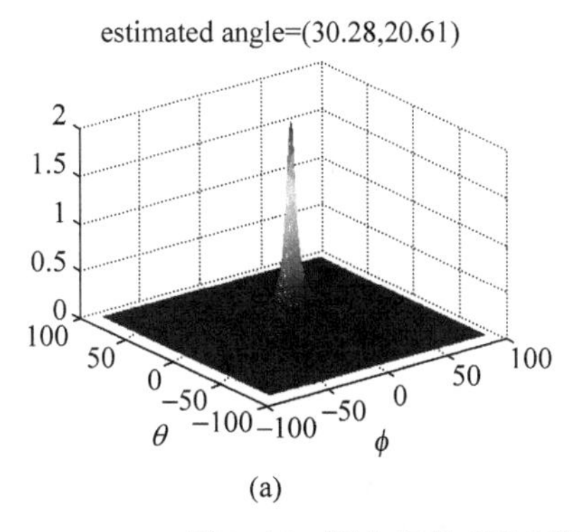

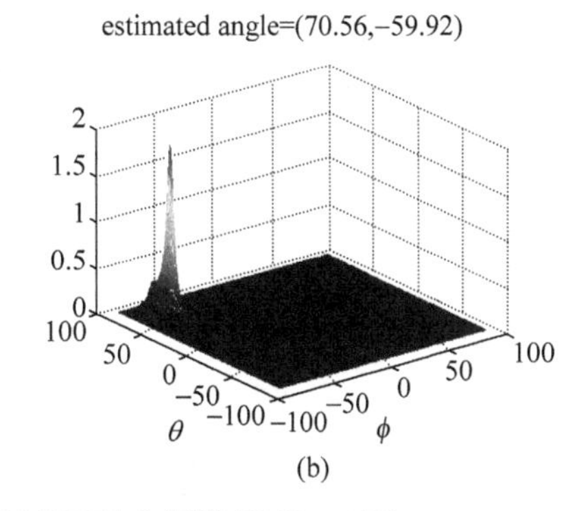

图 9.15 两个宽带 LFM 信号的二维 FRFT-MUSIC 空间谱(SNR=5dB)

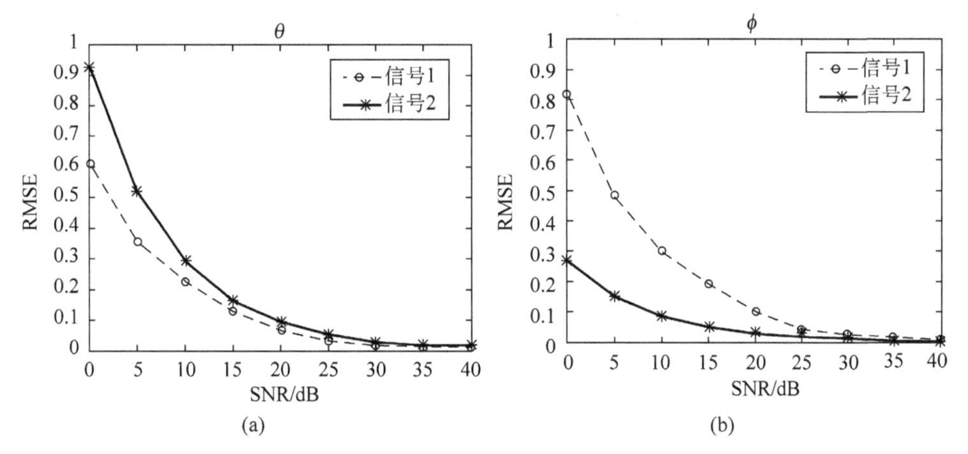

图 9.16 DOA 估计值的 RMSE 随 SNR 变化曲线

(a) 俯仰角；(b) 方位角

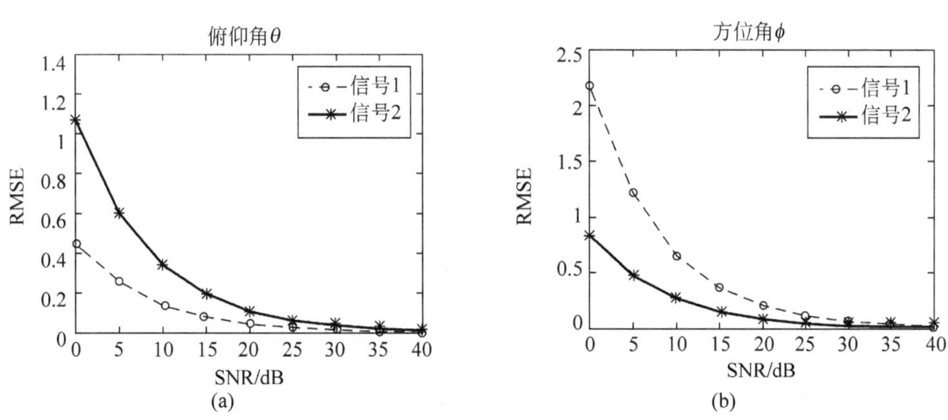

图 9.17 DOA 估计值的 RMSE 随 SNR 变化曲线

(a) 俯仰角；(b) 方位角

仿真四 FRFT-MUSIC 和 FRFT-ESPRIT 算法进行二维 DOA 估计的性能比较

考虑如图 9.12 所示的双平行线阵，其中 $M=10$。两个等幅宽带线性调频信号分别以 $(\theta_1,\varphi_1)=(-10°,20°)$ 和 $(\theta_2,\varphi_2)=(60°,40°)$ 入射到阵列上，阵元噪声为相互独立的零均值高斯白噪声。两个信号的初始频率和调频率分别为 $f_1=12\text{MHz}$、$\mu_1=8\text{MHz}/\mu\text{s}$ 和 $f_2=$

10MHz、$\mu_2=-4$MHz/μs，采样频率为 100MHz。采样快拍数为 300。

利用 FRFT-MUSIC 算法可以得到两个 LFM 信号的二维空间谱结果如图 9.18 所示，由其峰值位置得到两个信号的入射角估计分别为（−9.56°，19.84°）和（60.32°，40.10°）。

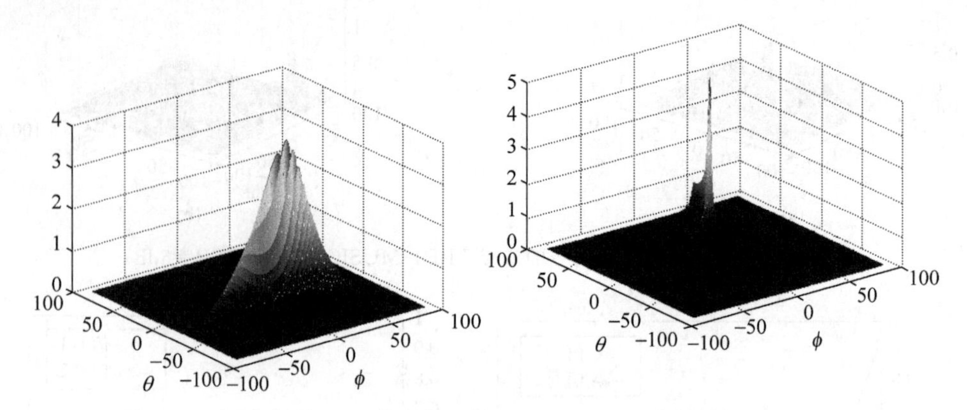

图 9.18 两个宽带 LFM 信号的二维 FRFT-MUSIC 空间谱（SNR＝5dB）

其他条件同上，在不同信噪比下各做 100 次独立实验，图 9.19 分别为采用 FRFT-MUSIC 算法和 FRFT-ESPRIT 算法得到的俯仰角和方位角估计的 RMSE 与信噪比的关系示意图。

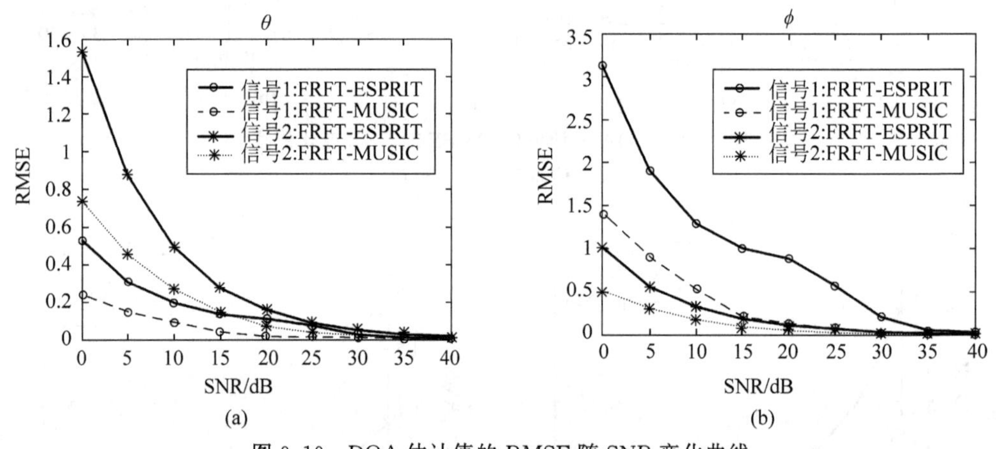

图 9.19 DOA 估计值的 RMSE 随 SNR 变化曲线

(a) 俯仰角；(b) 方位角

由上面的仿真实验，可以得到如下几个结论：

(1) 利用 FRFT-MUSIC 算法对 LFM 信号进行 DOA 估计，与基于二次型时频分布的方法相比，该方法避免了交叉项的干扰，且没有时频域的选点困扰，降低了计算复杂度且有较高的估计精度。

(2) 利用 FRFT-MUSIC 算法进行二维 DOA 估计可以很容易地由一维处理推广得到，但该方法需要二维搜索，计算量很大。

(3) 在进行二维 DOA 估计时，FRFT-ESPRIT 算法由于在推导过程中忽略了阵元时延的二次项，其估计性能要略差于 FRFT-MUSIC 算法，但是 FRFT-ESPRIT 算法避免了谱峰搜索，大大降低了算法的计算复杂度，因此更适合于实际工程实现。

参考文献

[1] Monzingo R A,Miller T W. Introduction to adaptive array[M]. New York,Wiley,1980.

[2] Applebaum S P,Chapman D J. Adaptive arrays with main beam constraints[J]. IEEE Trans. Antennas Propagat.,1976,24(5):650-662.

[3] Capon J. High resolution frequency-wavenumber spectrum analysis[J]. Proc. IEEE,1969,57(8):1408-1418.

[4] Widrow B,Mantey P E. Adaptive antenna systems[J]. Proc. IEEE,1967,55(12):2143-2159.

[5] 张贤达,保铮.通信信号处理[M].北京.国防工业出版社,2002.

[6] Yetik I S. Beamforming using fractional Fourier transform[J]. IEEE Trans. Signal Processing,2003,51(6):1663-1668.

[7] Schmidt R O. Multiple emitter location and signal parameter estimation[J]. IEEE Trans. Antennas Propagat.,1986,34(3):276-280.

[8] Roy R,Paulraj A,Kailath T. ESPRIT-a subspace rotation approach to estimation of parameter of cissoids in noise[J]. IEEE Trans. on ASSP,1986,34(5):1340-1342.

[9] Belouchrani A,Amin M G. Blind source separation based on time-frequency signal representations[J]. IEEE Trans. Signal Processing,1998,46(11):2888-2897.

[10] Belouchrani A,Amin M G. Time-frequency MUSIC[J]. IEEE Signal Processing Lett.,1999,6(5):109-110.

[11] Amin M G. Spatial time-frequency distributions for direction finding and blind source separation[J]. Proc. SPIE,1999,3723:62-70.

[12] Zhang Y,Mu W,Amin M. G. Time-frequency maximum likelihood methods for direction finding[J]. J. Franklin Inst.,2000,337(3):483-497.

[13] 李立萍,黄克骥,等.基于 STFT 的相干宽带调频信号 2-D 到达角估计[J].电子与信息学报.2005.27(11):1760-1764.

[14] 齐林,陶然,周思永,等.基于分数阶 Fourier 变换的多分量 LFM 信号的检测和参数估计[J].中国科学:E 辑,2003,3(8):749-759.

[15] Ozaktas H M,Arikan O,Kautay M A. Digital computation of the fractional Fourier transform[J]. IEEE Trans. Singal Processing.1996,44(9):2141-2150.

[16] Richard R. ESPRIT-estimation of signal parameters via rotational invariance techniques[J]. IEEE Trans. on Acoustics and Signal Processing.1989,37(7):984-995.

[17] Liu T H,Mendel J M. Azimuth and elevation direction finding using arbitrary array geometries[J]. IEEE Trans. Signal Processing.1998,46(7):2061-2065.

[18] 陶然,周云松.基于分数阶 Fourier 变换的宽带 LFM 信号波达方向估计新算法[J].北京理工大学学报,2005,25(10):895-899.

[19] 陶然,邓兵,王越.分数阶 Fourier 变换在信号处理领域的研究进展[J].中国科学:E 辑.2006,36(2):113-136.

[20] 曾操,廖桂生,等.一种基于双平行线阵相干源二维波达方向估计的新方法[J].雷达科学与技术,2003,1(2):104-108.

[21] 杨小明,陶然.基于分数阶 Fourier 变换和 ESPRIT 算法的 LFM 信号 2D 波达方向估计[J].兵工学报,2007,28(12):1438-1442.

第10章

在雷达中的应用

雷达从最早期的目标检测和单一的距离、方位估计逐步发展到对目标更多的运动参数(速度、加速度)估计、目标识别和成像。这一方面得益于器件水平的进步,另一方面也离不开雷达信号处理技术的飞速发展。作为近年来备受关注的一种非平稳信号处理工具,分数阶傅里叶变换是传统傅里叶变换的推广,能够对信号从介于时域和频域之间的分数域进行观察,且对 chirp 类信号处理具有独特的优势。因此传统基于傅里叶变换的雷达信号处理方法一旦采用分数阶傅里叶变换进行处理,往往能够得到更好的效果。本章将对分数阶傅里叶变换在雷达中(主要是信号处理)的有关应用做系统的叙述。主要包括如下五个方面:模糊函数、动目标检测、合成孔径雷达(Synthetic Aperture Radar,SAR)成像、目标识别、脱靶量测量。

10.1 分数阶模糊函数

模糊函数是一种描述某种波形在基于相关器的主动雷达系统中同时测速和测距能力的有用工具。它在时域和频域的窄带极限已被广泛研究,这些结论奠定了现代雷达系统设计的理论基础。

随着分数阶傅里叶变换理论的发展,已经有学者得到了窄带信号模糊函数和它的分数阶傅里叶变换之间的旋转关系。分数阶傅里叶变换可以看成是对时频平面任意角度的旋转,这种关系很清晰地把信号的分数阶傅里叶变换和它的窄带模糊函数联系了起来,相关内容可以参看本书的第 2 章。由于模糊函数能够理解成一个成像核,因此它与分数阶傅里叶变换之间的关系也是分数阶傅里叶变换与逆合成孔径雷达成像之间的关系。

当信号满足窄带条件时,分数阶傅里叶变换与窄带模糊函数之间的旋转关系才成立。而近年来宽带信号已经用于雷达系统的实际分析并扮演着重要的角色,那么这种宽带模糊函数在分数阶傅里叶域又是什么表现形式?旋转因子和这种变换的关系又如何?

10.1.1 基于波动方差的相关接收模型

为了说明模糊函数作为成像核函数的重要性,首先建立相关接收器的采集数据和目标散射回波之间的关系模型。为简化起见，将采用标量波动方程，而它能直接扩展到矢量波动方程[1]。

在时刻 t 和空间位置 $\boldsymbol{x}$ 的波场服从不均等波动方程

$$(\nabla^2-\tilde{c}^{-2}(t,\boldsymbol{x})\partial_t^2)u(t,\boldsymbol{x})=-f(t,\boldsymbol{x}) \tag{10.1}$$

式中，$\tilde{c}(t,\boldsymbol{x})$表示波场传播速度，$f(t,\boldsymbol{x})$表示源分布。无源区域的格林函数满足

$$(\nabla^2-c^{-2}\partial_t^2)g_0(t,\boldsymbol{x};t',\boldsymbol{x}')=-\delta(t-t')\delta(\boldsymbol{x}-\boldsymbol{x}') \tag{10.2}$$

式中，c 代表自由空间的波场传播速度。式(10.1)的一个特解是

$$u(t,\boldsymbol{x})=\int g_0(t,\boldsymbol{x};t',\boldsymbol{x}')f(t',\boldsymbol{x}')\mathrm{d}t\,\mathrm{d}\boldsymbol{x}' \tag{10.3}$$

把整个场表示成入射场(发射场)和目标散射场的总和，如下所示：

$$u(t,\boldsymbol{x})=u_{\text{inc}}(t,\boldsymbol{x})+u_{\text{sc}}(t,\boldsymbol{x}) \tag{10.4}$$

入射场被认为是位于空间位置 $\boldsymbol{x}$ 处的点辐射源的源场分布。该点辐射源发射信号为 $s_{\text{inc}}(t)$，满足

$$(\nabla^2-c^{-2}\partial_t^2)u_{\text{inc}}(t,\boldsymbol{y})=-s_{\text{inc}}(t)\delta(\boldsymbol{y}'-\boldsymbol{x})\mathrm{d}t\,\mathrm{d}\boldsymbol{y}' \tag{10.5}$$

式中，$u_{\text{inc}}(t,\boldsymbol{y})=\int g_0(t,\boldsymbol{y};t',\boldsymbol{y}')s_{\text{inc}}(t')\delta(\boldsymbol{y}'-\boldsymbol{x})\mathrm{d}t\,\mathrm{d}\boldsymbol{y}'$。

散射场是通过置于无目标区域的传感器测量得到，该传感器与发射机处于同一位置，即单基地配置。将 $u(t,\boldsymbol{x})=u_{\text{inc}}(t,\boldsymbol{x})+u_{\text{sc}}(t,\boldsymbol{x})$代入式(10.1)，可以得到

$$(\nabla^2-c^{-2}\partial_t^2)u_{\text{sc}}(t,\boldsymbol{x})=-V(t,\boldsymbol{x})\partial_t^2u(t,\boldsymbol{x}) \tag{10.6}$$

式中，$V(t,\boldsymbol{x})=c^{-2}-\tilde{c}^{-2}(t,\boldsymbol{x})$与目标散射强度有关，$V(t,\boldsymbol{x})\partial_t^2u(t,\boldsymbol{x})$表示目标处的源分布。因此方程(10.6)有解如下：

$$u_{\text{sc}}(t,\boldsymbol{x})=\int g_0(t,\boldsymbol{x};t',\boldsymbol{y})V(t',\boldsymbol{y})\partial_{t'}^2u(t',\boldsymbol{y})\mathrm{d}t'\mathrm{d}\boldsymbol{y} \tag{10.7}$$

在弱散射的近似条件下，$u(t',\boldsymbol{y})\approx u_{\text{inc}}(t',\boldsymbol{y})$，式(10.7)可简化为

$$u_{\text{sc}}(t,\boldsymbol{x})=\int g_0(t,\boldsymbol{x};t',\boldsymbol{y})V(t',\boldsymbol{y})\partial_{t'}^2u_{\text{inc}}(t',\boldsymbol{y})\mathrm{d}t'\mathrm{d}\boldsymbol{y} \tag{10.8}$$

当波场传播速度为 c 时，自由空间的格林函数可写成

$$g_0(t,\boldsymbol{x};t',\boldsymbol{x}')=\frac{\delta(t-t'-|\boldsymbol{x}-\boldsymbol{x}'|/c)}{4\pi|\boldsymbol{x}-\boldsymbol{x}'|} \tag{10.9}$$

上式表示在空间位置 $\boldsymbol{x}'$、时刻 t'发生递增散射时空间位置 $\boldsymbol{x}$ 和时刻 t 的波场分布。

显然，将分数阶傅里叶变换的核函数代入，式(10.9)可表示为

$$\begin{aligned}g_0(t,\boldsymbol{x};t',\boldsymbol{x}')&=\frac{\delta(t-t'-|\boldsymbol{x}-\boldsymbol{x}'|/c)}{4\pi|\boldsymbol{x}-\boldsymbol{x}'|}\\&=\int\frac{K_\alpha(\xi'',t')K_{-\alpha}(\xi'',t'-|\boldsymbol{x}-\boldsymbol{x}'|/c)}{4\pi|\boldsymbol{x}-\boldsymbol{x}'|}\mathrm{d}\xi''\end{aligned} \tag{10.10}$$

式中，$K_\alpha(\xi,t)=\sqrt{\dfrac{1+\mathrm{j}\cot\alpha}{2\pi}}\exp\left(\mathrm{j}\,\dfrac{t^2+\xi^2}{-2}\cot\alpha+\mathrm{j}\xi t\csc\alpha\right)$。入射场用 K_α 表示成

$$u_{\text{inc}}(t'',\boldsymbol{y})=\int S_\alpha^{\text{inc}}(\xi'')\,\frac{K_{-\alpha}(\xi'',t''-|\boldsymbol{x}-\boldsymbol{y}|/c)}{4\pi|\boldsymbol{x}-\boldsymbol{y}|}\mathrm{d}\xi'' \tag{10.11}$$

式中，$S_\alpha^{\text{inc}}(\xi'')=\int K_\alpha(\xi'',t)s_{\text{inc}}(t)\mathrm{d}t$ 表示入射到目标上的发射信号分数阶傅里叶变换。

假定目标匀速运动。对于某个函数$\boldsymbol{U}(\boldsymbol{y}_0)$，目标运动方程满足$\boldsymbol{y}(t'')=\boldsymbol{y}_0+t''\boldsymbol{U}(\boldsymbol{y}_0)$，那么可以得到

$$V(t'',\boldsymbol{y})=\widetilde{Q}(\boldsymbol{y}(t'')-t''\boldsymbol{U}(\boldsymbol{y}_0)) \tag{10.12}$$

式中，$\widetilde{Q}$代表以目标为参照的坐标表示的散射强度。

同时假定目标相对于雷达发射机来讲位于远场。定义$\boldsymbol{x}-\boldsymbol{y}_0=\boldsymbol{R}$，$R=|\boldsymbol{R}|$，$\hat{\boldsymbol{R}}=\boldsymbol{R}/R$，因此有

$$|\boldsymbol{x}-\boldsymbol{y}|=|R-t''\boldsymbol{U}(\boldsymbol{y}_0)|=R-t''\hat{\boldsymbol{R}}\boldsymbol{U}(\boldsymbol{y}_0)+O(R^{-1}) \tag{10.13}$$

令$\tilde{\sigma}(\boldsymbol{y}_0)=1+\hat{\boldsymbol{R}}\cdot\boldsymbol{U}(\boldsymbol{y}_0)/c$，则$t''-|\boldsymbol{x}-\boldsymbol{y}|/c=\tilde{\sigma}t''-R/c+O(R^{-1})$。因此有

$$u_{\mathrm{inc}}(t'',\boldsymbol{y})=\frac{1}{4\pi R}\int S_\alpha^{\mathrm{inc}}(\xi'')K_{-\alpha}(\xi'',\tilde{\sigma}t''-\tau)\mathrm{d}\xi'' \tag{10.14}$$

式中，$\tau\equiv\dfrac{R}{c}$。

如果$H_\alpha(\xi)$是快衰函数，即衰落比多项式函数要快，则

$$\left\{\mathcal{F}^\alpha\frac{\mathrm{d}^n}{\mathrm{d}t^n}h\right\}(\xi)=\left(-\mathrm{j}\xi\sin\alpha+\cos\alpha\frac{\mathrm{d}}{\mathrm{d}\xi}\right)^nH_\alpha(\xi) \tag{10.15}$$

式中，$\mathcal{F}^\alpha$表示α角度分数阶傅里叶变换算子。通过如下变量替换$\xi''\rightarrow\xi''-\tau\cos\alpha$，利用式(10.11)可以得到

$$\begin{aligned}\partial_{t''}^2u_{\mathrm{inc}}(t'',\boldsymbol{y})=&\frac{1}{4\pi R}\int K_{-\alpha}(\xi'',\tilde{\sigma}t'')\exp\left(-\mathrm{j}\frac{\tau^2}{2}\sin\alpha\cos\alpha+\mathrm{j}\xi''\tau\sin\alpha\right)\cdot\\&[-\mathrm{j}(\xi''-\tau\cos\alpha)\sin\alpha+\cos\alpha\,\mathcal{D}]^2S_\alpha^{\mathrm{inc}}(\xi''-\tau\cos\alpha)\mathrm{d}\xi''\end{aligned} \tag{10.16}$$

式中，$\mathcal{D}f\equiv f'$。弱散射、单基地远场条件下，匀速运动目标的反射信号可表示成

$$\begin{aligned}s_{\mathrm{sc}}(\boldsymbol{x},t)\approx&\frac{1}{(4\pi R)^2}\int Q(\boldsymbol{y}_0)K_{-\alpha}(\xi'',\tilde{\sigma}t'')\exp\left(-\mathrm{j}\frac{\tau^2}{2}\sin\alpha\cos\alpha+\mathrm{j}\xi''\tau\sin\alpha\right)\cdot\\&K_{-\alpha}(\xi',\tau)[-\mathrm{j}(\xi''-\tau\cos\alpha)\sin\alpha+\cos\alpha\,\mathcal{D}]^2\cdot\\&S_\alpha^{\mathrm{inc}}(\xi''-\tau\cos\alpha)K_\alpha(\xi',t-\tilde{\sigma}t'')\mathrm{d}\xi'\mathrm{d}\xi''\mathrm{d}t''\mathrm{d}\boldsymbol{y}_0\end{aligned} \tag{10.17}$$

式中，$Q(\boldsymbol{y}_0)=\widetilde{Q}(\boldsymbol{y}_0)/\tilde{\sigma}(\boldsymbol{y}_0)$。

在主动雷达系统中，发射能量只有一部分能够被目标反射回来，反射回来的能量在到达接收机前也以R^{-4}衰减，这样导致目标回波被淹没在接收机噪声中。因此，雷达系统一般采用相关接收的方式。对回波信号进行相关，可以得到

$$\begin{aligned}s_{\mathrm{inc}}(\sigma(t'-t))&=\int S_\alpha^{\mathrm{inc}}(\xi)K_{-\alpha}(\xi,\sigma(t'-t))\mathrm{d}\xi\\&=\int S_\alpha^{\mathrm{inc}}(\xi)K_{\psi-\alpha}(\xi,\zeta)K_{-\psi}(\zeta,\sigma(t'-t))\mathrm{d}\xi\mathrm{d}\zeta\\&=\frac{\sigma\cos\psi}{\cos\gamma}\sqrt{\frac{1-\mathrm{j}\cot\psi}{1-\mathrm{j}\cot\gamma}}\int\exp\left[\mathrm{j}\frac{\zeta^2\tan\gamma}{2}-\frac{\mathrm{j}\sin^2\psi}{2\cos\gamma\sin\gamma}(\zeta-t\cos\gamma)^2\right]\cdot\\&\quad S_\alpha^{\mathrm{inc}}(\zeta)K_{\psi-\alpha}\left(\xi,\sigma(\zeta\frac{\cos\psi}{\cos\gamma}-t\cos\psi)\right)K_{-\gamma}(\zeta,t')\mathrm{d}\zeta\mathrm{d}\xi\end{aligned} \tag{10.18}$$

式中，σ 是多普勒尺度参数[1]。这个结果是通过变量替换 $\zeta\to\sigma(\zeta(\cos\psi/\cos\gamma)-t\cos\psi)$ 得到的，其中 $\gamma=\arctan(\tan\psi/\sigma^2)$。

设 $\tan\psi=\sigma^2\tan\alpha$，式(10.18)可以化为

$$\begin{aligned}\eta(t,\sigma)&=\int S_{sc}(\boldsymbol{x},t')\bar{s}_{inc}(\sigma(t'-t))\,\mathrm{d}t'\\&=\frac{1}{\sigma}\frac{C_\alpha}{(4\pi R)^2}\int Q(\boldsymbol{y}_0)\bar{S}_\alpha^{inc}(\xi)\{[-\mathrm{j}(\xi''-\tau\cos\alpha)\sin\alpha+\cos\alpha\,\mathcal{D}]^2\bar{S}_\alpha^{inc}(\xi''-\tau\cos\alpha)\}\cdot\\&\quad K_{-\alpha}(\xi'',t'')K_\alpha(\xi',t'-t'')K_{-\alpha}(\xi',\tau)K_\alpha(\zeta,t')K_{\alpha-\psi}\left(\xi,\sigma\left(\zeta\frac{\cos\psi}{\cos\gamma}-t\cos\psi\right)\right)\cdot\\&\quad\exp\left\{-\frac{\mathrm{j}\tan\alpha}{2}\left[\zeta^2-2\xi''\tau\cos\alpha+\tau^2\cos^2\alpha-\left(\frac{\sin\psi}{\sin\alpha}\right)^2(\zeta-t\cos\alpha)^2\right]\right\}\mathrm{d}\xi\mathrm{d}\zeta\mathrm{d}\xi'\mathrm{d}\xi''\mathrm{d}t'\mathrm{d}t''\mathrm{d}y_0\end{aligned}\tag{10.19}$$

式中，$C_\alpha=(\sin\psi/\sin\alpha)\sqrt{(1+\mathrm{j}\cot\psi)/(1+\mathrm{j}\cot\alpha)}$。对 ξ' 和 t' 积分并作变量替换 $\zeta\to\zeta+\tau\cos\alpha$，得到

$$\begin{aligned}\eta(t,\sigma)=&\frac{1}{\sigma}\frac{C_\alpha}{(4\pi R)^2}\int Q(\boldsymbol{y}_0)\bar{S}_\alpha^{inc}(\xi)\{[-\mathrm{j}(\xi''-\tau\cos\alpha)\sin\alpha+\cos\alpha\,\mathcal{D}]^2\cdot\\&S_\alpha^{inc}(\xi''-\tau\cos\alpha)\}K_{-\alpha}(\xi'',t'')K_\alpha(\zeta,t'')K_{\alpha-\psi}\left[\xi,\frac{1}{\sigma}\frac{\sin\psi}{\sin\alpha}(\zeta-(t-\tau)\cos\alpha)\right]\cdot\\&\exp\left\{-\frac{\mathrm{j}\tan\alpha}{2}\left[\zeta^2-2\xi''\tau\cos\alpha+\tau^2\cos^2\alpha-\left(\frac{\sin\psi}{\sin\alpha}\right)^2(\zeta-(t-\tau)\cos\alpha)^2\right]\right\}\mathrm{d}\xi\mathrm{d}\zeta\mathrm{d}t''\mathrm{d}\boldsymbol{y}_0\end{aligned}\tag{10.20}$$

既然 $\sigma^2=\tan\psi/\tan\alpha$，那么，

$$\begin{cases}\cot(\alpha-\psi)=\dfrac{1+\cot\alpha\cot\psi}{\cot\psi-\cot\alpha}=\dfrac{1+\sigma^2\tan^2\alpha}{1-\sigma^2}\cot\alpha\\[2ex]\dfrac{\sin\psi}{\sin\alpha}=\sigma^2\sqrt{\dfrac{1+\tan^2\alpha}{1+\sigma^4\tan^2\alpha}}\\[2ex]\dfrac{\sin\psi}{\sin\alpha}\csc(\alpha-\psi)=\dfrac{\sigma^2}{1-\sigma^2}\sec\alpha\csc\alpha\\[2ex]C_\alpha\sqrt{\dfrac{1+\mathrm{j}\cot(\alpha-\psi)}{2\pi}}=\sqrt{\dfrac{\sigma^2\sec\alpha\csc\alpha}{2\pi(1-\sigma^2)}}\mathrm{e}^{\mathrm{j}\pi/4}\end{cases}\tag{10.21}$$

接下来，对 t'' 和 ξ'' 积分，并将式(10.21)代入，可以得到最后的数据模型如下：

$$\begin{aligned}\eta(t,\sigma)=&\sqrt{\frac{\sigma^2\sec\alpha\csc\alpha}{2\pi(1-\sigma^2)}}\frac{\mathrm{e}^{\mathrm{j}\frac{\pi}{4}}}{(4\pi R)^2}\int Q(\boldsymbol{y}_0)\bar{S}_\alpha^{inc}(\sigma\xi)\{[-\mathrm{j}\zeta\sin\alpha+\cos\alpha\,\mathcal{D}]^2S_\alpha^{inc}(\zeta)\}\cdot\\&\exp\left[-\frac{\mathrm{j}\sigma^2\sec\alpha\csc\alpha}{2(1-\sigma^2)}(\zeta-\xi-(t-2\tau)\cos\alpha)^2-\frac{\mathrm{j}\tan\alpha}{2}(\zeta^2-\sigma^2\xi^2)\right]\mathrm{d}\xi\mathrm{d}\zeta\mathrm{d}\boldsymbol{y}_0\end{aligned}\tag{10.22}$$

上式作了变量代换 $\zeta-\tau\cos\alpha\to\zeta$ 和 $\xi\to\sigma\xi$。

10.1.2 分数阶宽带和窄带模糊函数

10.1.2.1 宽带模糊函数

对式(10.22)中的因子进行展开，得到

$$[-\mathrm{j}\zeta\sin\alpha+\cos\alpha\,\mathcal{D}]^2 S_\alpha^{\mathrm{inc}}(\zeta)=\cos^2\alpha\,\mathcal{D}^2 S_\alpha^{\mathrm{inc}}(\zeta)-(\zeta^2\sin^2\alpha+\mathrm{j}\sin\alpha\cos\alpha)S_\alpha^{\mathrm{inc}}(\zeta)-2\mathrm{j}\zeta\sin\alpha\cos\alpha\,\mathcal{D}S_\alpha^{\mathrm{inc}}(\zeta) \tag{10.23}$$

并且有

$$\begin{aligned}\int \mathrm{e}^{\mathrm{j}\Phi_\alpha}\zeta\,\mathcal{D}S_\alpha^{\mathrm{inc}}(\zeta)\mathrm{d}\zeta&=\mathrm{e}^{\mathrm{j}\Phi_\alpha}\zeta S_\alpha^{\mathrm{inc}}(\zeta)\Big|_{-\infty}^{+\infty}-\int(1+\mathrm{j}\zeta\,\mathcal{D}\Phi_\alpha)\mathrm{e}^{\mathrm{j}\Phi_\alpha}S_\alpha^{\mathrm{inc}}(\zeta)\mathrm{d}\zeta\\ \int \mathrm{e}^{\mathrm{j}\Phi_\alpha}\,\mathcal{D}^2 S_\alpha^{\mathrm{inc}}(\zeta)\mathrm{d}\zeta&=\mathrm{e}^{\mathrm{j}\Phi_\alpha}\,[\mathcal{D}S_\alpha^{\mathrm{inc}}(\zeta)-S_\alpha^{\mathrm{inc}}(\zeta)\,\mathcal{D}\Phi_\alpha]\Big|_{-\infty}^{+\infty}+\\ &\quad\int[-(\mathcal{D}\Phi_\alpha)^2+\mathrm{j}\,\mathcal{D}^2\Phi_\alpha]\,\mathrm{e}^{\mathrm{j}\Phi_\alpha}S_\alpha^{\mathrm{inc}}(\zeta)\mathrm{d}\zeta\end{aligned} \tag{10.24}$$

既然 $S_\alpha^{\mathrm{inc}}(\zeta)$为快衰函数，显然 $\zeta^m S_\alpha^{\mathrm{inc}}(\zeta)$也为快衰函数，且

$$\Phi_\alpha(\zeta,\xi,t-2\tau)\equiv-\frac{\tan\alpha}{2}(\zeta^2-\sigma^2\xi^2)-\frac{\sigma^2\sec\alpha\csc\alpha}{2(1-\sigma^2)}(\zeta-\xi-(t-2\tau)\cos\alpha)^2 \tag{10.25}$$

根据式(10.23)和式(10.24)，式(10.22)可直接写成

$$\eta(t,\sigma)=\frac{1}{(4\pi R)^2}\int Q(\boldsymbol{y}_0)A_\alpha(\xi,t-2\tau(\boldsymbol{y}_0),\zeta;\sigma)\,\mathrm{d}\xi\mathrm{d}\zeta\mathrm{d}\boldsymbol{y}_0 \tag{10.26}$$

式中，

$$\begin{gathered}A_\alpha(\xi,t,\zeta;\sigma)\equiv\sqrt{\frac{\sigma^2\sec\alpha\csc\alpha}{2\pi(1-\sigma^2)}}\,\mathrm{e}^{\mathrm{j}\frac{\pi}{4}}D_\alpha(\zeta)\overline{S}_\alpha^{\mathrm{inc}}(\sigma\xi)S_\alpha^{\mathrm{inc}}(\zeta)\exp\{\zeta^2-\sigma^2\varepsilon^2\}\cdot\\ \exp\left\{-\mathrm{j}\,\frac{\sigma^2\sec\alpha\csc\alpha}{2(1-\sigma^2)}(\zeta-\xi-t\cos\alpha)^2\right\}\\ D_\alpha(\zeta)\equiv-(\sigma^2\csc\alpha/(1-\sigma)^2)^2(\zeta-\xi-(t-2\tau)\cos\alpha)^2\end{gathered}$$

基于上式，得到宽带模糊函数的“分数阶”形式(可将之与文献[2]中的定义进行比较)：

$$A_\alpha^{\mathrm{wb}}(t;\sigma)\equiv\int\frac{A_\alpha(\xi,t,\zeta;\sigma)}{D_\alpha(\zeta)}\mathrm{d}\zeta\mathrm{d}\xi \tag{10.27}$$

显然，它也可以利用函数 $f(\zeta)$的 b 阶 Gauss-Weierstrass 变换和 $\overline{S}_\alpha^{\mathrm{inc}}(\sigma\xi)\mathrm{e}^{\mathrm{j}\tan\alpha\sigma^2\xi^2/2}$ 的乘积得到。式中，$f(\zeta)=\{\mathcal{C}^{\tan\alpha}S_\alpha^{\mathrm{inc}}\}(\zeta)=S_\alpha^{\mathrm{inc}}(\zeta)\exp\{-(\mathrm{j}/2)\zeta^2\tan\alpha\}$，$\mathcal{C}^d$ 表示 chirp 乘算子，$b=((1-\sigma^2)/\sigma^2)\sin\alpha\cos\alpha$。Gauss-Weierstrass 变换其实就是 chirp 卷积。所以式(10.27)也可以写成

$$A_\alpha^{\mathrm{wb}}(t;\sigma)=\int\overline{\{\mathcal{C}^{\tan\alpha}S_\alpha^{\mathrm{inc}}\}}(\sigma\xi)\{\mathcal{G}^b\{\mathcal{C}^{\tan\alpha}S_\alpha^{\mathrm{inc}}\}\}(\xi+t\cos\alpha)\mathrm{d}\xi \tag{10.28}$$

式中，$\mathcal{G}^b$ 表示 b 阶 Gauss-Weierstrass 变换算子，即

$$\{\mathcal{G}^b f\}(\xi)=\frac{1}{\sqrt{-2\pi\mathrm{j}b}}\int\exp\{-\mathrm{j}(\zeta-\xi)^2/2b\}f(\zeta)\,\mathrm{d}\zeta \tag{10.29}$$

10.1.2.2　窄带模糊函数

在雷达系统中，常用到窄带模糊函数。窄带信号可以写成

$$s_{\mathrm{inc}}(t)=a(t)\mathrm{e}^{\mathrm{j}\omega_0 t} \tag{10.30}$$

式中，$a(t)$是信号的包络，它随时间缓慢变化；ω_0 是信号的载频。窄带信号就是指带宽(即 $S_{\pi/2}^{\mathrm{inc}}(\zeta)$的支撑区)与 ω_0 相比较小的信号。

多普勒尺度参数 $\sigma=(c-v)/(c+v)=1-2v/(c+v)$跟目标速度有关，式中 c 代表信号传播速度。在雷达信号处理中，目标的径向速度 v 远远小于信号传播速度 c，因此 $\sigma\approx 1-2v/c$。由于信号包络 $a(t)$是慢变的，可以得到

$$s_{\mathrm{inc}}(\sigma t)=a(\sigma t)\mathrm{e}^{\mathrm{j}\omega_0 t}=a((1-2\beta)t)\,\mathrm{e}^{\mathrm{j}(\omega_0+\omega_D)t}\approx s_{\mathrm{inc}}(t)\mathrm{e}^{\mathrm{j}\omega_D t} \tag{10.31}$$

式中，$\beta=v/c$，$w_D=-2\beta\omega_0$。信号 $s_{\mathrm{inc}}(\sigma t)$的分数阶傅里叶变换可以近似为[3]

$$\{\mathcal{F}^{\alpha}s_{\mathrm{inc}}(\sigma t)\}(\xi)\approx S_{\alpha}^{\mathrm{inc}}(\xi+w_D\sin\alpha)\exp((\mathrm{j}\omega_D/2)\sin\alpha\cos\alpha+\mathrm{j}\xi\omega_D\cos\alpha) \tag{10.32}$$

所以

$$s_{\mathrm{inc}}(\sigma(t'-t))\approx\int K_{-\alpha}(\xi,t'-t)S_{\alpha}^{\mathrm{inc}}(\xi+\omega_D\sin\alpha)\exp\left(\mathrm{j}\frac{\omega_D^2}{2}\sin\alpha\cos\alpha+\mathrm{j}\xi\omega_D\cos\alpha\right)\mathrm{d}\xi \tag{10.33}$$

把上式代入式(10.19)并顺序积分便得到了窄带模糊函数

$$\begin{aligned}A_{\alpha}^{\mathrm{nb}}(t,\omega_D)=\mathrm{e}^{\mathrm{j}\omega_D t/2}\int\overline{S}_{\alpha}^{\mathrm{inc}}\left(\xi-\frac{1}{2}t\cos\alpha+\frac{1}{2}\omega_D\sin\alpha\right)\\ S_{\alpha}^{\mathrm{inc}}\left(\xi+\frac{1}{2}t\cos\alpha-\frac{1}{2}\omega_D\sin\alpha\right)\exp\{-\mathrm{j}\xi(t\sin\alpha+\omega_D\cos\alpha)\}\,\mathrm{d}\xi\end{aligned} \tag{10.34}$$

式中做了如下替换：$\xi\to\xi-(1/2)(t\cos\alpha+\omega_D\sin\alpha)$。可见，$A_0^{\mathrm{nb}}(t,\omega_D)$和 $A_{\pi/2}^{\mathrm{nb}}(t,\omega_D)$分别满足时域、频域的窄带模糊函数定义。

如果假设 $x=t\cos\alpha-\omega_D\sin\alpha$，$y=t\sin\alpha+\omega_D\cos\alpha$，则可以得到

$$\widetilde{A}_{\alpha}^{\mathrm{nb}}=\int\overline{S}_{\alpha}^{\mathrm{inc}}\left(\xi-\frac{1}{2}x\right)\overline{S}_{\alpha}^{\mathrm{inc}}\left(\xi+\frac{1}{2}x\right)\mathrm{e}^{-\mathrm{j}\xi y}\,\mathrm{d}\xi \tag{10.35}$$

令 $\mathfrak{R}_{\theta}$ 表示旋转算子

$$\mathfrak{R}_{\theta}\{f(x,y)\}=f(x\cos+y\sin\theta,-x\sin\theta+y\cos\theta) \tag{10.36}$$

得到第 2 章阐述过的分别由 $S_{\alpha}(\xi)$和 $s(t)$产生的窄带模糊函数间存在的旋转关系

$$\widetilde{A}_{\alpha}^{\mathrm{nb}}(x,y)=\mathfrak{R}_{-\alpha}\{A_0^{\mathrm{nb}}(t,\omega_D)\} \tag{10.37}$$

10.1.2.3　针对慢动目标的宽带信号

由于采用宽带信号的雷达比使用窄带信号的雷达具有更高的距离分辨率，因此在雷达信号处理中越来越多的情况已不局限于慢包络变化的窄带信号，例如超宽带雷达系统。

一般来说，这类系统的完整分析需要用到式(10.28)。当目标处于慢速运动情况下(同光速 c 相比)，则只有 $\sigma\approx 1$ 时接收数据 $\eta(t,\sigma)$才具有实用价值。由于 $\sigma=(1-\beta)/(1+\beta)$，我们可以得到 $\sigma^2/(1-\sigma^2)=1/4((1/\beta)-2+\beta)$。

式(10.26)是一个振荡积分，当 $\beta\ll 1$ 时才能使用驻定相位原理分析。将 $\sigma\approx 1-2\beta$ 代入式(10.25)中的相位项，并关于 β 展开且只保留不大于 1 的子项，得到

$$\Phi_\alpha(\zeta,\xi,t) = -((1/\beta)-2+\beta)\frac{(\zeta-\xi-t\cos\alpha)^2}{8\cos\alpha\sin\alpha} - \tan\alpha/2\,[\zeta^2-(1-4\beta)\xi^2] \tag{10.38}$$

利用关于 $1/\beta$ 的驻定相位积分得到分数阶模糊函数

$$A_\alpha^{\mathrm{wb}}(t,\beta) \approx \int \bar{S}_\alpha^{\mathrm{inc}}((1-2\beta)\xi)\,S_\alpha^{\mathrm{inc}}(\xi+t\cos\alpha)\cdot \exp\left\{-\frac{\mathrm{j}\tan\alpha}{2}(t^2\cos^2\alpha+2\xi t\cos\alpha+4\beta\xi^2)\right\}\mathrm{d}\xi \tag{10.39}$$

并通过如下变量替换；$\xi\to(1+\beta)(\xi-(1/2)t\cos\alpha)$，将式(10.39)化为

$$A_\alpha^{\mathrm{wb}}(t,\beta) \approx \int \bar{S}_\alpha^{\mathrm{inc}}\left((1-\beta)\xi-\frac{1}{2}(1-\beta)t\cos\alpha\right)S_\alpha^{\mathrm{inc}}\left((1+\beta)\xi+\frac{1}{2}(1-\beta)t\cos\alpha\right)\cdot \exp\{-\mathrm{j}(1-\beta)\xi t\sin\alpha\}\exp\{-2\mathrm{j}\beta\xi^2\tan\alpha\}\,\mathrm{d}\xi \tag{10.40}$$

令 $\tilde{x}=(1-\beta)t\cos\alpha$，$\tilde{y}=(1-\beta)t\sin\alpha$，则

$$A_\alpha^{\mathrm{wb}}(t,\beta) \approx \int \bar{S}_\alpha^{\mathrm{inc}}\left((1-\beta)\xi-\frac{1}{2}\tilde{x}\right)S_\alpha^{\mathrm{inc}}\left((1+\beta)\xi+\frac{1}{2}\tilde{x}\right)\mathrm{e}^{-\mathrm{j}\xi\tilde{y}}\,\mathrm{e}^{-2\mathrm{j}\beta\xi^2\tan\alpha}\,\mathrm{d}\xi \tag{10.41}$$

上式是式(10.35)针对慢速目标的宽带信号的一种扩展。

式(10.37)不能应用于宽带信号的处理，这是由于多普勒尺度不能再仅仅看作多普勒频移。这时，只能采用式(10.28)。当目标慢速运动时，也可以采用式(10.41)作为式(10.28)的近似表示。既然式(10.26)建立起目标散射密度函数 $Q(\boldsymbol{y}_0)$ 和接收测量值 η 之间的函数关系，它可被看成一个具有核函数 A_α 的成像方程。从 η 反演 Q 是一个逆问题，并在窄带信号处理中已被广泛研究过。对于旋转目标，式(10.37)建立起了逆合成孔径雷达成像与分数阶模糊函数之间的联系。然而对于宽带信号，这些关系就不再成立，相应的成像算法也就需要重新建立。

10.2 基于分数阶傅里叶变换的动目标检测

雷达信号处理中，杂波抑制和运动目标检测是基本问题之一。杂波抑制的经典方法有动目标显示(Moving Target Indication，MTI)和动目标检测(Moving Target Detection，MTD)。前者实质上是一个在整个处理过程中滤波特性不变的高通滤波器，作用是滤除固定杂波以及慢速杂波，保留运动目标回波。而后者是在频域上采用多普勒滤波器组，对运动目标回波进行相参积累，能够进一步抑制运动杂波(如气象杂波)。根据多普勒滤波器组的不同设计，例如，FIR 滤波器组、快速傅里叶变换(FFT)、Wigner-Ville 分布切片等，MTD 存在多种实现方法。但是不管如何设计多普勒滤波器组，传统的 MTD 技术均假定相参处理过程中目标的多普勒频率是近似不变的，所以一般只能在一个较短的相参处理间隔进行积累。为了延长积累时间而实现对微弱运动目标的有效检测就必须尽量消除目标穿越波束、距离和多普勒徙动等因素的影响。为解决目标穿越波束而造成积累时间短的问题可以通过使用相控阵天线固定波束照射或让常规雷达工作在“烧穿”方式下来增加回波脉冲数。针对距离徙动补偿，主要进行包络运动补偿，将散布在不同距离单元中的目标回波信号“聚集”到单个处理单元中，主要方法有时分包络运动补偿、距离拉伸处理等。针对多普勒徙动补偿，目前已有的补偿方法主要包括解线调法、多项式相位补偿法等。解线调法通过估计出待处

理信号 $s(t)$ 的线性调频率后进行相应的解线调处理来进行补偿。具体来说，就是利用变斜率的匹配搜索，确定使下式最大的斜率 μ：

$$\hat{\mu}=\underset{\mu_i}{\operatorname{argmax}}\,\mathcal{F}\left[s(t)\exp(\mathrm{j}\pi\mu_i t^2)\right] \tag{10.42}$$

式中，$\mathcal{F}$为傅里叶变换算子，然后利用 $\hat{\mu}$ 去对 $s(t)$ 进行解调频，再进行常规的 MTD 处理。解线调法将多普勒补偿和 MTD 分成了互不相关的两步，将待处理信号作单一调频率补偿，在同一距离单元内存在多个加速目标时(如气象杂波中的飞机回波)容易造成误补偿。而多项式相位补偿法适用于更长时间的相参处理(这时已无法对待处理信号用二次相位信号建立模型)。但是该方法计算量较大，同时距离徙动补偿难度更大。

本节介绍了一种长时间相参积累微弱动目标检测方法，即利用离散分数阶傅里叶变换形成扫频滤波器组，对每个多普勒频率(径向速度)检测单元分别进行二次相位补偿和相参积累，以增强雷达在强杂波背景下对微弱运动目标的检测能力。

文献[4]提出了一种基于离散分数阶傅里叶变换的水下动目标线性调频回波检测算法。该算法主要针对水下动目标径向速度造成的回波和样本之间的失配问题。对于径向速度为 v 的动目标线性调频回波信号进行匹配滤波处理，只有选取同样径向速度的样本信号进行匹配处理才能获得最佳检测效果。在目标径向速度未知的情况下，通常选取零径向速度样本信号对观测数据进行匹配滤波处理，这会导致检测性能降低和距离估计误差。因此，文献[4]利用分数阶傅里叶变换来寻求具有回波同样径向速度与回波相同的样本信号以提高匹配滤波对动目标的检测性能。仿真和实验数据分析表明，该算法在强混响噪声背景下对于径向速度未知动目标线性调频回波的检测性能优于或相当于零速样本匹配滤波。该算法理论基础为匹配滤波和本书第 4 章内容，在此不做展开阐述，感兴趣的读者可参阅文献[4]。

10.2.1 基本原理

10.2.1.1 MTD 原理简介

MTI 从速度上区分运动目标和固定杂波，通过目标运动对回波的多普勒效应在频域对目标和杂波进行区分。MTI 实质上是一个在整个处理过程中滤波特性不变的高通滤波器，作用是滤除固定杂波以及慢速杂波，保留运动目标回波。杂波与接收机噪声的区别在于，杂波频谱较窄且中心为 0 或接近于 0。这意味着杂波从一个取样到下一个取样是相关的。由于具有这种特性，因而能用高通滤波器来减小杂波的影响，而让多普勒速度高于杂波的目标回波信号通过。MTD 处理是在 MTI 滤波的基础上，采用多普勒滤波器组，对运动目标回波进行相干积累，并抑制固定杂波。窄带滤波器组信号处理的优点：设窄带滤波器组的组数为 N 个，均匀排列，每个窄带滤波器的带宽为对消器通频带的 $1/N$，则采用窄带滤波器组后信噪比最大可提高 N 倍。改善因子提高的原因，是因为把频带细分后，各滤波器的杂波输出功率只有各自通带范围内的杂波谱部分，而不是整个多普勒频带内的杂波功率。MTI 和 MTD 滤波器的频域特性如图 10.1 所示。

一种典型的 MTD 处理器原理框图如图 10.2 所示，该处理器将 10 个脉冲作为 1 组，处理过程分成两个通道。上面通道首先进行 3 脉冲对消，10 个脉冲经 3 脉冲对消后剩余 8 脉冲，对此 8 脉冲进行 8 点 FFT(FFT 等效于多普勒滤波器组)，然后进行恒虚警处理，此通道用于检测多普勒速度不为 0 的运动目标。下面通道采用零速滤波器(低通滤波器)对接收到

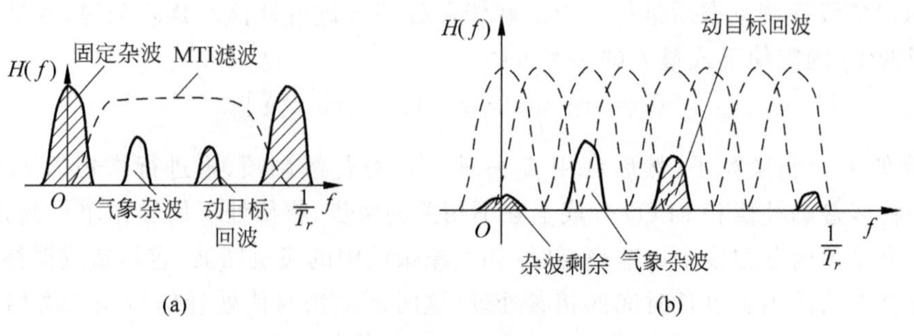

图 10.1 MTI 和 MTD 滤波器的频域特性

(a) MTI;(b) MTD

的脉冲回波信号进行处理,并采用杂波图恒虚警处理技术。上下两通道恒虚警处理的结果再做进一步处理,如测量目标的方位、距离等参数。

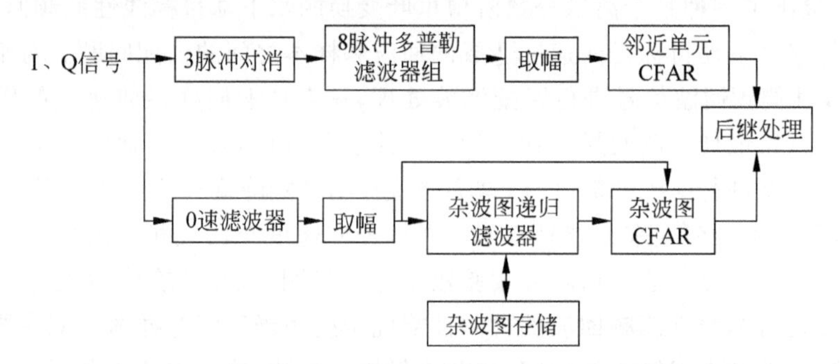

图 10.2 一种采用对消技术的 MTD 处理器原理框图

一种不采用对消技术的 MTD 处理器原理框图如图 10.3 所示。该 MTD 处理器将 N 个脉冲作为 1 组,采用 N 点 FFT 实现多普勒滤波器组,对零速滤波器的输出进行杂波图恒虚警处理,对其他滤波器的输出进行邻近单元恒虚警处理。上下两通道恒虚警处理的结果再进一步进行处理。

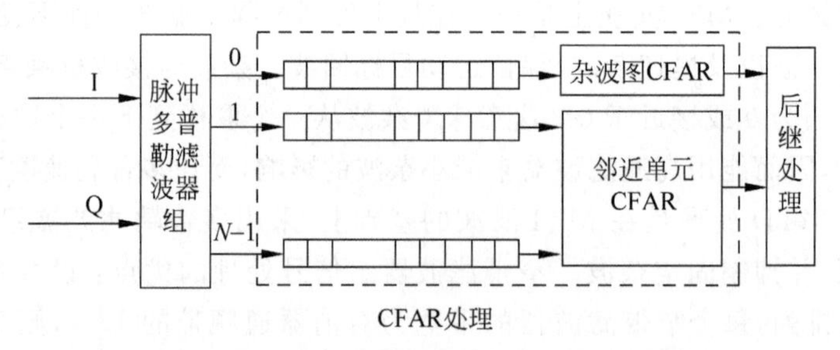

图 10.3 一种不采用对消技术的 MTD 处理器原理框图

10.2.1.2 恒虚警处理

在雷达自动检测系统中,对于一固定检测门限,如果干扰电平增大几分贝,虚警率将急剧增加。因此,在强干扰中提取信号,不仅要求有一定的信噪比,而且要求检测器具有恒虚警性能。现有的恒虚警率(Constant False Alarm Rate,CFAR)处理方法种类繁多,它们本质差别在于求取检测门限的方式。CFAR 处理技术是在雷达自动检测系统中给检测策略提供检测阈值并且使杂波和干扰对系统的虚警概率影响最小化的信号处理算法。这些阈值可以分为：①固定阈值；②以外界干扰的平均幅度为基础形成的阈值；③在获得干扰统计分布的部分先验信息基础上形成的阈值；④在没有干扰统计分布的先验信息时，为分布自由的统计假设检验所形成的阈值。第一种情况就是固定阈值检测，第二种和第三种情况是自适应阈值的 CFAR 检测，第四种情况是非参量 CFAR 检测。

参量型 CFAR 检测中，噪声电平恒定电路是较早的 CFAR 检测方法。它适用于接收机热噪声之类的平均功率水平变化缓慢的情况，称为慢门限 CFAR 检测。当杂波特性在时间和空间上剧烈变化时应采用快门限 CFAR 处理，即利用与检测单元邻近的参考单元估计检测单元背景杂波平均功率水平，以确定检测阈值。这类方法中具有代表性的是均值类方法和有序统计量类方法。

均值类 CFAR 检测方法中经典的 CA(Cell Averaging)方法在均匀背景中具有良好的检测性能，但是在多目标或干扰边缘环境中的性能严重恶化。GO(Greatest Of)方法具有较好的虚警控制能力。SO(Smallest Of)方法能较好地分辨空间近距离目标，但是在均匀背景中的检测性能和控制虚警性能都很差。因此，本节对目标处在杂波区内和杂波区边缘两种情况分别采用 CA 和 GO 的 CFAR 算法进行仿真，如图 10-4 所示。

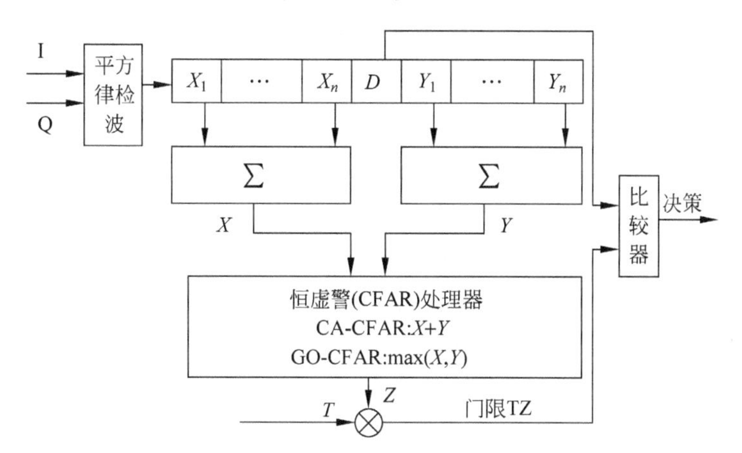

图 10.4 CA 和 GO 的 CFAR 算法框图

10.2.1.3 多普勒徙动的影响

当进行长时间相参积累或目标作非匀速运动时，雷达回波中就调制有与目标机动特性相关的多项式相位因子。这时的雷达回波信号将不满足传统信号处理中平稳性的要求，导致基于离散傅里叶变换的常规相参积累和谐波谱分析方法不再有效，也就是多普勒徙动导致相参积累增益下降。众所周知，恒定的径向速度产生线性相位调制，恒定的径向加速度则产生二次相位调制。傅里叶变换是对信号的线性相位项进行匹配处理，因此傅里叶变换是对含线性相位的谐波信号进行相参处理的最佳匹配滤波器，而当回波信号含有二次相位项时，仍然采用傅里叶变换则必然导致积累增益下降。文献[7]给出了利用傅里叶变换对二次相位信号进行最佳匹配滤波的性能分析，得到信噪比损失因子近似为

$$\frac{\mathrm{SNR}_{\mathrm{out}}}{\overline{\mathrm{SNR}}_{\mathrm{out}}} \approx \cos(0.2583\phi t_{\mathrm{CPI}}^{2} + 0.1062\sqrt{\phi}\, t_{\mathrm{CPI}} - 0.0312) \tag{10.43}$$

式中，$\mathrm{SNR}_{\mathrm{out}}$ 表示失配时(即存在二次相位项)输出信噪比，$\overline{\mathrm{SNR}_{\mathrm{out}}}$ 表示理想情况下(即不存在二次相位项)的输出信噪比，t_{CPI} 为积累时间，ϕ 为多普勒调频率，即二次相位变化率(单位：Hz/s)。此时的最佳积累时间为

$$T_{\mathrm{opt}} \approx \sqrt{\frac{2.1}{\phi}} \tag{10.44}$$

可见如果需要进一步延长积累时间而不降低积累效益，则必须对多普勒徙动进行补偿。既然分数阶傅里叶变换是傅里叶变换的广义形式，且是对二次相位信号的最优匹配滤波，因此本章接下来研究如何利用离散分数阶傅里叶变换来进行二次相位多普勒徙动补偿，以实现微弱动目标检测。

10.2.2 基于分数阶傅里叶变换的长时间相参积累动目标检测

10.2.2.1 原理

p 阶分数阶傅里叶变换的逆变换为

$$x(t)=\mathcal{F}^{-p}\left[X_p\right](t)=\int_{-\infty}^{+\infty} X_p(u) K_{-p}(t,u)\,\mathrm{d}u \tag{10.45}$$

式中，$p=2\alpha/\pi$。可以发现，$x(t)$由一组权系数为 $X_p(u)$的正交基函数 $K_{-p}(t,u)$所表征，这些基函数是线性调频的复指数函数。不同 u 值的基函数间存在着不同的时移和相位因子

$$K_p(t,u)=\mathrm{e}^{-\mathrm{j}\frac{u^2}{2}\tan\alpha} K_p(t-u\sec\alpha,0) \tag{10.46}$$

当 $p=4n+1$ 时，分数阶傅里叶变换便成了傅里叶变换。另外，分数阶傅里叶变换具有比较成熟的快速离散算法(计算量与 FFT 相当)，且是线性变换，没有交叉项干扰，在具有加性噪声的多目标情况下更具优势。这些因素都决定了分数阶傅里叶变换适于实现二次相位补偿的长时间相参处理 MTD。那么具体如何操作呢？根据分数阶傅里叶变换三步分解方法[8]及第 4 章提出的分数阶傅里叶域乘性滤波器与扫频滤波器的关系，可以知道 p 阶离散分数阶傅里叶变换可以理解为一组扫频速率为 $\cot(p\pi/2)$的梳状窄带扫频滤波器组，能够实现对调频率为$-\cot(p\pi/2)$的二次相位补偿，原理框图如图 10.5 所示。其中经过零速滤波器然后经杂波图 CFAR 处理的信号流程没有画出，因为本节主要研究具有径向加速度的动目标检测。所用离散分数阶傅里叶变换快速算法为 Ozaktas 等于 1996 年提出[9]。

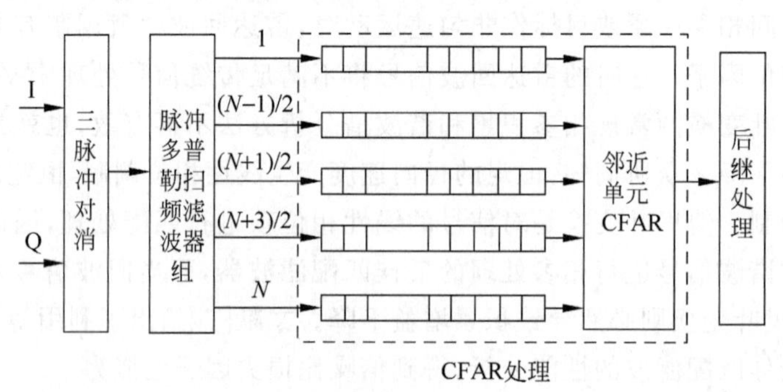

图 10.5 基于离散分数阶傅里叶变换的 MTD 处理器原理框图

与传统 FFT 所形成的窄带滤波器组相比，该梳状窄带扫频滤波器组中单个滤波器的主副瓣比保持不变，其第 1 副瓣峰值比主瓣峰值低 13.3dB，但是其滤波器带宽则存在 $\csc\alpha$ 的尺度变换，导致不同阶数离散分数阶傅里叶变换的多普勒滤波带宽存在差异。因此，在利用离散分数阶傅里叶变换实现二次相位补偿的 MTD 时，需要解决如下两个问题：①离散分数阶傅里叶变换的阶次选择；②不同阶次离散分数阶傅里叶变换的滤波器带宽的统一。对第一个问题，我们采取步进调整分数阶傅里叶变换阶次的解决方法，其步长根据预期补偿的径向加速度分辨率来确定。第二个问题以传统 FFT 形成的滤波器带宽进行配准。具体步骤将在 10.2.2.2 节中叙述。

10.2.2.2　算法步骤

(1) 根据雷达参数和要求确定相参处理间隔 t_{CPI}、多普勒徙动二次相位补偿步长 μ，并进行三脉冲对消。其中 t_{CPI} 必须满足如下条件：①小于波束驻留时间并保证多普勒徙动的二次相位补偿条件成立；②大于$10^{\rho/10}/\mathrm{PRF}$，$\rho$ 为预期改善增益；③保证相参处理间隔内的处理脉冲数 $N=t_{\mathrm{CPI}}\mathrm{PRF}$ 为奇数(这一点是离散分数阶傅里叶快速算法需要)；④多普勒徙动二次相位补偿步长 $\mu=\dfrac{2\Delta a}{\lambda}$，$\Delta a$ 为预期补偿的径向加速度步长。

(2) 根据多普勒徙动二次相位补偿步长 μ 和预计目标最大加速度 $a_{\max}$ 确定分数阶傅里叶变换阶数 $p_1,p_2,\cdots,p_K$(K 为奇数，$p_{(K+1)/2}=1$)，然后依次对每个距离单元的信号处理帧 $s(n),n=1,2,\cdots,N$ 作阶数 $p_1,p_2,\cdots,p_K$ 的 N 点离散分数阶傅里叶变换，得到各距离单元的 K 个补偿结果 $\boldsymbol{S}_{p_1},\boldsymbol{S}_{p_2},\cdots,\boldsymbol{S}_{p_K}$。其中分数阶傅里叶变换阶数 $p_1,p_2,\cdots,p_K$ 依如下步骤确定：根据补偿步长 μ 和预期补偿的线性调频率范围 $\left[-\dfrac{2a_{\max}}{\lambda},\dfrac{2a_{\max}}{\lambda}\right]$，确定 $K=2\mathrm{ceil}\left(\dfrac{2a_{\max}}{\lambda\mu}\right)+1$，ceil(·)表示取得大于指定数的最小整数值，那么，

$$p_i=\frac{-\operatorname{arccot}\left[\left(i-\dfrac{K+1}{2}\right)t_{\mathrm{CPI}}\mu/\mathrm{PRF}\right]}{\dfrac{\pi}{2}},\quad i=1,2,\cdots,K \tag{10.47}$$

(3) 构建距离-多普勒频率检测单元图。根据 1 阶分数阶傅里叶变换(即傅里叶变换)确定多普勒频率检测单元 $f_1<f_2<\cdots<f_N$(即径向速度检测单元 $v_i=f_i\lambda/2,i=1,2,\cdots,N$)，然后对每一距离单元信号处理帧的 K 个补偿结果 $\boldsymbol{S}_{p_1},\boldsymbol{S}_{p_2},\cdots,\boldsymbol{S}_{p_K}$ 中的各元素依次与多普勒频率检测单元 $f_1,f_2,\cdots,f_N$ 建立对应关系，并按照该关系将对应的幅值填入如下所示的 $N\times K$ 矩阵中。即若 $\boldsymbol{S}_{p_j}$ 中某元素 $S_{p_j}(n)$对应于 f_i，则 $a_{ij}=|S_{p_j}(n)|$。

$$\boldsymbol{A}_{i,j}=\begin{bmatrix} a_{11} & a_{12} & \cdots & a_{1K}\\ a_{21} & a_{22} & \cdots & a_{2K}\\ \vdots & \vdots & \ddots & \vdots\\ a_{N1} & a_{N2} & \cdots & a_{NK}\end{bmatrix} \tag{10.48}$$

对应关系依照如下方式建立：设 p_k 阶补偿向量 $\boldsymbol{S}_{p_k}$ 中的某元素为 $S_{p_k}(n)$，那么 S_{p_k} 所对

应的多普勒频率检测单元 f_i 为

$$i=\begin{cases} n+\text{round}\left[\left(n-\dfrac{N+1}{2}\right)\left(\dfrac{1-\sin\alpha_k}{\sin\alpha_k}\right)\right], & n\geqslant\dfrac{N+1}{2} \\ n-\text{round}\left[\left(\dfrac{N+1}{2}-n\right)\left(\dfrac{1-\sin\alpha_k}{\sin\alpha_k}\right)\right], & n<\dfrac{N+1}{2} \end{cases},\quad \alpha_k=p_k\cdot\pi/2 \tag{10.49}$$

需要说明的是：①因为各 $\boldsymbol{S}_{p_1},\boldsymbol{S}_{p_2},\cdots,\boldsymbol{S}_{p_K}$ 的多普勒频率分辨率都存在差异 $\left(\dfrac{\Delta f_{p_i}}{\Delta f_{p_j}}=\dfrac{\sin\alpha_j}{\sin\alpha_i},1\leqslant i,j\leqslant K,\alpha_i=p_i\pi/2\right)$，这样便存在对应不上的点，该点被舍弃；②矩阵 $\boldsymbol{A}_{i,j}$ 中如果某个元素 $a_{i,j}$ 没有对应结果，那么令该元素等于对应列向量前后两元素的平均值，即 $a_{i,j}=(a_{i+1,j}+a_{i-1,j})/2$；③该距离-多普勒频率检测单元图中的多普勒频率指的是相参处理间隔中间时刻所对应的多普勒频率，而不是相参处理间隔起始时刻所对应的多普勒频率。

然后对矩阵 $\boldsymbol{A}_{i,j}$ 每个行向量取幅值最大的元素从而得到一个 N 阶列向量，将该列向量填入到表10.1中所对应的距离单元列，便完成了距离-多普勒频率检测单元图的构建，实现了对每个距离-多普勒频率检测单元分别进行二次相位补偿。

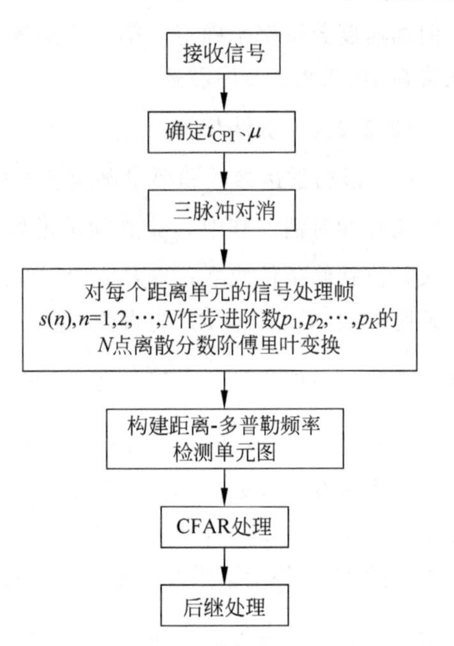

图10.6 处理流程

(4) 对构建的距离-多普勒频率检测单元表进行CFAR处理。

处理流程如图10.6所示。

表10.1 距离-多普勒检测单元

多普勒频率单元	距离单元 L_1	…	距离单元 L_M
f_1			
…			
f_N			

10.2.3 仿真

10.2.3.1 目标模型

Swerling模型是有关目标雷达反射截面（Radar Cross Section，RCS）起伏的统计分布和相关特性的5种标准统计模型。通常，非起伏目标被称作Swerling 0型，该型（有时称作Swerling Ⅴ型）假设接收信号的幅度是未知的，并且幅度和RCS没有起伏。

Swerling Ⅰ型到Ⅳ型是起伏模型，假设目标 RCS 起伏服从 Rayleigh 分布或 Dominant+Rayleigh 分布。

10.2.3.2 杂波模型

杂波模型可分为高斯和非高斯杂波两大类。对于低分辨率雷达，雷达杂波回波由大量基本散射点反射响应构成，杂波幅度服从 Gauss 分布，接收机包络检波输出服从 Rayleigh 分布。随着雷达分辨率和频率的提高或者在低视角观测时，尖杂波使杂波包络的分布相对于 Rayleigh 分布有一个长的拖尾。

非高斯杂波模型主要有 Weibull 分布、Log-normal 分布、Rice 分布、K 分布。在高分辨率和低视角条件下，海面和地面的回波可以认为服从 Log-normal 分布。然而它往往过高地估计了实际杂波分布的动态范围，而 Rayleigh 模型的估计又往往过低，Weibull 分布估计较为准确，且在很宽的条件范围内很好地与实验数据相匹配，能够很好地描述多种杂波。Log-normal 分布和 Weibull 分布都是两参数分布，其中一个参数是反映杂波平均功率的尺度参数，另一个是反映分布偏斜度的形状参数。在模拟如草地和树等地杂波以及如海杂波这样的非均匀区域时，K 分布比 Log-normal 分布和 Weibull 分布更有效。如果在均匀地面散射体中，存在着与众不同的分类目标，如铁塔、烟囱、高大的建筑物等，则杂波的统计特性常常可以用 Rice 模型描述。因此，本节选择了 Rayleigh 分布和 Weibull 分布这两种具有代表性的杂波模型来验证本章所提算法的有效性。仿真中杂波模拟采用的是广义维纳过程的零记忆非线性变换法(Zero Memory Nonlinearity)，其前提是已知非线性变换前后杂波相关系数之间的非线性关系。具体程序可参见文献[10]。

10.2.3.3 参数设置及仿真结果

仿真程序为 MATLAB 7.0，采用 Monte Carlo 仿真。仿真中其他参数设置为：波长 $\lambda=1\text{m}$，脉冲重复频率 PRF=1000Hz，多普勒徙动二次相位补偿步长 $\mu=2$。仿真数据占有 21 个距离单元，单个动目标回波处在第 11 个距离单元，多普勒初始频率为 400Hz，调频率为 10Hz/s。根据式(10.3)，可以知道此时如果不考虑对多普勒徙动进行补偿，则积累时间不宜长于 458ms。现本节仿真中将相参处理间隔 t_{CPI} 取为 4.002s，以验证本章算法的补偿效果。那么，仿真数据经三脉冲对消后，各距离单元数据帧还含有 4001 个样本。

10.2.3.3.1 目标处于杂波区内

1. 单目标

(1) Rayleigh 杂波背景下的 Swerling 0 型。

第 1～21 单元全加了高斯白噪声和相干 Rayleigh 杂波。采用 CA-CFAR 检测，检测单元两侧分别取 8 个参考单元。每个信杂噪比下的目标检测共进行了 100 次仿真，如图 10.7 和图 10.8 所示。

(2) Weibull 杂波背景下的 Swerling 0 型。

(3) 虚警概率 10^{-3} 下不同 Swerling 模型的检测概率比较(图 10.9)。

2. 两目标

两目标的情况下，仿真数据依然占有 21 个距离单元，两个动目标均处在第 11 个距离单元。目标 1 的多普勒初始频率为 400Hz，调频率为 10Hz/s；目标 2 的多普勒初始频率为 300Hz，调频率为 15Hz/s，其他参数不变。

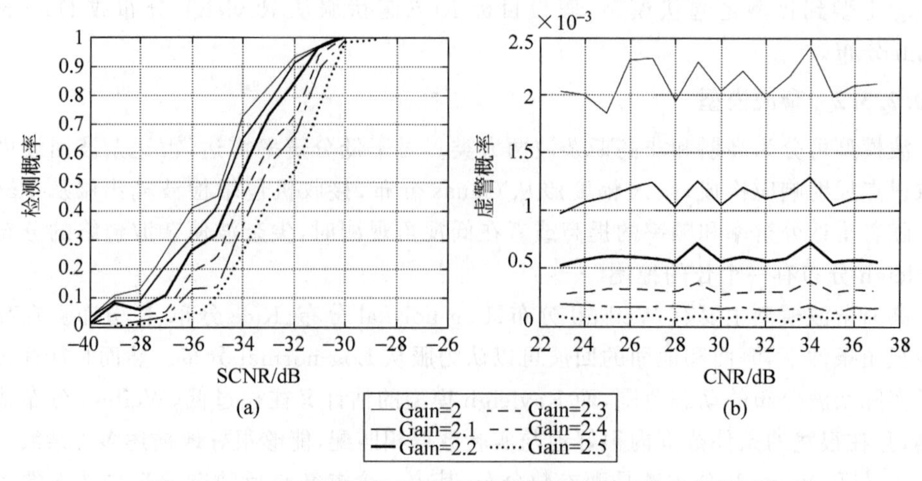

图 10.7 Rayleigh 杂波下不同门限系数的检测概率和虚警概率

(a) 检测概率；(b) 虚警概率

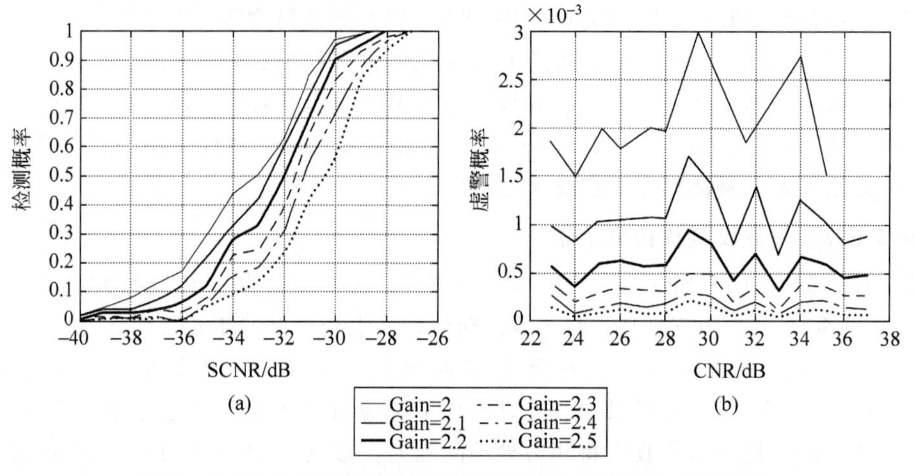

图 10.8 Weibull 杂波下不同门限系数的检测概率和虚警概率

(a) 检测概率；(b) 虚警概率

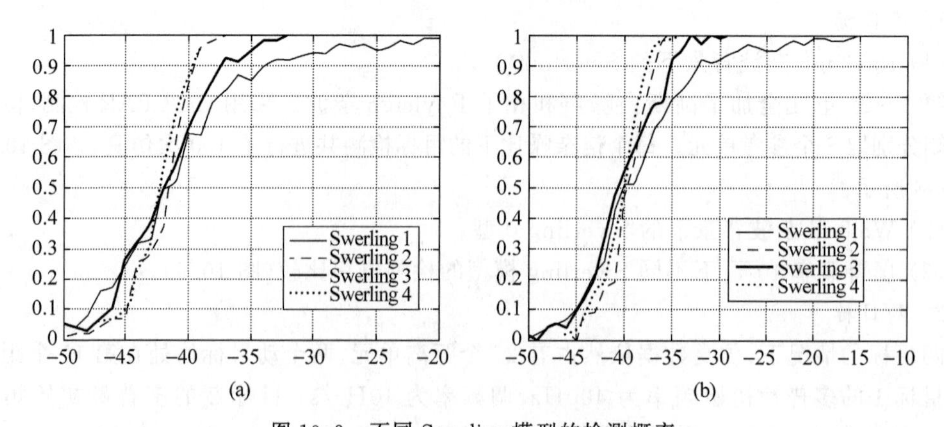

图 10.9 不同 Swerling 模型的检测概率

(a) Rayleigh 杂波；(b) Weibull 杂波

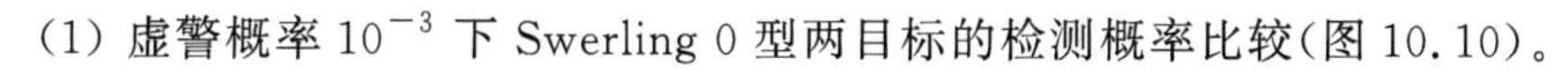

(1) 虚警概率 10^{-3} 下 Swerling 0 型两目标的检测概率比较(图 10.10)。

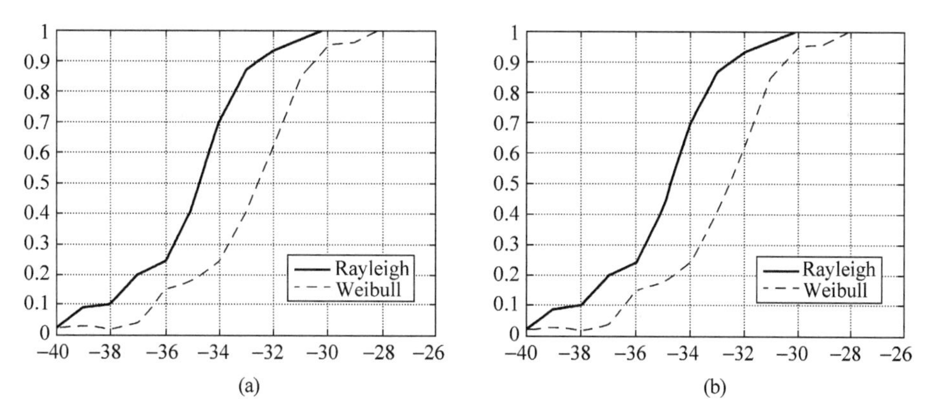

图 10.10 不同杂波背景下两目标的检测概率

(a) 目标 1；(b) 目标 2

(2) 虚警概率 10^{-3} 下不同 Swerling 模型的两目标检测概率(图 10.11 和图 10.12)。

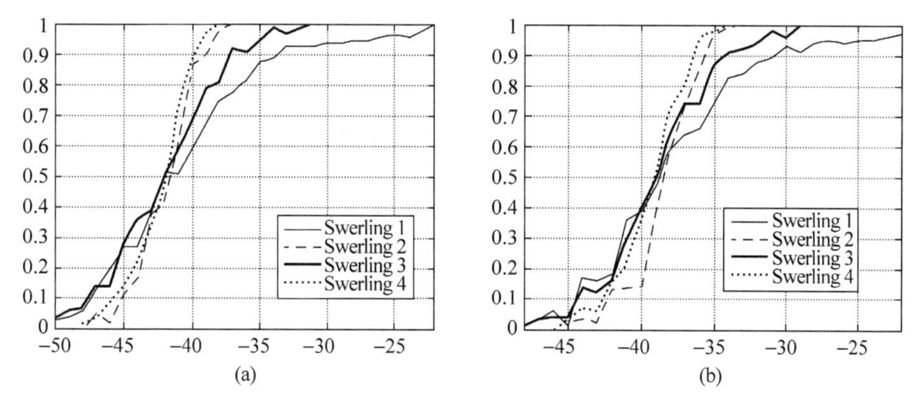

图 10.11 Rayleigh 杂波下两目标的检测概率

(a) 目标 1；(b) 目标 2

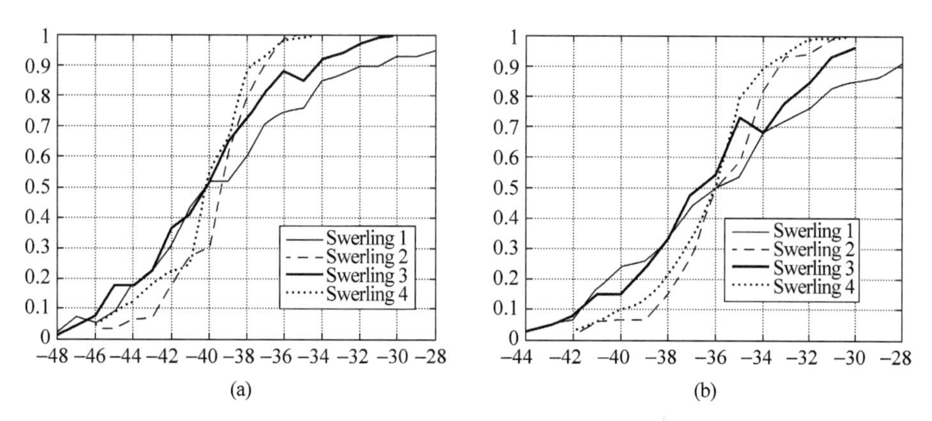

图 10.12 Weibull 杂波下两目标的检测概率

(a) 目标 1；(b) 目标 2

10.2.3.3.2 目标处于杂波边缘

1. 单目标

1）Rayleigh 杂波背景下的 Swerling 0 型

第 1～21 单元加了高斯白噪声(信噪比为 0dB)，第 1～11 单元还加了相干 Rayleigh 杂波，动目标回波仍处于第 11 单元。采用 GO-CFAR 检测，检测单元两侧分别取 8 个参考单元，其他参数不变，如图 10.13 所示。

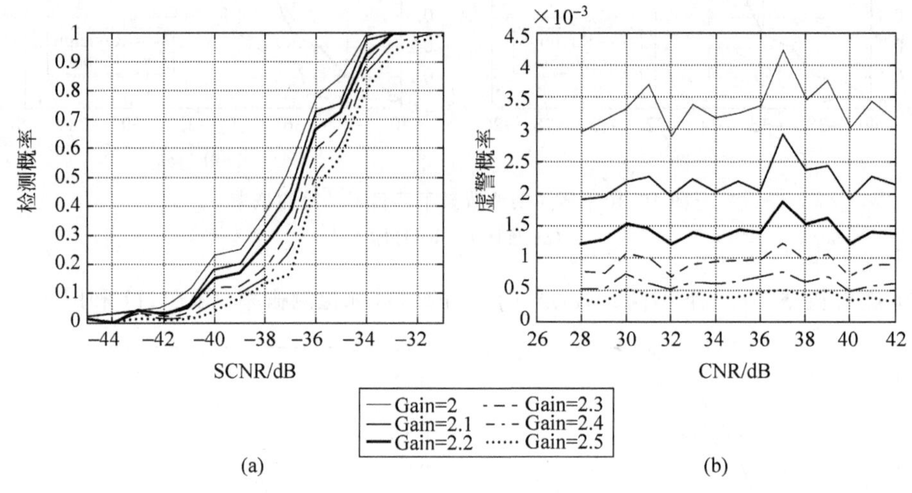

图 10.13 Rayleigh 杂波下不同门限系数的检测概率和虚警概率

2）Weibull 杂波背景下的 Swerling 0 型

第 1～21 单元加了高斯白噪声(信噪比为 0dB)，第 1～11 单元还加了相干 Weibull 杂波，动目标回波处于第 11 单元。采用 GO-CFAR 检测，检测单元两侧分别取 8 个参考单元，其他参数不变，如图 10.14 所示。

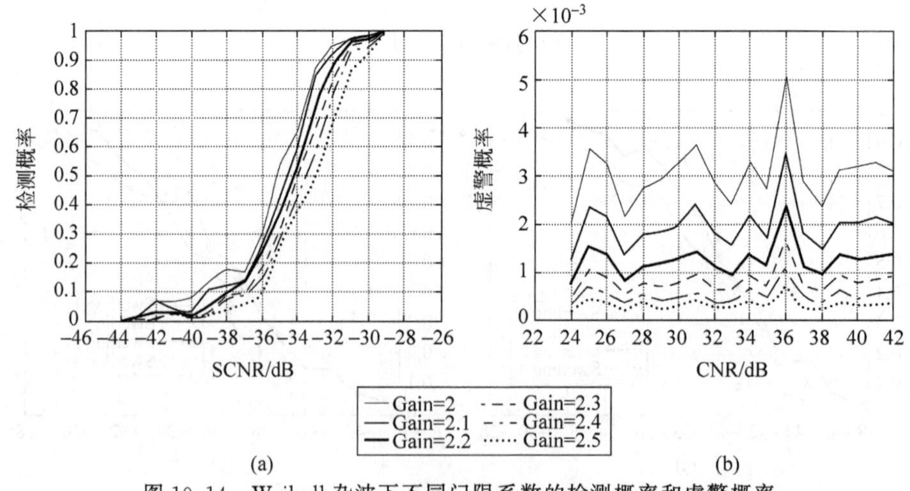

图 10.14 Weibull 杂波下不同门限系数的检测概率和虚警概率

2. 两目标

虚警概率 10^{-3} 下 Swerling 0 型两目标的检测概率比较如图 10.15 所示。

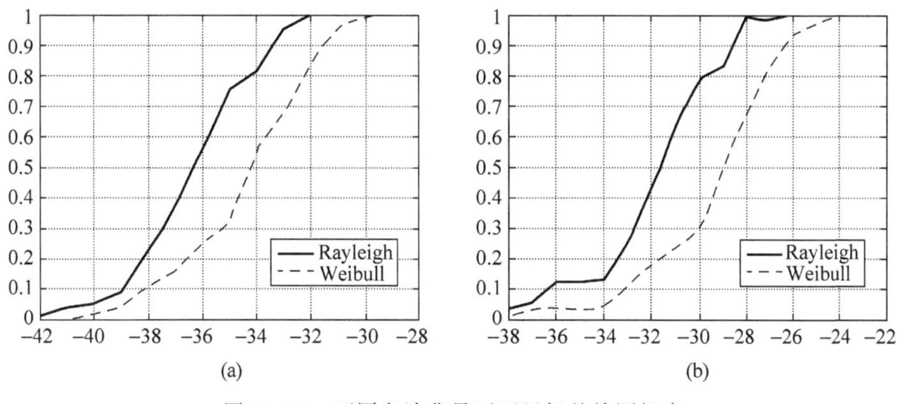

图 10.15 不同杂波背景下两目标的检测概率

(a) 目标 1；(b) 目标 2

从上述仿真结果可以看出，确定虚警概率和检测概率后，Weibull 杂波背景下的检测比 Rayleigh 杂波背景下的检测所需要的信杂噪比要高 2～3dB。这是因为 Weibull 模型比 Rayleigh 模型普适性更强(Rayleigh 杂波是 Weibull 杂波的特例)。从雷达信号检测的角度来看，对数-正态杂波表示最恶劣的杂波环境，Rayleigh 杂波代表最简单的杂波环境，而 Weibull 杂波则是中间杂波环境[11]。

10.3 在合成孔径雷达成像雷达中的应用

10.3.1 检测运动目标

SAR 是一种新型高分辨率雷达，它借助于脉冲压缩技术实现距离维高分辨率，借助于方位多普勒分析技术实现方位维高分辨率。传统的 SAR 是对地面上的固定目标成像，通常是以一个理论上静止目标的冲激响应作为参考函数，将接收数据与其进行匹配滤波获得的。而运动目标与静止目标的多普勒频率特性不同，利用常规 SAR 成像方法得到的运动目标图像就会因为失配而产生模糊和方位偏移。要得到清晰的、方位定位准确的运动目标图像，就必须设法获得运动目标真实的多普勒频率特性。这就要求精确地估计出由目标的运动参数所决定的两个关键参数——多普勒调频率和多普勒中心频率，再利用它调节成像过程，聚焦在运动目标的图像上。

自从 Raney 于 1971 年发表了关于机载 SAR 运动目标检测与成像的开创性文章以来，世界各国学者都提出了许多有关的技术和方法。最早提出的运动目标检测和成像的方法是时域滤波法和频域滤波法，它们都是在时域或者频域将运动目标和静止目标分开，然后用具有不同中心频率或调频率的滤波器组对运动目标进行匹配滤波来实现检测与成像。由于这两种方法都是一种局部匹配，仍然会存在散焦和错位现象。

近年来国内外学者多转向用时频联合分析的方法来进行 SAR 运动目标检测和参数估计。其中以 1992 年 Barbarossa 提出用 Wigner-Ville 分布为代表的时频分析技术得到了更多的应用，许多学者都利用其对线性调频信号良好的时频聚集性而应用于 SAR 回波参数估计。但是，在多运动目标存在的情况下，Wigner-Ville 分布的交叉项将严重影响目标的检测和参数估计，这是此类二次型时频分布固有的缺陷，尽管通过一些技术可以在一定程度上抑制交叉项，但其分辨率也随之下降。根据分数阶傅里叶变换与 Wigner-Ville 分布的关系可知，可以利用分数阶傅里叶变换替代上述时频分析工具来实现 SAR 运动目标的检测[12-13]。

假设 SAR 处于正侧视工作状态，雷达载机与运动目标的几何位置关系如图 10.16 所示。目标位于载机的正侧方$(0,y_0)$处，v 为机载的运动速度，目标的运动速度可分解在径向（距离向）和切向（方位向）上。不妨设距离向的速度和加速度分别是 v_r、a_r，方位向的速度和加速度分别是 v_c、a_c。在假定载机做直线运动的前提下，在合成孔径时间内的任一时刻 t，载机和目标之间的瞬时距离可表示为

$$\begin{aligned} R(t) &= \sqrt{\left(vt - v_c t - \frac{1}{2}a_c t^2\right)^2 + \left(R_0 - v_r t - \frac{1}{2}a_r t^2\right)^2} \\ &\approx R_0 - v_r t + \frac{[(v-v_c)^2 - R_0 a_r]t^2}{2R_0} \end{aligned} \tag{10.50}$$

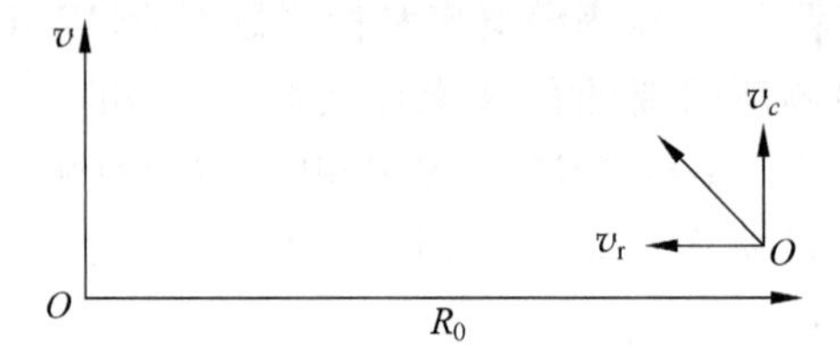

图 10.16 斜距平面内运动目标与机载 SAR 的几何关系

为简化分析，考虑雷达发射连续波的情况。将地面静止目标看成运动目标的一个特例，那么地面运动目标的回波可表示成

$$s(t) = \sum_{n=1}^{N} \sigma_n \exp\{\mathrm{j}[4\pi v_r t/\lambda - 2\pi((v-v_c)^2 - R_0 a_r)t^2/R_0\lambda]\} \tag{10.51}$$

式中，σ_n 表示将点目标散射系数、发射信号幅度及天线双向增益折算到一起的回波强度，λ 代表雷达发射波长，R_0 是目标距 SAR 的距离，N 为 R_0 距离单元内运动目标的个数。从式(10.51)可知，静止目标的 SAR 回波信号与运动目标的 SAR 回波信号都近似为线性调频信号，但静止目标回波信号的多普勒中心频率为 0，运动目标回波信号的多普勒中心频率与运动目标的径向速度成正比。

下面具体分析用分数阶傅里叶变换实现 SAR 运动目标检测的过程。根据分数阶傅里叶变换的 chirp 基分解特性，当 SAR 回波信号 $s(t)$中的某一个分量与一定旋转角度 α 下的某个 chirp 基吻合时，则 $s(t)$在此基上的分解系数为一个冲激函数，而在其他基上为 0。利用分数阶傅里叶变换，通过旋转角度 α 的一维搜索，便可检测到每个信号分量的调频率和中心频率，可以得到各点目标的运动参数。如果各运动目标散射强度相差较大，强目标信号在各角度上的分数阶傅里叶谱有可能淹没弱目标信号，从而使弱目标无法检测到。为了能够检测到弱目标的存在，应该先从回波信号中剔除强目标的信号分量，然后再来检测弱目标。由此，可以给出基于分数阶傅里叶变换的 SAR 运动目标检测处理方法：

(1) 在 0～2π 范围内的各个变换角度上分别对已经过距离压缩和杂波抑制处理后的回波信号做分数阶傅里叶变换，计算分数阶傅里叶变换的模平方。此时强目标信号必定在某个角度的分数阶傅里叶域表现为很窄很强的峰值。把该峰值与设定的门限值比较，如果小

于门限值，则结束整个检测过程；如果大于门限值，则可判为存在目标。

(2) 在检测出第一个强目标的分数阶傅里叶域中构造一个极窄的带阻滤波器。其中心频率对准第一个强目标窄谱的位置，在此分数阶傅里叶域中滤除第一个强目标信号分量，然后作相应的分数阶傅里叶逆变换来回到原来的信号域(时间域)。

(3) 将滤除第一个强目标后的信号再次在不同角度的分数阶傅里叶域中检测第二个强目标分量。如果检测到存在第二个目标分量，再按同样的方法估计参数并构造一个带阻滤波器滤除第二个强目标信号分量，然后将其作相应的分数阶傅里叶逆变换变回信号域。

(4) 重复以上步骤，直到没有峰值点的强度大于所设定的门限值为止。

下面将通过仿真验证这种基于分数阶傅里叶变换的SAR运动目标检测方法。假设雷达处于正侧视工作状态，在零时刻雷达与目标的距离为9km，雷达波长 λ 为0.03m，脉冲重复频率为1000Hz，载机速度为110m/s。各个目标的运动参数如表10.2所示(此处忽略了方位向加速度，因为其对回波信号的形式没有影响)。这里选取较低的 v_r 是为了避免目标的多普勒模糊，如果出现多普勒模糊，则只影响目标的参数估计，而与目标的检测无关。从参数的设定中，可以看出三个目标中，目标1和3是强目标(散射系数均为3)，目标2为弱目标(散射系数为0.7)，仿真中加入了均值为0、方差为1的高斯白噪声来模拟地杂波的存在。

表10.2　多个运动目标的参数

目标	相对噪声的信噪比/dB	方位速度 v_c/(m/s)	径向速度 v_r/(m/s)	径向加速度 /(m^2/s)	理论 f_c /Hz	理论 k_a /(Hz/s)
目标1	9	5	1	3.67	66.67	−169
目标2	−3	−5	2	5.3	133.33	−255.3704
目标3	9	8	5	2.2	333.33	−69.6

图10.17给出了SAR仿真回波的分数阶傅里叶变换模平方三维图。显然，在这样的分数阶傅里叶变换平面内，很容易检测到运动目标。但是由于目标强度的不同，弱目标可能淹没在强目标的分数阶傅里叶谱中。采用上述的运动目标检测处理办法，先检测出幅度最强的一个信号，再用与其相对应的分数阶傅里叶域带阻滤波器将其滤除，然后再检测下一个目标。以此类推，可以按信号强度的强弱顺序逐个检测出来。图10.18～图10.22说明了整

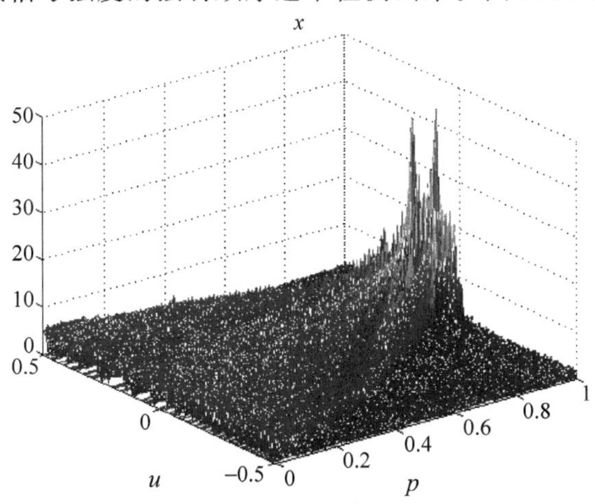

图10.17　旋转角一维扫描的分数阶傅里叶变换模平方

个检测过程。在完成目标检测后，根据检测出存在运动目标时的分数阶傅里叶域的参数(u,α)，利用$k=\cot\alpha$，$f_0=u/\sin\alpha$就能估计出目标信号的调频率和瞬时频率，进而可估计出运动目标的运动参数以及各个点目标回波的瞬时频率和瞬时相位，产生参考函数来补偿SAR回波，最终对补偿后的信号进行方位压缩处理可实现对运动目标的成像。

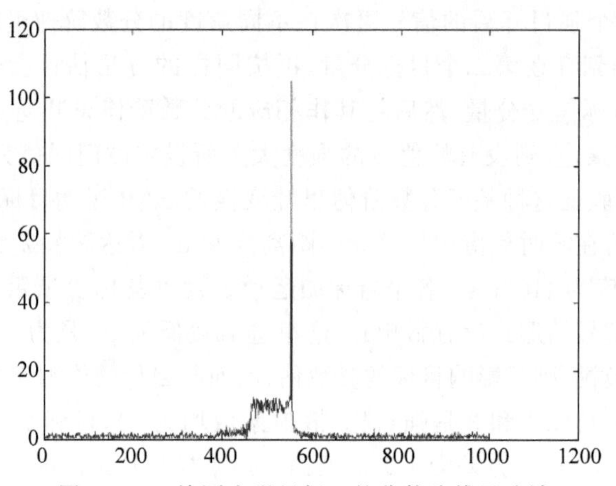

图 10.18　检测出强目标 3 的分数阶傅里叶域

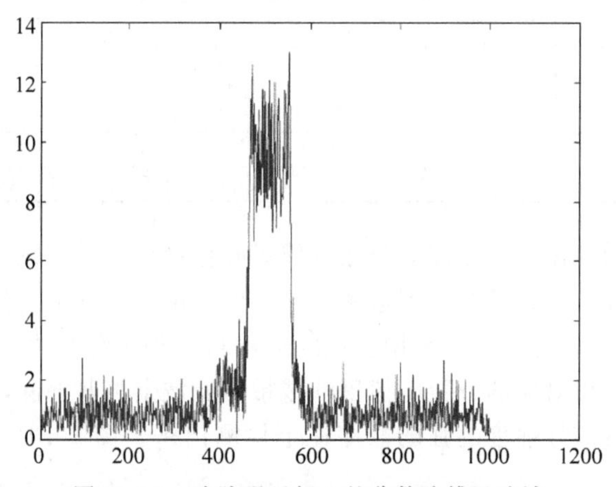

图 10.19　滤除强目标 3 的分数阶傅里叶域

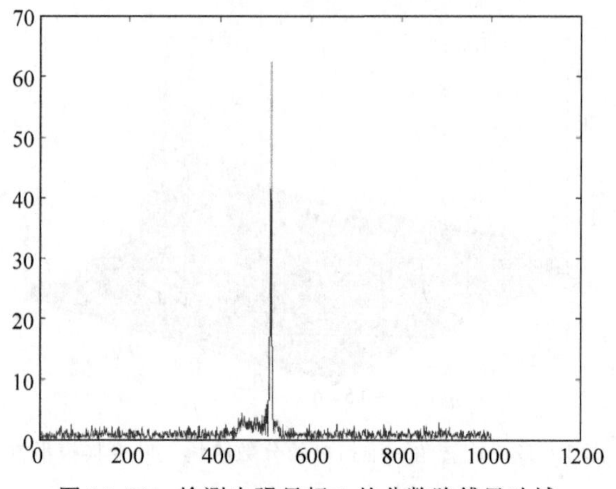

图 10.20　检测出强目标 1 的分数阶傅里叶域

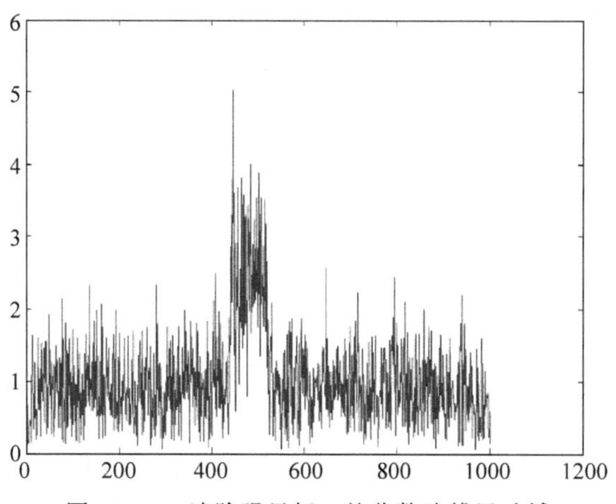

图 10.21　滤除强目标 3 的分数阶傅里叶域

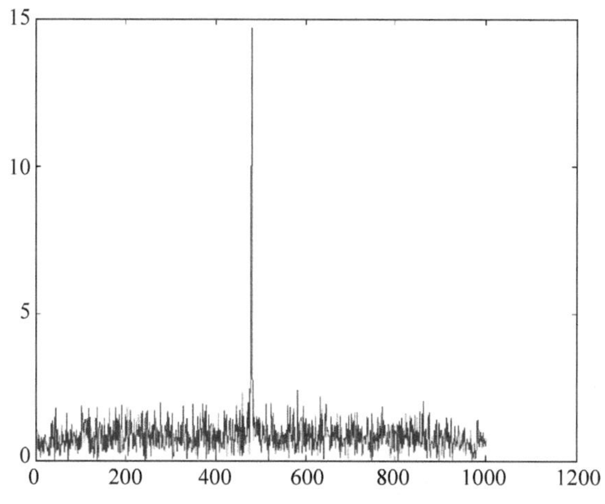

图 10.22　检测到弱目标 2 的分数阶傅里叶域

10.3.2　基于分数阶傅里叶变换的 chirp Scaling 成像算法

合成孔径雷达综合运用合成孔径技术、脉冲压缩技术和数据处理技术，采用较短的天线就能获得方位和距离两个方向的高分辨率雷达图像。方位向高分辨率的获得是利用雷达天线和目标之间的相对运动，即多普勒效应，通过数据处理（存储和移相相加）办法来实现。这种数据处理通常叫作成像处理。具体来说，SAR 的成像处理就是对接收到的回波信号加以一定的数学运算，还原目标的散射特性，获得灰度和不同散射特性几何分布相对应的可视图像。从物理意义上来说，成像处理就是要使场景中每一个点目标的接收回波信号聚焦，即在合成孔径时间内使各次接收回波信号经移相后同相相加，并能自动完成场景扫描。

在讨论成像算法之前，先介绍合成孔径雷达中的距离徙动问题。所谓距离徙动是雷达直线飞行对某一个点目标观测的距离的变化，即相对于慢时间，系统响应曲线沿快时间的时延变化。这里所说的慢时间和快时间分别是指计量发射脉冲的时刻（或载机的位置）和电磁波传播的时间。二维时间平面相当于距离和天线阵元横向位置（即载机航线）的二维平面。距离徙动可用图 10.23 来说明，可以看出距离徙动使点目标的系统响应在二维时间平面里呈现为曲线，使基于匹配滤波器成像的实际计算复杂化。简化该计算的直接方法是距离徙动补偿，即根据已知的系统响应关系，设法对录取数据进行距离徙动补偿，相当于将二维平面的系统响应曲线补偿成直线，或者说将系统响应的二维耦合进行解耦，从而使二维匹配滤波可分解成两个相互独立的一维匹配滤波。通常，合成孔径雷达的成像算法都必须对距离徙动进行直接或间接的补偿。

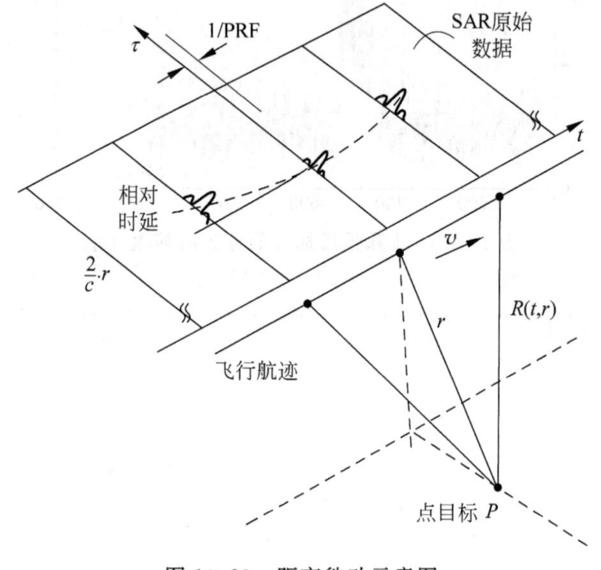

图 10.23　距离徙动示意图

10.3.2.1　chirp scaling 算法

chirp scaling 算法(CSA)是一种优秀的 SAR 成像算法，它是距离多普勒算法的一个变种，其优势在于聚焦能力突出和实现简单。它只需要 FFT 和复向量乘法即可实现，避免了距离单元徙动校正所需的任何插值过程。另外，由于需要在二维频域进行数据处理，该算法还解决了二次距离压缩对方位频率的依赖问题。CSA 对聚束式或者条带式 SAR 数据都可以进行处理。该算法可以工作在方位向频域、距离向时域以及二维频域。

该算法根据 chirp scaling 原理，即线性调频信号与一个缓慢变化的线性调频信号(CS 信号)相乘，结果仍是一个调频信号，只是相位中心和调频斜率发生微小的变换。一般 CS 信号的调频率由待处理的线性调频信号来确定。在用 CSA 处理 SAR 信号时，首先进行方位向傅里叶变换将 SAR 回波数据变换到距离-多普勒域，与 CS 因子相乘，修正不同垂直距离上目标的距离徙动曲线的微小差别，即把所有距离徙动曲线的弯曲调整成一样，消除距离弯曲的空变性，然后通过距离向傅里叶变换将信号变换到二维频率域，进行距离补偿，完成距离徙动校正、二次距离压缩和距离压缩；再利用逆傅里叶变换将信号变换到距离-多普勒域，完成方位补偿处理；最后利用逆傅里叶变换将信号变回时域，得到 SAR 图像。

图 10.24 所示为一个 CSA 的详细流程图，其操作包含了 4 个 FFT 和 3 个相位乘法运算。具体步骤如下：

(1) 通过方位向 FFT，将信号变换到距离-多普勒域。

(2) 通过相位相乘实现 chirp scaling 操作,使所有目标的距离徙动轨迹一致化。

(3) 通过距离向 FFT 将数据变到二维频域。

(4) 通过与参考信号进行相位相乘,同时完成距离压缩、二次距离压缩和一致距离单元徙动校正。

(5) 通过距离向逆傅里叶变换将数据变回到距离-多普勒域。

(6) 通过与另一个随距离变化的参考信号进行相位相乘,实现方位压缩和相位补偿。

(7) 最后,通过方向位逆傅里叶变换将信号变回到二维时域,即 SAR 图像域。

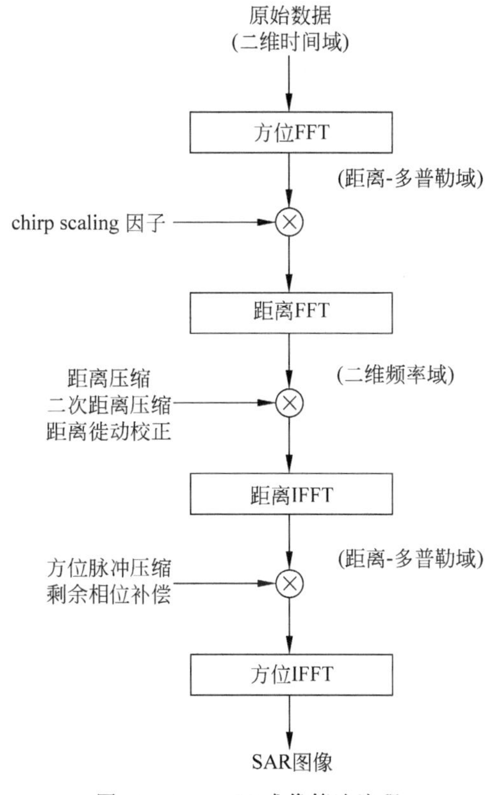

图 10.24 CS 成像算法流程

CSA 的严格数学推导可参见文献[14]。从算法流程可以看出,CSA 仅仅通过 FFT 和复数相乘就完成了成像处理,聚焦性能好且实施简单,具有很好的应用前景。但是 CSA 也具有它本身的缺陷。要成功地实现 CSA 需要对输出采样间隔进行适当的选择。这是一个含有三个参数的函数,分别称这三个参数为 chirp 间隔、信号采样频率、信号带宽[15]。有三个主要问题限制了 CSA 的使用。

(1) CSA 最关键的一步是方位向傅里叶变换,由于方位向傅里叶变换是一个特殊积分,不能通过直接的傅里叶变换积分获得,其严格的数学表达式是得不到的,一般采用驻定相位原理[16]分四步来完成。首先运用驻定相位原理得到距离向傅里叶变换,接着是方位向傅里叶变换和泰勒级数展开和近似,最后通过距离向逆傅里叶变换得到近似表达式。正是因为推导方位向傅里叶变换的过程中用到的这些近似处理,其产生的误差使得 CSA 只能在小的带宽-中心频率比和小斜视角的情况下使用。

(2) 对于 CSA 的性能而言，空不变匹配滤波器也是一个主要的限制因素。

(3) CSA 通过忽略随距离变化的方位向数据简化了方位向窗函数[17]。

尽管这些因素已经被人们进行了广泛的研究，以提高 CSA 的整体性能为目的给予了很多改进。但是，所有的改进都是基于 FFT 的[18-21]。本质上，无论是发送信号还是参考信号，CSA 中最主要的参数总是依赖于变标。

10.3.2.2 分数阶 chirp scaling 算法

既然 SAR 的回波信号在方位向可近似看成是线性调频信号，一般雷达发射的信号也是线性调频信号。因此，SAR 回波在距离和方位两个方向上都是线性调频信号，但因距离徙动会使两维间存在耦合。而分数阶傅里叶变换对 chirp 信号有着良好的检测和参数估计性能，理论上可以用分数阶傅里叶变换来替代 CSA 中的 FFT 实现该算法，称这种新的算法为基于分数阶傅里叶变换的 chirp scaling 算法，简记为 FrCSA[12,22-23]。

如图 10.25 所示，该算法大体上同 CSA 相同，只是将 FFT 部分替换成了分数阶傅里叶变换。不过这个算法需要处理角度最优化的问题，该问题涉及了分数阶傅里叶变换处理，scaling 处理和三个相位乘法的调整。在图 10.25 的模型中，该算法通过局部最优处理[24]来测量待处理信号的调频率，并得到一个合适的分数阶傅里叶变换阶次来解决角度最优化问题。scaling 模块根据类似的分数阶傅里叶变换操作依比例调整参考信号在方位向和距离向的有效参数，以使得参考信号满足分数阶傅里叶域乘法的需要，减少信号处理上的失真和失配。

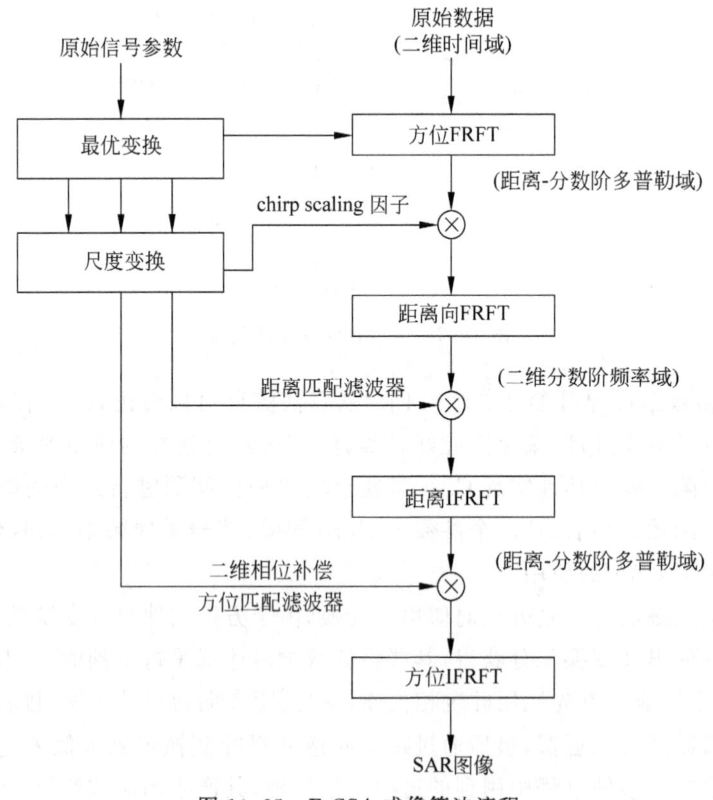

图 10.25 FrCSA 成像算法流程

从图10.24和图10.25可以看出，FrCSA与CSA非常相似，它用分数阶傅里叶变换模块替换了CSA原有的FFT模块。由于分数阶傅里叶变换是旋转角度的一维函数，FrCSA需要引入一个最优变换模块，其基本思想是以旋转角度为变量进行一维扫描，当旋转角度与chirp信号的调频率相匹配时，幅度响应将会达到最大。针对SAR回波信号，为了获得方位向分数阶傅里叶变换，对每个距离单元内的回波数据都进行最优变换处理，这样不仅可以获得最佳输出响应，也为下面的尺度变换模块提供比较精确的参数。同时可以看出，最优变换模块使FrCSA直接获得方位向分数阶傅里叶变换，不必像CSA那样采用相位驻定原理和泰勒级数展开，这样就避免了使用近似造成的误差，从这一点上可以说明FrCSA比CSA的聚焦性更好。FrCSA的方位向分数阶傅里叶变换的数学推导和分析可以参见文献[22]。不管是CSA还是FrCSA，当信号被变换到距离-方位向频率域后，回波信号在距离向的线性调频率(称为等效调频率)和原始发射信号的调频率不同，而且不同位置上的点目标所对应的等效调频率也不相同。CSA假设在成像区域内所有回波信号的等效频率与垂直距离无关，忽略等效调频率的空变性，只采用参考距离上距离压缩等效调频率对所有回波信号进行处理，这样的处理只能对参考距离上点目标的距离压缩进行精确补偿，而对其他距离上的点目标只是近似补偿。FrCSA对调频率的变换是很敏感的，因此通过最优变换处理，FrCSA能够对不同距离上点目标的距离压缩进行精确补偿。表10.3列出了FrCSA和CSA的差异。

表10.3 CSA和FrCSA的参数比较和符号说明

	CSA	FrCSA
修正参数的依存关系	$D=\frac{1}{A_x}-1$	$D=\left[\frac{\csc\alpha}{A_x}-\frac{\cot\alpha}{b_m}\right]-1$
距离向匹配滤波器的相位关系	$\phi_A=-\frac{A_x\Delta K_r^2}{2b_m}$	$\phi_A=-\frac{1}{2}\left[\frac{A_X\csc\alpha}{b_m}-\cot\alpha\right]\Delta K_R^2$
方位向匹配滤波器的相位关系	$\phi_C=-\frac{b_m}{2}(1-A_X)\left(\frac{R_B}{A_x}-R_s\right)^2$	$\phi_C=-\frac{b_m}{2}\left(1-\frac{A_x}{\csc\alpha}\right)\left(\frac{R_B}{A_x}-R_s\right)^2$

符　　号	说　　明	符　　号	说　　明
K_x	方位向频率	b_m	等效调频率
K_r	距离向频率	ΔK_r	K_r 的变化量
K_{RC}	雷达中心频率处的 K_r 值	R_s	雷达到场景中心的垂直距离
A_x	$\sqrt{1-\frac{K_x^2}{K_{RC}^2}}$	R_B	目标与雷达之间的距离
$D(K_x)$	修正参数	Y_s	距离向坐标
X_t	方位向坐标		

10.3.2.3 数学模型和理论推导

1. 预备知识

将式(2.4)中的分数阶傅里叶变换核函数重新写成

$$K_p(u,u')=A_0\exp\left[\mathrm{j}\left(\left(\frac{1}{2}u^2\frac{u_0^2}{u_0^2}+\frac{1}{2}u'^2\frac{u_0'^2}{u_0'^2}\right)\cdot\cot\alpha-u\frac{u_0}{u_0}u'\frac{u_0'}{u_0'}\cdot\csc\alpha\right)\right]$$

$$=A_0\exp\left[\mathrm{j}\left(\frac{1}{2u_0^2u'^2_0}(u^2u_0^2u'^2_0+u'^2u'^2_0u_0^2)\cot\alpha-\frac{1}{u_0u'_0}uu_0u'u'_0\csc\alpha\right)\right] \quad (10.52)$$

式中，$A_0=\sqrt{\frac{1-\mathrm{j}\cot\alpha}{2\pi}}$。令 $uu'=1$，并且定义

$$u'u'_0=Y_s\Rightarrow u'=\frac{Y_s}{u'_0}$$

$$uu_0=\Delta K_r\Rightarrow u=\frac{\Delta K_r}{u_0}$$

其中，Y_s 为距离位置变量，ΔK_r 为 Y_S 的空间频率副本，u'_0、u_0 分别为 Y_s 和 ΔK_r 的归一化参数。因此，分数阶傅里叶变换核函数经过归一化后可以写成

$$K_p(Y_s,\Delta K_r)=A_0\exp\left[\mathrm{j}\left(\left(\frac{Y_s}{2}u_0^2+\frac{\Delta K_r^2}{2}u'^2_0\right)\cot\alpha-Y_s\Delta K_r\csc\alpha\right)\right] \quad (10.53)$$

2. 未解线调的信号模型

对于任何 SAR，单个点目标解调后的基带信号可以表示为[17]

$$S_0(X_a,\tau)=\sqrt{\sigma_t}\,\mathrm{rect}\left(\frac{X_a-X_{ac}}{L}\right)\mathrm{rect}\left(\frac{\tau-2R\frac{(X_a)}{c}}{T_p}\right)\cdot \exp\left[-\mathrm{j}\frac{4\pi f_o}{c}R(X_a)\right]\exp\left[\mathrm{j}\pi\gamma\left(\tau-\frac{2R(X_a)}{c}\right)^2\right] \quad (10.54)$$

式中，$R(X_a)$为斜距，定义为 $R(X_a)=\sqrt{(X_a-X_t)^2+(Y_{ac}-Y_t)+(Z_{ac}-Z_t)^2}$；$X_a$ 为孔径参考点(ARP)；X_t,Y_t,Z_t 为目标位置；X_{ac},Y_{ac},Z_{ac} 为雷达天线相位中心的测量位置；σ_t 为雷达目标横截面；L 为合成天线阵长度；τ 为距离向快时间；f_0 为雷达中心频率；c 为光速；γ 为距离向调频率；T_p 为脉冲长度；$\mathrm{rect}(\tau)$为发射脉冲包络窗；$\mathrm{rect}(X_a)$为方位向天线波束特性窗。

图 10.26 所示为单个点目标的 SAR 信号二维支撑，该点目标位于 $X_t=X_{ac}$。在宽侧面成像情况下，X_{ac} 等于 0。其信号支撑(距离延迟)包含常量带宽参数 T_p 以及随着 X_a 变化的中心延迟。

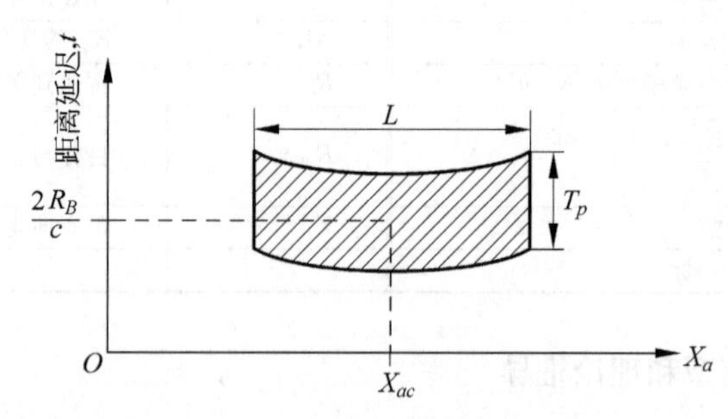

图 10.26　散射体位于 $X_t=X_{ac}$ 时的 SAR 信号二维支撑，R_B 为宽侧面距离

3. 最优变换

变换阶次最优化的目的是为分数阶傅里叶变换提供最优的角度 α，使得给定的 chirp 信

号可以获得最优响应。将坐标轴旋转到与调频率相匹配时,该响应将达到最大值[24,25]。例如,进行方位向分数阶傅里叶变换时,局部最优处理对数据域中每一个距离片段进行处理,得到每个距离片段中数据的相应变换参数。这使得 FRCSA 可适应任何突变或者非线性的飞行轨迹,通过最优变换阶次的调整以保证始终可以获得最优的响应。该方法也同样适用于距离向分数阶傅里叶变换。

对于任意的线性调频信号表达式,$\exp\left[\mathrm{j}2\pi(\gamma t^2+bt+c_0)\right]$,调频率 γ 与相匹配的变换阶次 p 有如下的关系[24]:

$$p_{\mathrm{opt}}=-\frac{2}{\pi}\arctan\left(\frac{\dfrac{\delta f}{\delta t}}{4\pi\gamma}\right) \tag{10.55}$$

式中,δf 为频率分辨率$=F_s/N$;δt 为时间分辨率$=1/F_s$;F_s 是采样频率;N 为采样长度。因此,

$$p_{\mathrm{opt}}=-\frac{2}{\pi}\varphi=-\frac{2}{\pi}\arctan\left(\frac{\dfrac{F_s^2}{N}}{4\pi\gamma}\right) \tag{10.56}$$

上式可用于计算分数阶傅里叶变换最优阶次,也可以用于估计适合给定阶次信号的调频率。这里举一个根据式(10.54)进行阶次选择的例子。式(10.54)中信号的瞬时频率可通过对其相位函数求导获得:

$$f_i=\phi'(\tau)=2\pi\gamma\tau-\frac{4\pi\gamma}{c}R(X_a) \tag{10.57}$$

旋转角为

$$\varphi=\arctan\left(\frac{1}{2\pi\gamma}\right)=\arctan\left(\frac{T_p}{2\pi B}\right) \tag{10.58}$$

式中,B 是处理带宽。

对于时频离散后的采样信号,有

$$\varphi=\arctan\left(\frac{\dfrac{\delta f}{\delta t}}{2\pi\gamma}\right)=\arctan\left(\frac{F_s}{2\pi B}\right) \tag{10.59}$$

根据式(10.56),得到最优化参数 p_{opt} 为

$$p_{\mathrm{opt}}=-\frac{2}{\pi}\varphi=-\frac{2}{\pi}\arctan\left(\frac{F_s}{2\pi B}\right) \tag{10.60}$$

4. 方位向分数阶傅里叶变换

如图 10.25 所示,第一个 FrCSA 操作是计算输入数据的方位向分数阶傅里叶变换,将信号变换到分数阶方位-频率/距离-时间域。CSA/FrCSA 在方位-频率域(分数阶频率)均衡距离弯曲而不是在方位-位置域。在方位-位置域,距离弯曲是一个关于散射体的宽侧面距离和方位坐标的函数。而在方位-频率域,距离弯曲则与散射体的方位坐标无关[17]。

在基于 FFT 的 CSA 中,没有方位向傅里叶变换的直接闭式表达[15,17],而是对方位-频率/距离-时间域采用了一种近似表达。而当采用分数阶傅里叶变换时,情况则变得更为复杂。即使采用与基于 FFT 的 CSA 的同样技术,也无法得到近似的闭合表达式。为了对

FrCSA 进行数学推导，假设在方位向采用传统 FFT，这样在该方向就具有了闭合表达式，该表达式将会被应用在新算法的整个推导中。需要说明的是，这个假设在方位向和距离向上都比较容易处理，且不会影响算法的实际应用。

式(10.54)和 $R(X_a)$ 分别为接收信号模型和目标距离的表达式。新算法的数学模型类似于 CSA 中的方位向数据和方位向 FFT 处理后输出信号的模型：

$$S_1(K_x,Y_s)=a_1(K_x,Y_s)\exp\left[-\mathrm{j}R_BK_{RC}A_x\right]\cdot \exp\left[\mathrm{j}\frac{b_m}{2}\left(Y_s+R_s-\frac{R_B}{A_x}\right)\right]\exp\left[-\mathrm{j}K_xX_t\right] \tag{10.61}$$

式中，

$$a_1(K_y,Y_s)\approx A_1\,\mathrm{rect}\left(\frac{K_xR_B}{LK_{RC}}+\frac{X_{ac}-X_t}{L}\right)\mathrm{rect}\left[\frac{2b_m\left(Y_s+R_s-\dfrac{R_B}{A_x}\right)}{bcT_p}\right] \tag{10.62}$$

式中，R_B 为当 $X_a=X_t$，沿飞行路线所产生的宽侧面距离，$R_B=\sqrt{(Y_{ac}-Y_t)^2+(Z_{ac}-Z_t)^2}$；$A_1$ 为新的振幅系数，对推导不重要；Y_s：距离向位置变量；K_x 为方位向频率变量；b_m 为方位向变换后的斜视距调频率；R_s 为最近点的斜视距；b 为空间距离调频率；K_{RC} 为雷达空间中心频率；A_x 为距离多普勒域迁移因子。

上式采用距离位置变量 Y_s 替代式(10.54)中的时延变量 τ。式(10.62)中的第一个 rect 函数来源于如下的近似关系：

$$\mathrm{rect}\left(\frac{K_xR_B}{L\sqrt{(K_{RC}+\Delta K_r)^2-K_X^2}}+\frac{X_{ac}-X_t}{L}\right)\approx\mathrm{rect}\left(\frac{K_xR_B}{LK_{RC}}+\frac{X_{ac}-X_t}{L}\right) \tag{10.63}$$

式中，ΔK_r 是通过传输带宽时的瞬时空间频率 K_r 的变量。这一近似忽略了方位向数据支撑随距离的变化而改变。

5. Chirp Scaling 操作

FRCSA 的第二个步骤是 Chirp Scaling 操作，其原理在文献[16]中有介绍。即用一个参考函数的共轭去乘式(10.61)，从而改变广义距离调频率 b_m，其变化幅度随 K_x 而改变。Chirp Scaling 因子可表示如下：

$$S_{\mathrm{ref1}}(K_x,Y_s)=\exp\left[-\mathrm{j}\frac{b_mD}{2}(Y_s-Y_{\mathrm{ref}})^2\right] \tag{10.64}$$

式中，Y_{ref} 为恒定参考距离；D 为 chirp 变化参数，它随着 K_x 的改变而改变。

对 D 进行适当的取值，可以消除不同的距离弯曲。例如，对于不同的距离徙动，通常选取 $Y_{\mathrm{ref}}=0$，这意味着 Scaling 操作不会影响与场景中心距离为 R_s 的散射体。

Chirp Scaling 操作后的输出信号为

$$S_2(K_x,Y_s)=a_1(K_x,Y_s)\exp\left[-\mathrm{j}R_BK_{RC}A_x\right]\exp\left[-\mathrm{j}K_xX_t\right]\cdot \exp\left[\mathrm{j}\left(\frac{b_m}{2}(1+D)Y_s^2+b_mY_s\left(R_s-\frac{R_B}{A_x}\right)+\frac{b_m}{2}\left(R_s-\frac{R_B}{A_x}\right)^2\right)\right] \tag{10.65}$$

6. 距离向分数阶傅里叶变换

在第三步操作中，对式(10.65)的输出结果作 $Y_{\text{ref}}=0$ 的距离向分数阶傅里叶变换，所得结果为

$$S_3(K_x,\Delta K_r)=\int_{-\infty}^{+\infty}S_2(K_x,Y_s)K_p(Y_s,\Delta K_r)\mathrm{d}Y_s \tag{10.66}$$

利用驻定相位定理可以获得这一变换的闭合形式。利用式(10.53)给出的分数阶傅里叶变换核函数 $K_p(Y_s,\Delta K_r)$ 和式(10.65)给出的 $S_2(K_x,Y_s)$，得到被积函数的相位为

$$\begin{aligned}\phi(K_x,Y_s,\Delta K_r)=&\frac{b_m}{2}(1+D)Y_s^2+b_mY_s\left(R_s-\frac{R_B}{A_x}\right)+\\&\frac{b_m}{2}\left(R_s-\frac{R_B}{A_x}\right)^2-R_BK_{RC}A_x-K_xX_t+\\&\frac{\Delta K_r^2}{2}u_0'^2\cot\alpha+\frac{Y_s^2}{2}u_0^2\cot\alpha-Y_s\Delta K_r\csc\alpha\end{aligned} \tag{10.67}$$

式中，$\alpha=p\pi/2$ 为变换阶次 p 对应的变换角度。距离轴的旋转角度要与信号 $S_2(K_x,Y_s)$ 的调频率 $(b_m/2)(1+D)$ 相匹配，以获得最优的响应。$\phi(K_x,Y_s,\Delta K_r)$ 对 Y_s 求导的结果为

$$\frac{\mathrm{d}\phi(Y_s)}{\mathrm{d}Y_s}=b_m(1+D)Y_s+b_m\left(R_s-\frac{R_B}{A_x}\right)+Y_su_0^2\cot\alpha-\Delta K_r\csc\alpha \tag{10.68}$$

利用驻定相位定理，令式(10.68)等于0，便可以得到距离向位置

$$Y_s'=\frac{\dfrac{R_B}{A_x}-R_s+\dfrac{\Delta K_r\csc\alpha}{b_m}}{1+D+\dfrac{u_0^2\cot\alpha}{b_m}} \tag{10.69}$$

式(10.69)给出了距离时间和分数阶频率的关系，对相位函数式(10.67)的积分为

$$\begin{aligned}\phi_3(K_x,\Delta K_r)=&-R_BK_{BC}A_x-K_xX_t-\frac{1}{2}\left(\frac{\csc^2\alpha}{b_m(1+D)+u_0^2\cot\alpha}-u_0'^2\cot\alpha\right)\Delta K_r^2+\\&\left(\frac{b_m\Delta K_r\csc\alpha}{b_m(1+D)+u_0^2\cot\alpha}\right)\left(R_s-\frac{R_B}{A_x}\right)+\frac{b_m}{2}\left(1-\frac{b_m}{b_m(1+D)+u_0^2\cot\alpha}\right)\left(\frac{R_B}{A_x}-R_s\right)^2\end{aligned} \tag{10.70}$$

式(10.70)体现出了基于FFT的CSA和FrCSA在选择变化参数 D 和匹配滤波器上的不同。首先，基于FFT的CSA所采用的时不变匹配滤波器限制了它的性能，特别是在获取高分辨率图像和处理chirp类噪声问题时。而FrCSA采用的是空变匹配滤波器。其次，通过对式(10.64)中的 D 进行适当取值，可以去除对 K_x 的依赖。令式(10.70)中的第一个括号等于 A_x，这样便得到了 D 的一种取值方式

$$D=\left[\frac{\csc\alpha}{A_x}-\frac{u_0^2\cot\alpha}{b_m}\right]-1 \tag{10.71}$$

通过这样的选择，式(10.70)中具有线性相位 $(R_s-R_B)\Delta K_r$ 的第三项将每个散射体定位在距离位置域中适当的距离 $(Y_s=R_B-R_s)$ 上。

利用式(10.71)估计式(10.70)在平稳点 Y_s' 的结果，可以导出SAR信号经过chirp

scaling 操作后在二维频域的信号:

$$S_3(K_x,\Delta K_r)=a_3(K_x,\Delta K_r)\exp[\mathrm{j}\phi_3(K_x,\Delta K_r)] \tag{10.72}$$

通过新设的幅度系数 A_2,可将上式近似为矩形支撑:

$$a_3(K_x,\Delta K_r)\approx A_2\operatorname{rect}\left(\frac{K_xR_B}{LK_{RC}}+\frac{X_{ac}-X_t}{L}\right)\operatorname{rect}\left(\frac{2\Delta K_r\csc\alpha}{bcT_p}\right) \tag{10.73}$$

相位 $\phi_3(K_x,\Delta K_r)$现在包含 6 个子项,这些相位子项为

$$\phi_3(K_x,\Delta K_r)=\Phi_A+\Phi_B+\Phi_C+\Phi_D+\Phi_E+\Phi_F \tag{10.74}$$

式中

$$\Phi_A=-\frac{1}{2}\left[\frac{A_x\csc\alpha}{b_m}-u'^2_0\cot\alpha\right]\Delta K_r^2 \tag{10.75}$$

$$\Phi_B=-(1-A_x)R_s\Delta K_r \tag{10.76}$$

$$\Phi_C=\frac{b_m}{2}\left(1-\frac{A_x}{\csc\alpha}\right)\left(\frac{R_B}{A_x}-R_s\right)^2 \tag{10.77}$$

$$\Phi_D=-R_BK_{RC}A_x \tag{10.78}$$

$$\Phi_E=(R_s-R_B)\Delta K_r \tag{10.79}$$

$$\Phi_F=-K_xX_t \tag{10.80}$$

7. 二维匹配滤波

第四步是对式(10.72)的 $S_3(K_x,\Delta K_r)$进行二维匹配滤波。这个操作是将式(10.72)乘以二维参考函数(如式(10.81)所示)的共轭。这一匹配滤波操作可以去除式(10.72)中的距离向 chirp 分量,为距离压缩做准备。此外,匹配滤波还可以消除在 chirp scaling 操作中校正后所剩余的距离弯曲——bulk RCM。

合适的匹配滤波器参考函数为

$$S_{\mathrm{ref2}}(K_x,\Delta K_r)=\exp[\mathrm{j}(\Phi_A+\Phi_B)] \tag{10.81}$$

将式(10.81)的复共轭与式(10.72)相乘,点目标信号变为

$$S_4(K_x,\Delta K_r)=a_3(K_x,\Delta K_r)\exp[\mathrm{j}(\Phi_C+\Phi_D+\Phi_E+\Phi_F)] \tag{10.82}$$

对式(10.82)作关于 ΔK_r 的分数阶傅里叶反变换可以实现距离向压缩。

8. 距离向分数阶傅里叶反变换

FRCSA 的第五步是计算式(10.82)距离向分数阶傅里叶反变换。这个距离向分数阶傅里叶逆变换无须采用驻定相位定理。一个直接估计方法为

$$S_5(K_y,Y_s)=a_5(K_x)\operatorname{Sinc}\left[\frac{bcT_p}{4\pi\cot\alpha}(Y_s\csc\alpha+R_s-R_B)\right]\exp[\mathrm{j}(\Phi_C+\Phi_D+\Phi_F)] \tag{10.83}$$

新设幅度系数 A_3,则上式可以化为

$$a_5(K_x)=A_3\operatorname{rect}\left(\frac{K_xR_B}{LK_{RC}}+\frac{X_{ac}-X_t}{L}\right) \tag{10.84}$$

该式用以描述距离压缩信号的方位向支撑。

9. 二维相位补偿

这一步是将式(10.83)乘以最后一个二维参考函数的共轭。该二维参考函数如下

$$S_{\text{ref3}}(K_y, Y_s) = \exp[j(\Phi_C + \Phi_D)] \tag{10.85}$$

通过该步骤操作可以去除剩余的两个与距离相关的相位项 Φ_C 和 Φ_D，这样便能通过对相位补偿后的信号作一维分数阶傅里叶逆变换实现方位向压缩。

10. 方位向分数阶逆傅里叶变换

最后一步是对式(10.83)与式(10.85)共轭的乘积用核函数 $\exp(jX_aK_x)$ 作傅里叶反变换实现方位向压缩。这时脉冲响应变为

$$S_7(X_a, Y_s) = A_4 \text{Sinc}\left[\frac{LK_{RC}}{2R_B}(X_a - X_t)\right] \text{Sinc}\left[\frac{bcT_p}{4\cos\alpha}(Y_s\csc\alpha + R_s - R_B)\right] \cdot \exp\left[-j4X_a\left(\frac{X_{ac} - X_t}{\lambda_c R_B}\right)\right] \tag{10.86}$$

式中引入了一个新的幅度系数 A_4。将 K_{RC} 和 λ 代入式(10.86)，便可得到方位向分辨率 $\lambda_c R_B/2L$ 和距离向分辨率 $c/\cos\alpha/2\gamma T_p$，其中 λ_c 是信号波长。

10.3.2.4 FrCSA 解析解的相关讨论

当旋转角度 $\alpha = \pi/2$，推导 FrCSA 得到的表达式与基于 FFT 的 CSA 的相应表达式相同[15]。

CSA 和 FrCSA 都只利用了 Stolt 插值的移位和线性分量，而忽略了 Stolt 映射的用幂级数或者泰勒级数展开的高阶项。这种近似方式会随着分辨率的提高和场景的增大而显得不够充分，并将最终导致无法接受的变换错误，从而在成像上产生二维的空变相位影响。斜视或者对广义调频率 b_m 进行方位向分数阶傅里叶变换所产生的距离和方位交叉耦合表现为额外的距离向调制。它将对下一个距离向分数阶傅里叶变换的最优阶次产生影响，以产生合适的阶次去匹配新的调频率，从而产生最大输出响应。这个广义化的调频率 b_m 与雷达调频率 b 有一点不同。在基于 FFT 的 CSA 中，这一不同可以被忽略[15]。然而，这一不同是有可能被放大到足以导致错误聚焦的，例如，在斜视角比较大的情况下。变换阶次最优化模块可以察觉到这一不同，并产生合适的变换阶次去适应这一改变。

CSA 的目的是对 chirp 编码信号进行频率调制，以使该信号移位或者变标。采用这个技术，可使所需的距离向变化距离单元徙动校正位移利用相位相乘实现，而不用通过时域插值实现。这正是式(10.64)所示 chirp scaling 操作的主要方面，也称作距离多普勒域的距离向弯曲均衡。剩余的 bulk 距离单元徙动校正对于所有目标来说都是恒定的，且可以通过在距离-频率域的线性相位相乘进行校正(如式(10.81)所示)。

式(10.75)表示 scaling 操作后的距离向调制。它是一个关于 ΔK_r 的二次方程式，且由于 b_m 和 A_x 的存在，它几乎不依赖于距离向和方位向。通过式(10.81)所示的匹配滤波器对其进行相位相乘可以去除掉其中的距离向 chirp。

式(10.76)为 bulk RCM，它是 K_x 的近似二次方程式。它可以通过与式(10.81)所示的匹配滤波器相乘作相位补偿来去除掉。

与传统 CSA 不同，FrCSA 处理器没有忽略 Φ_A 中 R_B 对于 b_m 的依赖，所以它是一个新的空变的分数阶相关匹配滤波器。

将距离向信号和时域的参考 chirp 信号相混合或者在频域作距离向傅里叶变换来实现

解线调会产生一个不希望得到的残余视频相位。这个残余视频相位项的影响是空变的，且随着远离运动补偿点而急剧增大，所以补偿掉残余视频相位所带来的图像散焦是比较困难的。大多数的残余视频相位可以通过式(10.85)所示的相位补偿来去除。对于剩余的残留空变相位误差，既然分数阶傅里叶变换的旋转角度只会去匹配所需信号的调频率。因此，在所需信号得到最大响应时，其他项将会被大大弱化。这就意味着，可以通过在所需信号响应的分数阶傅里叶谱成分周围叠加一个简单的窗函数的方式[25]，在分数阶傅里叶域较容易地实现残余视频相位补偿问题。

式(10.76)包含方位向调制。它是关于方位向频率 K_x 的二次方程近似表达，并且它是距离向依赖的。通过式(10.85)所示的方位向匹配滤波器可以去除方位向调频率。

式(10.79)和式(10.80)分别表示目标在距离向和方位向位置的线性相位项。经距离向和方位向压缩之后，目标的峰值位置将会被定位出来。为了证明采用 FrCSA 在方位向分辨率和聚焦性能上的增强，展示在方位向分数阶滤波、降噪、飞行轨迹非线性补偿方面的优势，都需要一个方位向分数阶傅里叶变换的精确闭合表达式。但是至今仍没有这样的表达式被披露或者从数学上被推导出来。

10.3.2.5 仿真

为了验证这种基于分数阶傅里叶变换的 chirp scaling 算法，文献[12]给出了仿真结果。所用参数为文献[15]中的 L 波段 SAR 参数。设正侧视 SAR 的工作参数如下：沿航迹采样间隔为 0.4m，脉冲宽度为 0.1μs，雷达中心频率为 422.4MHz，调频率为 133.5MHz/μs，处理带宽为 133.5MHz，复采样频率为 200MHz，载机与场景中心的宽侧面斜距为 1000m，成像入射角和宽侧面斜视角均为 90°，合成孔径长度是 400m，相干累积角度为 22.60°。图 10.27 所示的仿真中设置了两个点散射体，坐标分别为(186,268,0)和(183,270,0)。图 10.28 和图 10.29 所示的仿真中设置了一个点目标，坐标为(182,270,0)。

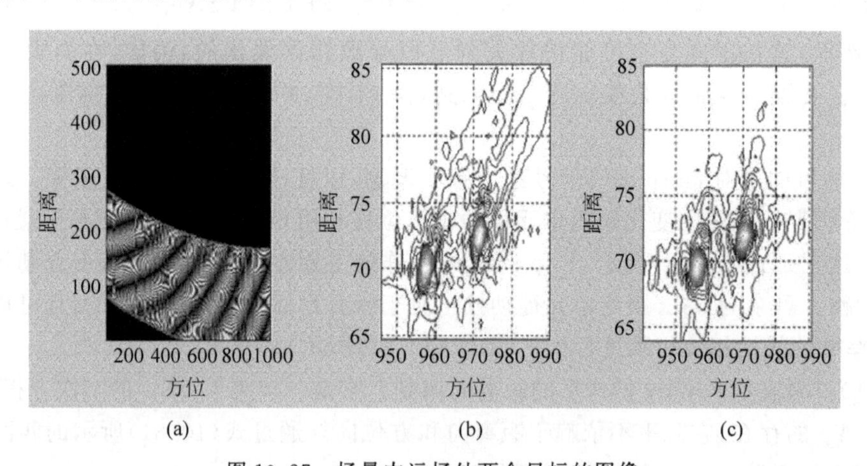

图 10.27 场景中远场处两个目标的图像

(a) 未处理的视频信号；(b) CSA 输出；(c) FrCSA 输出

利用这些数据对传统 CSA 和新的 FrCSA 进行比较。FrCSA 由于需要针对方位向和距离向信号的调频率估计合适的阶次，以获得最优响应，引入了额外的运算量，从而导致运算量比传统的 CSA 要约大 6 倍[12]。

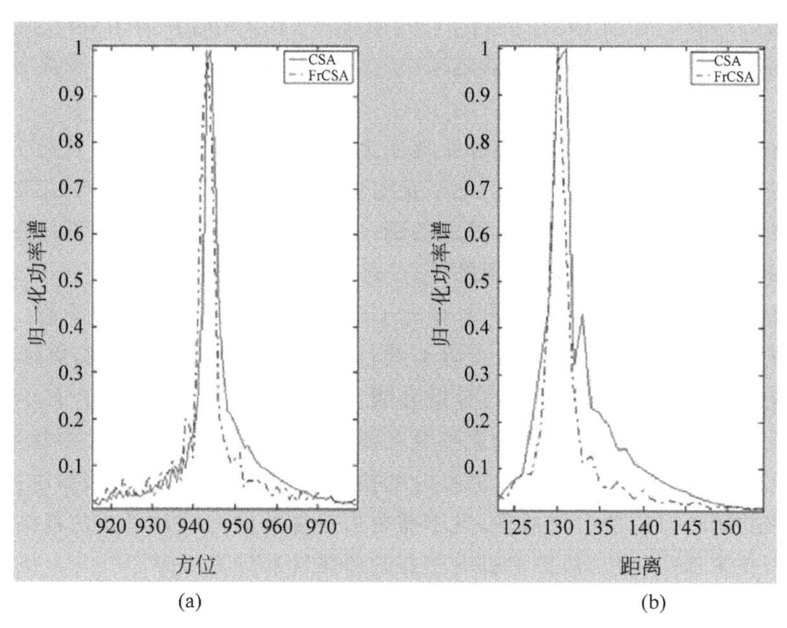

图 10.28 单点目标在方位向和距离向的归一化响应对比图
(a) 方位向；(b) 距离向

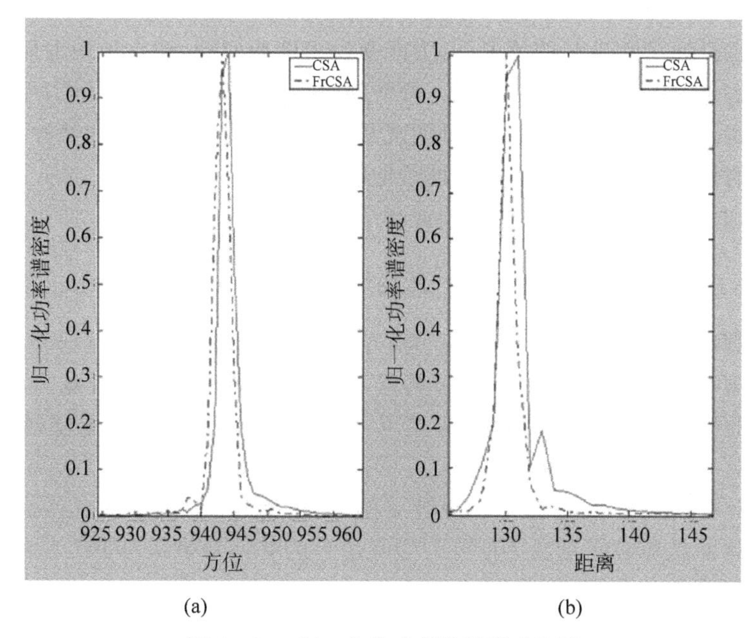

图 10.29 归一化的功率谱密度对比图
(a) 方位向；(b) 距离向

图 10.27 是经过变焦处理后的场景远端点目标图像，其中图(a)是未处理的视频信号图，图(b)是 CSA 归一化后的等高线图，图(c)是 FrCSA 归一化的等高线图。这两个目标具有同样的能量强度，其位置分别处于(183m,270m,0m)和(186m,268m,0m)。从图 10.27(a)可以看出距离徙动对成像的影响。由于处于场景的远端，目标回波存在严重的距离弯曲，从而

难以对目标进行判断。从图 10.27(b)和(c)可以看出 FrCSA 的旁瓣比 CSA 低得多，FrCSA 的点目标分辨率也比 CSA 好一些。通过式(10.86)可以看出，点目标的距离分辨率与 $\cos\alpha$ 成正比。

图 10.28 是单个点目标在方位向和距离向上的响应图，可以看出在进行方位向分数阶傅里叶变换处理后，FrCSA 的主瓣比 CSA 变得更为尖锐，这说明了 FrCSA 对二维压缩进行了更精确的补偿。图 10.29 是两种算法的归一化功率谱密度对比图，两者的功率谱密度是利用分数阶傅里叶域最优滤波得到的[26]。可以看出与 CSA 相比，FrCSA 输出的 SNR 更高。通过仿真计算可以得到，FrCSA 相比 CSA 有着 14dB 的 SNR 得益。图 10.28 和图 10.29 都充分证明了分数阶傅里叶变换对线性调频信号的极好能量聚集性。可以看出，FrCSA 具有更好的聚焦能力和更大的旁瓣衰减比。值得注意的是，以上 FrCSA 表现出的各种优点并没有采用其他任何辅助的聚焦及旁瓣抑制技术，但是在 CSA 中却是需要的。

文献[27]提出了一种基于分数阶傅里叶变换的逆 SAR 成像算法，该算法针对的是非均匀多普勒频移的运动目标的二维成像，且不需要进行复杂的运动补偿。仿真结果显示，与已有的基于时频成像算法相比，该算法具有更好的鲁棒性和计算效率。

10.4 在目标识别中的应用[28]

当发射信号波长与被照射目标尺寸差不多时就能够产生谐振，该谐振回波有利于检测和识别目标。在目标尺寸未知的情况下，为能激发出谐振回波，通常采用近似冲激的宽频带信号作为发射信号。但是谐振需要照射一段时间之后才能激发，也就是说，可利用的谐振回波是目标散射回波的后期观测响应，而早期观测响应由于其类似冲激的特性而难以被利用，这也导致现有的技术大多只利用了目标的后期响应回波。

一般，目标电磁能量散射响应的后期观测信号可以写为

$$y(t)=x(t)+n(t)\approx\sum_{m=1}^{M}R_m\exp(s_m t)+n(t),\quad 0\leqslant t\leqslant T \tag{10.87}$$

式中，$y(t)$为观测到的时域响应，$x(t)$表示信号，$n(t)$为系统噪声，$s_m=-\alpha_m+\mathrm{j}\omega_m$，$\alpha_m$ 为衰减因子，ω_m 表示角频率($\omega_m=2\pi f_m$)。可以看出，后期响应可以用衰减的复指数来描述。那么类似冲激的早期响应要如何描述呢？作为一种整函数，高斯脉冲能够较好地描述早期响应[29]。

作为傅里叶变换的推广，分数阶傅里叶变换，尤其是 HFT(Half Fourier Transform，即 $\alpha=\pi/4$)，能够将冲激类或高斯脉冲信号与接收信号的其他分量区分开。这样，冲激类的早期响应就可以从衰减的指数信号中分离出来。

10.4.1 HFT 的性质

HFT 是当 $\alpha=\pi/4$ 时的分数阶傅里叶变换，表 10.4 中列出了几个特殊函数的 HFT。HFT 用来产生一组优化参数，是由早期散射响应中冲激类分量组成。可以看出，冲激或高斯脉冲的 HFT 包含有更多的起始出现时刻的信息。因此，在时域中很难对每个冲激类分量进行分离，但是在 HFT 域中却有可能实现。

表 10.4 一些特殊函数的 HFT

信号	HFT,$\alpha=\pi/4$
$\delta(t-\tau)$	$\sqrt{\frac{1-\mathrm{j}}{2\pi}}\mathrm{e}^{-\frac{\mathrm{j}}{2}\tau^2}\mathrm{e}^{\frac{\mathrm{j}}{2}(u-\sqrt{2}\tau)^2}$
1	$\sqrt{1+\mathrm{j}}\,\mathrm{e}^{-\mathrm{j}\frac{u^2}{2}}$
$\mathrm{e}^{\mathrm{j}vt}$	$\sqrt{1+\mathrm{j}}\,\mathrm{e}^{\frac{\mathrm{j}}{2}v^2}\mathrm{e}^{-\frac{\mathrm{j}}{2}(u-\sqrt{2}v)^2}$
$\mathrm{e}^{\mathrm{j}c\frac{t^2}{2}}$	$\sqrt{\frac{1+\mathrm{j}}{1+c}}\mathrm{e}^{\mathrm{j}\frac{u^2}{2}\frac{c-1}{c+1}}$
$H_n(t)\mathrm{e}^{-\frac{t^2}{2}}$	$\mathrm{e}^{-\mathrm{j}n\pi/4}H_n(u)\mathrm{e}^{-\frac{u^2}{2}}$
$\mathrm{e}^{-c\frac{(t-\tau)^2}{2}}$	$\sqrt{\frac{1+\mathrm{j}}{c-\mathrm{j}}}\exp\left\{-\frac{c}{c^2+1}\left(u-\frac{\tau}{\sqrt{2}}\right)^2\right\}\exp\left\{\frac{\mathrm{j}}{2}\left[\frac{c^2-1}{c^2+1}\left(u-\frac{\tau}{\sqrt{2}}\right)^2+\frac{\tau^2}{2}-\sqrt{2}u\tau\right]\right\}$

图 10.30 给出了移位脉冲 $\delta(t-2)$的傅里叶变换和 HFT,图 10.31 给出了移位高斯脉冲的傅里叶变换和 HFT。很明显,HFT 记录了脉冲起始时间的信息,即 HFT 域的脉冲位置附近($u=2$ 和 5),相位的线性性质被破坏。

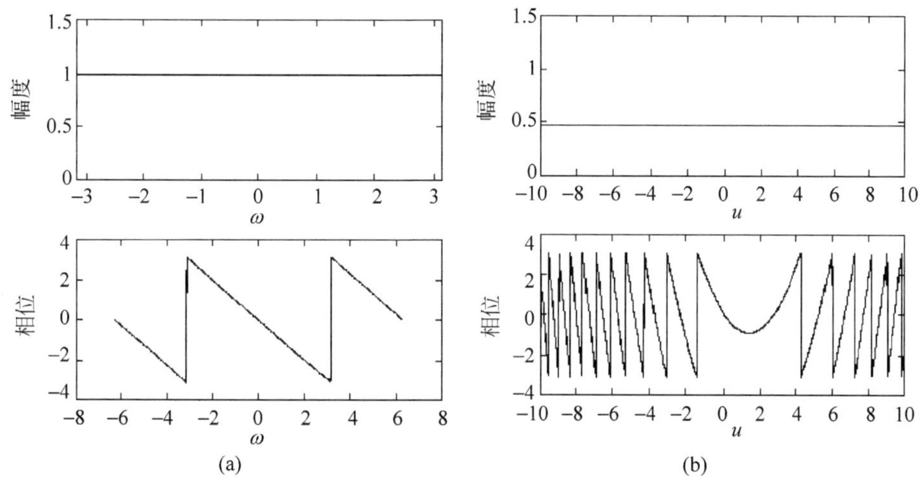

图 10.30 移位脉冲 $\delta(t-2)$的傅里叶变换和 HFT

(a) FT($\tau=2$); (b) HFT($\tau=2$)

从前面的叙述可以知道,冲激或者高斯脉冲可以用来描述早期时间响应,复指数可以近似后期时间响应。它们的 HFT 函数表达式非常近似。从表 10.4 可以看出,移位冲激的 HFT 和衰减指数的 HFT 有相似的函数表达,只是系数和指数幂的符号不同。所以在 HFT 域中从指数信号中分离出冲激类分量是比较容易的。

通常现实中所遇到的信号都是因果的,即当 $t\leqslant 0$,$x(t)=0$ 时回波中的各分量起始时刻各不相同。表 10.5 给出了一些因果信号的 HFT。

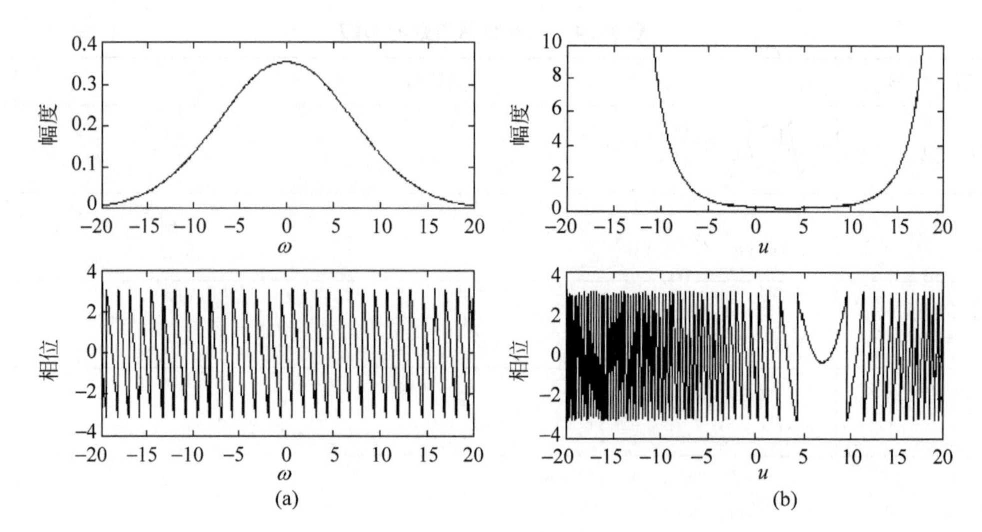

图 10.31 移位高斯脉冲 $e^{-50(t-5)^2/2}$ 的傅里叶变换和 HFT

(a) FT(τ=5)；(b) HFT(τ=5)

表 10.5 一些特殊函数的 HFT

信 号	HFT，$\alpha=\pi/4$
$e^{jvt}U(t)$	$\frac{\sqrt{1+j}}{2}e^{\frac{j}{2}v^2}\exp\left\{-\frac{j}{2}(u-\sqrt{2}v)^2\right\}[1-\Phi(\gamma\sqrt{\beta})]$，$\gamma=j(\sqrt{2}u-v)$
$e^{jvt}U(t-\tau)$	$\frac{\sqrt{1+j}}{2}e^{\frac{j}{2}v^2}\exp\left\{-\frac{j}{2}(u-\sqrt{2}v)^2\right\}[1-\Phi(\gamma'\sqrt{\beta})]$，$\gamma'=j(\sqrt{2}u-v-\tau)$
$e^{jv(t-\tau)}U(t-\tau)$	$\frac{\sqrt{1+j}}{2}e^{-j\tau v}e^{\frac{j}{2}v^2}\exp\left\{-\frac{j}{2}(u-\sqrt{2}v)^2\right\}[1-\Phi(\gamma'\sqrt{\beta})]$，$\gamma'=j(\sqrt{2}u-v-\tau)$

10.4.2 优化参数的求取

用高斯脉冲来表示早期时间响应，那么目标散射信号可以写成

$$x(t)=\frac{1}{2}\sum_{m=1}^{M}c_m e^{-\alpha_m}\left[e^{j(\omega_m t+\phi_m)}+e^{-j(\omega_m t+\phi_m)}\right]U(t-\tau_m)+\sum_{n=1}^{N}A_n\exp\left\{-C_n\frac{(t-B_n)^2}{2}\right\} \tag{10.88}$$

式中，$t\geqslant 0,\tau>0,\alpha_m>0$；$c_m$ 和 ϕ_m 分别为幅度和相位；α_m 和 ω_m 分别为衰减因子和频率；A_n 和 B_n 分别为高斯脉冲的幅度和时移；C_n 为表示脉冲宽度的系数；M 为衰减指数信号的个数；N 为脉冲个数。

为求解式(10.88)中的参数，定义待解的变量集如下

$$\underline{p}=[\omega_1\phi_1c_1\alpha_1\tau_1\cdots\omega_M\phi_Mc_M\alpha_M\tau_M;\quad B_1A_1C_1\cdots B_NA_NC_N] \tag{10.89}$$

利用优化算法来使得残余向量最小，也就是使如下定义的误差最小

$$r=\frac{1}{2}\|\bar{G}(u)-\bar{G}_M(u,p)\|^2 \tag{10.90}$$

式中，$\bar{G}(u)$为接收信号的 HFT，$\bar{G}_M(u,p)$为含有脉冲分量的衰减指数模型的 HFT；$\|\cdot\|$ 表示$\mathcal{L}^2$空间的范数。根据表 10.4 和表 10.5，$\bar{G}_M(u,p)$可化为

$$\begin{aligned}\bar{G}_M(u,p)=&\frac{1}{2}\sum_{m=1}^{M}c_m\frac{\sqrt{1+j}}{2}\left\{e^{j\phi_m}e^{\frac{1}{2}v_{m_1}^2}\exp\left\{-\frac{j}{2}(u-\sqrt{2}v_{m1})^2\right\}\cdot\right.\\&\left.\left[1-\Phi(\gamma'_{m1}\sqrt{\beta})\right]+e^{-j\phi_m}e^{\frac{j}{2}v_{m2}^2}\cdot\exp\left\{-\frac{j}{2}(u-\sqrt{2}v_{m2})^2\right\}\left[1-\Phi(\gamma'_{m2}\sqrt{\beta})\right]\right\}+\\&\sum_{n=1}^{N}A_n\sqrt{\frac{1-j}{C_n-j}}\exp\left\{-\frac{C_n}{C_n^2+1}\left(u-\frac{B}{\sqrt{2}}\right)^2\right\}\cdot\\&\exp\left\{\frac{j}{2}\left[\frac{C_n^2-1}{C_n^2+1}\left(u-\frac{B}{\sqrt{2}}\right)^2+\frac{B^2}{2}-\sqrt{2}uB\right]\right\}\end{aligned}\tag{10.91}$$

式中，$v_{m1}=b+ja$，$v_{m2}=-b+ja$，$\gamma'_{m1}=j(\sqrt{2}u-v_{m1}-\tau_m)$，$\gamma'_{m2}=j(\sqrt{2}u-v_{m2}-\tau_m)$。为了提高收敛速度，避免优化算法陷入局部最小值，选择合适的参数初始值是非常重要的。TLS-MPM 算法是一个好的选择，它用于拟合含有噪声的复指数非常有效，并且具有很强的鲁棒性[30]。

10.4.3 实例

利用两个例子来对上述方法进行验证，一个为线散射体，另一个为导电球体。

10.4.3.1 线散射体

目标为一个细的金属线，长度为 $L=50\text{mm}$，直径为 d，纵横比 $d/L=0.01$，入射脉冲从 45°角的方向照射目标(图 10.32)。

在本节的仿真中，频域在 0.2～100GHz 范围内的后向散射电磁场是利用 WIPL-D[31] 来计算的。为防止数值计算中的偏差，通过时域加高斯窗来限制最高频率分量。高斯窗的形状和频谱特性如图 10.33 所示。图 10.34 给出了瞬态响应加窗后的线散射体后向散射场。后向散射体的时域响应通过对加高斯窗的频域响应计算傅里叶反变换来求得，如图 10.35 中实线所示。时域信号是利用一组 AH 函数来近似得到的[28]，然后利用式(10.45)就可以得到该时域信号的 HFT，如图 10.36 所示。

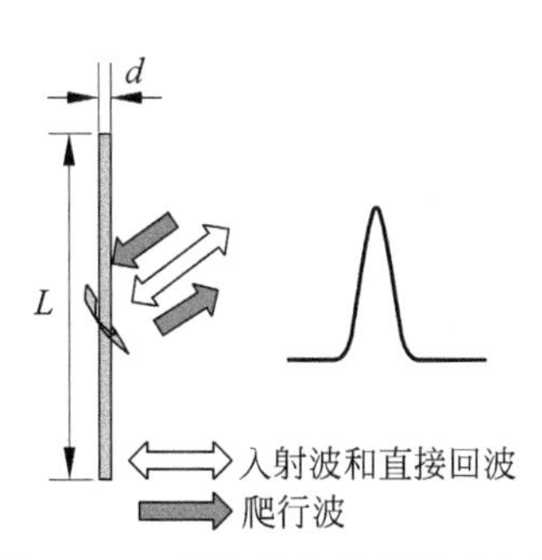

图 10.32 线散射体的照射示意图

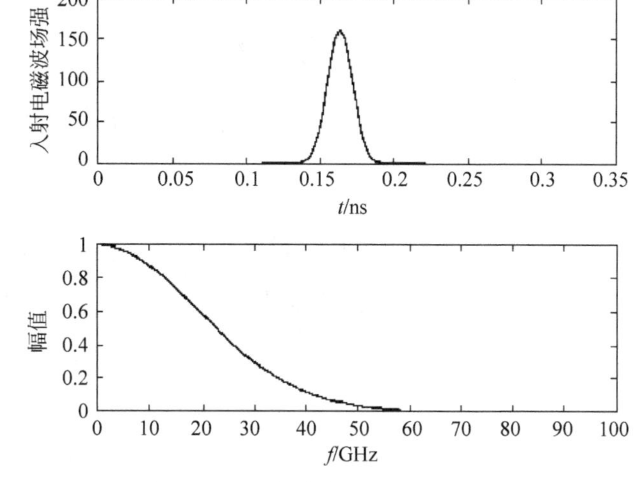

图 10.33 高斯脉冲的时域图和频谱图

$$\mathcal{F}^{\alpha}\left[\mathrm{e}^{-x^2/2}H_n(x)\right]=\mathrm{e}^{-\mathrm{j}n\alpha}\mathrm{e}^{-u^2/2}H_n(u) \tag{10.92}$$

式中，α 为变换角度，$H_n(t)$是 n 阶 Hermite 多项式。

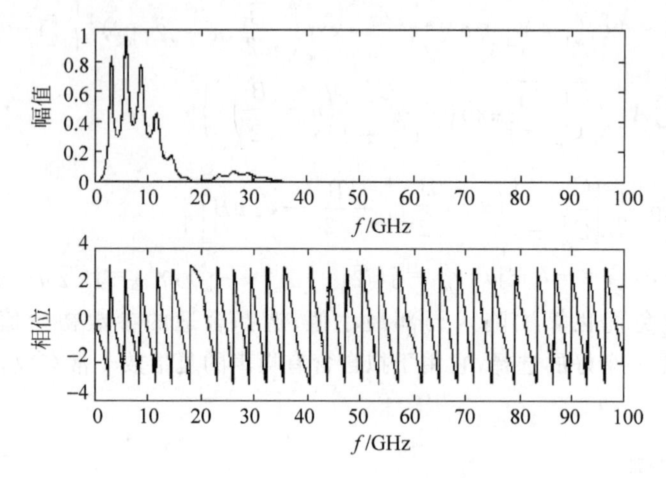

图 10.34 瞬态响应加窗后的线散射体后向散射场

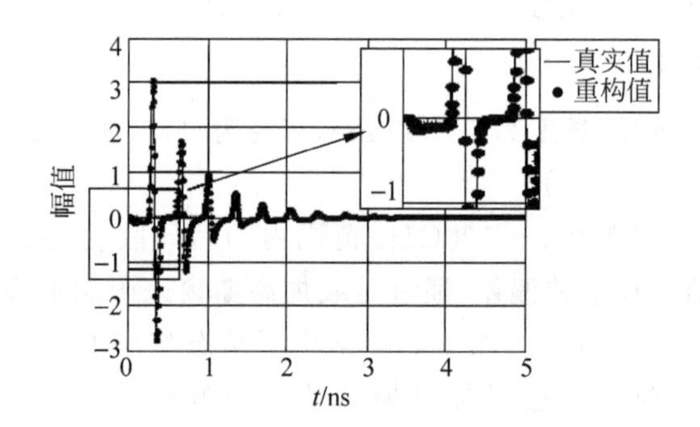

图 10.35 线散射体后向散射场的时域图(小黑点表示用优化参数重构出来的信号)

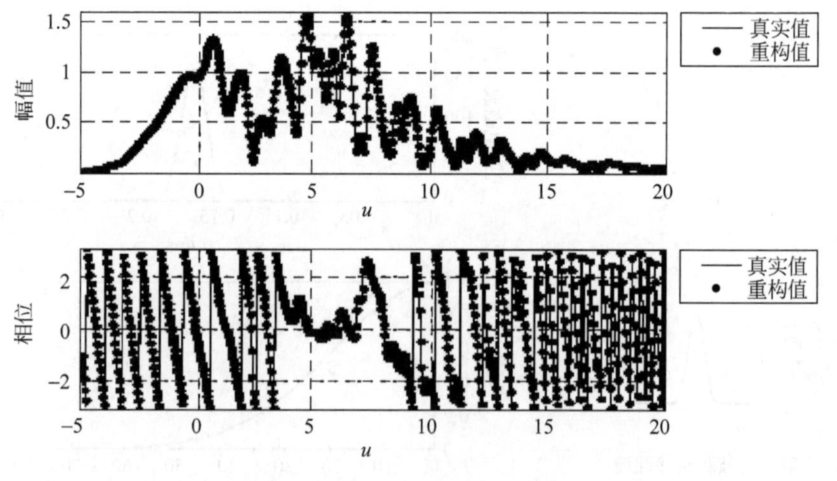

图 10.36 时域信号的 HFT

利用所得到的后向散射场和时域数据的 HFT，我们就可以通过优化算法求得高斯脉冲类函数和复指数的优化参数。基于该优化参数重构的时域信号及其 HFT 如图 10.35 和图 10.36 中的点所示，重构的均方根误差分别是 0.0032 和 0.0035。

为了表示早期时间成分，采用了 5 个高斯脉冲，估计出的脉冲如图 10.37 所示。前 4 次极点的瞬时响应如图 10.38 所示，可以发现它们都是在经过一个延迟之后才开始。极点在复 S 平面的位置用"×"标于图 10.39 中(图 10.39 的 x 轴表示归一化的衰减系数，y 轴表示归一化的频率)。同时，将 Tesche 所得到的关于极点的解析数据[32]用"○"标于图 10.39 中。可以看出本节方法所计算得到的结果与解析结果在频率上吻合得很好，只是在衰减系数上存在一些偏差。

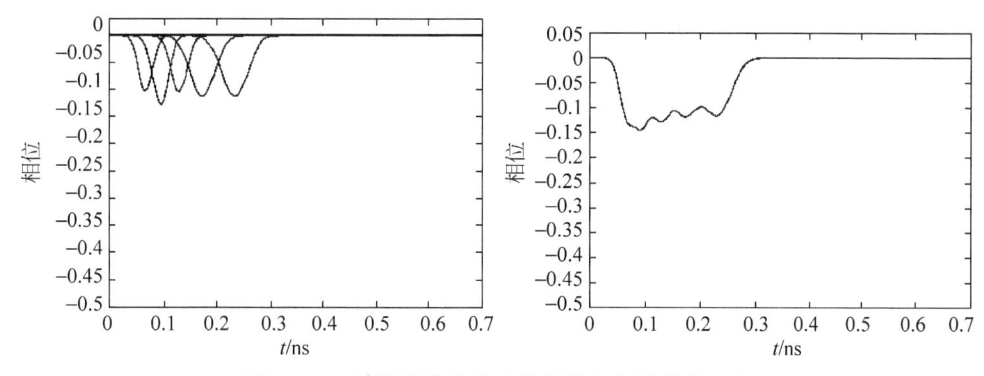

图 10.37 冲激类分量的定位以及它们的混合响应

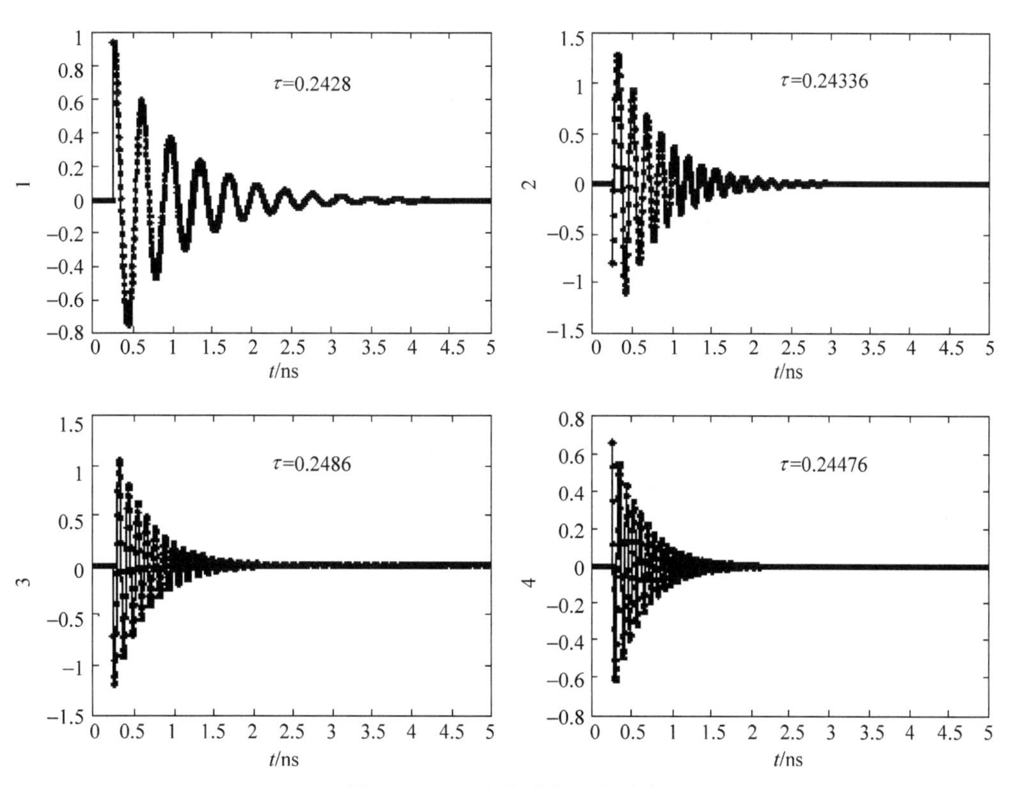

图 10.38 4 个单独的极点响应

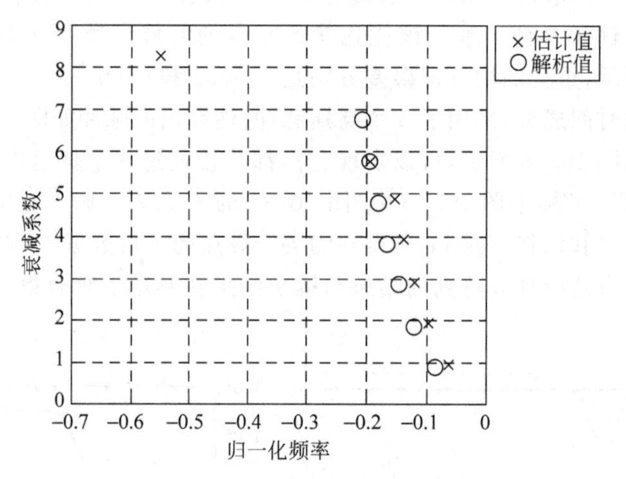

图 10.39 线散射体的极点位置

10.4.3.2 导电球体

接下来看一个导电球体的例子。该球体半径为 1cm(图 10.40)。同样,使用 WIPL-D 来计算后向散射电磁场。从目标的上部进行照射。通过时域加高斯窗来限制入射信号谱宽,其频域响应如图 10.41 所示,经过傅里叶反变换的结果如图 10.42 中实线所示。该响应包含了两种类型的脉冲,一种是直接反射的脉冲,另一种是爬行波。类似地,用 AH 函数计算的 HFT 结果如图 10.43 中实线所示。用优化参数重构的时域信号及其 HFT 分别示于图 10.42 和图 10.43 中(用点表示),重构的均方根误差分别为 0.0036 和 0.0026。在本例中,代表早期时间响应的三个高斯脉冲被得到(图 10.44)。直接回波和爬行波存在约 0.176ns 的间隔,这和 0.1714ns$\{(2+\pi)r/(3\times10^8)=0.174\text{ns}\}$的理论值非常接近。图 10.45 清晰地给出了前 6 个复指数分量。图 10.46 给出了极点的估计结果和解析结果的对比,其中解析结果可参见文献[33]。从图 10.46 可以看出,两者在衰减系数上也吻合得很好。

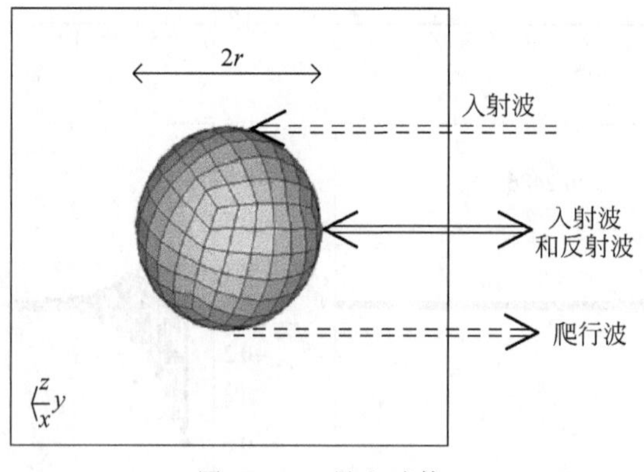

图 10.40 导电球体

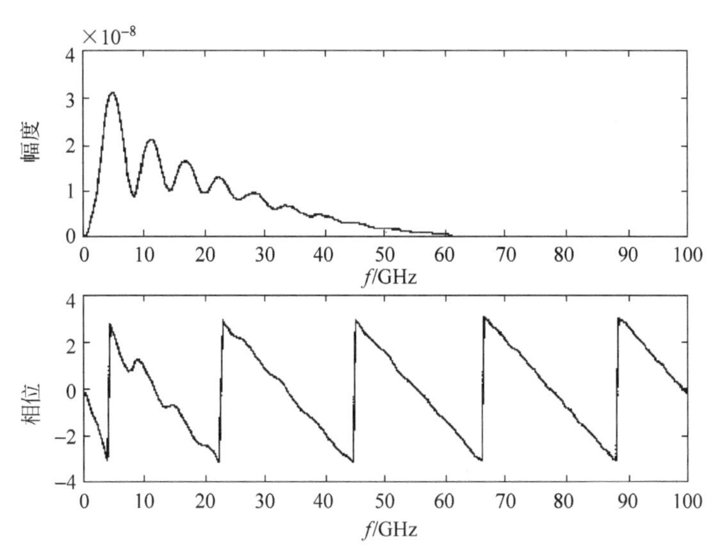

图 10.41 瞬态响应加窗后的后向散射场

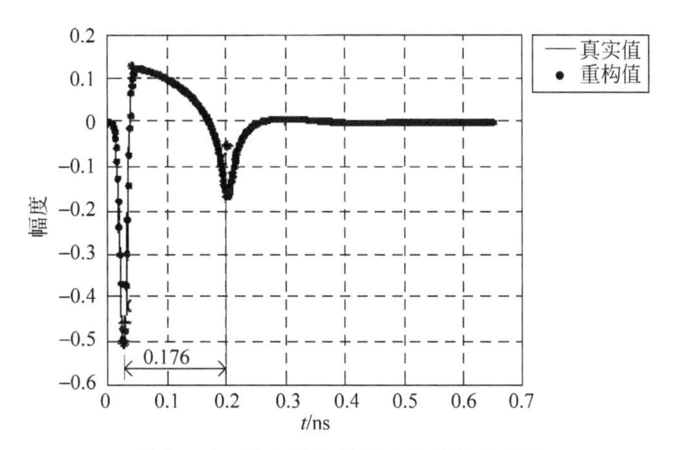

图 10.42 导电球体的后向散射场时域图

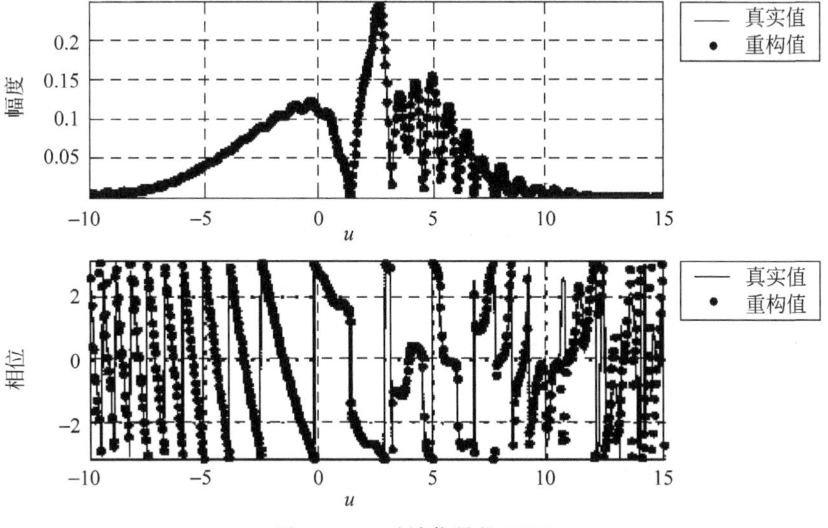

图 10.43 时域信号的 HFT

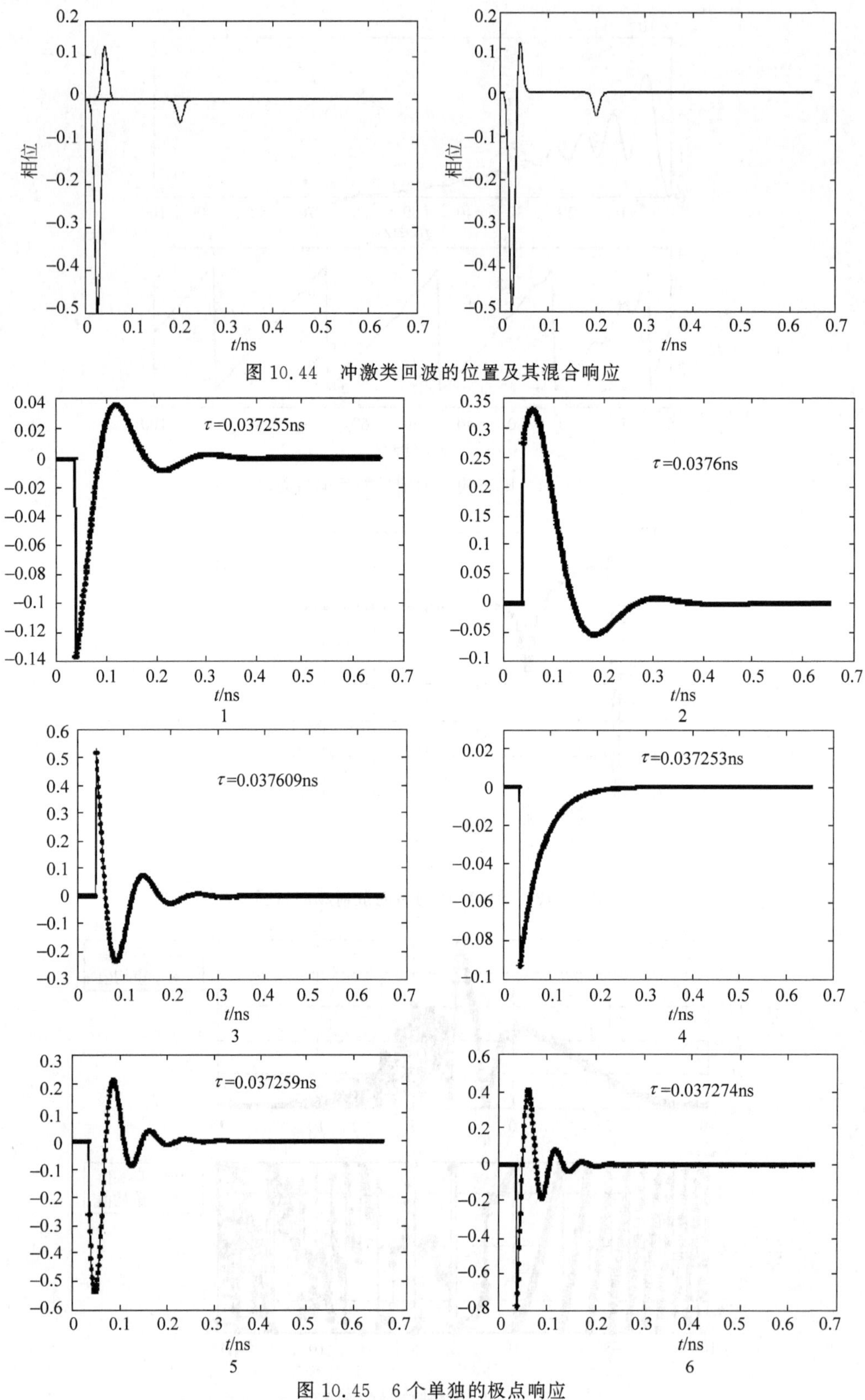

图 10.44　冲激类回波的位置及其混合响应

图 10.45　6 个单独的极点响应

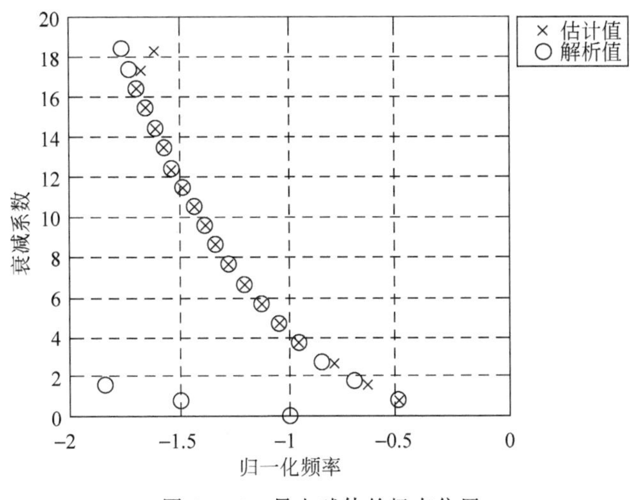

图 10.46　导电球体的极点位置

10.5　在脱靶量测量中的应用

目前脱靶量测量多采用多普勒-相位差测量法，其基本原理是依据靶标交会过程中多普勒频率随时间而变化，其变化规律由导弹与目标的相对运动速度、相对运动加速度、标量脱靶量、脱靶时刻来决定。那么，应该能够测出交会过程中目标回波多普勒频率随时间的实际变化曲线，然后基于选定的多普勒频率曲线模型采用最优化方法对所测出的多普勒频率变化曲线作最优拟合，从而估计出被测目标的标量运动速度、脱靶距离等标量脱靶量参数。在此基础上可再进一步估计出相位差和瞬时距离信息获得被测目标的矢量脱靶量参数。图 10.47 给出了在匀变速直线运动模型下交会段多普勒频率的变化规律曲线。图 10.48 则给出了脱靶量测量数据处理的工作流程。

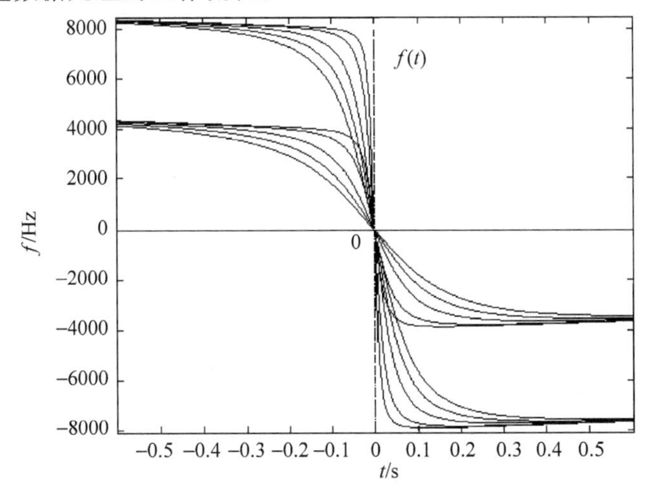

图 10.47　交会段多普勒频率变化规律

其中上下两组初速度分别为 400m/s 和 200m/s，两组曲线从左到右对应的表量脱靶量分别为 40m、30m、20m、10m 和 5m，加速度均为 -30m/s^2

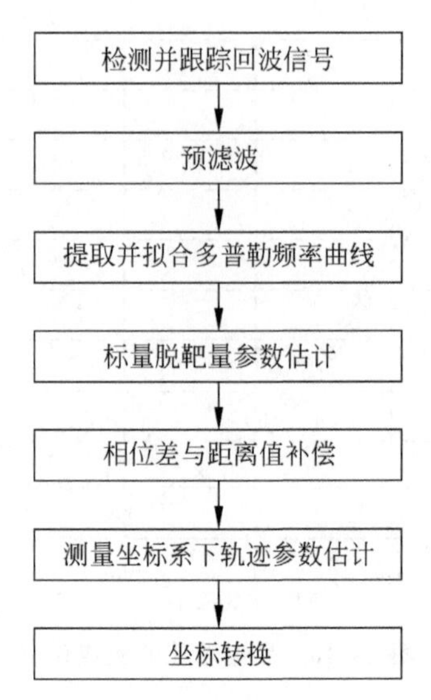

图 10.48 脱靶量测量系统数据处理流程

在多普勒脱靶量测量技术中，多普勒频率的测量是其中的关键环节。当前主要采用的是基于 FFT 的谱分析方法，最近高分辨率的现代谱分析方法也已被用于多普勒频率的提取。其基本思路是对接收信号作合理的分段处理，假定其在每小段内近似为恒频恒包络的谐波信号，然后对每小段信号作带限降噪来抑制噪声，并对降噪后的信号估计出瞬时频率。该方法主要存在的问题是：在脱靶点附近，尤其是在小脱靶量的情况下，多普勒频率将急剧变化，此时仍利用恒幅恒频的假设来估计信号频率会引起比较大的误差。

为解决在脱靶点附近多普勒频率的急剧变化给多普勒频率估计带来较大误差的问题，可以考虑基于分数阶傅里叶变换的多普勒频率测量方法，利用 chirp 信号来拟合出更为准确的多普勒频率曲线，从而能够得出更为精确的目标标量运动速度和标量脱靶量。

10.5.1 原理

通过合理地延长分段时长，将每小段内信号近似为线性调频信号，就能够利用分数阶傅里叶域滤波来抑制噪声，并利用分数阶傅里叶变换高分辨算法来估计瞬时频率，从而提高脱靶量测量效率。从交会段多普勒频率变化规律(图 10.47)可以看出在脱靶点附近多普勒频率变化率很大，采用每小段恒频恒包络近似则会导致分段时长迅速缩短，信号的有效利用和降噪难度则迅速增大。而此时的多普勒频率变化近似线性，更为有利于每小段线性调频的近似。因此，可将获得的有效数据分成若干小段，各小段数据近似为 chirp 信号，并以此为基础拟合出信号的多普勒频率。

由图 10.47 可以看出，目标的多普勒频率变化曲线大致可以分为三部分，前后两部分近似于水平直线，中间一部分在脱靶点附近，多普勒频率变化很大，可近似为一条斜线。三部分曲线连接处斜率变化较大，但段内曲线稳定性较好，因此，如果能知道各小段曲线的近似斜率(调频率 m)和近似频移量(中心频率 $f_{0)}$，就可以利用各小段斜线有效地拟合出多普勒频率变化曲线。

为使拟合出的曲线尽可能接近真值，自然希望分段越小越好，但是如果分段过小，则频域分辨率差，反而使估出的多普勒频率误差增大。因此，采用如下的处理方式来解决上述问题：数据拟合时信号分段较小，外加一个相对较长的时间窗，以数据拟合时分段长度作为移动步长，时间窗长是步长的整数倍并以步长为单位在时域平移，窗内信号估出的 chirp 近似参数值作为窗内第一段步长信号的 chirp 近似参数值。这样的处理方式可以同时得到较好的近似精度与频域分辨率。

10.5.2　算法步骤

(1) 对雷达回波信号作预滤波处理，以提高信噪比。

(2) 确定信号数据的窗宽 a 与拟合时的分段大小 b，并估计多普勒频率。

① 在 $-1\sim1$ 的范围内以 0.1 为步长，对窗内信号逐阶作分数阶傅里叶变换，得到 20 个不同阶数的变换结果。对其做二维搜索，搜出峰值位置，在峰值位置所在阶数前后以 0.01 为步长再做 20 个不同阶数的分数阶傅里叶变换，并搜索峰值位置。如此反复，直到得到所需的精度(如 0.00001)。

② 利用搜得的峰值位置求出窗内信号的调频率 m_n 和中心频率 f_{0n}，并将其作为窗内信号的调频率与中心频率，以满足 $m_n t+f_{0n}=0$ 的线段作为该窗内信号的多普勒频率变化估值。

③ 时间窗以 b 步长向前滑动，重复步骤(1)、(2)，直到数据处理完毕。

(3) 依据估出的参数拟合出多普勒频率变化曲线。由于受到噪声与分辨率的影响，估出参数会有误差，需对曲线作初步拟合。设第 n 段信号在上一步骤(2)中估出的多普勒频率的最后变化值为 f_{zn}，第 $n+1$ 段信号估出的多普勒频率变化起始值为 $f_{d(n+1)}$，则令 $f_{d(n+1)}=(f_{zn}-f_{q(n+1)})/2$，以满足 $m_{n+1}t+f_{0(n+1)}+f_{d(n+1)}=0$ 的线段作为第 $n+1$ 段信号的多普勒频率估值。

(4) 对测出的多普勒频率变化曲线作优化拟合，估出标量脱靶量及目标相对运动初速度。

① 先建立多普勒频率变化模型。一般，可假设交会过程中弹、靶信号作匀加速直线运动，匀速运动模型可看作为加速度 $\alpha=0$ 时的特例。设射频波长为 λ，弹、靶相对运动初始速度和加速度分别为 v 和 α，参考点 $t=0$ 时导弹与脱靶点的距离为 x，标量脱靶量为 r，则其多普勒频率变化模型如下

$$f_{\mathrm{d}}(t)=\frac{2(v+\alpha t)}{\lambda}\frac{\left(x-vt-\frac{\alpha t^2}{2}\right)}{\sqrt{r^2+\left(x-vt-\frac{\alpha t^2}{2}\right)^2}} \tag{10.93}$$

② 依照上式模型对估得的多普勒频率结果作线性回归分析，得到各参数的估计初始值。

设 $N(t)$ 为

$$N(t)=\int_0^t f_{\mathrm{d}}(t)\mathrm{d}t \tag{10.94}$$

将式(10.93)代入后，得到

$$N(t)=\frac{2}{\lambda}\left[\sqrt{r^2+x^2}-\sqrt{r^2+\left[x-\left(vt+\frac{\alpha t^2}{2}\right)\right]^2}\right] \tag{10.95}$$

令 $R_0=\sqrt{r^2+x^2}$，对式(10.95)整理后，有

$$\left(\frac{\lambda N(t)}{2}\right)^2=\lambda N(t)R_0-2xvt+(v-\alpha t)t^2+v\alpha t^3+\frac{\alpha^2}{4}t^4 \tag{10.96}$$

即

$$\left[\frac{\lambda N(t)}{2}\right]^2=\begin{bmatrix}\lambda N(t) & t & t^2 & t^3 & t^4\end{bmatrix}\begin{bmatrix}R_0\\ -2vx\\ v^2-\alpha x\\ v\alpha\\ \alpha^2/4\end{bmatrix} \tag{10.97}$$

离散时间情况下，即取采样点 $t_n, n=1,2,\cdots,N$，我们可以用求和代替式(10.97)，得到

$$N(t_i)=\sum_{n=1}^{i} f_{\mathrm{d}}(t_n) \tag{10.98}$$

那么建立如下线性方程组

$$\begin{bmatrix}\left[\frac{\lambda N(t_1)}{2}\right]^2\\ \left[\frac{\lambda N(t_2)}{2}\right]^2\\ \vdots\\ \left[\frac{\lambda N(t_N)}{2}\right]^2\end{bmatrix}=\begin{bmatrix}\lambda N(t_1) & t_1 & t_1^2 & t_1^3 & t_1^4\\ \lambda N(t_2) & t_2 & t_2^2 & t_2^3 & t_2^4\\ \vdots & \vdots & \vdots & \vdots & \vdots\\ \lambda N(t_N) & t_N & t_N^2 & t_N^3 & t_N^4\end{bmatrix}\begin{bmatrix}R_0\\ p\\ q\\ l\\ s\end{bmatrix} \tag{10.99}$$

式中，$p=-2xv, q=v^2-\alpha x, l=v\alpha, s=\alpha^2/4$。通过求解式(10.99)就可以获得估计值 $\hat{R}_0$、$\hat{p}$、$\hat{q}$、$\hat{l}$ 和 $\hat{s}$，并可以进一步求得标量脱靶量参数的估计初值如下

$$\hat{v}=\sqrt{\hat{q}+\sqrt{\hat{q}^2-2\hat{p}\hat{l}}\ /2} \tag{10.100}$$

$$\hat{\alpha}=\hat{l}/\hat{v} \tag{10.101}$$

$$\hat{x}=-\hat{p}/(2\hat{v}) \tag{10.102}$$

$$\hat{r}=\sqrt{\left[\hat{R}_0-\frac{\lambda N(t_N)^2}{2}\right]^2-\left[\hat{x}-\left(\hat{v}t_N+\frac{1}{2}\hat{\alpha}t_N{}^2\right)\right]^2} \tag{10.103}$$

③ 求解如下最小二乘估计问题可得出4个参数的最终估计值

$$\hat{v},\hat{\alpha},\hat{r},\hat{x}=\operatorname{argmin}\sum_{n=1}^{N}\left[\hat{f}_{\mathrm{d}}(t_n)-f_{\mathrm{d}}(t_n)\right]^2 \tag{10.104}$$

其中，$\hat{f}_{\mathrm{d}}(t_n)$表示多普勒频率的估计序列，$f_{\mathrm{d}}(t_n)$则表示式(10.93)所示的多普勒频率理想模型序列。

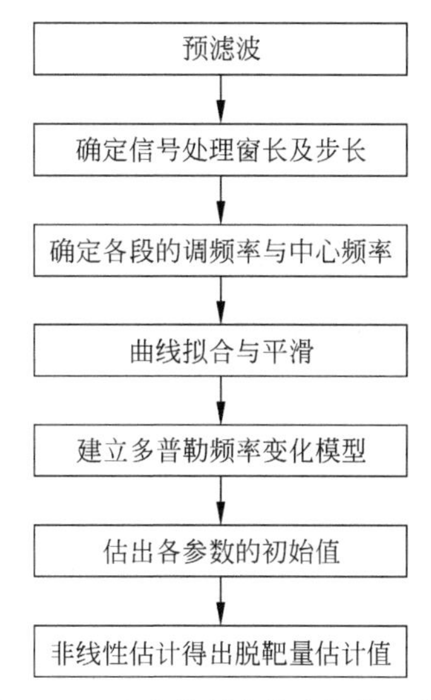

图 10.49 多普勒频率提取与处理流程

10.5.3 仿真

假设交会过程中，弹靶间做匀减速直线运动，$t=0$ 时导弹与脱靶点的距离为 $x=180\mathrm{m}$，初始速度 $v=300\mathrm{m/s}$，加速度 $\alpha=-30\mathrm{m/s^2}$，脱靶量 $r=10.1\mathrm{m}$，雷达发射连续波波长 $\lambda=0.1\mathrm{m}$。

虽然采用较长窗宽能得到更好的频率分辨率，但是由图 10.47 可知，导弹的多普勒频率曲线并不平稳，尤其是脱靶点附近，斜率变化非常明显。因此如果窗宽过长，则脱靶点附近窗内平稳度差，估出的 chirp 近似参数误差较大。一个固定的窗宽很难同时拥有较好的频域分辨率与较好的窗内平稳度。在式(10.93)的模型中，当 $r<<x-vt-\frac{\alpha t^2}{2}$时，信号的多普勒模型可写成如下形式

$$f_{\mathrm{d}}(t)\approx\frac{2(v+\alpha t)}{\lambda} \tag{10.105}$$

可见，远离脱靶点信号有较好的线性度，且目标多普勒频率的形状主要取决于目标的相对运动初速度与加速度，因此，对交会段远离脱靶点附近的回波数据取较长的窗宽，例如 0.1s 的窗宽，并取用该窗宽估出的结果中的目标相对运动初速度与加速度。同时，为了保证在脱靶点附近信号的稳定度，可适当缩短窗宽，例如采用 0.02s 的窗宽，则在该窗宽下得到的标量脱靶量结果是较为可靠的。

图 10.50 是多普勒频率曲线仿真结果。图 10.50 (a)是 0.1s 窗宽、20ms 步长的多普勒频率曲线；图 10.50(b)是 0.02s 窗宽、20ms 步长的多普勒频率曲线。表 10.6 列出了信噪比为$-3\mathrm{dB}$ 时对标量脱靶量参数估计的结果。

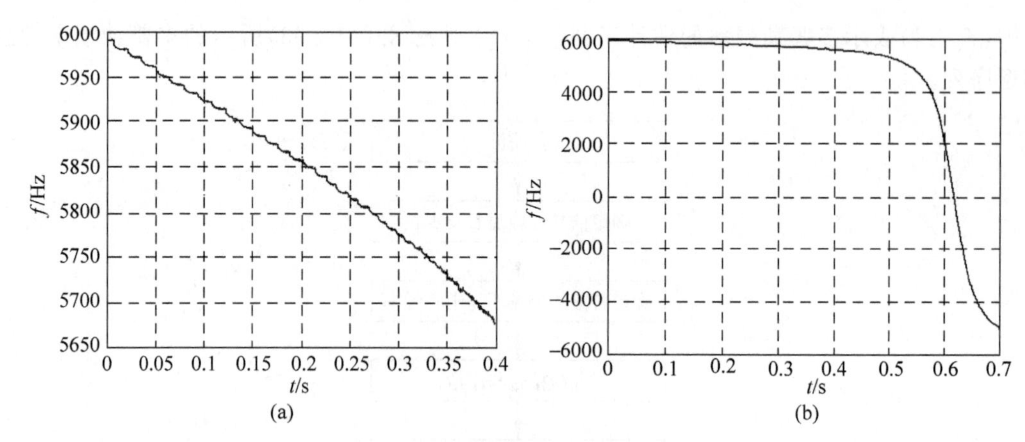

图 10.50 多普勒频率变化估计曲线

(a) 0.1s 窗宽；(b) 0.02s 窗宽

表 10.6 −3dB 下脱靶量估计结果

序号	速度 $v/(\mathrm{m}\cdot\mathrm{s}^{-1})$		脱靶量 r/m	
	本节方法估计值	原有方法估计值	本节方法估计值	原有方法估计值
1	300.12	299.01	11.990	11.865
2	300.15	299.03	11.993	12.112
3	300.12	300.15	11.989	11.887
4	300.12	300.13	11.984	12.028
5	300.11	299.89	11.992	11.891
6	300.16	300.12	11.913	11.922
7	300.12	300.16	11.989	12.012
8	300.11	300.12	11.991	12.002
9	300.13	299.88	11.994	12.088
真实值	300.00	300.00	12.10	12.10
均 值	300.1267	299.8322	11.9751	11.9786
标准差	0.0163	0.4457	0.0304	0.0857

注：原有方法请参见文献[34-35]。

参考文献

[1] Borden B. On the fractional wideband and narrowband ambiguity function in radar and sonar[J]. IEEE Signal Processing Letters,2006,13(9): 545-548.

[2] Swick D. A review of wideband ambiguity functions[R]. Naval Research Laboratory Rep. 6994,1969.

[3] Namias V. The fractional order Fourier transform and its application to quantum mechanics[J]. J. Inst. Math. Appl. ,1980,25: 241-265.

[4] 陈鹏,侯朝焕,梁亦慧. 基于离散分数阶傅里叶变换的水下动目标线性调频回波检测算法的研究[J]. 兵工学报,2007,28(7): 834-838.

[5] 丁鹭飞,耿富录. 雷达原理[M]. 西安: 西安电子科技大学出版社,2000.

[6] 何友,关键,彭应宁,等. 雷达自动检测与恒虚警处理[M]. 北京: 清华大学出版社,1999.

[7] 赵宏钟,付强. 雷达信号的加速度分辨性能分析[J]. 中国科学(E 辑),2003,33(7): 638-646.

[8] Almeida L B. The fractional Fourier transform and time-frequency representations[J]. IEEE Trans. Signal Processing,1994,42(11): 3084-3091.
[9] Ozaktas H M,Arikan O,Kutay M A,et al. Digital computation of the fractional Fourier transform[J]. IEEE Trans. Signal Processing,1996,44(9): 2141-2150.
[10] 罗军辉,罗勇江,等. MATLAB 7.0 在数字信号处理中的应用[M]. 北京: 机械工业出版社,2005.
[11] 马晓岩,向家彬,等. 雷达信号处理[M]. 长沙: 湖南科学技术出版社,1998.
[12] Amein A S,Soraghan J J. Fractional chirp scaling algorithm-mathematical model[J]. IEEE Trans. Signal Processing,2007,55(8): 4162-4172.
[13] Sun H B,Liu G S,et al. Application of the fractional Fourier transform to moving target detection in airborne SAR[J]. IEEE Trans. Aerospace and Electronic Systems,2002,38(4): 1416-1424.
[14] Raney R K,Runge H,et al. Precision SAR processing using chirp scaling[J]. IEEE Trans. Geoscience and Remote Sensing,1994,32(4): 786-799.
[15] Carrara W G, Goodman R S, Majewski R M. Spotlight synthetic aperture radar: signal processing algorithms[M]. London, U. K. : Artech House,1995.
[16] Papoulis A. Systems and transforms with application to optics[M]. New York: McGraw-Hill,1968.
[17] Cumming I G, Wong F H. Digital processing of synthetic aperture radar data[J]. London, U. K. : Artech House,2005.
[18] Moriera A,Mittermayer J,Scheiber R. Extended chirp scaling algorithm for air-and spaceborne SAR data processing in stripmap and ScanSAR imaging modes[J]. IEEE Trans. Geosci. Remote Sens. , 1996,34: 1123-1136.
[19] Potsis A, Reigber A, Moreira A, et al. Comparison of chirp scaling and wave number domain algorithms for airborne low frequency SAR data processing[J]. in SPIE Proc. SAR Image Analysis, Modeling Techn. V,2002,4883: 25-36.
[20] Reigber A,Potsis A,et al. Wave number domain SAR focusing with integrated motion compensation [C]//in Proc. IEEE IGARSS 2003,France,2003,3: 1465-1467.
[21] Cumming I G,Neo Y L,Wong F H. Interpretation of the omega-k algorithm and comparison with other algorithms[C]//. in Proc. IEEE IGARSS 2003,France,2003,3: 1455-1461.
[22] Amein A S,Soraghan J J. A new chirp scaling algorithm based on the fractional Fourier transform [J]. IEEE Signal Processing Letters,2005,12(10): 705-708.
[23] Amein A S, Soraghan J J. Azimuth fractional transform of the fractional chirp scaling algorithm (FRCSA)[J]. IEEE Trans. Geoscience and Remote Sensing,2006,44(10): 2871-2879.
[24] Capus C,Brown K. Short-time fractional Fourier methods for the time-frequency representation of chirp signals[J]. J. Acoust. Soc. Amer. ,2003,113(6): 3253-3263.
[25] 陶然,邓兵,王越. 分数阶 Fourier 变换在信号处理领域的研究进展[J]. 中国科学: E 辑,2006,36 (2): 113-136.
[26] Kutay M A,Ozaktas H M,et al. Optimal filtering in fractional Fourier domains[J]. IEEE Trans. Signal Processing,1997,45: 1129-1143.
[27] Du L P,Su G C. Adaptive inverse synthetic aperture radar imaging for nonuniformly moving targets [J]. IEEE Geoscience and Remote Sensing Letters,2005,2(3): 247-249.
[28] Jang S, Choi W, Sarkar T K, et al. Exploiting early time response using the fractional Fourier transform for analyzing transient radar returns[J]. IEEE Trans. Antennas and Propagation,2004,52 (11): 3109-3121.
[29] Baum C E. New perspectives on problems in classical and quantum physics, part II: acoustic propagation and scattering[J]. Electromagnetic Scattering,Gordon and Breach,1998.
[30] Sarkar T K, Pereira O. Using the matrix pencil method to estimate the parameters of a sum of

complex exponentials[J]. IEEE Antennas Propagat. Mag. ,1995,37(1)：48-55.

[31] Kolundzija B M,Ognjanovic J S,Sarkar T K. WIPL-D (for Windows Manual)[M]. Norwood,MA：Artech House,2000.

[32] Tesche F M. On the analysis of scattering and antenna problems using the singularity expansion technique[J]. IEEE Trans. Antennas Propagat. ,1973,21：53-62.

[33] Chen K M,Westmoreland D. Impulse response of a conducting sphere based on singularity expansion method[J]. Proc. IEEE,1981,69(6)：747-750.

[34] 吴嗣亮. 矢量脱靶量测量系统数据处理方法的研究与实践[D]. 北京：北京理工大学,1998.

[35] 魏国华. 矢量脱靶量测量系统数据处理方法的研究[D]. 北京：北京理工大学,2004.

第11章

在通信中的应用

11.1 基于分数阶傅里叶变换的二进制 chirp-rate 调制/解调技术

chirp-rate 调制作为一种扩频通信方式，具有较强的抗截获和抗多径能力，同时又能与其他扩频方式组合，形成混合扩频通信方式，增大用户容量。本节利用分数阶傅里叶变换处理 chirp 类信号的独特优势，研究了基于分数阶傅里叶变换的二进制 chirp-rate 调制/解调技术。与匹配滤波解调方式不同，基于分数阶傅里叶变换的解调方法是一种非相干解调，在误码率上比相干解调性能差了约 3dB，在多普勒频移的鲁棒性和码同步误差的敏感性方面，两者性能接近。

chirp-rate 调制在水声通信中通常用于码同步，为接收信息码信号准确开窗，以保证高质量的通信。文献[1]提出将分数阶傅里叶变换应用于水声通信同步检测，采用 Pattern 时延差编码水声通信体制。基于此方案的计算机仿真表明，分数阶傅里叶变换相对于拷贝相关将更适用于存在多普勒频偏的相干多途水声信道条件，有助于实现水下低误码率通信。

11.1.1 chirp-rate 调制/解调原理

11.1.1.1 调制

chirp-rate 调制利用 chirp 信号的调频率参数实现信号的数字调制。以二进制数字调制为例，如图 11.1 所示，用 chirp 信号的调频率 μ_1 表示“1”，调频率 μ_0 表示“0”，即码为“1”时，基带信号为 $A\cos(\varphi_1+2\pi f_1 t+\pi\mu_1 t^2)$；码为“0”时，基带信号为 $A\cos(\varphi_0+2\pi f_0 t+\pi\mu_0 t^2)$。

11.1.1.2 解调

我们知道不同调频率的 chirp 信号在相应阶次的分数阶傅里叶域内能量聚集，而其他分量的 chirp 信号以及噪声能量分散。当取分数阶傅里叶变换阶次 $p\in(0,2)$ 时，chirp 信号调频率 μ 和变换阶次 p 存在一一对应关系。又因为实信号 $x(n)$ 可表示为

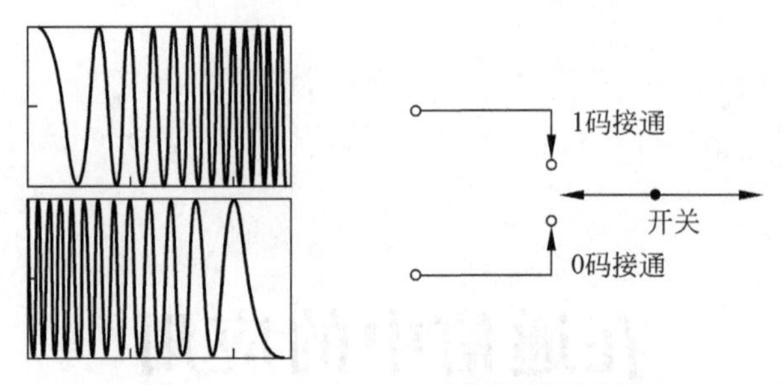

图 11.1　chirp-rate 二进制调制示意图

$$x = A\cos(\varphi + 2\pi ft + \pi\mu t^2) = \frac{1}{2}(\mathrm{e}^{\mathrm{j}(\varphi+2\pi ft+\pi\mu t^2)} + \mathrm{e}^{-\mathrm{j}(\varphi+2\pi ft+\pi\mu t^2)}) \tag{11.1}$$

所以与傅里叶变换一样，当输入信号为实信号时，其分数阶傅里叶谱同样存在双边谱，如图 11.2 所示。所不同的是实信号的分数阶傅里叶谱关于零点中心对称。

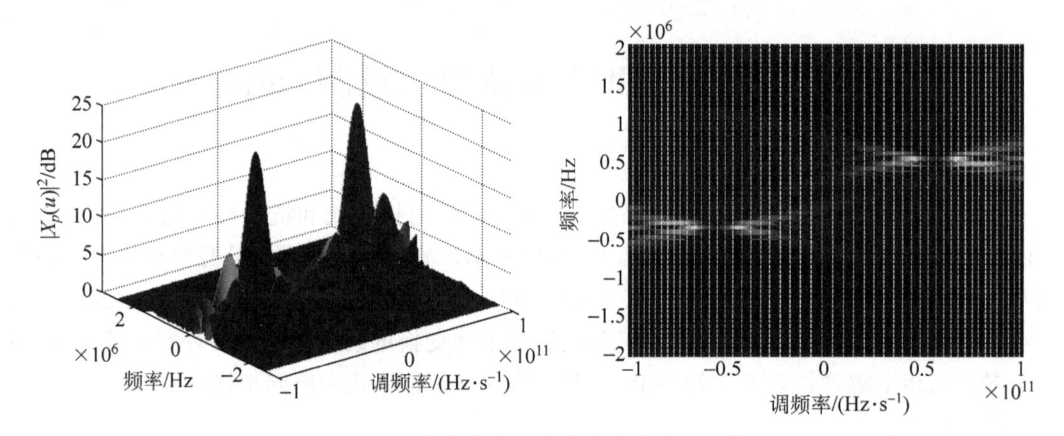

图 11.2　某实信号的分数阶傅里叶幅度谱

如图 11.3(a)所示，chirp-rate 解调主要根据基带信号参数，先计算出“1”“0”码元对应基带信号分数阶傅里叶域相应峰值的采样位置 u_m，从而直接在该点进行采样判决。具体解调过程如下：

(1) 将同步接收后的信号进行 I、Q 两路混频，得到复基带信号。

(2) 将复基带信号按每个码元周期分别作 p_0、p_1 阶分数阶傅里叶变换（$\mu_0 = -\cot(p_0\pi/2)$、$\mu_1 = -\cot(p_1\pi/2)$）。

(3) 对变换结果取模平方后，按照确定的采样位置 u_{m0}、u_{m1} 进行采样判决。

或者直接对实信号进行处理，但是这就要求基带信号的中心频率绝对值互不相等（为什么?），即 $|X_0(t,f)|_{t=T/2}| \neq |X_1(t,f)|_{t=T/2}|$，$X(t,f)$表示时频分布，得到解调步骤如下[图 11.3(b)]：

(1) 将同步接收后的信号混频到基带，然后将实基带信号按每个码元周期分别作 p_0、p_1 阶分数阶傅里叶变换（$\mu_0 = -\cot(p_0\pi/2)$、$\mu_1 = -\cot(p_1\pi/2)$）；

(2) 对变换结果取模平方后，按照确定的采样位置 u_{m0}、u_{m1} 进行采样判决。

为保证“1”码和“0”码具有相同的处理增益，取 $\mu_0 = -\mu_1$，不妨设 $\mu_1 > 0$。根据式(11.1)和图 11.2 所示的实 chirp 信号的分数阶傅里叶谱特点，可以得到上述解调方式的简化版

[图 11.3(c)]：

(1) 将同步接收后的信号混频到基带，然后将实基带信号按每个码元周期作 p_1 阶分数阶傅里叶变换($\mu_1=-\cot(p_1\pi/2)$)；

(2) 对变换结果取模平方后，按照预先确定的采样位置 u_{m1}、$-u_{m1}$ 进行采样判决(其中，u_{m1} 位置采样值对应于"1"码，$-u_{m1}$ 位置采样值对应于"0"码)。

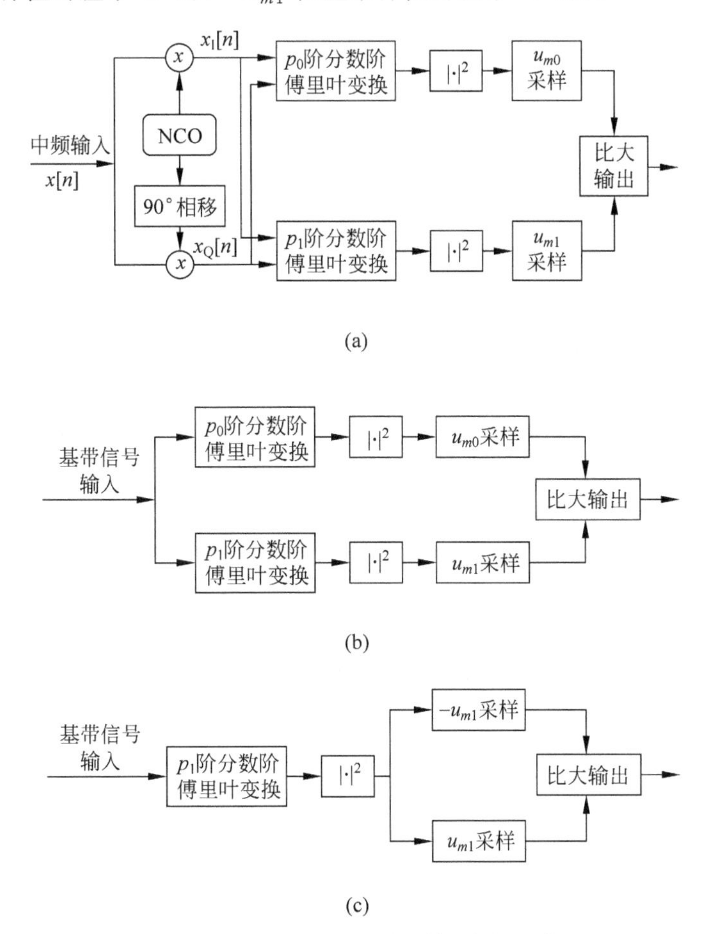

图 11.3　chirp-rate 二进制调制的解调示意图

11.1.2　调制/解调信号模型

根据式(11.1)可知，实 chirp 信号的分数阶傅里叶谱与相同参数复 chirp 信号的分数阶傅里叶谱是一样的，只是能量降低一半，且多了一个对称谱。在实际工程应用中，复信号通过 I、Q 两路产生，其中每一路都是实信号。因此，从分析信号分数阶傅里叶谱的角度出发，完全可以用复信号模型来替代实信号模型。设某基带 chirp 信号为

$$g(t)=A\exp(\mathrm{j}2\pi f_0 t+\mathrm{j}\pi\mu t^2+\mathrm{j}\varphi),\quad t\in[0,T] \tag{11.2}$$

为对应于分数阶傅里叶变换离散算法的模型[2]，将其改写为

$$g(t)=A\exp(\mathrm{j}2\pi f_m t+\mathrm{j}\pi\mu t^2+\mathrm{j}\varphi),\quad t\in[-T/2,T/2],\quad f_m=f_0+\mu T/2 \tag{11.3}$$

则其分数阶傅里叶变换为

$$\begin{aligned} G_p(u) &= A\sqrt{(1-\mathrm{j}\cot\alpha)}\int_{-T/2}^{T/2} \mathrm{e}^{\mathrm{j}\pi(t^2\cot\alpha-2ut\csc\alpha+u^2\cot\alpha)}\ \mathrm{e}^{\mathrm{j}\pi(\mu t^2+2f_m t)+\mathrm{j}\varphi}\mathrm{d}t \\ &= \frac{A}{\sqrt{\sin\alpha}}\mathrm{e}^{\mathrm{j}\frac{\alpha}{2}+\mathrm{j}\frac{3\pi}{4}+\mathrm{j}\pi(u^2\cot\alpha)+\mathrm{j}\varphi}\int_{-T/2}^{T/2}\mathrm{e}^{\mathrm{j}\pi t^2(\cot\alpha+\mu)}\ \mathrm{e}^{\mathrm{j}2\pi t(f_m-u\csc\alpha)}\mathrm{d}t \end{aligned} \tag{11.4}$$

当 $\mu=-\cot\alpha, f_m=u\csc\alpha$ 时，得到 $g(t)$ 的分数阶傅里叶幅度谱（分数阶傅里叶变换模平方）峰值输出为

$$|G_p(u)|^2_{\max}=|G_\alpha(u)|^2\big|_{\mu=-\cot\alpha, f_m=u\csc\alpha}=\frac{A^2T^2}{|\sin\alpha|} \tag{11.5}$$

11.1.3 离散化处理

11.1.2 节给出了 chirp 脉冲信号的峰值表达式，但是在实际应用中，我们是利用分数阶傅里叶变换离散算法来对分数阶傅里叶域进行离散采样，并不能保证能够正好采到峰值所在位置。从第 6 章导出的分数阶傅里叶变换离散分辨率表达式可以看出，改变调频率（即改变分数阶傅里叶变换阶次）可以改变分数阶傅里叶域采样位置。因此，需要在通信系统的参数要求范围内寻找比较合适的调频率，使得采样位置能够足够接近峰值位置。接下来，我们在确定采样频率、码元周期和允许带宽后，通过改变时宽带宽积来调整相应的分数阶傅里叶变换阶次，以寻求次最优的采样位置。其中基带信号采样频率为 5MHz，码长 16μs（即码率为 62.5KBaud/s），允许占用带宽在 1MHz 内。图 11.4 给出了不同时宽带宽积下（步长为 0.001）次最优采样位置所对应的频率与峰值位置所对应频率 f_m 的差值，图(a)为绝对差值，图(b)为相对差值（取中心频率 f_m 的相对值）。最终确定时宽带宽积为 14，相应的带宽为 0.875MHz，处理增益约为 11.46dB。这样便能得到如下所示的基带信号形式：

"1"码：$\cos(\pi\mu t^2)$，$\mu=14/(16\times10^{-6})^2=5.46875\times10^{10}\,\mathrm{Hz/s}$

"0"码：$\cos(2\pi f_0 t-\pi\mu t^2)$，$f_0=0.875\mathrm{MHz}$

从式(11.5)可以看出，初始相位对峰值没有影响，所以为简化表达式，本节将初始相位均置 0。这组参数将在后面的仿真中使用。

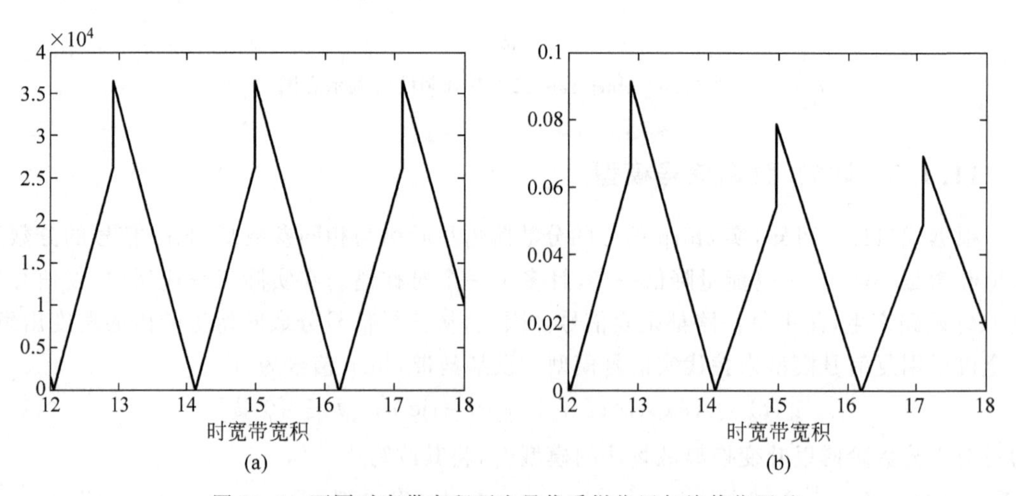

图 11.4 不同时宽带宽积下次最优采样位置与峰值位置差

11.1.4 与匹配滤波解调的性能对比

匹配滤波器在 $t=T$ 时刻的输出值恰好等于相关器的输出值，所以可以用匹配滤波器来代替相关器实现确知信号最佳接收机[3]。其中匹配滤波器输出峰值等于对 chirp 信号进行脉冲压缩的峰值输出[4]，即 $A^2T/2$。匹配滤波的处理增益是$\sqrt{BT}$(即扩频增益)。本节将匹配滤波解调简称为 De-MF 方法，图 11.3 所示方法为 De-FRFT 方法。本节将从多普勒频移、码同步误差和对相位同步的要求对两种方法进行比较，而两者误码率的比较则放在了仿真的内容部分。

11.1.4.1 多普勒频移鲁棒性能对比

11.1.4.1.1 多普勒频移对 De-FRFT 方法的影响

若存在多普勒频移 f_{d}，则式(11.3)所示的基带信号形式将变为

$$g(t)=A\exp(\mathrm{j}2\pi f'_m t+\mathrm{j}\pi\mu t^2+\mathrm{j}\varphi),\quad t\in[-T/2,T/2],\quad f'_m=f_{\mathrm{d}}+f_0+\mu T/2 \tag{11.6}$$

可以看出，多普勒频移 f_{d} 只是造成中心频率 f_m 的变化，也就是说，只是移动峰值位置，而不会改变峰值幅度，但是对于 De-FRFT 方法，会造成采样位置偏差增大，从而降低采样值大小。那么具体会有多大的影响，我们首先来导出存在多普勒频移 f_{d} 时在聚焦阶次分数阶傅里叶谱的采样值。由式(11.2)可以得到此时的采样值：

$$\begin{aligned}G_p(u)\big|_{\mu=-\cot\alpha,f_m=u\csc\alpha}&=\frac{A}{\sqrt{\sin\alpha}}\mathrm{e}^{\mathrm{j}\frac{\alpha}{2}+\mathrm{j}\frac{3\pi}{4}+\mathrm{j}\pi(u^2\cot\alpha)+\mathrm{j}\varphi}\int_{-T/2}^{T/2}\mathrm{e}^{\mathrm{j}2\pi f_{\mathrm{d}}t}\,\mathrm{d}t\\&=\frac{A}{\sqrt{\sin\alpha}}\mathrm{e}^{\mathrm{j}\frac{\alpha}{2}+\mathrm{j}\frac{3\pi}{4}+\mathrm{j}\pi(u^2\cot\alpha)+\mathrm{j}\varphi}\frac{1}{\mathrm{j}\omega_{\mathrm{d}}}(\mathrm{e}^{\mathrm{j}\omega_{\mathrm{d}}T/2}-\mathrm{e}^{-\mathrm{j}\omega_{\mathrm{d}}T/2})\\&=\frac{2A\sin(\omega_{\mathrm{d}}T/2)}{\omega_{\mathrm{d}}\sqrt{\sin\alpha}}\mathrm{e}^{\mathrm{j}\frac{\alpha}{2}+\mathrm{j}\frac{3\pi}{4}+\mathrm{j}\pi(u^2\cot\alpha)+\mathrm{j}\varphi},\quad\omega_{\mathrm{d}}=2\pi f_{\mathrm{d}}\end{aligned} \tag{11.7}$$

则

$$|G_p(u)|^2\big|_{\mu=-\cot\alpha,f_m=u\csc\alpha}=\frac{4A^2\sin^2\dfrac{T\omega_{\mathrm{d}}}{2}}{\omega_{\mathrm{d}}^2|\sin\alpha|} \tag{11.8}$$

那么，由于多普勒频移 f_{d} 而带来的衰减系数 ϑ_1 为

$$\vartheta_1=\frac{\dfrac{4A^2\sin^2\dfrac{T\omega_{\mathrm{d}}}{2}}{\omega_{\mathrm{d}}^2|\sin\alpha|}}{\dfrac{A^2T^2}{|\sin\alpha|}}=\frac{4\sin^2\dfrac{T\omega_{\mathrm{d}}}{2}}{\omega_{\mathrm{d}}^2T^2} \tag{11.9}$$

从式(11.9)可以看出，衰减系数只与多普勒频移 f_{d} 和码元周期 T 有关。定义频移比 $\gamma=|\omega_{\mathrm{d}}|/r_b$，$r_b=1/T$，将之代入式(11.7)，得到

$$\vartheta_1=\left(\frac{\sin\dfrac{\gamma}{2}}{\gamma/2}\right)^2=\left(\operatorname{sinc}\frac{\gamma}{2}\right)^2 \tag{11.10}$$

图 11.5 给出了衰减系数与频移比的关系图。可以看到即使频移比达到 1，对峰值幅度

衰减也还不到0.1。

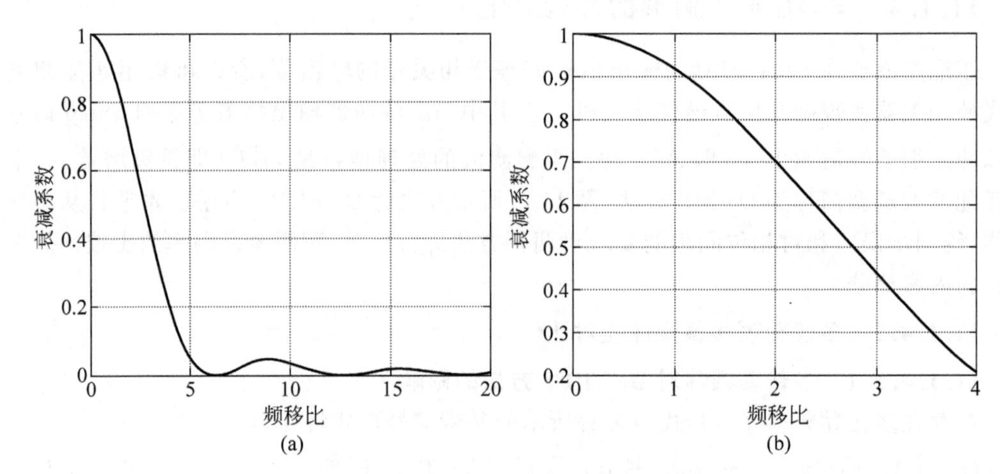

图 11.5 衰减系数与频移比的关系

11.1.4.1.2 多普勒频移对 De-MF 方法的影响

为推导方便,设输入信号为 $s_{\text{in}}(t)=\text{rect}\left(\frac{t}{T}\right)A\exp(\text{j}\omega_0 t+\text{j}\phi t^2/2)$,则大时宽带宽积条件下输入信号频谱近似为

$$S_{\text{in}}(\omega)=\text{rect}\left(\frac{\omega-\omega_0}{\Delta\omega}\right)A\sqrt{\frac{2\pi}{\phi}}\text{e}^{\text{j}\left[-\frac{(\omega-\omega_0)^2}{2\phi}+\frac{\pi}{4}\right]},\quad \Delta\omega=2\pi\Delta f=\phi T \tag{11.11}$$

相应的匹配滤波器传递函数为

$$H(\omega)=\text{rect}\left(\frac{\omega-\omega_0}{\Delta\omega}\right)\text{e}^{\text{j}\left[\frac{(\omega-\omega_0)^2}{2\phi}-\frac{\pi}{4}-\omega t_0\right]} \tag{11.12}$$

那么,经过匹配滤波后的输出为

$$\begin{aligned}s_{\text{out}}(t)&=\frac{1}{2\pi}\int_{-\infty}^{+\infty}S_{\text{in}}(\omega)H(\omega)\text{e}^{\text{j}\omega t}\text{d}\omega\\&=A\sqrt{D}\,\frac{\sin[\pi B(t-t_0)]}{\pi B(t-t_0)}\text{e}^{\text{j}2\pi f_0(t-t_0)}\end{aligned} \tag{11.13}$$

如果存在多普勒频移 f_{d},则输入信号变为

$$s_{\text{in,d}}(t)=\text{rect}\left(\frac{t}{T}\right)A\exp(\text{j}(\omega_0+\omega_{\text{d}})t+\text{j}\phi t^2/2),\quad \omega_{\text{d}}=2\pi f_{\text{d}} \tag{11.14}$$

经过式(11.12)所示的匹配滤波后,信号频谱为

$$\begin{aligned}S_{\text{in,d}}(\omega)H(\omega)&=S_{\text{in}}(\omega-\omega_{\text{d}})H(\omega)\\&=\text{rect}\left(\frac{\omega-(\omega_0+\omega_{\text{d}})}{\Delta\omega}\right)\text{rect}\left(\frac{\omega-\omega_0}{\Delta\omega}\right)A\sqrt{\frac{2\pi}{\phi}}\text{e}^{-\text{j}\frac{\omega_{\text{d}}^2+2\omega_0\omega_{\text{d}}}{2\phi}}\text{e}^{\text{j}\omega\left(\frac{\omega_{\text{d}}}{\phi}-t_0\right)}\\&=\begin{cases}\text{rect}\left(\frac{\omega-(\omega_0+\omega_{\text{d}}/2)}{\Delta\omega-|\omega_{\text{d}}|}\right)A\sqrt{\frac{2\pi}{\phi}}\text{e}^{-\text{j}\frac{\omega_{\text{d}}^2+2\omega_0\omega_{\text{d}}}{2\phi}}\text{e}^{-\text{j}\omega\left(t_0-\frac{\omega_{\text{d}}}{\phi}\right)}, & |\omega_{\text{d}}|<\Delta\omega\\0, & |\omega_{\text{d}}|\geqslant\Delta\omega\end{cases}\end{aligned} \tag{11.15}$$

所以存在多普勒频移的匹配滤波输出为

$$s_{\mathrm{out,d}}(t)=\frac{1}{2\pi}\int_{-\infty}^{+\infty}S_{\mathrm{in,d}}(\omega)H(\omega)\mathrm{e}^{\mathrm{j}\omega t}\mathrm{d}\omega$$

$$=\begin{cases}A\sqrt{D}\ \dfrac{\widetilde{B}}{B}\ \dfrac{\sin[\pi\widetilde{B}(t-\widetilde{t}_0)]}{\pi\widetilde{B}(t-\widetilde{t}_0)}\mathrm{e}^{\mathrm{j}\widetilde{\omega}_0(t-\widetilde{t}_0)}\ \mathrm{e}^{-\mathrm{j}\frac{\omega_\mathrm{d}\widetilde{\omega}_0}{\phi}}, & |\omega_\mathrm{d}|<\Delta\omega \\ 0, & |\omega_\mathrm{d}|\geqslant\Delta\omega\end{cases} \tag{11.16}$$

式中，$2\pi\widetilde{B}=\Delta\omega-|\omega_\mathrm{d}|$，$\widetilde{t}_0=t_0-\omega_\mathrm{d}/\phi$，$\widetilde{\omega}_0=\omega_0+\omega_\mathrm{d}/2$。从式(11.16)可以看出，多普勒频移会造成匹配滤波器输出波瓣展宽、峰值幅度下降及峰值位置移动。那么究竟会对解调造成多大的影响呢？接下来我们进一步做出分析。式(11.16)表示的是复数，而实际信号应为实数，所以取其实部，得到输出信号为

$$\bar{s}_{\mathrm{out,d}}(t)=A\sqrt{D}\ \frac{\widetilde{B}}{B}\ \frac{\sin[\pi\widetilde{B}(t-\widetilde{t}_0)]}{\pi\widetilde{B}(t-\widetilde{t}_0)}\cos\left(\widetilde{\omega}_0(t-\widetilde{t}_0)-\frac{\omega_\mathrm{d}\widetilde{\omega}_0}{\phi}\right) \tag{11.17}$$

那么解调器采样输出，即 $t=t_0$ 时刻匹配滤波器输出值，为

$$A\sqrt{D}\ \frac{\widetilde{B}}{B}\ \frac{\sin(\pi\widetilde{B}\omega_\mathrm{d}/\phi)}{\pi\widetilde{B}\omega_\mathrm{d}/\phi} \tag{11.18}$$

令 $t_\mathrm{d}=|\omega_\mathrm{d}|/\phi=|\omega_\mathrm{d}|\Big/\dfrac{D}{T^2}$，则此时的衰减系数 ϑ_2 为

$$\vartheta_2=\frac{\widetilde{B}}{B}\ \frac{\sin(\pi\widetilde{B}t_\mathrm{d})}{\pi\widetilde{B}t_\mathrm{d}}=\frac{T-t_\mathrm{d}}{T}\ \frac{\sin(\pi\widetilde{B}t_\mathrm{d})}{\pi\widetilde{B}t_\mathrm{d}} \tag{11.19}$$

因为

$$\frac{T-t_\mathrm{d}}{T}\ \frac{\sin(\pi\widetilde{B}t_\mathrm{d})}{\pi\widetilde{B}t_\mathrm{d}}\approx\frac{\sin(\pi\widetilde{B}t_\mathrm{d})}{\pi\widetilde{B}t_\mathrm{d}}\approx\frac{\sin(\pi Bt_\mathrm{d})}{\pi Bt_\mathrm{d}}=\frac{\sin(\gamma/2)}{\gamma/2}$$

式中，γ 为上一小节所定义的频移比。可以看出，多普勒频移对 De-FRFT 方法的影响与对 De-MF 方法的影响近似(注：De-FRFT 方法对模取平方，而 De-MF 方法没有取平方，因此在和 De-MF 方法进行比较时，需要开方，包括本节后面比较码同步误差的影响)。

11.1.4.2 码同步误差性能对比

11.1.4.2.1 码同步误差对 De-FRFT 方法的影响

由于同步误差 τ 会造成实际信号到达时间与解调计算的码元起始时刻存在延时或超前，这就会引起中心频率的移动和能量的损失，如图 11.6 所示。

以解调计算的码元起始时刻滞后实际信号到达时间 τ 为例，$\tau>0$。此时基带信号的分数阶傅里叶变换的积分区间由 $[-T/2,T/2]$ 变为 $[-T/2+\tau,T/2]$。

首先计算此时预先确定的峰值位置处的采样值：

$$G_p(u)\big|_{\mu=-\cot\alpha,f_m=u\csc\alpha}=\frac{A}{\sqrt{\sin\alpha}}\mathrm{e}^{\mathrm{j}\frac{\alpha}{2}+\mathrm{j}\frac{3\pi}{4}+\mathrm{j}\pi(u^2\cot\alpha)+\mathrm{j}\varphi}\int_{-T/2+\tau}^{T/2}\mathrm{e}^{\mathrm{j}2\pi\mu\tau t}\mathrm{d}t$$

$$=\frac{A}{\sqrt{\sin\alpha}}\mathrm{e}^{\mathrm{j}\frac{\alpha}{2}+\mathrm{j}\frac{3\pi}{4}+\mathrm{j}\pi(u^2\cot\alpha)+\mathrm{j}\varphi}\ \frac{1}{\mathrm{j}2\pi\mu\tau}(\mathrm{e}^{\mathrm{j}2\pi\mu\tau T/2}-\mathrm{e}^{\mathrm{j}2\pi\mu\tau(-T/2+\tau)})$$

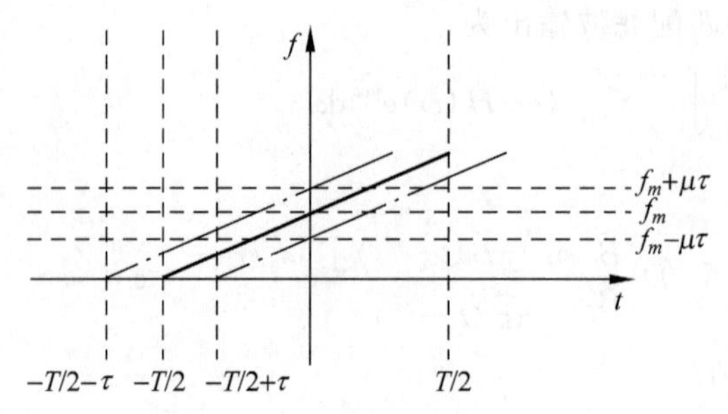

图 11.6 同步误差 τ 对基带信号的影响（以“1”码为例）

$$= \frac{A}{\sqrt{\sin\alpha}} \mathrm{e}^{\mathrm{j}\frac{\alpha}{2}+\mathrm{j}\frac{3\pi}{4}+\mathrm{j}\pi(u^2\cot\alpha)+\mathrm{j}\varphi} \frac{\mathrm{e}^{\mathrm{j}2\pi\mu\tau T/2}}{\mathrm{j}2\pi\mu\tau}(1-\mathrm{e}^{\mathrm{j}2\pi\mu\tau(-T+\tau)}) \tag{11.20}$$

则

$$\begin{aligned} |G_p(u)|^2|_{\mu=-\cot\alpha, f_m=u\csc\alpha} &= \frac{A^2}{|\sin\alpha|} \frac{\mathrm{Sinc}^2\, \pi\mu\tau(T-\tau)}{(\pi\mu\tau)^2} \\ &= \frac{A^2(T-\tau)^2}{|\sin\alpha|}\mathrm{Sinc}^2\,[\pi\mu\tau(T-\tau)] \end{aligned} \tag{11.21}$$

当解调计算的码元起始时刻超前实际信号到达时间时，令超前的时间记为 τ，$\tau<0$，则此时基带信号的分数阶傅里叶变换的积分区间为 $[-T/2, T/2+\tau]$。类似地，可以得到此时的采样值为

$$|G_p(u)|^2|_{\mu=-\cot\alpha, f_m=u\csc\alpha} = \frac{A^2(T+\tau)^2}{|\sin\alpha|}\mathrm{Sinc}^2\,[\pi\mu\tau(T+\tau)] \tag{11.22}$$

因此，当存在同步误差 τ 时，采样判决点的幅度可写为

$$|G_p(u)|^2|_{\mu=-\cot\alpha, f_m=u\csc\alpha} = \frac{A^2(T-|\tau|)^2}{|\sin\alpha|}\mathrm{Sinc}^2\,[\pi\mu\tau(T-|\tau|)] \tag{11.23}$$

相对于没有同步误差时的幅度 $\frac{A^2T^2}{|\sin\alpha|}$，同步误差 τ 带来的衰减系数 ϑ_3 为

$$\begin{aligned} \vartheta_3 &= \frac{A^2(T-|\tau|)^2}{|\sin\alpha|}\mathrm{Sinc}^2\,[\pi\mu\tau(T-|\tau|)] \Big/ \frac{A^2T^2}{|\sin\alpha|} \\ &= \frac{(T-|\tau|)^2}{T^2}\mathrm{Sinc}^2\,(\pi\mu\tau(T-|\tau|)) \end{aligned} \tag{11.24}$$

记 $\eta=\frac{\tau}{T}$ 为时延比，则 ϑ_3 可写为

$$\vartheta_3 = (1-|\eta|)^2\mathrm{Sinc}^2\,(\pi\mu T^2\eta(1-|\eta|)) \tag{11.25}$$

从图 11.7 可以看出，随着时延比的增加，采样判决点的幅度衰减很快。因此，码同步误差对 De-FRFT 的影响较大。

11.1.4.2.2 码同步误差对 De-MF 方法的影响

如果存在码同步误差 τ（设 $|\tau|<<T$），则输入信号变为

$$s_{\mathrm{in,s}}(t) = \mathrm{rect}\left(\frac{t}{T}\right)\mathrm{rect}\left(\frac{t-\tau}{T}\right)A\exp(\mathrm{j}\omega_0(t-\tau)+\mathrm{j}\phi(t-\tau)^2/2) \tag{11.26}$$

因为

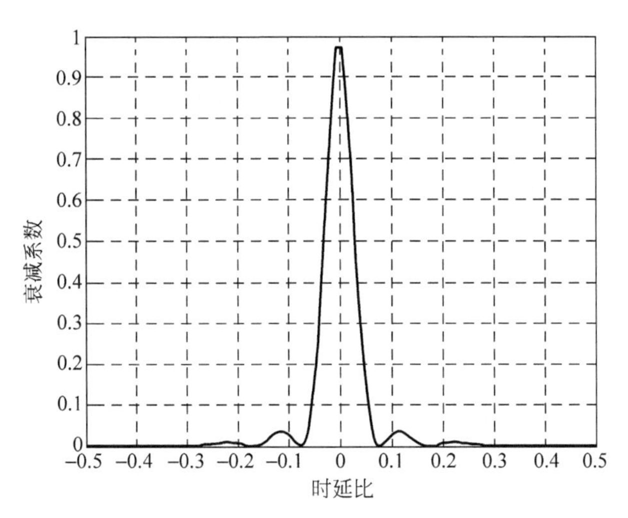

图 11.7 衰减系数与时延比的关系

$$s_{\text{in,s}}(t)=\text{rect}\left(\frac{t-\tau/2}{T-|\tau|}\right)A\,\text{e}^{\text{j}\omega_0\left(t-\frac{\tau}{2}\right)+\text{j}\phi\left(t-\frac{\tau}{2}\right)^2/2}\,\text{e}^{-\text{j}\frac{\phi\tau t}{2}}\,\text{e}^{-\text{j}\frac{\omega_0\tau}{2}+\text{j}\frac{3\phi\tau^2}{8}} \tag{11.27}$$

且

$$\begin{aligned}&\text{rect}\left(\frac{t-\tau/2}{T-|\tau|}\right)A\exp\left(\text{j}\omega_0\left(t-\frac{\tau}{2}\right)+\text{j}\phi\left(t-\frac{\tau}{2}\right)^2\Big/2\right)\leftrightarrow\\&\text{rect}\left(\frac{\omega-\omega_0}{\Delta\omega'}\right)A\sqrt{\frac{2\pi}{\phi}}\exp\left[\text{j}\left(-\frac{(\omega-\omega_0)^2}{2\phi}+\frac{\pi}{4}\right)\right]\exp\left(-\text{j}\,\frac{\omega\tau}{2}\right)\\&\Delta\omega'=\phi T'=\phi(T-|\tau|)\end{aligned} \tag{11.28}$$

所以

$$S_{\text{in,s}}(\omega)=\text{rect}\left(\frac{\omega+\frac{\phi\tau}{2}-\omega_0}{\Delta\omega'}\right)A\sqrt{\frac{2\pi}{\phi}}\,\text{e}^{\text{j}\left(-\frac{\left(\omega+\frac{\phi\tau}{2}-\omega_0\right)^2}{2\phi}+\frac{\pi}{4}\right)}\,\text{e}^{-\text{j}\frac{\left(\omega+\frac{\phi\tau}{2}\right)\tau}{2}}\,\text{e}^{-\text{j}\frac{\omega_0\tau}{2}+\text{j}\frac{3\phi\tau^2}{8}} \tag{11.29}$$

那么经过式(11.12)所示的匹配滤波后，信号频谱为

$$\begin{aligned}S_{\text{in,s}}(\omega)H(\omega)=\;&\text{rect}\left(\frac{\omega+\frac{\phi\tau}{2}-\omega_0}{\Delta\omega'}\right)\text{rect}\left(\frac{\omega-\omega_0}{\Delta\omega}\right)A\sqrt{\frac{2\pi}{\phi}}\,\text{e}^{\text{j}\left(-\frac{\left(\omega+\frac{\phi\tau}{2}-\omega_0\right)^2}{2\phi}+\frac{\pi}{4}\right)}\cdot\\&\text{e}^{\text{j}\left[\frac{(\omega-\omega_0)^2}{2\phi}-\frac{\pi}{4}-\omega t_0\right]}\,\text{e}^{-\text{j}\frac{\left(\omega+\frac{\phi\tau}{2}\right)\tau}{2}}\,\text{e}^{-\text{j}\frac{\omega_0\tau}{2}+\text{j}\frac{3\phi\tau^2}{8}}\end{aligned} \tag{11.30}$$

因为 $\Delta\omega'=\Delta\omega\,\dfrac{T-|\tau|}{T}$，$\omega_0-\dfrac{\phi\tau}{2}=\omega_0-\dfrac{\Delta\omega\tau}{2T}$，所以矩形函数 $\text{rect}\left(\dfrac{\omega+\frac{\phi\tau}{2}-\omega_0}{\Delta\omega'}\right)$ 的中心为 $\omega_0-\dfrac{\Delta\omega\tau}{2T}$，左、右边界分别为 $\omega_0-\dfrac{\Delta\omega}{2}-\dfrac{\Delta\omega(\tau-|\tau|)}{2T}$、$\omega_0+\dfrac{\Delta\omega}{2}-\dfrac{\Delta\omega(\tau+|\tau|)}{2T}$。从而得到

$$\text{rect}\left(\frac{\omega+\frac{\phi\tau}{2}-\omega_0}{\Delta\omega'}\right)\text{rect}\left(\frac{\omega-\omega_0}{\Delta\omega}\right)=\text{rect}\left(\frac{\omega-\omega_0+\frac{\phi\tau}{2}}{\Delta\omega'}\right) \tag{11.31}$$

将式(11.31)代入式(11.30)，得到

$$S_{\text{in,s}}(\omega)H(\omega)=\text{rect}\left(\frac{\omega-\omega_0+\frac{\phi\tau}{2}}{\Delta\omega'}\right)A\sqrt{\frac{2\pi}{\phi}}\,\mathrm{e}^{-\mathrm{j}\omega(\tau+t_0)} \tag{11.32}$$

所以存在码同步误差的匹配滤波输出为

$$\begin{aligned} s_{\text{out,s}}(t)&=\frac{1}{2\pi}\int_{-\infty}^{+\infty}S_{\text{in,s}}(\omega)H(\omega)\mathrm{e}^{\mathrm{j}\omega t}\,\mathrm{d}\omega \\ &=A\sqrt{D}\,\frac{T-|\tau|}{T}\,\frac{\sin[\pi B'(t-t_0')]}{\pi B'(t-t_0')}\mathrm{e}^{\mathrm{j}2\pi f_0'(t-t_0')} \end{aligned} \tag{11.33}$$

式中，$f_0'=f_0-\frac{\phi\tau}{4\pi}$，$t_0'=t_0+\tau$，$\Delta\omega'=2\pi B'$。同样取其实部，得到

$$\bar{s}_{\text{out,s}}(t)=A\sqrt{D}\,\frac{T-|\tau|}{T}\,\frac{\sin[\pi B'(t-t_0')]}{\pi B'(t-t_0')}\cos(2\pi f_0'(t-t_0')) \tag{11.34}$$

那么解调器采样输出，即 $t=t_0$ 时刻匹配滤波器输出值为

$$A\sqrt{D}\,\frac{T-|\tau|}{T}\,\frac{\sin(\pi B'\tau)}{\pi B'\tau}\cos(2\pi f_0'\tau)$$

则此时的衰减系数 ϑ_4 为

$$\vartheta_4=\frac{T-|\tau|}{T}\,\frac{\sin(\pi B'\tau)}{\pi B'\tau}\cos(2\pi f_0'\tau) \tag{11.35}$$

将时延比 $\eta=\frac{\tau}{T}$ 代入式(11.20)，得到

$$\vartheta_4=(1-|\eta|)\,\text{sinc}(\pi\mu T^2\eta(1-|\eta|))\cos(2\pi f_0'\tau) \tag{11.36}$$

因为一般 τ 很小，所以，

$$\vartheta_4\approx(1-|\eta|)\,\text{sinc}(\pi\mu T^2\eta(1-|\eta|)) \tag{11.37}$$

对比式(11.37)和式(11.25)，可以看出码同步误差对 De-FRFT 和 De-MF 的影响是近似的。

11.1.4.3 对相位同步的要求对比

De-MF 方法能够达到最优解调效果，但是它需要严格的相位同步，从图 11.8 可以看出相位偏差会严重影响峰值位置和幅度，而从式(11.5)可以看出相位偏差是不会影响 De-FRFT 方法的输出峰值。只是由于计算误差的存在，实际上存在细微的影响(图 11.9)。不过由于没有利用相位信息，De-FRFT 方法相比 De-MF 方法有大约 3dB 的误码率差距。

11.1.4.4 误码率性能对比

11.1.4.4.1 De-MF 方法的误码率

基于匹配滤波的二进制最佳误码性能如下[3]

$$p_e=\frac{1}{2}\left[1-\text{erf}\left(\sqrt{\frac{E_b(1-\rho)}{2n_0}}\right)\right] \tag{11.38}$$

式中，erf(·)表示误差函数，p_e 表示误码率，n_0 表示噪声的单边功率谱密度，E_b 表示单个码元周期内的信号能量，ρ 为相关系数[式(11.39)]。可以看出，当 E_b/n_0 一定时，误码率 p_e 与相关系数 ρ 成正比。

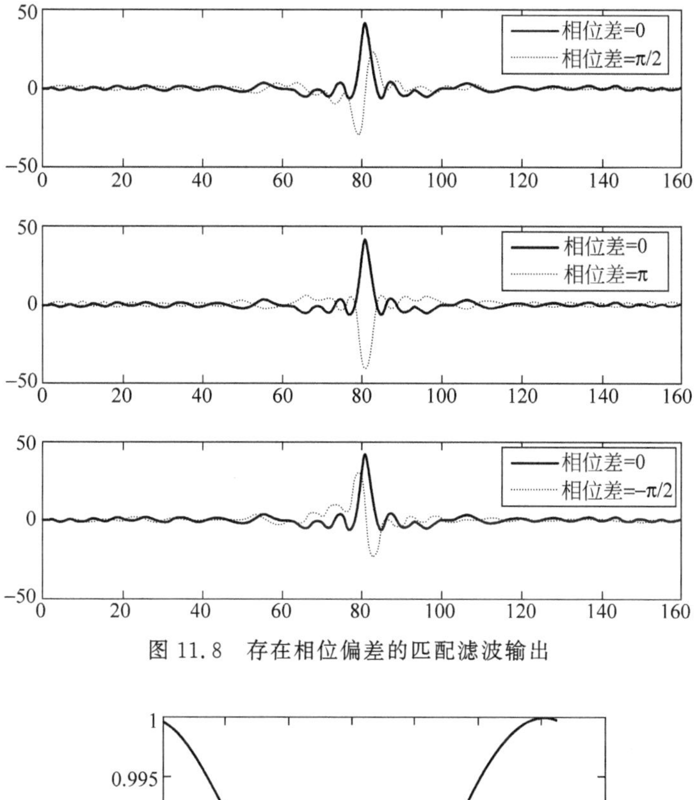

图 11.8 存在相位偏差的匹配滤波输出

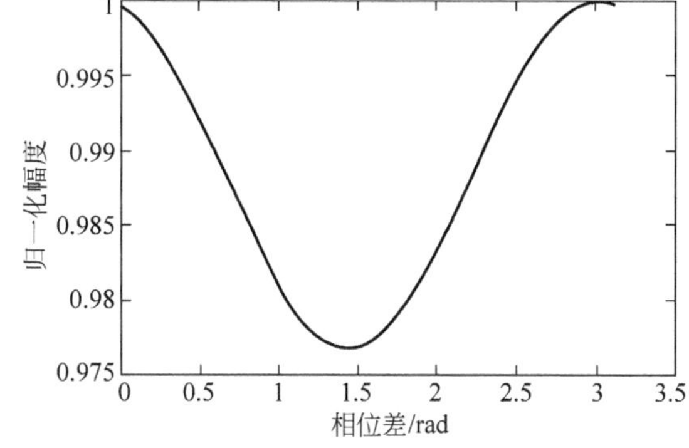

图 11.9 存在相位偏差的本书解调方法峰值输出归一化幅度

$$\rho=\frac{\int_0^T s_1(t)s_2(t)\mathrm{d}t}{\sqrt{E_1E_2}} \tag{11.39}$$

式中，E_1、E_2 分别是 $s_1(t)$和 $s_2(t)$在 $0\leqslant t\leqslant T$ 内的能量。

11.1.4.4.2 De-FRFT 方法的误码率

对于噪声信号，设从信道引入的噪声为 $n_0(t)$，功率谱密度为 N_0，则经过下变频之后为 $n(t)=n_\mathrm{I}(t)+\mathrm{j}n_\mathrm{Q}(t)$，其中 $n_\mathrm{I}(t)$和 $n_\mathrm{Q}(t)$的功率谱密度为 N_0。对于分数阶傅里叶变换，可以看作一个线性滤波器。白噪声通过线性滤波器之后仍然是白噪声，这时谱密度变为 $N_0|H(f)|^2$。所以 $n_\mathrm{I}(t)$和 $n_\mathrm{Q}(t)$经过分数阶傅里叶变换后的功率谱密度为

$$N_0|K_p(t,u)|^2=\frac{N_0}{|\sin\alpha|} \tag{11.40}$$

I、Q 两路合为复噪声后功率谱密度为

$$\frac{2N_0}{|\sin\alpha|} \tag{11.41}$$

所以分数阶傅里叶解调的理论误码率性能为

$$P_e = Q\left(\sqrt{\frac{E_b}{2N_0}}\right) \tag{11.42}$$

式中，$Q(x)=\int_{-\infty}^{x}\frac{1}{\sqrt{2\pi}}e^{-t^2/2}dt$ 称为高斯 Q 函数，它与误差函数的关系是

$$2Q(x) = 1-\mathrm{erf}\left(\frac{x}{\sqrt{2}}\right) \tag{11.43}$$

所以式(11.42)可以写成

$$P_e = \frac{1}{2}\left[1-\mathrm{erf}\left(\sqrt{\frac{E_b}{4n_0}}\right)\right] \tag{11.44}$$

11.1.5 仿真

仿真的具体参数设置为基带信号采样频率为 5MHz，码长 16μs，时宽带宽积为 14。相应的单个码元基带信号形式为

"1"码：$\cos(\pi\mu t^2)$，$\mu=14/(16\times10^{-6})^2=5.46875\times10^{10}\,\mathrm{Hz/s}$，$t\in[0,16\mu s]$

"0"码：$\cos(2\pi f_0 t-\pi\mu t^2)$，$f_0=0.875\mathrm{MHz}$，$t\in[0,16\mu s]$

将所用参数代入式(11.39)，得到此时的相关系数 $\rho=-0.1341$。

11.1.5.1 误码率仿真

图 11.10 为 2FSK、2PSK 和 chirp-rate 二进制调制的 De-FRFT 方法、De-MF 方法的解调误码率曲线。其中各方法的理论误码率表达式如下

$$\text{De-FRFT 方法：}\frac{1}{2}\mathrm{erfc}\sqrt{\frac{E_b}{4n_0}}$$

$$\text{De-MF 方法：}\frac{1}{2}\mathrm{erfc}\sqrt{\frac{1.1341E_b}{2n_0}} \tag{11.45}$$

$$\text{2FSK：}\frac{1}{2}\mathrm{erfc}\sqrt{\frac{E_b}{2n_0}} \tag{11.46}$$

$$\text{2PSK：}\frac{1}{2}\mathrm{erfc}\sqrt{\frac{E_b}{n_0}} \tag{11.47}$$

图 11.10 中，2FSK、2PSK 和 De-MF 方法的误码曲线为理论值，De-FRFT 方法的误码率为统计所得，按 1dB 步进，每个信噪比做 1 万次误码统计。所用信噪比如下所示

$$\frac{E_b}{n_0} = r\frac{T}{2/f_s} = \frac{E_b f_s}{2\sigma^2} \tag{11.48}$$

式中，r 为信号和噪声的功率比，σ^2 为高斯白噪声的方差。

从图 11.10 可以看出，De-FRFT 方法相对最优性能差了大约 3dB。这个性能损失主

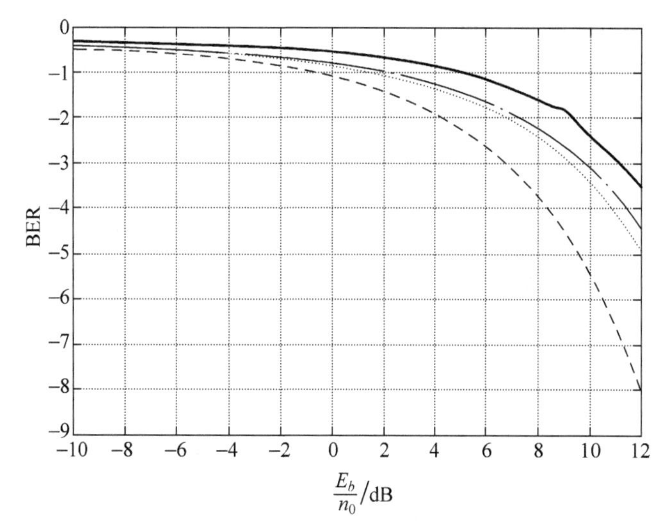

图 11.10　误码率曲线比较图(取对数后结果)
(实线：De-FRFT；虚线：De-MF；点画线：2FSK；点线：2PSK)

要是由于非相干解调方式带来的(忽略快速离散算法的计算误差以及没有采到峰值点的能量损失)。

11.1.5.2　相位误差仿真

接下来给出存在不同相移误差情况下的 Monte Carlo 仿真,仿真参数同上。通过图 11.11 的仿真可以看出,不同相移误差下,分数阶解调性能都趋近于相同误码率曲线；而匹配解调影响较大,尤其是当相移超过 $\pi/2$ 后,误码率性能急剧恶化。

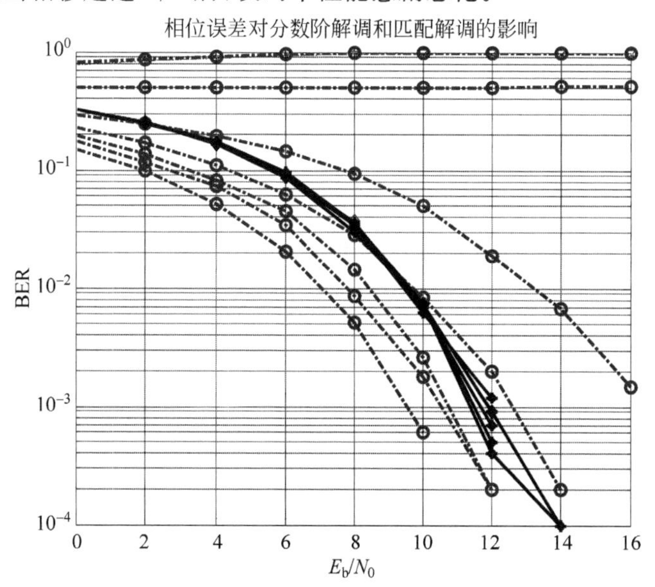

图 11.11　存在相位偏差的分数阶解调和匹配解调对比
(实线：分数阶解调；虚线：匹配解调)
$\left(\text{相位误差分别为}\frac{\pi}{10},\frac{\pi}{6},\frac{\pi}{5},\frac{\pi}{4},\frac{\pi}{3},\frac{3\pi}{4},\frac{4\pi}{5}\right)$

11.1.5.3 存在多普勒频移的仿真

频移只是造成初始频率的变化。根据上述的峰值计算公式，可以知道，初始频率的变化只是移动峰值位置，而不会改变峰值幅度。所以根据第6章所述的采样理论，对于分数阶解调来说，只要多普勒频移不至于大到造成基带信号在分数阶傅里叶域的欠采样，那么通过在分数阶傅里叶域作峰值搜索来解调是不会影响其解调效果的。但是如果采样判决点是固定的，由于峰值位置是在不考虑多普勒频移的情况下得到的，这样便会造成采样位置的偏差，从而影响误码性能。不过从图11.12的误码率曲线可以看出多普勒频移对误码率的影响相对较小。

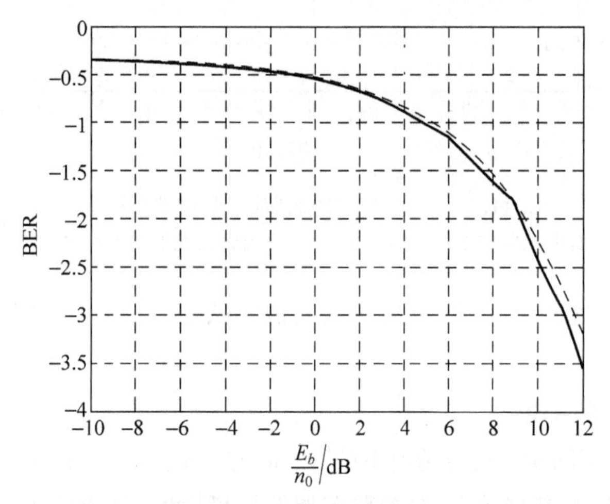

图11.12 存在6kHz多普勒频移的De-FRFT方法误码率曲线比较图（取对数后结果）
（实线：无频移；点线：有频移）

11.1.5.4 码同步误差仿真

图11.13为存在0.2～0.6μs码同步误差的误码率曲线比较。可以看出，码同步误差影响相对较大。

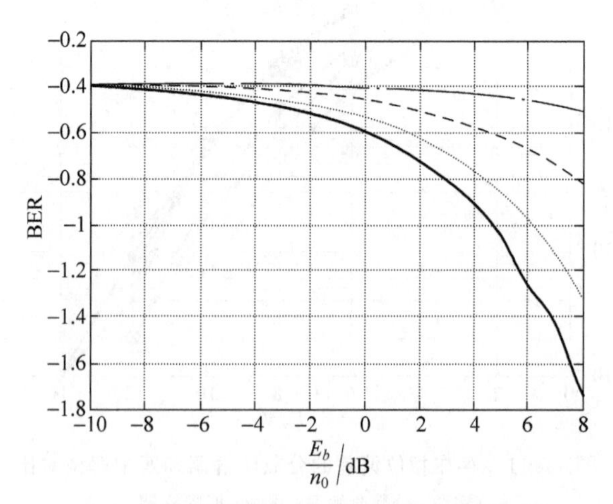

图11.13 存在码同步误差的De-FRFT方法误码率曲线比较图
（实线：无误差；点线：0.2μs；虚线：0.4μs；点画线：0.6μs）

11.1.5.5 标准多径信道下的仿真

由多径产生的码间干扰(ISI)对解调造成的影响非常大。每一条路径到达接收机的信号相对于直达波路径的接收信号,都存在不同的相移、时延和功率衰落。本小节以欧洲数字电视标准(DVB-T)给出的标准多径信道模型为例进行分析。该模型分为移动接收和固定接收两种情况,是根据是否存在视距传输(LOS)信道来区分的。具体公式如下

$$y(t)=\frac{\rho_0 x(t)+\sum_{i=1}^{N}\rho_i \mathrm{e}^{-\mathrm{j}\phi_i}x(t-\tau_i)}{\sqrt{\sum_{i=0}^{N}\rho_i}} \tag{11.49}$$

式中,ρ_0 为视距传输路径的衰减;N 为反射路径的个数(等于20);ϕ_i 为每一条多径的相移;ρ_i 为每一条多径的衰减;τ_i 为每一条多径的时延。通过式(11.49)可以看出,该信道模型是典型的由时延、相移和衰落构成的多径衰落信道。因此,分析该信道下的性能可以验证前述结论的正确性。图11.14为该信道模型下移动接收和固定接收的信道频率响应。

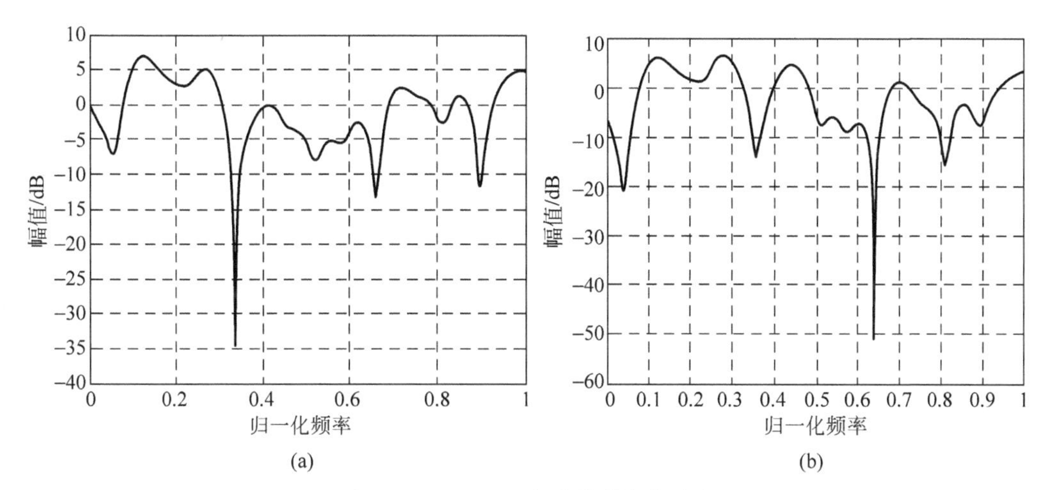

图11.14 DVB-T 标准信道频率响应

(a) 固定接收模式信道频率响应;(b) 移动接收模式信道频率响应

接下来给出 Chirp-Rate 调制分别在上述两种信道下采用 De-FRFT 和 De-MF 解调的 Monte Carlo 仿真,仿真参数同上。

根据图11.15的仿真结果可以看出,分数阶解调和匹配滤波解调相比,在抵抗码间干扰的能力上有优势。主要原因是由多径引起的相位误差、时延误差对分数阶解调的影响较小。匹配滤波解调虽然其抗噪声性能好,但要求非常严格的相位同步和码元同步,因此在存在码间干扰的情况下,性能恶化严重。

11.1.5.6 IEEE 802.15.4a 的 S-V 信道下仿真

IEEE 802.15.4a 标准是无线个人局域网络(WPANs)核心标准之一,目的在于给工业控制、医疗监控、无线传感器网络等中低速率、低功耗数据传输应用提供新的物理层替代方案。该标准定义了两种不同的物理层技术:一种是超宽带物理层技术(UWB-PHY),其操

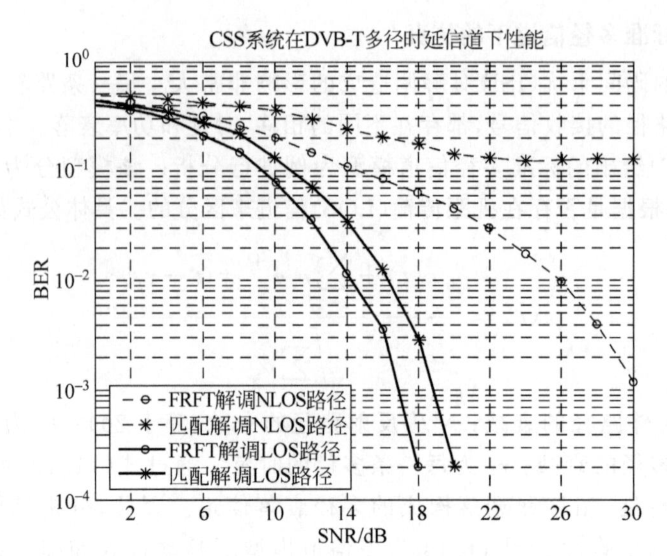

图 11.15 DVB-T 信道下分数阶解调和匹配解调的性能对比

（实线：LOS 信道类型；虚线：NLOS 信道类型）

（星号：匹配解调；圆圈：分数阶解调）

作频段在 3～5GHz、6～10GHz 以及小于 1GHz 的频段；另一个技术是由 Nanotron 公司提出的宽带线性调频扩频(Chirp Spread Spectrum,CSS)物理层技术,工作在 2450MHz 未授权频带上,CSS 技术所支持的数据传输速度主要是 1Mb/s 以及选择模式的 250kb/s,最高可达 2Mb/s。室内传输距离 60m,室外为 900m。除提供可靠通信功能外,还提供高精度测距和定位功能(精度小于 1m)。

S-V 信道是 IEEE 802.15.4a 中定义的标准信道模型。在该信道模型中,大尺度衰落(阴影衰落)服从一个经典的对数分布,小尺度衰落(平坦时间衰落)服从 Nakagami-m 分布。同时该模型中对多径的到达时间和多径到达的簇数定义均服从标准泊松分布。根据上述定义,不同的参数可以将 S-V 模型分为以下几种类型：居住环境、办公环境、室外环境、工业环境和室外空阔环境。每种类型又分为视距路径(LOS)类型和非视距路径(NLOS)类型。每种信道的具体参数这里不再详细阐述。本节以工业环境的 LOS 的 CM7 模型和 NLOS 的 CM8 模型为例,对 De-FRFT 解调性能进行分析。下面给出上述两种信道的离散冲激响应 $h(n)$,如图 11.16 所示。

在上述两个典型的 LOS 信道和 NLOS 信道下,对 CSS 扩频传输系统分别采用 De-FRFT 和 De-MF 解调的误码率性能进行 Monte Carlo 仿真验证。具体的 CSS 扩频仿真参数为：传输码元速率为 250Kb/s,时宽带宽积为 20(扩频增益为 13dB),chirp 信号的带宽为 5MHz。具体的误码率性能如图 11.17 所示。

由图 11.17 可以看出,在 CM7(即 LOS 路径)模型下,脉压(匹配)解调的性能要略微优于分数阶解调,但是性能的差别不大,基本都能在 10dB 以下达到 10^{-4} 的误码率。而在 NLOS 路径的 CM8 模型中,由于没有视距路径,因此对传统的匹配解调性能影响严重,而分数阶解调的影响则要小得多。从误码率曲线中可以看出,分数阶解调的性能要优于匹配解调。

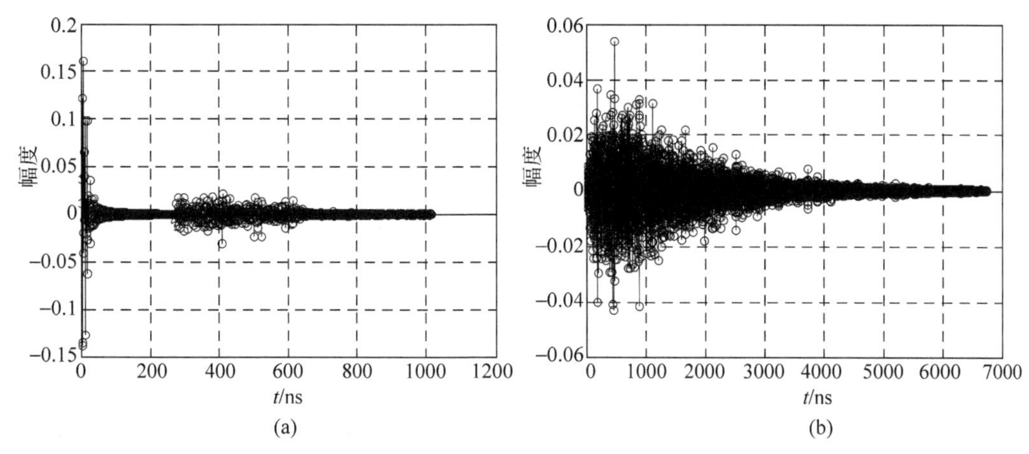

图 11.16 工业环境下 LOS 信道和 NLOS 信道的冲激响应

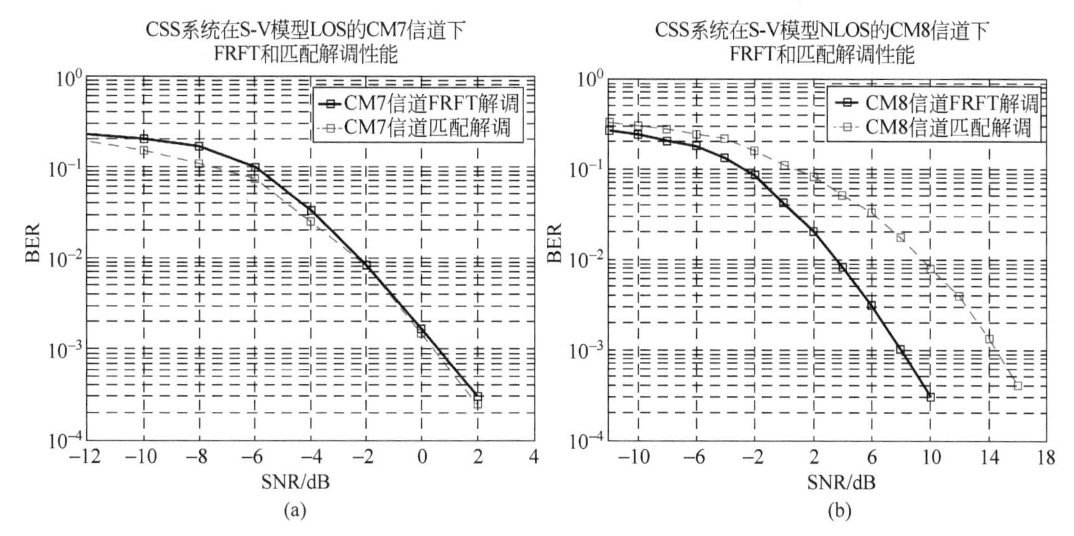

图 11.17 LOS 信道和 NLOS 信道下 De-FRFT 和 De-MF 解调的误码率

11.2 单载波分数阶傅里叶域均衡技术

单载波频域均衡(Single Carrier Frequency Domain Equalization,SC-FDE)技术[5]与正交频分复用(Orthogonal Frequency Division Multiplexing,OFDM)技术[6-8]类似,也是一种分块传输技术,根据傅里叶变换的特点采用频域均衡技术来消除多径传播引起的帧内符号间干扰。与 OFDM 技术相比,具有与其相似的抗多径干扰能力,并具有较小的峰值平均功率比(Peak to Average Power Ratio,PAPR),弥补 OFDM 技术 PAPR 较大的缺点[9,10];与传统的单载波时域均衡(Single Carrier Time Domain Equalization,SC-TDE)技术相比,克服了该技术由于阶数限制而不能解决的信道大多径时延问题,同时对于频域均衡,因为时域卷积等于频域相乘,使其均衡复杂度大大降低。在这种背景下,这种结合 OFDM 系统优点和传统单载波系统优点的 SC-FDE 技术受到了极大的重视。在 IEEE 802.16e 的物理层标准 2～11GHz 频段中，推荐了 OFDM 和 SC-FDE 两种传输方式[11]。

但是，传统 SC-FDE 技术也具有以下缺点：当采用频域线性均衡器（FD-LE）时，基于迫零准则的 ZF 均衡器[5]可以完全消除频率选择性衰落信道产生的码间干扰[12]，但在信道具有频域上的深衰落极点时，会使噪声增强，降低信噪比，导致系统性能下降；而基于最小均方误差准则的 MMSE 均衡器[5]可看作是信道噪声与残留码间干扰二者的折中[12]，在信道具有频域上的深衰落极点时性能优于迫零均衡器，但 MMSE 均衡不能完全消除码间干扰。针对 FD-LE 的问题，提出了频域判决反馈（FD-DFE）方法[5,13]和频域均衡噪声预测（FDE-NP）方法[14]，可以进一步消除残留码间干扰，然而性能依赖于判决反馈滤波器的阶数，阶数越高性能越好，但计算复杂度也越高。近年来更复杂的最大似然序列均衡技术（MLSE）也逐渐应用于移动无线信道的均衡器中[15]，计算复杂度更大。

为了在保证较低运算量的前提下解决上述问题，接下来介绍一种单载波分数阶傅里叶域均衡技术，该方法采用分数阶傅里叶变换来代替 SC-FDE 技术中的传统傅里叶变换。在信道具有频域上深衰落极点的情况下，不需要采用判决反馈等更复杂的技术，就可以解决频域线性均衡在消除码间干扰和控制噪声功率之间的矛盾，获得更好的误码率性能。同时，由于分数阶傅里叶变换存在快速算法[2]，使得该技术系统实现简单，计算复杂度低。

11.2.1 分数阶卷积信道模型

对于传统的单载波通信系统，多径信道引起的频率选择性衰落会引入码间干扰，从而对接收端的准确解调造成困难。考虑信道为非时变信道，则接收到的信号表示为（基带形式）

$$y(t)=x(t)*h(t)+w(t) \tag{11.50}$$

式中，$*$ 表示传统卷积；$x(t)$为发送信号；$h(t)$表示信道的冲激响应；$w(t)$表示均值为 0 的加性高斯白噪声。

从式（11.50）可以看出，标准多径信道模型是通过传统卷积来表示的，可以根据卷积定理来分析信道频域关系为

$$Y(f)=X(f)H(f)+W(f) \tag{11.51}$$

相应地，为了分析标准信道模型的分数阶傅里叶域特性，需要根据分数阶卷积定理来分析。对于固定的发送信号 $x(t)$和接收信号 $y(t)$，可以通过定义满足分数阶卷积的信道响应 $\tilde{h}(t)$，得到了利用分数阶卷积表示的信道模型，具体流程框图如图 11.18 所示。

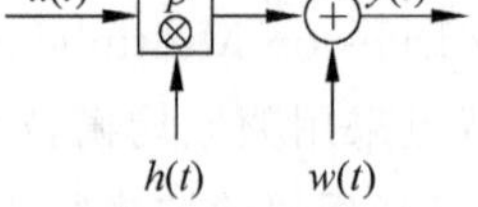

图 11.18 基于分数阶卷积的信道模型

图 11.18 中，$\overset{p}{\otimes}$代表阶次为 p 的分数阶卷积。可以得出

$$y(t)=x(t)\overset{p}{\otimes}h(t)+w(t)=x(t)*h(t)+w(t)=y(t) \tag{11.52}$$

由式（11.52）和分数阶卷积定理，可以得到系统模型在相应分数阶傅里叶域的关系式：

$$Y_p(u)=X_p(u)H_p(u)\mathrm{e}^{-\mathrm{j}\cdot\frac{\cot\alpha}{2}\cdot u^2}+W_p(u) \tag{11.53}$$

式中，$p=2\alpha/\pi$，$X_p(u)$，$H_p(u)$，$Y_p(u)$和$W_p(u)$分别是对应信号的分数阶傅里叶谱。

11.2.2　单载波分数阶傅里叶域均衡技术

传统SC-FDE系统中，通常采用频域最小二乘(LS)信道估计方法。该方法计算简单，运算量小且估计精度较高，因此在各种实际通信系统中得到广泛的应用。根据11.2.1节介绍的信道频域关系式(11.51)，考虑发送训练序列为序列$x(n)$，接收训练序列为$y(n)$，序列个数为L。下面给出频率响应估计值

$$\hat{H}(k)=\left\langle\frac{Y(k)}{X(k)}\right\rangle \tag{11.54}$$

式中，$X(k)$，$Y(k)$分别为$x(n)$，$y(n)$的频谱，$\langle\cdot\rangle$表示$\langle r\rangle=\frac{1}{L}\sum_{l=0}^{L-1}r^{(l)}$。

在估计出信道的频率响应$H(k)$后，进而可以利用线性均衡器准则设计频域均衡器系数$C(k)$，消除码间干扰。常用的线性均衡方法有迫零(ZF)均衡和最小均方误差(MMSE)准则。ZF准则能完全消除码间干扰(ISI)，MMSE准则是使均衡后的信号与实际发送信号的均方误差最小。

迫零准则为
$$C(k)=\frac{1}{H(k)} \tag{11.55}$$

最小均方误差准则为
$$C(k)=\frac{H^*(k)}{|H(k)|^2+\frac{1}{\mathrm{SNR}}} \tag{11.56}$$

根据理论推导可分析频域ZF均衡器的均方误差(MSE)

$$\mathrm{MSE}=E\left[\int_{-\infty}^{+\infty}\left|\frac{W(f)}{H(f)}\right|^2\mathrm{d}f\right]=\int_{-\infty}^{+\infty}\frac{\delta_w^2}{|H(f)|^2}\mathrm{d}u \tag{11.57}$$

式中，δ_ω^2为高斯白噪声的方差。可以看出，ZF均衡器的MSE由信道响应$H(f)$的幅值决定。当信道的幅值出现深衰落点时，会放大该频点的噪声。

以上是对FD-LE系统的简单介绍，下面具体介绍单载波分数阶傅里叶域均衡系统的实施流程和理论分析。

11.2.2.1　分数阶傅里叶域信道估计

根据上一节引入的分数阶卷积理论的信道模型及其分数阶傅里叶域关系式(11.53)，类似传统频域的LS信道估计公式(11.54)，可以在相应的分数阶傅里叶域得到响应$\widetilde{H}_p(u)$的估计值

$$\widetilde{H}_p(u)=\left\langle\frac{Y_p(u)}{X_p(u)\mathrm{e}^{-\mathrm{j}\frac{\cot\alpha}{2}u^2}}\right\rangle \tag{11.58}$$

式中，$X_p(u)$，$Y_p(u)$分别为发送训练序列$x(n)$和接收训练序列$y(n)$的分数阶傅里叶谱；$\langle\cdot\rangle$表示$\langle r\rangle=\frac{1}{L}\sum_{l=0}^{L-1}r^{(l)}$。上式称为分数阶傅里叶域最小二乘(LS)信道估计。

11.2.2.2 分数阶傅里叶域信道均衡

采用分数阶卷积信道模型分析接收信号,并得到分数阶傅里叶域表示式(11.53),则在接收端的均衡器模型同样要采用分数阶卷积进行分析。考虑满足分数阶卷积的均衡器响应为 $\tilde{c}(t)$,则均衡器的时域表达式为

$$z(t)=y(t)\overset{p}{\otimes}\tilde{c}(t)=[x(t)\overset{p}{\otimes}h(t)+w(t)]\overset{p}{\otimes}\tilde{c}(t) \tag{11.59}$$

式中,$\overset{p}{\otimes}$代表阶次为 p 分数阶卷积,$y(t)$表示接收端的接收信号。根据分数阶卷积定理可得在相应分数阶傅里叶域的关系式:

$$\begin{aligned}Z_p(u)&=Y_p(u)C_p(u)\mathrm{e}^{-\mathrm{j}\frac{\cot\alpha}{2}u^2}\\&=X_p(u)H_p(u)C_p(u)\mathrm{e}^{-\mathrm{j}u^2\cot\alpha}+W_p(u)C_p(u)\mathrm{e}^{-\mathrm{j}\frac{\cot\alpha}{2}u^2}\end{aligned} \tag{11.60}$$

通过上面分数阶傅里叶域的表达式,可以得出,只有当

$$H_p(u)C_p(u)\mathrm{e}^{-\mathrm{j}u^2\cot\alpha}=1 \tag{11.61}$$

或

$$C_p(u)=\frac{1}{H_p(u)\mathrm{e}^{-\mathrm{j}u^2\cot\alpha}} \tag{11.62}$$

的情况下,才可以得到最优的抗码间干扰性能。上式中的 $H_p(u)$可以通过上节中所述的分数阶傅里叶域最小二乘信道估计得到,从而设计出相应阶次的均衡器系数。该分数阶傅里叶域均衡器表达式是基于迫零准则设计的。

上面对连续信号的分数阶傅里叶域均衡器进行了理论分析,图 11.19 给出其具体实现框图。

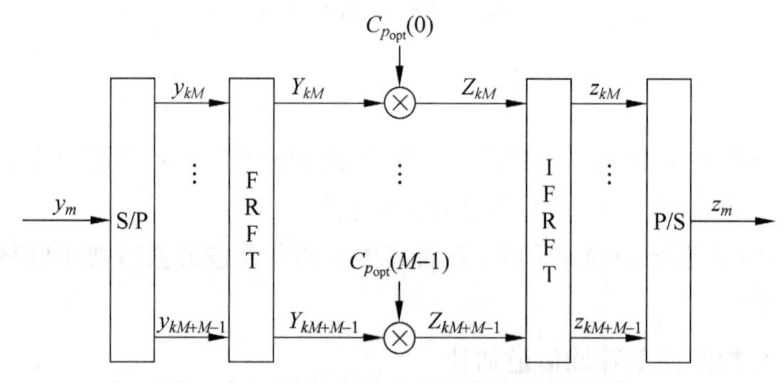

图 11.19 分数阶傅里叶域线性均衡器框图

考虑接收信号为离散序列 y_m,通过均衡后的输出序列为 z_m。具体流程为:首先对接收离散序列分块进行 FRFT,对每一个数据块分别通过由式(11.62)设计的乘性滤波器 $\widetilde{C}_p$,再进行 IFRFT 变换回时域,并/串变换后得到均衡后的输出序列 z_m。

下面对分数阶傅里叶域的迫零均衡器做误差分析。将式(11.62)代入式(11.60),可得

$$Z_p(u)=X_p(u)+\frac{W_p(u)}{H_p(u)\mathrm{e}^{-\mathrm{j}\frac{\cot\alpha}{2}u^2}} \tag{11.63}$$

通过式(11.63)可得,只有当 $Z_p(f)=X_p(f)$情况下,才可完全消除码间干扰,则根据

迫零准则设计出

$$\text{Error}(u)=\frac{W_p(u)}{H_p(u)\mathrm{e}^{-\mathrm{j}\frac{\cot\alpha}{2}u^2}} \tag{11.64}$$

根据上式，可得均方误差的计算公式：

$$\begin{aligned}\text{MSE}&=E\left[\int_{-\infty}^{+\infty}\left|\frac{W_p(u)}{H_p(u)\mathrm{e}^{-\mathrm{j}\frac{\cot\alpha}{2}u^2}}\right|^2\mathrm{d}f\right]=\int_{-\infty}^{+\infty}E\left[\left|\frac{W_p(u)}{H_p(u)\mathrm{e}^{-\mathrm{j}\frac{\cot\alpha}{2}u^2}}\right|^2\right]\mathrm{d}f\\&=\int_{-\infty}^{+\infty}\frac{E\left[|W_p(u)|^2\right]}{\left|H_p(u)\mathrm{e}^{-\mathrm{j}\frac{\cot\alpha}{2}u^2}\right|^2}\mathrm{d}f\\&=\int_{-\infty}^{+\infty}\frac{\delta_{W_p}^2}{|H_p(u)|^2}\mathrm{d}u\end{aligned} \tag{11.65}$$

式中，$\delta_{W_p}^2$ 是对应的分数阶傅里叶域的噪声方差，且 $\delta_{W_p}^2=\delta_W^2$。

结论 1：当信噪比(SNR)固定的情况下，$|H_p(u)|$ 为恒模 1 时，可以得到均衡器 MSE 的最小值。当 $|H_p(u)|$ 出现衰落深度较大的情况下，会放大该频点的噪声，其均衡器的 MSE 也相应地变大。

根据分数阶傅里叶变换的性质，当 $p=1(\alpha=\pi/2)$ 时，FRFT 等价为传统的傅里叶变换。上面得出的分数阶傅里叶域 LS 信道估计公式(11.58)和迫零均衡器公式(11.62)，同样等价为传统频域 LS 信道估计公式(11.54)和迫零均衡器公式(11.55)。因此，传统频域均衡器是本节提出的分数阶傅里叶域均衡器的特殊情况。

11.2.2.3 最优阶次分数阶傅里叶域选取

根据结论 1 所述，当某阶次 p 的 LS 信道估计结果 $|\widetilde{H}_p(u)|$ 的深衰落点的衰落幅度较小时，采用该阶次设计的分数阶傅里叶域均衡器，可以在消除码间干扰的同时，最大限度地减小由噪声带来的 MSE。因此，可以通过对不同阶次的分数阶 LS 信道估计结果 $|\widetilde{H}_p(u)|$ 的衰落情况进行统计，最优地选择分数阶傅里叶域均衡器的阶次。

为了达到最优的均衡效果，应尽量使 LS 信道估计出 $|\widetilde{H}_p(u)|$ 的模值接近 1，才能取得最小的 MSE。所以可以选择使 $|H_p(u)|$ 与 1 的方差取最小值的阶次进行均衡。因此，定义目标函数为

$$\varepsilon_p=\left|\,|\widetilde{H}_p(u)|-1\right|^2 \tag{11.66}$$

将信道估计公式(11.58)代入式(11.66)，可得

$$\varepsilon_p=\left\langle\left|\,\left|\frac{Y_p(u)}{X_p(u)}\right|-1\right|^2\right\rangle \tag{11.67}$$

结论 2：为了使均衡器具有最佳性能，可选使式(11.67)有最小值的阶次 p 作为最优分数阶傅里叶变换阶次

$$p_{\text{opt}}=\{p\,|\,\min(\varepsilon_p)\} \tag{11.68}$$

当选出的使目标函数值 ε_p 为最小的分数阶傅里叶变换阶次 p_{opt} 恰好等于 1 时，分数阶傅里叶域均衡系统即转化为传统频域均衡系统。

11.2.2.4 系统流程

前面对单载波分数阶傅里叶域均衡系统中的关键问题进行分析，具体接收机结构框图由图 11.20 给出。

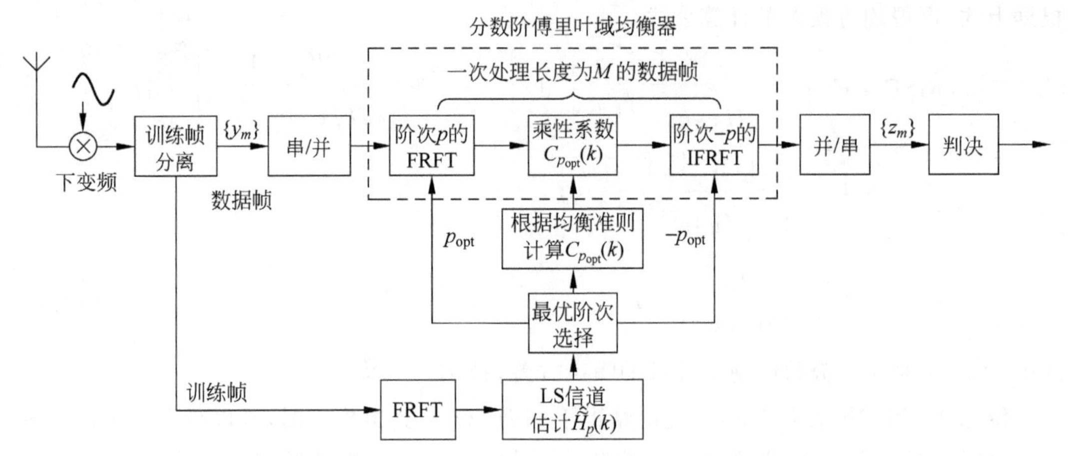

图 11.20 单载波分数阶傅里叶域均衡系统框图

具体实现步骤如下：

(1) 首先对接收机下变频后的基带数据进行训练序列和数据序列分离；

(2) 将训练序列变换到不同的分数阶傅里叶域进行 LS 信道估计，根据目标函数 ε_p 选取最优阶次 p_{opt}；

(3) 根据最优阶次的 LS 信道估计 $\widetilde{H}_{p_{\text{opt}}}(u)$，设置相应阶次的分数阶傅里叶域均衡器的乘性抽头系数 $\widetilde{C}_{p_{\text{opt}}}(u)$；

(4) 对分离后的数据帧进行串并/变换分块处理，即将串行数据分成长度为 M 的数据块，对每个数据块利用 DFRFT 快速算法变换到最优阶次 p_{opt} 的分数阶傅里叶域；

(5) 通过乘性均衡器 $C_{p_{\text{opt}}}(u)$，并进行最优阶次的离散分数阶傅里叶逆变换回时域，重复将每一个数据块进行均衡后，得到均衡后输出数据块；

(6) 将均衡后数据块并/串变换，得到均衡后的串行信号。进行解扩解调和判决等得到接收码元。

11.2.3 仿真结果

11.2.3.1 最优阶次选择

为了验证前面提出的结论，本节给出针对具体深衰落信道的仿真结果。假设信道为标准的抽头延时线(TDL)多径信道模型。根据直达波路径的衰减分为两种模型：视距传输(LOS)信道和非视距传输(NLOS)信道。其中，LOS 情况下，直达波衰减系数为 0dB；NLOS 情况下，直达波衰减系数为 7dB。其余多径条数为 14 条，每条多径的衰减依次为 4dB，2dB，4dB，7dB，7dB，4dB，2dB，4dB，7dB，7dB，4dB，2dB，4dB，7dB；每条多径的相移依次为 0，π/10，π/8，π/10，0，0，π/10，π/8，π/10，0，0，π/10，π/8，π/10，0。假设每条多径的时延间隔相等，并不考虑多径的多普勒频移。

发送训练信号 $x(t)$采用 256 点的伪随机序列，通过上述多径信道模型。在不考虑高斯白噪声的情况下，采用分数阶傅里叶域信道估计公式(11.58)，得到不同阶次 p 的分数阶傅里叶域频率响应 $H_p(u)$的估计值。根据式(11.67)求出各个阶次的目标函数，由式(11.68)得出最优阶次 p_{opt}。图 11.21 给出了在上述两种信道冲激响应下，不同分数阶傅里叶域频率响应 $H_p(u)$目标函数 ε_p 的大小。

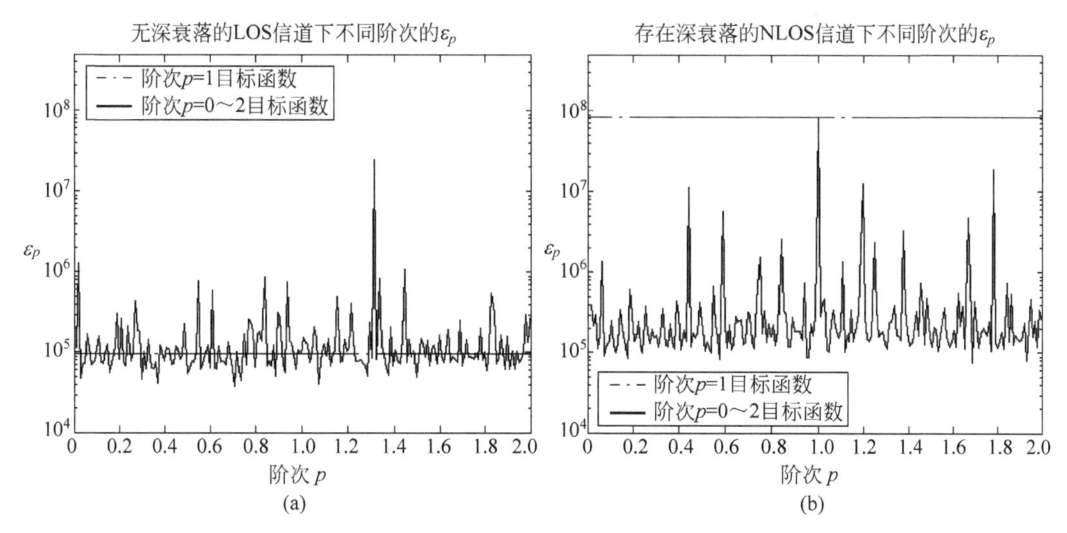

图 11.21 不同阶次下目标函数 ε_p 的大小

(a) 无深衰落的 LOS 信道；(b) 深衰落的 NLOS 信道

由图 11.21 可以看出，LOS 信道下，$p_{\mathrm{opt}}=0.71$；NLOS 信道下，$p_{\mathrm{opt}}=1.69$。图 11.22 给出两种信道下，最优阶次 p_{opt} 的分数阶傅里叶域频率响应 $H_{p_{\mathrm{opt}}}(u)$和传统频率响应 $H(f)$的对比曲线。

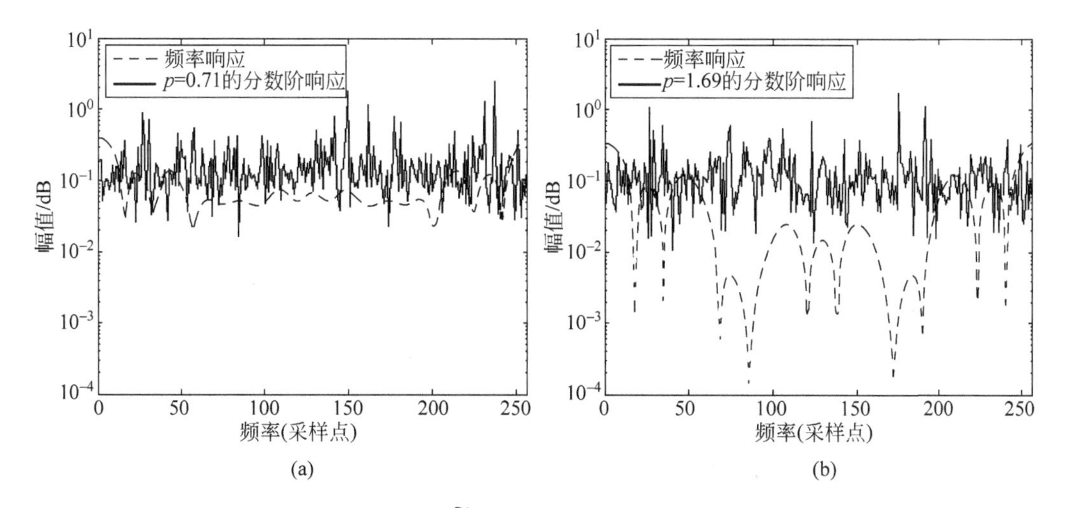

图 11.22 $\widetilde{H}_p(u)$和 $H(f)$的对比曲线

(a) 无深衰落的 LOS 信道；(b) 深衰落的 NLOS 信道

对于图 11.21 和图 11.22 的 LOS 信道情况，由于频率响应的衰落幅度不大，在 $p=1$ 阶次（即传统傅里叶域）的目标函数与其他各个阶次分数阶傅里叶域的目标函数近似。各个阶次分数阶傅里叶域（包括频域）的均衡性能相似。

对于图 11.21 和图 11.22 的 NLOS 信道情况，传统傅里叶域的目标函数比其他各个阶次分数阶傅里叶域的目标函数要大几个数量级，即 NLOS 信道在频域的深衰落较严重，而在分数阶傅里叶域的衰落则依然比较平坦。因此，采用分数阶傅里叶域均衡的方法，可以在完全消除码间干扰的同时，最小限度地放大噪声。

11.2.3.2 信道噪声和码间干扰分析

下面针对深衰落严重的 NLOS 信道情况，分别采用传统 FD-LE 的经典方法和本书提出的分数阶傅里叶域信道估计和均衡方法，对通过信道后产生畸变的 PN 序列进行均衡后的效果对比。仿真采用长度为 256 点的 PN 序列作为训练和数据序列，具体的仿真参数分为以下 4 种情况，如表 11.1 所示。

表 11.1 仿真参数

序号	训练和数据序列	信道估计均衡阶次	均衡准则	信噪比/dB	序列长度
1	PN 序列	无	无	15	256
2	PN 序列	$p=1$ 的频域	ZF 准则	15	256
3	PN 序列	$p=1$ 的频域	MMSE 准则	15	256
4	PN 序列	$p=1.69$ 的 FRFT 域	ZF 准则	15	256

针对上述 4 种情况，分别对均衡输出的 PN 序列与原发送 PN 序列做相关。观察输出噪声和码间干扰情况，如图 11.23 所示。通过图 11.23 可以看出：

情况 1：在不采用任何均衡方法的情况下，由多径信道引起的码间干扰较为严重，多径传输产生的多个副峰码间干扰明显。

情况 2：采用基于 ZF 准则的频域均衡，多径传输产生的副峰码间干扰虽然被消除，但是噪声功率被放大，不利于准确地解调出原始信号。

情况 3：采用基于 MMSE 准则的频域均衡，虽然信号的噪声被控制在较好的范围内，但是并没有完全消除副峰码间干扰的影响，同样不利于信号的解调。

情况 4：采用基于迫零准则阶次为 1.69 的分数阶傅里叶域均衡，信号不仅完全消除了副峰码间干扰的影响，又能较好控制噪声功率。

同样可以通过分析与上面相同的几种情况下 PN 序列的星座图，来观察和分析各种均衡方法的效果，如图 11.24 所示。通过图 11.24 可以得出和 PN 自相关特性分析相同的结论：频域的 ZF 均衡准则会放大噪声，影响星座收敛；频域的 MMSE 均衡准则可以使符号收敛，但是不能完全消除码间干扰；而本书提出的分数阶傅里叶域 ZF 均衡则可以在相同信噪比的情况下，使符号完全收敛，同时不放大信道噪声。

11.2.3.3 算法性能分析

为了验证所提出的分数阶傅里叶域均衡方法在实际通信系统中的有效性，下面以直接序列扩频（DSSS）系统为例，进行 Monte Carlo 仿真验证。具体仿真参数如下：DSSS 系统采用长度为 256 点的 PN 序列，码元的帧结构如图 11.25 所示。

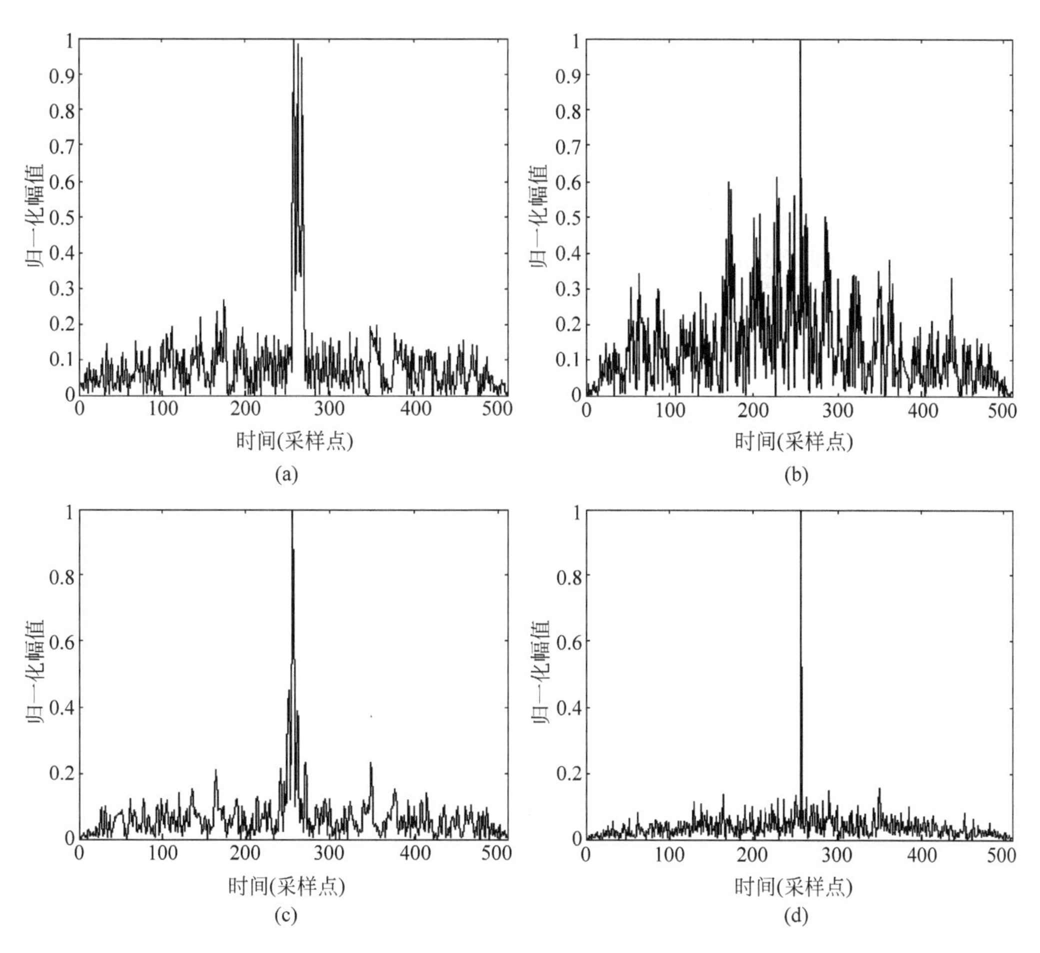

图 11.23　相关特性对比

(a) 情况 1；(b) 情况 2；(c) 情况 3；(d) 情况 4

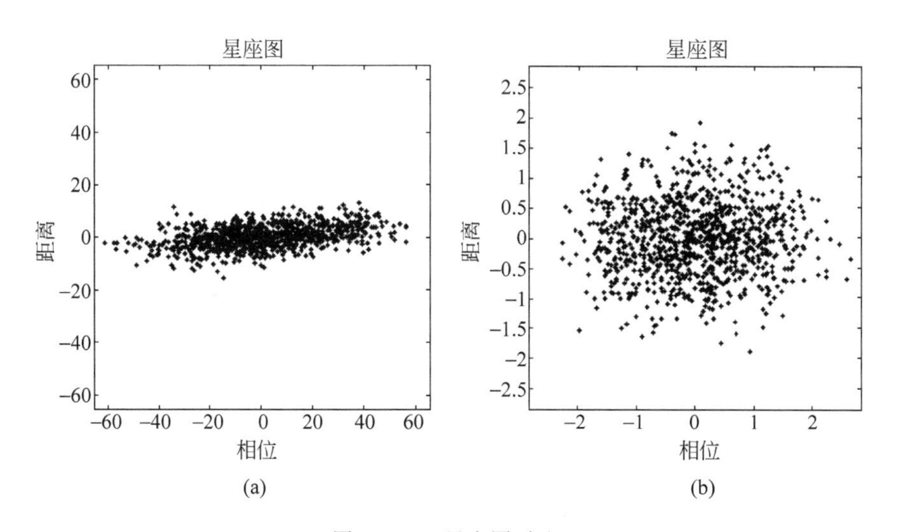

图 11.24　星座图对比

(a) 情况 1；(b) 情况 2；(c) 情况 3；(d) 情况 4

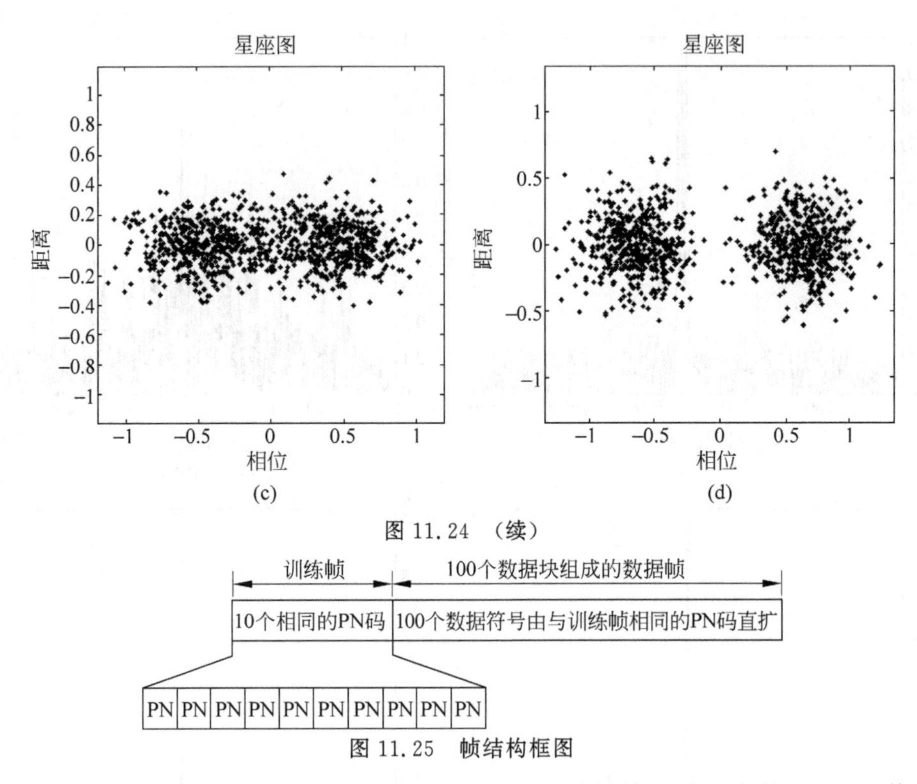

图 11.24 （续）

图 11.25 帧结构框图

根据上图所示，训练帧为 10 个相同的扩频 PN 码，数据帧的码元个数为 100。传输信道为上面给出的 NLOS 深衰落信道。接收机分别采用频域 ZF 均衡器、频域 MMSE 均衡器和本书提出的分数阶傅里叶域 ZF 均衡器对接收信号进行恢复。图 11.26 中给出了三种均衡方式的信噪比(SNR)与误码率(BER)曲线。

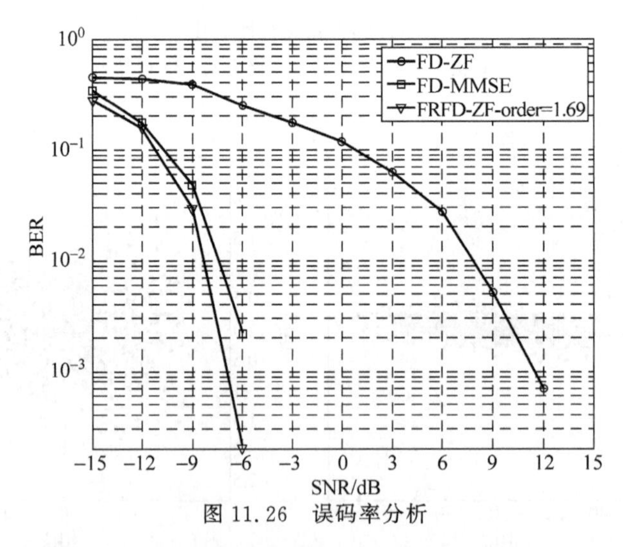

图 11.26 误码率分析

由图 11.26 可以看出，存在深衰落的情况下，由于信道噪声的影响，传统频域 MMSE 均衡的性能明显优于频域 ZF 均衡；又由于残留码间干扰的影响，采用最优阶次 1.69 的分数阶傅里叶域 ZF 均衡的性能又明显优于上面两种传统频域均衡。可见，分数阶傅里叶域 ZF 均衡在抑制码间干扰和控制噪声之间优势明显。

11.3 分数阶傅里叶域内的多路复用

现代通信系统中,实现在相同的信道中传送多路信号的技术叫作多路复用技术或多路传输技术。随着社会的发展,通信服务的需求量越来越大,这就要求在通信系统中能够高效地利用各种信道,而采用多路复用技术可以有效地提高系统的传输能力。信道多路复用技术的实质就是在两个端点之间的信道上同时传送互不干扰的多个相互独立的用户信号,其数学基础是信号的正交分割原理,也就是信道分割理论。由信号分割原理可知,对在线性信道上传输的多路复合信号实现有效分割的充分必要条件是各路信号应相互线性无关,或线性独立,因此,多路复用技术的关键是设计具有正交性的信号集合。

较常用的多路复用形式是频分复用(图 11.27)和时分复用(图 11.28),按照频率参量的差别来分割信号的多路复用称为频分多路复用;按照时间参量上的差别来分割信号的多路复用称为时分多路复用。本节中,我们由时域和频域复用出发,将多路复用的概念推广到分数阶傅里叶域[16]。

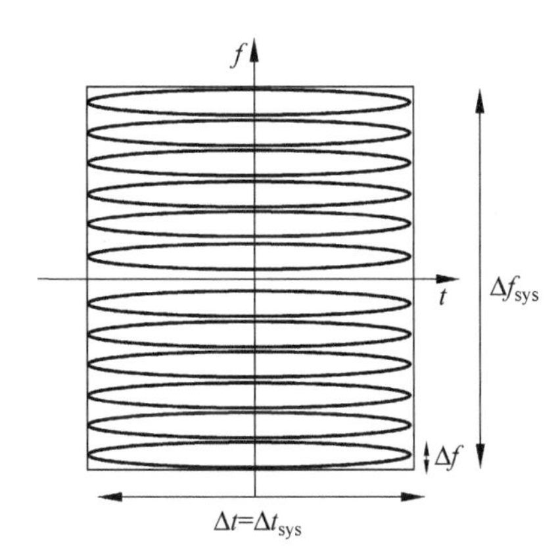

图 11.27　频域分割多路复用

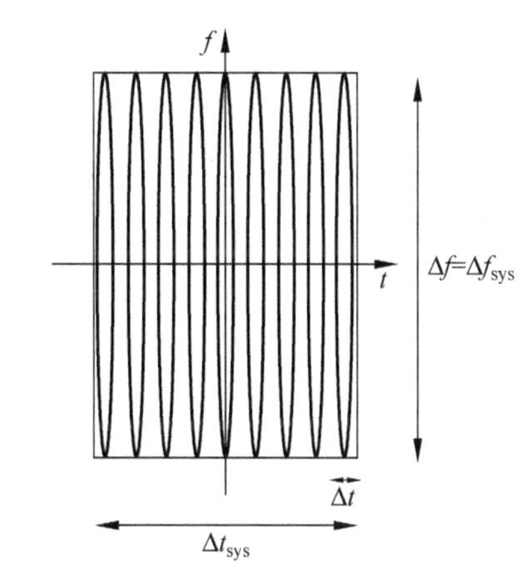

图 11.28　时域分割多路复用

根据信号的时频分析理论,若信号的时频分布在某一表示域上的投影具有高度的聚集性,则在信道的发送端可将多路信号通过该表示域上简单地平移而压缩在一起;如果平移后各个信号在这一特定的表示域上互不重叠,则在接收端可利用信号的正交性对多路信号进行不失真的分离,这就是多路复用技术的实质。当所选择的表示域为时域或频域,对应的多路复用形式即为时分复用和频分复用。由于时域和频域均为分数阶傅里叶域的特例,多路复用的原理可以很方便地推广到分数阶傅里叶域。

为便于分析,首先给出信道的时频域描述。设信道的时域"孔径"为 Δt_{sys},频率带宽为 Δf_{sys},单路信号的持续时间和频带宽度分别为 Δt 和 Δf。当信号的有效时宽 Δt 近似等于 Δt_{sys},且信号的带宽远小于信道带宽时,我们很自然地会想到利用图 11.27 所示的频率分割方法实现信道的多路复用。而当信号的带宽 Δf 近似等于 Δf_{sys},信号的持续时间 Δt 远小于 Δt_{sys} 时,我们则会采用图 11.28 中的时域分割方法实现信号的多路传输。

对于更复杂的情况,即 $\Delta t<\Delta t_{\mathrm{sys}}$ 和 $\Delta f<\Delta f_{\mathrm{sys}}$ 时,则需要同时使用频分复用和时分复用技术实现信号的多路传输,即图 11.29 所示的时分-频分多路复用技术。这种多路复用可以用以下方法实现:将欲传输的多路信号在时间轴上平移合适的量(也就是用冲激函数同

它们作卷积)，并在频率轴上也平移某个量(即载波和它们相乘)。可以看出，时分复用和频分复用适合传输时频分布与频率轴和时间轴平行的信号，而时分-频分复用则适合传输时频分布既与频率轴平行又与时间轴平行的信号。显然，如果信号的时频分布不具有与时间轴或频率轴平行的特征，就需要其他形式的多路传输方式。

如果一组信号都具有倾斜的时频分布，那么按照图 11.29 的时分-频分多路复用的方法，就会得到图 11.30 所示的传输方式。显然，图 11.30 给出的是一种低效率的多路传输方式，因为在 $\Delta t_{\mathrm{sys}} \times \Delta f_{\mathrm{sys}}$ 的区域内能够传输的信号个数很少。相比之下，采用图 11.31 的方法要有效得多。

为实现这种传输方式，我们所需要做的就是将这些信号变换到合适的 p 阶分数阶傅里叶域。在此域上，我们既可采用与图 11.29 完全相同的方法来实现信号的多路传输，也可采用图 11.31 所示的方法，这种多路传输的方式称为分数阶傅里叶域的多路复用。将这种方法加以推广，即可将时频分布不相等的几个信号合并后进行多路传输。我们需要做的就是在时频平面的合适方向上平移信号的时频分布。

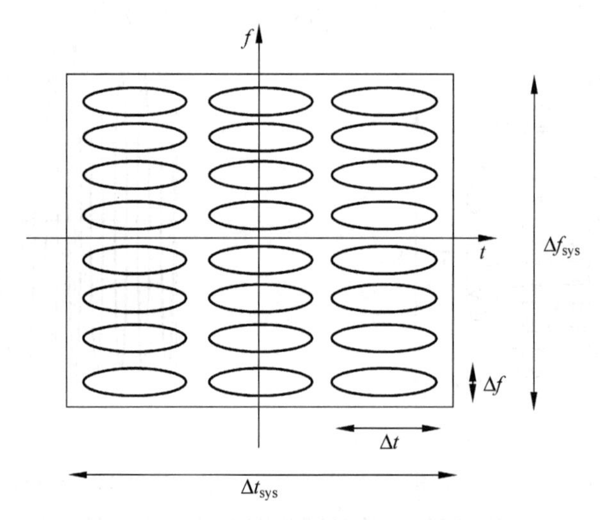

图 11.29　时域和频域分割多路复用

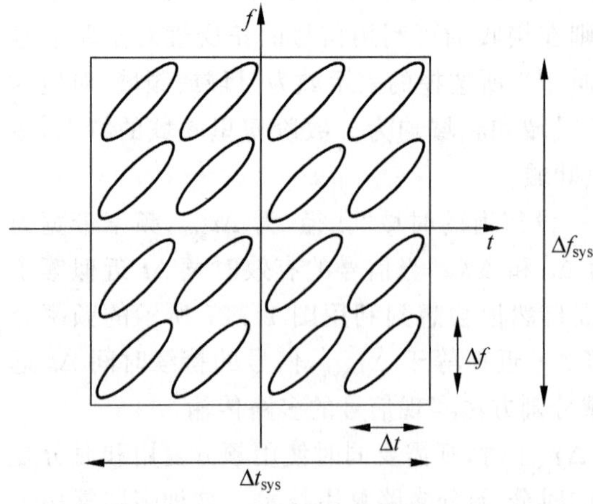

图 11.30　倾斜时频分布信号的低效多路复用方案

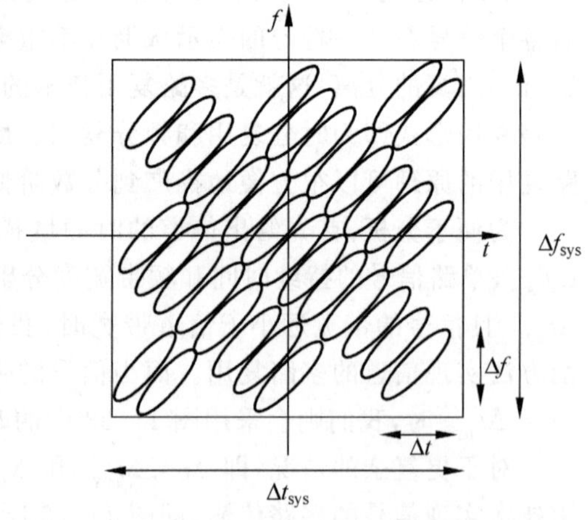

图 11.31　倾斜时频分布信号的高效多路复用方案

11.4 基于分数阶傅里叶变换的多载波系统

正交频分复用(Orthogonal Frequency Division Multiplexing,OFDM)技术作为一种多载波调制(Multi-Carrier Modulation,MCM)技术,由于能有效地解决宽带无线通信系统所面临的符号间干扰(Intersymbol Interference,ISI)问题,并且有较高的频谱利用率,非常适合用于移动环境下的高速数据传输[17-18]。正因如此,OFDM技术正越来越受到人们的重视,开始在实际系统中得到广泛应用,并已被公认为B3G或4G无线移动通信系统的核心技术之一[19-20]。

然而,OFDM技术本身也面临着一个巨大挑战,就是在收发双方具有较大相对运动速度,即系统中存在较大多普勒频移的情况下,OFDM系统中子载波间的正交性容易受到破坏,从而形成严重的子载波(子信道)间干扰(Intercarrier Interference or Interchannel Interference,ICI),使系统性能下降。这时无论如何提高信号的发射功率,在接收端也不能改善其误码率性能,即形成所谓的"地板效应"。因此,如何在高速移动的情况下,或者说在快速时变的信道环境下,仍能保证有效的无线接入,并确保信息高速可靠的传输是OFDM系统需要解决的一个重要问题[18]。

本节,我们针对传统的基于傅里叶变换的OFDM系统(FT-OFDM系统)在快速时变信道环境下性能严重下降的问题,研究并阐述一种基于分数阶傅里叶变换的OFDM系统(FRFT-OFDM系统)。在这个系统中,应用分数阶傅里叶变换代替FT-OFDM系统中的傅里叶变换进行子载波调制/解调,并且通过选择合适的分数阶傅里叶变换阶次,使OFDM信号更好地适应时变信道的特性,以减小时变信道引入的ICI,从而提高系统性能。通过对FRFT-OFDM系统和其中关键技术的研究,本节我们将给出FRFT-OFDM系统结构、系统的分数阶傅里叶变换阶次选择方法、系统的时变信道估计和均衡等方法。文献[21]对该FRFT-OFDM系统的峰均比进行了分析,认为在子载波数目较少时,该方案优于传统OFDM系统,而在子载波数目较多时,两者的区别不大,并将传统OFDM系统中抑制峰均比的SLM(Selective Mapping)方法推广到了FRFT-OFDM系统,仿真结果证明了其可行性。

11.4.1 FRFT-OFDM 系统结构

OFDM技术作为一种无线环境下的高速传输技术,其主要思想是在频域内将给定信道分成许多正交子信道[17-18],在每个子信道上使用一个子载波进行调制,各子载波间并行传输。对于频率选择性(时间弥散)信道,每个子信道上进行的都是窄带传输,信号带宽小于信道的相应带宽,因此OFDM技术可以大大消除符号间干扰。同时,OFDM系统中通过离散逆傅里叶变换(IDFT)对子载波进行调制,使各个子载波频谱相互重叠的同时相互正交,这样又提高了频谱利用率。正是由于OFDM技术可以有效对抗ISI,可以有很高的传输速率,同时实现又相对简单,占用频谱资源较少,因此近年来OFDM技术在各种无线数据通信领域得到了广泛关注,被大量应用。

但是,当信道冲激响应在一个OFDM符号周期内明显变化,或者说存在较大多普勒频移时,现有FT-OFDM系统的子载波间正交性将被破坏,产生ICI,使系统性能严重下降。针对此问题,Martone在文献[22]中首次提出了利用chirp基代替正弦基作为子载波的FRFT-OFDM系统结构方案。这里,我们给出细化的FRFT-OFDM系统结构框图,如图11.32所示。

从图11.32可以看出,系统基本结构及串/并变换、导频的加入均和传统OFDM系统类

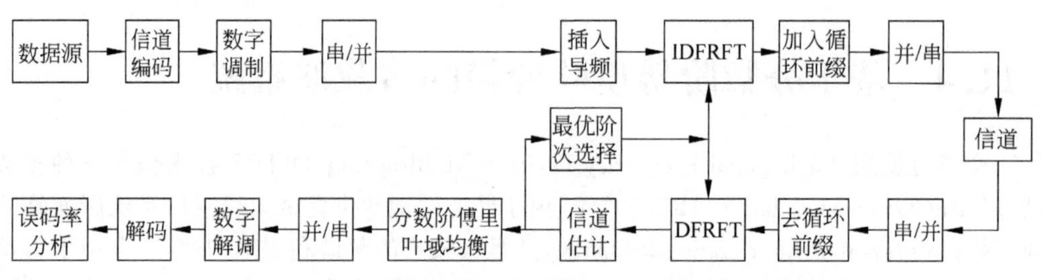

图 11.32 基于分数阶傅里叶变换的 OFDM 基带系统框图

似，但原有 FT-OFDM 系统中进行子载波调制和解调的逆快速傅里叶变换（Inverse Fast Fourier Transform，IFFT）及快速傅里叶变换（Fast Fourier Transform，FFT）部分分别被逆离散分数阶傅里叶变换（Inverse Discrete Fractional Fourier Transform，IDFRFT）和离散分数阶傅里叶变换（Discrete Fractional Fourier Transform，DFRFT）代替。同时，为了选择和时变信道最匹配，或者说具有最小 ICI 影响的分数阶傅里叶域，在 FRFT-OFDM 系统中增加了最优分数阶傅里叶变换阶次选择模块。另外，由于用 IDFRFT 和 DFRFT 进行子载波调制/解调，因此未经子载波调制的数据信号和接收端子载波解调后的接收信号均可看成是分数阶傅里叶域的信号，而原有的频域均衡则变成分数阶傅里叶域均衡。

如图 11.32 所示，经过串/并变换后的数据，通过 IDFRFT 进行子载波调制。子载波调制的过程可以用公式表示为

$$s_p(n)=\mathrm{e}^{\frac{-\mathrm{j}}{2}n^2\Delta t^2\cot\alpha}\sum_{m=0}^{N-1}\mathrm{e}^{\frac{-\mathrm{j}}{2}m^2\Delta u^2\cot\alpha}\,\mathrm{e}^{\mathrm{j}\frac{2\pi nm}{M}}d_p(m)\quad n=0,1,\cdots,N-1 \tag{11.69}$$

其中，$d_p(m)$为经数字调制、插入导频后的第 i 个 OFDM 符号包含的离散时间数据信号。

这样用来调制并行数据的子载波信号变为多个具有相同调频率、不同中心频率的线性调频信号。各子载波的频率为

$$w_{\alpha,n}=n\frac{2\pi}{T_{\text{symbol}}}-t\cot\alpha \tag{11.70}$$

其中，T_{symbol} 为一个 OFDM 符号周期时长，α 为 IDFRFT 的变换角度，$t\in(0,T_{\text{symbol}})$。可以看出，各子载波的频率在一个 OFDM 符号周期内是变化的，这和传统 OFDM 系统中各子载波频率在一个 OFDM 符号周期内固定是不同的。这里需要特别指出的是，虽然这些频率时变的子载波从频域看其频谱不是互相正交的，但是如果从和它们调频率相对应的分数阶傅里叶域看，这些具有相同调频率、不同中心频率的 chirp 信号子载波间是满足互相正交的。图 11.33 给出了有 8 个子载波的 FRFT-OFDM 系统一个 OFDM 符号中各子载波的相应分数阶傅里叶谱的示意图。值得注意的是，图 11.33 反映的是分数阶傅里叶域的情况，因此图中的横坐标为 u 轴，其归一化后的最大值为 $2\pi\sin\alpha$。因此，子载波在相应分数阶傅里叶域的归一化中心频率间隔为 $\Delta\omega_p'=\frac{2\pi\sin\alpha}{8}$。

在接收端，FRFT-OFDM 系统首先将接收处理得到的基带信号进行串/并变换，并去掉循环前缀，之后应用 DFRFT 进行子载波解调。同时，为了选择和时变信道最匹配的分数阶傅里叶域进行传输，需要在接收端进行信道估计，以及最优分数阶傅里叶域阶次的选择。具体最优分数阶傅里叶域阶次选择算法将在 11.4.2 节中给出。在选出最优阶次分数阶傅里叶域后，最优阶次信息通过一定通道反馈给发射端，于是发射和接收端用此选定阶次的分数

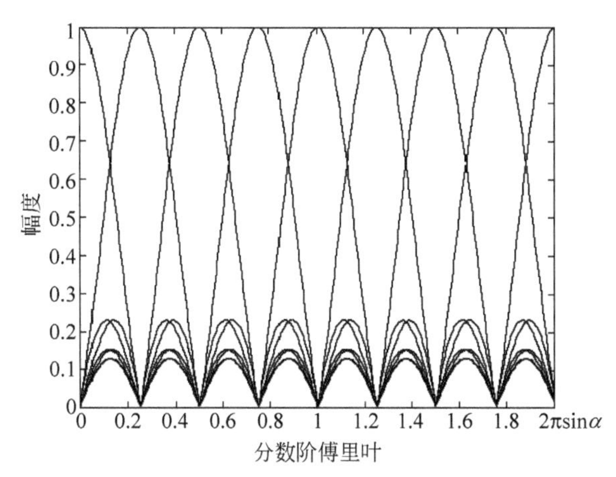

图 11.33 含 8 个子载波的 FRFT-OFDM 系统一个 OFDM 符号中各子载波的相应分数阶傅里叶谱的示意图

阶傅里叶变换进行子载波调制与解调。接收端经过分数阶傅里叶变换后的信号,将在分数阶傅里叶域进行均衡,均衡后的信号经过数字解调、信道解码等操作后形成接收机输出。

最后需要指出的是,FRFT-OFDM 系统相对于传统 FT-OFDM 系统的一个重要优势就是可以通过改变分数阶傅里叶变换的阶次任意改变子载波的调频率,或者说改变信号处理所在分数阶傅里叶域,以适应不同时变信道的环境,而不像传统 FT-OFDM 系统中子载波只能是正弦信号,信号处理只能在频域或者时域进行。因而相对于 FT-OFDM 系统而言,FRFT-OFDM 系统可以通过最优变换阶次的选择,最大限度地抵消信道的时变特性,抑制 ICI 的影响,从而获得更好的均衡效果。同时,当分数阶傅里叶变换的阶次取到 $p=1$ 时,或者说 $\alpha=\pi/2$ 时,分数阶傅里叶变换就退化为傅里叶变换,而基于分数阶傅里叶变换的 OFDM 系统就退化为普通基于傅里叶变换的 OFDM 系统。因此,传统 FT-OFDM 系统也可以看成是 FRFT-OFDM 系统取 $p=1$ 时的一个特殊情况。

11.4.2 FRFT-OFDM 系统最优变换阶次选取方法

为了更好地分析 FRFT-OFDM 系统,推导其中的最优变换阶次选取,以及下面的信道估计和均衡算法,我们首先给出 FRFT-OFDM 系统数学模型的详细推导和分析。

为了讨论方便,在下面的讨论中我们将集中考虑某一个(第 i 个)OFDM 符号周期内的情况。将 FRFT-OFDM 系统子载波调制的过程[式(11.69)]用矩阵乘形式可以表示为

$$\boldsymbol{s}_p=\boldsymbol{F}_{-p}\boldsymbol{d}_p=\boldsymbol{F}_p^{\mathrm{H}}\boldsymbol{d}_p \tag{11.71}$$

其中,$\boldsymbol{F}_{-p}$ 为 IDFRFT 矩阵,$\boldsymbol{d}_p=[d_p(0)\quad d_p(1)\quad \cdots\quad d_p(N-1)]^{\mathrm{T}}$ 为一个 OFDM 符号中需传输的复数据向量,$\boldsymbol{s}_p=[s_p(0)\quad s_p(1)\quad \cdots\quad s_p(N-1)]^{\mathrm{T}}$ 为经 chirp 子载波调制后的一个 OFDM 符号向量。

假设 chirp 循环前缀长度为 N_q,信道阶数为 L。加入 chirp 循环前缀的过程也可用矩阵形式表示为

$$\boldsymbol{s}_{p_{\mathrm{cp}}}=\boldsymbol{T}_{p_{\mathrm{cp}}}\boldsymbol{s}_p \tag{11.72}$$

式中，$\boldsymbol{T}_{p_{\mathrm{cp}}}=\begin{bmatrix}\boldsymbol{0}_{N_q\times(N-N_q)} & \boldsymbol{C}_{N_q\times N_q}\\ \multicolumn{2}{c}{\boldsymbol{I}_{N\times N}}\end{bmatrix}_{P\times N}$，其中 $\boldsymbol{0}_{N_q\times(N-N_q)}$ 为由全零元素组成的 $N_q\times(N-N_q)$ 矩阵，$\boldsymbol{I}_N$ 为 $N\times N$ 单位阵，$\boldsymbol{C}_{N_q\times N_q}$ 为如下所示的 $N_q\times N_q$ 对角阵：

$$\boldsymbol{C}_{N_q\times N_q}=\mathrm{diag}\left[\mathrm{e}^{\mathrm{j}\frac{1}{2}\cot\alpha[(N-N_q+n)^2-(-N_q+n)^2]\Delta t^2},n=0,1,\cdots,N_q-1\right]$$

发送信号通过信道的过程可用信道卷积矩阵表示，因此接收到的信号为

$$\boldsymbol{r}_{p_{\mathrm{cp}}}=\boldsymbol{H}\boldsymbol{s}_{p_{\mathrm{cp}}}+\boldsymbol{\eta}_{p_{\mathrm{cp}}} \tag{11.73}$$

其中，

$$\boldsymbol{H}=\begin{bmatrix} h(-N_q,0) & 0 & \cdots & 0 & 0\\ h(-N_q+1,1) & h(-N_q+1,0) & \cdots & 0 & 0\\ \vdots & h(-N_q+2,1) & \ddots & \vdots & \vdots\\ h(-N_q+L,L-1) & \vdots & \ddots & \vdots & \vdots\\ 0 & h(-N_q+L,L-1) & \vdots & \vdots & \vdots\\ \vdots & 0 & \vdots & 0 & \vdots\\ \vdots & \vdots & \vdots & h(P-2,0) & 0\\ 0 & 0 & \cdots & h(P-1,1) & h(P-1,0)\end{bmatrix}_{P\times P}$$

在接收端去掉 chirp 循环前缀后的信号为

$$\boldsymbol{r}_p=\boldsymbol{R}_{\mathrm{cp}}\boldsymbol{r}_{p_{\mathrm{cp}}}=\boldsymbol{R}_{\mathrm{cp}}\boldsymbol{H}\boldsymbol{s}_{p_{\mathrm{cp}}}+\bar{\boldsymbol{\eta}}_p=\boldsymbol{R}_{\mathrm{cp}}\boldsymbol{H}\boldsymbol{T}_{p_{\mathrm{cp}}}\boldsymbol{s}_p+\bar{\boldsymbol{\eta}}_p=\overline{\boldsymbol{H}}_p\boldsymbol{s}_p+\bar{\boldsymbol{\eta}}_p \tag{11.74}$$

其中，$\boldsymbol{r}_p=[r_p(0)\quad r_p(1)\quad\cdots\quad r_p(N-1)]^{\mathrm{T}}$，$\boldsymbol{R}_{\mathrm{cp}}=[0_{N\times N_q}\quad \boldsymbol{I}_N]_{N\times P}$ 和 FT-OFDM 系统中的一致，$\bar{\boldsymbol{\eta}}_p$ 为长度为 N 的 AWGN 向量，而这时的 FRFT-OFDM 系统信道转移矩阵 $\overline{\boldsymbol{H}}_p$ 为

$$\overline{\boldsymbol{H}}_p=\boldsymbol{R}_{\mathrm{cp}}\boldsymbol{H}\boldsymbol{T}_{p_{\mathrm{cp}}} \tag{11.75}$$

去掉 chirp 循环前缀的信号作 DFRFT 得

$$\boldsymbol{y}_p=\boldsymbol{F}_p\boldsymbol{r}_p=\boldsymbol{F}_p\overline{\boldsymbol{H}}_p\boldsymbol{F}_{-p}\boldsymbol{d}_p+\boldsymbol{F}_p\bar{\boldsymbol{\eta}}_p=\widetilde{\boldsymbol{H}}_p\boldsymbol{d}_p+\tilde{\boldsymbol{\eta}}_p \tag{11.76}$$

其中，$\tilde{\boldsymbol{\eta}}_p=[\tilde{\eta}_p(k),k=0,1,\cdots,N-2]^{\mathrm{T}}$ 为 AWGN 向量的 DFRFT（仍呈白噪声特性），$\boldsymbol{y}_p=[y_p(0)\quad y_p(1)\quad\cdots\quad y_p(N-1)]^{\mathrm{T}}$，$\widetilde{\boldsymbol{H}}_p$ 定义为分数阶傅里叶域信道转移矩阵，且 $\widetilde{\boldsymbol{H}}_p$ 中的元素为 $[\widetilde{\boldsymbol{H}}_p]_{k,m}=\widetilde{H}_p(k,m)=\sum_{l=0}^{L-1}\sum_{n=0}^{N-1}h(n,l)F_p(k,n)F_{-p}(N-l+n,m)$，即

$$\widetilde{\boldsymbol{H}}_p=\boldsymbol{F}_p\overline{\boldsymbol{H}}_p\boldsymbol{F}_{-p} \tag{11.77}$$

在式(11.76)中，若取 $p=1$ 即对应传统的 FT-OFDM 系统的情况，并且这时如果假设信道为非时变的，那么信道转移矩阵 $\overline{\boldsymbol{H}}_p=\overline{\boldsymbol{H}}$ 为一个循环矩阵。因此 $\overline{\boldsymbol{H}}$ 可以很容易地被 DFT 矩阵对角化，使得

$$\widetilde{\boldsymbol{H}}=\mathrm{diag}[H(0)\quad H(1)\quad\cdots\quad H(N-1)]$$

其中，$H(n)=\sum_{l=0}^{L-1}h(l)\exp(-\mathrm{j}2\pi nl/N)$，$\widetilde{\boldsymbol{H}}$ 的元素即为时不变信道的频域响应。因此，在接收端通过简单的单抽头频域均衡器即可恢复原发射信号。

但是，当信道为时变时，信道转移矩阵 $\overline{\boldsymbol{H}}$ 不再是循环矩阵，它将无法再被离散傅里叶变换矩阵对角化，即 $\widetilde{\boldsymbol{H}}$ 将不再是对角阵，而是一个一般方阵。$\widetilde{\boldsymbol{H}}$ 中对角线以外元素的作用即

对应于子载波间的干扰。因此，尽量减小 $\widetilde{\boldsymbol{H}}$ 对角线以外元素的值，或者尽量增大 $\widetilde{\boldsymbol{H}}$ 对角线上元素的值，即可减小 ICI 的影响，从而达到更好的估计与均衡效果。

于是，在 FRFT-OFDM 系统中可以先将式(11.76)中 $\widetilde{\boldsymbol{H}}_p$ 写为

$$\widetilde{\boldsymbol{H}}_p = \widetilde{\boldsymbol{H}}_p^u + \widetilde{\boldsymbol{H}}_p^{\mathrm{ICI}} \tag{11.78}$$

其中，$\widetilde{\boldsymbol{H}}_p$ 中的元素为$\tilde{h}_p(s,t) = \sum_{l=0}^{L-1}\sum_{n=0}^{N-1} h(n,l)F_p(s,n)F_{-p}(N-l+n,t)$；$\widetilde{\boldsymbol{H}}_\alpha^u$ 和 $\widetilde{\boldsymbol{H}}_\alpha^{\mathrm{ICI}}$ 分别表示 $\widetilde{\boldsymbol{H}}_p$ 对角线上和对角线以外的元素组成的矩阵，即 $\widetilde{\boldsymbol{H}}_p^u$ 中的元素为$\{\tilde{\boldsymbol{h}}_p(\boldsymbol{s},\boldsymbol{s})\}$，$\widetilde{\boldsymbol{H}}_p^{\mathrm{ICI}}$ 中的元素为$\{\tilde{h}_p(s,t), s\neq t\}$。将式(11.78)代入式(11.76)，则可得到

$$\boldsymbol{y}_p = \widetilde{\boldsymbol{H}}_p^u \boldsymbol{d}_p + \widetilde{\boldsymbol{H}}_p^{\mathrm{ICI}} \boldsymbol{d}_p + \tilde{\boldsymbol{\eta}}_p = \boldsymbol{s}_u + \boldsymbol{s}_{\mathrm{ICI}} + \tilde{\boldsymbol{\eta}}_p \tag{11.79}$$

其中，$\boldsymbol{s}_u = \widetilde{\boldsymbol{H}}_p^u \boldsymbol{d}_p$ 和 $\boldsymbol{s}_{\mathrm{ICI}} = \widetilde{\boldsymbol{H}}_p^{\mathrm{ICI}} \boldsymbol{d}_p$ 分别对应有用信号和子载波间的干扰信号。

这样，为了达到最优的均衡效果，应尽量增大有用信号能量而减小 ICI 信号能量，所以可以选择使 ICI 干扰和有用信号具有最小能量比值的分数阶傅里叶域进行子载波调制、解调及均衡。由此，定义最优阶次选择的目标函数为

$$f_{\mathrm{target2}}(p) = \frac{E[\boldsymbol{s}_{\mathrm{ICI}}^{\mathrm{H}} \boldsymbol{s}_{\mathrm{ICI}}]}{E[\boldsymbol{s}_u^{\mathrm{H}} \boldsymbol{s}_u]} \tag{11.80}$$

假设所传输的数据间相互独立并且具有相同的统计特性，即 $E[\boldsymbol{d}_p^{\mathrm{H}}\boldsymbol{d}_p] = \boldsymbol{I}$($\boldsymbol{I}$ 为单位阵)，那么目标函数又可以写为

$$f_{\mathrm{target2}}(p) = \frac{\| \widetilde{\boldsymbol{H}}_p^{\mathrm{ICI}} \|^2}{\| \widetilde{\boldsymbol{H}}_p^u \|^2} \tag{11.81}$$

其中，$\|\cdot\|$ 表示矩阵 Frobenius 范数。因此，用来传输数据的最优分数阶傅里叶变换阶次可选择为使式(11.81)有最小值的 p 所对应分数阶傅里叶变换阶次，即

$$\{p_{\mathrm{opt}}\} = \arg\min_p f_{\mathrm{target2}}(p) \tag{11.82}$$

在实际工程中由于逐一搜索使式(11.80)或式(11.81)最小的最优阶次 p_{opt} 的运算量将比较大，为了降低运算复杂度，可以按变步长的搜索算法搜索 p 值。即先以较大步长搜索 $0<p<2$ 的范围，再以较小步长搜索某一 p 值附近的范围，得到最优的变换阶次 p_{opt}。另外，当选出的使目标函数值为最小的分数阶傅里叶变换阶次 p 恰好为 1 时，即对应了传统的 FT-OFDM 系统的情况，而这时很可能是信道为时不变或变化较慢的情况。

需要指出的是，由于 $\widetilde{\boldsymbol{H}}_p = \boldsymbol{F}_p \overline{\boldsymbol{H}} \boldsymbol{F}_{-p}$，因此在选择最优阶次时需先估计出信道的冲激响应，而具体的时变信道冲激响应的估计方法将在后续章节中给出。

11.4.3 FRFT-OFDM 系统信道估计方法

如 11.4.2 节所述，在 FRFT-OFDM 系统最优变换阶次选取算法中需要获得信道的冲激响应信息，因此需要对系统中时变信道的冲激响应进行估计。传统的 FT-OFDM 系统中的信道冲激响应估计的方法很多，主要有 LS 估计算法、MMSE 估计算法、基于 DFT 的估计算法、基于 SVD 的信道估计算法和基于滤波器的估计算法等。这些算法往往获得的是信道频域响应的估计，并且往往假设信道冲激响应在一个 OFDM 符号周期内是不变或慢变的。

而这里主要考虑的是快速时变信道的情况,即信道冲激响应在一个 OFDM 符号周期内是变化的,并且在 11.4.2 节所述的最优变换阶次选择方法中,需要的是时变信道的时域响应形式。因此,本节将提出一种适合 FRFT-OFDM 系统的信道冲激响应估计方法,并且这里所估计的信道是时变的。

正是由于信道冲激响应在一个 OFDM 符号周期内是变化的,因此如式(11.75)所示的信道转移矩阵 $\overline{\boldsymbol{H}}_p$ 中有 N 个信道向量需要估计,即

$$\boldsymbol{h}_n=(h(n;0)\quad h(n;1)\quad \cdots \quad h(n;L-1))^{\mathrm{T}},\quad 0\leqslant n\leqslant N-1 \tag{11.83}$$

也就是说,需要估计的参数数目为 NL 个。但是,我们很容易发现即使整个 OFDM 符号中所有 N 个子载波都用来传输导频信息,所能独立获得的估计参数的个数也为 N 个,也就是说即使整个符号都为导频也无法获得全部时变信道冲激响应的估计。于是,首先考虑所有 $\boldsymbol{h}_n(0\leqslant n\leqslant N-1)$ 中的 N_e 个信道向量 $\boldsymbol{h}_{m(n_e)}(1\leqslant n_e\leqslant N_e)$,并且假设某一时刻的信道冲激响应可以用这 N_e 个时刻的冲激响应线性表出,即

$$h(n,l)=\boldsymbol{r}_n^{\mathrm{T}}[h(m(1);l)\quad h(m(2);l)\quad \cdots \quad h(m(N_e);l)]^{\mathrm{T}},\quad 0\leqslant l\leqslant L-1 \tag{11.84}$$

其中,$\boldsymbol{r}_n=[r_i(m(1))\quad r_i(m(2))\quad \cdots \quad r_i(m(N_e))]^{\mathrm{T}}$ 为 $N_e\times 1$ 的插值系数向量。那么我们可以插入 N_d 个导频,并且使 $N_d\geqslant N_eL$,从而首先估计出这 N_e 个信道向量 $\boldsymbol{h}_{m(n_e)}(1\leqslant n_e\leqslant N_e)$,然后,再通过插值的方法即可获得全部 OFDM 符号周期内的时变信道冲激响应。例如,在图 11.32 所示的 FRFT-OFDM 系统中,假设在一个 OFDM 符号的 N 个子载波中插入 N_d 个导频($N_d\geqslant 3L$),且导频的位置为 $p(1),p(2),\cdots,p(N_d)$。我们可以首先估计出 N 个子载波中第一个、中间一个和最后一个子载波位置对应的信道向量,或者说可估计出一个 OFDM 符号周期中,第 1、$N/2$ 和 N 时刻的信道向量 $\boldsymbol{h}_1$、$\boldsymbol{h}_{N/2}$ 和 $\boldsymbol{h}_N$,然后再通过插值获得其余信道向量。下面就给出具体的利用导频的信道冲激响应估计方法。

首先为了表示方便,可以将待估计的信道向量的位置定义为一个集合形式,即 $M=\{m(0),m(1),\cdots,m(N_e)\}$,并且把每个待估计的信道向量 $\boldsymbol{h}_{m(n_e)}(1\leqslant n_e\leqslant N_e)$ 根据式(11.75)写成 chirp 循环转移矩阵形式:

$$[\overline{\boldsymbol{H}}_p(\boldsymbol{h}_{m(n_e)})]_{m,n}=\begin{cases}h(m(n_e),m-n), & 0\leqslant m-n\leqslant L-1\\ h(m(n_e),N-n+m)\mathrm{e}^{\frac{\mathrm{j}}{2}(n-1)^2\Delta t^2\cot\alpha-\frac{\mathrm{j}}{2}(N+1-n)^2\Delta t^2\cot\alpha}, & m-n\leqslant L-1-N\\ 0, & \text{其他}\end{cases} \tag{11.85}$$

同时也将插值系数向量写成矩阵形式,即

$$[\boldsymbol{R}_{m(n_e)}]_{i,i}=\begin{cases}1, & i=m(n_e)\\ 0, & n\in M \text{ 且 } i\neq m(n_e)\\ r_i(m(n_e)), & \text{其他}\end{cases} \tag{11.86}$$

其中,$r_i(m(n_e))$ 为第 $m(n_e)$ 个信道向量的插值系数。

那么,整个信道 chirp 循环转移矩阵[式(11.75)]可以写为

$$\overline{\boldsymbol{H}}_p=\sum_{1\leqslant n_e\leqslant N_e}\boldsymbol{R}_{m(n_e)}\overline{\boldsymbol{H}}_p(\boldsymbol{h}_{m(n_e)}) \tag{11.87}$$

将式(11.87)代入式(11.77)可得

$$H_p = \sum_{1\leqslant i\leqslant N_e} [\boldsymbol{F}_p \boldsymbol{R}_{m(i)} \overline{\boldsymbol{H}}_p (h_{m(i)}) \boldsymbol{F}_p^{\mathrm{H}}] \tag{11.88}$$

或者直接写出 $\widetilde{\boldsymbol{H}}_p$ 中的元素为

$$\widetilde{H}_p(k,s) = \sum_{1\leqslant i\leqslant N_e} [\boldsymbol{F}_p \boldsymbol{R}_{m(i)} \overline{\boldsymbol{H}}_p (h_{m(i)}) \boldsymbol{F}_p^{\mathrm{H}}]_{k,s} \tag{11.89}$$

对上式右边求和项进一步化简得

$$\begin{aligned}
[\boldsymbol{F}_p \boldsymbol{R}_{m(i)} \overline{\boldsymbol{H}}_p (h_{m(i)}) \boldsymbol{F}_p^{\mathrm{H}}]_{k,s} &= \sum_{r=0}^{N-1} [\boldsymbol{F}_p \boldsymbol{R}_{m(i)}]_{k,r} [\overline{\boldsymbol{H}}_p (h_{m(i)}) \boldsymbol{F}_p^{\mathrm{H}}]_{r,s} \\
&= \frac{1}{N} \sum_{l=0}^{L-1} \sum_{r=0}^{N-1} \{h(m(i);l)\, [\boldsymbol{R}_{m(i)}]_{r,r} \mathrm{e}^{\frac{\mathrm{j}}{2}(k^2-s^2)\Delta u^2 \cot\alpha} \cdot \\
&\quad \mathrm{e}^{\mathrm{j}\frac{2\pi}{N}r(s-k)} \mathrm{e}^{-\mathrm{j}\frac{2\pi}{N}sl} \mathrm{e}^{\frac{\mathrm{j}}{2}\cot\alpha(2rl-l^2)\Delta t^2}\}
\end{aligned} \tag{11.90}$$

为了分析方便，令

$$b_{m(i)}^{k,s}(l) = \frac{1}{N} \mathrm{e}^{-\mathrm{j}\frac{2\pi}{N}sl} \sum_{r=0}^{N-1} [\boldsymbol{R}_{m(i)}]_{r,r} \mathrm{e}^{\frac{\mathrm{j}}{2}(k^2-s^2)\Delta u^2 \cot\alpha} \mathrm{e}^{\mathrm{j}\frac{2\pi}{N}r(s-k)} \mathrm{e}^{\frac{\mathrm{j}}{2}(2rl-l^2)\Delta t^2 \cot\alpha} \tag{11.91}$$

同时，可以设 $1\times L$ 向量

$$\boldsymbol{b}_{m(i)}^{k,s} = [b_{m(i)}^{k,s}(0) \quad \cdots \quad b_{m(i)}^{k,s}(L-1)] \tag{11.92}$$

则式(11.90)可以重新写为

$$[\boldsymbol{F}_p \boldsymbol{R}_{m(i)} \overline{\boldsymbol{H}}_p (h_{m(i)}) \boldsymbol{F}_p^{\mathrm{H}}]_{k,s} = \boldsymbol{b}_{m(i)}^{k,s} \boldsymbol{h}_{m(i)} \tag{11.93}$$

再令

$$\begin{aligned}
\boldsymbol{b}^{k,s} &= [\boldsymbol{b}_{m(1)}^{k,s} \quad \cdots \quad \boldsymbol{b}_{m(N_e)}^{k,s}] \\
&= [b_{m(i)}^{k,s}(0) \quad \cdots \quad b_{m(i)}^{k,s}(L-1) \quad \cdots \quad b_{m(N_e)}^{k,s}(0) \quad \cdots \quad b_{m(N_e)}^{k,s}(L-1)]
\end{aligned} \tag{11.94}$$

和

$$\tilde{\boldsymbol{h}} = [\boldsymbol{h}_{m(1)}^{\mathrm{T}} \quad \boldsymbol{h}_{m(2)}^{\mathrm{T}} \quad \cdots \quad \boldsymbol{h}_{m(N_e)}^{\mathrm{T}}]^{\mathrm{T}} \tag{11.95}$$

则 $\boldsymbol{b}^{k,s}$ 为一个 $1\times N_e L$ 向量，而 $\tilde{\boldsymbol{h}}$ 为一个 $N_e L\times 1$ 向量。那么，由式(11.93)、式(11.94)和式(11.95)，可以将式(11.90)重写为

$$\widetilde{H}_p(k,s) = \boldsymbol{b}^{k,s} \tilde{\boldsymbol{h}} \tag{11.96}$$

由式(11.76)，接收端子载波解调后的信号为

$$\boldsymbol{y}_p = \widetilde{\boldsymbol{H}}_p \boldsymbol{d}_p + \tilde{\boldsymbol{\eta}}_p \tag{11.97}$$

即

$$y_p(k) = \widetilde{H}_p(k,k) d_p(k) + \sum_{n\neq k} \widetilde{H}_p(k,n) d_p(n) + \tilde{\eta}_p(k) \tag{11.98}$$

其中，$\tilde{\eta}_p(k)$为系统中的高斯白噪声，$\sum_{n\neq k} \widetilde{H}_p(k,n) d_p(n)$ 为 ICI 分量。因此，对于分布在子载波 $p(1),\cdots,p(N_d)$上的 N_d 个导频点数据，有

$$y_p(p(n_d)) = \widetilde{H}_p(p(n_d), p(n_d))\, d_p(p(n_d)) +$$

$$\sum_{n\neq k}\widetilde{H}_p(p(n_d),n)d_p(n)+\widetilde{\eta}_p(p(n_d)) \tag{11.99}$$

其中，$1\leqslant n_d\leqslant N_d$。从上式可以看出，导频子载波 $p(n_d)$ 上的接收信号为对应的导频子载波 $p(n_d)$ 上的发射数据 $d_p(p(n_d))$ 通过信道作用后的结果与 ICI 及噪声项的相加。

若忽略系统中的 ICI 分量，则根据式(11.96)可以将式(11.99)变为

$$\begin{aligned} y_p(p(n_d)) &= \widetilde{H}_p(p(n_d),p(n_d))d_p(p(n_d))+\widetilde{\eta}_p(p(n_d)) \\ &= d_p(p(n_d))\boldsymbol{b}^{p(n_d),p(n_d)}\widetilde{\boldsymbol{h}}+\widetilde{\eta}_p(p(n_d)),\quad 1\leqslant n_d\leqslant N_d \end{aligned} \tag{11.100}$$

用矩阵形式表达式(11.100)可以得

$$\begin{aligned} \begin{pmatrix} y_p(p(1)) \\ \vdots \\ y_p(p(N_d)) \end{pmatrix} &= \begin{pmatrix} d_p(p(1))\boldsymbol{b}^{p(1),p(1)} \\ \vdots \\ d_p(p(N_d))\boldsymbol{b}^{p(N_d),p(N_d)} \end{pmatrix}_{N_d\times N_e L} \widetilde{\boldsymbol{h}}+\widetilde{\boldsymbol{\eta}}_p \\ &= \operatorname{diag}(d_p(p(1)) \quad \cdots \quad d_p(p(N_d)))_{N_d\times N_d} \\ &\quad \begin{pmatrix} \boldsymbol{b}^{p(1),p(1)} \\ \vdots \\ \boldsymbol{b}^{p(N_d),p(N_d)} \end{pmatrix}_{N_d\times N_e L} \widetilde{\boldsymbol{h}}+\widetilde{\boldsymbol{\eta}}_p . \end{aligned} \tag{11.101}$$

令 $\boldsymbol{y}_{(P)}=[y_p(p(1)) \quad \cdots \quad y_p(p(N_d))]^{\mathrm{T}}$，$\boldsymbol{d}_{(P)}=[d_p(p(1)) \quad \cdots \quad d_p(p(N_d))]^{\mathrm{T}}$，并且

$$\boldsymbol{B}_{(P)}=[\boldsymbol{b}^{p(1),p(1)} \quad \boldsymbol{b}^{p(2),p(2)} \quad \cdots \quad \boldsymbol{b}^{p(N_d),p(N_d)}]^{\mathrm{T}}$$

则式(11.101)可以写为

$$\boldsymbol{y}_{(P)}=\boldsymbol{d}_{(P)}\boldsymbol{B}_{(P)}\widetilde{\boldsymbol{h}}+\widetilde{\boldsymbol{\eta}}_p \tag{11.102}$$

由式（11.102）可以看出，若已知导频序列（这里我们设导频为 1，即 $\boldsymbol{d}_{(P)}=[d_p(p(n_d))=1,1\leqslant n_d\leqslant N_d)]^{\mathrm{T}}$），那么我们可通过求 $\boldsymbol{B}_{(P)}$ 的广义逆得到 $\widetilde{\boldsymbol{h}}$ 的估计，即

$$\widetilde{\boldsymbol{h}}=\boldsymbol{B}_{(P)}^{\dagger}\boldsymbol{y}_{(P)} \tag{11.103}$$

但是，用上述求广义逆的方法需要有一个条件，即 $\boldsymbol{B}_{(P)}$ 需要是列满秩的。然而，通过观察 $\boldsymbol{B}_{(P)}$ 可以发现在 $\boldsymbol{B}_{(P)}$ 的 $N_e L$ 列中只有 L 列是线性无关的，即 $\operatorname{rank}\{\boldsymbol{B}_{(P)}\}=L$。所以 $\boldsymbol{B}_{(P)}$ 并非列满秩，无法通过求 $\boldsymbol{B}_{(P)}$ 的广义逆矩阵来估计 $\widetilde{\boldsymbol{h}}$。

为了解决这一问题，可以将导频子载波 $p(n_d)$ 上的接收信号 $y_p(p(n_d))$ 表示为所有发射的导频点 $p(1),\cdots,p(N_d)$ 上的导频数据 $\boldsymbol{d}_{(P)}=[d_p(p(1)) \quad \cdots \quad d_p(p(n_d))]^{\mathrm{T}}$ 及非导频点上数据通过信道的和，而不是仅仅和 $y_p(p(n_d))$ 对应的子载波 $p(n_d)$ 上发射数据 $d_p(p(n_d))$ 及所有 ICI 分量的和。换句话说，可以把式(11.99)中部分 ICI 干扰项取出与式中第一项进行合并，于是可以将式(11.99)改写为

$$\begin{aligned} y_p(p(n_d)) = &\sum_{n \text{ is pilot}}\widetilde{H}_p(p(n_d),n)d_p(n)+ \\ &\sum_{n \text{ not pilot}}\widetilde{H}_p(p(n_d),n)d_p(n)+\widetilde{\eta}_p(p(n_d)) \end{aligned} \tag{11.104}$$

如果仍然假定所有导频点上数据为 1，并忽略 ICI 项（上式第二项），则由式(11.96)得

$$y_p(p(n_d),n)=\sum_{n \text{ is pilot}}\widetilde{H}_p(p(n_d),n)d_p(n)+\widetilde{\eta}_p(p(n_d),n)$$

$$= \sum_{n \text{ is pilot}} \boldsymbol{b}^{p(n_d),n} \tilde{\boldsymbol{h}} + \tilde{\eta}_p(p(n_d),n), \quad 1 \leqslant n_d \leqslant N_d \tag{11.105}$$

写成矩阵形式为

$$\begin{pmatrix} y_p(p(1)) \\ \vdots \\ y_p(p(N_d)) \end{pmatrix} = \begin{bmatrix} \sum\limits_{n \text{ is pilot}} \boldsymbol{b}^{p(1),n} \\ \vdots \\ \sum\limits_{n \text{ is pilot}} \boldsymbol{b}^{p(N_d),n} \end{bmatrix}_{N_d \times N_e L} \tilde{\boldsymbol{h}} + \tilde{\boldsymbol{\eta}}_p \tag{11.106}$$

再令

$$\widetilde{\boldsymbol{B}}_{(P)} = \left[\sum_{n \text{ is pilot}} \boldsymbol{b}^{p(1),n} \quad \sum_{n \text{ is pilot}} \boldsymbol{b}^{p(2),n} \quad \cdots \quad \sum_{n \text{ is pilot}} \boldsymbol{b}^{p(N_d),n} \right]^{\mathrm{T}} \tag{11.107}$$

则式(11.106)可以写为

$$\boldsymbol{y}_{(P)} = \widetilde{\boldsymbol{B}}_{(P)} \tilde{\boldsymbol{h}} + \tilde{\boldsymbol{\eta}}_p \tag{11.108}$$

这时的$\widetilde{\boldsymbol{B}}_{(P)}$是列满秩的，于是可以得到 $\tilde{\boldsymbol{h}}$ 的最小二乘估计为

$$\hat{\tilde{\boldsymbol{h}}} = \widetilde{\boldsymbol{B}}_{(P)}^{\dagger} \boldsymbol{y}_{(P)} \tag{11.109}$$

值得指出的是，这里获得 $\tilde{\boldsymbol{h}}$ 的估计 $\hat{\tilde{\boldsymbol{h}}}$ 时已经用到了插值系数向量 $\boldsymbol{r}_n = [r_i(m(1)), r_i(m(2)), \cdots, r_i(m(N_e))]^{\mathrm{T}}$，即我们先取定一个插值向量(准则)，再通过估计获得 $\hat{\tilde{\boldsymbol{h}}}$，最后通过 $\hat{\boldsymbol{h}}_{m(1)}^{\mathrm{T}}, \hat{\boldsymbol{h}}_{m(2)}^{\mathrm{T}}, \cdots, \hat{\boldsymbol{h}}_{m(N_e)}^{\mathrm{T}}$ 与插值向量 $\boldsymbol{r}_n$ 获得其他信道向量 $\boldsymbol{h}_n = (h(n;0) \quad h(n;1) \quad \cdots \quad h(n;L-1))^{\mathrm{T}}, 0 \leqslant n \leqslant N-1$，且 $n \neq m(1), \cdots, m(N_e)$。插值向量选取的方法和准则很多，本节中为了简化起见选取了最简单的线性插值的方法。

下面给出算法的 Monte Carlo 仿真结果。在仿真中，假设构造的如图 11.32 所示的 FRFT-OFDM 系统中采样周期(切谱周期)为 $T_c = 2\mu\text{s}$，FRFT-OFDM 系统中子载波数为 $N=64$，其中数据子载波 48 个，导频子载波 $N_d=16$ 个，每个 OFDM 符号的采样序列为 64 点，chirp 循环前缀长度为 $N_q=16$，数字调制方式为 QPSK 调制。

假设无线信道由 4 条主要反射路径组成，最大多径时延为 $L=8\mu\text{s}$，各条路径的时延和衰落功率如表 11.2 所示，系统最大多普勒频移为 $f_{\text{md1}}=500\text{Hz}$ 和 $f_{\text{md2}}=1\text{KHz}$ 两种情况。仿真中首先估计出一个 OFDM 符号周期内首尾和中间时刻的信道向量，即第 1、$N/2$ 和 N 时刻的信道向量 $\boldsymbol{h}_1$、$\boldsymbol{h}_{N/2}$ 和 $\boldsymbol{h}_N$，这样可以满足 $N_q = 16 \geqslant N_e L$ 的条件。在估计出这三个时刻信道向量之后，再通过线性插值的方法获得其余时刻的信道向量。图 11.34 给出了 200 次 Monte Carlo 仿真下，一个 OFDM 符号周期内信道冲激响应估计的误差的平方平均值。从图中可以看出，在以上两种最大多普勒频移情况下，所提出的估计算法均可获得较好的估计性能。

表 11.2　信道的时延及衰落情况

路　径	延时/μs	功率/dB
1	0	0
2	2	−5
3	6	−10
4	8	−15

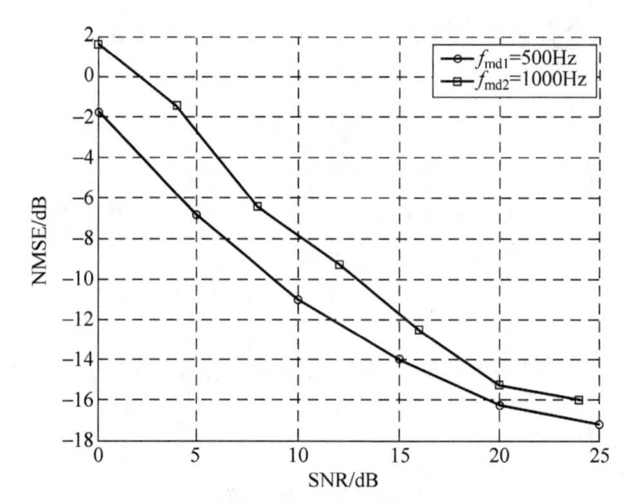

图 11.34 FRFT-OFDM 系统信道冲激响应估计性能

11.4.4 FRFT-OFDM 系统信道均衡方法

11.4.3 节介绍了 FRFT-OFDM 系统中的信道估计算法,下面将给出 FRFT-OFDM 系统两种信道均衡算法。

11.4.4.1 分数阶傅里叶域单抽头均衡算法

根据对 FRFT-OFDM 系统的分析,由于 FRFT-OFDM 系统中分数阶傅里叶变换子载波调制/解调以及 chirp 循环前缀的作用,当系统中等效的信道冲激响应 $h_p(n,l)$ 不随时间变化,即 $h_p(n,l)=h_p(l)$ 时,接收信号可以看成发送序列 $s_p(n)$ 和等效的信道冲激响应 $h_p(n,l)$ 的分数阶圆周卷积。因此,根据分数阶圆周卷积定理,进行子载波解调后,在分数阶傅里叶域接收信号应为等效信道冲激响应 $h_p(n,l)$ 的 DFRFT $H_p(k)$ 和原发送数据序列 $d_p(k)(n,k\in[0,N-1])$ 的乘积形式。所以,当所选出的 IDFRFT/DFRFT 阶次恰好能使等效的信道冲激响应 $h_p(n,l)$ 不随时间变化,或者能使等效的信道冲激响应 $h_p(n,l)$ 随时间变化较小,从而使剩余的 ICI 的影响可以忽略,则可以在分数阶傅里叶域设计乘性滤波均衡器将信道引入的畸变去除。

在分数阶傅里叶域设计乘性滤波均衡算法的推导中,假设用 11.4.2 节所述最优阶次选择算法已选出的最优分数阶傅里叶域阶次为 p_{opt},则我们在 p_{opt} 阶分数阶傅里叶域推导基于最小均方误差(MMSE)准则的乘性滤波器,实现对接收信号的均衡。

设分数阶傅里叶域乘性滤波器用 $\boldsymbol{G}$ 表示,$\boldsymbol{G}=\mathrm{diag}(g_{k,k})$,$k=0,1,\cdots,N-1$,则经过乘性滤波器均衡后的信号可以表示为

$$\hat{\boldsymbol{d}}_{p_{\mathrm{opt}}}=\boldsymbol{G}\boldsymbol{y}_{p_{\mathrm{opt}}} \tag{11.110}$$

其中,$\boldsymbol{y}_{p_{\mathrm{opt}}}$ 为子载波解调后的接收信号,$\hat{\boldsymbol{d}}_{p_{\mathrm{opt}}}$ 为对原始发送数据 $\boldsymbol{d}_p$ 的估计。

$$\boldsymbol{y}_{p_{\mathrm{opt}}}=[y_{p_{\mathrm{opt}}}(0)\quad y_{p_{\mathrm{opt}}}(1)\quad\cdots\quad y_{p_{\mathrm{opt}}}(N-1)]^{\mathrm{T}}$$

$$\hat{\boldsymbol{d}}_{p_{\mathrm{opt}}}=[\hat{d}_{p_{opt}}(0)\quad \hat{d}_{p_{opt}}(1)\quad\cdots\quad \hat{d}_{p_{\mathrm{opt}}}(N-1)]^{\mathrm{T}}$$

$$\boldsymbol{d}_p=[d_p(0)\quad d_p(1)\quad\cdots\quad d_p(N-1)]^{\mathrm{T}}$$

根据 MMSE 准则，滤波器 $\boldsymbol{G}$ 应使如下误差函数达到最小：

$$J_k = E\{|\hat{d}_{p_{\text{opt}}}(k) - d_{p_{\text{opt}}}(k)|^2\} \tag{11.111}$$

由线性最小均方误差估计的正交条件，实现最小均方误差估计时的估计误差应和估计器的输入信号正交。因此，滤波器 $\boldsymbol{G}$ 中各滤波算子 $g_{k,k}(k=0,1,\cdots,N-1)$ 应满足如下关系：

$$E\{[\hat{d}_{p_{\text{opt}}}(k) - d_{p_{\text{opt}}}(k)]\, y^*_{p_{\text{opt}}}(k)\} = 0 \tag{11.112}$$

即

$$E\{\hat{d}_{p_{\text{opt}}}(k) y^*_{p_{\text{opt}}}(k)\} = E\{d_{p_{\text{opt}}}(k) y^*_{p_{\text{opt}}}(k)\} \tag{11.113}$$

将式(11.110)代入式(11.113)，可以得到分数阶傅里叶域乘性滤波算子为

$$g_{k,k} = \frac{E\{d_{p_{\text{opt}}}(k) y^*_{p_{\text{opt}}}(k)\}}{E\{y_{p_{\text{opt}}}(k) y^*_{p_{\text{opt}}}(k)\}} \tag{11.114}$$

当通过信道估计已获得信道冲激响应 $h(n,l)$ 以及分数阶傅里叶域信道转移矩阵 $\widetilde{\boldsymbol{H}}_p$ 时，又可由式(11.76)得

$$g_{k,k} = \frac{E\left\{\sum_{m_1=1}^{N} \widetilde{H}^*_{p_{\text{opt}}}(k,m_1) d_{p_{\text{opt}}}(k) d^*_{p_{\text{opt}}}(m_1) + d_{p_{\text{opt}}}(k)\eta^*_{p_{\text{opt}}}(k)\right\}}{E\left\{\sum_{m_1=1}^{N} \widetilde{H}_{p_{\text{opt}}}(k,m_1) d_{p_{\text{opt}}}(m_1) \sum_{m_2=1}^{N} \widetilde{H}^*_{p_{\text{opt}}}(k,m_2) d^*_{p_{\text{opt}}}(m_2) + \eta_{p_{\text{opt}}}(k)\eta^*_{p_{\text{opt}}}(k)\right\}} \tag{11.115}$$

其中，$\widetilde{H}_{p_{\text{opt}}}(k,m)$，$(k,m=0,1,\cdots,N-1)$ 为 $\widetilde{\boldsymbol{H}}_{p_{\text{opt}}}$ 中第 (k,m) 元素。

如果假设发送的数据间相互独立且服从同一分布，并假设发送数据与噪声间也是相互独立的，则式(11.115)还可以进一步化简为

$$g_{k,k} = \frac{\widetilde{H}^*_{p_{\text{opt}}}(k,k)}{\sum_{m=1}^{N} \widetilde{H}_{p_{\text{opt}}}(k,m) \widetilde{H}^*_{p_{\text{opt}}}(k,m) + E[\eta_{p_{\text{opt}}}(k)\eta^*_{p_{\text{opt}}}(k)]} \tag{11.116}$$

至此，我们给出了在选定分数阶傅里叶域的基于最小均方误差的乘性滤波均衡算法。

下面给出算法的 Monte Carlo 仿真结果。在仿真中，FRFT-OFDM 基带系统如图 11.32 所示，采样周期 $T_c = 2\mu s$，系统中子载波数为 $N=64$，其中数据子载波 48 个，导频子载波 $N_d=16$ 个，每个 OFDM 符号的采样序列为 64 点，chirp 循环前缀长度为 $N_q=16$，因此，当数字调制方式为 QPSK 调制时系统传输速率约为 0.6Mb/s，当数字调制方式为 16QAM 调制时系统传输速率约为 1.2Mb/s。另外需要指出的是，仿真给出的误比特率均为未经信道编/解码的误比特率性能（下面在未特别说明的情况下也均为加未信道编码情况下的误比特率）。

仿真中所使用的三种信道环境如表 11.3～表 11.5 所示，而信道的最大多普勒频移取为 $f_{\text{md1}}=1000\text{Hz}$，$f_{\text{md2}}=500\text{Hz}$，$f_{\text{md3}}=100\text{Hz}$，$f_{\text{md4}}=20\text{Hz}$ 四种情况，每条信道的多普勒频移则为小于最大多普勒频移的随机量。

表 11.3　信道环境 1 的时延及衰落情况

路　　径	时延/μs	功率/dB
1	0	0
2	2	−5
3	6	−10
4	8	−15

表 11.4　信道环境 2 的时延及衰落情况

路　　径	时延/μs	功率/dB
1	0	0
2	6	−5

表 11.5　信道环境 3 的时延及衰落情况

路　　径	延时/μs	功率/dB
1	0	0
2	2	−3
3	3	−5
4	5	−10
5	8	−15
6	11	−20

经过 500 次不同信道及噪声实现的 Monte Carlo 仿真，图 11.35 给出了信道环境 1 情况下，最大多普勒频移 $f_{\mathrm{md1}}=1000\mathrm{Hz}$ 时的 FRFT-OFDM 系统误比特率性能与传统 FT-OFDM 系统误比特率(Bit-Error-Rate，BER)性能的比较。仿真中 FRFT-OFDM 系统采用分数阶傅里叶域乘性滤波均衡，而传统 FT-OFDM 系统则为频域乘性滤波均衡。从图 11.35 可以看出，FRFT-OFDM 系统中在选出的最优分数阶傅里叶域进行的乘性滤波均衡性能好于传统 FT-OFDM 系统中的频域乘性滤波均衡。

图 11.36 则给出了信道分别为 1、2、3 三种情况，最大多普勒频移 $f_{\mathrm{md1}}=1000\mathrm{Hz}$ 时的 FRFT-OFDM 系统误比特率性能与传统 FT-OFDM 系统误比特率性能的比较。同样，仿真中的 FRFT-OFDM 系统采用分数阶傅里叶域乘性滤波均衡，而传统 FT-OFDM 系统则为频域乘性滤波均衡。从图 11.36 可以看出，在这几种信道环境下，FRFT-OFDM 系统的性能较传统 FT-OFDM 系统均有不同程度的提高。图 11.37 给出了在信道环境 1 情况下，最大多普勒频移分别取 $f_{\mathrm{md1}}=1000\mathrm{Hz}$，$f_{\mathrm{md2}}=500\mathrm{Hz}$，$f_{\mathrm{md3}}=100\mathrm{Hz}$ 和 $f_{\mathrm{md4}}=20\mathrm{Hz}$ 时的 FRFT-OFDM 系统误比特率性能与传统 FT-OFDM 系统误比特率性能的比较。从图 11.37 可以看出，当多普勒频移较大时，FRFT-OFDM 系统的性能较传统 FT-OFDM 系统性能改善较明显，而当多普勒频移较小时，FRFT-OFDM 系统性能与传统 FT-OFDM 系统性能基本一致。这是因为当多普勒频移较小时，信道趋近于慢变或时不变情况，信道的冲激响应在一个 OFDM 符号周期内近似不变，因此 FRFT-OFDM 系统通过最优变换阶次选择得到的分数阶傅里叶变换阶次趋近于 1，即此时 FRFT-OFDM 系统已退化为传统的 FT-OFDM 系统，故两者性能基本一致。

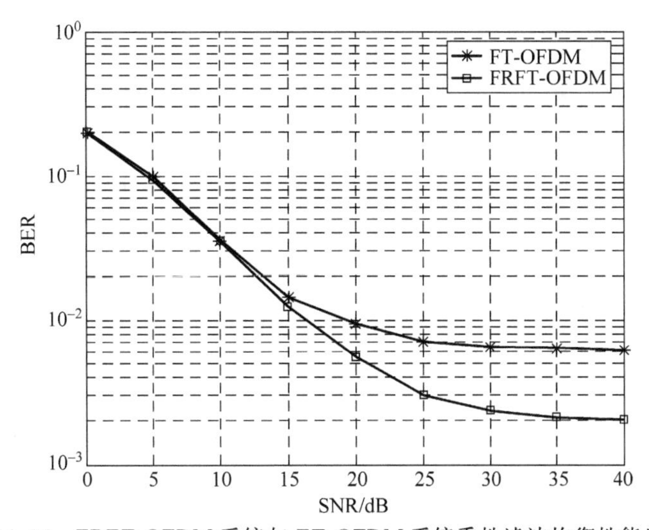

图 11.35　FRFT-OFDM 系统与 FT-OFDM 系统乘性滤波均衡性能比较

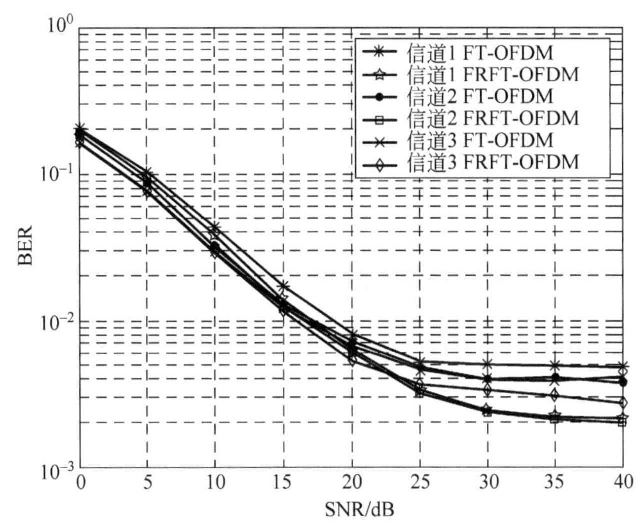

图 11.36　不同信道环境下 FRFT-OFDM 系统与 FT-OFDM 系统乘性滤波均衡性能比较

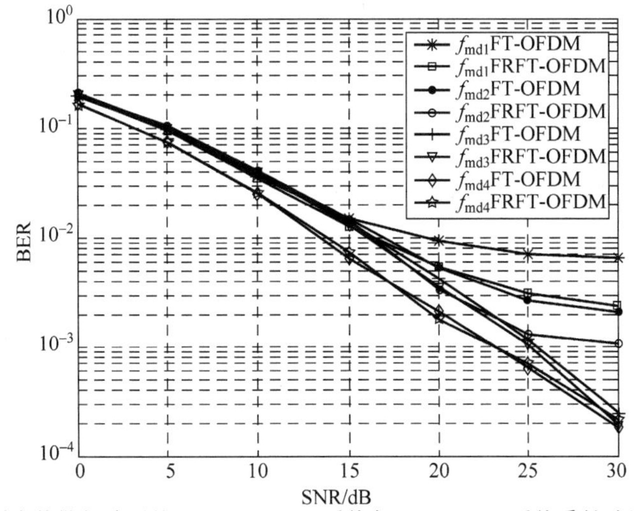

图 11.37　不同多普勒频移下的 FRFT-OFDM 系统与 FT-OFDM 系统乘性滤波均衡性能比较

11.4.4.2 分数阶傅里叶域多抽头滤波均衡算法

从 11.4.4.1 节的分析可以看到，上小节中给出的分数阶傅里叶域基于最小均方误差准则的乘性滤波均衡器实际上是一种分数阶傅里叶域单抽头的均衡器，其均衡运算量较小（仅为 N 次复数乘法）。但是由于均衡过程中忽略了所有的 ICI 分量，因此当在分数阶傅里叶域仍有较多 ICI 残余时，均衡效果并不十分理想。这时，可以通过设计分数阶傅里叶域的多抽头均衡器以提高系统误比特率性能，同时又不至于增加很多均衡运算量。

在传统 FT-OFDM 系统中，为了对抗时变信道，减小 ICI 影响，已有不少简化的频域均衡方法[24-25]。本节将针对 FRFT-OFDM 系统把其推广到分数阶傅里叶域，得出分数阶傅里叶域的多抽头均衡算法。

由 11.4.1 节中的分析，仍假定选出的最优分数阶傅里叶变换阶次为 $p=p_{\text{opt}}$，则子载波解调后分数阶傅里叶域的接收信号向量为[见式(11.76)]

$$\boldsymbol{y}_p=\widetilde{\boldsymbol{H}}_p d_p+\widetilde{\boldsymbol{\eta}}_p \tag{11.117}$$

因此，当通过信道估计已估计出信道冲激响应 $h(n,l)$，即可得到分数阶傅里叶域信道转移矩阵 $\widetilde{\boldsymbol{H}}_p$。此时，最直接地得到发送信号估计的方法是求 $\widetilde{\boldsymbol{H}}_p$ 的逆或伪逆，即

$$\hat{\boldsymbol{d}}_p=\widetilde{\boldsymbol{H}}_p^{-1}\boldsymbol{y}_p \tag{11.118}$$

或

$$\hat{\boldsymbol{d}}_p=(\widetilde{\boldsymbol{H}}_p^{\mathrm{H}}\widetilde{\boldsymbol{H}}_p)^{-1}\widetilde{\boldsymbol{H}}_p^{\mathrm{H}}\boldsymbol{y}_p \tag{11.119}$$

但当按上两式进行信道均衡时均需要求 $N\times N$ 矩阵的逆和 $N\times N$ 矩阵的乘法，运算量较大，工程中不易实现。而根据文献[26]中的分析，FT-OFDM 系统中某个子载波上数据所受到的子载波间干扰主要来自其相邻的子载波。因此，可以忽略影响较小的 ICI 项，仅保留频域信道转移矩阵中主对角线两侧一定范围中的项用于均衡，从而在保证均衡性能的情况下降低运算复杂度。同样，在 FRFT-OFDM 系统中，由于通过最优变换阶次选择已经使 $\widetilde{\boldsymbol{H}}_p$ 相对于 OFDM 系统中的频域信道转移矩阵 $\widetilde{\boldsymbol{H}}_1$ 更趋于对角阵的情况，因此可以取出 $\widetilde{\boldsymbol{H}}_p$ 中主对角线附近的行和列用于均衡。而这时在对某一子载波上的发送信号进行估计中，不但要用到此子载波上的接收信号，而且需要用到相邻子载波上的接收信号。

具体地，对于式(11.117)中的分数阶傅里叶域信道转移矩阵 $\widetilde{\boldsymbol{H}}_p$，首先取出其主对角线两侧共 q 行/列的元素（q 为偶数）构造矩阵 $\widetilde{\boldsymbol{H}}_p'$，即

$$\widetilde{\boldsymbol{H}}'_p(i,j)=\begin{cases}0, & 0\leqslant i\leqslant N-2-\dfrac{q}{2},\dfrac{q}{2}+1\leqslant j\leqslant N-1,i\leqslant j-\dfrac{q}{2}-1\\ 0, & \dfrac{q}{2}+1\leqslant i\leqslant N-1,0\leqslant j\leqslant N-2-\dfrac{q}{2},j\leqslant i-\dfrac{q}{2}-1\\ \widetilde{H}_p(i,j), & \text{其他}\end{cases} \tag{11.120}$$

再对 $\widetilde{\boldsymbol{H}}_p'$ 进行分块并写成如下矩阵形式

$$\widetilde{\boldsymbol{H}}''_p=\begin{bmatrix}\boldsymbol{H}_0 & 0 & \cdots & 0\\ 0 & \boldsymbol{H}_1 & & \vdots\\ \vdots & & \ddots & 0\\ 0 & \cdots & 0 & \boldsymbol{H}_{N-1-q}\end{bmatrix} \tag{11.121}$$

其中

$$\boldsymbol{H}_n(i,j)=\widetilde{\boldsymbol{H}}'_p(n+i,n+j),\quad 0\leqslant i,j\leqslant q \tag{11.122}$$

那么可以将式(11.117)中的接收信号向量改写为如下形式

$$\boldsymbol{y}''_p=\widetilde{\boldsymbol{H}}''_p\boldsymbol{d}''_p+\widetilde{\boldsymbol{\eta}}''_p=\begin{bmatrix}\boldsymbol{H}_0 & 0 & \cdots & 0\\ 0 & \boldsymbol{H}_1 & & \vdots\\ \vdots & & \ddots & 0\\ 0 & \cdots & 0 & \boldsymbol{H}_{N-1-q}\end{bmatrix}\begin{bmatrix}\boldsymbol{d}_0\\ \boldsymbol{d}_1\\ \vdots\\ \boldsymbol{d}_{(N-1-q)}\end{bmatrix}+\begin{bmatrix}\boldsymbol{\eta}_0\\ \boldsymbol{\eta}_1\\ \vdots\\ \boldsymbol{\eta}_{(N-1-q)}\end{bmatrix} \tag{11.123}$$

其中

$$\boldsymbol{y}''_p=[\boldsymbol{y}_0\quad \boldsymbol{y}_1\quad \cdots\quad \boldsymbol{y}_{N-1-q}]^{\mathrm{T}}$$
$$\boldsymbol{d}''_p=[\boldsymbol{d}_0\quad \boldsymbol{d}_1\quad \cdots\quad \boldsymbol{d}_{N-1-q}]^{\mathrm{T}}$$
$$\boldsymbol{\eta}''_p=[\boldsymbol{\eta}_0\quad \boldsymbol{\eta}_1\quad \cdots\quad \boldsymbol{\eta}_{N-1-q}]^{\mathrm{T}}$$
$$\boldsymbol{y}_n=[y_p(n)\quad y_p(n+1)\quad \cdots\quad y_p(n+q)]^{\mathrm{T}}$$
$$\boldsymbol{d}_n=[d_p(n)\quad d_p(n+1)\quad \cdots\quad d_p(n+q)]^{\mathrm{T}}$$
$$\boldsymbol{\eta}_n=[\eta_p(n)\quad \eta_p(n+1)\quad \cdots\quad \eta_p(n+q/2)]^{\mathrm{T}}$$

由式(11.123)可以解得

$$\hat{\boldsymbol{d}}''_p=\begin{bmatrix}\boldsymbol{H}_0^{-1} & 0 & \cdots & 0\\ 0 & \boldsymbol{H}_1^{-1} & & \vdots\\ \vdots & & \ddots & 0\\ 0 & \cdots & 0 & \boldsymbol{H}_{N-1-q}^{-1}\end{bmatrix}\boldsymbol{y}''_p \tag{11.124}$$

即

$$\hat{\boldsymbol{d}}_n=\boldsymbol{H}_n^{-1}\boldsymbol{y}_n,\quad 0\leqslant n\leqslant N-1-q \tag{11.125}$$

在获得了 $\boldsymbol{d}_n$ 的估计 $\hat{\boldsymbol{d}}_n(0\leqslant n\leqslant N-1-q)$后，可以取 $\boldsymbol{d}_n(1\leqslant n\leqslant N-2-q)$中间的元素作为 $\hat{d}_p\left(\frac{q}{2}+1\right),\cdots,\hat{d}_p\left(N-2-\frac{q}{2}\right)$的估计，而取 $\boldsymbol{d}_0$ 前 $\frac{q}{2}+1$ 个元素作为 $\hat{d}_p(0),\cdots,\hat{d}_p\left(\frac{q}{2}\right)$的估计，取 $\boldsymbol{d}_{N-1-q}$ 的后$\frac{q}{2}+1$ 个元素作为 $\hat{d}_p\left(N-1+\frac{q}{2}\right),\cdots,\hat{d}_p(N-1)$的估计。

从上面的推导可以看出，对于每个子载波上的接收信号来说 $\boldsymbol{H}_n^{-1}$ 实际上是一个分数阶傅里叶域多抽头的均衡器，其抽头个数为 $q+1$ 个。可以想象，当抽头个数越多时，均衡的效果越好，但运算量也越大。而当 $q\ll N$ 时，该均衡器可以在抑制残余的子载波间干扰的同时，有效降低均衡复杂度。

下面给出算法的 Monte Carlo 仿真结果。在仿真中，FRFT-OFDM 系统参数仍与上面给出的系统参数一致。图 11.38 给出了在信道环境 1 情况下，最大多普勒频移取 $f_{md1}=$

1000Hz 时，FRFT-OFDM 系统和传统 FT-OFDM 系统分别用分数阶傅里叶域和频域多抽头均衡器均衡的性能比较。从图 11.38 可以看出，对于不同抽头数目的分数阶傅里叶域多抽头均衡器，其性能均好于频域多抽头均衡器，并且当抽头数目越多时，性能也越好，当分数阶傅里叶域多抽头均衡器抽头数目 $q+1=5$ 时已能达到较好的均衡效果。

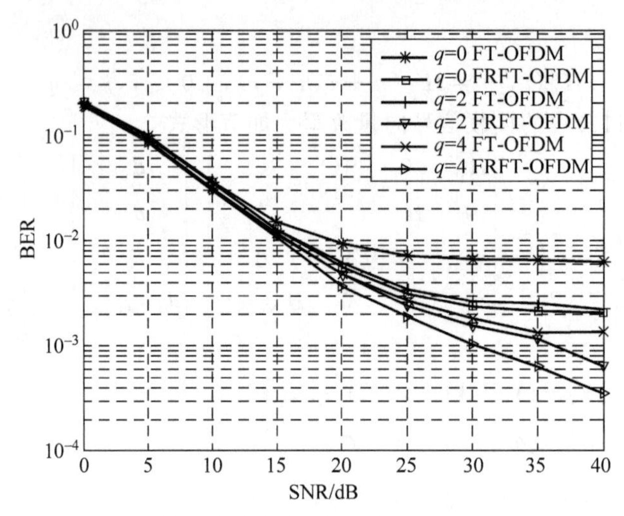

图 11.38 分数阶傅里叶域和频域多抽头均衡器性能比较

11.5 chirp 基多载波物理层安全信号设计及处理技术

随着卫星通信业务类型的不断丰富以及传输速率要求的不断提高，OFDM 在卫星通信领域获得了广泛的关注和应用[27-29]。然而，为了保证子载波间的正交性，OFDM 信号的符号长度、子载波数量以及子载波间隔需保持严格的数学关系[17,30]，这导致传统单频基 OFDM 信号用于实现物理层安全的维度十分有限，且存在系统效率偏低、合法用户通信性能损失较大以及对发射机天线数量要求较高的问题。chirp 信号能用于多载波通信信号设计。基于 FRFT 的 OFDM 就是一种典型的 chirp 基多载波通信信号。与传统 OFDM 信号相比，FRFT-OFDM 能够提供更多的信号维度用于实现物理层保密通信。

本节介绍 chirp 基多载波物理层安全信号设计及处理技术[31]。首先介绍 FRFT 变换阶次的物理层保密共享方法，并针对多径信道下存在多天线窃听用户的情况提出了一种子载波时变扩频 OFDM(Time-Varying Spread Spectrum OFDM，TS-OFDM)子系统用于阶次传输；随后，介绍一种基于 FRFT 信号处理理论的安全编码多阶次 FRFT-OFDM (Security Coded OFDM Based on Multiorder FRFT，MFRFT-COFDM)子系统用于数据传输，并对该系统的通信可靠性、物理层安全性以及传输效率进行了理论分析；最后，给出仿真验证。

11.5.1 系统模型

如图 11.39 所示，本章研究的保密通信模型由一个发射机、一个合法用户以及被动窃听用户三方构成，采用时分双工的工作模式。其中 Alice 为发射机，经下行链路将数据发送给合法用户 Bob,Eve(s)则是窃听用户。Bob 通过上行链路给 Alice 发送用于信道估计的训练符号。需要注意的是,由于 Bob 在正式通信之前是不知道变换阶次的,因此发送给 Alice 的训练符号也只能用于时域或频域的信道估计[29,30]。由于 Eve(s)为被动接收机,不主动辐射信号,因此 Alice 并不知道窃听信道的 CSI。此外,本章仅考虑发射机和接收机位置相对固定的情况,多普勒频移对于通信性能的影响可以忽略。在下行链路的通信过程中,Alice 首先生成用于 MFRFT-COFDM 信号的变换阶次,然后利用变换阶次保密共享子系统将阶次信息传输给 Bob;阶次共享完毕后,再利用 MFRFT-COFDM 子系统进行正式的数据传输。

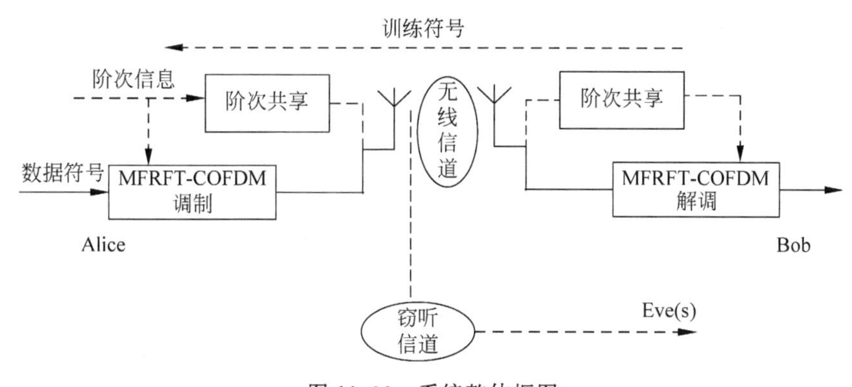

图 11.39 系统整体框图

发射机和接收机在不同的信道场景下具有不同的天线配置。

1. 卫星通信信道

在该场景下,发射机与接收机之间具有较强功率的视距路径分量,因此合法信道与窃听信道的差异较小。Alice 为具有 N_T 个天线馈源的中继卫星,而 Bob 是单天线的地面合法接收机,Eve(s)是 K_E 个单天线的地面窃听接收机。

2. 多径信道

在该场景下,发射机与接收机之间的视距路径分量功率较小,接收信号主要由散射分量构成。我们假定 Alice 和 Bob 均是单天线设备,而窃听用户 Eve(s)则装备有 N_E 根接收天线。合法信道的频域响应可以表示为 $h_n=\sum_{l=0}^{L-1}\alpha_l \mathrm{e}^{-\mathrm{j}\frac{2\pi n\tau_l}{N}}$,其中 $n\in[0,N-1]$为子载波序号,α_l 和 τ_l 分别是第 l 条路径的幅度和延迟。窃听用户 Eve(s)第 m 根接收天线的频域信道响应表示为 $g_{m,n}$,其中 $m\in[0,N_E-1]$。此外,我们假定 $g_{m,n}$ 与 h_n 是不相关的。由文献[32]可知,多径信道的空间相关函数可以表示如下:

$$\rho=\frac{\int_{-\pi}^{\pi}\mathrm{e}^{-\mathrm{j}2\pi\frac{d}{\lambda}\sin(\theta)}\mathrm{PAS}(\theta)G(\theta)\mathrm{d}\theta}{\int_{-\pi}^{\pi}\mathrm{PAS}(\theta)G(\theta)\mathrm{d}\theta} \tag{11.126}$$

其中,λ 表示载波波长;d 表示天线间的距离;PAS(θ)为角度功率谱,有拉普拉斯、高斯和均匀分布三种模型,其标准差称为角度扩展 AS。

由式(11.126)可以看出,在角度功率谱固定的情况下,多径信道的相关系数随天线距离的增加而不断缩小。以 3GPP 城市宏小区空间信道模型(SCME Urban Macro-cell)[33]为例，其角度功率谱服从拉普拉斯分布，角度扩展 AS=35°，如图 11.40(a)所示，信道的相关系数在天线间隔大于半个波长时开始小于 0.5，即不相关；图 11.40(b)则分别给出了相距 2 个波长的合法信道与窃听信道的时域信道响应，从图中可以看出二者有明显的区别。以常用的 5.4GHz 频段的 WiFi 网络为例，发射信号的波长仅为 3cm 左右，因此 $g_{m,n}$ 与 h_n 不相关的假设是很容易满足的。

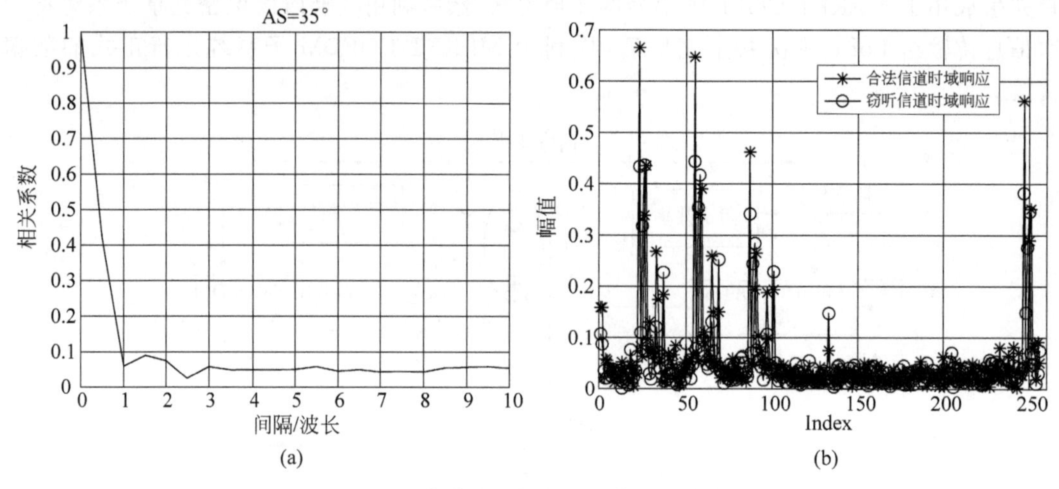

图 11.40 信道的空间相关系数及时域响应

(a) 信道的空间相关系数；(b) 时域信道响应

11.5.2 变换阶次的物理层保密共享

11.5.2.1 基本原理

如图 11.39 所示，在正式通信之前，Alice 必须将所用到的变换阶次安全、可靠地传递给合法用户 Bob。文献[34-36]中均采用了上层加密技术来实现变换阶次的保密共享。然而这种方法需要一套额外的上层加密系统，增加了系统的复杂度，而且变换阶次也难以进行及时的更新，还有可能受到“旁路攻击”[37]的威胁。文献[38-39]中在正式通信之前首先利用无线信道的衰落特性在物理层实现交织序列的保密共享，继而将交织序列作为密钥来实现 OFDM 系统的保密传输。这种方法在交织序列较长时的可靠性很差，因此能够保护的子载波数是有限的，且在视距路径分量功率较强的卫星通信环境中并不适用。不过，受该方法启发，我们也可以在正式通信之前利用物理层安全技术实现变换阶次的保密共享。

为与 Bob 共享一个具有 2^C 个取值可能的变换阶次，Alice 首先随机生成一个二进制比特向量 $\boldsymbol{b}\in\{0,1\}^{C\times 1}$，并利用函数 $\mathcal{P}(b_0,b_1,\cdots,b_{C-1})$ 将该向量映射为变换阶次 $p\in\mathbb{R}(0,1]$。C 的取值取决于系统所要求的安全强度、变换阶次的取值范围以及对于阶次偏差的敏感性。假设变换阶次的取值范围为 $\mathbb{R}[p_{\text{thr}},1]$，且解调变换阶次所能容忍的最大偏差为 Δp，那么 $2^C\leqslant\lceil(1-p_{\text{thr}})/\Delta p\rceil$，其中 $\lceil\cdot\rceil$ 为上取整函数。关于阶次偏差的敏感性以及阶次取值范围我们会在 4.4.2 节进行详细的分析。函数 $\mathcal{P}(b_0,b_1,\cdots,b_{C-1})$ 并没有固定的形式，只要求能够在取值范围 $\mathbb{R}[p_{\text{thr}},1]$ 内随机生成 2^C 个不同的变换阶次，不同阶次间的差大于 Δp，且输入的比特信息与输出的变换阶次是一一对应的。需要说明的是，Alice 和 Bob 需要在通信之前协商好$\mathcal{P}(b_0,b_1,\cdots,b_{C-1})$的具体形式，但并不需要对 Eve(s)保密。随后，Alice 利用诸如文献[40-43]中所提的物理层安全编码对 $\boldsymbol{b}$ 进行编码，并利用适当的调制方法经物理层将编码信息发送给 Bob。在接收端，Bob 经解调、译码后得到正确的二进制比特向量 $\boldsymbol{b}\in\{0,1\}^{C\times1}$，同样利用函数$\mathcal{P}(b_0,b_1,\cdots,b_{C-1})$将该向量映射为所需的变换阶次 $p\in(0,1]$，从而完成了物理层的变换阶次的保密共享。

11.5.2.2 卫星信道下的变换阶次传输

在卫星通信信道下，我们可以采用物理层安全波束成形技术来实现变换阶次的保密共享。由于存在 K_E 个被动窃听用户，中继卫星只能利用各向同性的大功率人为噪声辅助获得所需的物理层安全性能。如果直接利用传统 OFDM 信号以及物理层安全波束成形技术来实现数据的保密传输，发送信号就需要一直叠加人为噪声，考虑到 OFDM 系统还有高峰均比的问题，那么系统的功率效率会非常低。幸运的是，变换阶次数据所需的比特数量并不需要很大。据报道，中国"神威・太湖之光"计算机的运算速度约为 1×10^{17}/s，假设使用该计算机运算一次即可完成一次穷举测试，那么当阶次组合数量达到 2^{128} 时，则至少需要 1×10^{14} 年的运算时间，穷举搜索的运算量对于仅具有有限计算能力的 Eve(s)显然是不切实际的。因此，我们可以仅利用物理层安全波束成形技术以及少量的系统资源来完成卫星通信环境下的变换阶次保密共享，而另外采用 MFRFT-COFDM 子系统实现数据的保密传输，进而改善系统的功率利用效率。

11.5.2.3 多径信道下的变换阶次传输

在多径信道下，由于信道的空间不相关性，窃听用户有可能利用 N_E 根接收天线进行分集合并来增强截获效果。为此，本书接下来提出一种 TS-OFDM 子系统用于实现多径信道下的变换阶次保密传输。

如图 11.41 所示，发射机将编码的二进制阶次数据映射为 M 进制的 PSK 或 QAM 调制复数据 $\boldsymbol{s}\in\mathbb{C}^{E\times1}$。随后，利用扩频矩阵 $\boldsymbol{W}\in\mathbb{C}^{N\times N}$ 将 $\boldsymbol{s}$ 扩频为 N 维的频域子载波数据 $\boldsymbol{W}(\boldsymbol{I}_{Q\times1}\otimes\boldsymbol{s})$，其中扩频因子为 $Q=N/E$。最后，利用 IFFT 将扩频子载波数据调制为 TS-OFDM 符号。扩频矩阵 $\boldsymbol{W}$ 是一个对角矩阵，它的第 e 组对角线元素可以表示为

$$\boldsymbol{w}_e=\sqrt{\rho P_e}\ \frac{\boldsymbol{h}_e^{\dagger}}{\|\boldsymbol{h}_e\|}+\boldsymbol{a}_e \tag{11.127}$$

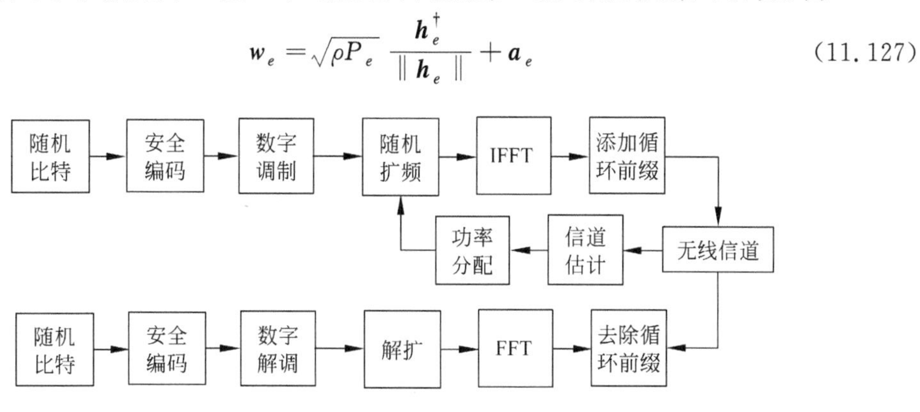

图 11.41 TS-OFDM 子系统流程图

其中,$\boldsymbol{w}_e=[w_e \quad w_{E+e} \quad \cdots \quad w_{(Q-1)E+e}]^{\mathrm{T}}$,$w_{qE+e}$ 是 $\boldsymbol{W}$ 的第 $qE+e$ 个对角线元素,$\boldsymbol{h}_e=[h_e \quad h_{E+e} \quad \cdots \quad h_{(Q-1)E+e}]$,$q\in[0,Q-1]$,$e\in[0,E-1]$,$\boldsymbol{a}_e=\boldsymbol{V}_e\boldsymbol{v}_e$ 是随机的加性干扰,$\boldsymbol{v}_e\in\mathbb{C}^{Q-1\times 1}$ 的元素是方差为 σ_v^2 的独立同分布复高斯随机变量,P_e 是分配给第 e 组子载波的发送功率,$\rho\in\mathbb{R}(0,1)$用于调节有效数据和随机干扰之间的功率分配比例。

为了保证合法用户 Bob 能够消除 $\boldsymbol{a}_e$,我们要求 $\boldsymbol{V}_e\in\mathbb{C}^{Q\times Q-1}$ 是 $\boldsymbol{h}_e$ 的零空间正交基,并且满足 $\boldsymbol{V}_e^{\dagger}\boldsymbol{V}_e=\boldsymbol{I}_{Q-1}$。同时,为了保证第 e 组子载波的发射功率满足功率限制 P_e,时变扩频因子需满足以下关系式

$$\begin{aligned}E\{|\boldsymbol{w}_e^{\dagger}\boldsymbol{w}_e|^2\}&=\rho P_e E\left\{\frac{|\boldsymbol{h}_e\boldsymbol{h}_e^{\dagger}|^2}{\|\boldsymbol{h}_e\|^2}\right\}+E\{|\boldsymbol{a}_e^{\dagger}\boldsymbol{a}_e|^2\}\\&=\rho P_e+E\{|\boldsymbol{v}_e^{\dagger}\boldsymbol{v}_e|^2\}\\&=\rho P_e+(Q-1)\sigma_v^2=P_e\end{aligned}\tag{11.128}$$

因此,我们可以得到 $\sigma_v^2=(1-\rho)P_e/(Q-1)$。

由文献[44]可知,多径信道的最大分集阶数为 L。因此,扩频因子应该小于 L,否则,增加 Q 无法获得频率分集增益,只会浪费更多的频率资源。同时,为了防止 Eve(s)利用 N_E 个接收天线消除随机干扰的影响,由文献[45-46]可知,矩阵 $\boldsymbol{V}_e$ 的秩应该至少是 N_E,即 $Q\geqslant N_E+1$。综合分析,扩频因子 Q 的取值范围应当满足

$$N_E+1\leqslant Q<L\tag{11.129}$$

由于无线信道衰落的互易性,Bob 接收到的第 e 组子载波也会经历信道响应 $\boldsymbol{h}_e$ 的衰减。如式(11.130)所示,Bob 可以对扩频数据 $s_e\in\boldsymbol{s}$ 进行解扩,并获得扩频增益 $\|\boldsymbol{h}_e\|^2$。

$$\hat{s}_e=\boldsymbol{h}_e\boldsymbol{w}_e s_e+\eta_e=\sqrt{\rho P_e}\,\|\boldsymbol{h}_e\|\,s_e+\eta_e\tag{11.130}$$

其中,η_e 是服从 $C\mathcal{N}(0,\sigma^2)$的高斯白噪声。为便于分析,本书假设每个子载波复数据的功率均为 1,即 $E\{|s_e|^2\}=1$。由于$\sqrt{\rho P_e}\,\|\boldsymbol{h}_e\|$ 是一个常数,Bob 可以对 s_e 进行最大似然检测,且检测信噪比为

$$\gamma_e\approx\frac{\rho P_e\|\boldsymbol{h}_e\|^2}{\sigma^2}\tag{11.131}$$

假定 Eve(s)是一个干扰受限的系统,那么其第 e 组接收数据可以表示为

$$\boldsymbol{r}_{E,e}=\boldsymbol{G}\boldsymbol{w}_e s_e+\boldsymbol{\eta}_e=\sqrt{\rho P_e}\,\frac{\boldsymbol{G}\boldsymbol{h}_e^{\dagger}}{\|\boldsymbol{h}_e\|}s_e+\boldsymbol{G}\boldsymbol{a}_e\tag{11.132}$$

其中,$\boldsymbol{G}=[\boldsymbol{g}_{m,e}^{\mathrm{T}} \quad \boldsymbol{g}_{m,e}^{\mathrm{T}} \quad \cdots \quad \boldsymbol{g}_{m,e}^{\mathrm{T}}]^{\mathrm{T}}$,$\boldsymbol{g}_{m,e}=[g_{m,e} \quad g_{m,E+e} \quad \cdots \quad g_{m,(Q-1)E+e}]$。由于信道的空间不相关性,$\boldsymbol{G}\boldsymbol{h}_e^{\dagger}$ 和 $\boldsymbol{G}\boldsymbol{a}_e$ 对 Eve(s)来说都是随机的,因此 Eve(s)无法直接对 s_e 进行最大似然检测。

由于信道衰落是慢时变的,Eve(s)有可能利用盲检测的方法来检测分量$\sqrt{\rho P_e}\,\boldsymbol{G}\boldsymbol{h}_e^{\dagger}s_e/\|\boldsymbol{h}_e\|$,那么检测的信干噪比可以表示为

$$\gamma_{E,e}\approx\frac{\rho P_e\boldsymbol{h}_e\boldsymbol{G}^{\dagger}(\boldsymbol{G}\boldsymbol{V}_e\boldsymbol{V}_e^{\dagger}\boldsymbol{G}^{\dagger})^{-1}\boldsymbol{G}\boldsymbol{h}_e^{\dagger}}{\|\boldsymbol{h}_e\|^2\sigma_v^2}=\frac{\rho(Q-1)\boldsymbol{h}_e\boldsymbol{G}^{\dagger}(\boldsymbol{G}\boldsymbol{V}_e\boldsymbol{V}_e^{\dagger}\boldsymbol{G}^{\dagger})^{-1}\boldsymbol{G}\boldsymbol{h}_e^{\dagger}}{(1-\rho)\|\boldsymbol{h}_e\|^2}\tag{11.133}$$

在这种情况下,Alice 依然可以通过选择合适的 ρ 以及 P_e 来获得所需的物理层安全性能。但是,Alice 并不知道窃听信道的 CSI,为此,将平均保密中断容量作为功率分配的参考

指标。对于 TS-OFDM 信号，平均保密中断容量可以定义为

$$\bar{C}=\frac{B_s}{B_t}\sum_{e=0}^{E-1}(1-\varepsilon_e)C_e(\text{Baud/Hz}) \tag{11.134}$$

其中，B_s 为子载波间隔，B_t 为 TS-OFDM 符号的总带宽，引入因子 $1/B_t$ 的目的是衡量扩频因子 Q 对于系统频谱效率的影响，$\varepsilon_e=\text{Pro}\{C_e>\log_2(1+\gamma_e)-\log_2(1+\gamma_{\text{E},e})\}$。那么，可以通过求解目标函数式(11.135)来获得所需的功率分配方案。

$$\begin{aligned}&\max_{\{P_e\},\rho,\{C_e\}}\ \bar{C}\\ \text{s.t.}\quad &\text{C1}:\varepsilon_e\leqslant\varepsilon_{\text{thr}}\\ &\text{C2}:\gamma_e\geqslant\gamma_{\text{thr}}\\ &\text{C3}:Q\sum_{e=0}^{E-1}P_e\leqslant P_T\end{aligned} \tag{11.135}$$

其中，限制条件 C1 是保密中断概率要求，C2 是合法用户的信噪比要求，C3 则是总功率限制。将条件 C1 改写作如下形式：

$$\begin{aligned}&\varepsilon_e=\Pr\{C_e\geqslant\log_2(1+\gamma_e)-\log_2(1+\gamma_{\text{E},e})\}=\varepsilon_{\text{thr}}\\ &\Rightarrow\Pr\left\{\frac{\boldsymbol{h}_e\boldsymbol{G}^{\dagger}(\boldsymbol{G}\boldsymbol{V}_e\boldsymbol{V}_e^{\dagger}\boldsymbol{G}^{\dagger})^{-1}\boldsymbol{G}\boldsymbol{h}_e^{\dagger}}{\|\boldsymbol{h}_e\|^2}\geqslant\frac{1-\rho}{\rho(Q-1)}\left(2^{-C_e}\left(1+\frac{\rho P_e\|\boldsymbol{h}_e\|^2}{\sigma^2}\right)-1\right)\right\}=\varepsilon_{\text{thr}}\end{aligned} \tag{11.136}$$

其中，$\boldsymbol{h}_e\boldsymbol{G}^{\dagger}(\boldsymbol{G}\boldsymbol{V}_e\boldsymbol{V}_e^{\dagger}\boldsymbol{G}^{\dagger})^{-1}\boldsymbol{G}\boldsymbol{h}_e^{\dagger}/\|\boldsymbol{h}_e\|^2$ 是一个随机变量，可以看作一个具有 N_E 个支路的最小均方误差分集合并器在存在 Q 个同频干扰的情况下对目标信号进行分集合并所获得的信干噪比。文献[46]给出了该信干噪比的互补累积分布函数：

$$F(z)=\frac{\sum_{n=0}^{N_E-1}\binom{Q-1}{n}z^n}{(1+z)^{Q-1}} \tag{11.137}$$

进而我们可以得到最优的 ρ^* 为

$$\rho^*\approx\frac{1}{\sqrt{(Q-1)F^{-1}(\varepsilon_{\text{thr}})}} \tag{11.138}$$

其中，$F^{-1}(\cdot)$为互补累积分布函数 $F(z)$的反函数。

最优的功率分配方案则为

$$P_e^*=\frac{1}{\ln 2\left(\mu-\frac{\rho^*\|\boldsymbol{h}_e\|^2}{\sigma^2}v\right)}-\frac{\sigma^2}{\rho^*\|\boldsymbol{h}_e\|^2} \tag{11.139}$$

μ 和 v 可以利用梯度算法来进行更新。

$$\mu(i+1)=\mu(i)-\Delta\mu\left(P_T-Q\sum_{e=0}^{E-1}P_e^*\right) \tag{11.140}$$

$$v(i+1)=v(i)-\Delta v\left(\frac{\rho^*P_e^*\|\boldsymbol{h}_e\|^2}{\sigma^2}-\gamma_{\text{thr}}\right) \tag{11.141}$$

其中，$i\geqslant 0$ 是迭代序号，$\Delta\mu$ 和 Δv 是正的迭代步长。

11.5.2.4 仿真结果及分析

本节利用计算机仿真来验证所提 TS-OFDM 子系统的性能。仿真参数如表 11.6 所示。为便于分析功率分配算法的性能，仿真中利用平均信噪比 $P_T/N\sigma^2$ 作为信号功率的衡量指标。

表 11.6 仿真参数

参数项	数值	参数项	数值
符号长度 $T/\mu s$	25.6	循环前缀长度$/\mu s$	5
子载波数 N	256	信道模型	3GPP SCME

假设窃听用户 Eve(s)可以利用盲检测算法检测 TS-OFDM 符号，且检测信干噪比如式(11.133)所示，图 11.42 给出了平均保密中断容量的仿真结果。其中，图 11.42(a)给出了平均保密中断容量和平均信噪比之间的关系，在该仿真中，假设窃听用户 Eve(s)具有 $N_E=3$ 根天线，保密中断概率要求为 $\varepsilon_{\text{thr}}=0.01$。从图中可以看到，平均保密中断容量随着平均信噪比的增加而增加。但是，增加扩频因子 Q 并不一定都能够增加平均保密中断容量。例如，尽管当 $Q=16$ 时 TS-OFDM 信号能够获得更大的频率分集增益，但是平均保密中断容量却小于 $Q=8$ 时。这是由 TS-OFDM 信号的扩频体制造成的，$Q=16$ 相比 $Q=8$ 时每发送 1bit 阶次信息将会占用更多的频谱资源。因此，在选择 TS-OFDM 信号的参数时需要综合考虑系统的物理层安全性能、合法用户的可靠性以及频谱效率等多方面的因素。图 11.42(b)给出了平均保密中断容量与窃听天线数量 N_E 之间的关系。在该仿真中，我们假设 $Q=8$，平均信噪比为 30dB。从图中可以看出，随着 N_E 的增加，平均保密中断容量不断减少，这是因为功率分配因子 ρ 将子载波的发射功率更多地分配给了人为干扰，而分配给有效数据的功率则相应减少。同样因为这个原因，当系统要求更低的中断概率时，平均保密中断容量也会相应降低。

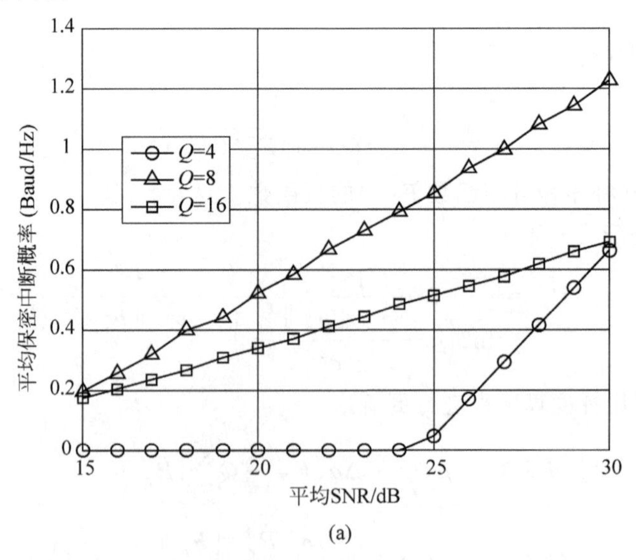

(a)

图 11.42 TS-OFDM 子系统的平均保密中断容量

(a) 不同平均信噪比条件下的平均保密中断容量，$N_E=3$，$\varepsilon_{\text{thr}}=0.01$；(b) 不同 N_E 条件下的平均保密中断容量

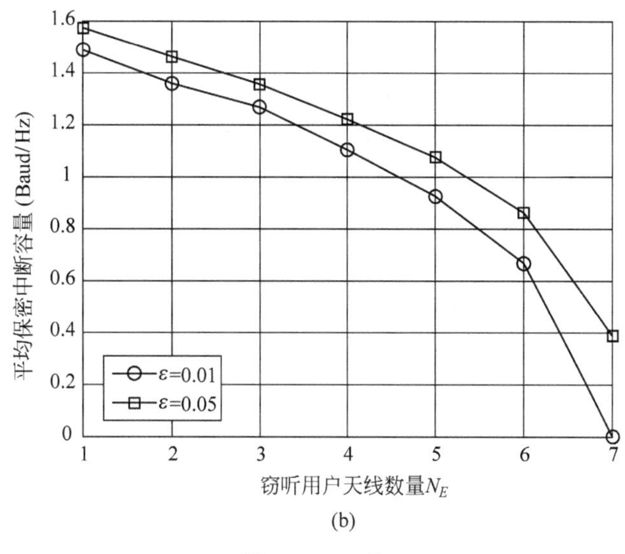

(b)

图 11.42 （续）

图 11.43 给出了利用 TS-OFDM 子系统实现变换阶次共享时阶次失配概率的仿真实例。在该仿真中，我们利用 TS-OFDM 信号在物理层传递一个具有 2^{32} 个可能取值的变换阶次，其中 ρ 设定为 0.2817，子载波为十六进制 QAM 调制的复数据，窃听用户接收天线数量 $N_E=2$，采用 MRC 分集合并方法以及理想盲检测算法。另外，平均功率分配的 TS-OFDM 信号、文献[38]所提的信道增益排序算法以及文献[47]所提的信道强度门限判决(RSS)算法失配概率也在图中给出。从图中可以看到，采用最优功率分配算法的 TS-OFDM 子系统阶次失配概率相比平均分配功率方式有显著降低。而无论是信道增益排序算法还是 RSS 算法，阶次失配概率都远高于 TS-OFDM 子系统。由于扩频因子的加性干扰能够有效降低盲检测的信干噪比，窃听用户虽然采用分集合并以及理想盲检测算法，阶次失配概率也依然是 1，得到的变换阶次始终是错的。

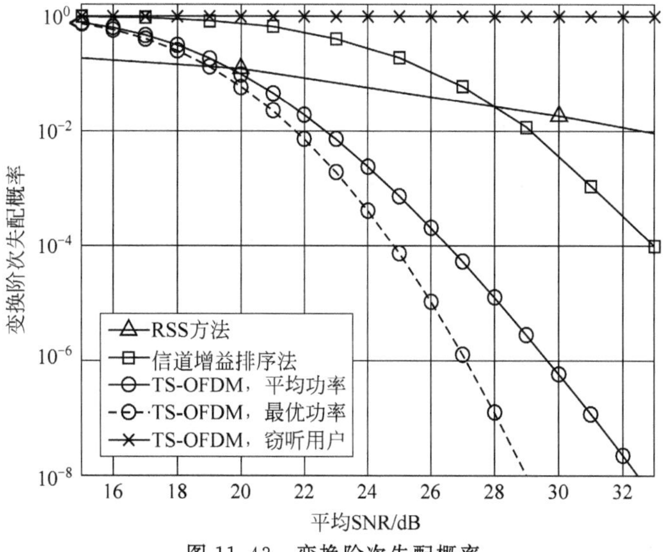

图 11.43　变换阶次失配概率

11.5.3 安全编码多阶次 FRFT-OFDM 信号设计

完成变换阶次的保密共享之后，系统利用 MFRFT-COFDM 子系统进行正式的数据传输。为了便于分析，本节将 Alice、Bob 以及 Eve(s)均简化为单天线设备。在卫星通信环境下，虽然中继卫星可以配置多个天线馈源，但是用于合成同一个波束的点波束所经历的信道衰落具有很强的相关性，此外，本节假定中继卫星通过最优波束成形方法有效抑制了 IBI，因此把 Alice 简化为一个单天线发射机是合理且不失一般性的。另外，Eve(s)即使采用分集合并的方法也并不能消除解调阶次偏差所造成的乘性干扰，因此 Eve(s)也可以简化为一个单天线接收机。

11.5.3.1 信号模型

图 11.44 给出了 MFRFT-COFDM 子系统的系统框图。如图所示，系统首先对待发送的二进制保密数据 $\boldsymbol{s}\in\{0,1\}^{1\times R_i}$ 进行安全编码。考虑到 MFRFT-COFDM 信号的特点，安全编码选用 Wen 等在文献[43]中提出的参数为(R_o,R_i,P_w)的 BRC，其中 R_i 为编码的输入长度，R_o 为编码的输出长度，P_w 定义为译码安全门限。

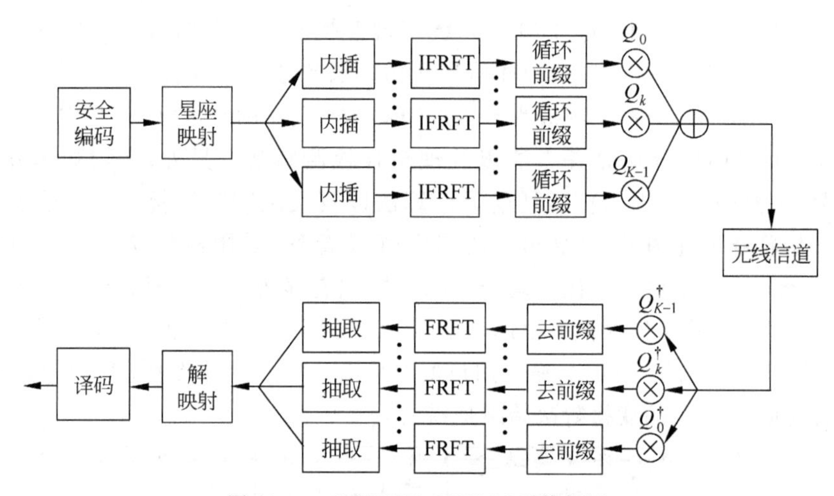

图 11.44 MFRFT-COFDM 系统框图

由文献[43]可知，参数为(R_o,R_i,P_w)的 BRC 可以利用(R_o,R_o-R_i)BCH 编码构造生成。假设 $\boldsymbol{D}\in\{0,1\}^{R_i\times R_o}$ 是 BCH 编码的校验矩阵，$\boldsymbol{v}\in\{0,1\}^{1\times R_o}$ 是 BCH 编码的任意一个码字，矩阵 $\boldsymbol{G}\in\{0,1\}^{R_i\times R_o}$ 满足 $\boldsymbol{D}=\boldsymbol{D}\boldsymbol{G}^{\mathrm{T}}\boldsymbol{D}$，那么，BRC 的编译码过程可以表示为

$$\boldsymbol{x}=\boldsymbol{s}\boldsymbol{G}\oplus\boldsymbol{v}\,,\quad \hat{\boldsymbol{s}}=\hat{\boldsymbol{x}}\boldsymbol{D}^{\mathrm{T}} \tag{11.142}$$

其中，$\boldsymbol{x}\in\{0,1\}^{1\times R_o}$ 是编码数据，$\hat{\boldsymbol{x}}$ 和 $\hat{\boldsymbol{s}}$ 分别是接收端的编、译码数据，$\oplus$表示模 2 加。接收端在对编码数据进行译码时，由于$\boldsymbol{v}\boldsymbol{D}^{\mathrm{T}}=\boldsymbol{0}_{1\times R_i}$，那么当 $\hat{\boldsymbol{x}}=\boldsymbol{x}$ 时，我们有 $\hat{\boldsymbol{s}}=\boldsymbol{s}$。而当 $\hat{\boldsymbol{x}}$ 的误码率超过 P_w 时，文献[43]证明了 $\hat{\boldsymbol{s}}$ 的错误概率将会达到 0.5，也就是说接收端将无法得到任何有效信息。

在发送端完成编码之后，编码数据首先被映射为归一化的 M_d 进制的复数据 $\boldsymbol{d}=[\boldsymbol{d}_0^{\mathrm{T}}\quad \boldsymbol{d}_1^{\mathrm{T}}\quad \cdots\quad \boldsymbol{d}_{K-1}^{\mathrm{T}}]^{\mathrm{T}}$，其中 $\boldsymbol{d}_k\in\mathbb{C}^{M\times 1}$，$M=N/K$，$K\in 2^{\mathbf{N}_+}$，$k\in[0,K-1]$，$K$ 为单个

MFRFT-COFDM 符号的阶次个数。阶次数量 K 和译码安全门限 P_w 之间还需满足

$$\frac{1}{2K} > P_w \tag{11.143}$$

然后，发射端构造加权因子 $\boldsymbol{w}_k \in \mathbb{C}^{M\times 1}$ 对子载波数据进行加权，从而得到加权数据 $\boldsymbol{w}_k \circ \boldsymbol{d}_k$。加权因子 $\boldsymbol{w}_k$ 的第 m 个元素 w_{kM+m} 可以构造为

$$w_{kM+m} = \sqrt{P_{kM+m}}\,\frac{h_{kM+m}^{\dagger}}{|h_{kM+m}|} \tag{11.144}$$

其中，P_{kM+m} 为子载波的发送功率，$m\in[0, M-1]$。如图 11.39 所示，Alice 可以通过 Bob 发射的训练符号进行信道估计，而 Bob 则不掌握信道信息，因此加权因子可以作为预均衡器来补偿信道衰落造成的相位、幅度改变，保证合法用户能够对子载波数据进行最大似然检测。此外，Alice 也可以利用加权因子实现子载波发送功率的自适应分配[48]，在给定总功率的条件下最优化系统性能。不失一般性，本章仅考虑平均功率分配的情况，即 $P_{kM+m}=P$，$\forall k, m$。

一个具有 N 个子载波、K 个变换阶次且符号周期为 $T_s = N\Delta t$ 的 MFRFT-COFDM 符号的调制过程可以表示为

$$\boldsymbol{u} = \sum_{k=0}^{K-1} \boldsymbol{u}_k = \sum_{k=0}^{K-1} \boldsymbol{Q}_k \boldsymbol{T}_{\mathrm{cp}} \boldsymbol{F}_{-p_k}^{N} \boldsymbol{Z}(\boldsymbol{w}_k \circ \boldsymbol{d}_k) \tag{11.145}$$

其中，$\boldsymbol{u}_k$ 定义为第 k 个子符号，$p_k \in \mathbb{R}\,(0,1]$ 为 $\boldsymbol{u}_k$ 的变换阶次，$\boldsymbol{Z} = [[\boldsymbol{I}_{M/2\times M/2}\ \ \boldsymbol{0}_{M/2\times M/2}]^{\mathrm{T}}\ \ \boldsymbol{0}_{M\times(N-M)}\ \ [\boldsymbol{0}_{M/2\times M/2}\ \ \boldsymbol{I}_{M/2\times M/2}]^{\mathrm{T}}]^{\mathrm{T}}$ 用来在数据 $\boldsymbol{d}_k$ 中间插入 $N-M$ 个 0，$\boldsymbol{F}_{p_k}^{N}$ ($\boldsymbol{F}_{-p_k}^{N}$) $\in \mathbb{C}^{N\times N}$ 是 N 点 p_k 阶离散 FRFT（逆 FRFT）矩阵，时域采样间隔为 Δt，$\boldsymbol{Q}_k = \mathrm{diag}[1, \exp(\mathrm{j}2\pi kM/N), \cdots, \exp(\mathrm{j}2\pi kM(N+N_{\mathrm{cp}}-1)/N)]$ 用于搬移子符号的分数阶傅里叶变换域谱，$\boldsymbol{T}_{\mathrm{cp}} \in \{0,1\}^{(N+N_{\mathrm{cp}})\times N}$ 用来添加长度为 N_{cp} 的循环前缀。

在文献[49]中，Pei 等通过直接对输入/输出变量采样的方式定义了一种离散 FRFT 算法。该算法具有非常高的执行效率，只需要两次 chirp 乘积和一次 FFT 运算即可完成。在所有接近连续 FRFT 的离散算法中，该算法具有最低的复杂度。而且该算法通过限定输入/输出的采样间隔，保证了变换的可逆性，特别适用于 MFRFT-COFDM 信号的调制解调。由文献[49]可知，矩阵 $\boldsymbol{F}_{p_k}^{N}$ 的元素可以表示为

$$f_{p_k,n,n'}^{N} = a_{p_k}^{N}\, \mathrm{e}^{\frac{\mathrm{j}}{2}\cot\left(\frac{p_k\pi}{2}\right) n^2 \Delta u^2}\, \mathrm{e}^{-\mathrm{j}\frac{2\pi n n'}{N}}\, \mathrm{e}^{\frac{\mathrm{j}}{2}\cot\left(\frac{p_k\pi}{2}\right) n'^2 \Delta t^2} \tag{11.146}$$

其中，$a_{p_k}^{N} = \sqrt{[\sin(0.5p_k\pi) - \mathrm{j}\cos(0.5p_k\pi)]/N}$，$n, n' \in [0, N-1]$，$\Delta u$ 是 p_k 阶 FRFD 的采样间隔，Δu 和 Δt 之间满足 $N\Delta t\Delta u = 2\pi\sin(0.5p_k\pi)$。

在接收端，第 k 个子符号的解调过程可以表示为

$$\hat{\boldsymbol{d}}_k = \boldsymbol{Z}^{\mathrm{T}} \boldsymbol{F}_{p_k}^{N} \boldsymbol{R}_{cp} \boldsymbol{Q}_k^{\dagger} \overline{\boldsymbol{H}}_T \boldsymbol{u} + \boldsymbol{\eta}_k \tag{11.147}$$

其中，$\boldsymbol{R}_{\mathrm{cp}} = [\boldsymbol{0}_{N\times N_{\mathrm{cp}}}\ \boldsymbol{I}_{N\times N}]$ 为循环前缀移除矩阵，$\overline{\boldsymbol{H}}_T \in \mathbb{C}^{(N+N_{\mathrm{cp}})\times(N+N_{\mathrm{cp}})}$ 是时域信道矩阵，$\boldsymbol{\eta}_k \in \mathbb{C}^{M\times 1}$ 是加性高斯白噪声向量，其元素为独立同分布 $\mathcal{CN}(0, \sigma^2)$ 的随机变量。

在解调完所有子符号后，接收端即可得到完整的子载波数据 $\hat{\boldsymbol{d}} = [\hat{\boldsymbol{d}}_0^{\mathrm{T}}\ \ \hat{\boldsymbol{d}}_1^{\mathrm{T}}\ \ \cdots\ \ \hat{\boldsymbol{d}}_{K-1}^{\mathrm{T}}]^{\mathrm{T}}$。最后，将 $\hat{\boldsymbol{d}}$ 映射为二进制编码数据 $\hat{\boldsymbol{x}}$，并利用式(11.142)对编码数据进行译码。

11.5.3.2 性能分析

1. 通信可靠性

对于式(11.145)和式(11.147)，有如下两条性质成立。

(1) 性质1：

$$\boldsymbol{F}_{-p_k}^{N}\boldsymbol{Z}=\boldsymbol{C}\boldsymbol{P}\boldsymbol{F}_{-p_k}^{M}$$

(2) 性质2：

$$\boldsymbol{Z}^{\mathrm{T}}\boldsymbol{F}_{p_k}^{N}=\boldsymbol{F}_{p_k}^{M}\boldsymbol{P}^{\mathrm{T}}\widetilde{\boldsymbol{C}}^{\dagger}$$

其中，$\boldsymbol{F}_{p_k}^{M}$ 的时域采样间隔为 $K\Delta t$，$\boldsymbol{P}=\boldsymbol{I}_{M\times M}\otimes[1,\boldsymbol{0}_{1\times(K-1)}]^{\mathrm{T}}$ 为 K 倍的上采样矩阵。由文献[50]的第Ⅱ部分可知，$\widetilde{\boldsymbol{C}}=\sqrt{K}\boldsymbol{F}_{-p_k}^{N}\boldsymbol{Z}\boldsymbol{\Lambda}_{p_k}\boldsymbol{Z}^{\mathrm{T}}\boldsymbol{F}_{p_k}^{N}$ 是 p_k 阶 FRFT 低通滤波器的时域卷积矩阵，其 FRFT 截止频率为 $2M\pi\sin(0.5p_k\pi)/T_s$；$\boldsymbol{\Lambda}_{p_k}\in\mathbb{C}^{M\times M}$是用于修正 FRFT 相位谱的对角矩阵，当对角线元素序列 $m\in[0,0.5M-1]$时，其对角线元素为 1，而当 $m\in[0.5M,M-1]$时，对角线元素则为 $\mathrm{e}^{-\frac{\mathrm{j}}{2}[(N-M)^2+2m(N-M)]\cot\frac{p_k}{2}\pi\Delta u^2}$。

证明：由式(11.146)我们可以得到恒等式 $\sqrt{K}\boldsymbol{\Lambda}_{p_k}\boldsymbol{Z}^{\mathrm{T}}\boldsymbol{F}_{p_k}^{N}\boldsymbol{P}=\boldsymbol{F}_{p_k}^{M}$ 以及 $\boldsymbol{F}_{p_k}^{N}\boldsymbol{F}_{-p_k}^{N}=\boldsymbol{I}_{N\times N}$，因此有

$$\begin{aligned}\boldsymbol{F}_{-p_k}^{N}\boldsymbol{Z}&=\boldsymbol{F}_{-p_k}^{N}\boldsymbol{Z}\boldsymbol{F}_{p_k}^{M}\boldsymbol{F}_{-p_k}^{M}\\&=\sqrt{K}\boldsymbol{F}_{-p_k}^{N}\boldsymbol{Z}\boldsymbol{\Lambda}_{p_k}\boldsymbol{Z}^{\mathrm{T}}\boldsymbol{F}_{p_k}^{N}\boldsymbol{P}\boldsymbol{F}_{-p_k}^{M}\\&=\boldsymbol{C}\boldsymbol{P}\boldsymbol{F}_{-p_k}^{M}\end{aligned}\tag{11.148}$$

同样的方式，我们也可以得到

$$\begin{aligned}\boldsymbol{Z}^{\mathrm{T}}\boldsymbol{F}_{p_k}^{N}&=\boldsymbol{F}_{p_k}^{M}\boldsymbol{F}_{-p_k}^{M}\boldsymbol{Z}^{\mathrm{T}}\boldsymbol{F}_{p_k}^{N}\\&=\sqrt{K}\boldsymbol{F}_{p_k}^{M}(\boldsymbol{\Lambda}_{p_k}\boldsymbol{Z}^{\mathrm{T}}\boldsymbol{F}_{p_k}^{N}\boldsymbol{P})^{\dagger}\boldsymbol{Z}^{\mathrm{T}}\boldsymbol{F}_{p_k}^{N}\\&=\boldsymbol{F}_{p_k}^{M}\boldsymbol{P}^{\mathrm{T}}\widetilde{\boldsymbol{C}}^{\dagger}\end{aligned}\tag{11.149}$$

证毕。

由性质1可知，在 $\boldsymbol{d}_k$ 中间插零再做 N 点逆 FRFT 相当于首先对子载波数据 $\boldsymbol{w}_k\circ\boldsymbol{d}_k$ 做 M 点逆 FRFT，然后在时域用 $\boldsymbol{P}$ 对变换结果进行 K 倍内插，最后再利用 FRFT 滤波器 $\boldsymbol{C}$ 将内插造成的镜像谱滤除掉，从而实现子符号 $\boldsymbol{u}_k$ 的 K 倍过采样。那么，子符号 $\boldsymbol{u}_k$ 的 FRFT 带宽为

$$\begin{aligned}B_k&=\left(\frac{(N-1)}{T_s}+\frac{T_s\cot\left(\frac{p_k\pi}{2}\right)}{2\pi}\right)2\pi\sin\left(\frac{p_k\pi}{2}\right)\\&=\frac{2\pi\sin\left(\frac{p_k\pi}{2}\right)(M-1)}{T_s}+\sin\left(\frac{p_k\pi}{2}\right)T_s\cot\left(\frac{p_k\pi}{2}\right)\end{aligned}\tag{11.150}$$

为了保证子符号的带宽不超过滤波器的截止频率，防止有效数据被滤波器滤除造成系统的误码率性能损失，我们要求 $B_k<2M\pi\sin(p_k\pi/2)/T_s$，即

$$\frac{T_s\cot\left(\frac{p_k\pi}{2}\right)}{2\pi}<B_c \tag{11.151}$$

在变换阶次满足式(11.151)的情况下，利用谱搬移矩阵 $\boldsymbol{Q}_k$ 对子符号进行搬移后，子符号 $\boldsymbol{u}_k$ 的 FRFT 带宽为 $2M\pi\sin(0.5p_k\pi)/T_s$，FRFT 初始频率是 $2kM\pi\sin(0.5p_k\pi)/T_s$，而 FRFT 折叠频率则是 $2\pi N\sin(0.5p_k\pi)/T_s$。那么，如图 11.45 所示，任意一个子符号 $\boldsymbol{u}_k$ 在其对应的 p_k 阶 FRFT 会展现出与传统 OFDM 符号类似的谱结构，而其他 $K-1$ 个子符号的谱则为展宽的形式，且连续地分布在 $\boldsymbol{u}_k$ 的 FRFT 谱空穴中。由性质 2 可以看出，利用 $\boldsymbol{Z}^{\mathrm{T}}$ 提取 N 点 FRFT 之后的数据，相当于首先利用 FRFT 低通滤波器 $\boldsymbol{C}$ 将其他子符号滤除，再做 K 倍抽取和 M 点 FRFT，得到原始的 M 点子载波数据。因此接收端在解调任意一个子符号时，由其他子符号引起的干扰都能够被完整地滤除掉。综上所述，式(11.147)可以改写为

$$\hat{\boldsymbol{d}}_k=\boldsymbol{Z}^{\mathrm{T}}\boldsymbol{F}_{p_k}^{N}\boldsymbol{R}_{\mathrm{cp}}\boldsymbol{Q}_k^{\dagger}\overline{\boldsymbol{H}}_T\boldsymbol{u}_k+\boldsymbol{\eta}_k=\boldsymbol{H}_{p_k}(\boldsymbol{w}_k\circ\boldsymbol{d}_k)+\boldsymbol{\eta}_k \tag{11.152}$$

其中，$\boldsymbol{H}_{p_k}\triangleq\boldsymbol{Z}^{\mathrm{T}}\boldsymbol{F}_{p_k}^{N}\boldsymbol{R}_{cp}\boldsymbol{Q}_k^{\dagger}\overline{\boldsymbol{H}}_T\boldsymbol{Q}_k\boldsymbol{T}_{\mathrm{cp}}\boldsymbol{F}_{-p_k}^{N}\boldsymbol{Z}$ 为子符号 $\boldsymbol{u}_k$ 的等效信道矩阵。

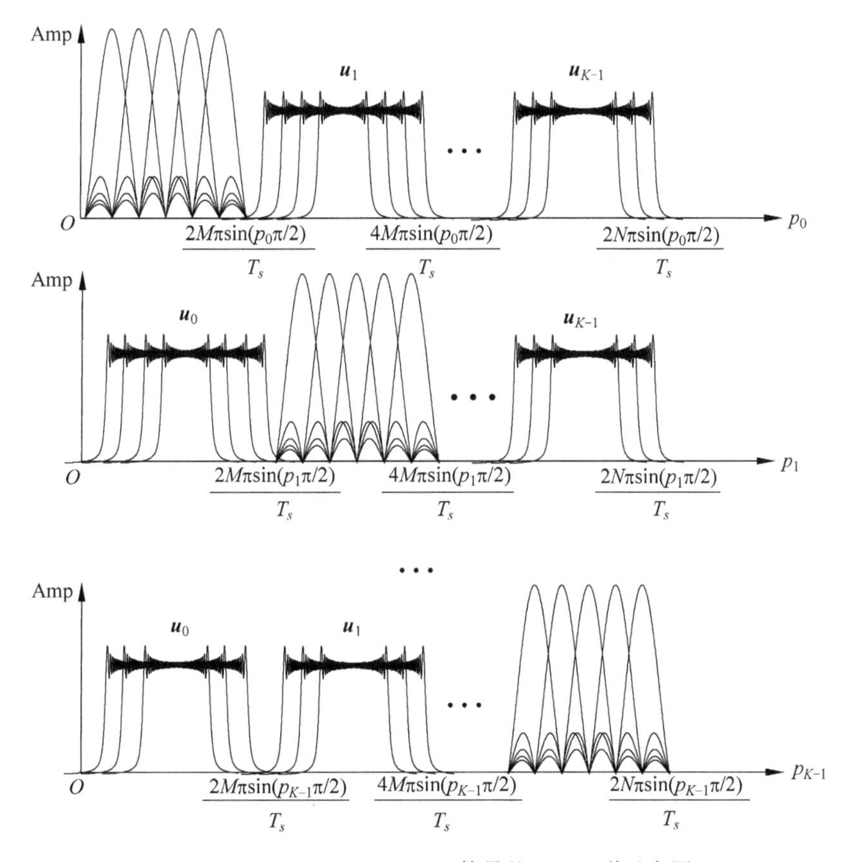

图 11.45　MFRFT-COFDM 符号的 FRFT 谱示意图

假设接收端已实现理想同步，那么 $\boldsymbol{H}_{p_k}\in\mathbb{C}^{M\times M}$ 就是一个对角矩阵[51-52]，经计算可得其对角线元素为 $\tilde{h}_{p_k,m}=\sum_{l=0}^{L-1}\alpha_l\mathrm{e}^{\frac{\mathrm{j}}{2}\cot\left(\frac{p_k}{2}\pi\right)\tau_l^2\Delta t^2}\mathrm{e}^{-\mathrm{j}\frac{2\pi\tau_l(kM+m)}{N}}$。由于余切曲线在区间(0，π/2)内

是单调递减的，那么当 $p_k \gg \max\{\tau_l^2 \Delta t^2\}$ 时，我们有 $e^{\frac{j}{2}\cot\left(\frac{p_k}{2}\pi\right)\alpha_l^2 \Delta t^2} \approx 1$ 和 $\tilde{h}_{p_k,m} \approx h_{kM+m}$。结合式(11.151)，变换阶次的取值需满足

$$p_k \gg p_{\text{thr}} = \max\{\tau_l^2 \Delta t^2, \pi \operatorname{arccot}(2\pi B_c / T_s)/2\} \tag{11.153}$$

在所有变换阶次满足式(11.151)时，加权因子 $\boldsymbol{w}_k$ 就可以补偿信道衰落的影响。接收端的子载波 n 就可以表示为

$$\hat{d}_n = \sqrt{P}\,|h_n| d_n + \eta_n, \quad \forall n \tag{11.154}$$

其中，$d_n \in \boldsymbol{d}, n \triangleq kM+m$。由于 $\sqrt{P}\,|h_n|$ 为常数，合法用户可以利用最大似然检测将 $\hat{d}_n$ 映射为二进制编码数据，且检测信噪比 $\gamma_n = P|h_n|^2/\sigma^2$。那么 MFRFT-COFDM 符号的编码误码率可以表示为 $P_{eb} = \sum_{n=0}^{N-1} \mathcal{F}(\gamma_n)/N$，其中 $\mathcal{F}(\cdot)$ 为 PSK 或 QAM 调制的误码率函数。综上所述，由于在调制解调的过程中并不会引入额外的干扰或者人为噪声，在解调变换阶次完全正确的条件下，MFRFT-COFDM 子系统的通信可靠性和传统 OFDM 系统是相同的。

由 BRC 的性质可知，为了顺利对 $\hat{\boldsymbol{x}}$ 进行译码，系统要求 $P_{eb} \ll P_w$，此时最终的译码误码率可以近似为 P_{eb}。当变换阶次发生失配时，$\hat{\boldsymbol{x}}$ 的编码误码率至少是 $P_{eb} = (K-1)\sum_{n=0}^{N-1} \mathcal{F}(\gamma_n)/NK + 1/2K$，由式(11.143)可知，$P_{eb} > P_w$，这会导致最终的译码误码率升至 0.5。因此，合法用户 Bob 的误码率可以表示

$$P_{ob} = (1 - P_{\text{mis}}) P_{eb} + 0.5 P_{\text{mis}}, \quad P_{eb} \ll P_w \tag{11.155}$$

其中，P_{mis} 为同时共享 K 个阶次时的阶次失配概率。

2. 物理层安全性

在没有得到正确变换阶次的情况下，Eve(s)不得不尝试所有可能的阶次取值来恢复保密数据。假定用于解调任意一个子符号 $\boldsymbol{u}_k$ 的阶次为 $p' = p + \Delta p$，那么窃听信道的等效信道矩阵可以表示为

$$\begin{aligned}\hat{\boldsymbol{d}}_{p'} &= \boldsymbol{Z}^{\mathrm{T}} \boldsymbol{F}_{p'}^N \boldsymbol{F}_{-p}^N (\boldsymbol{F}_p^N \boldsymbol{R}_{\text{cp}} \boldsymbol{Q}_k^{\dagger} \bar{\boldsymbol{G}}_T \boldsymbol{Q}_k^{\dagger} \boldsymbol{T}_{\text{cp}} \boldsymbol{F}_{-p}^N)(\boldsymbol{w}_D \circ \boldsymbol{d}) + \boldsymbol{\eta} \\ &= \boldsymbol{G}_{p'}(\boldsymbol{w}_D \circ \boldsymbol{d}) + \boldsymbol{\eta}\end{aligned} \tag{11.156}$$

其中，$\bar{\boldsymbol{G}}_T$ 是窃听用户的时域信道矩阵，$\boldsymbol{G}_{p'} \triangleq \boldsymbol{Z}^{\mathrm{T}} \boldsymbol{F}_{p'}^N \boldsymbol{F}_{-p}^N (\boldsymbol{F}_p^N \boldsymbol{R}_{\text{cp}} \boldsymbol{Q}_k^{\dagger} \bar{\boldsymbol{G}}_T \boldsymbol{Q}_k^{\dagger} \boldsymbol{T}_{\text{cp}} \boldsymbol{F}_{-p}^N)$ 是受阶次偏差影响的等效窃听信道矩阵。根据式(11.146)，矩阵 $\boldsymbol{F}_{p'}^N \boldsymbol{F}_{-p}^N$ 的元素计算可得

$$F_{p',n,n'} = \frac{1}{N} e^{j\pi^2 \frac{n^2 \sin p\pi - n'^2 \sin p'\pi}{N^2 \Delta t^2}} \sum_{i=0}^{N-1} e^{\frac{j}{2}\left(\cot\frac{p\pi}{2} - \cot\frac{p'\pi}{2}\right) i^2 \Delta t^2} e^{\frac{-j2\pi i(n-n')}{N}} \tag{11.157}$$

在实际应用中，Δt^2 通常是数量级非常小的数值，因此 $e^{\frac{j}{2}\left(\cot\frac{p\pi}{2} - \cot\frac{p'\pi}{2}\right) i^2 \Delta t^2} \approx 1$。那么在 $n \neq n'$ 时，$\sum_{i=0}^{N-1} e^{\frac{-j2\pi i(n-n')}{N}} e^{\frac{j}{2}\left(\cot\frac{p\pi}{2} - \cot\frac{p'\pi}{2}\right) i^2 \Delta t^2} \approx 0$，矩阵 $\boldsymbol{F}_{p'}^N \boldsymbol{F}_{-p}^N$ 可以近似为一个对角矩阵，其对角线元素为 $\boldsymbol{F}_{p',n} = \exp[j\pi^2 \cos(p\pi + 0.5\Delta p\pi) n^2 \Delta p\pi / T_s^2]$。那么窃听信道的等效信道矩阵就可以改写为 $\boldsymbol{G}_{p'} = \boldsymbol{F}_{p'}^N \boldsymbol{F}_{-p}^N (\boldsymbol{Z}^{\mathrm{T}} \boldsymbol{F}_p^N \boldsymbol{R}_{\text{cp}} \boldsymbol{Q}_k^{\dagger} \bar{\boldsymbol{G}}_T \boldsymbol{Q}_k^{\dagger} \boldsymbol{T}_{\text{cp}} \boldsymbol{F}_{-p}^N)$，接收端的子载波 n 可以表示为

$$d_{p',n} = \frac{\sqrt{P}}{|h_n|} F_{p',n} g_n h_n^{\dagger} d_n + \eta_n \tag{11.158}$$

其中，g_n 为子载波 n 的窃听信道频域信道响应。

如式(11.158)所示，无论 g_n 与 $h_n^\dagger$ 是否具有强相关性，Eve(s)的接收子载波都会被变换阶次误差 $F_{p',n}$ 随机置乱，因此 Eve(s)无法直接对子载波数据进行最大似然检测。而且，发射机可以通过随机改变变换阶次使得 $F_{p',n}$ 在相干时间内随机变化，从而阻止 Eve(s)采用盲检测算法。而在多径信道下，即使 Alice 仅具有一根发射天线，而 Eve(s)利用多根接收天线进行分集合并接收也并不能消除 $F_{p',n}$ 所带来的影响。因此，Eve(s)对于子载波 n 的检测信噪比 $\gamma_n^E \approx 0$，子载波 n 可获得的保密速率为 $R_n = \log_2(1+\gamma_n)$，信噪比 γ_n 为功率 P 的单调递增函数，通过提高功率 P 能够获得所需的保密容量。

为确保搜索到正确的变换阶次，Eve(s)需要保证搜索步长 $|\Delta p|$ 足够小。当 $|\pi^2\cos(p\pi+\Delta p\pi/2)\Delta p/T_s^2| > 1/M_d$ 时，$F_{p',n}$ 会导致子载波数据被接收机映射为错误的二进制比特数据。假定 $|\Delta p|$ 足够小，当 $p \neq 0.5$ 时，$|\pi^2\cos(p\pi+\Delta p\pi/2)\Delta p/T_s^2| > 1/M_d$ 可以改写为

$$\left|\pi^2\cos\left(p\pi+\frac{\Delta p}{2}\pi\right)\frac{\Delta p}{T^2}\right| \approx \left|\pi^2\cos(p\pi)\frac{\Delta p}{T^2}\right| > \frac{1}{M_d} \tag{11.159}$$

因为 $-1 \leqslant \cos(p\pi) \leqslant 1$，我们有

$$|\Delta p| > \frac{T_s^2}{M_d\pi^2} \tag{11.160}$$

而当 $p=0.5$ 时，$|\pi^2\cos(p\pi+\Delta p\pi/2)\Delta p/T_s^2| > 1/M_d$ 则变为

$$\left|\pi^2\sin\left(\frac{\Delta p}{2}\pi\right)\frac{\Delta p}{T_s^2}\right| \approx \left|\pi^3\frac{\Delta p^2}{2T_s^2}\right| > \frac{1}{M_d} \tag{11.161}$$

进而有

$$|\Delta p| > \frac{\sqrt{2}\,T_s}{\pi\sqrt{M_d\pi}} \tag{11.162}$$

对比式(11.160)和式(11.162)可以看出，与其他变换阶次相比，接近或者等于 0.5 的变换阶次对于解调阶次偏差的敏感性要差很多，因此系统应该避免采用这些变换阶次。

假设 Eve(s)已经通过穷举搜索恢复出 $K_s \in [0, K-1]$ 个子符号的编码数据，而合法用户则已经得到完整的编码数据，那么系统的保密速率可以表示为

$$C_s \approx \log_2\left(1+\frac{K-K_s}{K}\sum_{n=0}^{N-1}\gamma_n\right) > 0 \tag{11.163}$$

从式(11.163)可以看出，即使 Eve(s)只有一个子符号没有正确解调($K_s = K-1$)，系统依然能够获得正的保密速率，因此存在一种安全编码方案能够阻止 Eve(s)获得任何保密数据，BRC 就是这样一种编码。对于一个 MFRFT-COFDM 符号，即使只有一个子符号不能被正确检测，二进制编码数据 $\hat{\boldsymbol{x}}$ 的误码率将至少是 $P_{eb} = 1/2K > P_w$，最终的译码误码率仍然是 0.5。Eve(s)必须对 K 个子符号进行同时处理，在 K 个变换阶次所有可能的取值组合下进行解调、译码等处理，总的试验次数将会达到 $\lceil(1-p_{\text{thr}})M_d\pi^2/T_s^2\rceil^K$。由于在实际应用中 T_s 通常具有非常小的数量级，即使 K 并不是很大，穷举试验的运算量对于有限运算能力的 Eve(s)也依然是不切实际的。需要说明的是，MFRFT-COFDM 信号的安全编码方案并不唯一，只要安全编码能够在保证合法用户通信可靠性的前提下使得任意一个子符号解调出错时的译码误码率达到 0.5 即可。表 11.7 中给出了一些由 BCH 编

码构造的常用 BRC 的参数。限于篇幅原因,本书对于编码方案的选取不再做深入探讨。

表 11.7 常用 BRC 参数

(R_o,R_i)	编码速率	P_w
(15,8)	0.533	0.3302
(31,10)	0.3226	0.1531
(31,15)	0.4938	0.2796
(63,12)	0.1905	0.076
(63,27)	0.4762	0.107
(255,216)	0.0627	0.0189
(255,240)	0.1569	0.0218

综合分析,MFRFT-COFDM 子系统降低了对于信道空间不相关性以及发射机天线数量的要求,扩大了系统的适用范围,相比传统物理层安全 OFDM 系统更适用于含有较强视距路径分量的卫星通信环境,且数据传输过程中无须叠加人为噪声,功率利用率能够得到有效改善。

3. 系统效率分析

由于在利用 MFRFT-COFDM 子系统进行正式通信之前需要进行变换阶次的保密共享,系统整体的传输效率以及功率效率会有所降低。根据式(11.158),Eve(s)接收到的子载波数据被 $F_{p',n}$ 随机置乱,为保证 $F_{p',n}$ 是随机时变的从而阻止 Eve(s)进行盲检测,Alice 只需要按照与 Bob 约定的规律来不断调整阶次映射函数$\mathcal{P}(b_0,b_1,\cdots,b_{C-1})$的输入变量顺序,使得输出的变换阶次在相干时间范围内是随机时变的即可,输入的二进制比特数据并不需要频繁更新,变换阶次共享也不需要频繁地执行,且变换阶次信息所需的比特数量并不需要太多。据报道,中国"神威·太湖之光"计算机的运算速度约为 1×10^{17}/s,假设使用该计算机运算一次即可完成一次穷举测试,那么当阶次组合数量达到 2^{128} 时,则至少需要 1×10^{14} 年的运算时间,这对于有限计算能力的 Eve(s)显然是不切实际的。如果采用一个符号长度为 256μs、具有 256 个十六进制 QAM 调制子载波的 TS-OFDM 符号用于变换阶次共享,那么当扩频因子 $Q=8$ 时,每个符号即可传输 128bit 的阶次信息,其所需的保密速率约为 0.5Baud/Hz,从 11.5.2.4 节的仿真结果可以发现该保密速率并不难实现。考虑到实际应用中 TS-OFDM 符号还需携带导频、纠错编码冗余等辅助信息,最终有可能使用若干 TS-OFDM 符号来完成变换阶次的保密共享。不过由于 TS-OFDM 符号的长度为微秒级,对于一段持续时间为秒级甚至更长时间的无线通信传输而言,由变换阶次共享所引起的系统效率损失是完全可以忽略的。而在利用 MFRFT-COFDM 子系统进行保密数据传输时,发射信号并不需要添加额外的人外噪声,因此不会引起功率效率方面的损失。

不过,安全编码的编码冗余却会造成系统传输效率的损失。以 BRC 为例,由式(11.143)可以看出,单个符号的变换阶次数量 K 越大,所要求的译码安全门限 P_w 则越低;而从表 11.7 中也可以看到,P_w 通常和 BRC 的编码效率成正比,低的 P_w 意味着低的编码效率。因此,选取合适的安全编码对于 MFRFT-COFDM 系统整体的传输效率而言是至关重要的。在以安全性为首要目标的无线通信环境下,应当把由安全编码引起的系统效率损失降低到可以接受的范围之内。

11.5.3.3　仿真结果及分析

本节利用计算机仿真来验证所提 MFRFT-COFDM 子系统的物理层安全性能，仿真参数如表 11.8 所示。需要说明的是，为了突出 MFRFT-COFDM 子系统的抗信道衰落性能，不失一般性，在涉及通信可靠性的仿真中我们均采用信道条件更为复杂的 3GPP SCME 多径信道模型，而为了突出卫星信道下的物理层安全性能，图 11.48 中的仿真则采用了经典的 Rice 信道模型。

表 11.8　仿真参数

参　数　项	数　　值	参　数　项	数　　值
符号长度 $T/\mu s$	25.6	变换阶次个数及数值	$K=4, p=\{0.1, 0.86, 0.03, 0.27\}$
子载波数 N	256	信道模型	3GPP SCME 或莱斯信道
循环前缀长度/μs	5	BRC	$R_o=63, R_i=27, P_w=0.107$
调制方式	十六进制 QAM 调制		

图 11.46 分别仿真了变换阶次取值以及解调阶次偏差对于 MFRFT-COFDM 编码误码率的影响。不失一般性，在仿真中我们以 MFRFT-COFDM 信号第一个子符号的编码误码率为例，E_b/N_0 固定为 30dB。如图 11.46(a)所示，当解调阶次偏差 $\Delta p_0 \geqslant 1\times10^{-11}$ 时，编码误码率将会达到 0.5。考虑到 $T_s^2/M_d\pi^2=4.2\times10^{-12}$，仿真结果与本书阶次敏感性的理论分析是相符合的。而在图 11.46(b)中可以看到，仅当 $p_0 \geqslant 1\times10^{-9}$ 时能取得同十六进制 QAM 理论曲线相同的误码率。由于仿真中 $\max\{\tau_l^2\Delta t^2\}=2.1\times10^{-11}$，而 $p_0 \geqslant 1\times10^{-9}$ 满足关系式(11.151)，因此仿真结果与阶次取值范围的理论分析是一致的。

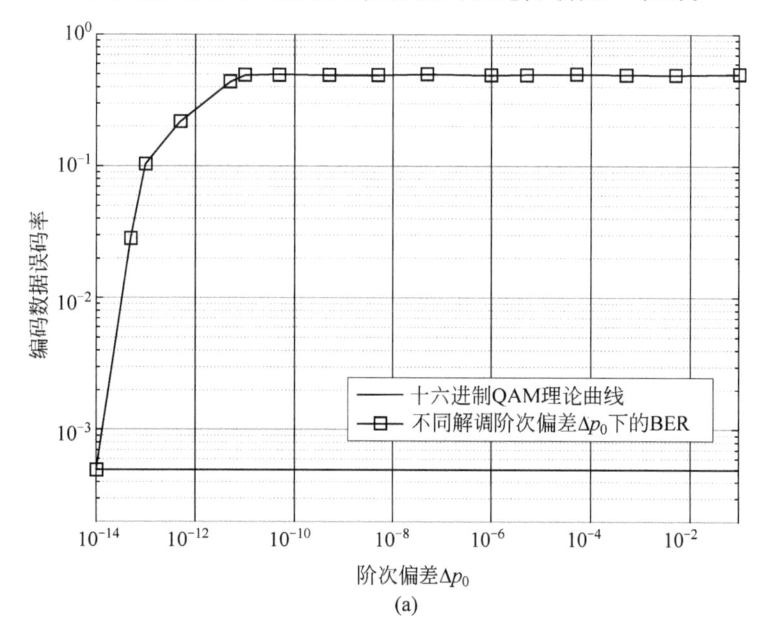

(a)

图 11.46　变换阶次取值范围及阶次偏差对于误码率的影响

(a) 阶次偏差对于编码误码率的影响；(b) 阶次取值范围对于编码误码率的影响

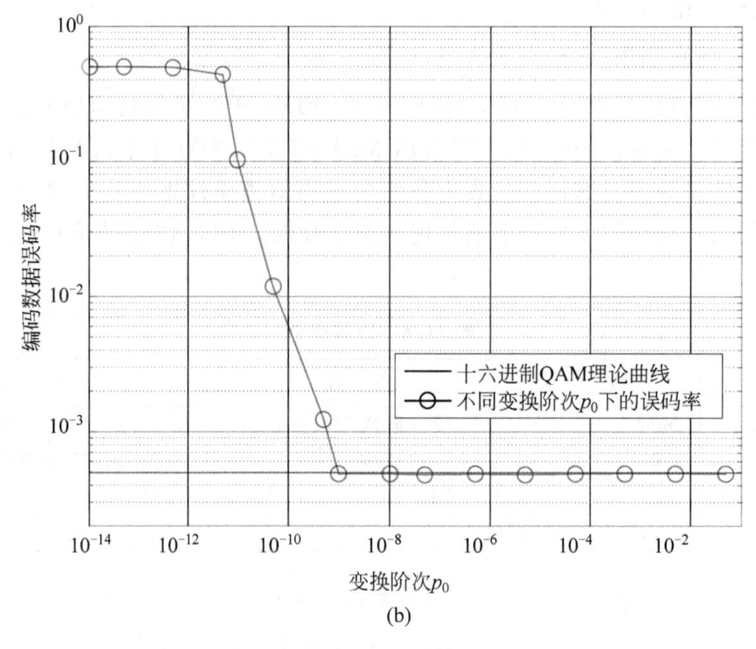

(b)

图 11.46 （续）

图 11.47 给出了 MFRFT-COFDM 系统的整体误码率性能仿真。在该仿真中，我们利用 TS-OFDM 子系统来进行变换阶次安全共享，其中扩频因子 $Q=8$，$\rho=0.2817$，其余参数与 MFRFT-COFDM 相同，每个变换阶次具有 2^{32} 个可能的取值，因此共需传输 128bit 的阶次信息，窃听用户具有 2 个接收天线，采用 MRC 分集合并。此外，文献[53]所提的多天线随机加权算法以及文献[54]所提的子载波共轭加权算法的合法用户误码率性能曲线也在仿真中给出。为了便于对比，仿真将文献[53]所提的方法做适当修改并应用于单输入/单输出的 OFDM 通信系统。具体做法是利用相干带宽内的 9 个子载波来替换天线阵列，然后利用文献[53]的算法设计一个安全强度约为 2^{128} 的传输子载波向量，其中参考分量的功率足够阻止窃听用户的盲检测操作，合法用户可以通过合并这些子载波来消除随机干扰的影响，继而正确检测接收数据。

从图 11.47 中可以看到，当信噪比小于 18dB 时，由于变换阶次的失配概率以及 BRC 的译码错误概率较高，MFRFT-COFDM 系统合法用户的误码率与十六进制 QAM 理论误码率曲线相比会有较大的性能损失；当信噪比大于 18dB 时，合法用户就能够获得同理论曲线相同的误码率性能。对于窃听用户，虽然采用多天线分集合并技术，但只要 4 个解调阶次中的任意一个偏差为 1×10^{-11}，整体误码率仍然会升至 0.5。因此，窃听用户如果想要获得保密数据，必须对 MFRFT-COFDM 信号所有的变换阶次组合进行穷举搜索，组合数量高达 2^{128}，如系统效率分析中所述，该运算量对于有限计算能力的窃听用户是不切实际的。与理论曲线相比，随机共轭加权方法由于在进行信号检测时参考信号会引入额外的噪声干扰，合法用户的误码率性能会产生约 7dB 的信噪比损失；而由于额外发送一个大功率参考分量，多天线随机加权算法则会产生约 8dB 的信噪比损失。

最后，图 11.48 对比了文献[53,54]以及 MFRFT-COFDM 子系统在经典 Rice 信道下的物理层安全性能，三种算法的具体配置与图 11.47 相同，$E_b/N_0=30$dB，窃听用户为单天

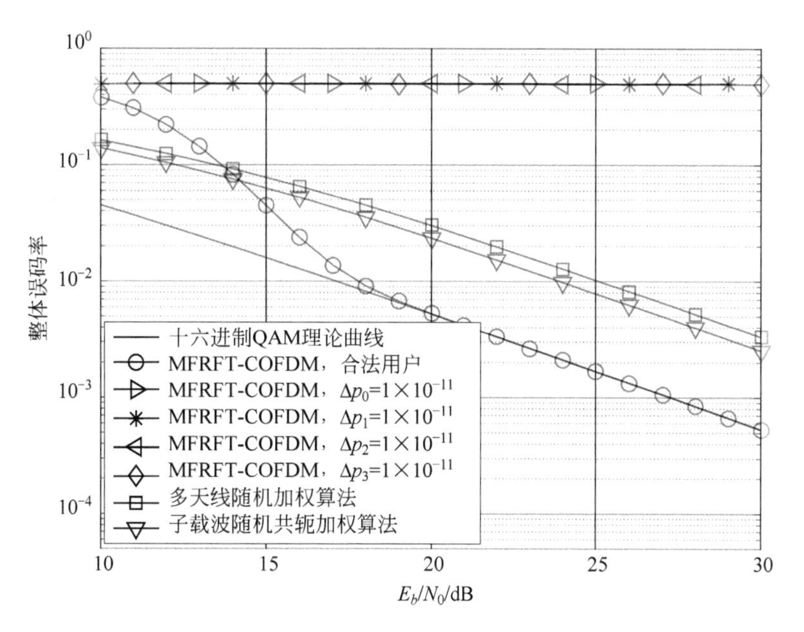

图 11.47 系统整体误码率

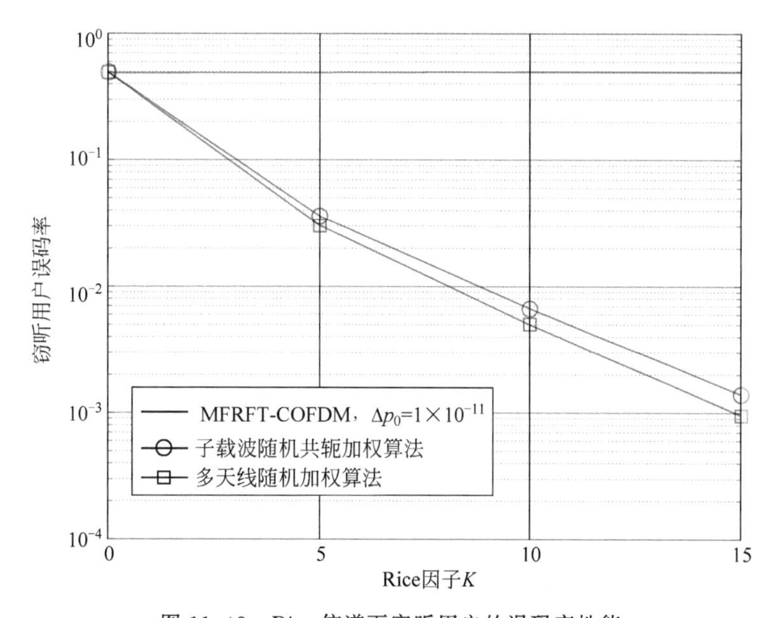

图 11.48 Rice 信道下窃听用户的误码率性能

线接收机，采用理想盲检测算法。从图中可以看到，文献[53,54]的窃听用户误码率在 Rice 因子较小时约为 0.5，此时能够实现物理层保密通信；而随着 Rice 因子 K 的提高，窃听用户的误码率则不断降低，这是由于信道视距路径分量功率的增加导致窃听信道与合法信道之间的相关性增加，进而减弱了人为干扰的干扰效果。由于 MFRFT-COFDM 系统利用变换阶次来增强合法信道与窃听信道间的差异性，以第一个子符号为例，当解调阶次偏差为 1×10^{-11} 时，即使 Rice 因子 $K=15$，窃听用户的误码率也依然是 0.5。因此，MFRFT-COFDM 系统相比传统的物理层安全 OFDM 系统更适用于含有较强视距路径分量的卫星通信环境。

11.6 基于分数阶傅里叶变换的 MIMO-OFDM 系统

多输入/多输出(Multiple-Input Multiple-Output，MIMO)技术能够大大提高信道容量和频谱效率[55]，而 OFDM 技术则具有很强的抗多径能力[17-18]，二者的结合已成为下一代无线通信的研究热点。目前所研究的 MIMO-OFDM 系统都是以 IFFT/FFT 执行调制与解调的，当信道在一个符号周期中保持恒定时，子载波相互之间不存在干扰。但是如果信道随时间变化，子载波的正交性将受到破坏，产生载波间干扰(ICI)，并且随着信道时变特性的加剧，ICI 能量显著增大，严重影响了接收端信号的恢复，造成通信系统性能的下降[56-58]。

本节将分数阶傅里叶变换应用到 MIMO-OFDM 系统中，代替传统的傅里叶变换进行子载波的调制与解调，这种基于分数阶傅里叶变换的 MIMO-OFDM 系统可以看作是传统 MIMO-OFDM 系统的推广[59]。在确定的信道下，能够通过调整变换阶次，使调制后的信号更加匹配信道，降低子载波之间的干扰，从而使系统性能更优。在构建基于分数阶傅里叶变换的 MIMO-OFDM 系统模型的基础上，进一步推导出最优变换阶次选择的表达式。只需知道发射信号及信道的一些参数，就可以快速选择出最优的变换阶次。此外，还分析了各种参数对最优阶次的影响。通过分析和仿真可知，传统的阶次为 1 的 MIMO-OFDM 系统比较适合在时频双选择性衰落较轻的信道或者最先到达的可辨径功率占信道总功率主导地位的情况下。当时频选择性衰落较为严重或者最先到达的可辨径功率不占信道总功率的主导地位时，可能存在着更优的分数阶傅里叶变换阶次，使此阶次下的 MIMO-OFDM 系统比传统系统具有更好的性能。

11.6.1 分数阶傅里叶变换的矩阵表示

本节将采用 Soo-Chang Pei 提出的离散算法[49]，此算法计算复杂度与传统傅里叶变换相当，N 点数据计算量为 $O(N\log_2 N)$，并且保证了变换核矩阵的酉性，严格满足可逆性。在 MIMO-OFDM 系统发射端和接收端应用该算法进行调制解调时，将不会产生由于算法本身所导致的误差。

应用该算法，DFRFT 可以用矩阵形式表示为

$$\boldsymbol{X}_p=\boldsymbol{F}_p\boldsymbol{x} \tag{11.164}$$

其中，$\boldsymbol{x}=[x(0)\quad x(1)\quad\cdots\quad x(N-1)]^{\mathrm{T}}$，$\boldsymbol{X}_p=[X_p(0)\quad X_p(1)\quad\cdots\quad X_p(N-1)]^{\mathrm{T}}$，分别为经过 p 阶分数阶傅里叶变换以前及变换以后的向量；$\boldsymbol{F}_p$ 为 $N\times N$ 的 DFRFT 矩阵，其元素为

$$\boldsymbol{F}_p(m,n)=\begin{cases}A_p\rho_1^{m^2}W^{mn}\rho_2^{n^2}, & p\neq 2n\\ \boldsymbol{I}_{N\times N}, & p=4n\\ \boldsymbol{J}_{N\times N}, & p=4n+2\end{cases} \tag{11.165}$$

式中，$\rho_1^{m^2}=\exp(\mathrm{j}0.5\Delta u^2m^2\cot\alpha)$，$\rho_2^{n^2}=\exp(\mathrm{j}0.5\Delta t^2n^2\cot\alpha)$，$A_p=\sqrt{\dfrac{\sin\alpha-\mathrm{j}\cos\alpha}{N}}$，$W=\exp\left(-\mathrm{j}\dfrac{2\pi}{N}\right)$，$m,n=0,1\cdots,N-1$，这里 Δt 是时域的采样间隔，Δu 是 p 阶分数阶傅里叶域

的采样间隔，且满足 $\Delta u=\dfrac{2\pi|\sin\alpha|}{N\Delta t}$；$\boldsymbol{I}_{N\times N}$ 和 $\boldsymbol{J}_{N\times N}$ 分别为维数为$N\times N$ 的单位矩阵和互换矩阵。

IDFRFT 可用矩阵形式表示为

$$\boldsymbol{x}=\boldsymbol{F}_{-p}\boldsymbol{X}_p \tag{11.166}$$

其中，$\boldsymbol{F}_{-p}=\boldsymbol{F}_p^{\mathrm{H}}$，其元素为

$$\boldsymbol{F}_{-p}(n,m)=\begin{cases}\rho_2^{-n^2}W^{-nm}\rho_1^{-m^2}A_p^*, & p\neq 2n\\ \boldsymbol{I}_{N\times N}, & p=4n\\ \boldsymbol{J}_{N\times N}, & p=4n+2\end{cases} \tag{11.167}$$

11.6.2　基于分数阶傅里叶变换的 MIMO-OFDM 系统模型

考虑发射天线数为 M_t、接收天线数为 M_r 的 MIMO-OFDM 系统，系统框图如图 11.49 所示。

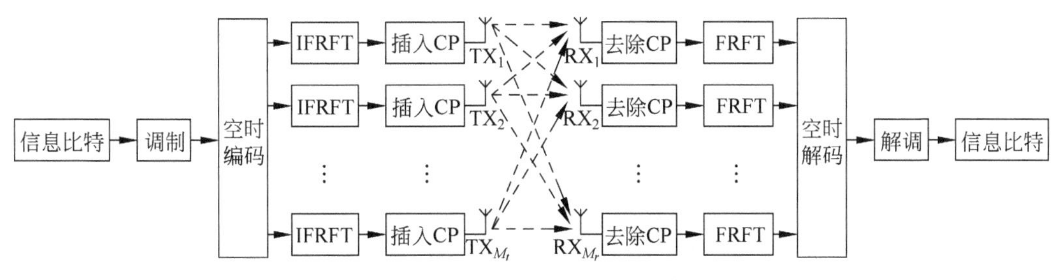

图 11.49　MIMO-OFDM 系统框图

在发射端，调制后的信息比特流经过空时编码，产生了 M_t 组空时码字，分别对应 M_t 个发射天线。在每个天线上，数据序列经过串/并转换，由 IFRFT 进行基于分数阶傅里叶变换的 OFDM 调制。记 $\boldsymbol{X}_p=[X_0^0\ \cdots\ X_0^{M_t-1}\ \ X_1^0\ \cdots\ X_1^{M_t-1}\ \cdots\ X_{N-1}^0\ \cdots\ X_{N-1}^{M_t-1}]^{\mathrm{T}}$ 为所有发射数据组成的序列，N 为子载波个数，这一调制过程可以由矩阵表示为

$$\boldsymbol{x}_p=\boldsymbol{F}_{-p}^{(\mathrm{Tx})}\boldsymbol{X}_p \tag{11.168}$$

其中，$\boldsymbol{F}_{-p}^{(\mathrm{Tx})}=\boldsymbol{F}_{-p}\otimes\boldsymbol{I}_{M_t}$，$\otimes$表示 Kronecher 积，$\boldsymbol{I}_{M_t}$ 是维数为 M_t 的单位矩阵。在传统 MIMO-OFDM 系统中，子载波调制过程可以解释为将频域数据变换为时域数据进行传输，类似地，这里可以理解为通过 IFRFT 运算将 p 阶分数阶傅里叶域的数据转换到时域。在本节及以后的分析中，不失一般性，取阶次 p 的范围为 $p\in(0,2)$，当 $p=1$ 时，系统对应的是传统的 MIMO-OFDM 系统。

在具有多条可辨径的频率选择性衰落信道中，将会产生符号间干扰(IBI)。为了消除干扰，基于分数阶傅里叶变换的 MIMO-OFDM 系统同样需要在每个 OFDM 符号前端加入循环前缀。循环前缀加入方法不像传统 MIMO-OFDM 系统中直接复制 OFDM 符号的尾部数据，而是具有其特殊性，关于循环前缀加入方法参见文献[60]，用数学形式表示为

$$\boldsymbol{x}_{p_{cp}}=\boldsymbol{T}_{p_{cp}}^{(\mathrm{Tx})}\boldsymbol{x}_p=(\boldsymbol{T}_{p_{cp}}\otimes\boldsymbol{I}_{M_t})\boldsymbol{x}_p \tag{11.169}$$

其中，$\boldsymbol{T}_{p_{cp}}$ 为

$$\boldsymbol{T}_{p_{\mathrm{cp}}}=\begin{bmatrix}0_{N_q\times(N-N_q)} & \boldsymbol{C}_{N_q\times N_q}\\ \boldsymbol{I}_{N\times N} & \end{bmatrix} \tag{11.170}$$

$$\boldsymbol{C}_{N_q\times N_q}=\operatorname{diag}\left[\mathrm{e}^{\mathrm{j}\frac{1}{2}\cot\alpha\,[(N-N_q+n)^2-(-N_q+n)^2]\,\Delta t^2}\right],\quad n=0,1,\cdots,N_q-1 \tag{11.171}$$

N_q 是循环前缀的长度。

加入循环前缀的基带信号经过上变频后发送到无线信道中传输。在本节中，信道满足广义平稳非相关散射（WSSUS）假设，建模为零均值复高斯随机过程，且不同发射天线和接收天线之间的信道是独立同分布的[57]。

令 L 为最大可辨径数目，则接收信号与发射信号之间的关系为

$$\boldsymbol{y}_{p_{\mathrm{cp}}}(n)=\sum_{l=0}^{L-1}\boldsymbol{h}(n,l)\boldsymbol{x}_{p_{\mathrm{cp}}}(n-l)+\boldsymbol{z}(n),\quad n=-N_q,\cdots,0,\cdots,N-1 \tag{11.172}$$

其中，$\boldsymbol{z}(n)$是加性白高斯噪声向量；$\boldsymbol{h}(n,l)\in\boldsymbol{C}^{M_r\times M_t}$，是第 l 条路径在时刻 n 时的信道转移矩阵，其(r_x,t_x)位置的元素，记为 $h(n,l)_{r_x,t_x}$，对应着第 t_x 个发射天线到第 r_x 个接收天线之间的信道系数。

在一个 OFDM 符号间隔时间里，可以把式(11.172)写为矩阵形式：

$$\boldsymbol{y}_{p_{\mathrm{cp}}}=\boldsymbol{H}\boldsymbol{x}_{p_{\mathrm{cp}}}+\boldsymbol{z} \tag{11.173}$$

其中，$\boldsymbol{H}$ 是维数为$[(N+N_q)M_r]\times[(N+N_q)M_t]$的矩阵，表示为

$$\boldsymbol{H}=\begin{bmatrix}
h(-N_q,0) & 0 & \cdots & 0 & 0\\
h(-N_q+1,1) & h(-N_q+1,0) & \cdots & 0 & 0\\
\vdots & h(-N_q+2,1) & \ddots & \vdots & \vdots\\
h(-N_q+L-1,L-1) & \vdots & \ddots & \vdots & \vdots\\
0 & h(-N_q+L,L-1) & \vdots & \vdots & \vdots\\
\vdots & 0 & \vdots & 0 & \vdots\\
\vdots & \vdots & \vdots & h(N-2,0) & 0\\
0 & \cdots & \cdots & h(N-1,1) & h(N-1,0)
\end{bmatrix} \tag{11.174}$$

信道的功率谱密度服从经典功率谱，自相关函数满足

$$E\left[h(n_1,l)_{r_x,t_x}h(n_2,l)_{r_x,t_x}\right]=J_0(2\pi|n_1-n_2|f_{\mathrm{d}}\Delta t)\sigma_l^2 \tag{11.175}$$

其中，f_{d} 为最大多普勒频移，σ_l^2 是第 l 条路径的功率，$J_0(\cdot)$是第一类零阶贝塞尔函数。

在接收端为消除 ISI 的影响，首先去掉接收信号的循环前缀，去掉循环前缀的过程同传统 MIMO-OFDM 系统相同，直接删掉前面的 N_q 点数据即可：

$$\boldsymbol{y}_p=\boldsymbol{R}_{p_{\mathrm{cp}}}^{(\mathrm{Rx})}\boldsymbol{y}_{p_{\mathrm{cp}}}=(\boldsymbol{R}_{p_{\mathrm{cp}}}\otimes\boldsymbol{I}_{M_r})\boldsymbol{y}_{p_{\mathrm{cp}}} \tag{11.176}$$

$$\boldsymbol{R}_{p_{\mathrm{cp}}}=\begin{bmatrix}0_{N\times N_q} & \boldsymbol{I}_N\end{bmatrix} \tag{11.177}$$

对 $\boldsymbol{y}_p$ 进行 p 阶分数阶傅里叶变换，由时域再次转换到分数阶傅里叶域，完成 OFDM 解调

$$\boldsymbol{Y}_p=\boldsymbol{F}_p^{(\mathrm{Rx})}\boldsymbol{y}_p \tag{11.178}$$

其中，$\boldsymbol{F}_p^{(\mathrm{Rx})}=\boldsymbol{F}_p\otimes\boldsymbol{I}_{M_r}$，$\boldsymbol{I}_{M_r}$ 是维数为 M_r 的单位矩阵。

综上，在基于分数阶傅里叶变换的 MIMO-OFDM 系统中，信号的传输过程为

$$\boldsymbol{Y}_p=\boldsymbol{F}_p^{(\mathrm{Rx})}\boldsymbol{R}_{p_{\mathrm{cp}}}^{(\mathrm{Rx})}\boldsymbol{H}\boldsymbol{T}_{p_{\mathrm{cp}}}^{(\mathrm{Tx})}\boldsymbol{F}_{-p}^{(\mathrm{Tx})}\boldsymbol{X}_p+\boldsymbol{Z}_p=\widetilde{\boldsymbol{G}}_p\boldsymbol{X}_p+\boldsymbol{Z}_p \tag{11.179}$$

其中，$\widetilde{\boldsymbol{G}}_p$ 是 p 阶分数阶傅里叶域的传输矩阵，$\boldsymbol{Z}_p$ 为白高斯噪声。

11.6.3 最优阶次

11.6.3.1 最优阶次的选择方法

将式(11.179)展开写为

$$\boldsymbol{Y}_p(r)=\widetilde{\boldsymbol{G}}_p(r,r)\boldsymbol{X}_p(r)+\sum_{\substack{s=0\\s\neq r}}^{N-1}\widetilde{\boldsymbol{G}}_p(r,s)\boldsymbol{X}_p(s)+\boldsymbol{Z}_p(r),\quad r=1,2,\cdots,N \tag{11.180}$$

其中，$\boldsymbol{X}_p(r)$是 $M_t\times1$ 的列向量，是所有发射天线上第 r 个载波成分组成的集合；$\widetilde{\boldsymbol{G}}_p(r,s)$是 $\widetilde{\boldsymbol{G}}_p$ 矩阵的第(r,s)个元素，为 $M_r\times M_t$ 维的块矩阵。上式第一项为有用的信号，第二项为其他子载波对第 r 个子载波的干扰，也就是 ICI。

在基于分数阶傅里叶变换的 MIMO-OFDM 系统中，选择合适的分数阶傅里叶变换阶次，可以减轻载波之间干扰的程度，从而达到更好的通信性能。因此阶次选择的原则是选择一个最优阶次，使载波之间的干扰最小，载波间干扰的程度可以用子载波能量与干扰能量的比值即 CIR 来表征[61-62]，CIR 越大，载波间的干扰越小。

结合式(11.180)，第 r 个载波上的 CIR 表示为

$$\mathrm{CIR}_r=\frac{E(\|\widetilde{\boldsymbol{G}}(r,r)\boldsymbol{X}(r)\|_{\mathrm{F}}^2)}{E\left(\left\|\sum\limits_{s=0,s\neq r}^{N-1}\widetilde{\boldsymbol{G}}(r,s)\boldsymbol{X}(s)\right\|_{\mathrm{F}}^2\right)} \tag{11.181}$$

式中，$\|\cdot\|_{\mathrm{F}}$ 是 Frobenius 范数；E 是期望，为了表达简便省略了下标 p。

假设信道信息对发射端是未知的，发射功率平均分配在每个天线的每个子载波上，且发射信号向量满足如下条件：

$$\boldsymbol{R}_X(s,s')=E[\boldsymbol{X}(s)\boldsymbol{X}^{\mathrm{H}}(s')]=\begin{cases}\boldsymbol{E}_t\boldsymbol{I}_{M_t\times M_t}, & s=s'\\0, & s\neq s'\end{cases} \tag{11.182}$$

其中，$\boldsymbol{E}_t$ 是每个子载波上的发射能量。

$$\begin{aligned}\mathrm{CIR}_r&=\frac{\mathrm{tr}\{E[\widetilde{\boldsymbol{G}}(r,r)\boldsymbol{X}(r)\boldsymbol{X}^{\mathrm{H}}(r)\widetilde{\boldsymbol{G}}^{\mathrm{H}}(r,r)]\}}{\mathrm{tr}\left\{E\left[\left(\sum\limits_{s=0,s\neq r}^{N-1}\widetilde{\boldsymbol{G}}(r,s)\boldsymbol{X}(s)\right)\left(\sum\limits_{s'=0,s'\neq r}^{N-1}\widetilde{\boldsymbol{G}}(r,s')\boldsymbol{X}(s')\right)^{\mathrm{H}}\right]\right\}}\\&=\frac{\mathrm{tr}\{E[\widetilde{\boldsymbol{G}}(r,r)\widetilde{\boldsymbol{G}}^{\mathrm{H}}(r,r)]\}}{\mathrm{tr}\left\{E\left[\sum\limits_{s=0,s\neq r}^{N-1}\widetilde{\boldsymbol{G}}(r,s)\widetilde{\boldsymbol{G}}^{\mathrm{H}}(r,s)\right]\right\}}\\&=\frac{\sum\limits_{t_x=0}^{M_t-1}\sum\limits_{r_x=0}^{M_r-1}E[\widetilde{G}(r,r)_{r_x,t_x}\widetilde{G}^*(r,r)_{r_x,t_x}]}{\sum\limits_{t_x=0}^{M_t-1}\sum\limits_{r_x=0}^{M_r-1}E\left(\sum\limits_{s=0}^{N-1}\widetilde{G}(r,s)_{r_x,t_x}\widetilde{G}^*(r,s)_{r_x,t_x}\right)-\sum\limits_{t_x=0}^{M_t-1}\sum\limits_{r_x=0}^{M_r-1}E(\widetilde{G}(r,r)_{r_x,t_x}\widetilde{G}^*(r,r)_{r_x,t_x})}\end{aligned} \tag{11.183}$$

其中，$\widetilde{G}(r,s)_{r_x,t_x}$ 为 $\widetilde{\boldsymbol{G}}(r,s)$在$(r_x,t_x)$位置的元素。从式(11.183)可以看出，第 r 个载波

上的载干比可以解释为$\widetilde{\boldsymbol{G}}(r,r)$块的能量与$\widetilde{\boldsymbol{G}}$矩阵同一行上其他块的能量的比值。

联立式(11.168)～式(11.178)，$\widetilde{G}(r,s)_{r_x,t_x}$可以写作

$$\widetilde{G}(r,s)_{r_x,t_x}=\sum_{l=0}^{L-1}\sum_{n=0}^{N-1}h(n,l)_{r_x,t_x}F_p(r,n)F_{-p}(-l+n,s) \tag{11.184}$$

其中，$h(n,l)_{r_x,t_x}$是第t_x个发射天线到第r_x个接收天线之间信道的系数。

令

$$\begin{cases}\boldsymbol{f}_p^l=[F_p(r,0)F_{-p}(-l,s) \quad \cdots \quad F_p(r,N-1)F_{-p}(-l+N-1,s)]^{\mathrm{T}}\\ \boldsymbol{h}_{r_x,t_x}^l=[h(0,l)_{r_x,t_x} \quad h(1,l)_{r_x,t_x} \quad \cdots \quad h(N-1,l)_{r_x,t_x}]^{\mathrm{T}}\end{cases} \tag{11.185}$$

则

$$\widetilde{G}(r,s)_{r_x,t_x}=\sum_{l=0}^{L-1}(\boldsymbol{f}_p^l)^{\mathrm{T}}\boldsymbol{h}_{r_x,t_x}^l \tag{11.186}$$

所以，

$$\begin{aligned}&E[\widetilde{G}(r,s)_{r_x,t_x}\widetilde{G}^*(r,s)_{r_x,t_x}]\\ &=E\left[\left(\sum_{l=0}^{L-1}(\boldsymbol{f}_p^l)^{\mathrm{T}}\boldsymbol{h}_{r_x,t_x}^l\right)\left(\sum_{l'=0}^{L-1}(\boldsymbol{h}_{r_x,t_x}^{l'})^{\mathrm{H}}(\boldsymbol{f}_p^{l'})^*\right)\right]\\ &=E\left[\sum_{l=0}^{L-1}(\boldsymbol{f}_p^l)^{\mathrm{T}}(\boldsymbol{h}_{r_x,t_x}^l)(\boldsymbol{h}_{r_x,t_x}^l)^{\mathrm{H}}(\boldsymbol{f}_p^l)^*\right]+\\ &\quad E\left[\sum_{l=0}^{L-1}\sum_{l'=0,l'\neq l}^{L-1}(\boldsymbol{f}_p^l)^{\mathrm{T}}(\boldsymbol{h}_{r_x,t_x}^l)(\boldsymbol{h}_{r_x,t_x}^{l'})^{\mathrm{H}}(\boldsymbol{f}_p^{l'})^*\right]\end{aligned} \tag{11.187}$$

因为信道为广义平稳非相关散射信道，不同的路径是非相关的，所以上式第二项为0，再结合式(11.185)，可得

$$\begin{aligned}&E[\widetilde{G}(r,s)_{r_x,t_x}\widetilde{G}^*(r,s)_{r_x,t_x}]\\ &=\sum_{l=0}^{L-1}(\boldsymbol{f}_p^l)^{\mathrm{T}}\mathrm{cov}(\boldsymbol{h}_{r_x,t_x}^l)(\boldsymbol{f}_p^l)^*\\ &=\sum_{l=0}^{L-1}\sum_{i=0}^{N-1}\sum_{j=0}^{N-1}\mathrm{cov}(\boldsymbol{h}_{r_x,t_x}^l)_{ij}F_p(r,i)F_{-p}(-l+i,s)F_p^*(r,j)F_{-p}^*(-l+j,s)\\ &=\frac{1}{N^2}\sum_{l=0}^{L-1}\sum_{i=0}^{N-1}\sum_{j=0}^{N-1}\mathrm{cov}(\boldsymbol{h}_{r_x,t_x}^l)_{ij}\,\mathrm{e}^{(\mathrm{j}\cdot\cot\alpha\cdot\Delta t^2\cdot l\cdot(i-j)+\mathrm{j}\cdot 2\pi/N\cdot(s-r)(i-j))}\end{aligned} \tag{11.188}$$

根据11.6.2节信道模型的介绍，$h(n,l)_{r_x,t_x}$为零均值复高斯随机变量，且对于不同的发射天线和接收天线，$h(n,l)_{r_x,t_x}$是独立同分布的，因此$E[\widetilde{G}(r,s)_{r_x,t_x}\widetilde{G}^*(r,s)_{r_x,t_x}]$对于不同的$t_x$和$r_x$都是相同的，即$\widetilde{\boldsymbol{G}}(r,s)$中所有元素的能量相同。此外，从式(11.150)还可以看出，对于不同的块矩阵，能量值仅与$s-r$有关，并且以N为周期。记$s-r=n$时，对于所有的t_x和r_x，$E[\widetilde{G}(r,s)_{r_x,t_x}\widetilde{G}^*(r,s)_{r_x,t_x}]=\gamma_n$，则分数阶傅里叶域信道矩阵$\widetilde{\boldsymbol{G}}$的能量分布可以表示为

$$\gamma=\begin{bmatrix}\gamma_0\boldsymbol{A} & \gamma_1\boldsymbol{A} & \ddots & \gamma_{N-2}\boldsymbol{A} & \gamma_{N-1}\boldsymbol{A}\\ \gamma_{N-1}\boldsymbol{A} & \gamma_0\boldsymbol{A} & \gamma_1\boldsymbol{A} & \ddots & \gamma_{N-2}\boldsymbol{A}\\ \ddots & \gamma_{N-1}\boldsymbol{A} & \gamma_0\boldsymbol{A} & \gamma_1\boldsymbol{A} & \ddots\\ \gamma_2\boldsymbol{A} & \ddots & \gamma_{N-1}\boldsymbol{A} & \gamma_0\boldsymbol{A} & \gamma_1\boldsymbol{A}\\ \gamma_1\boldsymbol{A} & \gamma_2\boldsymbol{A} & \ddots & \gamma_{N-1}\boldsymbol{A} & \gamma_0\boldsymbol{A}\end{bmatrix} \tag{11.189}$$

该能量分布矩阵是块循环矩阵,$\boldsymbol{A}$ 的元素全部为 1,维数为 $M_r\times M_t$。因为第 r 个载波上的载干比可以解释为 $\widetilde{\boldsymbol{G}}(r,r)$ 块的能量与 $\widetilde{\boldsymbol{G}}$ 矩阵同一行上其他块的能量的比值,所以对于任何频率的子载波,CIR 的值都是一样的,选定某个合适的阶次,即能使所有子载波的 CIR 同时达到最大。因此 CIR 的表达式可以略去下标 r,写作

$$\mathrm{CIR}=\frac{M_rM_t\gamma_0}{M_rM_t\left(\sum_{n=0}^{N-1}\gamma_n-\gamma_0\right)}=\frac{\gamma_0}{\sum_{n=0}^{N-1}\gamma_n-\gamma_0} \tag{11.190}$$

将式(11.175)和式(11.188)代入式(11.190),得到分子 γ_0 为

$$\begin{aligned}\gamma_0&=\frac{1}{N^2}\sum_{l=0}^{L-1}\sum_{i=0}^{N-1}\sum_{j=0}^{N-1}J_0(2\pi|i-j|f_\mathrm{d}\Delta t)\sigma_l^2\mathrm{e}^{\mathrm{j}\Delta t^2\cdot l\cdot(i-j)\cot\alpha}\\&\overset{i-j=m}{=}\frac{1}{N^2}\sum_{l=0}^{L-1}\left[N+2\sum_{m=1}^{N-1}(N-m)J_0(2\pi|m|f_\mathrm{d}\Delta t)\cos(\Delta t^2lm\cot\alpha)\right]\sigma_l^2\end{aligned} \tag{11.191}$$

分母中,$\sum_{n=0}^{N-1}\gamma_n$ 可以化简为

$$\begin{aligned}\sum_{n=0}^{N-1}\gamma_n&=\frac{1}{N^2}\sum_{l=0}^{L-1}\sum_{i=0}^{N-1}\sum_{j=0}^{N-1}J_0(2\pi|i-j|f_\mathrm{d}\Delta t)\sigma_l^2\mathrm{e}^{\mathrm{j}\Delta t^2l(i-j)\cot\alpha}\cdot\\&\quad\left(\sum_{n=0}^{N-1}\mathrm{e}^{\frac{2\pi\mathrm{j}n(i-j)}{N}}\right)\overset{i-j=0}{=}\frac{1}{N^2}\sum_{l=0}^{L-1}N^2\sigma_l^2\\&=\sum_{l=0}^{L-1}\sigma_l^2\end{aligned} \tag{11.192}$$

将上面两式代入式(11.150),得到

$$\begin{aligned}\mathrm{CIR}&=\frac{\frac{1}{N^2}\sum_{l=0}^{L-1}\left[N+2\sum_{m=1}^{N-1}(N-m)J_0(2\pi mf_\mathrm{d}\Delta t)\cos(\Delta t^2lm\cot\alpha)\right]\sigma_l^2}{\sum_{l=0}^{L-1}\sigma_l^2-\frac{1}{N^2}\sum_{l=0}^{L-1}\left[N+2\sum_{m=1}^{N-1}(N-m)J_0(2\pi mf_\mathrm{d}\Delta t)\cos(\Delta t^2lm\cot\alpha)\right]\sigma_l^2}\\&=\frac{1}{-1+\dfrac{1}{\dfrac{1}{N}+2\dfrac{\sum_{l=0}^{L-1}\sum_{m=1}^{N-1}(N-m)J_0(2\pi mf_\mathrm{d}\Delta t)\cos(\Delta t^2lm\cot\alpha)\sigma_l^2}{N^2\sum_{l=0}^{L-1}\sigma_l^2}}}\end{aligned} \tag{11.193}$$

定义

$$\gamma' = \frac{1}{N} + 2\frac{\sum_{l=0}^{L-1}\sum_{m=1}^{N-1}(N-m)J_0(2\pi m f_d \Delta t)\cos(\Delta t^2 lm\cot\alpha)\sigma_l^2}{N^2\sum_{l=0}^{L-1}\sigma_l^2} \tag{11.194}$$

其中，$\alpha = p\pi/2$。γ'的大小决定了 CIR 的值，因此寻找最优阶次使 CIR 最大的问题就转化为寻找一个最优的阶次使γ'最大。

综上所述，对于一个确定的 MIMO-OFDM 系统，最优的阶次可表示为

$$p_{\text{opt}} = \arg\{\max_{p\in(0,1]}[\gamma'(p)]\} \tag{11.195}$$

注意，这里利用了 cos(·)函数的奇偶特性，因此 p 的取值范围为(0,1]。

11.6.3.2 分析

在基于分数阶傅里叶变换的 MIMO-OFDM 系统中，选择出使γ'最大的最优阶次 p_{opt}，通过在发射端和接收端的每个天线上做 p_{opt} 阶的 OFDM 调制与解调，能够将载波间干扰降至所有阶次下最低的程度，更好地恢复出发射信号。当最优的阶次 $p_{\text{opt}}=1$ 时，传统的基于傅里叶变换的 MIMO-OFDM 系统即能达到最好的性能。

观察式(11.194)，最优阶次与载波数目 N、时域采样间隔 Δt、多普勒频移 f_d、信道可辨径数目 L 以及信道功率延迟分布(PDP)都有关系，任何一个参数的改变都会影响最优的变换阶次。下面对式(11.194)做进一步分析。为分析方便，将式(11.194)重写如下

$$\gamma' = \frac{1}{N} + 2\frac{\sum_{l=0}^{L-1}\sum_{m=1}^{N-1}(N-m)J_0(2\pi m f_d \Delta t)\cos(\Delta t^2 lm\cot\alpha)\sigma_l^2}{N^2\sum_{l=0}^{L-1}\sigma_l^2} \tag{11.196}$$

当信道的时延扩展 τ_{rms} 比 OFDM 符号周期 T_s 小得多，即 $\tau_{\text{rms}} \ll T_s$ 时，信道为平坦衰落信道[63]，此时到达接收端的多条路径不可分辨，信道只有一条可辨径，即 $L=1$。结合式(11.196)，此时 l 的取值只能是 0，无论 p 取任何值，γ'的值都不会改变。这说明，当信道为平坦衰落信道时，任何阶次的 OFDM 调制解调都达到同样的效果，不存在一个最优的分数阶傅里叶变换阶次。

当 L 大于 1，也就是信道为频率选择性衰落时，对于特定的 N、Δt、f_d 的组合，如果对于所有 m 的取值，$J_0(2\pi m f_d \Delta t)$都大于 0，显然当 $p=1$，也就是 $\cos(\cot(p\pi/2)\Delta t^2 lm)$恒等于 1 时 γ'的值最大。这就要求 $J_0(2\pi m f_d \Delta t)$当 m 取最大值 $N-1$ 时仍不过第一个零点，即 $2\pi(N-1)f_d\Delta t \leqslant 2.405$。一般情况下 N 的取值较大，$(N-1)\Delta t \approx T_s$，$T_s$ 为 OFDM 符号周期，以上条件可写改为

$$f_d T_s \leqslant 0.383 \tag{11.197}$$

$f_d T_s$ 反映了在一个符号周期中信道的时变特性，$f_d T_s$ 越大，信道随时间变化得越快。所以当系统满足式(11.197)，也就是信道在 OFDM 符号周期中的变化相对较慢时，无须搜索，传统基于傅里叶变换的 MIMO-OFDM 的性能最优。实际上，式(11.197)并不是一个绝对的界限，当 f_d 的值继续增大，贝塞尔函数超过了第一个零点，但仍能保证绝大部分值都大于 0，$p=1$ 时仍能使 γ'的取值最大。当 f_d 再持续增加时，信道变化得更快，有相当部分的贝塞尔函数值小于 0，则可能存在 $p=1$ 以外的更优的阶次。

此外，信道的功率延迟分布也对最优阶次有很大的影响。当其他参数确定时，式(11.196)第二项可以看作 L 条路径功率的加权之和，如果某条路径的功率占信道总功率的主导地位，则该功率的权值将是决定最优阶次的主导因素。当第 0 条路径的功率 σ_0^2 占主导地位时，由于 σ_0^2 前面的系数中 $l=0$，类似于前面只有一条可辨径的情况，此时阶次无论取任何值，γ' 的值都变化不大。如果其他路径功率作为主导，则最优阶次各不相同。当所有路径的功率没有显著差别时，则所有路径功率综合作用，得出最优的变换阶次。

由此可见，当信道条件较好，即信道为平衰落或信道的频率色散不严重，或者最先到达的可辨径具有信道绝大部分功率时，传统的基于傅里叶变换的 MIMO-OFDM 即能达到最优性能。当信道条件较为恶劣或者第一条可辨径的功率不占主导地位时，则需要通过式(11.196)进行最优阶次的搜索。需要指出的是，此时在 OFDM 符号参数以及信道特性的共同作用下，最优的阶次仍可能是 1，p_{opt} 可能是 $(0,1]$ 间的任何一个数值。

11.6.4 仿真

本节通过仿真来表示各种信道条件下，系统选取不同阶次时 CIR 的变化。仿真考虑发射天线数和接收天线数都是 2 的 MIMO-OFDM 系统，信道由改进的 Jakes 仿真器产生[64]，满足 WSSUS 假设。在下面的仿真结果中，阶次 p 的变化以 $\cot(\pi p/2)$ 的变化来代替，因为 $p\in(0,1]$ 时，$\cot(\pi p/2)$ 和 p 是一一对应的，这种替换并不影响仿真结果的表达。

图 11.50 表示的是信道只有一条可辨径时，CIR 随着 $\cot(\pi p/2)$ 的变化，这里子载波数目 N 为 1024，采样间隔 Δt 为 1μs，多普勒频移为 400Hz。从图中可以看出，不同变换阶次时，系统的 CIR 都是相同的，这就印证了 11.6.3 节的分析结论，当信道为平坦衰落信道时，任何阶次的 OFDM 调制解调都具有同样的效果，不存在一个最优的分数阶傅里叶变换阶次。

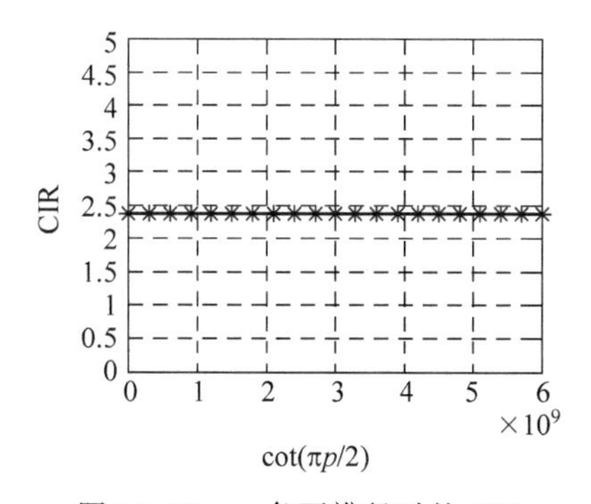

图 11.50 一条可辨径时的 CIR

图 11.51 表示的是在 4 径的频率选择性衰落信道情况下，CIR 在不同 $f_{\text{d}}T_s$ 时随着 $\cot(\pi p/2)$ 变化的趋势图。$f_{\text{d}}T_s$ 分别为 0.1、0.4 和 0.8。当 $f_{\text{d}}T_s=0.1$ 和 0.4 时，满足 $f_{\text{d}}T_s$ 小于或刚刚超过 0.383，根据 11.6.3 节的分析，在这两种情况下 $p=1$ 时有最好的 CIR，从图 11.51(a)、(b)可以看到，在 $\cot(\pi p/2)=0$ 即 $p=1$ 时系统达到最大的 CIR。注意图(a)的 CIR 值整体上相对于图(b)要大得多，这是由于 $f_{\text{d}}T_s=0.1$ 时信道变化相对较慢，载波间干扰的程度比 $f_{\text{d}}T_s=0.4$ 时小，虽然在两种 $f_{\text{d}}T_s$ 情况下传统 MIMO-OFDM 系统都能达到最优的性能，但信道变化较快时，CIR 值会有较大幅度的下降。当 $f_{\text{d}}T_s$ 增加到 0.8

时，传统 $p=1$ 时的系统已不能达到最好的 CIR，存在更优的阶次使系统达到更好的性能。

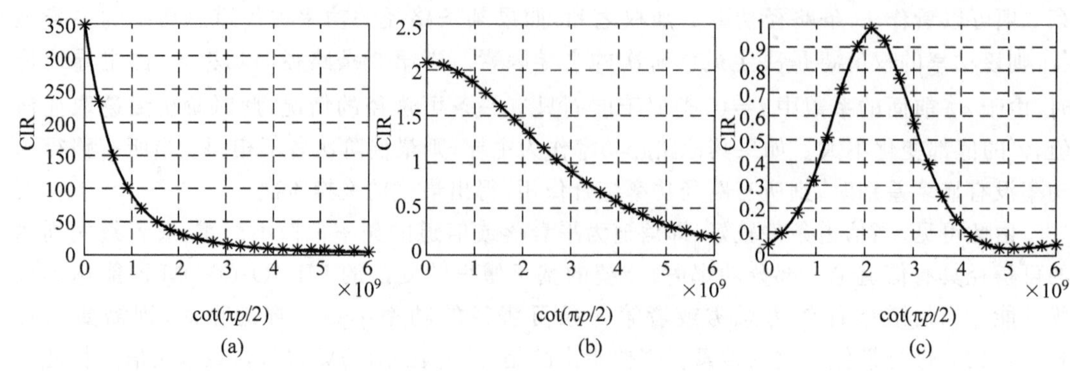

图 11.51 不同 $f_d T_s$ 时的 CIR 比较

(a) $f_d T_s=0.1$；(b) $f_d T_s=0.4$；(c) $f_d T_s=0.8$

图 11.52 给出了信道在不同功率分布(PDP)情况下最优阶次的变化。这里信道可辨径数目为 4，每条路经的功率以相对于最大功率降低的分贝数来表示，信道的总功率归一化为 1。在图 11.52(a)中，第 0 条路经的功率占主导地位，各个阶次的 CIR 基本相等。而图 11.52(b)、(c)中，尽管信道的总功率一定，但不同功率分布情况下，最优阶次各不相同。

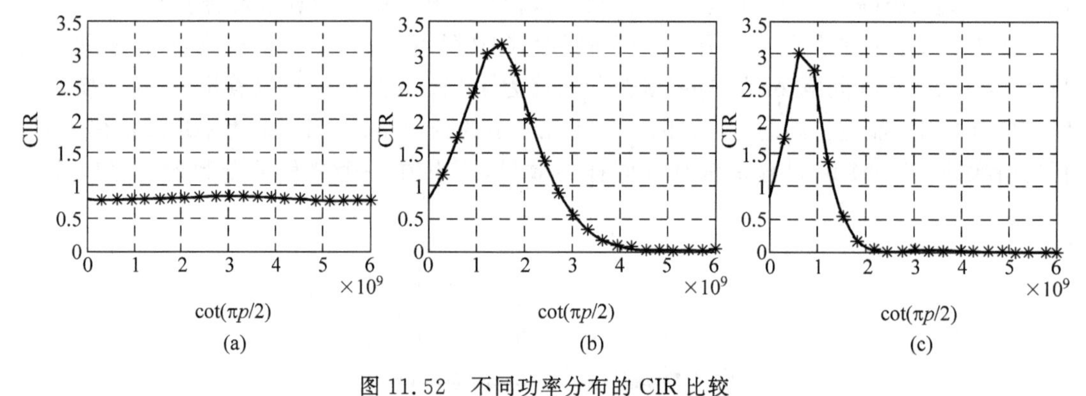

图 11.52 不同功率分布的 CIR 比较

(a) PDP=[0,10,20,25]；(b) PDP=[10,0,20,25]；(c) PDP=[10,20,0,25]

参考文献

[1] 殷敬伟，惠俊英，等. 分数阶 Fourier 变换在深海远程水声通信中的应用[J]. 电子学报，2007，35(8)：1499-1504.

[2] Ozaktas H M，Arikan O，Kutay M A，et al. Digital Computation of the Fractional Fourier Transform [J]. IEEE Trans. Signal Processing，1996，44(9)：2141-2150.

[3] 樊昌信，张甫翊，等. 通信原理[M]. 北京：国防工业出版社，2003.

[4] 林茂庸，柯有安. 雷达信号理论[M]. 北京：国防工业出版社，1980.

[5] Falconer D，et al. Frequency domain equalization for single-carrier broadband wireless systems[J]. IEEE Commun. Mag.，2002，40(4)：58-66.

[6] Sari H，Karam G，Jeanclaude I. Transmission techniques for digital terrestrial TV broadcasting[J]. IEEE Commun. Mag.，1995，33(2)：100-109.

[7] Czylwik A. Comparison between adaptive OFDM and single carrier modulation with frequency domain equalization[C]//in Proc. VTC'97, Phoenix, AZ, 1997, 2: 865-869.

[8] Wang Z, Ma X, Giannakis G B. OFDM or single-carrier block transmission [J]. IEEE Trans. Commun., 2004, 52(3): 380-394.

[9] Cimini L J, Sollenberger N R. Jr. Peak-to-Average power ratio reduction of an OFDM signal using partial transmit sequences[J]. IEEE Comm. Letters, 2000, 4(3): 86-88.

[10] Tarokh V, Jafarkhani H. On the computation and reduction of the Peak-to-Average ratio in multicarrier communications[J]. IEEE Trans. Commun., 2000, 48(1): 37-44.

[11] IEEE Std 802. 16e. Part 16: air interference for fixed and broadband wireless access system. Feb. 2006.

[12] Proakis J G. Digital Communications (Fourth Edition)[M]. Boston, McGraw Hill: 2001.

[13] Benvenuto N, Tomasin S. On the comparison between OFDM and single carrier modulation with a DFE using a frequency domain feedforward filter[J]. IEEE Trans. Commun., 2002, 50(6): 947-955.

[14] Zhu Y, Letaief K B. Single carrier frequency domain equalization with time domain noise prediction for wideband wireless communications [J]. IEEE Trans. Wireless commun., 2006, 5 (12): 3548-3557.

[15] Sheen W H, Stuber G L. MLSE equalization and decoding for multipath-fading channels[J]. IEEE Trans. Commun., 1991, 39(10): 1455-1464.

[16] Ozaktas H M, Barshan B, Mendlovic D, et al. Convolution, filtering, and multiplexing in fractional Fourier domains and their rotation to chirp and wavelet transform[J]. J. Opt. Soc. Amer. A, 1994, 11(2): 547-559.

[17] 王文博,郑侃. 宽带无线通信 OFDM 技术[M]. 北京:人民邮电出版社,2003.

[18] Wang Z, Giannakis G B. Wireless Multicarrier Communications: Where Fourier Meets Shannon[J]. IEEE Signal Processing Magazine, 2000, 17(3): 29-48.

[19] Dinis M, Fernandes J. Provision of Sufficient Transmission Capacity for Broadband Mobile Multimedia: A Step Toward 4G[J]. IEEE Commun. Mag., 2001, 39(8): 46-54.

[20] Tjelta T, et al. Future Broadband Radio Access Systems for Integrated Services Flexible Resource Management[J]. IEEE Commun. Mag., 2001, 39(8): 56-63.

[21] Ju Y, Barkat B, Attallah S. Analysis of peak-to-average power ratio of a multicarrier system based on the fractional Fourier transform [C]//2004 9th IEEE Singapore International Conference on Communication Systems. New York: IEEE, 2004. 165-168.

[22] Martone M. A multicarrier system based on the fractional Fourier transform for time-frequency-selective chanenels[J]. IEEE Trans. Commun., 2003, 49(6): 1011-1020.

[23] 殷敬伟,惠俊英,等. 基于分数阶 Fourier 变换的水声信道参数估计[J]. 系统工程与电子技术,2007, 29(10): 1624-1627.

[24] 蒋欣,罗汉文,宋文涛. 一种消除 OFDM 子信道干扰的均衡新方法[J]. 电子学报,2004,32(4): 536-539.

[25] Cai X, Giannakis G B. Low-complexity ICI suppression for OFDM over time-and frequency-selective Rayleigh fading channels[C]//Proc of Asilomar Conf. Signals, Systems and Computers. New York: IEEE, 2002. 1822-1826.

[26] Cai X, Giannakis G B. Bounding Performance and Suppressing Intercarrier Interference in Wireless Mobile OFDM[J]. IEEE Trans. Communication, 2003, 51(12): 2047-2056.

[27] Morello A, Mignone V. DVB-S2: The Second Generation Standard for Satellite Broad-Band Services [J]. Proceedings of the IEEE, 2006, 94(1): 210-227.

[28] Wei L, Schlegel C. Synchronization requirements for multi-user OFDM on satellite mobile and two-

path Rayleigh fading channels[J]. IEEE Transactions on Communications, 1995, 43(2/3/4): 887-895.

[29] De Sanctis M, Cianca E, Rossi T, et al. Waveform design solutions for EHF broadband satellite communications[J]. IEEE Communications Magazine, 2015, 53(3): 18-23.

[30] 佟学俭,罗涛. OFDM移动通信技术原理与应用[M]. 北京:人民邮电出版社,2003.

[31] Wang T, Huan H, Tao R, et al. Security-Coded OFDM System Based on Multiorder Fractional Fourier Transform[J]. IEEE Communications Letters, 2016, 20(12): 2474-2477.

[32] 李忻,聂在平. MIMO信道中衰落信号的空域相关性评估[J]. 电子学报,2004,32(12): 1949-1953.

[33] 3GPP TR 37.976. Measurement of radiated performance for MIMO and multi-antenna reception for HSPA and LTE terminals, 2010-05.

[34] Cheng M, Deng L, Wang X, et al. Enhanced Secure Strategy for OFDM-PON System by Using Hyperchaotic System and Fractional Fourier Transformation[J]. IEEE Photonics Journal, 2014, 6(6): 7903409.

[35] Deng L, Cheng M, Wang X, et al. Secure OFDM-PON System Based on Chaos and Fractional Fourier Transform Techniques[J]. Journal of Lightwave Technology, 2014, 32(32): 2629-2635.

[36] Wen H, Tang J, Wu J, et al. A Cross-Layer Secure Communication Model Based on Discrete Fractional Fourier Fransform (DFRFT)[J]. IEEE Transactions on Emerging Topics in Computing, 2015, 3(1): 119-126.

[37] Kocher P. Timing Attacks on Implementations of Diffie-Hellman, RSA, DSS, and Other Systems [C]//. Advances in Cryptology-CRYPTO '96. Springer Berlin Heidelberg: 1999: 104-113.

[38] Li H, Wang X, Chouinard J Y. Eavesdropping-Resilient OFDM System Using Sorted Subcarrier Interleaving[J]. IEEE Transactions on Wireless Communications, 2015, 14(2): 1155-1165.

[39] Li H, Wang X, Zou Y. Dynamic Subcarrier Coordinate Interleaving for Eavesdropping Prevention in OFDM Systems[J]. IEEE Communications Letters, 2014, 18(6): 1059-1062.

[40] Klinc D, Ha J, McLaughlin S W, et al. LDPC codes for the Gaussian wiretap channel[J]. IEEE Information Theory Workshop, 2009: 95-99.

[41] Klinc D, Ha J, Mclaughlin S W, et al. LDPC codes for physical layer security[J]. IEEE Conference on Global Telecommunications, 2009: 5765-5770.

[42] Klinc D, Ha J, McLaughlin S W, et al. LDPC codes for the Gaussian wiretap channel[J]. IEEE Transactions on Information Forensics and Security, 2011, 6(3): 532-540.

[43] Wen H, Ho P H, Wu B. Achieving secure communications over wiretap channels via security codes from resilient functions[J]. IEEE Wireless Communications Letters, 2014, 3(3): 273-276.

[44] Liu Z, Xin Y, Giannakis G B. Space-time-frequency coded OFDM over frequency-selective fading channels[J]. IEEE Transactions on Signal Processing, 2002, 50(10): 2465-2476.

[45] Goel S, Negi R. Guaranteeing Secrecy using Artificial Noise[J]. IEEE Transactions on Wireless Communications, 2008, 7(6): 2180-2189.

[46] Gao H, Smith P J, Clark M V. Theoretical reliability of MMSE linear diversity combining in Rayleigh-fading additive interference channels[J]. IEEE Transactions on Communications, 1998, 46(5): 666-672.

[47] Mathur S, Trappe W, Mandayam N, et al. Radio-telepathy: extracting a secret key from an unauthenticated wireless channel[C]//Proceedings of the 14th ACM International Conference on Mobile Computing and Networking, 2008: 128-139.

[48] Park C S, Lee K B. Transmit power allocation for BER performance improvement in multicarrier systems[J]. IEEE Transactions on Communications, 2004, 52(10): 1658-1663.

[49] Pei S C, Ding J J. Closed-form discrete fractional and affine Fourier transforms[J]. IEEE

Transactions on Signal Processing,2000,48(5):1338-1353.

[50] Tao R,Meng X Y,Wang Y. Transform Order Division Multiplexing[J]. IEEE Transactions on Signal Processing,2011,59(2):598-609.

[51] 陈恩庆,陶然,张卫强.一种基于分数阶傅里叶变换的时变信道参数估计方法[J].电子学报,2005,33(12):2101-2104.

[52] 陈恩庆,陶然,张卫强,等.一种基于分数阶傅里叶变换的OFDM系统及其均衡算法[J].电子学报,2007,35(3):409-414.

[53] Li X,Hwu J,Ratazzi E P. Using Antenna Array Redundancy and Channel Diversity for Secure Wireless Transmissions[J]. JCM,2007,2(3):24-32.

[54] Li Z,Xia X G. A distributed differentially encoded OFDM scheme for asynchronous cooperative systems with low probability of interception[J]. IEEE Transactions on Wireless Communications,2009,8(7):3372-3379.

[55] Foschini G,Gans M. On limits of wireless communication in a fading environment when using multiple antennas[J]. Wireless personal Communications,1998,6(3):311-335.

[56] Gordon L,John R,Steve W,et al. Broadband MIMO-OFDM Wireless Communications[J]. Proc. IEEE,2004,92(2):271-294.

[57] Stamoulis A,Diggavi S N,Al-Dhahir N. Intercarrier Interference in MIMO OFDM[J]. IEEE Trans. Signal Processing,2002,50(10):2451-2464.

[58] Song L J,Mohsen K. Effects of time selective multipath fading on OFDM systems for broadband mobile application[J]. IEEE Communication Letters,1999,3(12):332-334.

[59] Yang Q,Tao R,Wang Y,et al. MIMO-OFDM system based on fractional Fourier transform and selecting algorithm for optimal order[J]. Science in China (Ser. F,Information Science),2008,51(9):1360-1371.

[60] 陈恩庆.基于分数阶Fourier变换的OFDM系统关键技术研究[D].北京:北京理工大学论文,2006.

[61] Moose H. A technique for orthogonal frequency-division multiplexing frequency offset correction[J]. IEEE Trans. Communication,1994,42(10):2908-2914.

[62] Zhang Y,Liu H. Impact of time-selective fading on the performance of quasi-orthogonal space-time-coded OFDM systems[J]. IEEE Trans. Communication,2006,54(2):251-260.

[63] 杨大成.移动传播环境[M].北京:机械工业出版社,2003.

[64] Pop M F,Beaulieu N C. Limitations of Sum-of-Sinusoids Fading Channel simulators[J]. IEEE Trans. Communication,2001,49(4):699-708.

第12章

在图像处理中的应用

分数阶傅里叶变换作为一种广义的傅里叶变换，与菲涅耳衍射、Wigner 分布函数、chirp 变换、小波变换等有着密切的联系，它最初在解微分方程、量子力学、衍射理论和光学传输、光学系统和光信号处理、光学图像处理等众多方面有较为广泛的应用[1-3]。借助分数阶傅里叶域上的操作，可以处理传统傅里叶变换难以处理的问题或弥补传统傅里叶分析的不足。目前，分数阶傅里叶变换在图像处理中的应用主要包括在数字图像处理中的应用（如图像复原与识别、数字水印、图像加密等）、在光学图像处理中的应用（如牛顿环条纹图参数估计、光学相干层析色散补偿等）以及在高光谱图像处理中的应用。

教学视频

12.1 二维分数阶傅里叶变换

二维连续分数阶傅里叶变换的定义如下[2]：

$$X_{p_1,p_2}(u,v)=\int_{-\infty}^{+\infty}\int_{-\infty}^{+\infty}x(s,t)K_{p_1,p_2}(s,t,u,v)\mathrm{d}s\,\mathrm{d}t \tag{12.1}$$

式中，$x(s,t)$是原始二维信号，$K_{p_1,p_2}(s,t,u,v)$是二维 FRFT 的变换核，表达式如下：

$$K_{p_1,p_2}(s,t,u,v)=\frac{1}{2\pi}\sqrt{1-\mathrm{j}\cot\alpha}\,\sqrt{1-\mathrm{j}\cot\beta}\,\mathrm{e}^{\mathrm{j}(s^2+u^2)/2\cot\alpha-\mathrm{j}su\csc\alpha}\,\mathrm{e}^{\mathrm{j}(t^2+u^2)/2\cot\beta-\mathrm{j}tv\csc\beta} \tag{12.2}$$

式中，$\alpha=p_1\pi/2$，$\beta=p_2\pi/2$，表示二维 FRFT 信号的旋转角度。这是一种二维可分离的核。由一维离散 FRFT 的公式和二维连续 FRFT 的核可分离性，可定义二维分数阶傅里叶变换为

$$X_{p_1,p_2}(u,v)=\mathrm{FRFT}_{p_2}^{t\to v}\{\mathrm{FRFT}_{p_1}^{s\to u}[x(s,t)]\} \tag{12.3}$$

分数阶傅里叶变换的快速算法有很多种，在处理数字图像时，需要使用二维离散算法。二维离散分数阶傅里叶变换核具有可分离性，因此可以分解为两次一维分数阶傅里叶变换来实现，即分别沿列方向和行方向进行一维分数阶傅里叶变换，可以表示为张量积的形式：

$$\mathcal{F}^p\boldsymbol{X}=\boldsymbol{M}_p\boldsymbol{X}(\boldsymbol{M}_p)^{\mathrm{T}} \tag{12.4}$$

式中，$\boldsymbol{M}_p$ 是 p 阶离散分数阶傅里叶变换矩阵[4]，$\boldsymbol{X}$ 是数字图像矩阵。其逆变换可表示为

$$\boldsymbol{X}=\boldsymbol{M}_{-p}\left[\mathcal{F}^{p}\boldsymbol{X}\right]\left(\boldsymbol{M}_{-p}\right)^{\mathrm{T}} \tag{12.5}$$

这种快速算法的计算复杂度与传统傅里叶变换相同，为$O(N\lg(N))$。

12.2 图像复原与识别

12.2.1 图像去噪

分数阶傅里叶变换可作为广义空间滤波的基础，它扩展了光学信息处理的内容和方式。通常的滤波系统是在傅里叶域上引入滤波器，故仅局限于线性空不变系统的操作。分数阶傅里叶变换本身是空变的，因此，通过在不同的分数阶傅里叶域上引入不同的滤波器，可以实现更多的操作。对于一些高频噪声，例如 chirp 噪声，滤波器需要很高的分辨率和很大的带宽，常规的傅里叶变换滤波很难实现。这时若采用分数阶傅里叶变换滤波则很容易滤掉它。

人们在用电荷耦合器件(Charge-Coupled Device，CCD)拍摄图片时，镜头上附着的灰尘会使拍得的图片中带有一些噪声，影响图片的质量。这些噪声是由灰尘颗粒的衍射产生的，与 chirp 噪声类似。分数阶傅里叶域 chirp 滤波在对空变高频噪声的处理上优于传统的频域滤波。将光学中的分数阶傅里叶域 chirp 滤波引入到数字图像处理中，是一种新的改善图像质量的手段，它能有效地除去图像中的高频噪声(chirp 噪声)，而图像的高频信息损失很少，能复原得到清晰的原始图像。

同样，分数阶傅里叶变换对某些具有特定模型的图像进行恢复，尤其是其对线性调频信号的聚焦性使得对于具有 chirp 函数干扰的退化图像进行恢复，可以获得比普通傅里叶滤波更小的均方误差，并且分数阶傅里叶变换具有快速算法，二维分数阶傅里叶变换可以分解为两次一维变换，不增加额外的计算代价。

12.2.2 图像重构

如果已知某信号两次不同阶数的分数阶傅里叶变换模$|X_{p+\sigma}(u)|$、$|X_{p-\sigma}(u)|$，那么就可以重构出该信号，而只会相差一个常数相位项(原因在于只相差一个常数相位项的两个函数的同一阶数分数阶傅里叶变换将具有相同的模)。

在光学领域中，从丢失相位信息的信号中恢复出原始相位是一个常见的问题。而通常图像的恢复同时需要幅度和相位信息。因此仅能从图像的功率谱(FRFT 的模平方)中重建图像是非常重要的。目前主要存在迭代和非迭代两种类型。非迭代法利用分数阶傅里叶变换与时频分布的关系，通过求相位的瞬时变化率来恢复相位信息，重构信号。迭代法主要有 Gerchberg-Saxton 算法[10]，可以在已知信号的幅度(AMP1)及其傅里叶变换的幅度(AMP2)的条件下来恢复原始信号。通过如下迭代：首先一个随机相位加到信号幅度上，然后作快速傅里叶变换，把所得到信号的幅度设为已知信号的傅里叶变换的幅度，然后对这个复数信号做逆傅里叶变换，把得到的信号的幅度设为原来已知信号的幅度。这样一直重复下去，相位就可以收敛到原来信号的相位上，具体算法如图 12.1 所示。

由于分数阶傅里叶变换是酉变换，所以这种方法可以应用到分数阶傅里叶变换上去。这时整个恢复相位的框图与图 12.1 类似，只不过把 FFT 换为 FRFT。例如，已知某信号两次不同阶数的分数阶傅里叶变换模$|X_{p+\sigma}(u)|$、$|X_{p-\sigma}(u)|$，那么通过如下的多次迭代就

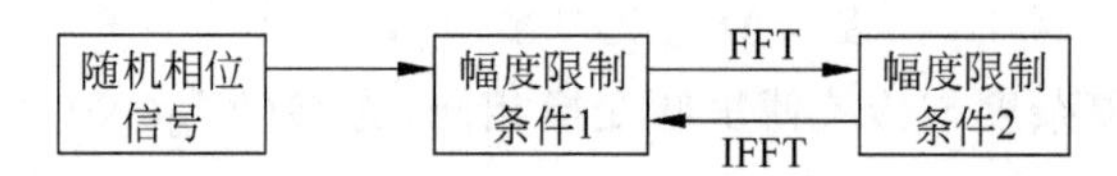

图 12.1 基于 FT 的 Gerchberg-Saxton 算法

可以得到 $\hat{X}_{p+\sigma}(u)$或 $\hat{X}_{p-\sigma}(u)$。首先给$|X_{p-\sigma}(u)|$赋予初始相位来构造 $\hat{X}_{p-\sigma,1}(u)$，然后作 2σ 阶分数阶傅里叶变换得到 $\hat{X}_{p+\sigma,1}(u)$，再将$|X_{p+\sigma}(u)|$代入 $\hat{X}_{p+\sigma,1}(u)$得到 $\hat{X}_{p+\sigma,2}(u)$，通过-2σ 阶分数阶傅里叶变换，可以得到 $\hat{X}_{p-\sigma,2}(u)$，这样不断迭代下去，就得到了…，$\hat{X}_{p-\sigma,n}(u)$，$\hat{X}_{p+\sigma,n}(u)$，…。当 $\hat{X}_{p-\sigma,n}(u)$满足下式时，则迭代终止，得到估计值 $\hat{X}_{p-\sigma}(u)=\hat{X}_{p-\sigma,N}(u)$。

$$\| \hat{X}_{p-\sigma,N}(u) |-| X_{p-\sigma}(u) \| \leqslant m_e, \quad m_e > 0 \tag{12.6}$$

式中，m_e 为预先确定的最大误差。对估计值 $\hat{X}_{p+\sigma}(u)$或 $\hat{X}_{p-\sigma}(u)$作相应的分数阶傅里叶反变换就可以重构原时域信号。

仿真结果如图 12.2 所示。

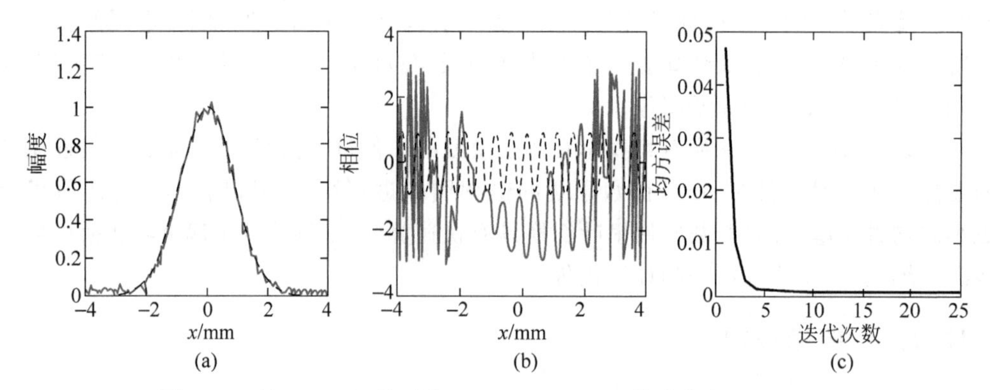

图 12.2 基于 FRFT 的两阶 Gerchberg-Saxton 算法仿真，$p=0,0.5$

(a) 原信号和恢复信号的幅度对比；(b) 原信号和恢复信号的相位对比；(c) 均方根误差随迭代次数的变化曲线

如果知道原信号在三个阶数下的 FRFT 幅度，则上述的迭代方法可以进一步拓展，如图 12.3 所示。

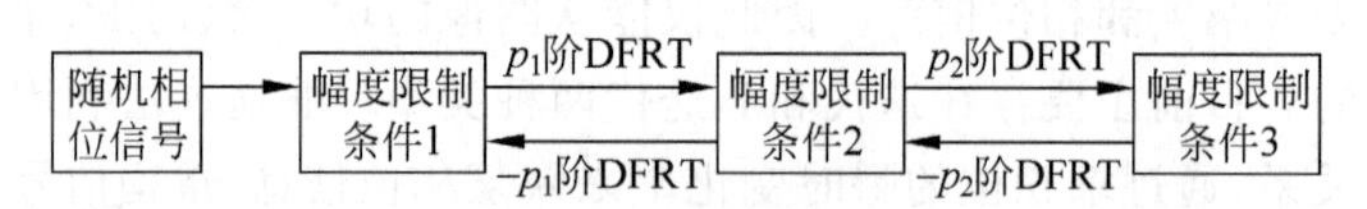

图 12.3 基于 FRFT 的三阶 Gerchberg-Saxton 算法

仿真结果如图 12.4 所示。

可以看出，多一个阶数的已知条件可以增加恢复相位的准确性。

尽管已经存在一些通过迭代从信号谱中估计出信号相位的方法，但是非迭代的算法还是很有吸引力的。非迭代法利用分数阶傅里叶变换与时频分布的关系，通过求相位的瞬时变化率来恢复相位信息，重构信号[11]。我们知道，分数阶傅里叶功率谱（即分数阶傅里叶变换的模平方）就是信号的 Wigner 分布的投影积分，因此通过逆 Radon 变换就可以从投影中重建信号的 Wigner 分布。下面介绍一种新的信号相位重建算法，可以从两个相近的分数

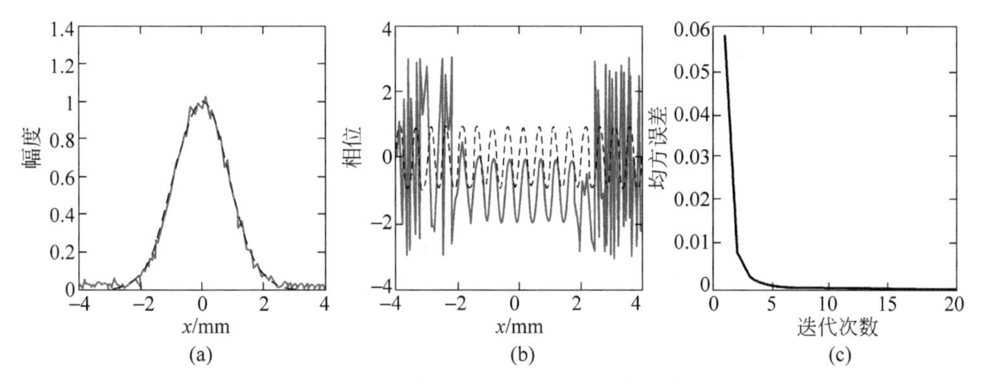

图 12.4　基于 FRFT 的三阶 Gerchberg-Saxton 算法仿真，$p=0,0.5,1$

(a) 原信号和恢复信号的幅度对比；(b) 原信号和恢复信号的相位对比；(c) 均方根误差随迭代次数的变化曲线

阶傅里叶谱或者两个 Wigner 分布的投影去重构信号的相位。这种算法不需要复杂的运算，并且不需要迭代过程。相比而言，分数阶傅里叶域的 Gerchberg-Saxton 算法适用于角度间隔较大的情况，尤其是两次分数阶傅里叶变换"正交"时，重构误差最小。当需要知道的两个分数阶傅里叶功率谱的角度间隔小于 15°，Gerchberg-Saxton 迭代算法将变得不稳定和不收敛，而非迭代算法则没有这个要求。

一般地，信号 $x(t)$ 的分数阶傅里叶变换 $X_\beta(r)=|X_\beta(r)|\exp[j\varphi_\beta(r)]$ 为复数值(阶数为 0 时，$x(t)=X_0(t)$ 为特例)，可以完全通过它的强度分布 $|X_\beta(r)|^2$ 和瞬时频率 $f_\beta(r)$ 获得，因为 $\mathrm{d}\varphi_\beta(r)/\mathrm{d}r=2\pi f_\beta(r)$，这样相位 $\varphi_\beta(r)=2\pi\int_C^T f_\beta(\rho)\,\mathrm{d}\rho$ 可被重构确定。

而瞬时频率 $f_\beta(r)$ 可以通过对分数阶傅里叶功率谱对变换角度求导得出

$$f_\beta(r)=\frac{-1}{2|X_\beta(r)|^2}\int_{-\infty}^{+\infty}\frac{\partial|X_\alpha(u)|^2}{\partial\alpha}\bigg|_{\alpha=\beta}\operatorname{sgn}(r-u)\,\mathrm{d}u \tag{12.7}$$

所以，只知道两个相近角度的分数阶傅里叶谱足以完成信号相位的估计问题。把分数阶傅里叶谱进行泰勒展开，可以得到

$$\frac{\partial|X_\alpha(u)|^2}{\partial\alpha}\bigg|_{\alpha=\beta}\approx\lim_{\alpha\to 0}\frac{|X_{\beta+\alpha}(u)|^2-|X_{\beta-\alpha}(u)|^2}{2\alpha} \tag{12.8}$$

因为 $(\mathrm{d}/\mathrm{d}r)\operatorname{sgn}(r)=2\delta(r)$，可得到相位的二阶导数

$$\frac{\mathrm{d}^2\varphi_\beta(r)}{\mathrm{d}r^2}=-\frac{2}{|X_\beta(r)|}\frac{\partial|X_\beta(r)|}{\partial r}\frac{\mathrm{d}\varphi_\beta(r)}{\mathrm{d}r}-\frac{2\pi}{|X_\beta(r)|^2}\frac{\partial|X_\alpha(r)|^2}{\partial\alpha}\bigg|_{\alpha=\beta} \tag{12.9}$$

进一步写为更紧凑的形式

$$\frac{\partial|X_\alpha(r)|^2}{\partial\alpha}\bigg|_{\alpha=\beta}=-\frac{1}{2\pi}\frac{\mathrm{d}}{\mathrm{d}r}\left[|X_\beta(r)|^2\frac{\mathrm{d}\varphi_\beta(r)}{\mathrm{d}r}\right] \tag{12.10}$$

此外，分数阶傅里叶功率谱 $|X_\beta(u)|^2$ 可以由 $|X_{\beta+\alpha}(u)|^2$ 和 $|X_{\beta-\alpha}(u)|^2$ 得到

$$|X_\beta(u)|^2=\frac{1}{2}(|X_{\beta+\alpha}(u)|^2+|X_{\beta-\alpha}(u)|^2)+O(\alpha^2\partial^2|X_\alpha(u)|^2/\partial\alpha^2|_{\alpha=\beta}) \tag{12.11}$$

上述结果可直接扩展到二维，式(12.10)化为

$$\frac{\partial|X_{\alpha_1,0}(r_1,r_2)|^2}{\partial\alpha_1}\bigg|_{\alpha_1=\beta_1}=-\frac{1}{2\pi}\frac{\partial}{\partial r_1}\left[|X_{\beta_1,0}(r_1,r_2)|^2\frac{\partial\varphi_{\beta_1,0}(r_1,r_2)}{\partial r_1}\right] \tag{12.12}$$

12.2.3 图像识别

分数阶相关与传统傅里叶相关相比主要有三方面的改进：①互相关峰的宽度窄小，互相关峰值更高；②光学实现时，无论参考图像和目标图像靠得多近，互相关峰都不会重叠，这使得可以采用口径更小的变换透镜，提高光能利用率，增大互相关峰值；③互相关峰的峰值强度和位置与分数阶有关，可以通过调节分数阶来改善互相关峰的峰值强度和位置。

本书第3章和第4章分别介绍了分数阶相关和最优滤波，本节以指纹识别为例，说明其在图像处理中的应用[12]。采集同一人的同样两枚指纹(图12.5)，离散化为256×256的灰度图像，一枚用来作参照A，另外一枚用作待识别的输入指纹B，两枚指纹并不是完全一致。

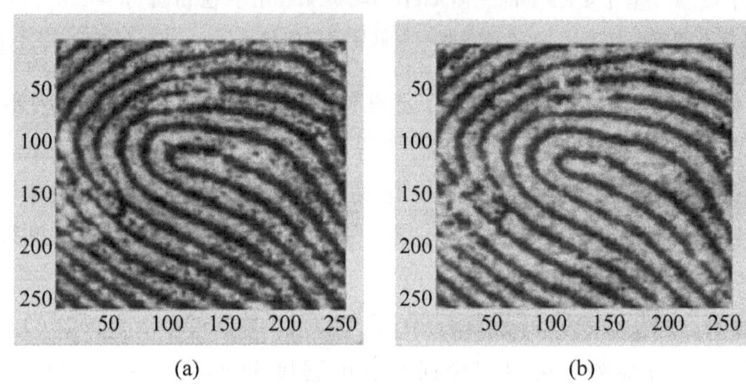

图12.5 用于指纹识别的指纹

(a) 用作参照物的指纹；(b) 待识别指纹

首先使用传统傅里叶域的匹配滤波器，用输入指纹B的傅里叶变换乘以参考指纹A的傅里叶变换的共轭，再对乘积作逆傅里叶变换，得到如图12.6(a)所示相关峰值，图12.6(b)是其峰值的中心线上的剖面。

接着来看分数阶相关得到的效果。根据第3章中分数阶相关的定义，用输入指纹B的p阶分数阶傅里叶变换乘以参考指纹A的p阶分数阶傅里叶变换的共轭，再对乘积作逆傅里叶变换，对不同p作上述操作，根据相关峰值的形式，发现最优变换阶次$p=0.9$。图12.7是此时相关峰值的中心线上的剖面，峰值明显比传统傅里叶匹配滤波情况下要尖锐得多，可见分数阶相关的使用提高了系统识别力。

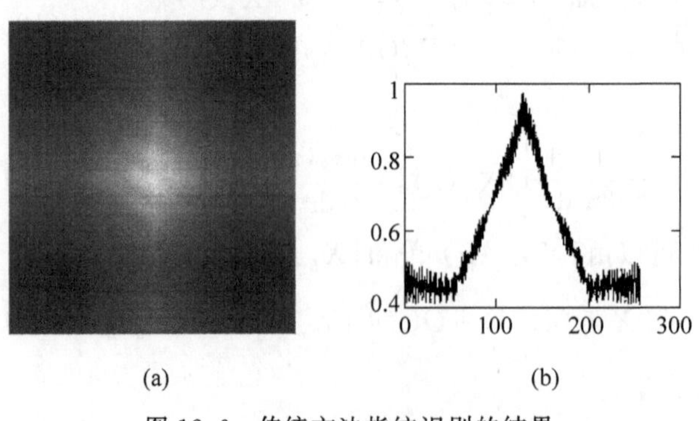

图12.6 传统方法指纹识别的结果

(a) 传统傅里叶相关峰值；(b) 其峰值的中心线上的剖面

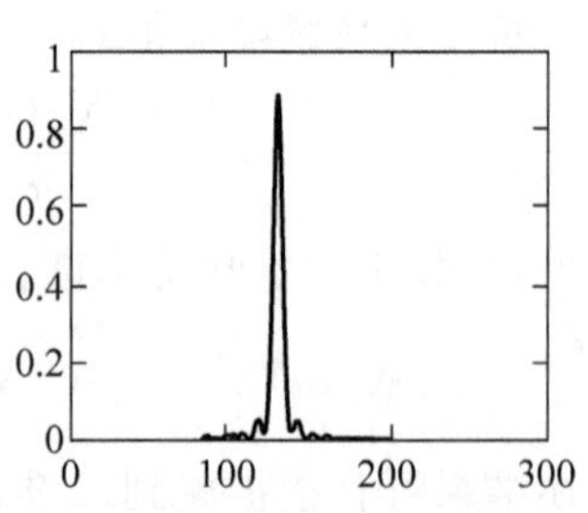

图12.7 最优分数阶相关峰值的中心线上的剖面

现在来考虑局部分数阶傅里叶变换的应用。由于每次采集指纹时，按压力度的不同，指纹图像中心的纹理变化比外围的纹理变换要小一些，因此，中心区域的分数阶数应比外围区域的阶数略小。将指纹图像的中心 128×128 像素算作中心区域，其他算作外围区域。通过仿真发现，中心区域的最优变换阶次为 $p=0.86$，外围区域的最优变换阶次为 $p=0.94$。此时分别得到中心区域和外围区域的最优相关峰值及其剖面(图 12.8 和图 12.9)，可见此时峰值比前两种识别方法都要高出大约 10%，识别力强于前述方案。

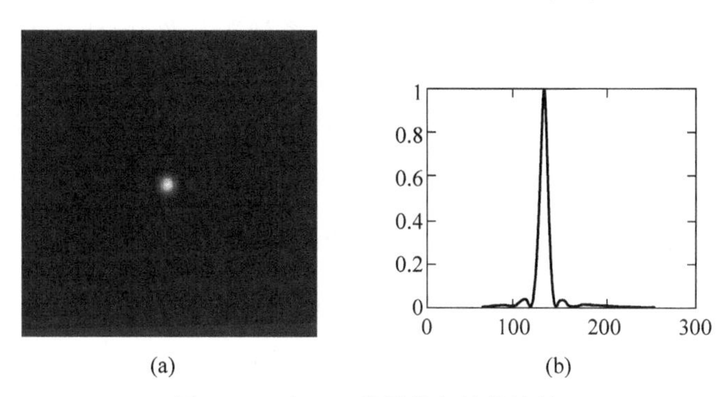

图 12.8 中心区域最优相关的结果

(a) 中心区域的最优相关峰值；(b) 其峰值的中心线上的剖面

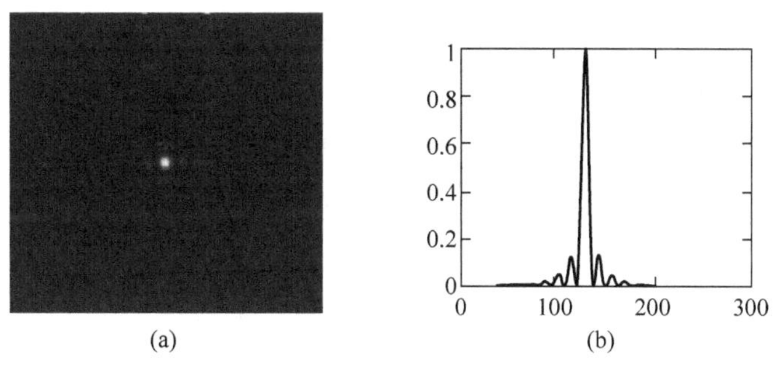

图 12.9 外围区域最优相关的结果

(a) 外围区域的最优相关峰值；(b) 其峰值的中心线上的剖面

12.3 数字水印

迅速兴起的 Internet 以电子印刷出版、电子广告、数字仓库和数字图书馆、网络音视频、电子商务等新的服务和运作方式为商业、科研、娱乐等带来了许多机会。由于数字形式的多媒体产品可以被方便地完全复制，并在网络环境下广泛散发，从而很容易导致大范围的侵权复制行为，解决这种问题的办法之一就是通过数字水印来标识数字多媒体产品的版权。数字水印就是往多媒体数据(如图像、声音、视频信号等)中添加某些数字信息以达到版权保护等作用。这些数字信息就是作者版权的标识，可以是序列号，也可以是作者自己制作的带有版权信息的标记。常见水印算法可分为空域和变换域两类。

近年来，时频域数字水印技术引起了很多研究学者的兴趣，由于信号的分数阶傅里叶变换同时包含了信号的时域和频域特征；当阶数 α 接近于 $\pi/2$ 时，FRFT 将主要反映信号的频域特征；当阶数 α 接近于 0 时，则主要反映信号的时域特征。显然，在分数阶傅里叶域嵌入数字水印，将比单纯的空域和频域算法具有更大的灵活性。

此外，分数阶傅里叶变换具有快速算法，二维分数阶傅里叶变换可以分解为两次一维变换。而且分数阶傅里叶变换在时频平面上还具有旋转特性和角度连续性，加之分数阶傅里叶变换角度所提供的自由度，使基于分数阶傅里叶变换的数字水印技术兼顾了空域和变换域水印处理的优点和更多研究空间。

由于图像像素值为实数，而分数阶傅里叶变换系数为复数，因此在水印嵌入时，为了保证嵌入水印后进行分数阶傅里叶逆变换后得到的是实数矩阵，需要利用分数阶傅里叶变换系数的共轭对称性[3]：$x^*(t)$的分数阶傅里叶变换是 $X^*_{-p}(u)$，即如果在 α 阶分数阶傅里叶变换上嵌入信号 $Y(u)$，则应同时在 $-\alpha$ 阶分数阶傅里叶变换上嵌入信号 $Y^*(u)$。

12.3.1 基于离散分数阶傅里叶变换的鲁棒高斯水印

2001 年，Djurovic 等提出了基于离散分数阶傅里叶变换的数字水印技术[13]。由于分数阶傅里叶变换同时包含了时域和频域特征，所以在分数阶傅里叶域嵌入水印比单纯在时域和频域上嵌入具有更大的灵活性。

与变换域水印算法类似，分数阶傅里叶域的水印嵌入，也是通过修改变换域的系数来完成水印的嵌入。首先对整幅图像 $s(x,y)$进行二维 FRFT，变换角度为(α_x,α_y)，将其二维 FRFT 系数进行排序，即 $S=\{S_i \mid S_i \geqslant S_{i-1}\}$。跳过最大的 L 个系数，在其后的 M 个系数中嵌入水印。这是因为若把水印嵌入较大的系数中，则会引起严重的图像失真；若嵌入较小的系数中，则对于有损压缩和低通滤波的鲁棒性较差。所以将水印嵌入中间的那些系数上，同时考虑共轭对称性。嵌入过程可以表示为

$$S_i^w = S_i + k_i' \,|\operatorname{Re}(S_i)| + \mathrm{j}k_i'' \,|\operatorname{Im}(S_i)|, \quad i = L+1, L+2, \cdots, L+M \tag{12.13}$$

式中，(k_i', k_i'')，$i=L+1,L+2,\cdots,L+M$ 是一对实值的水印密钥。

在水印的检测过程中，必须知道水印的密钥和嵌入水印的 FRFT 位置。令水印为均值为 0、方差为 σ^2 的高斯白噪声，也就是说 k'和 k''的方差为 $\sigma^2/2$。水印的检测可以通过计算统计量 d 并与一个预先设定的阈值相比较，d 由下式给出

$$d = \sum_{i=L+1}^{L+M} [k_i' - \mathrm{j}k_i''] \hat{S}_i \tag{12.14}$$

式中，$\hat{S}_i$ 表示可疑含水印图像。

为分析算法的性能，首先假定含水印图像未受到攻击，则有

$$d = \sum_{i=L+1}^{L+M} [k_i' - \mathrm{j}k_i''][S_i + k_i' \,|\operatorname{Re}(S_i)| + \mathrm{j}k_i'' \,|\operatorname{Im}(S_i)|] \tag{12.15}$$

因为嵌入水印的 FRFT 系数 M 会非常大，那么 d 的均值为

$$E[d] = \frac{\sigma^2}{2} \sum_{i=L+1}^{L+M} |\operatorname{Re}(S_i)| + |\operatorname{Im}(S_i)|] \tag{12.16}$$

对于没有嵌入水印的图像，$E[d]=0$。而在这两种情况下，d 的方差相等

$$\operatorname{Var}[d] = \sigma^2 \sum_{i=L+1}^{L+M} |S_i|^2 \tag{12.17}$$

因此，我们应该把检测阈值设定为 $E[d]/2$，而方差应该根据水印的透明性和鲁棒性进行

折中。

对 256×256 的标准测试灰度图像 Lena 进行本算法的仿真测试(图 12.10)，$L=8000$，$M=8000$，$\sigma^2=0.04$，$\alpha_1=\alpha_2=0.375\pi$。分别对含水印图像和非含水印图像进行 1000 个水印密钥下的检测，响应如图 12.11(a)所示；假设某人持有水印的密钥和水印嵌入位置，但不知道分数阶傅里叶变换的角度，对角度进行盲检测时的响应器输出如图 12.11(b)所示，可见，变换角度对于水印检测是必要的，整个算法的水印密钥包括 k' 和 k''、嵌入水印的系数的位置，以及二维分数阶变换角度(α_1，α_2)。由于变换角度可取不同的值，因此本算法比 FT 或 DCT 等算法具有更多的嵌入选择，并且由于 FRFT 具有标准快速算法，水印嵌入检测的计算复杂度也没有显著增加。

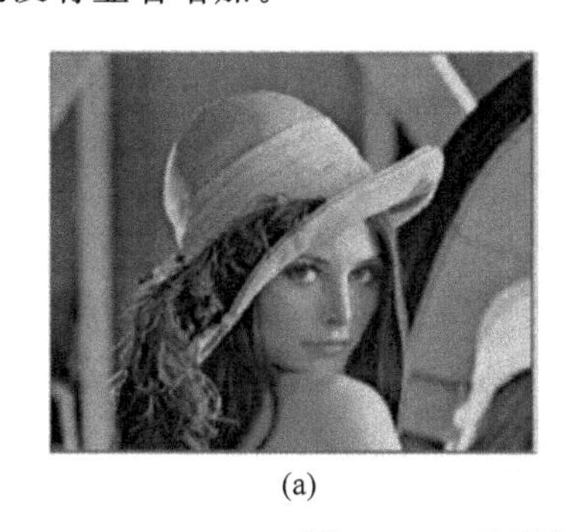

(a)

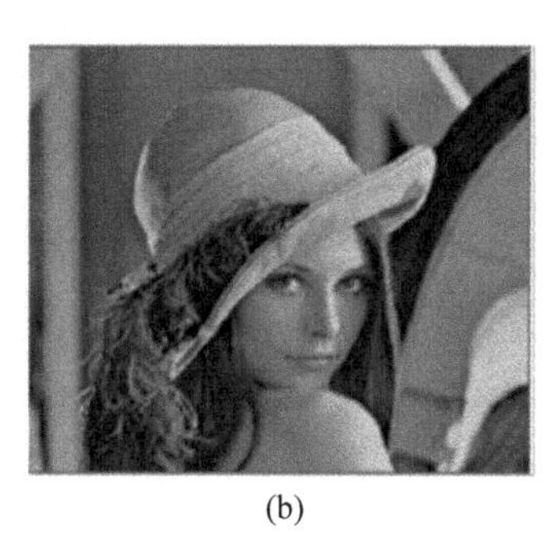

(b)

图 12.10　对标准图像的仿真测试

(a) 原始 Lena 图像；(b) 嵌入水印后的图像

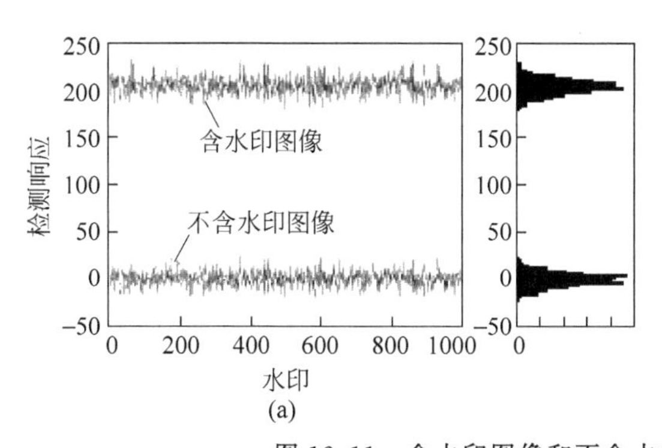

(a)

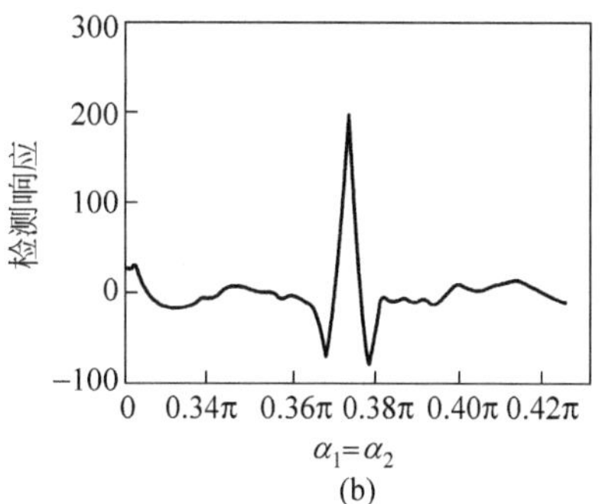

(b)

图 12.11　含水印图像和不含水印图像的检测响应

(a) 对含水印图像和非含水印图像分别用 1000 个不同水印密钥的水印检测响应；

(b) 对含水印图像以不同变换角度的水印检测响应

该算法对常见攻击(几何变换、滤波等)是鲁棒的，叠加了 $\sigma_G^2=6000$ 高斯白噪声和遭到剪裁的含水印 Lena 图像如图 12.12(a)和(b)所示，检测响应分别为图 12.12(c)和(d)，可见该水印方法的鲁棒性。

12.3.2　基于离散分数阶傅里叶变换的多分量 chirp 类水印

借鉴文献[14]的思想，提出了空域/频域的联合数字水印技术[15]。水印采用 chirp 信号，水印的嵌入采取空域直接嵌入，水印的提取算法采用 Radon-Wigner 变换。在非线性时频分布中，Wigner-Ville 分布对非平稳信号具有最好的时频聚集性，但是由于其变换过程的

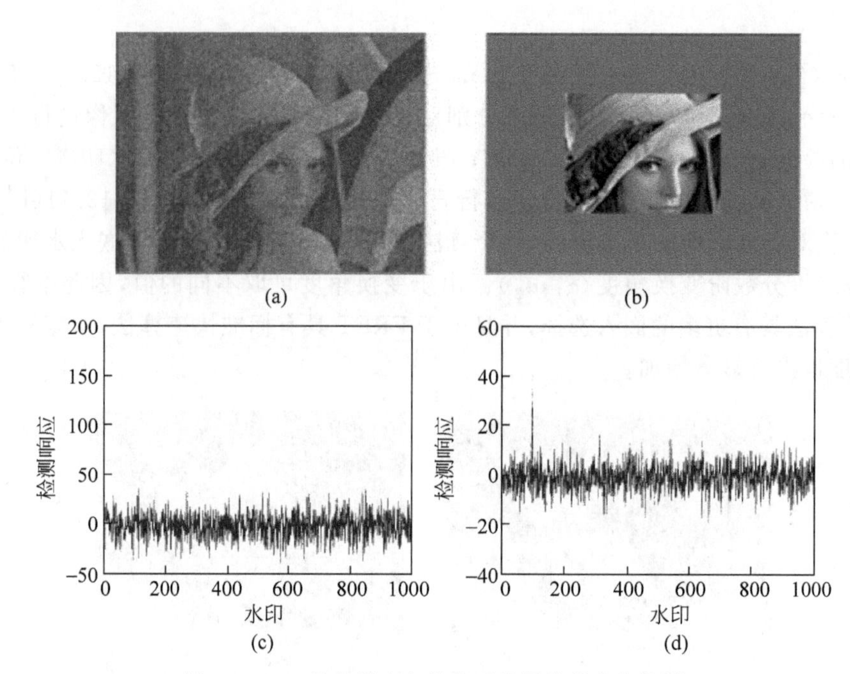

图 12.12 叠加噪声和剪裁后的图像的水印检测

(a) 加噪含水印 Lena 图像；(b) 剪裁后的含水印 Lena 图像；(c) 对图(a)做水印检测；(d) 对图(b)做水印检测

非线性，在利用这类方法处理多分量信号时，必然会受到交叉项的干扰，虽然可以通过选择合适的核函数来抑制交叉项，但同时也降低了信号的时频聚集性。分数阶傅里叶变换与 Radon-Wigner 变换的关系表明，信号分数阶傅里叶变换的模平方是该方向上的 Radon-Wigner 变换。利用这种关系，Radon-Wigner 变换的性质和许多研究成果可以直接应用到分数阶傅里叶变换上，因为有时我们更关心分数阶傅里叶变换的模值情况。与传统的基于 Wigner-Ville 分布的方法相比，分数阶傅里叶变换可以借助 FFT 来实现，因此其计算简便；另外，分数阶傅里叶变换是一种一维的线性变换，在处理多分量信号时可避免交叉项的困扰。与基于 Wigner-Ville 分布-Hough 变换的方法相比，省略了时频分布从直角坐标到极坐标的变换和二维的 Hough 变换，从而降低了处理的复杂度，其实现更为简便。

由分数阶傅里叶变换的定义可知，分数阶傅里叶谱具有频域和空域双域信息表达能力。将水印信息隐藏在分数阶傅里叶域，可以增加水印信息的安全性。当使用二维 chirp 脉冲作为水印信号时，水印参数所决定的投影平面是分数阶傅里叶域检测的密钥。利用二维分数阶傅里叶变换对其进行分析，由于水印分量只在与之相应的投影平面上呈现出能量的聚集，当二维分数阶傅里叶变换的阶数构成的投影平面符合由水印参数所决定的水印投影平面时，就可以检测到水印峰值的存在。

基于上述因素产生了基于分数阶傅里叶变换的空/频域数字水印算法，仿真结果表明该算法与文献[15]所提方法相比，检测性能更好，对高斯白噪声干扰、裁剪及其他图像处理过程具有鲁棒性。

12.3.2.1 多分量嵌入算法和检测算法

对于水印信号是多分量 chirp 信号，这里是由两个 chirp 信号组成。采用多分量的二维 chirp 脉冲作为水印信号，简单起见，初始频率和初始相位设为 0，此时，水印信号表示为

$$S(x,y)=\sum_{i=1}^{N}A_i\cos(a_ix^2+b_iy^2) \tag{12.18}$$

式中，各个水印信号的幅度 A_i 可以取得非常小，而且可以是确定选择也可以是随机选择或者把两者结合起来。水印信号的个数 N 可以取得非常大，因此能够组合出来的水印数量也很多。各个不同的参数 (a_i,b_i) 对应了在不同分数阶傅里叶域下呈现能量完全聚集的 chirp 信号。

水印的检测采用和单分量一样的检测算法，即从被信道污染的含水印的图像 $W'(x,y)$ 中检测水印的算法，即对含有水印的图像 $W'(x,y)$ 作二维的分数阶傅里叶变换：

$$X_{p_1,p_2}(u,v)=\mathcal{F}^{p_1}\{\mathcal{F}^{p_2}[W'(x,y)]\} \tag{12.19}$$

计算嵌入水印图像在不同阶数下的分数阶傅里叶变换的模的平方，搜索在不同的阶数下的最大值：

$$C(p_1,p_2)=\max|X_{p_1,p_2}(u,v)|^2 \tag{12.20}$$

做出各个不同变换阶数下峰值随阶数变化的曲线，若曲线的变化中有尖峰，则认为有水印，如果变化平缓，则认为不存在水印。这里需要指出，由于嵌入的是多个 chirp 信号，某个 chirp 信号所应有的尖峰由于攻击可以被抹去，但是其余的 chirp 信号的尖峰则可能还存在，所以多分量的鲁棒性较单分量有所提高。

12.3.2.2 检测性能

对于采用的 512×512 的图像，嵌入的是二维离散 chirp 信号。可知，对嵌入水印的图像做离散分数阶傅里叶变换后检测到的 chirp 信号的能量最大值为

$$C(p_1,p_2)=\max|X_{p_1,p_2}(u,v)|^2\geqslant 2^{18}\times A^2 \tag{12.21}$$

而对于没有嵌入水印的原图像来说，其在空域内，也就是在 $p_1=p_2=0$ 时的能量的最大值为

$$\max|I(x,y)|^2\approx 2^{16} \tag{12.22}$$

一般的 chirp 信号的幅度 A 取为 2 左右，检测到的 chirp 信号的峰值理论上可以达到原图像峰值的 10 倍多，因此通过搜索峰值即可检测 chirp 水印的存在。但是由于离散分数阶傅里叶变换搜索时候的误差，导致实际中检测到的 chirp 信号的峰值略小于原图像峰值的 10 倍。

12.3.2.3 算法仿真及鲁棒性分析

同单分量水印算法，仿真试验仍然采用原始图像为 512×512 的灰度级“Baboon”图像。为了检测的简便，采用的 chirp 水印信号调频率为 $a_1=b_1=0.009, a_2=b_2=0.004$，可以推导其能量聚集的变换阶数为 $p_1=p_2=1.6$ 和 $p_1=p_2=1.79$；嵌入的幅度分别为 $A_1=2.4, A_2=2.5$，约为图像平均幅度的 1%，其峰值信噪比 PSNR=41.43dB，水印信号的幅度小，保证了水印的不可见性；扫描步长为 0.005；为简化运算，调频率设为相等，使得与嵌入的 chirp 信号的匹配分数阶域的阶数相等，因此检测时仅需对嵌入水印的图像在与调频率匹配的阶数附近作变换阶数相等的离散分数阶傅里叶变换，以缩短检测时间。图 12.13 是原始图像以及加入水印后的图像。图 12.14 给出了检测器在阶数 $p_1=p_2=1.6$ 和 $p_1=p_2=1.79$ 附近进行离散分数阶傅里叶变换的扫描峰值曲线。

从图 12.14 中可以看出，嵌入的两个 chirp 信号分别在阶数 $p_1=p_2=1.6$ 和 $p_1=p_2=$

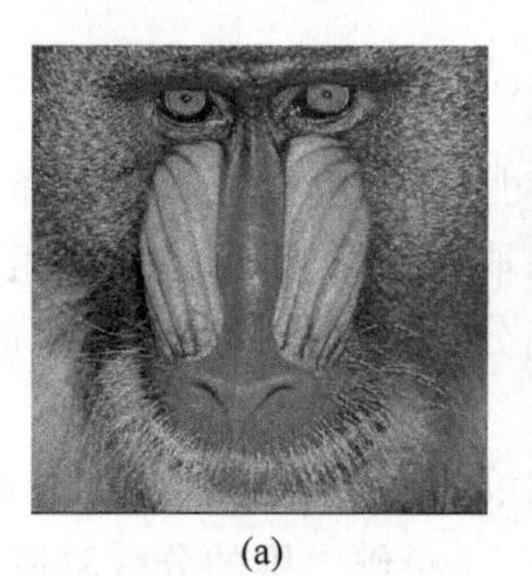
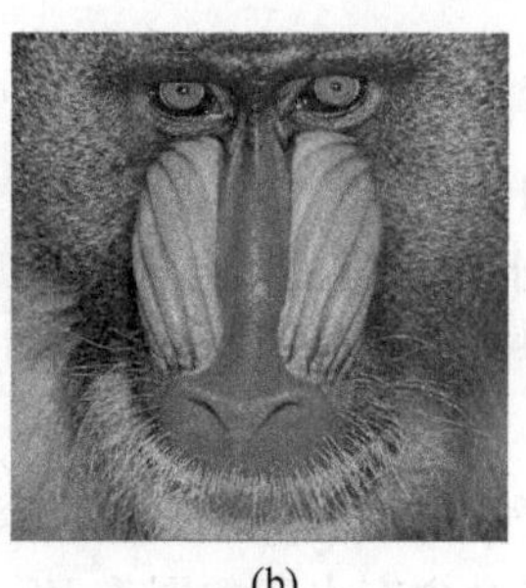

图 12.13 多分量水印算法的仿真

(a) 原始图像;(b)嵌入水印后的图像

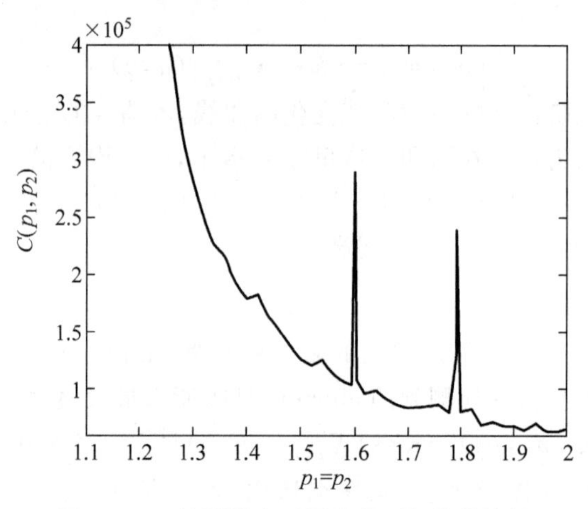

图 12.14 检测器在不同阶数下扫描的结果

1.79 下得到了很好的能量聚集,并被检测器检测出来。仿真结果表明,对于嵌入多水印的系统,如果知道水印呈现能量聚集的变换阶数,就不需要在不同 FRFT 变换阶数下对嵌入水印的图像进行变换,只需在水印信号聚集的阶数下做 FRFT,然后把变换后的峰值与该阶数下的阈值相比较即可。所以下面我们只在与调频率 a_i,b_i 匹配的 $p_1=p_2=1.6$ 和 $p_1=p_2=1.79$ 上做离散分数阶傅里叶变换。

12.3.3 多分数阶傅里叶域的 chirp 类水印算法

12.3.2 节提到在分数阶傅里叶域嵌入数字水印,将比单纯的频域/时(空)域的水印算法具有更大的灵活性。如果能够把多分量水印信号的不同分量分别嵌入到不同变换阶次的分数阶傅里叶域,将会提高系统的鲁棒性。基于此,本节提出一种新的多分数阶傅里叶域 chirp 类水印算法[16]。仿真结果表明,本节提出的算法,嵌入的水印信号强度比空域高,对高斯白噪声干扰、裁剪及其他图像处理过程具有鲁棒性。

12.3.3.1 多分数阶傅里叶域水印嵌入算法

本节提出的水印方案中水印结构仍采用二维多分量线性调频信号,多分量 chirp 水印信号分别嵌入到不同阶数分数阶傅里叶域内。水印密钥包括 FRFT 的阶数、chirp 信号的扫频率等。在分数阶傅里叶域内嵌入 chirp 信号,检测时利用 FRFT 旋转相加性,可以对多分量 chirp 信号进行检测。嵌入方案如图 12.15 所示。

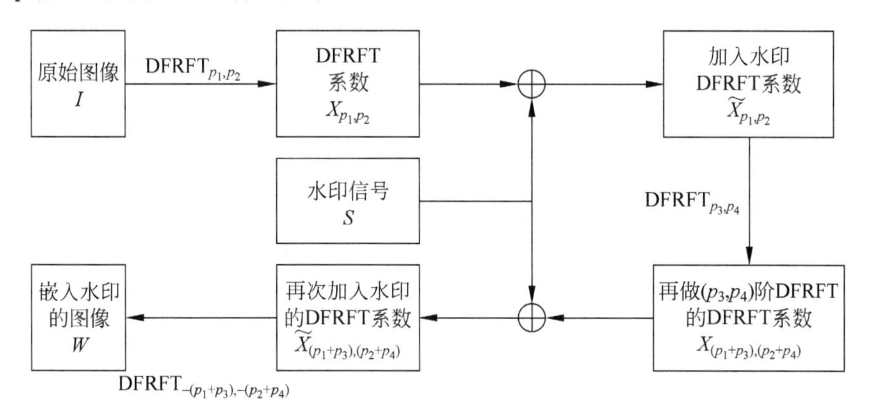

图 12.15 水印的嵌入方案

设图像信号为 $I(m,n)$，水印信号 $S(m,n)$为二维离散 chirp 信号。即

$$S(m,n)=A\exp(\mathrm{j}(am^2+bn^2)) \tag{12.23}$$

算法步骤：

(1) 对原始图像 $I(m,n)$作阶数为 p_1,p_2 的二维离散分数阶傅里叶变换，即

$$X_{p_1,p_2}=\mathrm{DFRFT}_{p_1,p_2}(I) \tag{12.24}$$

(2) 修改阶数为 p_1,p_2 的二维离散分数阶傅里叶变换的系数：

$$\widetilde{X}_{p_1,p_2}=X_{p_1,p_2}+S \tag{12.25}$$

式中，S 为一个或多个离散的二维 chirp 信号。离散分数阶傅里叶变换的系数 X_{p_1,p_2} 和 S 均为复数，相加是直接复数相加，并且 S 作为水印是修改离散分数阶傅里叶变换的全局系数。

(3) 对修改系数后的 $\widetilde{X}_{p_1,p_2}$ 作阶数为 p_3,p_4 的二维离散分数阶傅里叶变换：

$$X_{(p_1+p_3),(p_2+p_4)}=\mathrm{DFRFT}_{p_3,p_4}(\widetilde{X}_{p_1,p_2}) \tag{12.26}$$

(4) 按照和步骤(2)类似的方法嵌入水印：

$$\widetilde{X}_{(p_1+p_3),(p_2+p_4)}=X_{(p_1+p_3),(p_2+p_4)}+S \tag{12.27}$$

(5) 由于 FRFT 满足旋转相加性，对 $\widetilde{X}_{(p_1+p_3),(p_2+p_4)}$ 做阶数为$-(p_1+p_3),-(p_2+p_4)$的二维离散分数阶傅里叶变换，得到嵌入水印后的图像 W：

$$W=\mathrm{DFRFT}_{-(p_1+p_3),-(p_2+p_4)}[\widetilde{X}_{(p_1+p_3),(p_2+p_4)}] \tag{12.28}$$

理论上重复步骤(2)和(3)可嵌入 N 个水印，但要满足水印的透明性和鲁棒性，水印嵌入数量 N 是有限的，在下一节将讨论水印容量的估计。

12.3.3.2 水印检测算法

水印的检测方案如图 12.16 所示。

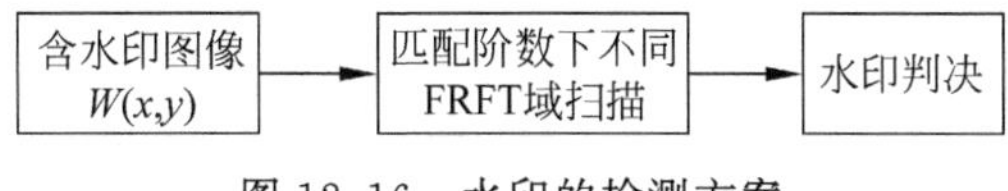

图 12.16 水印的检测方案

在水印检测时，水印的参数(a,b)（或之匹配的FRFT的阶数）和嵌入水印的阶数作为密钥是已知的。假设原图像做阶数为(p_1,p_1)的FRFT，且嵌入的离散chirp信号的参数(a,b)相等，则与其匹配的FRFT阶数也相等，记为(p^*,p^*)。

由FRFT的旋转可加性，在原图像(p_1,p_1)阶FRFT的系数中加入chirp信号，则检测chirp信号的阶数相应地变为$[(p^*+p_1),(p^*+p_1)]$；对应于在阶数为p_2,p_2变换时加入的chirp信号，则检测chirp信号的阶数相应地变为$[(p^*+p_1+p_2),(p^*+p_1+p_2)]$。因此，从含有水印的图像$W$检测水印时，直接对$W$以一定的分辨率作二维的离散分数阶傅里叶变换搜索即可检测到水印的峰值。

根据前面所述，对于给定的chirp水印信号，仅在匹配阶数的分数阶傅里叶域上呈现能量的聚集性，而图像信号I则在分数阶傅里叶域上不会呈现能量的聚集性，因此当阶数匹配时，即使是微弱的水印信号，其能量峰值也会超过图像信号的能量峰值。利用这个特性，在实施水印检测时，搜索嵌入水印图像在水印匹配阶数域上离散分数阶傅里叶变换的模平方的峰值，即

$$M_{\hat{p},\hat{p}}=\max(|W_{\hat{p},\hat{p}}|^2) \tag{12.29}$$

由于在每次离散分数阶傅里叶变换后，嵌入的chirp信号可以是多个，所以鲁棒性也得到了提高。各个chirp信号的参数不同，其匹配的分数阶傅里叶域的阶数也不同，在进行阶数扫描时，扫描出来的峰值也会有多个。由于水印可以灵活地嵌入到不同的分数阶傅里叶域，当对受到攻击后的图像进行检测时，某个域下的信号可能受到干扰而检测不出，但是其余的仍然可以检测出来，所以安全性得到了提高。

12.3.3.3 算法仿真与鲁棒性分析

仿真试验采用原始图像为512×512的灰度级Baboon图像。为了检测的简便，chirp水印信号调频率为$a=b=0.009$，其匹配的FRFT的变换阶数为$(p^*,p^*)=(1.79,1.79)$；原图像FRFT的变换阶数$(p_1,p_1)=(0.40,0.40)$和$(p_2,p_2)=(0.20,0.20)$。由前所述，水印信号将依次在阶数(2.19,2.19)和(2.39,2.39)处呈现能量的聚集。嵌入的chirp信号幅度为$A=4$；图12.17(a)和(b)分别是原始图像以及加入水印后的图像。可以看出，水印具有很好的不可见性。图12.18是嵌入水印的图像在阶数(2.19,2.19)和(2.39,2.39)下的能量聚集显示。图12.19给出了检测器离散分数阶傅里叶变换峰值扫描曲线，扫描步长采用变步长，在收敛阶数附近步长为0.002。从图12.19可以看出，嵌入的两个chirp信号分别在阶数(2.19,2.19)和(2.39,2.39)下得到了很好的能量聚集，并被检测器检测出来。

(a)

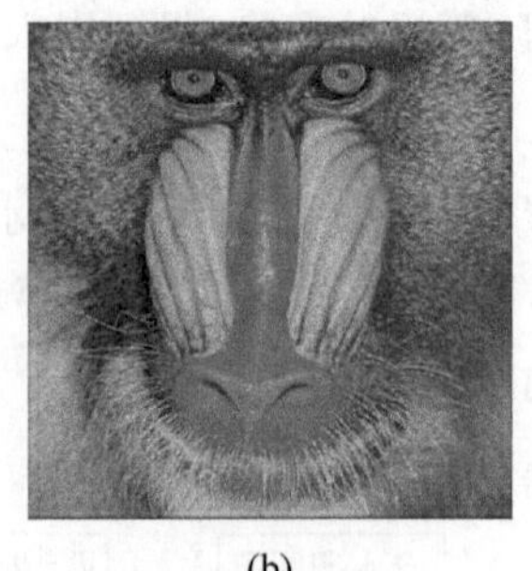
(b)

图12.17　原始图像和嵌入水印后的图像

(a) 原始图像；(b) 嵌入水印后的图像

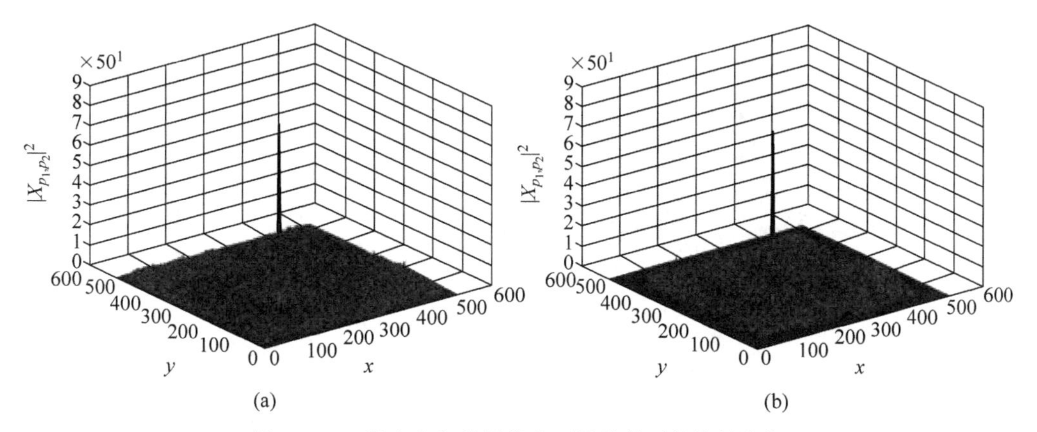

图 12.18 嵌入水印的图像在不同阶数下的能量聚集

(a) 嵌入水印的图像在阶数(2.19,2.19);(b) (2.39,2.39)下的峰值聚集

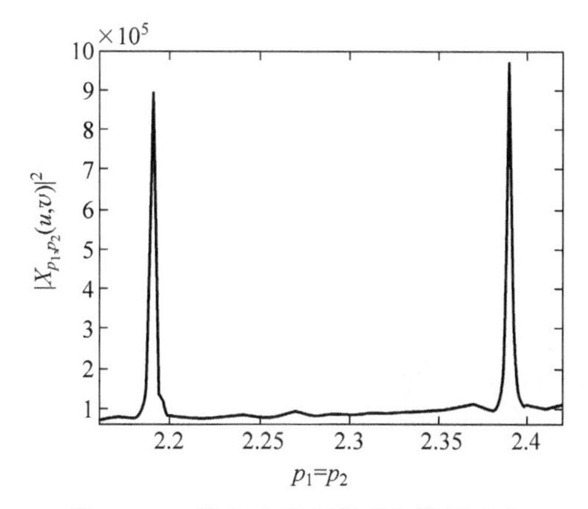

图 12.19 嵌入水印图像的检测器响应

下面进行鲁棒性分析。

1. JPEG 压缩

JPEG 压缩算法是水印应能抵抗的最重要攻击之一。图 12.20 是算法对 JPEG50 压缩的鲁棒性分析。对于嵌入两个 chirp 信号的图像,仿真实验表明,对于一定程度的压缩,可以很容易地检测出水印。

2. 剪切

图 12.21(a)为嵌入水印的图像被裁剪成 375×300 以后的图像,图 12.21(b)显示检测器检测的结果。通常剪切处理是水印算法较难抵抗的攻击,但仿真显示在裁剪图像为原始图像的 50%以上时,本节介绍的水印系统仍然能够检测出水印的存在,由此说明该水印方案对局部剪切是鲁棒的。需要注意的是,在阶数(2.39,2.39)下聚集的 chirp 信号在检测时受到了较大的影响,而另一个 chirp 信号受到的影响较小,可对检测水印的存在进行一定程度的补偿。

3. 旋转

图 12.22(a) 是嵌入水印的图像经过旋转 14°后的图像;图(b)显示检测器检测到的水印峰值。由于嵌入的是多分量水印,所以对于一定角度的旋转,该系统具有一定的鲁棒性。

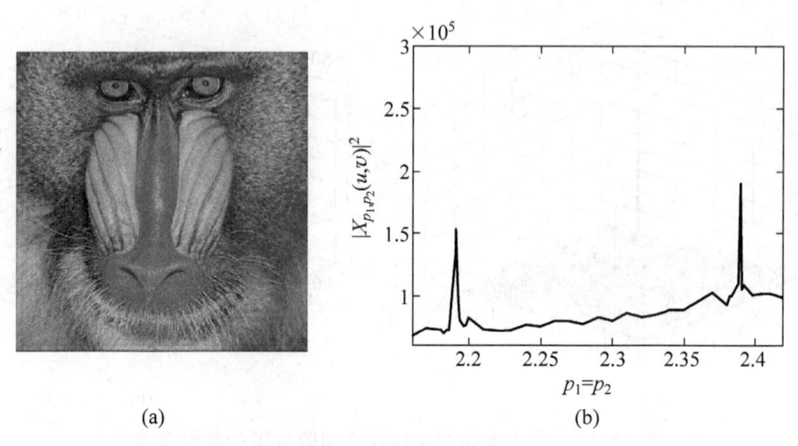

(a)　　(b)

图 12.20　水印算法对 JPEG 压缩算法的鲁棒性分析

(a) 受压缩攻击后的图像；(b) 检测器的响应

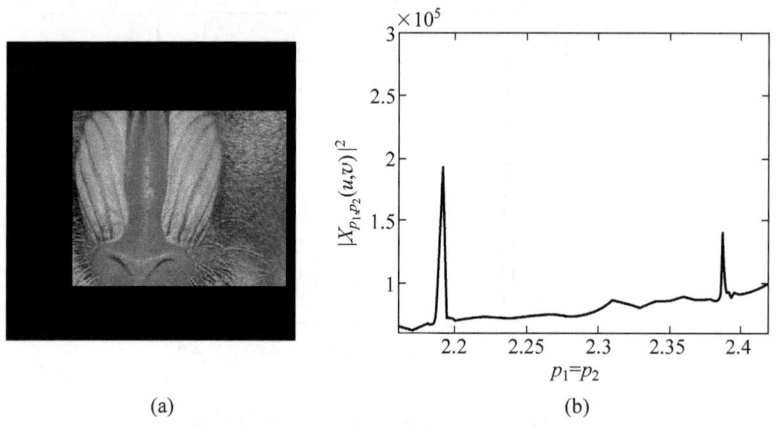

(a)　　(b)

图 12.21　水印算法对剪切攻击的鲁棒性分析

(a) 受剪切攻击后的图像；(b) 检测器的响应

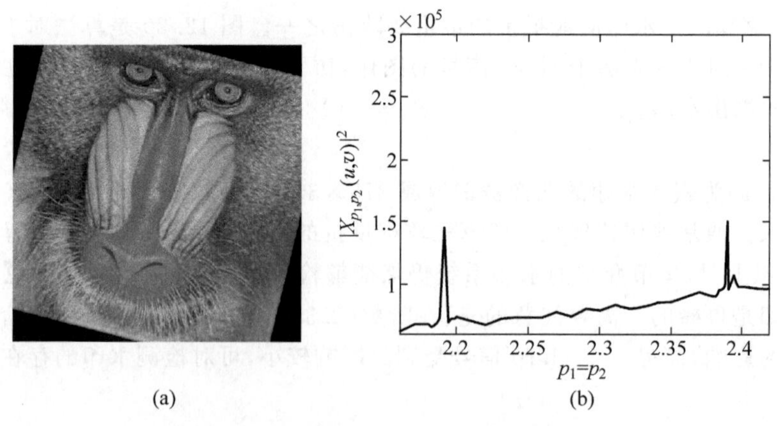

(a)　　(b)

图 12.22　水印算法对旋转攻击的鲁棒性分析

(a) 受旋转攻击后的图像；(b) 检测器的响应

4. 噪声

图 12.23(a)是水印图像加入了方差为 20 的高斯白噪声以后的图像；图(b)是检测器的响应，可以看出受到噪声污染的图像仍然可以很好地检测到水印的存在。事实上，该系统对于抵抗高斯噪声的干扰性能很好。

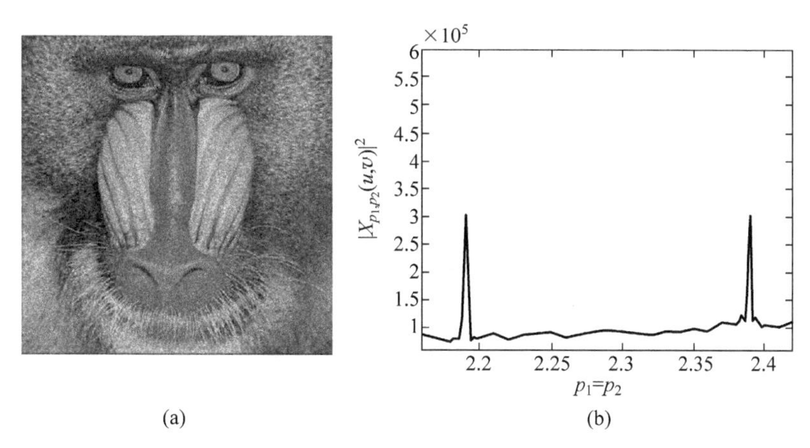

(a) (b)

图 12.23 水印算法对噪声干扰的鲁棒性分析

(a) 受噪声干扰后的图像；(b) 检测器的响应

5. 直方图均衡化

图 12.24(a)是水印图像经过了直方图均衡化后，灰度级为 64 级；图(b)是检测器的水印峰值，可以看出，经过均衡化后，仍然可以很好地检测出水印的存在。检测结果表明，经过直方图均衡化后检测器的响应反而相对地增加了，所以在水印检测前对可能受损的图像进行直方图均衡化可以加强该系统的性能。

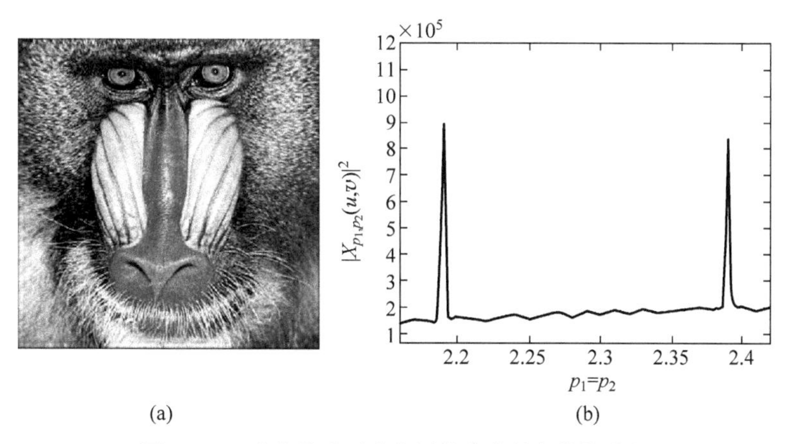

(a) (b)

图 12.24 水印算法对直方图均衡化的鲁棒性分析

(a) 受直方图均衡化后的图像；(b) 检测器的响应

综上可见，算法对于常见的图像处理均有一定的鲁棒性。

12.3.3.4 Chirp 类水印算法的容量分析

传统意义上的水印的容量问题是考虑一幅图像所能嵌入的最多比特位信息。我们讨论数字水印的容量问题时，考虑的是在人眼不可感知时，原图像可以嵌入的 chirp 水印的数量。由图像的人眼感知特性，chirp 信号的幅度越小，可以嵌入的 chirp 分量越多，但也存在一个下界，此下界应满足与其对应的 chirp 信号能被检测出来，即其分数阶傅里叶域能量峰值应该超过图像做相应变换后的峰值。水印的容量由嵌入水印后图像的降质程度决定，通常采用含水印图像与原始图像的 PSNR 来评价该水印算法对于图像降质程度的影响。针对本节算法，其水印容量推导如下：

设原始图像 I 大小为 $N\times N$，嵌入水印后的图像 W 也是 $N\times N$，则 PSNR 定义为

$$\mathrm{PSNR}=20\lg\frac{w_m}{\sqrt{\frac{1}{N^2}\sum_x\sum_y(I_{x,y}-W_{x,y})^2}}=20\lg\frac{Nw_m}{\|I-W\|} \tag{12.30}$$

式中，w_m 是图像 W 的最大灰度值。由上式可知，若要计算 PSNR，主要是计算 $\|I-W\|$，其中，I 为原始图像，W 为嵌入水印的图像。

对于频域多分量嵌入水印的方法，有

$$W=K_{-(p_1+p_2)}[K_{p_2}(K_{p_1}IK_{p_1}^{\mathrm{H}}+S)K_{p_2}^{\mathrm{H}}+S]K_{-(p_1+p_2)}^{\mathrm{H}} \tag{12.31}$$

利用酉性和旋转相加性，有

$$\begin{aligned}&K_{-(p_1+p_2)}K_{p_2}K_{p_1}IK_{p_1}^{\mathrm{H}}K_{p_2}^{\mathrm{H}}K_{-(p_1+p_2)}^{\mathrm{H}}+K_{-(p_1+p_2)}K_{p_2}SK_{p_2}^{\mathrm{H}}K_{-(p_1+p_2)}^{\mathrm{H}}+\\&K_{-(p_1+p_2)}SK_{-(p_1+p_2)}^{H}\\=&I+K_{-p_1}SK_{-p_1}^{\mathrm{H}}+K_{-(p_1+p_2)}SK_{-(p_1+p_2)}^{\mathrm{H}}=W\end{aligned} \tag{12.32}$$

即

$$I-W=K_{-p_1}SK_{-p_1}^{\mathrm{H}}+K_{-(p_1+p_2)}SK_{-(p_1+p_2)}^{\mathrm{H}} \tag{12.33}$$

代入式(12.30)并利用 Euclidean 范数 $\|\cdot\|$ 酉不变性质，可得

$$\begin{aligned}\mathrm{PSNR}(I,W)&=20\lg\frac{Nw_m}{\|I-W\|}\\&=20\lg\frac{Nw_m}{\|K_{-p_1}SK_{-p_1}^{\mathrm{H}}+K_{-(p_1+p_2)}SK_{-(p_1+p_2)}^{\mathrm{H}}\|}\\&=20\lg\frac{Nw_m}{\|S+K_{-p_2}SK_{-p_2}^{\mathrm{H}}\|}\end{aligned} \tag{12.34}$$

对于原始图像 I，定义 G_{PSNR} 表示图像 I 满足不可见性对应的最小 PSNR 阈值，则有

$$G_{\mathrm{PSNR}}\leqslant\mathrm{PSNR}(I,W)=20\lg\frac{Nw_m}{\|S+K_{-p_2}SK_{-p_2}^{\mathrm{H}}\|} \tag{12.35}$$

即

$$\|S+K_{-p_2}SK_{-p_2}^{\mathrm{H}}\|\leqslant Nw_m10^{\frac{-G_{\mathrm{PSNR}}}{20}} \tag{12.36}$$

式中，S 是一个或者多个二维离散 chirp 信号：

$$S=A\exp(\mathrm{j}(am^2+bn^2))=\sum_{i=1}^{N}A_i\exp(\mathrm{j}(a_im^2+b_in^2)) \tag{12.37}$$

当图像尺寸一定，嵌入的多分量 chirp 的幅度一定，可以接受的水印图像质量阈值 G_{PSNR} 一定时，我们可以依据式(12.36)推导出理论上可以嵌入的最大 chirp 分量数 N。图 12.25 给出当 chirp 信号参数 $a_i=b_i=a$ 时，式(12.36)的仿真结果。

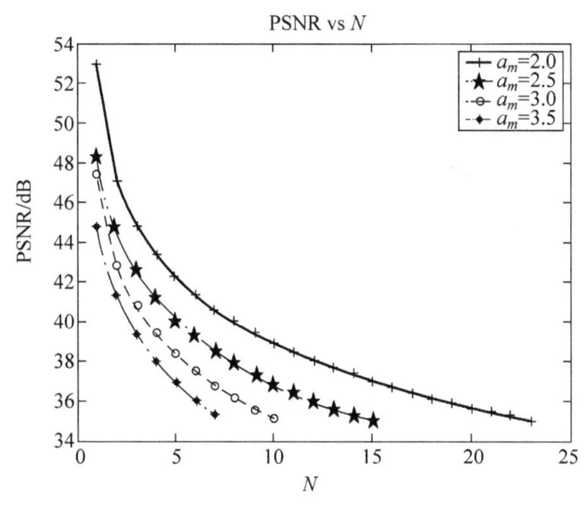

图 12.25　水印容量与 PSNR 的关系

图 12.25 中，横坐标为水印容量 N，纵坐标为 PSNR，图中给出了幅度 $a_i=b_i=a$ 分别为 2.0，2.5，3.0，3.5 时，图像的 PSNR 值随容量 N 变化的曲线。根据经验，当 PSNR≥35dB 时，图像的不可见性较好，所以我们只作出 PSNR≥35dB 时的曲线。从图中可以看出，当 PSNR 一定时，水印幅度 a_m 越小，容量 N 越大，即嵌入的水印数量越多；当幅度一定时，PSNR 随嵌入水印数量 N 的增加而下降。由此可知 PSNR 是水印幅度和数量的函数，且两变量的作用是相反的。

对于空域的多分量算法，我们可以采用类似的思想。根据嵌入方案，有

$$I+S=W \tag{12.38}$$

式中，S 为采用式(12.37)的多分量 chirp 信号。

针对一幅图像，定义满足不可见性的阈值，根据式(12.34)可以估计一幅图像所能嵌入的水印的容量。式(12.36)可以推广到任何满足酉不变性的二维变换域水印算法，仅需变换二维矩阵的核即可估计嵌入的水印容量。需要指出的是，若嵌入的水印信号 S 不是 chirp 信号，该容量计算方法仍然适用。

12.4　图像加密

随着宽带网和多媒体技术的发展，图像数据的获取、传输、处理遍及数字时代的各个角落，其安全问题也日益暴露。很多图像数据需要进行保密传输和存储，例如军用卫星拍摄的图片、新型武器图纸、金融机构建筑图等，还有些图像信息根据法律必须要在网络上加密传输，例如在远程医疗系统中，患者的病历和医学影像等[17]。由于这些图像数据的特殊性，图像加密技术将它们处理为杂乱无章的类似噪声的无意义图像，使未授权者无法浏览或修改这些信息。

近年来，用光信息处理技术来进行数据加密和保障数据安全引起了相当的关注。Refregier 和 Javidi 最早发表了这个领域的研究论文[18]。由于光学信息处理系统的高度并

行性和超快处理速度[19]，使得光学安全(Optical Security)技术对信息安全技术的发展具有重要的理论意义和应用前景。光学加密技术提供了一个更加复杂的环境，并且和数字电子系统相比，它对于攻击更有抵抗力。另外，由于傅里叶光学信息处理系统具有读写复振幅的能力，而该复振幅信息由于其相位部分在普通光源下是无法看到的，故不能用仅对光强敏感的探测器如CCD摄像机、显微镜等进行读和写。因此利用光学信息处理对光学图像进行安全加密是一种行之有效的方法。目前用于光学图像加密算法有多种，但主要的是采用双相位编码技术，即利用两个随机相位掩模将振幅识别的初始图像编码为复振幅稳定的白光噪声。

本节将从基于傅里叶变换的双相位编码图像加密原理入手，将其推广到分数阶傅里叶域，并介绍几种改进算法，以及基于分数阶傅里叶变换的其他图像加密方法，最后还将介绍一种利用分数阶傅里叶变换对一般数字图像进行实值加密的算法。

12.4.1 基于傅里叶变换的双相位编码图像加密[18,20]

我们首先回顾基于傅里叶变换的双相位编码图像加密技术，由此介绍双相位编码的原理。两个相位掩模分别处于输入平面和傅里叶频谱面，该方法可将图像加密为广义平稳白噪声。为表述简单，公式仅用一维形式。$f(x)$表示归一化处理后待加密的图像，像素值范围$[0,1]$；$g(x)$表示得到的密文图像，$n_1(x)$和$n_2(x)$是两个统计独立并在$[0,1]$上均匀分布的白序列。$\exp[\mathrm{j}2\pi n_1(x)]$和$\exp[\mathrm{j}2\pi n_2(x)]$称为随机相位掩模(random phase mask)。

加密过程可分为两步，首先将$f(x)$与掩模函数$\exp[\mathrm{j}2\pi n_1(x)]$相乘，然后将乘积$f(x)\exp[\mathrm{j}2\pi n_1(x)]$与$h(x)$卷积，即完成加密(图12.26)。所得加密后的图像$g(x)$可表示为

$$g(x)=\{f(x)\exp[\mathrm{j}2\pi n_1(x)]\}*h(x) \tag{12.39}$$

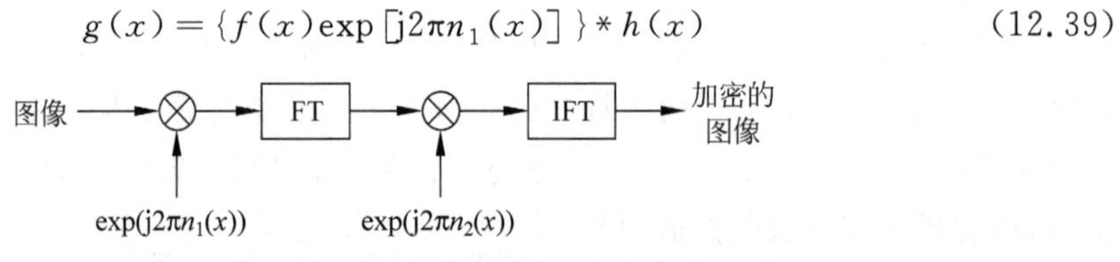

图12.26 基于傅里叶变换的双相位编码加密算法框图

式中，符号$*$代表传统傅里叶意义下的卷积运算；$h(x)$是纯相位传递函数$H(v)$的冲激响应

$$H(v)=\mathcal{F}\{h(x)\}=\exp[\mathrm{j}2\pi n_2(v)] \tag{12.40}$$

对$g(x)$解密时，将其(含相位信息)进行傅里叶变换后与掩模$\exp[\mathrm{j}2\pi n_2(x)]$相乘，再作逆傅里叶变换，所得结果的幅度信息等于原图$f(x)$(当原图$f(x)$为实值图像时)，见图12.27。可见该算法仅有一个密钥，即为掩模$\exp[\mathrm{j}2\pi n_2(x)]$。

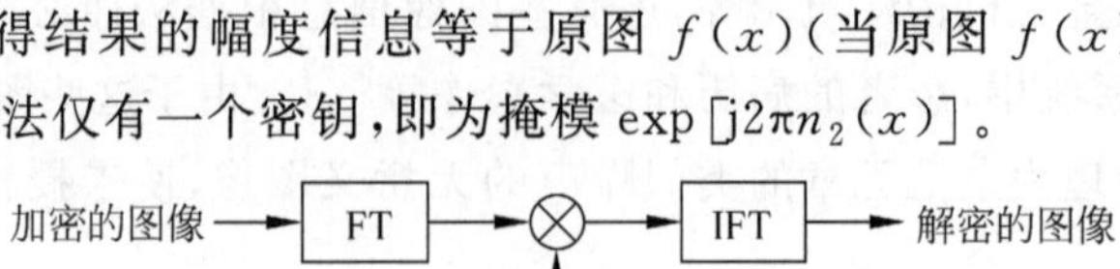

加密的图像 → FT → ⊗ → IFT → 解密的图像

exp(−j2πn2(x))

图12.27 基于傅里叶变换的双相位编码解密算法框图

由于光学上可用薄凸透镜来实现傅里叶变换，所以双相位编码加密算法的光学实现如图 12.28 所示。

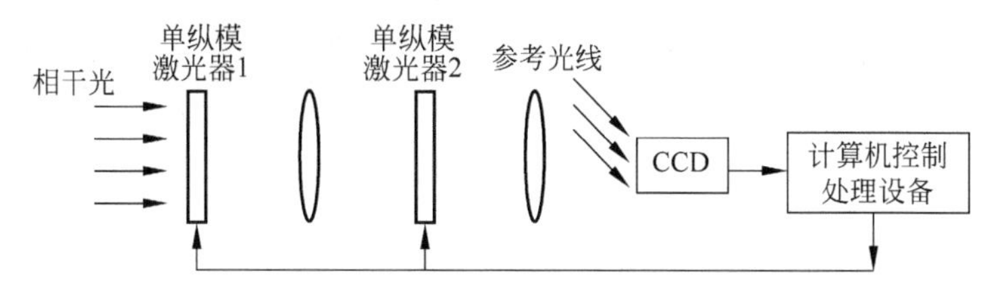

图 12.28　基于傅里叶变换的双相位编码加密的光学实现

下面讨论密图 $g(x)$的统计特性，式(12.39)可写为

$$g(x)=\sum_{\eta=1}^{N} f(\eta)\exp[\mathrm{j}2\pi n_1(\eta)]\, h(x-\eta) \tag{12.41}$$

$g(x)$的自相关为

$$E[g^*(x)g(x+\tau)]=\frac{1}{N}\left[\sum_{\eta=1}^{N}|f(\eta)|^2\right]\delta(\tau) \tag{12.42}$$

可见，$g(x)$是均值为 0、方差为 $\frac{1}{N}\left[\sum_{\eta=1}^{N}|f(\eta)|^2\right]$ 的白噪声，证明过程从略。

接下来讨论当密图叠加了噪声时对解密后的图像造成的影响。密图 $g(x)$如式(12.39)所定义，其上叠加了噪声 $\xi(x)$

$$g'(x)=g(x)+\xi(x) \tag{12.43}$$

令 $f(x)$和 $f'(x)$分别表示原图和解密后的图像，有

$$f'(x)=f(x)+\xi'(x) \tag{12.44}$$

式中解密图上的扰动为

$$\xi'(x)=\{\xi(x)*[h^*(-x)]\}\exp[-\mathrm{j}2\pi n_1(x)] \tag{12.45}$$

对任意的加性噪声 $\xi(x)$，其能量与扰动 $\xi'(x)$相同，即掩模并不改变噪声能量。并且可以证明，无论加性噪声 $\xi(x)$为何形式，$\xi'(x)$都为广义平稳白噪声。这个性质对于改善解密图质量大有裨益，因为有意义图像的功率谱通常是色的，通过设计合理的滤波器可达到削弱解密图中加性白噪声影响的效果。

仿真实例：对大小为 128×128 的二值图像进行双相位编码加密，得到加密图，然后分别对加密图叠加高斯白噪声和近似信号色噪声，可见解密后可通过低通滤波降低原图与解密图的 MSE，达到改善图像质量的目的(图 12.29，图 12.30)。

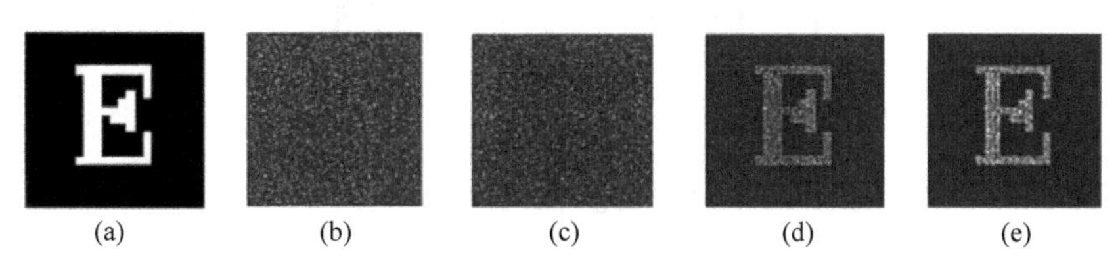

图 12.29　对混叠有标准差为 $\sigma=0.3$ 的白噪声的字母 E 的加密图进行解密

(a) 原图；(b) 白噪声；(c) 加密图；

(d) 解密图；(e) 解密图经过低通滤波后的结果

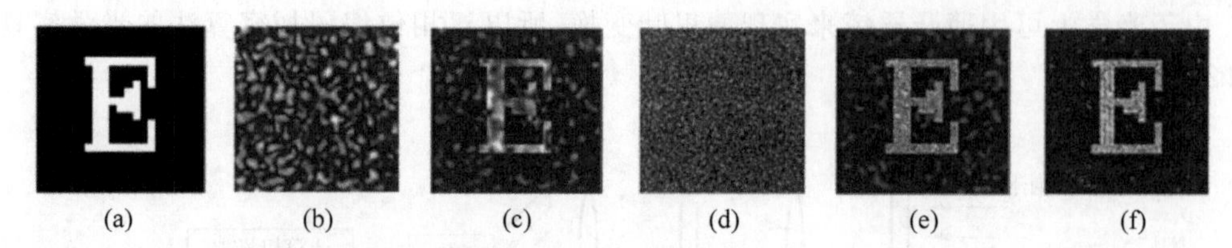

图 12.30　对混叠有标准差为 $\sigma=0.3$ 的色噪声的字母 E 的加密图进行解密

(a) 原图；(b) 色噪声；(c) 叠加色噪声的原图；(d) 加密图；(e) 解密图；(f) 解密图经过低通滤波后的结果

12.4.2　基于分数阶傅里叶变换的图像加密

分数阶傅里叶变换是在傅里叶变换的基础上发展起来的,是对傅里叶变换的补充和完善。本书第 2 章简要介绍了傅里叶和分数阶傅里叶变换的光学实现,傅里叶光学信息处理是在空域或空频域进行滤波,在进行信息处理时往往受到限制,尤其是在空频域,傅里叶变换要求严格的频谱面(透镜焦平面)；而分数阶傅里叶变换则不然,可根据需要,在既包括空域信息也包括空频域信息的平面(非透镜焦平面)进行操作,使得光学信息处理更加灵活[21]。分数阶傅里叶变换在光学上易于实现,并且由于分数阶傅里叶变换的变换角度(阶数)参数及其可加性提供了更多自由度,可扩大密钥空间,不仅使得被保护信息的安全性增加,而且免去了硬件设备的复杂性,为算法的优化设计以及与密码学的结合提供了更多简便可行的方法。

下面以基于分数阶傅里叶变换的双相位编码图像加密算法[22-23]来说明分数阶傅里叶变换的性质在图像加密中的应用。将双相位编码加密推广到分数阶傅里叶域,即输入平面、加密平面和输出平面都由 12.4.1 节中的空域或频域改变为分数阶傅里叶域。该算法利于第 3 章中给出的单透镜模式实现分数阶傅里叶变换。

为表述简单,公式仍采用一维形式,并且令输入平面为 0 阶分数阶傅里叶域(即空域),除非特别声明,都认为待加密图为实值图像,以 $f(x_0)$ 表示。$n_1(\cdot)$ 和 $n_2(\cdot)$ 是两个统计独立并在 $[0,1]$ 上均匀分布的白序列。$\alpha(\cdot)=\exp[\mathrm{j}2\pi n_1(\cdot)]$ 和 $\beta(\cdot)=\exp[\mathrm{j}2\pi n_2(\cdot)]$ 为双随机相位掩模。加密过程如下(上角标 e 表示加密过程,d 表示解密过程)(图 12.31)：

(1) $f(x_0)$ 与掩模 $\alpha(x_0)=\exp[\mathrm{j}2\pi n_1(x_0)]$ 相乘,对乘积作 a 阶分数阶傅里叶变换：

$$g^{\mathrm{e}}(x_a)=F^a[f(x_0)\alpha(x_0)] \tag{12.46}$$

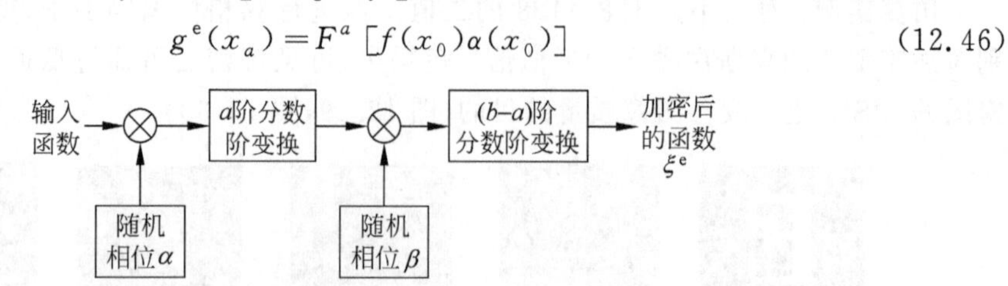

图 12.31　分数阶傅里叶域双相位编码加密框图

(2) 在 a'th 域(加密平面)将 $g^{\mathrm{e}}(x_a)$ 乘以掩模 $\beta(x_a)$(密钥),再对乘积作 $(b-a)$ 阶分数阶傅里叶变换,得到 b 阶域上的加密结果 $\xi^{\mathrm{e}}(x_b)$：

$$h^{\mathrm{e}}(x_a)=g^{\mathrm{e}}(x_a)\beta(x_a) \tag{12.47}$$

$$\xi^{e}(x_b)=\mathcal{F}^{b-a}[h^{e}(x_a)]=\mathcal{F}^{b-a}[g^{e}(x_a)\beta(x_a)] \tag{12.48}$$

即

$$\xi^{e}(x_b)=\mathcal{F}^{b-a}\{\mathcal{F}^{a}[f(x_0)\alpha(x_0)]\beta(x_a)\} \tag{12.49}$$

由此,解密过程作为加密过程的逆处理可简单描述为[图 12.32(a)]:

$$f^{d}(x_0)=\mathcal{F}^{-a}\{\mathcal{F}^{-(b-a)}[\xi^{e}(x_b)]\beta^{*}(x_a)\}=f(x_0)\alpha(x_0) \tag{12.50}$$

此外,也可以使用另一种解密方法[图 12. 32(b)]:

$$f^{d}(x_0)=\mathcal{F}^{a}\{\mathcal{F}^{b-a}[\xi^{e}(x_b)]^{*}\beta(x_a)\}=[f(x_0)]^{*}[\alpha(x_0)]^{*} \tag{12.51}$$

当原图 $f(x_0)$为实值时,由上述两种解密方法得到的 $f^{d}(x_0)$的幅度即为解密结果 $f(x_0)$。可见,推广后的双相位编码加密算法密钥除了相位掩模 β,还增加了两次分数阶变换的阶数,扩大了密钥空间,阶数未知时将无法正常解密。

为了说明第二种解密方法中用到的 FRFT 性质,特写出步骤:

(1) 对密图 $\xi^{e}(x_b)$的共轭作$(b-a)$阶分数阶傅里叶变换:

$$g^{d}(x_a)\ \mathcal{F}^{b-a}\{[\xi^{e}(x_b)]^{*}\} \tag{12.52}$$

由于分数阶傅里叶变换具有性质$\{\mathcal{F}^{a}[f(\cdot)]\}^{*}=\mathcal{F}^{-a}[f^{*}(\cdot)]$,并由式(12.10),有

$$[\xi^{e}(x_b)]^{*}=\mathcal{F}^{a-b}\{[h^{e}(x_a)]^{*}\} \tag{12.53}$$

代入式(12.52),得

$$g^{d}(x_a)=[h^{e}(x_a)]^{*}=[g^{e}(x_a)]^{*}[\beta(x_a)]^{*} \tag{12.54}$$

(2) $g^{d}(x_a)$乘以 a 阶域掩模$\beta(x_a)$,对乘积作 a 阶分数阶傅里叶变换:

$$\begin{aligned}f^{d}(x_0)&=\mathcal{F}^{a}[g^{d}(x_a)\beta(x_a)]=\mathcal{F}^{a}\{[g^{e}(x_a)]^{*}\}\\&=\mathcal{F}^{-a}\{[g^{e}(x_a)]\}^{*}=[f(x_0)]^{*}[\alpha(x_0)]^{*}\end{aligned} \tag{12.55}$$

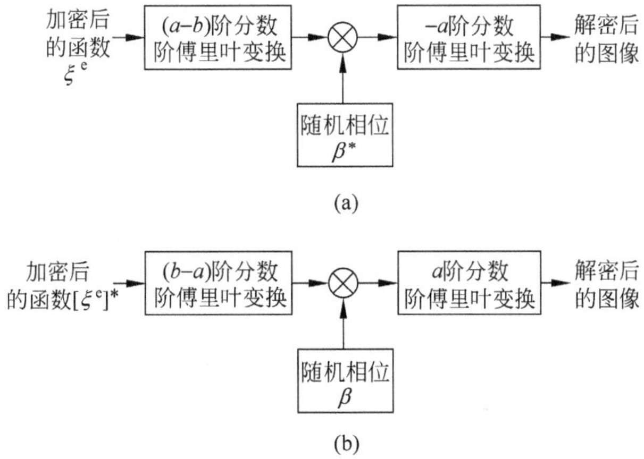

(a)

(b)

图 12.32 分数阶傅里叶域双相位编码加密框图

下面推导基于分数阶傅里叶变换的双相位编码加密结果具体表达式。令 $\phi_a=a\pi/2$,则

$$\begin{aligned}g^{e}(x_a)&=\mathcal{F}^{a}[f(x_0)\alpha(x_0)](x_a)\\&=\frac{|\csc\phi_a|}{(2\pi)^{1/2}}\mathrm{e}^{\frac{\mathrm{j}x_a^2\cot\phi_a}{2}}\int_{-\infty}^{+\infty}f_a(u)\mathrm{e}^{\frac{-\mathrm{j}u^2\cot\phi_a}{2}}\alpha_1[(x_a-u)\csc\phi_a]\,\mathrm{d}u\end{aligned} \tag{12.56}$$

其中用到了两个函数乘积的分数阶傅里叶变换性质，即

$$Z_a(x_a)=\frac{|\csc\phi_a|}{(2\pi)^{1/2}}e^{\frac{jx_a^2\cot\phi_a}{2}}\int_{-\infty}^{+\infty}X_a(u)e^{\frac{-ju^2\cot\phi_a}{2}}Y[(x_a-u)\csc\phi_a]\,du \tag{12.57}$$

式中，$z(t)=x(t)y(t)$。同理，将 $\xi^e(x_b)=\mathcal{F}^{b-a}[h^e(x_a)]=\mathcal{F}^{b-a}[g^e(x_a)\beta(x_a)]$ 也展开，令 $\phi_{b-a}=(b-a)\pi/2$，则

$$\xi^e(x_b)=\frac{|\csc\phi_{b-a}|}{(2\pi)^{1/2}}\exp\left(\frac{jx_b^2\cot\phi_{b-a}}{2}\right)\int_{-\infty}^{+\infty}\mathcal{F}^{b-a}[g^e(x_a)](v)\exp\left(\frac{-jv^2\cot\phi_{b-a}}{2}\right)\cdot \beta_1[(x_b-v)\csc\phi_{b-a}]\,dv \tag{12.58}$$

$$\begin{aligned}\mathcal{F}^{b-a}[g^e(x_a)](v)&=\mathcal{F}^b[f(x_0)\alpha(x_0)](v)\\&=\frac{|\csc\phi_b|}{(2\pi)^{1/2}}e^{\frac{jv^2\cot\phi_b}{2}}\int_{-\infty}^{+\infty}f_b(u)e^{\frac{-ju^2\cot\phi_b}{2}}\alpha_1[(v-u)\csc\phi_b]\,du\end{aligned} \tag{12.59}$$

将式(12.59)代入式(12.58)，有

$$\begin{aligned}\xi^e(x_b)=&\frac{|\csc\phi_{b-a}\csc\phi_b|}{2\pi}\exp\left(\frac{jx_b^2\cot\phi_{b-a}}{2}\right)\cdot\\&\int_{-\infty}^{+\infty}e^{\frac{jv^2(\cot\phi_b-\cot\phi_{b-a})}{2}}\int_{-\infty}^{+\infty}f_b(u)e^{\frac{-ju^2\cot\phi_b}{2}}\alpha_1[(v-u)\csc\phi_b]\,du\cdot\\&\beta_1[(x_b-v)\csc\phi_{b-a}]\,dv\end{aligned} \tag{12.60}$$

由上式可见，加密的过程也可表述为，原始图像的 b 阶分数阶傅里叶变换乘以 chirp 函数 $\exp[-j(u^2\cot\phi_b)/2]$，该乘积与尺度化傅里叶变换后的掩模 $\alpha(\cdot)$卷积，之后再乘以 chirp 函数 $\exp[jv^2(\cot\phi_b-\cot\phi_{b-a})/2]$，乘积再与尺度化傅里叶变换后的掩模 $\beta(\cdot)$卷积，最后再乘以 chirp 函数 $\exp[j(x_b^2\cot\phi_{b-a})/2]$，就得到密图 $\xi^e(x_b)$。可以证明，$\xi^e(x_b)$是平稳白噪声，其自相关函数为

$$E\{\xi^e(x_b)[\xi^e(x_b')]^*\}=k\delta(x_b-x_b') \tag{12.61}$$

式中，$k=\int|f_b(u)|^2du$，$E(\cdot)$代表数学期望。

Lohmann 提出了两种实现分数阶傅里叶变换的光学系统（typeⅠ和 typeⅡ），在光学加密处理时通常采用 typeⅠ型（单透镜）结构进行级联。分数阶傅里叶域双相位编码加密的光学实现见图 12.33，其中，$Z_1=f_s\tan(a\pi/4)$，$F_1=f_s/\sin(a\pi/2)$，$Z_2=f_s\tan[(b-a)\pi/4]$，$F_2=f_s/\sin[(b-a)\pi/2]$。f_s 是标准焦距。由该结构也可以看出，当使用式(12.51)所示第二种解密方法时，即密图取共轭，可利用与加密相同的光学结构来完成该处理，只是输入和输出平面互换，光路的方向不同（加密左至右，解密右至左）。

处理图像时应用二维分数阶傅里叶变换，因此实际密钥为两对变换阶数(a_x,a_y,b_x,b_y)和掩模 β，而基于傅里叶变换的双相位编码加密密钥仅有掩模 β，可见安全性得到增强。

对大小为 100×100 的灰度图像[图 12.34(a)]进行仿真，当密钥出错时将不能得到正确的解密图像。图 12.35 为解密阶数出现不同偏差时解密图和原图的 MSE 曲线，可见盲解密时作为密钥的分数阶傅里叶变换阶数是安全和鲁棒的。

分数阶傅里叶域双相位编码加密思想提出以来，吸引了众多研究者的注意，各种改进算法不断涌现，Liu 等[24]及 Zhang 等[25]从增加密钥、提高破译难度和安全性角度提出级联的

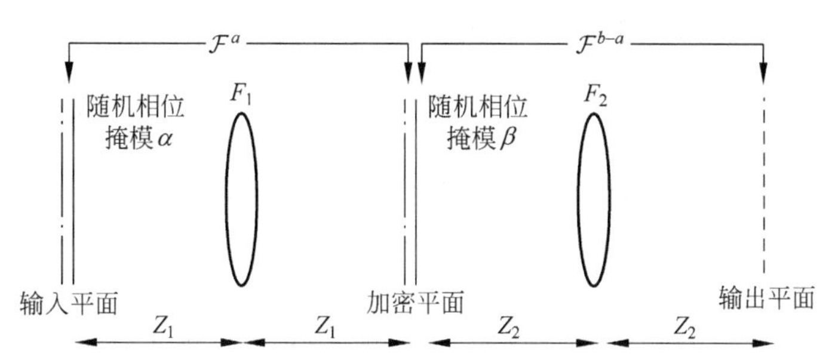

图 12.33 分数阶傅里叶域双相位编码加密的光学实现

(a) (b) (c) (d)

图 12.34 对灰度图加密和解密的仿真

(a) 原始图像；(b) 加密图；(c) 以正确密钥(0.75,0.9)(1.25,1.1)解密；(d) 以(0.7,0.85)(1.2,1.05)解密

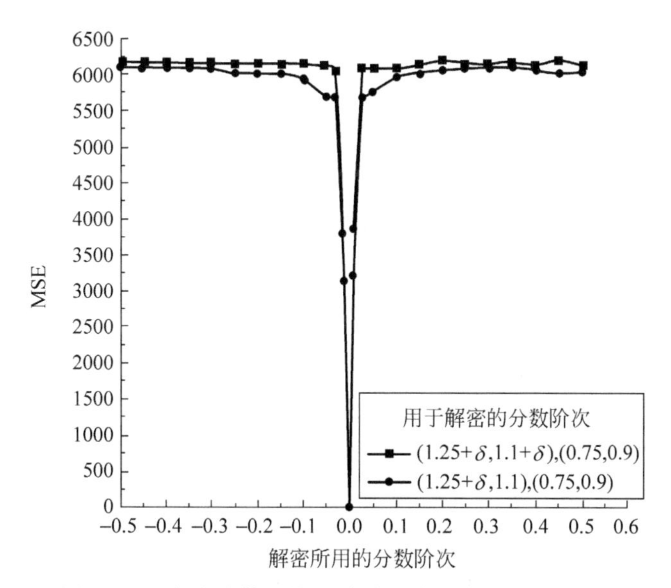

图 12.35 解密阶数出错时，解密图与原图的 MSE 曲线

分数阶傅里叶域多相位编码加密方法；Zhu 等[26]提出了一种一般化的分数阶卷积并应用于光学图像加密，他们还提出了一种利用随机编码幅度滤波器组[27]；Hennelly 等[28]提出将 jigsaw 变换与分数阶傅里叶变换相结合的加密算法，避免了相位掩模的使用；另外，Pei 等[29]及 Zhu 等[30]利用多参数分数阶傅里叶变换、多重分数阶傅里叶变换等衍生 FRFT 实现图像加密；Hennelly 等[31]利用迭代的相位恢复算法进行光学图像加密。以上算法得到的密文图像几乎都是复值的光学图像，给显示和存储带来一定不便，接下来介绍一种利用分

数阶傅里叶变换进行实值图像加密的新方法。

12.4.3 基于保实分数阶傅里叶变换的数字图像实值加密[32]

Venturini 等提出了一种将任意分数阶变换进行保实化处理的方法[33],使得构造出来的保实变换前后数据均为实数,恰好为实值加密问题提供一个解决途径。因而在此基础上构造一种保实的分数阶傅里叶变换,过程如下:

(1) 若 $\boldsymbol{x}=[x_1 \quad x_2 \quad x_3 \quad \cdots \quad x_N]^{\mathrm{T}}$ 是长度为 N 的一维实信号(N 为偶数),首先将其构造为一个长度为 $N/2$ 的复向量 $\hat{\boldsymbol{x}}$:

$$\hat{\boldsymbol{x}}=[x_1+\mathrm{j}x_{\frac{N}{2}+1} \quad x_2+\mathrm{j}x_{\frac{N}{2}+2} \quad \cdots \quad x_{\frac{N}{2}}+\mathrm{j}x_N]^{\mathrm{T}}$$

(2) 求 $\hat{\boldsymbol{y}}=\boldsymbol{M}_{a,\frac{N}{2}}\hat{\boldsymbol{x}}$,其中 $\boldsymbol{M}_{a,\frac{N}{2}}$ 是大小为 $N/2\times N/2$ 的 a 阶离散分数阶傅里叶变换矩阵(下文简写为 $\boldsymbol{M}_a$)。

(3) 令 $\boldsymbol{y}'=[\mathrm{Re}\hat{\boldsymbol{y}} \quad \mathrm{Im}\hat{\boldsymbol{y}}]^{\mathrm{T}}$,$\boldsymbol{y}'$ 即为对 x 作 a 阶保实离散分数阶傅里叶变换的结果。若用实部虚部的计算来描述整个构造过程,有

$$\begin{aligned}\hat{\boldsymbol{y}}&=\boldsymbol{M}_a\hat{\boldsymbol{x}}=(\mathrm{Re}\boldsymbol{M}_a+\mathrm{j}\mathrm{Im}\boldsymbol{M}_a)(\mathrm{Re}\hat{\boldsymbol{x}}+\mathrm{j}\mathrm{Im}\hat{\boldsymbol{x}})\\&=\mathrm{Re}\boldsymbol{M}_a\mathrm{Re}\hat{\boldsymbol{x}}-\mathrm{Im}\boldsymbol{M}_a\mathrm{Im}\hat{\boldsymbol{x}}+\mathrm{j}\mathrm{Im}\boldsymbol{M}_a\mathrm{Re}\hat{\boldsymbol{x}}+\mathrm{j}\mathrm{Re}\boldsymbol{M}_a\mathrm{Im}\hat{\boldsymbol{x}}\end{aligned} \tag{12.62}$$

所以,

$$\boldsymbol{y}'=\begin{bmatrix}\mathrm{Re}\boldsymbol{M}_a\mathrm{Re}\hat{\boldsymbol{x}}-\mathrm{Im}\boldsymbol{M}_a\mathrm{Im}\hat{\boldsymbol{x}}\\\mathrm{Im}\boldsymbol{M}_a\mathrm{Re}\hat{\boldsymbol{x}}+\mathrm{Re}\boldsymbol{M}_a\mathrm{Im}\hat{\boldsymbol{x}}\end{bmatrix}=\begin{bmatrix}\mathrm{Re}\boldsymbol{M}_a & -\mathrm{Im}\boldsymbol{M}_a\\\mathrm{Im}\boldsymbol{M}_a & \mathrm{Re}\boldsymbol{M}_a\end{bmatrix}\begin{bmatrix}\mathrm{Re}\hat{\boldsymbol{x}}\\\mathrm{Im}\hat{\boldsymbol{x}}\end{bmatrix}=\boldsymbol{B}_a\boldsymbol{x}$$

式中,

$$\boldsymbol{B}_a=\begin{bmatrix}\mathrm{Re}\boldsymbol{M}_a & -\mathrm{Im}\boldsymbol{M}_a\\\mathrm{Im}\boldsymbol{M}_a & \mathrm{Re}\boldsymbol{M}_a\end{bmatrix} \tag{12.63}$$

因此本节构造的 a 阶保实离散分数阶傅里叶变换可表示为

$$\boldsymbol{y}'=\boldsymbol{B}_a\boldsymbol{x} \tag{12.64}$$

该保实分数阶傅里叶变换是构造出来的,为了获取保实的特性,变换矩阵 $\boldsymbol{B}_a$ 并没有继承分数阶傅里叶变换算子的所有性质,不过还是保持了酉性和变换阶数的连续可加性,逆变换同样可以通过进行负阶数变换完成,即 $\boldsymbol{B}_a^{-1}=\boldsymbol{B}_{-a}$。当 a 从 0 变到 1 时,该变换有连续增长的去相关能力。可以证明,$\boldsymbol{B}_a$ 继承了 a 阶分数阶傅里叶变换矩阵 $\boldsymbol{M}_a$ 的交换性和阶数可加性。

为了将该算法用于数字图像加密,取得更好的安全性,进一步构造一个 $N\times N$ 的置换矩阵 $\boldsymbol{P}_{\mathrm{key}}$,它是一个每行每列有且仅有一个非零元素 1 的方阵,在该算法中它由种子 key 生成。

由此,本节提出的数字图像加密算法的算子定义如下:

$$\boldsymbol{y}=\boldsymbol{R}_{(a,\mathrm{key})}\boldsymbol{x}=\boldsymbol{P}_{\mathrm{key}}^{-1}\boldsymbol{B}_a\boldsymbol{P}_{\mathrm{key}}\boldsymbol{x} \tag{12.65}$$

式中,$\boldsymbol{B}_a$ 的定义与式(12.63)相同,$\boldsymbol{x}$ 是一个长度为 N(N 为偶数)的实向量。

$\boldsymbol{R}_{(a,\mathrm{key})}$ 称为基于保实分数阶傅里叶变换的加密算子,并且在置换矩阵种子相同的情况下具有阶数可加性和交换性:

$$\boldsymbol{R}_{(b,\text{key})}\boldsymbol{R}_{(a,\text{key})}=\boldsymbol{R}_{(a,\text{key})}\boldsymbol{R}_{(b,\text{key})}=\boldsymbol{P}_{\text{key}}^{-1}\boldsymbol{B}_a\boldsymbol{P}_{\text{key}}\boldsymbol{P}_{\text{key}}^{-1}\boldsymbol{B}_b\boldsymbol{P}_{\text{key}}$$
$$=\boldsymbol{P}_{\text{key}}^{-1}\boldsymbol{B}_a\boldsymbol{B}_b\boldsymbol{P}_{\text{key}}=\boldsymbol{P}_{\text{key}}^{-1}\boldsymbol{B}_{a+b}\boldsymbol{P}_{\text{key}}=\boldsymbol{R}_{(a+b,\text{key})}$$

将上述算法推广到二维，利用张量积的形式$\boldsymbol{R}_{(a,\text{key1})}\boldsymbol{X}\boldsymbol{R}_{(b,\text{key2})}^{\text{T}}$来进行二维加密变换，用来处理数字图像。$a$、$b$是二维变换的两个阶数，key1 和 key2 分别是两个方向上生成置换矩阵所用的种子。即对数字图像$\boldsymbol{X}$进行基于分数阶傅里叶变换的实值加密方法可表示为

$$\boldsymbol{Y}=\boldsymbol{R}_{(a,\text{key1})}\boldsymbol{X}\boldsymbol{R}_{(b,\text{key2})}^{\text{T}}=(\boldsymbol{P}_{\text{key1}}^{-1}\boldsymbol{B}_a\boldsymbol{P}_{\text{key1}})\boldsymbol{X}(\boldsymbol{P}_{\text{key2}}^{-1}\boldsymbol{B}_b\boldsymbol{P}_{\text{key2}})^{\text{T}} \tag{12.66}$$

将算法中用到的四个参数$(a,b,\text{key1},\text{key2})$看作广义的密钥，用来控制密文的生成。由算子$\boldsymbol{R}_{(a,\text{key})}$的交换性和变换阶数可加性可推知，解密过程可使用密钥$(-a,-b,\text{key1},\text{key2})$，通过与加密过程相同的流程完成。

综上所述，加密算法的实现具体包括如下的步骤(图 12.36)：

(1) 对一幅大小为$m\times n$的灰度图像(其灰度值矩阵为$\boldsymbol{X}$)，设置密钥参数为$(a,b,\text{key1},\text{key2})$；

(2) 由密钥中两个变换阶数a和b，计算出相应的$m/2$点和$n/2$点离散分数阶傅里叶变换矩阵$\boldsymbol{M}_{a,\frac{m}{2}}$和$\boldsymbol{M}_{b,\frac{n}{2}}$；

(3) 根据式(12.63)计算相应的$\boldsymbol{B}_a$矩阵和$\boldsymbol{B}_b$矩阵；

(4) 由密钥中两个置换矩阵种子 key1、key2 分别产生大小为$m\times m$和$n\times n$的随机矩阵，然后分别对这两个随机矩阵进行 LU 三角分解[9]，得到所构造的两个置换矩阵$\boldsymbol{P}_1$和$\boldsymbol{P}_2$；

(5) 按照式(12.65)计算相应的加密算子$\boldsymbol{R}_{(a,\text{key1})}$和$\boldsymbol{R}_{(b,\text{key2})}$；

(6) 按照式(12.66)对待加密图像矩阵$\boldsymbol{X}$进行实值加密变换，得到密文图像$\boldsymbol{Y}$；

(7) 解密过程可使用密钥$(-a,-b,\text{key1},\text{key2})$，通过与加密过程相同的流程完成解密。

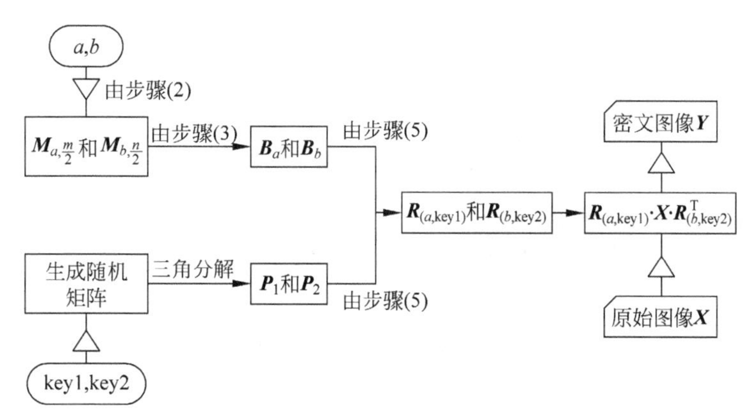

图 12.36　加密算法流程

经过前几部分的叙述可以看出，由密钥确定的保实分数阶傅里叶变换图像加密算法可以充分实现明文与密钥的扩散和混淆，它们之间没有简单的关系可循，加之利用变换阶数控制复杂的变换，在已知种子(即密钥的一部分)的情况下从截获的密文反推密钥中的变换阶数是很困难的，只能依靠穷举搜索，这是因为分数阶傅里叶变换可看作一个单向陷门函数，在已知明文密文对的情况下推出所使用的置换矩阵种子和变换阶数也是不可行的，这使得密码分析人员只能使用穷举法进行破译。

此外,上述加密算法和解密算法的差别仅仅在于二维分数阶傅里叶变换的两个变换阶数 a、b 的符号,因此可以用同一模块完成加密和解密。需要进一步说明的是,进一步定义的两个参数 key1 和 key2,即构造 $\boldsymbol{R}_{(a,\text{key1})}$ 和 $\boldsymbol{R}_{(b,\text{key2})}$ 中置换矩阵的种子,可使得算法具有更加安全的加密效果,置换矩阵 $\boldsymbol{P}$ 能够隐藏所使用的 $\boldsymbol{B}_a$ 和 $\boldsymbol{B}_b$ 矩阵,继而间接隐藏了变换阶数 a 和 b,并提供更好的扰乱效果。并且由不同的种子生成的置换矩阵 $\boldsymbol{P}$ 不同,得到的密文信息也不同(通过仿真可知同一图像由不同密钥生成的密图是互不相关的),增大了破译的难度,进一步提高了安全性。通过本算法对数字图像进行实值加密,密文在由密钥确定的保实分数阶傅里叶域,即明文与密文在不同的变换空间,具有不同的统计特征,并且仿真发现,密文具有类似白噪声的自相关性,可以抗统计破译。

使用 MATLAB 软件对图像实值加密方法进行仿真,明文选用图 12.37(a)所示标准测试灰度图像 Lena(图像尺寸 256×256),对其进行基于分数阶傅里叶变换的密钥参数为 $a=0.25$、$b=0.64$、key1=1043、key2=1021 的实值图像加密,得到密文图像[图 12.37(c)]。图 12.38(a)是原始图像的自相关网格图,表明进行加密处理前,原始图像像素间的相关性很强;图 12.38(b)是密图的自相关网格图,表明原始图像进行加密后相邻像素间相关性很小,可见本节所述算法具有很强的去相关能力,从而较好地完成了扩散和混淆,能对抗统计分析破译。图 12.38(b)在水平和垂直方向出现较小的相关是由于密图上的横竖条纹,但这并不妨碍图像的加密效果。

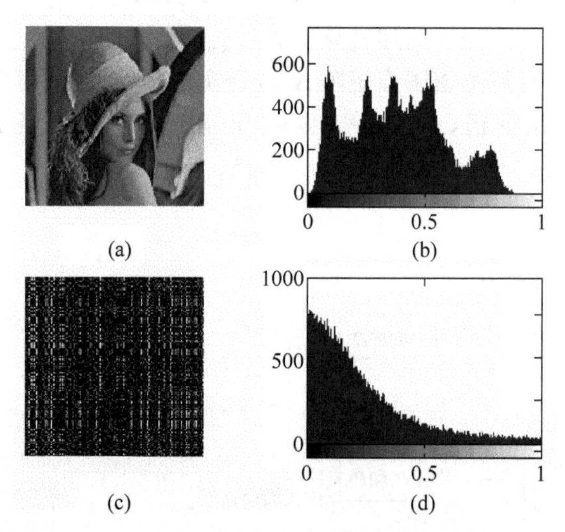

图 12.37 对 Lena 图进行保实分数阶傅里叶变换图像加密

(a) 原图;(b) 原图直方图;(c) 密图;(d) 密图直方图

当使用正确密钥进行解密时,可无损地得到原始明文图像[图 12.39(a)],4 个密钥中的某一个稍有不匹配,将不能正确恢复明文图像[图 12.39(b)~(e)]。因为本节所述的加密算法是对称的,当密钥出错时,实际上是将密文图像又进行了一次全过程加密,变换到一个新的保实分数阶傅里叶域上,因而使用了错误的密钥解密后,得到的还是杂乱的密文,而不会泄露明文信息。

图 12.40 比较了基于分数阶傅里叶变换的双相位编码加密方法与本节算法的阶数偏差——MSE 图,可以发现本节算法对阶数的变化更加敏感,随着解密阶数偏差的增大,其解

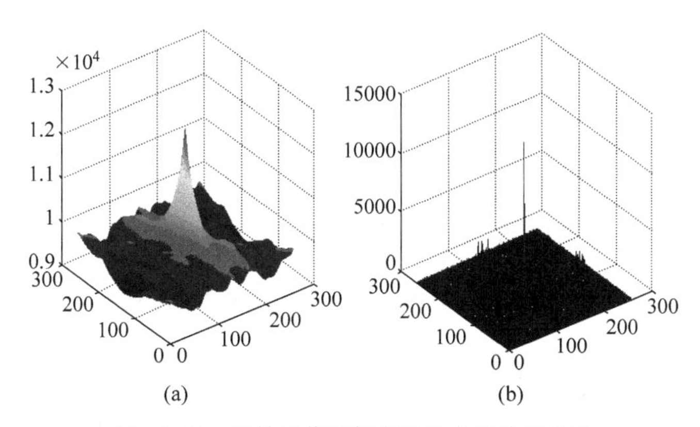

图 12.38 原始图像和加密图的自相关网格图

(a) Lena 图的自相关；(b) 对 Lena 图进行保实分数阶傅里叶变换图像加密后所得密图的自相关

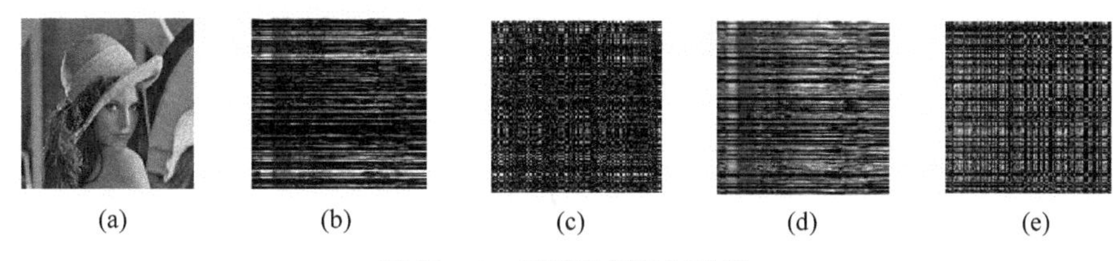

图 12.39 不同密钥解密结果

(a) 以正确密钥(−0.25,−0.64,1043,1021)解密；(b) 以错一个种子的密钥(−0.25,−0.64,1042,1021)解密；(c) 以错两个种子的密钥(−0.25,−0.64,1041,1012)解密；(d) 以错一个阶数密钥(−0.25−0.02,−0.64,1043,1021)解密；(e) 以错两个阶数的密钥(−0.25−0.02,−0.64−0.02,1043,1021)解密

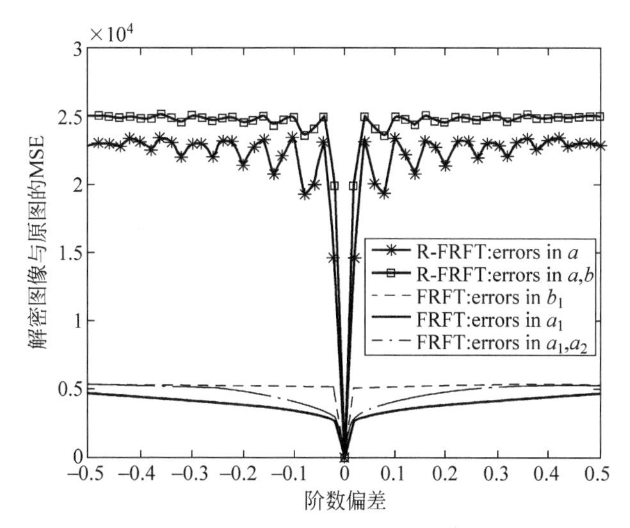

图 12.40 本实值算法与 FRFT 双相位编码加密的参数敏感度对比

密图像与原图的 MSE 迅速上升。作为对比的基于分数阶傅里叶变换的双相位编码加密方法，是利用分数阶傅里叶变换和相位掩模进行图像加密的经典算法，其思想为众多基于分数阶傅里叶变换的图像加密算法所借鉴，图中 a_1，b_1 分别是加密时 x 方向上第一次变换阶数和第二次变换阶数，a_2 是加密时 y 方向上第一次变换阶数。此外需要再次强调的是，本节

所述算法得到的是一个实值密文图像，而采用的对比算法得到的是具有相位信息的密文图像，相比之下本节算法更适于进行数字图像加密，并且对密钥敏感度更高，更加安全。

12.5 光学实现及应用

12.5.1 分数阶傅里叶变换的光学实现

分数阶傅里叶变换在光学上的实现具有重要的应用价值，其在光学信号和光图像处理上具有十分广泛的应用。

有两种基本的方式可以在光学上实现分数阶傅里叶变换[21-29]，一种是利用透镜的分立光学元件，另一种是用渐变折射率介质。1993 年，Mendlovic 等在研究渐变折射率介质中光波的传播性质和相关的光学理论时，首先将分数阶傅里叶变换引入光学领域。为了叙述方便起见，首先介绍利用透镜实现分数阶傅里叶变换。

根据惠更斯-菲涅耳衍射原理，已经证明凸透镜具有二维傅里叶变换的功能，如图 12.41 所示。

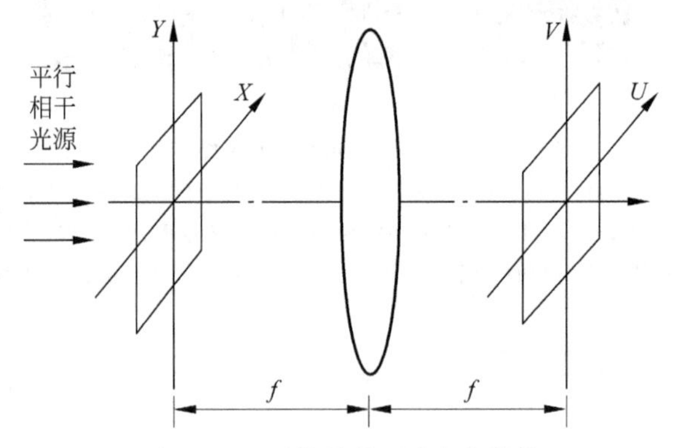

图 12.41 透镜的傅里叶变换结构

图中，X-Y 平面为前焦平面，U-V 平面为后焦平面，中间是凸透镜，f 是其焦距。若在 X-Y 平面上放置一幅图像 $f(x,y)$，并用平行相干光源对其照射，则在 U-V 平面上可以得到图像 $f(x,y)$的傅里叶频谱 $F(u,v)$，即实现二维傅里叶变换：

$$\mathcal{F}[f(x,y)](u,v)=\iint f(x,y)\mathrm{e}^{-\mathrm{j}2\pi(ux+vy)}\,\mathrm{d}x\mathrm{d}y \tag{12.67}$$

Lohmann 利用 Wigner 分布函数的相空间旋转，给出了光学分数阶傅里叶变换的定义：将 Wigner 分布函数在相空间进行逆时针旋转 $\alpha=p\pi/2$ 角的变换，即 p 阶分数阶傅里叶变换。在之前章节中已经证明了这一定义与分数阶傅里叶变换的其他定义是完全等价的。由于自由空间传播和透镜的组合也能够实现 Wigner 分布函数的旋转，于是，Lohmann 提出两种透镜组合结构来实现 p 阶分数阶傅里叶变换。

第一个系统是由长度为 d 的自由空间区域接一个焦距为 f 的透镜再接一段长度为 d 的自由空间区域组成的，如图 12.42 所示。

第二个系统由焦距为 f 的透镜接一段长度为 d 的自由空间区域再接一个焦距为 f 的透镜组成，如图 12.43 所示。

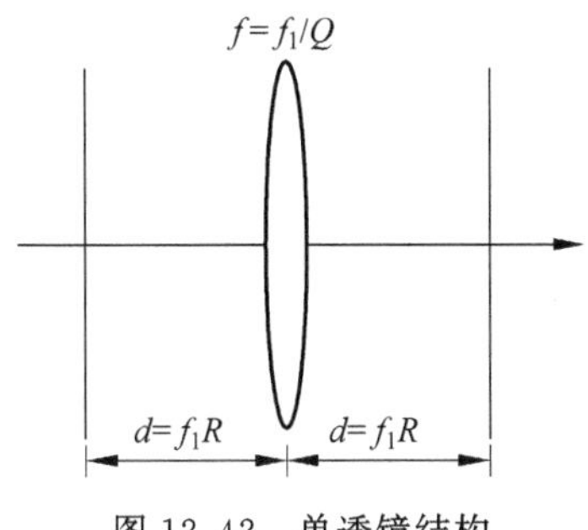

图 12.42 单透镜结构

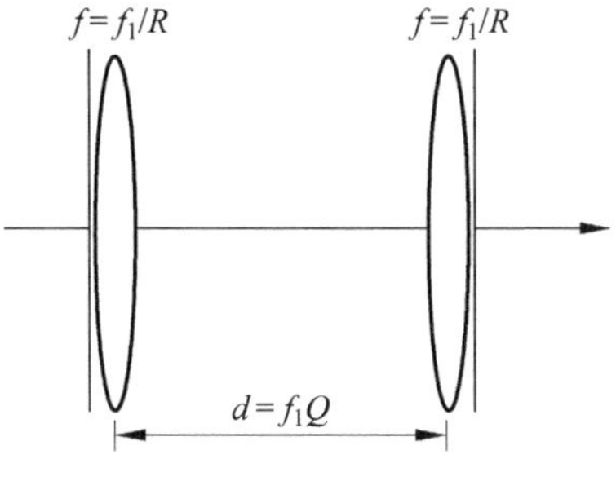

图 12.43 双透镜结构

两图中，$R=\tan\left(\frac{\alpha}{2}\right)=\tan\left(\frac{p\pi}{4}\right)$，$Q=\sin\alpha=\sin\left(\frac{p\pi}{2}\right)$，Lohmann 把 f_1 称为标准焦距。在分数阶傅里叶变换的级联系统中，每一级的标准焦距必须相等。Lohmann 从光学实现的角度给出了 p 阶分数阶傅里叶变换的定义式：

$$\mathcal{F}^p(g_0(x_0))=C\int g_0(x_0)\exp\left[\frac{\mathrm{j}\pi(x^2+x_0^2)}{\lambda f_1\tan\alpha}\right]\exp\left\{\frac{-2\pi\mathrm{j}xx_0}{\lambda f_1\sin\alpha}\right\}\mathrm{d}x_0 \tag{12.68}$$

式中，$g_0(x_0)$是要进行分数阶傅里叶变换的物体，$\alpha=p\pi/2$，λ 是光的波长，f_1 是标准焦距，而复常数 C 则满足方程 $1/C^2=\lambda f_1|\sin(p\pi/2)|$ 。由此可见，输出的分数阶傅里叶变换不但与角度 α 有关，而且与标准焦距 f_1 也有关。

利用分数阶傅里叶变换的性质可知，重复使用$\mathcal{F}^p$算子相当于上述光学系统的级联，这在光学信息处理中常常被用到，而且要求级联前一级结构的标准焦距等于后一级结构的标准焦距。当 C 为一个整数时，C 个实现$\mathcal{F}^{1/c}$算子的光学系统级联可实现普通傅里叶变换。

对于 Lohmann 提出的分数阶傅里叶变换的光学实现系统，实现 $p\to0$ 的分数阶变换非常困难。由这两种透镜系统的 d、f 的关系式可知，$p\to0$ 时 $f\to\infty$ 且 $d\to0$，也就是说要聚焦作用很弱的透镜以及很小的自由传输距离才能实现，这样的系统是很不实际的。而二次型渐变折射率介质恰好可以满足这样的条件。它可以看作是由无限小的层组成的，并且在这些层里聚焦和传播同时发生，这是实现分数阶傅里叶变换的另一种方法。

设渐变折射率介质中折射率分布为

$$n^2(r)=n_1^2\left[1-\left(\frac{n_2}{n_1}\right)r^2\right] \tag{12.69}$$

式中，r 是径向坐标，常数 n_1、n_2 为介质的参数。

由于二次型渐变折射率介质的特征函数是 Hermite-Gauss 函数 $\psi_{lm}(x,y)$：

$$\psi_{lm}(x,y)=H_l\left(\frac{\sqrt{2}x}{\omega}\right)H_m\left(\frac{\sqrt{2}y}{\omega}\right)\exp\left(-\frac{x^2+y^2}{\omega^2}\right) \tag{12.70}$$

不同的 Hermite-Gauss 模式在这种介质中的传播具有不同的传播常数 β_{lm}：

$$\beta_{lm}\approx k-\left(\frac{n_2}{n_1}\right)^{\frac{1}{2}}(l+m+1) \tag{12.71}$$

式中，$k=2\pi n_1/\lambda$，λ 是入射光波长，H_l 和 H_m 分别是 l、m 阶 Hermite 多项式。对任何输入函数，其分数阶傅里叶变换定义为距输入面 $d=pL$ 处平面上的光场分布，即

$$\mathcal{F}^p[f(x,y)] = \sum_l \sum_m A_{lm} e^{j\beta_{lm}pL} \psi_{lm}(x,y) \tag{12.72}$$

式中，$L=\frac{\pi}{2}\left(\frac{n_1}{n_2}\right)^{1/2}$ 是利用几何光学确定的渐变折射率介质的焦距，可以证明，式(12.72)也构成了二维分数阶傅里叶变换的一种定义。

用渐变折射率介质实现 p 阶分数阶傅里叶变换时，设输入面为 $z=0$，则在 L 处平面上将得到输入图像的傅里叶变换，由于该系统在轴向上是完全均匀的，所以输入图像的 p 阶分数阶傅里叶变换可定义为 $z=pL$ 处的标量光分布的函数形式。此外，若将 p_1L 和 p_2L 两段渐变折射率介质级联，则将得到 p_1+p_2 阶分数阶傅里叶变换。

近年来，一些新的能够实现分数阶傅里叶变换的光学结构不断被提出和发展。本节提到的仅仅是最经典的光学实现方法，它们是其他实现方法的基础。还有一些结构是利用菲涅耳衍射、厚透镜、全息透镜等来实现分数阶傅里叶变换的，感兴趣的读者可查阅相关资料进行进一步研究。

12.5.2 单幅闭合条纹图分数阶傅里叶域分析及其应用

干涉测量技术因具有高精度、高灵活度等优点使得其在光学测量领域占有重要地位。由于干涉测量技术的测量结果都是直接以条纹图形式给出，因此干涉测量技术的一个关键环节是分析处理所采集的干涉条纹图。一般地，干涉条纹图可以由两类基本条纹组成[34-35]，一类是等间隔均匀分布的干涉条纹，另一类是在球面元件检测过程中，如透镜曲率半径测量、光纤连接器端面的关键几何参数测量、两次曝光全息干涉法测量磁盘变形、波带片干涉仪测量球面轮廓等，所得到的包含有闭合条纹的干涉条纹图[36-37]。由于此类闭合条纹图其相位具有二次多项式分布规律，因此在信号处理领域，此类闭合条纹图也称作二维线性调频信号[38-39]。根据分数阶傅里叶变换的 chirp 基分解特性，可将分数阶傅里叶变换用于分析处理此类闭合条纹图，并且具有一定的抗噪声、抗干扰等优势，因此如何在实际应用中提供高精度测量、保证测量过程在较短时间内实现，这对于分数阶傅里叶变换的理论体系以及在干涉测量领域应用的发展和完善都具有极为重要的意义[40]。

12.5.2.1 分数阶傅里叶域参数估计原理

通常情况下，二次相位闭合条纹图其强度分布规律可数学描述为

$$I(x,y) = I_b + I_a \cos[\varphi(x,y)] \tag{12.73}$$

且

$$\varphi(x,y) = a_x x^2 + \omega_x x + a_y y^2 + \omega_y y + \phi_0 \tag{12.74}$$

式中，I_b 表示条纹图背景强度，I_a 表示条纹图调制强度，$\varphi(x,y)$ 表示包含被测量物理信息的条纹图相位。一般地，由于条纹图其背景强度和调制强度相对于相位的余弦函数来说变化较慢，背景强度和调制强度通常近似表示为常数。

二次相位闭合条纹图的每一行或者每一列其强度分布都具有一维 chirp 信号的表示形式，每一行(或者列)信号可表示为

$$I(x) = \text{rect}(x/r_m)[I_b + I_a \cos(a_x x^2 + \omega_x x + \phi_y)] \tag{12.75}$$

式中，$[-r_m/2, r_m/2]$表示信号持续的长度区间，φ_y 表示每一行(或者列)的固定相位，且每一行(或者列)的固定相位并不相同。根据欧拉公式，式(12.75)可表示为

$$I(x)=\text{rect}(x/r_{\text{m}})[I_{\text{b}}+f(x)+f^{*}(x)] \tag{12.76}$$

式中，$f(x)=\frac{I_a}{2}\exp[\text{j}(a_x x^2+\omega_x x+\phi_y)]$，* 表示复共轭。

为了便于后续推导，现计算信号 $f(x)$ 的分数阶傅里叶变换。根据分数阶傅里叶变换定义，其分数阶傅里叶变换为

$$\begin{aligned}F_\alpha(u_x)&=\int_{-\infty}^{+\infty}K_\alpha(u_x,x)f(x)\text{d}x\\&=\int_{-\infty}^{+\infty}B_\alpha\exp\left[\text{j}\left(\frac{\cot\alpha}{2}(u_x^2+x^2)-\csc\alpha u_x x\right)\right]\cdot\\&\quad\frac{I_a}{2}\exp[\text{j}(a_x x^2+\omega_x x+\phi_y)]\text{d}x\\&=\frac{I_a B_\alpha}{2}\exp\left[\text{j}x^2\left(\frac{\cot\alpha}{2}+a_x\right)\right]\cdot\\&\quad\int_{-\infty}^{+\infty}\exp\left[\text{j}x^2\left(\frac{\cot\alpha}{2}+a_x\right)\right]\exp[\text{j}(\omega_x-\csc\alpha u_x)x]\text{d}x\end{aligned} \tag{12.77}$$

当旋转角 α 满足如下关系：

$$\cot\alpha=-2a_x \tag{12.78}$$

信号 $f(x)$ 的分数阶傅里叶变换为 sinc 函数，可表示为

$$F_\alpha(u_x)=\frac{1}{2}I_a B_\alpha r_m\exp\left(\text{j}\,\frac{\cot\alpha}{2}u_x^2+\text{j}\phi y\right)\text{sinc}\left[\frac{(u_x\csc\alpha-\omega_x)r_m}{2}\right] \tag{12.79}$$

因此，当

$$u_x\csc\alpha=\omega_x \tag{12.80}$$

信号 $f(x)$ 的分数阶傅里叶变换域幅值 $|F_\alpha(u_x)|$ 在位置 u_x 处取最大值，如图 12.44 所示。也就是说，当 α_0 为匹配旋转角时，在此旋转角对应的分数阶傅里叶变换域中，chirp 信号在位置 u_{x_0} 处能量聚集。

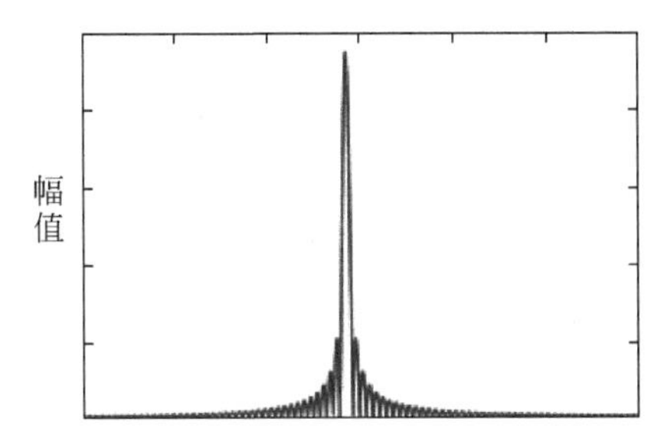

图 12.44　chirp 信号的分数阶傅里叶域幅值分布（α 为匹配旋转角时）

因此，分数阶傅里叶变换被用于分析二次相位闭合条纹图时，需要通过峰值搜索过程确定该条纹图对应的匹配旋转角 α_0 和峰值位置 u_{x0}，从而根据式(12.78)和式(12.80)计算条纹图相位中的二次项、一次项系数。

$$a_x=-\frac{\cot\alpha_0}{2} \tag{12.81}$$

$$\omega_x=u_{x0}\csc\alpha_0 \tag{12.82}$$

同时，根据式(12.79)也可以得到条纹图中每一行（或者列）对应的固定相位：

$$\phi_y = \text{angle}[F_{\alpha_0}(u_{x0})] - \frac{\cot\alpha_0}{2}u_{x0}^2 \tag{12.83}$$

12.5.2.2 最小二乘法参数估计原理

通常情况下，采集的干涉条纹图中存在噪声，因此，具有二次相位的闭合条纹图其强度分布可表示为

$$\begin{aligned} I(x,y) &= I_b + I_a\cos[\varphi(x,y)] + n(x,y) \\ &= I_b + I_a\cos[a_x x^2 + \omega_x x + a_y y^2 + \omega_y y + \phi_0] + n(x,y) \end{aligned} \tag{12.84}$$

式中，$n(x,y)$表示条纹图中存在的加性随机噪声。

式(12.84)表明，具有二次相位闭合条纹图其强度分布可由空间位置变量 $X=(x,y)$与参数 $A=(I_b,I_a,a_x,\omega_x,a_y,\omega_y,\phi_0)$描述的数学模型确定。由于噪声的影响，所记录的条纹图其强度分布与条纹图强度分布理论上的数学模型存在一定偏差，因此根据最小二乘准则，为了衡量参数 $A=(I_b,I_a,a_x,\omega_x,a_y,\omega_y,\phi_0)$估计的好坏，利用误差的平方和最小来描述这种偏差，则目标函数可表示为[35]

$$\min_A \chi^2(A) = \min_A \| Y - I(A,X) \|_2^2 = \min_A \sum_{i=1}^{N}\sum_{j=1}^{M}(Y_{ij} - I_{ij}(A,X_{ij}))_2 \tag{12.85}$$

式中，$A=(I_b,I_a,a_x,\omega_x,a_y,\omega_y,\phi_0)$，$X=(x,y)$表示位置变量，$I(A,X)$表示具有二次相位闭合条纹图的强度分布的数学模型，$Y$ 表示采集的条纹图所记录的强度分布，且该条纹图有 $N\times M$ 个像素。

由于条纹图强度分布的数学模型非线性，不能解析求解得到最佳匹配函数，需要通过迭代计算来求得，而且由于针对此问题建立的目标函数的非凸性，因此迭代计算过程对所提供的初值较为敏感。当提供的初值在其修正范围内，可以得到较为精确的拟合参数，进而可以利用迭代计算求解所得的参数 $A=(I_b,I_a,a_x,\omega_x,a_y,\omega_y,\phi_0)$ 来计算包含在各系数中的被测物理量，完成基于最小二乘法的参数估计。

12.5.2.3 最小二乘修正的分数阶傅里叶域精确参数估计

分数阶傅里叶变换用于二次相位闭合条纹图参数估计时具有抗噪声、抗干扰的优点，但是在估计一次项系数时仍然存在一定的偏差，因此为了满足工程实际中对测量精度的要求，基于分数阶傅里叶变换的参数估计结果仍需要进一步优化。前文提到，最小二乘法用于二次相位闭合条纹图参数估计时需要提供初值，且对所提供的初始值较为敏感，当所提供的初始值在其修正范围内，可以对其进行修正。而分数阶傅里叶变换用于此类条纹图分析时，所提供的参数估计值在最小二乘法修正范围内，基于此，现提出基于最小二乘修正的分数阶傅里叶域精确测量算法[41]，算法处理流程如下：

(1) 读取被分析的二次相位闭合条纹图数据；

(2) 输入用于离散化计算的采样间隔；

(3) 执行分数阶傅里叶变换算法；

(4) 记录基于分数阶傅里叶变换参数估计结果；

(5) 将步骤(4)中的参数估计结果作为最小二乘法迭代计算过程的初始值，进而通过迭代计算对其修正，得到被测参数的精确估计值。

牛顿环条纹图是一种典型的二次相位闭合条纹图，因此为了对分数阶傅里叶变换在用于二次相位闭合条纹图参数估计时存在的误差进行定量分析，本节以干涉测量中常见的牛顿环条纹图为例，通过测量透镜曲率半径以及牛顿环条纹图的环心位置进行分析。仿真实验中牛顿环条纹图由式(12.73)生成，其相位为

$$\begin{aligned}\varphi(x,y) &= \frac{2\pi}{\lambda R}\left[(x-x_0)^2+(y-y_0)^2+\pi\right] \\ &= \pi K\left[(x-x_0)^2+(y-y_0)^2\right]+\pi\end{aligned} \tag{12.86}$$

当使用分数阶傅里叶变换进行参数估计时，其实验结果仍然存在一定程度的偏差。针对此问题，提出了基于最小二乘法修正的分数阶傅里叶域精确测量算法，通过将分数阶傅里叶变换的估计结果利用最小二乘法进行修正，从而可以更高的精度得到参数的估计值。

为了验证所提修正算法的参数估计性能，首先，对图 12.45 所示不含噪声的理想条纹图进行处理。以环心在 (256,256)条纹图为例，当条纹图中条纹级数变化时，所提修正算法的参数估计结果如表 12.1 所示，作为对比，算法修正前估计结果同样记录在表 12.1 中。从表 12.1 可以看出，随着条纹级数增加，曲率半径估计值相对误差、环心估计值偏差逐渐减小。在使用修正算法前，环心估计值存在一定的像素偏差，而当使用修正算法进行处理时，即将原有算法的估计结果作为最小二乘法的初值进行修正，所提算法可以消除环心估计值存在的偏差。

表 12.1　条纹级数变化时 FRFT 修正前、修正后的参数估计结果

条纹级数	修　正　前		修　正　后	
	曲率半径估计值相对误差/%	环心估计值偏差（像素）	曲率半径估计值相对误差/%	环心估计值偏差（像素）
6	1.71	(4,4)	1.71	(0,0)
8	0.97	(3,3)	0.97	(0,0)
10	0.59	(3,3)	0.59	(0,0)
12	0.22	(2,2)	0.22	(0,0)
14	0.22	(2,2)	0.22	(0,0)
16	0.22	(2,2)	0.22	(0,0)
18	0.22	(2,2)	0.22	(0,0)
20	0.22	(2,2)	0.22	(0,0)

其次，对于不含噪声的理想条纹图，考虑条纹图环心在不同像素位置时所提算法的参数估计性能。当条纹图环心像素位置变化时，条纹图强度分布如图 12.45 所示。同样地，分别利用原有算法、修正算法进行处理，相应的参数估计结果记录在表 12.2 中。从表中可以发现，随着环心位置的变化，曲率半径估计值相对误差、环心估计值偏差基本不变，而通过使用所提修正算法，可以将原来环心估计值存在 2～3 像素的偏差消除，从而获得无偏差的环心估计值，即环心估计值等于实际值。

为了进一步验证所提算法的性能，对于理想条纹图分别添加高斯噪声、椒盐噪声进行分析处理。当闭合条纹图受高斯白噪声污损时，对于具有不同信噪比的条纹图，实验结果如表 12.3 所示。由表 12.3 中修正前估计结果可知，在大多数情况下，即使当信噪比 SNR＝－10dB 时，原来的分数阶傅里叶变换对于曲率半径的估计结果其相对误差仍小于 1.74%，而环心位置

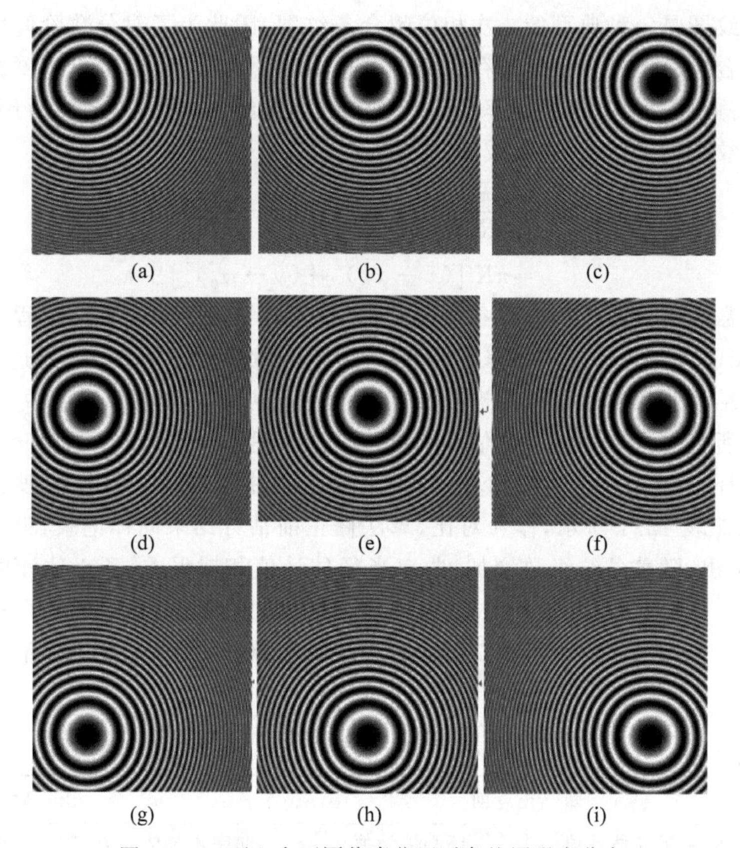

图 12.45　环心在不同像素位置时条纹图强度分布

(a) (128,128)；(b) (128,256)；(c) (128,384)；(d) (256,128)；(e) (256,256)；(f) (256,384)；(g) (384,128)；(h) (384,256)；(i) (384,384)

的估计存在 2 个像素的偏差，因此，分数阶傅里叶变换其估计结果很容易满足最小二乘法对于初值的要求，从而可以修正原来分数阶傅里叶变换的估计结果，使得环心估计值存在的偏差得以消除。同样，对于具有不同噪声密度的闭合条纹图（添加椒盐噪声时）进行分析处理，所提修正算法同样可以提供无偏差的环心估计值，实验结果如表 12.4 所示。

表 12.2　条纹图环心位置变化时 FRFT 修正前、修正后的参数估计结果

环心位置（像素）	修 正 前		修 正 后	
	曲率半径估计值相对误差/%	环心估计值偏差（像素）	曲率半径估计值相对误差/%	环心估计值偏差（像素）
(128,128)	0.22	(2,2)	0.22	(0,0)
(128,256)	0.22	(2,3)	0.22	(0,0)
(128,384)	0.22	(2,2)	0.22	(0,0)
(256,128)	0.22	(3,2)	0.22	(0,0)
(256,256)	0.22	(2,2)	0.22	(0,0)
(256,384)	0.22	(3,2)	0.22	(0,0)
(384,128)	0.22	(2,2)	0.22	(0,0)
(384,256)	0.22	(2,3)	0.22	(0,0)
(384,384)	0.22	(2,2)	0.22	(0,0)

表 12.3 受高斯白噪声污损时在不同信噪比下 FRFT 修正前、修正后的参数估计结果

SNR/dB	修正前		修正后	
	曲率半径估计值相对误差/%	环心估计值偏差(像素)	曲率半径估计值相对误差/%	环心估计值偏差(像素)
∞	0.22	(2,2)	0.22	(0,0)
10	0.22	(2,2)	0.22	(0,0)
5	0.22	(2,2)	0.22	(0,0)
0	0.22	(2,2)	0.22	(0,0)
−5	0.41	(2,2)	0.41	(0,0)
−10	1.3	(2,2)	1.3	(0,0)
−15	0.15	(2,8)	0.15	(1,8)
−20	34	(217,221)	34	(217,221)

表 12.4 受椒盐污损时在不同噪声密度下 FRFT 修正前、修正后的参数估计结果

噪声密度/%	修正前		修正后	
	曲率半径估计值相对误差/%	环心估计值偏差(像素)	曲率半径估计值相对误差/%	环心估计值偏差(像素)
0	0.22	(2,2)	0.22	(0,0)
20	0.22	(3,3)	0.22	(0,0)
40	0.22	(3,3)	0.22	(0,0)
60	0.22	(3,3)	0.22	(0,0)
80	0.41	(3,3)	0.41	(0,0)
90	1.15	(3,3)	1.15	(0,0)

除了考虑条纹图受噪声污损时所提修正算法的估计性能，同时还考虑存在干扰时其估计性能，图 12.46 所示为干扰在不同像素位置时条纹图强度分布，其中干扰半径大小为 75 像素。由表 12.5 中所列结果，通过对比可发现，本节所提修正算法可以得到更高精度的估计结果。另外，当干扰半径如图 12.47 所示变化时，由表 12.6 中结果可知，随着干扰覆盖面积的增加，曲率半径估计值相对误差、环心估计值偏差逐渐增加。当干扰半径小于等于 175 像素时，利用所提修正算法可以消除原来算法在估计环心位置时存在的 2 个像素的偏差。但是随着干扰覆盖面积的增加，条纹图强度分布规律主要由干扰决定，因此利用最小二乘拟合修正时估计结果误差增加，比如，当干扰半径为 225 像素时，修正前曲率半径估计值相对

表 12.5 干扰在条纹图中不同位置时 FRFT 修正前、修正后的参数估计结果

干扰位置(像素)	修正前		修正后	
	曲率半径估计值相对误差/%	环心估计值偏差(像素)	曲率半径估计值相对误差/%	环心估计值偏差(像素)
(100,100)	0.41	(2,2)	0.41	(0,0)
(200,200)	0.41	(2,2)	0.41	(0,0)
(256,256)	0.22	(2,2)	0.22	(0,0)
(300,300)	0.41	(2,2)	0.41	(0,0)
(400,400)	0.41	(2,2)	0.41	(0,0)

误差为1.52%，环心估计值偏差为(2,8)像素，但是修正后，曲率半径估计值相对误差为2.03%，环心估计值偏差为(118,162)像素。

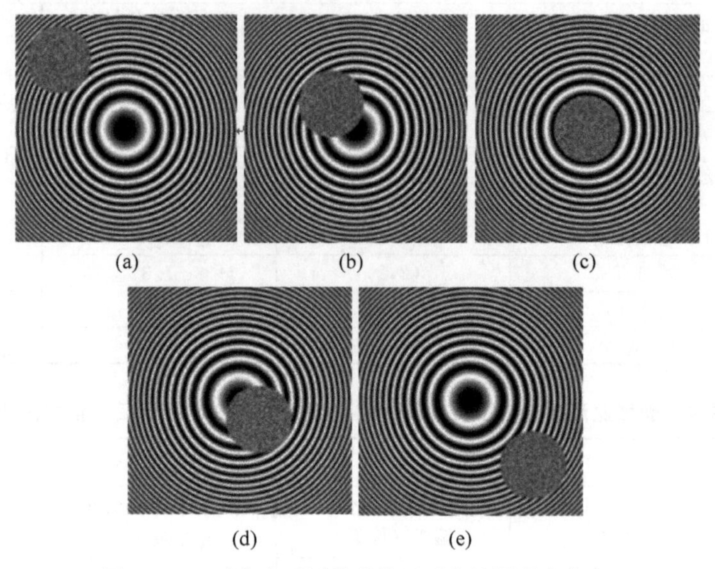

图 12.46　干扰在不同像素位置时条纹图强度分布

(a) (100,100)；(b) (200,200)；(c) (256,256)；(d) (300,300)；(e) (400,400)

表 12.6　干扰半径变化时 FRFT 修正前、修正后的参数估计结果

半径/像素	修正前		修正后	
	曲率半径估计值相对误差/%	环心估计值偏差(像素)	曲率半径估计值相对误差/%	环心估计值偏差(像素)
50	0.22	(2,2)	0.22	(0,0)
75	0.22	(2,2)	0.22	(0,0)
100	0.34	(2,2)	0.34	(0,0)
125	0.34	(2,2)	0.34	(0,0)
150	0.52	(2,2)	0.52	(0,0)
175	0.90	(2,2)	0.90	(0,0)
200	1.34	(8,2)	1.37	(7,0)
225	1.52	(2,8)	2.03	(118,162)
250	1.64	(8,8)	—	—

综上所述，与原来分数阶傅里叶变换的估计结果相比，本节所提修正算法可以得到更高精度的估计结果，主要是可以修正条纹图中相位的一次项系数估计结果，对于二次相位闭合条纹图，相位一次项系数对应条纹图环心位置，因此，所提算法可以消除原来算法在估计环心位置时存在的偏差。

为了验证所提算法的实用性，本节通过对传统牛顿环干涉仪系统采集实际条纹图进行分析，实验过程中用于测试算法的平凸透镜标准件其曲率半径为0.86m，光源波长为$\lambda=589.3\text{nm}$。对于1080×1080(3.95μm×3.95μm)像素大小实际条纹图，直接将其从空域变换到分数阶傅里叶变换域，当旋转角匹配时，条纹图信号在分数阶傅里叶域能量聚集，如

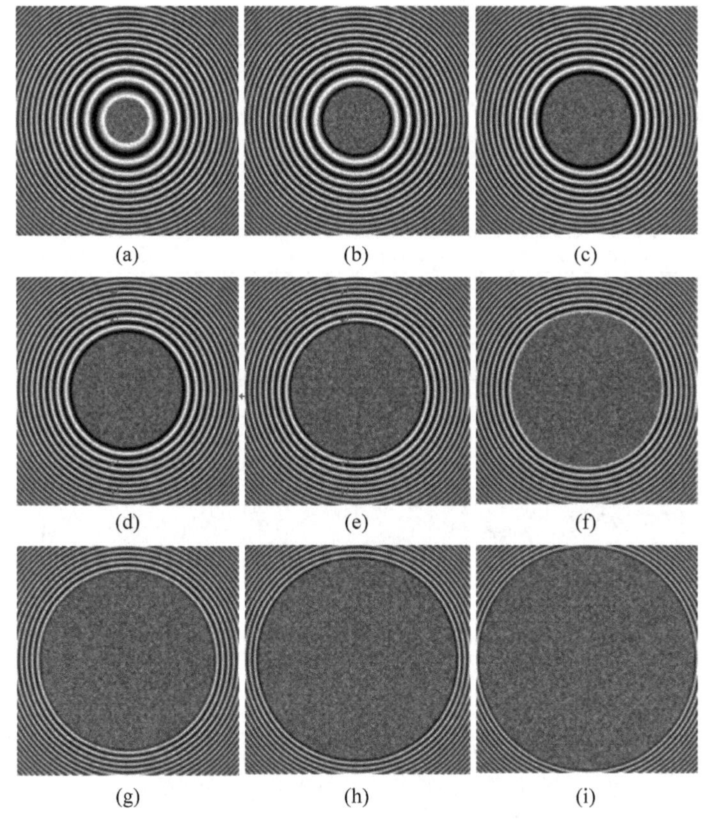

图 12.47　干扰半径变化时条纹图强度分布

(a) 50 像素；(b) 75 像素；(c) 100 像素；(d) 125 像 素；(e) 150 像素；(f) 175 像素；(g) 200 像素；(h) 225 像素；(i) 250 像素

图 12.48 所示。从而利用匹配旋转角以及峰值位置计算透镜曲率半径以及条纹图环心位置，曲率半径估计的相对误差为 0.89%，环心像素位置为(487,290)。由于利用分数阶傅里叶变换估计的结果在最小二乘算法的修正范围，因此可以对所得结果进行修正，修正的环心像素位置为(487,288)。同样，对于图 12.49 中实际条纹图，首先利用原来分数阶傅里叶变换进行分析处理，曲率半径、环心位置估计结果分别如表 12.7 中第二、三列所示，然后将分数阶傅里叶变换所得结果作为最小二乘初值，修正结果分别如表 12.7 中第四、五列所示。

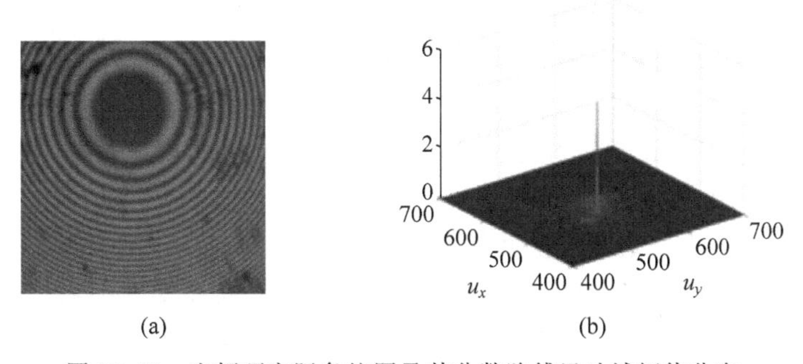

图 12.48　牛顿环实际条纹图及其分数阶傅里叶域幅值分布

(a) 实际条纹图(1080×1080 像素)；(b) 匹配旋转角下分数阶傅里叶域幅值分布

表 12.7　分析处理实际条纹图时 FRFT 修正前、修正后的参数估计结果

实际图/像素	修正前		修正后	
	曲率半径估计值相对误差/%	环心估计值偏差/像素	曲率半径估计值相对误差/%	环心估计值偏差/像素
440×440	1.27	(215,187)	1.27	(214,186)
480×480	0.52	(229,180)	0.52	(228,180)
720×720	1.08	(325,193)	1.08	(323,190)
768×768	0.41	(341,297)	0.41	(342,298)
1080×1080	0.89	(487,290)	0.89	(487,288)
1200×1200	0.34	(577,453)	0.34	(576,452)
1944×1944	0.04	(875,756)	0.04	(875,755)

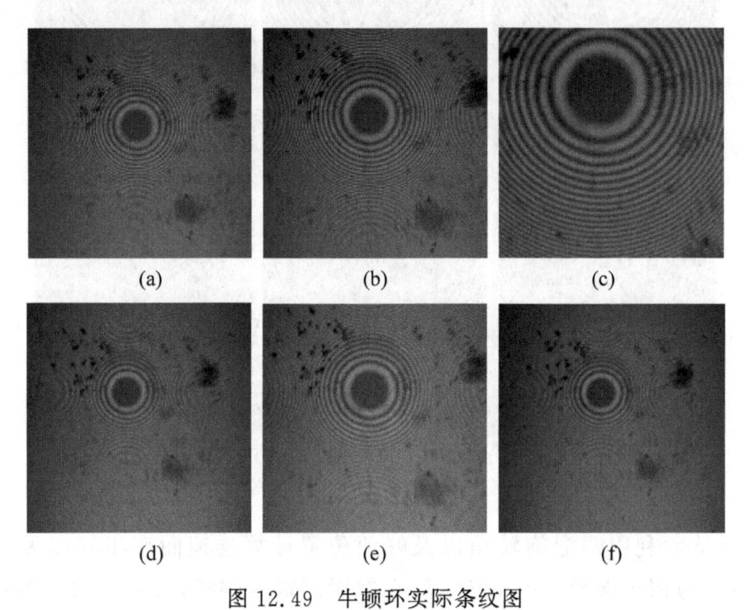

图 12.49　牛顿环实际条纹图

(a) 440×440 像素；(b) 480×480 像素；(c) 720×720 像素；
(d) 768×768 像素；(e) 1200 ×1200 像素；(f) 1944×1944 像素

综上所述,当实际应用中由于受测量环境的限制,在干涉测量系统的前端引入载波技术或者相移技术具有一定的困难时,测量过程中均会得到闭合条纹图,而且在透镜曲率半径、光纤连接器端面检测等测量过程中,所得闭合条纹图其相位分布具有二次多项式分布规律。由于二次相位闭合条纹图强度分布规律与二维 chirp 信号分布规律一致,因此根据分数阶傅里叶变换的 chirp 基分解特性,分数阶傅里叶变换在分析此类条纹图时具有抗噪声、抗干扰等优势。而在利用分数阶傅里叶变换分析过程中,两个关键参数分别为匹配旋转角与峰值位置,在确定过程中,通过在由旋转角和分数阶傅里叶变换域频率构成的平面上利用峰值搜索实现,由于在分数阶傅里叶变换域其分辨率有限,那么确定的匹配旋转角与峰值位置也将受到限制,从而由这两个参数确定的物理量其估计精度同样受到影响。但是需要注意的是,分数阶傅里叶变换结果在最小二乘法修正范围内,因此可将估计结果作为最小二乘法的初始值,从而可以更高的精度得到被测量估计值,实现了基于分数阶傅里叶变换的精确参数估计,满足了工程实际的需求。

12.5.2.4 快速参数估计原理

由图 12.50 中描述的分数阶傅里叶域条纹图分析处理流程可知，对于被测量物理参数估计，如何快速、精确地确定匹配旋转角与峰值位置是关键。因此为了兼顾估计精度和计算复杂度的要求，本节通过引入分数阶傅里叶变换域采样定理，在保证信号在分数阶傅里叶变换域的频谱不混叠的情况下，对信号采用较低的采样率进行重采样，通过减少参与计算的数据量，从而提高处理速度。

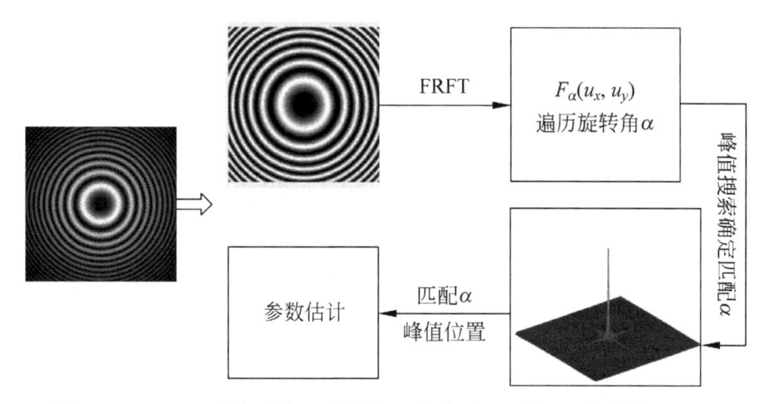

图 12.50　基于分数阶傅里叶域归一化条纹图分析的参数估计过程

信号的采样是联系连续时间信号和离散信号的桥梁，而采样定理则保证了如何对信号进行采样以及如何完全重建，因此采样定理在数字信号处理领域具有重要的地位。近年来，随着人们对于分数阶傅里叶变换研究的不断深入，在分数阶傅里叶变换基本理论和应用方面取得了一大批重要的研究成果。其中，分数阶傅里叶变换域采样定理由 Xia 等首先提出[42]，之后 Zayed 和 Erseghe 等定义了分数阶傅里叶变换域的采样定理[43-44]。

对于连续信号 $x(t)$，当采用脉冲序列以采样周期 T 均匀采样时，其对应的采样信号为

$$x_s(t)=x(t)\sum\delta(t-nT) \tag{12.87}$$

该采样信号的分数阶傅里叶变换可表示为

$$X_{sa}(u)=F_\alpha[x_s(t)](u)=\int_{-\infty}^{+\infty}K_\alpha(u,t)x(t)\sum\delta(t-nT)\mathrm{d}t \tag{12.88}$$

另外，根据 Zayed 等在文献中的推导证明可知

$$X_{sa}(u)=\frac{1}{T}\exp[\mathrm{j}(\cot\alpha/2)u^2]\left\{X_\alpha(u)\exp[-\mathrm{j}(\cot\alpha/2)u^2]\sum\delta\left(u-n\frac{2\pi\sin\alpha}{T}\right)\right\} \tag{12.89}$$

因此，由式(12.88)可知连续信号 $x(t)$的分数阶傅里叶变换 $X_\alpha(u)$和其采样信号 $x_s(t)$的分数阶傅里叶变换 $X_{sa}(t)$之间的关系。图 12.51 描述了信号在时域的采样过程对其在分数阶傅里叶变换域的影响。由图 12.51 可知，采样信号的分数阶傅里叶变换域频谱 $X_{sa}(t)$ 是以周期 $2\pi\sin\alpha/T$ 进行复制，因此，分数阶傅里叶变换域的低通采样定理可数学描述为

$$\Omega_s \geqslant 2\Omega_w\,|\csc\alpha| \tag{12.90}$$

式中，采样率 $\Omega_s=2\pi/T$，带宽 $\Omega_w=\Omega_h-\Omega_l$，对于低通采样定理，$\Omega_l=0$，而 $\Omega_w=\Omega_h$。

对于 chirp 信号，在其调频率对应的匹配旋转角下，该信号在分数阶傅里叶变换域幅度谱具有 sinc 函数形式，带宽非常窄，而在傅里叶变化域，其带宽较宽，如图 12.52 所示。对

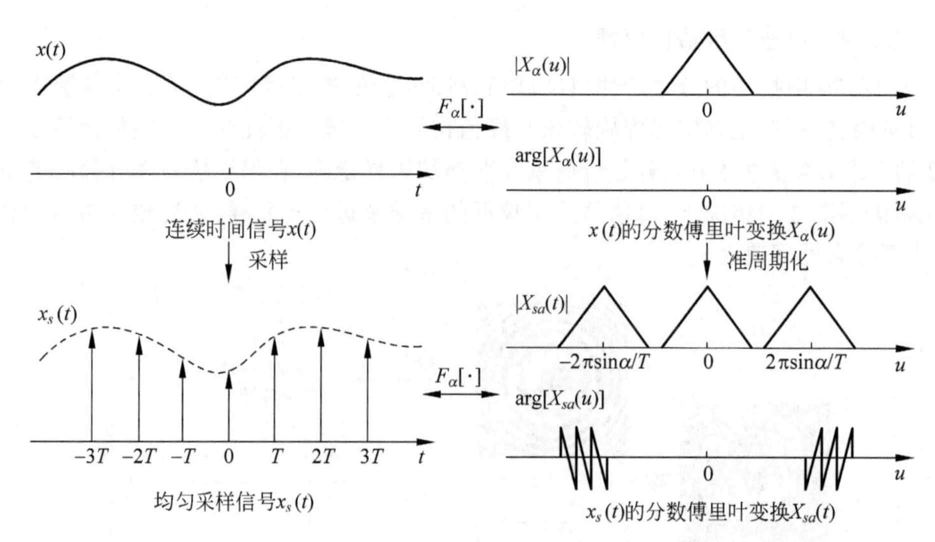

图 12.51 信号的时域均匀采样对应在分数阶傅里叶域的变化

于带限信号,由奈奎斯特采样定理知,为了避免混叠,信号最高频率应该大于等于 2 倍的信号带宽。与奈奎斯特采样定理类似,由分数阶傅里叶变换采样定理可知,为了避免信号在分数阶傅里叶变换域发生混叠,信号在分数阶傅里叶变换域频率因此满足如下关系:

$$u_s = f_s \mid \sin\alpha \mid \geqslant u_B \tag{12.91}$$

式中,f_s 表示信号的采样频率。

由图 12.52 可知,chirp 信号在分数阶傅里叶变换域带宽非常窄,因此在分数阶傅里叶变换域可以采用比在傅里叶变换域低很多的采样率对 chirp 信号进行重采样[45]。假设 chirp 信号原采样率为 f_0,$f_0=1/T$;f_s 为降采样后的采样率,满足式(12.90);M 表示最大降采样倍数,那么 M 可表示为

$$M = \frac{f_0}{f_s} \leqslant \frac{1/T}{u_B/\mid \sin\alpha \mid} = \frac{\mid \sin\alpha \mid}{u_B T} \tag{12.92}$$

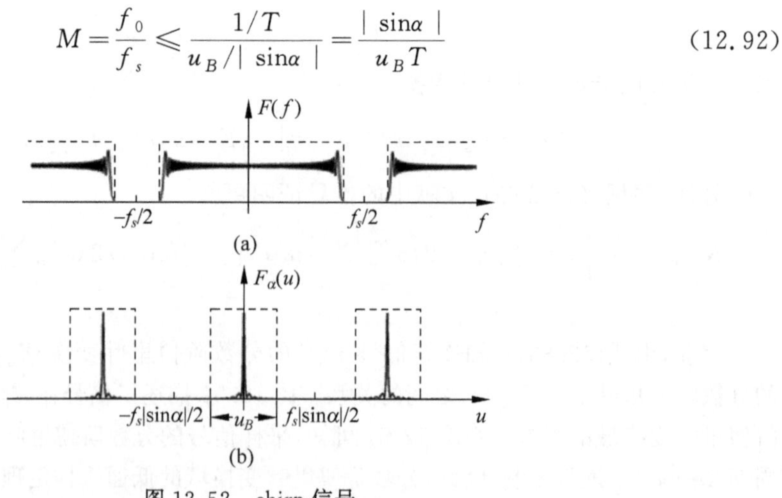

图 12.52 chirp 信号

(a) 傅里叶域幅值分布;(b) 分数阶傅里叶域幅值分布

因此,当信号带宽确定后,在满足 chirp 信号在分数阶傅里叶变换域不发生混叠的情况下,以原采样率的 $1/M$ 倍对信号进行重采样。

如上文所述，具有二次相位分布的闭合条纹图为二维 chirp 信号，因此通过引入分数阶傅里叶域采样定理对所记录的条纹图进行重采样。但是将上述分数阶傅里叶域采样定理用于条纹图分析时，由于条纹图信号带宽未知，因此在实际应用过程中，具体做法为：首先根据被测物理量范围确定旋转角的搜索范围，其次在旋转角搜索范围内确定条纹图信号最大带宽，从而确定可以使条纹图信号在分数阶傅里叶域不发生混叠的最大降采样倍数。然后，利用所确定的最大降采样倍数对条纹图以较低采样率进行重采样，最后对重采样后的条纹图进行分析，具体过程如图 12.53 所示。由于减少了参与分析的信号数据，从而实现了快速参数估计。

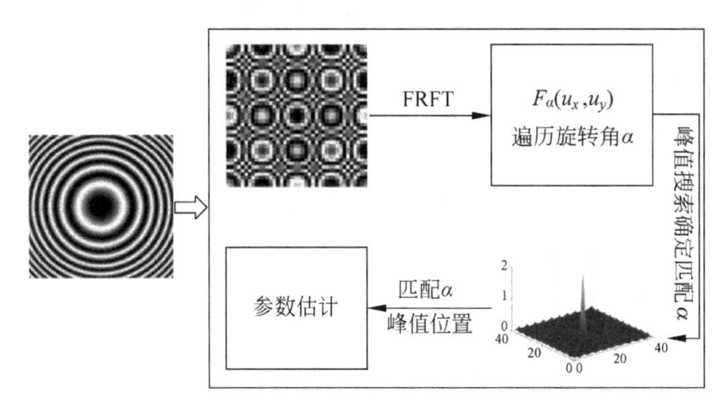

图 12.53　基于分数阶傅里叶域降采样的快速参数估计过程

此外，为了兼顾估计精度和计算复杂度的要求，本节所提的基于分数阶傅里叶域降采样的快速实现方式通过减少参与分析的信号数据，从而使得处理过程在 1s 内完成。例如，对于图 12.48(a)所示的 1080×1080 像素实际条纹图，经过 18 倍抽取后，如图 12.54(a)所示，图像已混叠，但是由于此类闭合条纹图在分数阶傅里叶域的稀疏性，由图 12.54(b)可以发现，抽取后的条纹图在分数阶傅里叶域仍然没有混叠，因此分数阶傅里叶域精确参数估计过程不受影响，而经过减少参与分析的信号数据，处理时间由原来的 179s 降为 0.83s。其中实验平台为装有 Intel Core i5-4590CPU 的计算机，计算过程使用 MATLAB R2017a。

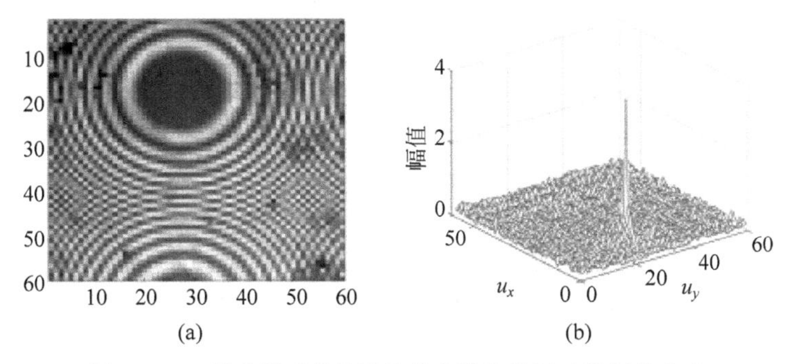

图 12.54　降采样后条纹图及其分数阶傅里叶域幅值分布

(a) 18×倍抽取；(b) 匹配旋转角下分数阶傅里叶域幅值分布

因此，在实际测量过程中，本节所提算法可以提供快速、精确的测量结果，这对于工程实际具有重要意义。

综上所述，对于光学干涉测量中常见的二次相位闭合条纹图，分数阶傅里叶变换由于

chirp 基分解特性使得其成为分析此类条纹图的一个重要工具。同时，处理过程使用的基于分数阶傅里叶域降采样的快速实现方式，在保证精度的同时通过减少参与分析的信号数据，从而使得处理过程在较短时间内完成，这对于工程实际具有重要意义。

综上所述，对于光学干涉测量中常见的二次相位闭合条纹图，分数阶傅里叶变换由于 chirp 基分解特性使得其成为分析此类条纹图的一个重要工具，而在处理过程中使用的基于分数阶傅里叶域降采样的快速实现方式，在保证精度的同时通过减少参与分析的信号数据，从而使得处理过程在较短时间内完成，这对于工程实际具有重要意义。

教学视频

12.5.3 分数阶傅里叶域光学相干层析成像色散补偿技术

光学相干层析成像（Optical Coherence Tomography，OCT）是一种先进的干涉成像技术，具有高分辨率生物组织横断面成像能力。目前，频域光学相干层析成像技术（Fourier Domain OCT，FD OCT）的快速发展使得 OCT 系统的灵敏度和成像速度有了很大提高。FD OCT 可以用干涉仪或波长扫描光源测量。与时域方法相比，傅里叶变换增强后的 FD OCT 具有成像速度快、灵敏度高等优点。然而，增加轴向分辨率需要更大的光学带宽，这使得 OCT 成像更容易受到色散的影响。

OCT 系统色散校正的基本方法包括物理方法和数字方法。传统的物理方法主要基于匹配光学材料或相位控制延迟线来消除两个干涉仪臂之间的色散。这两种方法都能很好地实现系统的色散补偿，但在对不同材料的样品成像时，色散补偿材料和硬件参数均难以调整。而数字补偿方法相对来说更方便、更灵活，并不依赖于硬件的支持。数字补偿方法主要有自动迭代法[46]、自聚焦法[47]和相位因子提取法。这些方法只需要一个色散修正项，因此非常适合于系统色散补偿或在某一深度上的样品色散补偿。然而，它们很难同时补偿来自不同样品深度的色散。

OCT 图像全深度色散补偿的方法包括数值相关法[48]、线性拟合法[49]和傅里叶域重采样法。然而，数值相关法和线性拟合法分别采用基于深度的卷积核和线性拟合函数作为补偿器，因而这两种方法都需要色散特性的先验知识。因此，对于色散系数未知或无法精确计算的情况，上述两种方法很难奏效。傅里叶域重采样方法需要对分层介质进行多次重采样，增加了计算复杂度。此外，清华大学一研究团队最近提出了一种利用共轭变换补偿 OCT 成像中全深度色散的新方法[50]。但这种方法由于采用复杂的穷举方法来寻找最优系数，因而也极大地增加了计算量。

以往对色散的研究大多是基于傅里叶分析方法，但是最近一种基于分数阶傅里叶变换的色散补偿方法为研究色散的性质提供了一个新的视角[51]。该方法直接在一个特定的分数阶傅里叶域内对 OCT 的 Ascan 信号成像，获得补偿后的 OCT 图像。然而，这导致在所有深度的色散分量都被相同的 FRFT 阶次校正。因此用这种方法得到的结果只有在特定深度的色散分量才会得到精确的补偿，而在其他深度的分量会被过补偿或欠补偿。本节介绍一种基于分数阶傅里叶域参数检测算法的色散校正新方法，该方法能够检测并同时补偿 OCT 成像过程中样品在各个深度的色散。相应色散检测和校正过程如图 12.55 所示[52]。

整个过程分为三部分：①构造解析信号；②检测色散参数；③重构补偿信号。具体的处理过程如下。

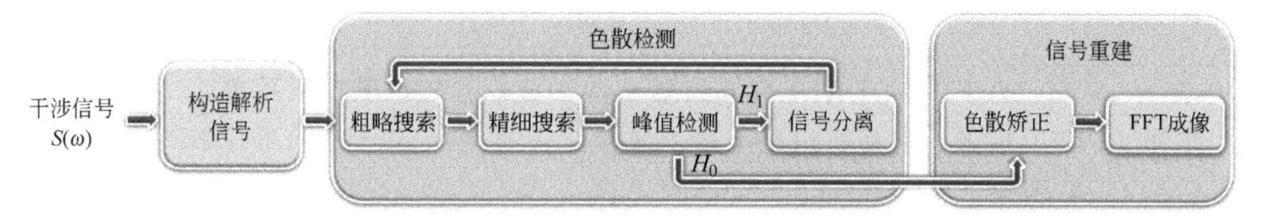

图 12.55 基于分数阶傅里叶域步进检测的全深度色散补偿方法流程图

步骤 1：构造解析信号。从 FD OCT 中获得的一个 A-scan 干涉信号记为 $S(\omega)$。利用希尔伯特变换构建色散信号 $S(\omega)$的解析形式：

$$S_a(\omega)=S(\omega)+\mathrm{j}\hat{S}(\omega) \tag{12.93}$$

式中，$\hat{S}(\omega)$为 $S(\omega)$的希尔伯特变换。

步骤 2：粗略搜索。将分数阶傅里叶域搜索阶次 α 的范围设定为[0,2]，步长为 Q。对每个阶次 α，通过对解析相干信号 $S_\alpha(\omega)$作 α 阶 FRFT，获得其对应阶次的分数阶傅里叶域谱 $X_\alpha(u)$。在每个阶次 α 对应的分数阶傅里叶域内搜索信号分数功率谱$|X_\alpha(u)|^2$ 的峰值，并在搜索到的 Q 个分数功率谱峰值中选取最大值 A_{co}。此最大值 A_{co} 对应的坐标为 $\hat{u}_{co}$，相应的分数阶傅里叶域搜索阶次为 $\hat{\alpha}_{co}$。

步骤 3：精细搜索。利用 Quasi-Newton 法在 $\hat{\alpha}_{co}$ 阶对应的分数阶傅里叶域附近搜索使得分数功率谱$|X_\alpha(u)|^2$ 最大的分数阶傅里叶域。搜索到的分数功率谱$|X_\alpha(u)|^2$ 的峰值记为 A_n。

步骤 4：峰值检测。根据如下公式，比较步骤 3 中搜索到的功率谱峰值 A_n 和设置的阈值 γ 大小。

$$\rho=|A_n|\underset{H_0}{\overset{H_1}{\gtrless}}\gamma \tag{12.94}$$

式中，ρ 为检验统计量，γ 为设定的阈值，H_1 为峰值超过阈值的假设，H_0 为峰值不超过阈值的假设。若峰值 A_n 超过阈值 γ，则说明检测到一个色散分量。此时 A_n 对应的坐标为 $\hat{u}_n$。

步骤 5：信号分离。利用分数阶傅里叶域滤波移除当前检测到的色散分量。

$$X'_{\hat{\alpha}_n}(u)=X_{\hat{\alpha}_n}(u)H(u,\hat{\alpha}_n) \tag{12.95}$$

式中，$H(u,\hat{\alpha}_n)$是中心初始频率为 $\hat{u}_n$ 的分数阶傅里叶域带通滤波器，其表达式由下式给出：

$$H(u,\hat{\alpha}_n)=\begin{cases}0, & \hat{u}_n-w_n\leqslant u\leqslant\hat{u}_n+w_n\\ 1, & \text{其他}\end{cases} \tag{12.96}$$

式中，$w_n=2\pi/(T_{ns}\csc\hat{\alpha}_n)$，$T_{ns}$ 为 FD OCT 干涉信号中来自第 n 层反射面信号的采样间隔。

步骤 6：重复步骤 2～5，直到检测不到高于阈值 γ 的峰值。此时样品所有色散分量的参数全部检测完毕，所有之前检测到的分数阶傅里叶域阶次 $\hat{\alpha}_n(n=1,2,\cdots)$可以用来纠正 FD OCT 中干涉信号的色散。

步骤 7：色散校正。用如下相位校正项在时域重构 FD OCT 的干涉信号：

$$\bar{\theta}_n(\omega) = -\sum_n k_n(\omega-\omega_0)^2 \tag{12.97}$$

式中，$k_n=\pi\cot\hat{\alpha}_n$ 为 FD OCT 中来自样品第 n 层干涉信号的色散校正系数。

步骤 8：FFT 成像。对所有进行上述色散补偿后的 A-scan 干涉信号作 FFT，得到色散矫正后的 OCT 图像。

上述各个步骤中的计算过程都必须满足采样定理和量纲归一化。

教学视频

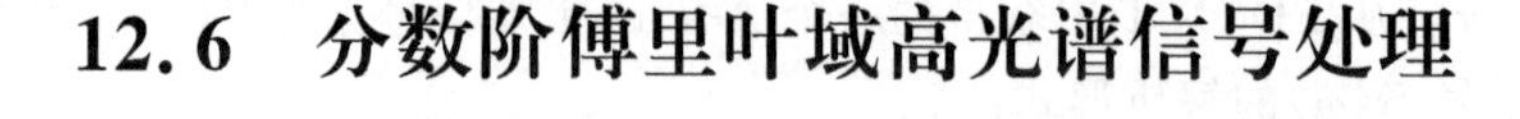

12.6 分数阶傅里叶域高光谱信号处理

教学视频

教学视频

高光谱图像(Hyperspectral Image，HSI)包含数百个连续的光谱带，可以区分具有细微光谱差异的不同物体。然而，卫星或机载传感器的成像过程受大气条件和物质表面变化等因素的影响，使得特征具有非平稳性和非线性。分数阶变换作为傅里叶变换的一种通用形式，在处理非平稳信号方面有着广泛的应用。通过全面的空间光谱纹理特征提取，分数阶变换方法有助于高光谱目标检测和分类。本节概述了分数阶变换方法在高光谱图像分析中的应用，介绍了一种基于分数阶傅里叶变换和分数阶傅里叶熵的高光谱异常检测方法，可以在多个分数阶傅里叶域中提取特征，所提出的异常检测器能够有效地区分目标和背景。此外，介绍了一种用于高光谱和激光雷达协同分类的分数阶 Gabor 卷积神经网络，多域分数阶 Gabor 卷积层可实现全面的特征提取和分类。

12.6.1 基于分数阶傅里叶变换及分数阶傅里叶熵值的高光谱异常检测

异常检测是高光谱遥感中的重要任务。经典的高光谱检测方法[53-55]都是基于高光谱数据的原始反射光谱进行异常检测的。这样在光谱出现同物异谱或异物同谱现象时，效果就会受到制约。而频域变换具有噪声抑制和频谱去相关等优点。对于高光谱遥感图像，卫星或机载传感器的成像过程受许多因素的影响，如大气条件、物质表面的变化等，这些因素可能是非平稳的。分数阶傅里叶变换比传统的变换域方法能更好地处理非平稳噪声，这促使我们使用分数阶傅里叶变换进行高光谱异常检测。然而，当分数阶傅里叶变换应用于这些任务时，如何确定变换阶次一直是一个关键问题。因此，我们引入了信号在分数域的间接特征，将分数阶傅里叶变换和 Shannon 熵这两个理论工具结合起来以解决这一问题，即分数阶傅里叶熵(Fractional Fourier Entropy，FRFE)[56]。

本节介绍一种基于分数阶傅里叶熵的高光谱异常检测方法。首先，采用分数阶傅里叶变换作为预处理，通过空间－频谱表示获得原始反射光谱与其傅里叶变换之间的分数域特征，目的是抑制背景噪声并增强异常目标与背景之间的区分度。此外，使用分数阶傅里叶熵来自动确定最佳变换阶次。该方法具有更灵活的约束条件，即基于 FRFT 的 Shannon 熵不确定性原理，可以显著地区分信号与背景噪声。最后，在最优分数域中实现了所提出的基于分数阶傅里叶熵的异常检测方法。在真实的高光谱数据集上获得的实验结果表明，该方法可极大地提升高光谱图像异常检测算法的精度[57]。方法流程如图 12.56 所示。

所提方法的第一部分中，分数阶傅里叶变换首先被用作预处理，以利用介于原始反射光谱及其傅里叶域之间的分数域特征。

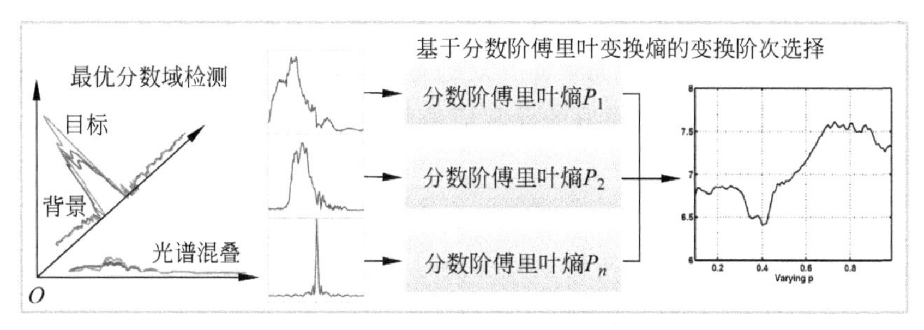

图 12.56 分数阶傅里叶熵值异常检测算法流程

三维的高光谱数据可以表示为 $\boldsymbol{X}=\{\boldsymbol{x}_i\}_{i=1}^N\in\mathbb{R}^d$，其中 N 是像素点数，d 是通道数。根据分数域信号处理理论，当改变变换阶次时，原始光谱(空间)和频率特性会发生变化。它可以被视为具有将原始信号 x 从空间频率平面旋转到变换平面的变换核函数。对于每个像素 $\boldsymbol{x}$，其在分数阶傅里叶域中表示为

$$\boldsymbol{x}_p(u)=(1/d)\sum_{s=1}^{d}\boldsymbol{x}(s)K_p(s,u) \tag{12.98}$$

对每个像素进行分数阶傅里叶变换时，其实质是同时整合原始反射光谱及其频域的信息，如图 12.57 所示。图 12.57(b)和(c)分别为分数阶 $p=0.7$ 和 0.9 时的分数阶傅里叶变换的幅值。可以清楚地看到，光谱的这一部分当能量集中时，信息被保存下来，而不是分散在整个频谱上。随着 p 的变大，这一现象更加明显。图 12.57(c)和(d)之间的区别在于，后者只包含频率而不包含任何光谱信息。

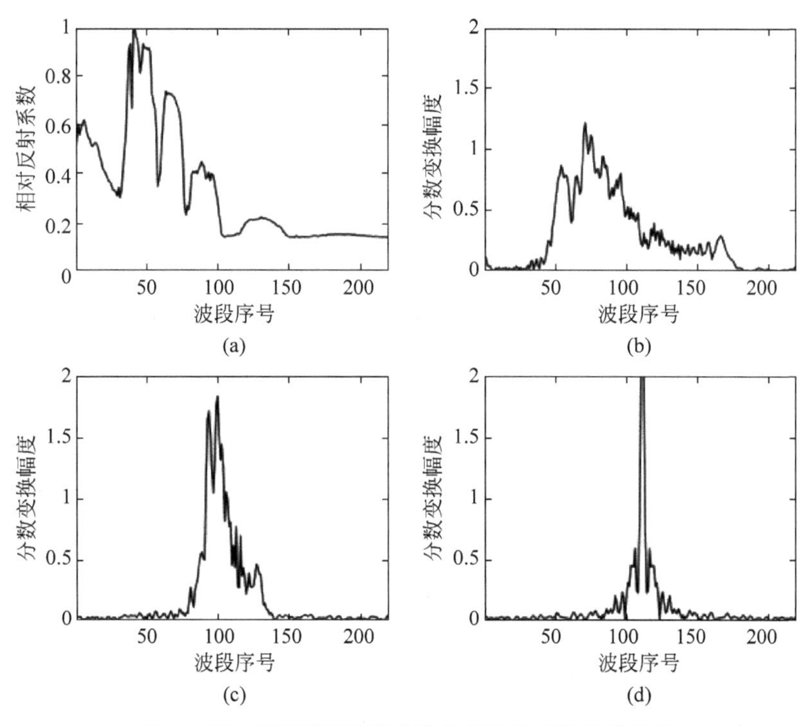

图 12.57 高光谱像素的分数阶傅里叶变换光谱分布

随后，所提出的框架中最重要的步骤之一是自动确定分数阶傅里叶变换的阶次。在上述观测的启发下，我们提出了一种简单而有效的基于分数阶傅里叶熵值的策略来确定分数阶 p。为了衡量分数阶傅里叶变换后的异常信号和背景之间的区分能力的增强，引入了分数阶傅里叶熵值：

$$\mathrm{FRFE}_p = E\boldsymbol{X}_p \tag{12.99}$$

当对高光谱图像 $\boldsymbol{X}$ 进行分数阶傅里叶变换时，计算变换后的高光谱图像中每个波段的熵值，得到特定波段的 p 阶分数阶傅里叶熵值。我们判定，分数阶傅里叶熵值最大的变换为最优变换阶次，进而增强异常和背景之间的区分。与传统的 Shannon 熵测不准原理类似，两个分数阶傅里叶域中的 Shannon 熵测不准原理为

$$E\{|\boldsymbol{x}_p(u)|^2\} + E\{|\boldsymbol{x}(s)|^2\} \geqslant \ln(\pi e\,|\sin(p)|) \tag{12.100}$$

然后，可以得到最优分数阶变换阶数为

$$\begin{cases} p = \underset{p}{\operatorname{argmax}}\,\mathrm{FRFE}_p \\ \text{s.t. } E\{|\boldsymbol{x}_p(u)|^2\} + E\{|\boldsymbol{x}(s)|^2\} \geqslant \ln(\pi e\,|\sin(p)|) \end{cases} \tag{12.101}$$

当在高光谱图像上实现分数阶傅里叶变换时，可以计算特定波段的分数阶傅里叶熵值，进而选取最优的变换阶次。

通过选择最优的分数变换阶数，传统的 RX 方法可以在最大限度地区分异常和背景的情况下进行异常检测。幅度信息被用作分数阶傅里叶域中的代表性特征，随后运用经典的 RX 检测器进行异常检测。在异常检测任务中，是否存在异常的信号可以表征为

$$\begin{cases} H_0: \boldsymbol{X} = \boldsymbol{n}, & \text{不存在异常} \\ H_1: \boldsymbol{X} = as + \boldsymbol{n}, & \text{存在异常信号} \end{cases} \tag{12.102}$$

式中，$\boldsymbol{n}$ 表示背景杂波噪声，$\boldsymbol{s}$ 表示信号的光谱特征。假设异常信号 $\boldsymbol{s}$ 和背景协方差 C_b 是未知的。异常像素 $\boldsymbol{X}$ 作为观测测试向量，则 RX 方法的结果为

$$r(\boldsymbol{X}) = (\widetilde{\boldsymbol{X}} - \hat{\boldsymbol{\mu}}_b)^{\mathrm{T}} \hat{\boldsymbol{C}}_b (\widetilde{\boldsymbol{X}} - \hat{\boldsymbol{\mu}}_b) \tag{12.103}$$

式中，$\boldsymbol{C}_b$ 为幅值的协方差矩阵，$\hat{\boldsymbol{\mu}}_b$ 为信号均值。将输出的结果与规定的阈值进行比较，如果 $r(\boldsymbol{X}) > \eta$，则称该像素为异常，否则为背景像素。

为了验证所提异常检测方法的有效性，在三组实验场景中验证效果。所提方法运用分数阶傅里叶变换提取高光谱反射特征。其他用于对比分析的特征提取方法包括离散小波变换（Discrete Wavelet Transform，DWT）和导数，分别表示为 DWT-RX 和 Deriv-RX。如图 12.58 所示，原始高光谱数据的伪彩色图像、异常目标真值图，以及几种对比方法和所提方法的异常检测效果图显示，在各种异常检测任务中，所提分数域高光谱异常检测方法具有较大优势。实验结果表明，相同误检率条件下，所提方法的检测概率更高，对微小异常目标的检测能力更强。如图 12.59 所示，从数值结果上看所提方法显著提升性能，对比其他的变换域异常检测方法检测概率提升 5～10 个百分点。

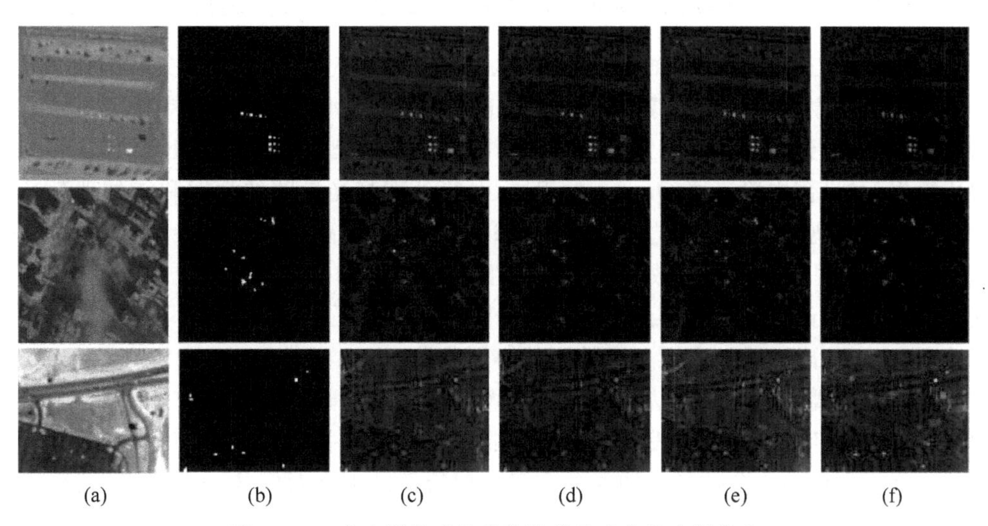

图 12.58　高光谱像素的分数阶傅里叶变换光谱分布

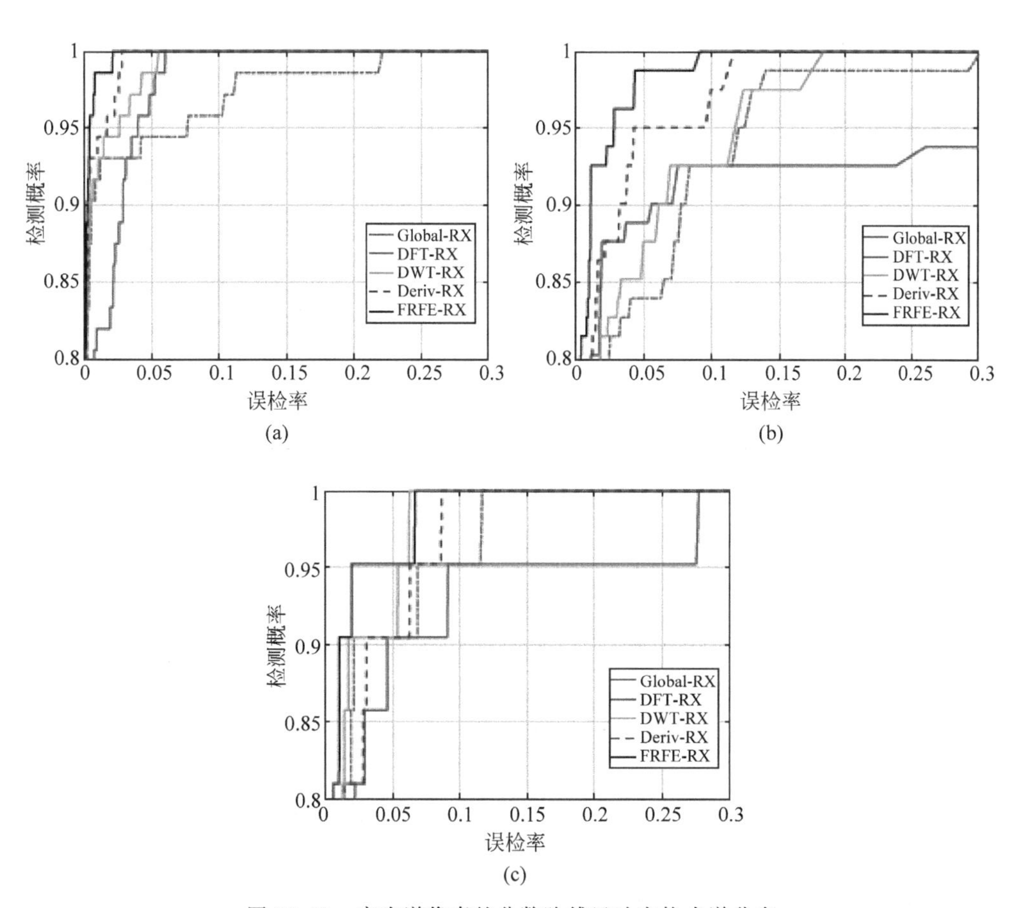

图 12.59　高光谱像素的分数阶傅里叶变换光谱分布

12.6.2 基于多分数阶 Gabor 变换的高光谱与激光雷达协同分类方法

高光谱数据与激光雷达数据的协同分类是多传感器遥感中的重要任务。本节所提方法首先对采集到的原始高光谱图像数据进行校正处理和归一化处理，得到待处理高光谱图像数据，以及对采集到的原始激光雷达数据进行异常点去除处理和归一化处理，得到待处理激光雷达数据。然后，构造三层 Octave 卷积层，对待处理高光谱图像数据和待处理激光雷达数据进行成分分离、成分组合以及频率分量综合，得到特征融合数据。最后，在多个分数阶 Gabor 变换层中提取特征融合数据中的方向性纹理信息，结合待处理高光谱数据进行空间、纹理以及光谱进行联合分类，得到目标联合分类特征。所提方法提高了不同分辨率、不同模态下的联合地物分类性能，实现了高精度的协同分类。

经典的高光谱特征提取方法都是基于图像原始的反射光谱进行研究，并未考虑图像的光谱变换。而近期的一些工作发现利用光谱曲线在变换域中的特征具有噪声压缩和光谱去相关的作用。利用多个分数域中图像的空间纹理特征区别来对图像进行分类，结合图像在变换域的频率分离与融合进行多元遥感数据的深度特征提取。所提方法的整体技术路线如图 12.60 所示。分数阶 Gabor 卷积神经网络包含以下两个步骤：①八度卷积神经网络对多源遥感数据进行频率分量的分离，可融合不同数据源之间的多个频率分量使其具有多源数据特征；②设计分数阶 Gabor 全卷积神经网络提取融合特征的空间纹理特征，结合高光谱图像的光谱特征进行协同分类[58]。方法流程如图 12.60 所示。

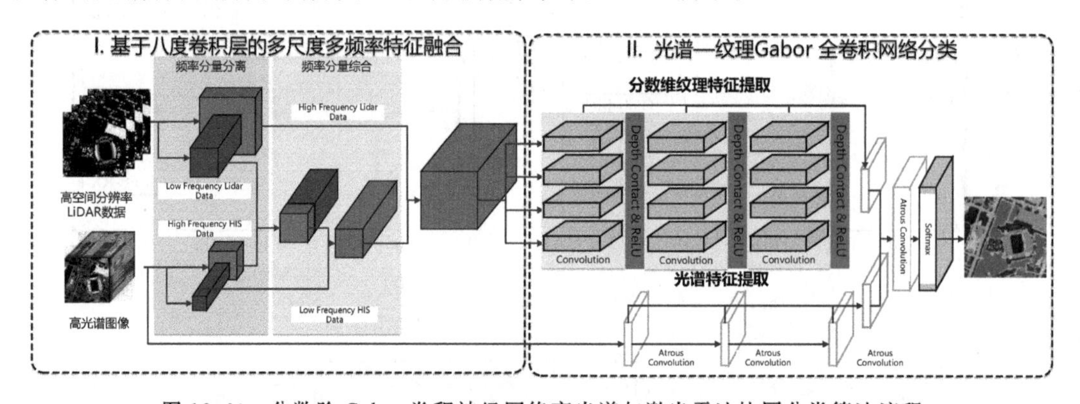

图 12.60 分数阶 Gabor 卷积神经网络高光谱与激光雷达协同分类算法流程

所提方法的第一步骤基于各个模式的三层 Octave 卷积层，对待处理高光谱图像数据和待处理激光雷达数据进行成分分离、成分组合以及频率分量综合，得到特征融合数据。随后，所提方法中最重要的步骤是提取特征融合数据中的方向性纹理信息，结合待处理高光谱数据进行空间、纹理以及光谱联合分类，得到目标联合分类特征，以确定目标类别。

具体地，以特征融合数据为基础，设计多分数阶 Gabor 全卷积网络，设计三层不同变换阶次的分数阶 Gabor 滤波器提取融合图像的空间方向性纹理特征。在每个分数阶 Gabor 卷积层中，对原始图像信号进行分数阶 Gabor 滤波提取方向性纹理信息。综合加权三层不同变换阶次的分数阶 Gabor 特征并结合高光谱图像本身的光谱特征进行空间纹理—光谱联合分类，获得最终的高光谱与激光雷达联合分类图。其中，二维分数阶 Gabor 滤波器为高斯函数和正弦平面波相乘。

传统频域滤波是一种全局性滤波，能够得到信号的整体频谱，但不能用来有效处理非平稳信号及突变纹理。为了克服传统频域滤波在二维信号处理中的局限性，更好地分析信号的局部特性，结合分数阶傅里叶变换与Gabor滤波，改善图像数据的方向性纹理特征提取。二维分数阶傅里叶变换核函数为$K_{px,py}(x,y,u,v)K_{px,py}$，其中$(x,y)$为空域变量，$(u,v)$为分数域变量，利用核函数性质及高斯窗函数的可分离性，进行二维信号的分数阶Gabor滤波时，可以先沿着一个方向进行分数阶Gabor变换，然后再沿着另一个方向进行Gabor变换完成二维分数阶Gabor变换，变换核分解为$K_p(x,u)$与$K_p(y,v)$。

根据上述原理，结合Gabor滤波可以得到本工作中应用的二维分数阶Gabor滤波器为

$$\begin{cases} g_{f,\theta}(x,y)=\dfrac{1}{2\pi}\exp(-(\alpha^2x'^2+\beta^2y'^2))\exp(\mathrm{j}2\pi\omega x') \\ x'=\left(x-\dfrac{m+1}{2}\right)\cos\theta+\left(y-\dfrac{n+1}{2}\right)\sin\theta \\ y'=\left(x-\dfrac{m+1}{2}\right)\sin\theta+\left(y-\dfrac{n+1}{2}\right)\cos\theta \end{cases} \tag{12.104}$$

之后，根据二维分数阶Gabor滤波器设计分数阶Gabor卷积层；应用分数阶Gabor卷积层，对待处理高光谱图像数据和待处理激光雷达数据进行全卷积操作；设置光谱卷积层，应用光谱卷积层对分数阶Gabor卷积层的结果进行加和，以获取融合数据的光谱特征；将融合数据的方向性纹理信息与融合数据的光谱特征加权和作为联合特征；将联合特征作为输入，获取各个像素点属于各个类别的概率；确定概率最大的类别为目标类别。基于上述二维分数阶Gabor滤波器，设计分数阶Gabor卷积层。在每个卷积层中使用一组固定的变换阶次(p_x,p_y)提取一个分数域中的图像特征。分数阶Gabor卷积核由二维分数阶Gabor滤波器与经典卷积核点相乘所得：$\mathrm{FGC}_{px,py,i,o}=C_{i,o}\mathrm{FGT}_{px,py,u,v,\theta_o}$，其中$\mathrm{FGC}_{px,py,i,o}$表示第$o$个通道的第$i$个分数阶Gabor调制核，$C_{i,o}$表示每个分支原始的卷积核。在所提方法中，设计三层变换阶次为(p_{x1},p_{y1})，(p_{x2},p_{y2})，(p_{x3},p_{y3})的分数阶Gabor卷积层，其输出分别为Y_{Gabor1}，Y_{Gabor2}，Y_{Gabor3}。其中$Y_{\mathrm{Gabor1}}=W_{\mathrm{Gabor}}Y_{\mathrm{Merge}}+B$，$W_{\mathrm{Gabor}}$表示上述二维分数阶Gabor滤波器组，$B$为偏置项。在第四层卷积层对前三层结果加和获取融合数据的多分数域联合方向性Gabor特征Y_{Gabor}。最后获取融合数据的多分数域联合方向性Gabor特征Y_{Gabor}与高光谱图像数据的光谱特征Y_{Spec}的加权和作为联合特征：

$$Y=\lambda_{\mathrm{Gabor}}Y_{\mathrm{Gabor}}+\lambda_{\mathrm{Spec}}Y_{\mathrm{Spec}} \tag{12.105}$$

式中，λ_{Gabor}和λ_{Spec}分别为Gabor特征与光谱特征的权重因子。输入联合特征并取每个像素点最大概率以获取最终的分类结果。

为了验证所提异常检测方法的有效性，在三组实验场景中验证效果。所提FGCN可以获得更平滑的分类结果图，这意味着收集相似材料和高程的目标，并分离出边界清晰的类别。具体而言，构成Houston全场景大尺度覆盖的非住宅建筑和构成MUUFL数据集的树类。例如，MUUFL数据集中的82.72%混合地面精度，Houston和Trento数据集中的各种路面，它们也具有规则的空间形状。FGCN使用分数阶Gabor滤波器来消除和压缩噪声，同时保留有意义的语义信息和目标，从而提高分类精度。

如图12.61所示，原始高光谱数据的伪彩色图像、分类任务真值图，以及几种对比方法

和所提方法的协同分类效果图显示，所提方法具有较大优势。如图 12.62 所示，从地物特征的可视化特征显示结果上看所提方法显著提升性能。

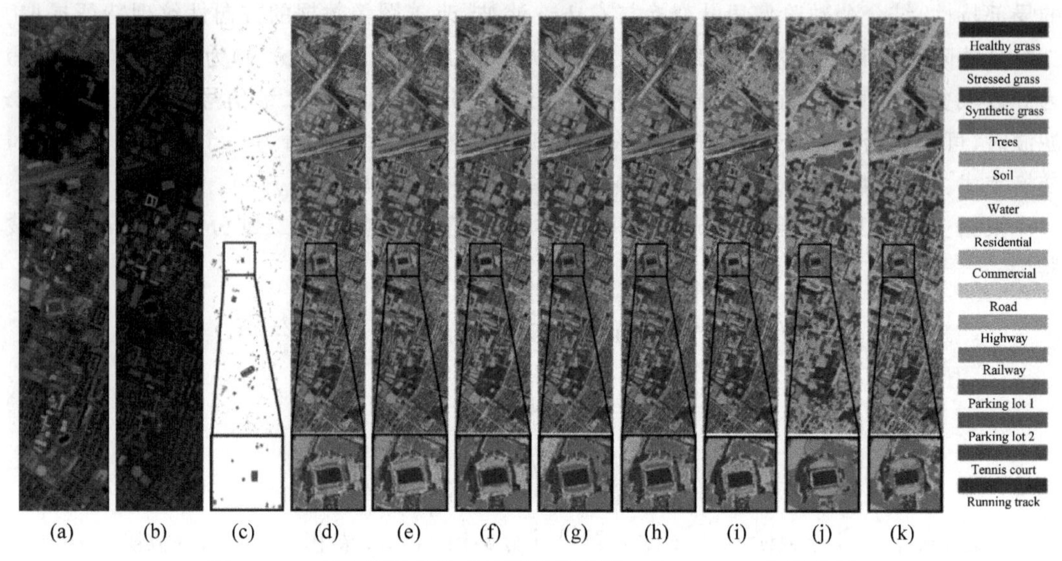

图 12.61　高光谱激光雷达协同分类效果：以 Houston 数据为例

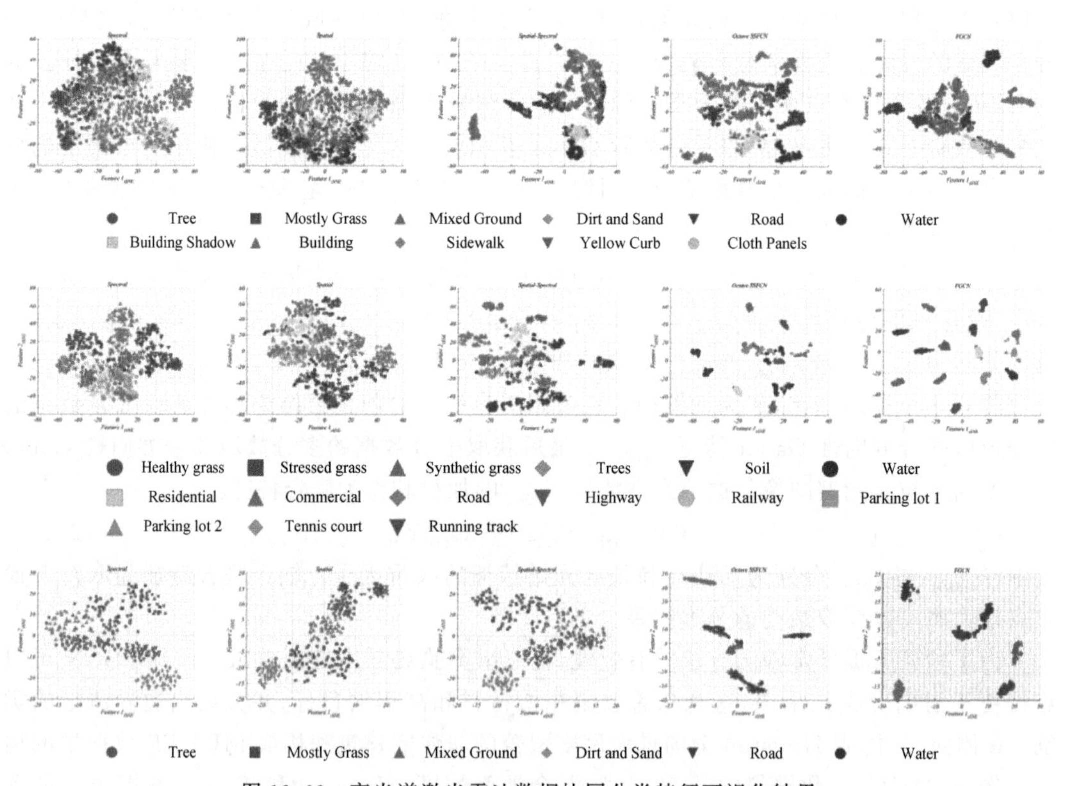

图 12.62　高光谱激光雷达数据协同分类特征可视化结果

参考文献

[1] Ozaktas H M, Kutay M A, Zalevsky Z. The fractional Fourier transform with Applications in Optics and Signal Processing[M]. New York: John Wiley & Sons, 2000
[2] 陶然,齐林,王越,等.分数阶 Fourier 变换的原理与应用[M].北京:清华大学出版社,2004.
[3] Almeida L B. The Fractional Fourier Transform and Time-Frequency Representations[J]. IEEE Trans. Signal Processing, 1994, 42(11): 3084-3091.
[4] Pei S C, Tseng C C, et al. Discrete fractional hartley and Fourier transforms[J]. IEEE Trans. Circuits Syst. II, 1998, 45: 665-675.
[5] Yetik I S, Kutay M A, Ozaktas H M. Image representation and compression with the fractional Fourier transform[J]. Optics Communications, 2001, 197: 275-278.
[6] Nishchal N K, Joseph J, Singh K. Fully phase-encrypted memory using cascaded extended fractional Fourier transform[J]. Optics and Lasers in Engineering, 2004, 42: 141-151.
[7] Unnikrishnan G, Singh K. Optical encryption using quadratic phase systems [J]. Optics Communications, 2001, 193: 51-67.
[8] Nishchal N K, Joseph J, Singh K. Securing information using fractional Fourier transform in digital holography[J]. Optics Communications, 2004, 235: 253-259.
[9] Tao Ran, Deng Bing, Wang Yue. The Development of the Fractional Fourier Transform in the Field of Signal Processing[J]. Science in China (Ser. F, Information Science). 2006, 49(1): 1-25.
[10] Ertosun M G, Atli H, et al. Complex signal recovery from two fractional Fourier transform intensities-order and noise dependence[J]. Optics Communications, 2005, 244(1-6): 61-70.
[11] Alieva T, Bastiaans M J, Stankovic L. Signal reconstruction from two close fractional Fourier power spectra[J]. IEEE Trans. Signal Processing, 2003, 51(1): 112-123.
[12] Zeev Zalevsky, David Mendlovic, John H. Caulfield. Localized, partially space-invariant filtering[J]. Applied Optics, 1997, 36(5): 1086-1093.
[13] Djurovic I, Stankovic S, Pitas I. Digital Watermarking in the Fractional Fourier Transformation Domain[J]. Journal of Network and Computer Applications, 2001, 24(2): 167-173.
[14] Stankovic S, Djurovic I, Pitas I. Watermarking in the Space/Spatial-frequency Domain Using Two-Dimensional Radon-Wigner Distribution[J]. IEEE Trans. Image Processing, 2001, 10(4): 650-658.
[15] Zhang Feng, Mu Xiaomin, Yang Shouyi. Mutiple-chirp typed blind watermarking algorithm based on Fractional Fourier transform[C]//Proceedings of 2005 International Symposium on Intelligent Signal Processing and Communication Systems, December 13-16, 2005.
[16] 张峰.基于分数阶 Fourier 变换的 chirp 类数字水印算法研究[D].郑州:郑州大学,2006.
[17] 李昌刚,韩正之.图像加密技术新进展[J].信息与控制.2003,32(4):53-57,65.
[18] Refregier P, Javidi B. Optical image encryption based on input plane and Fourier plane random encoding[J]. Opt. Lett., 1995, 20(7): 767-769.
[19] 于力,朱邦和,刘树田.用于光学图象加密的分数 Fourier 变换双相位编码[J].光子学报.2001,30(7):904-906.
[20] Bahram Javidi, Arnaud Sergent, Guanshen Zhang, et al. Fault tolerance properties of a double phase encoding encryption technique[J]. Opt. Eng., 1997, 36(4): 992-998.
[21] 冉启文,等.小波分析与分数傅里叶变换及应用[M].北京:国防工业出版社.2002
[22] Unnikrishnan G, Joseph J, Singh K. Optical encryption by double random phase encoding in the fractional Fourier domain[J]. Opt. Lett., 2000, 25(12): 887-889.
[23] Goudail F, Bollaro F, Javidi B, et al. Influence of a perturbation in a double random phase encoding

system[J]. J. Opt. Soc. Am. A. ,1998,15(10): 2629-2638.

[24] Liu S,Yu L,Zhu B. Optical image encryption by cascaded fractional Fourier transforms with random phase filtering[J]. Optics Comm. ,2001,187: 57-63.

[25] Zhang Y,Zheng C H,Tanno N. Optical encryption based on iterative fractional Fourier transform [J]. Opt. Comm. ,2002,202: 277-285.

[26] Zhu B,Liu S. Optical Image encryption based on the the generalized fractional convolution operation [J]. Opt. Comm. ,2001,195(5-6): 371-381.

[27] Zhu B,Liu S. Optical Image encryption with multistage and multichannel fractional Fourier-domain filtering[J]. Opt. Lett. ,2001,26(16): 1242-1244.

[28] Hennelly B,Sheridan J T. Optical image encryption by random shifting in fractional Fourier domains [J]. Opt. Lett. ,2003,28(4): 269-271.

[29] Pei S C,Hsue W L. The multiple-parameter discrete fractional Fourier transform[J]. IEEE Signal Processing Lett. ,2006,13(6): 329-332.

[30] Zhu B,Liu S,Ran Q. Optical Image encryption based on multifractional Fourier transforms[J]. Opt. Lett. ,2000,25(16): 1159-1161.

[31] Hennelly B, Sheridan J T. Fractional Fourier transform-based image encryption: phase retrieval algorithm[J]. Optics Communications,2003,226: 61-80.

[32] Yi Xin, Ran Tao, Yue Wang. Image Encryption Based on a Novel Reality-Preserving Fractional Fourier Transform [C]//International Conference on Innovative Computing, Information and Control,2006

[33] Venturini,Duhamel P. Reality Preserving Fractional Transforms[J]. ICASSP 2004,205-208.

[34] Nascov V,Dobroiu A,Dan A,et al. Statistical processing of elementary fringe patterns [J]. Proc Spie,2003,5227.

[35] Nascov V,Dobroiu A,Dan A,et al. Statistical errors on Newton fringe pattern digital processing[J]. Proc Spie,2004,5581: 788-796.

[36] Ge Z,Kobayashi F. High precision measurement of a fiber connector end face by use of a Mirau interferometer[J]. Applied Optics,2006,45(23): 5832-5839

[37] Dalmau-Ceden O O S, Mariano R, Ricardo L S. Fast phase recovery from a single closed fringe pattern[J]. Journal of the Optical Society of America A Optics Image Science & Vision,2008,25(6): 1361-1370.

[38] Lu M F,Wu J M,Zhang F,et al. Chirp images in 2D fractional Fourier transform domain[C]//In IEEE International Conference on Signal Processing,2016.

[39] Lu M F,Zhang F,Tao R,et al. Parameter estimation of optical fringes with quadratic phase using the fractional Fourier transform[J]. Optics & Lasers in Engineering,2015,74: 1-16.

[40] 武进敏.单幅闭合条纹图分数域分析及其应用[D].北京：北京理工大学,2020.

[41] Wu J M,Lu M F,Tao R,et al. Improved FRFT-based method for estimating the physical parameters from Newton's rings[J]. Optics & Lasers in Engineering,2017,91: 178-186.

[42] Xia X G,Zhen Z. On sampling theorem,wavelets,and wavelet transforms[J]. IEEE Transactions on Signal Processing,1993,41(12): 3524-3535.

[43] Zayed A I. On the relationship between the Fourier and fractional Fourier transforms[J]. IEEE Signal Processing Letters,2002,3(12): 310-311.

[44] Erseghe T,Kraniauskas P,Cariolaro G. Unified fractional Fourier transform and sampling theorem [J]. IEEE Transaction Signal Processing,1999,47(12): 3419-342

[45] Wu J M,Lu M F,Tao R,et al. Impact of background and modulation on parameter estimation using fractional Fourier transform and its solutions[J]. Applied Optics,2019,58(13): 3528-3538.

[46] Fercher A F, Hitzenberger C K, Sticker M, et al. Dispersion compensation for optical coherence tomography depth scan signals by a numerical technique[J]. Optics Communications, 2002, 204(16): 67-74.

[47] Tearney G, Bouma B, Fujimoto J. High speed phase and group delay scanning with a grating basedphase control delay line[J]. Optics letters, 1997, 22(23): 1811-1813.

[48] Wojtkowski M, Srinivasan V J, Ko T H, et al. Ultrahigh-resolution, high-speed, Fourier domain optical coherence tomography and methods for dispersion compensation[J]. Optics Express, 2004, 12(11): 2404-2422.

[49] Marks D L, Oldenburg A L, Reynolds J J, et al. Autofocus algorithm for dispersion correction inoptical coherence tomography[J]. Applied Optics, 2003, 42(16): 3038-3046.

[50] Zhang W, Zhang X, Wang C, et al. Conjugate transformation for dispersion compensation in opticalcoherence tomography imaging[J]. IEEE Journal of Selected Topics in Quantum Electronics, 2018, 25(1): 1-7.

[51] Lippok N, Coen S, Nielsen P, et al. Dispersion compensation in Fourier domain optical coherencetomography using the fractional Fourier transform[J]. Optics Express, 2012, 20(21): 23398-23413.

[52] Liu D, Ge C, Xin Y, et al. Dispersion Correction for Optical Coherence Tomography by Stepped Detection Algorithm in Fractional Fourier Domain[J]. Optics Express, 2020, 28(5).

[53] Chang C I, Chiang S S. Anomaly detection and classification for hyperspectral imagery[J]. IEEE Trans. Geosci. Remote Sens., 2002, 6: 1314-1325.

[54] Li W, Du Q. Decision fusion for dual-window-based hyperspectral anomaly detector[J]. J. Appl. Remote Sens., 2015, 9(1).

[55] Wu Z, Zhu W, Chanussot J, Xu et al. Hyperspectral anomaly detection via global and local joint modeling of background[J]. IEEE Trans. Signal Process., 2019, 67(14): 3858-3869.

[56] Wang S, et al. Pathological brain detection by a novel image feature Fractional Fourier entropy[J]. Entropy, 2015, 17(12): 8278-8296.

[57] Tao R, Zhao X, Li W, Li H, et al . Hyperspectral Anomaly Detection by Fractional Fourier Entropy [J]. IEEE Journal of Selected Topics in Applied Earth Observations and Remote Sensing, 2019, 12(12): 4920-4929.

[58] Zhao X, Tao R, Li W, et al. Fractional Gabor Convolutional Network for Multisource Remote Sensing Data Classification[J]. IEEE Transactions on Geoscience and Remote Sensing, 2022, 60.

第13章

线性正则变换

分数阶傅里叶变换能够进一步推广为线性正则变换(Linear Canonical Transform, LCT)。LCT早在20世纪70年代就由Moshinsky和Collins提出[1,2],而具有复参数的特例则更早被Bargmann提到[3],有关LCT的系统介绍可以参看文献[4]。与分数阶傅里叶变换一样,LCT最早用于微分方程求解和光学系统分析,随着20世纪90年代FRFT的发展,LCT也开始逐渐在信号处理领域受到重视。1997年,Barshan等就讨论了怎样利用LCT进行滤波器设计[5]。在其他文献中,LCT还存在着其他的名称,比如:ABCD变换(ABCD Transform)、广义菲涅尔变换(Generalized Fresnel Transform)、柯林斯公式(Collins formula)、广义惠更斯积分(Generalized Huygens Integral)、二次相位系统(Quadratic Phase Systems)、扩展分数阶傅里叶变换(Extended Fractional Fourier Transform)等,本书统称为线性正则变换。

13.1 线性正则变换的定义及性质

13.1.1 定义

信号 $f(t)$ 的LCT定义式如下:

$$F_{(a,b,c,d)}(u)=L^{(a,b,c,d)}(f(t))$$
$$=\begin{cases}\sqrt{\dfrac{1}{\mathrm{j}2\pi b}}\,\mathrm{e}^{\frac{\mathrm{j}d}{2b}u^2}\displaystyle\int_{-\infty}^{+\infty}\mathrm{e}^{-\frac{\mathrm{j}}{b}ut}\,\mathrm{e}^{\frac{\mathrm{j}a}{2b}t^2}f(t)\,\mathrm{d}t, & b\neq 0\\ \sqrt{d}\,\mathrm{e}^{\frac{\mathrm{j}cd}{2}u^2}f(du), & b=0\end{cases},\quad ad-bc=1 \tag{13.1}$$

也可以写成 $F_{(a,b,c,d)}(u)=L^{\boldsymbol{A}}[f](u)$,其中矩阵 $\boldsymbol{A}=\begin{pmatrix}a & b\\ c & d\end{pmatrix}$。

由上面的定义可以发现LCT满足叠加性(The Additivity Property),即

$$L^{(a_2,b_2,c_2,d_2)}[L^{(a_1,b_1,c_1,d_1)}(f(t))]=L^{(e,f,g,h)}(f(t)) \tag{13.2}$$

式中,

$$\begin{bmatrix} e & f \\ g & h \end{bmatrix} = \begin{bmatrix} a_2 & b_2 \\ c_2 & d_2 \end{bmatrix} \cdot \begin{bmatrix} a_1 & b_1 \\ c_1 & d_1 \end{bmatrix} \tag{13.3}$$

以及可逆性(The Reversibility Property),即

$$L^{(d,-b,-c,a)}[L^{(a,b,c,d)}(f(t))] = f(t) \tag{13.4}$$

当$(a,b,c,d)=(\cos\alpha,\sin\alpha,-\sin\alpha,\cos\alpha)$时,LCT 就成为乘以某个固定相位因数的分数阶傅里叶变换

$$L^{(\cos\alpha,\sin\alpha,-\sin\alpha,\cos\alpha)}(f(t)) = \sqrt{\mathrm{e}^{-\mathrm{j}\alpha}}F^{\alpha}(f(t)) \tag{13.5}$$

当$(a,b,c,d)=(0,1,-1,0)$时$\left(即\ \alpha=\frac{\pi}{2}\right)$,LCT 就成为乘以$\sqrt{-\mathrm{j}}$的傅里叶变换

$$L^{(0,1,-1,0)}(f(t)) = \sqrt{-\mathrm{j}}\,\mathrm{FT}(f(t)) \tag{13.6}$$

当$(a,b,c,d)=(0,-1,1,0)$时(即 $\alpha=-\frac{\pi}{2}$),LCT 就成为乘以$\sqrt{\mathrm{j}}$的傅里叶逆变换

$$L^{(0,-1,1,0)}(F(\omega)) = \sqrt{\mathrm{j}}\,\mathrm{IFT}(F(\omega)) \tag{13.7}$$

当$(a,b,c,d)=(1,0,\tau,1)$时,LCT 就变成一个 chirp 信号乘法算子

$$L^{(1,0,\tau,1)}(f(t)) = \mathrm{e}^{\frac{\mathrm{j}}{2}\tau u^2} f(u) \tag{13.8}$$

当$(a,b,c,d)=(\sigma,0,0,\sigma^{-1})$时,LCT 就变成一个尺度算子

$$L^{(\sigma,0,0,\sigma^{-1})}(f(t)) = \sqrt{\sigma^{-1}}\,\mathrm{e}^{\frac{\mathrm{j}}{2\sigma}u^2} f(\sigma^{-1}u) \tag{13.9}$$

对 FRFT 来说,参数 α 取复数是没有任何限制的,但是对于 LCT 的参数(a,b,c,d)来说,如果要取复数,为了满足式(13.2)的叠加性,则必须符合如下条件

$$\mathrm{Im}\left(\frac{d_1}{b_1}+\frac{a_2}{b_2}\right) > 0 \tag{13.10}$$

如果 $\mathrm{Im}\left(\frac{d_1}{b_1}+\frac{a_2}{b_2}\right)=0$,那么 b_1、b_2 必须是实数。

再来观察式(13.4)表示的可逆性,因为$(a_1,b_1,c_1,d_1)=(a,b,c,d)$,$(a_2,b_2,c_2,d_2)=(d,-b,-c,a)$,所以如果要满足可逆性,显然 b 必须为实数。也就是说不管 a、c、d 取何复数,只需 b 为实数,则该 LCT 是可逆的。

总之,取复参数的两个 LCT,如果两者满足叠加性,则分别满足可逆性;反之,则不尽然。

既然取复参数会带来上述限制条件,那么为何有时还需要采用复参数呢?原因在于变换存在条件的满足。当采用实参数时,需要满足的变换条件是

$$\int_{-\infty}^{+\infty} |f(t)|\,\mathrm{d}t < \infty \tag{13.11}$$

而采用复参数时,需要满足的条件是

$$\int_{-\infty}^{+\infty} |f(t)\mathrm{e}^{-\sigma t^2}|\,\mathrm{d}t < \infty \tag{13.12}$$

式中,

$$\sigma = \mathrm{Im}\left(\frac{a}{2b}\right) \tag{13.13}$$

如果 $\sigma>0$,显然式(13.12)的条件比式(13.11)更容易满足。因此,某些函数在采用实参数下的 LCT 不存在,而采用复参数则存在 LCT。不过,为了便于叙述,如果没有特别说

明,本章所述 LCT 均为实参数。

文献[6]对式(13.1)的定义做了进一步的推广,采用 6 个参数,推广定义式如下:

$$F_{(a,b,c,d)}(u)=\begin{cases}\sqrt{\dfrac{1}{\mathrm{j}2\pi b}}\,\mathrm{e}^{\mathrm{j}nu}\,\mathrm{e}^{\frac{\mathrm{j}d}{2b}(u-m)^2}\displaystyle\int_{-\infty}^{+\infty}\mathrm{e}^{-\frac{\mathrm{j}}{b}(u-m)t}\,\mathrm{e}^{\frac{\mathrm{j}a}{2b}t^2}f(t)\mathrm{d}t, & b\neq 0\\ \sqrt{d}\,\mathrm{e}^{\mathrm{j}nu}\,\mathrm{e}^{\frac{\mathrm{j}cd}{2}(u-m)^2}f(d(u-m)), & b=0\end{cases},\quad ad-bc=1 \tag{13.14}$$

增加的两个参数 m、n 分别表示时移和调制算子。6 参数 LCT 的叠加性如下所示:

$$L^{(a_2,b_2,c_2,d_2,m_2,n_2)}[L^{(a_1,b_1,c_1,d_1,m_1,n_1)}(f(t))]=\mathrm{e}^{\mathrm{j}\phi}L^{(e,f,g,h,r,s)}(f(t)) \tag{13.15}$$

式中,

$$\begin{cases}\begin{bmatrix}e & f\\ g & h\end{bmatrix}=\begin{bmatrix}a_2 & b_2\\ c_2 & d_2\end{bmatrix}\cdot\begin{bmatrix}a_1 & b_1\\ c_1 & d_1\end{bmatrix},\ \begin{bmatrix}r\\ s\end{bmatrix}=\begin{bmatrix}a_2 & b_2\\ c_2 & d_2\end{bmatrix}\begin{bmatrix}m_1\\ n_1\end{bmatrix}+\begin{bmatrix}m_2\\ n_2\end{bmatrix}\\ \phi=-\dfrac{a_2c_2}{2}m_1^2-b_2c_2m_1n_1-\dfrac{b_2d_2}{2}n_1^2-(m_1c_2+n_1d_2)m_2\end{cases} \tag{13.16}$$

因子 $\mathrm{e}^{\mathrm{j}\phi}$ 与时间无关,且不影响幅度,在很多情况下可以被忽略。具有 6 参数的 LCT 一般用于光学系统的分析。

13.1.2 性质

(1) 时移性:

$$L^{(a,b,c,d)}(f(t-\tau))=\mathrm{e}^{-\mathrm{j}\frac{ac}{2}\tau^2}\,\mathrm{e}^{\mathrm{j}c\tau u}F_{(a,b,c,d)}(u-a\tau) \tag{13.17}$$

(2) 调制性:

$$L^{(a,b,c,d)}(\mathrm{e}^{\mathrm{j}\mu t}f(t))=\mathrm{e}^{-\mathrm{j}\frac{bd}{2}\mu^2}\,\mathrm{e}^{\mathrm{j}d\mu u}F_{(a,b,c,d)}(u-b\mu) \tag{13.18}$$

(3) 时移调制性:

$$L^{(a,b,c,d)}(\mathrm{e}^{\mathrm{j}\mu t}f(t-\tau))=\mathrm{e}^{\mathrm{j}\phi}\,\mathrm{e}^{\mathrm{j}(c\tau+d\mu)u}F_{(a,b,c,d)}(u-a\tau-b\mu) \tag{13.19}$$

式中,$\phi=-\left(\dfrac{ac}{2}\right)\tau^2-bc\tau\mu-\left(\dfrac{bd}{2}\right)\mu^2$。

(4) 尺度特性:

$$L^{(a,b,c,d)}(\sqrt{\sigma^{-1}}f(\sigma^{-1}t))=L^{\left(\sigma a,\frac{b}{\sigma},\sigma c,\frac{d}{\sigma}\right)}(f(t)) \tag{13.20}$$

(5) 倒时性:

$$L^{(a,b,c,d)}(f(-t))=F_{(a,b,c,d)}(-u) \tag{13.21}$$

(6) 若 $f(t)$为奇函数,则 $F_{(a,b,c,d)}(u)$也为奇函数; $f(t)$为偶函数,则 $F_{(a,b,c,d)}(u)$也为偶函数。即

$$f(-t)=-f(t)\Rightarrow F_{(a,b,c,d)}(-u)=-F_{(a,b,c,d)}(u) \tag{13.22}$$

$$f(-t)=f(t)\Rightarrow F_{(a,b,c,d)}(-u)=F_{(a,b,c,d)}(u) \tag{13.23}$$

(7) 当函数乘以自变量时,

$$L^{(a,b,c,d)}(tf(t))=\left(b\mathrm{j}\frac{\mathrm{d}}{\mathrm{d}u}+du\right)F_{(a,b,c,d)}(u) \tag{13.24}$$

(8) 当函数除以自变量时,

$$L^{(a,b,c,d)}\left(\frac{f(t)}{t}\right)=-\frac{\mathrm{j}}{b}\mathrm{e}^{\frac{\mathrm{j}d}{2b}u^2}\int_{-\infty}^{u}\mathrm{e}^{-\frac{\mathrm{j}d}{2b}\upsilon^2}F_{(a,b,c,d)}(\upsilon)\mathrm{d}\upsilon \tag{13.25}$$

(9) 微分特性:

$$L^{(a,b,c,d)}(f'(t))=\left(a\frac{\mathrm{d}}{\mathrm{d}u}-c\mathrm{j}u\right)F_{(a,b,c,d)}(u) \tag{13.26}$$

(10) 积分特性:

当 $a>0$ 时,有

$$L^{(a,b,c,d)}\left(\int_{-\infty}^{t}f(t')\mathrm{d}t'\right)=\frac{\mathrm{e}^{\frac{\mathrm{j}c}{2a}u^2}}{a}\int_{-\infty}^{u}\mathrm{e}^{-\frac{\mathrm{j}c}{2a}\upsilon^2}F_{(a,b,c,d)}(\upsilon)\mathrm{d}\upsilon \tag{13.27}$$

当 $a<0$ 时,有

$$L^{(a,b,c,d)}\left(\int_{-\infty}^{t}f(t')\mathrm{d}t'\right)=\frac{\mathrm{e}^{\frac{\mathrm{j}c}{2a}u^2}}{-a}\int_{u}^{+\infty}\mathrm{e}^{-\frac{\mathrm{j}c}{2a}\upsilon^2}F_{(a,b,c,d)}(\upsilon)\mathrm{d}\upsilon \tag{13.28}$$

(11) 共轭性:

$$\overline{L^{(a,b,c,d)}(f(t))}=L^{(a,-b,-c,d)}(\overline{f(t)}) \tag{13.29}$$

(12) 能量守恒(Parseval 准则):

$$\int_{-\infty}^{+\infty}|f(t)|^2\mathrm{d}t=\int_{-\infty}^{+\infty}|F_{(a,b,c,d)}(u)|^2\mathrm{d}u \tag{13.30}$$

(13) 广义 Parseval 准则:

$$\int_{-\infty}^{+\infty}f(t)\overline{g(t)}\mathrm{d}t=\int_{-\infty}^{+\infty}F_{(a,b,c,d)}(u)\overline{G_{(a,b,c,d)}(u)}\mathrm{d}u \tag{13.31}$$

常用信号的 LCT 请参看附录 A。

13.1.3 线性正则变换的特征函数

既然 LCT 是 FRFT 和 Fresnel 变换的广义形式,那么在推导 LCT 的特征函数前,我们先来看看 FRFT 和 Fresnel 变换的特征函数。

1. FRFT 的特征函数

从第 2 章我们可以知道 FRFT 的特征函数如下:

$$\phi_n(t)=\mathrm{e}^{-\frac{t^2}{2}}H_n(t),\quad n\in[0,1,2,\cdots] \tag{13.32}$$

式中,$H_n(t)$是 n 阶 Hermite 多项式,它的特征值是 $\mathrm{e}^{-\mathrm{j}n\alpha}$,即

$$\mathcal{F}^{\alpha}[\mathrm{e}^{-t^2/2}H_n(t)]=\mathrm{e}^{-\mathrm{j}n\alpha}\mathrm{e}^{-u^2/2}H_n(u) \tag{13.33}$$

FRFT 的特征函数满足正交性:

$$\int_{-\infty}^{+\infty}\phi_m(t)\phi_n(t)\mathrm{d}t=0,\quad m\neq n \tag{13.34}$$

当 $\alpha/2\pi$ 不是有理数时,目前还没有发现式(13.32)之外的特征函数。而当 $\alpha/2\pi$ 是有理数时,还存在其他形式的特征函数。例如,当 $\alpha=\pm\pi/2$,下式都是 FRFT 的特征函数[8]:

(a) $\sum_{\vartheta=-\infty}^{+\infty}\delta(x-\vartheta\sqrt{2\pi})$, (b) $\sin\left(\sqrt{\frac{\pi}{2}}x\right)\sum_{\vartheta=-\infty}^{+\infty}\delta(x-(\vartheta+0.5)\sqrt{2\pi})$,

$$\text{(c)}\ \left|\frac{x}{\sqrt{2\pi}}\right|^{-\frac{1}{2}},\quad \text{(d)}\ \left|\frac{x}{\sqrt{2\pi}}\right|^{-\frac{1}{2}}\operatorname{sgn}(x),\quad \text{(e)}\ \operatorname{sech}(\sqrt{\pi/2}\,x) \tag{13.35}$$

文献[9-10]讨论了当 $\alpha=2\pi N/M$（N、M 为特定整数）时 FRFT 的特征函数，在这种情况下就存在着不同于式(13.32)的特征函数。既然 FRFT 是 LCT 的特例，那么式(13.32)也是具有参数 $\{a,b,c,d\}=\{\cos\alpha,\sin\alpha,-\sin\alpha,\cos\alpha\}$ 的 LCT 的特征函数，只是特征值变成了 $\sqrt{\mathrm{e}^{-\mathrm{j}\alpha}}\,\mathrm{e}^{-\mathrm{j}m\alpha}$。

2. Fresnel 变换的特征函数

当 $\{a,b,c,d\}=\{1,\mu,0,1\}$ 时，LCT 就成为了 Fresnel 变换。令 $\mu=q^2N/M\pi$（M、N 为互质的整数），$[1,A_1,\cdots,A_{M-1}]^{\mathrm{T}}$ 是下式所示矩阵的特征向量：

$$\begin{bmatrix} c_0 & c_{M-1} & c_{M-2} & \cdots & c_1 \\ c_1 & c_0 & c_{M-1} & \cdots & c_2 \\ \vdots & \vdots & \vdots & \ddots & \vdots \\ c_{M-1} & c_{M-2} & c_{M-3} & \cdots & c_0 \end{bmatrix} \tag{13.36}$$

式中，$c_p=\dfrac{1}{M}\sum\limits_{n=0}^{M-1}\mathrm{e}^{\mathrm{j}\frac{2\pi}{M}(pn-Nn^2)}$，相应的特征值是 λ。如果 $u(x)=u(x+q)$，且

$$\begin{aligned} &u(x):u(x+q/M):u(x+2q/M):\cdots:u(x+(M-1)q/M) \\ &=1:A_1:A_2:\cdots:A_{M-1},\quad x\in(0,q/M) \end{aligned} \tag{13.37}$$

那么，具有参数 $\{1,q^2N/M\pi,0,1\}$ 的 LCT 特征函数和特征值分别是 $u(x)$ 和 λ。式(13.36)矩阵的特征向量一般都具有如下形式：

$$\exp(-\mathrm{j}2\pi Nn^2/M),\quad n=0,1,2,\cdots,M-1 \tag{13.38}$$

当 $\{a,b,c,d\}=\{-1,\mu,0,-1\}$ 时，因为 $\begin{bmatrix}-1 & \mu \\ 0 & -1\end{bmatrix}=\begin{bmatrix}1 & -\mu \\ 0 & 1\end{bmatrix}\begin{bmatrix}-1 & 0 \\ 0 & -1\end{bmatrix}$ 且满足关系 $u(t)=\pm u(t)$ 和 $L_{(1,-\mu,0,1)}(u(t))=\lambda u(t)$，因此有

$$\begin{aligned} L^{(-1,\mu,0,-1)}(u(t)) &= L^{1,-\mu,0,1}(L^{-1,0,0,-1}(u(t))) \\ &= L^{1,-\mu,0,1}((-1)^{\frac{1}{2}}u(-t))=(-1)^{\frac{1}{2}}\lambda u(t) \end{aligned} \tag{13.39}$$

所以当 $\{a,b,c,d\}=\{-1,\mu,0,-1\}$ 时，特征值就变成了 $(-1)^{\frac{1}{2}}\lambda$；如果 $u(t)=-u(-t)$，则特征值就变成 $-(-1)^{\frac{1}{2}}\lambda$。

接下来在推导 LCT 的特征函数前，我们先介绍两个需要用到的特性：

(1) 如果 $ad-bc=a_1d_1-b_1c_1=a_2d_2-b_2c_2=1$，且

$$\begin{bmatrix}a & b \\ c & d\end{bmatrix}=\begin{bmatrix}a_1 & b_1 \\ c_1 & d_1\end{bmatrix}\begin{bmatrix}a_2 & b_2 \\ c_2 & d_2\end{bmatrix}\begin{bmatrix}a_1 & b_1 \\ c_1 & d_1\end{bmatrix}^{-1}=\begin{bmatrix}a_1 & b_1 \\ c_1 & d_1\end{bmatrix}\begin{bmatrix}a_2 & b_2 \\ c_2 & d_2\end{bmatrix}\begin{bmatrix}d_1 & -b_1 \\ -c_1 & a_1\end{bmatrix}$$

则有

$$a+d=a_2+d_2 \tag{13.40}$$

(2) 如果 $ad-bc=a_1d_1-b_1c_1=a_2d_2-b_2c_2=1$，且

$$\begin{bmatrix}a & b \\ c & d\end{bmatrix}=\begin{bmatrix}a_1 & b_1 \\ c_1 & d_1\end{bmatrix}\begin{bmatrix}a_2 & b_2 \\ c_2 & d_2\end{bmatrix}\begin{bmatrix}a_1 & b_1 \\ c_1 & d_1\end{bmatrix}^{-1}=\begin{bmatrix}a_1 & b_1 \\ c_1 & d_1\end{bmatrix}\begin{bmatrix}a_2 & b_2 \\ c_2 & d_2\end{bmatrix}\begin{bmatrix}d_1 & -b_1 \\ -c_1 & a_1\end{bmatrix}$$

那么具有参数$\{a,b,c,d\}$的 LCT 可以写成

$$L^{(a,b,c,d)}(f(t))=L^{(a_1,b_1,c_1,d_1)}(L^{(a_2,b_2,c_2,d_2)}(L^{(d_1,-b_1,-c_1,a_1)}(f(t)))) \quad (13.41)$$

设$u(t)$为特征值等于λ的具有参数$\{a_2,b_2,c_2,d_2\}$的 LCT 特征函数，即

$$L^{(a_2,b_2,c_2,d_2)}(u(t))=\lambda u(t)$$

那么具有参数$\{a,b,c,d\}$的 LCT 特征值和特征函数将分别是λ和$L^{(a_1,b_1,c_1,d_1)}(u(t))$，即

$$L^{(a,b,c,d)}(L^{(a_1,b_1,c_1,d_1)}(u(t)))=\lambda L^{(a_1,b_1,c_1,d_1)}(u(t)) \quad (13.42)$$

下面结合前面得到的特征函数和特性，分三种情况给出 LCT 的特征函数。

13.1.3.1 $|a+d|<2$ 的特征函数

令$\begin{bmatrix}a_2 & b_2\\ c_2 & d_2\end{bmatrix}=\begin{bmatrix}\cos\alpha & \sin\alpha\\ -\sin\varepsilon & \cos\alpha\end{bmatrix}$，则

$$\begin{aligned}\begin{bmatrix}a & b\\ c & d\end{bmatrix}&=\begin{bmatrix}a_1 & b_1\\ c_1 & d_1\end{bmatrix}\begin{bmatrix}\cos\alpha & \sin\alpha\\ -\sin\varepsilon & \cos\alpha\end{bmatrix}\begin{bmatrix}a_1 & b_1\\ c_1 & d_1\end{bmatrix}^{-1}\\ &=\begin{bmatrix}a_1 & b_1\\ c_1 & d_1\end{bmatrix}\begin{bmatrix}\cos\alpha & \sin\alpha\\ -\sin\varepsilon & \cos\alpha\end{bmatrix}\begin{bmatrix}d_1 & -b_1\\ -c_1 & a_1\end{bmatrix}\end{aligned}$$

其中，$\alpha=\cos^{-1}\left(\frac{(a+d)}{2}\right)$。由$-2<2\cos\alpha<2$和特性(1)可知：$|a+b|<2$。

根据特性(2)，可以得到此时的特征函数为

$$\{L^{(a_1,b_1,c_1,d_1)}(\phi_n(t)),n=0,1,\cdots\} \quad (13.43)$$

不妨令$\begin{bmatrix}a_1 & b_1\\ c_1 & d_1\end{bmatrix}=\begin{bmatrix}\sigma & 0\\ -\tau\sigma^{-1} & \sigma^{-1}\end{bmatrix}$，则有特征函数为

$$\phi_n^{(\sigma,\tau)}(t)=L^{(a_1,b_1,c_1,d_1)}(\phi_n(t))=\frac{1}{\sqrt{\sigma}}\mathrm{e}^{-\frac{(1+\mathrm{j}\tau)t^2}{2\sigma^2}}H_n\left(\frac{t}{\sigma}\right) \quad (13.44)$$

式中，

$$\begin{cases}\sigma^2=\dfrac{2|b|}{\sqrt{4-(a+d)^2}}\\ \tau=\dfrac{\operatorname{sgn}(b)(a-d)}{\sqrt{4-(a+d)^2}}\\ \alpha=\arccos\left(\dfrac{a+d}{2}\right)=\arcsin\left(\dfrac{\operatorname{sgn}(b)}{2}\sqrt{4-(a+d)^2}\right)\end{cases} \quad (13.45)$$

特征值为

$$\lambda_n=\sqrt{\mathrm{e}^{-\mathrm{j}\alpha}}\,\mathrm{e}^{-\mathrm{j}\alpha n} \quad (13.46)$$

尽管式(13.44)是某种取值的结果，但在绝大多数情况下，也是唯一可能的特征函数形式[11]。

13.1.3.2 $|a+d|=2$ 的特征函数

1. $a+d=2,b\neq 0$

令$\begin{bmatrix}a_2 & b_2\\ c_2 & d_2\end{bmatrix}=\begin{bmatrix}1 & \mu\\ 0 & 1\end{bmatrix}$，则有

$$\begin{bmatrix} a & b \\ c & d \end{bmatrix} = \begin{bmatrix} a_1 & b_1 \\ c_1 & d_1 \end{bmatrix} \begin{bmatrix} 1 & \mu \\ 0 & 1 \end{bmatrix} \begin{bmatrix} d_1 & -b_1 \\ -c_1 & a_1 \end{bmatrix} = \begin{bmatrix} 1-a_1c_1\mu & a_1^2\mu \\ -c_1^2\mu & 1+a_1c_1\mu \end{bmatrix} \tag{13.47}$$

当 $d \neq a$ 时，a_1、d_1 可任取，但 $a_1 \neq 0, c_1 = \dfrac{d-a}{2b}a_1, b_1 = \dfrac{2b(d_1 - a_1^{-1})}{d-a}, \mu = \dfrac{b}{a_1}$。

当 $d=a$ 时，必有 $\begin{bmatrix} a & b \\ c & d \end{bmatrix} = \begin{bmatrix} 1 & b \\ 0 & 1 \end{bmatrix}$，那么 $\begin{bmatrix} a_1 & b_1 \\ c_1 & d_1 \end{bmatrix} = \begin{bmatrix} 1 & 0 \\ 0 & 1 \end{bmatrix}, \mu = b = b_2$。

首先考虑 $d \neq a$ 的情况，设 $f(t)$ 为具有参数 $\{1, b/a_1^2, 0, 1\}$ 的 LCT 特征函数，特征值为 λ，则由特性(2)可知具有参数 $\{a,b,c,d\}$ 的 LCT 特征函数为

$$\phi_n(t) = L^{(a_1,b_1,c_1,d_1)}(f(t)) = L^{\left(a_1, \frac{2b(d_1-a_1^{-1})}{d-a}, \frac{d-a}{2b}a_1, d_1\right)}(f(t)) \tag{13.48}$$

特征值仍然是 λ，如下式：

$$\lambda_n = \exp(-\mathrm{j}2\pi Nn^2/M), \quad n = 0,1,2,\cdots,M-1 \tag{13.49}$$

经过整理，式(13.48)可以化为

$$\phi_n(t) = \exp\left(\mathrm{j}\,\frac{d-a}{4b}t^2\right)\int_{-\infty}^{+\infty}\exp\left(\mathrm{j}\,\frac{(t-x)^2}{2\eta}\right)g(x)\mathrm{d}x \tag{13.50}$$

式中，$g(x) = f(x/a_1)$，$\eta = a_1b_1$。

当 $d=a$ 时，有

$$\begin{aligned} \phi_m(t) &= \lim_{\eta\to+\infty}\exp\left(\mathrm{j}\,\frac{d-a}{4b}t^2\right)\int_{-\infty}^{+\infty}\exp\left(\mathrm{j}\,\frac{(t-x)^2}{2\eta}\right)g(x)\mathrm{d}x \\ &= \exp\left(\mathrm{j}\,\frac{d-a}{4b}t^2\right)g(t) = g(t) \end{aligned} \tag{13.51}$$

2. $a+d=-2, b\neq 0$

令 $\begin{bmatrix} a_2 & b_2 \\ c_2 & d_2 \end{bmatrix} = \begin{bmatrix} -1 & \mu \\ 0 & -1 \end{bmatrix}$，则式(13.47)变为

$$\begin{bmatrix} a & b \\ c & d \end{bmatrix} = \begin{bmatrix} a_1 & b_1 \\ c_1 & d_1 \end{bmatrix} \begin{bmatrix} -1 & \mu \\ 0 & -1 \end{bmatrix} \begin{bmatrix} d_1 & -b_1 \\ -c_1 & a_1 \end{bmatrix} = \begin{bmatrix} -1-a_1c_1\mu & a_1^2\mu \\ -c_1^2\mu & -1+a_1c_1\mu \end{bmatrix} \tag{13.52}$$

由 Fresnel 变换特征函数的分析可知，此时的特征函数与式(13.50)和式(13.51)相同，只是特征值发生了改变，其形式变为

$\lambda_n = (-1)^{1/2}\exp(-\mathrm{j}2\pi Nn^2/M), n=0,1,2,\cdots,M-1$，当 $g(t)=g(-t)$；

$\lambda_n = -(-1)^{1/2}\exp(-\mathrm{j}2\pi Nn^2/M), n=0,1,2,\cdots,M-1$，当 $g(t)=-g(-t)$。

3. $a+d=2, b=0$

这时必有 $\begin{bmatrix} a & b \\ c & d \end{bmatrix} = \begin{bmatrix} 1 & 0 \\ c & 1 \end{bmatrix}$，特征函数如下：

$$\begin{aligned} \phi_m(t) = &\sum_{n=0}^{+\infty}A_n\delta\left(t-\sqrt{4n\pi|c|^{-1}+k}\right) + \sum_{m=0}^{+\infty}B_m\delta\left(t+\sqrt{4m\pi|c|^{-1}+k}\right), \\ &0 \leqslant k \leqslant 4\pi/|c| \end{aligned} \tag{13.53}$$

式中，A_n、B_m 任取。相应的特征值为

$$\lambda = \exp(\mathrm{j}ck/2) \tag{13.54}$$

4. $a+d=-2, b=0$

这时必有 $\begin{bmatrix} a & b \\ c & d \end{bmatrix} = \begin{bmatrix} -1 & 0 \\ c & -1 \end{bmatrix}$，特征函数如下：

$$\begin{gathered}\phi_m(t) = \sum_{n=0}^{+\infty} A_n \left\{\delta\left(t - \sqrt{4n\pi |c|^{-1} + k}\right) + \delta\left(t + \sqrt{4n\pi |c|^{-1} + k}\right)\right\}, \\ 0 \leqslant k \leqslant 4\pi/|c|\end{gathered} \tag{13.55}$$

或

$$\begin{gathered}\phi_m(t) = \sum_{n=0}^{+\infty} A_n \left\{\delta\left(t - \sqrt{4n\pi |c|^{-1} + k}\right) - \delta\left(t + \sqrt{4n\pi |c|^{-1} + k}\right)\right\}, \\ 0 \leqslant k \leqslant 4\pi/|c|\end{gathered} \tag{13.56}$$

式中，A_n 任取。相应的特征值为

$$\lambda = \pm(-1)^{1/2} \exp(\mathrm{j}ck/2) \tag{13.57}$$

13.1.3.3 $|a+d|>2$ 的特征函数

在进行推导之前，首先给出一个性质：如果 $f(t)$ 满足 $f(\tau t)=\lambda f(t)$，那么 $f(t)$ 将是具有参数 $\{\tau^{-1},0,0,\tau\}$ 的 LCT 特征函数，同时也是具有参数 $\{-\tau^{-1},0,0,-\tau\}$ 的 LCT 特征函数，只是特征值发生了改变。

1. $a+d>2$

令 $\begin{bmatrix} a_2 & b_2 \\ c_2 & d_2 \end{bmatrix} = \begin{bmatrix} \tau^{-1} & 0 \\ 0 & \tau \end{bmatrix}$，则

$$\begin{bmatrix} a & b \\ c & d \end{bmatrix} = \begin{bmatrix} a_1 & b_1 \\ c_1 & d_1 \end{bmatrix} \begin{bmatrix} \tau^{-1} & 0 \\ 0 & \tau \end{bmatrix} \begin{bmatrix} d_1 & -b_1 \\ -c_1 & a_1 \end{bmatrix} = \begin{bmatrix} \dfrac{a_1 d_1}{\tau} - b_1 c_1 \tau & -\dfrac{a_1 b_1}{\tau} + a_1 b_1 \tau \\ \dfrac{c_1 d_1}{\tau} - c_1 d_1 \tau & -\dfrac{b_1 c_1}{\tau} + a_1 d_1 \tau \end{bmatrix} \tag{13.58}$$

式中，$\tau = \left(a+d \pm \sqrt{(a+d)^2-4}\right)/2$。

上式的解如下：

$$a_1 \neq 0\text{(可任取)}, \qquad b_1 = \frac{sb}{a_1\sqrt{(a+d)^2-4}}$$

$$c_1 = \frac{-2a_1 sc}{s(d-a)+\sqrt{(a+d)^2-4}}, \quad d_1 = \frac{1}{2a_1}\left(\frac{s(d-a)}{\sqrt{(a+d)^2-4}}+1\right)$$

式中，$s=\mathrm{sgn}(\tau-\tau^{-1})$。

设 $f(t)$ 满足 $\sqrt{\tau} f(\tau t)=\lambda f(t)$，那么具有参数 $\{a,b,c,d\}$ 的 LCT 特征函数应为

$$\phi_m(t) = L^{(a_1,b_1,c_1,d_1)}(f(t)) \tag{13.59}$$

接下来对式(13.59)进行整理，首先将式(13.58)改写为

$$\begin{bmatrix} a_1 & b_1 \\ c_1 & d_1 \end{bmatrix} = \begin{bmatrix} 1 & 0 \\ \xi & 1 \end{bmatrix} \begin{bmatrix} 1 & \zeta \\ 0 & 1 \end{bmatrix} \begin{bmatrix} a_1 & 0 \\ 0 & a_1^{-1} \end{bmatrix} \tag{13.60}$$

式中，

$$\xi = \frac{-2sc}{s(d-a)+\sqrt{(a+d)^2-4}} \tag{13.61}$$

$$\zeta = \frac{sb}{\sqrt{(a+d)^2-4}} \tag{13.62}$$

所以式(13.59)化为

$$\begin{aligned} \varphi_m(t) &= L^{(a_1,b_1,c_1,d_1)}(f(t)) = L^{(1,0,\xi,1)}\left(L^{(1,\zeta,0,1)}\left(\sqrt{a_1^{-1}}\, f(a_1^{-1}t)\right)\right) \\ &= \frac{\exp\left(\frac{\mathrm{j}}{2}\xi t^2\right)}{\sqrt{\mathrm{j}2\pi\zeta a_1}} \int \exp\left(\frac{\mathrm{j}(t-x)^2}{2\zeta}\right) f(a_1^{-1}x)\mathrm{d}x \end{aligned} \tag{13.63}$$

设 $g(t)=f(a_1^{-1}t)$，则$\sqrt{\tau}\, g(\tau t)=\lambda g(t)$，式(13.63)可进一步化为

$$\phi_m(t) = \exp\left(\mathrm{j}\,\frac{\xi}{2}t^2\right)\int_{-\infty}^{+\infty} \exp\left(\mathrm{j}\,\frac{(t-x)^2}{2\zeta}\right) g(x)\mathrm{d}x \tag{13.64}$$

2. $a+d<-2$

令$\begin{bmatrix} a_2 & b_2 \\ c_2 & d_2 \end{bmatrix} = \begin{bmatrix} -\tau^{-1} & 0 \\ 0 & -\tau \end{bmatrix}$，则

$$\begin{bmatrix} a & b \\ c & d \end{bmatrix} = \begin{bmatrix} a_1 & b_1 \\ c_1 & d_1 \end{bmatrix} \begin{bmatrix} -\tau^{-1} & 0 \\ 0 & -\tau \end{bmatrix} \begin{bmatrix} d_1 & -b_1 \\ -c_1 & a_1 \end{bmatrix} = \begin{bmatrix} -\frac{a_1 d_1}{\tau} + b_1 c_1 \tau & \frac{a_1 b_1}{\tau} - a_1 b_1 \tau \\ -\frac{c_1 d_1}{\tau} + c_1 d_1 \tau & \frac{b_1 c_1}{\tau} - a_1 d_1 \tau \end{bmatrix} \tag{13.65}$$

式中，$\tau=\left(-a-d\pm\sqrt{(a+d)^2-4}\right)/2$。

上式的解如下：

$$a_1 \neq 0 \text{ 可任取}, \qquad b_1 = \frac{sb}{a_1\sqrt{(a+d)^2-4}}$$

$$c_1 = \frac{-2a_1 sc}{s(d-a)+\sqrt{(a+d)^2-4}}, \quad d_1 = \frac{1}{2a_1}\left(\frac{s(d-a)}{\sqrt{(a+d)^2-4}}+1\right)$$

式中，$s=\mathrm{sgn}(\tau^{-1}-\tau)$。

设 $g(t)$满足$\sqrt{-\tau}\, g(-\tau t)=\lambda g(t)$，那么具有参数$\{a,b,c,d\}$的 LCT 特征函数应为

$$\phi_m(t) = \exp\left(\mathrm{j}\,\frac{\xi}{2}t^2\right)\int_{-\infty}^{+\infty} \exp\left(\mathrm{j}\,\frac{(t-x)^2}{2\zeta}\right) g(x)\mathrm{d}x \tag{13.66}$$

式中，ξ、ζ 同式(13.61)和式(13.62)，只是 $s=\mathrm{sgn}(\tau^{-1}-\tau)$。

13.1.4　卷积定理

先给出推导过程中所采用的傅里叶变换对表达式[16]：

$$F(u)=\int_{-\infty}^{+\infty} f(t)\mathrm{e}^{-\mathrm{j}ut}\mathrm{d}t \tag{13.67}$$

$$f(t)=\frac{1}{2\pi}\int_{-\infty}^{+\infty} F(u)\mathrm{e}^{\mathrm{j}ut}\mathrm{d}u \tag{13.68}$$

及傅里叶变换的卷积定理[16]：

若 $X(u)=\mathcal{F}(x(t)),Y(u)=\mathcal{F}(y(t))$，则

$$\mathcal{F}(x(t)*y(t))=X(u)Y(u) \tag{13.69}$$

$$\mathcal{F}(x(t)y(t))=\frac{X(u)*Y(u)}{2\pi} \tag{13.70}$$

式中，$*$ 表示卷积算子，$f(t)*g(t)=\int_{-\infty}^{+\infty}f(\tau)g(t-\tau)\mathrm{d}\tau$。可以看出，本节所用的傅里叶变换对是非对称形式，而如果采用对称形式，并不影响推导，只是会存在$\sqrt{2\pi}$或 $1/\sqrt{2\pi}$的系数差。

13.1.4.1　线性正则域卷积定理

定理 13.1：设 $X_{(a,b,c,d)}(u)=L^{(a,b,c,d)}(x(t)),Y(u)=\mathcal{F}(y(t))$，则

$$L^{(a,b,c,d)}(x(t)y(t))=\left|\frac{1}{2\pi b}\right|\mathrm{e}^{\mathrm{j}\frac{d}{2b}u^2}\left((X_{(a,b,c,d)}(u)\mathrm{e}^{-\mathrm{j}\frac{d}{2b}v^2})*Y\left(\frac{u}{b}\right)\right) \tag{13.71}$$

证明：令

$$s(t)=x(t)y(t) \tag{13.72}$$

则

$$S_{(a,b,c,d)}(u)=L^{(a,b,c,d)}(s(t))=\sqrt{\frac{1}{\mathrm{j}2\pi b}}\mathrm{e}^{\mathrm{j}\frac{d}{2b}u^2}\int_{-\infty}^{+\infty}\mathrm{e}^{-\mathrm{j}\frac{1}{b}ut}\mathrm{e}^{\mathrm{j}\frac{a}{2b}t^2}x(t)y(t)\mathrm{d}t \tag{13.73}$$

根据可逆性，有

$$x(t)=L^{(d,-b,-c,a)}(X_{(a,b,c,d)}(u))=\sqrt{\frac{-1}{\mathrm{j}2\pi b}}\mathrm{e}^{-\mathrm{j}\frac{a}{2b}t^2}\int_{-\infty}^{+\infty}\mathrm{e}^{\mathrm{j}\frac{1}{b}ut}\mathrm{e}^{-\mathrm{j}\frac{d}{2b}u^2}X_{(a,b,c,d)}(u)\mathrm{d}u \tag{13.74}$$

将上式代入式(13.73)，得到

$$\begin{aligned}S_{(a,b,c,d)}(u)&=\sqrt{\frac{1}{\mathrm{j}2\pi b}}\mathrm{e}^{\mathrm{j}\frac{d}{2b}u^2}\int_{-\infty}^{+\infty}\mathrm{e}^{-\mathrm{j}\frac{1}{b}ut}\mathrm{e}^{\mathrm{j}\frac{a}{2b}t^2}\sqrt{\frac{-1}{\mathrm{j}2\pi b}}\mathrm{e}^{-\mathrm{j}\frac{a}{2b}t^2}\int_{-\infty}^{+\infty}\mathrm{e}^{\mathrm{j}\frac{1}{b}vt}\mathrm{e}^{-\mathrm{j}\frac{d}{2b}v^2}X_{(a,b,c,d)}(v)\mathrm{d}v\,y(t)\mathrm{d}t\\&=\left|\frac{1}{2\pi b}\right|\mathrm{e}^{\mathrm{j}\frac{d}{2b}u^2}\int_{-\infty}^{+\infty}\mathrm{e}^{-\mathrm{j}\frac{d}{2b}v^2}X_{(a,b,c,d)}(v)\int_{-\infty}^{+\infty}y(t)\mathrm{e}^{-\mathrm{j}\frac{1}{b}(u-v)t}\mathrm{d}t\mathrm{d}v\\&=\left|\frac{1}{2\pi b}\right|\mathrm{e}^{\mathrm{j}\frac{d}{2b}u^2}\left((X_{(a,b,c,d)}(u)\mathrm{e}^{-\mathrm{j}\frac{d}{2b}u^2})*Y\left(\frac{u}{b}\right)\right)\end{aligned} \tag{13.75}$$

证毕。

13.1.4.2　时域卷积定理

定理 13.2：设 $X_{(a,b,c,d)}(u)=L^{(a,b,c,d)}(x(t))$，则

$$L^{(a,b,c,d)}(x(t)*y(t))=\left|\frac{1}{a}\right|\mathrm{e}^{\mathrm{j}\frac{c}{2a}u^2}\left((X_{(a,b,c,d)}(u)\mathrm{e}^{-\mathrm{j}\frac{c}{2a}u^2})*y\left(\frac{u}{a}\right)\right) \tag{13.76}$$

证明:令 $z(t)=x(t)*y(t)$,因为

$$\begin{bmatrix}a & b\\ c & d\end{bmatrix}=\begin{bmatrix}b & -a\\ d & -c\end{bmatrix}\cdot\begin{bmatrix}0 & 1\\ -1 & 0\end{bmatrix} \tag{13.77}$$

所以根据 LCT 的叠加性,可以得到

$$Z_{(a,b,c,d)}(u)=L^{(a,b,c,d)}(z(t))=L^{(b,-a,d,-c)}(L^{(0,1,-1,0)}(z(t))) \tag{13.78}$$

由 LCT 与傅里叶变换的关系、式(13.70),有

$$Z_{(0,1,-1,0)}(u)=L^{(0,1,-1,0)}(z(t))=\sqrt{-\mathrm{j}}\,\psi_{\mathrm{FT}}(z(t))=\sqrt{-\mathrm{j}}\,X(\omega)Y(\omega)$$

所以式(13.78)可以化为

$$Z_{(a,b,c,d)}(u)=L^{(b,-a,d,-c)}(\sqrt{-\mathrm{j}}\,X(u)Y(u)) \tag{13.79}$$

我们发现将式(13.72)中的 $x(t)$、$y(t)$分别用 $X(\mu)$、$Y(\mu)$代替,并令$(a,b,c,d)=(b,-a,d,-c)$,则式(13.75)化为

$$L^{(b,-a,d,-c)}(X(\mu)Y(\mu))=\left|\frac{1}{2\pi a}\right|\mathrm{e}^{\mathrm{j}\frac{c}{2a}u^2}\int_{-\infty}^{+\infty}\mathrm{e}^{-\mathrm{j}\frac{c}{2a}v^2}L^{(b,-a,d,-c)}(X(\mu))\cdot \int_{-\infty}^{+\infty}Y(\mu)\mathrm{e}^{\mathrm{j}\frac{1}{a}(u-v)\mu}\mathrm{d}\mu\,\mathrm{d}v \tag{13.80}$$

由 LCT 与傅里叶变换的关系可以得到

$$X(\mu)=\sqrt{\mathrm{j}}\,L^{(0,1,-1,0)}(x(t))$$

根据式(13.77)和 LCT 的叠加性,有

$$\begin{aligned}L^{(b,-a,d,-c)}(X(\mu))&=L^{(b,-a,d,-c)}(\sqrt{\mathrm{j}}\cdot L^{(0,1,-1,0)}(x(t)))\\&=\sqrt{\mathrm{j}}\,X_{(a,b,c,d)}(v)\end{aligned} \tag{13.81}$$

将上式代入式(13.80),得到

$$L^{(b,-a,d,-c)}(X(\mu)Y(\mu))=\left|\frac{1}{2\pi a}\right|\mathrm{e}^{\mathrm{j}\frac{c}{2a}u^2}\int_{-\infty}^{+\infty}\mathrm{e}^{-\mathrm{j}\frac{c}{2a}v^2}\sqrt{\mathrm{j}}\cdot X_{(a,b,c,d)}(v)\int_{-\infty}^{+\infty}Y(\mu)\mathrm{e}^{\mathrm{j}\frac{1}{a}(u-v)\mu}\mathrm{d}\mu\,\mathrm{d}v \tag{13.82}$$

又因为由式(13.68)可以得出

$$y(-t)=\frac{1}{2\pi}\int_{-\infty}^{+\infty}Y(\mu)\mathrm{e}^{-\mathrm{j}t\mu}\mathrm{d}\mu$$

所以式(13.82)可以进一步化为

$$L^{(b,-a,d,-c)}(X(\mu)Y(\mu))=\left|\frac{1}{2\pi a}\right|\mathrm{e}^{\mathrm{j}\frac{c}{2a}u^2}\int_{-\infty}^{+\infty}\mathrm{e}^{-\mathrm{j}\frac{c}{2a}v^2}\sqrt{\mathrm{j}}\,X_{(a,b,c,d)}(v)2\pi y\left(\frac{u-v}{a}\right)\mathrm{d}v$$

将上式代入式(13.79),整理后得到

$$Z_{(a,b,c,d)}(u)=\left|\frac{1}{a}\right|\mathrm{e}^{\mathrm{j}\frac{c}{2a}u^2}\left((X_{(a,b,c,d)}(u)\mathrm{e}^{-\mathrm{j}\frac{c}{2a}u^2})\,y\left(\frac{u}{a}\right)\right)$$

证毕。

式(13.76)所表示的 LCT 时域卷积定理与傅里叶变换的时域卷积定理[式(13.69)]相比,形式要复杂得多,不便于分析线性正则域的乘性滤波,因此接下来将给出一种简便直观的 LCT“时域卷积定理”。

定理 13.3：设 $X_{(a,b,c,d)}(u)=L^{(a,b,c,d)}(x(t))$，$Y_{(a,b,c,d)}(u)=L^{(a,b,c,d)}(y(t))$，则

$$L^{(a,b,c,d)}(x(t)\Theta y(t))=X_{(a,b,c,d)}(u)\widetilde{Y}_{(a,b,c,d)}(u) \tag{13.83}$$

式中，$\widetilde{Y}_{(a,b,c,d)}(u)=Y_{(a,b,c,d)}(u)\mathrm{e}^{-\mathrm{j}\frac{d}{2b}u^2}$，算子 Θ 与线性正则变换的参数有关，定义如下：

$$x(t)\Theta y(t)=\sqrt{\frac{1}{\mathrm{j}2\pi b}}\mathrm{e}^{-\mathrm{j}\frac{a}{2b}t^2}\left(\left(x(t)\mathrm{e}^{\mathrm{j}\frac{a}{2b}t^2}\right)*\left(y(t)\mathrm{e}^{\mathrm{j}\frac{a}{2b}t^2}\right)\right) \tag{13.84}$$

证明：

$$L^{(a,b,c,d)}(x(t)\Theta y(t))=\sqrt{\frac{1}{\mathrm{j}2\pi b}}\mathrm{e}^{\mathrm{j}\frac{d}{2b}u^2}\int_{-\infty}^{+\infty}\mathrm{e}^{-\mathrm{j}\frac{1}{b}ut}\mathrm{e}^{\mathrm{j}\frac{a}{2b}t^2}\left[\sqrt{\frac{1}{\mathrm{j}2\pi b}}\mathrm{e}^{-\mathrm{j}\frac{a}{2b}t^2}\left(\left(x(t)\mathrm{e}^{\mathrm{j}\frac{a}{2b}t^2}\right)\left(y(t)\mathrm{e}^{\mathrm{j}\frac{a}{2b}t^2}\right)\right)\right]\mathrm{d}t$$

$$=\sqrt{\frac{1}{\mathrm{j}2\pi b}}\mathrm{e}^{\mathrm{j}\frac{d}{2b}u^2}\int_{-\infty}^{+\infty}x(\tau)\mathrm{e}^{\mathrm{j}\frac{a}{2b}\tau^2}\left(\int_{-\infty}^{+\infty}\sqrt{\frac{1}{\mathrm{j}2\pi b}}\mathrm{e}^{-\mathrm{j}\frac{1}{b}ut}y(t-\tau)\mathrm{e}^{\mathrm{j}\frac{a}{2b}(t-\tau)^2}\mathrm{d}t\right)\mathrm{d}\tau$$

针对上式括号部分对 t 的积分，令 $t-\tau=\lambda$，则

$$L^{(a,b,c,d)}(x(t)\Theta y(t))=\sqrt{\frac{1}{\mathrm{j}2\pi b}}\mathrm{e}^{\mathrm{j}\frac{d}{2b}u^2}\int_{-\infty}^{+\infty}x(\tau)\mathrm{e}^{\mathrm{j}\frac{a}{2b}\tau^2}\left(\int_{-\infty}^{+\infty}\sqrt{\frac{1}{\mathrm{j}2\pi b}}\mathrm{e}^{-\mathrm{j}\frac{1}{b}u(\lambda+\tau)}y(\lambda)\mathrm{e}^{\mathrm{j}\frac{a}{2b}(\lambda)^2}\mathrm{d}\lambda\right)\mathrm{d}\tau$$

$$=\mathrm{e}^{-\mathrm{j}\frac{d}{2b}u^2}Y_{(a,b,c,d)}(u)X_{(a,b,c,d)}(u)$$

证毕。

以上我们完成了 LCT 卷积定理的证明。因为 FRFT 是 LCT 的特例，因此将$(a,b,c,d)=(\cos\alpha,\sin\alpha,-\sin\alpha,\cos\alpha)$代入式(13.71)和式(13.76)，可以得到 FRFT 的卷积定理[17]。

13.2 线性正则变换域框架理论

W-H(Weyl-Heisenberg)框架理论是信号处理中的 Gabor 展开、短时傅里叶变换的理论基础，它描述了在时频混合空间中的信号非正交展开。基于框架理论的短时傅里叶变换在信号处理中得到了广泛的应用，在基于框架理论的信号非正交展开中所包含的冗余信息可以进一步用来进行信息的隐藏、压缩等处理。基于框架理论的信号分解还可以得到信号在时频平面的局部结构和信息。同时，随着小波理论的发展和完善，基于 W-H 框架理论原理而提出的小波框架理论，在信号处理中也得到了迅速的应用和发展[18-20]。现有关于信号在混合域上的展开大都集中在时域和频域[19-20]来讨论，关于信号在时域和其他空频联合域空间中信号的框架表示以及框架理论的研究就比较少见[19]。因此有必要研究时频域中的框架理论在其他联合域中的特点和性质，从而可以进一步应用这些理论来研究基于时频联合域的信号特别是非平稳信号处理问题。

本节主要研究时频混合空间中的 W-H 框架在 LCT 下的特点，得到了在 LCT 域框架表示，为今后进一步研究 LCT 域的均匀、非均匀采样问题打下良好的理论基础。

13.2.1 W-H 框架

定义 13.1：一个时频平面的时频平移$\{g_{q,p}(t)\}_{(p,q)\in Z^2}$集合称为一个 W-H 框架的充要条件是，对于任意的 $f(t)\in L^2(R)$，有以下的关系式成立：

$$A\|f\|^2 \leqslant \sum_{q=-\infty}^{+\infty}\sum_{p=-\infty}^{+\infty}|\langle f, g_{p,q}\rangle|^2 \leqslant B\|f\|^2 \tag{13.85}$$

式中，$g_{q,p}(t)=g(t-q\Delta c)\mathrm{e}^{\mathrm{j}p\Delta dt}$，$0<A, B<\infty$分别称为此框架的上、下界，$\Delta c, \Delta d>0$ 分别表示时间频率尺度上的平移步长。

定义 13.2：若$\{g_{q,p}(t)\}_{(p,q)\in \mathbf{Z}^2}$ 构成一个 W-H 框架，则$\{\tilde{g}_{q,p}(t)=S^{-1}[g_{q,p}](t)\}_{(q,p)\in Z^2}$为原来框架的对偶框架，其中对于任意的 $f(t)\in L^2(R)$，框架算子 S 满足

$$S[f](t)=\sum_{q=-\infty}^{+\infty}\sum_{p=-\infty}^{+\infty}\langle f(t), g_{q,p}(t)\rangle g_{q,p}(t) \tag{13.86}$$

并且有以下关系式成立：

$$f(t)=\sum_{q=-\infty}^{+\infty}\sum_{p=-\infty}^{+\infty}\langle f, g_{q,p}\rangle \tilde{g}_{q,p}(t) \tag{13.87}$$

13.2.2 无量纲化处理

无论是傅里叶变换还是 FRFT 和 LCT，它们都是把一个域中的信号表示变换到另外的一个域中，所以在分析与计算时，为了进行一些比较和处理需要对这两个域中的关系进行无量纲化处理。例如在分析 FRFT 的时频分析时，要考虑 FRFT 的时频分布，就要用到时间量纲和频率量纲。为了在量纲上保持一致和对结果进行更好的解释，我们进行无量纲化处理。

假设信号 $f(t)$在时间域，而经过 LCT 后把信号 $f(t)$变换到 u 域，下面考虑时频平面上的点(t, w)和经 LCT 后的时间与 u 平面上点$(t_{\mathbf{A}}, u_{\mathbf{A}})$的关系。可以知道，任意信号经过 LCT 后，新的点$(t_{\mathbf{A}}, u_{\mathbf{A}})$与时频平面上的点$(t, w)$之间的关系为

$$\begin{cases} t=at_{\mathbf{A}}+bu_{\mathbf{A}} \\ w=ct_{\mathbf{A}}+du_{\mathbf{A}} \end{cases} \tag{13.88}$$

定义无量纲化尺度为 $s=$(信号的时宽/信号的带宽)$^{1/2}$。

LCT 域下时间和 u 域中的矩阵网格点列$(q\Delta c, p\Delta d)$与时频平面上的点列$[l(q,p)\Delta u, k(q,p)\Delta v]$之间的关系有以下的引理。

引理 13.1：在 LCT 域中的矩阵网格点列$(q\Delta c, p\Delta d)$，通过 LCT 的作用可以映射到时频平面的点阵$(l(q,p)\Delta u, k(q,p)\Delta v)$，其中，

$$\begin{cases} \Delta u=\left(\dfrac{a}{p}+\dfrac{b}{qs^2}\right)\Delta d \\ \Delta v=\left(\dfrac{c}{p}+\dfrac{d}{qs^2}\right)\Delta c \end{cases},\quad \Delta u, \Delta v\in \mathbb{R}^+,\ \begin{matrix} l(q,p)=pqs^2 \\ k(q,p)=pq \end{matrix},\quad l(q,p), k(q,p)\in \mathbb{Z} \tag{13.89}$$

证明：由 LCT 域中的点$(t_{\mathbf{A}}, u_{\mathbf{A}})$映射到时频平面为

$$\begin{cases} t=at_{\mathbf{A}}+bu_{\mathbf{A}} \\ w=ct_{\mathbf{A}}+du_{\mathbf{A}} \end{cases}$$

把$(t_{\mathbf{A}}, u_{\mathbf{A}})=(q\Delta c, p\Delta d)$代入上式并经过无量纲化处理可以得到

$$s^2=\frac{\Delta c}{\Delta d},\quad s\in Z^+$$

$$\begin{cases} t=(aqs^2+bp)\Delta d=pqs^2\left(\dfrac{a}{p}+\dfrac{b}{qs^2}\right)\Delta d \\ w=(cqs^2+dp)\dfrac{\Delta c}{s^2}=pq\left(\dfrac{c}{p}+\dfrac{d}{qs^2}\right)\Delta c \end{cases}$$

令 $\Delta u=\left(\dfrac{a}{p}+\dfrac{b}{qs^2}\right)\Delta d$，$\Delta v=\left(\dfrac{c}{p}+\dfrac{d}{qs^2}\right)\Delta c$，$\Delta u,\Delta v\in\mathbb{R}^+$，则有 t_A-u_A 域中的点阵格子 $(q\Delta c,p\Delta d)$可以表示为时频空间中点阵$[l(q,p)\Delta u,k(q,p)\Delta v]$，其中 $l(q,p)=pqs^2$，$k(q,p)=pq$，$l(q,p),k(q,p)\in\mathbb{Z}$。

13.2.3 主要结论

引理 13.1 给出了 LCT 域下的矩形点阵格子与时频空间中的点阵之间的对应关系。接下来我们探讨任何时频空间的 W-H 框架在 LCT 下的特点，也就说在 LCT 下 W-H 框架能否构成时间域和 u 域混合空间的框架？通过下面的分析可知，在 LCT 的条件下，上述 W-H 框架还能构成一个框架，并且保持框架界不变。

引理 13.2：设信号 $f(t),g(t)\in L^2(R)$，令 $L^{\boldsymbol{A}}[f](u)$，$L^{\boldsymbol{A}}[g](u)$分别表示信号 $f(t)$、$g(t)$以参数矩阵为 $\boldsymbol{A}=\begin{pmatrix}a & b\\ c & d\end{pmatrix}$的 LCT，则下式成立。

$$\langle f(t),g(t)\rangle=\langle L^{\boldsymbol{A}}[f](u),L^{\boldsymbol{A}}[g](u)\rangle \tag{13.90}$$

式中，$\langle\cdot,\cdot\rangle$表示 $L^2(R)$空间中的内积。

证明：因为 LCT 是酉变换，也就是说 $L^{\boldsymbol{A}}$ 是一个酉算子，所以，

$$\langle L^{\boldsymbol{A}}[f](u),L^{\boldsymbol{A}}[g](u)\rangle=\langle f,L^{\boldsymbol{A}^{-1}}(L^{\boldsymbol{A}})(u)\rangle=\langle f,g\rangle \tag{13.91}$$

引理得证。并且当信号 $f(t)=g(t)$时有

$$\| L^{\boldsymbol{A}}[f(t)](u)\| = \| f \| \tag{13.92}$$

由此可以知道，LCT 保持内积和范数的不变性。

引理 13.3：设 $g_{q,p}(t)=g(t-q\Delta c)\mathrm{e}^{\mathrm{j}p\Delta \mathrm{d}t}$，$\Delta c,\Delta d>0$，$G_{\boldsymbol{A}}(u)=L^{\boldsymbol{A}}[g](u)$，则 $g_{q,p}(t)$的 LCT 可以表示为

$$L^{\boldsymbol{A}}[g_{q,p}(t)](u)=\mathrm{e}^{\mathrm{j}\theta}G_{\boldsymbol{A},l,k}(u) \tag{13.93}$$

式中，

$$\theta=-\frac{ac}{2}(q\Delta c)^2-bc(p\Delta d)(q\Delta c)-\frac{bd}{2}(p\Delta d)^2 \tag{13.94}$$

$$G_{\boldsymbol{A},l,k}(u)=G_{\boldsymbol{A}}[u-l(q,p)\Delta u]\mathrm{e}^{\mathrm{j}k(q,p)\Delta vu} \tag{13.95}$$

证明：因为

$$\begin{aligned} L^{\boldsymbol{A}}[g_{q,p}(t)](u)&=\int_{-\infty}^{+\infty}K_{\boldsymbol{A}}(u,t)g_{q,p}(t)\mathrm{d}t \\ &=\mathrm{e}^{-\mathrm{j}\frac{ac}{2}(q\Delta c)^2-\mathrm{j}bc(p\Delta d)(q\Delta c)-\mathrm{j}\frac{bd}{2}(p\Delta d)^2}G_{\boldsymbol{A}}[u-l(q,p)\Delta u]\mathrm{e}^{\mathrm{j}k(q,p)\Delta vu} \\ &=\mathrm{e}^{\mathrm{j}\theta}G_{\boldsymbol{A},l,k}(u) \end{aligned}$$

我们以定理的形式给出本节的结论。

定理 13.4：若$\{g_{q,p}(t)\}_{(p,q)\in \mathbf{Z}^2}$构成一个 W-H 框架，并且框架界分别为 A 和 B，其对偶框架表示为$\{\tilde{g}_{q,p}(t)\}_{(p,q)\in \mathbf{Z}^2}$，则有以下结论成立。

(1) 对于具有参数$\boldsymbol{A}=\begin{pmatrix} a & b \\ c & d \end{pmatrix}$矩阵的 LCT 来说，$\{\boldsymbol{G}_{\boldsymbol{A},l,k}(u)\}_{(l,k)\in \mathbf{Z}^2}$构成该 LCT 域的一个框架；

(2) $\{G_{\boldsymbol{A},l,k}(u)\}_{(l,k)\in \mathbf{Z}^2}$的对偶框架可以表示为$\{\widetilde{G}_{\boldsymbol{A},l,k}(u)\}_{(l,k)\in \mathbf{Z}^2}$。

证明：先证明结论(1)。

定义 $F_{\boldsymbol{A}}(u)=L^{\boldsymbol{A}}[f](u)$，$G_{\boldsymbol{A},l,k}(u)=G_{\boldsymbol{A}}(u-l\Delta u)\mathrm{e}^{\mathrm{j}k\Delta vu}$。因为$\{g_{q,p}(t)\}_{(p,q)\in \mathbf{Z}^2}$是框架界分别为 A，B 的一个框架，则由框架的定义可以知道对于任意的 $f(t)\in L^2(R)$，有

$$A\|f\|^2 \leqslant \sum_{q=-\infty}^{+\infty}\sum_{p=-\infty}^{+\infty}|\langle f,g_{p,q}\rangle|^2 \leqslant B\|f\|^2 \tag{13.96}$$

式中，

$$\langle f,g_{q,p}\rangle=\int_{-\infty}^{+\infty} f(t)g^*(t-q\Delta c)\mathrm{e}^{-\mathrm{j}p\Delta dt}\mathrm{d}t \tag{13.97}$$

由引理 13.2，对式(13.97)左边做 LCT，可以得到

$$\langle f,g_{q,p}\rangle=\langle L^{\boldsymbol{A}}[f](u),L^{\boldsymbol{A}}[g_{q,p}](u)\rangle=\langle F_{\boldsymbol{A}}(u),L^{\boldsymbol{A}}[g_{q,p}](u)\rangle \tag{13.98}$$

由引理 13.3 可知，$L^{\boldsymbol{A}}[g_{q,p}](u)$与 $g_{\boldsymbol{A},l,k}(u)=G_{\boldsymbol{A}}(u-l\Delta u)\mathrm{e}^{\mathrm{j}k\Delta vu}$ 之间的关系为

$$L^{\boldsymbol{A}}[g_{q,p}(t)](u)=\mathrm{e}^{\mathrm{j}\theta}G_{\boldsymbol{A},l,k}(u)$$

所以式(13.98)变为

$$\langle f,g_{q,p}\rangle=\langle L^{\boldsymbol{A}}[f](u),L^{\boldsymbol{A}}[g_{q,p}](u)\rangle=\langle F_{\boldsymbol{A}}(u),\mathrm{e}^{\mathrm{j}\theta}G_{\boldsymbol{A},l,k}(u)\rangle \tag{13.99}$$

又因为

$$\|L^{\boldsymbol{A}}[f](u)\|=\|F_{\boldsymbol{A}}\|=\|f\| \tag{13.100}$$

代入框架定义并重新定义指标集合$\{l(q,p),k(q,p),l\in \boldsymbol{L},k\in \boldsymbol{K}\}$，可以得到

$$A\|f\|^2 \leqslant \sum_{k\in \boldsymbol{K}}\sum_{l\in \boldsymbol{L}}|<F_{\boldsymbol{A}},\mathrm{e}^{\mathrm{j}\theta}G_{\boldsymbol{A},l,k}>|^2 \leqslant B\|f\|^2 \tag{13.101}$$

即

$$A\|F_{\boldsymbol{A}}\|^2 \leqslant \sum_{k\in \boldsymbol{K}}\sum_{l\in \boldsymbol{L}}|<F_{\boldsymbol{A}},\mathrm{e}^{\mathrm{j}\theta}G_{\boldsymbol{A},l,k}>|^2 \leqslant B\|F_{\boldsymbol{A}}\|^2 \tag{13.102}$$

所以，由框架的定义可以知道$\{G_{\boldsymbol{A},l,k}(u)\}_{(l,k)\in \mathbf{Z}^2}$构成 LCT 域的一个框架。

再证明结论(2)。

因为 $\tilde{g}_{q,p}(t)$是框架 $g_{q,p}(t)$的对偶框架，即对于任意信号 $f(t)\in L^2(R)$都有

$$f(t)=\sum_{q=-\infty}^{+\infty}\sum_{p=-\infty}^{+\infty}\langle f,g_{q,p}\rangle\tilde{g}_{q,p}(t) \tag{13.103}$$

对上式两边进行 LCT 可以得到

$$\begin{aligned} L^{\boldsymbol{A}}[f(t)](u) &= \sum_{q=-\infty}^{+\infty}\sum_{p=-\infty}^{+\infty}\langle f,g_{q,p}\rangle L^{\boldsymbol{A}}[\tilde{g}_{q,p}(t)](u) \\ &= \sum_{l\in \boldsymbol{L}}\sum_{k\in \boldsymbol{K}}\langle F_{\boldsymbol{A}},\mathrm{e}^{\mathrm{j}\theta}G_{\boldsymbol{A},l,k}(u)\rangle \mathrm{e}^{\mathrm{j}\theta}\widetilde{G}_{\boldsymbol{A},l,k}(u) \end{aligned} \tag{13.104}$$

即 $F_{\boldsymbol{A}}(u)=\sum_{l\in L}\sum_{k\in K}<F_{\boldsymbol{A}},G_{\boldsymbol{A},l,k}>\widetilde{G}_{\boldsymbol{A},l,k}(u)$成立，所以$\{G_{\boldsymbol{A},l,k}(u)\}_{(l,k)\in \mathbf{Z}^2}$的对偶框架可

以表示为$\{\widetilde{G}_{\mathbf{A},l,k}(u)\}_{(l,k)\in\mathbf{Z}^2}$的形式。

13.3 线性正则变换域的 Hilbert 变换

Gabor 在 1946 年为了得到一个实信号 $f(t)$的解析信号形式而把 Hilbert 变换(Hilbert Transform)引入信号处理领域[21]。Hilbert 变换是信号处理中的一个重要的工具,广泛应用于各种领域,如调制理论、边缘检测以及信号处理中的滤波器设计等[21-22]。一个实信号通过 Hilbert 变换可以和它的复信号联系在一起,即解析信号的形式,而解析信号的一个重要特点就是它没有负的频率成分。

本节给出了 LCT 域 Hilbert 变换的定义,并给出了这种定义下解析信号的性质与特点,指出这种形式的 Hilbert 变换和基于傅里叶变换的 Hilbert 变换具有一些类似的特点。

定义 LCT 域 Hilbert 变换如下:

$$H^{\mathbf{A}}[f](t)=\frac{\exp\left(-\mathrm{j}\,\frac{d}{2b}t^2\right)}{\pi}\int_{-\infty}^{+\infty}\frac{f(x)\exp\left(\mathrm{j}\,\frac{a}{2b}x^2\right)}{t-x}\mathrm{d}x \tag{13.105}$$

式中,$b\neq 0$,$\mathbf{A}$ 是 LCT 的参数矩阵。同时,给出 LCT 域中解析信号的定义:

$$\hat{F}_{\mathbf{A}}(t)=f(t)+\mathrm{j}H^{\mathbf{A}}[f](t) \tag{13.106}$$

基于上述 LCT 域 Hilbert 变换的定义可以得到如下两个结论。

定理 13.5:假定 $F_{\mathbf{A}}(u)$是信号 $f(t)$以参数矩阵 $\mathbf{A}=\begin{pmatrix}a,b\\c,d\end{pmatrix}$的 LCT,$\hat{F}_{\mathbf{A}}(t)$表示基于 LCT 域 Hilbert 变换的解析信号。则 $\hat{F}_{\mathbf{A}}(t)$可以通过去掉 $F_{\mathbf{A}}(u)$的负谱成分而得到,并且有以下的关系式成立:

$$\hat{F}_{\mathbf{A}}(t)=\begin{cases}2\int_0^{+\infty}F_{\mathbf{A}}(u)K_{\mathbf{A}^{-1}}(u,t)\mathrm{d}u, & b>0\\ -2\int_0^{+\infty}F_{\mathbf{A}}(u)K_{\mathbf{A}^{-1}}(u,t)\mathrm{d}u, & b<0\end{cases},\quad 其中\ b\neq 0 \tag{13.107}$$

证明:假定 $I=\int_0^{+\infty}F_{\mathbf{A}}(u)K_{\mathbf{A}^{-1}}(u,t)\mathrm{d}u$,把 $F_{\mathbf{A}}(u)$ 的定义式代入,以得到

$$I=\int_0^{+\infty}f(v)\int_{-\infty}^{+\infty}K_{\mathbf{A}}(v,u)K_{\mathbf{A}^{-1}}(u,t)\mathrm{d}v\mathrm{d}u \tag{13.108}$$

而 $\mathbf{A}^{-1}=\begin{bmatrix}d & -b\\ -c & a\end{bmatrix}$,所以有

$$\begin{aligned}K_{\mathbf{A}}(v,u)K_{\mathbf{A}^{-1}}(u,t)&=\sqrt{\frac{1}{\mathrm{j}2\pi b}}\sqrt{\frac{1}{\mathrm{j}2\pi(-b)}}\mathrm{e}^{\mathrm{j}\left(\frac{a}{2(-b)}t^2+\frac{d}{2(-b)}u^2-\frac{1}{(-b)}ut+\frac{d}{2b}u^2-\frac{1}{b}uv+\frac{a}{2b}v^2\right)}\\&=\frac{1}{2\pi|b|}\exp\left[\mathrm{j}\,\frac{a}{2b}\left(v^2-t^2-\frac{2}{a}(v-t)u\right)\right]\end{aligned} \tag{13.109}$$

所以,

$$\begin{aligned}I&=\frac{1}{2\pi|b|}\int_{-\infty}^{+\infty}f(v)\mathrm{d}v\int_0^{+\infty}\exp\left[\mathrm{j}\,\frac{a}{2b}\left(v^2-t^2-\frac{2}{a}(v-t)u\right)\right]\mathrm{d}u\\&=\frac{1}{2\pi|b|}\exp\left(-\mathrm{j}\,\frac{a}{2b}t^2\right)\int_{-\infty}^{+\infty}f(v)\exp\left(\mathrm{j}\,\frac{a}{2b}v^2\right)\int_0^{+\infty}\exp\left[-\frac{\mathrm{j}}{b}(v-t)u\right]\mathrm{d}u\mathrm{d}v\end{aligned} \tag{13.110}$$

既然

$$\begin{aligned}\int_0^{+\infty}\exp\left[-\frac{\mathrm{j}}{b}(v-t)u\right]\mathrm{d}u&=\frac{1}{2}\int_{-\infty}^{+\infty}(1+\operatorname{sgn}(u))\exp(-\mathrm{j}\lambda u)\mathrm{d}u\\&=\frac{1}{2}\left[2\pi\delta(\lambda)-\frac{2\mathrm{j}}{\lambda}\right]\end{aligned}\tag{13.111}$$

其中，$\lambda=\dfrac{v-t}{b}$，所以式(13.110)可以表示为

$$\begin{aligned}I&=\frac{1}{2\pi|b|}\exp\left(-\mathrm{j}\frac{a}{2b}t^2\right)\int_{-\infty}^{+\infty}f(v)\exp\left(\mathrm{j}\frac{a}{2b}v^2\right)\cdot\\&\quad\int_0^{+\infty}\exp\left[-\frac{\mathrm{j}}{b}(v-t)u\right]\mathrm{d}u\,\mathrm{d}v\\&=\frac{b}{2|b|}\hat{F}_{\boldsymbol{A}}(t)\end{aligned}\tag{13.112}$$

因此可以得到

$$\hat{F}_{\boldsymbol{A}}(t)=\begin{cases}2\int_0^{+\infty}F_{\boldsymbol{A}}(u)K_{\boldsymbol{A}^{-1}}(u,t)\mathrm{d}u, & b>0\\-2\int_0^{+\infty}F_{\boldsymbol{A}}(u)K_{\boldsymbol{A}^{-1}}(u,t)\mathrm{d}u, & b<0\end{cases}\tag{13.113}$$

证毕。

定理 13.6：各个函数的定义如定理 13.5，且参数矩阵 $\boldsymbol{A}$ 的元素满足 $a=d$，则有以下关系式成立：

$$F_{\boldsymbol{A}}[H^{\boldsymbol{A}}[f]](w)=-\mathrm{j}\operatorname{sgn}\left(\frac{w}{b}\right)F_{\boldsymbol{A}}(w)\tag{13.114}$$

证明：令

$$g(t)=\frac{1}{\pi}\int_{-\infty}^{+\infty}\frac{f(x)\exp\left(\mathrm{j}\frac{a}{2b}x^2\right)}{t-x}\mathrm{d}x\tag{13.115}$$

则有 $H^{\boldsymbol{A}}[f](t)=\exp\left(-\mathrm{j}\dfrac{d}{2b}t^2\right)g(t)$。那么，

$$\begin{aligned}F_{\boldsymbol{A}}[H^{\boldsymbol{A}}[f]](w)&=\int_{-\infty}^{+\infty}K_{\boldsymbol{A}}(t,w)\exp\left(-\mathrm{j}\frac{d}{2b}t^2\right)g(t)\mathrm{d}t\\&=\sqrt{\frac{1}{\mathrm{j}2\pi b}}\int_{-\infty}^{+\infty}f(x)\exp\left(\mathrm{j}\frac{a}{2b}(w^2+x^2)\right)\cdot\\&\quad\left[-\mathrm{j}\operatorname{sgn}\left(\frac{w}{b}\right)\exp\left(-\mathrm{j}\frac{1}{b}xw\right)\right]\mathrm{d}x\\&=-\mathrm{j}\operatorname{sgn}\left(\frac{w}{b}\right)F_{\boldsymbol{A}}(w)\end{aligned}\tag{13.116}$$

证毕。

下面给出两种特殊情况的例子。

(1) 当参数矩阵为 $\boldsymbol{A}=\begin{bmatrix}0&1\\-1&0\end{bmatrix}$ 时，原 LCT 就退化为传统的傅里叶变换，容易验证 LCT 域 Hilbert 变换就退化为传统傅里叶的域 Hilbert 变换；

(2) 当参数矩阵为$\boldsymbol{A}=\begin{pmatrix}\cos\alpha & \sin\alpha\\ -\sin\alpha & \cos\alpha\end{pmatrix}$时,原LCT退化为旋转角度为$\alpha$的FRFT,本节结果退化为文献[24]的相应结论,所以从这一方面来说,本节所给出的LCT域Hilbert变换定义是文献[24]中所给定义的一种推广。

13.4　线性正则变换的离散实现

13.4.1　线性正则变换域带限信号采样定理

利用LCT域卷积定理,可以得到LCT域带限信号的采样定理。首先将理想冲激取样信号表示为

$$\hat{x}(t)=x(t)s_{\delta}(t)=x(t)\sum_{n=-\infty}^{+\infty}\delta(t-nT) \tag{13.117}$$

式中,T为采样周期;$s_{\delta}(t)$为冲激函数序列,它的傅里叶变换为

$$S_{\delta}(u)=\mathcal{F}(s_{\delta}(t))=\frac{2\pi}{T}\sum_{m=-\infty}^{+\infty}\delta\left(u-m\frac{2\pi}{T}\right) \tag{13.118}$$

根据定理13.1,得到

$$\begin{aligned}X_{s(a,b,c,d)}(u)&=L^{(a,b,c,d)}(x_{s}(t))=\left|\frac{1}{2\pi b}\right|\mathrm{e}^{\mathrm{j}\frac{d}{2b}u^{2}}\left((X_{(a,b,c,d)}(u)\mathrm{e}^{-\mathrm{j}\frac{d}{2b}u^{2}})*S_{\delta}\left(\frac{u}{b}\right)\right)\\&=\frac{1}{T}\mathrm{e}^{\mathrm{j}\frac{d}{2b}u^{2}}\left((X_{(a,b,c,d)}(u)\mathrm{e}^{-\mathrm{j}\frac{d}{2b}u^{2}})*\sum_{m=-\infty}^{+\infty}\delta\left(u-m\frac{2\pi b}{T}\right)\right)\end{aligned} \tag{13.119}$$

由上式可以看出,采样后,信号$x(t)$的线性正则变换$X_{(a,b,c,d)}(u)$在LCT域以周期$\frac{2\pi|b|}{T}$进行延拓,$m=0$时,与原线性正则谱$X_{(a,b,c,d)}(u)$仅相差一个幅度因子$\frac{1}{T}$,$m\neq0$时的延拓谱还经过了调制和相移。如果$x(t)$为LCT域上的带限信号,即$X_{(a,b,c,d)}(u)$的支撑区限制在$|u|<\Omega_{h}$,那么当$\frac{2\pi|b|}{T}\geqslant2\Omega_{h}$ $\left(即采样频率\ \omega_{s}\geqslant\frac{2\Omega_{h}}{|b|}\right)$时就不会发生混叠。这样就可以用幅度为$T$、截止频率为$\Omega_{\mathrm{LCT}}$($\Omega_{\mathrm{LCT}}\in[\Omega_{h},|b|\omega_{s}-\Omega_{h}]$)的LCT域低通滤波器(传递函数如式(13.120)所示)来取出原线性正则谱$X_{(a,b,c,d)}(u)$,而滤除掉各次延拓谱,从而再通过逆变换就可以恢复出原信号,而不造成信息损失。将低通滤波器的截止频率限定在区间$[\Omega_{h},|b|\omega_{s}-\Omega_{h}]$是为了保证只取出采样信号线性正则谱$\hat{X}_{(a,b,c,d)}(u)$的$m=0$部分。

$$H_{(a,b,c,d)}(u)=\begin{cases}T, & |u|<\Omega_{\mathrm{LCT}}\\0, & |u|\geqslant\Omega_{\mathrm{LCT}}\end{cases} \tag{13.120}$$

上述低通滤波后的输出信号形式可以利用定理13.3得到,首先令$\widetilde{Y}_{(a,b,c,d)}(u)=\begin{cases}T, & |u|<\Omega_{\mathrm{LCT}}\\0, & |u|\geqslant\Omega_{\mathrm{LCT}}\end{cases}$,则

$$y(t)=L^{(d,-b,-c,a)}(\widetilde{Y}_{(a,b,c,d)}(u)\mathrm{e}^{\mathrm{j}\frac{d}{2b}u^{2}})=T\sqrt{\frac{-1}{\mathrm{j}2\pi b}}\mathrm{e}^{-\mathrm{j}\frac{a}{2b}t^{2}}\frac{2b\sin\frac{\Omega_{\mathrm{LCT}}}{b}t}{t} \tag{13.121}$$

因为 $\hat{X}_{(a,b,c,d)}(u)\widetilde{Y}_{(a,b,c,d)}(u)=L^{(a,b,c,d)}(\hat{x}(t)\Theta y(t))$，所以 $\hat{X}_{(a,b,c,d)}(u)$经过低通滤波后的时域输出为

$$x(t)=\hat{x}(t)\Theta y(t)=\sqrt{\frac{1}{\mathrm{j}2\pi b}}\mathrm{e}^{-\mathrm{j}\frac{a}{2b}t^2}\left(\left(\hat{x}(t)\mathrm{e}^{\mathrm{j}\frac{a}{2b}t^2}\right)*\left(y(t)\mathrm{e}^{\mathrm{j}\frac{a}{2b}t^2}\right)\right)$$
$$=\mathrm{e}^{-\mathrm{j}\frac{a}{2b}t^2}\sum_{n=-\infty}^{+\infty}x(nT)\mathrm{e}^{\mathrm{j}\frac{a}{2b}(nT)^2}\frac{T\sin\dfrac{\Omega_{\mathrm{LCT}}}{b}(t-nT)}{\pi(t-nT)} \tag{13.122}$$

上式即为 LCT 域带限信号采样后经过低通滤波的时域重构公式。令 $\Omega_{\mathrm{LCT}}=\frac{\omega_s}{2}=\frac{\pi}{T}$，可以得到传统频域带限信号的低通滤波时域重构公式。

13.4.2 线性正则变换的离散形式

13.4.2.1 离散线性正则变换

本节描述了采用直接采样来实现对连续 LCT 的离散化方法。首先对输入函数 $y(t)$和输出函数 $Y_{(a,b,c,d)}(u)$以间隔 Δt、Δu 进行采样。

$$\tilde{y}(n)=y(n\Delta t),\quad n=-N,-N+1,\cdots,N \tag{13.123}$$

$$\widetilde{Y}_{(a,b,c,d)}(m)=Y_{(a,b,c,d)}(m\Delta u),\quad m=-M,-M+1,\cdots,M \tag{13.124}$$

那么便有

$$\widetilde{Y}_{(a,b,c,d)}(m)=\sqrt{\frac{1}{\mathrm{j}2\pi b}}\exp\left(\mathrm{j}\frac{d}{2b}m^2\Delta u^2\right)\cdot\sum_{n=-N}^{N}\exp\left(-\mathrm{j}\frac{m\Delta un\Delta t}{b}\right)\exp\left(\mathrm{j}\frac{a}{2b}n^2\Delta t^2\right)\tilde{y}(n) \tag{13.125}$$

上式可以写成

$$\widetilde{Y}_{(a,b,c,d)}(m)=\sum_{n=-N}^{N}\boldsymbol{L}_{(a,b,c,d)}(m,n)\tilde{y}(n) \tag{13.126}$$

如果

$$\Delta u\Delta t=2\pi|b|/(2M+1) \tag{13.127}$$

$M\geqslant N$，那么变换矩阵 $\boldsymbol{L}_{(a,b,c,d)}(m,n)$是可逆的，可以化为

$$\boldsymbol{L}_{(a,b,c,d)}(m,n)=\sqrt{\frac{1}{2M+1}}\exp\left(\mathrm{j}\frac{d}{2b}m^2\Delta u^2\right)\exp\left(-\mathrm{j}\frac{2\pi\operatorname{sgn}(b)nm}{2M+1}\right)\cdot\exp\left(\mathrm{j}\frac{a}{2b}n^2\Delta t^2\right) \tag{13.128}$$

这样，LCT 的离散表示就如下：

(1) 当 $b>0$ 时，

$$\widetilde{Y}_{(a,b,c,d)}(m)=\sqrt{\frac{1}{2M+1}}\exp\left(\mathrm{j}\frac{d}{2b}m^2\Delta u^2\right)\sum_{n=-N}^{N}\exp\left(-\mathrm{j}\frac{2\pi nm}{2M+1}\right)\cdot\exp\left(\mathrm{j}\frac{a}{2b}n^2\Delta t^2\right)\tilde{y}(n) \tag{13.129a}$$

(2) 当 $b<0$ 时,

$$\widetilde{Y}_{(a,b,c,d)}(m)=\sqrt{\frac{1}{2M+1}}\exp\left(\mathrm{j}\,\frac{d}{2b}m^2\Delta u^2\right)\sum_{n=-N}^{N}\exp\left(\mathrm{j}\,\frac{2\pi nm}{2M+1}\right)\cdot \exp\left(\mathrm{j}\,\frac{a}{2b}n^2\Delta t^2\right)\widetilde{y}(n) \tag{13.129b}$$

以后用 $\widetilde{L}^{a,b,c,d}(\widetilde{y}(n))$ 来表示 $\widetilde{y}(n)$ 具有参数 $\{a,b,c,d\}$ 的离散 LCT,其输入、输出函数的采样间隔分别是 Δt、Δu。离散 LCT 同样满足可逆性:

$$\widetilde{y}(n)=\widetilde{L}^{(d,-b,-c,a)}(\widetilde{L}^{(a,b,c,d)}(\widetilde{y}(n))) \tag{13.130}$$

当 $b=0$ 时,式(13.129)便不能再表示这种情况的离散 LCT 了,因为约束条件式(13.127)的右边为 0。此时的 LCT 定义如下:

$$Y_{(a,b,c,d)}(u)=L^{(a,b,c,d)}(y(t))=\sqrt{d}\,\mathrm{e}^{\frac{\mathrm{j}cd}{2}u^2}y(\mathrm{d}u) \tag{13.131}$$

(3) 当 $b=0$ 时,显然此时的离散 LCT 可以定义如下:

$$\begin{cases}\widetilde{Y}_{(a,0,c,d)}(m)=\sqrt{d}\exp\left(\mathrm{j}\,\frac{cd}{2}m^2\Delta u^2\right)\widetilde{y}(dm), \quad d\in\mathbb{Z} & (13.132\mathrm{a})\\ \widetilde{Y}_{(a,0,c,d)}(m)=\sqrt{\frac{1}{H}}\exp\left(\mathrm{j}\,\frac{c}{2a}m^2\Delta u^2\right)\sum_{n=-N}^{N}\sum_{k=-N}^{N}\exp\left(\mathrm{j}\,\frac{2\pi\mathrm{sgn}(a)km}{2M+1}\right)\cdot \exp\left(-\mathrm{j}\,\frac{2\pi nk}{2N+1}\right)\widetilde{y}(n), \quad d\notin\mathbb{Z} & (13.132\mathrm{b})\end{cases}$$

式中,$H=(2M+1)(2N+1)$,$\Delta u=(2N+1)|a|\Delta t/(2M+1)$。

如果假定 Δt、M 不变,那么影响变换结果的只有 a/b、$\mathrm{sgn}(b)$、bd,则

$$\widetilde{Y}_{(a,b,c,d)}(m)=\widetilde{Y}_{(-a,-b,-c,-d)}(-m) \tag{13.133}$$

$$\widetilde{Y}^*_{(a,b,c,d)}(m)=\widetilde{Y}_{(a,-b,-c,d)}(m) \tag{13.134}$$

从式(13.129)和式(13.132)可以发现,离散 LCT 计算量为 $O(2P+(P/2)\log_2 P)$,其中 $P=2M+1$。

当计算离散 LCT 时,需要满足以下两个条件:

(1)
$$\frac{\int_{-\theta}^{\theta}|y(t)|\mathrm{d}t}{\int_{-\infty}^{+\infty}|y(t)|\mathrm{d}t}\approx 1 \tag{13.135}$$

式中,$\theta=N\Delta t=\dfrac{2\pi Nb}{(2M+1)\Delta u}$。

(2)
$$\frac{1}{\Delta t}>2b_w+\left|\frac{a}{b}\right|2N\Delta t=2b_w+\left|\frac{a}{b}\right|2\theta \tag{13.136}$$

式中,b_w 为 $y(t)$ 的带宽。

以上介绍了 LCT 的离散形式,为便于应用,接下来对式(13.129)的定义作简化。设 $\alpha=(d/b)\Delta u^2$,$\beta=(a/b)\Delta t^2$,那么式(13.128)的变换矩阵可以化为

$$\boldsymbol{L}_{(\alpha,\beta)}(m,n)=\sqrt{\frac{1}{2M+1}}\exp\left(\mathrm{j}\,\frac{\alpha}{2}m^2\right)\exp\left(-\mathrm{j}\,\frac{2\pi\mathrm{sgn}(b)nm}{2M+1}\right)\exp\left(\mathrm{j}\,\frac{\beta}{2}n^2\right) \tag{13.137}$$

由式(13.127)，可以发现

$$\alpha\beta=\left(\frac{2\pi}{(2M+1)}\right)^2 ad \tag{13.138}$$

引入因子 γ，它为整数，且与 $2M+1$ 互质，那么变换矩阵就可以写成

$$\boldsymbol{L}_{(\alpha,\beta,\gamma)}(m,n)=\sqrt{\frac{1}{2M+1}}\exp\left(\mathrm{j}\,\frac{\alpha}{2}m^2\right)\exp\left(\mathrm{j}\,\frac{2\pi nm\gamma}{2M+1}\right)\exp\left(\mathrm{j}\,\frac{\beta}{2}n^2\right) \tag{13.139}$$

仍然满足可逆性：

$$\tilde{y}(n)=\sum_{m=-M}^{M}\sum_{k=-N}^{N}\boldsymbol{L}^*_{(\alpha,\beta,\gamma)}(m,n)\boldsymbol{L}_{(\alpha,\beta,\gamma)}(m,k)\tilde{y}(k) \tag{13.140}$$

由于因子 γ 的引入，式(13.129a)和式(13.129b)可以合为一个表达式：

$$\begin{aligned}\widetilde{Y}_{(\alpha,\beta,\gamma)}(m)&=\widetilde{L}^{\alpha,\beta,\gamma}(\tilde{y}(n))\\&=\sqrt{\frac{1}{2M+1}}\exp\left(\mathrm{j}\,\frac{\alpha}{2}m^2\right)\sum_{n=-N}^{N}\exp\left(-\mathrm{j}\,\frac{2\pi nm\gamma}{2M+1}\right)\cdot\\&\quad\exp\left(\mathrm{j}\,\frac{\beta}{2}n^2\right)\tilde{y}(n)\end{aligned} \tag{13.141}$$

式中，$M\geqslant N$。当 $\alpha=\beta$，且 $\gamma=\pm1$ 时，上式便成了分数阶傅里叶变换，即

$$\widetilde{Y}_\alpha(m)=\sqrt{\frac{1}{2M+1}}\exp\left(\mathrm{j}\,\frac{\alpha}{2}m^2\right)\sum_{n=-N}^{N}\exp\left(\pm\mathrm{j}\,\frac{2\pi nm}{2M+1}\right)\exp\left(\mathrm{j}\,\frac{\alpha}{2}n^2\right)\tilde{y}(n) \tag{13.142}$$

式(13.141)的逆变换表达式如下：

$$\begin{aligned}\tilde{y}(n)&=\sqrt{\frac{1}{2M+1}}\exp\left(-\mathrm{j}\,\frac{\beta}{2}n^2\right)\sum_{m=-M}^{M}\exp\left(\mathrm{j}\,\frac{2\pi nm\gamma}{2M+1}\right)\cdot\\&\quad\exp\left(-\mathrm{j}\,\frac{\alpha}{2}m^2\right)\widetilde{Y}_{(\alpha,\beta,\gamma)}(m)\end{aligned} \tag{13.143}$$

可以发现当 $M=N$ 时，式(13.143)就变成了参数为 $\{-\alpha,-\beta,-\gamma\}$ 的正向变换，即

$$\tilde{y}(n)=\widetilde{L}^{(-\alpha,-\beta,-\gamma)}(\widetilde{L}^{(\alpha,\beta,\gamma)}(\tilde{y}(n))) \tag{13.144}$$

13.4.2.2 离散线性正则变换的性质

(1) 变换矩阵对称性：

$$\boldsymbol{L}_{(\alpha,\beta,\gamma)}(m,n)=\exp\left(\mathrm{j}\,\frac{(\alpha-\beta)(m^2-n^2)}{2}\right)\boldsymbol{L}_{(\alpha,\beta,\gamma)}(n,m) \tag{13.145}$$

(2) 变换矩阵共轭性：

$$\boldsymbol{L}^*_{(\alpha,\beta,\gamma)}(m,n)=\boldsymbol{L}_{(-\alpha,-\beta,-\gamma)}(m,n)=\boldsymbol{L}_{(-\alpha,-\beta,\gamma)}(-m,n)=\boldsymbol{L}_{(-\alpha,-\beta,\gamma)}(m,-n) \tag{13.146}$$

(3) 离散 LCT 共轭性：

若 $\widetilde{Y}c_{(\alpha,\beta,\gamma)}(m)=\widetilde{L}^{(\alpha,\beta,\gamma)}(\tilde{y}^*(n))$，$\widetilde{Y}_{(\alpha,\beta,\gamma)}(m)=\widetilde{L}^{(\alpha,\beta,\gamma)}(\tilde{y}(n))$，则

$$\widetilde{Y}^*_{(\alpha,\beta,\gamma)}(m)=\widetilde{Y}c_{(-\alpha,-\beta,-\gamma)}(m)=\widetilde{Y}c_{(-\alpha,-\beta,\gamma)}(-m) \tag{13.147}$$

若 $\tilde{y}(n)$ 为实数，则式(13.147)变为

$$\widetilde{Y}^*{}_{(\alpha,\beta,\gamma)}(m)=\widetilde{Y}_{(-\alpha,-\beta,-\gamma)}(m)=\widetilde{Y}_{(-\alpha,-\beta,\gamma)}(-m) \tag{13.148}$$

若 $\tilde{y}(n)$为虚数,则式(13.147)变为

$$\widetilde{Y}^*_{(\alpha,\beta,\gamma)}(m)=-\widetilde{Y}_{(-\alpha,-\beta,-\gamma)}(m)=-\widetilde{Y}_{(-\alpha,-\beta,\gamma)}(-m) \tag{13.149}$$

(4) 倒时性:

$$\widetilde{L}^{\alpha,\beta,\gamma}(\tilde{y}(-n))=\widetilde{Y}_{(\alpha,\beta,\gamma)}(-m)=\widetilde{Y}_{(\alpha,\beta,-\gamma)}(m) \tag{13.150}$$

(5) 奇、偶函数的变换:

若 $\tilde{y}(n)$为奇函数,则变换结果也是奇函数,即

$$\widetilde{Y}_{(\alpha,\beta,\gamma)}(m)=-\widetilde{Y}_{(\alpha,\beta,\gamma)}(-m) \tag{13.151}$$

若 $\tilde{y}(n)$为偶函数,则变换结果也是偶函数,即

$$\widetilde{Y}_{(\alpha,\beta,\gamma)}(m)=\widetilde{Y}_{(\alpha,\beta,\gamma)}(-m) \tag{13.152}$$

(6) 调制性:

设 $\widetilde{Y}m_{(\alpha,\beta,\gamma)}(m)=\widetilde{L}^{(\alpha,\beta,\gamma)}\left(\exp\left(-\mathrm{j}\,\frac{2\pi kn}{2M+1}\right)\tilde{y}(n)\right)$,则

$$\widetilde{Y}_{(\alpha,\beta,\gamma)}(m+k)=\exp\left(\mathrm{j}\,\frac{\alpha(2mk+k^2)}{2}\right)\widetilde{Y}m_{(\alpha,\beta,\gamma)}(m) \tag{13.153}$$

(7) Parseval 准则(能量守恒):

$$\sum_{m=-M}^{M}\left|\widetilde{Y}_{(\alpha,\beta,\gamma)}(m)\right|^2=\sum_{n=-N}^{N}\left|\tilde{y}(n)\right|^2 \tag{13.154}$$

(8) 广义 Parseval 准则:

$$\sum_{m=-M}^{M}\widetilde{Y}_{1(\alpha,\beta,\gamma)}(m)\widetilde{Y}^*_{2(\alpha,\beta,\gamma)}(m)=\sum_{n=-N}^{N}\tilde{y}_1(n)\tilde{y}_2^*(n) \tag{13.155}$$

13.5 线性正则变换的应用

LCT 作为 FRFT 的推广,有关 FRFT 的应用领域自然也就成为了 LCT 的应用领域,下面就其在滤波器设计及通信中的应用做个简单介绍。

13.5.1 滤波器设计

13.5.1.1 LCT 域乘性滤波器

传统乘性滤波器可写成如下形式:

$$y(t)=\int_{-\infty}^{+\infty}h(t-\tau)x(\tau)\mathrm{d}\tau \tag{13.156}$$

式中,$x(t)$为输入信号,$y(t)$为输出信号,$h(t)$为系统的冲激响应。上式也可以写成频域表达式:

$$y(t)=\frac{1}{\sqrt{2\pi}}\mathrm{IFT}(\mathrm{FT}(x(t))H(\omega)) \tag{13.157}$$

式中,IFT(·)、FT(·)表示传统的傅里叶反变换和傅里叶变换;$H(\omega)=\mathrm{FT}(h(t))$,是系统在频域的传递函数。

LCT 域乘性滤波器(图 13.1)是式(13.157)的推广，可表示成

$$y(t)=L^{(d,-b,-c,a)}(L^{(a,b,c,d)}(x(t))H_{(a,b,c,d)}(u)) \tag{13.158}$$

式中，$H_{(a,b,c,d)}(u)$是系统在 LCT 域的传递函数。

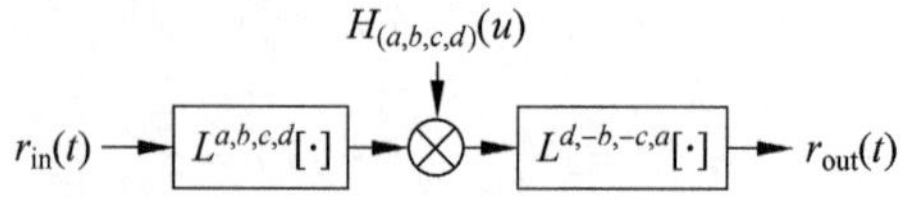

$H_{(a,b,c,d)}(u)$

$r_{in}(t)$ → $L^{a,b,c,d}[\cdot]$ → ⊗ → $L^{d,-b,-c,a}[\cdot]$ → $r_{out}(t)$

图 13.1 LCT 域的乘性滤波器(通过设计 $H_{(a,b,c,d)}(u)$可以实现低通、高通、带通、带阻等简单形式或更复杂形式的线性正则域滤波)

常用的两种传递函数如下：

(1)
$$H_{(a,b,c,d)}(u)=\begin{cases}1, & |u|\leqslant \Omega \\ 0, & |u|>\Omega\end{cases} \tag{13.159}$$

(2)
$$H_{(a,b,c,d)}(u)=\begin{cases}0, & |u|\leqslant \Omega \\ 1, & |u|>\Omega\end{cases} \tag{13.160}$$

第一种传递函数构成带通滤波器，第二种传递函数则构成带阻滤波器。如果信号 $s(t)$混叠有噪声 $n(t)$，但是通过线性正则变换后，能够在该 LCT 域上实现 $S_{(a,b,c,d)}(u)$与 $N_{(a,b,c,d)}(u)$的部分或完全解耦合，那么便能通过 LCT 域的乘性滤波来提高信噪比。通过对接收信号时频分布的估计，既可以设计成带通滤波器，也可以设计成带阻滤波器。设接收信号的时频分布如图 13.2 所示，设计一个带通滤波器实现对中间有用信号的提取，滤除掉噪声。图 13.2 中两根虚线之间表示带通滤波器的通带范围，它们的斜率是相同的。可以通过改变 LCT 的参数 a/b 来控制斜率，通过设计传递函数 $H_{(a,b,c,d)}(u)$来控制通带范围。

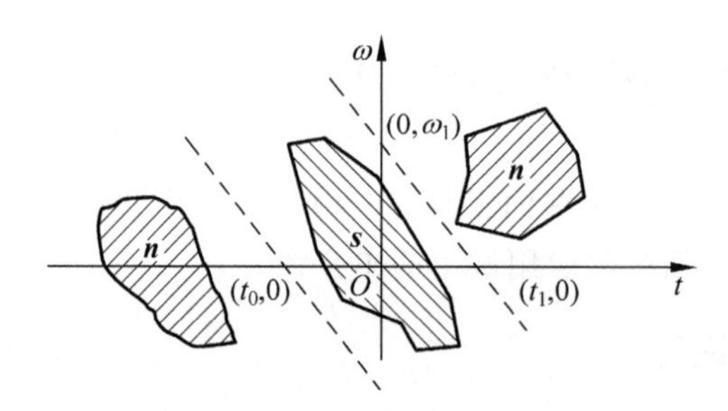

图 13.2 某个接收信号的时频分布图

对图 13.2 所示的信号，选取 LCT 域滤波器的参数如下：

$$\begin{cases}a/b=\omega_1/t_1 \\ H(u)=\Phi\left(\dfrac{u-a(t_0+t_1)/2}{a(t_0-t_1)}\right)\end{cases} \tag{13.161}$$

式中，$\Phi(\cdot)$的表达式如下：

$$\Phi(u)=\begin{cases}1, & |u|\leqslant 1 \\ 0, & |u|>1\end{cases} \tag{13.162}$$

如图 13.3 所示的信号时频分布特征，很容易看出通过级联两次不同角度$\left(即\frac{a_1}{b_1}=\frac{\omega_1}{t_1},\frac{a_2}{b_2}=\frac{\omega_2}{t_2}\right)$的 LCT 域滤波就可以完全去除噪声，恢复信号 $s(t)$。在两级 LCT 域级联滤波的实现中可以利用 LCT 的叠加性，从而省略掉一个线性正则反变换和一个正变换环节。

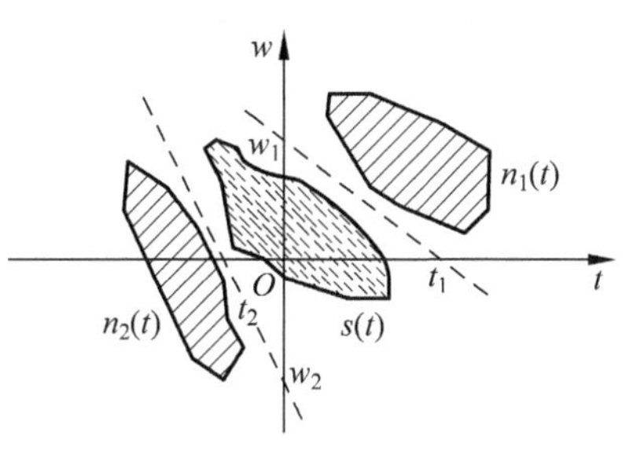

图 13.3　含噪信号的时频分布

图 13.1 给出的是变换域实现方式，而 LCT 域乘性滤波也可以采用时域卷积的方式实现。由于时域卷积可以通过快速傅里叶变换来实现[16]，因此在工程实现上具有更大的价值。根据定理 13.3，将式(13.83)中的 $\widetilde{Y}_{(a,b,c,d)}(u)$作为滤波器的传递函数，可以得到 LCT 域乘性滤波的时域实现步骤如下：

(1) 根据时频滤波要求或信号的时频分布特征，设计出线性正则域滤波的传递函数 $H_{(a,b,c,d)}(u)$

$$\widetilde{Y}_{(a,b,c,d)}(u)=H_{(a,b,c,d)}(u) \tag{13.163}$$

(2) 利用傅里叶反变换得到卷积函数 $g(t)$，$g(t)=\sqrt{\frac{\mathrm{j}2\pi}{b}}\tilde{y}\left(\frac{t}{b}\right)$，式中，$\tilde{y}(t)$是 $\widetilde{Y}_{(a,b,c,d)}(u)$的傅里叶反变换。

证明：根据定理 13.3，有

$$y(t)=L^{(d,-b,-c,a)}(Y_{(a,b,c,d)}(u))=\sqrt{\frac{\mathrm{j}2\pi}{b}}\mathrm{e}^{-\mathrm{j}\frac{a}{2b}t^2}\tilde{y}\left(\frac{t}{b}\right)$$

所以

$$g(t)=y(t)\mathrm{e}^{\mathrm{j}\frac{a}{2b}t^2}=\sqrt{\frac{\mathrm{j}2\pi}{b}}\tilde{y}\left(\frac{t}{b}\right) \tag{13.164}$$

证毕。

(3) 按照图 13.4 构造滤波器，即

$$r_{\mathrm{out}}(t)=(r_{\mathrm{in}}(t)\mathrm{e}^{\mathrm{j}\frac{a}{2b}t^2})*g(t)\sqrt{\frac{1}{\mathrm{j}2\pi b}}\mathrm{e}^{-\mathrm{j}\frac{a}{2b}t^2} \tag{13.165}$$

下面将证明图 13.4 实现了图 13.1 所示的 LCT 域乘性滤波。将式(13.164)代入式(13.165)，有

$$r_{\mathrm{out}}(t)=(r_{\mathrm{in}}(t)\mathrm{e}^{\mathrm{j}\frac{a}{2b}t^2})*(y(t)\mathrm{e}^{\mathrm{j}\frac{a}{2b}t^2})\sqrt{\frac{1}{\mathrm{j}2\pi b}}\mathrm{e}^{-\mathrm{j}\frac{a}{2b}t^2}=r_{\mathrm{in}}(t)\Theta y(t)$$

根据定理 13.3，有

$$L^{(a,b,c,d)}(r_{\mathrm{out}}(t))=L^{(a,b,c,d)}(r_{\mathrm{in}}(t))\widetilde{Y}_{(a,b,c,d)}(u) \tag{13.166}$$

由式(13.163)、式(13.166)可以知道图 13.4 与图 13.1 完成了同样的滤波功能。

图 13.4 所示的时域实现方法相比于图 13.1 所示的线性正则域实现方法存在如下好处，所以更为适合工程应用：时域实现方法的计算主要集中在卷积函数 $g(t)$的计算和卷积上，而这两者均能采用经典的快速傅里叶变换算法来实现，而线性正则域实现方法要经过两

次线性正则变换，因此时域实现方法能够避开烦琐的线性正则变换离散计算。而目前为止尚未有令人满意的线性正则变换快速离散算法出现，因此时域实现方法与线性正则域实现方法相比，既能够保证滤波效果不差于后者，而且运算量大大降低。对于 N 点数据的滤波来说，时域实现方法的计算复杂度为 $O(N\log_2 N)$，而线性正则域实现方法计算复杂度为 $O(N^2)$。

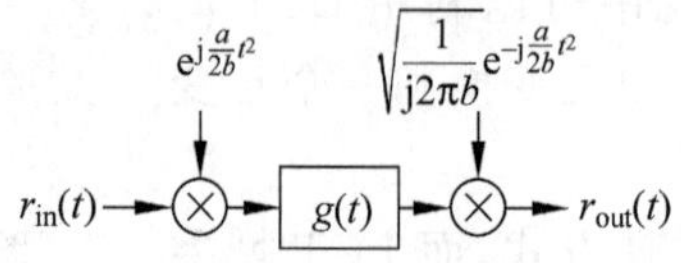

图 13.4　LCT 域乘性滤波器的时域实现

13.5.1.2　LCT 域最优滤波器

接下来介绍 LCT 域最优滤波器的设计[5]。与第 8 章介绍的分数阶傅里叶域上的最优滤波器相比，后者是前者的一个特例。有关详细的推导过程可以参看文献[5]和第 8 章内容，本节只给出具体的滤波器构造过程。

假定已知：①要恢复的有用信号 $s(t)$ 和接收信号 $x(t)$ 间的互相关函数 $r_{sx}(t,\sigma)$；②有用信号 $s(t)$ 的自相关函数 $r_{ss}(t,\sigma)$；③接收信号 $x(t)$ 的自相关函数 $r_{xx}(t,\sigma)$。那么最优滤波器的传递函数可以如下设计：

$$H_{(a,b,c,d)}(u)=R_{sx}(u,u)/R_{xx}(u,u) \tag{13.167}$$

式中，

$$R_{sx}(u,u)=\int_{-\infty}^{+\infty}\int_{-\infty}^{+\infty}\phi_{(a,b,c,d)}(u,t)\phi^{*}_{(a,b,c,d)}(u,\sigma)r_{sx}(t,\sigma)\mathrm{d}t\,\mathrm{d}\sigma$$

$$R_{xx}(u,u)=\int_{-\infty}^{+\infty}\int_{-\infty}^{+\infty}\phi_{(a,b,c,d)}(u,t)\phi^{*}_{(a,b,c,d)}(u,\sigma)r_{xx}(t,\sigma)\mathrm{d}t\,\mathrm{d}\sigma$$

$$\phi_{(a,b,c,d)}(u,t)=\sqrt{\frac{1}{\mathrm{j}2\pi b}}\,\mathrm{e}^{\frac{\mathrm{j}d}{2b}u^2}\,\mathrm{e}^{-\frac{\mathrm{j}}{b}ut}\,\mathrm{e}^{\frac{\mathrm{j}a}{2b}t^2}$$

具体操作步骤：首先给式(13.167)的(a,b,c,d)赋初始值，然后利用迭代算法改变(a,b,c,d)的值，通过使均方误差最小来确定最佳的(a,b,c,d)，再将得到的最佳(a,b,c,d)代入式(13.167)，便得到了 LCT 域最优滤波器的传递函数。其中均方误差由下式计算：

$$\mathrm{MSE}=\int_{-\infty}^{+\infty}(R_{ss}(u,u)-\zeta+|H_{(a,b,c,d)}(u)|^2R_{xx}(u,u))\,\mathrm{d}u \tag{13.168}$$

式中，

$$R_{ss}(u,u)=\int_{-\infty}^{+\infty}\int_{-\infty}^{+\infty}L_{(a,b,c,d)}(u,t)L^{*}_{(a,b,c,d)}(u,\sigma)r_{ss}(t,\sigma)\mathrm{d}t\,\mathrm{d}\sigma$$

$$\zeta=2\mathrm{Re}(H^{*}_{(a,b,c,d)}(u)R_{sx}(u,u)),\quad \mathrm{Re}(\cdot)\ 表示取实部$$

13.5.2　用于通信信号的调制及抗多径效应

13.5.2.1　通信信号的调制

众所周知，傅里叶变换可用来实现频分复用，这便提示我们能否利用 LCT 来实现 LCT 域上的复用呢？接下来将展示如何利用 LCT 来实现复用的任务[14,15]。

首先来分析传统频分复用是怎么实现的。设有 N 个信号$\{x_1(t),x_2(t),\cdots,x_N(t)\}$，

它们都是频域的带限信号，即

$$X_n(\omega)\approx 0,\quad |\omega|>B_n,\quad n=1,2,\cdots,N \tag{13.169}$$

式中，$X_n(\omega)=\mathcal{F}(x_n(t))$，那么我们便能够将这些信号调制到不同的载频上。

$$y(t)=\mathrm{e}^{\mathrm{j}\omega_1 t}x_1(t)+\mathrm{e}^{\mathrm{j}\omega_2 t}x_2(t)+\cdots+\mathrm{e}^{\mathrm{j}\omega_N t}x_N(t) \tag{13.170}$$

式中，$\omega_n-B_n>\omega_{n-1}+B_{n-1}$，$n=1,2,\cdots,N$。总的带宽 $B>2(B_1+B_2+\cdots+B_N)$。

上述频分复用方案很容易实现，但是只能针对频域上的带限信号。如果某些信号在频域上不是带限信号，而在 LCT 域上是带限信号的时候，便不能简单采用传统的频分复用方法了。但仍可以采取如下步骤实现这些信号的同时传输：

(1) 由这些信号 $\{x_1(t),x_2(t),\cdots,x_N(t)\}$ 确定 $\{a_n,b_n,c_n,d_n\}$，并且能够使得 $X_{n,(a_n,b_n,c_n,d_n)}(u)$在 LCT 域上是带限的，即

$$X_{n,(a_n,b_n,c_n,d_n)}(u)\approx 0,\quad |u|>D_n \tag{13.171}$$

式中，$X_{n,(a_n,b_n,c_n,d_n)}(u)=L^{(a_n,b_n,c_n,d_n)}(x_n(t))$，$D_n$ 要尽可能得小。

(2) 对这些信号 $\{x_1(t),x_2(t),\cdots,x_N(t)\}$ 作参数为 $\{-c_n,-d_n,a_n,d_n\}$ 的 LCT，得到

$$f_n(t)=L^{(-c_n,-d_n,a_n,b_n)}(x_n(t)),\quad n=1,2,\cdots,N \tag{13.172}$$

可以发现，$f_n(t)$其实就是 $X_{n,(a_n,b_n,c_n,d_n)}(u)$的傅里叶反变换结果，那么显然 $f_n(t)$是频域上的带限信号，可以采用传统的频分复用。

(3) 对 $f_n(t)$作传统的频分复用，得到

$$y(t)=\mathrm{e}^{\mathrm{j}\omega_1 t}f_1(t)+\mathrm{e}^{\mathrm{j}\omega_2 t}f_2(t)+\cdots+\mathrm{e}^{\mathrm{j}\omega_N t}f_N(t) \tag{13.173}$$

式中，$\omega_n-D_n>\omega_{n-1}+D_{n-1}$，$n=1,2,\cdots,N$。总的带宽 $B>2(D_1+D_2+\cdots+D_N)$。

解调步骤如下：

(1) 首先解除复用，即分离各个信号。

$$f_n(t)=P_{D_{n,o}}(\mathrm{e}^{-\mathrm{j}\omega_n t}y(t)) \tag{13.174}$$

式中，$D_{n,o}>D_n$，$P_{D_{n,o}}(u(t))=\mathcal{F}^{-1}(\mathcal{F}(u(t))\Phi(\omega/D_{n,o}))$。

(2) 恢复 $x_n(t)$。

$$x_n(t)=L^{(b_n,d_n,-a_n,-c_n)}(f_n(t)),\quad n=1,2,\cdots,N \tag{13.175}$$

13.5.2.2 通信信号抗多径[11]

设发射信号为 $x(t)$，由于多径效应，$x(t)$可能通过两个路径传播，首先不考虑信道的调制因素，接收信号如下所示：

$$y(t)=\lambda_1 x(t-\sigma_1)+\lambda_2 x(t-\sigma_2) \tag{13.176}$$

通过傅里叶变换，有

$$Y(\omega)=\lambda_1\mathrm{e}^{-\mathrm{j}\sigma_1}X(\omega)+\lambda_2\mathrm{e}^{-\mathrm{j}\sigma_2}X(\omega) \tag{13.177}$$

利用 $Y(\omega)$就可以恢复出 $x(t)$：

$$x(t)=\mathcal{F}^{-1}((\lambda_1\mathrm{e}^{-\mathrm{j}\sigma_1}+\lambda_2\mathrm{e}^{-\mathrm{j}\sigma_2})^{-1}Y(\omega)) \tag{13.178}$$

若考虑信道的调制因素，则接收信号将变为

$$y(t)=\lambda_1\mathrm{e}^{\mathrm{j}\eta_1 t}x(t-\sigma_1)+\lambda_2\mathrm{e}^{\mathrm{j}\eta_2 t}x(t-\sigma_2) \tag{13.179}$$

通过傅里叶变换,有

$$Y(\omega)=\lambda_1 e^{-j\sigma_1(\omega-\eta_1)}X(\omega-\eta_1)+\lambda_2 e^{-j\sigma_2(\omega-\eta_2)}X(\omega-\eta_2) \tag{13.180}$$

显然,此时我们无法通过简单的 IFT(·)来恢复出 $x(t)$,那么通过对接收信号时移和调制,得到

$$\begin{aligned}z(t)&=e^{j\eta_0 t}y(t-\sigma_0)\\&=\lambda_1 e^{j(\eta_1+\eta_0)t}e^{-j\eta_1\sigma_0}x(t-\sigma_1-\sigma_0)+\\&\quad\lambda_2 e^{j(\eta_2+\eta_0)t}e^{-j\eta_2\sigma_0}x(t-\sigma_2-\sigma_0)\end{aligned} \tag{13.181}$$

则

$$L^{(a,b,c,d)}(e^{j(\eta_1+\eta_0)t}x(t-\sigma_1-\sigma_0))=e^{j\varphi_1}e^{j\phi_1 u}X_{(a,b,c,d)}(u-g_1) \tag{13.182}$$

$$L^{(a,b,c,d)}(e^{j(\eta_2+\eta_0)t}x(t-\sigma_2-\sigma_0))=e^{j\varphi_2}e^{j\phi_2 u}X_{(a,b,c,d)}(u-g_2) \tag{13.183}$$

$$\begin{aligned}Z_{(a,b,c,d)}(u)=&\lambda_1 e^{j(\varphi_1-\eta_1\sigma_0)}e^{j\phi_1 u}X_{(a,b,c,d)}(u-g_1)+\\&\lambda_2 e^{j(\varphi_2-\eta_2\sigma_0)}e^{j\phi_2 u}X_{(a,b,c,d)}(u-g_2)\end{aligned} \tag{13.184}$$

式中,

$$\begin{cases}g_1=a(\sigma_1+\sigma_0)+b(\eta_1+\eta_0)\\ \phi_1=c(\sigma_1+\sigma_0)+d(\eta_1+\eta_0)\end{cases} \tag{13.185}$$

$$\begin{cases}g_2=a(\sigma_2+\sigma_0)+b(\eta_2+\eta_0)\\ \phi_2=c(\sigma_2+\sigma_0)+d(\eta_2+\eta_0)\end{cases} \tag{13.186}$$

$$\begin{cases}\varphi_1=-(ac/2)(\sigma_1+\sigma_0)^2-bc(\sigma_1+\sigma_0)(\eta_1+\eta_0)-(bd/2)(\eta_1+\eta_0)^2\\ \varphi_1=-(ac/2)(\sigma_2+\sigma_0)^2-bc(\sigma_2+\sigma_0)(\eta_2+\eta_0)-(bd/2)(\eta_2+\eta_0)^2\end{cases} \tag{13.187}$$

如果

$$g_1=g_2=0 \tag{13.188}$$

那么有

$$Z_{(a,b,c,d)}(u)=(\lambda_1 e^{j(\varphi_1-\eta_1\sigma_0)}e^{j\varphi_1 u}+\lambda_2 e^{j(\phi_2-\eta_2\sigma_0)}e^{j\phi_2 u})X_{(a,b,c,d)}(u) \tag{13.189}$$

这样就能够利用线性正则反变换来恢复 $x(t)$,即

$$x(t)=L^{(d,-b,-c,a)}((\lambda_1 e^{j(\varphi_1-\eta_1\sigma_0)}e^{j\varphi_1 u}+\lambda_2 e^{j(\phi_2-\eta_2\sigma_0)}e^{j\phi_2 u})^{-1}Z_{(a,b,c,d)}(u)) \tag{13.190}$$

从上面的分析可知,只要选择合适的 σ_0、η_0 以及 $\{a,b,c,d\}$ 使得式(13.188)成立,就能够恢复出 $x(t)$。根据式(13.185)和式(13.186),有

$$g_1=a(\sigma_1+\sigma_0)+b(\eta_1+\eta_0)=0 \tag{13.191}$$

$$g_2=a(\sigma_2+\sigma_0)+b(\eta_2+\eta_0)=0 \tag{13.192}$$

由此可得

$$a/b=\frac{-(\eta_1+\eta_0)}{\sigma_1+\sigma_0} \tag{13.193}$$

$$a/b=\frac{-(\eta_2+\eta_0)}{\sigma_2+\sigma_0} \tag{13.194}$$

显然，

$$(\eta_1+\eta_0)/(\sigma_1+\sigma_0)=(\eta_2+\eta_0)/(\sigma_2+\sigma_0) \tag{13.195}$$

这样,可以取

$$\sigma_0=0, \quad \eta_0=\frac{(\eta_1\sigma_2-\eta_2\sigma_1)}{\sigma_1-\sigma_2} \tag{13.196}$$

$$\begin{cases} a=\dfrac{-(\eta_1+\eta_0)}{(\sigma_1+\sigma_0)}, b=1, c=-1, d=0, & \sigma_1\neq 0 \\ a=\dfrac{-(\eta_2+\eta_0)}{(\sigma_2+\sigma_0)}, b=1, c=-1, d=0, & \sigma_1=0 \end{cases} \tag{13.197}$$

综上所述,为恢复出式(13.176)中的 $x(t)$,首先需要对 $y(t)$ 做时移和调制,得到 $z(t)=\mathrm{e}^{\mathrm{j}\eta_0 t}y(t-\sigma_0)$,其中 σ_0、η_0 由式(13.196)确定。然后对 $z(t)$ 作参数为 $\{a,b,c,d\}$ 的 LCT,$\{a,b,c,d\}$ 由式(13.197)确定。最后通过式(13.188)就可以恢复出 $x(t)$ 了。

附录A

常见信号的线性正则变换

表 A　常见信号的 LCT

信　　号	变换结果
$\delta(t-\tau)$	$\sqrt{\mathrm{j}2\pi b}\,\mathrm{e}^{\frac{\mathrm{j}d}{2b}u^2}\,\mathrm{e}^{-\frac{\mathrm{j}}{b}u\tau}\,\mathrm{e}^{\frac{\mathrm{j}a}{2b}\tau^2}$
$\mathrm{e}^{-\mathrm{j}(qt^2+rt)}$	$\sqrt{a-2qb}\,\mathrm{e}^{\frac{\mathrm{j}d}{2b}u^2}\,\mathrm{e}^{-\frac{(u+rb)^2}{2ab-4qb^2}}$
1	$\sqrt{a^{-1}}\,\mathrm{e}^{\frac{\mathrm{j}c}{2a}u^2}$
$\mathrm{e}^{\mathrm{j}\tau t}$	$\sqrt{a^{-1}}\,\mathrm{e}^{\frac{\mathrm{j}c}{2a}u^2}\,\mathrm{e}^{\frac{\mathrm{j}\tau}{a}u}\,\mathrm{e}^{-\frac{\mathrm{j}b}{2a}\tau^2}$，$\mathrm{Im}(\tau)\geqslant 0$
$\mathrm{e}^{\frac{\mathrm{j}ht^2}{2}}$	$(\sqrt{hb+a})^{-1}\,\mathrm{e}^{\mathrm{j}\frac{(c+hd)}{2(a+hb)}u^2}$
t	$\sqrt{a^{-3}}\,u\,\mathrm{e}^{\frac{\mathrm{j}c}{2a}u^2}$
阶跃函数 $\varepsilon(t)$	$(2\sqrt{\lvert a\rvert})^{-1}\,\mathrm{e}^{\frac{\mathrm{j}c}{2a}u^2}\,\mathrm{erfc}\left(\frac{u}{\sqrt{\mathrm{j}2ab}}\right)$

附录B

一些常见信号的离散线性正则变换

(1) 设 $\tilde{y}(n)=\delta(n-r)$,则

$$\widetilde{L}^{(\alpha,\beta,\gamma)}(\tilde{y}(n))=\sqrt{\frac{1}{2M+1}}\exp\left(\mathrm{j}\,\frac{\alpha}{2}m^{2}\right)\exp\left(-\mathrm{j}\,\frac{2\pi rm\gamma}{M}\right)\exp\left(\mathrm{j}\,\frac{\beta}{2}r^{2}\right)$$

(2) 设 $y(n)=\exp\left(-\mathrm{j}\,\frac{\beta}{2}n^{2}\right)\exp\left(\mathrm{j}\,\frac{2\pi rn}{2M+1}\right)$,则

$$\widetilde{L}^{(\alpha,\beta,\gamma)}(y(n))=\sqrt{2M+1}\exp\left(\mathrm{j}\,\frac{\alpha}{2}n^{2}\right)\delta(\gamma n-r)$$

(3) 设 $y(n)=\exp\left(-\mathrm{j}\,\frac{\beta}{2}m^{2}\right)\cos\left(\frac{2\pi rm}{2M+1}\right)$,则

$$\widetilde{L}^{(\alpha,\beta,\gamma)}(y(n))=\sqrt{2M+1}\exp\left(\mathrm{j}\,\frac{\alpha}{2}n^{2}\right)(\delta(\gamma n+r)+\delta(\gamma n-r))/2$$

(4) 设 $\tilde{y}(n)=\exp\left(-\mathrm{j}\,\frac{\beta}{2}m^{2}\right)\sin\left(\frac{2\pi rm}{2M+1}\right)$,则

$$\widetilde{L}^{(\alpha,\beta,\gamma)}(\tilde{y}(n))=\mathrm{j}\sqrt{2M+1}\exp\left(\mathrm{j}\,\frac{\alpha}{2}n^{2}\right)(\delta(\gamma n+r)+\delta(\gamma n-r))/2$$

参考文献

[1] Moshinsky M, Quesne C. Linear canonical transformations and their unitary representations[J]. J. Math. Phys. ,1971,12(8): 1772-1783.

[2] Collins S A. Lens-system diffraction integral written in terms of matrix optics[J]. J. Opt. Soc. Am. , 1970,60: 1168-1177.

[3] Bargmann V. On a Hilbert space of analytic functions and an associated integral transform[J]. Part I, Comm. Pure. Appl. Math. ,1961,14: 187-214.

[4] Wolf K B. Integral Transforms in science and engineering, ch. 9: Canonical transforms[M]. New York: Plenum Press,1979.

[5] Barshan B,Kutay M A,Ozaktas H M. Optimal filters with linear canonical transformations[J]. Opt. Commun. ,1997,135: 32-36.

[6] Abe S,Sheridan J T. Optical operations on wave functions as the Abelian subgroups of the special affine Fourier transformation[J]. Opt. Lett. ,1994,19(22): 1801-1803.

[7] Namias V. The fractional order Fourier transform and its application to quantum mechanics[J]. J. Inst. Maths. Applics. ,1980,25: 241-265.

[8] Bracewell R N. The Fourier integral and its applications (the third edition)[M]. Boston: McGraw Hill,2000.

[9] Alieva T,Barbe A M. Self-fractional Fourier functions and selection of modes[J]. J. Phys. A: Math. Gen. ,1997,30: 211-215.

[10] Alieva T, Barbe A M. Self-fractional in fractional Fourier transform systems[J]. Opt. Commun. , 1998,152: 11-15.

[11] 丁建均. 分数 Fourier 转换与线性完整转换之研究[D]. 中国台北: 台湾大学电信工程学研究所,2000.

[12] Pei S C,Ding J J. Closed form discrete fractional and affine Fourier transforms[J]. IEEE Trans. Signal Processing,2000,48(5): 1338-1353.

[13] Scharf L L,Thomas J K. Wiener filters in canonical coordinates for transform coding, filtering, and quantizing[J]. IEEE Trans. Signal Processing,1998,46(3): 647-654.

[14] Ozaktas H M, Barshan B, Mendlovic D, et al. Convolution, filtering, and multiplexing in fractional Fourier domains and their rotation to chirp and wavelet transform[J]. J. Opt. Soc. Am. A, 1994, 11(2): 547-559.

[15] Mendlovic C, Lohmann A W. Space-bandwidth product adaption and its application to superresolution: fundamentals[J]. J. Opt. Soc. Am. A,1997,14(3): 558-562.

[16] 王世一. 数字信号处理[M]. 北京: 北京理工大学出版社: 2004: 158-160.

[17] Almeida L B. Product and convolution theorems for the fractional Fourier transform[J]. IEEE Signal Processing Letters,1997,4(1): 15-17.

[18] Daubechies I. Ten Lectures on Wavelets[J]. SIAM,Philadelpha,1992

[19] Bultan A. A four-parameter atomic decomposition of chirplets[J]. IEEE Trans. Signal Processing, 1999,47(3): 731-745.

[20] 薛健,袁保宗. 临界抽样 Gabor 展开的非局部性分析[J]. 电子学报,1996,24(12): 100-103.

[21] Gabor D. Theory of communication[J]. J. Inst. EE 93(III),1946,429-457.

[22] Pei S C,Ding J J. Relations beteen fractional operations and time-frequency distributions, and their

applications[J]. IEEE Trans. Signal Processing,2001,48(8):1638-1655

[23] Kollar I, Pintelon R, Schoukens J. Optimal FIR and IIR Hilbert transformer design via LS and minimax fitting[J]. IEEE Trans. Instrum. Meas. ,1990,39(12): 847-852.

[24] Zayed A, Hilbert transform associated with the fractional fourier transform[J]. IEEE Signal Proc. Lett. 1998,5(8): 206-208.

[25] Deng Bing, Tao Ran, Wang Yue. Convolution theorems for the linear canonical transform and their applications[J]. Science in China(Ser. F, Information Science). 2006,49(5): 592-603.

[26] 李炳照,陶然,王越. 线性正则变换域的框架理论研究[J]. 电子学报,2007,35(7): 1387-1390.

图书资源支持

感谢您一直以来对清华大学出版社图书的支持和爱护。为了配合本书的使用，本书提供配套的资源，有需求的读者请扫描下方的“书圈”微信公众号二维码，在图书专区下载，也可以拨打电话或发送电子邮件咨询。

如果您在使用本书的过程中遇到了什么问题，或者有相关图书出版计划，也请您发邮件告诉我们，以便我们更好地为您服务。

我们的联系方式：

地　　址：北京市海淀区双清路学研大厦 A 座 714

邮　　编：100084

电　　话：010-83470236　010-83470237

资源下载：http://www.tup.com.cn

客服邮箱：tupjsj@vip.163.com

QQ：2301891038（请写明您的单位和姓名）

教学资源・教学样书・新书信息

人工智能科学与技术
人工智能|电子通信|自动控制

资料下载・样书申请

书圈

用微信扫一扫右边的二维码，即可关注清华大学出版社公众号。